10판
GRIFFITH
물리학의 이해

W. THOMAS GRIFFITH
Pacific University

JULIET W. BROSING
Pacific University

10판

GRIFFITH
물리학의 이해

W. THOMAS GRIFFITH, JULIET W. BROSING 지음

최은서 감수

THE PHYSICS OF EVERYDAY PHENOMENA

Mc Graw Hill

Physics of Everyday Phenomena, 10th Edition

1 2 3 4 5 6 7 8 9 10 GMP 20 22

Original: The Physics of Everyday Phenomena, 10th Edition © 2022
By W. Thomas Griffith, Juliet W. Brosing
ISBN 978-1-260-71893-5

This authorized Korean translation edition is jointly published by McGraw-Hill Education Korea, Ltd. and GYOMOON Publisher. This edition is authorized for sale in the Republic of Korea.

This book is exclusively distributed by GYOMOON Publisher.

When ordering this title, please use ISBN 978-89-3632-309-7

Printed in Korea

본 교재는 McGrowHill 사의 《The Physics of Everyday Phenomena》 10판을 번역한 것이다. 본 교재와 같이 물리학의 기본 원리를 쉽게 설명하고자 한 책들은 오랜 기간 동안 다양하게 출판되고 있다. 그럼에도 불구하고 본 교재는 물리학 수업 교재로 사용되는 여러 책들과는 뚜렷하게 구분되는 차별화된 장점을 많이 가지고 있다. 가장 큰 차별화된 점은 물리학을 설명하는 데 최소한의 수학만을 이용하는 것이다. 물리학과 관련된 다양한 현상을 설명하는 데 가장 편리하면서도 효과적인 방법은 물리학의 언어라고 불리는 수학을 이용하는 것이다. 하지만 본 교재는 책 제목에서도 알 수 있듯이 일상 현상에서 관찰할 수 있는 물리 현상을 주제로 수학이 아닌 평상적인 언어로 내용을 풀어가면서 궁극적으로는 물리학의 근본 원리를 전달하고자 한다. 접근하기 쉽지 않은 이론적 전개 과정을 중심으로 물리학을 설명하는 것이 아니라 이미 잘 알려진 주변의 자연현상으로부터 보편적으로 이해할 수 있는 자연철학을 소개하고자 하는 것이 가장 큰 목적이다. 이러한 책의 전개는 물리학에 대한 자연스러운 관심을 유도하는 데 매우 효과적이라고 생각된다. 이런 점에서 이공계 학생들뿐만 아니라 인문학을 주제로 공부하는 학생들에게도 권할 수 있을 정도로 쉬운 인문서가 될 수 있다고 생각한다.

본 교재는 일상 현상을 주제로 물리학 전반의 내용을 크게 6개의 단원(unit)으로 구분하여 설명하고 있다. 물리학 하면 생각나는 가장 유명한 뉴턴의 물리 법칙에 대한 설명으로부터 시작하여 가장 쉽게 접할 수 있는 에너지원인 열과 관련된 물리학을 다루고 있으며, 이어 전자기학을 통해 파동과 빛에 대한 물리학으로 이어진다. 그 이후에는 보이지 않는 미시 세상인 원자 세상과 우주와 같은 거시 세상을 위한 상대성이론을 다룬다. 이러한 다양한 주제를 다루고 있지만 모든 물리학 주제마다 현실적인 내용을 바탕으로 응용과는 동떨어진 학문적인 물리학이 아니라 생활 주변에서 접할 수 있는 평범한 일상의 친근한 물리학을 소개하고 있다. 이러한 전개는 처음 물리학을 접해야 하는 학생들에게는 더할 나위 없이 친절하고 읽기 편한 친구로서 이 책을 추천하고 싶다.

본 역자도 여러 해 동안 대학의 신입생을 대상으로 일반물리학을 강의하였지만 매번 강의 때마다 느꼈던 현실적인 일상적인 주제를 다루지 못했던 아쉬움을 이 책을 번역하면서 여러 부분에서 해소할 수 있었다. 이러한 만족감은 물리학을 처음 접해 물리학 입문에 어려움을 느끼는 학생들에게 쉽게 접할 수 있는 좋은 선택이라고 확신한다. 시중에 수학을 최대한 배제하면서 물리학을 설명하는 책들이 없지는 않다. 하지만 그러한 책들과는 달리 이 교재에서 다루는 실생활에서의 물리 현상에 대한 설명은 초보자뿐만 아니라 전문가들에게도 유용할 정도로 매우 현실적인 것들이다. 그 뿐만 아니라 각 장마다 포함되어 있는 연습문제 풀이도 물리학에 대한 흥미뿐만 아니라 실력을 향상시키는 데 있어서도 큰 도움이 될 것이다.

책 한 권이 세상에 소개되어 누군가에게 선택을 받게 되는 과정은 정말로 짧지 않은 시간과 여러 관련된 분들의 보이지 않는 수고가 담겨져 만들어지는 소중한 산물이다. 이 소중한 결실이 세상에 나올 수 있도록 수고해 주신 ㈜교문사에 감사드리며 앞으로도 이 교재뿐만 아니라 다양한 과학서적의 완성도를 보다 향상시킬 수 있도록 지속적인 노력이 계속될 것이라고 믿어 의심치 않는다.

2022년 1월
대표 역자 조선대학교 물리학과 최은서

무지개가 어떻게 형성되는지, 아이스 스케이팅 선수가 어떻게 회전하는지, 또는 왜 바닷물이 들어오고 나가는지와 같이 우리 모두가 보았거나 경험한 현상을 이해할 때의 만족감은 과학적 소양을 쌓는 데 가장 좋은 동기 중 하나이다. 이 책은 과학을 전공하지 않은 사람들도 이러한 만족감을 느낄 수 있도록 하였다. 개념 물리학의 한 학기 또는 2/4 과정을 위해 쓴 이 책은 이야기를 풀어가는 방식으로 작성하였고 독자들이 물리학 개념에 대해서 말할 수 있게 고려한 질문들을 자주 사용한다. 이러한 포괄적인 형식이 물리학의 본질과 일상생활에서 겪는 물리 현상에 대한 알맞은 설명을 탐구하는 데 관심이 있는 모든 사람들에게 이 책이 도움이 되기를 바란다.

"이 책은 실용적인 개념적 질문을 적어보려는 노력에서 비롯되었다. 우리가 원하는 개념이란 것은 비과학 전공자들이 숙지하기 바라는 것이다. 문제를 많이 푸는 것도 중요하지만 개념이 중심이 되어야 한다."

－저자 토마스 그리피스(W. Thomas Griffith)

이 책은 어떻게 구성되는가

책의 각 장들의 구성은 약간의 변형이 있지만 전통적인 방식을 따른다. 에너지에 관한 장(6장)은 운동량(7장)에 대한 장보다 앞서 있어 충돌에 관한 논의에서 에너지 개념을 사용할 수 있다. 파동의 움직임은 전기와 자기 다음인 15장에 있고 광학과 관련된 16장과 17장 앞에 있다. 유체에 대한 장(9장)은 역학 이후에 있고 열역학에 대한 장으로 연결된다. 앞의 17개장은 학생들에게 고전물리학의 주요 개념을 소개하고 있으며, 적절한 설명을 포함하고 있어 한 학기 과정으로 적절하다.

21개장 전부를 2/4 과정으로도 사용할 수 있으며 아이디어를 철저하고 신중하게 다루게 되면 2학기 과정으로 사용할 수 있다. 많은 강사분들이 원자 및 핵 현상에 대한 18장과 19장을 한 학기 과정에서도 필수 영역으로 고려하고 있다. 이 두 장이 포함되는 경우에는 학생의 부담을 줄이기 위해 다른 장의 내용을 줄이기 바란다.

일부 강사분들은 상대성이론이 포함된 20장을 역학 내용 뒷부분이나 현대물리학 바로 앞에 두는 것을 선호한다. 상대성이론은 물론 일상적인 현상과 거의 관련이 없지만 일반적으로 학생들의 관심이 높기 때문에 포함된다. 마지막 장(21장)에서는 수업에서 다양한 지점에서 흥미를 자극할 수 있는 입자물리학, 우주론, 반도체 및 초전도성을 포함한 현대물리학의 다양한 주제를 소개한다.

이 책을 사용하는 강사분들과 학생들에게 한 가지 부탁한다. 너무 많은 내용을 너무 짧은 시간에 이해하려고 하지 마라! 우리는 물리학 입문서에서 일반적으로 볼 수 있는 핵심 개념을 동일하게 다루면서 이 책의 분량을 적절히 유지하기 위해 열심히 노력했다. 이러한 아이디어는 활발한 토론과 질문을 고려하는 데 충분한 시간을 할애하여 진정한 이해를 발전시킬 때 가장 재미있게 즐길 수 있다. 너무 빨리 내용을 이해하려고 하면 개념을 익히는 데 방해가 되고 학생들을 단어와 정의의 짙은 안개 속에 빠뜨린다. 잘 이해하려면 다소 부족함이 더 좋을 수 있다.

개념 물리학 과정에서의 수학

물리학 과정에서 수학을 사용하는 것은 많은 학생들, 특히 비과학 전공자들에게 만만치 않은 문제이다. 수학 없이 개념 물리학을 가르치려는 시도가 있었지만, 이러한 시도는 학생들이 간단한 정량적 관계를 활용하는 데 있어서 자신감을 가질 수 있는 기회를 잃어버리게 한다.

확실히 수학은 물리학의 정량적 관계를 표현하는 강력한 도구이다. 그러나 수학을 사용하는 것이 제한적일 수 있으며 다루어지는 물리적 개념에 종속될 수 있다. 이 책의 초판을 사용하는 많은 사용자들은 일부 학생들의 편의를 위해 수학적 표현이 너무 자주 등장한다고 느꼈을 것이다. 이러한 점을 고려하여 제2판에서는 본문에서 수학을 매우 적게 사용하였다. 대부분의 사용자는 현재 수준이 적절하다고 하고 있어 후속 버전에서 수학 수준을 변경하지 않았다.

논리적 일관성은 이 책의 강력한 특징이다. 수식은 개념적 논증이 제공된 후에 주의 깊게 도입되며 개념과 수식의 연관성에 대해 설명이 뒤따른다. 예제를 계속해서 조금씩 수정했다. 이들 대부분은 논의된 아이디어에 대한 간단한 숫자 계산을 하는 것이다. 고등학교 대수 이상의 수학적 지식은 필요하지 않다.

이 개정판의 새로운 점

《Physics of Everyday Phenomena》의 기존 강점을 기반으로 리뷰어 피드백을 반영하여 개정판을 출판하였다. 책의 내용이 개선되어가면서 처음 책을 저술할 때의 원칙에 충실하려고 노력했다. 그 중 하나는 장의 수와 전체 내용 모두에서 적절하게 유지하는 것이었다.

- 모든 장의 자료를 수정하고 업데이트했으며 몇 가지 새로운 개념문제와 연습문제를 추가했다. 모든 연습문제는 책의 부록 B에 답이 있다. 개념문제의 일부 답도 부록 B에 포함되어 있다.

- '일상의 자연현상'은 많은 사용자에게 칭찬을 받았다. 이러한 '일상의 자연현상' 중 몇 개(특히 10장과 18장)를 업데이트했으며 1장(비율 다루기)에 새로운 '일상의 자연현상'을 추가하였다. 이러한 특정 변경 사항 외에도 더 어려운 개념에 대한 이해를 높이기 위해 여러 곳에서 내용을 수정하였다.

에너지 강조 구축 비록 이 책이 기본적인 개념 물리학 교재이지만, 에너지에 중점을 둔 개념 물리학 과정을 가르치고자 하는 강사들에게 더 나은 내용을 제공하기 위해 노력하고 있다.

삽화 및 문자 선명도의 지속적인 개선 이 책의 문자 선명도는 많은 리뷰어와 사용자에 의해 널리 찬사를 받아오고 있지만 언제라도 개선될 수 있다. 리뷰어들은 계속해서 그림이나 문자가 개선될 수 있는 부분을 지적해주고 있으며 이러한 지적 사항 중에서 많은 부분을 수정하였다. 이를 위해 그림과 문자 모두에 종종 미묘하지만 많은 변화를 주었다.

물리학 공부에서 성공 비결

우선, 비밀이 없다는 것을 인정해야 한다. 성실하게 생활하면서 책 읽고, 문제 풀이하고 수업에 참석하는 과정을 열심히 따르는 학생들은 다른 과정에서 이러한 노력을 통해서 기대할 수 있는 보상을 얻을 수 있을 것이다. 그렇게 하지 않으면 예상한 결과가 나올 것이다.

그러나 물리학을 공부하는 것은 생물학, 역사 또는 다른 많은 과정에서 공부하는 것과 다르다. 물리학은 개별적인 사실을 암기하거나 시험 전에 벼락치기로 이해할 수 있는 연구 영역이 아니다. 학생들은 때때로 다른 과정에서 효과가 있는 학습 방법을 물리학에 적용하여 물리학 과정에서 효과적이지 못하게 되면 실망하게 된다. 다음 내용은 물리학 과정과 이 책에서 최대 효과를 얻을 수 있는 확실한 단계이다.

1. **실험** 실험은 물리학의 발전뿐만 아니라 물리학 개념에 접근하는 모든 사람의 이해를 높이는 데에도 중요한 역할을 한다. 공을 던지거나, 방을 가로질러 걷기 또는 기타 매우 기초적인 활동과 관련된 간단한 실험을 책 안에서 제안한다. 본문에 나오는 대로 즉시 하라. 뇌를 포함하여 신체의 다양한 부분으로 가는 혈류가 증가하는 이점을 얻을 수 있을 뿐만 아니라 책을 읽은 후 더 잘 이해하게 될 것이다. 일상적인 현상에 대한 경험은 수동적으로 얻을 수 없다.

2. **큰 그림을 얻기** 물리학은 큰 그림을 그리는 과목이다. 예를 들어, 뉴턴의 운동 법칙에 대한 이해는 공식이나 법칙 자체를 암기하는 것으로 요약될 수 없다. 전체 맥락을 보고, 정의를 이해하고, 법칙이 어떻게 적용되어야 하는지 알아야 한다. 각 장의 시작과 끝에 제공된 개요와 요약은 문맥을 파악하는 데 도움이 되지만 독립적으로는 중요하지 않다. 강의에서 듣게 되는 예제와 설명, 그리고 문자를 개요 및 요약에 의해서 만들어진 생각의 틀 안에 배치해야 한다. 큰 그림을 이해하면 세부 사항은 쉽게 이해할 수 있게 된다.

3. **질문을 탐구하기** 이 책은 각 장의 말미에 개념 관련 질문들을 제공하지만 본문에서도 질문을 제시한다. 가장 큰 이점은 이러한 질문을 먼저 스스로 해결한 다음 친구들과 토론함으로써 얻을 수 있다. 단답형 문구가 아닌 완전한 형태의 문장으로 질문에 대한 답변을 작성하라. 스스로 문제에 답안을 만든 다음에 선택한 질문에 대해 책의 부록에 제공되어 있는 답변과 자신의 답변을 비교하라.

4. 연습문제 풀기 이 책은 또한 각 장의 끝에 연습문제와 종합문제를 제공한다. 그들의 목적은 물리학 개념에 간단한 수치를 적용해보기 위한 것이다. 스스로 자신의 방식에 따라 답안을 작성하는 경우에만 유용하다. 친구나 다른 사람의 답과 풀이 과정을 베끼게 되면 좋은 과제 점수를 얻을 수 있지만 이해에는 도움이 되지 않는다. 스포츠 및 기타 많은 활동에서와 마찬가지로 물리학 시험에서의 성공은 연습하는 사람에게 오게 될 것이다.

5. 거기 있기 대학생들은 시간 활용을 위해 자신의 우선순위를 정하는데 때로는 수업 출석이 최우선 순위가 아닐 때도 있다. 어떤 수업에서는 수업 특징상 정당화될 수 있지만 물리학에서는 거의 그렇지 않다. 일반적으로 물리학 수업 중에 있게 되는 시연, 설명, 연습문제 풀이 및 수업 토론은 큰 그림을 파악하고 이해의 구멍을 채우는 데 귀중한 도움이 된다. 시연을 보는 것만으로도 수업 출석의 가치를 가지는 경우가 종종 있다. (여러분이 이때 지불하는 것이 바로 수업료이다.)

6. 질문하기 시연 또는 기타 문제에 대한 설명이 명확하지 않은 경우 질문하라. 혼란스럽다면 다른 많은 학생들도 마찬가지로 혼란스러워할 가능성이 높다. 그들은 손들어 질문하는 여러분을 좋아할 것이다. 강사가 비정상적으로 자신이 없지 않은 한, 더 명확하게 이해하려고 하는 여러분에게 기회를 줄 것이다. 물리학 강사는 질문을 잘 하지 않는 것을 알고 있어서 학생들이 어디 부분에서 어려워하는지 파악하는 데 어려움을 겪을 때가 종종 있다. 질문은 앞으로 나아가기 위한 윤활유와 같다.

7. 이해를 확인하기 시험 준비는 막판 벼락치기와 암기의 문제가 되어서는 안 된다. 대신, 큰 그림에 대한 이해 정도를 검토하고 이전에 풀었던 연습과 질문에 답할 때 했던 것을 왜 했는지 스스로에게 물어봐야 한다. 많은 물리학 강사가 정의 및 기타 정보를 포함할 수 있는 공식 종이를 제공하거나 허용하기 때문에 암기는 일반적으로 무의미하다. 심야 벼락치기는 숙면을 취하는 데 방해가 되기 때문에 비생산적이다. 수면은 시험에서 제출된 문제를 풀기 위해 다음날 머리를 맑게 하는 데 중요하다.

제안한 내용의 대부분은 상식적인 것들이지만, 많은 학생들이 이러한 내용을 따르지 않는다는 사실을 알고 놀라지는 않을 것이다. 오래된 습관은 고치기 어렵고 또래 친구들이 때때로 부정적인 영향을 줄 수 있다. 학생들은 비효율적이라는 것을 알면서도 판에 박힌 생활에서 벗어나지 못하는 패턴에 빠지게 된다. 이러한 비밀을 공개하였으니 다른 길을 택하려면 그렇게 하면 된다. 잘 되는지 알려주기 바란다.

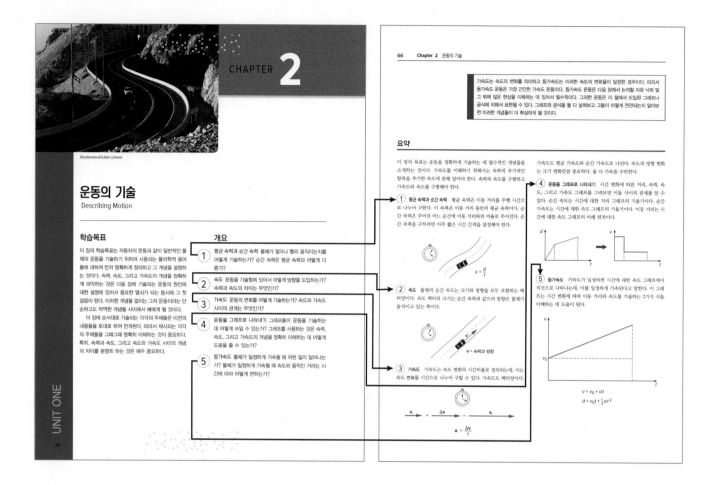

학습 요령

이 책의 특징을 사용하는 방법

이 책에는 탐구할 개념을 쉽게 정리하고 이해할 수 있도록 고안된 여러 특징들이 있다. 이러한 특징에는 각 장의 시작 부분에 있는 장의 개요와 각 장의 끝부분에 있는 요약, 그리고 장의 개별 절 구조가 있다. 각 장의 끝에 있는 개념문제, 연습문제 및 종합문제도 중요한 역할을 한다. 이러한 특징을 어떻게 최대한 활용할 수 있을까?

장 개요 및 요약

여행을 시작하기 전에 어디로 향하고 있는지 아는 것이 미션 성공의 열쇠가 될 수 있다. 학생들은 아이디어를 구성하는 데 도움이 되는 구조나 틀이 있으면 개념을 더 잘 이해하게 된다. 각 장의 시작 부분에 있는 장의 개요 및 윤곽과 끝부분의 요약은 이러한 생각의 틀을 제공하도록 설계되었다. 한 장을 읽는 데 시간을 투자하기 전에 달성하려는 것이 무엇인지 명확하게 파악하면 읽기가 더 효과적이고 즐거울 것이다.

장 개요에 있는 주제 및 질문들을 읽으면서 진행 상황을 확인하기 위한 체크 리스트로 사용할 수 있다. 개요에서 번호가 매겨진 각 주제와 관련 질문은 해당 장의 절과 관련이 있다. 개요는 읽을 때 채울 몇 가지 공백(답이 없는 질문)을 제공하여 호기심을 자극하도록 설계되었다. 공백이 없으면 정보를 저장할 조직 구조를 가지지 않는다. 구조가 없으면 상기하기가 더 어렵다. 개요에 있는 질문을 사용하여 읽기의 효과를 확인할 수 있다. 질문이 끝나면 모든 질문에 답할 수 있는가? 장의 각 절도 질문으로 시작하며 절 부제목도 마찬가지로 종종 질문으로 나온다. 각 절의 끝에는 해당 절의 아이디어를 함께 묶는 데 도움이 되도록 쓴 요약 단락이 있다.

장 끝의 요약은 각 절의 핵심 아이디어에 대한 간략한 설명을 제공하며, 종종 개요에서 제기된 질문에 대한 답변 형식으로 제공된다(다이어그램 참고). 요약은 빠른 검토를 제공하지만 본문을 주의 깊게 읽는 것을 대신할 수는 없다. 개요와 동일한 조직 구조를 따르는 요약에서는 이러한 아이디어에 대한 보다 완벽한 토론을 할 수 있는 위치를 알려준다. 개요와 요약의 목적은 읽기를 보다 체계적이고 효과적으로 만드는 것이다. 새로운 학문을 공부하려면 시간이 걸릴 수 있는 새로운 사고 패턴을 형성해야 한다. 각 절의 끝부분과 장의 끝부분에 있는 요약은 기초를 탄탄히 하는 데 도움이 된다. 구조는 종종 층층으로 지어지므로 기초가 불안정하면 이후 층은 흔들리게 된다.

개념문제와 연습문제는 어떻게 사용되어야 하는가?

각 장의 끝에서 일련의 개념문제와 일련의 연습문제, 그리고 마지막으로 소수의 종합문제가 있다. 숙제나 개인적 학습을 통해 개념문제와 연습문제에 대한 답변을 작성하면 해당 장의 이해도가 향상될 것이다. 이러한 연습 없이는 각 장에 포함된 아이디어를 완전히 이해할 수 없다.

개념문제는 중요한 개념과 차이점을 기억하는 데 도움이 된다. 대부분의 질문에는 짧은 답변과 설명으로 답한다. 이러한 질문에 답할 때 명확한 문장으로 설명을 작성하는 것이 좋은데, 아이디어를 여러분의 것으로 만드는 데 유일한 방법이기 때문이다. 또한 다른 사람에게 명확하게 설명할 수 있으면 이해한 것이다.

연습문제는 아이디어와 관련 공식을 사용하여 간단한 계산 연습을 하도록 설계되었다. 연습문제는 또한 관련된 수량의 단위와 크기를 알려주어 개념에 대한 이해를 강화하는 데 도움이 된다. 많은 연습문제가 많은 것을 적지 않고 암산으로도 할 만큼 간단하지만 1.3절의 예제 1.2 및 1.3에 표시된 방식으로 제공된 정보, 원하는 정보 및 답안을 작성하는 것이 좋다. 이렇게 함으로써 부주의한 실수를 피하는 데 도움이 되는 신중한 학업 습관을 발전시키는 데 도움이 될 것이다. 대부분의 학생들은 개념문제보다 연습문제가 더 쉽다고 생각한다.

종합문제는 개념문제나 연습문제보다 더 광범위하다. 종합문제는 종종 개념문제나 연습문제의 특징을 모두 가지고 있다. 개념문제나 연습문제보다 반드시 어려운 것은 아니지만, 시간이 더 걸리고 때때로 이 장에서 논의된 것 이상으로 아이디어를 확장하는 데 사용된다. 각 장에서 종합문제들 중 한두 가지를 풀어본다면 자신감을 가질 수 있을 것이다. 종합문제는 연습문제를 풀어보았고 주제를 더 깊이 탐구하고 싶은 학생들에게 특히 권장된다.

연습문제, 종합문제, 그리고 일부 개념문제에 대한 답은 책 뒷부분 부록 B에 있다. 문제를 풀기 전에 답을 보는 것은 스스로 지는 것이다. 여러분이 스스로 생각하는 연습을 못하게 하는 것이다. 문제를 풀어본 뒤에 답을 확인하면 자신감을 높일 수 있을 것이다. 답안은 자신의 생각을 확인하거나 개선하는 데에만 사용하기 바란다.

일상의 자연현상

물리적 아이디어에 대해 읽거나 이야기하는 것은 유용하지만 현상에 대한 실제 경험을 대체할 수는 없다. 여러분은 이미 이러한 현상 중 많은 부분에 대해 풍부한 경험을 가지고 있지만, 아마도 여러분이 배우게 될 물리적 개념과 관련되지는 않았을 것이다. 새로운 방식으로 사물을 보는 것은 여러분을 더 예리한 관찰자로 만들 것이다.

일상적인 현상을 논의하는 코너인 '일상의 자연현상'은 물리적 개념을 적용하는 연습이 되도록 한다. 이 코너에서 논의된 대부분의 현상은 친숙하다. 이 코너를 통해 이러한 예를 더 철저하게 탐색할 수 있다. 일상적인 현상에 대해 이렇게 조사해보면 집에서도 아이디어가 떠오르게 할 수 있을 것이다.

Brief Contents

Contents

CHAPTER 1

기초과학으로서의 물리학
Physics, the Fundamental Science

학습목표

이 장의 학습목표는 물리학이 무엇이고, 그것이 과학의 넓은 체계 속에서 어디에 위치하고 있는지에 대한 이해를 돕는 데 있다. 또한 물리학의 단위계를 이해하고 간단한 수학을 응용하여 본다.

개요

1 에너지에 대하여 최근 지구 온난화에 대한 논란이 거세게 일고 있다. 에너지는 어떻게 지구 온난화나 기후변화와 관계되는가? 이러한 논란에 대하여 물리학은 무엇을 말하고 있는가?

2 과학의 기획 과학적인 방법이란 무엇인가? 과학적 설명이 다른 종류의 설명들과 어떻게 다른가?

3 물리학의 범위 물리학이란 무엇이고, 그것은 다른 과학들이나 기술에 어떻게 연관되어 있는가? 물리학의 주된 분야들은 어떤 것들인가?

4 물리학에서 수학과 측정의 역할 측정은 왜 중요한가? 수학이 광범위하게 과학에서 이용되는 이유는 무엇인가? 미터법 단위의 이점은 무엇인가?

5 물리학과 일상적인 현상들 물리학은 우리의 일상적인 경험과 상식에 어떻게 관련이 되는가? 일상적인 경험을 이해하는 데 물리학을 이용함으로써 얻는 이점은 무엇인가?

인디언 서머(Indian summer: 겨울에 온화함이 2~3일 찾아오는 여름 같은 날씨) 어느 날 시골길을 따라 자전거를 타고 간다고 상상해보자. 갑작스레 뿌려졌던 소나기가 그치고, 비구름이 걷히면서 동쪽에 무지개가 나타난다(그림 1.1). 낙엽이 팔랑거리며 땅 위로 떨어지고, 다람쥐가 건드리다 떨어뜨린 도토리 하나가 귀 바로 옆으로 떨어진다. 따뜻한 햇볕을 등으로 받으며 여러분은 이런 정경 속에서 평화를 느낀다.

이 순간을 느끼는 데 물리학의 지식이 필요한 것은 아니지만 마음속으로는 호기심이 생길지도 모른다. 왜 무지개는 서쪽이 아니고 비가 오고 있을지도 모르는 동쪽에 나타날까? 왜 무지개는 색깔을 가지고 있을까? 왜 도토리는 낙엽보다 빨리 떨어질까? 자전거를 똑바로 서 있게 하는 것이, 왜 정지해 있을 때보다 저전거가 움직일 때가 더 쉬울까?

이런 여러분의 호기심은 과학자들의 호기심과 아주 유사하다. 그런 현상들을 이해하고, 설명하고, 예측하는 이론이나 모형들을 만들고 이것들을 적용하는 법을 배우는 것은 가치 있는 지적 훈련이다. 하나의 설명을 만들어내고 간단한 실험이나 관찰을 통하여 그것을 검증해보는 것은 흥미 있는 일이다. 과학과목의 초점이 지식들을 축적하는 데 있을 때는 그런 즐거움이 종종 잊히기도 한다.

이 책을 통해 일상생활에서 경험하는 여러 가지 현상들을 이해하는 능력을 키울 수 있을 것이다. 자기만의 설명을 만들고 간단한 실험을 통해 그것을 검증해보는 법을 배우는 것은 여러분에게 성취감을 줄 수 있다. 이 책에서 던져지는 질문들은 물리학의 영역에 있는 것들이지만, 그 탐구 정신은 모든 과학과 많은 인간활동의 영역에서 공통적인 것이다. 과학적 연구의 가장 큰 보답은 그전에는 몰랐던 것을 이해하게 되는 데서 오는 즐거움과 흥분이다. 중요한 과학적인 업적을 이룬 물리학자나 무지개의 원리를 이해하고 있는 자전거 타는 사람에게나 이 사실은 마찬가지다. 또한 정치적 혹은 정책적 토론의 밑바탕이 되는 이런 물리학적 개념을 이해함으로써 보다 풍요로운 토론문화가 이루어질 것이다. 다음 절에서 에너지 사용과 기후변화에 대한 매우 중요한 영역에서의 의문점들을 소개할 것이다.

그림 1.1 어느 늦은 오후 동쪽에 무지개가 나타났다. 어떻게 이 현상을 설명할 수 있을까? (일상의 자연현상 17.1 참고)
Sally Cantrell Griffith 제공

1.1 에너지에 대하여

만일 여러분이 지금 한 친구와 지구 온난화와 에너지란 주제로 열띤 토론을 벌이고 있다고 하자. 그 친구는 이 주제에 대하여 여러분과는 상반된 주장을 하고 있고 여러분은 점차 이것은 정치적인 입장의 차이일 뿐임을 느끼지만 딱히 어떻게 반박을 해야 할지 모를 때가 있다.

이럴 때 우리는 에너지 분야에 대한 더 자세한 지식의 필요성을 느낀다.

에너지에 대한 문제는 바로 지구 온난화와 기후변화에 대한 논란의 핵심이며, 이에 대한 폭넓은 이해는 정책입안자뿐만 아니라 정치가나 일반 개인에게도 중요하다. 때로는 누구나 이러한 주제로 토론에 참여하거나 중요한 투표를 하게 될지도 모르기 때문이다.

에너지란 무엇이며 어떻게 사용되는가? 어떤 에너지가 재생 가능하거나 그렇지 않은가? 에너지에 대해 이해하고 에너지를 주제로 토론을 하기 위해선 무엇을 준비해야 할까?

에너지는 지구 온난화 논란에 어떤 연관성을 갖는가?

에너지는 대부분 화석연료를 태워서 얻어진다. 이때 수백만 년 동안 석탄, 석유, 그리고 천연가스에 내포되어 있던 탄소들이 공기 중으로 나오게 된다. 그러므로 이런 탄소는 이산화탄소를 흡수하거나 방출하는 지속적으로 이루어지던 진행 중인 과정(ongoing process)에는 포함되어 있지 않았다. 지구연대기에서 살펴보면 화석연료 연소는 최근 아주 짧은 시기에만 이루어진 것을 알 수 있다(그림 1.2 참고).

그럼 진행 중인 과정에 포함되는 탄소는 어떤 것인가? 나무나 그 외 녹색식물들은 이산화탄소를 대기로부터 흡수한다. 이 이산화탄소는 식물이 자라는 근원이 된다. 식물이 죽으면 분해되는 과정에서 대기로 이산화탄소를 방출한다. 숲이 화재로 불타게 되면 더 빠르게 이산화탄소를 대기 중으로 배출한다. 식물 내 탄소의 일부는 땅속에 수백만 년 동안 저장되어 있다가 화석연료로 바뀐다. 나무를 연료로 사용할 때 이산화탄소가 방출되긴 하지만, 이 이산화탄소는 장기적으로 온실가스 역할을 하지는 않는다. 그 이유는 방출되는 이산화탄소가 대기 중에 흡수된 기간이 그리 오래되지 않았기 때문이다. 나무가 불타는 과정에서 재(ash)나 부작용을 일으킬 수 있는 다양한 입자들을 만들어낸다.

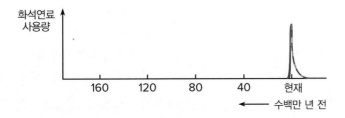

그림 1.2 지구연대기로 살펴본 화석연료 사용 변화량 추이. 석탄, 석유, 그리고 천연가스는 4천만 년에서 2억 년 전에 생성이 되었다.

도시나 고속도로 등을 건설하면서 숲을 파괴하면 대기 중 이산화탄소의 균형에 영향을 미치지만, 화석연료를 연소시킨 결과는 큰 영향을 미친다. 그리고 이것은 온실가스가 증가하는 속도를 조절하기 위해서 주목해야 할 점이다. 이는 에너지를 어떻게 얻어야 하고, 그 에너지를 어떻게 사용해야 하며, 이런 영향을 조절하기 위해선 어떤 행동을 해야 할까 하는 보다 친숙한 논쟁 속으로 들어가게 만든다.

자, 그럼 에너지란 무엇인가? 그 용어는 매우 친숙하고 뭘 의미하는지 잘 알지만 정확하게 정의하는 것은 그리 쉬운 일이 아니다. 지구 온난화에 대한 논쟁 중 많은 오해들이 에너지에 대한 정의를 잘 이해하지 못해서 생긴다고 할 수 있다. 예컨대 수소는 에너지원일까 아니면 단지 에너지를 이동시키는 수단에 불과할까? 그리고 이 둘의 차이점은 무엇일까? (일상의 자연현상 18.1 참고) 수소에 관한 많은 정치적 논란들은 이런 기본적인 문제 해결점을 잘 찾지 못한다.

이 책의 6장인 '에너지와 진동'에서 에너지에 대해 처음으로 정의할 것이다. 역학 부분 앞에 에너지에 관한 기본 개념은 언급이 될 것이다. 사실, 역학에 관한 사전지식 없이는 에너지에 대해 이해하기는 힘들다. 6장의 서론 부분에 에너지에 관한 기본 개념이 소개될 것이고 그 이후로 점점 그 개념을 확대해 나갈 것이다. 이런 개념이 물리학의 가장 중심이 된다는 것을 알 수 있을 것이다.

물리학과 에너지

에너지에 대한 정확한 이해는 에너지 정책을 논의하기 위한 적절한 출발점이 된다. 에너지의 의미, 그리고 에너지의 전달과정은 전형적인 물리학의 영역인 것이다. 어떻게 에너지를 한 형태에서 다른 형태로 바꿀 수 있는지, 에너지를 사용함에 있어 그 효율을 어떻게 극대화할 수 있는지, 그리고 종종 언급하는 에너지 보존이란 어떤 의미인지 등이 이 책에서도 언급되는데, 이는 물리학을 공부하고자 한다면 가장 일반적인 과정이다.

이들이 모두 어떤 방식으로든지 에너지를 응용하고 있지만 물리학의 기초적 원리는 에너지에 대한 개념이 아직 도입되지 않은 이 책의 전반부에서는 역학적인 관점에서만 고려된다.

간단히 말해서 화석연료 사용의 절감 방안은 에너지 보존과 관련이 있다. 새로운 에너지원의 개발보다는 에너지 변환과정의 관리가 중요한 것이다. 가솔린이나 디젤, 중유의 가격 상승이 이러한 연료 수요에 큰 영향을 미친다는 것을 알고 있다. 엄밀하게 말해 에너지는 소모하는 것이 아니다. 다만 에너지가 사용되며 다른 형태로 바뀔 뿐이다(6장과 11장 참고). 계속해서 운동의 역학(2~4장), 열역학과 기관(9~11장)은 에너지 보존을 다룬다.

어떤 종류의 에너지 형태로 만들어 사용할 것인가 하는 문제에 물리학적 개념이 들어가야 한다. 예컨대 원자력 발전소(그림 1.3)보다 천연가스를 사용하는 것이 더 나을까? 원자력 발전소는 오랜 기간에 걸쳐 정치적인 견해에 좌지우지 되는 상태이다. 핵에너지란 과연 무엇이고, 이 에너지의 사용을 지속적으로 늘려야 할까 아니면 경계를 해야 할까? 천연가스는 석탄이나 석유에 비해 이산화탄소를 적게 만들어낸다. 하지만 천연가스를 계속 사용하게 되면 온실가스를 만들어내는 원인이 될지도 모르는 일이다.

그림 1.3 원자력 발전소는 우리의 구원자일까 아니면 과거의 유물일까?
Steve Allen/Brand X Pictures/Alamy Stock Photo

반면 원자력 발전은 탄소 관련 연료를 태우지 않아 대기 중에 전혀 이산화탄소를 방출하지 않는다. 이러한 이유로 원자력 발전은 탄소 절감 에너지원으로 새로운 관심의 대상이 되고 있다. 반면 원자력에는 희귀 원소인 우라늄의 채굴에 따르는 안전, 방사선 폐기물 처리문제 등 환경 문제들이 남아 있다. 물론 어떤 에너지원을 선택하든 동일한 문제점이 있으므로, 각 에너지원에 대한 이러한 문제들의 경중을 면밀히 분석하는 것이 중요하다.

이렇게 제기된 문제에 대하여 명확한 답변을 제시하지는 않겠다. 단지 원자력 발전, 천연가스 발전소, 그리고 다른 전기를 생산하는 시설과 관련된 물리학을 소개할 뿐이다. 이 책의 11장에서 화석연료를 사용하는 발전소를 다루고, 19장에는 원자력 발전소를 간단히 소개한다. 에너지를 생산하는 다른 많은 장치에 대한 원리가 그 장단점과 함께 다양하게 제시될 것이다.

이러한 내용을 전부 이해한다면 그것으로 친구와의 논쟁에서 승리할 만한 지식을 습득했다고 볼 수 있을까? 아마 아닐 것이다. 비록 그렇더라도 논쟁에서 상당한 우위를 차지하게 되리라 확신한다. 이는 모두의 이해가 증진되는 계기가 될 것이다.

> 최근 기후변화와 에너지 사용에 대한 정치적인 논쟁이 뜨겁다. 이 2가지 주제는 떼어놓을 수 없는데, 이는 화석연료를 태워 에너지를 얻는 과정에서 온실가스라 불리는 이산화탄소가 필연적으로 대기 중으로 방출되기 때문이다. 물리학에서 에너지란 중심이 되는 개념이다. 에너지의 변환, 사용 등과 같은 주제를 충분히 이해하려면 폭넓은 물리학 지식이 반드시 필요한 것이다.

1.2 과학의 기획

앞에서 이야기한 지구 온난화 또는 무지개의 경우처럼 무엇인가를 설명하기 위해서 과학자들은 어떤 단계들을 밟아 가는가? 과학적인 설명은 다른 종류의 설명들과 어떻게 다른가? 과학은 거의 모든 것들을 다 설명할 수 있는가? 과학이 할 수 있는 것과 없는 것을 이해하는 것은 중요하다.

철학자들은 지식의 본성, 특히 과학적 지식의 본성에 관한 질문들에 답하기 위해 수많은 시간과 지면을 할애하였다. 많은 논제들이 여전히 개선되고 논의되고 있다. 과학은 20세기 동안 급속한 발전을 했으며 우리의 생활에 엄청난 영향을 주고 있다. 의약, 교통과 통신, 컴퓨터 분야의 혁신적 발전은 모두 과학 발전의 결과인 것이다. 어떻게 그렇게 지속적으로 확장되고 발전할 수 있었을까?

과학의 무지개

하나의 과학적인 설명이 어떻게 만들어지게 되는지 구체적인 예를 생각해보자. 무지개가 어떻게 만들어지는지에 대한 설명을 찾기 위해서 무엇부터 하겠는가? 마음속에 그 질문을 간직한 채 자전거를 타고 집으로 돌아오면 아마 백과사전이나 물리학 교과서를 들춰 색인에서 무지개를 찾아 거기에 있는 설명을 읽어볼 것이다. 그러나 과학자도 그럴까?

거기에 대한 대답은 긍정적이기도 하고 부정적이기도 하다. 만일 설명을 잘할 수가 없는 경우라면 많은 과학자들도 우리처럼 책을 찾아볼 것이다. 이 경우 우리는 그 책을 쓴 저자의 권위나 저자가 소개하는 설명을 제안한 과학자들의 권위에 의존한다. 이렇게 권위에 의존하는 것이 지식을 습득하는 한 방법이긴 하지만, 우리의 설명이 정당한가는 우리가 참고하는 권위에 달려 있다. 우리는 누군가가 이미 우리와 같은 의문을 이미 가지고 거기에 대한 설명과 그것의 검증을 위한 연구를 했으리라고 희망할 뿐이다.

300년 전으로 돌아가서 같은 방법으로 접근한다면 어땠을까? 어떤 책에서 무지개는 천사의 그림이라고 말할 것이다. 다른 책에서는 빛의 성질과 빛과 빗방울의 상호작용을 이야기할 것이지만, 결론을 내리는 데 있어서는 유보적일 것이다. 이런 모든 책들이 그 당시에는 나름대로의 권위를 갖고 있는 것이었을지도 모른다. 그렇다면 어떤 책을 따르고, 어떤 설명을 받아들여야 할 것인가?

만일 유능한 과학자라면 우선 빛에 대한 다른 과학자들의 의견을 읽을 것이고, 다음으로 무지개와 관련된 여러분 자신의 관찰에 근거하며 그 의견들을 검증하려 할 것이다. 무지개가 나타나는 조건, 여러분과 무지개와 태양의 상대적 위치, 비가 내리는 위치 등을 주목하게 될 것이다. 무지개 색깔의 순서는 무엇인가? 다른 현상에서도 그런 순서를 본 적이 있는가?

그렇다면 빛에 대한 현재의 견해들과 빛이 빗방울을 통과할 때 일어나는 현상에 대한 자신의 추측을 사용하여 무지개에 대한 설명이나 **가설**(hypothesis)을 창안하려 할 것이다. 그 가설을 검증하기 위하여 물방울이나 유리구슬을 사용하는 실험을 고안할 수도 있을 것이다. (무지개가 어떻게 형성되는지에 대한 최근 이론은 17장에 있다.)

설명이 관찰과 실험결과에 부합하는 것이라면 그것을 학술논문으로 보고하거나 동료 과학자들과 의논할 수 있다. 그들은 설명을 비판하거나 부분적으로 수정할 것을 제의할 것이며, 여러분의 주장을 확인하거나 반박하기 위하여 그들 자신이 직접 실험을 해보기도 할 것이다. 다른 과학자들이 결과를 확인하면 설명은 지지를 얻게 되고, 궁극적으로 빛을 포함한

그림 1.4 프랑스의 물리학자 마리 퀴리(1867~1937)가 1925년 파리의 한 강당에서 과학자들을 대상으로 강연을 하고 있다. 퀴리 부인은 1903년 노벨 물리학상을, 1911년에는 노벨 화학상을 수상하였다. *Jacques Boyer/Roger Viollet/Getty Images*

현상들에 대한 보다 포괄적인 **이론**(theory)*의 한 부분이 될 것이다. 여러분과 다른 사람들이 하는 실험들은 또 새로운 현상의 발견으로 연결될 수도 있고, 이것들은 더 세련된 설명이나 이론을 요구하게 될 것이다.

위에서 기술한 과정에서 가장 중요한 것들은 무엇인가? 그 첫째는 세심한 관찰의 중요성이다. 달리 말하면 검증가능성이란 개념이다. 받아들여질 수 있는 과학적인 설명은 그것이 예측하는 것을 관찰이나 실험을 통하여 검증할 수 있는 방법도 제안하는 것이라야 한다. 무지개가 천사들의 그림이라고 말하는 것은 시적일 수는 있지만 인간이 검증할 수 있는 것이 아니다. 따라서 그것은 과학적인 설명이 아니다.

위의 과정에서 또 다른 중요한 부분은 사회적인 면이다. 즉 여러분의 이론과 실험결과에 대해 동료 연구자들과 대화하는 부분이다(그림 1.4). 동료들에게 여러분의 아이디어를 비평받는 것은 과학의 발전에 있어 매우 중요하다. 대화는 여러분이 실험을 수행하고 그 결과를 해석할 때 신중을 기할 수 있도록 하는 데에도 중요하다. 일에 있어서 중대한 착오나 누락된 부분에 대한 통렬한 비평은 미래의 좀 더 주의 깊은 연구를 위한 강한 동기가 된다. 혼자서 일하는 사람은 가능한 파생적 효과나 대체할 수 있는 다른 설명들, 혹은 자신의 논리나 이론에 있을 수도 있는 실수들을 모두 다 생각할 수 없다. 과학의 폭발적인 성장은 협동과 대화에 의존한 바가 크다.

과학적 방법이란 무엇인가?

지금 말하는 맥락에서 **과학적 방법**(scientific method)이라고 부를 수 있는 것이 존재하는가? 있다면 그것은 무엇인가? 위에서 방금 기술한 과정은 과학적 방법이 어떻게 작동하는가에 대한 일종의 간략한 설명이다. 논지에 약간의 차이가 있을 수 있지만, 그 방법은 종종 표 1.1과 같은 절차를 따른다.

---

* 과학에서 사용되는 이론의 의미는 종종 오해를 일으킨다. 이론은 간단한 가설보다는 더 의미를 갖는다. 이론은 여러 가지 예견들로부터 추론되어진 기본 원칙들의 모음이다. 이론에 내포된 기본 개념들은 동일 과학 분야에서 연구하는 과학자들에게 폭넓게 받아들여진다.

표 1.1 과학적 방법의 단계들

1. 자연현상의 주의 깊은 관찰
2. 관찰과 경험의 일반화에 기반을 둔 규칙이나 경험적 법칙의 정립
3. 관찰과 경험적 법칙을 설명하기 위한 가설의 형성과 가설의 이론으로의 세련화
4. 추가적인 실험과 관찰들을 통한 가설이나 이론의 검증

표 1.1의 각 단계는 모두 무지개에 대한 설명을 어떻게 발전시켰는지에 대한 기술에 포함되어 있다. 주의 깊은 관찰은 언제, 또 어디에서 무지개가 생기는지에 대한 **경험적 법칙**(empirical law)들로 이끈다. 경험적 법칙이란 실험이나 관찰결과들을 일반화한 것이다. 경험적 법칙의 한 예는 우리가 항상 태양을 등지고 무지개를 본다는 것이다. 이 사실은 부합하는 가설을 전개하기 위한 중요한 단서가 된다. 그 가설은 다시 인공적으로 무지개를 만드는 방법들을 제안하여, 그 가설을 실험적으로 검증하고, 궁극적으로 보다 포괄적인 이론을 얻을 수 있게 한다.

과학적 방법을 이렇게 기술하는 것은, 대화라는 중요한 과정을 무시한 것이기는 하지만, 그다지 나쁜 것은 아니다. 모든 과학자들이 이 단계들이 제안하는 과정들을 순서대로 거치는 것은 아니다. 예를 들어, 이론 물리학자들은 단계 3에서 모든 시간을 쓸 수도 있다. 그들도 실험적 결과에 흥미를 가지고 있지만 그들 자신이 실험을 직접 하지는 않을 것이다. 오늘날 단계 1에서처럼 단지 관찰만 해서 되는 과학은 없다. 대부분의 실험과 관찰은 가설이나 기존의 이론을 검증하기 위해 수행된다. 과학적 방법이 여기서는 단계적인 과정인 것처럼 기술되고 있지만, 실제로는 다른 단계들이 동시에 진행되기도 하고 몇 개의 단계들을 오가며 많은 작은 순환과정을 거치기도 한다(그림 1.5).

과학적 방법은 아이디어들을 검증하고 세련되게 하는 방법이다. 실험적 검증이나 일관된 관찰들이 가능할 때만 과학적 방법이 적용된다는 것에 주목하라. 검증은 비생산적인 가설들을 제거하는 데 있어 결정적이다. 검증이 없다면 서로 대치하는 이론들이 영원히 경쟁하게 될 것이다. 예제 1.1에 이런 아이디어들을 설명하는 간단한 질문과 그에 대한 답을 보여준다.

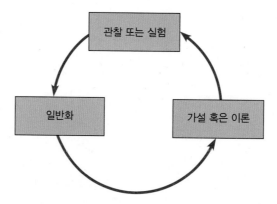

그림 1.5 가설이나 이론을 시험하는 방법을 찾기 위한 관찰이나 실험으로 돌아가는 과학적 순환과정. 모든 과정의 단계에는 관측자와의 의견교환이 들어가 있다.

예제 1.1 ▸ 점성술은 얼마나 믿을 만한가?

질문: 점성가들은 이 세상의 수많은 사건들이 항성에 대한 행성들의 상대적인 배열과 관계가 있다고 주장한다. 이러한 주장은 과연 과학적으로 확인이 가능한가?

답: 그렇다. 만일 점성가들이 미래에 일어날 사건에 대하여 보다 구체적으로 기술해주기만 한다면 다수의 과학자들이 독립적으로 이를 검증할 수 있을 것이다. 사실 점성가들은 이러한 상황을 피하기 위하여 다양한 해석이 가능하도록 최대한 애매한 표현을 즐겨 사용한다. 따라서 명확한 검증은 불가능하다. 점성술은 과학이 아니다.

과학을 어떻게 소개하는 것이 좋을까?

전통적으로 과학교과과정은 과학자들이 그 결과에 도달하게 된 과정에 대한 이야기보다 그 결과의 내용만을 소개하는 데 중점을 둔다. 일반사람들이 종종 과학을 사실들이나 잘 정립된 이론들을 모아 놓은 것이라고 생각하는 이유가 바로 이것이다. 이 책도 어느 정도는 같은 비난을 면하기 어렵다. 이 책에서도 그 전체 발전과정보다는 많은 과학자들의 연구에서 정리된 최종적인 이론들만을 기술하기 때문이다. 하지만 과거의 착오나 비생산적인 접근방법들을 반복하지 않고, 다른 사람들이 이미 이루어 놓은 것 위에 새로운 것을 쌓아 올리는 것은 과학의 진보에 있어서 하나의 필요한 조건이기도 하다.

이 책은 일상적인 현상들을 관찰하여 그것에 대한 자신의 설명을 전개하고 또한 그것을 검증하도록 만들려고 한다. 집에서 간단한 실험이나 관찰을 하고, 그 결과에 대한 설명을 만들고, 그리고 여러분의 해석에 대해서 친구들과 논쟁을 하면서, 과학의 본질인 주고받는다는 것의 중요함을 느끼게 될 것이다.

우리가 자각을 하고 있든 그렇지 않든 간에, 우리 모두는 일상적인 생활에서 과학적인 방법들을 사용한다. 일상의 자연현상 1.1에서 기술한 고장 난 전기주전자의 경우는 일상적인 문제해결에 적용되는 과학적 추론의 예를 보여준다.

과학의 과정은 자연현상에 대한 관찰이나 실험들로부터 시작해서 역시 또 그것들로 돌아간다. 관찰은 경험적인 법칙들을 제안할 수 있고, 그 일반화 과정에서 보다 포괄적인 가설과 결합될 수 있다. 그러면 그 가설은 다른 관찰과 잘 제어된 실험들에 의해 검증되어 한 이론을 형성하게 된다. 과학자들은 하나나 그 이상의 이런 활동에 관여하며, 우리 모두는 일상적인 문제들에서 과학적인 방법을 사용한다.

주제 토론

종종 지구 온난화와 기후변화는 인간의 활동에 따라 온실가스, 특히 이산화탄소가 대량으로 대기 중에 방출되는 것으로부터 기인한다는 데에 대부분의 기상학자들이 동의한다는 이야기를 듣는다. 이러한 기상학자들의 의견의 일치는 곧 진실을 의미하는가? 왜 그런가?

고장 난 전기주전자의 경우

상황   월요일 아침 평상시처럼 여러분은 간밤의 꿈으로부터 완전히 깨어나지 못한 채 주위의 달라진 세상에 낯설어 한다. 그리고 한 잔의 새로 끓인 따끈한 커피로 기분이 상쾌해지기를 기대하면서 전기주전자의 스위치를 켠다. 그러나 전기주전자가 작동하지 않는 것을 발견한다. 자, 이제 다음 대안들 중에 어느 것을 해보는 것이 가장 바람직한가?

1. 손바닥으로 전기주전자를 두드려본다.
2. 2년 전에 버렸을지도 모르는 설명서를 필사적으로 찾는다.
3. 이런 고장에 대해서 잘 알고 있는 친구에게 전화를 한다.
4. 이 문제를 처리하기 위한 과학적 방법을 적용한다.

고장 난 전기주전자 수리하기-대안 1

분석   이 대안들은 모두 다 성공할 가능성을 가지고 있다. 1번 대안에서처럼 때로는 물리적인 충격을 가했을 때 가전제품들이 작동하기 시작한다는 것이 잘 알려져 있다. 2번과 3번 대안은 일종의 권위에 호소하여 결과를 얻는 방법이다. 하지만 4번 대안이 가장 생산적이고 신속한 방법이 될 것이다. 1번 대안이 성공할 경우를 제외하고 말이다.

표 1.1에서 요약한 과학적 방법을 이 문제에 어떻게 적용하겠는가? 단계 1은 고장의 증상을 조용히 관찰하는 것이다. 전기주전자가 단순히 가열되지 않는다고 해보자. 스위치를 켜도 물이 데워지는 소리가 들리지 않는다. 몇 번씩 스위치를 켰다 껐다 해보아도 가열되지 않는다. 이것은 단계 2의 일종의 일반화에 해당된다.

이제 단계 3이 제안하는 것처럼 고장의 원인에 대한 몇 가지의 가설을 만들어 볼 수 있다.

a. 전원이 연결되어 있지 않다.
b. 전기계량기(두꺼비집)의 안전장치가 작동해서 전원이 끊어져 있다.
c. 집안 전체나 동네가 정전 상태다.
d. 전기주전자 안의 퓨즈가 끊어져 있다.
e. 전기주전자 안의 선의 접촉이 좋지 않거나 전원이 끊어져 있다.
f. 전기주전자 안의 온도조절기가 고장 났다.

마지막 3가지 경우는 처음 3가지 경우보다 점검하는 데 조금 더 까다롭긴 하지만 이것들이 모두 그 가능성을 점검하는 데 전기회로에 대한 전문적인 지식을 요구하지 않는다. 처음 3가지 가능성은 아주 쉽게 점검할 수 있는 것들이므로 가장 먼저 검증해보아야 한다(단계 4). 간단하게 전원 코드를 꽂거나 전기계량기의 스위치를 올려주기만 해도 원하던 일을 계속할 수 있다. 만약 건물 자체가 정전된 것이라면 이것은 전등, 시계와 같은 다른 가전제품의 전원을 넣어 봄으로써 간단히 검증할 수 있다. 물론 이런 경우 더 이상 할 수 있는 것은 거의 없다. 하지만 최소한 무엇이 문제인지 확인할 수가 있다. 전기주전자를 두드리라는 것은 아무런 도움이 되지 않을 것이다.

그 전기주전자가 퓨즈가 없을 수도 있지만 퓨즈가 끊어진 경우라면 근처의 상점으로 가야 할 것이다. 내부 선의 접촉이 좋지 않거나 탄 경우는 바닥부분을 열어서 눈으로 쉽게 확인할 수 있는 경우가 많다. (이 경우 전원 코드를 반드시 뽑아야 한다!) 이런 경우라면 문제를 파악한 것이지만 수리하는 데는 시간이 걸리거나 기술자가 필요할 것이다. 제일 마지막의 경우도 이와 마찬가지다.

여러분이 무엇을 발견하든 문제에 대한 이런 침착하고 체계적인 접근은 다른 방법보다 더 생산적이고 만족스러운 결과를 줄 것이다. 이런 식으로 문제를 처리하는 것은 작은 규모에서 일상적인 문제에 과학적 방법을 적용하는 예가 된다. 이런 방식으로 문제들에 접근한다면 우리 모두는 과학자라고 할 수 있다.

1.3 물리학의 범위

과학에서 물리학의 영역은 어디인가? 이 책이 생물학, 화학, 지구과학, 또는 다른 어떤 과학이 아니고 바로 물리학에 관한 것이기 때문에 다른 학문 간에 경계선을 어디다 놓아야 하는가를 묻는 것은 합리적이다. 그러나 그 경계는 정확할 수 없으며, 모든 사람들을 만족시킬 수 있는 물리학의 정의 또한 불가능하다. 물리학이 무엇이고 무엇을 하는지에 대해 감을 잡는 가장 쉬운 방법은 물리학의 분야들을 열거하고 그 내용을 조사해보는 것이다. 먼저 불충분하지만 정의를 고려해보자.

물리학을 어떻게 정의할 수 있는가?

종종 물리학은 물질과 그것들의 운동을 관장하는 상호작용의 기본적인 본질을 공부하는 과학으로 정의된다. 물리학은 모든 과학 분야의 근본이 된다. 물리학의 원리들과 이론들은 화학, 생물학 등 다른 과학들과 관여된 근본적인 상호작용들을 원자 혹은 분자 수준에서 설명하는 데 사용된다. 예를 들어 현대화학은 어떻게 원자들이 결합하여 분자를 이루는가를 설명하는 데 물리학의 **양자역학** 이론을 사용한다. 양자역학은 20세기 초 주로 물리학자들에 의해 발달하였으나 그 과정에서 화학자들과 화학적 지식들도 중요한 역할을 하였다. 처음에 물리학에서 도입된 에너지의 개념은 지금은 화학, 생물학 등 다른 과학에서도 폭넓게 쓰이고 있다.

종종 과학의 일반적인 영역을 생명과학과 물질과학으로 나눈다. 생명과학은 생물학의 여러 분야와 살아 있는 생물들을 다루는 건강과 관련된 학문들을 포함한다. 물질과학은 생물과 무생물계에서 물질의 거동을 다룬다. 물질과학은 물리학은 물론이고 화학, 지구과학, 천문학, 해양학, 기상학 등을 포함한다. 물리학은 모든 물질과학의 기본을 이룬다.

물리학은 또한 가장 정량적인 과학으로 간주된다. 물리학은 이론을 전개하고 검증하는 데에 상당한 수학과 수치적 측정을 사용한다. 이런 측면은 물리학의 모형과 아이디어들이 다른 과학들에서보다 훨씬 간단하고 명확하게 기술될 수 있음에도 불구하고, 학생들이 물리학에 접근하는 것을 어렵게 만들었다. 1.4절에서 논의하겠지만, 수학은 어떤 수단보다도 간결하고 정확한 기술을 가능하게 해주는 간결하고 치밀한 언어이다. 하지만 이 책을 이해하기 위해 정량적인 기술들이 꼭 필요한 건 아니다.

물리학의 주된 분야는 무엇인가?

물리학의 주된 분야들이 표 1.2에 열거되어 있다. 힘(force)을 받은 물체의 운동을 다루는 역학은 일반화된 이론으로 제안된 최초의 분야였다. 17세기 후반에 발달된 뉴턴의 역학 이론은 수학을 폭넓게 사용한 최초의 성숙된 물리학 이론이었다. 그것은 나중에 발달된 물리학 이론들의 본보기가 되었다.

표 1.2의 첫 4개의 분야는 다른 분야들이 진전을 이루기 시작하던 시기인 20세기 초에 이미 상당히 발달되어 있었다. 이 4개 분야(역학, 열역학, 전자기학, 그리고 광학)는 때때로 **고전물리학**(classical physics)으로 분류된다. 나머지 4개의 분야(원자물리학, 핵물리학, 입자물

표 1.2 물리학의 주된 분야들
역학 힘과 운동에 관한 연구
열역학 온도, 열, 에너지에 관한 연구
전자기학 전기력, 자기력, 전류에 관한 연구
광학 빛에 관한 연구
원자물리학 원자들의 구조와 거동에 관한 연구
핵물리학 원자의 핵에 관한 연구
입자물리학 쿼크 등 소립자에 관한 연구
응집물질물리학 고체와 액체 상태의 물질에 관한 연구

리학, 응집물질물리학)는 모두 부분적으로는 물리학의 현대적 실용분야들이긴 하지만 종종 **현대물리학**(modern physics)이라는 이름으로 분류된다. 이 같은 구별은 나머지 4개 분야는 모두 20세기에서 나타났다는 것과 그전에는 그런 연구가 단지 초보수준에 머물렀다는 것에 근거한다. 표 1.2에 더하여 최근에는 생물물리학, 지구물리학, 천체물리학 등 융합학문 분야들도 있다.

이 절의 사진들(그림 1.6~1.9)은 각 분야들의 특징적인 활동이나 응용들을 보여준다. 레이저(laser)의 발명은 광학 분야뿐만 아니라 의료기술 분야의 발전에도 큰 영향을 미친 중요한 요소였다(그림 1.6). 적외선 카메라의 발달은 열역학과 관련하여 건물로부터의 열흐름을 연구하는 데 필요한 도구를 제공하였다(그림 1.7). 가정용 컴퓨터, 스마트폰 등 많은 가전제품들을 쉽게 접할 수 있는 데서 느낄 수 있듯이 전자제품 소비의 급성장은 응집물질물리학의 발달로 가능하게 되었다. 응집물질물리학의 발전은 태양광 태양전지 발전의 발달에도 큰 역할을 하였고(그림 1.8), 모든 반도체 응용과 연관된다. 입자물리학자들은 소립자들이 고에너지 충돌을 할 때의 상호작용을 연구하기 위해 입자가속기를 사용한다(그림 1.9).

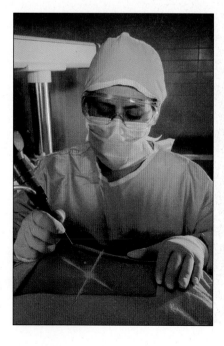

그림 1.6 레이저를 이용한 수술 *Larry Mulvehill/ Corbis/SuperStock*

그림 1.7 집으로부터 열이 유출되는 양상을 보여주는 적외선 사진은 열역학 원리를 응용하여 만들어진다. *Dirk Püschel/Hemera/Getty Images*

그림 1.8 네리스 공군기지에 있는 태양전지를 이용한 발전시설
Stocktrek Images/Getty Images

그림 1.9 스위스의 유럽 입자물리연구소인 CERN에 있는 대형 하드론 충돌 장치는 고에너지의 소립자 간 상호작용을 연구하는 입자가속기다.
Fabrice Coffrini/AFP/Getty Images

과학과 기술은 서로 의존하면서 발전한다. 전기, 역학, 핵 등 그 기술적 전공분야가 무엇이든 간에 물리학은 기술자들의 교육과 작업에 중요한 역할을 한다. 실제로 물리학 학위를 갖고 있는 사람들이 산업현장에서 기술자로 고용되는 경우가 자주 있다. 물리학과 공학, 연구와 개발 사이의 경계는 매우 불분명하다. 물리학자들은 일반적으로 현상들을 근본적으로 이해하는 데 관심이 있고, 기술자들은 그런 이해들을 실제의 작업과 생산에 적용하는 데에 관심이 있다. 하지만 이 두 기능은 자주 겹친다.

마지막 포인트로 물리학이 재미있다는 것을 들 수 있다. 어떻게 자전거가 쓰러지지 않고 갈 수 있는지, 또는 어떻게 무지개가 만들어지는지를 이해하는 것은 모든 사람에게 흥미로운 것이다. 우주가 어떻게 돌아가는지에 대한 직관을 얻는 데서 오는 전율은 어떤 수준에서도 경험할 수가 없다. 이런 점에서 우리 모두는 물리학자가 될 수 있다.

> 물리학은 물질과 그들 사이의 상호작용의 기본적인 원리에 대한 연구이다. 물리학은 가장 근본적인 과학이다. 많은 다른 과학들이 물리학적 원리들을 기반으로 한다. 주된 물리학 분야는 역학, 전자기학, 광학, 열역학, 원자 및 핵물리학, 입자물리학, 그리고 응집물질물리학이다. 물리학이 공학과 기술에 있어 중요한 역할을 하지만, 물리학의 진정한 재미는 우주 전체를 이해하는 데에 있다.

1.4 물리학에서 수학과 측정의 역할

대학도서관에 가서 〈Physical Review〉나 다른 물리학 학술지를 찾아서 아무 쪽이나 펼쳐 보면 그 안에 많은 수학적 기호나 식이 쓰여 있는 것을 발견하게 될 것이다. 아마 여러분은 그 내용을 잘 이해하지 못할 것이다. 실제로 그 논문에서 다루는 특별한 분야의 전문가가 아닌 이상 많은 물리학자들도 특별한 기호들과 정의에 익숙하지 않기 때문에 그 쪽을 대략적으로라도 이해하는 데 어려움이 있을 것이다.

왜 물리학자들은 자신들의 연구에 그렇게 많은 수학을 사용하는가? 거기서 논의되는 아이디어들을 이해하는 데 있어 수학적 지식 자체가 본질적인 것인가? 물리학의 아이디어들을 표현하는 데 있어 보다 정확하게 기술하고, 또한 물리학에서 측정하는 양들 사이의 관계들을 쉽게 다룰 수 있게 해주는 보다 간결하고 치밀한 언어가 바로 수학이다. 그 언어에 익숙해지기만 하면 수학이 주는 신비감은 사라지고 그 유용함이 명백해진다. 그러나 물리학의 대부분의 원리들은 수학을 많이 사용하지 않고도 설명이 가능하므로, 이 책에서는 매우 제한적으로 수학을 사용하려고 한다.

왜 측정이 그렇게도 중요한가?

물리학의 이론들을 어떻게 검증할 것인가? 세심한 측정을 하지 않은 상태에서, 합리적으로 보일 수도 있는 모호한 예측이나 설명들이 있다고 하자. 하지만 만약 이런 설명들이 여러 개이고 그 내용들이 서로 상충적이라면 그 중 어느 한쪽을 선택한다는 것은 불가능할 것이다. 반면에 예측이나 설명이 정량적이어서 검증될 수 있는 것이라면, 측정의 결과에 근거하여 그것을 받아들이거나 버릴 수 있다. 예를 들어 한 가설은 포탄이 우리로부터 100 m 거리에 떨어진다고 예측하고 다른 가설은 같은 조건에서 그 거리가 200 m라고 예측한다면, 대포를 쏘아서 실거리를 측정하는 것은 한 가설이 다른 가설보다 설득력 있다는 증거를 제공한다(그림 1.10). 정밀한 측정이 가능한 방법이 만들어졌을 때 물리학은 빠르게 발전하고 성공하게 된다.

일상적인 생활에서는 측정과 측정들 사이의 관계를 표현할 수 있는 능력이 중요한 상황이 많이 있다. 예를 들어 여러분이 나무농장에서 일을 하는데 사장에게 깊은 인상을 주고 싶다고 하자. 여러분이 2.4에이크의 땅에 300그루의 묘목심기를 막 완료했을 때 사장이 4에이크의 땅에 묘목심기를 하려면 얼마만큼의 묘목이 필요한지 물어본다면 어떻게 할 것인가? 여러분은 묘목의 개수를 너무 많이 구입해 돈을 낭비하거나 너무 적게 구입해 빈 땅이 생기길 원하지 않을 것이다. 이 문제를 머릿속에서 대략적으로 계산할 수는 있지만 사장에게 말로 설명하기는 뭔가 혼돈스러운 부분이 있을 것이다.

수학이 어떤 도움을 주는가?

이 상황을 문장으로 표현한다면 혼돈을 줄일 수 있을 것이다. 4에이커 땅에 필요한 묘목 수

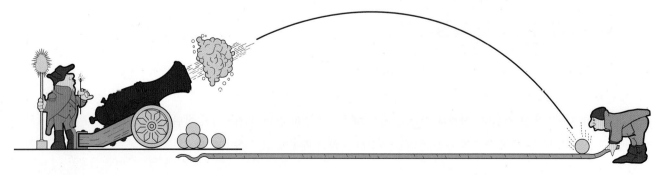

그림 1.10 포탄과 줄자. 측정이 곧 검증이다.

는 2.4에이커의 땅과 연관성을 갖는다. 즉 4 : 2.4의 관계이다. 여기에 관해 약간의 부가적 설명이 필요할 수도 있다. 사장은 이런 **비례관계**(proportion)에 익숙하지 않을 수 있기 때문이다.

설명을 더 간략하게 하기 위해 다음과 같이 해보자. Q를 4에이커의 땅에 필요한 묘목이라 하고 Q_0를 원래의 2.4에이커에 필요한 묘목이라 하자. 이를 수학적으로 나타내면

$$\frac{Q}{Q_0} = \frac{4}{2.4}$$

이다.

수학 기호를 사용하는 것은 앞에서 말로 표현한 것을 나타내는 간단한 방법이다. 게다가 이 방법이 상호관계를 다루는 데 훨씬 더 편리함을 준다. 예컨대, 이 식의 양변에 Q_0를 곱해 주면

$$Q = \left(\frac{4}{2.4}\right) Q_0$$

의 관계가 만들어진다. 즉 4에이커의 땅에 필요한 묘목 수는 2.4에이커의 땅에 필요한 묘목의 (4/2.4)배란 사실이다. 이 식이 구성되고 나면, 예컨대 8에이커의 땅에 필요한 묘목 수를 계산하기 위해서는 단지 $Q = (8/2.4)Q_0$란 관계식을 이용해 쉽게 계산할 수 있다. 분수 수식에 조금만 친숙하다면 어떤 면적의 땅에 필요한 묘목 수도 즉각 계산이 가능할 것이다.

이러한 비율의 아이디어를 흔히 일상생활에서 사용하는 경우는 제조법을 이용할 때이다. 일상의 자연현상 1.2에서는 케이크 2개를 위해 설탕량을 조절하는 것과 5개의 케이크로 만드는 데 제조법을 조절하는 어려움을 다룬다.

이 예에는 2가지 중요한 점이 포함되어 있다. 첫째는 측정을 하거나 측정단위를 사용한다는 것이 일상경험에 일상적이고 중요한 부분이라는 것이다. 둘째는 수학적 진술에서 양들을 나타내기 위해 기호를 사용하는 것이 숫자와 관련된 생각을 표현하는 데 있어서 말로 하는 것보다 간결한 방법이라는 것이다. 또한 수학을 사용하면 관계들의 조작을 쉽게 다룰 수 있기 때문에 주장의 논리를 간결하게 할 수 있다는 것이다. 이것들이 물리학자나 혹은 다른 사람들도 수학적 진술이 유용하다고 생각하는 이유이다.

왜 미터법 단위를 사용하는가?

측정단위는 어떤 측정에 있어서나 꼭 필요하다. 그냥 숫자만 말한다면 의사 전달이 명확하게 이루어질 수가 없다. 예를 들어, $1\frac{1}{3}$의 우유를 붓는다고 말한다면 이 말은 완전하지가 않다. 몇 컵인지, 몇 파인트인지, 몇 밀리리터인지, 즉 그 단위를 지적해야 한다.

리터와 밀리리터는 체적의 **미터법** 단위다. 컵(cups), 파인트(pints), 쿼트(quarts), 갤런(gallons)은 영국의 구식 단위계이다. 대부분의 국가들이 지금은 **미터법**(metric system)을 채택하고 있고, 이것은 미국에서 아직도 사용되고 있는 영국식 단위계보다도 여러 가지로 이점이 있다. 미터법의 주된 이점은 그것이 표준 접두사를 사용하여 10의 거듭제곱을 나타내기 때문에 단위계 안에서의 단위 변환을 쉽게 할 수 있다는 것이다. 1 km는 1000 m이고 1 cm는

계량으로 요리하기

상황　차갑게 얼린 2개의 케이크에 바닐라프로스팅(바닐라액 입히기) 하는 아주 훌륭한 요리법을 가지고 있다고 하자. 그런데 친구가 연중행사인 클럽모임에 5개의 케이크를 가져가고자 한다. 어떻게 재료들을 잘 정량하여야 5개의 차가운 케이크를 만들 수 있을까? 새로 만들어낸 재료들의 비율이 도움이 될 수 있을까?

케이크 표면 마지막 손질하기

분석　재료 비율에 대해 생각해보자면, 새로 5개의 케이크에 들어갈 재료량은 앞서 만든 2개 케이크 재료보다 5/2만큼 많아야 한다는 것을 알 수 있다. 2개의 케이크를 만들 때 필요한 바닐라프로스팅량을 Q_2라 하고 5개의 케이크를 위한 재료량을 Q_5라 한다면 다음과 같은 관계식을 만들 수 있다.

$$\frac{Q_5}{Q_2} = \frac{5}{2}$$

이 식의 양변에 Q_2를 곱하여 Q_5에 관한 식으로 만들어주면

$$(Q_2)\left(\frac{Q_5}{Q_2}\right) = (Q_2)\left(\frac{5}{2}\right)$$

로 된다.

원편 식의 분모와 분자에 있는 Q_2를 약분해주면

$$Q_5 = (Q_2)\left(\frac{5}{2}\right)$$

로 된다.

바꾸어 말하자면 5개 케이크를 만드는 데 들어갈 재료는 2개를 만들 때 들어갈 재료의 (5/2)가 필요하다는 말이다.

이제 요리법을 살펴보자. 2개 케이크에 대한 요리법은 다음과 같다.

- 정제 설탕 16컵
- 부드러운 버터 1컵
- 전유(지방분을 제거하지 않은 우유) 1컵
- 바닐라 추출물 1티스푼

버터와 전유, 그리고 바닐라를 같이 넣은 후 잘 섞여질 때까지 중간 속력으로 저어준다. 저어주는 중간중간 설탕을 부어주면서 약간 끈적끈적해질 때까지 계속 젓는다.

5개의 케이크를 만들려면 모든 재료를 (5/2)만큼 계량해야 한다. 우유 양을 살펴보자.

$$(1 \text{ cup})\left(\frac{5}{2}\right) = \frac{5}{2} \text{ cups} = 2\frac{1}{2} \text{ cups} = 2.5 \text{ cups}$$

이 방식을 다른 모든 재료에 적용 가능하다. 이제 5개의 케이크를 위한 재료의 양은 다음과 같다.

- 정제 설탕 40컵
- 부드러운 버터 2.5컵
- 전유(지방분을 제거하지 않은 우유) 2.5컵
- 바닐라 추출물 2.5티스푼

한 번만 이런 관계식을 만들어두게 되면 더 적은 양이든지 더 많은 양이든지 수량을 달리해도 그때그때 적당한 재료의 양을 잘 정량하여 사용 가능하다. 이런 생각은 일상생활 속 다른 일에도 적용 가능하다. 페인트칠을 할 때나 여러 장의 피자를 만들 때 이 관계식을 적용한다면 훨씬 쉽게 문제를 해결할 수 있다.

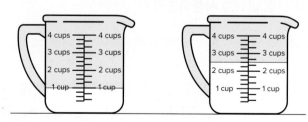

2개의 계량컵 2개의 케이크를 만들기 충분한 우유를 담은 컵과 5개의 케이크를 만들 우유를 담은 컵

표 1.3 상용되는 미터법 접두사들			
		Meaning	
Prefix	in figures	in scientific notation	in words
테라	1 000 000 000 000	$= 10^{12}$	= 1 trillion
기가	1 000 000 000	$= 10^{9}$	= 1 billion
메가	1 000 000	$= 10^{6}$	= 1 million
킬로	1000	$= 10^{3}$	= 1 thousand
센티	$^{1}/_{100}$ = 0.01	$= 10^{-2}$	= 1 hundredth
밀리	$^{1}/_{1000}$ = 0.001	$= 10^{-3}$	= 1 thousandth
마이크로	$^{1}/_{1\,000\,000}$ $= ^{1}/_{10^{6}}$	$= 10^{-6}$	= 1 millionth
나노	$^{1}/_{1\,000\,000\,000}$ $= ^{1}/_{10^{9}}$	$= 10^{-9}$	= 1 billionth
피코	$= ^{1}/_{10^{12}}$	$= 10^{-12}$	= 1 trillionth

1/100 m이다. 접두사 **킬로**(kilo)와 **센티**(centi)가 항상 1000과 1/100을 의미한다는 사실은 이와 같은 변환을 쉽게 기억하게 해준다(표 1.3 참고). 30 cm를 미터로 변환하기 위해 해야 할 것은 단지 소수점을 왼쪽으로 두 자리 옮겨 0.30 m라 하는 것이다. 소수점을 왼쪽으로 두 자리 옮기는 것은 100으로 나누는 것과 동등하다.

표 1.3은 미터법에서 상용되는 접두사들이다. 미터법에서 체적의 기본단위는 리터(L)이다. 이것은 1쿼트보다 약간 크다(1 liter = 1.057 quarts). 1밀리리터(mL)는 1리터의 1/1000이고 조리법과 관련하여 편리한 크기의 단위다. 1밀리리터는 1세제곱센티미터(cm^3)와 같기 때문에 미터법에서 길이와 체적은 간단한 관계를 갖는다. 그런 간단한 관계는 1컵이 1/4쿼트이고, 1쿼트가 67.2세제곱인치인 영국식 단위계에서 찾기가 힘들다.

이 책에서는 미터법을 주로 사용한다. 영국식 단위계는 그것들이 친숙해서 새로운 개념들을 배우는 데 도움이 될 때만 예외적으로 사용한다. 예를 들어 미국에서는 아직도 거리를 이야기할 때 킬로미터보다는 마일을 쓰는 것을 선호한다. 하지만 1킬로미터가 깨끗하게 1000미터라는 것에 비해, 1마일이 5280피트라는 것은 성가신 일이 될 수 있다. 미터법에 익숙해지는 것은 가치 있는 목표다. 세계 대부분에서 사용하는 단위계에 익숙해지는 것은 국제적인 거래에 참여할 수 있는 능력을 향상시켜 줄 것이다. 예제 1.2와 1.3은 이러한 단위 변환의 예를 보여준다.

예제 1.2 ▶ 길이의 단위 변환

1인치는 2.54 cm라고 한다.
  a. 1피트, 즉 12인치는 몇 cm인가?
  b. 1피트는 몇 m인가?

a. 1 inch = 2.54 cm

1 foot = 12 inches

(계속)

1 foot = ? (in cm)

$$(1 \text{ ft})\left(\frac{12 \text{ in}}{1 \text{ ft}}\right)\left(\frac{2.54 \text{ cm}}{1 \text{ in}}\right) = 30.5 \text{ cm}$$

1 foot = 30.5 cm

b. 1 foot = 30.5 cm

1 m = 100 cm

1 foot = ? (in m)

$$(1 \text{ ft})\left(\frac{30.5 \text{ cm}}{1 \text{ ft}}\right)\left(\frac{1 \text{ m}}{100 \text{ cm}}\right) = 0.305 \text{ m}$$

1 foot = 0.305 m

단위에 옆줄을 그은 것은 서로 상쇄됨을 의미한다.

예제 1.3 ▸ 비율에 대한 단위 변환

한 자동 분무기의 분사 유량이 2갤런/시간이라면, 이것은 분당 몇 밀리리터의 비율이 되는가?

1 gallon = 3.786 liters

1 liter = 1000 mL

2 gal/h = ?(in mL/min)

$$\left(\frac{2 \text{ gallons}}{\text{hour}}\right)\left(\frac{3.786 \text{ liter}}{1 \text{ gallon}}\right)\left(\frac{1000 \text{ mL}}{1 \text{ liter}}\right)\left(\frac{1 \text{ hour}}{60 \text{ min}}\right) = 126.2 \text{ mL/min}$$

2 gallons/hour = **126.2 mL/min**

단위에 옆줄을 그은 것은 서로 상쇄됨을 의미한다.

결과나 예측을 숫자로 말하는 것은 막연할 수도 있는 주장에 정밀성을 부여한다. 측정은 과학과 일상생활에 있어서 필수적인 부분이다. 수학적 기호와 진술은 측정결과를 말하는 효율적인 방법이며, 양들 간의 관계를 다루는 것을 쉽게 해준다. 측정단위는 어떤 측정에서도 필수적인 부분이며, 세계 대부분에서 사용되는 미터법은 영국식 단위계보다 많은 이점을 갖고 있다.

1.5 물리학과 일상적인 현상들

물리학을 공부하는 것은 물질의 근본적인 본질이나 우주의 구조와 같은 세상을 떠들썩하게 할 만한 아이디어들로 우리를 이끌 수 있다. 이런 좋은 길을 제쳐두고 자전거가 어떻게 하면 쓰러지지 않는지 손전등이 어떻게 작동되는지와 같은 사소한 일들을 설명하는 데 시간을 낭비하려는가? 왜 존재의 근본적인 원리와 같은 거대한 담론으로 곧바로 뛰어들지 않는가?

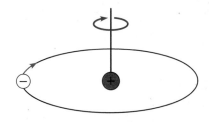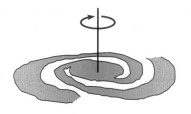

그림 1.11 자전거 바퀴, 원자의 궤도운동, 그리고 은하 모두 각운동량의 개념을 포함한다.

왜 일상적인 현상을 공부하는가?

우주의 근본적인 본질에 대한 이해는 질량, 에너지, 전하량과 같은 추상적이고 비직관적인 개념들에 근거한다. 이런 개념들의 의미를 잘 이해하지 못하고도 그것들과 관련된 어떤 말을 배우고 그것들을 포함하는 아이디어들을 읽거나 논의하는 것이 가능하다. 그러나 이는 적합한 근거도 없는 단지 굉장해 보이는 아이디어들을 유희에 빠트리는 위험한 일이 될 수도 있다.

　의문을 제기하고, 개념을 도입하고, 물리학적인 설명을 고안하는 것을 실습할 때 일상적인 경험을 이용하는 것은 익숙하고 구체적인 예들을 다루게 된다는 이점을 가지고 있다. 이 예들은 어떻게 세상이 돌아가는지에 대한 호기심에 자연스럽게 호소하는 것들이며, 그리고 그 배후의 개념들을 이해하고자 하는 동기를 제공하는 것들이다. 일상적인 경험들을 명확하게 묘사하고 설명할 수 있다면 더욱 추상적인 개념들을 다룰 때도 자신감을 갖게 된다. 익숙한 예들로 인해 그 개념들은 더욱 단단한 기반 위에 서게 되고 그것들의 의미도 더욱 현실이 된다.

　예를 들어, 자전거나 팽이가 움직이지 않을 때는 쓰러지지만 움직일 때는 그렇지 않은 원리는 8장에서 논의할 각운동량의 개념을 포함한다. 각운동량은 또한 미시적인 세계인 원자와 원자핵이나 반대편 극한의 세계인 은하의 구조를 이해하는 데도 중요한 역할을 한다(그림 1.11). 그러나 우선 자전거 바퀴와 팽이의 범주에서 각운동량을 이해해야 한다.

　앞에서 언급한 도토리처럼 물체의 낙하를 설명하는 원리들은 2, 3, 4장에서 논의할 속도, 가속도, 힘, 그리고 질량의 개념들을 포함한다. 각운동량처럼 이 개념들도 역시 원자와 우주를 이해하는 데 중요하다. 6장에서 다루게 될 에너지에 대한 개념은 이 책 전반에 걸쳐 응용되는데, 이는 에너지의 개념이 우주를 이해하는 데뿐만 아니라 기후변화나 에너지 보존과 같은 우리 주변의 이슈들을 이해하는 데도 반드시 필요하기 때문이다.

　'상식'은 일상적인 현상을 이해하는 데 있어 가끔 착오를 범하게 만든다. 잘 정립된 물리학의 원리들과 결합하여 상식을 조정하는 것은 일상적인 경험에서 직면하는 문제들 중 하나이다. 이 책에서 제안하는 것처럼 가정이나 실험실에서 간단한 실험을 하고, 또 물리학 수업에서 실연해 보이는 것들을 스스로 실행해보는 것은 여러분 자신만의 과학적 세계관을 쌓는 데에 적극적인 역할을 할 수 있도록 해준다.

　모순처럼 들리겠지만 일상적인 경험은 일상적이 아니다. 찬란한 무지개는 놀라운 광경이다. 무지개가 어떻게 생기는지 이해한다고 해서 그 경험의 가치가 떨어지는 것은 아니다. 그렇게 아름다운 광경을 몇 개의 격조 높은 개념들로 설명할 수 있다는 것은 흥분을 더해준다. 실제로 관련된 물리학적 아이디어들을 이해하는 사람들은 어디를 보아야 하는지를 잘 알기 때문에 더 많은 무지개를 볼 것이다. 이 흥분과 그것 속에 수반되는 자연에 대한 추가된 인식이 우리 모두에게 열려 있는 것이다.

> 일상적인 현상들을 공부함으로써 추상적인 아이디어들에 쉽게 접근할 수 있다. 이 아이디어들은 물질과 우주의 근본적인 본질을 이해하는 데 필요한 것들이지만 우선 익숙한 예들에서부터 다가가는 것이 최선이다. 일상적인 현상을 설명할 수 있는 능력은 이 아이디어들을 사용하는 데 자신감을 쌓아주고 주위에 일어나는 것들에 대한 인식을 높여준다.

요약

1장에서는 현재의 이슈인 에너지를 포함하는 일상생활과 물리학의 연관성에 대해 알아보았다. 과학적 접근법 및 방법에 대해 소개하며, 물리학의 범위와 물리학에서 사용하는 수학과 측정법 등에 대해서도 알아보았다. 요점을 정리하면 다음과 같다.

(1) **에너지에 대하여** 화석연료를 태워서 대부분의 에너지를 얻는데, 이 과정에서 방출된 탄소가 지구 온난화를 비롯한 기후변화에 다양한 영향을 미친다. 에너지에 대한 정의와 과학이 물리학의 근간이므로 물리학을 잘 이해한다면 에너지에 관한 다양한 논란에 쉽게 접근해 문제를 해결해나갈 수 있을 것이다.

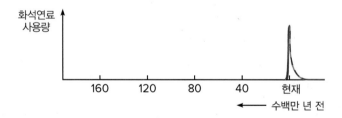

(2) **과학의 기획** 과학적 설명은 자연 관측을 통해 사실을 객관화하는 과정에서 이루어진다. 가설이나 이론을 만들고 이 논지를 부수적인 실험이나 관찰을 통해 더욱 구체화해나간다. 이런 과정을

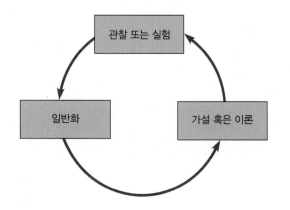

과학적 방법이라 부르긴 하지만 실제 상황은 이 모델로부터 종종 벗어나기도 한다.

(3) **물리학의 범위** 물리학이 자연과학 중 가장 기초적 학문인데, 그 이유는 물리학적 이론이 다른 과학적 사실을 설명하는 기초이론으로 종종 활용되기 때문이다. 물리학은 세부전공별로 볼 때, 역학, 열역학, 전자기학, 광학, 원자물리학, 핵물리학, 응집물질물리학, 그리고 입자물리학 등으로 나뉜다.

(4) **물리학에서 수학과 측정의 역할** 물리학에서 대부분의 성과들은 정량적 모델을 사용하여 이루어지는데, 이는 물리적 측정모델(잘 정의된 단위들)을 만들고 정밀하게 예측함으로써 가능하다. 수학은 이런 결과를 다루고 설명하는 데 아주 적합한 학문이다. 물리학의 기본 개념은 최소한의 수학을 이용하여 설명되고 이해된다.

(5) **물리학과 일상적인 현상들** 일상적인 현상들에 적용될 때 물리학의 대부분의 기본 개념들이 명확해진다. 일상의 친숙한 현상들을 설명하고 이해시킬 수 있을 때 그 개념은 의미를 가진다. 이런 의미가 물리학을 배우는 재미를 주기도 한다.

개념문제

Q1. 죽은 나무들이 먼지로 변한 후 수백 년만에 화석연료로 만들어질 수 있을까? 설명하시오.

Q2. 나무를 태우는 것은 대기 중에 이산화탄소를 방출한다. 그럼 나무도 화석연료라 할 수 있는가? 설명하시오.

Q3. 화석연료를 태우는 과정이 수천 년의 기간 동안에 걸쳐 일어난 것인가? 설명하시오.

Q4. 진실, 검증성(testability), 그리고 당위성(appeal to authority) 중 어느 것이 과학적 설명과 종교적 설명의 차이를 가장 잘 구별할 수 있겠는가? 종교적 설명과 과학적 설명은 어떻게 다른가? 설명하시오.

Q5. 역사학자들은 종종 서로 다른 나라들에서 일어난 사실들을 관찰해 어떤 정형화된 양식이 있다는 이론을 만들어낸다. 이 이론들이 물리학의 이론들과 같은 의미를 갖는다고 시험해 볼 만한가? 설명하시오.

Q6. 차가 시동이 안 걸리는 이유가 배터리 문제일 거라고 가설을 세웠다고 가정하자. 이 가설을 어떻게 검증할 것인가? 설명하시오(일상의 자연현상 1.1 참고).

Q7. 친구가 주가 변동을 예측하기 위해 검정 혹은 빨간색 양말을 신는다고 가설을 세웠다고 가정해보자. 그 친구는 자기의 예측이 몇 번 적중했다고 주장한다. 이 가설을 어떻게 평가할 수 있을까?

Q8. 표 1.2에 주어진 간략한 묘사에 근거하여, 무지개의 원리를 설명하는 데 관련이 있는 물리학의 분야는 무엇이라고 말할 수 있겠는가? 또한 도토리가 어떻게 떨어지는지를 설명하는 것과 관련된 분야는 어느 것이겠는가? 설명하시오.

Q9. 속력을 s, 거리를 d, 시간을 t라고 할 때 속력은 $s = d/t$라는 관계식에 의해 정의된다고 한다. 이 관계를 수학적 기호들을 사용하지 않고 말로 표현하시오.

Q10. 어떤 물체가 정지 상태에서 출발하여 일정한 가속도로 운동할 때 이동한 거리는 가속도 크기의 1/2에 걸린 시간의 제곱을 곱한 값이다. 필요한 기호들을 만들어서 이 말을 기호식으로 표현하시오.

Q11. 미터법으로 바꾸는 것보다 계속해서 영국식 단위계를 사용한다면 그때의 이점들은 무엇이겠는가? 설명하시오.

Q12. 남자 성인의 손바닥 너비가 길이의 표준으로 수백 년간 사용되었다. 이런 단위를 사용할 때의 장점과 단점은 무엇인가? 설명하시오.

Q13. 다음 체적들을 큰 것부터 나열하시오.

갤런, 쿼트, 리터, 밀리리터

부록 C에 나오는 단위 **변환**을 참조하라.

연습문제

E1. 다섯 사람분의 와플을 만드는 데 310 g의 밀가루가 든다고 하자. 두 사람분을 준비하기 위해서는 몇 g의 밀가루가 필요하겠는가? (일상의 자연현상 1.2 참고)

E2. 미디엄 크기 피자 8판을 물리학도 모임회원 32인에게 나누어주면 딱 적당하다고 하자. 수학 모임에는 20명의 학생만 참가했다면 얼마만큼의 피자를 제공해야 적당할까? (일상의 자연현상 1.2 참고)

E3. 어린 여자아이의 발 크기는 7인치이다. 방의 한 변의 길이를 여자아이의 발로 재었더니 15배였다. 방의 크기를 피트와 인치로 나타내시오.

E4. 나무상자의 질량이 8.30×10^6 mg이다. 이것은 몇 kg인가?

또한 몇 g인가? (표 1.3 참고)

E5. 1마일은 5280 ft(피트)이다. 예제 1.2는 1피트가 약 0.305 m라는 것을 보여준다. 1마일은 몇 m인가? 또한 1마일은 몇 km인가?

E6. 면적은 그 면의 길이에 폭을 곱하여 얻는다. 방바닥의 면적이 5.28 m^2(제곱미터)라면 이것은 몇 cm^2(제곱센티미터)인가? 1 m^2는 몇 cm^2인가?

E7. 휘발유가 리터당 1.27달러라면 갤런당 얼마인가? (부록 C 참고)

E8. 정사각형의 면적이 16의 배수로 증가한다면 한 변의 길이는 얼마씩 증가하는 것일까?

종합문제

SP1. 점성가들은 우리가 태어난 별자리와 행성의 위치 등을 이용하여 운세를 예측할 수 있다고 주장한다. 점성술이라 불리는 별자리 운세가 일간지에 매일 나온다. 이 예언을 보면서 다음 질문에 답하시오.

   a. 점성가의 예언은 검증 가능한가?

   b. 우리의 운세를 가지고 앞으로 한 달 동안 이 예측을 어떻게 검증해볼 것인가?

   c. 왜 신문에는 이런 새 예측이 매일 나올까? 어떤 점에서 이런 예언이 사람들의 호감을 살 수 있는가?

SP2. 소형형광등(CFL)은 매우 에너지 절감형이다. 22 W 형광등은 100 W 백열등과 같은 밝기이다. (소형형광등의 수명이 백열등보다 10배 더 길다는 사실은 계산하지 않았지만 이 수명 또한 경제적 이득을 준다.)

   a. 하루 5시간씩 350일간 전구를 켠다면 몇 시간 동안 이 전구가 켜져 있는 건가?

   b. 킬로와트는 1000와트이다. 킬로와트-시간은 에너지 단위이다. 즉 단위시간당 사용한 전력량과 시간의 곱으로 정의된다. 일 년 동안 100 W 전구를 계속 사용했다면 몇 킬로와트-시간(kWh)인가? (와트를 킬로와트로 변환하는 것을 기억하라.)

   c. 22 W 전구를 일 년 동안 사용했다면 이는 몇 킬로와트에 해당하는가?

   d. 시간당 전기세가 15센트일 때 100 W 백열등을 사용한 전기세는 얼마인가?

   e. 동일 전기세 기준으로 22 W 소형형광등을 일 년 동안 사용한 전기세는 얼마인가?

   f. 22 W 소형형광등을 사용하여 일 년간 절약한 전기세는 얼마인가?

   g. 20개의 100 W 백열등을 22 W 소형형광등으로 바꾸면 매년 절약하는 전기세는 얼마인가?

뉴턴 혁명
The Newtonian Revolution

Pixtal/age fotostock

1687년에 아이작 뉴턴(Isaac Newton)은 《Philosophiae Naturalis Principia Mathematica》(또는 《Mathematical Principles of Natural Philosophy》)를 출판했다. 이 책은 '뉴턴의 Principia'라고 부르기도 한다. 운동에 대한 그의 이론을 제시하며, 3가지 운동 법칙과 만유인력의 법칙을 포함한다. 이러한 **법칙들**은 지구 표면에서의 보통 물체의 운동에 대하여 그 당시 알려진 것들의 대부분(지상역학)뿐만 아니라, 태양 주위의 행성의 운동(천체역학)도 설명할 수 있었다. 이러한 과정에서 뉴턴은 현재 미적분학이라 불리는 수학적 기법을 개발해야만 했다.

'Principia'에 쓰인 역학에 대한 뉴턴의 이론은 과학과 철학 모두에 혁명을 일으킨 놀랄 만한 지적 성취였다. 그러나 이러한 혁명적 성취는 뉴턴에 의해 시작된 것은 아니었다. 진정한 반항자는 이탈리아의 과학자 갈릴레오 갈릴레이(Galileo Galilei)였는데, 그는 1642년, 뉴턴의 탄생 몇 개월 후에 죽었다. 갈릴레이는 백 년쯤 전에 니콜라우스 코페르니쿠스(Nicolaus Copernicus)가 제안했던 태양계에 대한 태양 중심설을 옹호했는데, 노력한 보람도 없이 종교 재판에 회부되기도 했다. 갈릴레이는 또한 아리스토텔레스(Aristotle)의 가르침에 기초한 보통 물체의 운동에 대한 전통적인 학문에도 도전했다. 이러한 과정에서, 갈릴레이는 나중에 뉴턴이 그의 이론에 편입시킨 지상역학의 여러 원리들을 발전시켰다.

비록 운동에 대한 뉴턴의 이론이 아주 빠른 물체들(아인슈타인의 상대성이론으로 기술됨)과 아주 작은 물체들(양자역학이 적용되어야 함)의 운동을 묘사하는 데 적합하지 않다는 것이 판명되긴 했지만, 뉴턴 역학은 물리학과 공학에서 운동을 설명하거나 구조들을 분석하는 데 아직도 널리 쓰인다. 뉴턴의 이론은 최근 300여 년간 자연과학, 그리고 그보다 훨씬 넓은 사고의 영역들에까지 아주 큰 영향을 미쳤고, 지식인이라고 주장하고 싶으면 뉴턴의 이론 정도는 이해해야 한다.

뉴턴의 이론에 중심이 되는 것은 운동 제2법칙이다. 그것에 의하면 물체의 가속도는 그 물체에 작용하는 알짜힘에 비례하고 질량에 반비례한다. 물체를 밀면 그 물체는 가해진 힘의 방향으로 가속된다. 직관을 바탕으로 한 아리스토텔레스의 가르침과는 달리, 작용된 힘에 비례하는 것은 속도가 아니라 가속도이다. 이러한 원리를 이해하기 위하여, 물체의 운동의 **변화**를 뜻하는 가속도에 대하여 철저히 검토할 것이다.

뉴턴의 이론에 직접 뛰어들기보다는, 운동과 자유 낙하에 대한 갈릴레이의 직관을 공부함으로써 이 단원을 시작하고자 한다. 이것이 뉴턴의 사고방식들을 이해하기 위한 필수적인 기반을 제공할 것이다. 잘 보려면, 우리는 이 거인들의 어깨 위에 서 있을 필요가 있다.

운동의 기술
Describing Motion

학습목표

이 장의 학습목표는 자동차의 운동과 같이 일반적인 물체의 운동을 기술하기 위하여 사용되는 물리학적 용어들에 대하여 먼저 명확하게 정의하고 그 개념을 설명하는 것이다. 속력, 속도, 그리고 가속도의 개념을 정확하게 파악하는 것은 다음 장에 기술되는 운동의 원인에 대한 설명에 있어서 중요한 열쇠가 되는 동시에 그 첫걸음이 된다. 이러한 개념들 없이는 그저 운동이라는 단순하고도 막연한 개념들 사이에서 헤매게 될 것이다.

이 장에 순서대로 기술되는 각각의 주제들은 이전의 내용들을 토대로 하여 전개된다. 따라서 제시되는 각각의 주제들을 그때그때 명확히 이해하는 것이 중요하다. 특히, 속력과 속도, 그리고 속도와 가속도 사이의 개념의 차이를 분명히 하는 것은 매우 중요하다.

개요

① **평균 속력과 순간 속력** 물체가 얼마나 빨리 움직이는지를 어떻게 기술하는가? 순간 속력은 평균 속력과 어떻게 다른가?

② **속도** 운동을 기술함에 있어서 어떻게 방향을 도입하는가? 속력과 속도의 차이는 무엇인가?

③ **가속도** 운동의 변화를 어떻게 기술하는가? 속도와 가속도 사이의 관계는 무엇인가?

④ **운동을 그래프로 나타내기** 그래프들이 운동을 기술하는 데 어떻게 쓰일 수 있는가? 그래프를 사용하는 것은 속력, 속도, 그리고 가속도의 개념을 명확히 이해하는 데 어떻게 도움을 줄 수 있는가?

⑤ **등가속도** 물체가 일정하게 가속될 때 어떤 일이 일어나는가? 물체가 일정하게 가속될 때 속도와 움직인 거리는 시간에 따라 어떻게 변하는가?

CHAPTER **2**

UNIT ONE

차로에 정지해 있는 자동차 안에 있다고 가정하자. 차량들이 교차하여 지나가는 것을 기다린 후, 정지선으로부터 차를 움직이기 시작하여 시속 56 km가 된 후 그 속도를 유지한다. 그러다 그림 2.1과 같이 개와의 충돌을 피하기 위해 급하게 브레이크를 밟아 속도를 시속 10 km로 감속시킨 후 그 속력을 그대로 유지하다가 다시 56 km/h로 속력을 올린다. 또 다른 구획을 지난 후, 또 다른 정지선을 만나서 속력을 천천히 0으로 줄인다.

아마도 우리는 모두 이러한 경험이 있을 것이다. 미국에서는 속력을 시간당 마일(MPH)로 측정하는 것이 시간당 킬로미터(km/h)를 쓰는 것보다 보편적이고, 그래서 더 익숙할지도 모르지만 현재 대부분의 미국 자동차의 속도계는 2가지 모두를 나타내고 있다. 속도의 증가를 나타내는 가속도(acceleration)라는 용어도 거의 일상적인 용어로 사용된다. 그러나 물리학에서는 실제 상황을 정확하게 기술하기 위하여 이러한 용어들을 보다 정밀하고 한정된 의미로 사용하고 있으며, 이러한 의미들은 때로는 일상적인 단어의 의미와는 다를 수가 있다. 예를 들어 물리학적으로 **가속도**라는 용어는 물체의 속도가 변하는 모든 상황에서 사용될 수 있으며, 따라서 속력이 감소하는 경우나 운동의 방향이 바뀌는 경우도 여기에 포함된다.

만일 여러분이 속력(speed)이라는 용어를 동생에게 설명해야 한다면 어떻게 하겠는가? 속도(velocity)는 속력과 같은 것을 의미하는가? 가속도는 막연한 개념인가 아니면 정확한 의미를 갖는가? 그것은 속도와 같은 것인가? 명확한 설명을 위해서는 우선적으로 용어의 분명한 정의가 필수적이다. 물리학에서 사용되는 용어들은 비록 개념상으로는 일상적으로 사용되는 단어들과 연관되어 있지만 그것은 서로 다른 것이다. 그러면 물리학적으로 사용되는 이러한 용어들의 정확한 정의는 무엇이며 이들이 물체의 운동을 기술하는 데 어떻게 이용되는지 알아보기로 하자.

그림 2.1 자동차가 개를 발견하여 브레이크를 밟게 되면 갑작스런 속력 변화가 있게 된다.

2.1 평균 속력과 순간 속력

자동차를 타고 또는 운전하고 다니는 것은 일상생활의 일부이므로 우리는 이미 속력이라는 개념에 익숙하다. 누구나 자동차의 속도계를 본 경험이 있을 것인데, 아마 어떤 사람은 그것을 주의 깊게 보지 않아 과속으로 단속된 경험이 있을지도 모르겠다. 개요에서도 말했듯이 여러분이 어떤 물체가 얼마나 빨리 움직이고 있는가를 기술하고 있다면 이는 **속력(speed)**에 대하여 이야기하고 있는 것이다.

평균 속력은 어떻게 정의되는가?

미국에서 대부분의 고속도로는 그 제한속도가 55 MPH인데 이는 과연 무엇을 의미하는가? 이것은 그러한 속력으로 계속 달리는 경우, 한 시간 동안 55마일이란 거리를 가게 될 것임을 의미한다. 여기에 사용된 요소들, 즉 용어들에 대하여 주목해보자. 먼저 55라는 숫자와 시간당 마일이라는 단위가 있다. 숫자와 단위는 속력의 크기를 기술하는 데 필수적이다.

그림 2.2 260마일의 여행을 두 구간으로 나누어 각각에 대한 여행 거리와 시간을 함께 보여주는 도로 지도

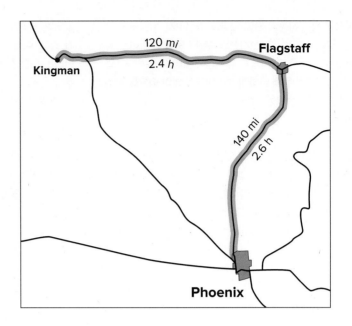

시간당 마일(miles per hour)이라는 표현에는 여행한 마일 수를 걸린 시간으로 나누어서 속력을 얻게 됨을 내포하고 있다. 이것이 바로 여행하는 동안의 **평균 속력**(average speed)을 계산하는 방법이다. 예를 들어, 그림 2.2의 도로 지도에서 보듯이, 5시간 동안 260마일의 거리를 여행했다고 가정하자. 그러면 평균 속력은 260마일 나누기 5시간이 되어, 52 MPH가 된다. 이러한 유형의 계산은 누구에게나 익숙할 것이다.

따라서 평균 속력의 정의를 다음과 같이 표현할 수 있다.

> **평균 속력은 여행 거리를 여행 시간으로 나눈 것과 같다.**

또는

$$\text{평균 속력} = \frac{\text{여행 거리}}{\text{여행 시간}}$$

같은 정의를 수식을 이용하여 표현하면

$$s = \frac{d}{t}$$

로 나타낼 수 있는데, 여기서 s는 속력을, d는 거리를, t는 시간을 나타낸다. 1장에서 언급한 바와 같이, 문자와 기호들은 말로 하기보다 훨씬 더 의미를 간결하게 나타내는 효과적인 방법이다. 평균 속력에 관한 정의를 말로 하는 것과 수식으로 표현하는 것 중 어느 것이 더 효율적인지 판단해보라. 대부분의 사람들은 기호로 나타내는 것이 기억하기도 사용하기도 너편함을 알 수 있을 것이다.

앞에서 정의한 평균 속력이란 곧 움직인 거리의 걸린 시간에 대한 **비율**(rate)이다. 비율이란 항상 어떤 양을 다른 양으로 나누어준 값을 말한다. 분당 갤런, 달러당 원, 그리고 게임

당 점수 등은 모두 비율에 대한 예들이다. 평균 속력과 같이, 시간에 대한 비율을 고려한다면 나누는 양이 바로 시간이다. 물론 평균 속력 이외에도 시간에 대한 비율을 나타내는 양들은 많다.

속력의 단위는 무엇인가?

단위는 속력을 표시하는 데 필수요소이다. 단위에 대한 언급 없이 그냥 70으로 달리고 있다고 해보자. 미국에서는 아마 70 MPH로 해석될 수도 있다. 왜냐하면 미국에서는 그것이 가장 빈번하게 쓰이는 단위이기 때문이다. 한편, 유럽에서라면, 사람들은 아마도 이보다 훨씬 느린 속력인 70 km/h를 의미한다고 생각할 것이다. 단위를 사용하지 않으면 효과적으로 대화를 할 수가 없다.

변환인자를 사용하여 한 단위를 다른 단위로 환산하는 것이 가능하다. 예를 들어, km/h를 MPH로 바꾸고 싶다면, 마일과 킬로미터 사이의 관계를 알아야 한다. 1킬로미터는 대략 0.6마일(더 정확히는 0.6214마일)이다. 예제 2.1에 보이듯이, 90 km/h는 55.9 MPH와 같다. 환산하기 위해 적당한 변환인자를 곱하거나 나누어주면 된다.

속력의 단위는 항상 거리 나누기 시간이다. 미터법을 쓰는 경우, 속력의 기본단위는 초당 미터(m/s)이다. 예제 2.1은 시간당 킬로미터의 단위를 초당 미터 단위로 환산하는 과정을 보여준다. 즉 90 km/h의 속력은 기본단위로는 대략 25.0 m/s가 된다. 이것은 일반적인 물체의 운동을 논의함에 있어 적당한 크기이다. (예제 2.2에 보이듯이, 잔디의 성장 속도를 측정하는 단위는 아주 다양하다.) 표 2.1은 시간당 마일, 시간당 킬로미터, 그리고 초당 미터와 같이 많이 사용되는 속력의 단위들 사이의 관계를 보여준다.

표 2.1 다른 단위들로 나타내진 익숙한 속력들

20 MPH =	32 km/h =	9 m/s
40 MPH =	64 km/h =	18 m/s
60 MPH =	97 km/h =	27 m/s
80 MPH =	130 km/h =	36 m/s
100 MPH =	160 km/h =	45 m/s

예제 2.1 ▶ 속력의 단위 환산

90 km/h를 (a) mi/h 및 (b) m/s로 환산해보자.

a. 1 km = 0.6214 miles

90 km/h = ? (in MPH)

$$\left(\frac{90 \text{ km}}{h}\right)\left(\frac{0.6214 \text{ miles}}{\text{km}}\right) = 55.9 \text{ MPH}$$

90 km/h = **55.9 MPH**

(계속)

b. 1 km = 1000 m

$$\left(\frac{90 \text{ km}}{\text{h}}\right)\left(\frac{1000 \text{ m}}{\text{km}}\right) = 90{,}000 \text{ m/h}$$

여기서 $(1 \text{ h})\left(\frac{60 \text{ min}}{\text{h}}\right)\left(\frac{60 \text{ sec}}{\text{min}}\right) = 3600 \text{ s}$

$$\left(\frac{90{,}000 \text{ m}}{\text{h}}\right)\left(\frac{1 \text{ h}}{3600 \text{ s}}\right) = 25.0 \text{ m/s}$$

90 km/h = **25.0 m/s**

문항 b는 또한 부록 C에 나오는 변환인자로 이용해도 계산이 가능하다.

1 km/h = 0.278 m/s

$(90 \text{ km/h})\left(\frac{0.278 \text{ m/s}}{1 \text{ km/h}}\right) = 25.0 \text{ m/s}$

90 km/h = **25.0 m/s**

단위에 옆줄을 그은 것은 서로 상쇄됨을 의미한다.

예제 2.2 ▶ 잔디의 성장 속도

질문: km/h나 m/s는 자동차나 사람의 움직임을 기술하는 데 적당한 속도의 단위이다. 그러나 어떤 것들은 이보다 훨씬 느린 속도로 움직인다. 예를 들어 잔디의 끝부분이 자라나는 속도를 나타내려면 어떤 단위가 적당할까?

답: 일반적으로 잔디에 영양분과 물이 적당히 공급된다면 일주일에 약 3~6 cm 자라는 것이 보통이다. 잔디를 깎은 지 일주일 후에 잔디가 얼마나 자랐는지 기억을 되살려보면 충분히 이해가 된다. 만일 잔디가 자라나는 속도를 m/s 단위로 나타낸다면 그것은 매우 작은 값이 되기 때문에 그 속도의 차이를 비교하기에는 적절한 단위가 아니다. 잔디가 자라나는 속도는 cm/주 단위로 표시하거나 아니면 mm/일로 표시하는 것이 더 좋은 선택된다.

순간 속력이란 무엇인가?

만약 앞의 예에서와 같이 5시간 동안 260마일의 거리를 여행했다면 이것이 여행하는 동안 52 MPH의 일정한 속력을 계속 유지하였다는 것을 의미하겠는가? 물론 그렇지 않다. 그러한 일은 있을 수도 없다. 우선 자동차의 속력이란 길의 경사도에 따라 달라질 것이다. 또 그 외에도 다른 차량을 추월할 때, 쉬어갈 때, 또는 고속도로 순찰차가 지평선에 희미하게 나타날 때, 속력에는 변화가 있게 된다. 만일 우리가 어느 한 순간 얼마나 빨리 달리고 있는지를 알고자 한다면 속도계를 읽으면 되는데, 이것이 바로 **순간 속력**(instantaneous speed)을 나타낸다(그림 2.3).

순간 속력은 평균 속력과 어떻게 다른가? 순간 속력은 어느 순간 우리가 얼마나 빨리 가고 있는지를 알려주지만, 속력이 일정하게 유지되지 않는 한, 먼 거리를 여행하는 데 전체적

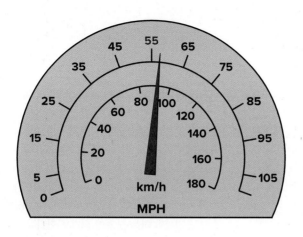

그림 2.3 순간 속력을 MPH와 km/h
로 나타내고 있는 속도계

으로 얼마나 걸리는지에 대해서는 아무런 정보를 주지 못한다. 한편, 평균 속력은 여행이 얼마나 걸릴 것인지를 계산할 수 있게 해주지만, 여행 중의 속력의 자세한 변화에 대하여는 아무런 정보를 제공하지 못한다. 자동차의 속력이 여행 도중 어떻게 변하는가에 대한 좀 더 완전한 기술은 그림 2.4에 보인 것과 같은 그래프로 볼 수 있다. 이 그래프의 각 점들은 수평축에 표시된 시각에서의 순간 속력을 나타낸다.

　우리 모두 속도계를 읽은 경험으로부터 순간 속력이 의미하는 바에 대하여 어느 정도의 직관을 갖고 있지만, 이 양을 실제로 계산하려면 평균 속력을 정의하고 계산하는 데 있어서 다루지 않았던 새로운 문제에 부딪히게 된다. 순간 속력이 어느 순간 달린 거리의 비율이라고 말할 수 있을지는 모르지만, 어떻게 이 비율을 계산할 수 있겠는가? 이 비율을 계산하기 위하여 어떤 시간 간격을 사용해야 하는가?

　이 문제에 대한 해결책은 단순하게 아주 짧은 시간 간격을 선택하는 것인데, 그 이유는 그 시간 간격이 충분히 짧아야만 최소한도 그동안에는 속력에 큰 변화가 생기지 않는다고 볼

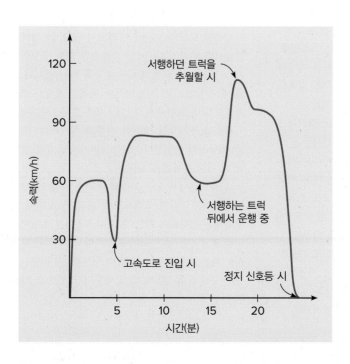

그림 2.4 지방 국도를 따라 여행할
때 시간에 따른 순간 속력의 변화

교통의 흐름

상황 제니퍼는 매일 출근하기 위하여 고속도로를 탄다. 도심으로 진입함에 따라 언제나 같은 형태의 교통 흐름이 여지없이 나타난다. 즉 100 km/h의 속력으로 잘 달리다가 갑자기 느려져 20~50 km/h의 속력으로 달리게 되는 마치 파도타기와 같이 빨라졌다 느려졌다를 반복하는 것이다. 만일 중간에 고장 난 차라도 있다면 이러한 흐름조차도 깨져버리고 만다.

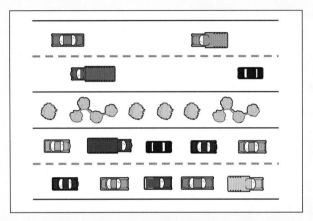

위쪽 차선은 차간 거리가 적당하여 교통 흐름이 원활해 보인다. 차량이 몰려 있는 아래 차선은 아주 천천히 움직인다.

왜 이러한 현상이 반복되는 것일까? 앞에 사고와 같은 특별한 이유가 없는데도 불구하고 차가 거의 정지 상태에까지 갔다가 다시 속도를 내는 이유는 무엇인가? 고속도로 진입로에 신호등을 설치하면 약간 상황이 호전되기도 한다. 이러한 문제를 해결하는 것은 도시 교통공학의 좋은 연구과제이다.

분석 교통의 흐름을 총체적으로 분석하는 일은 아주 복잡한 일이다. 다만 제니퍼의 경험을 설명하는 데는 간단한 요소들만으로도 가능하다. 도로 위에서 자동차의 밀도가 곧 핵심요소인데, 이는 대/km 단위로 나타낼 수 있다. 자동차의 밀도는 곧 자동차 사이의 간격을 말하며 이는 자동차의 속도와 관계된다. 고속도로 진입로 등에서 차량이 몰릴 때 밀도가 증가하게 된다.

제니퍼와 마찬가지로 운전자가 100 km/h의 속도로 달리려면 차량들 사이에 상당한 간격을 유지해야만 한다. 운전자들은 보통 본능적으로 이 거리를 유지한다. 물론 사람에 따라서는 빠른 속도에도 앞차를 바짝 따라가는 사람도 있지만 이는 매우 위험한 운전습관이다. 차간 거리를 지키지 않고 달리면 교통 흐름이 갑자기 느려질 때 충돌의 위험을 갖는다. 일상의 자연현상 3.1에서 꼬리 물기하며 달릴 때의 반응시간과 그 결과 등을 다룬다.

고속도로 입구 진입로에서 더 많은 차가 진입할수록 자동차의 밀도는 증가하고, 따라서 차간 간격이 가까워지면 자동적으로 운전자들은 짧은 안전거리에 해당되는 속도로 감속한다. 이렇게 차량이 계속 늘어나는 교통 흐름의 속도는 점진적으로 느려지게 될 것이다. 그러나 실제 상황은 그렇게 되지 않는다.

상당수의 운전자들이 차 간격이 줄어들었음에도 불구하고 위험하다고 느껴지는 상황이 올 때까지 100 km/h의 속도를 유지하는 것이다. 바로 이들이 급브레이크를 밟아 갑자기 속도를 줄이므로 교통의 흐름에 불안전성을 가져오는 요소가 된다. 때로는 특히 진입로 근처에서는 자동차의 밀도가 너무 높아져 차 간격이 차 한 대 정도가 되어 운전자가 거의 정지하거나 아주 저속으로 운전해야 하는 상황이 되기도 한다.

한 번 자동차의 흐름 속도가 20 km/h 정도로 떨어지면 100 km/h의 속도로 뒤따라오던 차들은 빠른 속도로 쌓이면서 소위 체증을 형성한다. 어떤 차들은 완전히 정지하기도 하여 체증을 더욱 가속화시킨다. 체증의 제일 앞단에서는 뒷차들의 흐름 속도가 급격히 떨어지면서 차의 밀도는 다시 낮아져 약 50 km/h의 속도를 유지할 수 있는 정도가 된다. 만약 모든 차량이 적정 속도로 움직인다면 차량 흐름은 아주 원만할 것이며 물동량이 더 증가하더라도 별지장 없이 수용이 될 것이다. 만일 이때 모든 운전자들이 성급하게 빨리 가속하다가는 다시 갑자기 속도를 줄이는 상황이 계속되므로 이 차들 뒤로 다시 빠르게 차가 쌓이게 된다.

이러한 분석의 과정에서 2가지 평균 속력의 개념을 사용하였음을 주의하라. 하나는 특정한 자동차 한 대가 빨라졌다 느려졌다 하는 것에 따른 개별 자동차의 순간 속력이며, 또 하나는 흐름에 참여하는 모든 자동차의 평균 속력이다. 교통 흐름이 원활할 때에는 각 개별 자동차의 평균 속력은 서로 다를 수 있다. 그러나 교통 체증이 일어나고 있는 상황에서는 모든 자동차의 평균 속력은 모두 같다.

고속도로 진입로에 신호등을 달아 진입하는 차량의 대수를 통제하면 도로의 흐름을 방해하지 않고 한 대씩 전체의 흐름에 합류시킬 수가 있다. 이는 갑작스런 차의 밀도의 증가를 억제하여 교통의 흐름을 방해하지 않도록 하는 것이다. 그러나 자동차의 밀도가 어느 선을 넘어서면 이러한 방법도 효과가 없어진다. 저밀도 고속 흐름에서 고밀도 저속 흐름으로의 갑작스런 변화는 기체에서 액체로의 상전이 상황과 유사하다. (상전이에 대해서는 10장에서 논의한다.) 교통전문가들이 교통 흐름에 대해 분석할 때 이런 분석법을 이용한다.

고속도로에서 모든 차량의 속력을 자동으로 조절하여 위치를 정해 줄 수 있다면 고속도로에 더 많은 차량이 밀리지 않고 원만하게 운행하도록 만들 수 있다. 더 많은 차량이 운행하도록 속력을 조절히면 높은 속력에도 차량 간 거리를 더 짧게 유지하면서도 빠른 속력으로 운행할 수 있는데, 그 이유는 모든 차량들을 같은 형태로 움직이게 하기 때문이다. 앞으로 기술이 더 발전하면 이런 꿈같은 일이 현실이 될 것이다.

수 있기 때문이다. 예를 들어 어떤 물체가 1초 동안에 20미터를 간다고 하자. 만일 물체의 속력이 그 1초 동안에 그리 많이 변하지 않는다면 20미터를 1초로 나눈 20 m/s라는 값은 물체의 순간 속력에 대한 좋은 추정이 될 것이다. 그러나 만일 그 1초 동안에 속력이 급격히 변하고 있다면, 순간 속력을 계산하는 데는 더 짧은 시간 간격을 선택해야 할 것이다. 사실 이론적으로는 원하는 대로 얼마든지 짧은 시간 간격을 선택하는 것이 가능하다. 그러나 현실적으로는, 아주 작은 양을 측정하는 것이 어려울 수도 있을 것이다.

정리하면 순간 속력에 대한 정의를 다음과 같이 기술할 수 있다.

> 순간 속력은 어느 순간 달린 거리의 비율이다. 그것은 속력의 크기에 감지할 만한 변화가 생기지 않는 아주 짧은 시간 간격에 대하여 평균 속력을 계산함으로써 얻어진다.

다시 말하면 순간 속력이란 아주 짧은 시간 간격 동안의 평균 속력을 말한다. 도로교통에 대해 언급할 때에는 일상의 자연현상 2.1에 보이듯이 평균 속력이 매우 중요한 요소가 된다.

> 여행한 전체 거리를 그 거리를 이동하는 데 소요된 시간으로 나누어줌으로써 평균 속력을 얻는다. 따라서 평균 속력은 거리가 이동되는 평균적인 비율이다. 순간 속력은 어느 순간 달린 거리의 비율이고, 아주 짧은 시간 간격에 대한 평균 속력이며, 자동차의 속도계는 바로 순간 속력을 보여준다. 평균 속력은 여행에 얼마의 시간이 걸릴 것인가를 추정하는 데 유용하다. 그러나 고속도로 순찰대는 순간 속력에 더 관심이 있다.

주제 토론

경찰이 사용하는 속도 측정기는 자동차의 순간 속력을 측정하는 반면에 헬기를 타고 있는 경찰은 자동차가 고속도로에 표시된 정해진 간격의 두 표지 사이를 통과하는 데 걸리는 시간을 측정한다. 이 2가지 측정은 서로 어떻게 다른 측정방식을 사용하는가? 과속을 단속함에 있어 어떤 방법이 더 공정한가?

2.2 속도

속력과 속도는 같은 의미인가? 일상적인 용어로 사용할 때 이들은 같은 의미로 사용된다. 그러나 물리학적 용어로는 확실하게 구분되는 서로 다른 개념이며, 그 차이점은 물체가 움직이는 방향과 관계가 있다. 이 두 개념의 차이를 명확하게 이해하는 것은 4장에서 배우게 될 뉴턴의 법칙들을 이해하는 데 필수적이다. 그것은 단순히 선호의 문제나 유식함을 나타내기 위해서가 아니라는 사실을 알아야 한다.

속력과 속도의 차이점은 무엇인가?

그림 2.5에서와 같이 커브길에서 자동차를 운전하고 있다고 하자. 자동차는 60 km/h의 일

정한 속력을 유지하고 있다. 이 경우 속도도 또한 일정한가? 답은 '아니다'이다. 왜냐하면 **속도**(velocity)는 물체가 얼마나 빨리 가고 있는지뿐만 아니라 운동의 방향을 동시에 나타내기 때문이다. 운동의 방향은 자동차가 커브를 돌 때 변한다.

그 차이를 간단히 설명하면 다음과 같다. 앞에서 정의한 바와 같이 속력은 물체가 한 순간 얼마나 빨리 움직이고 있는지는 알려주지만, 운동의 방향과는 아무런 관계가 없다. 그러나 속도는 방향이라는 개념을 포함한다. 따라서 속도를 정확히 표현하기 위해서는 그 **크기**(magnitude)(얼마나 빠른가)뿐만 아니라 방향(동, 서, 남, 북, 상, 하, 그리고 그들 사이의 방향들)도 말해주어야 한다. 만일 어떤 물체가 15 m/s로 움직이고 있다고 말한다면, 그것은 속력을 말한 것이다. 근데 동쪽으로 15 m/s로 움직인다고 하면 이는 속도를 말하는 것이다.

그림 2.5의 A점에서, 자동차는 정북을 향하여 60 km/h로 달리고 있다. B점에서는 길이 휘어져 있기 때문에 차는 북서쪽으로 60 km/h로 달리고 있다. B점에서의 자동차의 속도는 A점에서의 속도와는 다르다. 왜냐하면 방향이 서로 다르기 때문이다. 그러나 A점과 B점에서 자동차의 속력은 같다. 물체의 속력은 방향과는 상관이 없다. 방향의 변화는 속도계의 눈금에 아무런 영향을 미치지 않는다.

속도의 변화는 차에 가해지는 힘에 의해서 생겨난다. 이 힘이라는 개념에 대하여는 4장에서 더 자세히 논의할 것이다. 자동차의 속도를 변화시키는 데 관련된 가장 중요한 힘은 노면에 의하여 자동차의 타이어에 가해지는 마찰력이다. 속도의 변화에는 힘이 필요한데, 여기서 속력의 크기가 변화한 경우뿐만 아니라 방향이 변한 경우에도 속도는 변한 것으로 보아야 한다. 자동차에 아무런 힘도 가해지지 않는다면 그 속도는 변하지 않을 것이고, 따라서 차는 일정한 속력으로 직선을 따라 계속 움직인다. 이러한 일은 노면에 얼음이나 기름이 덮여 있는 경우 종종 일어나는데, 이 경우 자동차와 노면과의 마찰력은 거의 0이다.

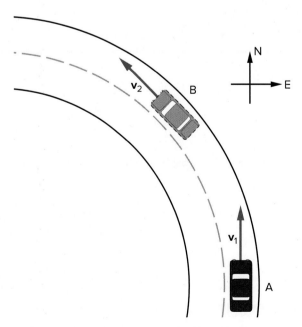

그림 2.5 자동차가 커브를 돌 때 속도의 방향이 변한다. 따라서 속력은 변하지 않았지만 속도 v_2는 속도 v_1과 같지 않다.

과학적 설명은 표현하고자 하는 대상을 차트와 그림으로 표시하여 잘 나타내면 쉬워진다. 이 책 전체적으로 많은 개념들이 소개되고 설명을 하게 될 것이다. 색상에 따라 설명하고자 하는 물리량이 달라진다.

    ⟶   파란색 화살표는 속도 벡터 표시

    ⟶   녹색 화살표는 가속도 벡터 표시

    ⟶   빨간색 화살표는 힘 벡터 표시

    ⟶   보라색 화살표는 운동량 표시(7장에서 다루게 될 개념이다.)

벡터란 무엇인가?

속도는 크기와 방향이 모두 중요하다. 이와 같이 크기와 방향을 가진 양을 **벡터**(vector)라 부른다. 따라서 벡터양을 정확히 기술하려면, 크기와 방향을 모두 말해주어야 한다. 속도는 물체가 얼마나 빨리, 그리고 어떤 방향으로 운동하는지를 말해주는 벡터이다. 물체의 운동을 나타내는 데 사용되는 많은 양들이 **벡터양**(vector quantity)이다. 몇 가지 예를 들면 속도, 가속도, 힘, 그리고 운동량 등이 벡터양이다.

그림 2.6에서와 같이 고무공을 벽에 던질 때 어떤 일이 일어나는지를 살펴보자. 공이 벽과 충돌한 후에도 공의 속력은 충돌 전과 거의 같다. 그러나 충돌 후 공은 다른 방향으로 움직이기 때문에, 충돌 과정에서의 공의 속도는 분명히 변했다. 이런 속도 변화를 일으키기 위하여 벽에 의해 공에 강한 힘이 작용되었음이 분명하다.

그림 2.5와 2.6에 속도 벡터들이 화살표로 표현되었다. 이것은 벡터를 나타내는 가장 손쉬운 방법이다. 이때 화살표의 방향은 벡터의 방향을 나타내고, 그 길이는 그 크기에 비례하도록 그리면 된다. 즉 속도의 크기가 커질수록 화살표의 길이는 길어진다(그림 2.7). 이 책에서는 그것이 벡터양인 것을 구분하기 위하여 다른 기호들보다 크고 굵게 표현할 것이다. 즉 **v**는 벡터에 대한 기호이다. 벡터에 대한 더 자세한 설명은 부록 A에 나와 있다.

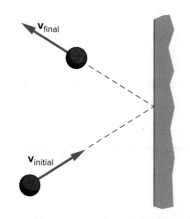

그림 2.6 공이 벽에서 되틸 때 속도의 방향이 변한다. 벽이 공에 되튀어 나갈 수 있는 힘(반발력)을 제공한다.

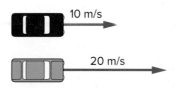

그림 2.7 화살표의 크기 차이는 속도 벡터의 상대적 크기 차이를 나타낸다.

어떻게 순간 속도를 정의하는가?

자동차로 여행을 할 때에는 **평균 속력**이 가장 유용한 양이다. 이때 운동의 방향에 대하여는 신경을 쓰지 않는다. 또 순간 속력은 고속도로 순찰대에게나 흥미 있는 양이다. 그러나 **순간 속도**(instantaneous velocity)라는 개념은 물체의 운동을 이론적으로 고찰함에 있어서 가장 중요한 양이다. 순간 속도에 대한 정확한 정의는 앞에서 사용하였던 순간 속력에 대한 정의를 이용하여 다음과 같이 쓸 수 있다.

> 순간 속도의 크기는 그 순간의 순간 속력과 같고 방향은 그 순간의 운동방향을 나타내는 벡터양이다.

순간 속도와 순간 속력은 밀접한 관련이 있지만, 속도는 크기와 함께 방향도 나타낸다. 물체에 작용하는 힘과 관계가 있는 것은 순간 속도의 변화이다. 여기에 대하여는 4장에서 역학에 대한 뉴턴의 법칙들을 공부할 때 자세하게 설명할 것이다. 또한 평균 속도의 개념도 정의할 수는 있으나, 그렇게 유용한 양은 아니다.[*]

> 물체의 속도를 표시하기 위하여, 어떤 물체가 얼마나 빨리, 그리고 어떤 방향으로 운동하는지를 둘 다 말해주어야 한다. 속도는 벡터양이다. 순간 속도의 크기는 순간 속력과 같고 방향은 물체가 움직이는 방향이다. 물체에 힘이 작용하면 순간 속도는 변한다. 다음 절에서 가속도를 논의할 때 이러한 것들을 더 자세히 다룬다.

2.3 가속도

가속도는 어떻게 보면 사실 우리와는 친숙한 개념이다. 자동차를 정지신호로부터 출발시키거나 또는 미식축구에서 러닝백(running back: 공을 들고 뛰는 주공격선수)이 달릴 때 가속시킨다고 말한다. 자동차의 속도가 갑자기 변하여 가속될 때 우리는 그것을 직접 몸으로 느끼기도 하는데, 승강기가 갑자기 위쪽으로 출발하면 심지어 가벼운 전율을 느끼기도 한다(그림 2.8). 이러한 것들이 모두 가속도이다. 우리의 몸은 일종의 가속도 검출기라고 볼 수도 있다. 롤러코스터를 타본 사람은 그것을 정말로 실감할 것이다.

가속도를 이해하는 것은 물체의 운동, 즉 뉴턴의 법칙을 공부하는 데 있어서 핵심적인 요소가 되므로 정확한 정의로부터 시작해보기로 하자. **가속도**(acceleration)란 곧 속도가 **변화**하는 비율을 말한다. 여기서 속력이 아니라 속도를 말하고 있음에 유의하라. 그렇다면 어떻게 하면 가속도의 값을 결정할 수 있는가? 가속도를 설명함에 있어서 속력의 경우와 마찬가지로, 평균 가속도의 정의로부터 시작하여 순간 가속도의 개념으로 확장시키는 것이 편리할 것이다.

---

[*] 정확하게 말하면, 속도는 변위를 시간으로 나눈 양의 변화이다. 여기서 변위란 물체의 위치 변화를 나타내는 벡터이다. 변위 벡터에 대한 논의는 부록 A와 그림 A.2를 참고하기 바란다. 1차원 운동의 경우 물체의 운동방향이 바뀌지 않는 한 이동 거리는 변위의 크기와 동일하다.

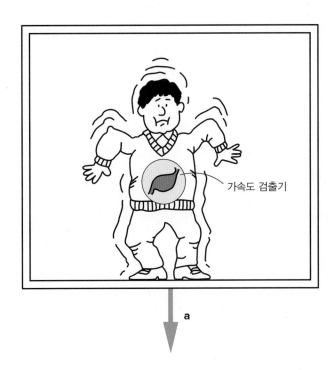

그림 2.8 그림 속 남자의 가속도 검출기는 승강기 위쪽으로의 가속을 감지하고 있다.

평균 가속도는 어떻게 정의되는가?

가속도에 대한 정량적인 기술을 하려면 어떻게 해야 하는가? 자동차가 완전히 정지한 상태에서 출발하여 그림 2.9에서와 같이 정동쪽으로 속도가 0에서 20 m/s로 증가한다고 하자. 속도의 변화는 나중 속도에서 초기 속도를 빼줌으로써(20 m/s − 0 m/s = 20 m/s) 간단히 구해진다. 그러나 **변화율**을 구하려면 그 변화가 일어나는 데 걸린 시간을 또한 알아야 한다. 만일 속도가 변하는 데 5초가 걸렸다면 같은 속도의 변화가 30초에 걸쳐 일어난 경우보다 속도의 변화율은 클 것이다.

앞에서 속도가 20 m/s로 증가하는 데 5초가 걸렸다고 하자. 그러면 속도의 변화율은 속도 변화를 그 변화에 걸린 시간으로 나누어준 것이다. 따라서 **평균 가속도**(average acceleration)의 크기 a는 속도 변화 20 m/s를 걸린 시간 5초로 나누어

$$a = \frac{20 \text{ m/s}}{5 \text{ s}} = 4 \text{ m/s/s}$$

가 된다.

m/s/s라는 단위는 보통 m/s^{2}로 쓰이고 미터퍼세크제곱(meters per second squared)으로 읽는다. 차의 속도(m/s로 측정된)는 초당 4 m/s의 비율로 변하고 있다. 가속도를 나타내는 다

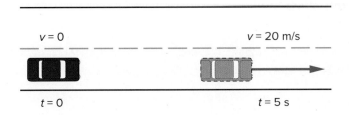

$v = 0$ $v = 20$ m/s

$t = 0$ $t = 5$ s

그림 2.9 자동차는 정지 상태로부터 시작하여 5초 동안 정동쪽으로 20 m/s로 가속된다.

른 단위들도 있을 수 있으나 그 형태는 모두 단위 거리를 단위 시간의 제곱으로 나누어준 모습이 된다. 예를 들어, 자동차 경주 트랙에서 자동차의 가속도를 논함에 있어서는, 초당 시간당 마일(miles per hour per second)이라는 단위가 때때로 사용된다.

앞에서 방금 계산한 양은 사실 자동차의 평균 가속도의 크기이다. 평균 가속도는 어떤 시간 동안의 속도의 총 변화량을 그 시간 간격으로 나누어줌으로써 얻어지는데, 그 시간 간격 내에서 일어날 수도 있는 속도의 변화율의 차이는 무시한다. 그 정의는 다음과 같이 나타낼 수 있다.

> 평균 가속도는 속도의 변화를 그 변화를 일으키는 데 소요된 시간으로 나눈 것이다.

이를 기호로 나타내면 다음과 같다.

$$가속도 = \frac{속도의\ 변화}{소요된\ 시간}$$

또는

$$\mathbf{a} = \frac{\Delta \mathbf{v}}{t}$$

물리량을 정의하는 데 있어서 그 변화량이라는 것이 매우 중요하므로 이 변화량을 의미하도록 Δ(그리스 문자 델타)라는 특별한 기호를 사용한다. 즉 $\Delta \mathbf{v}$는 속도의 변화량을 간결하게 표현한 것이다. 물론 $\mathbf{v}_f - \mathbf{v}_i$와 같이 나중 속도 $\mathbf{v}_f$에서 초기 속도 $\mathbf{v}_i$를 빼주어 두 속도의 차이를 직접 표현하는 것도 한 방법이다. 변화라는 개념은 아주 많이 사용되기 때문에, 이러한 델타(Δ) 표기는 종종 나타날 것이다.

가속도는 단순히 속도를 시간으로 나누어준 것이 아니다. 그것은 속도의 변화를 시간으로 나누어준 것이다. 여기서 속도의 변화량이라는 개념이 중요하다. 사람들은 보통 큰 가속도를 큰 속도와 연관시키는데, 사실은 종종 반대의 경우가 될 때도 많다. 예를 들어, 자동차의 가속도는 자동차가 막 출발하여 그 속도가 0에 가까울 때 가장 큰 것이 보통이다. 그러면 속도의 변화율은 이제 최대가 된다. 또 자동차가 100 MPH의 빠른 속도로 달리고 있지만 그 속도가 변하지 않는다면 가속도는 0이 될 수도 있다.

순간 가속도란 무엇인가?

순간 가속도(instantaneous acceleration)는 중요한 예외가 있긴 하지만 평균 가속도와 유사한 개념이다. 순간 가속도는 순간 속력이나 순간 속도와 마찬가지로 아주 짧은 한 순간에서 속도의 변화율을 말한다. 앞에서 우리의 몸이 느끼는 것이 바로 이 순간 가속도이다. 순간 가속도는 다음과 같이 정의할 수 있다.

> 순간 가속도는 어느 순간 속도가 변하는 비율이다. 그것은 가속도가 변하지 않을 정도의 아주 짧은 시간 간격에 대한 평균 가속도를 구함으로써 계산된다.

만약 가속도가 시간에 따라 변한다면, 아주 짧은 시간 간격을 선택해야만 올바른 순간 가속도의 값을 계산할 수 있다. 이는 순간 속력이나 순간 속도를 구할 때와 마찬가지 개념이다.

가속도의 방향은 무엇인가?

속도와 마찬가지로 가속도는 벡터양이므로 그 방향이 중요하다. 가속도의 방향은 속도의 변화 $\Delta\mathbf{v}$의 방향이다. 예를 들어, 자동차가 직선을 따라 움직이며 그 속도가 증가하고 있다면, 속도의 변화는 그림 2.10에서 보는 바와 같이 속도 자체와 같은 방향이다. 나중 속도 $\mathbf{v}_f$를 구하려면 초기 속도 $\mathbf{v}_i$에 속도의 변화량 $\Delta\mathbf{v}$를 더하면 된다. 세 벡터 모두 전방을 향하고 있다. 벡터들을 합하는 과정은 그림과 같이 화살표를 이어서 나타낸다. (벡터의 덧셈에 대한 추가적인 정보는 부록 A에 나와 있다.)

그러나 만약 속도가 감소하고 있다면, 속도의 변화 $\Delta\mathbf{v}$는 그림 2.11과 같이 두 속도 벡터와는 반대방향을 향한다. 초기 속도 $\mathbf{v}_i$가 나중 속도 $\mathbf{v}_f$보다 크기 때문에, 속도의 변화는 반대방향이 되며 가속도 역시 마찬가지다.

뉴턴의 운동 법칙(4장)에 의하면 이러한 가속도를 생성하는 것은 힘이므로 힘 또한 속도와는 반대방향을 향해야 할 것이다. 즉 자동차를 감속시키려면, 자동차가 움직이는 방향과는 반대방향으로 힘이 가해져야 할 것이다. 일반적으로 속도가 감소하면 가속도의 방향은 속도와는 반대가 된다. 반면에 속도가 증가하면 속도와 가속도의 방향은 같다.

가속도라는 용어는 물체의 속도에 어떤 변화가 생기고 있을 때 그 변화율을 말한다. 이 변화란 물론 앞의 첫 번째 예와 같이 속도 크기의 변화와 같은 것들이 모두 포함된다. 재미있는 것은 따라서 물체가 감속되는 경우에도 물리학적으로는 가속도라는 말을 사용하는 것이다. 즉 음의 가속도가 된다. 자동차가 직선을 따라 운동하면서 브레이크를 밟고 있다면, 그 속도는 감소하고 있으며 그 가속도는 음일 것이다. 이러한 상황이 예제 2.3에 설명되어 있다. 반면에 자동차가 음의 방향으로 움직이면서 속도를 줄인다면 가속도는 양의 방향이 될 것이다.

벡터양의 부호가 음이라는 것은 예제 2.3에서 알 수 있듯이 특별한 의미를 지닌다. 가속도, 즉 속도의 변화율이 음이라는 것은 속도가 점점 작아진다는 것이며, 이를 감속도라고도 부를 수 있다. 따라서 가속도가 음의 값을 가질 수 있다는 사실을 고려하면 통칭 가속도라는 하나의 단어로 속도가 변하는 모든 상황을 기술할 수 있는 것이다.

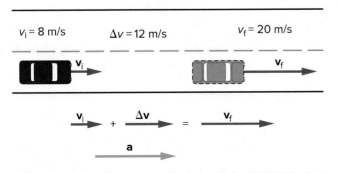

그림 2.10 가속도 벡터는 속도가 증가할 때 속도 벡터와 같은 방향을 갖는다.

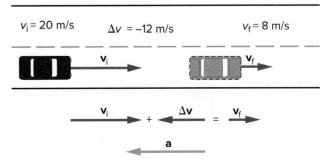

그림 2.11 속도가 감소하는 경우에 대한 속도 벡터와 가속도 벡터. $\Delta\mathbf{v}$와 $\mathbf{a}$는 속도와 반대방향이다. 가속도 $\mathbf{a}$는 $\Delta\mathbf{v}$에 비례한다.

예제 2.3 ▸ 음의 가속도

자동차의 운전자가 브레이크를 밟는다. 그리고 속도는 4초 동안 정동쪽 30 m/s에서 정동쪽 10 m/s로 감소한다. 가속도는 얼마인가?

v_i = 30 m/s 정동쪽

v_f = 10 m/s 정동쪽

t = 4.0 s

a = ?

$$a = \frac{\Delta v}{t} = \frac{v_f - v_i}{t} = \frac{10 \text{ m/s} - 30 \text{ m/s}}{4.0 \text{ s}}$$

$$= \frac{-20 \text{ m/s}}{4.0 \text{ s}}$$

$$= -5 \text{ m/s}^2$$

$$a = 5.0 \text{ m/s}^2 \text{ 정서쪽}$$

보통 벡터양의 크기만을 언급할 때에는 굵은 활자를 쓰지 않는다는 것에 주의하라. 그러나 직선운동의 문제에서는 부호가 방향을 나타낼 수도 있다.

자동차의 속력이 일정할 때에도 가속되고 있는 경우가 있을 수 있는가?

자동차가 일정한 속력으로 커브를 돌고 있을 때 어떤 일이 일어나는가? 가속되고 있는가? 답은 '그렇다'이다. 왜냐하면 속도의 방향이 바뀌고 있기 때문이다. 속도 벡터의 방향이 바뀌고 있으면 속도는 변하고 있는 것이며, 이는 가속되고 있음을 의미한다.

이러한 상황이 그림 2.12에 설명되어 있다. 그림에서의 화살표들은 운동의 각 지점에서의 속도 벡터의 방향을 보여준다. 초기 속도 v_i에 속도의 변화 Δv를 더하여 나중 속도 v_f를 얻는다. 속도의 변화를 나타내는 벡터는 곡선의 중심을 향하고 있다. 따라서 가속도 벡터 역시 그 방향을 향한다. 변화의 크기는 화살표 Δv의 크기로 나타내진다. 이로부터 가속도를 구할 수 있다.

가속도는 속도의 변화가 있기만 하면 필연적으로 수반되는데, 그 변화의 원인과는 무관하다. 그림 2.12는 원운동을 예로 들고 있는 것인데, 원운동에 대하여는 5장에서 더 자세하게 취급할 것이다.

그림 2.12 속력은 일정하지만 그 속력의 방향이 변하면 가속도가 존재한다.

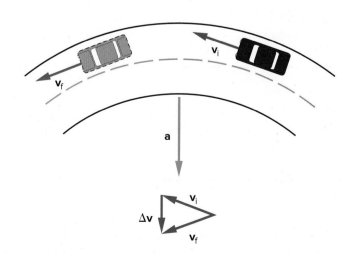

가속도는 속도의 변화율로 정의되는데, 속도의 변화량을 그 변화가 일어나는 데 소요되는 시간으로 나누어줌으로써 얻어진다. 속도란 벡터양이므로 그 어떠한 변화도 그것이 증가하든 감소하든 또는 오로지 방향만의 변화이든 간에 가속도를 갖는다. 가속도는 속도의 변화와 같은 방향을 갖는 벡터이다. 그렇다고 순간 속도와 반드시 같은 방향일 필요는 없다. 변화라는 개념이 아주 중요하다. 2.4절에서의 그래프를 통한 표현은 다른 양들과 더불어 속도의 변화를 도식화하는 데 도움이 될 것이다.

2.4 운동을 그래프로 나타내기

백문이 불여일견이라는 말이 있듯이 말로 여러 번 설명하는 것보다는 한 번 그림으로 보여주는 것이 더욱 효과적일 때가 있다. 그래프 역시 상황을 설명하는 데는 아주 효과적이다. 예를 들어 그림 2.4가 보여주는 상황을 순전히 말과 숫자만으로 설명할 때의 어려움을 생각해보면 그림의 효과는 쉽게 알 수가 있다. 그래프는 무슨 일이 일어났는지를 개괄적으로 한 번에 보여준다. 말로 장황히 설명하는 것은 때로는 비효율적일 때가 있는 것이다. 이번 절에서는 속도와 가속도를 이해하는 데 있어서 그래프가 어떠한 도움을 줄 수 있는지를 보여줄 것이다.

그래프는 무엇을 알려줄 수 있는가?

그러면 그래프란 무엇이며 운동을 기술하는 데 어떻게 사용되는가? 건전지로 구동되는 장난감 자동차가 미터자를 따라 움직이고 있는 것을 보고 있다고 생각해보자(그림 2.13). 만약 자동차가 아주 천천히 움직이고 있다면, 디지털시계를 이용하여 시간에 따라 자동차의 위치를 정확하게 기록할 수 있을 것이다. 좀 더 구체적으로 말하면 일정한 시간 간격으로(예컨대 5초마다), 자동차의 제일 앞부분이 가리키는 미터자의 위치를 읽어서 그 값들을 계속하여 기록해나간다. 그러면 아마도 표 2.2에 보인 것과 같은 결과를 얻게 될 것이다.

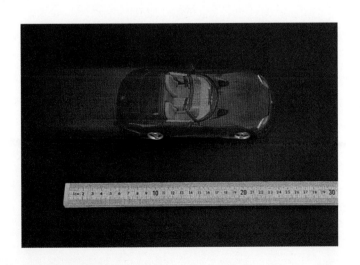

그림 2.13 미터자를 따라 움직이고 있는 장난감 자동차. 그 위치가 시간마다 기록될 수 있다. *Michelle Mauser/McGraw-Hill Education*

시간	위치
0 s	0 cm
5 s	4.1 cm
10 s	7.9 cm
15 s	12.1 cm
20 s	16.0 cm
25 s	16.0 cm
30 s	16.0 cm
35 s	18.0 cm
40 s	20.1 cm
45 s	21.9 cm
50 s	24.0 cm
55 s	22.1 cm
60 s	20.0 cm

표 2.2 매 시각에서의 미터자에 대한 장난감 자동차의 위치

그러면 이 자료들을 가지고 어떻게 그래프로 그릴 수 있을까? 우선, 서로 직교하는 2개의 축을 그린 다음 각각의 축에 같은 간격의 눈금을 긋는다. 두 축 중 하나는 이동한 거리(또는 위치)를 나타내고 다른 하나는 경과된 시간을 나타낸다. 시간에 따라 거리가 어떻게 변화하는지를 보여주기 위하여 보통 시간을 수평축에, 거리를 수직축에 배정한다. 이렇게 해서 그린 그래프는 그림 2.14와 같이 나타날 것이다. 표 2.2에서 한 세트의 자료는 그래프상에서 각각 하나의 점들로 표시되고 이들 점들은 선으로 연결되어 있다. 표 2.2의 각 자료 세트들이 그래프의 어느 점들과 서로 대응되고 있는지 확인해보라. 만약 25초라는 시각에 자동차의 위치가 21 cm였다면 그래프는 어떻게 달라지겠는가?

그래프는 표에 주어진 정보들을 시각적 형태로 요약하여 한번 만에 쉽게 파악할 수 있게 해준다. 그래프는 또한 불분명하긴 하지만 자동차의 속도와 가속도에 대한 정보도 제공하고 있다. 예를 들어, 20초와 30초 사이에 자동차의 평균 속도는 얼마라고 말할 수 있는가? 이 시간 동안 자동차는 움직이고 있는가? 그래프를 보면 그 시간 동안 움직인 거리의 변화가 없음을 알 수 있다. 따라서 그 시간 간격에서 자동차는 움직이지 않고 있으므로 속도는 0이다. 이 경우 그래프상으로는 수평으로 나타내진다.

그림 2.14 장난감 자동차의 운동에 대한 거리에 대한 시간 그래프. 자료 점들은 표 2.2에 기록된 값들이다.

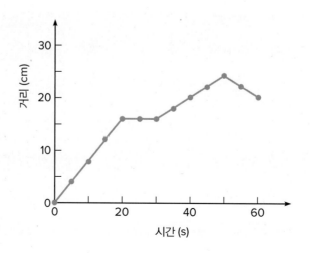

다른 시간에서의 속도들은 어떠한가? 자동차는 0초와 20초 사이에서 30초와 50초 사이 보다 더 빨리 움직인다. 거리 곡선은 30초와 50초 사이보다 0초와 20초 사이에서 더욱 급하게 증가하고 있으므로 이를 알 수 있다. 같은 시간 간격 동안 더 많은 거리를 이동하므로, 자동차는 더 빨리 움직이고 있음에 틀림없다. 즉 그래프에서 곡선의 기울기가 급할수록 더 큰 속력을 갖는다는 사실이다.

사실 시간에 대한 거리 곡선에서 임의의 점에서의 **기울기**(slope)는 그 순간 자동차의 순간 속도를 의미한다.* 그것은 그래프의 기울기는 그 이동 거리가 시간에 따라 얼마나 빨리 변하는지를 나타내고 있기 때문이다. 거리의 시간에 대한 변화율은 2.1절의 정의에 의하면 순간 속력이다. 운동이 직선을 따라 일어나고 있을 때에는 그 방향이 단지 2가지 경우만이 있을 수 있기 때문에, 운동의 방향을 플러스(+) 혹은 마이너스(−) 부호로 나타낸다. 따라서 이 경우 부호를 가진 하나의 정수로 속도의 크기(속력)와 운동방향을 모두 나타낼 수 있는 것이다.

자동차가 후진할 때에는 출발점으로부터의 거리는 감소한다. 50초와 60초 사이에 곡선이 아래로 내려가는 것으로 보아서 자동차는 이 시간 동안 후진하고 있음을 알 수 있다. 이때 곡선의 **기울기**는 음수가 된다. 즉, 속도가 음의 값을 갖는다는 것을 말한다. 정리하면 곡선이 위로 향하고 그 기울기가 크면 큰 순간 속도를 가진 상태이며, 곡선이 수평이면 정지 상태, 기울기가 아래를 향하고 있으면 음의 속도, 즉 반대방향으로 움직이고 있음을 알 수 있다. 그래프의 기울기를 살펴보면 자동차의 속도에 대하여 알아야 할 모든 것을 알 수 있다.

속도 그래프와 가속도 그래프

자동차의 속도에 대한 개념은 시간에 대한 속도 그래프를 그려보면 가장 잘 요약될 수 있다 (그림 2.15). 그림 2.14의 시간에 대한 거리 그래프에서 일정한 기울기를 갖는 부분의 속도는 일정하다. 따라서 시간에 대한 속도 그래프에는 이 부분이 수평으로 나타나게 될 것이다. 그리고 시간에 대한 거리 그래프에서 기울기가 바뀌면 그것은 속도의 크기가 바뀐 것이다. 그림

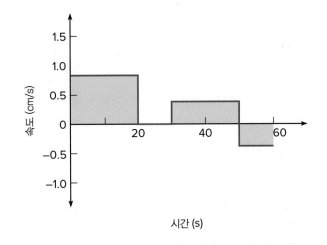

그림 2.15 장난감 자동차의 시간에 따른 순간 속도의 변화 그래프. 이동한 거리가 가장 빨리 증가할 때 속도는 최대가 된다.

시간 (s)

---

* 기울기에 대한 수학적 정의는 수직좌표의 변화 Δd 나누기 수평좌표의 변화 Δt이기 때문에, 기울기 $\Delta d / \Delta t$는 Δt가 충분히 작아야 순간 속도와 같게 된다. 그러나 수학적인 정의에 호소하지 않고도 기울기의 개념을 파악하는 것은 가능하다.

그림 2.16 장난감 자동차로부터 얻은 자료를 기준으로 작성한 시간에 따른 가속도 변화추이. 가속도는 속도가 변하는 경우에만 유효한 값을 갖는다.

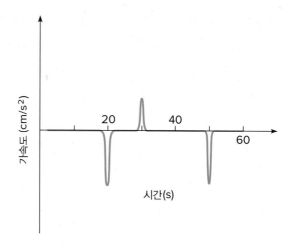

2.15의 그래프와 그림 2.14의 그래프를 주의 깊게 비교하면, 이러한 관계가 분명해질 것이다.

그러면 시간에 대한 속도 그래프로부터 가속도에 대한 정보를 얻을 수 있는가? 가속도는 속도의 시간변화율이기 때문에, 그림 2.15의 시간에 대한 속도 그래프는 매 순간 가속도에 대한 정보를 제공한다. 사실 순간 가속도는 시간에 대한 속도 그래프의 기울기와 같다. 가파른 기울기는 급격한 속도 변화와 그에 따른 큰 값의 가속도를 나타낸다. 수평 선분은 0의 기울기를 가지며 0의 가속도를 나타내고 있다. 가속도는 자료가 기술하고 있는 운동의 대부분에 있어서 0이다. 속도는 운동의 몇몇 아주 짧은 순간에만 변하고 있다. 가속도는 이러한 점들에서는 큰 값을 가지며, 그 밖의 경우에는 0이 된다.

자료가 실제로 속도의 변화가 얼마나 빨리 일어나고 있는지를 알려주지는 않기 때문에, 가속도가 0이 아닌 몇몇 순간에서 가속도의 크기가 얼마나 되는지 말할 만한 충분한 정보를 갖고 있지 않다. 만일 정확한 가속도의 크기를 알고 싶다면 0.1초 정도의 간격 같이 더 짧은 시간 간격마다 자동차의 위치를 측정해야 될지도 모른다. 4장에서 보겠지만, 속도의 변화는 순간적으로 일어날 수가 없으며 다소간의 시간이 요구된다. 그러나 앞에서 그린 그래프만으로도 대략의 시간에 대한 가속도 그래프를 근사적으로 그릴 수 있으며, 그 결과는 그림 2.16과 같다.

그림 2.16의 뾰족한 끝은 속도가 변화하고 있을 때 일어난다. 20초의 시점에서, 아래로의 뾰족한 끝은 음의 가속도를 의미하며, 즉 이때는 속도가 급격하게 감소하고 있음을 알 수 있다. 30초의 시점에서, 속도는 0에서 일정한 값으로 급격히 증가한다. 그리고 이것은 위로의 뾰족한 끝 또는 양의 가속도에 의하여 표현된다. 50초의 시점에는, 속도가 양에서 음의 값으로 바뀜에 따른 또 다른 음의 가속도가 있다. 만약 장난감 자동차 안에 타고 있다면, 분명히 이러한 가속도들을 느낄 것이다. (일상의 자연현상 2.2는 그래프가 운동을 분석하는 데 얼마나 쓸모 있는지에 대하여 또 다른 사례를 제공한다.)

속도 그래프로부터 움직인 거리를 알아볼 수 있는가?

어떤 또 다른 정보들이 그림 2.15의 시간에 대한 속도 그래프로부터 얻어질 수 있는가? 이 그래프로부터 자동차가 얼마나 멀리 여행했는지에 대한 정보를 얻을 수 있는가? 속도를 알

일상의 자연현상 2.2

100 m 달리기

상황 세계적인 단거리 선수는 100 m를 10초 약간 못 미치는 시간에 주파할 수 있다. 경주는 선수들이 출발점에서 심판의 총소리를 기다리며 웅크려 있는 자세로 시작된다. 경주는 선수들이 결승선을 지나야 종료되는데, 그들의 기록은 스톱워치 또는 자동측정에 의하여 측정된다.

출발선에 서서 출발신호를 기다리는 선수들 *Stockbyte/Getty Images*

경주의 시작과 종료 사이에 어떤 일이 일어나는가? 선수들의 속도와 가속도는 달리는 동안 어떻게 변하는가? 전형적인 선수의 경우, 시간에 대한 속도 그래프가 어떻게 보일 것인가에 대하여 합리적인 가정을 할 수 있는가? 훌륭한 단거리 선수의 최고 속도에 대하여 추정할 수 있는가? 어떠한 요소들이 달리는 선수의 기록에 영향을 미치며, 또 기록의 단축을 위해서는 어떤 요소들이 가장 중요한가?

분석 선수가 100 m의 거리를 정확히 10초에 주파한다고 가정하자. 이 선수의 평균 속력은 정의 $s = d/t$로부터 계산할 수 있다.

$$s = \frac{100 \text{ m}}{10 \text{ s}} = 10 \text{ m/s}$$

분명히, 이것은 경주 전체 과정에서의 순간 속력은 아니다. 왜냐하면 출발 당시의 선수의 속력은 0이고 최고 속력으로 가속되는 데에는 다소의 시간이 걸리기 때문이다.

경주의 목적은 가능한 빨리 최고 속력에 도달해서 경주를 마칠 때까지 그 속력을 유지하는 것이다. 성공 여부는 2가지에 의하여 결정되는데, 하나는 선수가 이 최고 속력으로 가속되는 데 걸리는 시간이고, 다른 하나는 이 최고 속력이 얼마냐 하는 것이다. 몸집이 작은 선수들은 종종 가속은 빠르나 최고 속력이 작다. 한편, 몸집이 큰 선수들은 때론 가속에는 시간이 걸리지만 더 큰 최고 속력을 얻는다.

대부분의 선수는 10 m 내지 20 m 이전에는 최고 속력에 도달하지 못한다. 따라서 평균 속력이 10 m/s라면, 이 선수의 최고

속력은 이것보다는 다소 커야 한다. 왜냐하면 선수가 가속되는 동안에는 순간 속력이 10 m/s보다 작을 것이기 때문이다. 이러한 아이디어는 시간에 대한 속도 그래프를 그림으로써 가장 쉽게 시각화될 수 있다. 선수는 직선을 따라 달리기 때문에, 순간 속도는 순간 속력과 같다. 선수는 대강 2~3초쯤 달려야 최고 속력에 도달한다.

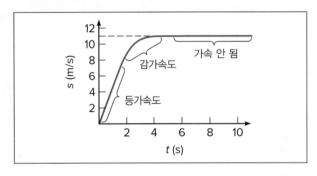

가상적인 100 m 달리기 선수에 대한 시간에 대한 속도 그래프

선수의 가속도가 처음 2초 동안 대략 일정하다면, 선수가 가속되는 동안의 평균 속력(또는 평균 속도)은 대강 그 최댓값의 절반이 될 것이다. 이 사이의 선수의 평균 속력이 대략 5.5 m/s(11 m/s의 절반)라고 가정한다면, 경주의 나머지 부분에서의 속력은 대략 11.1 m/s가 되어야 전 구간에 대한 평균 속력이 10 m/s가 될 것이다. 이것은 이러한 값들로부터 거리를 계산해봄으로써 알 수 있다.

$$d = (5.5 \text{ m/s})(2 \text{ s}) + (11.1 \text{ m/s})(8 \text{ s})$$
$$= 11 \text{ m} + 89 \text{ m} = 100 \text{ m}$$

지금까지 평균 속력이 10 m/s의 값을 가질 수 있는 합리적인 추정을 해보았다. 또 전체 거리를 계산해봄으로써 이러한 추정들을 점검했다. 결과적으로 훌륭한 단거리 선수의 최고 속력이 대략 11 m/s(25 MPH)임을 말해준다. 이는 1마일을 4분에 주파하는 장거리 선수의 평균 속력 15 MPH 또는 6.7 m/s와 비교된다.

전술적인 면을 고려한다면 선수는 출발선에서 몸을 아래로 기울인 자세를 유지하며 출발 시 공기저항을 극소화하고 다리의 추진력을 극대화하여 최대한 빠른 속도로 출발하는 것이 중요하다. 또 경주의 남은 구간 동안 최고의 속력을 유지하려면 인내력이 좋아야 할 것이다. 결승점 가까운 곳에서 속력이 떨어지는 선수는 체력훈련이 필요할 것이다. 선수의 최고 속력이 고정되어 있다면, 선수가 얼마나 빨리 그러한 최고 속력에 도달할 수 있느냐에 따라 평균 속력의 크기가 결정된다. 이러한 급가속의 능력은 바로 다리의 근력(웨이트트레이닝 등의 훈련을 통하여 개선될 수 있다)과 타고난 민첩성에 달려 있다.

고 있을 때, 어떻게 하면 움직인 거리를 구할 수 있는지 잠시 생각해보자. 속도가 일정하다면 움직인 거리는 $d = vt$와 같이 속도에 시간을 곱함으로써 얻을 수 있다. 예를 들어, 처음 20초 동안 속도는 0.8 cm/s이므로 움직인 거리는 0.8 cm/s 곱하기 20초, 즉 16 cm이다. 앞에서 속도를 구하던 과정과 정확하게 역산을 통해 거리를 구할 수 있다. 이동 거리를 경과시간으로 나누어주어서 속도를 구했다.

그렇다면 움직인 거리란 속도 그래프상에는 어떻게 나타내질 것인가? 직사각형의 면적을 계산하는 공식이 높이 곱하기 밑변이라는 사실을 떠올린다면, 거리 d라는 것은 곧 그림 2.15에서 음영 처리된 부분이 직사각형의 면적이 된다는 사실을 눈치챌 수 있다. 즉 0.8 cm/s라는 속도는 그래프에서 직사각형의 높이이고 20초라는 시간은 밑변이다.

곡선이 복잡해지면 거리의 계산은 더욱 어려워지지만, 같은 원리에 의해 거리를 계산할 수 있다. 일반적으로 거리란 시간에 대한 속도 그래프에서 곡선 아래의 면적과 같다. 속도가 음이면 곡선은 그래프상에서 시간축의 아래쪽에 있고 물체는 뒤쪽으로 운동하고 있으므로 시작점으로부터의 거리는 감소하고 있다.

거리를 정확하게 계산하지 않고도, 속도 그래프를 통해 대략의 움직인 거리를 아는 것이 가능하다. 넓은 면적은 먼 거리를 나타낸다. 이렇게 그래프만 보고도 자동차가 어떻게 움직였는지를 상세히 알 수 있다. 이것이 바로 그래프의 매력이다.

> 그래프는 운동에 대하여 많은 직관적인 정보를 제공한다. 시간에 대한 움직인 거리 그래프는 매 시각에서 물체의 위치를 알려주며, 또 그 기울기는 물체의 속도를 나타낸다. 마찬가지로 시간에 대한 속도 그래프에는 매 시각에서 물체의 속도뿐만 아니라 가속도 및 이동한 거리에 대한 정보가 포함되어 있다. 그래프를 그려 보면 운동에 대한 더 일반적인 감각을 얻게 될 것이고, 거리, 속도, 그리고 가속도 사이의 관계가 보다 분명해진다.

2.5 등가속도

만일 높은 곳에서 돌을 가만히 떨어뜨리면, 돌은 지면을 향하여 일정한 가속도로 낙하하는데, 이는 일종의 **등가속도 운동**(uniform accelerated motion)이다. 등가속도 운동은 가속되는 운동에서는 가장 간단한 형태이다. 이런 운동은 물체에 작용하는 힘이 일정할 때 나타나는데, 떨어지는 돌의 경우뿐만 아니라 다른 많은 상황에서 발생한다.

그러면 등가속도 운동의 결과들은 어떻게 나타날까? 이러한 질문을 처음으로 던진 사람은 바로 갈릴레이였다. 그는 자유 낙하하는 물체뿐만 아니라 비탈을 굴러 내려가는 공의 운동 또한 등가속도 운동임을 간파하였던 것이다. 갈릴레이는 1638년에 출판된 유명한 저서 《Dialogues Concerning Two New Sciences》에서 이 절에서 도입되는 그래프와 공식들을 이용하여 그의 이론을 전개하였는데, 그 이후로 물리학을 배우는 학생들에게는 필수적인 과정으로 굳어졌다. 또 그의 연구 내용들은 수십 년 후 뉴턴의 운동 법칙에 많은 부분 기초적인 아이디어를 제공하였다.

등가속도 운동에서 속도는 어떻게 변하는가?

자동차가 직선도로를 따라 일정한 비율로 가속되고 있는 상황을 생각해보자. 자동차의 시간에 대한 가속도 그래프는 그림 2.17과 같이 나타날 것이다. 등가속도에 대한 그래프는 아주 간단하게 수평의 직선으로 표현된다. 등가속도란 시간이 지나도 가속도가 일정하다는 것을 의미하기 때문이다.

등가속도 운동을 할 때의 시간에 대한 속도 그래프는 보다 흥미 있는 것을 말해준다. 2.4 절의 논의에서 보듯이 시간에 대한 속도 그래프에서 기울기가 가속도에 해당한다는 사실이다. 차가 일정한 비율로 가속된다면, 속도는 어떻게 변할 것인가? 등가속도가 양의 값이라면 속도는 일정한 비율로 증가할 것이며, 따라서 속도 그래프는 그림 2.18과 같이 위쪽을 향하는 일정한 기울기의 직선이 될 것이다. 앞에서 논의하였던 대로 시간에 대한 속도 그래프의 기울기가 가속도와 같다. 그래프를 그릴 때 자동차의 초기 속도가 0이라고 가정했다.

물론 그래프의 내용을 수식으로도 표현할 수 있다. 어느 순간의 속도는 처음의 속도에 자동차가 가속됨으로써 추가된 속도를 더한 것과 같다. 추가된 속도, 즉 속도의 변화량 Δv는 가속도 곱하기 가속된 시간과 같다($\Delta v = at$). 왜냐하면 가속도의 정의가 속도의 변화량 나누기 시간이기 때문이다. 따라서 순간 속도는 다음과 같은 수식으로 표현된다.

$$v = v_0 + at$$

우변의 첫째 항 v_0는 처음의 속도이고(그림 2.18에서 0이라고 가정되었음), 둘째 항 at는 속도의 변화 Δv를 나타낸다. 이 둘을 합하면 나중의 시간 t에서의 속도를 얻는다.

예제 2.4의 내용은 등가속도 운동을 하고 있는 한 자동차의 예로 구체적인 수치들이 제시되어 있다. 그러나 자동차가 일정한 비율로 끝없이 가속될 수는 없을 것이다. 왜냐하면 오래지 않아 속도가 아주 큰 값에 도달할 것이고, 이는 위험할 뿐만 아니라 공기의 저항 등 그것을 방해하는 요소들이 나타나기 때문이다.

그림 2.17 등가속도의 가속도 그래프는 수평 직선이다. 등가속도는 시간에 따라 변하지 않는다.

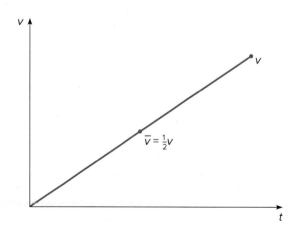

그림 2.18 등가속도 운동에 대한 시간에 대한 속도 그래프. 특별한 경우 평균 속도는 나중 속도의 절반과 같다.

예제 2.4 ▶ 등가속도

10 m/s의 초기 속도를 갖고 정동쪽으로 여행하고 있는 자동차가 6초 동안 4 m/s²의 일정한 비율로 가속되고 있다.

    a. 6초 동안 가속된 후의 속도는 얼마인가?

    b. 이 시간 동안 얼마의 거리를 여행하는가?

a. $v_0 = 10$ m/s $v = v_0 + at = 10$ m/s $+ (4$ m/s²$)(6$ s$)$
     $a = 4$ m/s² $= 10$ m/s $+ 24$ m/s
     $t = 6$ s $= \mathbf{34}$ **m/s**
     $v = ?$

                                     $v = 34$ m/s 정동쪽

b. $d = v_0 t + \dfrac{1}{2}at^2 = (10$ m/s$)(6$ s$) + \dfrac{1}{2}(4$ m/s²$)(6$ s$)^2$

                   $= 60$ m $+ (2$ m/s²$)(36$ s²$)$

                   $= 60$ m $+ 72$ m $= \mathbf{132}$ **m**

가속도가 음의 값을 가지면 어떤 일이 일어나는가? 이때 속도는 감소할 것이다. 또 속도 그래프의 기울기는 위가 아니라 아래로 향한다. 수식적인 표현에 있어서도 가속도가 음이기 때문에 v에 대한 공식의 둘째 항은 음수가 되고, 따라서 시간이 지남에 따라 그 값은 감소하게 된다. 속도는 일정한 비율로 감소한다.

주행한 거리는 시간에 따라 어떻게 변하는가?

자동차나 그 밖의 물체가 일정한 비율로 가속될 때, 주행한 거리는 시간에 따라 어떻게 변하는가? 자동차가 더 빨리 움직일수록 주행한 거리는 더 빠르게 증가할 것이다. 이런 경우 주행한 거리를 알아내는 방법을 갈릴레이가 제시하였다.

이동 거리는 속도에 시간을 곱하여 구해지지만 이 경우에는 속도가 점점 빨라지므로 평균 속도를 시간에 곱하여 거리를 구해야 한다. 그림 2.18은 자동차가 정지 상태로부터 출발하여 등가속도로 움직일 때 속도가 어떻게 증가하는지를 보여준다. 속도는 0에서 시작하여 일정하게 증가하는 직선 그래프가 된다. 자동차가 계속 가속됨에 따라, 이동한 거리도 급격히 증가한다.

$$d = \frac{1}{2}at^2$$

이 식에는 t가 2번 들어가 있는데, 한 번은 평균 속도를 구하는 과정에서, 또 한 번은 거리를 구하기 위해 속도를 시간과 곱하는 과정에서 들어간 것이다.[*]

그림 2.19의 그래프는 이 관계식을 설명하고 있다. 속도 곡선의 기울기는 속도가 증가할 때마다 위쪽 방향을 향한다. 수식과 그래프는 그림 2.18에 보이듯이 차량이 정지 상태에서 출발하는 경우에만 유효하다. 이동 거리는 시간에 대한 속도 곡선의 아래 면적과 동일하므로

---

[*] 이 설명을 수식으로 표현하면, 이는 평균 속도가 된다. 즉 $\bar{v} = \frac{1}{2}v = \frac{1}{2}at$ $d = \bar{v}t = \left(\frac{1}{2}at\right)t = \frac{1}{2}at^2$.

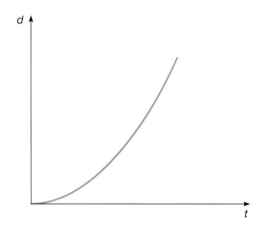

그림 2.19 자동차가 일정하게 가속되고 있는 경우, 속도가 증가하고 있기 때문에 주행한 거리는 급하게 증가한다.

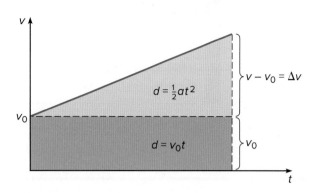

그림 2.20 초기 속도가 0이 아닌 경우에 대하여 다시 그려진 시간에 대한 속도 그래프. 곡선 아래의 면적은 직사각형과 삼각형의 두 부분으로 나뉜다.

(2.4절에서 논의한 바 있음), 거리에 대한 이런 표현에 있어서 그림 2.18의 직선 아래 삼각형의 면적과 동일하다고 생각해도 무방하다. 삼각형 면적은 시간을 밑변으로 하고 속도를 높이로 하는 면적의 절반이 되어서 동일한 결과를 만든다.

자동차가 가속되기 이전에 이미 일정한 속도로 움직이고 있었다면, 그 속도 그래프는 그림 2.20과 같이 될 것이다. 따라서 속도 곡선 아래의 면적은 그림과 같이 삼각형과 직사각형의 두 부분으로 분리될 수 있으며, 움직인 거리는 결국 이 두 면적의 합이 된다.

$$d = v_0 t + \frac{1}{2} a t^2$$

이 공식에서 첫째 항은 물체가 일정한 속도 v_0로 움직일 때의 이동 거리이고, 둘째 항은 물체가 가속되고 있기 때문에 추가적으로 움직이게 된 거리이다(그림 2.20에서의 삼각형의 면적). 만약 가속도가 음이면 물체가 감속되는 것을 의미하며, 둘째 항은 첫째 항으로부터 빼질 것이다.

움직인 거리에 대한 일반적인 표현은 복잡해보일 수도 있지만, 그것을 둘로 쪼개어서 생각하면 쉽게 이해할 수 있다. 즉 전체 움직인 거리에 기여하는 2가지 요소를 그림 2.20과 같이 둘로 나누어 계산한 다음 단순히 더해주는 것이다. 각각의 요소들은 쉽게 계산될 수 있고 그 둘을 합하는 문제도 어려울 것이 없다.

예제 2.4는 한 가지 수치적인 예를 제공하고 있다. 여기서 자동차는 처음에 정동쪽으로 10 m/s의 속도로 6초 동안 달리다가 최종적으로 정동쪽으로 34 m/s의 속도로 움직이게 될 때까지 일정하게 가속되고 있다. 따라서 전체 움직인 거리는 132 m가 된다. 만일 가속도가 없었다면, 같은 시간에 자동차는 60 m밖에는 못 갔을 것이다. 즉 자동차의 가속도에 의해 72 m의 거리를 추가적으로 움직이게 된 것이다.

가속도는 속도의 변화를 의미하고 등가속도는 이러한 속도의 변화율이 일정한 경우이다. 따라서 등가속도 운동은 가장 간단한 가속도 운동이다. 등가속도 운동은 다음 장에서 논의할 자유 낙하 및 그 밖에 많은 현상을 이해하는 데 있어서 필수적이다. 그러한 운동은 이 절에서 도입된 그래프나 공식에 의해서 표현될 수 있다. 그래프와 공식을 둘 다 살펴보고 그들이 어떻게 연관되는지 알아보면 이러한 개념들이 더 확실하게 될 것이다.

요약

이 장의 목표는 운동을 정확하게 기술하는 데 필수적인 개념들을 소개하는 것이다. 가속도를 이해하기 위해서는 속력에 부가적인 항목을 추가한 속도에 관해 알아야 한다. 속력과 속도를 구별하고 가속도와 속도를 구별해야 한다.

① **평균 속력과 순간 속력** 평균 속력은 이동 거리를 주행 시간으로 나누어 구한다. 이 속력은 이동 거리 동안의 평균 속력이다. 순간 속력은 주어진 어느 순간에 이동 거리와의 비율로 주어진다. 순간 속력을 구하려면 아주 짧은 시간 간격을 설정해야 한다.

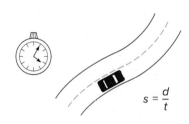

$$s = \frac{d}{t}$$

② **속도** 물체의 순간 속도는 크기와 방향을 모두 포함하는 벡터양이다. 속도 벡터의 크기는 순간 속력과 같으며 방향은 물체가 움직이고 있는 쪽이다.

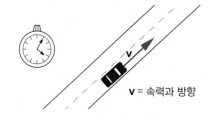

v = 속력과 방향

③ **가속도** 가속도는 속도 변화의 시간비율로 정의되는데, 이는 속도 변화를 시간으로 나누어 구할 수 있다. 가속도도 벡터양이다.

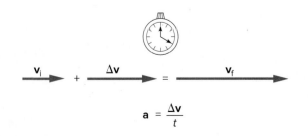

$$\mathbf{a} = \frac{\Delta \mathbf{v}}{t}$$

가속도도 평균 가속도와 순간 가속도로 나뉜다. 속도의 방향 변화는 크기 변화만큼 중요하다. 둘 다 가속을 수반한다.

④ **운동을 그래프로 나타내기** 시간 변화에 따른 거리, 속력, 속도, 그리고 가속도 그래프를 그려보면 이들 사이의 관계를 알 수 있다. 순간 속도는 시간에 대한 거리 그래프의 기울기이다. 순간 가속도는 시간에 대한 속도 그래프의 기울기이다. 이동 거리는 시간에 대한 속도 그래프의 아래 면적이다.

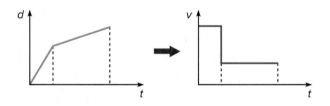

⑤ **등가속도** 가속도가 일정하면 시간에 대한 속도 그래프에서 직선으로 나타나는데, 이를 일정하게 가속된다고 말한다. 이 그래프는 시간 변화에 따라 이동 거리와 속도를 기술하는 2가지 식을 이해하는 데 도움이 된다.

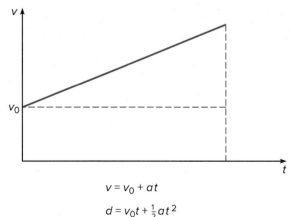

$$v = v_0 + at$$
$$d = v_0 t + \frac{1}{2} at^2$$

개념문제

Q1. 화성에서 생물체가 발견되었는데, 그들은 거리를 boogles라는 단위로, 시간은 bops이라는 단위로 측정한다고 가정하자.
  a. 이 단위계에서 속력의 단위는 무엇이겠는가? 설명하시오.
  b. 속도의 단위는 무엇이겠는가? 설명하시오.
  c. 가속도의 단위는 무엇이겠는가? 설명하시오.

Q2. 손톱이 자라는 비율을 잘 나타낼 수 있는 단위는 무엇일까? 설명하시오.

Q3. 한 운전자가 경찰에 잡혔을 때 속력 80으로 달리고 있었다고 진술하였다. 운전자의 진술은 정확한가? 이 진술이 영국과 미국에서 달리 이해될 것인가? 설명하시오.

Q4. 자유스럽게 아주 잘 빠지는 도로를 달리는 자동차의 순간 속력과 차가 많이 밀리는 도로를 달리는 자동차의 순간 속력 중 어느 것이 수분간의 평균 속력과 유사하겠는가? 설명하시오.

Q5. 일상의 자연현상 2.1에서 언급했던 **자동차 밀도**는 개별 자동차의 무게와 연관이 있을까, 아님 여러 대 자동차들 간의 다른 특성과 연관되어 있을까? 설명하시오.

Q6. 교통체증의 앞부분 자동차 밀도가 교통체증 제일 뒷부분의 자동차 밀도보다 더 낮을까 높을까? 설명하시오(일상의 자연현상 2.1 참고).

Q7. 줄에 매달린 공이 수평의 원을 그리며 일정한 속력으로 운동하고 있다.
  a. 공의 속도가 변하는가? 설명하시오.
  b. 가속도는 0이 되는가? 설명하시오.

Q8. 낙하하는 공은 그것이 떨어짐에 따라 속력이 증가한다. 공의 속도는 이 과정에서 일정할 수 있는가? 설명하시오.

Q9. 어느 순간에, 두 자동차가 서로 다른 속도로 달리고 있는데, 그중 한 속도는 다른 것의 2배이다. 이러한 정보를 기초로 하여, 두 차량 중 어떤 것이 이 순간 더 큰 가속도를 갖고 있는지 말할 수 있는가? 설명하시오.

Q10. 일정한 속력으로 달리는 차량이 고속도로에서 커브를 돌고 있다. 이 경우 차의 가속도도 역시 0인가? 설명하시오.

Q11. 그림 Q11에 직선을 따라 움직이는 물체에 대하여 속도가 시간의 함수로 그려져 있다.
  a. 속도는 임의의 시간 간격에 대하여 일정한가? 설명하시오.
  b. 물체는 어떤 시간 간격에서 가장 큰 가속도를 갖는가? 설명하시오.

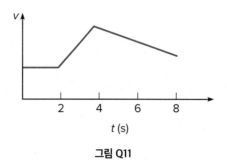

그림 Q11

Q12. 그림 Q12의 시간에 대한 자동차의 거리 그래프에서, 속도는 어느 시간 간격에서나 일정한가? 설명하시오.

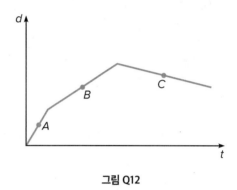

그림 Q12

Q13. 그림 Q13과 같은 속도를 갖는 자동차에 대하여, 0~2 s, 2~4 s, 4~6 s의 같은 시간 간격 중에서 자동차가 움직인 거리가 최대가 되는 것은 어떤 것인가? 설명하시오.

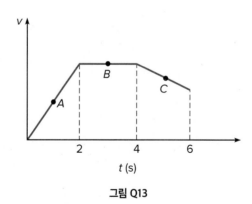

그림 Q13

Q14. 가속도가 시간에 따라 증가한다고 하자. 이런 상황에서도 $v = v_0 + at$란 관계식은 계속 사용 가능한가? 설명하시오.

Q15. 어떤 물체의 시간에 대한 속도 그래프는 그림 Q15와 같이 곡선을 그리고 있다. 물체의 가속도는 일정한가? 설명하시오.

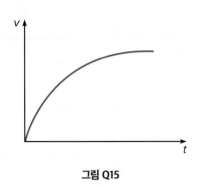

그림 Q15

Q16. 앞방향으로 진행 중인 차량이 10초 동안 음의 등가속도를 경험한다. 처음 5초 동안 이동한 거리가 나머지 5초간 이동한 거리보다 더 많을까 아님 같을까? 설명하시오.

Q17. 두 달리기 선수가 100 m를 10초에 주파하는데, 둘 중 한 선수는 다른 선수보다 먼저 최고 속력에 도달한다고 가정하자. 두 선수 모두 일단 최고 속력에 도달하면 일정한 속력을 유지한다. 어느 선수가 더 큰 최고 속력을 갖는가? 설명하시오 (일상의 자연현상 2.2 참고).

Q18. 물리학 강사가 강의실 연단을 속력을 올리며 건너가다가 갑자기 되돌아서 일정한 속력으로 걷는다. 이 상황을 그래프로 나타내보시오.

Q19. 예제 2.4로 돌아가서, 이제 가속도가 음인 −1 m/s²이라 가정하자. 달리 말하면 속도가 줄어든다는 뜻이다. 동일한 방정식과 동일한 초기 속도 +10 m/s를 이용하여 6초 후의 나중 속도와 6초 동안 이동한 거리를 결정하시오. 그리고 시간에 대한 속도 그래프를 그리고 곡선 아래 면적을 이용하여 이동한 거리를 구하시오.

연습문제

E1. 한 여행자가 7시간 동안 413마일의 거리를 주행한다. 이 여행에서 평균 속력은 얼마인가?

E2. 잔디는 깎은 지 2주가 지나면 평균 5.2 cm 정도 자란다. 이 성장 속도를 cm/day로 나타내면 얼마인가?

E3. 도보 여행자가 1.4 m/s의 평균 속력으로 504 m의 거리를 걷고 있다. 이 거리를 걷는 데 얼마만큼의 시간이 필요할까?

E4. 도보 여행자가 1.3 m/s의 평균 속력으로 걷고 있다. 1.5시간 동안 이 여행자는 km로 얼마나 이동하는가?

E5. 자동차가 65 MPH의 평균 속력으로 달리고 있다. km/h로 나타내면 얼마인가? (예제 2.1 참고)

E6. 어떤 차의 속도가 4초 동안 28 m/s에서 20 m/s로 감속된다. 이 과정에서 이 차의 평균 가속도는 얼마인가? (예제 2.3 참고)

E7. 27 m/s의 초기 속도로 운행하고 있는 차량이 3초 동안 5.4 m/s²의 일정한 비율로 감속된다. 3초 후 차량 속도는 얼마인가?

E8. 1.1 m/s의 초기 속도로 달리던 주자가 2초 동안 0.8 m/s²의 일정 비율로 가속한다.

a. 2초 후의 속도는 얼마인가?
b. 그 동안 이동한 거리는 얼마인가?

E9. 4.0 m/s의 초기 속도로 달리던 주자가 2초 동안 −1.6 m/s²의 일정한 비율로 감속한다.

a. 2초 후의 속도는 얼마인가?
b. 그 동안 이동한 거리는 얼마인가?

E10. 1950년 400미터 달리기 기록 보유자는 자메이카 출신인 조지 로덴이다. 그 당시 로덴의 평균 속력이 8.73 m/s였다면 얼마만에 그 거리를 달린 것인가?

E11. 경주용 자동차는 90 m/s의 속력을 갖는다. 운전자가 브레이크를 밟아 8초 동안 11 m/s²의 일정한 비율로 속도를 줄인다.

a. 브레이크를 밟은 2초, 4초, 6초, 그리고 8초 후의 속력을 구하시오. 이 값들의 그래프를 시간의 함수로 그리시오.
b. 동일한 시간 간격 동안 자동차가 달린 거리를 계산하고 그 값들의 그래프를 시간의 함수로 그리시오.

종합문제

SP1. 기관차가 정서쪽으로 70 m의 직선구간 거리를 5 m/s의 속력으로 운행하고 있다. 그러고 나서 방향을 바꾸어 정동쪽, 즉 거꾸로 32 m의 거리를 4 m/s의 속력으로 운행한다. 감속과 방향 전환은 아주 빨리 이루어지므로 그 동안 걸리는 시간은 무시한다.

  a. 전체 거리를 운행한 시간은 얼마인가?

  b. 이 과정에 대하여 시간에 대한 평균 속력 그래프를 그리시오. 방향을 바꾸는 아주 짧은 시간 동안에 감속이 되었다가 다시 가속이 됨을 보이시오.

  c. 방향이 바뀌는 운동을 나타내기 위해 음의 속도 값을 사용하여 기관차의 시간에 대한 속도 그래프를 그리시오 (그림 2.15 참고).

  d. 기관차의 시간에 대한 가속도 그래프를 그리시오. (그림 2.16 참고)

SP2. 정서쪽으로 직선도로를 따라 운행하는 차량이 10초 동안 가속되어 그 속도가 정지 상태로부터 30 m/s로 증가했다. 그러고 나서 10초 동안 일정한 속력으로 운행하며 다음 5초 동안은 일정한 비율로 감속하여 20 m/s의 속도가 되었다.

이 속도로 5초 동안 운행하다가 4초 동안 급히 감속하여 정지한다.

  a. 위에 기술된 운동 전체에 대하여 차량의 시간에 대한 속도 그래프를 그리시오. 적절한 속도와 시간으로 그래프의 축에 눈금을 나타내시오.

  b. 차량의 시간에 대한 가속도 그래프를 그리시오.

  c. 차량의 운행 거리는 기술된 운동에서 계속 증가하는가? 설명하시오.

SP3. A 자동차가 출발하자마자, B 자동차에 의하여 추월당한다. B 자동차는 7 m/s의 일정한 속도로 운행하고 있다. 반면 A 자동차는 정지 상태로부터 출발하여 4.2 m/s^2의 등가속도로 가속된다.

  a. 각 차량의 운행 거리를 1, 2, 3, 그리고 4초에 대하여 계산하시오.

  b. 대략 어느 시점에 A 자동차가 B 자동차를 추월하는가?

  c. 이 시각을 정확히 계산하려면 어떻게 해야 하는가? 설명하시오.

CHAPTER 3

낙하체와 포물선 운동
Falling Objects and Projectile Motion

학습목표

이 장의 학습목표는 지구 표면 부근에서 중력 가속도의 영향을 받는 물체의 운동에 대해 알아보는 것이다. 2장에서 설명한 등기속도 운동이 중요한 역할을 한다. 낙하체의 가속도에 관해 알아본 후 그 개념들을 물체의 수직방향 운동과 포물선 운동에 적용시켜 보도록 한다.

개요

1. **중력 가속도** 지구의 중력장 하에서 낙하체는 어떤 운동을 할 것인가? 가속도의 측정방법은 무엇인가? 또 이 가속도가 일정한 이유는 무엇인기?

2. **낙하체의 운동** 낙하체의 속도와 낙하거리는 시간이 지남에 따라 어떻게 될 것인가? 중력 가속도를 알고 있을 때 이 값들을 어떻게 구할 것인가?

3. **자유 낙하 이외의 운동: 위로 던진 물체의 운동** 위로 던진 공의 운동은 낙하체의 운동과 무엇이 다른가? 최고점 부근에서 공이 떠 있는 것처럼 보이는 이유는 무엇인가?

4. **포물선 운동** 수평방향으로 발사된 물체의 운동을 결정하는 것은 무엇인가? 포물선 운동의 경우 시간에 따른 속도와 위치는 어떻게 변하는가?

5. **목표물 맞추기** 표적을 맞추기 위해 수평방향과 일정한 각도로 발사된 총알이나 축구공의 궤적을 결정하는 요인은 무엇인가?

바닥으로 떨어지는 낙엽이나 공을 본 적이 있는가? 아마도 여러분은 유년기에 물체를 반복해서 떨어뜨리고 또 그것을 바라보면서 기뻐한 경험이 있을 것이다. 점점 성장해 감에 따라 이러한 경험은 매우 일상적인 것이 되어서 왜 물체가 떨어지는지 더 이상 의문을 갖지 않게 되었을 것이다. 그러나 이러한 의문들은 수세기에 걸쳐 과학자들이나 철학자들의 호기심을 자아내게 해왔다.

자연을 이해하려면, 먼저 그것을 세심하게 관찰해야 한다. 만약 관찰을 하면서 그 조건들을 조절할 수만 있다면, 그것이 곧 실험이 되는 것이다. 어릴 때 공을 떨어뜨리고 그것을 관찰한 행위들도 간단한 형태의 실험이 될 수 있다. 지금 다시 실험을 함으로써 그러한 흥미를 다시 가질 수 있을 것이다. 과학적 발전은 정교하게 조절된 실험에 의존한다. 그리고 자연을 좀 더 잘 이해하려면 우리의 생각을 실험을 통해 실제로 확인해보아야 한다. 그러면 아마도 새롭게 발견하는 사실에 대해서 놀라게 될 것이다.

연필, 지우개, 클립이나 작은 공과 같은 작은 물체를 찾아보자. 팔을 벌려 두 물체를 잡고 있다가 동시에 놓고 그것들이 바닥에 떨어지는 것을 관찰해보자(그림 3.1). 여기서 두 물체는 같은 높이에서 떨어뜨려야 한다.

이러한 물체의 낙하 운동을 어떻게 기술할 것인가? 이 운동은 가속도 운동인가? 두 물체는 동시에 바닥에 도달하는가? 이 운동은 그 물체의 형태와 구성성분에 의존하는가? 만약 마지막 질문에 대한 해답을 얻고자 한다면 작은 종잇조각과 지우개나 작은 공과 같은 물체를 동시에 떨어뜨려 보면 된다. 처음에는 종이를 접지 않고 떨어뜨려

그림 3.1 서로 다른 질량을 가진 물체의 낙하 실험. 두 물체가 동시에 바닥에 도달하는가? *Jill Braaten/McGraw-Hill Education*

보고, 다시 그것을 접거나 혹은 공과 같은 모양으로 구겨서 떨어뜨려 보자. 어떤 차이점을 찾아볼 수 있는가?

이와 같은 간단한 실험으로부터 낙하체 운동에 관한 일반적인 결론을 도출해낼 수 있다. 또한 포물선 운동에 대해 알아보기 위해서 서로 다른 각도로 물체를 던져보거나 발사시켜 볼 수 있다. 그러면 이런 모든 경우에 수직 아래 방향으로 작용하는 일정한 중력 가속도를 발견하게 될 것이다. 이 가속도는 지구 표면에서 움직이거나 운동할 때 눈에는 보이지 않지만 영향을 미치는 가속도 효과이다.

3.1 중력 가속도

위에서 제안한 대로 몇 개의 물체를 실제로 떨어뜨려 보았다면, 몇 가지 의문들 중 하나의 해답은 벌써 찾았을 것이다. 낙하하는 물체는 가속되는가? 속도가 변하는가에 대해 잠시 생각해보자. 물체를 떨어뜨리기 전에는 속도가 0이었다. 그러나 일단 손에서 빠져나가는 순간 물체의 속도는 0이 아닌 어떤 값을 가지게 된다. 즉 속도의 변화가 있게 된다. 속도가 변하게 되면 가속도가 존재하는 것이다.

이러한 낙하가 매우 빠르게 진행되므로 눈으로 관찰해서는 가속도를 자세히 설명하기는 곤란하지만, 속도가 매우 빠르게 증가하는 사실로 미루어보면 가속도의 크기가 클 것이라고 예상된다. 물체의 속도가 순간적으로 큰 값에 도달하는가? 가속도는 일정한 값인가? 이러한 의문에 대한 해답을 찾으려면 낙하 운동을 다소 느리게 진행시켜서 낙하할 때 어떤 현상이 발생하는지 직접 눈으로 보고 지각할 수 있어야만 한다.

어떻게 중력 가속도를 측정할 수 있는가?

낙하 운동을 느리게 진행시키는 몇 가지 방법이 있다. 그 중 하나의 방법은 중력에 의한 가속도를 처음으로 정확히 기술했던 이탈리아 출신의 과학자 갈릴레오 갈릴레이(Galileo Galilei,

그림 3.2 경사진 자에서 굴러 내려오는 구슬. 경사면에서 아래로 내려옴에 따라 구슬의 속도는 증가하는가?
Jill Braaten/McGraw-Hill Education

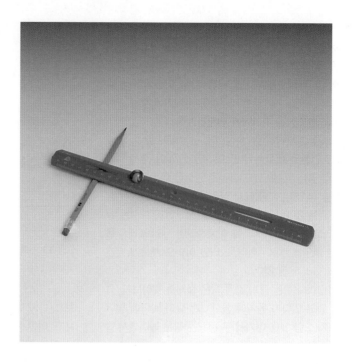

1564~1642)에 의해서 처음으로 고안되었다. 갈릴레이는 다소 경사진 평면에 물체를 올려놓고 그것을 아래로 굴리거나 미끄러지게 하는 실험을 하였다. 이 방법으로 경사면 방향에 존재하는 중력 가속도의 부분성분을 계산할 수 있다. 따라서 이 실험으로 얻는 가속도의 크기는 작은 값을 갖는다. 또 다른 방법으로는 각각의 시간에서 낙하체의 위치를 알아보기 위해 일정 시간 간격으로 사진을 찍는 방법이나 초음파 동작 감지기나 혹은 영상을 녹화하는 방법 등이 있다.

만약 홈이 있는 자와 작은 공이나 구슬을 가지고 있다면, 혼자서도 경사면을 만들어 실험을 할 수 있다. 자의 한쪽 끝을 연필로 받친 후 작은 공이나 구슬을 놓으면 중력을 받아 경사면을 따라 굴러 내려가게 된다(그림 3.2). 공이 굴러 내려감에 따라 속력이 조금씩 증가하는 것을 볼 수 있는가? 공이 경사면을 반쯤 내려왔을 때보다 다 내려왔을 때의 속력이 확실히 더 큰가?

갈릴레이는 정확한 시간측정 장치가 없어서 어려움을 겪었는데, 자신의 맥박을 타이머로 사용하였다고 한다. 이러한 제약에도 불구하고 그는 중력 가속도가 시간에 따라 변하지 않는 일정한 상수값을 가지며, 경사면을 이용하여 그 값의 크기도 측정하였다. 우리가 낙하체의 운동을 보다 직접적으로 기술할 수 있는 정교한 장치를 가지고 있다는 것은 다행스러운 일이 아닐 수 없다. 이러한 정교한 장치 중 하나는 스트로보스코프(stroboscope)이다. 이것은 일정한 시간 간격으로 빠르게 조명을 터뜨리는 장치이다. 그림 3.3은 낙하체에 스트로보스코프를 사용하여 물체의 위치를 찍은 사진이다. 낙하체의 위치는 조명이 터질 때마다 사진에 찍힌다.

그림 3.3을 자세히 보면, 공의 이동 거리는 시간이 지남에 따라 일정하게 증가하고 있다는 사실을 발견하게 될 것이다. 각각의 공의 위치 사이의 시간 간격은 모두 같다. 만약 스트로보스코프에서 1/20 s마다 조명이 터진다면 1/20 s마다 공의 위치가 사진에 나타나게 되는 것

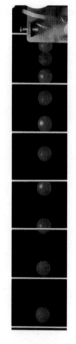

그림 3.3 스트로보스코프를 사용하여 낙하하는 공의 위치를 찍은 사진. 스트로보스코프는 일정한 시간 간격으로 조명을 터뜨리는 장치이다. *Richard Megna/Fundamental Photographs, NYC*

이다. 이렇게 일정 시간 간격으로 찍은 공의 이동 거리가 증가하고 있으므로 시간이 지남에 따라 속도가 증가하고 있다는 사실을 알 수 있다. 즉, 그림 3.3에서 공의 속도가 수직 아래로 일정하게 증가한다는 사실을 알 수 있다. (이 예에서 편의상 아래 방향을 양으로 선택한다.)

각각의 시간 간격 동안의 평균 속도를 계산함으로써 좀 더 명확한 사실을 발견할 수 있다. 사진에서 눈금 간의 거리로 공의 이동 거리를 구하고, 또 조명이 터지는 시간 간격을 안다면 각각의 시간 간격 동안의 평균 속도를 계산할 수 있다. 이러한 방법으로 얻은 데이터를 표 3.1에 나타내었다. 시간 간격은 1/20 s(0.05 s)이다.

속도가 실제로 증가하고 있음을 확인하기 위해 각각의 시간 간격에서의 평균 속도를 계산하여야 한다. 예를 들면 표 3.1에서 두 번째와 세 번째 지점 사이에서의 공의 이동 거리는 4.8 cm에서 1.2 cm를 뺀 3.6 cm이다. 이 이동 거리 값을 시간 간격 0.05 s로 나누어주면 평균 속도를 계산할 수 있다.

$$v = \frac{3.6 \text{ cm}}{0.05 \text{ s}} = 72 \text{ cm/s}$$

이와 같은 방법으로 나머지 지점들에 대해서 평균 속도를 계산하면 표 3.1의 세 번째 열에 보인 데이터를 얻을 수 있다.

표 3.1에서 보는 바와 같이 속도는 일정하게 증가하고 있다. 속도가 일정하게 증가하는지 여부는 시간에 대한 속도 그래프를 자세히 살펴보면 알 수 있다(그림 3.4). 여기서 속도 데이터는 조명이 터지는 두 시간 간격 사이에서 계산된 값이므로 각각의 시간 간격의 중간에

표 3.1 낙하체의 이동 거리와 평균 속도 값		
시간	이동 거리	평균 속도
0	0	
		24 cm/s
0.05 s	1.2 cm	
		72 cm/s
0.10 s	4.8 cm	
		124 cm/s
0.15 s	11.0 cm	
		174 cm/s
0.20 s	19.7 cm	
		218 cm/s
0.25 s	30.6 cm	
		268 cm/s
0.30 s	44.0 cm	
		320 cm/s
0.35 s	60.0 cm	
		368 cm/s
0.40 s	78.4 cm	
		416 cm/s
0.45 s	99.2 cm	
		464 cm/s
0.50 s	122.4 cm	

그림 3.4 낙하체의 시간 변화에 따른 속도 그래프. 속도 값은 표 3.1에 보인 값들이다.

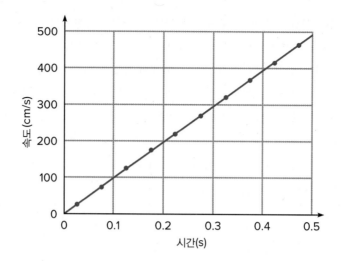

나타내었다. 가속도가 일정한 경우, 각 구간에서의 평균 속도는 그 구간의 중간점에서의 순간 속도와 같다.

그림 3.4에 그려진 직선의 기울기는 일정한가? 거의 모든 속도 값은 양의 기울기를 갖는 직선 위에 존재한다. 시간에 대한 속도 그래프의 기울기가 바로 가속도이므로 가속도는 일정한 상수값이어야 한다. 따라서 속도는 시간에 대하여 일정하게 증가한다.

가속도의 크기를 구하려면, 직선상에 존재하는 2개의 속도 값을 선택한 후 속도가 시간에 따라 얼마나 빠르게 변하는지를 계산하면 된다. 예를 들면 마지막과 두 번째 속도 데이터인 464 cm/s와 72 cm/s를 선택해보자. 이때 시간 간격은 8번의 조명이 터지는 시간이 되므로 0.40 s이다. 속도의 증가량 Δv는 464 cm/s에서 72 cm/s를 뺀 392 cm/s이다. 따라서 가속도는 속도의 변화량을 시간 간격으로 나누어준 값($a = \Delta v/t$)이 되어 아래와 같이 계산된다.

$$a = \frac{392 \text{ cm/s}}{0.4 \text{ s}} = 980 \text{ cm/s}^2 = 9.8 \text{ m/s}^2$$

이 결과로부터 지표면 부근에서 낙하하는 물체의 **중력 가속도**(gravitational acceleration)를 알 수 있다. 이 값의 실측값은 고도의 차이나 그 외 다른 여러 영향들에 의해 장소에 따라 조금씩 차이가 난다. 이 가속도 값은 자주 사용되는 값이므로 g라는 기호로 표기하고 그 값은 다음과 같다.

$$g = 9.8 \text{ m/s}^2$$

이 기호는 **중력 가속도** 혹은 **중력에 의한 가속도**라고 하며, 단지 지표면 부근에서 운동하는 물체에만 적용되는 값이므로 기본 상수값은 아니다.

낙하체에 대한 갈릴레이의 생각은 아리스토텔레스의 생각과 어떻게 다른가?

중력 가속도가 상수일 것이라는 또 하나의 실험 결과가 있다. 이 장의 도입부에 소개된 여러 실험들을 다시 생각해보자. 크기와 무게가 다른 여러 물체를 떨어뜨렸을 때 그것들은 동시에 바닥에 닿는가? 접지 않은 종이를 제외한다면, 실험한 모든 물체들은 그 무게에 관계없이 동시에 떨어뜨리면 동시에 바닥에 닿는다. 이러한 관찰로부터 중력 가속도가 물체의 무게와는 무관하다는 사실을 알 수 있다.

갈릴레이는 이 개념을 증명하기 위해 비슷한 실험을 하였다. 그의 실험은 무거운 물체가 더 빨리 떨어질 것이라는 아리스토텔레스의 생각을 반박하는 것이다. 이와 같은 간단한 실험으로 아리스토텔레스의 생각을 반증할 수 있는데 어떻게 그토록 오랜 세월 동안 사람들은 아리스토텔레스의 잘못된 생각을 받아들일 수밖에 없었을까? 아리스토텔레스와 그의 추종자들은 실험이란 인간의 지적인 사고방식의 일부가 될 수 없다고 생각하였다. 그들은 순수한 사상과 논리를 더 높이 평가하였다. 그러나 갈릴레이나 그 시대의 다른 과학자들은 사고를 증진시키기 위해 실험을 해보는 방법을 택함으로써 더 새로운 사고방식을 열어나갔다. 또 하나의 새로운 전통이 생겨난 것이다.

그런데 무거운 물체가 가벼운 물체보다 더 빨리 떨어질 것이라는 아리스토텔레스의 생각은 직관적으로 보면 마치 옳은 것처럼 보인다. 예를 들면, 깃털이나 접지 않은 종이를 벽돌과 동시에 떨어뜨려 보자(그림 3.5). 그러면 벽돌이 먼저 바닥에 닿게 될 것이다. 종이나 깃털은 바닥으로 바로 떨어지지 않고, 마치 낙엽이 지는 것처럼 나풀거리면서 떨어질 것이다. 그 원인은 무엇인가?

여러분은 벽돌이나 쇠공, 클립과 같은 물체의 낙하보다 깃털이나 종이의 낙하를 더 방해하는 **공기 저항**(air resistance)의 효과를 이미 알고 있을 것이다. 종이를 공 모양으로 구겨서 벽돌이나 다른 무거운 물체와 동시에 떨어뜨리면, 두 물체는 거의 동시에 바닥에 닿는다. 두꺼운 대기층의 아랫부분에서 주로 우리가 생활하므로 공기 저항 효과는 나뭇잎이나 깃털, 종잇조각과 같은 물체에 더 잘 작용한다. 이러한 효과로 인해 표면적이 크거나 질량이 작은 물체는 더 느리고 불규칙적인 운동을 한다.

진공이나 달과 같이 대기층이 거의 없는 곳에서 벽돌과 깃털을 동시에 떨어뜨린다면 두 물체는 동시에 바닥에 닿을 것이다. 그러나 달과 같은 대기조건은 우리가 일상에서 경험할 수 없으므로 깃털이 바위나 벽돌보다 더 천천히 낙하하는 현상에 익숙해 있다. 만약 공기의 저항을 무시한다면 모든 물체는 그들의 무게에 관계없이 동일한 중력 가속도가 작용한다고 갈릴레이는 생각한 것이다. 이와 달리 아리스토텔레스는 중력의 효과와 공기 저항 효과를 서로 분리시켜서 생각하지 않았던 것이다.

그림 3.5 벽돌과 깃털을 동시에 떨어뜨리면 벽돌이 먼저 바닥에 닿는다.
Jill Braaten/McGraw-Hill Education

지구 표면 부근에서 운동하는 물체의 중력 가속도는 일정하고 그 값은 9.8 m/s²이다. 일정하고 짧은 시간 간격으로 낙하체의 이동 거리를 측정하는 스트로보스코프나 혹은 이와 유사한 방법을 이용하여 이 값을 측정할 수 있다. 중력 가속도의 값은 상수이다. 아리스토텔레스의 생각과는 달리 질량이 다른 물체라고 할지라도 그 중력 가속도 값은 모두 같다.

3.2 낙하체의 운동

그림 3.6 공을 6층 높이의 창문에서 떨어뜨려 보자. 이 공이 바닥에 도달하는 데 걸리는 시간은 얼마인가?

그림 3.6에서 보는 바와 같이 6층 창문에서 공을 떨어뜨린다고 상상해보자. 이 공이 바닥에 떨어지는 데 시간이 얼마나 걸릴까? 또 이 공이 바닥에 떨어지는 순간에는 속도가 얼마나 될까? 이 현상은 굉장히 빨리 일어나서 아마도 이 의문들에 대한 답을 쉽게 찾지 못할지도 모른다.

만약 관찰하고자 하는 물체에 작용하는 공기 저항이 매우 작다고 가정하면, 낙하체의 가속도는 9.8 m/s²로 일정하다. 이러한 운동이 시간에 따라 어떻게 변하는지에 대하여 자세한 계산은 생략하고 간단하게 알아보도록 하자.

속도는 시간에 따라 어떻게 변하는가?

낙하체의 속도와 거리를 구할 때, 비록 정확한 값을 얻지는 못하겠지만 계산상의 편의를 위해서 9.8 m/s²인 중력 가속도 값을 약 10 m/s²로 반올림하여 생각하자. (편의상 아래 방향을 양으로 선택한다.) 이렇게 하면 정확도는 좀 떨어지긴 하지만 계산하기가 편해진다.

1 s 후 낙하하는 공의 속도는 얼마인가? 가속도가 10 m/s²인 물체의 속도는 1 s에 10 m/s만큼 증가한다. 만약 초기 속도가 0이었다면, 1 s 후 속도는 10 m/s이고 2 s 후에는 20 m/s, 그리고 3 s 후에는 30 m/s가 될 것이다. 즉 시간 간격 1 s 동안 낙하하는 공의 속도는 10 m/s씩 증가한다.*

이런 값들을 보다 명확하게 이해하려면 우리에게 익숙한 속력(예를 들면, 자동차의 속력)들에 대한 단위 비교를 한 표 2.1을 살펴보라. 30 m/s의 속도는 대략 70 MPH이다. 따라서 3 s 후 공은 매우 빠르게 운동한다. 공의 1 s 후 속도는 10 m/s이므로 약 20 MPH로 운동하고 있다. 즉, 자동차가 가속하는 것보다 낙하하는 공이 더 빨리 가속된다.

---

* 2.5절에서 일정한 가속도로 움직이는 물체의 속도가 $v = v_0 + at$로 주어진다는 것을 배운 바 있다. 여기서 v_0는 초기 속도이고 둘째 항은 속도 변화 $\Delta v = at$에 해당한다. 공을 그냥 떨어뜨린다면 $v_0 = 0$이 되고, 따라서 속도 v는 at가 된다.

각 시간 동안 공은 얼마나 낙하하는가?

주어진 시간 동안 공이 얼마나 빨리 떨어지는지 알아보는 데 있어서는 비교적 빠른 속도들이 사용된다. 공이 낙하함에 따라 속도는 점점 증가하게 된다. 따라서 그림 3.3에서 보는 바와 같이 각 시간 간격에서의 공의 이동 거리는 점점 증가하게 된다. 이 운동은 등가속도 운동이므로 각각의 공의 전체 이동 거리는 계속 증가하게 된다.

처음 1 s 동안의 운동을 생각해보자. 공의 속도는 0에서 10 m/s로 증가하며 평균 속도는 5 m/s이고 이동 거리는 5 m이다. 이러한 값들은 2.5절에서 이미 설명한 이동 거리, 가속도와 시간의 관계에서 알 수 있다. 초기 속도가 0 m/s라 가정하면 이동 거리 $d = 1/2\,at^2$이다. 따라서 1 s 후 공의 이동 거리는 다음과 같다.

$$d = \frac{1}{2}(10 \text{ m/s}^2)(1 \text{ s})^2 = 5 \text{ m}$$

일반적으로 건물의 1층 높이는 대략 4 m 이하이다. 따라서 이 공은 처음 1 s 동안에 1층 이상을 낙하하게 된다.

그 다음 1 s 동안의 운동을 생각해보자. 공의 속도는 10 m/s에서 20 m/s로 증가하며 평균 속도는 15 m/s이고 이동 거리는 15 m이다. 여기에 처음 1 s 동안 이동한 거리 5 m를 더해주면 2 s 동안의 총 이동 거리는 20 m이다. 즉 2 s 후 공은 1 s 동안 이동한 거리 5 m의 4배인 20 m의 위치에 존재한다.* 건물의 5층 높이가 대략 20 m라 볼 수 있으므로, 공을 6층에서 떨어뜨렸다면 2 s 후 공은 거의 지면 부근까지 낙하하게 될 것이다(일상의 자연현상 3.1 참고).

그림 3.7은 6층 건물에서 떨어뜨린 공의 속도와 이동 거리를 0.5 s 시간 간격으로 보인 것이다. 여기서 처음 0.5 s 동안의 공의 이동 거리가 1.25 m인 사실에 주의해보자. 팔을 벌렸을 때 바닥으로부터 팔까지의 거리는 대략 이 정도 거리일 것이다. 따라서 손에 들고 있던 공을 떨어뜨리면 약 0.5 s 후에 바닥에 닿게 된다. 하지만 스톱워치로 측정하기에는 너무 짧은 시간이다(예제 3.1 참고).

속도 변화는 그 시간 간격의 크기에 비례해서 증가한다. 1 s 동안 속도가 10 m/s로 증가하였으므로 0.5 s 동안에는 5 m/s가 된다. 따라서 그림 3.7에 나타낸 것처럼 0.5 s 간격으로 속도가 약 5 m/s씩 증가하게 되는 것이다. 속도가 증가하면 할수록 속도 벡터를 나티내는 회살표의 그기도 키진다. 이 속도 값을 시간에 대해 나타내면 그림 3.4에 나타낸 것과 같이 기울기가 양수인 직선으로 표현된다.

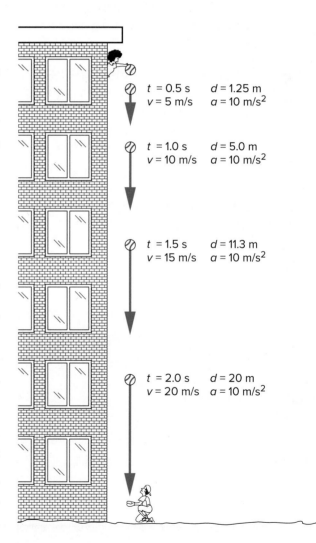

$t = 0.5$ s	$d = 1.25$ m
$v = 5$ m/s	$a = 10$ m/s^2
$t = 1.0$ s	$d = 5.0$ m
$v = 10$ m/s	$a = 10$ m/s^2
$t = 1.5$ s	$d = 11.3$ m
$v = 15$ m/s	$a = 10$ m/s^2
$t = 2.0$ s	$d = 20$ m
$v = 20$ m/s	$a = 10$ m/s^2

그림 3.7 낙하하는 공의 속도와 이동 거리를 0.5 s의 시간 간격마다 보였다. 중력 가속도를 근사적으로 $g = 10$ m/s^{2}로 두었다.

---

* 이 값은 이동 거리의 식인 $d = \frac{1}{2}at^2$의 t에 1 s 대신 2 s를 대입하여 얻은 것이다. 따라서 이동 거리는 4배 ($2^2 = 4$)가 되므로 20 m가 된다.

일상의 자연현상 3.1

반응시간

상황 사람의 반응시간이 얼마나 빠른지 상상해본 적이 있는가? 얼마나 빠르게 반응하는가에 따라 우리 일상생활에서 많은 행동들이 영향을 받는다. 예를 들면 운전 중 앞차가 갑자기 속도를 줄일 때 우리의 반응속도는 사고와 연결된다. 또 비디오게임을 하고 있다면 시각적인 자극에 대해 우리의 반응은 점수에 직결될 것이다.

반응속도를 어떻게 측정할 수 있을까? 다음과 같은 간단한 측정방법으로 실험해보자. 친구와 조를 이루어 친구가 미터자를 놓는 순간 여러분이 그 미터자를 잡는 위치를 측정한다. 즉 친구가 미터자를 놓는 것을 눈으로 확인한 순간부터 손으로 미터자를 잡을 때까지 미터자가 움직인 거리를 측정하는 것이다. 측정의 원리를 생각해보자. 측정 시 어떤 점들이 고려되어야 할까?

분석 시간 경과에 따라 가속되는 낙하체의 낙하 거리는 $d = 1/2\,at^2$가 됨을 배웠다. 이 실험에서 미터자는 가속도 운동을 하는가? 물론 손을 놓는 순간 미터자는 정지 상태로부터 낙하하며 속도가 점점 빨라진다. 이렇게 정지 상태로부터 중력에 의해 낙하할 때 이를 **자유 낙하**(free fall)라고 부른다. 미터자가 낙하할 때 작용하는 유일한 힘은 공기 저항력인데 낙하 초기에 그 속도가 그리 크지 않으므로 공기의 저항력은 무시할 수 있을 만큼 작다.

미터자는 중력에 의해 $a = g = 9.8$ m/s^{2}의 가속도로 낙하한다. 이 절에서 등가속도 운동의 경우 시간에 대한 거리의 수식을

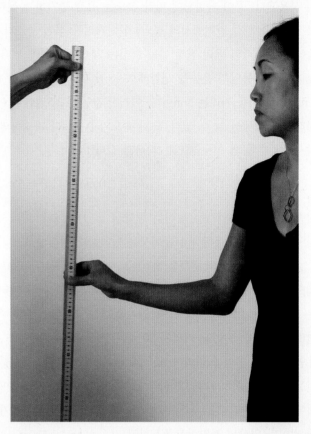

Jill Braaten

그러면 이동 거리의 그래프는 어떤 형태일까? 이동 거리는 시간의 제곱에 비례한다. 즉, 시간이 지나면 지날수록 이동 거리는 더욱 큰 비율로 증가한다. 따라서 시간에 대한 이동 거리 그래프는 직선 형태가 아니고 그림 3.8에 보인 바와 같이 제곱으로 증가하는 곡선 형

그림 3.8 낙하하는 공의 시간에 대한 이동 거리 그래프

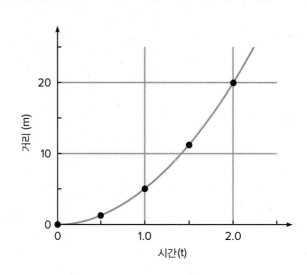

배웠으므로 미터자가 떨어진 거리를 측정하면 떨어지는 데 걸린 시간을 계산할 수 있다. 이것이 바로 여러분의 반응시간이다.

정확한 반응시간의 측정에 관한 또 다른 논점들을 생각해보자. 우선 정확한 측정을 위해서 미터자를 떨어뜨리는 사람을 보면 안 된다. 다만 미터자에 시선을 고정시키고 있어야 한다. 이는 사람이 미터자를 막 떨어뜨리려고 한다는 미세한 동작을 완벽하게 제어하는 것은 불가능하기 때문이다. 몇 번 연습을 해보는 것도 필요할 것이다. 측정에 있어 여러 번 반복한 후 그 평균값을 구하는 것은 아주 중요하다.

떨어지는 미터자에 대한 여러분의 반응은 어떠한가? 미터자가 떨어지는 시각적인 정보는 곧 뇌로 전달되고 뇌는 손가락에 명령을 내린다. 이러한 과정은 사실 생물학과 신경과학의 영역이다. 반응시간은 일반적으로 건강한 청년의 경우 0.2~0.25초가 보편적이다. 여러분의 반응시간이 이 범주에 들어가는가?

자동차를 운전하고 있을 때 반응시간은 자동차의 정지 거리에 얼마나 영향을 미치는가? 일반적인 운전지침은 자동차의 속도가 10 MPH일 때마다 앞차와의 거리를 자동차 한 대의 길이와 유사한 5 m씩 띄워야 한다는 것이다. 이것은 사람의 반응시간과 함께 브레이크를 밟았을 때 가속도를 고려하여 계산한 값이다. 그러면 사람이 정지해야 한다고 판단하여 뇌가 작동을 하고 그 신호가 발끝에 도달하기까지 자동차는 몇 m를 더 움직이는가?

다음 표는 자동차의 브레이크를 밟기도 전에 이미 움직이게 될, 즉 사람의 반응시간 약 0.25초 동안에 움직이는 거리를 자동차의 속력에 따라 계산한 것이다. 50 MPH의 속도로 달리고 있었다면 브레이크를 밟기 전에 이미 약 5 m의 거리를 움직이게 된다. 놀랍지 않은가?

MPH	km/hr	0.25초 동안 달릴 수 있는 거리
10	16	1.1
20	32	2.2
30	48	3.4
40	64	4.5
50	81	5.6
60	97	6.7
70	113	7.8

이러한 계산은 앞차와 충분한 거리를 유지하는 것이 중요함을 말해준다. 만일 여러분이 50 MPH로 앞차를 바짝 쫓아가고 있고 이때 갑자기 앞차의 브레이크 등이 빨갛게 켜졌다면 브레이크를 밟기까지 5.6 m를 달리게 되어, 앞차의 속도가 그동안 이미 줄어든다는 점을 생각하면 여러분 차의 브레이크 성능이 앞차보다 월등하지 않으면 두 차의 충돌은 피할 수 없게 된다.

이러한 반응시간 측정의 원리를 이해하였다면 여러 가지 다양한 상황에서 반응시간을 측정할 수 있을 것이다. 졸음은 반응시간에 어떤 영향을 미치는가? 카페인을 많이 섭취하면 반응시간은 좋아지는가, 나빠지는가? 하루 중 시간에 따라 반응시간에 변화가 있는가? 이러한 간단한 실험들을 통하여 최고의 비디오 게임 성적을 하루 중 언제 낼 수 있을지, 특히 언제 더욱 조심하여 운전을 해야 할지를 판단할 수 있을 것이다.

태를 취하게 된다. 따라서 시간에 대한 이동 거리의 증가율 자체도 점점 증가하게 되는 것이다.

예제 3.1 ▶ 낙하체의 시간 측정을 박동수로 측정하기

질문: 갈릴레이의 평상 심박동수를 분당 60회라고 가정하자. 그의 심박동수는 2초에서 3초 동안 자유 낙하하는 물체의 시간에 대한 위치 그래프를 그리는 초시계로 사용 가능할까?

답: 분당 60회 심박동수란 1초에 한 번 박동이 일어난다는 뜻이다. 1초란 시간 동안 물체는 5 m의 거리를 낙하한다. (표 3.1에 보이듯이 0.5초 동안에는 1.22 m 낙하한다.) 그러므로 심박동수는 수미터 정도 높이에서 떨어지는 물체의 시간 측정용으로는 적절하지 않다. 높이가 적어도 5~6층 이상 되는 건물에서의 낙하물체 운동일 때에는 적당할 것이다.

공을 아래로 던지기

이번에는 공을 자유 낙하시키지 말고 0이 아닌 초기 속도 v_0로 아래로 던져보자. 실험 결과는 어떻게 달라질 것인가? 더 큰 속도로 더 빨리 바닥에 닿을 것인가? 아마도 여러분은 이에 대해 "그렇다"고 답할 것이다.

초기 속도가 0일 때와 마찬가지로, 0이 아닌 경우의 속도 값을 계산하는 것은 그다지 어렵지 않다. 여전히 이 공은 중력 가속도의 영향을 받고 있으므로 1 s에 10 m/s씩 속도가 증가한다. 만약 공을 아래 방향으로 20 m/s의 속도로 던졌다면 0.5 s 후 공의 속도는 25 m/s일 것이고, 1 s 후에는 30 m/s가 될 것이다. 즉 속도는 초기 속도에 속도의 변화량을 더해주면 되므로 속도의 관계식은 $v = v_0 + at$로 표현해줄 수 있다.

이동 거리의 값은 시간에 따라 더 빠르게 증가한다. 등가속도 운동을 하는 물체의 이동 거리는 다음 식으로 표현할 수 있다(2.5절 참고).

$$d = v_0 t + \frac{1}{2}at^2$$

이 식의 첫째 항은 초기 속도 v_0로 등속 운동을 할 때의 이동 거리이고 이 거리도 시간이 지남에 따라 증가한다. 둘째 항은 등가속도 운동을 할 때의 이동 거리이고 이 값은 그림 3.7과 3.8에서 보인 값과 일치한다.

예제 3.2는 아래로 던진 공의 처음 2 s 동안의 속도와 이동 거리를 계산하는 문제이다. 초기 속도 v_0 없이 그냥 자유 낙하시킨 공의 처음 2 s 동안의 이동 거리는 20 m인데 반해, 아래로 던진 공의 2 s 동안의 이동 거리는 60 m이다. 25 m, 즉 6층 높이의 창문에서 아래로 공을 던진다면 1 s 후 공은 지면 가까이 도달하게 된다.

예제 3.2 ▸ 아래로 던진 공의 운동

작은 공을 초기 속도 +20 m/s로 아래 방향으로 던졌다.* 중력 가속도는 10 m/s²라고 한다. 처음 1초와 2초에서 (a) 속도와 (b) 이동 거리를 각각 계산하시오.

a. $v_0 = 20$ m/s　　　　　$v = v_0 + at$

　　　$a = 10$ m/s²　　　　$t = 1$ s라면

　　　$v = ?$　　　　　　　$v = 20$ m/s $+ (10$ m/s²$)(1$ s$)$

　　　　　　　　　　　　　　　$= 20$ m/s $+ 10$ m/s

　　　　　　　　　　　　　　　$= 30$ m/s

　　　$t = 2$ s라면　　　　$v = 20$ m/s $+ (10$ m/s²$)(2$ s$)$

　　　　　　　　　　　　　　　$= 20$ m/s $+ 20$ m/s $= $ **40 m/s**

b. $d = ?$　　　　　　　$d = v_0 t + \frac{1}{2}at^2$

　　　$t = 1$ s라면　　　　$d = (20$ m/s$)(1$ s$) + \frac{1}{2}(10$ m/s²$)(1$ s$)^2$

　　　　　　　　　　　　　　　$= 20$ m $+ 5$ m $= $ **25 m**

　　　$t = 2$ s라면　　　　$d = (20$ m/s$)(2$ s$) + \frac{1}{2}(10$ m/s²$)(2$ s$)^2$

　　　　　　　　　　　　　　　$= 40$ m $+ 20$ m $= $ **60 m**

* 아래 방향(지구중심 방향)을 양으로 선택한다.

이러한 결과를 도출할 때 공기 저항 효과를 무시해야 한다는 점에 유념하자. 아주 작은 물체가 그다지 큰 거리를 낙하하지 않는다면 공기 저항 효과는 무시할 만큼 작을 것이다. 그러나 물체가 먼 거리를 오랫동안 낙하한다면 그만큼 속도가 증가하게 되고 그에 비례하여 공기 저항 효과도 커지게 된다. 4장에서 이러한 공기 저항 효과를 스카이다이빙과 관련시켜 좀 더 깊이 고찰해볼 것이다.

> 물체를 자유 낙하시키면 중력 가속도에 의해 1 s에 10 m/s씩 속도가 증가하게 된다. 또 속도가 증가하기 때문에 이동 거리의 증가 비율이 커지게 되고, 따라서 이동 거리는 빠르게 증가한다. 물체는 단 몇 초 이내에 아주 큰 속도와 이동 거리를 가지게 될 것이다. 다음 절에서는 위로 던진 물체에 중력 가속도가 어떤 영향을 미칠지에 대해 알아본다.

3.3 자유 낙하 이외의 운동: 위로 던진 물체의 운동

앞 절에서 자유 낙하하는 물체와 아래로 던진 물체의 운동에 대해 알아보았다. 두 경우 모두 중력 가속도에 의해 물체의 속도는 증가한다. 그러면 그림 3.9에서 보인 것처럼 위로 던진 물체는 어떤 운동을 할 것인가? 공의 운동에 중력 가속도는 어떤 영향을 줄까? 올라간 물체는 반드시 다시 떨어지기 마련이지만 언제 얼마나 빨리 떨어질 것인가가 일상생활에서 흥미로운 부분이다.

가속도와 속도 벡터의 방향을 고찰해보자. 중력 가속도는 항상 지구중심 방향으로 존재한다. 이것은 중력 가속도의 원인이 되는 중력의 방향이 지구중심 방향이기 때문이다. 즉 위로 던진 물체의 가속도는 운동하는 방향과 반대방향으로 작용하게 된다.

물체의 속도는 어떻게 변하는가?

20 m/s의 초기 속도로 수직 위로 공을 던졌다고 생각해보자. 대부분의 사람들은 이 정도의 속도로 공을 던질 수 있을 것이다. 이 값은 약 45 MPH에 해당하며, 강속구의 속도 90 MPH보다는 느리지만, 수평방향으로 공을 던지는 것보다 수직 위로 던지는 것이 훨씬 더 힘들다.

일단 공이 손을 떠나면 그 물체에 작용하는 가장 큰 힘은 중력이 될 것이다. 따라서 아래 방향으로 9.8 m/s^2 또는 대략 10 m/s^{2}의 가속도가 작용한다. 공의 운동방향과 가속도의 방향이 반대이므로 공의 속도는 매초 10 m/s씩 감소한다. 즉 초기 속도 v_0에서 속도의 변화량을 더해주는 것이 아니라 그 변화량만큼 빼주어야 하는 것이다.

위로 던진 공의 운동을 기술할 때, 운동방향의 결정방법을 이해하였다면 속도를 계산하는 일은 그다지 어렵지는 않다. 처음 1 s 후 속도는 10 m/s만큼 감소한다. 처음에 +20 m/s의 속도(+ 부호는 위 방향을 의미한다)로 공을 위로 던졌다면 1 s 후 공은 +10 m/s의 속도를 가지고 위 방향으로 운동할 것이다. 2 s 후에 속도는 10 m/s가 더 감소하므로 속도는 0이 될 것

그림 3.9 위쪽으로 던진 공은 땅으로 되돌아온다. 이 운동의 여러 위치에서 속도의 방향과 크기는 어떻게 될까?

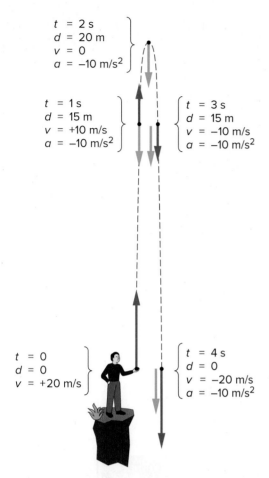

$t = 2$ s
$d = 20$ m
$v = 0$
$a = -10$ m/s^2

$t = 1$ s
$d = 15$ m
$v = +10$ m/s
$a = -10$ m/s^2

$t = 3$ s
$d = 15$ m
$v = -10$ m/s
$a = -10$ m/s^2

$t = 0$
$d = 0$
$v = +20$ m/s

$t = 4$ s
$d = 0$
$v = -20$ m/s
$a = -10$ m/s^2

그림 3.10 초기 속도 +20 m/s로 위로 던진 공의 각 지점에서의 속도 벡터가 파란색 화살표로 표시되어 있다. 녹색 화살표는 아래쪽을 향하는 일정한 가속도 벡터를 표시한다.

이다. 물론 그렇다고 해서 공이 그 지점에서 멈추어 버리는 것은 아니다. 또 다시 1 s가 흐르면 공의 속도가 10 m/s만큼 감소해야 하므로, 3 s 후 공은 -10 m/s의 속도를 가지고 아래로 운동할 것이다. $-$ 부호는 아래 방향을 나타낸다. 이 모든 값은 $v = v_0 + at$라는 식으로부터 계산할 수 있다. 여기서 $v_0 = +20$ m/s이고 $a = -10$ m/s^{2}이다.

우리가 예상했던 것처럼 공의 운동방향은 분명히 바뀐다. 아래 방향을 향하는 일정한 가속도가 존재하므로 공의 속도는 -10 m/s씩 변하게 된다. 4 s 후 공은 -20 m/s의 속도로 아래 방향으로 운동하며, 그 위치는 출발점으로 다시 돌아온다. 이런 결과를 그림 3.10에 나타내었다. 공을 던지고 2 s 후면 공은 최고점의 위치에 도달하게 되고, 그 때의 속도는 0이 된다. 속도가 0이 되면 공은 위나 아래로 운동하지 않으므로 이때의 위치가 바로 회귀점에 해당한다.

물리시험에 자주 등장하는 (그리고 많은 학생들이 틀리는) 문제 중 하나가 바로 최고점에서 가속도의 크기가 얼마인지를 물어보는 것이다. 만약 속도가 0이라면 그 지점에서의 가속도는 어떤 값을 갖는가? 많은 학생들은 별생각 없이 그 지점에서 가속도가 0이라고 답하는데, 이는 틀린 답이다. 정답은 가속도의 값은 변함없이 -10 m/s^{2}이다. 그 이유는 중력가속도는 상수이고 변하지 않는 값이기 때문이다.

가속도가 만약 0이라면 어떻게 될까? 이 경우에는 속도가 변하지 않는다는 의미이다. 운동의 제일 꼭대기 부분에서의 순간 속도는 0이므로 속도도 0이 된다. 다른 말로 하면 공은 최고높이에서 계속 떠 있을 것이다. 가속도의 값을 구한다는 것은 속도가 변하고 있는가의 여부를 따져보면 된다는 것이다. 이 순간, 순간 속도는 0일지라도 공의 속도는 여전히 양에서 음으로 변하고 있다. 가속도란 속도의 **변화율**이며 속도의 크기, 즉 속력과는 무관하다.

이러한 운동에 대하여 시간에 따른 속도의 크기를 그래프로 그려보면 어떤 형태가 될까? 위 방향의 운동을 +부호로 나타내보자. 속도는 초기 속도 +20 m/s로부터 매초 -10 m/s의 일정한 비율로 감소하게 된다. 그림 3.11에서 보는 바와 같이 시간에 대한 속도의 관계는 기울기가 음수인 직선 형태를 갖는다. 속도 값의 +부호는 위 방향을 향하는 운동을 의미하고, 이때 크기는 계속 감소한다. 반대로 속도 값의 $-$부호는 아래 방향을 향하는 운동을 의미한다. 만약 절벽에서 위로 던진 공이 바닥에 도달하지 않고 있다면 이 공의 속도는 음의 값으로 계속 감소할 것이다.

최고점의 높이는 얼마인가?

각각의 시간에서 공의 위치나 높이는 3.2절에서 소개된 공식을 이용하여 구할 수 있다. 이때 이동 거리는 2.5절에서 보인 등가속 운동에 적용된 식으로 계산할 수 있다. 예제 3.3은 초기

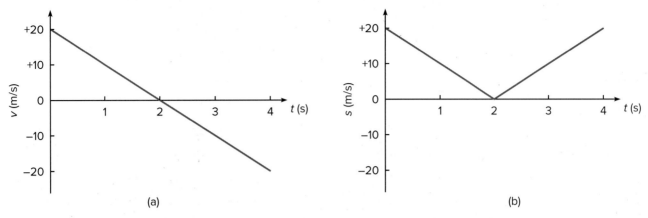

그림 3.11 초기 속도 +20 m/s로 위로 던진 공의 (a) 시간에 대한 속도 그래프와 (b) 시간에 대한 속력 그래프. 속도에서 음의 부호는 아래 방향의 운동을 의미한다. 속력은 항상 양의 값이다. 위 방향으로 운동할 때는 공의 속력이 서서히 줄어들지만 아래 방향으로 운동할 때는 증가한다.

속도 +20 m/s로 위로 던진 공의 이동 거리를 1 s 간격으로 계산한 것이다. 여기서 중력 가속도는 −10 m/s²이다.

이 결과들에서 어떤 것들을 알아낼 수 있을까? 우선 최고점은 출발점으로부터 20 m 위에 존재한다는 사실을 알 수 있다. 최고점에 도달하면 공의 속도는 0이 되고, 공이 2 s 후에 최고점에 도달한다는 사실은 이미 설명한 바 있다. 최고점까지 도달하는 데 걸리는 시간은 처음에 얼마의 속도로 공을 던져 올리느냐에 달려 있다. 초기 속도가 크면 클수록 최고점에 도달하는 데 걸리는 시간도 길어지게 된다. 이 시간을 알면 이동 거리 관계식을 이용하여 최고점의 높이를 계산할 수 있다.

예제 3.3 ▸ 위로 던진 공의 운동

작은 공을 초기 속도 +20 m/s로 아래 방향으로 던졌다.* 중력 가속도는 10 m/s²라고 한다. 처음 1 s에서 1 s 간격으로 5 s까지의 높이를 계산하시오.

$$d = ? \qquad d = v_0 t + \tfrac{1}{2} a t^2$$

$$t = 1 \text{ s} \qquad = (20 \text{ m/s})(1 \text{ s}) + \tfrac{1}{2}(-10 \text{ m/s}^2)(1 \text{ s})^2$$
$$= 20 \text{ m} - 5 \text{ m} = \mathbf{15 \text{ m}}$$

$$t = 2 \text{ s} \qquad d = (20 \text{ m/s})(2 \text{ s}) + \tfrac{1}{2}(-10 \text{ m/s}^2)(2 \text{ s})^2$$
$$= 40 \text{ m} - 20 \text{ m} = \mathbf{20 \text{ m}}$$

$$t = 3 \text{ s} \qquad d = (20 \text{ m/s})(3 \text{ s}) + \tfrac{1}{2}(-10 \text{ m/s}^2)(3 \text{ s})^2$$
$$= 60 \text{ m} - 45 \text{ m} = \mathbf{15 \text{ m}}$$

$$t = 4 \text{ s} \qquad d = (20 \text{ m/s})(4 \text{ s}) + \tfrac{1}{2}(-10 \text{ m/s}^2)(4 \text{ s})^2$$
$$= 80 \text{ m} - 80 \text{ m} = \mathbf{0 \text{ m}}$$

$$t = 5 \text{ s} \qquad d = (20 \text{ m/s})(5 \text{ s}) + \tfrac{1}{2}(-10 \text{ m/s}^2)(5 \text{ s})^2$$
$$= 100 \text{ m} - 125 \text{ m} = \mathbf{-25 \text{ m}}$$

* 위 방향을 양으로 선택한다.

처음 1 s 동안 공은 15 m를 올라가고, 다음 1 s 동안에는 5 m를 더 올라간다. 그러고 나서 공은 그다음 1 s 동안 5 m를 자유 낙하하여 처음 1 s 동안 올라간 높이인 15 m 지점에 있게 된다. 비록 공이 20 m까지 올라갈 수는 있지만 높이가 15 m인 지점보다 위쪽에서 공이 머무르는 시간은 총 2 s뿐이다. 즉 공은 낮은 지점보다 최고점에 가까운 높은 지점에서 더 천천히 운동하는 것이다. 이것이 바로 최고점 부근에서 공이 '정지한' 것처럼 보이는 이유이다.

최고점에 도달한 공이 다시 자유 낙하하여 출발점에 도달하는 데 걸리는 시간과 출발점에서 던져 올린 공이 최고점까지 도달하는 데 걸리는 시간은 서로 같다. 다시 말하면 위로 던진 공은 2 s 후 최고점에 도달하고, 그다음 2 s가 지나면 다시 출발점까지 떨어진다. 4 s 이후에는 거리 d가 음의 값을 갖는데 이는 공이 출발점보다 더 아래쪽에 위치함을 의미한다. 즉 최고점까지 도달하는 데 걸리는 시간을 2배 해주면 공이 출발점으로 되돌아오는 데 걸리는 총 시간이 되는 것이다. 이 경우에는 4 s가 된다. 공을 던져 올리는 초기 속도가 크면 그만큼 공의 최고점 높이는 증가하게 되고, 따라서 공의 '정지시간'도 증가하게 되는 것이다.

> 위로 던진 공의 속도는 최고점에 도달하여 속도가 0이 될 때까지 계속해서 감소하는데, 이는 아래 방향으로 작용하는 중력 가속도의 영향 때문이다. 맨 꼭대기 지점에서 속도가 0일지라도 중력 가속도는 여전히 일정하게 존재한다는 사실을 기억하기 바란다. 일단 최고점에 도달한 공은 올라갈 때와 같은 크기의 일정한 비율로 가속되면서 낙하한다. 최고점 부근에서의 공의 운동은 매우 천천히 진행되어서 마치 '정지'하고 있는 것처럼 보인다. 즉 최고점 부근에서 운동하는 시간이 나머지 대부분의 지점에서 운동하는 시간보다 더 크게 된다. 이러한 특징들은 수평면과 일정한 각으로 발사된 공의 포물선 운동에서도 발견할 수 있다. 이는 3.5절에서 다룬다.

3.4 포물선 운동

지금까지는 공을 수직 위나 혹은 아래로 던지는 운동에 대해서 알아보았다. 이제부터는 일정 높이에서 공을 수평방향으로 던지는 운동에 대해 알아보도록 하자. 어떤 운동을 할 것인가? 속도의 수평방향 성분을 모두 잃을 때까지 공은 계속 앞으로 날아가다가 만화 '로드러너 (Roadrunner)'에 나오는 코요테처럼 갑자기 밑으로 떨어지게 될 것인가(그림 3.12)? 공이 실제로 운동하는 길, 즉 **궤적**(trajectory)은 어떤 형태를 취할 것인가?

만화는 재미를 위하여 과장된 것이며, 실제로는 2가지 다른 일이 동시에 일어난다. (1) 공은 중력의 영향으로 아래로 가속되며, (2) 수평방향으로는 일정한 속도로 움직인다. 2가지 운동을 결합시키면 전체적인 궤적이 나타난다.

궤적의 모양은 어떻게 되는가?

궤적을 가시화하기 위해 간단한 실험을 할 수 있다. 구슬이나 작은 공을 가지고, 책상이나 탁자 위에서 굴린 다음 모서리에서 떨어지게 한다. 공중에서 바닥까지의 공의 궤적은 어떻게 되는가? 그림 3.12의 코요테의 경우와 같이 되는가? 다른 속도로 공을 굴린 다음 궤적이 어떻게 변하는지를 관찰하고 그 결과를 그려보자.

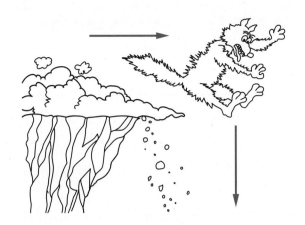

그림 3.12 절벽에서 떨어지는 만화 코요테. 이것이 실제의 상황을 나타 낸 것일까?

이 운동을 분석하는 기본적인 방법은 운동을 수평과 수직성분으로 나누어 생각하고, 두 성분을 합하여 실제의 궤적을 만드는 것이 핵심이다(그림 3.13).

공기 저항이 무시할 정도로 작다면 수평운동의 가속도는 0이다. 이것은 공이 탁자에서 떨어지거나 손을 떠나면 수평방향으로는 일정한 속도로 운동한다는 것을 의미한다. 그림 3.13 의 상단 부분에 나타난 것과 같이 공은 같은 시간 간격에 같은 수평거리를 이동한다. 이 그림에서 초기 수평속도가 2 m/s라면 공은 0.1 s마다 0.2 m의 수평거리를 이동한다.

수평으로는 일정한 속도로 운동하는 동시에 공은 일정한 중력 가속도 g로 아래로 가속된다. 그 수직속도가 증가하는 것은 그림 3.3에 나타낸 낙하하는 공의 경우와 정확히 일치한다. 이 운동은 그림 3.13의 y축 부분에 나타나 있다. 수직속도가 시간에 따라 증가하기 때문에 각각의 시간 간격에서 이전의 시간에서보다 더 많은 거리를 낙하하게 된다.

수평과 수직운동을 결합하면 그림 3.13의 곡선 궤적을 얻을 수 있다. 각각의 시각에 대해 공의 수직위치를 나타내는 수평점선을 그리고 수평위치를 나타내는 곳에 수직점선을 그렸다. 어떤 시각에서의 공의 위치는 이 선들이 만나는 점이 된다. 이 절의 처음에 제시한 간단한 실험을 해보았다면, 결과의 궤적(굵은 곡선)은 익숙해 보일 것이다.

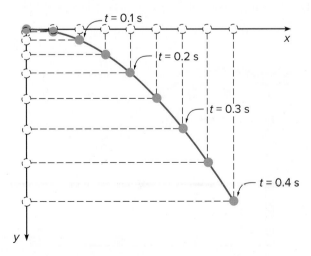

그림 3.13 수평과 수직운동을 합하여 수평방향으로 던진 공의 궤적을 만들어낸다. 수직 및 수평위치는 같은 시간 간 격으로 표시한 것이다.

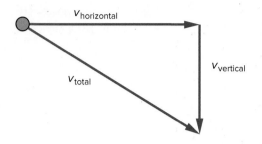

그림 3.14 어떤 위치에서의 총 속도는 속도의 수평성분에 수직성분을 합한 것이다.

공의 궤적을 얻는 법을 이해했다면, **포물선 운동**(projectile motion)을 이해하고 있는 것이다. 각 지점에서의 총 속도(total velocity)는 그림에서의 궤적 방향으로 운동하며, 이것이 공의 운동의 실제 방향이다. 총 속도는 속도의 수평과 수직성분 벡터의 합이다(그림 3.14). (벡터의 성분에 대한 내용은 부록 A를 참고하기 바란다.) 수평방향 가속도가 없기 때문에 수평속도는 일정하고 수직속도는 계속해서 커진다.

> **학습 요령**
>
> 벡터에 대해 친숙하지 못하다면 부록 A를 참고하기 바란다. 부록 A에는 벡터란 무엇이고, 그래픽을 이용하여 벡터 합을 구하는 방법, 그리고 벡터의 성분 분해를 어떻게 하는지 설명하고 있다. 이 절에서는 벡터의 개념을 이용하여 속도 벡터도 수직성분과 수평성분을 가질 수 있으며, 두 성분의 합이 총 속도가 됨을 보이고 있다. 이런 개념은 포물선 운동을 이해하는 데 매우 유용하다. 벡터 합이나 벡터 성분을 이용하는 상황은 이 책 전반에 걸쳐 많이 나타날 것이다.

공의 궤적의 실제 모양은 탁자에서 던지거나 굴릴 때 초기에 주어진 수평속도에 의해 좌우된다. 초기의 수평속도가 작으면, 공은 수평으로 멀리 운동하지 않는다. 이 경우 궤적은 그림 3.15의 가장 작은 초기 속도 v_1과 같을 것이다.

그림 3.15는 3가지의 다른 초기 속도를 갖는 경우의 궤적들을 보여준다. 예상대로 초기 수평속도가 클수록 수평으로 더 멀리 나간다.

비행시간을 결정하는 것은 무엇인가?

그림 3.15에서 3개의 공이 동시에 탁자에서 떨어진다면 어느 공이 제일 먼저 바닥에 도달할까? 공이 바닥에 도달하는 시간이 수평속도의 영향을 받을까? 보통 멀리 이동하는 공의 경우 바닥에 도달하는 시간이 더 길 것이라고 생각하기 쉽다.

실제로 3개의 공은 모두 동시에 바닥에 도달한다. 그 이유는 3개의 공은 모두 같은 9.8 m/s² 로 아래로 가속되기 때문이다. 아래쪽의 가속도는 공의 수평속도에 영향을 받지 않는다. 그림 3.15에서 3개의 공이 바닥에 도달하는 시간은 바닥에서 탁자까지의 높이에 의해 정확히

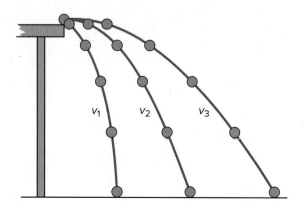

그림 3.15 탁자에서 각각 다른 초기 속도로 떨어지는 공의 궤적. v_3는 v_2보다 크고, v_2는 v_1보다 크다. 모든 위치는 같은 시간 간격으로 표시된 것이다.

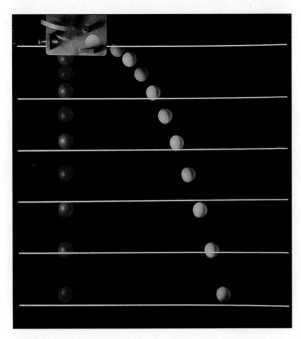

그림 3.16 같은 높이에서 한 공을 자유 낙하시키는 동시에 다른 공을 수평으로 던졌다. 어느 공이 먼저 바닥에 도달할까? *Richard Megna/Fundamental Photographs, NYC*

결정된다. 수직운동은 수평속도에 무관하다.

이 사실은 종종 사람들을 놀라게 하며 우리의 직관과는 일치하지 않지만 2개의 비슷한 공으로 간단한 실험을 행함으로써 확인할 수 있다(그림 3.16). 만약 첫 번째 공을 수평으로 던지는 동시에 두 번째 공을 같은 높이에서 단순히 떨어뜨리면, 두 공은 대략 같은 시간에 바닥에 도달할 것이다. 동시에 떨어지지 않을 수도 있는데, 그것은 첫 번째 공을 완전히 수평으로 던지는 것과, 두 공을 동시에 놓는 것이 힘들기 때문이다. 실험에 쓰이는 특수한 스프링총이 이 과정을 정확히 수행할 것이다.

공이 낙하하는 거리를 알고 있다면, 비행시간을 계산할 수 있다. 또 초기의 수평속도를 알고 있다면, 비행시간으로부터 공이 이동하는 수평거리를 알아낼 수 있다. 예제 3.4는 이러한 분석의 유형을 보여준다. 비행시간과 초기 속도가 수평 이동 거리를 결정한다는 것에 주의하라.

예제 3.4 ▶ 포물선 운동

공이 수평방향의 초기 속도 3 m/s를 갖고 탁자로부터 떨어진다. 탁자의 높이가 바닥에서 1.25 m/s라면,

　a. 공이 바닥에 도달하는 데 걸리는 시간은 얼마인가? (중력 가속도는 10 m/s²로 가정)

　b. 공은 수평방향으로 얼마나 나아가겠는가?

a. 그림 3.7에서 대략 0.5초 동안 공이 1.25 m를 낙하한다는 것을 보았다. 이것은 다음과 같은 방법으로 얻을 수 있다.

(계속)

$$d_{vertical} = 1.25 \text{ m} \qquad\qquad d_{vertical} = \tfrac{1}{2}at^2$$

$$a = g = 10 \text{ m/s}^2 \qquad\qquad t^2\text{에 관해서 풀면}$$

$$t = ? \qquad\qquad\qquad t^2 = \frac{d}{\tfrac{1}{2}a} = \frac{1.25 \text{ m}}{5 \text{ m/s}^2}$$

$$= 0.25 \text{ s}^2$$

제곱근을 구하여 t를 얻는다.

$$t = 0.5 \text{ s}$$

b. 비행시간 t를 알면 수평 이동 거리를 계산할 수 있다.

$$v_0 = 3 \text{ m/s} \qquad\qquad d_{horizontal} = v_0 t$$

$$t = 0.5 \text{ s} \qquad\qquad\qquad = (3.0 \text{ m/s})(0.50 \text{ s})$$

$$d_{horizontal} = ? \qquad\qquad\qquad = 1.5 \text{ m}$$

> 수평운동과 수직운동을 독립적으로 생각하고, 둘을 합하여 궤적을 구하는 것이 포물선 운동을 이해하는 비결이다. 수평운동과 수직운동을 합하면 포물선이 된다. 중력 가속도는 어느 물체에나 아래쪽으로 동일하게 작용하며, 공기 저항을 무시한다면 수평방향으로는 가속도가 없다. 발사체는 아래쪽으로 가속되면서 일정한 수평속도로 운동한다.

3.5 목표물 맞추기

인간은 사냥이나 전쟁을 통해서 화살이나 포탄과 같은 발사체가 어디에 떨어지는가를 예측하려고 노력해왔다. 나무의 새나 바다에 떠 있는 배와 같은 목표물을 명중시키는 것이 중요한 생존의 요건이 되어왔기 때문이다. 중견수가 던진 야구공이 투수의 미트에 정확하게 들어가도록 던지는 것 또한 중요한 기술이다.

총에서 발사된 탄환도 낙하하는가?

조금 떨어진 거리에서 작은 목표물을 향하여 총을 발사한다고 상상해보자. 총과 목표물은 땅에서 정확히 같은 높이에 있다(그림3.17). 총을 수평방향으로 목표물을 향해 발사하면, 탄환은 목표물의 중앙에 명중할까? 3.4절의 탁자에서 떨어지는 공을 생각한다면 중앙에서 약간 아래쪽에 탄환이 맞을 것이라고 결론지을 것이다. 그 이유는 무엇인가? 탄환은 지구의 중력에 의해 아래쪽으로 가속될 것이고, 목표물에 접근할수록 조금씩 낙하할 것이다.

비행시간이 매우 짧으므로 탄환이 많이 낙하하지는 않겠지만, 목표물의 중앙을 명중시키지 못할 정도는 될 것이다. 탄환의 낙하를 어떻게 보정할 것인가? 시행착오를 거치거나 자동적으로 약간 위를 겨냥하도록 총의 가늠자를 조정함으로써 조준을 바로잡을 수 있다. 총의 가늠자는 목표물까지의 평균 거리로 조정되는 경우가 많다. 먼 거리에서는 높게 겨냥하고,

그림 3.17 사수가 떨어져 있는 목표물에 탄환을 발사한다. 목표물에 다가갈수록 탄환은 낙하한다.

가까운 거리에서는 낮게 겨냥해야 한다.

만약 약간 높게 겨냥한다면, 탄환은 더 이상 완전한 수평방향으로 출발하지 않을 것이다. 비행의 처음 부분에서 탄환은 올라가고, 목표물에 닿을 때는 내려온다. 멀리 떨어져 있는 목표물에 대포를 발사하거나, 공을 던질 때도 이런 일이 일어난다. 상승과 낙하는 탄환보다는 축구공의 경우가 더 명확하다.

포물선 운동을 하는 물체의 수평방향 운동과 수직방향 운동이 서로 독립적이라는 사실을 아주 잘 설명하는 좋은 예로 '나무 위의 원숭이 맞추기' 또는 '나무 위에서 떨어지는 원숭이'가 있다. 이 실험에서는 천장 위에 매달린 적당한 목표물을 맞추기 위해서 발사체는 곧바로 직선으로 목표물을 겨냥한다. 방아쇠가 당겨져 발사체가 발사되는 순간 방아쇠에 연결되어 있는 전자 감지기는 천장에 매달린 목표물이 떨어지도록 하여 동시에 자유 낙하하도록 되어 있다. 목표물은 중력에 의해 일정한 가속도로 수직으로 떨어진다. 반면에 발사체는 역시 중력에 의해 포물선 궤적을 그리며 날아간다.

발사체와 목표물이 정확하게 같은 시간부터 시작해서 같은 크기의 수직 아래쪽을 향하는 가속도로 운동하기 때문에 그림 3.18과 같이 발사체는 언제나 목표물에 명중하게 된다. 마찬가지로 애초에 발사체가 목표물의 아래쪽을 겨냥하였다면 같은 이유에 의해서 발사체는 아래쪽으로 겨냥한 그만큼 목표물의 아래쪽을 맞추게 될 것이다. 방아쇠에 연결된 전자 감지기에 의해 이루어지듯 발사체가 발사되는 것과 목표물이 떨어지기 시작하는 것이 **정확히 동시에 일어나도록 하는 것**이 이 실험의 중요한 점이다. 만일 목표물이 고정되어 있다면 발사체는

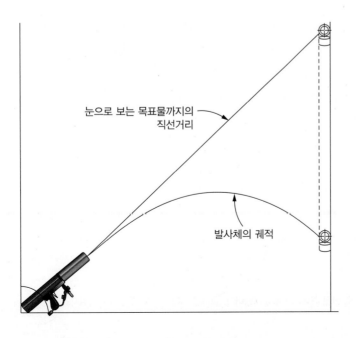

눈으로 보는 목표물까지의 직선거리

발사체의 궤적

그림 3.18 목표물이 떨어지기 시작함과 동시에 발사체가 발사된다면 목표물을 명중시킬 수 있는가?

중력 가속도에 의한 수직 낙하량을 보상하기 위해 목표물의 훨씬 위쪽을 겨냥해야만 목표물을 명중시킬 수 있을 것이다.

축구공의 비행

조금 떨어진 목표물에 미식축구공을 던질 때, 공을 수평보다 높은 각도로 던져야 너무 일찍 땅에 떨어지지 않는다. 익숙한 운동선수는 훈련의 결과로 이 행동을 자동적으로 수행한다. 세게 던질수록 공을 높이 던질 필요가 없는데, 이것은 큰 초기 속도로 목표물에 빨리 도달함으로써 낙하할 시간이 줄어들기 때문이다.

그림 3.19는 수평에서 30° 위쪽으로 던진 공의 궤적을 나타낸다. 그림 3.13에서 수평으로 발사된 공과 같이, 공의 수직위치는 그림의 왼쪽에 점으로 표시되어 있다. 공의 수평위치는 그림의 아래쪽에 나타나 있다. 공기 저항이 작아서 일정한 수평속도로 운동한다고 가정하였다. 두 운동을 합하면 전체 궤적이 된다.

미식축구공이 위로 올라갈 때, 속도의 수직성분은 일정한 아래쪽의 중력 가속도 때문에 감소하게 된다. 공을 위쪽으로 똑바로 던진 것처럼 최고점에서 속도의 수직성분은 0이 된다. 이 최고점에서 공의 속도는 수평성분만 존재한다. 공은 다시 낙하하기 시작하고, 가속되면서 아래쪽으로 속도가 생긴다. 그러나 위로 똑바로 던진 것과는 달리 일정한 속도의 수평운동이 있으므로 3.3절에서와 같이 수평운동과 수직운동을 결합시켜야 한다.

공을 던질 때, 목표물에 명중시키기 위하여 2개의 양을 변화시킬 수 있다. 하나는 초기 속도인데, 이것은 공을 얼마나 세게 던지는가에 의해 결정된다. 다른 하나는 투사각도인데, 상황에 맞추어 변화시킨다. 큰 초기 속도로 던지면 높이 겨냥할 필요가 없으며 목표물에 더 빨리 도달할 것이지만, 이 공을 받기 위해 달리는 선수는 큰 속도 때문에 잡기 어려울지도 모른다.

이런 생각을 지금 시험해보자. 종이 한 장을 구겨서 작은 공 모양으로 만들어보라. 다음에 휴지통을 의자나 책상 위에 올려놓는다. 다른 속도와 각도로 언더핸드로 던져서 휴지통에 넣는 가장 효과적인 방법을 찾는다. 어떤 투사각도와 속도를 결합하여야 성공적인 조준이 되는지를 느낌으로 알아보라. 낮고 수평적인 궤적의 투사는 높고 곡선적인 궤적의 경우보다 큰 속도를 필요로 한다. 투구가 수평에 가까울수록 더 정확히 조준해야 하는데, 이것은 각도가 작으면 휴지통에 들어갈 때의 유효한 입구 면적이 작기 때문이다. 공의 입구가 더 작아지는 것이다(이 효과는 일상의 자연현상 3.2에서 다룬다).

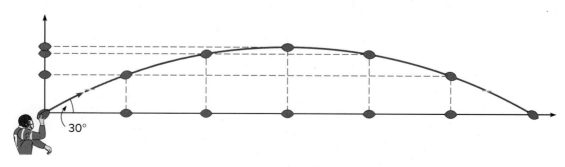

그림 3.19 수평에서 30° 각도로 던진 미식축구공의 비행이다. 일정한 시간 간격으로 공의 수직위치와 수평위치가 나타나 있다.

일상의 자연현상 3.2

농구공 던지기

상황 농구 경기에서 슛을 던질 때마다 골이 가장 잘 들어갈 것이라 믿는 농구공의 궤적을 무의식적으로 선택한다. 골대는 투사점보다 높지만(덩크슛과 스카이훅을 제외한다면), 골이 성공하려면 공은 낙하하는 중에 들어가야 한다.

가장 좋은 궤적을 결정하는 요인은 무엇인가? 높게 곡선을 그리는 것이 유리한가, 평면 궤적이 더 효과적인가? 자유투 또는 다른 선수에게 수비를 받을 때, 이런 요인이 달라질까? 우리가 알고 있는 포물선 운동이 이 물음에 답하는 데 어떻게 도움이 될까?

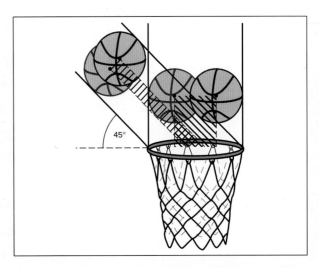

바로 떨어지는 경우와 45°로 들어가는 경우의 가능한 공의 경로. 똑바로 떨어지는 경우 가능한 경로가 더 넓다.

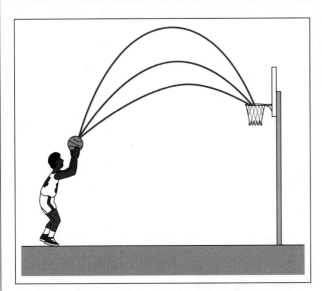

자유투에서 가능한 공의 궤적. 어느 경우에 가장 성공 확률이 높을까?

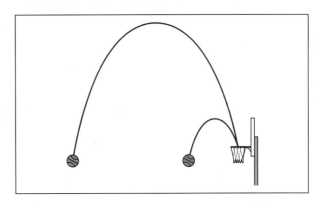

먼 곳에서의 아치형 슛은 같은 각도로 골대에 가까운 경우보다 공중에 오래 머문다.

분석 공이 깨끗이 골인되는 각도는 농구공의 지름과 골대의 지름에 의해서 결정된다. 두 번째 그림은 골대로 똑바로 떨어지는 경우와 45°로 접근하는 경우 가능한 공의 경로를 나타낸 것이다. 각각의 경우에 빗금 친 부분은 골인될 때의 공의 중심이 변할 수 있는 범위이다. 그림에서 알 수 있듯이, 똑바로 떨어질 경우 가능한 경로가 더 넓은 것을 알 수 있다. 농구공의 지름이 골대의 반지름보다 약간 크다.

두 번째 그림은 아치형의 슛이 유리하다는 것을 보여준다. 약간의 오차에도 공이 깨끗하게 들어갈 수 있는 경로가 더 넓다. 보통의 농구공과 골대일 때, 깨끗한 골을 위해선 최소 32° 이상의 각도가 되어야 한다. 각이 커질수록 가능한 경로의 범위는 증가한다. 작은 각에서는 때로 공의 적절한 회전으로 골대에 부딪히며 골인되기도 하지만, 각이 작아질수록 그 확률은 낮아진다.

아치형 슛의 단점은 정확도가 떨어진다는 것이다. 골대에서 멀어질수록 골대까지 수평거리를 조정하는 투사조건이 더 정확해야 한다. 세 번째 그림에서 보는 바와 같이, 30피트 거리에서 아치형으로 숫을 쏘았다면, 가까운 거리에서 같은 각도로 던질 때보다 더 높은 경로를 이동해야 한다. 공이 공중에 오래 머물

게 되므로, 속도와 각도의 작은 변화에도 이동 거리는 큰 오차가 생길 수 있다. 이 거리는 비행시간과 속도의 수평성분에 의해 결정된다.

골대에 가까이 있을 때는 높은 아치형 슛이 유리하다. 수평거리의 불확실성이 별로 없이 아치형 슛에 사용할 수 있는 더 넓은 범위의 경로를 이용할 수 있다. 골대에서 멀 때 바람직한 궤적은 보다 정확한 슛의 제어가 가능해지면서 점점 평탄해진다. 그러나 경기장 어느 곳에서도 수비에 가로막혀 있다면 아치형 슛이 종종 필요하다.

농구공의 회선, 투사 높이, 그리고 다른 요인들도 성공적인 슛에 한몫을 차지한다. 자세한 분석은 Peter J. Brancazio의 "Physics of Basketball" in the *American Journal of Physics* (April 1981)에서 찾을 수 있다. 포물선 운동을 잘 이해하는 것은 숙련된 선수의 경기력도 향상시킬 수 있다.

어떻게 하면 최대거리를 얻을 수 있을까?

총이나 대포를 발사할 때, 발사체의 초기 속도는 보통 약실의 화약 양에 의해 결정된다. 따라서 초기 속도는 고정되어 있으므로 발사 각도만이 조정의 여지가 있다. 그림 3.20은 같은 초기 속도에서 각기 다른 각도로 발사한 포탄의 3가지 궤적을 나타낸 것이다. 각기 다른 각도는 포신을 기울임으로써 얻을 수 있다.

공기 저항의 효과를 무시한다면 중간각도인 45°일 때 가장 먼 거리를 얻는다는 것을 주목하라. 이것은 육상경기 중 투포환 경기에서도 동일하게 적용된다. 투사각도는 매우 중요하며 가장 멀리 던지기 위한 각도는 대략 45°가 될 것이다. 공기 저항과 땅에 도달하는 곳이 투사점보다 낮다는 점을 고려하면 가장 효과적인 각도는 45°보다 약간 낮은 각도가 될 것이다.

각기 다른 발사 각도에서 초기 속도의 수평 및 수직성분을 생각해보면 최대거리 각도가 45°가 되는 이유를 알 수 있다(그림 3.21 참고). 속도는 벡터이며, 벡터를 정확히 표시하고, 수평과 수직방향으로 점선을 덧붙임으로써 속도의 수평 및 수직성분을 알 수 있다(그림 3.21). 이 과정은 부록 A에 더 자세히 설명되어 있다.

가장 낮은 각도인 20°에서는 속도의 수평성분이 수직성분보다 훨씬 더 크다. 초기의 상승속도가 작으므로, 공은 높이 올라가지 않는다. 비행시간이 짧으므로 다른 두 경우보다 일찍 땅에 떨어진다. 수평속도는 크지만 비행시간이 짧기 때문에 떨어지기까지 멀리 가지는 못한다.

70°의 높은 각도에서는 수직성분이 수평성분보다 크다. 그러므로 공은 더 높이 올라가고 20°의 경우보다 공중에 오래 머문다. 그러나 수평속도가 작기 때문에 수평으로 많이 이동하지는 않는다. 공은 20°의 경우와 비슷한 수평거리를 이동하지만, 시간은 더 걸린다.[*] (만약 똑바로 위로 던진다면, 수평거리는 물론 0이 될 것이다.)

중간각인 45°일 때, 초기 속도는 같은 크기의 수평 및 수직성분으로 나누어진다. 이 경우에 공은 낮은 각도에서보다 공중에 오래 머물며, 높은 각도에서보다 큰 수평속도로 이동한다. 다시 말해, 속도의 수직 및 수평성분 모두에 대해 상대적으로 큰 값을 가지면, 수평속도가 효과를 발휘하도록 수직운동이 공을 공중에 오래 머물게 한다. 이런 경우에 가장 큰 이동 거리를 갖는다.

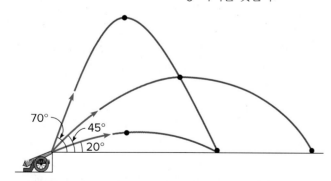

그림 3.20 발사속도는 동일하나 발사 각도를 달리한 포탄의 궤적

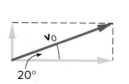
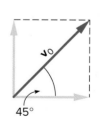
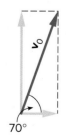

그림 3.21 그림 3.20에 나타난 세 경우에 대한 초기 속도를 수평 및 수직 성분으로 분해한 벡터 성분 그림

---

[*] 각도 20°와 각도 70°는 각의 합이 90°인 보각관계이다. 포물선 운동에서 어떠한 보각관계인 두 발사각(예컨대 30°와 60°)의 수평거리 성분은 동일하다.

발사 각도와 초기 속도의 크기를 안다면, 비행시간과 수평 이동 거리를 구할 수 있다. 이 계산을 하려면 먼저 속도의 수평성분과 수직성분을 찾아내야 한다. 그러나 이 일은 전에 다루었던 것보다 문제를 복잡하게 만든다. 이 개념은 이러한 계산 없이도 이해할 수 있다. 핵심은 수직 및 수평성분을 분리시켜 독립적으로 생각한 후 다시 결합시키는 것이다.

> 어떤 각도로 발사된 발사체의 초기 속도는 수직 및 수평성분으로 분리할 수 있다. 수직성분은 물체가 올라가는 높이와 공중에 머무르는 시간을 결정하고, 수평성분은 그 시간 동안에 진행하는 수평 거리를 결정한다. 발사각과 초기 속도는 서로 연관되어 물체가 어디에 떨어질지를 결정한다. 포물선 운동을 하는 동안 일정한 아래쪽의 중력 가속도가 작용하지만, 이는 속도의 수직성분에만 변화를 준다. 우리는 일상생활에서 이러한 궤적을 흔히 만들고 또 볼 수 있다.

요약

이 장의 목표는 지표면 근방에서 다양한 발사 각도로 발사된 물체의 운동에 중력 가속도가 미치는 영향에 대해 소개하고자 하는 것이다.

(1) **중력 가속도** 중력에 의한 가속도 영향을 살펴보기 위해 낙하체의 시간에 따라 낙하하는 위치를 측정했다. 중력 가속도는 9.8 m/s^2 이다. 이 값은 물체가 낙하하는 시간에 따라 변하지 않으며 낙하체의 무게에 무관하게 일정하다.

(2) **낙하체의 운동** 낙하체의 속도는 매초 대략 10 m/s 정도 증가한다. 낙하거리는 시간의 제곱에 비례하여 증가하므로 거리가 지속적으로 늘어날 것이다. 낙하 1초 후에는 속도 10 m/s로 5 m 낙하할 것이다.

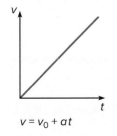

$$v = v_0 + at$$

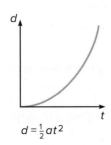

$$d = \tfrac{1}{2}at^2$$

(3) **자유 낙하 이외의 운동: 위로 던진 물체의 운동** 위로 던진 공의 속도는 아래 방향의 중력 가속도 영향 때문에 점점 느려지다가 최고점에서 0이 된 후 다시 하강하기 시작한다. 최고점 근방에서 약간 머무는 시간이 발생하게 되는데, 이는 그 지점에서 제일 느리게 움직이기 때문이다. 위쪽 방향을 양의 방향으로 택한다면 공의 운동방향이 바뀌는 최고점에서 속도성분은 양에서 음으로 바뀌게 된다.

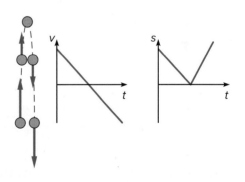

(4) **포물선 운동** 물체를 수평방향으로 발사하면 아래 방향으로는 중력 영향으로 가속 운동을 하지만 수평방향으로는 등속 운동을 한다. 이 두 운동을 결합시키면 물체의 포물선 운동이 만들어진다.

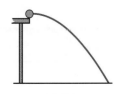

(5) **목표물 맞추기** 초기 발사속도와 발사각을 변화시켜 가면서 수평면과 일정 각도를 이루고 발사된 물체의 경로를 결정한다. 수평 및 수직운동이 결합하여 포물선 운동을 하는 물체가 목표물과 만나게 되는 모든 운동을 만들어낸다.

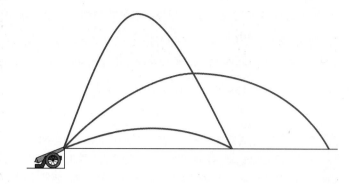

개념문제

Q1. 종잇조각을 공중에서 떨어뜨리면 나풀거리며 바닥에 떨어진다. 이 종잇조각은 바닥에 닿기 이전까지 항시 중력의 영향을 받고 있는 걸까? 설명하시오.

Q2. 그림 Q2는 좌측에서 우측으로 움직이는 두 공의 위치를 0.05 s 간격으로 나타낸 것이다. 두 공은 가속되는가? 설명하시오.

A - - -
B - - -

그림 Q2

Q3. 두 장의 같은 종이를 하나는 구겨서 공처럼 만들고, 다른 하나는 펴진 상태로 두었다. 두 종이를 같은 높이에서 동시에 놓았을 때, 어느 쪽이 먼저 바닥에 도달할 것인가? 설명하시오.

Q4. 아리스토텔레스는 무거운 물체가 가벼운 물체보다 더 빨리 낙하한다고 하였다. 아리스토텔레스가 틀린 것인가? 그의 주장이 맞다고 하려면 어떤 점을 고려해야 하는가? 설명하시오.

Q5. 그림 Q5는 어떤 낙하 물체의 속도를 시간에 따라 나타낸 것이다. 이 물체의 가속도는 일정한가? 설명하시오.

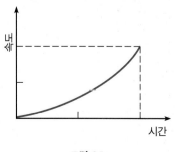

그림 Q5

Q6. 물체가 자유 낙하한다. 어떤 힘이 작용하는가? (일상의 자연현상 3.1 참고)

Q7. 수직 위쪽으로 던진 공은 초기에 상승속도가 감소한다. 그때 속도와 가속도의 방향은 어느 쪽인가? 가속도도 감소하는가? 설명하시오.

Q8. 공이 수직 위로 던져진 후 다시 땅에 떨어졌다. 위쪽을 양의 방향이라고 하고, 시간에 대한 공의 속도를 그래프로 그리시오. 속도의 방향이 바뀌는가? 설명하시오. 이 점을 그래프에 표시하시오.

Q9. 공이 수직 위로 던져진 후 다시 땅에 떨어졌다. 맨 꼭대기에서 속도는 0이 된다. 속도는 비록 0이지만 가속은 되는가? 설명하시오.

Q10. 공이 경사면을 따라 굴러 올라가다가 꼭대기에서 멈춘 후 다시 굴러 내려온다. 이 과정 동안 가속도는 일정하다고 보는가? 속도는 일정한가? 이 운동의 모든 과정에서 가속도는 0이 되는가? 설명하시오.

Q11. 빠르게 운동하는 공이 탁자 모서리에서 바닥으로 떨어진다. 첫 번째 공이 탁자에서 굴러 떨어지는 정확히 같은 순간에 두 번째 공을 같은 높이에서 놓았다. 어느 공이 바닥에 닿을 때 더 큰 총 속도를 가질 것인가? 설명하시오.

Q12. 공이 큰 수평속도로 탁자에서 굴러 떨어진다. 공중에서 운동하면서 속도 벡터의 방향은 변하는가? 설명하시오.

Q13. 명사수가 가까운 거리의 목표물 중심에 고속 소총을 겨누고 있다. 소총의 가늠자는 더 먼 거리의 목표물에 정확히 맞춰져 있다고 하면, 단환은 목표물 중잉에서 약간 위쪽에 맞을 것인가, 아래쪽에 맞을 것인가? 설명하시오.

Q14. 그림 Q14에서, 궤적의 최고점에서의 속도는 0인가? 설명하시오.

그림 Q14

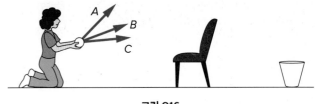

그림 Q16

Q15. 45°로 발사된 경우보다 70°로 발사된 포탄이 공중에 더 오래 머문다. 70°로 발사된 경우에 45°로 발사된 만큼 수평거리를 이동하지 못하는 이유는 무엇인가? 설명하시오.

Q16. 그림 Q16은 의자 뒤에 휴지통을 보여준다. 무릎을 꿇고 있는 사람이 공을 던지는 초기 속도의 3가지 방향이 나타나 있다. A, B, C 중 휴지통에 가장 잘 들어갈 것 같은 경우는 어느 것인가? 설명하시오.

Q17. 농구에서 자유투를 쏠 때, 높고 아치형의 궤적이 직선 궤적에 비해 갖는 주요한 이점은 무엇인가? 설명하시오(일상의 자연현상 3.2 참고).

Q18. 미식축구에서 쿼터백은 달리고 있는 러닝백에게 공을 잘 전달해야 한다. 빠르고 낮게 공을 던질 때의 장단점에 대해 토론하시오.

연습문제

이 장의 연습문제에서 편의상 중력 가속도는 $g = 10$ m/s^{2}을 사용하기 바란다.

E1. 다이빙 도약대에서 쇠공을 초기 속도 0으로 떨어뜨렸다.
   a. 0.7초 후 공의 속도는 얼마인가?
   b. 1.4초 후 공의 속도는 얼마인가?

E2. E1에서,
   a. 처음 0.7초 동안에 이동한 거리는 얼마인가?
   b. 처음 1.4초 동안에 이동한 거리는 얼마인가?

E3. 초기 속도 14 m/s로 공을 아래로 던졌다. 3.0초 후의 공의 속도는 얼마인가? (예제 3.2 참고)

E4. 공을 지상에서 초기 속도 13 m/s로 위로 던졌다. 다음의 경우 공의 속도의 크기와 방향은 어떻게 되는가? (예제 3.3 참고)
   a. 던진 후 1초일 때
   b. 던진 후 2초일 때

E5. E4에서 공이 최고점에 도달하는 시간은 얼마인가? (최고점에서 공의 속도는 0이 된다는 것을 기억하라.)

E6. 200 m 떨어진 목표물에 초기 속도 800 m/s로 총을 수평으로 발사했다.
   a. 목표물에 닿는 데 걸리는 시간은 얼마인가?
   b. $g = 10$ m/s^{2}의 근사치를 사용하면, 그 시간 동안에 탄환이 낙하하는 거리는 얼마인가?

E7. 탁자에서 수평속도 3 m/s로 공이 굴러 떨어진다. 바닥에 도달하는 데 0.45초 걸렸다면, 바닥에서 탁자의 높이는 얼마인가?

E8. 공이 바닥에서 3 m 높이의 선반에서 굴러 떨어진다. 선반을 떠날 때, 공의 수평속도는 5 m/s이다.
   a. 최고높이에 도달하는 데 걸리는 시간은 얼마인가?
   b. 바닥에 도달할 때, 선반의 밑에서부터 이동한 수평거리는 얼마인가?

종합문제

이 장의 종합문제에서 편의상 **중력** 가속도는 $g = 10$ m/s^{2}을 사용하기 바란다. 그리고 공기 저항도 무시한다.

SP1. 초기 속도 18 m/s로 공을 위로 던졌다.
   a. 최고점에서의 속도는 얼마인가?
   b. 최고점에 도달하는 데 걸리는 시간은 얼마인가?
   c. 최고점의 높이는 얼마인가?
   d. 던진 3초 후 공의 높이는 얼마인가?
   e. 던진 2초 후 공은 올라가는 중인가, 내려오는 중인가?

SP2. 0.7 m 높이의 탁자에서 두 공이 굴러 떨어진다. A공은 수평속도가 4 m/s이고, B공은 6 m/s이다.

a. 각 공이 바닥에 도달하는 데 걸리는 시간은 얼마인가?

b. 바닥에 도달할 때까지 각 공이 이동하는 수평거리는 얼마인가?

c. 만약 2개의 공이 탁자 가장자리 1.5 m 뒤에서 동시에 굴러가기 시작한다면, 두 공은 동시에 바닥에 도달할까? 설명하시오.

SP3. 미국 메이저리그의 최우수 투수는 100 MPH의 속력으로 공을 던진다. 투수의 마운드는 포수보다 60피트 더 높은 위치이다.

a. 이 속력을 m/s로 나타내시오.

b. 투수 마운드에서 포수의 위치까지 거리를 미터로 나타내시오.

c. 공이 홈플레이트에 도달할 때까지 걸리는 시간은 얼마인가?

d. 공이 수평으로 던져졌고 스핀의 효과를 무시한다면 공은 얼마만큼 높이가 낮아지겠는가?

e. 이 높이를 피트로 나타내시오. (투수가 마운드에 서 있는 이유가 바로 이것 때문이다.)

CHAPTER 4

Boonyarak Voranimmanont/Shutterstock

뉴턴의 법칙: 운동의 기술

Newton's Laws: Explaining Motion

학습목표

이 장의 학습목표는 운동에 관한 뉴턴의 3가지 법칙을 설명하고, 이들이 일상생활에서 일어나는 상황들에 어떻게 적용되는지를 알아보는 것이다. 먼저 뉴턴의 법칙들의 발전과정에 대한 이력을 살펴본 후 각 법칙에 대한 주의 깊은 논의를 할 것이다. 이 논의에서는 힘, 질량, 무게와 같은 개념이 중요한 역할을 한다. 여러 가지 익숙한 예제에 뉴턴의 이론을 적용시켜 보는 것으로 단원을 끝맺는다.

개요

1 **간략한 역사** 운동에 관한 아이디어와 이론들은 어디서 왔는가? 아리스토텔레스, 갈릴레이, 뉴턴은 어떤 역할을 하였는가?

2 **뉴턴의 제1법칙과 제2법칙** 힘은 물체의 운동에 어떤 영향을 주는가? 운동에 대한 뉴턴의 제1법칙과 제2법칙은 무엇을 말해주며 서로가 어떻게 연관되어 있는가?

3 **질량과 무게** 질량은 어떻게 정의되는가? 질량과 무게의 차이는 무엇인가?

4 **뉴턴의 제3법칙** 힘은 어디서부터 오는가? 운동에 대한 뉴턴의 제3법칙은 힘을 정의할 때 어떤 도움을 주며, 어떻게 적용되는가?

5 **뉴턴 법칙의 응용** 의자를 밀 때, 스카이다이빙 할 때, 공을 던질 때, 연결된 두 카트를 마루 위에서 끌 때와 같은 다양한 상황에서 뉴턴의 법칙들이 어떻게 적용되는가?

UNIT ONE

어떤 힘센 사람이 여러분을 밀치면 여러분은 밀친 방향으로 움직인다. 어린아이가 장난감 수레에 줄을 매어 끌면 수레는 기우뚱거리며 끌려온다. 운동선수가 미식축구공이나 축구공을 차면 공은 골문을 향해 날아간다. 우리에게 익숙한 이런 상황들이, 운동의 변화를 유발시키는 밀거나 당기는 형태의 힘에 관련된 예들이다.

간단한 예를 들어보자. 의자를 나무나 타일로 된 마루 위에서 민다고 생각해보자(그림 4.1). 의자는 왜 움직이는가? 의자 밀기를 멈추었어도 운동을 할까? 어떤 요소가 의자의 속도를 결정할까? 만약 좀 더 세게 밀면 의자의 속도는 증가할까? 여태까지 운동을 기술하는 데 유용한 개념을 배웠을 뿐 운동의 변화를 일으키는 원인에 대하여는 별로 언급하지 않았다. 운동을 설명하는 것은 운동을 기술하는 것보다 더 어려운 과제이다.

여러분은 이미 의자를 움직이게 하는 원인에 대한 직관적인 개념을 갖고 있다. 분명히 의자를 미는 행동이 운동에 영향을 준 것이다. 그러나 미는 힘의 세기가 의자의 속도, 또는 가속도에 직접적인 관계가 있을까? 이 점에서 직관은 별 소용이 없다.

이천 년이 넘는 오래전에 그리스 철학자 아리스토텔레스는 이러한 문제들에 대한 해답을 구하려고 했다. 아리스토텔레스의 설명이 의자를 움직이는 경우에는 우리의 직관과 잘 맞지만, 던져진 물체와 같이 미는 힘이 지속적으로 작용하지 않는 물체의 경우에는 설명이 만족스럽지 못하다는 것을 우리들 중 많은 사람은 안다. 아리스토텔레스의 이론은 17세기의 뉴턴이 도입한 이론으로 대체되기 전까지 널리 받아들여지고 있었다. 뉴턴의 운동에 관한 이론은 운동에 대해 더 완벽하게 만족스럽다는 것이 증명되었고, 아리스토텔레스의 이론으로는 할 수 없었던 정량적인 예측도 가능하게 되었다.

뉴턴의 운동에 대한 3가지 법칙은 그 이론의 기초를 이룬다. 이 법칙들은 무엇이며, 어떻게 운동을 설명하는 데 사용되고 있는가? 뉴턴의 이론이 아리스토텔레스의 이론과 어떻게 다르고, 왜 아리스토텔레스의 이론이 오히려 우리의 상식적인 관념과 부합되는 것으로 느끼는 것일까? 뉴턴의 법칙을 이해하는 것이 대부분의 간단한 운동

그림 4.1 의자 옮기기. 밀기를 멈추었을 때도 의자는 계속 움직일까?
Keith Eng 2008

을 분석하고 설명하는 데 도움이 되고, 차를 운전하거나 무거운 물체를 움직이는 등 일상생활에서 일어나는 여러 가지 활동들에 대한 통찰에 도움이 될 것이다.

4.1 간략한 역사

어떤 천재가 사과나무 아래에 앉아 갑작스런 번쩍이는 영감을 받아 운동에 관한 완전한 이론을 엮어냈을까? 천만의 말씀. 이론들이 어떻게 발전되었으며 받아들여졌는가의 과정에는 긴 시간 동안 많은 사람들의 역할이 있었다.

이제 주된 진보를 이루게 한 영감을 가졌던 몇 사람의 역할을 살펴보자. 이 역사를 간략히 살펴보는 것은 언제 어떻게 이론들이 나타나게 되었는지를 알아봄으로써 앞으로 논의할 물리적인 개념들을 인식하는 데 도움이 된다. 어떤 이론이 언제 제안되었으며, 긴 시간 동안 어떻게 시도되고 검증되었는지를 아는 것은 매우 중요하다. 모든 이론들이 다 똑같은 정도로 과학자들에게 받아들여지고 사용되는 것은 아니다. 아리스토텔레스, 갈릴레이, 뉴턴은 운동의 원인에 대한 우리들의 생각을 형성하는 데 기여한 주요 인물들이다.

운동의 원인에 대한 아리스토텔레스의 생각

운동을 일으키는 원인과 운동에 변화를 주는 것에 대한 의문은 여러 세기에 걸쳐 철학자들이나 다른 자연현상을 관찰하는 사람들의 관심사였다. 천 년이 넘도록 아리스토텔레스 (Aristotle, 기원전 384~322)의 견해는 옳다고 믿어져 왔다. 아리스토텔레스는 빈틈없고 주의 깊은 자연 관측자였다. 아리스토텔레스는 놀라울 정도로 많은 주제에 대해 연구하여, 논리학, 형이상학, 정치학, 문학비평, 수사학, 심리학, 생물학, 물리학과 같은 분야에 대하여 방대한 논문들을 발표하였다.

　운동에 대한 논의에서 지금까지 말해왔던 것처럼 아리스토텔레스는 힘을 물체를 움직이도록 밀거나 당기는 것과 같은 것으로 생각하였다. 그는 물체를 움직이게 하기 위해서는 힘이 작용해야 하고, 물체의 속도는 힘의 세기에 비례한다고 믿었다. 무거운 물체는 지면 쪽으로 끌리는 힘이 크기 때문에 가벼운 물체보다 더 빨리 지면을 향하여 떨어지게 될 것이다. 그리고 이 힘의 세기는 물체를 손에 들고 있는 정도로 생각될 수 있을 것이다.

　아리스토텔레스는 또 물체에 운동을 주는 매질의 저항에 대해서도 알고 있었다. 돌멩이는 물속에서보다 공기 중에서 더 빨리 떨어진다. 해변가에서 허리까지 오는 물속을 걸어가려면 힘이 드는 것처럼 물에는 큰 저항이 있다. 아리스토텔레스는 물체의 속도는 물체에 가해지는 힘에 비례하고 저항에 반비례하는 관계가 있다고 보았다. 단, 저항에 대한 정량적인 설명을 하지는 못하였다. 그는 가속도를 속도와 구별해내지 못했으며, 속도를 정해진 거리를 가는 데 걸린 시간을 재어봄으로써 알 수 있다고 이해하였다.

　아리스토텔레스는 실험학자라기보다는 자연현상 관측자였다. 그는 실험을 통한 정량적인 예측을 하지 못하였다. 검증을 하지 않았을 뿐 아니라 아리스토텔레스 자신도 그 후의 다른 사람들과 마찬가지로 일부 문제에 대한 기본적인 생각에 혼란이 있게 되었다. 예를 들면, 공이나 돌을 던지는 경우에, 힘은 물체를 처음 움직이게 하지만 손을 떠난 후에는 더 이상 작용하지 않는다. 어떤 것이 공을 계속 움직이게 할까?

　던진 손에서 떠난 공은 일정한 시간 동안 계속해서 움직이기 때문에 아리스토텔레스의 이론에 따르면 힘이 필요하게 된다. 그는 손을 떠난 공을 움직이게 해주는 힘은 공이 전에 있는 자리가 진공이 되어 공기가 밀려들어오게 되는 것에 의한 것이라고 제안하였다(그림 4.2). 이 공기의 흐름이 공을 뒤에서 밀어준다고 생각했다. 이것은 합리적일까?

　로마제국이 기울어짐에 따라 아리스토텔레스의 글 중 일부만이 수세기 동안 유럽사람들

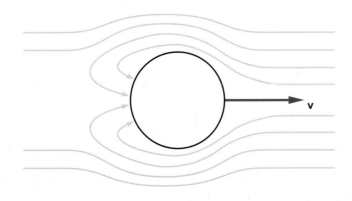

그림 4.2 아리스토텔레스는 던져진 물체 주위에 공기가 몰려들어와 물체를 앞으로 계속적으로 밀어낸다고 생각했다. 이런 견해가 합리적으로 보이는가?

에게 알려졌을 뿐이다. 12세기가 될 때까지 그의 완전한 연구 업적이 유럽에 소개되지 못하였다. 그의 이론은 아랍사람들에 의하여 전해졌으며, 이어서 그리스의 다른 사람들의 이론과 함께 12세기와 13세기에 라틴어로 번역되었다.

갈릴레이는 어떻게 아리스토텔레스의 견해에 도전하였는가?

이탈리아의 과학자 갈릴레이(Galileo Galilei, 1564~1642)가 과학사의 전면에 나타날 때, 아리스토텔레스의 이론은 갈릴레이가 배우고 가르쳤던 피사(Pisa)와 파두아(Padua) 대학을 포함한 유럽 대학들에서 잘 자리를 잡고 있었다. 당시 대학에서의 교육은 아리스토텔레스에 의해 연구된 분야를 중심으로 이루어져 있었고, 아리스토텔레스의 자연철학의 많은 부분은 로마 카톨릭 교회의 가르침과 결부되어 있었다. 이탈리아의 신학자 토마스 아퀴나스(Thomas Aquinas)는 아리스토텔레스의 이론과 교회의 신학을 정교하게 결합시켜 놓았다.

아리스토텔레스에 도전하는 것은 교회의 권위에 도전하는 것과 같았고 중대한 결과를 초래할 수 있었다. 갈릴레이만이 운동에 대한 아리스토텔레스의 이론에 의문을 품은 것은 아니었다. 다른 과학자들도 유사한 형태이지만 무게가 확실히 차이가 나는 물체를 떨어뜨려도 같은 속도로 떨어진다는 사실에 주목하였고, 이는 아리스토텔레스의 이론에 반하는 것이었다. 갈릴레이가 기울어진 피사의 탑에서 물체를 떨어뜨린 것은 아니지만, 떨어지는 물체에 대한 주의 깊은 실험을 하였고 그 결과를 발표하였다.

갈릴레이의 교회와의 첫 번째 갈등은 코페르니쿠스(Copernicus)의 이론을 옹호한 것으로부터 시작되었다. 코페르니쿠스는 태양 중심의 태양계 모델을 제시하였는데(5장에서 다룰 것이다), 그것은 당시에 지배적인 생각이었던 아리스토텔레스 등의 지구중심 모델과 정반대였다. 갈릴레이는 아리스토텔레스와 전통적인 생각을 가진 사람들과 여러 면에서 충돌하였다. 이러한 상황이 그가 속해 있는 대학의 많은 동료들, 그리고 교회 사람들과 충돌하게 하였다. 그는 결국 종교재판에 넘겨졌고 이단의 유죄를 받게 되었다. 그는 가택연금을 당했고 그의 가르침을 철회하도록 강요받았다.

낙하하는 물체에 대한 그의 이론에 덧붙여, 갈릴레이는 아리스토텔레스의 이론과는 다른 운동에 대한 새로운 개념을 발전시켰다. 갈릴레이는 운동하는 물체는 운동을 계속하려는 자연스러운 경향, 즉 관성을 갖고 있다고 주장하였다. 이 운동을 지속하는 데 힘은 필요하지 않다. (의자를 미는 것을 다시 생각해보자. 지금의 설명이 이 경우에도 맞는 것일까?) 다른 사람들의 연구를 토대로 갈릴레이는 가속도를 포함한 운동에 대한 수학적 기술을 발전시켰다. 일정한 가속도를 가진 물체가 움직인 거리에 대한 관계식 $d = \frac{1}{2}at^2$는 갈릴레이에 의하여 주의 깊게 실증되었다. 그는 말년에 다가와 그의 유명한 《Dialogues Concerning Two New Sciences》에 이런 많은 아이디어를 넣어 출판하였다.

뉴턴의 업적은 무엇인가?

뉴턴(Isaac Newton, 1642~1727)(그림 4.3)은 갈릴레이가 이탈리아에서 죽은 해에 영국에서 태어났다. 갈릴레이의 작업을 토대로 그는 어떠한 물체의 운동도 설명할 수 있는 운동의 원

그림 4.3 뉴턴의 초상화
Pixtal/age Fotostock

인에 대한 이론, 즉 공이나 의자와 같은 정상적인 물체의 운동뿐 아니라 달이나 행성과 같은 천체 물체에도 적용되는 이론을 발표하였다. 그리스의 전통에 따르면 천체 운동은 지구에 속한 운동과는 다른 영역에 있는 것으로 생각되었고, 따라서 다른 설명이 필요하다고 여겨졌었다. 뉴턴은 하나의 이론으로 지상과 천체의 역학을 설명함으로써 이런 구별을 없애버렸다.

뉴턴 이론의 중심은 운동의 3가지 법칙(4.2절과 4.4절 참고)과 만유인력(5장 참고)이다. 뉴턴의 이론은 이미 알려진 운동의 현상들을 성공적으로 설명해주었고 물리학과 천문학에서 많은 새로운 연구의 틀을 제공하였다. 이 연구들 중 일부는 전에 관측되지 않았던 현상을 예측하게 하였다. 예를 들면, 알려진 행성의 궤도에 있는 불규칙성에 뉴턴의 이론을 적용하여 얻은 계산으로 천왕성의 존재를 예측할 수 있었고, 이는 곧바로 관측에 의하여 확인되었다. 확인된 예측은 이론이 성공적이라는 것을 말해주는 근거가 된다. 뉴턴의 이론은 200년이 넘도록 역학의 기본적인 이론으로 역할을 했고 아직도 물리학과 공학에서 광범위하게 쓰이고 있다.

뉴턴의 이론의 근간이 되는 아이디어는 그가 아직 젊은 나이인 1665년경에 시작되었다. 페스트를 피하기 위하여 뉴턴은 시골에 있는 가족의 농장으로 돌아갔고 거기서 아무런 방해 없이 심오한 사고를 할 수 있는 시간을 갖게 되었다. 그는 가끔 사과나무 아래에서 시간을 보냈을 것이다. 떨어지는 사과를 보고 달 역시 지구를 향하여 떨어지고 있으며 두 경우 다 같은 중력이 작용한다는 영감으로 인도하였다는 일화가 있다(5장 참고). 번득이는 통찰이나 영감은 그의 사고 전개 과정 중에 중요한 부분이었다.

뉴턴은 그의 이론의 대부분과 그 세밀한 부분까지도 1665년 이전에 이미 완성하였지만, 1687년까지는 공식적으로 발표하지는 않았다. 그 이유 중 하나는 행성과 같은 물체에 작용하는, 그가 제안한 중력의 효과를 계산해줄 수 있는 수학적 방법론, 즉 미적분학을 발전시킬 필요가 있었기 때문이다(그는 **미적분학**을 창시한 사람들 중 하나로 인정되고 있다). 뉴턴은 〈자연철학의 수학적 원리〉라는 제목의 논문을 1687년 발표하였다. 이 논문의 영어 제목은 "The Mathematical Principles of Natural Philosophy", 즉 철학의 수학적 원리들이란 뜻이다. 이 논문은 종종 뉴턴의 원리들이란 이름으로 인용되곤 하였다.

뉴턴의 이론과 같은 과학적 이론은 백지상태에서 갑자기 떠오르는 것은 아니다. 이들은 당시의 과학계에 축적된 지식과 세계관의 산물이다. 새 이론들은 이전의 정교하지 못했던 이론을 대체한다. 뉴턴 시대에도 받아들여져 있던 운동에 관한 이론은 갈릴레이나 다른 사람들에 의해 공격을 받아왔던 아리스토텔레스의 이론이었다. 그 이론의 단점은 잘 알려져 있었다. 뉴턴은 이미 진행 중에 있던 사고의 혁명에 정점을 제공해준 것이다.

비록 운동에 대한 아리스토텔레스의 생각이 지금에 와서는 만족스럽지 못하고 정량적인 예측을 하는 데는 아무 소용이 없지만, 운동에 대한 훈련이 미비한 사람들에게는 더 직관적으로 다가온다. 이런 이유로 우리는 역학을 배우면서 운동에 대한 아리스토텔레스의 생각을 뉴턴의 개념을 써서 바꾸어야 한다고 이야기한다. 비록 운동에 대한 기초적인 생각들이 아리스토텔레스가 생각한 정도로 잘 다듬어지지 않았지만 상식적인 개념 중 일부가 수정되어야 한다는 것을 깨닫게 될 것이다.

뉴턴의 이론도 이제는 운동을 보다 정확하게 기술해주는 좀 더 정교한 이론에 의하여 일부가 대체되었다. 양자역학과 아인슈타인의 상대론이 그것들이고, 두 이론 모두 20세기 초에 생성된 것이다. 비록 이들 이론에 의한 예측이 물체의 속도가 매우 **빠른** 영역(상대론), 그리고 크기가 매우 작은 영역(양자역학)에서는 뉴턴의 이론과 분명한 차이가 있지만, 빛의 속도보다 훨씬 삭은 속력으로 움식이는 보통의 물체의 운동에서는 차이가 거의 없다. 뉴턴의 이론에 한계가 있음을 인정하지만 그 이론은 계속해서 사용될 것이다. 그 이유는 통상적인 운동에 대한 응용에는 아무런 문제가 없기 때문이다.

> 운동에 대한 아리스토텔레스의 이론은 비록 정량적인 예측은 불가능하지만 오랜 세월 동안 받아들여지고 우리들의 상식에도 잘 들어맞는 것이었다. 갈릴레이는 운동을 계속하려면 물체에 힘을 주어야 한다고 가정한 아리스토텔레스의 생각에 도전하였다. 갈릴레이의 연구를 발전시켜서 뉴턴은 아리스토텔레스의 개념을 대체하는 보다 완전한 운동에 대한 이론을 발전시켰다. 뉴턴의 이론은 그 한계가 있음에도 불구하고 아직도 일반적인 운동을 설명하는 데 널리 쓰이고 있다.

4.2 뉴턴의 제1법칙과 제2법칙

마룻바닥에서 의자를 밀 때 무엇이 의자를 움직이거나 멈추게 만들까? 뉴턴의 운동에 관한 처음 두 법칙은 이 질문을 해결하려는 것이고, 이 과정에서 **힘**(force)에 대한 정의를 내리고 있다. 제1법칙은 힘이 없을 때 어떠한 일이 벌어지는지를 말해주고, 제2법칙은 물체에 힘이 가해졌을 때의 효과에 대하여 설명한다.

제1법칙은 사실 좀 더 일반화된 제2법칙에 포함되기 때문에 두 법칙을 함께 논의할 것이다. 그러나 뉴턴은 뿌리 깊게 박혀 있는 아리스토텔레스의 운동에 관한 개념에 대항하기 위하여 제1법칙을 분리시켜 놓을 필요를 느꼈다. 그렇게 함으로써, 뉴턴은 그의 제1법칙에 몇 년 앞서 비슷한 원리를 주장하였던 갈릴레이의 가르침을 따랐다.

뉴턴의 운동에 관한 제1법칙

뉴턴의 이름을 따서 붙인 뉴턴의 제1법칙은 다음과 같다.

> 물체는 외력이 작용하고 있지 않다면 정지해 있거나 등속직선 운동을 한다.

다시 말해서 물체에 힘이 작용하지 않는 한 그 속도는 변하지 않는다. 만약 물체가 처음에 정지하고 있으면 정지한 상태로 계속 남아 있고, 움직이고 있으면 일정한 속도로 계속 움직인다(그림 4.4). 뉴턴은 제1법칙을 설명함에 있어서 갈릴레이의 운동에 관한 아이디어를 핵심으로 삼았다.

뉴턴의 제1법칙에서 속력이라는 단어 대신에 속도라는 단어를 사용한 것을 주목하여야 한다. 일정한 속도라는 것은 속도의 크기나 방향이 변하지 않는 것을 의미한다. 물체가 정지하여 있을 때 그 속도는 0이고, 외력이 없으면 그 값을 그대로 유지한다. 즉 물체에 작용하는 힘이 없으면 물체의 가속도는 0이다. 속도는 변하지 않는다.

이 법칙은 간단해 보이지만, 곧바로 아리스토텔레스의 개념(아마도 우리들의 직관도 마찬가지로)과 배치된다. 아리스토텔레스는 물체가 계속 움직이려면 힘이 필요하다고 믿었다. 이 장을 시작할 때 언급하였던 것처럼 의자와 같은 무거운 물체를 움직이는 것에 대하여 이야기할 때 아리스토텔레스의 관점이 더 직관적으로 와 닿는다. 만약 의자 밀기를 중단하면 의자는 움직이기를 멈출 것이다. 그러나 이러한 관점은 던져진 공이나 미끄러운 면 위를 움직이는 의자의 경우 문제에 봉착하게 된다. 이런 물체들은 처음에 한 번 밀어주면 계속 운동을 하게 된다. 이런 점에서 뉴턴(또는 갈릴레이)은 물체를 계속 움직이게 하는 데 힘이 필요 없다고 강하게 주장하였다.

그림 4.4 뉴턴의 제1법칙. 힘이 작용하지 않을 때 물체는 정지해 있거나 일정한 속도로 움직인다.

$\mathbf{F} = 0$이면

v가 0이다(즉 정지 상태이다.)

또는

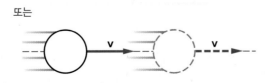

v가 일정하다(즉 등속직선 운동이다.)

아리스토텔레스의 개념이 뉴턴이나 갈릴레이의 개념과 완전히 다른 데도 불구하고 어떤 경우에는 그래도 합리적으로 보이는 이유는 무엇일까? 이 물음에 대한 해답은 저항력 또는 **마찰력**(frictional force)에 있다. 의자 밀기를 멈추면 마루와의 마찰에 의하여 속도가 급격히 0으로 줄게 되어 더 이상 가지 못하게 된다. 던진 공도 비록 땅에 떨어지지 않더라도, 공기의 저항력이 공이 움직이는 반대방향으로 밀어내기 때문에 결국은 멈추게 된다. 물체에 힘이 작용하지 않는 상황을 생각하기는 매우 어려운 일이다. 아리스토텔레스는 공기의 저항과 다른 효과들이 존재한다는 것은 알고 있었지만 그의 이론에서는 이들을 힘으로서 다루지는 않았다.

힘은 가속도와 어떻게 연관이 있는가?

뉴턴의 운동 제2법칙은 물체에 작용하는 힘과 물체의 운동과의 구체적인 관계를 설명해준다. 뉴턴의 제2법칙은 가속도라는 용어를 사용하여 다음과 같이 기술된다.

> 물체의 가속도는 물체에 가한 힘에 직접 비례하고 물체의 질량에 반비례한다. 가속도의 방향은 가한 힘과 같은 방향이다.

이를 수학적 기호로 표현하면 적당한 힘의 단위를 선택함으로써 뉴턴의 제2법칙을 다음 식을 표현할 수 있다.

$$\mathbf{a} = \frac{\mathbf{F}_{net}}{m}$$

여기서 $\mathbf{a}$는 가속도, $\mathbf{F}_{net}$는 물체에 가해진 총 힘의 합, 즉 **알짜힘**(net force), 그리고 m은 물체의 질량이다. 가속도는 가한 힘에 직접적으로 비례하기 때문에 물체에 2배의 힘을 가하면 물체의 가속도는 2배가 된다. 그러나 질량이 더 큰 물체에 같은 힘이 작용하면 가속도는 작아진다(그림 4.5).

가속도는 속도와는 달리 가한 힘에 직접적으로 관계가 있음을 주목해야 한다. 아리스토텔레스는 가속도와 속도를 명확하게 구별하지 못했다. 우리 중 많은 사람들도 평상시 운동에 대하여 생각할 때는 이들을 구별하지 못하기도 한다. 뉴턴의 이론에서는 이 2가지 개념이 엄

그림 4.5 질량이 크고 작은 두 물체에 같은 힘이 작용하면 질량이 작은 물체는 질량이 큰 물체보다 큰 가속도를 갖는다.

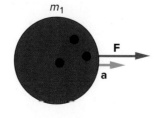

격하게 구별된다.

뉴턴의 제2법칙은 운동에 관한 전체적인 이론의 중심적인 개념이다. 이 법칙에 따르면 물체의 가속도는 물체에 작용하는 총 힘과 물체의 질량에 의해 결정된다. 사실 힘과 질량의 개념은 제2법칙에 의하여 역으로 정의되는 개념이라고 볼 수 있다. 물체에 작용하는 알짜힘이 가속도를 주는 원인이다. 4.4절에서 논의할 뉴턴의 제3법칙은 힘이란 한 물체와 다른 물체 사이에 작용하는 상호작용의 결과라는 것으로써 힘을 완전히 정의할 수 있게 된다.

물체의 **질량**(mass)이란 제2법칙에서 알 수 있듯이 물체의 운동 변화에 대한 물체의 저항이 어느 정도인지를 말해주는 양이다. 이 운동의 변화에 대한 저항을 갈릴레이는 **관성**(inertia)이라 불렀다. 질량을 다음과 같이 정의할 수 있다.

> 질량이란 물체의 관성에 대한 척도인데, 즉 운동의 변화에 대한 저항적 성질을 정량적으로 나타낸 것이다.

질량의 표준단위는 킬로그램(kg)이다. 질량을 어떻게 측정할 수 있는지, 그리고 4.3절에 보이듯이 질량과 물체의 무게와 어떤 관계가 있는지에 대해 좀 더 살펴볼 것이다.

힘의 단위 역시 뉴턴의 제2법칙으로부터 유도된다. 뉴턴의 제2법칙의 식의 양변에 질량을 곱하여 주면 그 식은 다음과 같이 표현된다.

$$\mathbf{F}_{net} = m\mathbf{a}$$

이 식으로부터 힘의 단위가 질량 곱하기 가속도임을 알 수 있고, 또 표준단위로는 킬로그램 곱하기 미터 나누기 초의 제곱이다. 이를 주로 쓰는 단위로 **뉴턴**(newton, N)이라고 한다. 수식으로 쓰면 다음과 같다.

$$1뉴턴 = 1 \text{ N} = 1 \text{ kg} \cdot \text{m/s}^2$$

힘은 어떻게 더해지는가?

제2법칙에서 물체에 가한 힘이란 물체에 작용하는 총 힘 또는 **알짜힘**을 의미한다. 힘은 벡터량이므로 그 방향은 매우 중요하다. 만약 물체에 하나 이상의 힘이 작용한다면 이 힘들을 방향을 갖는 벡터로 생각하여 이것들을 더해 주어야 한다.

이 과정이 그림 4.6과 예제 4.1에 설명되어 있다. 벽돌에 줄을 매어 10 N의 힘으로 당겨 탁자를 움직이게 하고 있다. 벽돌이 탁자 위에 접촉하고 있는 결과로 생기는 2 N의 마찰력이 벽돌에 작용한다. 벽돌에 작용하는 총 힘은 얼마일까?

총 힘은 두 힘의 산술 합, 10 N 더하기 2 N 또는 12 N인가? 그림 4.6을 보면 이것이 옳지 않음을 알 수 있다. 두 힘은 서로 반대방향으로 작용한다. 힘이 서로 반대방향이므로, 줄

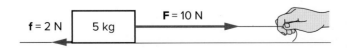

그림 4.6 탁자 위에서 끌리는 벽돌. 수평방향으로 2개의 힘이 작용하고 있다.

예제 4.1 ▶ 알짜힘 계산

질량 5 kg의 벽돌 앞면에 줄을 매어 10 N의 힘으로 당긴다(그림 4.6). 탁자는 벽돌에 2 N의 마찰력을 작용한다. 벽돌의 가속도는 얼마인가?

$\mathbf{F}_{string}$ = 10 N (오른쪽 방향) $F_{net} = F_{string} - f_{table}$

$\mathbf{f}_{table}$ = 2 N (왼쪽 방향)   = 10 N – 2 N = 8 N

m = 5 kg $\mathbf{F}_{net}$ = 8 N (오른쪽 방향)

$\mathbf{a}$ = ?

$$\mathbf{a} = \frac{F_{net}}{m}$$

$$= \frac{8\,N}{5\,kg}$$

$$= \mathbf{1.6\,m/s^2} \quad \text{(오른쪽 방향)}$$

에 의하여 가해진 힘에서 마찰력을 빼주어 총 힘은 8 N이 된다. 관련된 힘의 방향을 무시하여서는 안 된다.

알짜힘을 찾아낼 때 방향을 고려해야 하는 벡터라는 사실은 제2법칙의 중요한 측면이다. 예제 4.1의 경우처럼 힘이 1차원 상에만 있는 경우에 알짜힘을 알아내는 것은 어렵지 않다. 2차원이나 3차원 상에 있는 힘의 문제에서는 더 복잡하지만 부록 A에 있는 벡터 합 방법을 사용하면 계산할 수 있다. 이 장에서는 1차원의 경우만 생각할 것이다.

뉴턴의 제1법칙과 제2법칙은 사실 중복의 의미가 있다. 즉 제1법칙은 제2법칙에 포함되는 것이다. 그럼에도 불구하고 뉴턴이 제1법칙을 독립된 법칙으로 기술한 데는 오랫동안 지속되어온 운동에 대한 믿음이 잘못된 것이었음을 강조하기 위한 의도였다. 이것은 제2법칙에서 물체에 작용하는 알짜힘이 0이 될 때 어떻게 되는지 보면 알게 된다. 이 경우에 가속도 $\mathbf{a} = \dfrac{\mathbf{F}_{net}}{m}$ 는 0이 될 수밖에 없다. 가속도가 0이 되면 속도는 일정하게 된다. 제1법칙은 알짜힘이 0이면 물체는 일정한 속도(또는 정지해 있는)로 움직인다는 것이다. 뉴턴의 제1법칙은 제2법칙의 특별한 경우로 물체에 작용하는 알짜힘이 0일 때에 대한 것이다.

> 운동에 대한 뉴턴의 법칙에서 중심적인 원리는 제2법칙이다. 이 법칙은 물체의 가속도는 물체에 가한 알짜힘에 비례하고 물체의 질량에 반비례한다는 것이다. 물체의 질량은 운동의 변화에 대한 그것의 관성 또는 저항이다. 뉴턴의 제1법칙은 갈릴레이의 관성의 법칙을 다시 언급한 것인데, 알짜 외력이 작용하지 않을 때 어떤 일이 일어나는가에 대해 설명하는 것이다. 물체에 작용하는 알짜힘이 0이 되는 제2법칙의 특별한 경우이다. 물체에 작용하는 알짜힘을 알아내기 위해서는 개별 힘의 방향을 고려하여 벡터로서 더해 준다.

식탁보를 이용한 마술

상황 리키 멘데즈는 그의 소년시절에 식탁보를 이용한 마술을 본 적이 있었다. 예쁜 식탁보로 덮인 식탁 위에는 훌륭한 저녁식사가 차려져 있었고, 거기에는 포도주가 가득 찬 유리잔도 있었다. 멋진 팡파레가 울린 후 마술사는 식탁보를 빠르게 잡아 뺐지만 저녁식사는 전혀 흐트러지지 않았다. 집에 돌아온 리키는 부엌에서 직접 실험을 해보았지만 그 결과 부엌은 엉망이 되고 말았다.

최근 리키는 물리 실험 조교가 거의 비슷한 실험을 보여주는 것을 다시 보게 되었다. 물론 훨씬 간단한 식탁차림이었지만, 한 학생이 이 실험은 물체의 관성과 관련이 있을 것이라는 의견을 제시하였다. 이 마술의 요체는 무엇인가? 관성이란 개념은 이 마술과 어떤 관계가 있는가? 어린 시절 리키의 마술이 실패하였던 원인은 무엇인가?

분석 물리학 시범에 자주 등장하는 마술사의 트릭의 기본 원리는 바로 관성이다. 또 여기에는 마찰력이라는 요소가 개입되어 있으므로 식탁보는 표면이 매끄러운 재질로 선택하는 것이 성공의 요소이다. 물론 여러 번의 연습을 통한 경험이 중요함은 당연하다.

이 마술을 수행하는 데 있어 마술사이건 조교이건 식탁보를 매우 빠르게, 즉 아주 큰 초기 가속도로 잡아 빼는 것이 중요함을 알고 있다. 식탁보를 식탁의 모서리에서 약간 아래쪽 방향으로 잡아당기는 것은 위쪽 방향 가속도를 주지 않으면서 식탁보의 좌우 균일한 크기로 가속시키는 좋은 방법이다. 식탁보가 가속되면서 그 위의 식기들에 마찰력이 작용한다. 만일 식탁보를 천천히 잡아당기면 이 마찰력에 의해 식기들은 식탁보와 함께 끌려올 것이다.

관성이란 질량을 가진 물체가 놓여 있는 그 자리에 계속 머물러 있으려고 하는 성질을 말하는데, 정지 상태에 있는 물체는 힘이 가해지지 않는 한 관성에 의해 거기에 그대로 있으려고 한다. 식탁보를 잡아당기면 그 위의 식기들에는 마찰력이 작용한다고 하였다. 이때 식탁보를 충분히 빠르게 잡아당기면 이 마찰력은 아주 짧은 시간 동안만 작용하게 되고 결과적으로 식기들은 아주 조금만 가속될 뿐이다.

이 상황을 보다 깊이 이해하려면 마찰력의 두 요소를 이해해야만 한다. 하나는 물체가 면상에 정지해 있을 때 작용하는 정지마찰력인데, 그 최댓값은 물체와 면 사이의 마찰계수와 수직 항력의 곱이 된다. 또 하나는 물체가 미끄러지고 있는 동안에 작용

하는 운동마찰력인데, 이는 정지마찰력보다 작은 것이 보통이다.

식탁보에 매우 큰 수평방향 가속도가 주어질 때 이들을 가속시키는 힘($F_{net} = ma$)은 식탁보와 식기들 사이에 작용할 수 있는 최대 정지마찰력보다 매우 크다. 따라서 식탁보는 식기 밑으로 미끄러지기 시작하며 그 운동에 의해 마찰력은 더욱 작아진다. 식탁보가 충분히 매끄러운 경우 식기의 가속도는 식탁보의 가속도에 비해 매우 작아 그리 큰 속도를 얻을 수 없을 뿐만 아니라 그리 멀리 이동하지도 못한다(종합문제 SP2를 참고하라).

실제로 책상 위에 종이 한 장과 연필만 있으면 실험을 통해 확인할 수 있다. 아래 그림과 같이 책상 위에서 종이를 모서리보다 약간 나오도록 놓고 그 위에 연필을 놓는다. 두 손으로 종이의 양끝을 잡고 균등한 힘으로 책상보다 아래쪽으로 잡아당긴다. 이때 종이를 천천히 잡아당기면 연필이 같이 끌려옴을 알 수 있다. 그러나 아주 빠르게 잡아당기면 연필은 여전히 제자리에 있다. (물체는 당기는 방향으로 약간 움직이긴 할 것이다.)

식탁보 위에 가득 찬 와인잔과 같이 쏟아질 수 있는 물체가 있는 경우에는 더욱 주의를 기울여야 한다. 식탁보와 접촉하고 있는 잔의 아래쪽 부분이 움직이는 순간 잔의 윗부분은 정지해 있으려는 성질 때문에 잔은 기울어지며 넘어지기 때문이다. 또한 식탁보가 클수록 식탁 밖으로 끌어당기는 것이 더 어렵다. 손을 당기는 동안 매우 빠르게 움직여야 한다. 언제나 연습이 가장 중요하다. 물론 마술사들도 여기에 가장 많은 시간을 투자한다.

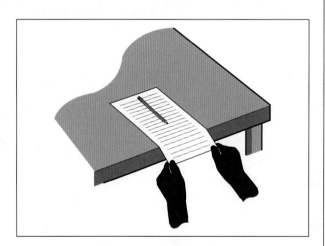

종이의 양쪽 모서리를 잡고 약간 아래쪽으로 빠르게 잡아당기면 연필은 거의 제자리에 있다.

4.3 질량과 무게

무게란 정확히 무엇일까? 무게와 **질량**은 같은 개념인가 아니면 두 단어는 의미상 다른 뜻을 갖고 있는가? 분명히 질량은 뉴턴의 제2법칙에서 중요한 역할을 한다. 무게라는 것은 통상적인 언어의 측면에서 **질량**이라는 단어와 혼동하여 쓰기도 하는 단어이다. 그러나 물리학적으로 질량과 무게는 엄연히 구별되는 서로 다른 개념이다. 뉴턴 원리에서 아주 중요한 무게와 질량은 엄격하게 구별되어야 한다.

질량을 어떻게 비교할 수 있는가?

뉴턴의 제2법칙을 이용하면 질량을 정량적으로 측정할 수 있는 실험적 방법을 고안할 수 있다. 질량이란 물체가 운동의 변화에 대하여 얼마만큼 저항하느냐에 따라 정의되는 양이다. 질량이 클수록 변화에 대한 관성 또는 저항이 커지고, 주어진 힘에 의한 가속도는 작아진다. 한 예로 초기에 같은 속도로 움직이는 볼링공과 탁구공을 감속시키려 하는 경우를 생각해보자(그림 4.7). 질량이 다르기 때문에 탁구공보다 볼링공의 속도를 감소시키는 데 더 큰 힘이 필요하다. 제2법칙에 의하면 질량에 비례하는 힘이 필요하다.

　　사실상 질량을 정의하기 위해 뉴턴의 제2법칙을 이용하고 있는 것이다. 만약 서로 다른 질량의 물체에 같은 힘을 작용시키면 두 물체의 가속도는 다를 것이다. 한 물체의 질량을 표준으로 삼으면, 같은 힘으로부터 발생되는 가속도를 비교함으로써 표준 질량에 대한 다른 물체의 질량을 측정할 수 있다. 어떤 물체의 질량도 이러한 원리로 측정할 수 있다.

무게는 어떻게 정의하는가?

실제로 앞에서 말한 방법은 가속도를 측정하기가 어렵기 때문에 질량을 비교하는 데 쉽지 않다. 보다 편한 방법은 천칭이나 저울을 사용하여 '무게를 재는' 것으로 질량을 비교하는 것이다(그림 4.8). 실제로 무게를 잰다는 것은 측정하고자 하는 물체에 작용하는 중력과 표준질량에 작용하는 중력을 비교하는 것이다. 물체에 작용하는 중력이 물체의 **무게**(weight)이다. 결국 무게는 힘이므로 질량과 다른 단위, 즉 힘의 단위를 갖는다.

그림 4.7 볼링공과 탁구공을 멈추기. 큰 질량의 물체에 같은 정도의 속도의 변화를 주려면 큰 힘이 필요하다.

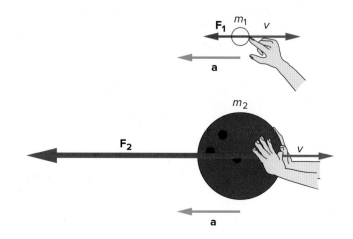

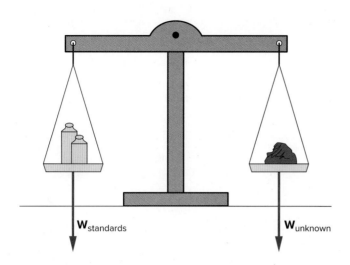

그림 4.8　천칭을 사용하여 알려지지 않은 질량과 표준 질량을 비교

무게는 질량과 어떤 관계가 있을까? 앞의 3장에서 다룬 중력 가속도에 관한 논의에서 다른 질량을 가진 물체라 하더라도 지구 표면 근처에서는 같은 가속도($g = 9.8$ m/s^2)를 갖는다는 것을 알았다. 이 가속도는 지구가 물체에 가하는 중력, 즉 물체의 무게에 의하여 생긴 것이다. 뉴턴의 제2법칙에 따라 힘(무게)은 질량에 가속도를 곱한 것과 같다.

$$\mathbf{W} = m\mathbf{g}$$

기호 $\mathbf{W}$는 무게를 나타낸다. 이것은 지구중심을 향하는 벡터이다.

　물체의 질량을 알면 무게를 계산할 수 있다. 예제 4.2에서 질량 50 kg의 사람이 무게 490 N을 갖는다는 것을 보였다. 영어권에서는 파운드(lb) 단위를 주로 사용하는데, 490 N인 사람의 무게를 파운드로 환산하면 110 lb가 된다. 여기서 파운드는 질량이 아니라 힘의 단위로 사용된다. 질량 1 kg은 지구 표면 근처에서 약 2.2 lb의 무게가 된다.

　물론 무게는 질량에 비례하지만, 중력 가속도 g에 따라서도 변한다. g의 값은 지구 표면의 위치에 따라 약간씩 변한다. 달이나 조그만 행성에서는 더 작은 값을 갖는다. 즉 물체의 무게는 물체가 어디 있느냐에 따라 달라진다. 반면 물체의 질량은 물체를 이루고 있는 물질의 양에 관계되는 물체의 고유한 성질이므로 그 위치에 따라 달라지는 것이 아니다.

　달의 중력 가속도는 지구 표면에 비해 약 1/6 정도 된다. 만약 무게 490 N인 사람을 달에 옮겨 놓으면, 이 사람의 무게는 82 N(또는 18 lb)으로 줄어들 것이다. 그러나 여행 도중 살이 많이 빠지지 않는다면 이 사람의 질량은 계속 50 kg일 것이다. 물체의 질량은 물질을 더하거나 빼줄 때만 변한다.

예제 4.2 ▶ 무게 계산

어떤 사람의 질량이 50 kg이라고 할 때 이 사람의 무게는
　　a. newton
　　b. 파운드
로 계산하면 얼마일까?

(계속)

a. $m = 50$ kg $\qquad\qquad$ $W = mg$
$\quad W = ?$ $\qquad\qquad\qquad\quad$ $= (50\ \text{kg})(9.8\ \text{m/s}^2)$
$\qquad\qquad\qquad\qquad\qquad\qquad$ $= \mathbf{490\ N}$

b. $W = ?$ (파운드)
$\quad 1\ \text{lb} = 4.45\ \text{N}$ $\qquad\qquad\quad$ $W = \dfrac{490\ \text{N}}{4.45\ \text{N/lb}}$
$\qquad\qquad\qquad\qquad\qquad\qquad$ $= \mathbf{110\ lb}$

왜 중력 가속도는 질량에 무관한가?

무게와 질량의 구별은 왜 중력 가속도가 질량에 무관한가의 의문을 해결해준다. 떨어지는 물체의 경우를 보자. 이 물체의 운동은 뉴턴의 제2법칙을 따른다. 무게를 정의할 때 사용하였던 논거를 거꾸로 하여, 가속도를 계산하기 위하여 중력(무게)을 이용한다. 뉴턴의 제2법칙에 의하여 가속도는 힘($\mathbf{W} = m\mathbf{g}$)을 질량으로 나누어 얻는다.

$$\mathbf{a} = \frac{m\mathbf{g}}{m} = \mathbf{g}$$

낙하하는 물체의 가속도를 계산할 때 방정식에서 질량은 상쇄된다. 중력은 질량에 비례하지만 뉴턴의 제2법칙에 따라 가속도는 질량에 반비례하여 이 두 효과가 서로 상쇄된다. 이는 낙하하는 물체에만 적용된다. 다른 대부분의 경우에는 알짜힘이 질량과 비례하지 않는다.

힘과 가속도는 비록 뉴턴의 제2법칙에 따라 밀접한 관련이 있지만 같은 것이 아니다. 무거운 물체는 가벼운 물체보다 더 큰 중력을 받지만 두 물체는 같은 중력 가속도를 갖는다(그림 4.9). 중력은 질량에 비례하기 때문에 질량이 다르더라도 같은 가속도를 갖는 것을 알 수 있다. 중력에 대해서는 뉴턴의 운동에 관한 전체 이론의 중요한 부분인 중력의 법칙을 다루는 5장에서 배울 것이다.

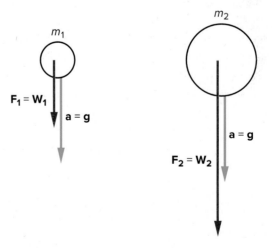

그림 4.9 질량이 서로 다른 낙하하는 두 물체에 작용하는 중력은 각각 서로 다르지만, 가속도가 질량에 반비례하므로 물체는 같은 가속도로 낙하한다.

무게와 질량은 다른 개념이다. 무게는 물체에 작용하는 중력이고 질량은 구성 물질의 양과 관련되는 고유한 성질이다. 지구 표면 근처에서 무게는 질량에 중력 가속도를 곱한 것($\mathbf{W} = m\mathbf{g}$)과 같다. 그러나 물체를 중력 가속도가 다른 행성으로 옮기면 무게는 달라진다. 모든 물체가 지구 표면 근처에서 같은 중력 가속도를 갖는 이유는 중력이 물체의 질량에 비례하며 가속도는 힘을 질량으로 나눈 것과 같기 때문이다.

4.4 뉴턴의 제3법칙

힘은 어디서부터 올까? 만약 여러분이 마루 위에서 의자를 움직이기 위해 민다면 의자 역시 여러분을 밀까? 그렇다면 미는 행위가 여러분의 운동에 어떤 영향을 줄까? 이와 같은 질문들은 힘이 무엇을 의미하는지를 알기 위해 중요하다. 뉴턴의 제3법칙은 이 문제에 해답을 준다.

뉴턴의 운동 제3법칙은 힘의 정의에 중요한 부분이며, 실제 물체의 운동을 분석하는 데 꼭 필요한 도구가 되지만 자주 잘못 이해되기도 한다. 이런 이유로 제3법칙의 표현과 이 법칙의 적용에 있어 세심한 주의를 기울일 필요가 있다.

제3법칙은 힘을 정의하는 데 있어 어떠한 도움을 주는가?

우리가 손으로 큰 의자나 벽과 같은 다른 큰 물체를 민다고 하면, 거꾸로 물체가 우리 손을 미는 것을 느낄 것이다. 힘이 우리 손에 압력을 가한다고 느끼도록 힘은 우리 손에 작용한다. 손은 의자나 벽과 상호작용을 하고, 그 물체는 우리가 민 것에 대항하여 거꾸로 우리 손을 밀게 된다.

뉴턴의 제3법칙은 힘이란 두 물체 사이에 각자가 상대방에게 힘을 작용하는 상호작용으로 나타난다는 개념이다. 이것을 다음과 같이 표현할 수 있다.

만약 물체 A가 물체 B에게 힘을 작용하면, 물체 B 역시 작용된 힘의 방향에 반대되는 방향으로 같은 크기의 힘을 물체 A에게 작용한다.

제3법칙은 **작용/반작용의 법칙**이라고 부르기도 하는데, 작용에 대하여 항상 크기가 같고 반대방향의 반작용이 존재한다. 두 힘은 항상 서로 **다른** 두 물체에 각각 작용한다는 것을 주목하여야 한다. 뉴턴의 힘의 정의에는 물체 사이의 **상호작용** 개념이 포함되어 있다. 힘은 그 상호작용을 나타낸다.

만약 손으로 의자에 힘 $\mathbf{F}_1$을 주면 의자는 크기가 같고 반대방향인 힘 $\mathbf{F}_2$를 손에 준다(그림 4.10). 뉴턴의 제3법칙을 수식으로 표현하면 다음과 같다.

$$\mathbf{F}_2 = -\mathbf{F}_1$$

마이너스 부호는 두 힘의 방향이 반대인 것을 나타낸다. 힘 $\mathbf{F}_2$는 손에 작용하고 부분적으로 자기 자신의 운동에 영향을 주지만, 의자의 운동에는 어떠한 영향도 주지 않는다. 이 2개의

그림 4.10 손으로 의자에 전달한 힘 F_1과 크기가 같고 방향이 반대인 힘 F_2로 의자는 손을 밀어낸다.

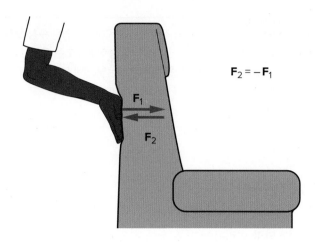

힘 중에서 의자의 운동에 영향을 주는 것은 오직 한 힘 F_1뿐이다.

이제 힘에 대한 정의는 완전해졌다. 뉴턴의 제2법칙은 힘에 의해서 영향을 받은 물체의 운동에 대해서 이야기하고, 제3법칙은 어디서 힘이 오는가를 이야기한다. 힘은 다른 물체와의 상호작용에서 온다. 제2법칙에 의한 질량에 대한 정의를 이용하여 힘($F = ma$)이 발생시키는 가속도를 알아냄으로써 힘의 크기를 측정할 수 있다. 제2법칙과 제3법칙은 힘이 무엇인가를 정의하는 데 필수적이다.

제3법칙이 힘을 확인하는 데 어떻게 쓰이는가?

물체가 어떻게 움직일 것인가를 분석하려면 물체에 작용하는 힘을 확인하여야 하는데 어떻게 확인할까? 먼저 한 물체와 상호작용을 하는 다른 물체를 확인한다. 탁자 위에 놓여 있는 책을 생각해보자(그림 4.11). 어떤 물체가 책과 상호작용하고 있는가? 책이 탁자와 직접 접촉하고 있으므로 책은 탁자와 상호작용을 해야 하고 만유인력에 의해 지구와도 상호작용을 한다.

지구가 책에 작용하는 아래 방향의 중력은 책의 무게 W이다. 책에 작용하여 이 힘을 만들어내는 물체는 지구이다. 책과 지구는 제3법칙에 따라 짝을 이루는 크기가 같고 방향이 반

그림 4.11 두 힘 N과 W가 탁자 위에 놓여 있는 책에 작용한다. 제3법칙에 의한 반작용력 $-N$과 $-W$는 다른 물체인 탁자와 지력 구에 작용한다.

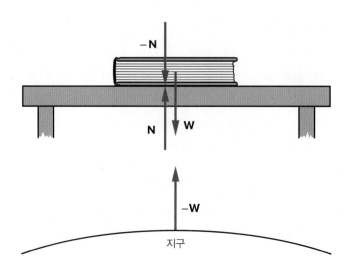

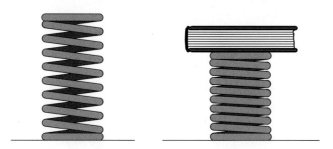

그림 4.12 수축되지 않은 용수철과 책을 올려놓아 수축된 용수철. 수축된 용수철은 책에 위쪽 방향의 힘을 가한다.

대인 힘으로 (중력을 통하여) 서로를 끌어당긴다. 지구는 **W**의 힘으로 책을 끌어내리고 책은 −**W**의 힘으로 지구를 끌어올린다. 지구 질량이 매우 크기 때문에 지구를 끌어올리는 힘의 효과는 매우 작다.

책에 작용하는 두 번째 힘은 탁자가 책에 주는 위 방향의 힘이다. 이 힘은 **수직 항력**(normal force)이라고 불린다. 수직 항력 **N**은 항상 접촉한 면에 수직이다. 반대로 책은 탁자에 크기가 같고 아래쪽을 향하는 −**N**의 힘을 작용한다. 이 두 힘 **N**과 −**N**은 제3법칙의 의한 힘의 짝을 이룬다. 이들은 책과 탁자가 서로 접촉하게 되면서 서로를 누르는 것으로부터 나온다. 탁자를 크고 매우 딱딱해서 책을 올려놓았을 때 거의 수축이 안 되는 용수철로 생각할 수 있다(그림 4.12).

책에 작용하는 두 힘, 즉 중력과 탁자에서 작용하는 힘도 역시 크기가 같고 방향이 반대이다. 그렇지만 이것은 제3법칙에 기인한 것이 아니다. 그러면 어떻게 그들이 같은지 알 수 있을까? 책의 속도가 변하지 않기 때문에 그 가속도는 0이다. 뉴턴의 제2법칙에 의하여 $\mathbf{F}_{net} = m\mathbf{a}$이고 가속도 $\mathbf{a}$는 0이므로 책에 작용하는 알짜힘은 0이어야 한다. 알짜힘이 0이 되는 방법은 두 작용하는 힘 **W**와 **N**이 서로 상쇄되는 것뿐이다. 두 힘은 크기가 같고 방향이 반대여서 합하면 0이 된다.

단지 크기가 같고 방향이 반대라고 두 힘이 작용/반작용 쌍을 이루는 것은 아니다. 두 힘은 같은 물체인 책에 작용한다. 제3법칙은 항상 다른 물체 사이의 상호작용을 하는 것을 말한다. 이 경우 **W**와 **N**은 제3법칙을 따르는 것이 아니라 제2법칙의 결과로 크기가 같고 방향이 반대가 된다. 만약 두 힘이 서로 상쇄가 되지 않는다면 책은 탁자 위로부터 가속이 되어 떨어질 것이다. (일상의 자연현상 4.2에 있는 엘리베이터 문제에서는 제2법칙과 제3법칙 둘 다 적용되어야 한다.)

노새는 수레를 가속시킬 수 있을까?

물리를 약간 아는 어리석은 노새 이야기를 생각해보자. 노새는 그의 주인과 자신에게 연결되어 있는 수레를 끌 수 없다고 논쟁하고 있다. 노새가 말하기를 뉴턴의 제3법칙에 의하면 자기가 수레를 세게 끌면 끌수록 수레도 자신을 세게 끌어당긴다고 한다(그림 4.13). 그러므로 그 결과로 수레를 끌 수 없다고 한다. 그의 말이 맞을까 아니면 그의 말에 오류가 있을까?

오류는 단순하지만 아마도 명백하지는 않을 것이다. 수레의 운동에는 노새가 말한 두 힘 중 하나, 즉 수레에 작용한 힘만이 영향을 준다. 이 제3법칙의 쌍 중 나머지 힘은 노새에 작용하고 노새가 어떻게 움직일 것인가를 결정해주기 때문에 노새에 작용하는 다른 힘과 연결

엘리베이터 타기

상황 엘리베이터를 타고 엘리베이터가 위로 또는 아래로 가속됨에 따라 무거워지거나 가벼워지는 느낌을 받은 경험이 있을 것이다. 엘리베이터가 아래 방향으로 가속될 때 가벼움을 느끼는 것은 다른 때보다 더 심하다. 특히 가속도가 부드럽지 못할 때 더욱 그렇다.

이런 상황에서 실제로 무게가 보통 때보다 더 나가고 덜 나갈까? 엘리베이터 안에 체중계를 가져다 놓고 재면 엘리베이터에 가속도가 있을 때 실제 체중이 나올까? 이 문제를 탐구하는 데 뉴턴의 운동 법칙을 적용시킬 수 있을까?

가속 중인 엘리베이터 내 체중계에 올라 서 있는 여자. 평소의 체중과 동일하게 표시되는가?

분석 어떤 상황을 뉴턴의 법칙을 이용하여 분석하는 첫 걸음은 관심이 되는 물체를 고립시키고 그 물체에 작용하는 힘들을 주의 깊게 확인하는 것이다. 어떤 물체를 고립시킬 것인가의 선택은 자유롭지만, 선택을 잘해야 쉽게 문제를 풀 수 있다. 이 경우 체중을 재는 것이 문제이므로 체중계에 올라가 있는 사람을 선택하는 것이 좋다. 두 번째 그림은 이 사람에 작용하는 힘을 표시한 **자유물체도형**(free-body diagram)을 보여준다.

이 경우 이 사람과 상호작용을 하는 다른 두 물체가 있으므로 힘은 2가지이다. 지구는 이 사람을 중력 **W**로 아래쪽으로 당긴다. 체중계는 힘 **N**으로 발을 통해 위쪽의 힘을 작용한다. 이 두 힘의 벡터 합이 이 사람의 가속도를 결정한다. 만약 엘리베이터가 위쪽으로 가속도 **a**로 가속되고 있다면, 사람 역시 같은 비율로 위쪽으로 가속될 것이다. 수직 항력의 크기 N이 중력의 크기 W보다 커서 알짜힘은 위쪽이 되어야 한다. 위쪽을 양의 방향으로 하여 부호를 표시하고, 뉴턴의 제2법칙을 적용하면,

$$\mathbf{F}_{net} = \mathbf{N} - \mathbf{W} = m\mathbf{a}$$

가 된다.

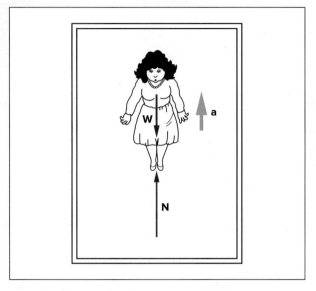

위쪽으로 가속 중인 엘리베이터 안의 여자의 자유물체도형. 수직 항력은 어떻게 여자의 중력보다 더 큰가?

그러면 체중계는 어떤 눈금이 될까? 뉴턴의 제3법칙에 의하여 이 사람은 수직 항력 **N**과 같은 크기의 반대방향인 힘을 체중계에 아래쪽으로 작용한다. 이것이 체중계를 누르는 힘이므로, 체중계의 눈금은 수직 항력의 크기 N과 같아야 한다. 이 사람의 실제 체중은 변하지 않았지만 체중계에서 잰 사람의 겉보기 체중은 ma만큼 증가한 것으로 측정된다. (뉴턴의 제2법칙을 정리하면 **N** = **W** + m**a**가 된다.)

엘리베이터가 아래쪽으로 가속이 된다면 어떤 일이 벌어질까? 이 경우 이 사람에 작용하는 알짜힘은 아래쪽이고 수직 항력은 이 사람의 무게보다 작아야 한다. 체중계 눈금 N은 이 사람의 진짜 체중보다 ma만큼 작게 될 것이고, 얼굴을 찡그리기보다 미소를 띨 것이다.

만약 엘리베이터의 줄이 끊어지는 특별한 경우가 된다면, 이 사람과 엘리베이터 모두 아래쪽으로 중력 가속도 **g**로 가속이 될 것이다. 이 사람의 체중이 가속도를 주는 데 다 쓰이므로 이 사람의 발에 작용하는 수직 항력은 0이 될 것이다. 체중계의 눈금은 0과 같이 되어 이 사람의 체중은 없는 것으로 보이게 될 것이다!

우리들의 체중에 관한 감각은 우리의 발에 주어지는 압력과 자세를 유지하기 위해 필요한 다리 근육에 들어가는 힘에 의해서 생긴다. 이 경우 이 사람은 실제 체중(이 사람에 작용하는 중력)은 변하지 않지만 무게가 없는 것으로 느낀다. 사실 이 사람은 궤도를 도는 우주선 안에서처럼 엘리베이터 내부에서 떠다닐 수 있다. (우주선 역시 궤도를 측면으로 도는 동안 지구를 향해 떨어지고 있다.) 이 행복한 시나리오는 불행히도 엘리베이터가 바닥에 도달하게 되면 충돌로 끝이 날 것이다.

그림 4.13 노새와 수레. 뉴턴의 제3법칙은 노새가 수레를 움직이려는 데 방해를 할까? 여기엔 표시하지 않은 다른 힘이 존재한다(본문 참고).

하여 생각해야 한다. 노새가 수레에 가한 힘이 수레에 작용하는 마찰력보다 크면 수레는 가속이 된다. 자, 여러분이 주인이라고 생각하고 노새에게 오류를 설명해보라.

어떤 힘이 자동차를 가속시킬까?

노새의 경우와 같이, 어떤 물체가 밀거나 끄는 힘을 작용하는 것에 대한 **반작용력**(reaction force)은 그 물체 자체의 운동을 기술하는 데 매우 중요할 때가 있다. 차가 가속되는 경우를 살펴보자. 기관은 차의 일부이기 때문에 차를 밀지 못한다. 기관은 차의 앞바퀴나 뒷바퀴를 구동시켜 타이어가 회전하게 만든다. 그러면 타이어는 도로와 타이어 사이에 있는 마찰력 **f**를 통하여 도로 표면에 힘을 주게 된다(그림 4.14).

뉴턴의 제3법칙에 따르면 도로는 −**f**의 크기가 같고 방향이 반대인 힘을 타이어에 준다. 이 외력이 차를 가속시키는 원인이 된다. 명백히 이 경우에는 마찰력이 바람직하게 쓰이게 된다. 마찰력이 없다면 타이어는 헛바퀴를 돌게 되고 차는 더 이상 앞으로 나가지 못한다. 노새의 경우도 이와 유사하다. 지면으로부터 노새 발굽에 가한 마찰력이 노새를 앞으로 가속되게 만든다. 이 마찰력은 노새가 땅을 민 것에 대한 반작용이다.

우리가 걸어갈 때를 생각해보자. 출발할 때 움직이게 만드는 외력은 무엇일까? 이 힘을 만드는 데 우리의 역할과 마찰의 역할은 무엇인가? 얼음판이나 미끄러운 면에서는 어떻게 걸을 수 있을까?

한 물체에 어떤 힘이 작용하는가를 알아내려면 먼저 그 물체와 상호작용하는 다른 물체들을 알아야 한다. 대개 별 어려움이 없이 알 수 있다. 관심이 되는 물체와 직접적으로 접촉하고 있는 물체는 힘을 준다고 가정할 수 있다. 공기 저항이나 중력과 같은 다른 종류의 힘

그림 4.14 차는 도로에 힘을 주고, 반대로 도로는 차를 밀게 된다.

을 만드는 상호작용은 덜 명백하여 조금 더 생각해야 한다. 제3법칙은 이러한 힘들을 확인하는 데 사용되는 원리이다.

> 뉴턴의 제3법칙은 힘에 대한 정의를 완벽하게 해주었다. 제3법칙은 힘이란 다른 물체들 사이에 존재하는 상호작용으로부터 나온다는 것을 말해준다. 만약 물체 A가 물체 B에 힘을 가하면, 물체 B는 A에게 똑같은 크기를 갖는 반대방향의 힘을 가한다. 뉴턴의 제3법칙은 운동 제2법칙에 사용되는 외력을 알아내는 데 사용된다.

4.5 뉴턴 법칙의 응용

우리는 운동에 관한 뉴턴의 법칙을 살펴보았고, 이 법칙과 관련된 힘과 질량에 관한 정의에 대하여 공부하였다. 그러나 그 유용성을 판단하려면 의자를 미는 것이나 공을 던지는 것과 같은 우리에게 익숙한 예에 이 법칙들을 적용해보아야 한다. 뉴턴의 법칙이 이 운동들을 이해하는 데 어떤 도움을 줄까? 이 법칙들은 어떤 일이 벌어지는지 보여줄 수 있을까?

의자를 움직이는 데 어떤 힘들이 관계되는가?

우리는 때때로 의자를 미는 예를 언급하였지만, 어떻게 그리고 왜 의자가 움직이는지 분석하지 않았다. 4.4절에서 말한 대로 분석의 첫 단계는 의자에 작용하는 힘이 무엇인가 알아내는 것이다. 그림 4.15에 있는 것처럼 이 의자에는 4가지 다른 종류의 상호작용에 의한 힘들이 작용한다.*

1. 지구와의 상호작용으로부터 생긴 중력(무게) **W**
2. 마루를 누름으로써 생기는 마루에 의한 수직 항력 **N**

그림 4.15 마룻바닥에서 끌리는 의자에는 4가지 힘이 존재한다. 즉 무게 **W**, 수직 항력 **N**, 사람이 미는 힘 **P**, 그리고 마찰력 **f**이다.

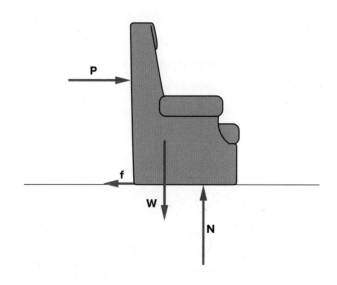

---

* 그림 4.5에 보이듯이 물체에 작용하는 모든 종류의 힘을 표시하는 것을 자유물체도형이라 한다. 일상의 자연현상 4.2를 참고하라.

3. 사람이 미는 것에 의한 힘 **P**

4. 마루에서 작용하는 마찰력 **f**

4개의 힘 중 두 힘인 수직 항력 **N**과 마찰력 **f**는 실제로 한 물체(마루)와의 상호작용에서 나온다. 이들은 다른 효과에 기인한 것이고 서로 수직하기 때문에 통상적으로 분리해서 취급한다.

의자에 작용하는 힘 중 두 힘인 무게 **W**와 수직 항력 **N**의 효과는 서로 상쇄된다. 이는 4.4절에 있는 탁자 위의 책의 경우처럼 의자가 수직방향으로 가속도가 없다는 사실로 알 수 있다. 뉴턴의 제2법칙에 따라 수직방향 힘의 합은 0이 되어야 한다. 이는 무게 **W**와 수직 항력 **N**은 크기가 같고 방향이 반대라는 것을 의미한다. 수직방향으로 작용하는 이 힘들은 의자의 수평방향 운동에는 직접적인 역할을 하지 않는다.

다른 두 힘인 손으로 미는 힘 **P**와 마찰력 **f**는 반드시 상쇄될 필요가 없다. 이 두 힘이 함께 의자의 수평방향 가속도를 결정한다. 의자가 가속되려면 미는 힘 **P**는 마찰력 **f**보다 커야 한다. 의자를 움직이는 가장 그럴듯한 시나리오는 마찰력보다 큰 힘으로 미는 것이다. 이것이 앞 방향으로 $P - f$의 크기를 가진 알짜힘을 만들고 의자를 가속시킨다.

일단 의자를 어느 정도의 속도가 되도록 가속시킨 다음 의자를 미는 힘 **P**를 마찰력과 같은 크기가 되도록 감소시킨다. 수평방향의 알짜힘은 0이 되고 뉴턴의 제2법칙에 따라 수평방향의 가속도 역시 0이 된다. 만약 이 정도의 힘을 계속 가하면 의자는 일정한 속도로 마룻바닥 위를 움직이게 될 것이다.

최종적으로 손으로 미는 힘 **P**를 제거하면 의자는 마찰력 **f**의 영향으로 인해 빠르게 감속되어 정지한다. 의자와 매끄러운 마루가 있는 경우 위에서 이야기한 대로 의자를 움직여 보자. 운동의 각 시점에서 손으로 가하는 힘의 변화를 느낄 수 있는지 살펴보라. 운동의 초기에는 힘이 가장 커야 한다.

의자를 일정한 속도로 움직이게 하는 데 필요한 힘은 마찰력의 세기에 따라 결정된다. 또 마찰력은 의자의 무게와 마루 면의 상태에 따라 영향을 받는다. 만약 마찰력의 중요성을 인식하지 못한다면, 아리스토텔레스처럼 물체를 계속 움직이게 하는 데는 힘이 필요하다는 생각을 하게 될 것이다. 마찰력은 항상 있는 것이지만 직접적으로 힘을 가하는 것처럼 명백하지는 않다.

스카이다이버는 계속 가속될까?

3장에서는 공기 저항이 중요하지 않아 무시되어 일정한 가속도 **g**로 낙하하는 물체를 다루었다. 스카이다이버처럼 긴 거리를 낙하하는 물체의 경우는 어떨까? 그 물체들은 **g**의 비율로 점점 아래쪽으로 속도가 커져 가속이 될까? 스카이다이빙을 해본 사람은 누구나 그렇게 되지는 않는다는 사실을 알고 있다. 그 이유는 무엇일까?

만약 공기 저항이 없다면, 낙하하는 물체는 중력만이 작용하고 이 물체는 계속적으로 가속될 것이다. 스카이다이빙의 경우 공기에 의한 저항력은 중요한 요소가 되고, 그 크기는 스카이다이버(또는 어떠한 낙하하는 물체)의 속도가 증가하면 할수록 점점 커진다. 스카이다이버는 초기에 중력가속도 **g**로 낙하하지만 속도가 증가할수록 공기 저항력은 더 커지게 되

그림 4.16 공기 저항력 **R**은 스카이다이버의 속도가 증가할수록 크게 작용한다.

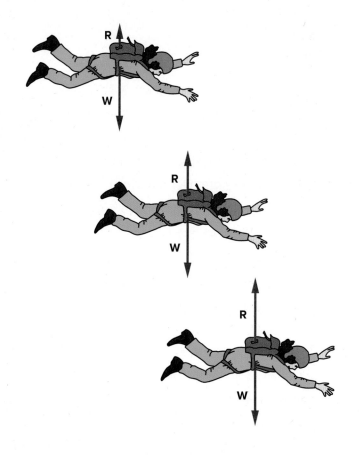

어 가속도는 줄어들게 된다(그림 4.16).

작은 속도에서는 공기 저항력 **R**이 작으므로 중력이 주요 힘이 된다. 속도가 증가하면서 공기 저항력은 커지고 아래쪽 방향의 힘 $W - R$은 감소하게 된다. 알짜힘이 가속도의 원인이므로 가속도 역시 줄어들게 된다. 궁극적으로 속도가 계속 증가하여 공기 저항력이 중력과 같은 크기로 된다. 그러면 알짜힘은 0이 되고 스카이다이버는 일정한 속도로 낙하한다. 이를 **종단 속도**(terminal velocity)에 도달하였다고 한다. 이 종단 속도는 통상 100~120 MPH(160~190 km/h)이다.

마찰력 또는 저항력은 운동의 분석에서 중요한 역할을 한다. 아리스토텔레스는 스카이다이빙을 할 기회를 갖지 못하여 (우리들 중 대부분도) 이 예가 그의 경험의 일부가 되지 못하였다. 그렇지만 그는 깃털이나 낙엽 같은 가벼운 물체의 종단 속도를 관측하였다. 그런 물체의 무게는 작고 표면적은 무게에 비하여 상대적으로 커서 공기 저항력 **R**은 무거운 물체보다 훨씬 더 빨리 무게와 같은 크기에 도달한다.

종이의 한 구석을 찢어서 떨어뜨려 보자. 일정한 속도(종단 속도)에 도달하는 것으로 보이는가? 그것은 팔랑거리면서 떨어지고 아래 방향으로 떨어지는 대부분은 가속이 되는 것으로 보이지 않을 것이다. 왜 아리스토텔레스가 무거운 물체가 가벼운 물체보다 더 빨리 떨어진다고 결론을 내렸는지 알 수 있을 것이다. 무거운 물체를 물속에 떨어뜨리면 역시 빠르게 종단 속도에 도달함을 알 수 있다. 물은 공기에 비하여 작은 속도에서 큰 저항력을 작용한다.

예제 4.3 ▶ 공기 저항

8 kg 무게의 바위가 언덕모서리에서 떨어지면서 공기 저항을 받게 되는데, 이 공기 저항력은 낙하속도가 빨라질수록 더 커진다. 어느 한 순간 공기 저항 때문에 바위가 위쪽으로 30 N의 힘을 받는다고 가정하자.

    a. 바위에 작용하는 중력은 무엇이며, 방향은 어느 쪽인가?

    b. 바위에 작용하는 알짜힘은 무엇이며, 방향은 어느 쪽인가?

    c. 이 순간 바위에 작용하는 가속도의 방향과 크기는 얼마인가?

a. $m = 8$ kg $W = mg = (8$ kg$)(9.8$ m/s$^2)$

    $g = 9.8$ m/s^2 **$W = 78.4$ N, 아래 방향**

b. 바위에는 2개의 힘이 존재한다. 위로 향하는 공기 저항과 아래 방향인 중력이 그것이다. 알짜힘은 이 두 힘의 차이다. 중력이 공기 저항보다 더 크므로 알짜힘은 아래 방향이다. 위 방향을 양의 방향으로 잡으면

$F_{air} = 30$ N, 위 방향 $F_{net} = F_{air} - W$

$W = 78.4$ N, 아래 방향 $= 30$ N $- 78.4$ N

                                 $= -48.4$ N

                       $F_{net} = 48.4$ N, 아래 방향

c. $m = 8$ kg $F_{net} = ma$

    $F_{net} = -48.4$ N $a = F_{net}/m$

                           $a = -48.4$ N/8 kg

                           $a = -6.05$ m/s^2

                       $a = 6.05$ m/s^2, 아래 방향

공을 던졌을 때 어떤 일이 벌어지는가?

아리스토텔레스는 공과 같이 던져진 물체의 운동을 설명하는 데 어려움을 겪었다. 뉴턴의 관점으로 이 예를 다시 살펴보자. 뉴턴의 제1법칙과는 달리 공을 계속 움직이게 하는 데 힘을 가할 필요가 있을까? 이 물체에는 3가지 힘이 작용하고 있다. 던진 이가 가한 초기의 미는 힘, 중력의 아래쪽으로 당기는 힘, 그리고 또 공기 저항이 있다(그림 4.17).

뉴턴의 운동 법칙을 잘 적용하기 위하여 운동을 두 시간대로 분리해보자. 처음은 공이 손

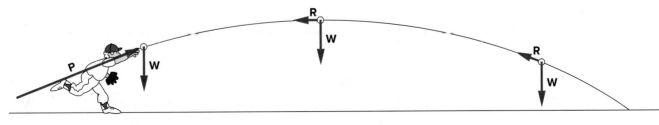

그림 4.17 던져진 공에 작용하는 세 힘. 초기의 미는 힘 **P**, 무게 **W**, 공기 저항 **R**

과 닿아 있는 던지는 과정이다. 이 시간 간격 동안에는 손에서 주어지는 힘 **P**가 운동을 주관한다. 공이 가속되려면 다른 힘(중력과 공기 저항)들의 결합된 효과는 힘 **P**보다 작아야 한다. 그래서 **P**는 종종 초기 속도라고 하는 속도까지 공을 가속시킨다. 초기 속도의 크기와 방향은 힘 **P**의 세기와 방향, 그리고 힘이 공에 작용하는 시간에 따라 달라진다. 이 힘은 시간에 따라 변하므로 던지는 과정을 완전히 분석하는 것은 매우 복잡하다.

그러나 일단 공이 손을 떠난 두 번째 시간대에서는 **P**는 더 이상 작용하지 않으므로 고려할 필요가 없다. 이 시간 동안에는 중력 **W**와 공기 저항력 **R**이 공의 속도를 변화시키는 원인이 된다. 이때부터 문제는 포물선 운동의 일부가 된다(3.4절 참고). 중력은 공을 아래쪽으로 가속시키고 공기 저항력은 속도의 반대방향으로 작용하여 공의 속도를 점차 줄인다.

아리스토텔레스의 관점과는 달리 일단 공이 던져지면 공을 움직이게 하는 데 힘이 필요하지 않다. 사실, 물체가 우주공간에 던져지면 그곳은 공기 저항이 거의 없고 중력은 매우 미약하여 물체는 뉴턴의 제1법칙에서 말한 대로 일정한 속도로 움직일 것이다.

공기 저항력과 사람이 공을 던지는 힘은 시간에 따라 변하기 때문에 이 상황에 대한 수치적인 작업은 피하기로 한다. 단지 이 운동에 관계된 힘이 무엇인가를 확인하고 제3법칙에 따른 상호작용으로부터 운동의 원인을 알아내어 어떤 일이 일어나는지에 대한 설명을 하기로 한다.

연결되어 움직이는 물체의 운동을 어떻게 분석하는가?

뉴턴의 운동 법칙을 검증하려면 처음에는 실험실에서 쉽게 할 수 있는 단순한 예로부터 시작하는 것이 좋다. 머릿속으로 그리기에 어렵지 않고 물리실험실(또는 적당한 장난감이 있는 경우 집에서도 가능하다)에서 설치하기 어렵지 않은 한 예는 줄에 연결되어 같이 끌려 가속이 되는 두 수레의 경우이다(그림 4.18). 문제를 단순화하기 위해 수레에는 아주 좋은 베어링이 바퀴에 달려 있어서 아주 적은 마찰력을 받으며 돌 수 있다고 하자. 또한 수레와 그 내용물의 질량을 측정할 수 있는 저울이 있다고 하자.

줄에 작용한 힘의 크기를 측정하기 위해 손과 수레 사이에 작은 용수철 저울을 넣는다. 실험에서 가장 하기 어려운 부분은 이 배치를 유지하면서 수레를 가속시키는 힘을 가하는 것이다.

만약 수레와 그 내용물의 질량을 알고 용수철에 의하여 가한 힘의 크기를 안다면 뉴턴의 제2법칙으로부터 이 장치의 가속도 값을 예측할 수 있다(예제 4.4 참고). 예제에서 주어진 질량에 36 N의 힘이 가해졌을 때 두 수레의 가속도가 2.0 m/s²가 됨을 알았다. 가속도는 수레가 정한 거리를 가는 데 걸리는 시간을 측정하여 얻어질 수 있는데, 2장에서 나와 있는 일정한 가속도의 경우 사용되는 공식에 대입하여 실험적으로 검증할 수 있다.

그림 4.18 연결된 줄을 통해 힘 **F**로 가속되는 두 수레

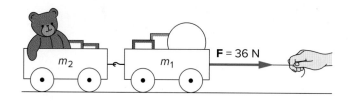

예제 4.4 ▶ 연결된 물체

연결된 두 수레가 줄에 의하여 36 N의 힘으로 마루 위에서 끌리고 있다(그림 4.18). 앞 수레와 그 내용물의 질량은 10 kg이며 두 번째 수레와 그 내용물의 질량은 8 kg이다. 마찰력은 무시된다고 하자.

　a. 두 수레의 가속도는 얼마인가?

　b. 각 수레에 작용되는 알짜힘은 얼마인가?

a. 본문의 내용과 같이 두 수레를 전체 계로 보면

$m_1 = 10$ kg　　　　　　　　$F_{net} = ma$

$m_2 = 8$ kg

　$F = 36$ N　　　　　또는　$a = \dfrac{F_{net}}{m} = \dfrac{36\ \text{N}}{10\ \text{kg} + 8\ \text{kg}}$

　a = ?　　　　　　　　　　$= \dfrac{36\ \text{N}}{18\ \text{kg}} = \textbf{2.0 m/s}^2$

　a = 2.0 m/s², 수레의 진행방향

b. 두 수레를 각각 독립적으로 보면

　$F_{net} = ?$　　　　　　첫 번째 수레

　(각 수레)　　　　　　$F_{net} = ma = (10\ \text{kg})(2\ \text{m/s}^2)$

　　　　　　　　　　　　　$= \textbf{20 N}$

　F$_{net}$ = 20 N, 수레의 진행방향

　　　　　　　　　　　두 번째 수레

　　　　　　　　$F_{net} = ma = (8\ \text{kg})(2\ \text{m/s}^2)$

　　　　　　　　　　　　$= \textbf{16 N}$

　F$_{net}$ = 16 N, 수레의 진행방향

　　예제 4.4에서 가속도를 알기 위해 먼저 두 수레를 한 물체로 취급하였다. 그러나 두 수레를 연결한 고리에 작용되는 힘의 크기를 알고자 한다고 하자. 이 경우에는 각 수레를 개별적으로 다루어야 한다. 일단 가속도를 알고, 다시 뉴턴의 제2법칙을 적용하여 각 수레에 걸리는 알짜힘을 구한다. 이 계산은 예제 4.4의 두 번째 부분에 있고 그 상황은 그림 4.19에 그려져 있다.

　　두 번째 수레에 2 m/s²의 가속도를 주려면 16 N의 힘이 필요하다. 뉴턴의 제3법칙에 의

그림 4.19 뉴턴의 제3법칙을 보여주는 두 수레 사이의 상호작용

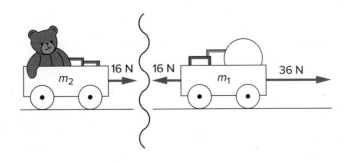

해 첫 번째 수레를 16 N의 힘이 끌어당기게 된다. 줄에 작용된 36 N의 힘과 결합하여 총 20 N (36 N − 16 N)의 힘이 첫 번째 수레에 걸리게 된다. 이는 첫 번째 수레를 2 m/s²로 가속시키는 데 필요한 힘과 정확하게 같다.

이 예로부터 뉴턴의 법칙이 연결된 수레의 각 부분에 작용되는 힘과 가속도에 일관된 관계가 성립되도록 한다는 것을 알 수 있다. 이것은 법칙이 정당하다고 받아들여지는 데 필요 조건이 된다. 또 다른 조건은 어떠한 예측도 실험적 측정을 통하여 확인되어야 한다는 것이다. 이것은 이미 여기서 다루었던 것과 유사한 실험들을 통하여 수없이 검증되었다.

뉴턴의 법칙으로부터 유도되는 예측들과 결과가 일치하는가를 보기 위하여 이 실험과 비슷한 유형의 실험들을 해볼 수 있다. 그러나 정확한 시계와 저울을 사용하는 정밀한 실험 기술을 동원한다고 하여도 결과는 우리의 예측과 정확하게 일치하지는 않는다. 마찰의 효과를 완전히 제거하는 것은 불가능하고 어느 누구도 무한정 정확하게 측정할 수 없기 때문이다. 실험물리학자들이 사용하는 정교한 기술들은 어떤 효과가 결과에 영향을 줄지를 예측하게 하고, 이로 인한 부정확성을 최소화하게 해준다.

뉴턴의 운동 법칙은 운동에 대한 정성적이고 정량적인 설명을 동시에 제공해준다. 먼저 어떤 물체와 다른 물체와의 상호작용을 살펴보고 그 물체에 작용하는 힘을 구별해낸다. 이 힘들이 서로 더해질 때는 총 힘의 크기가 물체의 가속도를 결정해준다. 이 가속도는 스카이다이버의 경우처럼 시간에 따라 변하는 물리량이 될 수도 있다. 뉴턴의 법칙을 사용한 정량적인 예측이 맞는다는 것은 수많은 실험을 통하여 증명되었다. 이로부터 운동의 원인을 설명하는 데 있어서 뉴턴의 법칙이 아리스토텔레스의 관점보다 모순이 없는 잘 들어맞는 이론임을 알 수 있다.

요약

1685년에 뉴턴은 《Principia》란 책을 출판하였는데, 그 속에는 역학 이론의 기초가 되는 3가지 운동 법칙에 대해 기술해 두었다. 이 3가지 법칙들은 운동의 원인을 설명하는 아주 유익한 모델이 되었으며, 우리 주변의 친숙한 상황들에서 물체가 어떻게 운동하는가를 잘 설명해주었다.

① **간략한 역사** 뉴턴의 이론은 갈릴레이의 업적에 기초를 하여 승계 발전시킨 것이며, 그 보다 이전 시대에서 아리스토텔레스가 설명하고자 했던 운동에 대한 정량적인 해석에서 부족했던 부분들을 보완한 것이다. 뉴턴의 이론은 아리스토텔레스의 생각보다는 훨씬 더 예견력을 가진다. 오늘날 우리가 뉴턴 이론의 한계점을 알고는 있지만 이 이론은 여전히 일반적인 물체의 운동을 설명하는 데 아주 강력한 이론이다.

② **뉴턴의 제1법칙과 제2법칙** 뉴턴의 제2법칙은 물체의 가속도는 물체에 작용하는 알짜 외력에 비례하고 물체의 질량에 반비례

한다는 것이다. 관성의 법칙인 제1법칙은 알짜힘이 없을 때는 어떻게 되는가 하는 것이다. 가속도는 당연히 0일 것이고 물체는 계속적으로 등속도로 움직이거나 정지한 물체라면 정지 상태를 계속 유지할 것이다.

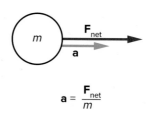

$$a = \frac{F_{net}}{m}$$

③ **질량과 무게** 뉴턴의 제2법칙은 관성 질량에 대해 정의하고 있는데, 이 관성 질량이란 물체의 운동상태 변화에 저항하는 성분이다. 물체의 무게는 이 물체에 작용하는 중력에 의존하는 양으로서 질량에 중력 가속도 **g**를 곱하여 구할 수 있다. 중력 가속도 **g**가

변하면 물체의 무게는 변하지만 질량은 물체의 고유한 성분으로 변함이 없다.

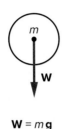

$$W = mg$$

(4) **뉴턴의 제3법칙** 뉴턴의 제3법칙은 두 물체의 상호작용에 기인하는 힘으로 정의된다. 물체 A가 물체 B에 힘을 가하면 물체 B도 그에 상응하는 크기의 반대방향 힘을 물체 A에 작용한다.

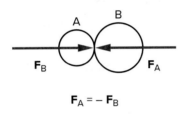

$$F_A = -F_B$$

(5) **뉴턴 법칙의 응용** 뉴턴의 법칙을 이용하여 물체의 운동을 분석하고자 할 때의 첫 번째 단계는 관심을 갖는 물체에 작용하는 여러 가지 힘들을 찾아내는 것이다. 그 힘들의 합력인 알짜힘을 구하게 되면 물체가 어떤 방향으로 어느 정도의 세기로 움직일 것인가를 알아낼 수 있다.

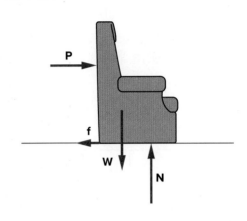

개념문제

Q1. 갈릴레이의 업적이 아리스토텔레스나 뉴턴의 업적을 뛰어넘는가? 설명하시오.

Q2. 아리스토텔레스는 물체가 계속 움직이는 데 힘이 필요하다고 믿었다. 그의 관점에서 공기 중을 움직이는 공에서는 어디서부터 나온 힘이 운동을 유지시켜 준다고 보았는가? 설명하시오.

Q3. 갈릴레이는 뉴턴보다 더 완전한 운동에 관한 이론을 발전시켰는가? 설명하시오.

Q4. 3 kg의 나무토막이 6 kg의 나무토막보다 2배 큰 가속도를 갖고 운동하고 있다. 3 kg의 나무토막에 작용하는 알짜힘이 6 kg의 나무토막에 작용하는 힘보다 2배 큰가? 설명하시오.

Q5. 그림 Q5에 있는 물체는 움직이고 있는가? 두 힘은 크기가 같고 방향이 반대이다. 설명하시오.

그림 Q5

Q6. 같은 크기의 두 힘이 그림 Q6처럼 물체에 작용하고 있다. 만약 두 힘이 관련된 유일한 힘이라면 물체는 가속되는가? 그림으로 설명하시오.

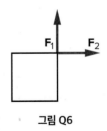

그림 Q6

Q7. 차가 일정한 속력으로 커브길을 돌고 있다.
  a. 이 과정에서 차의 가속도는 0인가? 설명하시오.
  b. 이 경우 차에 작용하는 0이 아닌 알짜힘이 작용하는가? 설명하시오.

Q8. 물체의 질량은 그 무게와 같은가? 설명하시오.

Q9. 달에서의 중력 가속도는 지구 표면에서의 중력 가속도의 약 1/6 정도이다. 바위를 지구에서 달로 가져간다면, 이 과정에서 질량과 무게 중 어느 것이 바뀌는가? 설명하시오.

Q10. 2개의 동일한 깡통에 하나는 납탄알을 가득 채우고 하나는 깃털을 채워 의자 위에 서서 같은 높이에서 떨어뜨렸다.
  a. 어느 깡통이 만유인력에 의한 힘이 더 큰가? 설명하시오.
  b. 어느 깡통이 더 큰 중력 가속도를 갖는가? 설명하시오.

Q11. 차의 기관은 차의 일부분이고 직접 차를 가속시킬 수는 없다. 어떤 외력이 차를 가속시키는 원인가? 설명하시오.

Q12. 그림 Q12에 보이듯이 공이 천장에 줄에 의해 매달려 있다.
  a. 공에 작용하는 힘들은 무엇인가? 그 크기는 각각 얼마인가?
  b. 공에 작용하는 알짜힘은 무엇인가? 설명하시오.
  c. 문항 a에서 알아낸 각 힘의 반작용력은 무엇인가?

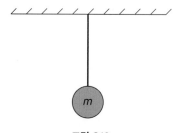

그림 Q12

Q13. 일상의 자연현상 4.1에 보인 식탁보를 이용한 마술에서 물체들은 그리 많이 움직이지 않는다. 식탁보를 끌어당겨 식탁 끝부분을 지나갈 때 식탁 위에 놓인 물체들에 수평방향으로 작용하는 힘이 존재할까? 물체들이 조금만 움직이는 이유에 대해 설명하시오.

Q14. 노새가 바위가 실린 수레를 움직이려 한다. 노새가 수레에 가한 힘과 같은 크기의 힘으로 수레가 노새를 끌어당기는데 (뉴턴의 제3법칙에 의해) 노새가 수레를 가속시킬 수 있는가? 설명하시오.

Q15. 전동 장난감트럭이 탁자 위 책을 민다. 책과 트럭에 작용하는 힘들을 별도로 그려 각 물체에 작용하는 힘의 종류들을 알아보시오. 그 힘들 중 뉴턴의 제3법칙에서 설명하는 반작용에 해당하는 힘은 무엇인가?

Q16. 엘리베이터의 줄이 끊어져 엘리베이터가 떨어지고 있는 동안 무게가 없는 것처럼 느낀다고 하자. 여러분에게 작용하는 중력이 0인가? 설명하시오(일상의 자연현상 4.2 참고).

Q17. 질량이 같은 두 벽돌이 줄로 연결되어 마찰이 없는 면 위에서 일정한 힘 **F**로 끌리고 있다(그림 Q17 참고).
  a. 두 벽돌은 일정한 속도로 움직이는가? 설명하시오.
  b. 두 물체 사이에 있는 줄에 걸리는 장력은 **F**에 비하여 크기가 어떤가? 설명하시오.

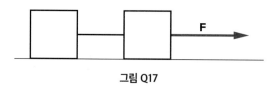

그림 Q17

Q18. 스카이다이버는 땅에 도달할 때까지 등가속도를 유지할 수 있는가? 설명하시오.

Q19. 스카이다이버가 하강을 하는 동안 중력의 크기는 변화할까?

Q20. 그림 Q20에서 3개의 질량 m_1, m_2 그리고 m_3는 서로 다르다고 하자. 힘 **F**가 m_1에 작용했을 때 세 질량에 작용하는 알짜힘들을 비교하시오. 세 알짜힘은 다 다를까 아님 같을까? 설명하시오.

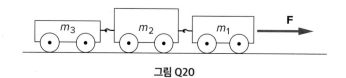

그림 Q20

연습문제

이 장의 연습문제에서는 좀 더 정확한 중력 가속도 $g = 9.8$ m/s² 을 사용하기 바란다.

E1. 42 N의 힘이 6 kg의 벽돌에 작용한다. 벽돌의 가속도 크기는 얼마인가?

E2. 나무토막에 32 N이 알짜힘이 가해져 4.0 m/s²이 가속도를 갖게 되었다. 나무토막의 질량은 얼마인가?

E3. 식탁에서 끌려 나가는 식탁보가 질량 0.4 kg의 질량을 갖는 접시와의 사이에 3.6 N의 마찰력을 만든다. 이 접시의 가속도는 얼마인가?

E4. 그림 E4처럼 두 힘 70 N과 30 N이 각기 반대방향으로 상자에 가해지고 있다. 이 상자가 5.0 m/s²로 가속된다면 상자의 질량은 얼마인가?

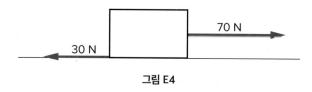

그림 E4

E5. 무게 9 kg인 썰매가 미끄러운 얼음 표면에서 미끄러질 때 얼음이 가하는 3 N의 마찰력과 0.6 N의 공기 저항을 받는다.

a. 이 썰매에 작용하는 알짜힘은 얼마인가?

b. 이 썰매의 가속도는 얼마인가?

E6. 무게 735 N의 질량은 얼마인가?

E7. 이 책 저자 중 한 명의 몸무게는 660 N이다.

   a. 질량은 몇 kg인가?

   b. 무게를 파운드로 환산하면 얼마인가? (1 lb = 4.45 N)

E8. 어떤 순간에 6 kg의 돌이 공기 저항력 12 N을 받으면서 높은 벼랑에서 떨어지고 있다.

   a. 이 돌에 작용하는 중력의 크기는 얼마인가?

   b. 돌에 작용하는 알짜힘은 얼마인가? (중력을 잊지 말 것!)

   c. 돌의 가속되는 크기와 방향은 어떻게 되는가?

E9. 0.8 kg의 책이 탁자 위에 놓여 있다. 손으로 책을 눌러서 12 N의 힘을 아래쪽으로 가했다.

   a. 책에 작용하는 알짜힘은 얼마인가? 이 책은 가속되는가?

   b. 책에 작용되는 중력의 크기와 방향은 얼마인가?

   c. 탁자가 책에 주는 위쪽의 수직 항력의 크기는 얼마인가? (이 책이 가속되는가?)

E10. 엘리베이터에 있는 75 kg의 사람이 위 방향 가속도 0.6 m/s²로 가속되고 있다.

   a. 이 사람에 작용되는 알짜힘은 얼마인가?

   b. 이 사람에 작용되는 중력은 얼마인가?

   c. 이 사람의 발에 작용되는 수직 항력은 얼마인가? (이 사람에게 적용되는 모든 힘을 그려보는 것이 도움이 될 것이다.)

종합문제

이 장의 종합문제에서는 좀 더 정확한 중력 가속도 $g = 9.8$ m/s²을 사용하기 바란다.

SP1. 28 N의 수평방향 힘이 8 kg의 벽돌에 부착된 줄에 작용하며 탁자 위에 있는 벽돌을 끌고 있다. 벽돌은 탁자와 접촉하여 6 N의 마찰력을 받고 있다.

   a. 벽돌의 수평방향 가속도는 얼마인가?

   b. 만약 벽돌이 정지해 있다가 움직인다면 3 s 후의 속도는 얼마인가?

   c. 3 s 동안 얼마의 거리를 가는가?

SP2. 질량 0.3 kg인 접시가 0.2 s 동안 식탁보에 의해 끌려갈 때 운동마찰력 0.18 N을 갖는다.

   a. 이 접시의 가속도는 얼마인가?

   b. 정지 상태에서 이 시간 동안 접시는 얼마나 가속이 될까?

   c. 이 시간 동안 접시는 얼마나 이동하는가?

SP3. 그림 SP3처럼 수평방향 46 N의 힘이 줄로 연결된 두 벽돌에 작용하여 끌고 있다. 3 kg의 벽돌에는 탁자가 6 N의 마찰력을 작용하고 있으며 7 kg의 벽돌에는 8 N의 마찰력이 작용되고 있다.

   a. 이 계에 작용하는 알짜힘은 얼마인가?

   b. 이 계의 가속도는 얼마인가?

   c. 3 kg의 벽돌에 연결된 줄에 작용되는 힘은 얼마인가? (이 벽돌에 오직 이 힘만이 있다고 생각하라. 그 가속도는 전체 계의 가속도와 같다.)

   d. 7 kg 벽돌에 작용하는 알짜힘을 구하고 그 식에서 가속도를 구하시오. 이렇게 구한 가속도와 문항 b에서 구한 가속도를 비교하시오.

그림 SP3

SP4. 스카이다이버의 무게가 850 N이다. 공기 저항력이 매 속도 10 m/s 증가마다 100 N이 증가하는 방식으로 속도에 정비례한다고 가정하자.

   a. 스카이다이버의 속도가 30 m/s일 때 작용하는 알짜힘은 얼마인가?

   b. 그 속도에서 스카이다이버의 가속도는 얼마인가?

   c. 스카이다이버의 종단 속도는 얼마인가?

   d. 만약 어떠한 이유로 스카이다이버의 속도가 종단 속도를 초과하였을 때 어떤 일이 벌어지는가? 설명하시오.

출처: NASA/JPL

CHAPTER 5

원운동, 행성과 중력
Circular Motion, the Planets, and Gravity

학습목표

이 장에서는 우선 줄에 매달려 회전하고 있는 공의 예로써 원운동에서 속도의 방향 변화와 관련된 가속도(구심 가속도)에 관하여 검토할 것이다. 다음으로, 곡선도로를 달리는 자동차를 비롯한 몇 가지 물리적 상황에서 구심 가속도에 관여하는 힘들에 대하여 살펴볼 것이다. 그리고 케플러(Johannes Kepler, 1571~1630)의 행성 운행에 관한 법칙들을 검토한 후 뉴턴(Isaac Newton, 1642~1727)의 만유인력의 법칙으로 이 같은 행성의 운동을 설명할 수 있음을 살펴볼 것이다. 또 만유인력이 물체의 무게나 지표면에서의 중력 가속도와 어떻게 관련되는지 알아볼 것이다.

개요

1. 구심 가속도 물체의 속도의 **방향**이 달라질 때 가속도를 어떻게 기술할까? 이 가속도는 물체의 속력에 어떻게 의존하는가?

2. 구심력 주어진 물리적 상황에서 어떤 종류의 힘들이 구심 가속도의 생성에 관여하는가? 곡선도로를 주행하는 자동차에는 어떠한 힘들이 작용하고 있을까?

3. 행성의 운동 행성들은 어떻게 태양 주위를 돌까? 역사적으로 행성의 운동에 관한 인류의 지식은 어떻게 변천해 왔을까? 케플러의 행성 운행에 관한 법칙들이란 무엇인가?

4. 뉴턴의 만유인력의 법칙 뉴턴에 의하면 중력의 본질은 무엇인가? 이 힘은 어떻게 행성의 운동을 설명하는가?

5. 달과 인공위성 달은 어떻게 지구 주위를 공전하는가? 인공위성의 궤도와 달의 궤도는 어떻게 다르며, 여러 인공위성의 궤도들 사이의 차이점은 무엇인가?

"**자**동차가 커브길을 이탈하다." 우리는 교통사고를 보도하는 신문기사에서 이와 같은 표현을 종종 접한다. 노면이 너무 미끄러웠든지, 아니면 도로의 곡률에 비해 운전자가 너무 빨리 차를 몰았을 것이다. 어느 쪽이든지 판단이 미숙했고 아마도 이런 상황에 관한 물리학적 지식과 감각이 모자랐기 때문일 것이다(그림 5.1).

자동차가 커브길을 따라 달릴 때는 속력이 일정하다 하더라도 그 속도의 방향이 변한다. 속도의 변화는 바로 가속도를 의미하며 뉴턴의 제2법칙에 따라 가속도는 이를 유발하는 힘을 필요로 한다. 이 상황은 줄에 매달려 원형으로 회전하는 공과 같이 원운동 하는 물체들과 많은 부분 공통점을 가지고 있다.

어떤 힘이 자동차를 커브길을 따라 움직일 수 있게 잡아주는가? 그 힘은 자동차의 속력과 도로의 곡률에 따라 어떻게 달라지는가? 그 힘에 영향을 주는 다른 요소들은 없는가? 곡선도로를 달리는 자동차, 줄에 매달려 회전하는 공, 그리고 태양 주위를 공전하는 행성들이 가지는 공통점이 무엇인가?

태양 주위를 공전하는 행성의 운동이나 지구 주위의 달의 운동은 역학에 관한 뉴턴의 이론을 발전시키는 데 중요한 역할을 하였다. 뉴턴의 만유인력의 법칙이 바로 그 핵심적인 역할을 하였다. 중력은 지표면 상에서 낙하하는 물체의 운동을 설명할 뿐만 아니라

그림 5.1　흰색 SUV가 커브길을 이탈하여 반대편 차선으로 미끄러진 것으로 보인다. 뉴턴의 법칙은 이러한 상황에서 어떻게 적용되는가?
eyecrave/Getty Images

행성이 왜 태양 주위를 곡선 궤도를 따라 운동하는지도 설명한다. 물리학의 역사에서나 일상의 경험에서 볼 때 원운동은 2차원 평면 운동의 특수한 경우이지만 대단히 중요한 운동이다.

5.1 구심 가속도

줄의 끝에 공을 매달아 수평면에서 원운동을 시켜보자(그림 5.2). 약간만 연습하면 어렵지 않게 공을 일정한 속력으로 회전시킬 수 있다. 그러나 공의 속도의 방향은 계속 변한다. 속도의 변화는 가속도가 있음을 의미하는데, 이 가속도의 속성은 무엇일까?

이것에 대한 해답은 공이 원운동을 함에 따라 속도 벡터에 일어나는 변화를 세심히 관찰함으로써 얻을 수 있다. 공의 방향이 바뀜에 따라 속도 벡터는 어떻게 변하는가?

이 변화의 크기를 정량화하고 공의 속력과 회전 반지름과 어떠한 관계가 있는지 알아보자. 구심 가속도(centripetal acceleration)의 개념을 정의하기 위해서는 이러한 질문들에 대한 대답이 필요하다.

그림 5.2　수평면상에서 원운동 하는 공. 이 공은 가속되고 있는가?
Mark Dierker/McGraw-Hill Education

구심 가속도란 무엇인가?

줄에 매달려 있는 공의 운동 방향을 바꾸기 위해서는 어떻게 해야 할까? 공을 그림 5.2와 같이 회전시키면, 줄을 잡고 있는 손은 어떤 장력을 느끼게 될 것이다. 다시 말하면, 공의 속도의 방향에 변화를 주고자 한다면 줄을 당김으로써 힘을 가해야 하는 것이다.

만약 이러한 힘이 없다면 어떤 일이 일어나는가? 뉴턴의 운동에 관한 제1법칙에 따르면, 물체에 작용하는 알짜힘이 없다면 물체는 직선상을 일정한 속력으로 무한히 운동할 것이다. 줄이 끊어지거나 줄을 놓아버리면 바로 이러한 일이 일어난다. 공은 줄이 끊어지는 순간, 그 순간에 공이 운동하던 방향으로 날아갈 것이다(그림 5.3). 줄의 장력이 없으면 공은 그냥 직선운동을 할 것이다. 물론 공은 중력에 의하여 당겨지기 때문에 아래로도 떨어진다.

만일 알짜힘이 존재한다면, 뉴턴의 운동에 관한 제2법칙에 따라 가속도가 존재하여야만 한다($\mathbf{F}_{net} = m\mathbf{a}$). 가속도란 속도의 크기 변화에도 관련되지만, 속도의 **방향** 변화에도 연관된다. 줄에 매달려 있는 공의 경우, 줄은 공을 중심방향으로 당기며 속도 벡터의 방향이 계속하여 변하게 한다. 힘의 방향과 그 힘에 의한 가속도의 방향은 원의 **중심**을 향한다. 이 가속도를 **구심 가속도**라고 부른다.

> 구심 가속도란 속도의 **방향** 변화에 의하여 유발되는 속도의 변화율이다. 이는 항상 속도 벡터에 수직하고 회전의 중심방향을 향한다.

구심 가속도의 크기를 알기 위해서는 속도 변화의 크기를 알아야 한다. 이는 공을 얼마나 빨리 회전시키는지에 따라 다를 것도 물론이지만, 이는 또한 회전 반지름(즉, 원의 크기)에 따라서도 다르다.

속도 벡터의 변화량(Δv)을 어떻게 구할까?

그림 5.4는 앞에서 살펴본 바와 같이 줄에 매어진 공을 그린 것이다. 공은 수평면에서 원형 궤적으로 회전하고 있다. 원둘레에서 짧은 시간 간격으로 떨어진 두 점에서의 속도 벡터를

그림 5.3 만약 줄이 끊어진다면, 공은 줄이 끊어지는 그 순간에 운동하던 방향으로 직선으로 날아갈 것이다.

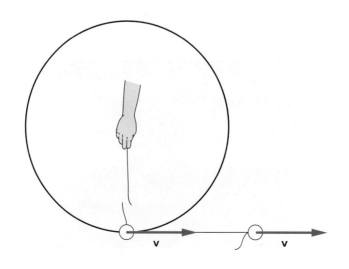

각각 그렸다. 공이 반시계방향으로 운동하고 있다면 속도 벡터 v_1은 잠시 후에 속도 벡터 v_2 가 된다. 공의 속력은 바뀌지 않기 때문에 두 벡터의 길이는 같게 그렸다.

속도의 변화량(Δv)은 주어진 시간 간격 동안 나중 속도 벡터와 처음 속도 벡터의 차이이다. 즉 (Δv) = v_2 − v_1이고, 따라서 v_2 = v_1 + (Δv)이다. 이 벡터의 덧셈은 그림 5.4에 있는 원의 오른쪽에 벡터 삼각형으로 나타내었다. (기하학적 방법에 의한 벡터의 덧셈은 부록 A 를 참고한다.)

벡터(Δv)는 처음과 나중의 속도 벡터 어느 것과도 다른 방향을 가지고 있다는 점을 주목하자. 만약 시간 간격을 무한히 짧게 잡는다면 속도 벡터의 **변화량**(Δv)의 방향은 원의 중심을 가리키게 될 것이다. 이 방향은 바로 그 순간에서의 공의 가속도의 방향이 된다. (가속도의 방향은 속도 변화의 방향과 항상 같은 방향이다.) 공은 줄의 장력의 방향인 원의 중심, 즉 구심 방향으로 가속된다. 이는 4장의 뉴턴의 제2법칙, 즉 물체의 가속도는 물체에 가해지는 알짜힘과 같은 방향이라는 명제에 정확히 부합되는 것이다.

구심 가속도의 크기는 얼마일까?

구심 가속도의 크기는 얼마이며, 공의 속력이나 회전 반지름에 따라 어떻게 달라질까? 그림 5.4에 그려져 있는 삼각형을 이용하여 이들 질문에 대한 답을 찾아보자. 여기에는 3가지의 고려하여야 할 효과들이 있다.

1. 공의 속력이 증가하면 속도 벡터의 길이가 길어지므로 Δv가 길어진다. 그림 5.4의 삼각형은 커진다.
2. 공의 속력이 증가하면 속도 벡터의 방향도 더욱 빨리 변화한다. 그림 5.4의 나중 위치에 공이 더 빨리 다다르기 때문이다.
3. 회전 반지름이 줄어들면 공의 방향이 더 빨리 바뀌므로 속도의 변화율이 더 커진다. 급커브(작은 곡률 반지름)에서는 큰 속도 변화가, 완만한 커브(큰 곡률 반지름)에서는 작은 속도 변화가 야기된다.

첫째와 둘째 효과 모두 공의 속력이 증가함에 따라 속도의 변화율이 증가할 것임을 가리

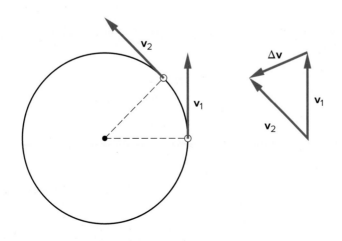

그림 5.4 수평면상에서 원운동 하는 물체의 속도 벡터. 처음 위치에서의 속도 벡터 v_1에 속도 벡터의 변화량(Δv)을 더하면 나중 위치에서의 속도 벡터 v_2가 된다.

키고 있다. 두 효과를 합하면 구심 가속도의 크기는 속력의 제곱에 비례할 것이라고 예상할 수 있다. 속력을 2번 곱할 필요가 있기 때문이다. 셋째 효과는 속도의 변화율이 반지름에 반비례할 것이라고 예상하게 한다. 반지름이 클수록 변화율은 작아진다. 이들을 종합하여 구심 가속도 a_c를 다음과 같이 표현할 수 있다.

$$a_c = \frac{v^2}{r}$$

즉 구심 가속도는 속력의 제곱에 비례하며 곡률 반지름 r에 반비례한다. 구심 가속도 벡터 $\mathbf{a}_c$의 방향은 항상 속도 벡터의 변화량($\Delta \mathbf{v}$)의 방향인 곡선의 중심을 향한다.

원궤도를 따라 운동하는 공은 그 속력이 일정할지라도 가속되고 있다. 속도 벡터의 방향이 바뀌는 것도 속도가 변하는 것이므로 당연히 가속도가 나타난다. 이 개념이 다소 생소하게 느껴지는 이유는 대개 가속도를 말할 때 속도 벡터의 방향 변화는 생각하지 않고 속력이 변하는 때에만 가속도라는 개념을 떠올리기 때문이다.

어떤 힘이 구심 가속도를 생성하는가?

원운동 하는 물체는 가속되고 있기 때문에 뉴턴의 제2법칙에 의하면 가속도를 생성하는 어떤 힘이 있어야만 한다. 줄에 매달린 공의 경우에는 공을 당기는 줄의 장력이 구심력을 생성하고 있다. 좀 더 자세히 관찰하면 이 장력은 수평성분과 수평성분을 동시에 가지고 있음을 알 수 있는데, 이는 줄 전체가 완전히 수평면상에 놓여 있지 않기 때문이다. 그림 5.5에서와 같이 줄의 장력의 수평성분은 수평면상의 원의 중심으로 공을 당기고, 따라서 구심 가속도를 만들어낸다.

줄에 작용하는 전체 장력은 수평성분과 수직성분에 의하여 결정된다. 공에 작용하는 수직방향의 알짜힘은 0이어야 하므로, 장력의 수직성분은 공의 무게와 같다. 그리하여 공은 수평면상의 원궤도 내에서 운동하며 수직방향으로는 가속되지 않는다. 예제 5.1에서 공의 무게는 약 0.50 N($\mathbf{W} = m\mathbf{g}$)이고, 장력의 수직성분과 같다.

예제 5.1에서 공의 속력은 느린 편이다. 이런 속력에서도 장력의 수평성분(0.78 N)은 수직성분(0.50 N)보다 확실히 더 크다. 공을 더 빨리 회전시키면 구심 가속도는 훨씬 더 빨리 증가하게 되는데, 구심 가속도가 속도의 제곱에 비례하기 때문이다. 그러면 장력의 수평성분은 수직성분보다 훨씬 더 커지게 되는데, 수직성분은 공의 무게와 같은 값으로 일정하기 때

그림 5.5 장력의 수평성분 $\mathbf{T}_h$는 구심 가속도를 생성하는 힘이다. 장력의 수직성분은 $\mathbf{T}_v$는 공의 무게와 같다.

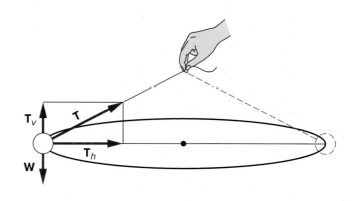

예제 5.1 ▸ 줄에 매달린 공의 원운동

질량이 50 g인 공이 줄에 매달려 반지름이 40 cm인 회전 운동을 하고 있다. 공의 속력은 2.5 m/s이다. 즉, 초당 약 1회전을 하고 있다(그림 5.5 참고).

　　a. 구심 가속도는 얼마인가?

　　b. 이 구심 가속도를 생성하기 위한 줄의 장력의 수평성분은 얼마인가?

a. $v = 2.5$ m/s, $r = 0.40$ m　　　　　　　∴ $a_c = \dfrac{v^2}{r} = \dfrac{(2.5 \text{ m/s})^2}{(0.4 \text{ m})}$

　　　　　　　　　　　　　　　　　　　　　　　= 15.6 m/s²

b. $m = 0.050$ kg, $F_c = T_h = ma_c$　　　∴ $T_h = ma_c$

　　　　　　　　　　　　　　　　　　　　$= 0.05 \text{ kg} \times 15.6 \text{ m/s}^2$

　　　　　　　　　　　　　　　　　　　　= 0.78 N

장력의 수평성분의 크기가 0.78 N이다. 장력의 연직성분은 본문에서 논한 바와 같이 공의 무게와 같아야 하므로

$$T_v = mg \simeq 0.05 \text{ kg} \times 9.8 \text{ m/s}^2 \simeq 0.5 \text{ N}$$

이 된다.

문이다(그림 5.6). 이러한 효과는 간단히 확인할 수 있다. 줄에 공을 매달아 한번 돌려 보면, 속력이 증가함에 따라 장력이 증가하는 것을 쉽게 느껴볼 수 있다.

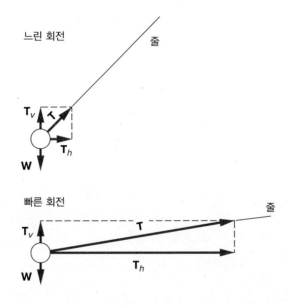

그림 5.6 줄에 매달려 원운동 하는 공. 회전속도가 빨라지면 줄은 점점 수평면상으로 눕게 되는데, 회전에 필요한 구심력을 만들기 위해서 장력의 수평성분이 더 커져야 하기 때문이다.

구심 가속도에는 속도 벡터의 방향의 변화율이 관련된다. 구심 가속도의 크기는 속력의 제곱을 곡률 반지름으로 나눈 것과 같다($a_c = v^2/r$). 또 방향은 원의 중심을 향한다. 다른 모든 가속도와 마찬가지로 이 구심 가속도가 생기도록 하기 위해서는 힘이 필요하다. 줄에 매달려 있는 공의 경우 그 힘은 바로 줄의 장력의 수평성분이다.

5.2 구심력

줄에 매달려 회전하는 공의 경우, 줄은 공을 안쪽으로 끌어당김으로써 구심 가속도를 유발하는 힘을 제공한다. 그러나 곡선도로를 달리는 자동차는 줄에 매달려 있지 않다. 자동차가 구심 가속도를 가지려면 어떤 다른 힘이 작용하여야 한다. 페리스 대관람차(Ferris wheel)에 타고 있는 사람도 원운동을 한다. 이러한 상황에서 구심 가속도를 가지게 하는 것은 어떤 힘일까?

구심 가속도를 생성하는 **알짜힘**을 **구심력**(centripetal force)이라고 부른다. 이 구심력이라는 단어는 자주 오해를 유발하는데, 이 용어가 어떤 특별한 힘을 뜻하는 듯한 인상을 주기 때문이다. 구심력이란, 한 마디로 물체가 구심 가속도를 가질 수 있도록 물체에 작용하는 모든 힘의 합력을 말할 뿐이다. 이러한 역할을 하는 힘은 많다. 줄을 통해 당기는 힘이나, 다른 물체와의 접촉을 통하여 미는 힘, 그리고 마찰력과 중력 등이 있다. 이 각각의 힘들을 찾아내고 이들에 의한 효과를 알기 위해서는 각 상황별로 분석할 필요가 있다.

자동차가 평면 커브길을 따라 달릴 수 있게 하는 힘은 무엇인가?

곡선도로를 주행하는 자동차에 구심 가속도를 주는 데에는 어떤 힘들이 관여할까? 이것에 대한 답은 그 커브길이 기울어져 있는지 아닌지에 따라 달라진다. 가장 쉬운 경우는 커브길이 기울어져 있지 않은 평평한 도로의 경우이다.

평평한 도로면에서는 오로지 마찰력이 필요한 구심 가속도를 제공한다. 직선을 따라 진행하고자 하는 관성 때문에, 자동차가 회전하려면 타이어가 도로면을 밀어내어야 한다. 그러면 도로면은 뉴턴의 제3법칙에 따라 타이어를 반대방향으로 밀게 되고, 따라서 자동차가 안으로 밀어 넣어지게 되는 것이다(그림 5.7). 타이어에 가해지는 마찰력은 커브길의 곡률중심을 향한다. 이 마찰력이 없다면 자동차는 회전할 수 없게 된다. 미끄러운 눈길이나 빗길에서 자동차가 자세를 제어하기 어려운 이유이다.

마찰력의 크기는 마찰에 관계되는 접촉면 간에 상대운동이 있느냐의 여부에 따라 다르다.

그림 5.7 평평한 커브길을 돌아나가는 자동차의 구심 가속도는 노면이 타이어에 가하는 마찰력에 의해 생성된다.
Takeshi Takahara/Science Source

마찰력 방향으로의 상대운동이 없는 경우의 마찰력을 **정지마찰력**(static force of friction)이라고 한다. 만일 물체가 빗길 혹은 빙판길에서처럼 미끄러지고 있다면 **운동마찰력**(kinetic force of friction)이 작용한다. 대개 운동마찰력은 정지마찰력의 최댓값보다 작기 때문에, 자동차가 미끄러지는지의 여부가 고려해야 할 핵심요소가 된다.

자동차가 미끄러짐 없이 커브길을 돌아가고 있다면 정지마찰력이 그 회전의 구심 가속도를 제공하는 힘이 된다. 미끄러짐 없이 타이어가 노면을 구르는 경우에는 노면과 접촉하고 있는 부분이 순간적으로 노면에 대하여 정지 상태에 있다. 이는 타이어가 마찰력의 방향으로 움직이지 않고 있다는 뜻이므로, 이 경우에는 정지마찰력이 적용되는 것이다.

필요한 정지마찰력의 크기는 얼마나 될까? 이 크기는 자동차의 속력과 도로의 곡률 반지름에 따라 달라진다. 뉴턴의 제2법칙에 따라 필요한 힘의 크기는 $F_{net} = ma_c$이며, 여기서 구심 가속도 a_c는 v^2/r과 같다. 또 마찰력 f는 구심 가속도를 제공하는 유일한 힘이므로 mv^2/r과 같아야 한다. 그러므로 자동차의 속력은 이 구심력의 크기를 결정하는 데에 가장 핵심적인 요소가 되며, 커브길로 진입할 때 대개 속도를 줄이게 되는 이유이기도 하다.

만약 질량과 구심 가속도의 곱이 최대 정지마찰력보다 커진다면 문제가 발생한다. 구심 가속도의 크기가 속력의 제곱에 비례하기 때문에 속력이 2배가 되면 4배의 마찰력이 필요해진다. 또한 타이어와 노면 간의 마찰력이란 운전자가 마음대로 바꿀 수 있는 것이 아니므로, 곡률 반지름이 작은 급커브길에서는 속도를 적절히 늦추어야만 한다. 운전자는 차의 속도와 도로의 곡률 반지름을 모두 고려하여 판단해야 한다.

만일 필요한 구심력이 최대 정지마찰력보다 큰 경우는 어떤 일이 일어날까? 필요한 구심력을 마찰력이 제공하지 못하므로 차는 미끄러진다. 일단 미끄러지기 시작하면 그때부터는 정지마찰력이 아니라 운동마찰력이 작용한다. 그런데 일반적으로 운동마찰력은 정지마찰력보다 작기 때문에 미끄러짐은 더욱 악화되는 것이다. 자동차는 마치 줄이 끊어진 공처럼 운동의 방향을 바꾸지 않으려 하는 자연스러운 경향, 즉 '관성의 법칙'에 의하여 커브길에서 이탈하게 되는 것이다.

가능한 마찰력의 최댓값은 노면과 타이어의 상태에 따라 결정된다. 정지마찰력을 감소시키는 요소는 무엇이든지 문제를 일으킬 수 있다. 대개 빗길이나 빙판길이 문제를 일으킨다. 빙판길에서는 마찰력이 거의 0에 가깝게 감소하므로 커브길에서는 아주 느린 속도로 운전해야 한다. 마찰의 중요성을 느끼는 데에는 빙판길에서 운전하는 것이 가장 좋은 예이다. 여기에서는 뉴턴의 제1법칙이 너무나 분명하게 드러난다(일상의 자연현상 5.1 참고).

커브길이 경사져 있으면 어떻게 될까?

커브길이 적당하게 경사져 있으면, 필요한 구심 가속도를 얻기 위해서 마찰력에 전적으로 의존하지 않아도 된다. 경사진 길에서는 자동차의 타이어와 노면 사이에 작용하는 수직 항력이 도움이 된다(그림 5.8). 4장에서 논한 바와 같이, **수직 항력 N**은 항상 마찰이 일어나는 면에 수직이므로 그림 5.8에서 보이는 것과 같은 방향으로 향한다. 자동차에 가해지는 전체 수직 항력은 4개의 타이어에 각각 작용하는 힘들의 합이다.

안전벨트, 에어백, 그리고 자동차 사고에서의 동역학

상황 자동차 사고에서 운전자가 자동차 밖으로 튕겨 나가는 경우 운전자는 거의 치명적인 상처를 입게 된다. 1960년부터 미국은 연방법에 의해 모든 자동차에 좌석 안전띠 설치가 의무화되었다. 1998년부터는 자동차의 앞좌석에 에어백 설치를 의무화하여 최대한 운전자와 승객을 사고로부터 보호하도록 하고 있다. 이러한 보호 장비에도 불구하고 아직도 가끔 자동차 사고에서 운전자가 차 밖으로 튕겨 나가서 치명상을 입었다는 소식을 듣는다.

에어백과 안전띠는 사고의 순간에 어떻게 작동하는가? 요즈음의 자동차에는 대부분 에어백이 장착되어 있다. 에어백이 있다면 안전띠는 매지 않아도 되는 것일까? 어떠한 상황에서 에어백이 효과적이며, 어떤 때에 안전띠가 필수적인가?

분석 자동차가 아주 빠른 속도로 충돌하여 차체가 완전히 찌그러지지 않는 한, 차 사고에서의 운전자의 부상 정도는 자동차 내부와 외부에서의 운전자의 움직임에 달려 있다. 충돌 시 자동차는 급정거하거나 급회전하게 된다. 반면 운전자는 뉴턴의 제1법칙에 의해 일직선의 관성운동을 하게 된다.

정면충돌의 경우, 자동차는 갑자기 정지하지만 운전자는 계속 직선운동을 하게 되어, 에어백이나 안전띠가 없다면 운전자와 조수석 승객은 핸들이나 앞 유리창에 부딪혀 머리나 가슴에 심한 부상을 입는다. 안전띠를 적절히 매기만 하면 이러한 부상을 피할 수 있다. 또한 에어백은 운전자가 앞으로 쏠리는 순간 빠르게 부풀어 핸들과 운전자 사이에 안전한 공기쿠션을 만들어 주는 것이다. 이 쿠션으로 인해 운전자에게는 서서히 증가하는

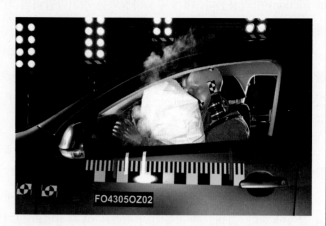

에어백이 순간적으로 팽창하여 운전자가 앞으로 튕겨져서 자동차의 앞구조물과 충돌하는 것을 방지한다. *fStop Images GmbH/Alamy Stock Photo*

반대방향의 힘이 작용하면서 핸들과의 급격한 충돌을 막아준다. (이 설명은 7장에서 논하는 충격량의 개념에서 가장 정확히 이해될 수 있다.) 에어백은 자동차 충돌사고에서 치명적인 부상을 줄이는 데에 확실한 효과를 내고 있다.

그러나 정면충돌이 가장 흔한 사고는 아니다. 자동차 한 대가 스스로 전복되는 사고도 많고, 교차로에서 한 자동차가 다른 자동차의 측면을 들이받는 측면 충돌도 흔히 일어난다. 이런 경우, 들이받힌 자동차는 대개 심한 회전 운동을 하게 된다. 앞의 경우처럼 자동차가 전복되는 경우도 결국은 회전 운동이다. 자동차

그림 5.8 기울어진 도로의 경우 노면에 의해서 자동차에게 가해지는 수직 항력 **N**의 수평성분(**N**$_h$)은 자동차의 회전 운행에 필요한 구심력의 발생에 기여한다.

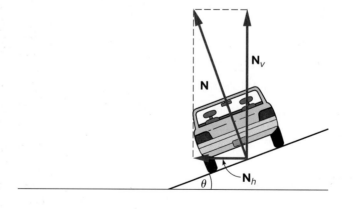

자동차가 연직방향으로는 가속되지 않으므로 연직방향의 알짜힘은 0이다. 수직 항력의 연직성분 **N**$_v$는 자동차의 무게와 같은 크기여야 연직방향으로의 알짜힘이 0이 된다. 수직 항력의 크기를 결정하는 데에는 이 조건이 사용된다. 수직 항력의 수평성분 **N**$_h$는 구심 가속도의 방향을 향한다.

는 회전 운동을 하지만 운전자는 직선운동을 하게 되므로, 이러한 상황에서 운전자가 밖으로 내동댕이쳐져 버리는 일이 발생하게 되는 것이다.

이런 때에도 에어백은 도움이 될까? 앞에서 말했듯이 정면충돌의 경우 에어백은 매우 효과적이다. 그러나 운전자가 자동차문 쪽으로 부딪히는 경우 에어백은 크게 도움이 되지 않는다. 물론 최근에는 차량의 양쪽 문에도 에어백을 장착한 차들이 점점 많아지고 있다. (하지만 뒤쪽 문에 에어백을 장착한 차들은 아직도 드문 편이다.) 자동차의 전복사고에서 자동차는 그 차축을 중심으로 회전 운동을 하게 된다. 그런 경우 자동차의 문이 열려 버리는 경우도 있지만, 대개 한두 번 차가 구르면서 창유리가 부서지고 운전자는 그쪽으로 밖으로 튕겨 나가게 된다. 심지어 이렇게 내동댕이쳐진 불운한 사람이 또 계속 구르는 그 차에 깔려버리는 큰 사고도 일어난다.

이때 운전자가 안전띠를 하고 있다면 상황은 완전히 달라진다. 빠르게 전복되는 자동차 안에서 안전띠는 운전자에 구심력을 작용하여 운전자가 튕겨 나가는 것을 막아준다. 안전띠 없이 사람이 스스로 자동차 시트 등을 붙잡고 버틴다는 것은 대개 거의 불가능한 일이다. 어깨와 허리, 혹은 최소한 허리만이라도 잡아주는 안전띠라야 이런 경우 충분한 구심력을 제공하여 사람을 의자에 붙들어 놓을 수가 있다.

안전띠의 중요성에 대해서는 통계가 말해주고 있다. 차량 전복사고에서 안전띠를 착용한 사람들은 거의 대부분 큰 부상을 면하는 반면, 그렇지 않은 사람들은 대개 중상을 입거나 심지어

자동차가 전복되면, 뒷좌석의 승객은 차의 옆구리 방향으로 내던져지게 된다(차 뒤쪽에서 봤을 때). 적절히 맨 좌석 안전띠와 어깨 안전띠는 이를 방지한다.

목숨까지 잃는다. 사망사고는 대개 사람이 차 밖으로 내던져진 경우이지만, 튕겨 나가지 않았다 하더라도 차가 구르며 차체 내부에서 부딪히는 충격은 치명적일 수 있다. 어쨌든 통계에 의하면 이런 전복사고에서 안전띠를 매지 않은 사람들이 차 밖으로 내던져지고 사망사고로 이어지는 비율이 가장 높다는 것을 보여주고 있다.

이러한 자동차 사고는 바로 뉴턴의 제1법칙이 적용되는 좋은 예이다. 즉 운전자는 외력이 작용하지 않는 한 일직선 운동을 계속하려는 관성을 가진다는 것이다. 이때 에어백과 안전띠는 그 외력을 운전자에게 제공해주는 것이며, 특히 안전띠는 탑승자들이 자동차와 함께 움직이도록 붙들어줌으로써 충돌, 추돌, 전복사고 등의 심각한 사고에서도 큰 부상을 방지해준다.

경사면의 경사각과 자동차의 무게로부터 수직 항력의 크기가 정해진다. 수직 항력의 수평성분의 크기도 마찬가지이다. 속력이 적당하면 자동차의 타이어를 미는 수평성분만으로도 구심 가속도를 맞출 수 있다. 속력이 더 빨라지면 경사가 더 급해야 수직 항력의 수평성분이 더 커질 수 있으므로 커브길의 경사각은 더 커지게 된다. 다행인 점은 수직 항력이나 원운동에 필요한 구심력 모두 자동차의 질량에 비례하므로 자동차들의 질량이 달라도 요구되는 커브길의 경사각은 속도가 같다면 모두 동일하다.

경사진 커브길은 어떤 특정한 속력에 맞추어 설계된 것이다. 대개 그렇듯이 마찰력이 작용하고 있으므로 적정속도의 범위에서 커브길을 안전하게 주행할 수 있다. 마찰력과 수직 항력이 조합되어 필요한 구심 가속도를 만들어내는 것이다.

만일 도로가 빙판으로 덮여서 마찰이 거의 없어지더라도 속도가 적정하다면 도로의 기울어짐에서 얻어지는 구심 가속도만으로도 안전히 운행할 수는 있다. 그러나 이 적정속도보다 빠르면 평평한 도로의 경우에서와 같이 자동차는 도로 바깥으로 날아가 버릴 것이다. 반대로 그 적정속도보다 느리게 운행하면 자동차는 커브길의 곡률중심 쪽으로 경사진 빙판길을 미끄러져 내려오게 될 것이다.

대관람차에서는 어떤 힘이 작용할까?

회전 운동에 관하여 직접 경험할 수 있는 한 예로서 페리스 대관람차가 있다. 이전의 수평면 상의 원운동과는 달리 이 대관람차는 수직면상에서 원운동을 한다.

그림 5.9는 관람차가 돌고 있을 때 원의 바닥에 도달한 승객에 작용하는 힘들을 보여준다. 이 위치의 승객에게는 수직 항력은 위로, 몸무게는 아래로 향한다. 이 승객의 구심 가속도는 원의 중심인 수직 윗방향을 향하므로 승객에게 가해지는 힘의 합력은 수직 윗방향이어야 한다. 따라서 좌석이 승객을 떠받치는 힘은 승객의 몸무게보다 커야 한다.

뉴턴의 제2법칙을 적용하면 알짜힘은 질량에 구심 가속도를 곱한 것과 같다. 이 경우에는, 구심력은 윗방향으로 향하는 수직 항력과 아랫방향으로 향하는 승객의 무게의 차이와 같으며 다음과 같이 쓸 수 있다.

$$F_{net} = N - W = ma_c$$

수직 항력이 승객의 몸무게보다 크므로 이 위치에서 승객은 몸이 더 무겁게 느끼게 된다. 즉, 좌석은 승객의 무게보다 더 큰 힘으로 승객을 떠받친다($N = W + F_{net} \geq W$). 이 상황은 위로 막 상승하기 시작하는 엘리베이터 안에서와 같은 상황이다(일상의 자연현상 4.2 참고).

승객이 관람차의 중간 높이에서 회전하여 올라가거나 내려갈 때는, 필요한 구심 가속도가 만들어지기 위해서 수직 항력의 수평성분이 필요하게 된다. 수평성분은 좌석이 승객에게 미치는 마찰력과, 원의 왼쪽의 경우에는 좌석의 뒷부분이 승객을 미는 힘, 또 원의 오른쪽의 경우에는 좌석 안전띠나 손잡이가 승객에게 가하는 힘으로 충당된다. 그런 점에서, 원의 오른쪽일 때가 타는 재미가 더 짜릿하다.

원의 꼭대기에서는 (좌석 안전띠에 의한 힘을 제외하고는) 승객의 몸무게만이 구심 가속도 방향의 유일한 힘이다. 뉴턴의 제2법칙을 다시 한번 적용하면 알짜힘은 승객의 질량과 구심 가속도의 곱과 같다. 이번에는 구심 가속도는 아래로 향한다. 이로부터 관계식은 다음과 같이 주어진다.

$$F_{net} = W - N = ma_c$$

그림 5.9 대관람차 회전의 바닥 지점에서는 승객의 무게와 승객에게 좌석이 가하는 힘의 합력이 승객의 큰 회전 운동에 필요한 구심 가속도를 제공한다.

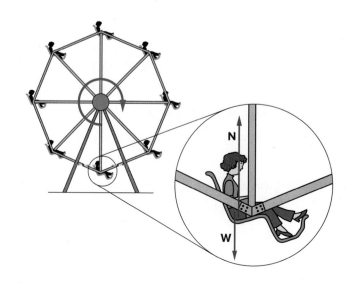

이 말은 역으로 $N = W - F_{net}$이라는 뜻이다. 즉 이 수직 항력 N이 바로 승객이 자신의 체중으로 느끼게 되는 힘이다. 그리하여 속도가 빨라지고 구심 가속도 $a_c = v^2/r$가 증가하면 수직 항력이 작아지게 된다. 대개 대관람차는 꼭대기에서 수직 항력이 최소가 되도록 최고 속도를 조정한다. 꼭대기에서 좌석이 승객을 떠받치는 힘이 약하므로 승객은 둥실 떠 있는 느낌을 가지게 되어 관람차를 타는 아찔함을 더해준다.

가까운 곳에 관람차가 있다면 한번 탑승해보자. 위에서 논의한 것들을 확실하게 이해하는 데에는 직접경험만큼 효과적인 것은 없다. 관람차를 타게 되면 수직 항력의 크기와 방향을 느껴보도록 하자. 꼭대기에서의 붕 뜨는 듯이 가벼워지는 느낌과 내려올 때 밑으로 묵직하게 가라앉는 듯한 느낌은, 입장료를 지불하고 관람차를 타는 이유의 전부라고 해도 무방할 것이다.

> 구심력은 커브를 따라 운동하는 물체에 구심 가속도를 주는 하나의 힘 또는 여러 개의 힘의 합력을 말한다. 평평한 길을 달리는 자동차의 경우 마찰력이 구심력이 된다. 도로면이 경사져 있다면 노면이 자동차의 타이어에 가하는 수직 항력도 일조를 한다. 대회전 관람차에서는 승객의 몸무게와 승객이 앉아 있는 좌석이 가하는 수직 항력이 더해져서 구심력이 된다. 뉴턴의 법칙들을 사용하여 각각의 상황에서 관련되는 힘들을 규정하고 분석한다.

5.3 행성의 운동

밤하늘에 금성이나 화성을 본 적이 있는가? 그리고 왜 이 별들이 매일 밤하늘의 다른 위치에서 관측되는지 생각해본 적이 있는가? 과학사적인 관점에서 보면, 이 행성들의 운동이 구심 가속도의 가장 중요한 예가 된다. 행성들이란 우리가 매일 밤 일상적으로 보고 있지만 놀랍게도 많은 사람들이 이 행성이 어떻게 운행하는지에 대하여 잘 모르고 있다. 해와 달과 별은 어떻게 움직이며, 이들의 운동은 어떻게 이해할 수 있을까?

천체에 대한 고대의 모형

시야를 가리는 지붕이 적었던 옛날에는 요즈음보다 더 많은 사람들이 별 보기를 즐겼을 것이다. 별빛 아래에서 하늘을 쳐다보며 하룻밤을 침낭 속에서 보낸다면 아마도 공중에 있는 모든 빛나는 것들에 대해 경이와 찬탄을 느끼지 않을 수 없을 것이다. 고대인들이 그랬듯이 만일 수일 밤을 계속하여 그렇게 별을 관찰한다면 가장 밝은 별 몇 개의 위치가 다른 별들에 비해 상대적으로 이동되어 가고 있음을 알게 될 것이다.

이렇게 별들 사이를 돌아다니는 별들을 행성이라고 한다. 항성, 즉 붙박이별들은 그림 5.10에서처럼 시간에 따라 동심원을 그리며 하늘을 이동하지만 서로 간의 상대위치는 그대로 유지된다. 북두칠성은 그 국자 모양을 절대로 바꾸지 않지만, 행성들은 항성들 사이에서 주기적이면서도 묘한 형태로 돌아다닌다. 이들 행성의 운동이 고대 천체관측자들의 호기심을 촉발하여 그 궤도들이 면밀히 추적되었고, 그 결과는 때때로 종교적 혹은 문화적인 믿음

그림 5.10 북반구 밤하늘의 저속사진. 시간에 따라 움직이는 별들의 겉보기 궤적들을 보여준다. 이 동심원들의 중심에 북극성이 있는 것처럼 보인다. 다만 북극성의 위치가 정확히 중심은 아니다. *Photo by Vincent Ting/Moment/Getty Images*

과 결부되기도 하였다.

고대의 자연철학자들은 이 행성의 운동을 어떻게 설명하였을까? 이런 설명을 위하여 어떠한 모형을 제시하였을까? 간단하며 주기적인 운동을 보이는 물체도 있다. 태양을 예로 들면, 태양은 지구의 중심에 연결된 엄청나게 길면서도 보이지 않는 어떤 끈에 매달린 것처럼 매일 동쪽에서 서쪽으로 하늘을 가로질러 운행하고 있다. 별들, 즉 항성들도 비슷한 행동을 한다. 지구에서 이렇게 보이는 별들의 운동은 지구를 중심으로 회전하는 거대한 천구에 이 별들이 박혀 있다고 생각하면 설명될 수가 있다. 이같이 지구를 우주의 중심에 둔 관점, 즉 **천동설**은 꽤 합리적인 것으로 보인다.

달 역시 하늘에서 원형으로 보이는 궤도를 따라 지구 주위를 운행한다. 그런데 항성과는 달리, 달은 매일 밤 같은 위치에서 떠오르지 않는다. 오히려 대략 30일의 주기를 가지고 위치와 위상에서 규칙적인 일련의 변화를 보여준다. 달의 위상, 즉 달이 밝게 보이는 부분의 모양이 이렇게 주기적으로 변하는 것에 대하여서는 어떻게 설명할 수 있을까? 달의 운동에 관해서는 5.5절에서 좀 더 자세히 다룰 것이다.

그리스 철학자들이 발전시킨 천체의 운동에 관한 초기 모형들은 지구를 중심으로 한 여러 개의 동심구들로 구성되어 있다. 플라톤과 동시대인들은 구나 원 모양들이 천체의 아름다움을 반영할 수 있는 가장 이상적인 형태라고 생각하였다. 태양과 달, 그리고 그 당시 알려져 있던 5개의 행성들은 각각 고유의 천구를 가지고 있다고 생각되었다. 그리고 항성들은 가장 바깥의 천구에 위치한 것으로 생각되었다. 이 천구들이 지구 주위를 회전한다는 모형으로써 천체들의 운동을 설명하고자 하였다.

그러나 문제는, 행성들의 경우는 일정한 속도로 회전하는 천구상에 있는 것처럼 운동하지 않는다는 것이다. 행성들은 때때로 붙박이별들의 배경에서 일상적인 운행방향의 반대방향으로 움직이기도 하기 때문이다. 이러한 운동을 **역행**(retrograde motion)이라 부른다. 화성의 경우 이런 역행을 추적하려면 수개월의 시간이 필요하다(그림 5.11).

이러한 행성들의 역행을 설명하기 위해 2세기경 톨레미(Ptolemy)는 그리스 철학자들보다 더 정교한 하늘의 모형을 고안하였다. 톨레미의 모형은 천구보다는 원형 궤도를 사용하였으나 여전히 지구중심적 모델이었다. 그는 이른바 **주전원**(epicycle)의 개념을 도입하여, 지구 주위의 큰 기본궤도를 따라가며 구르는 작은 궤도를 따라 행성이 운행한다고 설명하였다(그림

그림 5.11 배경 항성들의 위치에 대한 화성의 역행의 예. 이런 위치 변화는 수개월에 걸쳐 일어난다.

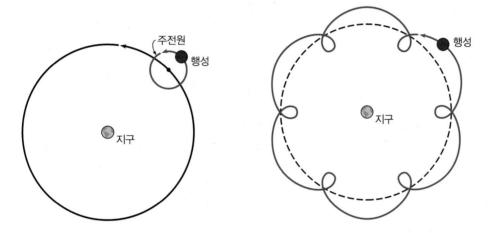

그림 5.12 톨레미의 주전원은 행성들의 기본 원궤도를 따라가며 구르는 작은 원궤도이다. 이 모형으로 외행성들에서 관찰되는 역행 현상을 설명할 수 있었다.

5.12). 이 주전원은 행성의 역행을 설명할 수 있었고 행성 운행에서의 다른 불규칙한 현상들을 설명하는 데에도 사용되었다.

　　톨레미의 모델은 연중 어느 때라도 행성의 위치를 정확히 찾을 수 있게 예측하여 주었다. 그러나 관찰이 더 정확해짐에 따라 더욱 정확한 예측을 내어놓기 위하여 이 모형을 다듬어야 하였다. 이것은 경우에 따라 주전원들 위에다 또 주전원들을 추가하는 것을 의미하였지만 원형궤도의 기본구조는 유지되었다. 톨레미의 천체 모형은 중세시대의 공인된 지식체계의 한 부분이었고, 아리스토텔레스의 많은 업적들과 함께 로마 카톨릭 교회와 신흥 유럽 대학들에서 가르침의 주된 내용이 되었다.

코페르니쿠스의 모형은 톨레미의 모형과 어떻게 다른가?

톨레미의 모형은 초등학교 때 배우는 천체의 모델이 아니다. 톨레미의 모델은 16세기경 폴란드의 천문학자 코페르니쿠스(Nicolaus Copernicus, 1473~1543)가 제안하고, 또 곧이어 갈릴레이(Galileo Galilei, 1564~1642)가 보강한 태양 중심의 천체관, 즉 **지동설**(heliocentric)에 의해 대치되었다. 사실 코페르니쿠스가 이러한 모델을 최초로 제안한 것은 아니지만, 그 이전의 가설들은 기록에 남아 있지 않다. 코페르니쿠스는 그의 모형을 수년에 걸쳐 세부

사항에 이르기까지 꼼꼼히 검토하였지만, 이 이론은 그의 유언에 따라 그가 타개한 후 1년이 지나서야 비로소 출판되어 세상에 알려지게 되었다.

갈릴레이는 일찍부터 코페르니쿠스의 모델을 옹호하였고 코페르니쿠스 본인보다 더 적극적으로 이를 널리 퍼뜨렸다. 1610년 망원경의 발명 소식을 접하고서 갈릴레이는 스스로 개량된 망원경을 제작하여 행성들을 관찰하기 시작하였다. 그리하여 그는 달에 산맥이 있고, 목성에는 여러 개의 달이 있으며, 금성도 달처럼 단계별 위상변화를 보인다는 것을 발견하였다. 갈릴레이는 금성의 위상변화는 지구중심적 모형보다 코페르니쿠스의 모델에 의하여 더 잘 설명됨을 증명하였다. 갈릴레이는 이러한 발견들로 인하여 유럽 전역에 걸쳐 유명해졌으나, 결국은 그의 주장들이 당시로서는 결코 가볍게 넘길 수 없는 문제가 되어 교회의 권위와 마찰을 빚는 결과가 초래되었다. 당시 이런 새로운 이론으로 교회의 권위에 도전하는 사람들은 화형에 처해지곤 하였던 것이다.

코페르니쿠스는 모든 행성들의 원궤도의 중심에 태양을 둠과 동시에, 지구를 단지 행성들 중의 하나에 불과한 지위로 격하시켰던 것이다. 또한 코페르니쿠스의 모델에 의하면 태양과 별들이 매일 뜨고 지는 운동을 설명하기 위해서 지구는 중심축을 주위로 자전하고 있어야 한다. 이런 생각은 당시에 가히 혁명적이었다. 왜 우리는 지구의 자전이 만들어낼 강풍에 의해 날아가 버리지 않는가? 아마도 지표면의 공기도 지구에 의하여 지구와 같이 움직이도록 끌어당겨지고 있기 때문일 것이다.

코페르니쿠스의 천체 모형의 장점은, 행성 궤도의 미세보정을 위해서는 여전히 주전원이 필요하였지만, 행성의 역행을 설명하기 위해서는 복잡한 주전원들을 도입할 필요가 없다는 데에 있다. 역행은 단지 지구가 다른 행성들과 마찬가지로 태양 주위를 공전하기 때문에 일어난다는 것이다. 항성들을 배경으로 하여 화성과 지구가 동시에 같은 방향으로 운동하기 때문에 화성의 위치가 변하는 것으로 관측된다(그림 5.13). 조금 더 빠르게 공전하는 지구가 화성을 추월하면 화성은 뒤로 처지기 때문에, 배경에 있는 항성들에 대하여 화성이 역행하는 것으로 보인다.

코페르니쿠스의 모델을 받아들인다는 것은, 지구가 우주의 중심이라는 당연한 것 같은 관점을 포기하고, 오히려 더 말이 안 되는 것 같은 제안, 즉 지구가 하루에 한 바퀴의 속도로

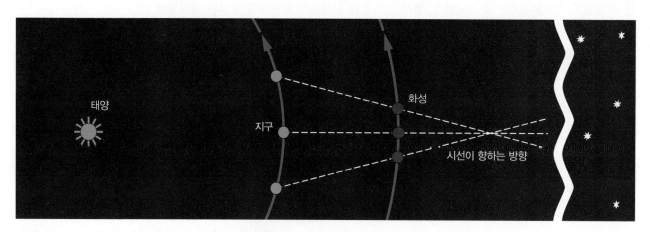

그림 5.13 지구가 천천히 움직이는 화성을 추월함에 따라 배경에 있는 항성들에 대해 화성이 역행하는 것으로 보인다.

그림 5.14 티코 브라헤는 거대한 사분의를 사용하여 행성과 천체의 위치를 아주 정확하게 측정하였다.
Photo Josse/Leemage/Getty Images

자전한다는 주장의 편에 선다는 것을 의미한다. 당시에도 지구의 반지름은 약 6400 km로 알려져 있었으므로 지구가 자전한다면 적도 위에 있는 사람은 약 1680 km/h , 즉 1000 MPH 이 넘는 엄청난 속력으로 운동한다는 말이었다! 하지만 누구도 이런 운동감을 느끼지 않는다.

코페르니쿠스는 원운동을 가정하고 있었기 때문에 그의 모델에 의한 정확도는 톨레미에 의한 정확도보다 별로 나을 것이 없었다. 이미 알려져 있는 하늘의 관측자료와 일치시키기 위해서는 코페르니쿠스의 모형도 보정이 필요하였고, 이를 위해 코페르니쿠스 역시 주전원을 사용하였다. 이 두 모델 간의 논쟁을 종식시키기 위해서 보다 정밀한 관측이 요구되었고, 덴마크의 천문학자 티코 브라헤(Tycho Brahe, 1546~1601)가 이 과제를 기꺼이 떠맡았다.

브라헤는 광학 기기를 사용하지 않은 마지막의 위대한 육안관측 천문학자였다. 그는 거대한 사분의(그림 5.14)를 제작하여 행성과 별들의 위치를 아주 정확하게 찾아내는 데 사용하였다. 이전의 자료들에 비해 현저히 향상된 60분의 1도의 정밀도로 각도를 측정할 수 있었다. 브라헤는 여러 해 동안 온갖 정성을 기울여 망원경의 도움을 받지 않고 행성과 천체들의 정확한 위치에 관한 자료들을 수집하였다.

케플러의 행성 운행에 관한 법칙

브라헤가 타계한 뒤 그가 수집하였던 자료들을 분석하는 작업은 그의 조수였던 케플러(Johannes Kepler, 1571~1630)의 과제로 남겨졌다. 이 작업은 그 방대한 자료를 모두 태양 주위의 좌표로 변환하고 행성의 궤도들에 관한 규칙성이 나타날 때까지 수치를 바꿔 넣어가며 계산을 되풀이해야 하는 엄청난 과제였다. 행성의 궤도가 정확한 원이 아님은 이미 알려져 있었다. 케플러는 행성의 궤도들이 태양을 하나의 초점으로 두고 있는 타원 궤도들임을

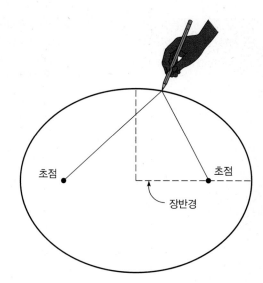

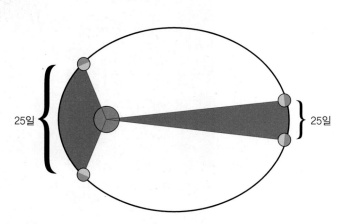

그림 5.15 고정된 두 점에 실의 양끝을 묶고 실의 길이가 허용하는 경로를 따라 연필을 이동시키면 타원이 그려진다.

그림 5.16 행성들이 태양에 가까울 때에는 빨리 움직이기 때문에, 각 행성의 반지름 선은 같은 시간 동안 같은 면적을 쓸고 지나간다(케플러의 제2법칙). 그림에서 채색된 두 부분은 각각 25일간 행성이 쓸고 지나간 부분이며, 이 두 부분의 면적이 같다는 말이다.

입증할 수 있었다.

　타원(ellipse)을 그리려면 두 고정된 초점에 실의 양끝을 묶고 이 실의 길이가 최대로 허용하는 경로를 따라 연필을 움직이며 그으면 된다(그림 5.15). 원은 두 초점이 한 점에서 만날 때에 생기며 타원의 특수한 경우이다. 행성의 궤도는 대부분 원에 매우 가깝지만, 브라헤의 자료들이 워낙 정확하였기에 행성들의 타원궤도들은 완전한 원궤도와 차이가 있음을 명확히 보여주었다. 행성의 운행에 관한 케플러의 제1법칙은 행성의 궤도가 타원이라는 내용이다.

　케플러의 다른 두 법칙들은 브라헤의 자료들을 가지고 한층 더 많은 노력을 기울여 수치 해석적 시행착오들을 거친 후에야 도출되었다. 케플러의 제2법칙은 행성의 순간적인 공전속도에 관한 것인데, 공전궤도 상에서 태양에 가까워질수록 행성의 공전속도가 더 빨라지고, 그 결과 같은 시간 동안 행성의 가상적인 공전 반지름 선이 쓸고 지나가는 면적은 항상 같다는 것이다(그림 5.16)[*]. 두 법칙은 1609년에 발표되었다.

　제3법칙은 1619년에 발표되었는데, 행성 궤도의 평균 공전 반지름과 행성이 태양 주위를 한 바퀴 회전하는 데 걸리는 시간, 즉 행성의 **주기**(period)와의 관계를 설명한다. 케플러는 컴퓨터도 없던 그 시대에 관측자료에서 얻어진 주기 T의 값들와 평균 궤도 반지름 r의 값들 사이에 어떤 관계가 있는지 알아보기 위하여 수도 없이 많은 관계식에 맞추어본 후에야 제3법칙을 찾아낼 수 있었다. 이렇게 하여 케플러는, 관측된 모든 행성에 대하여 주기의 제곱과 반지름의 세제곱의 비, 즉 T^2/r^3의 값이 고도의 정확도로 같다는 것을 발견하였다(예제 5.2 참고). 이렇게 행성의 운동은 놀라운 규칙성을 가지고 있는 것이었다. 케플러는 발견한 내용들을 논문으로 발표하였는데, 여기에는 행성들과 관련하여 숫자의 신비로움과 음악적인 조화로움 등에 관한 그의 정교한 사색들이 포함되어 있었다. 이런 몇 가지 내용은 케플러의 업적을 찬미하였던 갈릴레이와 같은 사람들에게 다소 의아스럽게 느껴질 수도 있었을 것이다.

---

[*] 제2법칙은 각운동량의 보존 법칙의 결과이다. 이에 관해서는 8장에서 논할 것이다.

예제 5.2 ▸ 케플러의 제3법칙의 응용

화성이 태양 주위를 한 바퀴 공전하는 데는 얼마의 시간이 걸리는가? 화성의 평균 공전 반지름은 약 1.5천문단위(AU)이다. (1 AU는 태양에서 지구까지의 평균 거리, 즉 지구의 평균 공전 반지름 r_{Earth}이다.)

$r_{\text{Earth}} = 1.0$ AU: 태양과 지구의 거리

$r_{\text{Mars}} = 1.5$ AU: 태양과 화성의 거리

$T_{\text{Earth}} = 1.0$ Earth year(yr)

$T_{\text{Mars}} = ?$ (in Earth years)

케플러의 제3법칙에 따라

$$\frac{r_{\text{Mars}}^3}{T_{\text{Mars}}^2} = \frac{r_{\text{Earth}}^3}{T_{\text{Earth}}^2}$$

서로 대각선으로 곱하여 주면

$$\left(r_{\text{Earth}}^3\right)\left(T_{\text{Mars}}^2\right) = \left(r_{\text{Mars}}^3\right)\left(T_{\text{Earth}}^2\right)$$

따라서

$$T_{\text{Mars}}^2 = \frac{\left(r_{\text{Mars}}^3\right)\left(T_{\text{Earth}}^2\right)}{r_{\text{Earth}}^3}$$

이제 주어진 값들을 대입하여 아래와 같이 결과를 얻는다.

$$T_{\text{Mars}}^2 = \left(\frac{1.5 \text{ AU}}{1.0 \text{ AU}}\right)^3 \cdot (1.0 \text{ yr})^2, \quad T_{\text{Mars}}^2 = 1.5^3 \text{ yr}^2 \approx 3.4 \text{ yr}^2$$

$$T_{\text{Mars}} = \sqrt{3.4 \text{ yr}^2} \qquad \therefore T_{\text{Mars}} \simeq \textbf{1.8 Earth years}$$

케플러의 법칙은 항성들 사이를 헤매는 것처럼 보였던 행성들의 위치를 더욱 정확하게 예측할 수 있게 하였다. 케플러의 우주 모형도 코페르니쿠스의 그것처럼 태양중심적이었고, 따라서 톨레미의 지구중심적 우주 모형을 타파하려는 갈릴레이의 노력에 힘을 실어주었다. 그러나 보다 중요한 것은, 케플러의 법칙들은 엄밀하게 기술된 새로운 관계식들인데, 이 식들은 한층 더 근본적인 원리에 입각한 설명을 불러내었다는 것이다. 뉴턴(Isaac Newton, 1642~1727)에게 바로 이 과업의 무대가 펼쳐졌고, 그로 인하여 천체의 운동을 기술하는 천체역학과 지구상에서의 일상적인 물체의 운동 모두를 한꺼번에 설명하는 대통합적인 이론이 발견되었던 것이다.

행성 운행에 관한 케플러의 3가지 법칙

1. 모든 행성은 태양을 초점으로 하는 타원궤도를 그리며 공전한다.
2. 태양과 행성을 잇는 가상적인 선은 같은 시간 동안 같은 면적을 쓸고 지나간다.
3. 한 행성이 태양의 주위를 한 바퀴 도는 데 걸리는 시간, 즉 공전주기를 T라고 하고, 행성에서 태양까지의 거리, 즉 공전 반지름의 평균값을 r이라고 하면, 주기의 제곱을 평균 공전 반지름의 세제곱으로 나눈 값 T^2/r^3은 알려진 모든 행성에 대하여 같은 값을 갖는다.

행성의 운동을 기술하는 초기 단계의 많은 우주 모형들은 지구중심적이었다. 행성의 역행을 설명하기 위해 톨레미는 주전원을 도입하였다. 코페르니쿠스는 태양중심적 모형을 도입하였는데, 이는 행성의 역행을 더 간단히 설명하였다. 이 모형은 갈릴레오 갈릴레이의 지지를 받았다. 갈릴레이는 망원경을 체계적으로 사용한 최초의 과학자였으며, 지동설을 지지하는 많은 중요한 발견을 하였다. 케플러는 행성의 궤도가 몇 가지 놀라운 규칙성을 가진 타원궤도임을 보임으로써 지동설의 모형을 더욱 정교하게 다듬었다.

5.4 뉴턴의 만유인력의 법칙

행성의 운동과 구심 가속도는 새로운 의문을 낳는다. 행성이 태양 주위에서 곡선운동을 한다면 이에 필요한 구심 가속도를 주기 위해서 어떤 힘이 있어야 하는데, 그것은 무슨 힘인가? 아마도 중력의 작용이라고 생각하겠지만, 뉴턴 당시에는 중력이란 전혀 확립된 개념이 아니었다. 뉴턴은 어떻게 이들을 종합하였을까?

뉴턴의 돌파구는 무엇이었을까?

뉴턴은 달의 궤도와 지표면 근방에서 발사된 물체의 운동 사이에는 유사한 점이 있다는 것을 인식하였다. 뉴턴의 《Principia》에 있는 유명한 그림은 이 유사성을 잘 묘사하고 있다(그림 5.17).

뉴턴의 아이디어는 간단하였지만 세계를 떠들썩하게 할 만한 것이었다. 뉴턴이 한 것처럼, 아주 높은 산 위에서 수평으로 발사된 물체를 상상해보자. 이 물체는 속도가 크면 클수록 산기슭으로부터 더 먼 곳에 떨어질 것이다. 속도가 매우 커지면 지구의 곡률이 중요한 요소가 될 것이다. 속도가 충분히 크다면 발사된 물체는 절대 지표면에 도달하지 못할 것이다.

그림 5.17 이 그림과 같이, 뉴턴은 아주 높은 산에서 물체를 수평방향으로 발사하는 것을 상정하였다. 발사된 물체는 지구를 향하여 계속 떨어지지만, 속도가 충분히 크면 결코 땅에 닿지 않을 수가 있다.

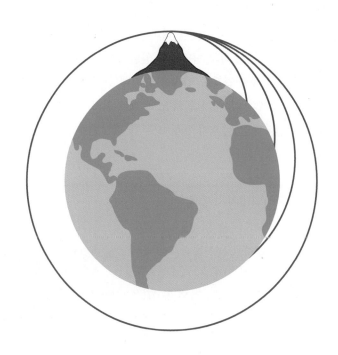

물체는 계속 떨어지고 있지만, 지표면도 동시에 휘어지고 있기 때문이다. 결국 발사된 물체는 지구 주위의 원궤도에 진입하게 되는 것이다.

뉴턴의 직관은 발사된 물체와 마찬가지로 달도 중력의 영향을 받아 사실 계속 떨어지고 있는 중이라는 것이었다. 물론 달은 지구에 있는 가장 높은 산의 높이보다 훨씬 먼 거리에 있다. 갈릴레이가 묘사한 바와 같이 지표면 근방에 있는 물체의 가속도를 설명하는 바로 그힘이 달의 궤도를 설명하는 것이다.

케플러의 법칙에 관한 뉴턴의 설명

갈릴레이의 업적으로부터 뉴턴은 지표상의 물체들에 대하여 중력은 $\mathbf{F} = m\mathbf{g}$와 같이 물체의 질량에 비례한다는 것을 알았다. 그렇다면 질량은 중력을 기술하는 다른 일반적인 표현에도 포함되어야 할 것이다.

그런데 중력이 거리에 따라 달라지는가? 만약 달라진다면 어떻게 달라지는가? 공간상에서 떨어져 있는 두 물체 사이에 어떤 힘이 서로 작용할 수 있다는 생각은 뉴턴의 시대에는 대단히 받아들이기 힘든 것이었다(관점에 따라서는 지금도 받아들이기 어려울 수 있다). 만약 그런 힘이 존재한다면 이 '원거리에서 작용하는' 힘은 거리가 증가하면 그 크기가 작아질 것이라고 예상할 수 있다. 그래서 몇몇 과학자들이 그림 5.18과 같이 기하학적인 추론을 통하여 이 힘이 질량 간의 거리 r의 제곱에 반비례할 것이라고 추측은 하였으나, 증명하지는 못하였다.

바로 여기서 케플러의 행성의 운행에 관한 법칙과 구심 가속도의 개념이 힘을 발휘하게 되었다. 뉴턴은 행성과 태양 사이의 중력이 거리의 제곱에 반비례하여 감소한다고 가정하면 케플러의 제1법칙과 제3법칙이 유도될 수 있다는 것을 수학적으로 증명할 수 있었다. 이 증명에는 뉴턴의 운동 제2법칙에서 필요한 구심력과 이렇게 가정한 $1/r^2$ 힘이 같다고 두는 것이 포함되어 있었다. 케플러의 법칙들은 모두 이 가정과 맞아떨어졌다.

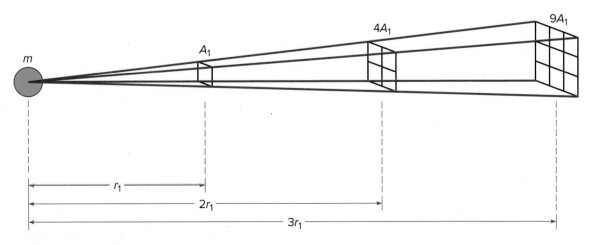

그림 5.18 질점에서 방사선 상으로 방출되는 직선들을 그린다면, 이 직선들과 만나는 면적들은 r^2에 비례하여 증가한다. 이로부터 한 질점이 다른 질점에 미치는 힘이 $1/r^2$에 따라 감소한다고 추론할 수 있는가?

작용하는 두 물체의 질량의 곱에 비례하며 이들 간의 거리의 제곱에 반비례하는 중력에 의해 케플러의 법칙들이 설명될 수 있다는 증명으로부터 **뉴턴의 만유인력의 법칙**(Newton's law of universal gravitation)이 도출되었다. 이 만유인력의 법칙과 운동에 관한 3개의 법칙은 뉴턴의 역학 이론에서 가장 근본이 되는 공리들이다. 중력의 법칙은 다음과 같이 기술된다.

> 두 물체 간에 작용하는 중력은 각 물체의 질량에 비례하며 이들 질량의 중심 사이의 거리의 제곱에 반비례한다.
>
> $$F = \frac{Gm_1m_2}{r^2}$$
>
> 여기서 G는 상수이다. 힘은 두 질량의 중심을 연결하는 직선을 따라 서로 당기는 방향으로 작용한다 (그림 5.19).

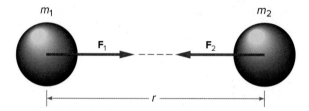

그림 5.19 중력은 인력이며 두 질량의 중심을 연결하는 선을 따라 작용한다. 또 뉴턴의 운동에 관한 제3법칙을 만족한다($\mathbf{F}_2 = -\mathbf{F}_1$).

그런데 이 문장이 전적으로 유효하려면 문제의 두 질량이 질점(point mass)들이거나 아니면 완벽한 구(perfect sphere)들이어야 한다는 것도 중요한 사실이다.

뉴턴의 중력 법칙에서 G는 **만유인력 상수**(universal gravitational constant)이다. 이 상수는 어떤 두 물체에 관하여서도 같은 값이다. 뉴턴은 이 상수의 값을 알지 못하였는데, 당시에는 지구와 태양, 그리고 다른 행성들의 질량들을 알 수 없었기 때문이다. 이 상수의 값은 100년도 더 지나서 영국의 캐번디시(Henry Cavendish, 1731~1810)의 실험에 의하여 결정되었다. 캐번디시는 무거운 두 납덩이의 거리를 변화시키면서 이 사이에 작용하는 말할 수 없이 작은 중력을 측정해낸 것이다. 국제단위계에서 G의 값은 다음과 같다.

$$G = 6.67 \times 10^{-11} \text{ N} \cdot \text{m}^2/\text{kg}^2$$

G는 매우 작은 값이기 때문에 10의 지수승의 표현이 편리하다. −11이라는 지수는 소수점이 왼쪽 11자리에 있음을 의미한다. 만약 10의 지수승의 표현을 사용하지 않으면 만유인력 상수는 다음과 같이 써진다.

$$G = 0.000\ 000\ 000\ 066\ 7 \text{ N} \cdot \text{m}^2/\text{kg}^2$$

만유인력 상수의 값이 작기 때문에 사람과 같이 보통의 크기를 가진 물체 간의 중력은 매우 작고, 따라서 대개 이 힘은 느껴지지 않는다. 이렇게 약한 힘을 측정해야 했으므로 캐번디시의 실험은 대단한 창의성을 필요로 하였다.

무게는 중력의 법칙과 어떻게 관련되는가?

질량이 큰 행성 또는 항성들이라면 질량이 큰 만큼 중력도 클 것이다. 지표상에 서 있는 사람에 가해지는 힘을 생각하자. 그림 5.20에서와 같이 사람과 지구 간의 거리는 거의 지구의 반지름 r_e와 같다.

　뉴턴의 중력 법칙으로부터 지표면상의 사람이 받는 힘은 $F = Gmm_e/r_e^2$이다. 여기서 m은 사람의 질량이고 m_e는 지구의 질량이다. 사람이 받은 이 중력이 바로 그 사람의 무게이므로 이 힘을 $F = W = mg$라고 쓸 수도 있다. 이 두 힘이 같아야 하므로 지표면상의 중력 가속도 g는 만유인력 상수 G와 $g = Gm_e/r_e^2$의 관계라는 것을 알 수 있다.

　그러므로 지표면에서의 중력 가속도 g는 보편적인 상수가 아니다. 이는 행성에 따라 다르고, 또 지구라는 같은 별에서도 지구의 반지름이나 토양의 밀도 등 여러 가지 요소들이 지역에 따라 조금씩 다르므로 위치에 따라 중력 가속도가 미세하게 달라진다. 반면, 만유인력 상수 G는 보편적 우주상수로서, 어떤 별이라 하더라도 그 반지름과 질량을 알면 그 별에서의 중력 가속도를 구하는 데 사용될 수 있다.

　지구 표면에서 중력 가속도를 안다면 무게를 계산할 때 만유인력의 법칙을 사용하는 것보다 $\mathbf{F} = m\mathbf{g}$를 사용하는 것이 쉽다. 예제 5.3에서는 2가지 방식이 모두 검토되는데, 어느 방법을 사용하더라도 동일한 결과를 얻는다. (중력 가속도 g의 값으로 근삿값 10 m/s² 대신 좀 더 정확한 값 9.8 m/s²를 쓰기로 한다.) 질량이 50 kg인 사람의 무게는 대략 490 N이다. 지구의 질량은 5.98 × 10²⁴ kg으로 매우 큰 값인데 이 값은 캐번디시가 만유인력 상수 G를 측정하였을 때 최초로 구하였다. 그런 점에서 사실 캐번디시는 그 실험으로 지구의 무게를 재고 있었다고 할 수 있다.

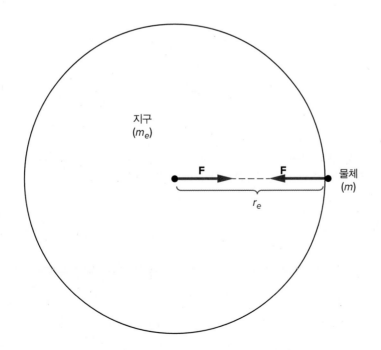

그림 5.20　지구와 지표면 근방에 있는 물체 간의 중심 거리는 지구의 반지름과 같다.

예제 5.3 ▶ 중력, 사람의 무게와 지구의 무게

지구의 질량은 5.98×10^{24} kg이고 평균 반지름은 6370 km이다. 다음 a와 b의 방법으로 지표면에 서 있는 질량 50 kg인 사람이 받는 중력, 즉 무게를 구하시오.

    a. 중력 가속도 g를 사용한 계산

    b. 뉴턴의 중력 법칙을 사용한 계산

a. $m = 50$ kg $F = W = mg$

    $g = 9.8$ m/s^2 $= (50 \text{ kg})(9.8 \text{ m/s}^2)$

    $F = ?$ $\simeq \mathbf{490 \text{ N}}$

b. $m_e = 5.98 \times 10^{24}$ kg

    $r_e \simeq 6.37 \times 10^6$ m

    $F = W = Gmm_e/r_e^2$

    $\simeq \dfrac{(6.67 \times 10^{-11} \text{ N} \cdot \text{m}^2/\text{kg}^2)(50 \text{ kg})(5.98 \times 10^{24} \text{ kg})}{(6.37 \times 10^6 \text{ m})^2}$

    $\simeq \mathbf{490 \text{ N}}$

대개의 이공학 계산기는 수의 과학적 지수표현을 바로 처리한다. 곱하면 10의 지수는 더해지고 나누면 빼진다.

만약 지구 표면으로부터 수백 킬로미터 떨어진 우주선의 캡슐 안에서 질량이 50 kg인 사람이 받는 중력을 알고자 한다면 보다 일반적인 뉴턴의 만유인력의 법칙을 사용해야 할 것이다. 마찬가지로 이 사람이 달 표면에 서 있을 때의 봄무게를 알고자 한다면 지구 대신 달의 반지름과 질량을 사용하여 계산해야 할 것이다. 달에서는 사람의 몸무게가 지구에서의 1/6에 불과하다. 무게에 관한 $W = mg$라는 식은 지구 표면에서만 유효한 표현이다.

달에서 중력과 중력 가속도가 작은 것은 달의 질량이 작기 때문이다. 인체의 근육은 지구의 중력에 익숙해져 있으므로 달에서는 체중이 줄어든 만큼 훨씬 높이 껑충껑충 뛸 수 있게 될 것이다. 달에 공기가 없는 이유도 달 표면에서 물체가 받는 중력이 작기 때문이다. 달에서 기체 분자는 지구에서보다도 훨씬 쉽게 중력에 거슬러 멀리 탈출할 수 있다.

뉴턴은 지구 표면에서 발사된 물체들과 마찬가지로 달도 지구를 향하여 떨어지고 있음을 인지하였다. 뉴턴은 발사된 물체의 운동을 설명해주는 중력이 태양 주위의 행성이나 지구 주위의 달의 운동에도 관계됨을 발견하였다. 뉴턴의 만유인력의 법칙에 의하면 두 질량 간의 힘은 질량의 곱에 비례하고 거리의 제곱에 반비례한다. 이 만유인력의 법칙과 운동의 법칙을 사용하여 뉴턴은 지상에 있는 일반 물체들의 운동은 물론, 행성 운행에 관한 케플러의 법칙도 설명할 수 있었다.

5.5 달과 인공위성

인류가 아름다운 심성과 자연에 대한 호기심을 유지하는 만큼 사람들은 달에 매혹되어 왔다. 20세기에 이르러서 인류는 처음으로 달에 착륙하였고 달 표면에서 약간의 흙을 채취하여 돌아왔다. 인간이 달에 착륙하였다고 해서 달이 주는 낭만이 쇠퇴한 것은 아니지만, 달이 가지는 신비로움은 좀 줄었다고 하겠다.

달이 차고 기우는 것이 달의 위치와 무슨 관계가 있을까? 케플러의 법칙들이 달에도 유효할까? 지구의 여러 가지 위성들의 궤도는 달의 궤도와 어떻게 비교될 것인가?

달의 위상 변화는 어떻게 설명되는가?

달은 뉴턴과 그 이전의 사람들이 연구할 수 있었던 지구의 유일한 위성이었다. 달은 뉴턴이 생각의 실마리를 풀어나가고 중력의 법칙을 발전시키는 데 핵심적인 역할을 했다. 그러나 달이 차고 기우는 것은 뉴턴의 시대보다 훨씬 이전부터 관찰되었다. 달은 원시 종교 및 의식에 자주 등장한다. 달의 운행경로는 이미 선사시대 때부터 조심스럽게 추적되었을 것이다.

달의 **위상**(phase)들을 어떻게 설명할까? 저녁 때 달이 뜨는 시각이 달이 보름달일지 아닐지와 관계가 있을까? 달빛은 햇빛이 반사된 것이다. 달의 위상을 이해하려면 태양과 달, 그리고 관찰자의 위치를 고려하여야 한다(그림 5.21). 달이 보름달일 때, 지구에서 볼 때 달은 태양의 반대편에 있고 지구에서는 태양이 비추는 달의 모든 면을 보게 된다. 달은 태양이 서쪽에서 지는 저녁녘에 동쪽에서 뜬다. 태양이 지고 달이 뜨는 것은 지구의 자전에 따라 정해진다.

지구나 달의 크기는 지구, 달 그리고 태양 간의 거리에 비해 작기 때문에 대개 태양에서 오는 빛의 길목에 지구나 달이 지나는 경우가 잘 일어나지 않는다. 그러나 길목에 있게 되면 **식**(eclipse)이 발생한다. 월식 때는 지구의 그림자가 달을 일부 또는 전부를 가린다. 그림 5.21에서 월식은 보름달일 때 일어나는 것을 알 수 있다. 일식은 달이 정확하게 지구에 그림자를 드리우는 때에 일어난다. 일식 때 달의 위상은 무엇일까?

달이 지구를 공전하는 27.3일의 대부분의 시간 동안 지구에서는 태양이 비추는 달의 밝은 부분 전체를 다 볼 수가 없다. 초승달이나 반달 혹은 그 중간의 여러 가지 모양을 보게 되는 것이다(그림 5.22). 신월(new moon)은 달이 지구로부터 일직선상에서 태양과 같은 쪽에 있

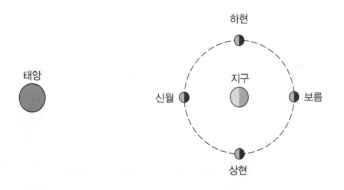

그림 5.21 달의 위상은 태양, 달 그리고 지구의 위치에 따라 결정된다. (실제 비례관계가 아니다.)

그림 5.22 달의 다른 위상들을 보여주는 사진들. 이들이 각각의 뜨고 지는 시각은 언제일까? *somchaisom/iStock/360/Getty Images*

을 때 나타나기 때문에 대개 육안으로는 관측이 힘들다. 이때를 중심으로 며칠 전과 후에서 낮익은 그믐달이나 초승달을 보게 된다.

초승달과 보름 사이에서는 대낮에도 달을 볼 수 있다. 상현달일 때는 달은 정오경에 뜨고 한밤중에 진다. 하현달일 때는 한밤중에 뜨고 정오경에 진다. 동틀 녘이나 해질녘에 조건이 알맞게 되면 때때로 지구에서 반사되어 나간 빛에 의해 그믐달이나 초승달의 어두운 부분이 보이기도 한다.

다음에 달을 쳐다보게 되면 달이 하늘 어디쯤 떠 있는지, 언제쯤 뜨고 언제쯤 질 것인지, 그리고 위상은 어떠한지 등에 대해 생각해보자. 이를 친구들에게 설명해보면 더욱 좋을 것이다. 그렇게 하늘의 운동을 예측하는 마법사가 되어보는 것이다.

달도 케플러의 법칙들을 따르는가?

달은 행성들과는 달리 지구와 태양에 의해 동시에 강한 힘을 받기 때문에 그 궤도는 좀 복잡하다(그림 5.23). 지구는 태양보다 훨씬 달에 가까이 있지만, 태양의 질량은 지구의 질량보다 훨씬 더 크기 때문에 태양의 영향력은 상당하다. 먼저 지구만에 의한 달의 궤도를 생각해보자.

이렇게 지구중력만 작용한다면 달의 운동에 관한 물리학은 태양을 도는 행성의 운동에 대

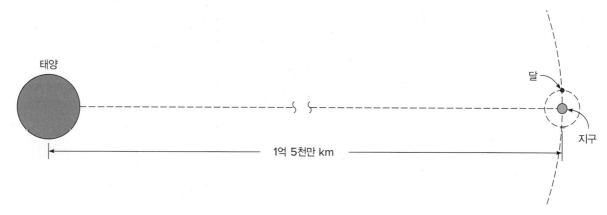

그림 5.23 달은 지구와 태양의 중력 모두에 의해 영향을 받는다. (거리와 크기는 실제 비례관계가 아니다.)

한 것과 같을 것이다. 지구와 달 사이의 만유인력이 달에 구심 가속도를 제공할 것이며, 이에 따라 달은 거의 원궤도를 그릴 것이다. 뉴턴의 중력 법칙에 의하여 달에 가해지는 중력은 $1/r^2$에 비례한다. 여기서 r은 지구의 중심과 달의 중심 간의 거리이다. 밀물과 썰물, 즉 조수현상은 이처럼 거리에 의존하는 중력으로 설명할 수 있다(일상의 자연현상 5.2 참고).

행성들과 마찬가지로 달의 궤도 역시 타원이며, 두 초점 중 하나에는 태양 대신 지구가 있다. 그런데 태양도 달에 힘을 가하기 때문에 이 힘이 달의 타원궤도를 변형시켜서, 달과 지구가 함께 태양 주위를 운행하는 동안 원래의 타원궤도 주변으로 달이 진동하게 한다. 이 진동을 계산하는 것은 수리물리학자들을 수년간 바쁘게 만들었던 쉽지 않은 문제였다.

케플러의 첫 번째 법칙과 두 번째 법칙은, 이들 법칙에서 태양 대신 지구를 사용하면 달의 운동에 잘 들어맞는다. 케플러의 세 번째 법칙은 행성과 달이 약간 차이가 있음을 보여준다. 뉴턴이 케플러의 제3법칙에서의 비율 값을 나타내는 식을 유도했을 때 다음과 같은 표현을 얻었다.

$$\frac{T^2}{r^3} = \frac{4\pi^2}{Gm_s}$$

여기서 m_s는 태양의 질량이다. 달의 경우는 태양의 질량을 지구의 질량으로 대치할 것이며, 따라서 지구 주위를 공전하는 달의 궤도에 관한 이 값은 태양의 주위의 행성들의 궤도와는 다른 값이 된다.

인공위성의 궤도

지구 주위를 궤도 운동하는 인공위성에 관한 T^2/r^3의 값은 달의 그것과 같아야 한다. 이 값이 행성 궤도의 경우와는 다른 값이 됨을 염두에 둔다면 케플러의 제3법칙은 모든 지구 위성에도 적용된다. 인공위성들의 경우 이 비율의 값은 지구의 질량으로 계산을 하거나, 혹은 달 궤도의 평균 거리와 주기를 사용하여 계산한다.

모든 인공위성에 대하여 이 값이 동일하므로, 만일 지구중심으로부터 인공위성까지의 거리 r이 달까지의 거리보다 작다면 T^2/r^3의 값이 같도록 하기 위해서는 인공위성의 공전주기 T가 작아져야 한다. 이 값을 사용하면 공전주기를 알고 있는 인공위성의 고도를 계산할 수 있다. 예를 들어, **동기 궤도**(synchronous orbit) 위성은 주기가 24시간으로 지구 자전과 일치하여 지구상의 특정 지점의 상공에 정지하여 떠 있다. 제3법칙의 비율값으로부터 지구중심에서 동기 궤도 위성까지의 거리 r은 약 42,000 km가 된다. 지구의 반지름이 약 6370 km이므로 지구 반지름의 대략 7배가 되는 셈이다. 상당히 높이 떠 있지만 달만큼 먼 것은 아니다(지구로부터 달까지는 약 384,400 km이다).

대부분의 인공위성은 이보다 지구에 훨씬 더 가깝다. 예를 들어 최초의 인공위성인 러시아의 스푸트니크(Sputnik)는 주기가 대략 90분, 즉 1.5시간이다. 제3법칙의 비율값으로부터 공전궤도 반지름은 약 6640 km가 되고, 지구 반지름 6370 km를 빼면 지표면으로부터 불과 270 km의 거리가 남게 된다. 주기가 짧을수록 위성은 지구에 더 근접하게 된다. 그러나 공기 저항이 커져서 운동을 계속 유지할 수 없기 때문에 위성의 주기를 스푸트니크의 주기보다

일상의 자연현상 **5.2**

조수 간만의 설명

상황 바다 근방에 사는 사람은 누구나 조수의 규칙적인 변화에 익숙하다. 바닷물은 대략 하루에 두 번씩 들고 나가곤 한다. 만조 또는 간조가 두 번 되풀이되는 시간은 약 25시간 정도이다. 때때로 만조 또는 간조에서의 수위 변화가 보통 때보다 더 커지기도 하는데 이는 보름 또는 그믐일 때이다.

주기가 25시간이므로 만조나 간조가 일어나는 시간은 매일 조금씩 이동한다. 그러나 매달 동일한 양상이 되풀이된다. 이러한 거동을 어떻게 설명할까?

분석 한 달의 주기와 최대 만조 때의 달의 위상과의 관계는 달의 영향이 있음을 암시한다. 달과 태양은 모두 지구에 중력을 가한다. 태양은 큰 질량으로 인하여 큰 힘을 가하지만, 달은 훨씬 가까이 있으므로 지구로부터의 거리의 변화가 중요한 요소가 될 수 있다. 중력은 $1/r^2$로 비례하므로 오른쪽에 그려진 바와 같이 중력의 세기는 거리 r에 따라 변하게 된다.

물은 얼지 않은 경우라면 유체이므로 바다를 구성하는 해수는 단단한 지각 위에서 움직이고 있다. 바닷물에 가해지는 주된 힘은 바닷물을 지구 표면으로 당기는 지구의 중력이다. 그러나 달에 의한 힘도 역시 중요하다. 거리의 차이 때문에 단위 질량당 힘이 달에 가까운 곳에서 가장 세고 달에서 가장 먼 지구 반대쪽에서 가장 약하다.

달이 당기는 이런 힘의 차이가 지구의 양쪽에서 해수면이 부풀어 오르게 한다. 달에 가까운 곳에서 부풀어 오르는 것은 단위 질량당 지구에 의한 힘보다 더 큰 힘으로 달에 의해 당겨지기 때문이다. 이때 만조가 일어나고, 바닷물은 선창의 꼭대기까지 찬다.

지구의 반대 위치에서는 지구가 단위 질량당 바닷물보다 더 강한 힘으로 달에 의해 당겨진다. 지구가 바닷물로부터 당겨지므로 이 또한 만조를 만들게 된다. 달이 가하는 힘은 바닷물과 지구 간 작용하는 힘보다는 작지만, 그래도 상당히 커서 조수를 만든다.

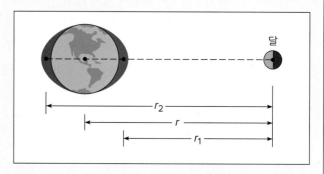

중력이 거리에 따라 변하므로, 바닷물을 포함하여 지표상의 다른 부분에 있는 단위 질량에 대하여 달이 끼치는 중력은 달에서부터 먼 쪽으로 갈수록 작아진다. (그림은 실제 비례가 아니고 부풀어 오른 부분은 크게 과장된 그림이다.)

태양과 달이 일직선상에 있게 되는 보름이나 그믐에는 거리에 따른 힘의 차이에 태양도 마찬가지로 기여하게 되고, 이미 달에 의한 것에 더하여 바닷물이 더 부풀어 오르게 한다. 이같이 태양과 달이 협력하여 보름이나 그믐 때 최대의 조수 간만의 차가 나게 된다.

주기가 24시간이 아니고 25시간인 이유는 무엇일까? 만조의 부풂은 달과 지구를 연결하는 직선상의 지구 양쪽에서 일어난다. 지구는 이같이 부풀어져서 24시간의 주기로 자전한다. 그러나 이 시간 동안 달도 지구 주위를 27.3일의 공전주기를 가지고 운동한다. 따라서 하루 동안 달은 그 공전주기의 1/27 정도를 더 지나치며 달이 지구상의 한 점과 다시 일직선상에 있으려면 하루보다 이만큼의 시간이 더 소요되게 된다. 더 필요한 시간은 대략 24시간의 1/27로, 한 시간보다 약간 작다.

이 모델은 뉴턴에 의해 생각되었고 조수의 중요한 특징들을 깔끔하게 설명해준다. 거리에 따른 중력의 변화가 이 설명에서 핵심이다.

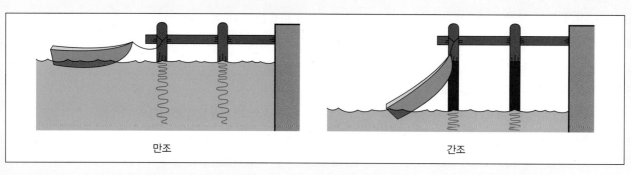

만조 때와 간조 때 선창가 해수면의 높이가 다르다.

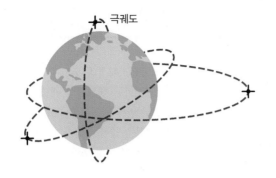

극궤도

그림 5.24 인공위성의 궤도들은 서로 다른 방위나 타원의 모양을 가진다.

많이 더 짧게 가져가기는 힘들다. 지구의 반지름보다 작은 반지름을 가지는 궤도는 물론 불가능하다.

　목적에 따라 위성의 궤도들은 서로 다르게 설계된다. 원궤도에 가까운 것도 있고 길게 늘어진 타원궤도도 있다(그림 5.24). 궤도면이 남극과 북극을 지나는 극궤도(polar orbit)일 수도 있고, 남북극과 적도 사이에 임의의 궤도면을 가질 수도 있다. 모든 것은 위성의 임무에 따라 결정된다.

　인공위성은 1958년 스푸트니크가 발사되기 전까지는 존재하지 않았던 것이었지만 현대에서는 일상적인 것이 되었다. 인공위성은 통신, 첩보, 일기예보 및 다양한 군사적 응용에 이르기까지 그 용도가 넓혀지고 있다. 인공위성의 운동을 지배하는 기본적인 물리는 뉴턴의 이론들에 의해 설명된다. 만약 뉴턴이 돌아올 수 있다면 그간 이룩한 발달상에 경탄을 금치 못하겠지만 분석 자체는 뉴턴에게는 대수롭지 않은 일일 것이다.

> 지구를 공전하는 달의 운동은 태양을 도는 행성들의 운동과 동일한 원리의 지배를 받는다. 중력은 달이 대략 타원궤도를 유지할 수 있도록 구심 가속도를 제공한다. 태양은 달을 비추고 달의 위상은 태양과 지구에 대한 달의 위치로써 설명된다. 보름달은 태양과 달이 서로 지구의 반대 위치에 있을 때 일어난다. 지구의 다른 위성들도 이들 원리의 지배를 받는다. 그러나 케플러의 제3법칙의 비율값은 달을 포함하여 지구의 위성들에 대해서는 행성들의 경우와 달리 적용된다. 달은 더 이상 외톨이가 아니다. 낮은 궤도에서 지구 주위를 윙윙 돌고 있는 수많은 작은 위성들이 달과 동행하고 있다.

주제 토론

어떤 사람들은 1969년에 있었던 달 착륙이 아주 정교하게 꾸며진 사기극일 뿐이라고 믿기도 한다. 이것은 설득력이 있는 믿음인가? 이러한 주장에 반박하기 위하여 어떤 증거나 논증을 내놓을 수 있는가?

요약

원궤도를 도는 물체는 가속되고 있다. 왜냐하면 그 속도 벡터의 방향이 지속적으로 바뀌기 때문이다. 이런 구심 가속도를 생성하는데 관여하는 힘들에 대하여 조사하기 위해서, 줄에 매달린 공이나, 곡선도로를 주행하는 차량, 또 대관람차를 타고 있는 관광객, 그리고 마지막으로 태양 주위를 공전하는 행성들의 경우까지 검토하였다. 행성의 운행에 필요한 구심 가속도를 제공하는 힘은 뉴턴의 중력에 관한 법칙으로 기술된다.

① **구심 가속도** 구심 가속도는 속도 벡터의 방향이 바뀌기 때문에 나타나는 가속도이다. 이것은 물체의 속력의 제곱에 비례하고 곡률 반지름에 반비례한다.

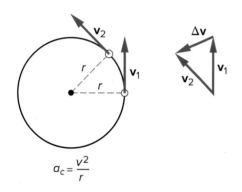

$$a_c = \frac{v^2}{r}$$

② **구심력** 구심력은 물체에 구심 가속도를 주는 모든 종류의 힘을 말한다. 즉 그것은 마찰력일 수도 있고, 수직 항력이나 줄의 장력 혹은 중력이 될 수도 있다. 물체에 여러 가지 힘이 동시에 작용한다면, 그 모든 힘의 합력이 뉴턴의 제2법칙에 따라 구심 가속도를 만들어낸다.

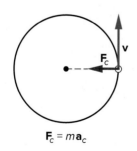

$$\mathbf{F}_c = m\mathbf{a}_c$$

③ **행성의 운동** 행성의 운행에 관한 케플러의 3가지 법칙은 태양 주위를 공전하는 행성들의 궤도를 설명한다. 행성의 궤도들은 (첫 번째와 두 번째 법칙에 따라) 궤도상의 어디에서나 같은 시간 동안 같은 면적을 쓸면서 돌아가는 타원궤도이다. 세 번째 법칙은 행성의 공전주기와 행성의 공전 반지름과의 관계를 규정하고 있다.

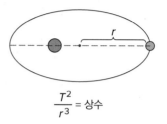

$$\frac{T^2}{r^3} = 상수$$

④ **뉴턴의 만유인력의 법칙** 뉴턴의 만유인력의 법칙에 의하면, 2개의 질량 간에 작용하는 중력은 두 질량의 곱에 비례하고 두 질량 사이의 거리의 제곱에 반비례한다. 이 중력 법칙과 그가 발견한 운동에 관한 3가지 법칙을 사용하여, 뉴턴은 행성의 운행에 관한 케플러의 법칙들을 도출하였다.

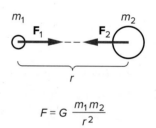

$$F = G\,\frac{m_1 m_2}{r^2}$$

⑤ **달과 인공위성** 지구 주위를 공전히는 달의 궤도 역시 케플러의 법칙으로 설명되는데, 공전주기에 관한 공식에 태양의 질량 대신 지구의 질량을 넣기만 하면 된다. 그리하여 인공위성들에 관한 T^2/r^3의 값은 달의 경우와 같은 값이 된다.

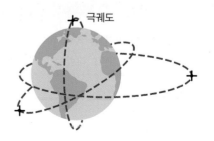

개념문제

Q1. 수평면상에서 원운동하고 있는 공의 속력이 일정한 비율로 증가한다고 생각해보자. 이 속력의 증가는 구심 가속도에 의해서 발생하는가? 이유를 설명하시오.

Q2. 두 대의 자동차가 똑같은 커브길을 주행한다. 한 차가 다른 차보다 2배의 빠르기로 달린다면, 같은 거리를 달린 후에 어느 차의 속도 변화가 더 큰가? 이유를 설명하시오.

Q3. 구심 가속도는 속력에 단순 비례하는 것이 아니라 그 제곱에 비례한다. 속력이 이렇게 두 번 들어가는 이유는 무엇인지 설명하시오.

Q4. 그림 Q4에서 실이 끊어지기 직전에 공에 가해지는 알짜힘이 있을까? 있다면 어느 방향인지 설명하시오.

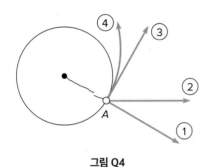

그림 Q4

Q5. 자동차가 경사가 없는 수평면상의 커브길을 일정한 빠르기로 주행하고 있다.
    a. 자동차에 작용하는 모든 힘을 그림으로 그려보시오.
    b. 자동차에 작용하는 알짜힘의 방향은 무엇인가? 설명하시오.

Q6. 만일 커브길이 경사져 있다면 대단히 미끄러운 빙판에서처럼 마찰력이 0이라 하더라도 커브길을 이탈하지 않고 주행할 수 있는가? 이유를 설명하시오.

Q7. 대관람차에 타고 있는 사람이 제일 높은 곳에 도달한 순간 이 사람에게 작용하는 모든 힘들을 화살표로 표시하고, 각 힘의 명칭을 정확히 쓰시오. 어떤 힘이 이 위치에서 최대가 되는가? 또 합력의 방향은 무엇인지 설명하시오.

Q8. 차량의 정면충돌에서 운전자를 앞 유리창 쪽으로 확 밀치는 힘이 존재하는지 설명하시오(일상의 자연현상 5.1 참고).

Q9. 어떤 점에서 코페르니쿠스에 의한 태양중심적인 관점(지동설)이 톨레미의 지구중심적인 관점(천동설)에 비해 행성들의 운동을 더 간단하게 설명하는지 설명하시오.

Q10. 태양계에 관한 코페르니쿠스나 케플러의 지동설에서는 지구가 자전축을 중심으로 자전해야 하므로 지표면의 한 점이 시속 1000마일이 넘는 속력을 갖는다. 이것이 사실이라면 우리는 왜 이 속도를 체감할 수 없는지 설명하시오.

Q11. 그림 5.15에서 설명한 타원의 작도법을 생각하자. 타원의 특수한 경우인 원을 작도하려면 이 과정을 어떻게 수정해야 하는지 설명하시오.

Q12. 태양이 지구에 작용하는 힘이 지구가 태양에 작용하는 힘보다 큰지 설명하시오.

Q13. 3개의 동일한 질량이 그림 Q13과 같이 놓여 있다. m_2에 작용하는 알짜힘의 방향은 무엇인지 설명하시오.

그림 Q13

Q14. 어떤 화가가 별과 초승달을 포함하여 밤하늘의 일부를 그림 Q14와 같이 그렸다. 실제 이런 그림이 가능한 것인지 설명하시오.

그림 Q14

Q15. 반달이 뜨고 지는 시각은 각각 하루의 어느 때인지 설명하시오.

Q16. 달의 위상이 무엇일 때에 일식을 볼 수 있는지 설명하시오.

Q17. 케플러의 제3법칙이 지구 주위를 공전하는 인공위성들에 대하여서도 유효한지 설명하시오.

Q18. 달이 바다로부터 지구 반대편에 있어서 달이 물을 끌어당기는 중력이 가장 약할 때에 왜 간조가 아니라 만조가 일어나는지 설명하시오(일상의 자연현상 5.2 참고).

연습문제

이 장의 연습문제에서는 중력 가속도의 값으로 $g = 9.8$ m/s²을 사용하기로 한다.

E1. 공이 반지름 0.8 m인 원을 따라 4 m/s의 일정한 속력으로 돌고 있다. 공의 구심 가속도는 얼마인가?

E2. 6 m/s의 일정한 속력으로 원궤도를 따라 돌고 있는 공의 구심 가속도는 20 m/s²이다. 원의 반지름은 얼마인가?

E3. 줄에 매달려 원운동을 하는 질량 0.35 kg인 공의 구심 가속도가 5 m/s²이면 줄이 공에 가하는 구심력의 크기는 얼마인가?

E4. 질량이 1300 kg인 자동차가 경사진 커브길을 20 m/s(≈ 45 MPH)의 일정한 속력으로 주행한다. 커브길의 반지름은 35 m이다.

a. 이 차의 구심 가속도는 얼마인가?

b. 마찰이 없다면 이러한 구심 가속도를 가지기 위해 필요한 수직 항력의 수평성분의 크기는 얼마인가?

E5. 지구의 공전주기와 자전주기의 비는 얼마인가?

E6. 두 질량 간에 작용하는 만유인력이 9.6 N이다. 두 질량 간의 거리를 4배로 늘리면 인력은 어떻게 될까?

E7. 두 질량 간에 0.28 N의 만유인력이 작용하고 있다. 만일 두 질량 간의 거리가 현재의 반이라면 인력의 크기는 얼마가 되겠는가?

E8. 목성 표면에서의 중력 가속도는 약 25 m/s²이다. 지구에서 150 lb인 사람의 몸무게는 목성에서는 얼마가 될까?

종합문제

이 장의 종합문제에서는 중력 가속도의 값으로 $g = 9.8$ m/s²을 사용하기로 한다.

SP1. 중력장 내에서 질량 0.25 kg의 공이 줄에 매달려 반지름이 0.45 m인 원운동을 한다. 공의 속력은 3.0 m/s이다. (따라서 줄은 원뿔 모양으로 회전한다.)

a. 공의 구심 가속도는 얼마인가?

b. 이 구심 가속도를 만들어주기 위한 줄의 장력의 수평성분의 크기는 얼마인가?

c. 이 공의 무게를 지탱하기 위한 줄의 장력의 연직성분의 크기는 얼마인가?

d. 이 두 줄의 장력의 성분을 비례관계에 맞게 벡터로 그린 다음, 이 그림으로부터 전체 장력의 크기를 추산해보시오 (부록 A 참고).

SP2. 질량이 1100 kg인 자동차가 곡률 반지름이 50 m인 커브길을 25 m/s(≈ 56 MPH)의 일정한 속력으로 주행하고 있다. 커브길의 경사도는 12°이다.

a. 자동차의 구심 가속도의 크기는 얼마인가?

b. 이러한 구심 가속도에 필요한 구심력의 크기는 얼마인가?

c. 자동차의 무게를 감당하기 위하여 수직 항력의 연직성분의 크기는 얼마가 되어야 하는가?

d. 그림 5.8과 같이 경사진 커브길에 있는 자동차를 간단히 그린 후 비례관계에 맞도록 수직 항력의 연직성분을 그리시오. 이 그림을 이용하여 경사진 도로 면에 수직으로 작용하는 수직 항력의 크기를 구하시오.

e. 이 그림을 이용하여 수직 항력의 수평성분의 크기를 구하시오. 이 성분의 크기는 구심력으로 충분한가?

SP3. 태양의 질량은 1.99×10^{30} kg, 지구의 질량은 5.98×10^{24} kg, 그리고 달의 질량은 7.36×10^{22} kg이다. 달과 지구의 평균 거리는 3.82×10^8 m이고 태양과 지구의 평균 거리는 1.50×10^{11} m이다.

a. 뉴턴의 중력 법칙으로부터 태양이 지구에 가하는 평균력을 구하시오.

b. 달이 지구에 가하는 평균력의 크기를 구하시오.

c. 태양이 지구에 가하는 힘은 달이 가하는 힘의 몇 배인가? 달은 태양 주위를 도는 지구의 궤도에 큰 영향을 미치겠는가?

d. 태양과 지구 간의 거리를 태양과 달 사이의 평균 거리로 간주하여 태양이 달에 가하는 평균력을 구하시오. 지구 주위의 달 궤도에 태양이 큰 영향을 미치겠는가?

CHAPTER 6

Richard Megna/Fundamental Photographs, NYC

에너지와 진동
Energy and Oscillations

학습목표

보통 에너지에 대해 이야기할 때 먼저 어떻게 계에 에너지를 더할 수 있는지를 생각하는 것으로부터 시작한다. 역학에 있어서 에너지는 일을 수반하는데, 일은 물리적으로 특별한 의미를 가지고 있다. 어떤 힘이 계에 대해 일을 하면 계의 에너지는 증가한다. 일이란 에너지 전달의 한 수단인 것이다.

일의 정의와 간단한 경우에 일을 계산하는 방법을 예시하는 것으로부터 출발한다. 여러 가지 상황에서 계에 대해 한 일은 운동 에너지를 증가시키거나 아니면 퍼텐셜 에너지를 증가시킨다. 최종적으로는 에너지 보존 법칙을 도입하여 운동 에너지와 퍼텐셜 에너지의 개념을 묶어 종합하고 이것을 진동과 같은 실제 상황에 적용해볼 것이다.

개요

① **단순 기계들, 일, 그리고 일률** 단순 기계란 무엇인가? 일의 개념이 단순 기계의 작동을 이해하는 데 어떻게 도움이 되는가? 물리학에서는 일을 어떻게 정의하고, 일은 일률과 어떤 관계인가?

② **운동 에너지** 운동 에너지란 무엇인가? 일이 언제 어떻게 물체의 운동 에너지를 변화시키는가?

③ **퍼텐셜 에너지** 퍼텐셜 에너지란 무엇인가? 일이 언제 어떻게 물체의 퍼텐셜 에너지를 변화시키는가?

④ **에너지 보존의 법칙** 계의 총에너지란 무엇이며, 총에너지는 언제 보존되는가? 진자의 운동과 다른 현상들을 설명하기 위해 이들 개념들을 어떻게 이용할 수 있는가?

⑤ **용수철과 단조화 운동** 진자와 용수철에 달려 있는 질량의 운동은 어떤 공통점을 가지는가? 단조화 운동이란 무엇인가?

UNIT ONE

줄 끝에 매달린 공이 앞뒤로 흔들리는 것을 유심히 본 적이 있는 가? 줄 끝에 매달린 목걸이 장식물이나 회중시계의 추(그림 6.1)와 같은 것들은 때로 최면을 거는 데 사용되기도 한다. 전해오는 이야기 로 갈릴레이는 교회에서 지루한 설교 시간 동안 샹들리에가 줄에 매 달려 천천히 앞뒤로 흔들리는 것을 보며 즐거워했다고 한다.

갈릴레이의 흥미를 끈 것은 진자가 흔들리는 모양이 매번 흔들림 의 양끝에서는 항상 같은 위치에 오는 것처럼 보이는 것이었다. 흔들 림이 계속되면서 양끝에서의 위치는 그 전보다 약간씩 못 미치게 될 수도 있지만, 그 운동이 완전히 멈추기까지는 상당한 시간 동안 지속 된다. 반면에 속도는 계속해서 바뀌는데, 흔들림의 양끝에서는 속도 가 0이고 맨 아래쪽에서는 속도가 최대가 된다. 어떻게 진자는 그러 한 속도의 변화를 겪으면서도 항상 출발점으로 되돌아가는 운동을 할 수 있을까?

명백하게 무언가가 보존되고 있다. 일정하게 보존되는 양은 바로 에너지라고 말하는 물리량이다. 에너지란 뉴턴의 역학 이론에서는 없었던 개념이다. 그러나 19세기에 이르러 에너지와 에너지 변환에 대한 개념이 소개되었고 오늘날에는 물리 세계를 이해하는 데 있어 서 중심적인 위치를 차지하게 되었다.

진자의 운동과 다른 형태의 진동들은 역학적 에너지의 보존 법칙 을 이용하여 이해할 수 있다. 흔들림의 양끝에서의 진자의 퍼텐셜 에 너지는 맨 아래쪽 위치에서 운동 에너지로 변환되고, 다시 운동 에너 지는 퍼텐셜 에너지로 변환된다. 그러면 에너지란 무엇이고 애초에 계에 에너지는 어떻게 형성되는 것일까? 왜 에너지는 물리학과 다른

그림 6.1 막대 끝에 매달린 추가 흔들리는 모습. 추는 왜 매번 흔들릴 때마다 거의 같은 위치로 되돌아가는 것일까? *Jonnie Miles/Getty Images*

모든 과학에서 중심적 역할을 하는 것일까?

에너지는 물리 세계에서 기본적으로 널리 쓰이는 개념이다. 에너 지를 현명하게 소비하기 위해 에너지를 이해해야 한다. 그리고 그것 은 일의 개념을 이해하는 것으로부터 시작된다.

6.1 단순 기계들, 일, 그리고 일률

줄에 공을 매달아 진자를 만들고(그림 6.2), 진자를 흔들리게 하려면 어떻게 해야 하는가? 다시 말하면 어떻게 계에 에너지를 넣어줄 수 있는가? 보통 줄이 늘어뜨려져 있는 최저점, 즉 중심 위치로부터 공을 잡아당김으로써 진동을 시작시킬 수 있을 것이다. 그렇게 하기 위

그림 6.2 작용한 힘은 공을 매달린 점 수직 아래쪽의 원래 위치로부터 이동시키는 데 필요한 일을 한다. *James Ballard/McGraw-Hill Education*

해서는 손으로 공에 힘을 가해서 어느 정도의 거리만큼 움직여야 한다.

물리학자들에게 있어서 물체에 힘을 가하여 어느 거리만큼 움직이는 행위는, 실제 가해진 힘이 아무리 미약할지라도 일을 한다는 것을 의미한다. 계에 일을 한다는 것은 계의 에너지를 증가시킨다는 것이고, 이 에너지는 진자의 운동에 사용될 수 있다. 일이란 어떻게 정의되며, 또 단순 기계가 어떻게 그 개념을 설명하는 데 도움이 될 것인가?

단순 기계란 무엇인가?

일의 개념은 단순 기계라고 부르는 지렛대나 도르래, 빗면과 같은 도구의 분석에 처음 적용되었다. **단순 기계**(simple machine)란 가해준 힘의 효과를 크게 해주는 모든 종류의 기계적 도구를 말한다. 지렛대는 단순 기계의 한 예이다. 지렛대의 한쪽 끝에 작은 힘을 가함으로써 반대쪽 끝에 올려져 있는 바위에 큰 힘을 작용시킬 수 있다(그림 6.3).

작용한 힘의 효과를 크게 해주기 위해 치르게 되는 대가는 무엇인가? 바위를 약간 움직이기 위해 지렛대 반대쪽에서는 큰 거리를 움직여야 한다. 일반적으로 단순 기계를 이용하여 작은 힘으로 무엇을 해내기 위해서는 그 힘은 더욱 먼 거리에 걸쳐 작용해야 한다. 반면에 반대쪽 끝에서 발생되는 힘은 크지만, 그 힘은 단지 작은 거리에 걸쳐서만 작용한다.

그림 6.4에 보인 도르래는 비슷한 결과를 낼 수 있는 또 다른 단순 기계이다. 이 계에 있어서 줄의 장력이 물체의 무게를 지탱하고 있는 다른 쪽 도르래를 끌어올리고 있다. 만약 이 계가 평형 상태에 놓여 있다면, 도르래를 당기는 줄이 물체를 당길 때 그 효과는 두 줄이 당기는 것과 같기 때문에 줄의 장력이 들어 올리는 물체의 무게는 반으로 줄어든다. 그러나 도르래와 물체를 어떤 높이만큼 끌어올리기 위해 사람은 물체가 움직인 거리의 2배에 해당하는 길이의 줄을 끌어당겨야 한다. (도르래 양쪽의 줄은 각각 물체가 들려 올라간 거리만큼 똑같이 수직방향으로 짧아져야 한다.)

그림 6.4에서 나타낸 대로 도르래를 이용한 결과는 다음과 같다. 물체 무게 절반만의 힘으로 물체를 어느 높이까지 들어올릴 수 있지만, 물체가 들려 올라간 높이의 2배에 해당하는 거리만큼 줄을 당겨야 한다. 이런 식으로 힘과 움직인 거리의 곱은 사람이 줄에 작용한 입력 힘의 경우와 물체에 가해진 출력 힘의 경우에 대해서 동일하다. 그러므로 힘과 거리가 곱해진 양은 (마찰손실이 작은 경우) 보존된다. 이 곱의 양을 일이라고 하고 이상적인 단순 기계에

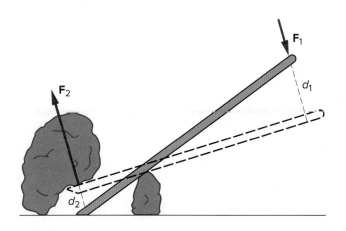

그림 6.3 지렛대는 바위를 들어올리는 데 사용된다. 작은 힘 F_1은 바위를 들어올리기 위한 큰 힘 F_2를 만들어내지만 F_1은 F_2보다 더 먼 거리 d_1에 걸쳐 작용한다.

그림 6.4 간단한 도르래 장치는 무거운 물체를 들어올리는 데 사용된다. 줄의 장력은 아래쪽 도르래의 한쪽을 잡아당기므로 줄의 장력은 매달린 무게의 절반의 크기이다.

적용한 결과는 다음과 같다.

$$\text{출력 일} = \text{입력 일}$$

입력 힘에 대한 출력 힘의 비를 단순 기계의 **기계적 이득**(mechanical advantage)이라 한다. 여기서 고려한 도르래의 경우 기계적 이득은 2이다. 물체를 들어올린 출력 힘은 사람이 줄에 작용한 입력 힘의 2배이다.

일은 어떻게 정의되는가?

단순 기계에 대해 논의한 내용은 힘과 거리를 곱한 양이 특별한 중요성을 가지고 있음을 보여준다. 가령 무거운 나무상자를 그림 6.5와 같이 콘크리트 바닥을 가로질러 이동시키기 위해 수평방향으로 일정한 힘을 작용시킨다고 하자. 그러면 나무상자를 움직이기 위해 일을 했다는 사실에 동의할 것이다. 그리고 상자를 더 멀리 움직일수록 더 많은 일을 해야 할 것이다.

한 일의 양은 또한 상자를 계속 이동시키기 위해 얼마나 세게 밀었는가에 따라 달라질 것

그림 6.5 일정한 크기의 수평방향으로 힘 **F**에 의해 나무상자가 콘크리트 바닥 위를 거리 *d*만큼 이동한다.

이다. 이러한 것들이 일을 정의하는 데 사용되는 기본 개념들이다. 일은 작용한 힘의 세기와 상자를 움직인 거리 둘 모두에 따라 달라진다. **일**(work)은 작용한 힘과 그 힘의 영향으로 상자가 움직인 거리를 곱한 것이다. 또는

$$일 = 힘 \times 거리$$

$$W = Fd$$

이다. 여기서 W는 일이고 d는 움직인 거리이다. 일의 단위는 힘의 단위에 길이의 단위를 곱한 것, 또는 미터법으로는 뉴턴-미터(N·m)이며, 이 단위를 줄(J)이라고 한다. 줄은 기본 미터법 단위에서 에너지의 기본단위이다(1 J = 1 N·m).

예제 6.1은 간단한 경우에 일을 계산하는 방법을 보여준다. 수평방향으로 50 N의 힘을 써서 나무상자를 4 m 끌어당겼다면, 결과적으로 작용한 힘은 200 J의 일을 한 것이다. 이 일을 하는 데 있어서 200 J의 에너지가 힘을 작용하는 사람으로부터 나무상자와 그 주변으로 전달된 것이다. 사람은 에너지를 잃고 나무상자와 그 주변은 에너지를 얻는다.

예제 6.1 ▸ 일의 양

나무상자가 상자에 달린 줄에 작용하는 50 N의 힘에 의해 4 m 잡아당겨졌다. 다음의 경우 50 N의 힘이 나무상자에 한 일은 얼마인가?

   a. 줄이 바닥과 나란한 수평방향일 때

   b. 줄이 바닥과 어떤 각도를 이루고 있어서 50 N의 힘의 수평성분이 30 N일 때(그림 6.6) 모든 힘이 다 일을 하는가?

a. $F = 50$ N $W = Fd$

   $d = 4$ m $= (50$ N$)(4$ m$)$

   $W = ?$ $= \mathbf{200\ J}$

b. $F_h = 30$ N $W = F_h d$

   $d = 4$ m $= (30$ N$)(4$ m$)$

   $W = ?$ $= \mathbf{120\ J}$

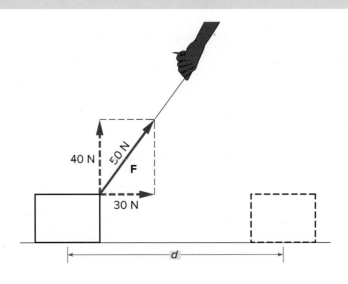

그림 6.6 상자를 바닥 위에서 끌어당기기 위해 줄을 사용하고 있다. 바닥과 평행한 힘의 성분만이 일을 계산하는 데 사용된다.

어떠한 힘이라도 일을 하는가?

앞의 예에서 나무상자에 작용한 힘의 방향은 움직인 방향과 같았다. 나무상자에 작용하는 다른 힘들은 어떠한가? 그 힘들은 일을 했는가? 예를 들면, 바닥의 수직 항력은 나무상자를 위로 밀고 있지만, 수직 항력은 상자의 운동방향과 수직방향이므로 상자의 운동에 직접적인 효과를 주지 않는다. 운동방향에 수직한 힘, 예를 들면 수직 항력이나 나무상자에 작용하는 중력 등은 나무상자가 수평으로 움직이는 동안 일을 하지 않는다.

물체의 운동방향에 대해 수직방향도 아니고 평행한 방향도 아닌 방향으로 힘이 작용한다면 어떠한가? 이 경우, 일을 계산하는 데 총 힘을 사용하지 않는다. 대신에 운동방향과 평행한 힘의 성분만을 사용한다. 이러한 개념은 그림 6.6에 나타내었으며 예제 6.1b에서 다루고 있다.

그림 6.6에 나무상자를 끌어당기기 위한 줄은 바닥과 일정한 각도를 이루고 있다. 그래서 작용한 힘의 일부분은 바닥과 평행한 방향이 아니라 위쪽으로 향하고 있다. 나무상자는 그힘의 방향으로는 움직이지 않는다. 힘이 두 성분, 즉 바닥과 평행한 성분과 바닥과 수직인 성분으로 되어 있다고 생각하라. 여기서 운동방향과 평행한 방향으로의 힘만이 일을 계산하는데 사용된다. 운동방향에 수직한 방향으로의 힘은 일을 하지 않는다.

힘의 방향까지를 고려하여 완전한 일의 정의를 내릴 수 있다.

> 주어진 힘이 한 일은 물체가 움직인 방향으로 작용한 힘의 성분과 물체가 그 힘의 영향으로 움직인 거리를 곱한 것이다.

일률은 일과 어떤 관계가 있는가?

자동차가 가속되고 있을 때, 에너지는 기관에 들어간 연료로부터 자동차의 운동으로 전달된다. 그러나 종종 자동차를 움직이기 위해 한 일을 이야기할 때, 얼마나 **빨리** 이 일이 이루어지는가에 더 관심이 있다. 일을 한 비율은 기관의 **일률**(power)과 관련이 있다. 같은 일을 하는데 걸린 시간이 짧을수록 일률은 더 크다. 일률은 다음과 같이 정의할 수 있다.

> 일률은 일을 하는 비율이다. 일률은 한 일의 양을 일을 하는 데 걸린 시간으로 나눈 것이다.
>
> $$일률 = \frac{일}{시간}$$
>
> $$P = \frac{W}{t}$$

예제 6.1에서 50 N의 힘으로 나무상자를 바닥 위에서 4 m 움직이기 위해 200 J의 일을 한 것으로 계산하였다. 나무상자가 10 s 동안 움직였다면 일률은 200 J을 10 s로 나눠줌으로써 일률은 20 J/s이다. 일률에 대한 미터법 단위로서 1 s에 1 J의 일을 한 것을 1와트(W)라고 한다. 와트 단위는 전력을 나타내는 데 많이 사용되기도 하지만 더 일반적으로 에너지의 전달률을 나타내는 경우에 자주 사용된다.

자동차 기관의 출력을 나타내는 데 자주 사용되는 일률의 또 다른 단위로 마력(hp)이 아직 쓰이고 있다. 1마력은 746와트 또는 0.746킬로와트(kW)에 해당한다. 언젠가는 관습적으로 기관의 출력을 마력보다는 킬로와트 단위로 표현하는 날이 오겠지만, 아직은 그렇지 않다. 마력과 실제 말의 일률과의 관계는 좀 모호한 면이 있지만, 기관차의 일률과 실제 말의 일률을 비교하는 데는 아직 어느 정도 의미가 있다.

> 일은 물체의 운동방향으로 작용한 힘과 이동한 거리를 곱한 것이다. 단순 기계에서 비록 출력 힘이 입력 힘보다 클지라도 출력 일은 입력 일보다 클 수 없다. 일률은 일을 하는 비율이다. 일을 빨리 할수록 일률은 크다. 평형 상태에 있는 진자추를 잡아당기는 처음의 예와 같이, 물체에 일을 하면 물체 또는 계의 에너지는 증가한다.

6.2 운동 에너지

나무상자를 움직이기 위한 힘이 나무상자의 운동방향으로 작용하는 유일한 힘이라고 하자. 그러면 나무상자는 어떻게 될까? 뉴턴의 운동 제2법칙에 의하면 나무상자는 가속될 것이고, 따라서 상자의 속도는 증가할 것이다. 물체에 일을 하면 물체의 에너지를 증가시킨다. 물체의 운동과 관련된 에너지를 **운동 에너지**(kinetic energy)라고 부른다.

일은 에너지의 전달을 수반하기 때문에 나무상자가 얻은 운동 에너지의 양은 나무상자에 행한 일의 양과 같다. 그러면 이런 경우 운동 에너지는 어떻게 정의되는가? 일이 바로 그 출발점이 된다.

운동 에너지는 어떻게 정의되는가?

바닥 위에서 나무상자를 밀고 있다고 생각하자(그림 6.5). 좋은 베어링으로 만든 바퀴 위에 나무상자를 올려놓았다면 마찰력은 무시할 만큼 작다고 할 수 있을 것이다. 그러면 상자에 작용한 힘은 상자를 가속시킬 것이다. 나무상자의 질량을 알면 뉴턴의 운동 제2법칙으로부터 상자의 가속도를 구할 수 있다.

나무상자가 빨라짐에 따라 상자에 일정한 힘을 계속 가해주기 위해서는 더 빨리 움직여야 한다. 2장에서 보았듯이, 일정한 가속도로 움직이는 물체는 최종 속력의 제곱에 비례하는 거리를 이동한다. 따라서 해준 일은 속력의 제곱에 비례하게 된다.

해준 일은 운동 에너지의 증가와 같으므로 운동 에너지 또한 속력의 제곱에 비례하여 증가한다. 나무상자가 처음에 정지 상태에 있었다면 정확한 관계는 다음과 같다.

$$\text{해준 일} = \text{운동 에너지의 변화} = \tfrac{1}{2}mv^2$$

운동 에너지를 약자로 KE라는 표현을 자주 쓴다.

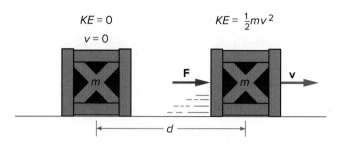

$KE = 0$
$v = 0$

$KE = \frac{1}{2}mv^2$

F

m

v

d

그림 6.7 물체에 작용하는 알짜힘이 물체에 한 일은 물체의 운동 에너지를 증가시킨다.

운동 에너지는 운동의 결과로 나타나는 물체의 에너지인데 물체의 질량에 속력의 제곱을 곱한 양의 반이다.

$$KE = \frac{1}{2}mv^2$$

그림 6.7은 이 과정을 보여준다. 만약 나무상자가 초기에 정지하고 있으면 상자의 운동 에너지는 0이다. 거리 d를 움직이는 동안 가속되어 운동 에너지는 $\frac{1}{2}mv^2$이 되었는데, 이것은 상자에 해준 일과 같다. 해준 일은 사실상 운동 에너지의 **변화**와 같다. 만약 밀기 시작할 때 나무상자가 이미 움직이고 있었다면 운동 에너지의 증가량은 해준 일과 같다.

예제 6.2에서 2가지 다른 방법으로 상자가 얻은 에너지를 계산함으로써 이러한 개념들을 확실히 해준다. 첫 번째 방법에서는 일의 정의를 이용한다. 두 번째 방법에는 운동 에너지의 정의를 이용한다. 나무상자에 해준 614 J의 일은 결과적으로 운동 에너지를 614 J만큼 증가시킨다는 사실을 알 수 있다. 이 값이 일치하는 것은 우연한 일이 아니다. 운동 에너지의 정의는 이것이 진실이라는 사실을 보장한다.

예제 6.2 ▸ 일과 운동 에너지

마찰이 없는 바닥에서 출발하여 120 kg의 나무상자에 96 N의 힘을 4 s 동안 작용시킨 결과 상자가 6.4 m 움직인 뒤 물체의 최종 속력이 3.2 m/s가 되었다.

　a. 나무상자에 한 일을 구하시오.

　b. 나무상자의 최종 운동 에너지를 구하시오.

a. $F = 96$ N　　　　$W = Fd$

　　$d = 6.4$ m　　　　$= (96$ N$)(6.4$ m$)$

　　$W = ?$　　　　　$= \textbf{614 J}$

b. $m = 120$ kg　　$KE = \frac{1}{2}mv^2$

　　$v = 3.2$ m/s　　　$= \frac{1}{2}(120$ kg$)(3.2$ m/s$)^2$

　　$KE = ?$　　　　$= \textbf{614 J}$

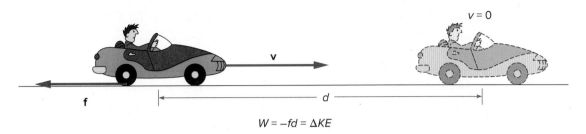

$$W = -fd = \Delta KE$$

그림 6.8 도로 표면에 의해 자동차 바퀴에 작용한 마찰력은 자동차를 제동시키는 음의 일을 하고, 결과적으로 운동 에너지의 감소를 가져온다.

음의 일이란 무엇인가?

물체에 해준 일이 물체의 운동 에너지를 증가시킬 수 있다면, 일이 물체의 에너지를 감소시키는 것도 역시 가능한가? 힘은 물체를 가속시키는 것과 마찬가지로 감속시킬 수도 있다. 예를 들면 빨리 달리는 자동차의 브레이크를 밟음으로써 미끄러지면서 멈추게 한다고 하자. 도로면과 자동차 바퀴 사이에 작용한 마찰력은 일을 하는가?

자동차가 미끄러지면서 멈출 때, 자동차는 운동 에너지를 잃는다. 운동 에너지의 감소는 운동 에너지가 음의 양만큼 변화했다고 생각할 수 있다. 운동 에너지의 변화가 음이라면, 자동차에 해준 일도 마찬가지로 음이어야 한다.

자동차에 가해진 마찰력은 그림 6.8에 보인 것처럼 자동차의 운동방향과 반대방향임에 주의하라. 이런 경우 마찰력이 자동차에 해준 일을 **음의 일**(negative work)이라고 하는데, 계(자동차)의 에너지를 증가시키기보다는 계의 에너지를 감소시키는 것이다. 마찰력의 크기 f에 대해 자동차가 감속되는 동안 움직인 거리가 d라면 해준 일은 $W = -fd$이다. 마찰력은 항상 운동방향과 반대방향이므로 마찰에 의해 한 일은 항상 음이다.

움직이는 자동차의 제동거리

자동차의 운동 에너지는 속력에 비례하지 않고 속력의 **제곱**에 비례한다. 속도를 2배로 하면 운동 에너지는 4배가 된다. 원래 속력의 2배가 되도록 하기 위해서는 4배의 일을 해주어야 한다. 마찬가지로 자동차의 속력을 2배 줄이기 위해서는 4배의 에너지를 감소시켜야 한다.

실질적인 응용으로, 서로 다른 속력으로 달리는 자동차의 제동거리에 관해 알아보자. 자동차를 완전히 멈추는 데 필요한 음의 일의 양은 브레이크를 밟기 전의 운동 에너지와 같다. 똑같은 양의 에너지를 계로부터 제거해야 한다. 운동 에너지는 속력의 제곱에 비례하므로 필요한 일(그리고 제동거리)은 자동차의 속력에 따라 빠르게 증가한다. 예를 들면, 시속 60 MPH에서의 제동거리는 시속 30 MPH에서의 제동거리보다 4배만큼 길다. 속력의 제곱은 운동에너지를 감소시키는 데 4배이 음이 일을 한다. 60 MPH에서 정지 거리는 30 MPH에서 필요한 정지 거리의 4배가 된다. 왜냐하면 한 일은 거리에 비례하기 때문이다(마찰력이 일정하다고 가정).

사실상 마찰력은 자동차의 속력에 따라 달라진다. 운전연습 교본에서 말하는 정지 거리를 보면 속력의 제곱에 정확하게 비례하지는 않지만 속력에 따라 빠르게 증가함을 볼 수 있다.

초기의 운동 에너지가 많으면 많을수록 이 운동 에너지를 0으로 줄이기 위해서는 더 많은 음의 일이 필요하고 그만큼 정지 거리는 더 커진다.

> 물체의 운동과 관련된 운동 에너지는 질량과 속력의 제곱을 곱한 양의 1/2과 같다. 물체가 얻거나 잃은 운동 에너지는 물체를 가속시키거나 감속시키는 알짜힘이 한 일과 같다. 마찰력은 항상 운동 방향의 반대방향으로 작용하는 힘이다.

6.3 퍼텐셜 에너지

그림 6.9처럼 나무상자를 적재 부두의 더 높은 위치로 들어올린다고 가정하자. 이 과정에서 일을 하게 되지만 나무상자를 부두 위에 그냥 놓으면 운동 에너지는 증가하지 않는다. 나무상자의 에너지는 증가했을까? 상자를 들어올리는 힘이 한 일은 어떻게 된 것일까?

　활시위를 당기거나 용수철을 압축하는 것도 비슷하다. 일은 했지만 운동 에너지는 증가하지 않는다. 계의 **퍼텐셜 에너지**(potential energy)가 증가한 것이다. 퍼텐셜 에너지는 운동 에너지와 어떻게 다른가?

중력 퍼텐셜 에너지

그림 6.9처럼 나무상자를 들어올리기 위해서는 잡아당기거나 밀어 올리는 힘을 작용시켜야 할 필요가 있다. 나무상자가 올려지는 동안 또 다른 힘이 작용하고 있다. 지구의 중력(상자의 무게)은 상자를 아래로 잡아당긴다. 중력과 크기는 똑같고 방향이 반대인 힘으로 상자를 들어올리면 상자에 작용하는 알짜힘은 0이어서 상자는 가속되지 않는다. 실제로는 운동

그림 6.9　줄과 도르래를 이용하여 나무상자를 적재 부두 위의 더 높은 위치로 들어올리면 퍼텐셜 에너지가 증가한다.

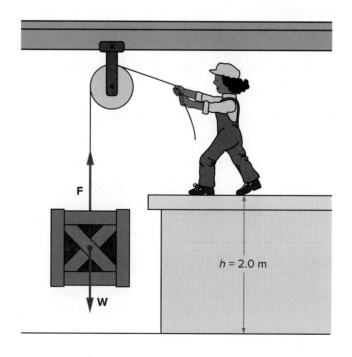

의 초기에는 상자를 약간 가속시키고, 마지막에는 감속시키지만 움직이는 동안은 일정한 속도로 옮긴다.

상자를 들어올리는 힘이 한 일은 상자의 **중력 퍼텐셜 에너지**(gravitational potential energy)를 증가시킨다. 상자를 들어올리는 힘과 중력은 크기는 같고 방향은 반대이므로 가속도는 0이다. 상자에 작용하는 알짜힘은 0이지만 상자를 들어올리는 힘은 중력이 잡아당기는 반대 방향으로 물체를 움직여 일을 하게 된다. 만약 줄을 놓게 되면 상자는 아래쪽으로 가속되어 운동 에너지를 얻는다.

중력 퍼텐셜 에너지는 얼마나 증가하였는가? 상자를 들어올리는 힘이 한 일은 그 힘의 크기와 움직인 거리를 곱한 크기와 같다. 작용한 힘은 상자의 무게 mg이다. 만약 상자가 높이 h만큼 움직였으면, 한 일은 mg 곱하기 h, 즉 mgh이다. 중력 퍼텐셜 에너지는 한 일과 같다.

$$PE = mgh$$

여기서 퍼텐셜 에너지를 PE라는 약자로 표시하였다.

높이 h는 상자가 어떤 기준점 또는 위치로부터 위로 이동한 거리이다. 예제 6.3에서 상자가 바닥에 놓여 있는 원래 위치를 기준점으로 정하였다. 보통 물체가 운동할 수 있는 가장 낮은 점을 기준으로 잡는데, 이는 퍼텐셜 에너지가 음이 되는 것을 피하기 위해서이다. 그러나 중요한 것은 퍼텐셜 에너지의 **변화**이기 때문에 기준점의 선택이 물리적인 내용에 영향을 주지는 않는다.

예제 6.3 ▶ 퍼텐셜 에너지

100 kg의 나무 상자를 바닥에서 2 m 위에 있는 적재 부두 위로 들어올렸다. 퍼텐셜 에너지는 얼마나 증가했는가?

$m = 100$ kg	$PE = mgh$
$h = 2$ m	$= (100 \text{ kg})(9.8 \text{ m/s}^2)(2 \text{ m})$
$g = 9.8$ m/s^2	$= (980 \text{ N})(2 \text{ m})$
	$= \mathbf{1960 \ J}$

퍼텐셜 에너지의 핵심

퍼텐셜 에너지란 말은 나중에 다른 목적으로 쓸 수 있도록 에너지를 저장한다는 것을 의미한다. 앞에서 기술한 경우에서 확실히 이러한 상황을 볼 수 있다. 나무상자를 어떤 높이의 적재 부두 위로 들어올릴 수 있다. 그러나 나무상자를 부두에서 밀면 상자는 떨어지면서 빠르게 운동 에너지를 얻게 된다. 이 운동 에너지는 땅에 말뚝을 박거나 다른 유용한 목적으로 아래쪽에 있는 물체를 압축시키는 데 사용될 수 있다(그림 6.10). 그러나 운동 에너지도 이러한 성질이 있기 때문에 에너지를 저장한다는 것이 퍼텐셜 에너지를 구분하게 하는 것은 아니다.

퍼텐셜 에너지는 특정한 힘의 작용에 의해 물체의 위치가 **변화**하는 것과 관계가 있다. 중력 퍼텐셜 에너지의 경우, 그 힘은 지구가 잡아당기는 중력이다. 물체를 지구로부터 멀리 옮

그림 6.10 들어올려진 나무상자의 퍼텐셜 에너지는 운동 에너지로 변환되어서 다른 목적으로 사용될 수 있다.

코코넛

길수록 중력 퍼텐셜 에너지는 더 커진다. 다른 종류의 퍼텐셜 에너지는 다른 힘이 관계되어 있다.

탄성 퍼텐셜 에너지란 무엇인가?

활시위를 당기거나 용수철을 잡아 늘이면 어떤 일이 일어나는가? 이런 예들에서 일은 **탄성력**(elastic force)에 반하는 작용력에 의해 일어나는데, 탄성력은 물체를 잡아 늘이거나 압축할 때 나타난다. 그림 6.11처럼 한쪽 끝에 나무벽돌이나 다른 물체가 달려 있고, 다른 끝은 기둥에 묶여 있는 용수철을 생각하자. 벽돌은 용수철이 늘어나지 않은 상태의 원래 위치에서 잡아당기면 계는 탄성 퍼텐셜 에너지를 얻게 된다. 벽돌을 놓으면 도로 원래 위치로 돌아가게 될 것이다.

벽돌을 어떤 거리만큼 움직이려면 힘을 작용시켜야 하기 때문에 용수철이 작용하는 힘의 반대방향으로 당길 때 일을 하게 된다. 대부분의 용수철은 늘어난 길이에 비례하는 힘을 작용하게 된다. 용수철이 많이 늘어날수록 힘은 더 세다. 이 힘은 용수철의 단단함을 나타내는 **용수철 상수**(spring constant) k를 정의함으로써 식으로 표현할 수 있다. 단단한 용수철은 큰 용수철 상수값을 가진다. 용수철이 가하는 힘은 용수철 상수에 늘어난 길이를 곱한 값

$$F = -kx$$

그림 6.11 한쪽 끝이 고정된 지지대에 묶여 있는 용수철에 나무벽돌이 연결되어 있다. 용수철을 잡아 늘이면 계의 탄성 퍼텐셜 에너지는 증가한다.

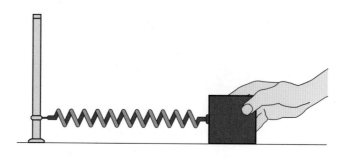

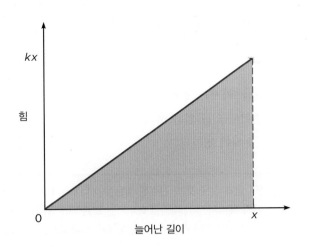

그림 6.12 용수철을 늘어뜨리는 데 사용되는 힘은 늘어난 길이에 따라 변하는데, 초기 0의 값에서부터 최종값 *kx*까지 변한다. 용수철을 잡아 늘이는 데 한 일은 그림의 음영 영역과 같다.

로 주어지는데, 여기서 *x*는 늘어나지 않은 원래의 위치를 기준으로 측정한 늘어난 길이이다. 이 관계식은 흔히 로버트 훅(Robert Hooke, 1635~1703)의 이름을 따라 훅의 법칙이라고 부른다. 음의 부호는 용수철이 가하는 힘이 물체가 평형 위치로부터 멀어진 방향의 반대방향으로 작용한 것을 나타낸다. 따라서 질량이 오른쪽으로 이동하면 용수철은 왼쪽으로 작용한다. 용수철이 압축되면 용수철은 오른쪽으로 밀어내는 힘이 작용한다.

이러한 계에서 퍼텐셜 에너지의 증가를 어떻게 계산할 수 있을까? 전과 마찬가지로 물체의 위치를 변화시키는 데 사용된 힘이 한 일을 계산할 필요가 있다. 벽돌을 가속시키지 않고 움직이려면 벽돌에 작용하는 알짜힘이 0이 되도록 한다. 작용하는 힘의 크기는 잘 조절하여 항상 용수철이 가하는 힘의 크기와는 같고 방향은 반대가 되도록 잘 조절하여야 한다. 이것은 작용하는 힘의 크기가 거리 *x*가 증가함에 따라 증가해야 한다는 사실을 의미한다(그림 6.12).

탄성 퍼텐셜 에너지(elastic potential energy)의 증가는 용수철을 늘이는 데 필요한 평균 힘이 한 일과 같다.

$$PE = \frac{1}{2}kx^2$$

여기서 늘어난 용수철의 퍼텐셜 에너지는 용수철 상수에 늘어난 길이의 제곱을 곱한 값의 반이다. 똑같은 표현이 용수철이 압축되었을 때에도 사용된다. 이 경우에 거리 *x*는 압축되지 않았을 때의 원래 위치로부터 압축된 거리가 된다.

용수철에 저장된 퍼텐셜 에너지는 다른 형태로 변환될 수 있고, 또 여러 가지 용도로 쓸 수 있다. 용수철이 늘어나거나 압축된 상태에서 벽돌을 놓으면 벽돌은 운동 에너지를 얻게 된다. 활시위를 당기거나, 고무공을 쭈그러뜨리는 것, 그리고 고무줄을 늘어뜨리는 것들도 비슷한 예들인데, 용수철과 비슷하게 탄성 퍼텐셜 에너지를 만들어낸다.

보존력이란 무엇인가?

퍼텐셜 에너지는 중력이나 용수철 외의 다른 여러 가지 형태의 힘이 한 일의 결과로서도 생길 수 있다. 그러나 마찰력이 한 일은 계의 퍼텐셜 에너지의 증가를 가져다주지 못한다. 대신에 열이 발생하여 계로부터 에너지가 빠져나가거나 원자 수준에서 계의 내부 에너지를 증가시킨다. 11장에서 논의하겠지만, 이 내부 에너지는 유용한 일을 할 수 있도록 완전하게 되돌려지지는 않는다.

퍼텐셜 에너지와 관련을 가지는 중력이나 탄성력과 같은 힘들은 **보존력**(conservative force)이라고 부른다. 보존력에 의해 일을 하게 되면, 계가 얻은 에너지는 다른 형태의 에너지로 사용할 수 있도록 완전하게 변환된다.

> 보존력(중력이나 용수철의 힘과 같은 것)과 관련된 퍼텐셜 에너지는 물체의 움직임이 아니라 물체의 위치에 의존하는 물체의 에너지이다. 퍼텐셜 에너지는 보존력이 물체를 이동시키면서 한 일을 계산함으로써 얻을 수 있다. 계의 퍼텐셜 에너지는 운동 에너지나 다른 계에 일을 할 수 있도록 변환될 수 있다.

6.4 에너지 보존의 법칙

일과 운동 에너지, 그리고 퍼텐셜 에너지의 개념에 대해 알아보았다. 이러한 개념들이 진자와 같은 계에서 어떤 일이 일어나는지를 이해하는 데 어떻게 도움이 될 수 있는가?

에너지 보존이 그 해답이다. 총에너지, 즉 운동 에너지와 퍼텐셜 에너지의 합은 많은 경우에 있어서 일정한 값으로 보존되는 양이다. 우리는 진자의 운동을 에너지 변환과정을 따라감으로써 기술할 수 있다. 이것은 계에 대해서 무엇을 말해줄까?

진자의 흔들림에서의 에너지 변화

단단한 지지대에 고정된 줄의 끝에 매달려 있는 공으로 된 진자를 생각하자. 공을 한쪽으로 끌어당겼다가 놓아서 흔들리도록 했다. 이 계의 에너지는 어떻게 될까?

첫 번째 단계에서는 손이 공에 일을 해주었다. 이 일의 알짜 효과는 공이 옆으로 당겨질 때 지면으로부터의 높이가 증가했기 때문에 공의 퍼텐셜 에너지를 증가시킨 것이다. 한 일은 공을 잡아당기는 행위를 한 사람으로부터 진자와 지구로 구성된 계로 에너지를 전달한 것이다. 일은 중력 퍼텐셜 에너지, 즉 $PE = mgh$가 된 것이다. 여기서 h는 원래 공의 위치로부터의 높이이다(그림 6.13).

공을 놓으면 이 퍼텐셜 에너지는 공이 흔들리기 시작하면서 운동 에너지로 바뀐다. 흔들림의 최저점(단지 매달려 있기만 할 때의 공의 원래 위치)에서는 퍼텐셜 에너지가 0이고 운동 에너지는 최대가 된다. 공은 최저점에서 정지하지 않고 운동을 계속하여 반대쪽 위치까지 간다. 진동하는 이 구간에서는 운동 에너지는 감소하여 0이 될 때까지, 그리고 퍼텐셜 에너지는 공을 놓기 전의 원래 값과 같아지는 지점에 이를 때까지 증가한다. 그런 다음 공은 되돌아오는데, 퍼텐셜 에너지에서 운동 에너지로, 다시 퍼텐셜 에너지로의 변환을 반복한다(그림 6.13).

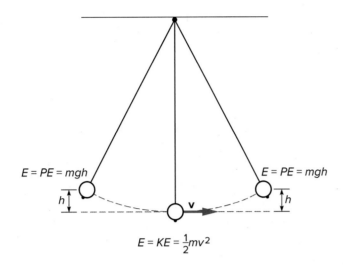

그림 6.13 진자가 앞뒤로 흔들리면서 퍼텐셜 에너지는 운동 에너지로 바뀌고 다시 퍼텐셜 에너지로 바뀐다.

에너지가 보존된다는 것은 무엇을 의미하는가?

진자가 흔들리면서 퍼텐셜 에너지가 운동 에너지로, 다시 퍼텐셜 에너지로 계속해서 바뀌는 현상이 일어난다. 계의 에너지를 증가시키거나 줄이는 일이 가해지지 않는다면, 계의 총 역학적 에너지(운동 에너지와 퍼텐셜 에너지의 합)은 일정하게 남아 있다. 진자의 흔들림은 **에너지 보존**(conservation of energy) 법칙을 보여준다.

> 계에 보존력인 힘만 작용하여 운동한 경우에만 총 역학적 에너지(운동 에너지와 퍼텐셜 에너지의 합)가 보존된다.

일은 중요하다. 힘이 한 일로 인해 에너지가 더해지거나 제거되지 않으면 총에너지는 변하지 않는다. 기호로 나타내면 다음과 같다. 만약 $W = 0$이면,

$$E = PE + KE = 상수$$

여기서 E는 보통 총에너지를 나타낼 때 쓰인다. 이는 아주 중요한 원리로, 일상의 자연현상 6.1을 통하여 보다 구체적으로 생각해보기로 한다.

진자의 운동을 기술하는 데 에너지 보존 법칙을 적용하였다. 몇 가지 점에서 자세한 주의를 기울일 필요가 있는데, 예를 들면 왜 중력이 진자에 한 일은 고려하지 않는 것일까? 대답은 고려하는 계에 공의 중력 퍼텐셜 에너지가 포함됨으로써 중력이 계의 일부가 되기 때문이다. 중력은 이미 설명되었던 퍼텐셜 에너지와 관련된 보존력이다.

공에 작용하는 또 다른 힘은 무엇인가? 줄의 장력이 공의 운동에 수직한 방향으로 작용한다(그림 6.14). 이 힘은 운동방향으로의 성분을 가지지 않으므로 일을 하지 않는다. 고려해야 할 필요가 있는 유일한 힘은 공기 저항이다. 이 힘은 공에 대해 음의 일을 하는데, 계의 역학적 에너지를 서서히 감소시킨다. 이 경우 계의 총에너지는 보존되지 않는다. 공기 저항이 무시될 수 있을 때만이 총에너지가 보존된다. 그러나 공기 저항의 효과는 보통 작기 때문에 무시할 수 있다.

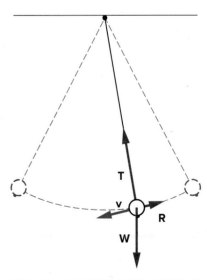

그림 6.14 공에 작용하는 3개의 힘 중에서 공기 저항만 계에 대해 일을 하여 계의 총에너지를 변화시킨다. 장력은 일을 하지 않으며 중력이 한 일은 이미 퍼텐셜 에너지에 포함되어 있다.

일상의 자연현상   6.1

에너지 보존

상황   마크는 방금 물리학 수업시간에 에너지 보존에 대하여 배웠는데 약간의 개념상 혼돈을 느끼고 있다. 강사는 에너지 보존 법칙에 대하여 에너지란 창조될 수도 없고 소멸될 수도 없는 것으로서 그 총량은 항상 보존된다는 일반적인 설명을 하였다.

반면에 마크는 뉴스를 통하여 에너지를 아껴서 사용해야 한다는 말을 자주 듣는다. 만일 에너지가 보존되는 양이라면 뉴스의 해설자나 환경론자들이 반복해서 되풀이하는 이 말들은 도대체 무슨 의미인가? 그들은 물리학을 배우지도 않았다는 말인가?

분석   많은 사람들이 일상생활에서 말하는 '에너지를 보존해야 한다'는 말은 물리학에서의 에너지 보존과는 전혀 다른 의미를 가진다. 이 두 어휘 사이의 차이점을 분명히 하는 것은 최근 논의되고 있는 에너지 및 환경과 관련된 이슈를 정확하게 이해하는 데 결정적인 역할을 한다.

이 장에서 언급하고 있는 에너지 보존이란 기본적으로 계의 운동 에너지와 퍼텐셜 에너지를 합한 역학적 에너지에 대하여 제한적으로 적용되는 원리이다. 물론 10장과 11장에서는 열이라는 또 다른 형태의 에너지가 추가되어 그 영역이 확대될 것이고, 20장 이후부터는 질량 또한 한 에너지의 형태로 추가될 것이다. 이러한 넓은 범주에서 에너지란 항상 보존되는 양이다.

그러나 각 형태의 에너지가 각각 보존되는 것은 아니다. 예를 들면 석유는 중요한 에너지 자원이다. 석유에 저장되어 있는 에너지는 다름 아닌 석유 분자를 이루고 있는 원자와 원자 사이의 전기적인 인력과 관련된 퍼텐셜 에너지이다. 석유를 사용한다는 것은 이 퍼텐셜 에너지를 용도에 따라 다른 형태의 에너지로 변환시키는 것이다.

석유의 퍼텐셜 에너지를 표출시키는 쉬운 방법은 석유를 연소시켜 열에너지로 만드는 것이다. 열에너지는 에너지의 또 다른 형태이다. 아주 높은 온도의 열에너지는 여러 가지 열기관을 움직이는 데 사용된다(11장 참고). 자동차에 장착되어 있는 가솔린 기관도 바로 이러한 열기관의 일종이며, 무거운 트럭이나 기차를 움직이는 디젤 기관이나 심지어 비행기를 날게 하는 제트 기관도 마찬가지이다. 이러한 열기관들은 열에너지를 자동차나 기차, 배, 비행기의 운동 에너지로 변환시켜 주는 것이다.

그렇다면 이러한 차량이나 비행기의 운동 에너지는 최종적으로 어떻게 되는가? 그것은 결국 기관 내부의 마찰, 타이어와 지면 사이의 마찰을 통해 그리고 공기와의 저항에 의해 낮은 온도의 열에너지로 바뀌게 된다. 에너지는 소멸되지 않는다. 다만 주위가 약간 더워졌을 뿐이다. 말하자면 원래 석유에 잠재되어 있던 유용한 퍼텐셜 에너지가 덜 유용한 에너지로 바뀐 것이다. 주변 온도에 가까운 온도의 열은 때때로 저급열이라고 하며, 그 용도는 가정 난방 또는 이와 유사한 용도로 제한된다.

그러면 우리가 일상생활에서 쓰는 에너지 보존이란 무슨 의미로 사용하는 것인가? 그것은 바로 석유와 같이 유용하게 사용할 수 있는 에너지를 좀 더 지혜롭게 최소한도로 사용함으로써 가치 있는 에너지를 보존하자는 의미이다. 물론 여기에는 석유뿐만 아니라 천연가스나 석탄 등의 자원도 포함된다. 다시 말하지만 물리적인 의미에서 에너지는 보존된다.

만일 걸어서 등하교를 하거나, 자전거를 타거나, 또는 에너지 절감형 소형차를 이용하는 것은 대형차나 SUV 차량을 이용하는 것보다 에너지를 절약하는 좋은 선택이 될 것이다. 걷거나 자전거를 타는 것은 섭취한 음식물로부터 얻은 에너지를 낮은 온도의 열에너지로 변환하는 것이며, 따라서 대형차나 SUV 차량을 이용하는 것보다는 많은 가치 있는 에너지를 보존하는 방법인 셈이다. 그리고 물론 환경 보존에도 도움이 된다.

뒤에 나오는 장들에서 에너지의 사용과 관련된 많은 요소들을 다시 다룬다. 10장, 11장에서는 특히 에너지 이슈와 깊은 관계가 있는 열역학의 법칙들을 배운다. 11장에서는 태양 에너지, 지열 에너지를 이용한 전기의 생산에 대하여 다룬다. 이어서 13장, 14장에서는 전기 에너지 사용과 전력 발전에 대하여, 그리고 19장에서는 핵에너지를 다룬다.

현명한 에너지 사용의 물리학 및 경제학은 매우 중요한 문제이다. 이러한 논의에 있어서, 에너지 보존이 무엇인지 이해해야 한다. 에너지는 생성되거나 소멸될 수 없지만 한 형태에서 다른 형태로 전환되는 방식은 에너지 자원의 사용과 환경에 매우 중요하다.

에너지는 모든 통근자를 위해 보존되는가? *PhotoAlto*

왜 에너지 개념을 사용하는가?

에너지 보존 법칙을 사용하면 어떤 이점이 있을까? 진자의 운동을 뉴턴의 운동 법칙에 직접 적용시켜서 기술하여 한다고 생각해보자. 진자가 움직일 때마다 방향과 크기가 연속적으로 변하는 힘을 가지고 기술해야 할 것이다. 뉴턴의 운동 법칙을 사용하여 완전히 기술하는 것은 매우 복잡하다.

그러나 에너지 개념을 사용하면 뉴턴의 법칙을 직접 적용하는 것보다 훨씬 쉽게 계의 거동을 예측할 수 있다. 예를 들면, 마찰력이 무시할 정도로 작다면, 양쪽 끝에서 공이 같은 높이에 이를 것이라는 사실을 예측할 수 있다. 공이 순간적으로 정지하는 진동의 양쪽 끝에서는 운동 에너지가 0이고, 이 점들에서의 총에너지는 퍼텐셜 에너지와 같다. 에너지를 잃지 않았다면 퍼텐셜 에너지는 공을 놓기 전의 퍼텐셜 에너지와 같은 값을 가지는데, 이것은 같은 높이에 이르렀다는 사실을 의미한다($PE = mgh$).

물리학 강의시간에 가끔 볼링공을 진자추로 사용하여 행해지는 실연을 통해 이 개념을 극적으로 보여준다. 천장에 고정된 줄에 매달린 볼링공을 한쪽으로 잡아당겨 강사의 턱높이까지 올린다. 강사는 공을 놓아 흔들리게 하여 공이 앞으로 갔다가 다시 되돌아와서 턱높이 근처까지 와서 멈출 때까지 겁을 먹지 않고 서 있다(그림 6.15). 겁을 먹지 않기 위해서는 에너지 보존 법칙에 대한 신뢰가 요구된다! 이 실연이 성공하기 위해서는 공을 놓을 때 초기속도를 주지 않아야 한다. 만일 공에 힘을 가하여 민다면 어떤 일이 발생할까?

공이 흔들릴 때 임의의 점에서의 공의 속력을 예측하기 위해서도 에너지 보존 법칙을 사용할 수 있다. 흔들림의 양끝에서는 속력은 0이고 최저점에서는 속도가 최대이다. 이 최저점을 퍼텐셜 에너지 측정의 기준점으로 정하면, 그 점에서의 높이는 0이므로 퍼텐셜 에너지는 0이다. 처음의 퍼텐셜 에너지는 모두 운동 에너지로 변환되었다. 맨 아래 점에서의 운동 에너지를 알면, 예제 6.4에서 보인 것처럼 공의 속력을 알 수 있다.

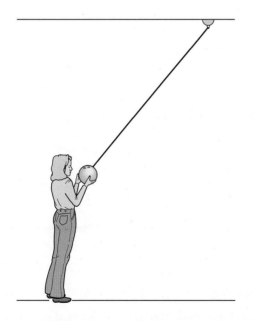

그림 6.15 천장에 고정된 줄 끝에 매달린 볼링공을 놓으면 방을 가로질러 흔들리고 적정한 순간마다 일시 정지한다.

예제 6.4 ▶ 진자의 흔들림

질량이 0.50 kg인 진자추를 진동의 맨 아래 점으로부터 높이 12 cm 위의 지점에서 놓았다. 진자추가 맨 아래 점을 지날 때의 속력은 얼마인가?

$m = 0.5$ kg

$h = 12$ cm

$v = ?$

(맨 아래 점에서의)

초기의 에너지는

$E = PE = mgh$

$= (0.5 \text{ kg})(9.8 \text{ m/s}^2)(0.12 \text{ m})$

$= 0.588$ J

맨 아래 점에서 퍼텐셜 에너지는 0이므로

$$E = KE = 0.588 \text{ J}$$

$$\frac{1}{2}mv^2 = 0.588 \text{ J}$$

양변을 $\frac{1}{2}m$로 나누면

$$v^2 = \frac{KE}{\frac{1}{2}m}$$

$$= \frac{(0.588 \text{ J})}{\frac{1}{2}(0.5 \text{ kg})}$$

$$= 2.35 \text{ m}^2/\text{s}^2$$

양변의 제곱근을 구하면

$$v = 1.53 \text{ m/s}$$

진자가 흔들리는 경로 어디에서도 총에너지와 초기 에너지가 같다는 관계식으로부터 임의의 위치에서의 속력을 구할 수 있다. 맨 아래 점으로부터의 높이 h가 다르면 퍼텐셜 에너지의 값도 다르다. 나머지 에너지는 운동 에너지여야 한다. 계는 항상 같은 양의 에너지를 가져야 하는데, 퍼텐셜 에너지이거나 운동 에너지, 또는 두 형태의 에너지를 모두 가지지만, 그 값은 원래의 값보다 클 수 없다.

에너지 분석은 회계와 어떻게 같은가?

언덕 위의 썰매와 활주궤도열차는 에너지 보존 법칙에 대해 잘 말해준다. 에너지 보존은 썰매나 궤도열차의 속력에 대해 뉴턴의 법칙을 직접 적용시키는 것보다 쉽게 예측할 수 있게 한다. 에너지 회계는 계의 전체적인 거동을 이해하는 데 더 도움이 된다. 일상의 자연현상 6.2에서 보인 장대높이뛰기도 이러한 방법으로 분석할 수 있다.

그림 6.16처럼 언덕 위의 썰매를 생각하자. 부모가 언덕 꼭대기까지 썰매를 끌고 올라가면서 썰매와 아이에게 일을 하여 퍼텐셜 에너지를 증가시킨다. 맨 꼭대기에서 부모는 썰매를 밀어 초기의 운동 에너지를 주기 위해 좀 더 일을 할지도 모른다. 부모가 한 총 일은 계에 주어진 에너지이며, 표 6.1에 나타낸 바와 같이 퍼텐셜 에너지와 운동 에너지의 합과 같다.

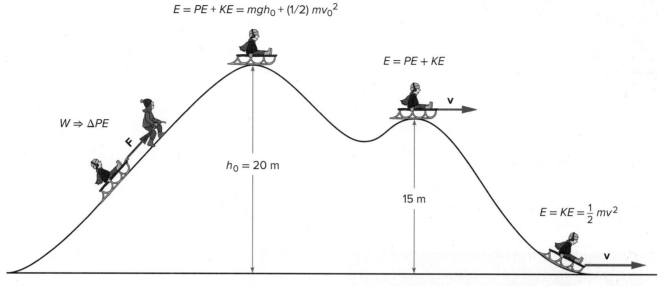

그림 6.16 썰매를 언덕 위로 끌고 올라가면서 한 일은 썰매와 사람의 퍼텐셜 에너지를 증가시킨다. 이 초기의 에너지는 썰매가 언덕 아래로 미끄러져 내려가면서 운동 에너지로 변환된다.

표 6.1 썰매에 대한 에너지 회계장부

한 부모가 질량이 50 kg인 썰매와 아이를 높이 20 m인 언덕 위로 끌고 올라가 초기속도가 4 m/s가 되게 밀었다. 썰매에 작용하는 마찰력은 썰매가 언덕 아래로 미끄러져 내려옴에 따라 2000 J의 음의 일을 한다.

에너지 수입
썰매를 언덕 위로 끌고 올라가면서 한 일에 의한 퍼텐셜 에너지 소득:

$$PE = mgh = (50 \text{ kg})(9.8 \text{ m/s}^2)(20 \text{ m})$$ 9800 J

꼭대기에서 썰매를 밀면서 한 일에 의한 운동 에너지 소득:

$$KE = \frac{1}{2}mv^2 = \frac{1}{2}(50 \text{ kg})(4 \text{ m/s})^2$$ 400 J

초기 총에너지:　　　10,200 J

에너지 지출
썰매가 언덕 아래로 내려오면서 마찰에 대한 일:

$$W = -fd$$ −2000 J

에너지 차액:　　　8200 J

　　이 초기의 에너지는 어디에서 유래된 것인가? 이것은 부모가 썰매를 끌고 미는 행위를 한 육체로부터 나온다. 근육다발이 활성화되어 몸에 저장된 화학 퍼텐셜 에너지를 내놓은 것이다. 이 에너지는 음식으로부터 나온 것인데, 이것은 다시 식물에 저장된 태양 에너지를 포함한다. 아침을 잘 먹지 못했거나 언덕 위로 여러 번 올라갔다 온 부모는 꼭대기까지 올라갈 수 있는 충분한 에너지가 없을지도 모른다.

에너지와 장대높이뛰기

상황 벤 로페즈(Ben Lopez)가 트랙을 달려간다. 그는 장대높이뛰기 선수이며, 가끔은 그의 빠른 주력 때문에 계주경기에도 나간다. 벤의 코치는 그가 기초물리학 강의를 듣고 있다는 사실을 알고 장대높이뛰기의 물리에 대해 이해하도록 제안했다. 높게 뛰는 데 결정적인 요인은 무엇일까? 어떻게 하면 이러한 요인들을 가장 잘 이용할 수 있을까?

코치는 장대높이뛰기에서 에너지를 고려하는 것이 중요하다는 사실을 알고 있다. 어떤 형태의 에너지 변환이 있는가? 이러한 효과를 이해하면 벤의 경기에 도움이 될까?

장대의 유연성과 선수가 장대를 쥐는 지점은 도약지점을 결정짓는 데 중요하다.

장대높이뛰기의 모습. 어떤 에너지 변환이 일어나고 있는가?
Patrik Giardino/Getty Images

분석 장대높이뛰기에서 에너지 변환에 관한 것을 기술하는 것은 어렵지 않다. 선수가 도약지점까지 달려가는 것부터 시작한다. 이때 선수의 속도는 점점 빨라지는데, 이는 자기 근육에 저장된 화학 에너지를 사용하여 운동 에너지를 증가시킨다. 도약지점에 이르게 되면 장대 끝을 땅에 있는 홈에 꽂는다. 이 점에서 운동 에너지의 일부가 용수철에서와 같이 휘어진 장대에 탄성 퍼텐셜 에너지로 저장된다. 나머지는 선수가 도약지점 위로 올라감에 따라 중력 퍼텐셜 에너지로 변환된다.

도약의 맨 꼭대기 점 근처에 이르면 휘어진 장대가 곧게 펴지면서 장대의 탄성 퍼텐셜 에너지가 중력 퍼텐셜 에너지로 변환된다. 선수는 또 자신의 팔과 상체의 근육을 이용하여 부가적인 일을 함으로써 추진력을 더하게 된다. 도약의 맨 끝점에서는 운동 에너지가 0이어야 한다. 단지 걸침대를 넘을 수 있는 최소한의 수평성분의 속도를 가져야 한다. 최고점에서 운동 에너지가 많이 남아 있다는 것은 선수가 가능한 한 많은 에너지를 중력 퍼텐셜 에너지로 변환시키는 데 실패하였다는 것을 나타낸다.

벤은 이러한 분석을 통해 무엇을 배울 수 있는가? 첫 번째로 속력이 중요하다는 것이다. 도약지점까지 달려가면서 더 많은 운동 에너지를 만들어낼수록 중력 퍼텐셜 에너지(mgh)로 변환시킬 수 있는 에너지가 많아지는 것이고, 이것이 결국 도약의 높이를 결정짓는 데 결정적으로 기여하게 될 것이다. 뛰어난 장대높이뛰기 선수는 보통 뛰어난 달리기 선수이다.

장대의 특성과 장대를 쥐는 방법도 역시 중요한 요인이다. 장대가 만약 너무 뻣뻣하거나 장대를 너무 아래쪽으로 잡으면 손에 기분 좋지 않은 충격을 느끼면서 장대에는 유용한 에너지 저장이 거의 이루어지지 않는다. 그리고 초기의 운동 에너지의 일부는 이 충돌에서 잃어버리게 된다. 장대가 너무 유연하거나 장대를 너무 높이 잡으면 도약의 맨 꼭대기 점에서 유용한 에너지를 줄만큼 충분히 빨리 펴지지 않게 될 것이다.

마지막으로 경기를 마무리하기 위해서는 상체근육의 힘이 중요하다. 상체근육 훈련을 잘하면 벤의 장대높이뛰기는 틀림없이 좋아질 것이다. 시간을 잘 맞추는 것과 기술적인 것도 중요한데, 이는 연습을 통해서만 개선될 수 있다. 코치에게 있어서는 연습이 가장 중요한 것일지도 모른다.

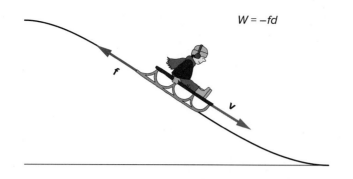

$$W = -fd$$

그림 6.17 마찰력이 한 일은 음이며, 이것은 계로부터 역학적 에너지를 빼앗아간다.

썰매와 아이가 언덕 아래로 내려올 때 마찰과 공기 저항을 무시할 수 있다면 에너지는 보존되고, 운동하는 동안 어떤 지점에서든지 총에너지는 초기의 에너지와 같아야 한다. 언덕 아래로 내려올 때 마찰이 있다고 생각하는 것이 더 실제적이다(그림 6.17). 마찰이 하는 일의 양을 정확히 예측하기는 어렵지만 이동한 전체 거리를 알고 평균 마찰력의 크기에 대해 적절한 가정을 하면 어림잡아 계산할 수는 있다. 표 6.1에서 한 에너지 회계에서 썰매가 언덕 아래쪽까지 오는 동안 마찰이 한 일을 2000 J이라고 가정하였다.

마찰이 한 일은 계로부터 에너지를 빼앗아 간 것이므로 회계장부에는 지출로 나타나 있다. 언덕 아래에서의 에너지 차액은 10,200 J이 아니라 8200 J이다. 이 값은 마찰을 무시했을 때 언덕 아래에서의 썰매와 아이의 속력보다는 작고 좀 더 실제적인 값에 가깝다. 정확한 계산이 항상 가능한 것은 아니지만, 에너지 회계를 통해 있을 수 있는 한계를 정하고 언덕 위의 썰매와 같은 계의 거동을 이해하는 데 도움이 된다.

> 에너지는 물리 세계에서 널리 사용되는 개념이다. 에너지의 출입을 이해하는 것은 과학과 경제학 모두에 관계되는 것이다. 계에 일을 하는 것은 은행에 에너지를 넣는 것이다. 보존력만이 일을 한다는 조건하에서는 총에너지는 보존된다. 에너지의 출입을 주의 깊게 관찰함으로써 계의 운동에 대한 많은 양상들을 예측할 수 있다.

주제 토론

일상의 자연현상 6.1에 나오는 자전거를 타고 출근하는 사람은 에너지를 사용하고 있는 것인가? 만일 그렇다면 이 에너지는 어디에서 나오는 것이며, 이 경우 에너지 보존이란 어떻게 설명할 수 있는가?

6.5 용수철과 단조화 운동

에너지 보존이 진자의 운동을 설명할 수 있다면, 진동하는 다른 계에 대해서는 어떠한가? 앞뒤로 움직이는 용수철이나 탄성이 있는 고무줄과 같은 계들은 퍼텐셜 에너지가 운동 에너지로 변환되고 다시 반복해서 퍼텐셜 에너지로 변환된다. 이러한 계들이 가지고 있는 공통점은 무엇인가? 무엇이 그들이 시계처럼 똑딱거리게 하는가?

용수철 끝에 매달린 질량은 가장 간단한 진동계의 하나이다. 이 계와 6.4절에서 기술한 간단한 진자들은 단조화 운동의 가장 흔한 예들이다.

용수철에 매달린 물체의 진동

그림 6.18처럼 용수철 끝에 벽돌을 매달고 평형 위치로부터 한쪽으로 당기면 어떤 일이 일어나는가? 평형 위치는 용수철이 늘어나거나 압축되지 않은 상태에서의 위치이다. 물체를 용수철에 대항하는 방향으로 움직여 일을 하면 용수철–질량계의 퍼텐셜 에너지를 증가시킨다. 그러나 이 경우의 퍼텐셜 에너지는 진자와 관련된 중력 퍼텐셜 에너지가 아니라 탄성 퍼텐셜 에너지 $\frac{1}{2}kx^2$이다. 용수철에 달린 물체의 퍼텐셜 에너지가 증가하는 것은 활시위를 당기거나 고무줄 새총을 당기는 것과 비슷하다.

일단 물체를 놓으면 퍼텐셜 에너지는 운동 에너지로 변환된다. 진자와 마찬가지로 물체의 운동은 평형 위치를 지나치게 되고, 용수철은 압축되어 다시 퍼텐셜 에너지를 얻게 된다. 운동 에너지가 완전히 퍼텐셜 에너지로 다시 변환되면 물체는 멈추고 방향을 바꾸게 되고 전체 과정은 반복된다(그림 6.18). 계의 에너지는 연속적으로 퍼텐셜 에너지에서 운동 에너지로, 다시 퍼텐셜 에너지로 변한다. 마찰효과가 무시될 수 있다면 계의 총에너지는 물체가 앞뒤로 진동하는 동안 일정한 값을 갖는다.

비디오카메라나 다른 추적 기술을 이용하여 시간의 변함에 따른 진자추나 용수철에 달린 물체의 위치를 측정하고 그려낼 수 있다. 물체의 위치를 시간에 대해 그리면 위치를 나타내는 곡선은 그림 6.19와 같다. 이러한 곡선을 기술하는 수학적 함수를 '조화 함수'라고 하고, 이러한 운동을 **단조화 운동**(simple harmonic motion)[*]이라고 한다. 이 어휘는 아마도 진

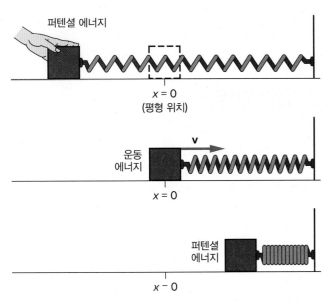

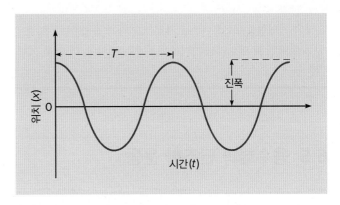

그림 6.18 용수철을 늘이면서 한 일로 증가시킨 에너지가 다음에는 용수철의 퍼텐셜 에너지와 물체의 운동 에너지로 반복해서 변환된다.

그림 6.19 용수철에 달린 물체의 앞뒤로 움직임에 따라 수평위치 x를 시간에 대해 그렸다. 곡선은 조화 함수이다.

---

[*] 삼각법을 공부했다면 그림 6.19에 표시된 곡선이 코사인 함수라는 것을 알 수 있다. 사인과 코사인을 집합적으로 조화 함수라고 한다.

동하는 현이나 떨림판, 공명관에서 만들어지는 소리의 음악적 표현에서 따온 것일지도 모른다(15장 참고).

그림 6.19에서 0을 나타내는 선은 용수철에 달린 물체의 평형 위치를 나타낸다. 이 선의 위쪽은 평형 위치의 한쪽을 나타내고, 선의 아래쪽은 반대쪽 위치를 나타낸다. 운동은 물체를 놓는 위치에서 시작되는데, 거리는 평형 위치로부터 최대인 점이 된다. 물체가 평형 위치(그래프에서 $x = 0$)를 향해 운동함에 따라 속력이 붙게 되고, 이것은 곡선의 기울기가 증가하는 것으로 나타난다(2.4절 참고). 물체의 위치는 평형점 근처에서 가장 빨리 변하게 되는데, 여기서 운동 에너지와 속력이 가장 크다.

물체가 평형 위치를 통과함에 따라 원래 위치의 반대쪽으로 평형 위치로부터 멀어지게 된다. 용수철이 가하는 힘은 이제 속도의 반대방향이며 물체를 감속시킨다. 물체가 원래 놓인 점으로부터 가장 먼 위치에 다다랐을 때 속력과 운동 에너지는 다시 0이 되고, 퍼텐셜 에너지는 최댓값으로 되돌아오게 된다(예제 6.5 참고). 이 점에서 곡선의 기울기는 0인데, 물체가 순간적으로 정지(속도가 0)되었다는 것을 나타낸다. 물체는 앞뒤로 움직이면서 계속적으로 속력이 늘어났다가 줄어들었다가 한다.

예제 6.5 ▶ 용수철에 매달린 질량의 운동

질량이 500 g인 물체가 용수철 상수 800 N/m의 용수철 끝에 매달려 단조화 운동을 하고 있다. 진동은 그림 6.18과 같이 마찰이 없는 수평면 위에서 이루어지고 있다. 물체가 평형점을 통과하는 순간 그 속력이 12 m/s라고 한다.

  a. 평형점에서 물체의 운동 에너지는 얼마인가?
  b. 물체는 평형점으로부터 최대 얼마의 거리까지 멀어졌다 되돌아오는가?

a. $m = 0.50$ kg $\qquad$ $KE = \frac{1}{2}mv^2$

  $v = 12$ m/s $\qquad$ $KE = \frac{1}{2}(0.50 \text{ kg})(12 \text{ m/s})^2$

  $KE = ?$ $\qquad$ $KE = \mathbf{36\ J}$

b. $x = ?$ $\qquad\qquad$ $E = KE + PE = 36$ J

  ($v = 0$일 때) $\qquad$ 따라서 $KE = 0$ (되돌아오는 점에서)

  $\qquad\qquad\qquad$ $PE = \frac{1}{2}kx^2 = 36$ J

  $\qquad\qquad\qquad$ $x^2 = \dfrac{2(36 \text{ J})}{k}$

  $\qquad\qquad\qquad$ $x^2 = \dfrac{72 \text{ J}}{800 \text{ N/m}}$

  $\qquad\qquad$ $x^2 = 0.09$ m^2

  $\qquad\qquad$ $x = 0.30$ m $= \mathbf{30\ cm}$

주기와 진동수는 무엇인가?

그림 6.19의 그래프를 보면 곡선이 규칙적으로 반복되고 있음을 알 수 있다. **주기**(period) T는 반복 시간, 또는 한 순환을 완전히 마치는 데 걸리는 시간이다. 주기는 보통 초 단위로

나타낸다. 주기는 곡선에서 이웃한 마루와 마루 사이나 골과 골 사이의 시간으로 생각해도 된다. 천천히 진동하는 계는 긴 주기를 가지고, 빠르게 진동하는 계는 짧은 주기를 가진다.

어떤 용수철과 질량으로 이루어진 진동자의 진동 주기가 0.5 s라고 하자. 그러면 진동은 1 s에 2번 일어나는데, 이것을 **진동수**(frequency)라고 한다. 진동수 f는 단위 시간당 순환의 수이고, 주기의 역수를 취해서 구할 수 있다($f = 1/T$). 빨리 진동하는 계는 매우 짧은 주기를 가지고, 따라서 높은 진동수를 가진다. 일반적으로 사용하는 진동수의 단위는 헤르츠(hertz)인데, 초당 한 번의 순환으로 정의된다.

용수철-질량계의 진동수를 결정하는 것은 무엇인가? 직관적으로 유연한 용수철은 낮은 진동수를 가지고 탄성이 강한 용수철은 높은 진동수를 가질 것으로 예측한다. 실제로 그렇다. 용수철에 달린 질량도 영향을 미친다. 질량이 크면 운동의 변화를 많이 방해하여 더 낮은 진동수를 가진다.

진자의 진동 주기와 진동수는 일차적으로 고정점에서 진자추의 중심까지의 길이에 따라 달라진다. 주기를 측정하기 위해 보통 몇 번의 진동에 걸리는 시간을 측정한 뒤, 진동수를 나누어주어 한 번 흔들리는 데 걸리는 시간을 구한다.

줄에 달린 공을 이용한 간단한 실험을 통해 주기와 진동수가 진자의 길이에 따라 어떻게 달라지는지를 이해할 수 있다. 직접 해보고 그 규칙성을 찾아보라. 운동은 규칙적이다. 진자의 흔들림이나 용수철에 달린 물체의 운동으로 박자를 맞출 수 있다.

모든 종류의 복원력은 단조화 운동을 하게 하는가?

어떤 물체가 용수철에 매달려 평형 위치 양쪽으로 움직이고 있을 때, 용수철은 물체를 중심 방향으로 밀거나 당기는 힘을 작용한다. 이러한 힘을 **복원력**(restoring force)이라고 한다. 이 경우 탄성력이 용수철에 의해 작용하는 것이다. 모든 진동에서 이러한 복원력이 존재해야 한다.

6.3절에서 논의한 바와 같이 용수철 힘은 평형 위치로부터의 물체의 거리 x에 직접 비례한다($F = -kx$). 용수철 상수 k는 미터당 뉴턴의 단위(N/m)이다. 단조화 운동은 복원력이 이렇게 거리에 단순하게 의존하는 모든 경우에 나타난다. 만약 물체에 작용하는 힘이 거리에 대해 좀 더 복잡한 형태로 변한다면 물체는 진동을 하기는 하지만 단조화 운동은 아니다. 그래서 단순조화 곡선으로 나타나지 않는다(그림 6.19).

용수철-질량계는 일반적으로 그림 6.20처럼 수직 지지대에 물체가 달린 용수철을 걸어놓는 장치를 만드는 것이 더 쉽다. 이러한 구성은 탁자 위에 수평적으로 배열하는 경우 나타나는 마찰력을 피할 수 있다. 수직 형태의 구성에서 물체를 아래로 당겼다가 놓으면 계는 아래위로 진동한다. 물체에는 2개의 힘이 작용하는데, 용수철 힘은 위로 잡아당기고 중력은 아래로 잡아당긴다.

수직 형태의 구성에서 중력은 크기가 일정하기 때문에 단지 평형점을 낮은 위치로 이동시키기만 한다. 평형점은 알짜힘이 0인 점이다. 즉 중력이 아래로 잡아당기는 힘과 용수철이 위로 당기는 힘이 균형을 이루는 점이다. 복원력은 여전히 용수철 힘의 변화에 의한 것인데,

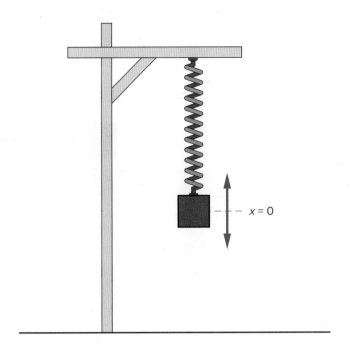

평형 위치로부터의 거리에 비례한다. 이 계는 단조화 운동의 조건을 만족한다. 그러나 퍼텐셜 에너지는 중력 퍼텐셜 에너지와 탄성 퍼텐셜 에너지의 합이다.

　단진자에 있어서는 중력이 복원력으로 작용한다. 진자추를 평형 위치의 한쪽으로 잡아당기면 진자추에 작용하는 중력은 추가 중심방향으로 되돌아오도록 잡아당긴다. 평형 위치로부터 벗어난 변위가 크지 않으면 운동방향으로 작용하는 중력의 성분은 변위에 비례한다. 따라서 흔들림의 **진폭**이 작으면 단진자도 역시 단조화 운동을 보인다. **진폭**(amplitude)은 평형점으로부터의 최대거리이다.

　진동하는 계들을 둘러보라. 탄성이 있는 금속조각에서부터 구덩이 안에서 구르는 공에 이르기까지 많은 예들이 있다. 각각의 경우에 어떤 종류의 힘이 평형 위치로 되돌아오도록 끌어당기는가? 그 운동은 단조화 운동과 비슷한가, 아니면 좀 더 복잡한 진동을 보이는가? 어떤 종류의 퍼텐셜 에너지가 관여되어 있는가? 이와 같은 진동의 분석은 음악이나 통신, 구조분석 등 물리학의 하위 분야에서 중요한 역할을 한다.

> 모든 종류의 진동에는 퍼텐셜 에너지와 운동 에너지 사이의 연속적인 에너지 교환이 이루어진다. 계로부터 에너지를 빼앗아가는 마찰이 없다면 진동은 무한히 계속될 것이다. 평형 위치로부터 벗어난 거리에 정비례하여 증가하는 복원력은 단조화 운동을 하게 하는데, 시간에 대한 물체의 위치, 속도, 그리고 가속도가 간단한 곡선(조화 함수)으로 표현된다.

요약

일의 개념이 이 장의 핵심이다. 계에 일이 가해지면 에너지가 전달되고 계의 운동 에너지나 퍼텐셜 에너지가 증가할 수 있다. 계에 일이 가해지지 않으면 총에너지는 일정하게 유지된다. 에너지 보존 원리는 계의 거동의 많은 특성을 설명해준다.

① **단순 기계들, 일, 그리고 일률** 일은 움직이는 물체와 관련된 거리와 힘을 곱한 것으로 정의된다. 운동방향으로 작용하는 일부분의 힘만 일에 사용된다. 단순 기계들에서 일의 출력은 일의 입력보다 클 수 없다. 일률은 단위 시간당 일의 양이다.

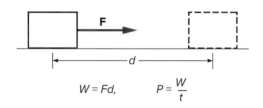

$$W = Fd, \qquad P = \frac{W}{t}$$

② **운동 에너지** 물체에 가해지는 알짜힘이 한 일은 물체를 가속시키고, 물체는 운동 에너지를 얻는다. 물체가 얻는 운동 에너지는 물체의 질량의 절반에 속력의 제곱을 곱한 것과 같다. 음의 일은 운동 에너지가 제거해 버린다.

$$KE = \frac{1}{2}mv^2$$

③ **퍼텐셜 에너지** 물체에 한 일이 보존력에 대해 반대로 물체를 움직이면 물체의 퍼텐셜 에너지는 증가한다. 중력 퍼텐셜 에너지와 탄성 퍼텐셜 에너지의 2가지 유형의 퍼텐셜 에너지가 고려된다.

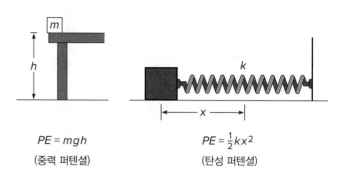

$$PE = mgh \qquad\qquad PE = \frac{1}{2}kx^2$$
(중력 퍼텐셜)   (탄성 퍼텐셜)

④ **에너지 보존의 법칙** 계에 한 일이 없으면, 총 역학적인 에너지(운동 에너지와 퍼텐셜 에너지의 합)는 보존된다. 에너지 보존 법칙은 운동 에너지와 퍼텐셜 에너지의 교환이 이루어지는 많은 계의 움직임을 설명한다. 계는 에너지 회계로 분석할 수 있다.

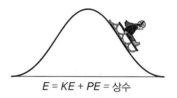

$$E = KE + PE = 상수$$

⑤ **용수철과 단조화 운동** 간단한 진자의 운동과 용수철에 매달린 질량의 운동은 모두 에너지 보존 법칙을 설명하지만 서로 다른 종류의 퍼텐셜 에너지를 포함한다. 이러한 운동은 평형 위치로부터 물체의 거리에 비례하는 복원력에 의한 단조화 운동의 예이다.

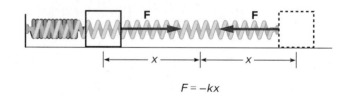

$$F = -kx$$

개념문제

Q1. 바닥 위로 A와 B의 2개의 벽돌을 같은 거리로 움직이는 데 같은 크기의 힘이 사용되었다. 벽돌 A는 벽돌 B의 질량의 2배이다. 벽돌 B는 벽돌 A의 2배의 거리를 움직였다. 벽돌에 한 일이 다르다면, 어느 벽돌에 한 일이 더 큰가? 설명하시오.

Q2. 줄이 나무벽돌을 가속시키지 않고 바닥 위로 끌고 있다. 줄은 그림 Q2처럼 수평과 어떤 각도를 이루고 있다.
   a. 줄이 가한 힘은 벽돌에 대해 일을 했는가? 설명하시오.
   b. 모든 힘이 일을 하는 데 쓰였는가 아니면 일부가 쓰였는가? 설명하시오.

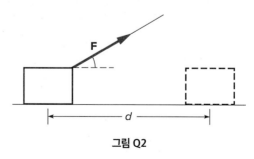

그림 Q2

Q3. Q2에서 기술한 상황에서 바닥이 벽돌을 위로 떠받치는 수직 항력은 일을 하는가? 설명하시오.

Q4. 한 사람이 나무 바닥을 미끄러지듯 건넌다. 미끄러지는 과정에서 어떤 힘이 사람에게 작용하고 있는가? 만약 작용하는 힘이 있다면 어떤 힘이 사람에게 일을 했는가? 설명하시오.

Q5. 그림 Q5처럼 바위를 들어올리는 데 지렛대가 사용된다. 바위가 가속되지 않는다면 사람이 지렛대에 한 일은 지렛대가 바위에 한 일보다 큰가, 작은가, 아니면 작은가? 설명하시오.

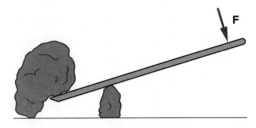

그림 Q5

Q6. 스케이트장에서 한 소년이 친구를 민다. 이 경우 마찰력은 매우 작기 때문에 소년이 친구의 등에 가한 힘은 상당부분 수평방향으로 작용한다. 친구의 운동 에너지의 변화는 소년이 가한 힘이 한 일보다 큰가, 같은가, 아니면 작은가? 설명하시오.

Q7. 어떤 물체에 작용하는 힘이 한 가지만 있다고 한다면, 이 힘이 한 일은 반드시 운동 에너지를 증가시키는 결과를 주는가? 설명하시오.

Q8. 상자가 바닥에서 탁자 위로 이동되었는데, 이 과정에서 속력이 증가하지는 않았다. 만약 상자에게 한 일이 있다면 계에 더해진 에너지는 어떻게 되겠는가?

Q9. 계에서 아무것도 움직이지 않고 계가 에너지를 갖도록 하는 것이 가능한가? 설명하시오.

Q10. 땅으로부터 10피트(ft) 위에 있는 공과 깊이가 50피트인 우물바닥으로부터 20피트 위에 있는 같은 질량의 공 둘 중에서 어느 것이 더 큰 퍼텐셜 에너지를 갖는가? 설명하시오.

Q11. 그림 6.15에 표시된 물리 강사가 볼링공을 놓을 때 밀어낸다고 가정하자. 공은 처음 위치로 돌아가서 멈출까, 아니면 물리 강사의 턱이 위험해질까? 설명하시오.

Q12. 진자를 평형 위치로부터 뒤로 당겼다가 놓으면, 진자추가 흔들리면서 최고점과 최저점의 중간에 있을 때, 이 점에서 계의 에너지는 운동 에너지인가, 퍼텐셜 에너지인가 아니면 이들의 결합 형태인가? 설명하시오.

Q13. 스포츠카가 정지 상태에서 급하게 가속하여 '타이어 고무가 탔다'(일상의 자연현상 6.1 참고).
a. 이 상황에서 어떤 에너지 변환이 발생하는가?
b. 이 과정에서 에너지가 보존되는가? 설명하시오.

Q14. 손을 데우기 위하여 추운 날 기름 한 통을 태운다고 가정하자(일상의 자연현상 6.1 참고).
a. 물리학적 관점에서 에너지는 보존되는가? 설명하시오.
b. 이 상황은 왜 경제적 또는 환경적 관점에서 좋지 않은 방법인가? 설명하시오.

Q15. 장대높이뛰기에서 있을 수 있는 퍼텐셜 에너지의 종류는 탄성 퍼텐셜 에너지뿐인가? 설명하시오(일상의 자연현상 6.2 참고).

Q16. 벽에 붙어 있는 용수철에 물체가 매달려 있고, 이것은 마찰이 없는 수평면 위에서 마음대로 움직일 수 있다. 물체를 잡아당겼다가 놓았다.
a. 물체를 놓기 전에 계에 더해진 에너지는 어떤 형태인가? 설명하시오.
b. 물체를 놓은 후 운동하고 있을 때 퍼텐셜 에너지는 어느 점에서 가장 큰가? 설명하시오.
c. 운동 에너지는 어느 점에서 가장 큰가? 설명하시오.

Q17. 스프링총에 고무다트를 넣고 천장에 있는 목표물을 향하여 발사했다. 이 과정에서 일어나는 에너지 변환에 대하여 설명하시오.

Q18. 썰매를 언덕 위에서 밀었다. 이러한 상황에서 출발점보다 높은 둔덕을 썰매가 넘어갈 수 있을까? 설명하시오.

Q19. 무거운 나무상자를 들어올리기 위해 도르래 장치를 이용하고 있는데, 도르래가 녹이 슬어 도르래에 마찰력이 작용하고 있다고 하자. 유용한 출력 일은 입력 일보다 클 것인가, 같을 것인가 아니면 작을 것인가? 설명하시오.

연습문제

지금부터 연습문제에서는 중력 가속도의 값으로 $g = 9.8 \text{ m/s}^2$을 사용하기로 한다.

E1. 수평방향으로 40 N의 힘으로 탁자 위에서 상자를 1.5 m의 거리만큼 끌었다. 40 N의 힘이 한 일은 얼마인가?

E2. 80 N의 힘으로 의자를 밀어 320 J의 일을 하였다. 이 과정에서 의자는 얼마나 이동하였는가?

E3. 바닥 위에서 나무상자를 4 m 끄는 데 130 N의 힘이 사용되었다. 힘이 나무상자로부터 위쪽 방향으로 어떤 각도를 이루

는 방향으로 작용하여 힘의 수직성분이 120 N이 되고 수평
성분은 50 N이 되었다(그림 E3 참고).

  a. 힘의 수평성분이 한 일은 얼마인가?

  b. 힘의 수직성분이 한 일은 얼마인가?

  c. 130 N의 힘이 한 총 일은 얼마인가?

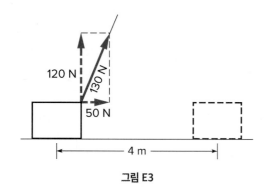

그림 E3

E4. 0.3 kg의 공이 20 m/s의 속도를 가지고 있다.

  a. 공의 운동 에너지는 얼마인가?

  b. 공을 정지시키기 위해서는 얼마만큼의 일이 필요한가?

E5. 용수철 상수 k가 87.6 kN/m(87,600 N/m)인 용수철을 평형
위치로부터 6.2 cm(0.062 m)만큼 잡아당겨서 늘였다. 용수
철의 퍼텐셜 에너지 증가는 얼마인가(단위: kJ)?

E6. 5 kg의 바위를 수직 또는 수평으로 움직일 것이다.

  a. 가속 없이 1.8 m 높이까지 들어올렸을 때 퍼텐셜 에너지
는 얼마나 증가하는가?

  b. 수평으로 정지 상태에서 6 m/s의 속도로 가속되었을 때
운동 에너지는 얼마나 증가하는가?

  c. 바위를 1.8 m 들어올리는 것과 수평으로 6 m/s 가속하는
것 중에서 어느 것이 더 많은 일을 하여야 하는가?

E7. 용수철에 붙어 있는 0.40 kg의 물체가 탁자 위에서 수평방향
으로 잡아당겨져서 계의 퍼텐셜 에너지가 0에서 150 J로 증
가하였다. 마찰력을 무시하고 물체가 퍼텐셜 에너지가 60 J로
감소한 점까지 움직였을 때 물체의 운동 에너지를 구하시오.

E8. 궤도활주열차가 주행 중의 한 지점 A에서 400 kJ의 퍼텐셜
에너지와 130 kJ의 운동 에너지를 가지고 있다. 궤도의 가장
낮은 지점에서는 퍼텐셜 에너지가 0이고 열차가 떠난 지점
A에서부터 마찰에 대항하여 한 일이 60 kJ이다. 궤도의 가장
낮은 지점에서의 열차의 운동 에너지는 얼마인가?

E9. 마찰이 없는 탁자 위에 용수철 상수가 500 N/m인 용수철에
질량 300 g의 물체가 수평으로 부착되어 있다. 용수철을 수
평방향으로 46 cm 잡아당겼다.

  a. 계의 초기 퍼텐셜 에너지는 얼마인가?

  b. 질량 300 g의 물체를 놓았다가 다시 처음 위치로 돌아왔
을 때 운동 에너지는 얼마인가?

E10. 진자의 진동 주파수는 16순환/초이다. 진자의 주기를 구하시오.

종합문제

지금부터 종합문제에서는 중력 가속도의 값으로 $g = 9.8$ m/s²을
사용하기로 한다.

SP1. 질량이 0.38 kg인 나무벽돌을 실험대 위에서 이동시키는데,
수평방향으로 2개의 힘이 작용하고 있다고 하자. 하나는 6 N
의 힘이 벽돌을 밀고 있고, 다른 하나는 운동을 방해하는 2
N의 마찰력이다. 벽돌이 실험대 위에서 1.7 m의 거리를 이
동했다.

  a. 6 N의 힘이 한 일은 얼마인가?

  b. 벽돌에 작용하는 알짜힘이 한 일은 얼마인가?

  c. 벽돌의 운동 에너지의 증가를 계산하기 위해서는 이들 두
값 중에서 어느 것을 이용해야 하는가? 설명하시오.

  d. 6 N의 힘이 한 일이 계에 더해 준 에너지는 이떻게 되는
가? 완전히 설명할 수 있는가? 설명하시오.

  e. 벽돌이 정지 상태에서 출발하였다면 1.7 m를 이동한 후
의 벽돌의 속도를 얼마인가?

SP2. 새총은 Y자 모양의 몸체에 고무줄이 달려 있고, 고무줄의 가
운데에는 돌이나 다른 투사체를 잡을 수 있도록 작은 쌈지가
붙어 있는 모양이다. 고무줄은 용수철과 같은 기능을 한다.
어떤 새총의 용수철 상수가 700 N/m이라고 하자. 고무줄을
30 cm (0.3 m) 뒤로 잡아당겼다가 놓는다고 하자.

  a. 놓기 전에 계의 퍼텐셜 에너지는 얼마인가?

  b. 고무줄을 놓은 후 돌이 가질 수 있는 최대 운동 에너지는
얼마인가?

  c. 만약 돌의 질량이 40 g(0.04 kg)이라면, 고무줄을 놓은
후의 돌의 가능한 최대 속도는 얼마인가?

  d. 돌은 실제로 가능한 최대 운동 에너지와 최대 속도를 가
질 것인가? 고무줄은 운동 에너지를 얻는가? 설명하시오.

SP3. 사람을 포함한 총 질량이 50 kg인 썰매가 그림 SP3처럼 언
덕 꼭대기에 놓여 있다. 이 언덕 꼭대기는 썰매 활주로의 아
래 점으로부터 42 m 높이에 있다. 두 번째 언덕은 아래 점으

로부터의 높이가 28 m이다. 썰매가 이 두 언덕 사이를 이동하면서 마찰에 대해 하는 일이 약 3600 J이라는 사실을 알고 있다고 하자.

a. 썰매가 출발 초기에 운동 에너지를 가지고 있지 않다고 한다면 썰매는 두 번째 언덕 꼭대기까지 올라갈 수 있을까? 설명하시오.

b. 출발 초기에 운동 에너지를 가지지 않고, 또 마찰에 대해 하는 일이 위에서와 같다고 할 때, 두 번째 언덕 꼭대기에 이르기 위해서는 언덕의 최대 높이가 얼마여야 할 것인가? 설명하시오.

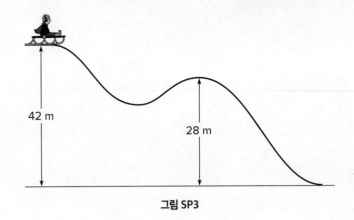

그림 SP3

D. Hurst/Alamy Stock Photo

CHAPTER 7

운동량과 충격량
Momentum

학습목표

이 장에서는 충격량과 운동량을 공부하여 이러한 개념이 충돌의 문제를 다루는 데 얼마나 유용한지를 알아본다. 운동량 보존 법칙을 설명히고 운동량 보존 법칙이 적용되는 한계에 대하여도 설명한다. 우리 주위에서 발견할 수 있는 예제들을 다룸으로써 운동량 보존 법칙을 비롯한 이 장에서 다루는 개념을 이해하는 데 도움을 줄 것이다. 여러 가지 개념 중 그 중심은 운동량이다.

개요

① 운동량과 충격량 운동의 급격한 변화를 운동량과 충격량을 이용하여 어떻게 기술할 수 있을까? 이러한 개념들은 뉴턴의 운동 제2법칙과는 어떻게 연결될 수 있을까?

② 운동량 보존의 법칙 운동량 보존 법칙은 무엇이며, 어떤 경우 성립하는 것일까? 운동량 보존 법칙은 뉴턴의 운동 법칙과는 어떤 관계가 있을까?

③ 되튐 총을 쏠 때 총의 반동은 운동량을 이용하여 어떻게 설명할 수 있을까? 이것은 로켓을 발사하는 것과는 어떤 관계가 있을까?

④ 탄성충돌과 비탄성충돌 충돌은 운동량 보존 법칙을 사용하여 어떻게 설명할 수 있을까? 탄성충돌과 비탄성충돌의 차이점은 무엇일까?

⑤ 비스듬한 충돌 2차원 충돌에서는 운동량 보존 법칙을 어떻게 적용할 수 있을까? 당구공의 충돌과 자동차의 충돌에서는 어떤 점이 비슷할까?

운동량, 즉 모멘텀이란 단어는 스포츠를 중계하는 아나운서가 게임 흐름의 변화를 나타내기 위하여 자주 사용하는 말이 되었다. 그러나 아나운서들이 사용하는 운동량이라는 단어는 물리학에서 사용하는 운동량이라는 단어와는 은유적으로 비슷할 뿐이다. 스포츠나 우리의 일상생활에는 물리학에서 사용하는 운동량이라는 단어를 사용하여 설명할 수 있는 것이 많이 있다.

미식축구에서 풀백과 디펜시브백이 격렬하게 충돌하는 경우를 예로 들어보자(그림 7.1). 만약 그들이 정면충돌한다면 풀백의 속도는 급격하게 감소할 것이다. 그들은 잠시 동안 최초의 풀백의 속도로 같은 방향으로 운동할 것이다. 만약 디펜시브백이 태클하기 전에 어떤 속도로 달려왔다면 그의 속도도 급격하게 감소할 것이다. 두 사람 사이에는 속도 변화, 즉 가속도를 내기 위하여 큰 힘이 작용한다. 그러나 이 힘은 아주 짧은 시간 동안만 작용한다. 자, 이제 이 문제를 어떻게 뉴턴의 법칙으로 설명할 수 있을까?

충격량, 운동량, 그리고 운동량 보존 법칙은 충돌의 문제를 다루는 경우에 항상 등장하기 마련이다. 이러한 양들은 풀백과 디펜시브백의 총 운동량이 충돌이 일어난 후에 어떻게 될지를 예측하게 해준다. 그러면 운동량은 어떻게 정의되며 운동량 보존 법칙은 뉴턴의 법칙과는 어떤 관계가 있을까? 그리고 운동량 보존 법칙은 충돌 후에

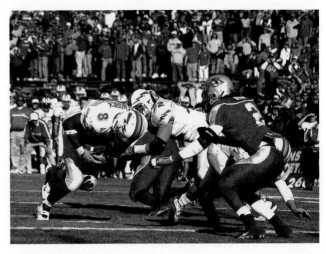

그림 7.1 미식축구에서 러닝백과 디펜시브백의 충돌 모습(사진 중앙). 두 선수는 충돌 후에 어떻게 움직일까?
출처: *U.S. Air Force photo by John Van Winkle*

어떤 일이 일어날지를 설명하는 데 어떻게 사용될까? 이러한 질문들이 많은 충돌의 문제를 다루는 동안 심도 있게 다루어질 것이다.

7.1 운동량과 충격량

야구 방망이에 맞은 야구공이 투수를 향해 날아가는 경우를 생각해보자. 매우 짧은 시간 동안에 공은 속력과 방향을 바꾸게 된다. 이때 공의 가속도 방향과 원래의 운동방향은 반대방향이다. 이와 비슷한 일이 라켓으로 테니스공을 칠 때나 공이 벽에 맞고 튕겨 나올 때도 일어난다. 일상생활에서도 순간적인 충돌로 속도가 심하게 변화하는 경우를 많이 찾아볼 수 있다.

이렇게 운동 상태를 급하게 변하게 하는 데는 큰 힘이 작용한다. 그러나 이때 작용하는 힘은 아주 짧은 시간 동안 작용하기 때문에 측정하기가 매우 힘들다. 이 힘은 매우 짧은 시간 동안 작용할 뿐만 아니라 충돌이 일어나는 동안에 그 크기가 일정하지 않고 크게 변화한다.

공이 튀어 오를 때는 어떤 일이 일어날까?

테니스공을 바닥을 향해 떨어뜨리는 경우를 생각해보자. 공은 처음에 중력에 의하여 아래 방향으로 가속될 것이다. 공이 바닥에 닿는 순간 공의 속도는 급격하게 변해서 공은 다시 위 방향으로 튀어오를 것이다(그림 7.2). 공이 바닥과 접촉하는 동안에는 큰 힘이 바닥과 공 사이에 작용한다. 이 힘으로 인해 공은 위 방향으로 운동의 방향을 바꾸는 데 필요한 가속도를 얻는다.

만약 고속 카메라를 이용하여 공과 바닥이 충돌하는 순간을 찍는다면 공이 바닥과 충돌하

그림 7.2 테니스공이 바닥에서 튀어 오르고 있다. 공이 바닥에서 튀어 오르는 순간에는 공의 운동방향이 순간적으로 변화하게 된다.

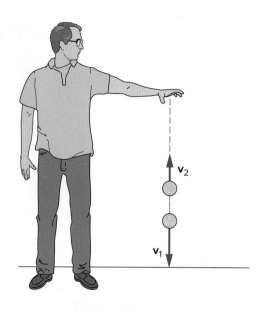

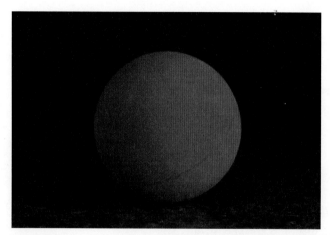 

그림 7.3 공이 바닥에 부딪히는 두 장의 고속사진. 한 장은 충돌 직전의 모습이고 또 한 장은 충돌 후 사진이다. 공은 바닥에 부딪히는 순간 마치 용수철처럼 압축된다. (둘 다): *Ted Kinsman/Science Source*

는 동안 공의 모양이 많이 찌그러진 것을 발견할 수 있을 것이다(그림 7.3). 공이 마치 용수철처럼 아래 방향으로 운동하고 있는 동안에는 수축하고 위 방향으로 운동하는 동안에는 다시 팽창하게 된다. 공을 손안에 넣고 힘을 가하는 간단한 실험으로 공의 모양을 찌그러뜨리는 데는 큰 힘을 필요로 한다는 것을 쉽게 알 수 있을 것이다.

이러한 일련의 실험을 통하여 우리가 알 수 있게 된 것은 아래 방향으로 운동하던 공을 다시 위 방향으로 운동하게 하기 위해서는 **짧은 시간 동안에 큰 힘이 작용**해야 된다는 것이다. 공의 속도는 급격하게 0으로 떨어졌다가 다시 반대방향으로 급격하게 증가하게 되는 것이다. 이러한 과정은 매우 빠르게 진행되기 때문에 그야말로 눈 깜박할 사이에 일어난다고 할 수 있다.

그렇다면 이렇게 빠르게 일어나는 변화를 어떻게 분석할 수 있을까?

공과 바닥의 충돌을 힘과 가속도를 이용하여 설명하였다. 이 경우에 속도가 어떻게 변하는지를 알기 위해서는 뉴턴의 제2법칙을 사용할 수도 있다. 그러나 이러한 방법으로 이 문제에 접근하는 데는 작용시간이 매우 짧다는 것이 커다란 장애가 된다. 더구나 이 짧은 시간 동안에도 충돌하는 두 물체 사이에 작용하는 힘이 일정한 것이 아니라 크게 변화한다는 것은 또다른 어려움이다. 따라서 이런 경우에는 짧은 시간 동안의 충돌 시에 일어나는 운동량의 총 변화를 분석하는 것이 훨씬 효과적이다.

4장에서 다루었던 것과 같이 뉴턴의 제2법칙을 $\mathbf{F}_{net} = m\mathbf{a}$의 형태로 나타낼 수 있다. 가속도 $\mathbf{a}$는 속도의 **변화율**로 속도의 변화량 $\Delta\mathbf{v}$를 속도 변화에 필요한 시간 Δt로 나눈 양이다. 여기서 시간 간격은 매우 중요하다. 속도 변화에 필요한 시간이 짧으면 짧을수록 가속도의 크기는 커지고, 따라서 이러한 변화를 일으키기 위한 힘도 커진다.

뉴턴의 제2법칙은 속도의 변화량을 이용하여

$$\mathbf{F}_{net} = m\left(\frac{\Delta\mathbf{v}}{\Delta t}\right)$$

과 같이 새로운 식으로 나타낼 수 있다. 이 식의 양변에 시간의 변화량(Δt)을 곱하면 다음과 같은 식을 얻는다.

$$\mathbf{F}_{net}\Delta t = m\Delta\mathbf{v}$$

이 식은 여전히 뉴턴의 제2법칙을 나타내고 있지만 사건을 보는 새로운 시각을 제시한다. 이 새로운 시각은 운동의 변화를 전체적으로 다루는 데 훨씬 편리하다.

충격량과 운동량이란 무엇인가?

충격량(impulse)은 물체에 작용하는 힘에 작용하는 데 걸린 시간을 곱한 양이다. 만약 작용하는 힘의 크기가 일정하지 않고 시간에 따라 변한다면(대개의 경우가 그렇지만), 평균 힘을 곱해 주어야 한다. 따라서 충격량은 뉴턴의 제2법칙을 새로 쓴 식의 좌변 $\mathbf{F}_{net}\Delta t$이다.

> 충격량은 물체에 작용하는 평균적인 힘에 작용시간을 곱한 양이다.
>
> 충격량 = $\mathbf{F}\Delta t$

힘은 벡터양이기 때문에 충격량 역시 평균 힘의 방향을 향하는 벡터양이다.

힘이 얼마나 많이 물체의 운동을 변화시키느냐 하는 것은 힘의 크기와 작용시간의 곱에 비례한다. 작용하는 힘의 크기가 크면 클수록, 작용시간이 길면 길수록 운동 변화의 효과는 크다. 힘의 크기와 작용시간을 곱한 양은 전체적인 운동의 변화량을 나타낸다.

뉴턴의 제2법칙을 새롭게 쓴 식의 우변 $m\Delta\mathbf{v}$은 물체의 질량에 충격으로 변한 속도의 변화량을 곱한 양이다. 뉴턴은 이것을 운동의 변화라고 했다. 우리는 이것을 선운동량의 변화량이라고 부른다. 이때 **선운동량**(linear momentum)은 다음과 같이 정의된다.

> 선운동량은 물체의 질량과 속도의 곱이다.
>
> $\mathbf{p} = m\mathbf{v}$

$\mathbf{p}$는 선운동량을 나타내는 기호로 자주 사용된다. 만약 물체의 질량이 상수라면 선운동량

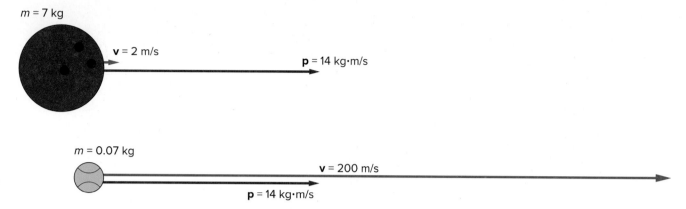

$m = 7$ kg

$\mathbf{v} = 2$ m/s

$\mathbf{p} = 14$ kg·m/s

$m = 0.07$ kg

$\mathbf{v} = 200$ m/s

$\mathbf{p} = 14$ kg·m/s

그림 7.4 같은 운동량을 가지는 볼링공과 테니스공. 테니스공의 질량은 볼링공보다 훨씬 작으므로 같은 운동량을 가지기 위해서는 훨씬 큰 속도가 필요하다.

의 변화량은 물체의 질량에 속도의 변화량을 곱한 값 $\Delta\mathbf{p} = m\Delta\mathbf{v}$으로 나타낼 수 있다.

사실 여기서 운동량은 **선운동량**이라고 해야 정확한 표현이다. 다만 당분간 직선운동에 대하여만 다루므로 그냥 운동량이라고 하여도 무방하다. 8.4절에서 각운동량을 소개할 것이다. 그러면 각운동량과 선운동량을 확실히 구분할 수 있다.

속도와 마찬가지로 운동량도 벡터양이며, 그 방향은 속도의 방향과 같다. 같은 방향으로 운동하고 있는 두 물체는 질량이 다르고 서로 다른 속도로 운동하고 있더라도 같은 크기의 운동량을 가질 수 있다. 예를 들어, 7 kg의 질량을 가지는 볼링공이 2 m/s의 느린 속력으로 움직인다면 운동량은 14 kg·m/s가 될 것이다. 한편 질량이 0.07 kg인 테니스공이 200 m/s의 빠른 속도로 운동하고 있다면 이 테니스공의 운동량도 14 kg·m/s가 될 것이다(그림 7.4).

충격량과 운동량에 대한 이러한 정의를 이용하여 뉴턴의 제2법칙은 다음과 같이 새롭게 해석할 수 있다.

충격량 = 운동량의 변화량

$$\mathbf{F}\Delta t = \Delta\mathbf{p}$$

뉴턴의 제2법칙을 이렇게 나타내는 것을 때로는 **충격량-운동량 원리**(impulse-momentum principle)라고 부르기도 한다.

> 물체에 작용하는 충격량은 작용한 충격량의 크기와 방향이 같은 운동량의 변화를 만들낸다.

이 원리는 새로운 법칙이 아니고 뉴턴의 제2법칙을 다른 시각으로 표현한 것이다. 이러한 표현은 충돌의 문제를 다루는 데 특히 유용하다.

충격량-운동량 원리를 어떻게 적용할 것인가?

충격량-운동량 원리는 거의 모든 충돌 문제에 적용된다. 골프채로 골프공을 때리는 것은 좋은 예가 될 것이다(그림 7.5). 클럽 헤드가 골프공에 가한 충격량은 예제 7.1에서 다룬 것과 같이 골프공의 운동량을 변화시킨다. 충격량의 단위(힘 곱하기 시간, N·s)와 운동량의 단위(질량 곱하기 속도, kg·m/s)가 같다는 것을 확인해 두는 것이 좋을 것이다.

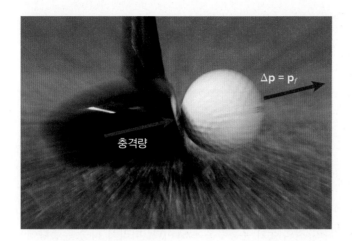

그림 7.5 골프채의 클럽 헤드를 통하여 충격량이 골프공에 전달된다. 만약 골프공의 초기 운동량이 0이었다면 마지막 운동량은 충돌을 통해 전달된 충격량과 같아야 한다.
Stephen Marks/Getty Images

예제 7.1 ▸ 골프공의 충격량과 운동량

골프채로 골프공을 치기 위해서 힘을 가하고 있다. 클럽 헤드가 골프공에 가하는 평균적인 힘은 500 N이고, 골프공의 질량은 0.1 kg이다. 그리고 클럽 헤드가 골프공에 충격을 가하는 데 걸리는 시간은 100분의 1초였다.

　a. 클럽 헤드가 골프공에 가한 충격량은 얼마인가?

　b. 골프공의 속도 변화는 얼마인가?

a. $F = 500$ N　　　　충격량 $= F\Delta t$

　　$\Delta t = 0.01$ s　　　　　　$= (500$ N$)(0.01$ s$)$

　　충격량 $= ?$　　　　　　　$= \mathbf{5}$ **N·s**

b. $m = 0.1$ kg　　　충격량 $= \Delta \mathbf{p} = m\Delta \mathbf{v}$

　　$\Delta v = ?$　　　　　　$\Delta v = \dfrac{충격량}{m}$

　　　　　　　　　　　　　$= \dfrac{5 \text{ N·s}}{0.1 \text{ kg}}$

　　　　　　　　　　　　　$= \mathbf{50}$ **m/s**

골프공은 정지한 상태에서 움직이기 시작했으므로, 이 속도의 변화량은 골프공이 클럽 헤드를 떠나는 순간의 속도와 같다. 공이 움직이는 방향은 클럽 헤드가 공에 가한 충격량의 방향과 같다.

　앞에서 예로 들었던 바닥에서 튀어 오르는 테니스공의 운동량도 변할까? 테니스공이 바닥에 부딪혀 같은 속력으로 튀어 오르는 경우에 운동 에너지는 변하지 않더라도 운동의 방향이 바뀌었으므로 운동량이 변화되었다. 테니스공의 운동량은 순간적으로 정지할 때까지는 계속 줄어들다가 다시 반대방향으로 증가하게 된다(그림 7.6). 이 과정의 총 운동량 변화는 테니스공이 바닥에 멈추는 경우보다 크게 된다.

　테니스공이 같은 속력으로 튀어 오르는 경우에는 테니스공의 운동량의 변화량은 공이 바닥에 충돌하기 전에 가지고 있던 운동량의 2배가 된다. 테니스공이 충돌한 후에는 위 방향으로 움직이므로 공의 최종 운동량은 $m\mathbf{v}$이고, 충돌하기 전에는 아래 방향으로 움직이고 있었

그림 7.6 바닥에 의해 테니스공에 작용한 충격량은 공의 운동량을 변화시킨다.

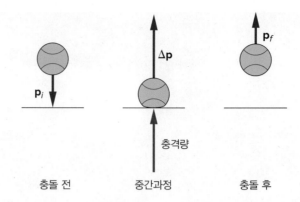

충돌 전   중간과정   충돌 후

기 때문에 충돌하기 전의 초기 운동량은 $-m\mathbf{v}$이다. 따라서 나중 운동량에서 처음 운동량을 뺀 운동량의 변화량은 $m\mathbf{v} - (-m\mathbf{v}) = 2m\mathbf{v}$가 된다. 따라서 이러한 운동량의 변화를 주기 위한 충격량은 공을 단순히 정지시키기 위한 충격량의 2배가 된다.

운동량의 변화와 충격량의 관계를 설명할 수 있는 예들이 우리 주위에는 얼마든지 있다. 빠른 속도로 날아오는 공을 잡을 때 왜 손을 뒤로 빼면서 받는 것이 좋은가? 손을 뒤로 빼면 공을 받는 데 걸리는 시간 Δt를 길게 할 수 있다. 충격량은 힘과 작용시간의 곱($\mathbf{F}\Delta t$)이므로, 시간을 길게 하면 손이 공을 정지시키기 위해 가해 주어야 하는 힘의 크기가 작아진다. 작용시간이 길면 작은 힘으로 같은 크기의 충격량과 운동량의 변화를 만들어낼 수 있다. 이러한 원리는 사고의 충격을 완화하는 데 널리 사용되고 있다. 에어백이나 범퍼는 충돌 시 움직이던 사람이나 차가 멈출 때까지 걸리는 시간을 길게 해주어 작용하는 힘을 줄여준다. 또 다른 실제적인 예들이 일상의 자연현상 7.1에 기술되어 있다.

이 장에서 다룬 것은 모두 뉴턴의 운동 제2법칙을 새로운 시각에서 살펴본 것이다. 식의 양변을 작용시간 Δt로 나누면 뉴턴이 처음에 제안한 식 $\mathbf{F}_{net} = \Delta\mathbf{p}/\Delta t$을 얻을 수 있다. 한마디로 말해 물체에 가해지는 힘은 물체의 운동량의 변화율과 같다는 것이다. 이 식은 뉴턴의 방정식 $\mathbf{F}_{net} = m\mathbf{a}$보다 더 넓은 의미를 갖는다.

> 운동량과 충격량은 큰 힘이 짧은 순간 작용하여 커다란 운동의 변화를 일으키는 충돌 문제를 다루는 데 매우 유용하다. 충격량–운동량 원리는 뉴턴의 제2법칙을 다른 형태로 나타낸 것으로 운동량의 변화는 그 물체에 가해진 충격량과 같다는 것이다. 물체에 가해지는 평균적인 힘과 작용시간의 곱으로 나타내지는 충격량은 운동량의 변화를 예측할 수 있게 한다. 충격량이 크면 운동량의 변화도 크다.

7.2 운동량 보존의 법칙

앞에서 예로 든 미식축구 선수들의 충돌을 설명하는 데 있어 운동량과 충격량은 어떻게 도움이 되는가? 7.1절에서 기술한 조건은 확실히 존재한다. 디펜시브백은 풀백에게 아주 짧은 시간 동안 상당한 힘을 가한다(그림 7.7). 그리고 이 충돌에서 두 선수의 운동량은 매우 빠르게 변한다.

일상의 자연현상　7.1

달걀 던지기

상황　두 사람이 한 팀이 되어 날달걀을 최대한 멀리서 깨뜨리지 않고 주고받기 하는 게임을 본 적이 있는가? 이 게임에서 가장 키포인트는 달걀을 받을 때 적당한 속도로 손을 뒤로 빼면서 가볍게 달걀을 받는 기술이다. 이러한 동작은 어떻게 달걀이 깨지는 것을 현저하게 줄여줄 수 있을까? 이것은 운동량이나 충격량과 어떤 관계가 있는가? 우리가 배우는 물리적인 지식은 달걀이 깨지지 않도록 어떤 도움을 줄 수 있는가? 같은 원리가 물풍선 던지기에도 동일하게 적용된다.

분석　여러분이 친구에게 달걀이나 물풍선을 던질 때 여러분은 그들에게 힘을 가하여 운동량을 주는 것이다. 반대로 친구가 받는 것은 그것을 정지시키는 과정이며 여기에 운동량의 변화가 일어난다. 운동량의 변화는 곧 앞에서 기술한 대로 충격량이 된다. 충격량은 물체에 작용한 힘의 크기와 그 힘이 가해진 시간을 곱한 양이다. 따라서 충격량-운동량 원리에 의해 물체의 운동량의 변화는 곧 작용한 힘의 크기와 힘이 가해진 시간의 곱이 된다.

$$\Delta p = F \Delta t$$

여기서는 골프 스윙이나 야구의 배팅과 같이 운동량을 증가시키고자 하는 것이 아니다. 오히려 문제는 달걀에 작용하는 힘을 최소화하여 달걀이 깨지지 않도록 하는 것이다. 달걀을 깨트리는 것은 힘의 세기이다. 달걀을 받을 때 손에 작용하는 힘이 커지면 커질수록 달걀은 더욱 더 잘 깨지게 된다.

달걀이 던지는 사람의 손을 떠날 때 일정한 운동량을 가지게 된다. 이 운동량은 달걀이 날아가는 동안 일정하게 유지된다. 즉 운동량은 고정되어 있다. 받는 사람이 달걀의 운동량을 0으로 만들기 위해서는 달걀에 작용하는 충격량은 운동량의 변화량과 같아야 하므로 충격량도 고정되어 있다. 충격량, 즉 $F \Delta t$가 고정되어 있으므로 힘 F를 작게 하려면 힘이 가해지는 시간, 즉 달걀을 받는 시간 Δt를 길게 해주어야 한다. 힘과 시간은 서로 반비례한다. F는 곧 $1/\Delta t$에 비례하는데 이와 같이 한 변수가 증가할 때 그와 관계된 다른 변수가 감소한다면 이를 역비례의 관계라고 한다.

역비례의 관계는 항상 의식하지는 못하지만 일상생활에 자주 나타나는 현상이다. 간단한 예를 들면 한 아이가 2달러를 가지고 캔디를 사려고 한다. 캔디 1개가 10센트라면 이 돈으로 20개의 캔디를 살 수 있다. 만일 캔디가 1개에 25센트라면 8개의 캔디만 살 수 있다. 캔디가 비쌀수록 살 수 있는 캔디의 숫자는 줄어든다는 사실을 쉽게 알 수 있다.

위의 예에서 아이가 지불할 수 있는 액수는 고정되어 있다. 그리고 그것은 캔디의 전체 가격과 동일하며 이는 곧 캔디의 개수와 캔디 1개의 가격을 곱한 것이다. 따라서 캔디의 총액이 고

ISHARA S.KODIKARA/AFP/Getty Images

정되어 있다면 캔디의 가격과 살 수 있는 캔디의 수는 역비례 관계에 있다.

이미 지적한 바와 같이 달걀 받기에도 역비례 관계가 성립한다. 충격량이 고정되어 있으므로 힘의 크기와 힘이 작용한 시간의 길이는 역비례의 관계이다. 하나를 크게 하면 다른 한 변수는 작아진다. 따라서 목표는 달걀을 정지시키는 데 소요되는 시간을 최대한 길게 하는 것이다.

어떻게 하면 그렇게 할 수 있는가? 그것은 달걀이 손에 닿기 시작하는 순간부터 손을 뒤로 빼면서 최대한 달걀의 속도가, 즉 그 운동량이 일정한 비율로 천천히 0이 되도록 해주는 것이다. 이런 기술을 이용하면 달걀을 급속히 정지시킬 때보다 달걀에 작용하는 평균 힘을 아주 작게 유지하며 정지 상태에 이르게 할 수 있다.

이러한 원리가 적용되는 예는 아주 많은데, 자동차의 에어백이 바로 좋은 예이다. 자동차의 충돌 시 에어백은 우리 몸이 정지 상태에 이르는 데 걸리는 시간을 길게 해줌으로써 몸에 가해지는 힘을 줄여주는 역할을 한다. 체조 경기장 바닥에 깔아 놓은 매트는 떨어지는 운동선수의 무릎에 가해지는 힘을 줄여주는 역할을 한다. 컵이 바닥에 떨어질 때 바닥에 깔려 있는 카펫은 컵에 작용하는 힘을 줄여 주어 콘크리트 바닥에 떨어질 때보다 컵이 깨질 확률을 크게 줄여 주기도 한다. 이 모든 경우는 정지 상태에 이르는 시간을 길게 하여 작용하는 힘을 작게 해주는 동일한 예이다.

만일 다음에 공원으로 소풍을 갈 기회가 있다면 반드시 달걀이나 물풍선을 준비해 친구와 던지기를 해보기를 바란다. 기술을 잘 익히면 물풍선을 아주 멀리서도 터뜨리지 않을 수 있을 것이다. 그러나 간혹 몸을 적시는 것이 더욱 재미있을 수도 있다.

그림 7.7 두 미식축구 선수의 충돌. 두 선수 사이에 작용하는 충격량의 크기는 같고 방향은 반대이다.

    운동량 보존(conservation of momentum)의 법칙은 이러한 충돌을 이해하는 데 가장 중요한 법칙이다. 이 법칙은 뉴턴의 제3법칙을 충격량과 운동량의 변화에 적용하면 간단하게 유도해낼 수 있다. 운동량 보존 법칙은 충돌 시 두 물체 사이에 작용하는 힘을 자세하게 알지 않고도 충돌 후의 상황을 예측할 수 있게 해준다.

왜 그리고 언제 운동량이 보존되는가?

강하게 정면으로 부딪히는 풀백과 디펜시브백의 충돌을 예로 들어보자. 문제를 간단하게 하기 위해서 두 선수는 공중에서 부딪혔고, 충돌이 끝난 후에는 한 덩어리가 되어 움직였다고 가정해보자(그림 7.7). 그들이 충돌하는 동안에 과연 어떤 일이 일어날까?

    충돌하는 동안에 디펜시브백은 강한 힘을 풀백에게 작용할 것이다. 그리고 풀백은 뉴턴의 제3법칙에 의해 크기가 같고, 방향이 반대인 힘을 디펜시브백에게 작용할 것이다. 두 선수 사이에 작용하는 시간은 같으므로 두 선수가 상대 선수에게 작용한 충격량 $\mathbf{F}\Delta t$의 크기는 같고 방향은 반대가 될 것이다. 뉴턴의 제2법칙에 의해(충격량-운동량 원리에 의해) 두 선수의 운동량의 변화($\Delta\mathbf{p}$)는 크기가 같고, 방향은 반대이다.

    만약 두 선수가 크기가 같고 방향이 반대인 운동량의 변화를 경험한다면, 두 선수의 **총 운동량의 변화**는 0이 된다. 두 선수를 하나의 계로 보고 계의 총 운동량은 두 선수의 운동량의 합으로 정의한다. 두 선수의 운동량의 변화는 서로 상쇄되기 때문에 이 경우 총 운동량의 변화는 없다. 따라서 계의 총 운동량은 **보존**된다.

    이러한 결론을 이끌어내기 위해서 제3자에 의해 두 선수에 작용하는 외력을 무시하고 두 선수 사이에 상호작용하는 힘만 작용되고 있는 것으로 가정하였다. 두 선수로 이루어진 계에서 두 선수 사이에 작용하는 힘을 내력이라고 한다. 이런 경우에 운동량 보존 법칙이 성립된다. 운동량 보존 법칙은 다음과 같이 나타낼 수 있다.

> 만약 어떤 계에 작용하는 알짜 외력이 0이면, 계의 총 운동량은 보존된다.

    계를 이루는 물체 사이에 상호작용하는 힘은 뉴턴의 제3법칙에 의해 상쇄되기 때문에 계의 총 운동량은 변하지 않는다. 물론 그렇더라도 계의 각 부분의 운동량은 변할 수 있다. 또 만약 계가 외부에 있는 물체와의 상호작용으로 **외력**이 작용한다면 계는 이 힘에 의해 가속 되게 될 것이다. 따라서 계의 총 운동량은 변하게 된다.

운동량 보존 법칙과 충돌

운동량 보존 법칙을 써서 충돌 후의 상황에 대하여 어떤 것을 알 수 있을까? 앞에서 예로 든 미식축구 선수의 충돌에서 두 선수의 몸무게를 알고, 충돌하기 전의 속도를 알고 있다면, 운동량 보존 법칙을 사용하여 충돌 후에 두 선수가 어떤 방향으로 얼마나 빠르게 움직일지 를 계산해낼 수 있다. 이러한 계산을 하기 위해서 충돌 시에 작용하는 힘에 대하여 알 필요 가 없다.

두 미식축구 선수의 충돌은 예제 7.2에서 자세하게 다룬다. 몸무게가 100 kg인 풀백이 라 인맨 사이로 5 m/s 속도로 달려나갔다. 이 선수보다 조금 몸집이 작은 상대팀의 디펜시브백 이 −4 m/s의 속도로 달려나와 태클을 했다고 하자(그림 7.8). 음(−)의 부호는 운동의 방향이 반대라는 것을 나타낸다. 풀백의 방향을 양(+)의 방향으로 하였다.

예제 7.2에서는 두 선수가 충돌하기 전의 두 선수의 총 운동량을 방향을 고려하여 계산하 였다. 두 선수가 충돌하기 전에 발이 지면에서 떨어졌다면 지면과의 마찰력이 작용하지 않는 다. 이 경우에는 충돌 전후에 두 선수의 운동량이 보존되어야 한다. 두 선수가 충돌하고 난 후에 총 운동량은 충돌 전의 총 운동량과 같아야 한다(그림 7.9).

충돌이 끝난 후의 총 운동량이 양(+)인 것은 충돌 후에 두 선수가 풀백이 움직이던 방향 으로 운동하고 있다는 것을 나타낸다. 충돌하기 전 풀백의 운동량이 디펜시브백의 운동량 보다 컸기 때문이다. 충돌이 끝난 직후에 디펜시브백은 잠시 동안 뒤로 밀리게 될 것이다.

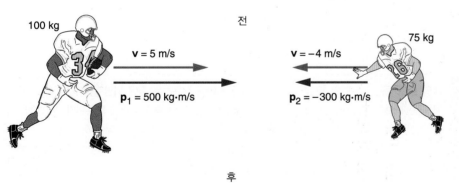

그림 7.8 충돌하기 전 두 선수의 속도와 운동량 벡터

전

100 kg

$v = 5$ m/s

$p_1 = 500$ kg·m/s

75 kg

$v = -4$ m/s

$p_2 = -300$ kg·m/s

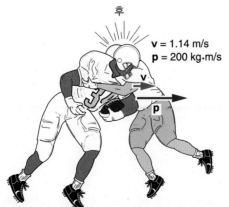

그림 7.9 충돌한 후 두 선수의 속도와 운동량 벡터

후

$v = 1.14$ m/s

$p = 200$ kg·m/s

예제 7.2 ▸ 정면충돌

몸무게가 100 kg인 풀백이 5 m/s의 속도로 달려나와 몸무게가 75 kg이고 −4 m/s의 속도로 달려온 디펜시브백과 정면으로 충돌하였다. 디펜시브백은 충돌하는 동안 풀백에게 매달렸고, 두 선수는 충돌 후에 한 덩어리가 되어 움직였다.

    a. 두 선수의 처음 운동량은 얼마인가?

    b. 계의 총 운동량은 얼마인가?

    c. 충돌 직후 두 선수는 얼마의 속도로 움직이는가?

a. 풀백:

$$m = 100 \text{ kg} \qquad p = mv$$
$$v = 5 \text{ m/s} \qquad = (100 \text{ kg})(5 \text{ m/s})$$
$$p = ? \qquad \mathbf{= 500 \text{ kg·m/s}}$$

디펜시브백

$$m = 75 \text{ kg} \qquad p = mv$$
$$v = -4 \text{ m/s} \qquad = (75 \text{ kg})(-4 \text{ m/s})$$
$$\qquad \mathbf{= -300 \text{ kg·m/s}}$$

b. $p_{\text{total}} = ?$

$$p_{\text{total}} = p_{\text{fullback}} + p_{\text{defensive back}}$$
$$= 500 \text{ kg·m/s} + (-300 \text{ kg·m/s})$$
$$\mathbf{= 200 \text{ kg·m/s}}$$

c. $v = ?$ (충돌 후 두 선수의 속도)

$$m = 100 \text{ kg} + 75 \text{ kg} \qquad p = mv$$
$$= 175 \text{ kg} \qquad v = \frac{p_{\text{total}}}{m} = \frac{200 \text{ kg·m/s}}{175 \text{ kg}}$$
$$\mathbf{= 1.14 \text{ m/s}}$$

계의 총 운동량은 뉴턴의 제3법칙에 의해 물체 사이에 작용하는 힘에 의한 충격량이 서로 상쇄되기 때문에 보존된다. 어떤 계에 외력이 작용하지 않으면 계의 총 운동량은 보존된다. 이 법칙은 충돌, 폭발과 같이 짧은 시간 내에 큰 힘이 서로 작용하는 문제를 해석하는 데 특히 유용하다.

7.3 되튐

총을 쏠 때 어깨에 충격을 느끼는 것은 무엇 때문일까? 힘을 가해서 밀어낼 것이 아무것도 없는 우주공간에서 로켓은 어떻게 앞으로 나갈 수 있을까? 되튐과 관련된 예는 우리 주위에서 많이 찾아볼 수 있다. 운동량 보존 법칙은 되튐을 이해하는 가장 중요한 원리가 된다.

되튐이란 무엇인가?

두 스케이트 선수가 마주 보고 서로를 밀어냈다고 하자(그림 7.10). 얼음과 선수 사이의 마

그림 7.10 몸무게가 다른 두 스케이트 선수가 서로 밀려고 준비하고 있다. 어느 선수가 더 큰 속도로 움직이게 될까?

찰력은 매우 작으므로 무시하기로 하자. 수직방향으로 가속도가 없다는 것을 알기 때문에 아래 방향으로 작용하는 중력과 얼음판이 떠받치는 수직 항력은 서로 상쇄된다. 그러므로 두 스케이트 선수에 작용하는 알짜 외력은 0이다. 따라서 운동량 보존 법칙이 성립되어야 한다.

그러면 이 경우에 운동량 보존 법칙을 어떻게 적용할 것인가? 두 스케이트 선수가 서로 밀기 전에는 모두 정지한 상태였기 때문에 밀기 전의 총 운동량은 0이다. 운동량이 보존되면, 민 후 계의 총 운동량은 또한 0이 될 것이다. 두 선수가 움직이기 시작한 후에도 총 운동량이 0이 되는 것은 무엇 때문일까? 그것은 두 스케이트 선수가 운동량의 크기는 같고 방향이 반대가 되도록 움직이기 때문이다. 즉 $\mathbf{p}_2 = -\mathbf{p}_1$이다. 두 번째 스케이트 선수의 운동량 $\mathbf{p}_2$는 첫 번째 스케이트 선수의 운동량 $\mathbf{p}_1$과 크기는 같고 방향은 반대이다. 서로 민 후의 총 운동량을 구하기 위해 함께 더하면 두 선수의 운동량은 서로 상쇄되어 0이 된다.

서로 민 후에 두 선수의 운동량의 방향은 반대이고, 크기는 같도록 운동한다(그림 7.11). 그러나 두 선수가 움직이는 속도가 같은 것은 아니다. 운동량은 질량과 속도의 곱($\mathbf{p} = m\mathbf{v}$)이기 때문에 같은 크기의 운동량을 가지기 위해서는 몸무게가 작은 선수는 몸무게가 큰 선수보다 더 빠른 속도로 움직여야 한다. 만약 작은 선수의 몸무게가 큰 선수의 몸무게의 반이라면, 두 선수가 서로 민 후에 작은 선수는 큰 선수보다 2배 빠른 속도로 운동하게 될 것이다.

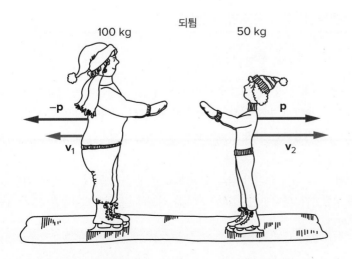

그림 7.11 두 스케이트 선수가 서로 민 후의 속도와 운동량 벡터

이 두 스케이트 선수는 **되튐**(recoil)의 개념을 잘 설명해준다. 두 물체 사이에 작용하는 힘이 두 물체를 반대방향으로 밀고 있다. 이때 질량이 작은 물체는 같은 크기의 운동량을 얻기 위해 더 빠른 속도로 운동한다. 서로 밀기 전에 두 물체가 정지해 있었다면 밀고 난 후의 총 운동량은 0이다. 이 과정에서 총 운동량은 변하지 않고 일정하게 유지된다.

총의 되튐

만약 총을 어깨에 잘 밀착시키지 않고 발사해본 적이 있다면 아마도 총의 되튐 때문에 큰 충격을 받은 경험을 했을 것이다. 무엇이 이런 충격을 만들어냈을까? 총 속에서의 화약의 폭발은 총알을 빠르게 앞으로 나가게 한다. 만약 총이 자유롭게 움직일 수 있다면 총은 총알과 같은 크기의 운동량을 가지고 뒤쪽으로 움직일 것이다(그림 7.12).

총알의 질량이 총의 질량보다 매우 작지만 속도가 빠르기 때문에 총알의 운동량은 상당히 크다. 만약 총알과 총으로 이루어진 이 계에 작용하는 외력을 무시한다면 총은 총알과 같은 운동량을 가지고 뒤로 밀려날 것이다. 총의 질량이 총알의 질량보다 매우 크기 때문에 총이 되튀는 속도는 작지만 그래도 무시할 수는 없다. 총이 어깨를 때릴 때 총이 되튀었다는 것을 알게 될 것이다.

그러면 총을 쏠 때 어깨에 부상을 입지 않기 위해서는 어떻게 해야 할까? 부상을 입지 않기 위해서는 총을 어깨에 단단히 밀착시키면 된다(예제 7.3 참고). 그러면 사람의 몸무게도 총과 함께 이 계의 일부가 되기 때문이다. 총의 질량에 사람의 몸무게가 더해짐으로써 마찰이 없는 얼음판 위에서도 사람과 총은 아주 작은 속도로 되튀게 될 것이다. 그렇게 하면 총과 사람이 함께 움직이기 때문에 총이 어깨를 치지도 않을 것이다.

그림 7.12 엽총의 총알과 엽총은 총이 발사된 직후에 같은 크기의 운동량을 가지고 반대방향으로 운동한다.

예제 7.3 ▶ 엽총을 발사할 때 운동량은 보존되는가?

질문: 엽총을 어깨에 강하게 밀착시키고 발사할 때 계의 운동량은 보존되는가?

답: 이는 계를 어떻게 정의하는가에 따라 다르다. 만일 물리계를 엽총과 총알만으로 생각한다면 이 계는 총알을 발사할 때 사람의 어깨로부터 외력이 작용하는 것으로 보아야 한다. 따라서 계에 작용하는 알짜 외력이 0인 경우에만 성립하는 운동량 보존 법칙은 성립하지 않는다.

만일 계에 사람 그리고 그가 발을 딛고 있는 지구 전체를 계에 포함시킨다면 운동량 보존 법칙은 성립한다. 왜냐하면 이러한 요소들 사이에 작용하는 힘들은 모두 내력으로 간주하기 때문이다.

로켓은 어떻게 작동할까?

로켓을 발사하는 것은 되튐의 또 다른 예이다. 로켓의 뒤쪽에서 뿜은 배기가스는 질량과 속도를 모두 가지고 있으므로, 운동량을 가지고 있다. 만약 로켓에 작용하는 외력을 무시하면 로켓이 앞 방향으로 얻은 운동량은 뒤로 내뿜은 기체의 운동량과 크기는 같고 방향은 반대일 것이다(그림 7.13). 다른 경우와 마찬가지로 이 경우에도 운동량은 보존된다. 뒤로 내뿜는 기체와 로켓은 서로 밀고 있다. 여기에도 뉴턴의 제3법칙이 적용된다.

그림 7.13 로켓이 점화되면 로켓은 뒤로 내뿜는 기체와 같은 크기의 운동량을 가지고 앞으로 전진하게 될 것이다.

앞에서 예로 든 서로 미는 스케이트 선수 및 총의 경우와 로켓의 경우가 다른 것은 로켓에서는 연속적으로 기체를 뒤로 내뿜는다는 것이다. 로켓은 한 번에 운동량을 얻는 것이 아니라 기체를 내뿜는 동안 계속적으로 운동량을 얻는다. 로켓의 질량은 연료를 연소시켜 기체를 내뿜음에 따라 줄어들 것이다. 따라서 로켓의 최종 속도를 구하는 것은 스케이트 선수의 속도를 구하는 것보다는 훨씬 복잡하다. 그러나 잠깐 동안에 기체를 내뿜는 경우에는 스케이트 선수의 경우와 똑같이 계산할 수 있다.

되튐은 아무것도 없는 우주공간에서도 작용한다. 두 스케이트 선수 및 총의 경우와 마찬가지로 두 물체가 서로 밀기만 하면 된다. 로켓 기관이 우주여행에 사용될 수 있는 것은 이 때문이다. 프로펠러 비행기에서나 제트 기관에서는 뒤로 밀어내고 앞으로 나가기 위해서, 또는 연료의 연소를 위해서 공기를 필요로 한다. 프로펠러 비행기에서는 프로펠러가 공기를 뒤로 밀고 공기는 프로펠러를 앞으로 미는 작용에 의해 비행기가 앞으로 나간다. 그러나 로켓은 자기 자신의 연소 기체를 뒤로 밀고, 그 기체가 미는 힘으로 앞으로 나간다.

되튀는 동안 물체는 반대방향으로 서로 민다. 만약 물체에 작용하는 외력을 무시할 수 있다면 운동량은 보존된다. 두 물체가 서로 되튀기 전후의 총 운동량은 항상 같다. 서로 되튄 후에 두 물체는 방향은 반대이고 크기는 같은 운동량을 가지고 운동하게 된다. 되튐은 운동량 보존 법칙이 적용되는 짧은 순간에 일어나는 많은 상호작용 중의 하나이다.

7.4 탄성충돌과 비탄성충돌

앞에서 예로 든 미식축구 선수의 경우와 같이 충돌은 운동량 보존 법칙이 성립하는 가장 대표적인 경우이다. 충돌이 있는 경우에는 아주 짧은 시간 동안에 큰 힘이 작용하게 되고, 충돌하는 물체에 큰 운동량의 변화가 생긴다. 충돌하는 동안에는 대개의 경우, 외부에서 작용하는 힘보다 훨씬 큰 힘이 두 물체 사이에 작용하기 때문에 외력은 무시할 수 있으며, 따라서 운동량 보존 법칙이 적용된다.

다른 종류의 충돌은 다른 결과를 가져온다. 경우에 따라서는 충돌한 물체들이 하나가 되어 움직이기도 하고, 튕겨져 나가기도 한다. 이렇게 서로 다른 충돌을 만드는 것은 무엇이며, **탄성충돌, 비탄성충돌, 완전 비탄성충돌**과 같은 용어는 어떤 충돌에 어떻게 적용될까? 물체의 충돌 시에 운동량과 마찬가지로 에너지도 보존되는 것일까? 기차, 튀어 오르는 공, 당구공이 이러한 충돌의 다른 점을 설명해줄 것이다.

완전 비탄성충돌은 무엇인가?

분석하기 가장 쉬운 충돌은 앞에서 예로 든 두 미식축구 선수처럼 정면충돌을 한 후에 한 덩어리가 되어 움직이는 경우이다. 충돌한 두 선수가 하나가 되어 움직였다는 것은 충돌한 후에 구해야 할 속도가 하나뿐이라는 것을 뜻한다.

충돌한 후에 충돌한 물체가 한 덩어리가 되어 움직이는 경우를 **완전 비탄성충돌**(perfectly inelastic collision)이라고 한다. 두 물체는 충돌 후에 전혀 튕겨나가지 않는다. 이런 경우에는 충돌하기 전의 총 운동량을 알고 있다면(외력은 무시) 충돌 후의 운동량과 속도를 쉽게 구할 수 있다.

충돌 후에 하나로 연결되는 기차는 이러한 충돌의 또 다른 예이다. 예제 7.4는 충돌하기 전의 운동량으로부터 운동량 보존 법칙을 이용하여 충돌 후의 운동량과 속도를 구하는 예를 보여준다. 이 예제는 앞의 예제 7.2에서 미식축구 선수의 충돌 후의 속도를 구한 것과 매우 비슷하다. 두 경우 모두 두 물체는 충돌 후에 하나가 되어 움직였다.

예제 7.4에서 연결된 차량의 질량은 5번째 차량의 질량의 5배이다. 따라서 운동량이 보존되기 위해서는 충돌 후의 속도는 5번째 차량의 속도의 5분의 1이어야 한다. 충돌 직후의 운동량은 충돌 전의 운동량과 같다. 그러나 속도는 변화되었다. 여기서 '충돌 후'의 속도는 충돌 직후의 속도를 말한다. 충돌 후에 차량은 움직이기 시작하면 마찰력이 작용하여 차량의 속도는 계속 작아질 것이고, 결국은 정지하게 될 것이다.

예제 7.4 ▶ 철도 차량의 연결

아래 그림에서와 같이 질량이 각각 20,000 kg인 차량 4대가 철로 위에 정지해 있다. 같은 질량을 가진 5번째 차량이 9 m/s의 속도로 좌측에서 다가왔다. 이 차량은 다른 차량에 충돌하며 연결되어 하나가 되어 움직였다.

  a. 충돌하기 전의 이 계의 운동량은 얼마인가?

  b. 충돌 후에 연결되어 움직이는 5대의 차량의 속도는 얼마인가?

a. $m_5 = 20,000$ kg $p_{initial} = m_5 v_5$

     $v_5 = 9$ m/s $= (20,000$ kg$)(9$ m/s$)$

     $p_{initial} = ?$ **$= 180,000$ kg · m/s**

                            (충돌 전)

b. $m_{total} = 100,000$ kg $v_{final} = \dfrac{p_{final}}{m_{total}}$

     $p_{final} = p_{initial}$

     $v_{final} = ?$ $= \dfrac{180,000 \text{ kg · m/s}}{100,000 \text{ kg}}$

                            $= 1.8$ m/s

                   (충돌 후 연결되어 움직이는 5대의 차량)

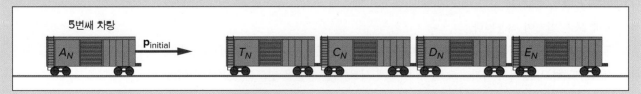

1대의 차량이 철로 위에 정지해 있는 다른 연결되어 있는 4대의 차량으로 다가가고 있다. 하나로 합쳐진 후의 속도는 얼마인가?

충돌에서 에너지는 보존되는가?

예제 7.4에서 충돌하기 전의 5번째 차량의 운동 에너지와 충돌한 후에 전체 기차의 운동 에너지는 같은가? 6장에서 다루었던 운동 에너지의 식 $KE = \frac{1}{2}mv^2$을 이용하여 충돌 전후의 운동 에너지를 계산해볼 수 있다. 5번째 차량의 운동 에너지는 810 kJ이다. 그러나 충돌 직후의 전체 차량의 운동 에너지를 계산해보면 162 kJ이다(연습문제 E8 참고). 이를 통해 완전 비탄성충돌의 경우에는 운동 에너지의 일부가 소모된다는 것을 알 수 있다.

만약 5번째 차량 앞에 커다란 용수철을 달아 4대의 차량과 충돌하여 하나가 되는 대신 튕겨 나가게 하면 운동 에너지의 상당 부분을 보존되게 할 수 있다. 충돌 시 물체가 튕겨 나간다면 그것은 이 충돌이 완전 비탄성충돌이 아니라 **탄성충돌**이거나 **부분 비탄성충돌**이라는 것을 뜻한다. 이들은 에너지에 의해 구별된다. **탄성충돌**(elastic collision)은 충돌 시에 에너지가 소모되지 않는 충돌을 말한다. **부분 비탄성충돌**(partially inelastic collision)은 에너지의 일부가 소모되는 충돌이다. 그러나 충돌하는 두 물체는 한 덩어리가 되지는 않는다. 충돌 후에 두 물체가 하나가 되는 **완전 비탄성충돌**의 경우 에너지의 소모가 가장 크다.

대부분의 충돌에서는 충돌이 완전 탄성충돌이 아니기 때문에 일부분의 운동 에너지가 소모된다. 이 과정에서 열이 발생하기도 하고, 물체의 모양이 변형되기도 하며, 음파가 발생하기도 한다. 이것은 모두 운동 에너지가 다른 형태의 에너지로 바뀌는 현상이다. 물체가 튕겨져 나가는 경우에도 모든 충돌을 탄성충돌이라고 할 수 없다. 이런 경우에도 대부분은 부분 비탄성충돌이어서 충돌 시에 일부분의 운동 에너지가 소모된다.

바닥이나 벽에 맞고 충돌하기 전과 같은 속도로 튀어나오는 공은 탄성충돌의 예이다. 속도의 크기는 변하지 않았으므로(운동의 방향만 바뀜) 운동 에너지는 줄어들지 않는다. 그러나 이것은 이상적인 경우이고, 실제의 경우에는 공이 바닥에 충돌하는 경우에도 공의 속도가 약간 줄어들어 운동 에너지가 감소한다.

탄성충돌의 정반대의 경우가 충돌 후에 공이 벽에 붙어버리는 완전 비탄성충돌이다. 이 경우에는 충돌 후의 공의 속도가 0이 된다. 따라서 이 경우 충돌 후의 공은 운동 에너지를 모두 잃고 운동 에너지가 0이 된다(그림 7.14).

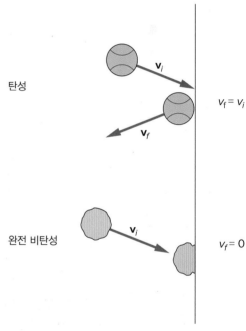

그림 7.14 공과 벽의 탄성충돌과 완전 비탄성충돌. 공이 벽과 완전 비탄성충돌을 하면 공은 벽에 붙어버린다.

당구공이 튕겨 나갈 때는 어떤 일이 벌어지는가?

당구공이 충돌할 때는 아주 작은 에너지만 소모된다(당구치는 것을 물리실험으로 정당화할 수 있을 것이다. 당구를 치는 동안 탄성충돌을 실제로 경험하게 될 테니까!). 당구공의 충돌은 기본적으로 탄성충돌이다. 따라서 당구공의 충돌에서는 운동량과 마찬가지로 에너지도 보존된다.

당구공이 충돌하여 튕겨져 나가는 경우에는 하나의 최종 속도가 아니라 2개의 최종 속도를 구해야만 한다. 충돌하기 전 물체의 운동량으로부터 충돌 전후의 총 운동량을 쉽게 구

그림 7.15 흰 공과 정지해 있던 11번 공의 정면충돌. 흰 공은 정지하고 11번 공은 앞으로 진행한다.

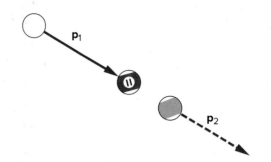

할 수 있다. 그러나 충돌 후에 충돌한 물체는 각각의 속도를 구하기 위해서는 총 운동량 외에 또 다른 정보가 있어야 한다(두 물체가 충돌 후에 하나가 되어 움직이는 완전 비탄성충돌이 특히 다루기 쉬운 것은 이 때문이다). 탄성충돌에서는 에너지 보존 법칙이 또 다른 정보를 제공해준다.

당구공의 충돌에서 가장 간단한 경우는 흰 공이 정지해 있는 다른 공과 정면으로 충돌하는 경우이다(그림 7.15의 11번 공). 어떤 일이 일어날까? 공의 회전이 이 충돌에 그리 중요한 역할을 하지 않는다면, 흰 공은 충돌 후에 그 자리에 정지하고 11번 공은 충돌하기 전의 흰 공의 속도로 같은 방향으로 운동할 것이다. 두 당구공의 질량은 같으므로, 11번 공이 흰 공과 같은 속도로 앞으로 나갔다면 이 충돌에서 11번 공은 흰 공이 가지고 있던 운동량과 같은 운동량을 얻은 것이 된다. 따라서 운동량은 보존된다.

이 경우에는 운동 에너지도 보존된다. 흰 공은 충돌 전에 $\frac{1}{2}mv^2$의 운동 에너지를 가지고 있었다. 충돌 후에 흰 공은 정지했으므로 운동 에너지는 0이 되었다. 그러나 11번 공은 충돌 후에 흰 공과 같은 방향으로 같은 속력으로 운동하게 되었으므로 이 충돌에서 $\frac{1}{2}mv^2$의 운동 에너지를 얻었다. 두 공이 같은 질량을 가지고 있으므로, 충돌 전후에 운동량과 운동 에너지가 같기 위해서는 이와 같이 충돌한 흰 공이 제자리에 멈추고 충돌당한 공이 같은 속력으로 앞으로 나가야 한다. 이런 현상은 당구를 치는 사람들에게는 잘 알려진 사실이다.

이와 비슷한 현상이 그림 7.16에 보인 것과 같은 장난감에서도 발견된다. 이 장난감에는 여러 개의 쇠공이 실에 꿰어 금속이나 나무틀에 매달려 있다. 하나의 공을 높이 들었다가 놓으면 처음 공이 다른 공을 때리게 되고 이 공은 다음 공을 때려 결과적으로 반대쪽 끝에 있던 공

그림 7.16 흔들리는 공 실험장치는 거의 완전한 탄성충돌의 예가 될 수 있다.
Mike Kemp/RubberBall/SuperStock

이 처음 공과 같은 속력으로 튕겨나가게 된다. 이 경우에도 운동량과 운동 에너지는 보존된다.

만약 한쪽 끝에 있는 2개의 공을 들었다가 놓으면 이번에는 2개의 공이 날아간다. 이 경우에도 운동량과 운동 에너지는 보존된다. 이 장난감을 가지고 이와 비슷한 여러 가지 놀이를 하는 것은 재미도 있고, 탄성충돌을 익히는 실험도 될 것이다.

이 장난감의 쇠공이나 당구공과 같은 딱딱한 공의 충돌은 어느 정도 탄성충돌이다. 그러나 일상생활에서 일어나는 대부분의 충돌은 탄성충돌이 아니다. 따라서 충돌 과정에서 일부의 운동 에너지가 소모된다. 그러나 충돌 전후의 운동량은 항상 보존된다.

> 운동량 보존 법칙은 충돌을 이해하는 기본적인 개념이다. 충돌이 짧은 시간 동안 일어나고 충돌하는 물체 사이에 큰 힘이 작용하는 경우에는 외력은 무시할 수 있다. 따라서 충돌 전후에 운동량이 보존된다. 당구공과 같은 단단한 공의 충돌과 같이 탄성충돌인 경우에는 운동량과 함께 운동 에너지도 보존된다. 우리 주위의 물체 사이에 일어나는 대부분의 충돌은 대개 비탄성충돌이다. 따라서 충돌 과정에서 운동 에너지의 일부가 소모된다. 충돌 후에 두 물체가 한 덩어리가 되어 움직이는 완전 비탄성충돌에서 최대의 에너지가 소모된다.

7.5 비스듬한 충돌

만약 당구공이나 차가 정면충돌하지 않고 비스듬하게 충돌한다면 어떤 일이 일어날까? 운동이 직선에 한정되지 않고, 평면이나 공간으로 확대되면 운동량 보존 법칙의 유용성도 확대된다. 물체가 평면에서 움직일 때는 운동량이 벡터양이라는 사실이 더 중요해진다. 당구공의 충돌, 자동차의 충돌, 미식축구 선수의 충돌은 평면에서의 충돌의 좋은 예가 된다.

2차원에서의 비탄성충돌

서로 직각방향으로 운동하고 있던 미식축구 선수 두 명이 충돌한 후에 그림 7.17과 같이 한 덩어리가 되어 움직였다. 충돌이 끝난 후에 두 선수는 어느 방향으로 움직일까? 2차원의 경

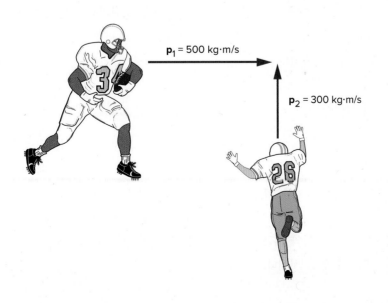

그림 7.17 풀백과 디펜시브백이 직각방향으로 접근하고 있다.

p_1 = 500 kg·m/s

p_2 = 300 kg·m/s

그림 7.18 충돌하기 전 두 선수의 운동량의 합은 두 선수 각각의 운동량의 벡터 합이다.

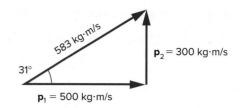

우 운동량 보존 법칙을 어떻게 적용해야 할까? 그림 7.17에서 두 선수의 몸무게와 충돌 전의 속력은 앞의 경우와 같았다고 가정하자(7.2절). 그러나 이번 충돌은 정면충돌이 아니다. 디펜시브백의 운동량은 수평방향이고, 풀백의 운동량은 수직방향이다.

운동량은 벡터양이기 때문에 충돌 전의 총 운동량을 구하기 위해서는 디펜시브백과 풀백의 운동량의 벡터 합을 구해야 한다. 벡터 합은 벡터를 화살표로 나타내서 더하면 간단히 구할 수 있다. 그림 7.18에 보인 것과 같이 두 운동량의 벡터 합은 두 벡터를 두 변으로 하는 직각삼각형의 빗변이다.

만약 충돌 전후에 운동량이 보존된다면 충돌 후 두 선수의 총 운동량은 충돌 전의 총 운동량과 같아야 한다. 충돌 후에 두 선수가 한 덩어리가 되어 움직이므로 두 선수는 충돌 후에 그림 7.18과 같이 총 운동량의 방향으로 운동하여야 한다(부록 A 참고). 충돌의 결과로 두 선수 모두의 운동방향이 바뀌게 된 것이다. 충돌 전 풀백의 운동량이 크면 클수록 충돌 후 두 선수의 운동방향은 수직방향에 가깝게 될 것이다. 이러한 결과는 누구나 쉽게 예상할 수 있는 결과이다.

충돌 후 두 선수의 운동방향은 충돌 전 두 선수 개개인의 운동량의 크기에 따라 결정된다. 만약 충돌 전에 디펜시브백의 몸무게가 더 무겁고 더 빠르게 움직였다면, 그가 더 큰 운동량을 가지고 있고 그의 태클이 풀백의 운동을 더 크게 변화시킬 것이다. 반대로 디펜시브백의 몸무게가 가볍고 천천히 움직이고 있었다면, 그의 태클은 큰 효력을 발휘하지 못할 것이다. 그림 7.18에서 디펜시브백의 운동량을 나타내는 p_2의 길이를 짧게 하거나 길게 함으로써 이러한 효과를 확인해볼 수 있다.

일상의 자연현상 7.2는 이와 비슷한 경우를 보여준다. 두 대의 자동차가 교차로에서 직각으로 접근하여 충돌한 후에 한 덩어리가 되어 움직였다. 경찰관은 충돌 후의 운동방향으로부터 역으로 충돌 전의 두 자동차의 속도를 계산해낼 수 있다. 운동량 보존 법칙은 이와 같은 사고 분석에 매우 중요하다.

2차원에서의 탄성충돌

당구공이 충돌하는 경우 두 공은 충돌 후에 한 덩어리가 되지는 않는다. 두 물체가 튕겨 나가는 경우에는 서로 다른 방향으로 튕겨 나가는 두 물체의 최종 속도를 구해야 한다. 일상생활에서 일어나는 대부분의 충돌은 이러한 충돌이어서 앞에서 예로 든 완전 비탄성충돌보다 분석하기가 어렵다. 이 경우에는 최종 속도를 구하기 위해서는 운동량 보존 법칙 외에 다른 정보도 필요하게 된다. 만약 이 충돌이 탄성충돌이라면 운동 에너지 보존 법칙이 필요한 다른 정보를 제공해주게 될 것이다.

일상의 자연현상   7.2

자동차 사고

상황 경찰관 존스는 메인가와 19번가의 교차지점에서 발생한 교통사고를 조사하고 있었다. A 운전자는 19번가에서 동쪽으로 운행하고 있었고, B 운전자는 메인가에서 북쪽으로 운행하고 있었다. 두 자동차는 교차로의 중심 부근에서 충돌한 후 한 덩어리가 되어 움직이다가 모퉁이에 있는 가로등을 들이받고 멈추었다.

두 운전자는 모두 자기가 교통신호가 초록색으로 바뀌는 것을 보고 출발해서 교차로로 들어서다가 상대편에서 정지신호를 무시하고 달려온 자동차와 충돌했다고 주장했다. 사고 현장에는 다른 증인이 한 사람도 없었다. 어떤 운전자의 말이 진실이고 어떤 운전자의 말이 거짓일까?

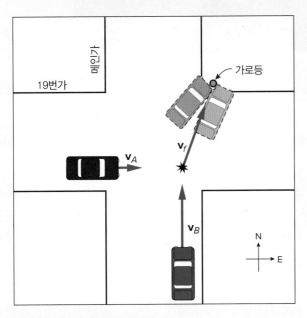

메인가와 19번가 교차로의 자동차 사고

분석 대학시절 물리학 수업을 듣고 사고 조사 방법에 대해 교육을 받은 바 있는 존스 경찰관은 다음과 같은 조사를 했다.

1. 두 자동차의 충돌지점은 곧 찾아낼 수 있었다. 충돌지점에는 B 자동차의 전조등의 부서진 조각과 다른 파편들이 흩어져 있어서 충돌지점을 찾아내는 데는 아무 어려움이 없었다.

2. 두 자동차가 충돌한 후에 진행한 방향을 찾아내는 데도 아무런 어려움이 없었다(존스 경찰관은 이 방향을 지도 위에 화살표로 표시하였다).

3. 두 자동차는 거의 같은 질량을 가지고 있는 비슷한 차종인 것으로 확인되었다.

4. 충돌 전후에는 운동량 보존 법칙이 성립되어야 한다.

충돌 과정에 대하여 조사한 이러한 사항들을 지도 위에 그려넣은 후, 충돌 후의 운동량의 방향을 확인한 존스 경찰관은 B 운전자가 거짓말을 하고 있다는 결론을 내렸다. 어떻게 그런 결론을 내릴 수 있었을까? 충돌 후 두 자동차의 운동량은 충돌 전 운동량의 합과 같아야 한다. 두 자동차는 충돌 전에 수직방향에서 운행하고 있었으므로 충돌 전 두 자동차의 운동량은 직각삼각형의 두 변을 이루고 충돌 후 두 자동차의 운동량은 이 직각삼각형의 빗변을 이룬다. 지도 위에 표시된 그림을 보면 B 자동차의 운동량이 A 자동차의 운동량보다 훨씬 크다는 것을 알 수 있다.

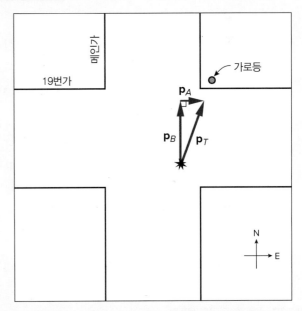

존스 경찰관의 사고 조사서에는 운동량 보존 법칙을 이용하여 두 자동차의 운동량의 관계가 벡터를 이용하여 나타나 있었다.

두 운전자는 모두 자신이 신호가 바뀌자마자 출발했다고 주장했으므로 충돌 전에 더 빠른 속도로 달리고 있던 자동차가 거짓말을 하고 있다는 것이 된다. B 자동차의 속도가 A 자동차의 속도보다 훨씬 컸으므로 B 자동차가 정지 신호를 무시하고 달렸다는 것을 알 수 있다. 따라서 존스 경찰관은 B 운전자를 경찰서로 소환했다.

그림 7.19 다른 공을 비스듬하게 맞추기 위해 흰 공을 겨냥하고 있다.
Richard Megna/Fundamental Photographs, NYC

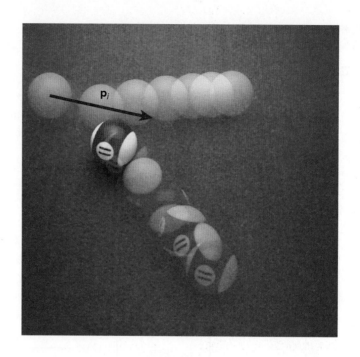

당구대 위의 실험이 다시 한번 중요한 예제를 제공한다. 그림 7.19에서와 같이 흰 공이 11 번 공을 비스듬하게 맞혔다고 가정해보자. 충돌 후에 두 공은 어떻게 될까? 운동량 보존 법칙과 운동 에너지 보존 법칙이 당구를 쳐본 사람이라면 경험적으로 알고 있는 결과를 설명해줄 수 있다.

충돌 전의 이 계의 총 운동량은 흰 공의 운동량이다. 흰 공의 운동량의 방향은 그림 7.19 와 그림 7.20에서 운동량 $\mathbf{p}_i$의 방향이다. 두 공 사이에는 두 공이 충돌하는 순간 두 공의 중심을 연결하는 선상에서 힘이 작용한다. 11번 공은 충돌한 후에 이 선을 따라 운동을 시작한다. 이 방향으로 힘이 가해졌기 때문이다.

충돌 전후에 운동량은 보존되기 때문에 충돌 후의 총 운동량은 아직도 처음 흰 공이 운동하던 방향일 것이다. 충돌 후 두 공의 가능한 운동량과 운동방향은 운동량 보존 법칙에 따라

그림 7.20 충돌 후 두 공의 운동량 벡터를 합하면 충돌하기 전의 총 운동량과 같다. 두 공은 충돌 후에 거의 직각방향으로 진행한다.

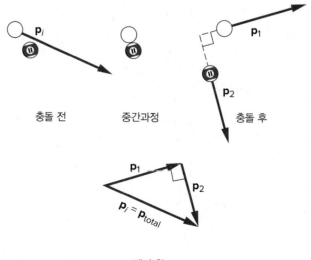

제한될 것이다(그림 7.20). 충돌 후 두 공의 운동량 벡터는 합하여 총 운동량 $\mathbf{p}_{total}$이 되어야 하기 때문이다. 총 운동량은 충돌 전의 흰 공의 운동량과 같음은 물론이다.

이 충돌은 탄성충돌이기 때문에 충돌 전의 운동 에너지 $\frac{1}{2}mv^2$도 충돌 후 두 공의 운동 에너지의 합과 같아야 한다. 두 공의 질량이 같으므로 충돌 전후의 운동 에너지 보존 법칙은 다음 식으로 나타낼 수 있다.[*]

$$v^2 = (v_1)^2 + (v_2)^2$$

이 식에서 v는 충돌하기 전의 흰 공의 속력이며, v_1과 v_2는 각각 충돌 후의 두 공의 속력이다. 이 속도 벡터들은 그림 7.20에서와 같은 삼각형을 만든다. 삼각형에서 두 변의 제곱의 합이 다른 한 변의 제곱과 같다면 피타고라스 정리에 의해 이 삼각형은 직각삼각형이다. 속도 벡터가 직각삼각형을 이루면 두 공의 질량이 같으므로 속도 벡터와 항상 같은 방향을 가지는 운동량 벡터도 직각삼각형을 이룰 것이다.

운동량 보존 법칙에 의해 운동량 벡터들은 삼각형을 이루어야 하고, 운동 에너지 보존 법칙에 의해 이 삼각형은 **직각삼각형**이어야 한다. 충돌한 후에 흰 공은 11번 공이 움직이는 방향과 직각방향으로 움직일 것이다. 이것은 당구를 잘 치기 위해서 꼭 알아두어야 할 물리 법칙이다. 운동량 보존 법칙과 운동 에너지 보존 법칙이 두 공의 방향과 속도를 결정한다.

당구대가 준비되어 있다면 여러 각도에서 두 공을 충돌시켜 이 사실을 확인해보면 좋을 것이다. 실험에서는 충돌 후에 두 공이 정확하게 직각방향으로 움직이지 않을지도 모른다. 그것은 충돌이 완전 탄성충돌이 아니거나 공에 회전이 걸리기 때문이다. 그렇더라도 충돌 후 두 공의 운동방향은 직각에서 크게 벗어나지 않을 것이다.

> 운동량은 벡터양이기 때문에 운동량 보존 법칙은 운동량의 크기와 함께 운동량의 방향도 보존되어야 한다는 것을 뜻한다. 비스듬한 충돌이 일어나면 이 법칙은 충돌 후 물체의 운동방향과 속도의 크기를 제한한다. 만약 충돌이 당구공의 충돌과 같이 탄성충돌이라면 운동 에너지 보존 법칙이 성립한다. 충돌하기 전의 운동량의 크기와 방향을 알면 충돌 후에 어떻게 운동할지를 예측할 수 있을 것이다. 이러한 보존 법칙은 당구공의 충돌, 사람들의 충돌, 자동차의 충돌, 소립자의 충돌 후에 어떤 일이 일어날지를 예측할 수 있도록 해주는 강력한 법칙이다.

주제 토론

자동차 사고에 대한 통계적인 분석은 어깨띠가 있는 안전벨트를 착용하는 것이 중상이나 치명적인 부상을 상당히 줄일 수 있음을 보여준다. 반면에 자동차의 충돌이 화재로 이어지는 경우에는 탑승자가 자동차 밖으로 튕겨 나가는 것이 오히려 생존의 확률을 높이기도 한다. 법률적인 강제성을 떠나서 생각한다면 과연 안전벨트를 착용하는 것이 유리한가 아니면 그렇지 아니한가?

---

[*] 에너지 보존에 따르면 $\frac{1}{2}mv^2 = \frac{1}{2}m(v_1)^2 + \frac{1}{2}m(v_2)^2$이지만, 질량과 1/2은 방정식에서 나눌 수 있다.

요약

이 장에서, 우리는 짧은 시간 동안 일어나는 강한 상호작용하는 힘에 작용하는 충돌과 같은 물체 간의 상호작용을 설명하기 위하여 충격량과 운동량으로 뉴턴의 제2법칙을 재구성한다. 뉴턴의 제2법칙과 제3법칙을 따르는 운동량 보존 법칙은 중심적인 역할을 한다.

① **운동량과 충격량** 뉴턴의 제2법칙은 운동량과 충격량의 관점에서 재구성될 수 있으며, 물체에 작용하는 알짜 충격량은 물체의 운동량의 변화와 같다. 충격량은 물체에 작용하는 평균 힘과 힘이 물체에 작용한 시간을 곱한 양이다. 운동량은 물체의 질량과 속도를 곱한 값으로 정의한다.

$$\mathbf{F}_{net}\Delta t = \Delta \mathbf{p}, \quad \mathbf{p} = m\mathbf{v}$$

② **운동량 보존의 법칙** 뉴턴의 제2법칙과 제3법칙으로 운동량 보존 법칙을 유도할 수 있다. 계에 작용하는 알짜 외력이 0이면, 계의 총 운동량은 보존된다.

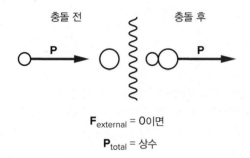

$$\mathbf{F}_{external} = 0 \text{이면}$$
$$\mathbf{P}_{total} = \text{상수}$$

③ **되튐** 초기에 정지해 있는 두 물체 사이에 폭발이 발생하면 운동량 보존에 따라 알짜 외력이 작용하지 않으면 사건 이후의 총 운동량은 여전히 0이어야 한다. 두 물체의 최종 운동량 벡터는 크기는 같지만 방향은 반대이다.

$$\mathbf{p}_2 = -\mathbf{p}_1$$

④ **탄성충돌과 비탄성충돌** 완전 비탄성충돌은 충돌 후 물체가 한 덩어리가 되어 움직이는 경우이다. 외력을 무시할 수 있다면 총 운동량은 보존된다. 탄성충돌은 총 운동 에너지 또한 보존되는 경우이다.

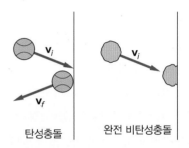

탄성충돌   완전 비탄성충돌

⑤ **비스듬한 충돌** 운동량 보존은 1차원 운동에 국한되지 않는다. 물체가 비스듬히 충돌할 때 계의 충돌 전과 후의 총 운동량은 각 물체의 운동량 벡터의 합과 같다.

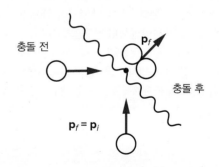

$$\mathbf{p}_f = \mathbf{p}_i$$

학습 요령

충격량과 관련된 예시를 제외하고 이 장에서 설명하는 대부분의 상황은 운동량 보존 법칙을 강조한다. 운동량 보존을 적용하는 데 사용되는 기본적인 설명은 다음과 같다.

1. 외력은 충돌 또는 짧은 순간에 상호작용하는 매우 강한 힘보다 훨씬 작다고 가정한다. 계에 작용하는 외력을 무시할 수 있다면 총 운동량은 보존된다.
2. 충돌 또는 짧은 상호작용 전의 계의 총 운동량은 사건 후의 운동량과 같다. 운동량은 보존되며 변하지 않는다.

3. 사건 전과 후의 운동량의 동등은 물체의 운동에 대한 다른 정보를 얻기 위해 사용될 수 있다.

   복습을 위해서 이 장의 각 예제에서 이 3가지 핵심을 어떻게 사용되는지 다시 살펴보라. 사건의 전과 후 계의 총 운동량은 항상 각 물체의 운동량 값에 벡터를 더하여 찾는다. 각 예제에서 총 운동량의 크기와 방향을 설명할 수 있어야 한다.

개념문제

Q1. 물체에 힘이 작용하는 시간은 충격량과 어떤 관계가 있는가? 설명하시오.

Q2. 야구공이 볼링공보다 더 큰 운동량을 가질 수 있는가? 설명하시오.

Q3. 충격량과 운동량은 같은 것인가? 설명하시오.

Q4. 야구 방망이로 공을 칠 때 방망이와 공의 접촉시간을 길게 하는 것이 좋은가? 설명하시오.

Q5. 충돌 시 부상을 줄일 수 있는 에어백의 장점은 무엇인가? 충격량과 운동량을 이용하여 설명하시오.

Q6. 만약 맨손으로 야구공이나 소프트볼을 잡을 때 공을 잡는 동안 팔을 뒤로 당기면 공에 의해 손에 가해지는 힘이 줄어들까? 설명하시오(일상의 자연현상 7.1 참고).

Q7. 트럭과 자전거가 같은 속도로 달리고 있을 때, 이들을 멈추기 위해 더 큰 충격량이 필요한 것은 어느 것인가? 설명하시오.

Q8. 공은 중력의 영향을 받아 고정된 경사면을 따라 가속된다. 이 과정에서 공의 운동량이 보존되는가? 설명하시오.

Q9. 운동량 보존 법칙을 설명하기 위해서 뉴턴의 어떤 운동 법칙이 사용되는지 설명하시오.

Q10. 풀백이 공중에서 몸무게가 가벼운 디펜시브백과 정면충돌하였다. 두 선수가 충돌 후에 한 덩어리가 되어 움직였다면 풀백이 뒤로 가는 경우도 있을 수 있는가? 설명하시오.

Q11. 2개의 산탄총은 모든 면에서 같지만(발사된 탄환 포함), 한 산탄총은 다른 산탄총보다 2배의 무거운 질량을 가지고 있다. 어떤 총이 발사될 때 더 빠른 속도로 후퇴하는 경향이 있는가? 설명하시오.

Q12. 로켓은 아무것도 없는 진공의 우주공간에서 뒤로 밀 추진력이 없을 때, 앞으로 나갈 수 있을까? 설명하시오.

Q13. 우주공간에 있는 한 우주 비행사가 갑자기 우주 정거장과 자신을 연결하는 밧줄이 끊어져 우주 왕복선으로부터 서서히 멀어지고 있는 것을 발견한다고 가정해보자. 그녀가 렌치 몇 개가 들어 있는 공구 벨트를 착용하고 있다고 가정한다면, 어떻게 우주 정거장을 향해 다시 움직일 수 있을까? 설명하시오.

Q14. 스케이트보드 선수가 옆에서 움직이는 스케이트보드 위로 뛰어오른다. 이 과정에서 스케이트보드의 속력이 느려지는가 아니면 빨라지는가? 운동량 보존 법칙을 이용하여 설명하시오.

Q15. 열차의 객차가 정지해 있던 다른 객차와 부딪히면서 연결되었다. 만약 외력을 무시할 수 있다면, 이 충돌은 탄성충돌인가, 부분 비탄성충돌인가, 아니면 완전 비탄성충돌인가? 설명하시오.

Q16. 공이 벽에 충돌하기 전보다 작은 속도로 튀어나온다면 이 충돌은 탄성충돌인가? 설명하시오.

Q17. 흰 당구공이 처음에 정지해 있는 8번 공을 맞혔다. 그 후에 흰 당구공은 그 자리에 정지하고 8번 공이 충돌하기 전 흰 당구공의 속도로 앞으로 나갔다면 이 충돌은 탄성충돌인가? 실명하시오.

Q18. 질량이 같은 두 진흙 덩이가 같은 속도로 직각방향에서 날아와 충돌한 후 한 덩어리가 되었다. 이 진흙 덩어리가 충돌 후에 그림 Q18과 같은 방향으로 운동하는 것이 가능한가? 설명하시오.

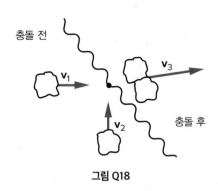

충돌 전

v_1

v_2

v_3

충돌 후

그림 Q18

Q19. 자동차와 작은 트럭이 직각방향에서 달려와 충돌한 후 한 덩어리가 되었다. 트럭의 질량은 자동차 질량의 약 2배이다. 충돌 후의 자동차의 운동량 벡터의 방향을 그림으로 나타내고 결과를 설명하시오(일상의 자연현상 7.2 참고).

연습문제

E1. 4800 N의 힘이 0.003초 동안 골프공에 작용하였을 때,
a. 골프공에 작용한 충격량의 크기는 얼마인가?
b. 골프공의 운동량은 얼마나 변했는가?

E2. 볼링공은 질량이 7 kg이고 속력은 1.5 m/s이다. 메이저리그 야구공의 질량은 0.142 kg이고 속력은 40 m/s이다. 어느 공의 운동량이 더 큰가?

E3. 40 m/s의 속력으로 운동하고 있는 질량 0.14 kg의 공을 포수가 잡았다. 이 공에 가해진 충격량의 크기는 얼마인가?

E4. 초기에 23 m/s의 속력으로 이동하는 차량에서 체중 75 kg의 앞좌석 승객은 0.3초 만에 에어백에 의해 정지되었다.
a. 승객에게 작용하는 충격량은 얼마인가?
b. 이 과정에서 승객에게 작용하는 평균 힘은 얼마인가?

E5. 5.1 kg·m/s의 초기 운동량을 가지고 운동하고 있던 공이 벽에 부딪혀 반대방향으로 −4.3 kg·m/s의 운동량을 가지고 튀어나왔다.
a. 공의 운동량 변화는 얼마인가?
b. 이 변화를 만들어내는 데 필요한 충격량은 얼마인가?

E6. 몸무게가 70 kg인 스케이트 선수와 몸무게가 30 kg인 스케이트 선수가 얼음판 위에서 정지해 있다가 서로 밀었다.
a. 두 선수가 민 후에 두 선수의 총 운동량은 얼마인가?
b. 몸무게가 무거운 선수가 2.8 m/s의 속력으로 밀려났다면 몸무게가 가벼운 선수는 얼마의 속력으로 밀려나겠는가?

E7. 우주공간에 정지해 있던 로켓이 잠깐 동안 60 kg의 기체를 평균 450 m/s 속도로 뒤로 내뿜었다. 이 동안에 로켓의 운동량은 얼마나 변했을까?

E8. 예제 7.4의 철도 차량 문제에서,
a. 충돌 전 5번째 차량의 운동 에너지는 얼마인가?
b. 충돌 직후 연결된 5대 차량 모두의 운동 에너지는 얼마인가?
c. 이 충돌에서 에너지가 보존되는가?

E9. 4150 kg의 질량을 가진 트럭이 북쪽으로 12 m/s의 속력으로 달리다가 남쪽으로 40 m/s의 속력으로 달리던 질량이 900 kg인 자동차와 충돌하였다. 충돌 후에 두 차는 하나가 되어 움직였다.
a. 충돌하기 전 두 자동차의 운동량 벡터를 비율에 맞게 그리시오.
b. 그림을 이용하여 두 벡터의 합을 구하시오.

E10. 예제 7.2와 그림 7.17 및 7.18을 참조하여 문제를 푸시오. 몸무게가 100 kg인 풀백이 5.0 m/s 속도로 동쪽으로 달리다가, 북쪽으로 4.0 m/s로 달리는 몸무게 75 kg인 디펜시브백과 충돌하여 하나가 되어서 최종 운동량 583 kg·m/s로 움직였다(그림 7.18 참고).
a. 충돌 후 두 미식축구 선수의 최종 속력은 얼마인가?
b. 예제 7.2에서 계산된 정면충돌의 최종 속력과 어떻게 비교되는가?

종합문제

SP1. 투수가 40 m/s의 속도로 던진 야구공이 야구 방망이에 맞고 투수 쪽으로 65 m/s의 속도로 날아왔다. 공이 야구 방망이와 접촉한 시간은 0.005초였고, 야구공의 질량은 142 g(0.142 kg)이었다.

    a. 야구공의 운동량은 이 과정에서 얼마나 변했는가?

    b. 이 운동량의 변화량은 최종 운동량보다 큰가? 설명하시오.

    c. 이러한 크기의 운동량 변화를 가져오기 위해 충격량은 얼마나 필요한가?

    d. 야구 방망이가 야구공에 가한 힘은 얼마인가?

SP2. 공을 벽에 던질 때 다음 두 경우에 대하여 생각해보자. 하나는 공이 벽에 달라붙어서 튀어나오지 않는 경우이고, 다른 하나는 공이 처음과 같은 크기의 속력으로 튀어나오는 경우이다.

    a. 두 경우 중에 어느 것이 더 공의 운동량 변화가 클까?

    b. 운동량이 변화하는 데 걸리는 시간이 두 경우에 같다면 어느 것이 공에 더 큰 힘이 작용될까?

    c. 이 충돌에서 운동량은 보존될까? 설명하시오.

SP3. 30 m/s의 속력으로 동쪽으로 이동하고 있는 1600 kg의 자동차가 15 m/s의 속력으로 서쪽으로 이동하는 4800 kg 무게의 트럭과 충돌하였다. 충돌 후 두 차량은 붙어 있었다.

    a. 충돌 전 계의 총 운동량은 얼마인가?

    b. 충돌 후 두 차량의 속도는 얼마인가?

    c. 충돌 전 계의 총 운동 에너지는 얼마인가?

    d. 충돌 후 총 운동 에너지는 얼마인가?

    e. 이 충돌은 탄성충돌인가? 설명하시오.

JONDO/Getty Images

강체의 회전 운동
Rotational Motion of Solid Objects

학습목표

이 장의 학습목표는 회전 놀이기구의 예를 통해 선형 운동과 회전 운동의 유사점을 기술하고, 회전 운동을 기술하기 위해서는 어떠한 개념이 필요한지 알아본다. 그리고 회전 운동의 원인을 살펴보고, 회전 운동은 뉴턴의 제2법칙의 변형된 형태임을 알아본다. 내용이 진행되면서 토크, 회전 관성, 각운동량 등의 개념이 도입될 것이다. 이를 통해 회전 운동의 원인과 회전 운동을 기술하는 방법을 명확히 이해하는 것이 목표이다. 이 장의 학습을 마치고 나면, 회전하는 다양한 물체의 운동을 예측할 수 있을 것이다.

개요

1 회전 운동이란 무엇인가? 회전 운동을 어떻게 기술할 수 있을까? 각속도와 각가속도는 무엇이며, 그것들은 선형 운동에서 사용했던 비슷한 개념들과 어떻게 연관되는가?

2 토크와 균형 천칭막대와 같은 간단한 물체의 회전은 어떠한 조건에 의하여 결정되는가? 토크는 무엇이며 물체를 어떻게 회전시키는가?

3 회전 관성과 뉴턴의 제2법칙 뉴턴의 제2법칙은 회전하는 물체의 운동을 설명하기 위해서 어떻게 변형될 수 있는가? 회전 운동의 변화에 대한 저항으로 작용하는 회전 관성을 어떻게 기술할 것인가?

4 각운동량의 보존 각운동량이란 무엇이고 이것은 어떤 경우에 보존되는가? 회전하는 스케이트 선수나 다이빙 선수는 각속도를 어떻게 조절하는가?

5 자전거 타기와 다른 놀라운 재주들 왜 자전거는 달릴 때는 넘어지지 않고, 정지하고 있을 때는 넘어지는가? 각속도와 각운동량은 벡터로 취급할 수 있는가?

저자의 집 근처 공원에는 아이의 힘으로 움직이는 회전 놀이기구가 있다(그림 8.1). 이것은 둥근 강철판이 아주 우수한 베어링 위에 놓여 있어 마찰저항력을 많이 받지 않고 부드럽게 회전한다. 따라서 한 번 회전을 시작하면, 계속 회전을 지속할 것이다. 비록 아이라고 할지라도 이것을 움직여서 돌아가게 할 수 있고, 그 위에 올라탈 수 있다(때때로 내리기도 한다). 그네, 미끄럼틀, 튼튼한 용수철 위에 설치한 작은 동물 모양의 탈 것 등과 더불어 회전 놀이기구는 공원에서 인기가 좋은 놀이기구이다.

이 회전 놀이기구의 운동은 우리가 이미 다루어 보았던 운동들과의 유사점과 차이점을 모두 지니고 있다. 회전 놀이기구에 앉아 있는 아이는 원운동을 경험하고, 따라서 5장에서 논의했던 개념들이 적용될 것이다. 놀이기구 자체는 어떠한가? 그것은 비록 움직이지만 어느 곳으로도 가지 않는다. 그렇다면 과연 이 운동을 어떻게 기술할 것인가?

회전 놀이기구와 같은 강체의 회전 운동은 어디에서나 발견할 수 있다. 회전하는 지구, 제자리에서 회전하는 스케이트 선수, 팽이, 바퀴 등은 모두 이런 형태의 운동을 보여준다. 뉴턴의 운동 이론이 폭넓게 적용되기 위해서는 물체가 한 점에서 다른 점으로 움직이는 선형 운동에서뿐만 아니라 회전 운동에서도 어떤 일이 벌어지는지를 설명할 수 있어야 한다. 무엇이 회전 운동을 일으키는가? 뉴턴의 제

그림 8.1 공원에 있는 회전 놀이기구는 회전 운동의 한 예이다. 이 운동을 어떻게 기술하고 또한 설명할 수 있는가? *SuperStock Inc.*

2법칙은 회전 운동을 설명하기 위해서 사용될 수 있는가?

물체의 선형 운동과 회전 운동 사이에는 유사점이 있음을 발견하게 될 것이다. 바로 전에 제기한 질문들은 이러한 유사점을 충분히 이용함으로써 답할 수 있다. 회전 운동과 선형 운동 사이의 유사점을 활용함으로써 더 효율적으로 강체의 회전 운동을 이해할 수 있다.

8.1 회전 운동이란 무엇인가?

한 아이가 앞에서 언급한 회전 놀이기구를 돌리기 시작한다. 그 아이는 놀이기구 옆에 붙어서서 놀이기구의 가장자리에 있는 막대들 중 하나를 잡는다. 아이는 놀이기구를 밀면서 움직이고, 그에 따라 놀이기구는 가속된다. 결국 아이는 달리고 회전 놀이기구는 매우 빠르게 돌게 된다.

회전 놀이기구나 스케이트 선수의 회전 운동을 어떻게 기술할 것인가? 얼마나 빨리 회전하고 또 얼마나 회전했는지를 기술하기 위해서 어떤 물리량들을 사용할 것인가?

각변위와 각속도

회전 놀이기구가 얼마나 빨리 회전하는지를 어떻게 측정할 것인가? 만약 여러분이 한쪽에 서 있고 아이가 여러분 앞을 지나가는 것을 관찰한다면, 아이가 주어진 시간 동안 회전한 횟수를 셀 수 있을 것이다. 회전한 횟수를 회전하는 데 걸린 시간으로 나누면 평균 회전속력을 분당 회전수(rpm)로 얻게 되며, 이 단위는 모터, 페리스 대관람차 등 회전하는 물체의 회전속력을 기술하기 위하여 종종 사용된다.

만약 회전 놀이기구가 15 rpm으로 돈다고 말한다면 얼마나 빨리 물체가 돌고 있는지를 기술한 것이다. 이 비율은 선형 운동의 경우에 있어서 얼마나 빨리 물체가 움직이는가를 기

그림 8.2 회전수, 도, 라디안은 회전 놀이기구의 각변위를 기술하기 위한 서로 다른 단위들이다.

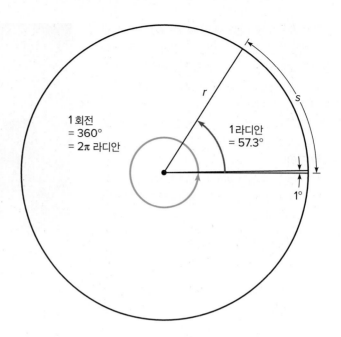

술하기 위하여 사용한 속력이나 속도라는 양과 비슷하다. 이러한 회전율을 기술하기 위하여 **각속도**(rotational velocity)라는 용어를 보통 사용한다. 분당 회전수는 이 양을 측정하기 위하여 사용된 여러 단위 중 하나일 뿐이다.

회전 놀이기구의 각속도를 구할 때 우리는 그것이 얼마나 많이 회전을 하는지를 측정한다. 한 물체가 한 번의 완전한 회전보다 적은 회전을 한다고 하자. 이 경우 물체가 얼마나 많이 회전했는지를 기술하기 위하여 부분회전을 사용할 수 있을 것이며, 혹은 각도의 단위인 도를 사용할 수도 있을 것이다. 한 번의 완전한 회전은 360°에 해당되기 때문에 회전수는 360°/rev을 곱함으로써 각도로 환산될 수 있다.

물체가 얼마나 많이 돌았는지 혹은 회전했는지를 측정하는 양은 각이며, 때로는 **각변위**(rotational displacement)로 불린다. 각은 회전수, 도, 혹은 간단하지만 덜 친숙한 단위로서 **라디안**(radian)*이라 불리는 단위로 측정될 수 있다. 각변위를 기술하기 위하여 흔히 사용되는 세 단위는 그림 8.2에 요약되어 있다. 각변위는 선형 운동에서 물체가 운동한 거리와 유사하다. 2장에서 배운 대로 운동의 방향을 포함한다면 이 거리는 때로 **선형 변위**(linear displacement)로 불린다.

회전량을 기술하기 위하여 사용되는 기호는 주로 그리스 알파벳에서 온 것이다. 그리스 문자는 우리가 보통 물리량을 나타내기 위해 사용하는 로마 알파벳 문자와의 혼동을 피하기 위하여 사용된다. 그리스 문자 θ는 각을 나타내기 위하여 흔히 사용되고 ω는 각속도를 나타내기 위하여 사용된다.

---

* 라디안은 원호의 길이를 원의 반지름으로 나눈 값으로 정의된다. 따라서 그림 8.2에서 만약 회전 놀이기구의 한 점이 원호를 따라 거리 s만큼 움직인다면 그것에 해당하는 라디안은 s/r이다(r은 원의 반지름이다). 거리를 또 다른 거리로 나누기 때문에 라디안 자체는 차원을 갖지 않는다. 또한 원호의 길이 s는 반지름 r에 비례하기 때문에, 반지름의 크기는 라디안과 관계가 없다. 주어진 각에 대하여 r에 대한 s의 비는 같을 것이다. 라디안의 정의에 의하면 1회전 = 360° = 2π라디안이고 1라디안(rad) = 57.3°이다.

회전 놀이기구와 같은 물체의 운동을 기술하기 위하여 도입한 양들은 다음과 같이 요약된다.

> 각변위 θ는 물체가 얼마나 많이 회전했는가를 보여주는 각도이다.

그리고

> 각속도 ω는 각변위의 변화율이며, 각변위를 걸린 시간으로 나눔으로써 얻어진다.
>
> $$\omega = \frac{\Delta\theta}{t}$$

각속도를 기술할 때 보통 회전수나 라디안을 각변위의 척도로 사용한다. 도는 보통 잘 쓰이지 않는다. 예제 8.1은 회전수/분(rpm), 라디안/분, 라디안/초 사이의 변환을 보여준다.

예제 8.1 ▸ 라디안의 계산

어떤 물체가 회전수 33 rpm(분당 회전)의 각속도로 회전하고 있다.

  a. 각속도를 라디안/분으로 나타내시오.

  b. 각속도를 라디안/초로 나타내시오.

a. $\omega = 33\ \dfrac{\text{rev}}{\text{min}}$

$1\ \text{rev} = 2\pi\ \text{radians}$

$\omega = 33\ \dfrac{\text{rev}}{\text{min}} \times \dfrac{2\pi\ \text{radians}}{1\ \text{rev}} = 66\pi\ \dfrac{\text{radians}}{\text{min}} = 207.3\ \dfrac{\text{radians}}{\text{min}}$

b. $\omega = 207.3\ \dfrac{\text{radians}}{\text{min}}$

$1\ \text{min} = 60\ \text{sec}$

$\omega = 207.3\ \dfrac{\text{radians}}{\text{min}} \times \dfrac{1\ \text{min}}{60\ \text{sec}} = 3.5\ \dfrac{\text{radians}}{\text{sec}}$

단위에 옆줄을 그은 것은 서로 상쇄됨을 의미한다.

각가속도란 무엇인가?

회전 놀이기구를 밀고 있는 아이를 기술할 때, 아이가 옆에서 달림에 따라 회전율은 증가하였다. 이것은 각속도의 변화를 의미하며, 따라서 **각가속도**(rotational acceleration)의 개념을 암시한다. 그리스 문자 α는 각가속도를 나타내기 위하여 사용되는 기호이다. 이것은 그리스 알파벳의 첫 문자이고 선가속도를 나타내기 위하여 사용되는 문자 a에 대응된다.

각가속도는 선가속도와 비슷하게 정의할 수 있다(2장 참고).

그림 8.3 선형 운동을 기술하기 위하여 사용된 물리량과 회전 운동을 기술하기 위하여 사용된 물리량 사이에는 밀접한 유사점들이 있다.

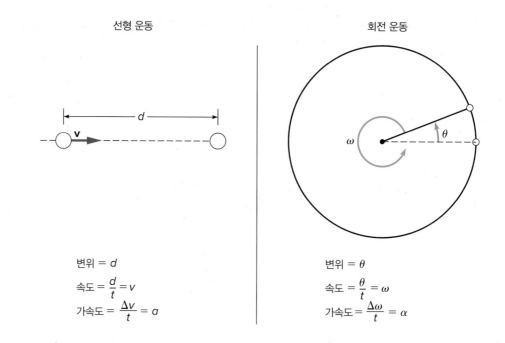

선형 운동

회전 운동

$$변위 = d$$

$$속도 = \frac{d}{t} = v$$

$$가속도 = \frac{\Delta v}{t} = a$$

$$변위 = \theta$$

$$속도 = \frac{\theta}{t} = \omega$$

$$가속도 = \frac{\Delta \omega}{t} = \alpha$$

각가속도는 각속도의 변화율이다. 이것은 각속도의 변화를 이러한 변화가 일어나는 데 걸린 시간으로 나눔으로써 얻어진다.

$$\alpha = \frac{\Delta \omega}{t}$$

각가속도의 단위는 rev/s^2 또는 rad/s^2이다.

　각속도나 각가속도에 대한 위 정의들은 실제적으로 **평균값**을 의미한다. 순간값을 얻기 위해서는 선형 운동에서의 순간 속도와 순간 가속도의 정의에서처럼 시간 간격 t는 매우 작아야 한다(2.2절과 2.3절 참고). 그러면 주어진 순간에 변위나 속도의 시간에 따른 변화율을 얻게 된다.

　선형 운동과 회전 운동 사이에 완벽히 대응되는 유사점들에 유의한다면 각변위, 각속도, 각가속도의 정의들을 훨씬 수월하게 기억할 수 있을 것이다. 이 유사점들은 그림 8.3에 요약되어 있다. 1차원에서 거리 d는 위치의 변화 혹은 선형 변위를 나타내며, 이것은 **각변위** θ에 대응된다. 선형 운동에서의 평균 속도와 평균 가속도는 그림 8.3의 왼쪽과 같이 정의되고, 대응되는 각속도와 각가속도의 정의는 그림의 오른쪽에 표현되어 있다.

일정한 각가속도

2장에서 일정한 선가속도를 가지는 특별한 경우에 대해 식들을 도입했다. 선형 운동과 회전 운동에 관계된 물리량들을 비교함으로써, 선형 운동에서 전개된 식들에 있는 선형 양들 대신 거기에 대응되는 회전 양들로 대치함으로써 일정한 각가속도 운동에 대한 유사한 방정식들을 얻을 수 있다(표 8.1). v_0가 초기 선속도를 나타내듯이 ω_0는 초기 각속도를 나타낸다. 예제 8.2는 일정한 각가속도 운동에 대한 응용문제이다.

　예제 8.2의 회전 놀이기구는 사람이 기구를 밀어 줌으로써 정지 상태에서 출발하여 1분

표 8.1 일정한 가속도를 가지는 선형 운동 방정식과 회전 운동 방정식의 유사성	
선형 운동	**회전 운동**
$v = v_0 + at$	$\omega = \omega_0 + \alpha t$
$d = v_0 t + \frac{1}{2}at^2$	$\theta = \omega_0 t + \frac{1}{2}\alpha t^2$

에 9번의 완전한 회전을 한다. 이런 가속 정도가 1분 이상 유지되기는 어려울 것이다. 이 시간 동안 도달된 각속도는 1초에 1/3회전보다 약간 작으며, 회전 놀이기구로서는 매우 빠른 각속도라 할 수 있다.

예제 8.2 ▶ 회전 놀이기구

회전 놀이기구가 정지 상태에서 출발하여 0.005 rev/s²의 일정한 비율로 가속된다고 가정하자.

    a. 1분 후에 각속도는 얼마인가?

    b. 이 시간 동안 회전 놀이기구는 얼마나 많은 회전을 하는가?

a. $\alpha = 0.005$ rev/s² $\omega = \omega_0 + \alpha t$

    $\omega_0 = 0$ $= 0 + (0.005$ rev/s²$)$ (60 s)

      $t = 60$ s   **= 0.30 rev/s**

b. $\theta = ?$ ω_0는 0이기 때문에

$$\theta = \frac{1}{2}\alpha t^2 = \frac{1}{2}(0.005 \text{ rev/s}^2)(60 \text{ s})^2$$

$$= \textbf{9 rev}$$

선속도와 각속도는 어떻게 연관되는가?

예제 8.2의 회전 놀이기구가 0.30 rev/s의 각속도로 돌고 있을 때 이 놀이기구에 타고 있는 사람은 얼마나 빨리 움직이고 있는 것인가? 이 질문에 대한 답은 놀이기구에 타고 있는 사람이 어디에 앉아 있는지에 달려 있다. 이 사람은 회전 놀이기구의 회전 중심 쪽보다 가장자리 쪽으로 앉았을 때 훨씬 빨리 움직일 것이다. 그러면 앉아 있는 사람의 선속도와 놀이기구의 각속도와는 어떠한 관계가 있는가?

그림 8.4는 놀이기구의 다른 반지름을 가지는 위치에 앉아 있는 사람들을 보여준다. 중심에서 더 멀리 떨어져 앉아 있는 사람은 중심에 가까이 있는 사람보다 한 번의 회전에 더 긴 거리를 움직인다. 회전 경로의 호의 길이가 더 길기 때문이다. 따라서 바깥쪽 사람은 회전 중심 쪽 사람보나 너 큰 선속력으로 움직인다.

중심에서부터 멀리 있을수록 1회전에 더 긴 거리를 움직이며, 따라서 더 빨리 움직인다. 즉, 회전할 때 앉아 있는 사람이 원의 둘레를 따라 움직이는 거리는 원의 반지름 r(중심에서부터 앉아 있는 사람까지의 거리)에 비례해서 증가한다. 각속도를 rad/s으로 표현하면 앉아 있는 사람의 선속도는 다음과 같은 형태가 된다.

그림 8.4 가장자리 쪽에 있는 사람이 중심 쪽에 있는 사람보다 한 번의 회전에 더 긴 거리를 움직인다.

$$v = r\omega$$

놀이기구의 중심에서부터 거리 r만큼 떨어져서 앉아 있는 사람의 선속도 v는 r과 놀이기구의 각속도 ω의 곱이다(이 간단한 결과가 성립하기 위해서는 각속도는 초당 회전수 또는 초당 회전각도보다는 rad/s으로 표현되어야 한다).

회전 놀이기구나 물체가 회전하는 비율은 회전하는 물체 위의 한 점이 얼마나 빨리 움직일 것인가에, 즉 그 점의 선속도에 영향을 미친다. 선속도는 회전축으로부터의 거리에 의존한다. 회전 놀이기구의 바깥 가장자리에 있는 아이는 중심 근처에 겁먹고 앉아 있는 아이보다 훨씬 더 짜릿함을 느낄 것이다.

각변위, 각속도, 그리고 각가속도는 회전하는 물체의 운동을 완벽하게 기술하기 위하여 필요한 양들이다. 이것들은 물체가 얼마나 많이 회전하였고(각변위), 얼마나 빨리 회전하고 있는지(각속도)와 각속도가 변하고 있는 비율(각가속도)을 각각 기술한다. 이 정의들은 선형 운동을 기술하기 위하여 사용된 양들과 유사하다. 이것들은 물체가 어떻게 회전하고 있는지를 말해주기는 하지만 왜 그런지는 말해주지 않는다. 회전의 원인은 다음 절에서 논의한다.

8.2 토크와 균형

무엇이 회전 놀이기구를 돌아가게 했는가? 놀이기구가 움직이기 위해서 아이는 이것을 밀어야만 하며, 그것은 힘을 가한다는 것을 의미한다. 힘의 방향과 작용점은 물체를 돌리는 데 중요한 역할을 한다. 만약 아이가 놀이기구의 중심축을 향하여 똑바로 민다면 아무 일도 벌어지지 않는다. 가장 좋은 결과를 만들기 위해서 어떻게 힘을 가해야 하는가?

상쇄되지 않은 토크는 물체를 회전시킨다. 그렇다면 **토크**란 무엇이며 그것은 힘과 어떻게 연관되는가? 간단한 저울, 혹은 **천칭**은 이 개념에 접근하는 데 도움을 줄 것이다.

그림 8.5 지레받침으로부터 같은 거리에 같은 무게의 추가 놓인 천칭
James Ballard/McGraw-Hill Education

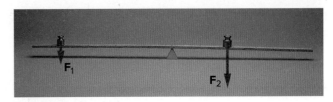

그림 8.6 지레받침으로부터 다른 거리에 다른 무게의 추가 놓인 천칭. 천칭이 균형을 이루게 하는 것은 무엇인가? *James Ballard/McGraw-Hill Education*

천칭은 어떨 때 균형이 잡히는가?

그림 8.5에서처럼 **지레받침**(fulcrum)에 의하여 지지되는 매우 가벼운 막대로 만들어진 천칭을 생각해보자. 만약 막대 위에 추를 올려놓기 전에 막대가 균형이 잡혀 있고, 또한 지레받침으로부터 같은 거리에 같은 무게의 추를 올려놓는다면, 막대는 여전히 균형을 유지할 것이다. 균형이 잡혀 있다는 것은 지레받침을 중심으로 막대가 회전하지 **않는다**는 것을 뜻한다.

이번에는 무게가 서로 다른 추를 막대 위에 올려놓고 균형을 잡는다고 하자. 가벼운 무게의 추보다 2배나 무거운 추로 균형 잡기 위해서 두 추를 지레받침으로부터 같은 거리에 놓아야 하는가? 천칭이 균형 잡히기 위해서는 가벼운 무게의 추가 무거운 무게의 추보다 지레받침으로부터 멀리 떨어져야 한다는 것을 직관적으로 알 수 있지만 얼마나 멀리 떨어져야 하는지는 알 수 없다(그림 8.6). 간단한 천칭으로 시도를 해보면 가벼운 무게의 추가 무거운 무게의 추보다 지레받침으로부터 2배나 멀리 떨어져야 한다는 것을 알게 된다.

막대 대신 자를 사용하고 지레받침 대신 연필을 사용하여 실험해보라. 추 대신 동전을 사용할 수도 있다. 실험을 해보면 추의 무게와 지레받침으로부터의 거리가 둘 다 중요하다는 것을 알게 된다. 추가 지레받침으로부터 멀리 떨어져 있을수록 지레받침의 반대쪽에 있는 무거운 무게의 추와 더욱 효과적으로 균형 잡을 수 있을 것이다. 추의 무게와 지레받침으로부터의 거리와의 곱이 균형을 결정한다. 만약 이 곱이 지레받침의 다른 쪽에 있는 추에서 계산한 곱과 같다면 천칭은 회전하지 않을 것이다.

토크란 무엇인가?

힘과 지레받침으로부터 힘의 작용점까지의 거리와의 곱은 추가 회전하려고 하는 정도를 기술하며 **토크**(torque)라고 부른다. 좀 더 일반적으로 말하면,

> 지레받침이나 주어진 회전축에 대한 토크 τ는 작용한 힘과 지렛대 팔의 길이 l의 곱과 같다.
>
> $$\tau = Fl$$
>
> **지렛대 팔**은 회전축으로부터 가해진 힘의 작용선까지의 수직거리이나.

기호 τ는 그리스 문자 타우이고 토크를 나타내기 위해서 사용된다.

길이 l은 지레받침으로부터 힘의 작용점까지의 거리이며 힘의 작용선에 수직인 방향으로 측정되어야 한다. 이 거리는 힘의 **지렛대 팔**이나 **모멘트 암**으로 불린다. 토크의 세기는 힘의 크

그림 8.7 긴 렌치는 긴 지렛대 팔을 갖기 때문에 긴 렌치가 짧은 렌치보다 더 효과적이다.
James Ballard/McGraw-Hill Education

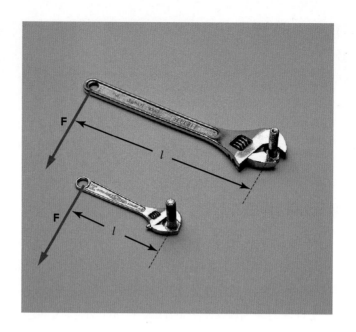

기와 그 지렛대 팔의 길이에 좌우된다. 만약 천칭의 지레받침 양쪽 추에 가해지는 토크의 크기가 같다면 저울은 균형이 잡히고, 따라서 회전하지 않을 것이다.

　렌치로 너트를 돌려본 경험이 있을 것이다. 렌치 손잡이에 수직인 방향으로 렌치의 한쪽 끝에 힘을 가할 때(그림 8.7), 손잡이는 지렛대이고 그 길이는 지렛대 팔이 된다. 긴 손잡이는 토크가 더 크기 때문에 짧은 손잡이보다 더욱 효과적이다.

　그 용어가 암시하듯이, **지렛대 팔**은 물체를 움직이기 위한 지렛대의 사용에서 유래한다. 예를 들어 쇠지레로 큰 바위를 움직여보자. 가해진 힘은 막대기의 끝에서 그리고 막대기에 수직으로 작용할 때가 가장 효과적이다. 지렛대 팔 l은 지레받침에서부터 막대기 끝까지의 거리이다. 만약 그림 8.8에서처럼 힘이 다른 방향에서 가해진다면, 지렛대 팔은 힘이 막대기에 수직으로 가해질 때의 경우보다 더 짧아진다. 지렛대 팔은 지레받침에서부터 힘의 작용선까지의 수직선을 그림으로써 구한다.

그림 8.8 가해진 힘이 쇠지레에 수직이 아닐 때, 지렛대 팔의 길이는 지레받침으로부터 힘의 작용선까지의 수직선까지의 거리를 구함으로써 얻는다.

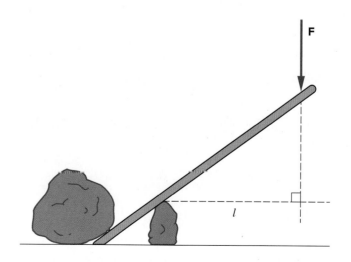

토크는 어떻게 더하는가?

토크는 또한 회전방향과 관련이 있다. 어떤 토크는 어떤 축을 중심으로 시계방향의 회전을 제공하고, 또 어떤 토크는 반시계방향의 회전을 제공한다. 예를 들어, 그림 8.6에서 지레받침의 오른쪽에 있는 무거운 추에 의한 토크는 지레받침을 중심으로 시계방향의 회전을 제공할 것이다. 이것은 지레받침의 왼쪽에 있는 추에 의한 같은 크기의 토크가 제공하는 반시계방향의 회전과 반대이다. 이 두 토크가 서로 상쇄될 때 계의 균형이 잡힌다.

토크는 반대방향으로 돌아가는 효과를 줄 수 있기 때문에 반대방향의 회전을 제공하는 토크에 반대부호를 붙인다. 예를 들어, 반시계방향의 회전을 제공하는 토크를 양(+)이라고 한다면, 시계방향의 회전을 제공하는 토크는 음(−)이 될 것이다(이것은 관례적인 선택이며, 주어진 상황에서 일관성만 유지한다면 어느 방향을 양으로 선택하느냐는 중요하지 않다). 토크의 부호를 나타낸다는 것은 다른 토크와 더할 것이냐 아니면 뺄 것이냐를 알려준다.

천칭막대의 경우에, 막대가 균형이 잡혀 있을 때, 두 토크는 크기가 같고 반대부호를 갖기 때문에 그 알짜 토크는 0(zero)일 것이다. 균형 혹은 평형을 위한 조건은 계에 작용하는 알짜 토크가 0이라는 것이다. 토크가 전혀 작용하지 않거나 혹은 양의 토크의 합이 음의 토크의 합과 같으면 서로 상쇄되어서 그 합이 0이 된다.

예제 8.3에서 5 N의 추를 균형 잡기 위해서(알짜 토크가 0이 되기 위해서) 3 N의 추가 지레받침으로부터 놓여야 하는 거리를 구한다($W = mg$이기 때문에 5 N의 추는 대략 0.5 kg 혹은 500 g의 질량을 가지고 있다). 토크의 단위는 힘과 거리와의 곱의 단위이며, 미터법으로 N·m이다.[*]

예제 8.3 ▶ 계의 균형 잡기

추가 없을 때 균형이 잡히는 막대의 한쪽 끝에 5 N의 추가 놓여 있다. 3 N의 추를 막대의 반대쪽에 놓아 균형을 잡으려고 한다. 5 N의 추는 지레받침의 오른쪽 20 cm에 위치하고 있다.

    a. 5 N의 추에 의해 제공되는 토크는 얼마인가?

    b. 계의 균형을 잡기 위해서 3 N의 추를 지레받침으로부터 얼마의 위치에 놓아야 하는가?

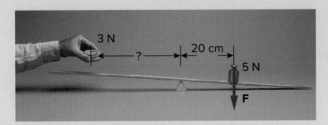

계의 균형을 잡기 위해서 3 N의 추를 막대의 어디에 놓아야 하는가?
James Ballard/McGraw-Hill Education

(계속)

---

[*] N·m는 에너지의 단위인 줄(J)과 단위가 같지만, N·m가 토크의 단위로 사용될 때는 J로 사용하지 않는다.

a. $F = 5$ N $\tau = -Fl$
   $l = 20$ cm $= 0.2$ m $= -(5$ N$)(0.2$ m$)$
   $\tau = ?$ $= -1$ N·m

음의 부호는 이 토크가 시계방향의 회전을 제공한다는 것을 나타낸다.

b. $F = 3$ N $\tau = Fl$
   $l = ?$ $l = \dfrac{\tau}{F} = \dfrac{+1 \text{ N·m}}{3 \text{ N}}$
                                        $= \mathbf{0.33}$ **m (33 cm)**

물체의 무게 중심은 무엇인가?

가끔 물체의 무게는 물체가 회전할 것인가를 결정하는 중요한 요소가 된다. 예를 들어 그림 8.9에 있는 아이는 널빤지를 기울이게 하지 않고 널빤지 위를 얼마나 멀리 걸어갈 수 있는가? 널빤지의 무게는 이 경우에 중요하며, 따라서 무게 중심의 개념이 필요하게 된다.

   무게 중심(center of gravity)은 물체의 무게 자체가 그 점에 대해서 토크를 만들지 않는 점이다. 만약 물체를 그 무게 중심에 지지해 매달면, 그 지지점에서 알짜 토크는 없게 되고 물체는 균형이 잡힐 것이다. 막대 모양 물체의 무게 중심은 물체가 우리 손가락 위에서 혹은 다른 적당한 지레받침 위에서 균형이 잡히는 점을 찾아냄으로써 알 수 있다. 더 복잡한 2차원 물체의 경우에는 물체를 2개의 다른 지점에 매달음으로써 무게 중심을 알 수 있다. 즉, 그림 8.10이 보여주듯이, 각각의 매단 점에서부터 아래로 직선을 그린 다음 두 선의 교차점을 구하면 된다.

   널빤지의 경우에(그림 8.9), 그 무게 중심은 널빤지의 밀도가 균일하다면 널빤지의 기하학적인 중심에 있을 것이다. 토크를 계산할 때 고려해야 하는 회전중심(pivot point)은 널빤지를 지지하는 플랫폼의 가장자리일 것이다. 널빤지의 무게가 회전중심에 대하여 제공하는 반시계방향의 토크가 아이의 무게가 제공하는 시계방향의 토크보다 크다면 널빤지는 기울

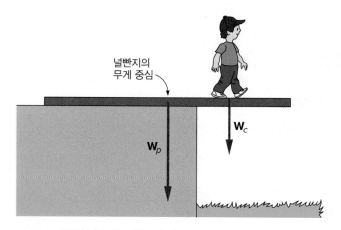

그림 8.9 아이는 널빤지를 기울이게 하지 않고 얼마나 멀리 걸어갈 수 있는가? 널빤지의 총 무게 $\mathbf{W}_p$는 마치 그것이 무게 중심에 위치하고 있는 것처럼 취급될 수 있다.

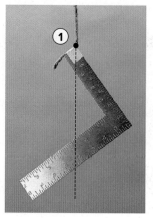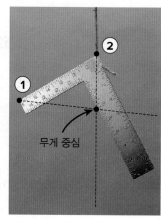

그림 8.10 평면 물체의 무게 중심을 찾아내는 예. 무게 중심이 반드시 물체 내부에 있지는 않다. *James Ballard/McGraw-Hill Education*

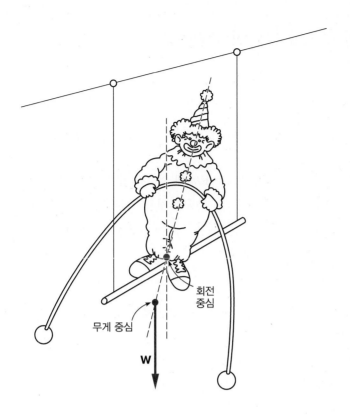

그림 8.11 무게 중심이 회전중심의 아래에 있기 때문에 광대는 자동으로 똑바로 선 자세로 돌아온다.

무게 중심   회전
            중심

W

어지지 않을 것이다. 널빤지의 무게는 마치 그것이 널빤지의 무게 중심에 모두 집중되어 있는 것처럼 취급된다.

가장자리에 있는 아이의 토크가 널빤지의 토크와 크기가 같아질 때, 널빤지는 기울어지기 바로 직전일 것이다. 이것은 널빤지가 기울어지기 전에 아이가 얼마나 멀리 널빤지 위를 걸을 수 있는가를 결정한다. 플랫폼의 가장자리에 대한 널빤지의 토크가 아이의 토크보다 크다면 아이는 안전하다. 플랫폼 때문에 널빤지는 반시계방향으로는 회전하지 못한다.

균형을 잡고자 하는 어떠한 노력에 있어서도 무게 중심의 위치는 중요한 역할을 한다. 그림 8.11에서의 균형 잡는 장난감에서처럼, 무게 중심이 회전중심 아래에 놓여 있다면, 장난감은 흔들어 놓아도 다시 자동으로 균형을 잡을 것이다. 무게 중심은 회전중심 바로 아래 위치로 돌아오고, 여기서 장난감의 무게는 토크를 제공하지 않는다. 이 위치에서 광대와 막대의 무게에 대한 지렛대 팔은 0이다.

마찬가지로, 여러 종류의 균형 잡기에서 무게 중심의 위치는 중요하다. 예를 들어, 등과 발뒤꿈치를 벽에 댄 다음 발끝을 만지려고 해보라. 이 간단해 보이는 행동이 왜 대부분의 사람들에게는 불가능한 것인가? 발바닥을 회전중심이라고 할 때 이 회전중심에 대한 무게 중심은 어디에 있는가? 무게 중심과 토크가 여기에서도 쓰인다.

> 토크는 어떤 것이 회전할 것인가 아닌가를 결정한다. 토크는 힘과 그 지렛대 팔(회전축으로부터 힘의 작용선까지의 수직거리)로 곱함으로써 얻어진다. 만일 시계방향으로 회전하려는 토크가 반시계방향의 토크와 같다면, 알짜 토크는 0이고 회전은 일어나지 않는다. 만일 이들 토크 중의 하나가 다른 것보다 크다면 토크의 균형은 깨질 것이고 계는 회전할 것이다.

8.3 회전 관성과 뉴턴의 제2법칙

아이가 회전 놀이기구를 잡고 옆에서 달리면서 놀이기구를 돌릴 때, 아이가 가한 힘은 회전축에 대하여 토크를 제공한다. 앞 절의 논의로부터, 물체에 작용한 알짜 토크는 물체가 회전을 시작할 것인지 아닌지를 결정한다는 것을 알고 있다. 토크를 알면 회전율을 예측할 수 있을까?

선형 운동에서, 뉴턴의 제2법칙 $\mathbf{a} = \mathbf{F}/m$에 의하면 알짜힘과 질량은 물체의 가속도를 결정한다. 뉴턴의 제2법칙을 어떻게 회전 운동의 경우로 변형할 것인가? 이 경우에, 토크는 각가속도를 결정한다. 회전 관성이라는 새로운 양은 질량을 대신한다.

회전 관성이란 무엇인가?

회전 놀이기구로 다시 돌아가자. 기구의 추진력(활력이 넘치는 아이, 혹은 피곤에 지쳐 있는 부모)은 놀이기구의 가장자리에 힘을 가한다. 회전축에 대한 토크는 이 힘을 놀이기구의 반지름인 지렛대 팔(그림 8.12)에 곱함으로써 얻어진다. 만약 회전축에서의 마찰에 의한 토크가 무시될 수 있을 정도로 작다면, 오직 아이에 의하여 제공되는 토크가 계에 작용하는 유일한 토크이다. 이 토크는 놀이기구의 각가속도를 만든다.

이 각가속도를 어떻게 구할 것인가? 물체에 작용하는 힘에 의해 만들어지는 선가속도를 구하기 위하여 뉴턴의 제2법칙 $\mathbf{F}_{net} = m\mathbf{a}$를 이용한다. 유사성에 의해, 힘 대신 토크 τ로 대치하고 선가속도 대신 각가속도 α로 대치함으로써, 회전 운동에 대한 비슷한 표현을 전개할 수 있다. 그렇다면 회전 놀이기구의 **질량**을 대신해서 어떠한 양을 사용해야 하는가?

선형 운동에서 질량은 운동의 변화에 대한 관성 혹은 저항을 나타낸다. 회전 운동에서는 **회전 관성**(rotational inertia) 혹은 **회전 관성 모멘트**(moment of inertia)라고 불리는 새로운 개념이 요구된다. 회전 관성은 회전 운동의 변화에 대한 저항이다. 회전 관성은 물체의 질량과 이 질량이 회전축에 대하여 어떻게 분포되어 있는가에 의해 좌우된다.

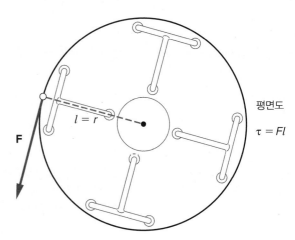

그림 8.12 아이는 회전 놀이기구의 가장자리에 힘을 가하고, 이 힘은 회전축에 대하여 토크를 제공한다. (사진): *Stockbyte/Getty Images*

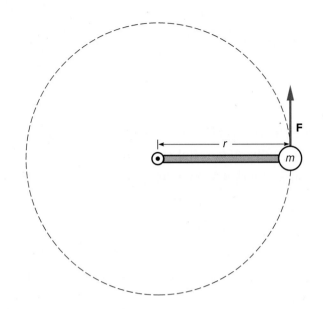

그림 8.13 매우 가벼운 막대의 끝에 집중되어 있는 하나의 질량이 힘 **F**에 의하여 회전하기 시작한다. 가속도를 구하기 위하여 뉴턴의 제2법칙을 사용하라.

개념에 대한 이해를 돕기 위하여 물리학자들은 가능한 한 가장 간단한 경우를 고려한다. 회전 운동에 있어서 가장 간단한 경우는 그림 8.13에서처럼 매우 가벼운 막대의 끝에 집중되어 있는 하나의 질량이다. 만약 힘이 막대에 수직방향으로 작용한다면, 막대와 질량은 막대의 다른 쪽 끝에 고정되어 있는 축을 중심으로 회전하기 시작할 것이다.

막대와 질량이 각가속도를 갖기 위해서는 질량 자체가 선가속도를 가져야만 한다. 회전 놀이기구 위에 타고 있는 사람들처럼, 질량이 멀리 떨어져 있을수록 그것은 주어진 각속도에 대해 더 빨리 움직인다($v = r\omega$). 같은 각가속도를 만들기 위해서 막대의 끝에 있는 질량은 축에 가까운 질량보다 더 큰 선가속도를 받아야만 한다. 질량이 축에 가까이 있을 때보다도 막대의 끝에 있을 때 계를 회전시키기가 더 어려워진다.

이 경우에 뉴턴의 제2법칙을 적용해보면, 회전 운동의 변화에 대한 저항은 질량이 회전축으로부터 떨어진 거리의 제곱에 의존한다는 사실을 알게 된다. 변화에 대한 저항은 또한 질량의 크기에 의존하기 때문에, 한 점에 집중된 질량의 회전 관성은

회전 관성 = 질량 × 축으로부터의 거리의 제곱

$$I = mr^2$$

이다. 여기서 I는 회전 관성을 위해 흔히 사용하는 기호이고 r은 질량 m의 회전축으로부터의 거리이다. 회전 놀이기구 같은 물체의 총 회전 관성은 축에서부터 서로 다른 거리에 놓여 있는 질량들에 해당하는 각각의 회전 관성을 더함으로써 구할 수 있다.

회전 운동의 경우로 확장된 뉴턴의 제2법칙

뉴턴의 제2법칙인 $\mathbf{F}_{net} = m\mathbf{a}$에 유추하여, 회전 운동에 대한 제2법칙을 다음과 같이 기술하자.

> 주어진 축에 대한 물체에 작용하는 알짜 토크는 그 축에 대한 물체의 회전 관성과 물체의 각가속도로 곱한 것이다.
>
> $$\tau_{net} = I\alpha$$

다시 말하면 물체의 각가속도는 토크를 회전 관성으로 나눈 것이다. 즉 $\alpha = \tau_{net}/I$이다. 토크가 클수록 각가속도는 커지며, 회전 관성이 클수록 각가속도는 작아진다. 회전 관성은 물체의 각속도를 변화시키는 것의 어려운 정도를 말해준다.

이 개념에 대한 이해를 돕기 위하여 지휘봉과 같은 간단한 물체를 생각해보자. 지휘봉은 막대 끝에 있는 2개의 질량으로 구성되어 있다(그림 8.14). 만일 막대 자체가 가볍다면 대부분의 지휘봉의 회전 관성은 양끝에 있는 질량으로부터 생긴다. 만약 여러분이 지휘봉의 중심 부분을 잡고 있다면, 여러분은 손으로 지휘봉에 토크를 가할 수 있고, 따라서 각가속도가 생기며 지휘봉은 회전하기 시작한다.

막대를 따라 이들 질량을 움직일 수 있다고 가정하자. 만약 두 질량을 막대의 중심 쪽으로 움직여서 중심에서부터 질량까지의 거리가 원래 거리의 반이 된다면, 회전 관성은 어떻게 되는가? 막대의 질량을 무시한다면 회전 관성은 원래 값의 1/4로 줄어든다. 회전 관성은 축으로부터 질량까지의 거리의 **제곱**에 의존하기 때문에, 거리를 2배로 하면 회전 관성은 4배가 되고, 거리를 반으로 하면 회전 관성은 1/4배가 된다.

두 질량이 막대의 끝에 있을 때가 막대의 끝에서부터 중심까지의 중간에 있을 때보다 지휘봉을 돌리기가 4배만큼 힘들어진다. 다시 말하면, 주어진 각가속도를 만들기 위하여 요구되는 토크의 크기는 두 질량이 끝에 있을 때가 중간 위치에 있을 때보다 4배만큼 커진다. 만약 질량을 조절할 수 있는 막대를 가지고 있다면, 그것을 회전시키기 위한 토크의 크기의 차이를 느낄 수 있을 것이다. 연필과 찰흙 덩어리로 위의 실험을 해보라.

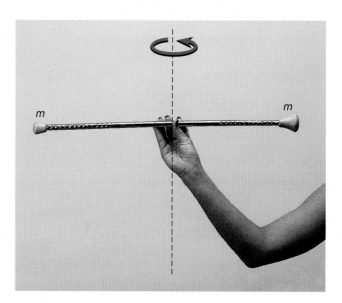

그림 8.14 지휘봉의 회전 관성은 주로 막대 끝에 있는 질량들에 의하여 결정된다. *James Ballard/McGraw-Hill Education*

회전 놀이기구의 회전 관성 구하기

회전 놀이기구 같은 물체의 회전 관성을 구하는 것은 단순히 질량을 반지름의 제곱으로 곱하는 것보다 훨씬 어렵다. 회전 놀이기구의 모든 질량이 바깥 테두리에 있지는 않기 때문이다. 그 질량의 일부분은 축에 가까이 있으며, 따라서 그것은 놀이기구의 회전 관성에 더 작은 기여를 할 것이다. 회전 놀이기구를 여러 조각으로 나눈다고 상상하면, 각 조각의 회전 관성을 구하고, 그런 다음 이들 회전 관성을 모두 더함으로써 총 회전 관성을 구할 수 있다.

몇 개의 간단한 모양에 대한 결과가 그림 8.15에 주어져 있다. 각 식들은 우리가 논의했던 개념들을 보여준다. 예를 들어, 단단한 원판은 같은 질량과 같은 반지름의 고리보다 더 작은 회전 관성을 가지며, 그 이유는 원판의 질량은 평균해볼 때 고리에서의 경우보다 축에 더 가까이 있기 때문이다. 회전축의 위치도 또한 중요하다. 막대는 막대의 중심을 통과한 축에 대해서보다 막대의 한쪽 끝을 통과한 축에 대해서 더 큰 회전 관성을 갖는다. 회전축이 막대의 끝에 있을 때, 축에서부터 더 멀리 떨어진 거리에 더 많은 질량이 있다.

회전 놀이기구는, 비록 그것이 어떻게 만들어졌는가에 좌우되지만, 단단한 원판과 비슷할 것이다. 놀이기구에 앉아 있는 아이는 회전 관성에도 영향을 미칠 것이다. 만약 여러 명의 아이들이 모두 놀이기구의 가장자리에 앉는다면, 그들의 회전 관성은 놀이기구를 더욱 움직이기 어렵게 할 것이다. 만약 아이들이 놀이기구 가운데에 모여 있다면, 그들은 더 작은 회전 관성을 만든다. 만일 피곤하다면 아이들을 가운데에 앉혀라. 그러면 약간의 노력을 덜 수 있을 것이다.

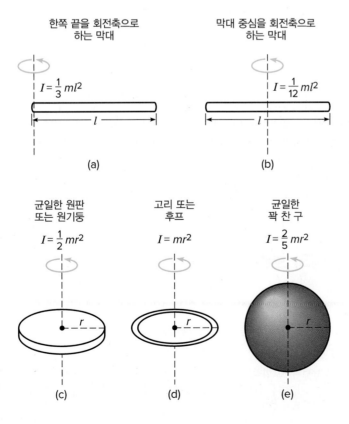

그림 8.15 여러 물체의 회전 관성에 대한 표현들. 각각 균일한 질량분포를 갖고 있다. m은 물체의 총 질량을 말한다.

한쪽 끝을 회전축으로 하는 막대

$I = \frac{1}{3}ml^2$

(a)

막대 중심을 회전축으로 하는 막대

$I = \frac{1}{12}ml^2$

(b)

균일한 원판 또는 원기둥

$I = \frac{1}{2}mr^2$

(c)

고리 또는 후프

$I = mr^2$

(d)

균일한 꽉 찬 구

$I = \frac{2}{5}mr^2$

(e)

예제 8.4는 회전 관성에 대한 정량적 계산의 예이다. 회전 놀이기구에 타고 있는 아이들은 0.05 rad/s²*의 각가속도를 가지고 있다. 이 각가속도를 만들어내기 위해서는 48 N·m의 토크가 요구된다. 가장자리에 작용하는 24 N의 힘은 2 m의 지렛대 팔을 가질 것이고 48 N·m의 필요한 토크를 제공할 것이다. 이 힘은 아이가 너무 어리지 않다면 아이가 낼 수 있는 적당한 크기이다.

예제 8.4 ▶ 회전 놀이기구와 그 위에 타고 있는 사람 돌리기

한 회전 놀이기구의 회전 관성은 800 kg·m²이고 반지름은 2 m이다. 40 kg의 한 아이가 놀이기구의 가장자리에 앉아 있다.

a. 놀이기구의 회전축에 대한 아이의 회전 관성은 얼마이고, 아이를 포함한 놀이기구의 총 회전 관성은 얼마인가?

b. 놀이기구에 0.05 rad/s²의 각가속도를 내기 위하여 요구되는 토크는 얼마인가?

a. $I_{merry\text{-}go\text{-}round} = 800$ kg·m² $I_{child} = mr^2$

$\qquad m_{child} = 40$ kg $= (40 \text{ kg}) (2 \text{ m})^2$

$\qquad r = 2$ m $= 160$ kg·m²

총 회전 관성은

$$I_{total} = I_{merry\text{-}go\text{-}round} + I_{child}$$
$$= 800 \text{ kg·m}^2 + 160 \text{ kg·m}^2$$
$$= \mathbf{960 \text{ kg·m}^2}$$

b. $\alpha = 0.05$ rad/s² $\tau_{net} = I\alpha$

$\quad \tau_{net} = ?$ $= (960 \text{ kg·m}^2) (0.05 \text{ rad/s}^2)$

$\qquad\qquad\qquad\qquad\qquad = \mathbf{48 \text{ N·m}}$

회전 관성은 회전 운동의 변화에 대한 저항이다. 이것은 물체의 질량과 질량의 회전축에 대한 분포에 좌우된다. 뉴턴의 제2법칙은 토크($\tau_{net} = I\alpha$), 회전 관성, 그리고 각가속도 사이의 정량적인 관계를 보여준다. 토크는 힘을 대신하고, 회전 관성은 질량을 대신하며, 각가속도는 선가속도를 대신한다.

8.4 각운동량의 보존

스케이트 선수가 회전하는 것을 본 적이 있는가? 그녀는 그녀의 양팔과 한쪽 다리를 뻗은 채로 회전을 시작하고, 그런 다음 양팔과 다리를 그녀의 몸 안쪽으로 당긴다. 그녀가 양팔

---

* 회전 운동에 대한 뉴턴의 제2법칙을 사용하기 위해서 각가속도는 초의 제곱당 라디안(rad/s²) 단위로 주어져야 한다. 각가속도가 초의 제곱당 회전수(rev/s²)나 혹은 다른 각의 단위로 주어진다면, 계산하기 전에 그것을 rad/s²으로 변환해야 한다.

그림 8.16 스케이트 선수가 양팔과 다리를 몸 안쪽으로 당기는 동안 스케이트 선수의 회전속도는 증가한다.
(둘 다): *Jeff Haynes/AFP/Getty Images*

을 안으로 당기는 동안 각속도는 증가한다. 그녀가 양팔을 다시 뻗으면 그녀의 각속도는 감소한다(그림 8.16).

각운동량 혹은 회전 운동량의 개념은 이와 같은 경우에 유용하다. 각운동량 보존 법칙은 스케이트 선수, 다이빙 선수 혹은 체조하는 사람, 그리고 태양 주위를 도는 행성 운동과 같은 다양한 현상을 설명한다. 이 개념을 이해하기 위해서 선형 운동과 회전 운동 사이의 유사점을 어떻게 사용할 수 있는가?

각운동량이란 무엇인가?

만약 각운동량의 개념을 정립하라고 한다면 여러분은 어떻게 하겠는가? 7장에서 보았듯이 선운동량은 질량(관성) 곱하기 물체의 선속도이다($\mathbf{p} = m\mathbf{v}$). 질량 혹은 속도가 증가하면 운동량이 증가한다. 운동량은 얼마나 많은 질량이 움직이고 얼마나 빨리 움직이는가의 척도이기 때문에, 뉴턴은 운동량을 운동의 양으로 불렀다.

운동량의 회전 운동에의 대응은 무엇인가? 회전 운동과 선형 운동을 비교해볼 때 회전 관성은 질량의 역할을 하고 각속도는 선속도와 비슷하다. 이것에 유추해서, **각운동량**(angular momentum)을 다음과 같이 정의할 수 있다.

> **각운동량은 회전 관성과 각속도의 곱이다.**
>
> $$L = I\omega$$

여기서 L은 각운동량을 나타내는 기호이다.

각운동량이라는 용어는 회전 운동량(rotational momentum)이라는 용어보다 흔히 사용되지만, 둘 다 사용될 수 있다.

선운동량과 마찬가지로, 각운동량은 관성과 속도라는 두 양의 곱이다. 천천히 회전하는 볼링공은 훨씬 빨리 회전하는 야구공과 같은 크기의 각운동량을 가질 수 있으며, 그것은 볼링공의 회전 관성 I가 더 크기 때문이다. 지구는 그 거대한 회전 관성으로 인하여, 비록 그 각속도는 작지만 지구 축에 대한 자전에 대해서 매우 큰 각운동량을 갖는다.

각운동량은 어떤 경우에 보존되는가?

각운동량을 도입하기 위해서 선형 운동과 회전 운동 사이의 유사점을 사용하였다. 각운동량 보존 법칙을 기술하기 위해서도 이 방법론을 사용할 수 있을까? 7장에서 계에 작용하는 알짜 외력이 없을 때 선운동량은 보존된다고 언급하였다. 각운동량은 어떤 경우에 보존될 것인가?

회전 운동에서는 토크가 힘의 역할을 하기 때문에, **각운동량 보존**(conservation of angular momentum) 법칙을 다음과 같이 기술할 수 있다.

> 계에 작용하는 알짜 토크가 0이면, 계의 총 운동량은 보존된다.

토크는 힘을 대신하고 각운동량은 선운동량을 대신한다. 표 8.2는 선형 운동과 회전 운동 간의 중요한 비교를 보여준다.

표 8.2 선형 운동과 회전 운동 사이의 대응되는 개념들		
개념	선형 운동	회전 운동
관성	m	I
뉴턴의 제2법칙	$\mathbf{F}_{net} = m\mathbf{a}$	$\tau_{net} = I\alpha$
운동량	$\mathbf{p} = m\mathbf{v}$	$L = I\omega$
운동량 보존	만약 $\mathbf{F}_{net} = 0$이면 $\mathbf{p} =$ 상수	만약 $\tau_{net} = 0$이면 $L =$ 상수
운동 에너지	$KE = \frac{1}{2}mv^2$	$KE = \frac{1}{2}I\omega^2$

스케이트 선수의 각속도의 변화

각운동량 보존은 회전하는 스케이트 선수가 그녀의 팔을 안으로 당김으로써 그녀의 각속도를 증가시킬 때 무슨 일이 벌어지는지를 이해하게 하는 열쇠이다. 스케이트 선수의 회전축에 대하여 그녀에게 작용하는 외부 토크는 매우 작고, 따라서 각운동량 보존을 위한 조건이 성립한다. 왜 그녀의 각속도는 증가하는가?

스케이트 선수의 양팔과 한쪽 다리가 뻗어 있을 때, 팔과 다리는 그녀의 회전 관성에 비교적 큰 부분을 제공한다. 그녀의 회전축으로부터 뻗은 팔과 다리의 평균 거리는 그녀 몸의 다른 부분에 비해 훨씬 크다. 회전 관성은 그녀 질량의 여러 부분이 축으로부터 수직거리의 제곱에 비례한다($I = mr^2$). 그녀의 양팔과 한쪽 다리는 스케이트 선수의 총 질량의 작은 부분이지만, 이 거리의 효과는 상당한 것이다. 스케이트 선수가 양팔과 한쪽 다리를 그녀의 몸쪽으로 당길 때, 그녀의 회전 관성에 대한 팔과 다리의 기여는 줄어들고, 따라서 그녀의 총 회전 관성은 감소한다.

각운동량 보존은 그녀의 각운동량이 일정하게 유지될 것을 요구한다. 각운동량은 회전 관성과 회전속도의 곱($L = I\omega$)이기 때문에, 만일 I가 감소하면 각운동량을 일정하게 유지하기

그림 8.17 양손에 질량이 있는 물체를 들고 회전하는 의자에 앉아 있는 학생은 그의 양팔을 몸 쪽으로 당김으로써 큰 각속도의 증가를 얻을 수 있다. *James Ballard/McGraw-Hill Education*

위해서 ω는 증가해야만 한다. 그녀는 양팔과 한쪽 다리를 다시 뻗음으로써 자신의 각속도를 늦출 수 있으며, 이것은 회전의 마지막에 그녀가 하는 동작이다. 이것은 그녀의 회전 관성을 증가시키고 각속도는 감소시키지만, 각운동량은 보존된다. 이 개념들은 예제 8.5에서 실례를 들어 설명하였다.

　이 현상은 마찰 토크를 작게 유지할 수 있는 좋은 베어링이 부착되어 있는 회전하는 플랫폼이나 의자를 사용하여 확인해볼 수 있다(그림 8.17). 이 시범에서 종종 학생으로 하여금 그들 손에 질량이 큰 물체를 들게 하는데, 그것은 양팔을 몸 쪽으로 당길 때 발생하는 회전 관성의 변화를 극대화시키기 때문이다. 놀랄 만한 각속도의 증가를 얻을 수 있을 것이다!

　다이빙 선수가 각속도를 만들어내기 위해서 턱 자세(tuck position: 두 무릎을 구부려서 양손으로 안은 자세)로 몸을 당길 때 비슷한 효과를 나타낸다. 이 경우에 다이빙 선수는 몸을 뻗고 몸의 무게 중심을 통과하는 축에 대한 작은 각속도로 다이빙을 시작한다(그림 8.18). 그녀가 턱 자세를 취함으로써 회전 관성이 감소하고, 따라서 각속도는 증가한다. 다이빙이 끝에 다다를 무렵, 턱 자세를 풀면 회전 관성은 증가하고 각속도는 감소한다. (다이빙 선수에게 작용하는 중력이 무게 중심에 대해 제공하는 토크는 0이다.)

　회전 관성을 변화시킴으로써 각속도를 바꾸는 예는 많이 있다. 몸의 회전 관성을 변화시키는 것은 몸의 질량을 변화시키는 것보다 훨씬 쉽다. 우리는 단지 질량의 각 부분의 회전축으로부터의 거리를 바꾸기만 하면 된다. 각운동량 보존은 이러한 현상들을 쉽게 설명할 수 있게 해준다.

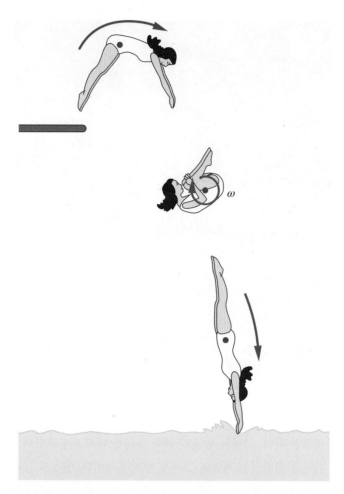

그림 8.18 다이빙 선수는 턱 자세로 몸을 당기고, 따라서 무게 중심에 대한 그녀의 회전 관성을 줄임으로써 그녀의 각속도를 증가시킨다.

예제 8.5 ▶ 피겨 스케이팅의 물리

스케이트 선수의 회전 관성은 양팔을 뻗을 때 1.2 kg · m²이고 양팔을 몸 쪽으로 당길 때 0.5 kg · m²이다. 만일 그녀가 양팔을 뻗은 채로 회전을 시작하여 초기 각속도가 1 rev/s이 라면, 그녀가 양팔을 몸 쪽으로 당길 때 그녀의 회전속도는 얼마인가?

$I_1 = 1.2$ kg · m² 　　　　각운동량은 보존되기 때문에

$I_2 = 0.5$ kg · m² 　　　　　$L_{final} = L_{initial}$

$\omega_1 = 1$ rev/s 　　　　　$I_2\omega_2 = I_1\omega_1$

$\omega_2 = ?$

양쪽을 I_2로 나누면,

$$\omega_2 = (I_1/I_2)\,\omega_1$$

$$= (1.2 \text{ kg} \cdot \text{m}^2/0.5 \text{ kg} \cdot \text{m}^2)(1 \text{ rev/s})$$

$$= (2.4)(1 \text{ rev/s})$$

$$= \textbf{2.4 rev/s}$$

케플러의 제2법칙

각운동량 보존은 또한 태양에 대한 행성의 궤도에도 한 역할을 담당하며, 사실상 이것은 행성 운동에 대한 케플러의 제2법칙을 설명하기 위해서 사용될 수 있다(5.3절 참고). 케플러의 제2법칙에는 태양으로부터 행성까지의 궤도반지름 선이 같은 시간에 같은 면적을 쓸고 지나간다고 기술되어 있다. 행성은 타원 궤도 상에서 그것이 태양으로부터 멀리 있을 때보다 태양에 더 가까이 있을 때 더 빨리 움직인다.

행성에 작용하는 중력은 태양에 대해 토크를 제공하지 않으며, 그 이유는 작용선이 직접 태양을 통과하기 때문이다(그림 8.19). 이 힘에 대한 지렛대 팔은 0이고, 그 결과 토크도 또한 0이 되어야만 한다. 따라서 각운동량은 보존된다.

행성이 태양에 가까이 지나갈 때, 태양에 대한 회전 관성 I는 감소한다. 따라서 각운동량을 보존하기 위해서, 태양에 대한 행성의 공전 속도(따라서 그 선속도*)는 증가해야만 한다. 각운동량인 $L = I\omega$는 일정해야 하기 때문이다. 이 조건은 궤도반지름 선이 같은 시간에 같은 면적을 쓸고 가는 결과를 낳는다. 쓸고 가는 면적을 같게 하기 위해서 반지름이 작아질수록 행성의 속도는 커져야만 한다.

줄에 달린 공으로 간단한 실험을 함으로써 비슷한 효과를 관찰할 수 있다. 만약 줄이 돌면서 손가락을 휘감게 한다면, 그것은 더 작은 회전반지름을 만들고, 손가락을 중심으로 공의 각속도는 증가할 것이다. 반지름이 줄어들면서 회전 관성 I는 감소하고, 따라서 각속도 ω는 증가한다. 각운동량은 보존되었다. 시도해보라!

일상의 자연현상 8.1은 요요의 운동의 어떤 순간에 각운동량이 보존되는 경우의 예를 보여준다. 다른 순간에는 토크에 의해 각운동량이 변한다.

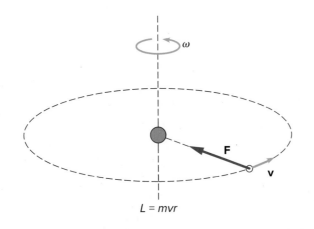

$$L = mvr$$

그림 8.19 행성에 작용하는 중력은, 이 힘에 대한 지렛대 팔이 0이기 때문에, 태양을 통과하는 축에 대해 토크를 제공하지 않는다.

> 선운동량에 유추하여, 각운동량은 회전 관성과 각속도의 곱이다. 계에 작용하는 알짜 외부 토크가 0일 때 각운동량은 보존된다. 회전하는 스케이트 선수의 경우에서 보았던 것처럼, 회전 관성을 감소시키면 각속도가 증가한다. 회전하는 다이빙 선수, 줄 끝에 달려 회전하는 공, 그리고 태양 주위를 도는 행성 등은 이 결과의 다른 예들이다.

---

* 한 축을 중심으로 회전하는 점 질량에 대해서, 각운동량의 정의는 $L = mvr$이 된다. 여기서 mv는 선운동량이고 r은 회전축으로부터 그 순간에 물체가 움직이고 있는 점까지의 직선거리이다. 만약 r이 감소한다면, 각운동량이 보존되기 위해서 v는 증가해야만 한다.

일상의 자연현상   8.1

요요(yo-yo)의 기교

상황 한 물리학 교수는 그의 학생 중 하나가 가끔 요요를 수업에 가지고 들어오고 또한 그가 요요에 매우 능숙함을 알았다. 교수는 학생에게 토크와 각운동량의 원리를 이용하여 요요의 특성을 설명해보라고 요구했다.

특히 교수는 학생에게 왜 요요는 어떤 때는 되돌아오지만, 어떤 때는 '잠자기', 즉 줄 끝에서 계속해서 회전하게 할 수 있는지를 설명해보라고 했다. 이 두 상황의 차이점은 무엇인가?

요요는 손으로 돌아오거나, 혹은 기술이 좋으면 줄 끝에서 '잠자게' 할 수도 있다. *Kelly Redinger/Design Pics*

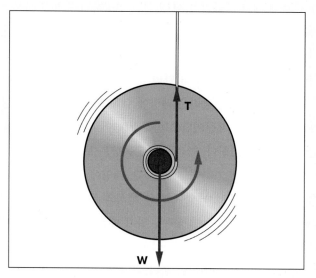

요요가 낙하할 때 요요에 작용하는 힘을 보여주는 그림. 요요의 무게와 줄의 장력만이 작용하는 힘들이다.

분석 학생은 조심스럽게 요요의 구조와 줄이 어떻게 부착되어 있는지를 살펴보았다. 그는 줄이 요요의 축에 꽉 매어 있지 않고, 대신에 줄 끝이 축 둘레에 느슨하게 감겨 있다는 것을 알아냈다. 요요가 줄 끝에 달려 있을 때, 줄은 축 위에서 미끄러질 수 있다. 반면 축 둘레에 줄이 감겨 있을 때, 줄은 미끄러지지 않는다.

보통 요요는 가운데 손가락에 고리를 걸고 축 둘레에 감겨 있는 줄에 의하여 시작된다. 요요가 손에서 떠날 때, 줄은 풀리고 요요는 각속도와 각운동량을 얻는다. 학생은 토크가 여기에 작용해야 한다고 추측하고, 그림에서 보인 것처럼 요요에 대한 힘 도형을 그렸다. 요요에는 두 힘이 작용하는데, 하나는 아래로 작용하는 요요의 무게이고 다른 하나는 위로 작용하는 줄의 장력이다.

요요는 아래로 가속되기 때문에, 아래 방향의 알짜힘을 만들기 위해서 무게는 장력보다 커야만 한다. 무게는 요요의 무게 중심에 대한 토크를 만들지는 않으며, 그것은 힘의 작용선이 무게 중심을 통과하며 지렛대 팔이 0이기 때문이다. 장력은 중심을 벗어난 선을 따라 작용하고, 따라서 그림에서처럼 무게 중심에 대한 반시계방향의 회전을 일으키는 토크를 만든다.

줄의 장력에 의한 토크는 각가속도를 만들고, 요요는 낙하하면서 각속도와 각운동량을 얻는다. 요요가 줄의 끝에 도달할 때쯤 요요는 상당한 크기의 각운동량을 갖게 되고, 이 각운동량을 변화시킬 외부 토크가 없으면 각운동량은 보존될 것이다. 요요가 줄의 끝에서 '잠자고' 있을 때에는 다음과 같은 일이 벌어진다. 요요에 작용하는 유일한 토크는 축에서 미끄러지는 줄의 마찰에 의한 것이며, 만약 축이 매끄럽다면 이것은 매우 작을 것이다.

그렇다면 요요가 학생의 손으로 되돌아갈 때는 어떤 일이 벌어지는가? 요요에 능숙한 사람은 요요가 줄의 끝에 도달하는 순간 줄을 가볍게 잡아당긴다. 이 잡아당김은 요요에게 짧은 충격을 주고 위 방향의 가속도를 만든다. 요요는 이미 돌고 있었기 때문에 같은 방향으로 계속 돌고 줄은 요요의 축 둘레에 감긴다. 줄의 장력의 작용선은 이제 축의 반대쪽에 있게 되며, 이 토크는 각속도와 각운동량을 감소하게 한다. 요요가 학생의 손으로 미끄러져 들어갈 때 회전은 멈추게 된다.

요요가 올라가고 있을 때 요요에 작용하는 알짜힘은 여전히 아래 방향이며, 따라서 선속도는 각속도를 따라 감소한다. 알짜힘이 위로 작용하는 유일한 순간은 줄을 잡아당김으로 인하여 위 방향으로의 충격이 전달될 때이다. 이 상황은 마루에서 튀어오르는 공의 경우와 비슷하다. 마루와 접촉하는 매우 짧은 시간 동안을 제외하고 알짜힘은 아래 방향이다. 줄을 통해 충격의 성질과 타이밍을 결정하는 우리의 능력이 요요를 잠들게 하거나 되돌아오게 한다. 이것이 '요요의 기교'에 대한 모든 것이다.

8.5 자전거 타기와 다른 놀라운 재주들

자전거가 움직이고 있을 때는 수직으로 있지만 움직이지 않으면 곧 넘어지려고 하는 이유를 궁금해한 적이 있는가? 이것에는 각운동량이 관계되어 있지만, 이것을 설명하기 위해서는 다른 부수적인 개념들이 필요하다. 각운동량의 방향은 종종 중요한 역할을 한다. 각운동량은 어떤 방향을 가지며, 자전거나 회전하는 팽이, 혹은 다른 회전 현상들의 행동을 설명하는 데 이 방향은 어떻게 연관되는가?

각운동량은 벡터인가?

선운동량(**p**)은 벡터이고 그 방향은 물체의 속도 **v**의 방향과 같다. 각운동량은 각속도와 연관되기 때문에, 이 질문은 각속도가 방향을 가지고 있는가로 귀결된다. 그렇다면 각속도의 방향은 어떻게 정의할 것인가?

만일 회전 놀이기구가 그림 8.20에서처럼 반시계방향으로 돌고 있다면, 그 방향을 어떻게 화살표로 표시할 수 있을까? **반시계방향**이라는 말은 어떤 특별한 시각에서 바라본 회전방향을 표시한 것이지, 그것이 유일한 방향을 정의하지는 못한다. 표현을 완벽하게 하기 위해서, 회전축과 우리의 보는 방향을 정해야만 한다. 위에서 보았을 때 반시계방향으로 회전하는 것은 아래쪽에서 보았을 때 시계방향 회전으로 보인다. 우리는 회전축을 표시하고 그 축 주변으로 회전방향을 나타내는 굽은 화살표를 그릴 수도 있지만, 간단한 직선 화살표로 방향을 표시하는 것이 더욱 바람직할 것이다.

이 문제에 대한 보통의 해답은, 그림 8.20에서처럼 반시계방향으로 회전하는 경우, 각속도 벡터의 방향을 회전축을 따라 위쪽으로 정의하는 것이다. 벡터가 축을 따라 위로 향할 것인가 아래로 향할 것인가는 오른손을 사용해 표현할 수 있다. 즉, 오른손의 네 손가락을 회전축 주위로 회전의 방향을 따라 말아 쥐면, 엄지손가락이 각속도 벡터의 방향을 가리킨다. 이 것은 **오른손 법칙**(right-hand rule)이라고 부른다. 만약 회전 놀이기구가 (반시계방향 대신) 시계방향으로 회전한다면, 엄지손가락은 아래로 향할 것이며, 그것이 각속도 벡터의 방향이다.

L = *I***ω**이므로, 각운동량 벡터의 방향은 각속도의 방향과 같다. 각운동량 보존은 각운동량 벡터의 크기뿐만 아니라 그 **방향**도 일정하게 유지될 것을 요구한다.

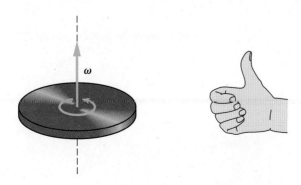

그림 8.20 반시계방향의 회전에 대한 회전속도 벡터의 방향은, 오른손 손가락을 회전방향을 따라 말아 쥘 때 오른손 엄지손가락이 가리키는 방향, 즉 회전축을 따라 위쪽으로 정의된다.

각운동량과 자전거

누구나 자전거를 타 보았을 것이다. 자전거가 움직이고 있을 때 자전거 바퀴는 각운동량을 가지고 있다. 페달과 체인에 의하여 뒷바퀴에 토크가 생기고, 이것은 각가속도를 만들어낸다. 만약 자전거가 직선으로 움직이고 있다면, 각운동량 벡터의 방향은 두 바퀴 모두 같으며 노면에 수평이다(그림 8.21).

자전거를 기울이기 위해서 각운동량 벡터의 방향은 바뀌어야만 하고, 그것은 토크를 필요로 한다. 이 토크는 정상적으로는 자전거에 타고 있는 사람과 자전거의 무게 중심을 통과하는 선상 어딘가에 작용하는 중력으로부터 생긴다. 자전거가 정확히 수직으로 있을 때, 이 힘은 곧장 아래로 작용하고, 넘어지는 자전거의 회전축을 통과한다. 그 회전축은 타이어와 노면이 접촉하는 선이다. 힘의 작용선이 회전축을 통과하고, 따라서 지렛대 팔이 0이기 때문에, 이 축에 대한 토크는 0일 것이다. 초기 각운동량의 크기와 방향은 보존된다.

만약 자전거가 완전히 수직으로 있지 않으면, 타이어와 노면의 접촉선에 대해 중력에 의한 토크가 작용한다. 자전거가 넘어지기 시작하면, 자전거는 이 축에 대하여 각속도와 각운동량을 얻는다. '오른손 법칙'에 의하여, 이 새로운 각운동량 벡터는 자전거가 기울어지는 방향에 좌우되어 그 축을 따라 앞이나 혹은 뒤로 향한다. 만약 자전거를 뒤에서 봤을 때 왼쪽으로 기울면, 이 토크에 연관된 각운동량의 변화는 그림 8.22에서처럼 곧장 뒤로 향한다.

만약 자전거가 정지하고 서 있다면, 결론은 간단하다. 중력에 의한 토크는 자전거를 넘어지게 한다. 그러나 자전거가 움직이고 있으면, 중력에 의한 토크에 의하여 만들어지는 각운동량의 변화 ΔL은 이미 회전하고 있는 타이어로부터 생긴 각운동량(L_1)에 더해진다. 그림 8.22에서 보듯이, 이것은 총 각운동량 벡터의 방향의 변화를 초래한다(L_2). 이 방향의 변화

그림 8.21 자전거가 수직으로 있을 때 두 바퀴의 각운동량 벡터는 수평이다.
Bob Coyle/McGraw-Hill Education

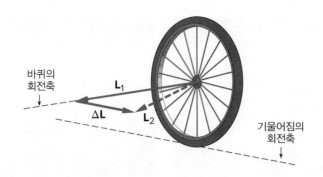

바퀴의
회전축

L_1

ΔL

L_2

기울어짐의
회전축

그림 8.22 바퀴가 왼쪽으로 기울어짐에 따라 각운동량의 변화(ΔL)는 타이어와 노면의 접촉선과 평행하며 곧장 뒤로 향한다. 이러한 변화는 각운동량 벡터(그리고 바퀴)를 왼쪽으로 돌게 만든다.

는 자전거가 넘어지게 하는 대신 자전거 바퀴의 방향을 바꿈으로써 간단히 수용된다. 우리는 막 넘어지려고 하는 방향 쪽으로 자전거의 방향을 바꿈으로써 중력에 의한 토크의 효과를 보정한다. 초기 각운동량이 크면 클수록, 더 작은 방향전환이 요구된다. 바퀴의 각운동량은 자전거를 안정시키는 주요한 요인이다.

> ### 학습 요령
>
> 각운동량 벡터와 그 변화를 시각화하는 것은 추상적이고 어려운 작업이다. 그 효과는 직접 경험하는 것이 더욱 현실감이 있을 것이다. 손에 쥘 수 있는 자전거 바퀴(그림 8.23과 같이)가 있다면, 기울임 효과를 체험해보자. 바퀴축을 양손으로 쥐고 다른 누군가의 도움으로 바퀴를 수직 평면상에서 회전을 시킨다. 그 후 바퀴의 넘어짐을 흉내 내기 위해 왼쪽 방향으로 기울어트린다. 그림 8.22와 비슷하게, 바퀴는 마치 의지를 가진 것처럼 왼쪽 회전을 하려고 할 것이다.

이 결과는 놀라운 것일 수도 있다. 하지만 자전거를 타 본 사람들은 이것을 거의 기계적으로 이용한다. 자전거가 천천히 움직이고 있을 때, 바퀴의 급격한 방향전환은 여러분이 체중을 이동하는 동안 자전거가 넘어지는 것을 방지해줄 것이다. 자전거가 매우 빨리 움직이고 있을 때는 약간의 조정만으로도 충분하다. 커브 위에서 비스듬히 기울임으로써, 중력에 의한 토크는 각운동량의 방향을 변화시키고, 그것은 커브를 돌 수 있게 해준다. 마찬가지로, 탁자위에 동전을 굴리면, 동전이 넘어지기 시작할 때 커브를 그리는 것을 볼 수 있을 것이다. 그 커브는 동전이 기울어지는 방향 쪽으로 휘어진다.

자전거의 뒷바퀴를 지면에 대고 자전거를 수직으로 들어 올린 다음 친구로 하여금 앞바퀴를 돌리게 함으로써, 각운동량 벡터의 방향을 바꿀 때의 이 토크의 효과를 관찰할 수 있다. 앞바퀴가 천천히 돌거나 아예 돌지 않을 때보다 빨리 돌고 있을 때가 바퀴의 방향을 변화시키는 것이 더 어렵다. 또한 바퀴가 생각과 의지를 가지고 있다는 느낌도 가질 것이다. 바퀴를 기울이려고 하면 바퀴는 그 기울임에 대해 수직인 방향으로 회전하려고 한다.

그림 8.23과 같이 자전거 타이어의 바퀴축을 손으로 쥐고 있는 경우는 바퀴축에 가해진 토크의 효과를 감시하기 위해 너없이 효과적이다. 이것은 흔히 쓰는 실험기구이며, 타이어는 보통 공기가 아닌 철선으로 채워져 있다. 철선은 바퀴의 회전 관성을 더 크게 만들고, 따라서 주어진 각속도에 대해 더 큰 각운동량을 만든다. 바퀴가 수직평면 내에서 돌고 있는 동안 차축 양쪽을 쥐고 바퀴를 기울이려고 해보면, 자전거를 타고 있을 때 어떤 일이 벌어지는지를 깨닫게 된다. 이것은 또 빨리 돌고 있는 바퀴의 각운동량의 방향을 바꾸는 것이 얼마나

그림 8.23 한 학생이 자유롭게 회전할 수 있는 의자에 앉아서 돌고 있는 자전거 바퀴를 잡고 있다. 바퀴가 뒤집어지면 어떤 일이 벌어지는가? (둘 다): *James Ballard/McGraw-Hill Education*

어려운지를 보여준다. 일상의 자연현상 8.2에서 토크가 어떤 방식으로 자전거의 기어 박스에서 작동하는지 볼 것이다.

회전하는 의자와 팽이

손으로 쥐고 있는 자전거 바퀴는 각운동량이 벡터양이라는 사실을 강조하는 다른 실험에서도 유용하다. 한 학생이 회전하는 의자에 앉아 있는 동안 바퀴축을 수직방향으로 하고 바퀴를 쥐고 있으면, 각운동량 보존은 놀라운 결과를 보여준다. 초기에 의자가 회전하지 않도록 하기 위해서 의자를 잡고 있는 동안 바퀴를 돌리자. 그 다음에는, 그림 8.23에서처럼, 학생으로 하여금 바퀴를 뒤집게 함으로써 바퀴의 각운동량의 방향을 빈대로 한다.

그러면 어떤 일이 벌어질 것인가? 각운동량이 보존되기 위해서는 각운동량 벡터의 초기 방향이 유지되어야만 한다. 그렇게 될 수 있는 유일한 방법은 학생이 앉은 의자가 초기에 바퀴가 돌던 방향과 같은 방향으로 돌기 시작하는 것이다. 바퀴의 각운동량 벡터와 학생과 의자의 각운동량 벡터를 합하면 처음 각운동량이 되어야 한다(그림 8.24). 이것은 학생과 의자

그림 8.24 의자의 회전축에 대한 학생과 의자의 각운동량(L_s)을 바퀴의 각운동량($-L_w$)과 더하면 처음 각운동량(L_w)의 크기와 방향이 된다.

바퀴가 뒤집어지기 전   바퀴가 뒤집어진 후

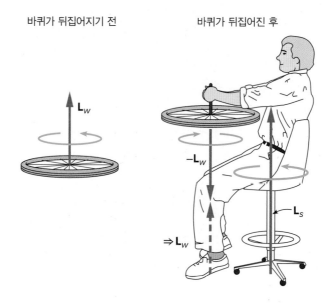

일상의 자연현상 8.2

자전거의 기어

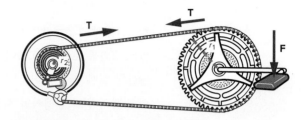

상황 요즘 거의 모든 자전거는 변속기어 장치가 있다. 언덕길을 올라갈 때는 저속기어를 사용하여야 페달을 밟는 것이 훨씬 용이하다. 또 평지나 내리막길에서는 고속기어를 사용하면 페달을 밟은 수에 비해 더 먼 거리를 달린다.

변속기어는 어떻게 작동하는 것일까? 기어를 변속하면 뒷바퀴에 걸리는 토크는 어떻게 변하는가? 다양한 기어뭉치를 가진 자전거는 어떤 점이 좋은가? 바퀴로 된 회전 운동 실험 장치가 있다면 이러한 개념 파악에 도움이 될 것이다. 비슷한 개념이 자동차 변속기에도 적용된다.

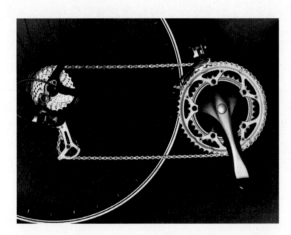

뒷바퀴의 7개의 기어뭉치는 페달 쪽 3개의 기어뭉치와의 결합을 통해 21개의 다른 속력 조합을 만들어낸다. 페달 쪽 2개의 작은 기어는 사진에서 보이지 않는다. *Adam Gaust/OJO Images/Getty Images*

분석 사진의 그림은 21단 변속기어가 장착된 자전거의 페달과 뒷바퀴 부분이다. 뒷바퀴의 축에는 7단계로 된 톱날 모양의 기어가 고정되어 있다. 반면에 페달 부분에는 3단계의 기어가 고정되어 있는데, 사진에는 가장 큰 기어만이 보이고 있다. 자전거의 체인은 도르래와 지렛대의 작용으로 한 톱날에서 다른 톱날로 옮겨갈 수 있도록 되어 있으며, 이는 자전거의 핸들에 붙어 있는 변속 손잡이에 의해 작동된다.

페달을 밟으면 페달의 톱날 기어에는 토크가 작용한다. 이때 지렛대 팔의 길이는 바로 페달 샤프트의 길이가 되며, 페달을 밟는 힘은 수직으로 아래쪽을 향하므로 기어에 작용하는 토크는 그림과 같이 페달이 앞쪽에 있을 때 최대가 된다. 이러한 최대 토크 위치는 페달이 돌아감에 따라 왼쪽 발에서 오른쪽 발로 옮겨간다.

페달의 톱날 기어에 작용하는 토크가 체인의 장력에 의해 반대쪽으로 작용하는 토크보다 크면 톱날 기어에는 회전 각속도가 걸리게 된다. 체인의 장력은 뒷바퀴에 고정되어 있는 톱날 기어에는 반대방향으로 작용하며 역시 톱날 기어에 토크를 작용한다. 뒷바퀴에 작용하는 토크의 크기는 체인이 7단계 중 어느 단계의 톱날 모양 변속기어에 물려 있는가에 따라 달라진다. 더 큰 크기

의 톱날 기어에 연결되어 있을수록 지렛대 팔의 길이가 길어지므로 더 큰 토크가 걸리게 된다. (여기서 지렛대 팔은 바로 톱날 기어의 반지름이 되기 때문이다.) 이제 뒷바퀴가 지면과의 마찰력을 이용하여 지면을 박차고 자전거가 앞으로 나가게 한다. 즉 뉴턴의 제3법칙에 의해 마찰력이 자전거를 앞으로 밀어주는 것이다.

만일 자전거의 체인이 뒷바퀴의 더 작은 톱니 기어에 물려 있다고 하자. 그러면 같은 힘으로 페달을 밟을 때 뒷바퀴에 작용하는 토크의 크기는 작아진다. 작은 톱니 기어의 지렛대 팔의 길이가 작기 때문이다. 그러나 반면에 페달이 한 바퀴 도는 동안에 뒷바퀴의 회전 횟수는 증가하게 된다. 예를 들어, 페달에 고정된 톱니 기어의 톱니수가 뒷바퀴 톱니 기어의 톱니 수의 5배가 된다고 하자. 그러면 페달이 한 바퀴 회전하는 동안에 뒷바퀴는 다섯 바퀴를 회전하게 된다. (이 회전수에 뒷바퀴의 둘레 $2\pi r$을 곱하면 바로 한 번 페달을 밟는 동안 자전거가 나아가는 거리가 된다.)

즉 뒷바퀴의 작은 토크는 바퀴가 더 큰 각도를 회전하게 하는 반면 페달 쪽에 걸리는 큰 토크는 더 작은 각도를 회전하게 만든다. 회전 운동에 있어서의 일은 토크와 회전각도의 곱으로 정의된다($\tau\theta$). 모든 간단한 기계들에서와 마찬가지로 자전거에 있어서도 페달을 통하여 투입되는 일의 양은 뒷바퀴를 통하여 나타나는 일의 양과 같은 것이다.

위에서 기술한 상황은 고속기어에 해당하는가, 저속기어에 해당하는가? 이와 같이 페달이 한 바퀴 회전할 때 뒷바퀴의 회전수가 많아지는, 더 작은 톱니 기어일수록 고속기어가 된다. 반대로 저속기어일수록 톱니 기어의 반지름은 커지고, 따라서 뒷바퀴에 전달되는 토크가 커지는 반면 그 회전각도는 작아지므로 자전거가 움직이는 거리는 짧아진다. 언덕길을 올라갈 때 중력을 이기기 위해서는 저속기어가 필요하다.

21단 기어의 경우 페달 쪽에도 3단계의 톱니 기어가 있다. 따라서 총 경우의 수는 3 × 7 = 21가지의 기어수 조합이 가능하다. 이러한 기어장치의 장점은 마주하는 상황에 따라 기어장치의 역학적 장점을 조절할 수 있다는 것이다. 이를 통해 필요한 토크를 얻는 데 요구되는 힘의 크기를 조절할 수 있다. 힘이 너무 강하면 쉽게 지친다. 반면 필요한 힘이 작으면 자전거 타기의 효율은 떨어진다. 우리는 고속기어에서 더 빨리 달릴 수 있다.

가 얻은 각운동량이 정확히 바퀴의 처음 각운동량의 2배가 되어야 한다는 것을 의미한다. 학생이 바퀴축을 처음 방향으로 다시 뒤집으면 이번에는 의자의 회전을 멈추게 할 수 있다.

각운동량의 방향과 그 보존은 그 외 다른 많은 상황에서도 중요하다. 예를 들어, 헬리콥터 회전날개의 각운동량은 헬리콥터의 설계에 매우 중요한 요소이다. 팽이의 운동도 또한 재미있는 결과를 보여준다. 팽이를 가지고 있다면, 팽이의 각속도가 늦어질 때 각운동량 벡터의 방향에 어떤 일이 벌어지는지 관찰해보라. 팽이가 기우뚱거리기 시작할 때, 각운동량 벡터의 방향의 변화는 팽이의 회전축이 수직선 주위로 회전하게 한다(세차운동). 자전거 바퀴에서 일어났던 일들을 기억해보라!

각운동량과 그 방향은 또한 원자 및 핵물리에서도 중심적인 역할을 한다. 원자를 구성하는 입자들은 스핀을 가지고 있고, 이들 스핀은 각운동량을 갖는다. 이들 각운동량 벡터를 더하는 방법은 원자의 다양한 현상을 설명하기 위해서 사용된다. 잘 어울리지 않는 것처럼 보이지만, 원자나 핵이 자전거 바퀴나 태양계와 공유하는 공통된 개념을 찾아내는 것은 쓸모가 있다.

> 선운동량과 마찬가지로 각운동량도 벡터양이다. 각운동량 벡터의 방향은 각속도 벡터의 방향과 같다. 각속도 벡터의 방향은 회전축 방향으로, 회전축을 따라 어느 방향으로 향하는지는 '오른손 법칙'에 의하여 결정된다. 각운동량 보존은 각운동량 벡터의 크기와 방향이 일정할 것을 요구한다(외부 토크가 없을 경우). 움직이는 자전거의 안정성, 돌고 있는 팽이의 운동, 그리고 원자와 우주의 행동 등을 포함한 많은 흥미 있는 현상들은 이 개념을 사용하여 설명할 수 있다.

요약

강체의 회전 운동과 회전 운동의 변화를 일으키는 것이 무엇인지 알아보았다. 회전 운동에서 필요한 다양한 개념들을 도입하기 위해 선형 운동과 회전 운동 사이의 유사점을 이용하였다. 이 장의 핵심 내용은 아래와 같다.

(1) **회전 운동이란 무엇인가?** 회전 변위는 각으로 기술된다. 각속도는 시간에 따른 회전 변위의 변화율이다. 각가속도는 시간에 따른 각속도의 변화율이다.

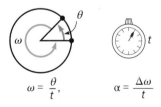

$$\omega = \frac{\theta}{t}, \qquad \alpha = \frac{\Delta\omega}{t}$$

(2) **토크와 균형** 토크는 물체를 회전시킨다. 이것은 힘과 지렛대 팔의 곱으로 정의되고 지렛대 팔은 회전축에서 힘의 작용선으

로 그은 수직선에 해당한다. 알짜 토크가 0이면 물체의 회전 상태는 변하지 않는다.

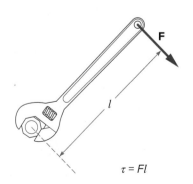

$$\tau = Fl$$

(3) **회전 관성과 뉴턴의 제2법칙** 회전과 관련된 뉴턴의 제2법칙에서는 토크가 힘을 대신하고 각가속도가 선가속도를 대신한다. 그리고 회전 관성이 질량을 대신한다. 회전 관성의 크기는 회전축에 대한 질점들의 분포에 따라 달라진다.

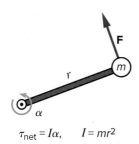

$$\tau_{net} = I\alpha, \quad I = mr^2$$

④ **각운동량의 보존** 선운동량 보존과의 유사성에 의해, 각운동 량은 회전 관성과 각속도의 곱으로 정의된다. 계에 가해지는 알짜 토크가 없으면 각운동량은 보존된다.

$$L = I\omega$$

$\tau_{ext} = 0$이라면, $L =$ 상수이다.

⑤ **자전거 타기와 다른 놀라운 재주들** 각속도 벡터와 각운동량 벡 터의 방향은 오른손 법칙으로 정의한다. 이 벡터들은 움직이는 자전 거와 다른 회전 운동에서 안정성을 설명하는 데 사용된다. 외부에서 작용하는 토크가 없다면, 각운동량의 방향과 크기는 보존된다.

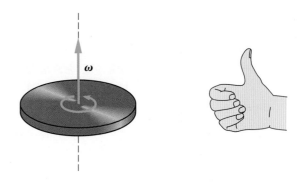

개념문제

Q1. 다음 단위 중 어떤 것이 각속도를 나타내는 데 적당하지 않 은가? rad/min^2, rev/s, rev/h, m/s? 설명하시오.

Q2. 동전이 경사면을 미끄러져 내려오면서 속력이 증가하고 있 다. 동전은 각가속도를 가지는가? 설명하시오.

Q3. 돌고 있는 회전 놀이기구의 중심 근처에 앉아 있는 아이의 각속도는 놀이기구의 가장자리에 앉아 있는 아이의 각속도 와 같은가? 설명하시오.

Q4. 만일 물체가 일정한 각가속도를 가지고 있으면, 그 각속도도 일정한가? 설명하시오.

Q5. 렌치 손잡이의 끝에 (손잡이에 수직으로) 작용하는 힘, 혹은 손잡이의 중간에서 같은 방향으로 작용하는 동일한 크기의 힘 중 어느 것이 더 큰 토크를 제공할 것인가? 설명하시오.

Q6. 그림 Q6 속 두 힘은 크기가 같다. 어느 방향으로 향한 것이 더 큰 토크를 제공하는가? 설명하시오.

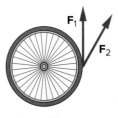

그림 Q6

Q7. 물체에 작용하는 알짜힘은 0이지만 알짜 토크는 0보다 크게 하는 것이 가능한가? 설명하시오. (힌트: 힘들은 같은 선을 따라 놓여 있지 않아도 된다.)

Q8. 연필이 한 끝에서 연필의 2/3 되는 거리에 놓여 있는 지레받 침 위에서 균형을 유지하고 있다. 이 연필의 무게 중심은 연 필의 중간에 위치하는가? 설명하시오.

Q9. 균일한 밀도의 금속선을 L자 모양으로 굽혔다. 무게 중심은 이 물체 위에 존재하는가? 설명하시오.

Q10. 높이가 큰 나무상자는 낮은 나무상자에 비해 무게 중심이 높다. 상자의 위쪽 모서리를 밀어 넘길 때 어떤 나무상자가 더 잘 넘어갈 것인가? 힘도형을 이용하여 설명하시오. 상자가 넘어갈 때 가능한 회전축은 어디가 될 것인가?

Q11. 같은 질량의 두 물체가 서로 다른 회전 관성을 갖는 것이 가능한가? 설명하시오.

Q12. 서로 다른 재질로 만든 속이 꽉 찬 구와 속이 빈 구가 같은 질량과 같은 반지름을 가지고 있다. 이들 중 어느 것이 그 중심을 통과하는 축에 대하여 더 큰 회전 관성을 갖는가? 설명하시오.

Q13. 금속 막대의 중심을 통과하는 축으로 회전을 하는 경우와 한쪽 끝을 중심으로 회전하는 두 경우가 있다. 각속도가 같다고 할 때 두 경우의 각운동량 또한 같은가? 설명하시오.

Q14. 한 아이가 돌고 있는 회전 놀이기구의 중심을 향해 뛰어 올라 탄다. 이것은 회전 놀이기구의 각속도에 어떤 영향을 주는가? 설명하시오.

Q15. 끈에 매달린 공을 원형으로 돌리고 있다. 만약 물체가 회전하면서 끈이 손가락에 감긴다고 하면 공의 각속도는 끈이 짧아짐에 따라 달라지는가? 설명하시오.

Q16. 요요가 아래쪽에 도달 후 위로 올라갈 때 각운동량 벡터의 방향이 바뀌는가? 설명하시오(일상의 자연현상 8.1 참고).

Q17. 스케이트 선수가 수직축에 대하여 시계방향(위에서 볼 때)으로 회전하고 있다. 각운동량 벡터의 방향은 어디인가? 설명하시오.

Q18. 팽이는 돌고 있지 않으면 빨리 넘어지지만, 돌고 있을 때는 적당한 시간 동안 거의 수직을 유지할 것이다. 왜 그런지 설명하시오.

Q19. 자전거 페달을 밟을 때 최대의 토크를 줄 수 있는 발의 위치는 어디인가? 설명하시오(일상의 자연현상 8.2 참고).

연습문제

E1. 회전 놀이기구가 8 rev/min의 회전율로 돌고 있다고 가정하자.
   a. 이 각속도를 rev/s로 표현하시오.
   b. 이 각속도를 rad/s로 표현하시오.

E2. 원판이 5초 동안 8번 회전한다고 가정하자.
   a. 이 시간 간격에 일어난 각변위는 라디안으로 얼마인가?
   b. 평균 각속도는 rad/s로 얼마인가?

E3. 회전 놀이기구의 각속도가 6초 동안에 일정한 비율로 0.3 rad/s에서 2.1 rad/s로 증가한다. 이 놀이기구의 각가속도는 얼마인가?

E4. 회전 놀이기구가 정지 상태에서부터 0.4 rev/s^{2}의 비율로 가속한다.
   a. 6초 후 각속도는 얼마인가?
   b. 이 시간 동안 몇 번 회전하는가?

E5. 40 N의 추가 천칭의 지레받침으로부터 8 cm의 거리에 위치하고 있다. 계의 균형을 유지하기 위해서 지레받침의 반대쪽에 25 N의 추를 올려 놓는다면, 이 추는 지레받침으로부터 얼마의 거리에 위치하여야 하는가?

E6. 그림 E6에서처럼 두 힘이 반지름 1.3 m의 회전 놀이기구에 작용한다. 한 힘의 크기는 90 N이고 다른 힘의 크기는 40 N이다.

   a. 90 N의 힘이 놀이기구의 축에 대해 제공하는 토크는 얼마인가?
   b. 40 N의 힘이 놀이기구의 축에 대해 제공하는 토크는 얼마인가?
   c. 놀이기구에 작용하는 알짜 토크는 얼마인가?

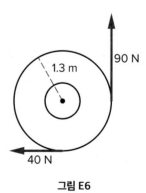

그림 E6

E7. 회전 관성이 8.3 kg·m^{2}인 바퀴가 4.0 rad/s^{2}의 각가속도로 돌아간다. 이러한 각가속도를 만들기 위해서 얼마의 토크가 필요한가?

E8. 그림 E8에서처럼 2개의 0.3 kg 질량이 1.4 m 길이의 매우 가볍고 견고한 막대의 양쪽 끝에 위치한다. 막대의 중심을 통과하는 축에 대해 이 계의 회전 관성은 얼마인가?

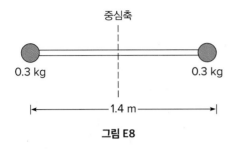

그림 E8

E9. 질량이 7 kg이고 반지름이 0.4 m인 밀도가 균일한 원판이 15 rad/s의 각속도로 돌고 있다.
  a. 원판의 회전 관성은 얼마인가? (그림 8.15 참고)
  b. 원판의 각운동량은 얼마인가?

종합문제

SP1. 공원에 있는 회전 놀이기구의 반지름이 1.5 m이고 회전 관성은 800 kg·m²이다. 한 아이가 놀이기구의 가장자리에서 가장자리에 평행하게 92 N의 일정한 힘으로 놀이기구를 민다. 14 N·m의 마찰토크가 놀이기구의 축에 작용한다.
  a. 회전 놀이기구의 축에 대하여 놀이기구에 작용하는 알짜 토크는 얼마인가?
  b. 놀이기구의 각가속도는 얼마인가?
  c. 놀이기구가 정지 상태에서부터 출발한다면, 16초 후에 놀이기구의 각속도는 얼마이겠는가?
  d. 만일 아이가 16초 후에 미는 것을 중지한다면 알짜 토크는 오로지 마찰에 의해 발생한다. 놀이기구의 각가속도는 얼마인가? 놀이기구가 회전하는 것을 멈출 때까지는 얼마나 시간이 걸리겠는가?

SP2. 공원에서 총 질량이 90 kg인 여러 아이들이 회전 관성이 1100 kg·m²이고 반지름이 2.4 m인 회전 놀이기구 위에 타고 있다. 아이들은 모두 가장자리 근처에 타고 있기 때문에, 놀이기구의 축으로부터 아이들의 평균 거리는 2.2 m이다.
  a. 놀이기구의 축에 대한 아이들의 회전 관성은 얼마인가? 아이들과 놀이기구의 총 회전 관성은 얼마인가?
  b. 아이들이 이번에는 놀이기구의 중심 쪽으로 움직여서, 축으로부터 그들의 평균 거리는 0.8 m이다. 계의 새로운 회전 관성은 얼마인가?
  c. 만일 놀이기구의 초기 각속도가 1.3 rad/s였다면, 아이들이 중심 쪽으로 움직인 후의 각속도는 얼마인가? 마찰에 의한 토크는 무시한다. (각운동량 보존을 사용하라.)
  d. 회전 놀이기구는 위 과정 동안 회전 가속을 했는가? 만약 그렇다면 토크는 어디서 왔는가?

유체와 열
Fluids and Heat

Aleksandr Riutin/Shutterstock

전 세계적으로 석유 공급이 점차 제한되며 에너지 문제가 더욱 중요해지고 있다. 뉴턴의 역학 이론은 17세기에 대두되었으나, 에너지의 이용과 관련된 물리학의 분야는 19세기까지 별다른 진전이 없었다. 다른 분야, 특히 유체역학과 열역학은 산업혁명을 계기로 급진적인 발전을 이룩하였다. 공장을 가동시키고 기차와 선박을 움직이는 증기 기관의 발명 없이는 산업혁명이 일어날 수 없었을 것이다.

유체, 특히 기체의 거동에 대한 이해는 증기 기관을 포함한 다양한 종류의 기관을 이해하는 데 필수적이다. 또한 열역학은 열기관과 다른 계에서 일어나는 에너지 전환을 설명하기 때문에 매우 중요하다. 유체역학과 열역학은 이러한 계를 설계하는 기술자들에게 필수 교육과정이 되고 있다.

열역학 분야의 역사는 몇 가지 우여곡절이 있다. 1820년경 프랑스의 과학자이자 기술자인 카르노(Sadi Carnot, 1796~1832)에 의해 열기관 이론이 대두되었으나, 카르노의 이론은 해답보다는 더 많은 질문을 제기하였다. 카르노는 현재 우리가 열역학 제2법칙이라고 부르는 것에 대해서는 이해하고 있었으나, 열역학 제1법칙에 대한 통찰이 부족하였다. 약 30년 뒤인 1850년이 되어서야 에너지 보존에 관한 열역학 제1법칙이 등장하게 되었고, 열역학 제1법칙과 제2법칙이 결합되고 나서야 열역학은 포괄적인 이론이 되었다.

1850년대 많은 과학자들이 열역학 제1법칙과 제2법칙에 기여하였으나, 그 중에서도 클라우지우스(Rudolph Clausius, 1822~1888)와 톰슨(William Thomson, 1824~1907, 나중에 켈빈경으로 불림)의 연구가 가장 뛰어난 것이었다. 제임스 줄(James Prescott Joule, 1818~1889) 역시 중요한 역할을 하였는데, 열역학 제1법칙의 주요 개념인 역학적 일의 가열 효과를 측정하였다. 열역학 제1법칙과 제2법칙을 함께 적용하면 열에너지에서 얻을 수 있는 기계적인 일의 양이 제한됨을 알 수 있다.

열역학 법칙은 에너지원의 사용에 관한 논의에서 중요한 역할을 한다. 우리가 사용하고 있는 화석연료는 언젠가는 고갈될 것이기에 에너지는 여전히 중요한 문제이다. 온실효과로 인한 지구의 온난화 현상과 에너지 사용에 따른 기타 환경문제는 중요한 정치적 문제가 되었다. 따라서 이러한 문제들의 밑바탕이 되는 과학의 이해는 경제학자, 정치가, 환경 운동가, 그리고 일반시민 모두에게 중요하다. 9, 10, 11장에서 이러한 문제들을 다룬다.

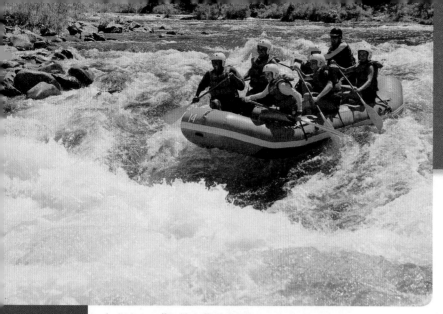

Jupiterimages/Stockbyte/Getty Images

유체의 거동
The Behavior of Fluids

학습목표

이 장의 학습목표는 압력의 개념을 탐구하는 것이다. 다음으로 대기압과 유체의 깊이에 따라 압력이 어떻게 변하는지 알아본다. 이러한 개념들은 떠 있는 물체의 거동뿐만 아니라 움직이는 유체에서 어떤 일이 일어나는지를 탐구하는 데 필수적이다. 움직이는 유체는 베르누이(Bernoulli)의 원리를 이용하여 설명하는데, 이것을 이용하면 왜 회전하는 공이 휘어지는지, 그리고 기타 여러 현상을 설명할 수 있다.

개요

1. 압력과 파스칼의 원리 압력이란 무엇인가? 압력은 어떻게 계의 한쪽에서 다른 쪽으로 전달되는가? 유압잭이나 압축기는 어떻게 작동하는가?

2. 대기압과 기체의 거동 대기압은 어떻게 측정하며, 왜 달라지는가? 왜 기체는 액체보다 쉽게 압축할 수 있는가? 보일의 법칙은 무엇인가?

3. 아르키메데스의 원리 아르키메데스의 원리란 무엇인가? 아르키메데스의 원리는 압력의 차이와 어떤 관련이 있는가? 왜 철로 만든 배는 뜨는데 블록은 가라앉는가?

4. 움직이는 유체 움직이는 유체에서 관찰할 수 있는 특성은 무엇인가? 점성이란 무엇인가? 관이나 흐름의 너비를 변화시키면 움직이는 유체의 속도는 어떻게 변하는가?

5. 베르누이의 원리 베르누이의 원리란 무엇이며 에너지 보존 법칙과 어떻게 관련되는가? 회전하는 공이 휘어지는 것과 기타 다른 현상을 설명하는 데 어떻게 베르누이의 원리가 이용될 수 있는가?

많은 사람들이 배에 특별한 매력을 가지고 있다. 여러분은 어릴 때 개울에 작은 나뭇가지나 막대기를 띄워 본 적이 있을 것이다. 막대기나 장난감 배는 물살을 따라가는데, 어떤 때는 아주 빠르게 움직이며, 또 어떤 때는 소용돌이에 휘말리거나 둑 근처에서 오도 가도 못하는 경우도 있다. 이것들은 유체 흐름의 특성이다.

또한 어떤 것은 뜨고, 어떤 것은 가라앉는지 알 수 있었을 것이다. 돌멩이는 냇물 바닥으로 가라앉는다. 금속 조각은 물속으로 빠르게 가라앉는 데 비해 강철로 만든 배는 왜 뜨는지에 대해서 의아하게 생각했을 것이다(그림 9.1). 물질의 모양에 따라서 어떻게 그것이 뜨기도 하고 가라앉기도 하는 것일까? 콘크리트로 배를 만들 수 있을까?

물질은 물속뿐만 아니라 공기 중에서도 뜰 수 있다. 헬륨이 채워진 풍선은 떠오르지만, 공기가 채워진 풍선은 바닥으로 떨어져 이리저리 떠돌아다니곤 한다. 무엇이 이러한 차이를 만드는가?

물속이나 공기 중에서 물질이 떠오르는(또는 가라앉는) 움직임은 유체 거동의 한 측면이다. 자기 자신의 모양을 가지는 고체와는 다르게, 유체는 쉽사리 흐르고 용기의 모양에 따라 달라진다. 액체는 기체보다 밀도가 크지만, 액체에 적용되는 여러 원리가 기체에도 적용되므로 그것들을 유체라는 한 범주로 다루는 것이 좋다.

그림 9.1 철로 만든 배는 물에 뜨지만 금속 조각은 빠르게 가라앉는다. 이것을 어떻게 설명할 것인가? (왼쪽): *appletat/iStock/Getty Images*, (오른쪽): *Jill Braaten/McGraw-Hill Education*

압력은 유체의 거동을 설명하는 데 중심적인 역할을 한다. 이번 장에서는 압력에 대해 탐구할 것이다. 압력은 물질이 어떻게 뜨는지를 설명해주는 아르키메데스의 원리와 관련이 있기도 하지만, 유체의 흐름을 포함하여 우리가 고찰하고자 하는 다른 여러 현상에 있어서도 중요하다.

9.1 압력과 파스칼의 원리

왜소한 여성이 신은 하이힐 구두는 물렁물렁한 땅에 빠지지만, 큰 구두를 신은 건장한 남성은 같은 지면을 어려움 없이 가로질러 갈 수 있다(그림 9.2). 왜 그럴까? 남자의 무게는 여자보다 훨씬 더 나가기 때문에 남자가 지면에 더 큰 힘을 작용해야 한다. 하지만 여자의 하이힐은 지면에 깊은 자국을 남긴다.

분명히 무게만이 결정적 요인은 아니다. 구두와 지면 사이의 접촉면에 힘이 어떻게 분포되는지가 더 중요하다. 여성의 구두는 지면과의 접촉 면적이 작지만 남성의 구두는 접촉 면적이 훨씬 더 넓다. 남성은 자신의 체중으로 땅바닥에 가해주는 힘이 넓은 면적으로 분산된다.

압력은 어떻게 정의되는가?

물렁물렁한 땅에 서 있거나 걷게 되면 어떤 일이 발생하는가? 수직방향으로 몸이 가속되

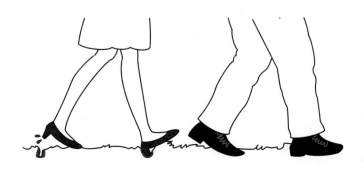

그림 9.2 여성의 하이힐 구두는 물렁물렁한 땅에 빠지지만, 건장한 남성의 큰 구두는 그렇지 않다.

지 않는 한 체중은 지면이 발 위쪽으로 가해주는 수직 항력에 의해서 균형이 유지되어야 한다. 뉴턴의 제3법칙에 의해서 지면에 아래쪽으로 체중과 같은 크기의 수직 항력이 가해진다.

구두를 땅에 빠지게 결정하는 양은 구두가 땅에 가하는 **압력**(pressure)이다. 수직으로 누르는 총 수직 항력이 아니라 단위 면적당 힘이 중요하다.

> 평균 압력은 수직 힘을 가해진 면적으로 나눠준 비율이다.

$$P = \frac{F}{A}$$

압력은 미터법 단위계로 제곱미터당 뉴턴(N/m²)으로 측정된다. 즉 힘의 단위를 면적의 단위로 나눈 것이다. 이 단위를 파스칼(1 Pa = 1 N/m²)이라고 한다.

여성의 하이힐 굽의 면적은 1~2 cm² 정도로 좁다. 걸을 때 체중의 대부분이 발뒤꿈치로 지지되는 경우가 있다. 다른 발을 지면에서 떼면서 앞으로 움직일 때 체중이 뒤꿈치에서 발가락으로 옮겨간다. 이를 시험하기 위해서 몇 발자국을 걸어보라. 여성의 체중을 굽의 작은 면적으로 나누면 지면에 큰 압력이 가해지게 된다.

한편, 남성의 구두는 굽의 면적이 100 cm² 정도이다. 남성 구두굽의 면적이 여성의 것보다 100배 이상 클 수도 있기 때문에, 남성의 체중이 여성보다 2~3배가 될지라도 여성이 지면에 가하는 압력(P = F/A)보다는 훨씬 작은 압력을 가하게 된다. 이러한 작은 압력은 땅을 덜 파이게 한다.

힘이 분포되는 면적은 압력의 중요한 요소이다. 면적은 길이보다 빠르게 증가한다. 예를 들어 한 변의 길이가 1 cm인 정사각형의 면적은 1 cm²이지만, 길이가 2 cm인 정사각형의 면적은 4 cm²(2 cm × 2 cm)여서 작은 정사각형의 4배이다(그림 9.3). 원의 면적은 반지름의 제곱에 π를 곱한 양이다(A = πr²). 반지름이 10 cm인 원의 면적은 반지름이 1 cm인 원의 100배(10²)이다.

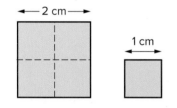

그림 9.3 한 변의 길이가 2 cm인 정사각형의 면적은 한 변의 길이가 1 cm인 정사각형의 4배이다.

파스칼의 원리

압력이 작용하면 유체 내부에는 어떤 일이 일어날까? 압력에는 방향이 있는가? 용기의 벽이나 바닥에 힘을 전달하는가? 이러한 질문은 유체 압력의 또 다른 중요한 특징을 나타내준다.

그림 9.4와 같이 원통 속의 피스톤에 누르는 힘을 가할 때, 피스톤은 유체에 힘을 가한다. 뉴턴의 제3법칙에 의해, 유체도 또한 (반대방향으로) 피스톤에 힘을 가한다. 원통 속의 유체는 눌리게 되며 부피가 어느 정도 줄어들게 될 것이다. 유체는 압축된다. 압축된 용수철처럼 압축된 유체는 피스톤뿐만 아니라 원통의 벽과 바닥도 밀어낸다.

유체가 용수철처럼 행동하지만, 약간 특이한 용수철이다. 유체는 압축될 때 모든 방향으로 균일하게 밀어낸다. 그림 9.4에서 알 수 있듯이 증가한 압력은 유체 전체에 균일하게 전달된다. 유체의 무게에 따른 압력 변화를 무시하면, 피스톤 위로 미는 압력은 원통의 벽 바깥쪽과 밑바닥 쪽으로 미는 압력과 같다.

유체가 압력을 균일하게 전달하는 것이 파스칼의 원리의 핵심이고, 유압잭이나 다른 유

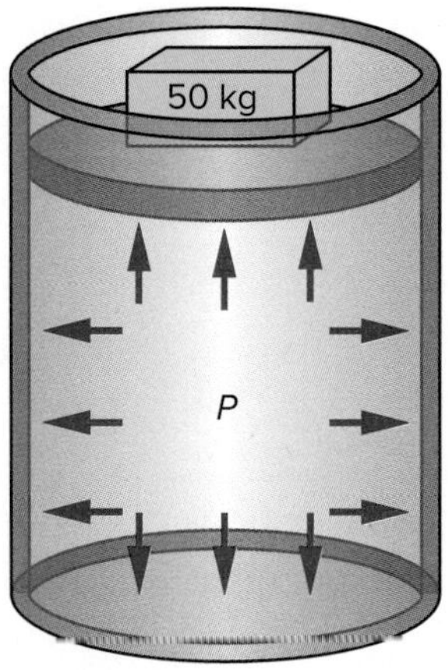

그림 9.4 피스톤에 가해진 압력은 유체의 구석구석까지 균일하게 퍼지게 되므로, 그것이 원통의 벽과 바닥을 단위 면적당 같은 크기의 힘으로 밀어내려 할 것이다.

압장치가 작동하는 원리이다. 파스칼(Blaise Pascal, 1623~1662)은 프랑스의 과학자이자 철학자였는데, 유체 정역학과 확률 이론에 크게 공헌하였다. **파스칼의 원리**(Pascal's principle)는 일반적으로 다음과 같이 기술된다.

> 밀폐된 유체의 압력 변화는 유체의 모든 지점에 균일하게 전달된다.

유압잭은 어떻게 작동하는가?

유압계는 파스칼의 원리를 적용한 가장 일반적인 예이다. 유압계는 압력의 정의와 함께 균일하게 전달된다는 파스칼의 원리에 관련이 있다. 기본 개념이 그림 9.5에 설명되어 있다.

작은 면적의 피스톤에 힘이 가해지면 작은 면적으로 인해 유체의 압력을 크게 증가시킬 수 있다. 이렇게 증가된 압력은 유체를 통해서 그림 9.5에 보이는 넓은 면적의 오른쪽 피스톤에 전달된다. 압력은 단위 면적에 작용하는 힘이므로, 이 압력에 의하여 더 큰 피스톤에 가해지는 힘은 면적에 비례한다($F = PA$). 같은 압력을 면적이 큰 피스톤에 작용하면 그 피스톤은 더 큰 힘을 받게 된다.

두 번째 피스톤의 면적이 첫 번째 피스톤보다 100배 이상 되는 장치를 제작하는 것이 가능하므로, 두 번째 피스톤에 가해지는 힘이 입력한 힘보다 100배 이상 되게 할 수 있다. 유압계의 출력 힘과 입력 힘의 비율인 역학적 이득은 지렛대나 다른 간단한 기계에 비해서 매우 크다(6.1절 참고). 유압잭의 입력 피스톤에 작은 힘을 가해도 자동차를 들어올릴 수 있을 정도의 큰 힘을 낼 수 있다(그림 9.6). 이러한 개념이 예제 9.1에 설명되어 있다.

6장에서 논의한 것과 같이 더 큰 출력 힘을 얻기 위해서는 그 대가를 치러야 한다. 더 큰 피스톤이 자동차를 들어올리는 데 한 일은 잭 손잡이에 한 일보다 더 클 수 없다. 일은 힘 곱하기 거리($W = Fd$)이므로 큰 출력 힘은 넓은 피스톤이 짧은 거리를 이동하였다는 것을 의미한다. 출력 힘이 입력 힘보다 50배 더 크려면 입력 피스톤이 출력 피스톤보다 50배 더 움직여야 한다.

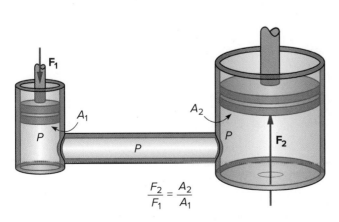

$$\frac{F_2}{F_1} = \frac{A_2}{A_1}$$

그림 9.5 작은 면적의 피스톤에 작용하는 작은 힘 **F₁**이 큰 면적의 피스톤에 큰 힘 **F₂**를 생성한다. 이것은 유압잭이 무거운 물체를 들어올릴 수 있게 한다.

그림 9.6 유압잭은 자동차를 쉽게 들어올릴 수 있다.
Mitch York/Stone/Getty Images

예제 9.1 ▸ 유압잭의 기본

10 N의 힘이 유압잭 속의 면적이 2 cm²인 원형 피스톤에 가해진다. 잭의 출력 피스톤의 면적은 100 cm²이다.

    a. 유체의 압력은 얼마인가?

    b. 유체가 출력 피스톤에 가하는 힘은 얼마인가?

a. $F_1 = 10 \text{ N}$ $P = \dfrac{F_1}{A_1}$

$A_1 = 2 \text{ cm}^2$ $= \dfrac{10 \text{ N}}{0.0002 \text{ m}^2}$

$= 2 \text{ cm}^2 \left(\dfrac{1 \text{ m}}{100 \text{ cm}}\right)^2$ $= 50{,}000 \text{ N/m}^2$

$= 2 \text{ cm}^2 \left(\dfrac{1 \text{ m}^2}{10{,}000 \text{ cm}^2}\right)$ $= \mathbf{50 \text{ kPa}}$

$= 0.0002 \text{ m}^2$

$P \ = ?$

1킬로파스칼(kPa)은 1000파스칼, 1000 N/m²이다.

b. $A_2 = 100 \text{ cm}^2$ $F_2 = PA_2$

$= 0.01 \text{ m}^2$ $= (50{,}000 \text{ N/m}^2)(0.01 \text{ m}^2)$

$P \ = 50 \text{ kPa}$ $= \mathbf{500 \text{ N}}$

$F_2 = ?$

이 잭의 역학적 이득은 500 N을 10 N으로 나눈 것이다. 즉 출력 힘이 입력 힘보다 50배 더 크다.

수동 펌프식 유압잭을 사용하면 작은 피스톤을 여러 번 움직여 잭의 챔버가 매 왕복운동 후에 다시 채워지도록 해야 한다. 작은 피스톤이 움직인 전체 거리는 매 왕복운동에 움직인 거리의 합이다. 큰 피스톤은 펌프질을 함에 따라 조금씩 위로 올라간다. 큰 유압잭에서도 비슷한 과정이 일어난다.

유압계나 유체는 자동차의 제동장치나 기타 여러 응용 분야에서도 사용된다. 오일은 부식성이 없고 동시에 윤활제 구실을 하여 장치가 부드럽게 작동되도록 하기 때문에 유체로서 물보다 더 효과적이다. 유압계는 파스칼의 원리로 설명하는 유체가 압력의 변화를 전달한다는 이점을 잘 활용한다. 또한 면적이 서로 다른 피스톤에 의해 생성되는 곱셈효과를 이용한다. 유압계는 압력의 개념이 활용되는 좋은 예이다.

> 압력은 힘을 가해진 면적으로 나눈 값이다. 작은 면적에 가해진 힘은 큰 면적에 가해진 같은 크기의 힘보다 더 큰 압력을 작용한다. 압력의 변화는 파스칼의 원리에 의해 유체를 통해 균일하게 전달되고, 모든 방향으로 밀어낸다. 이러한 개념은 유압잭과 기타 유압계의 작동을 설명해준다.

9.2 대기압과 기체의 거동

지구의 표면에 산다는 것은 지구를 둘러싸고 있는 공기의 바다 밑바닥에 있음을 의미한다. 대기권으로 이루어진 스모그나 옅은 안개를 제외하면 공기는 대개 눈에 보이지 않는다. 우리는 공기에 대해 거의 다시 생각하지 않는다. 공기가 있다는 것을 어떻게 알 수 있는가? 공기를 관찰할 수 있는 어떤 방법이 있는가?

자전거를 타거나 바람이 심하게 부는 날 걸으면 공기의 존재를 느낄 수 있다. 스키 선수, 자전거 경주 선수, 자동차 디자이너는 공기 흐름의 저항을 줄여야 하는 필요성을 의식하고 있다. 등산하는 사람이 숨을 헐떡이는 것은 부분적으로는 높은 산 정상의 공기가 희박하기 때문이다. 날씨나 고도에 따라 **대기압**(atmospheric pressure)과 그 변화를 어떻게 측정하는가?

대기압은 어떻게 측정하는가?

대기압은 17세기에 처음으로 측정되었다. 갈릴레이는 자신이 설계한 물 펌프로 단지 32피트 정도의 높이까지만 물을 퍼 올릴 수 있다는 것을 알고 있었지만 그 이유를 제대로 설명할 수 없었다. 그의 제자 토리첼리(Evangelista Torricelli, 1608~1647)는 이 물음에 대답하기 위한 시도로 기압계를 발명하였다.

토리첼리는 진공에 관심이 있었다. 그는 갈릴레이의 펌프가 부분적인 진공을 만들고 펌프 흡입구에서 물을 누르는 공기의 압력이 물을 길어 올리게 된다고 추론하였다. 이 가설을 시험할 수 있는 방법에 대해 생각하면서 물보다 더 밀도가 큰 유체를 사용하는 아이디어가 떠올랐다. 적당한 물질로 수은이 선택되었는데, 수은은 실온에서도 유체이고 밀도가 물의 13배이기 때문이다. 수은은 같은 부피의 물보다 질량이 13배 정도가 된다. 몇 가지 물질의 밀도가 표 9.1에 나열되어 있다.

표 9.1 일반적인 물질의 밀도	
물질	밀도(g/cm³)
물	1.00
얼음	0.92
알루미늄	2.7
철, 강철	7.8
수은	13.6
금	19.3

> **밀도는 물체의 질량을 그 부피로 나누어준 양이다. 밀도의 표준 단위는 kg/m³ 또는 g/cm³이다.**

초기 실험에서 토리첼리는 한쪽 끝이 막히고 다른 쪽은 열린 1미터 길이의 유리관을 사용하였다. 그는 유리관을 수은으로 채운 다음, 손가락으로 열린 쪽을 잡고 뒤집어서 이 부분을 수은이 들어 있는 용기에 넣었다(그림 9.7). 평형이 이루어질 때까지 수은이 유리관에서 위가 열린 용기로 흘러 들어가면, 유리관 속의 수은 기둥 높이가 대략 760 mm(76 cm 또는 30인치) 정도가 된다. 위가 열린 용기에서 수은의 표면을 누르고 있는 공기의 압력은 높이 760 mm의 수은 기둥을 지탱할 정도로 크다.

토리첼리는 유리관의 수은 기둥 윗부분이 진공임을 실험으로 증명하기 위해 주의를 기울였다. 수은 기둥이 떨어지지 않는 이유는 수은 기둥 윗부분의 압력은 0이지만 아랫부분의 압력은 대기압과 같기 때문이다. 아직도 대기압의 단위로 수은 몇 mm(미국의 경우 인치)를 사용하기도 한다. 이 단위들은 '파스칼(Pa)'과 어떻게 관련이 되는가?

수은의 밀도를 알면 이 단위들 사이의 관계를 알 수 있으며, 이것으로부터 대기가 지탱하는 수은 기둥의 무게를 알 수 있다. 이 무게를 유리관의 단면적으로 나누면 단위 면적당 힘

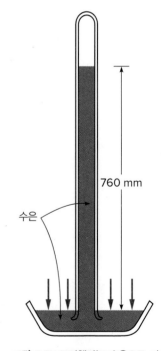

그림 9.7 토리첼리는 수은으로 가득 채워진 위가 열린 유리관을 수은이 들어 있는 용기에 거꾸로 뒤집어서 넣었다. 용기의 표면에 작용하는 공기의 압력은 760 mm 높이의 수은 기둥을 지탱할 수 있다.

그림 9.8 8마리 말로 구성된 두 무리는 게리케의 진공 금속구를 떼어낼 수 없었다. 무슨 힘이 두 반구를 붙어 있게 하는가? *Colorization by: Robin Treadwell/Science Source*

또는 압력이 된다. 이러한 과정을 통해서 760 mm 높이의 수은 기둥은 표준 대기압이라고 부르는 1.01×10^5 Pa과 같음을 알 수 있다.

　대기압은 해수면에서 약 100킬로파스칼(kPa) 또는 제곱인치당 14.7파운드(psi)이다. (제곱인치당 파운드는 압력의 영국식 단위로 타이어 공기압 및 기타 여러 압력을 측정하는 데 사용된다. 1 psi = 6.9 kPa이다.) 공기 바다의 바닥에서 생활하며, 공기는 우리 몸을 14.7 psi로 누르고 있다. 우리는 왜 이것을 느끼지 못할까? 유체는 우리 몸에 스며들어서 바깥쪽으로 되밀어낸다. 즉 내부 압력과 외부 압력은 기본적으로 같다(일상의 자연현상 9.1 참고).

　공기압력의 효과를 설명하기 위한 유명한 실험이 게리케(Otto von Guericke, 1602~1686)에 의해서 수행되었다. 게리케는 테두리가 부드럽게 이어질 수 있는 2개의 청동 반구를 설계하였다. 그는 자신이 발명한 진공펌프를 이용하여 2개의 반구로 만들어진 공에서 공기를 뽑아내었다. 그림 9.8과 같이, 각각 8마리의 말들로 구성된 두 무리는 반구를 떼어낼 수 없었다. 마개를 열어서 공기가 진공구에 들어가게 하였을 때, 두 반구는 쉽게 분리되었다.

대기압의 변화

우리가 공기 바다의 바닥에 살면, 높은 곳으로 올라갈수록 기압이 감소할 것으로 생각할 수 있다. 우리가 느끼는 압력은 머리 위의 공기 무게로부터 비롯된 것이다. 지표면에서 위로 올라갈수록 대기가 적어지므로 압력이 감소해야 한다.

　토리첼리가 수은 압력계를 발명한 직후에 파스칼은 비슷한 추론을 통해 높이가 다른 곳의 대기압을 측정하려고 하였다. 파스칼은 성인이 된 이후 건강이 좋지 않아 산을 오르지 않았기 때문에 1648년 9월에 그의 처남이 토리첼리의 것과 비슷한 기압계를 가지고 중부 프랑스에 있는 퓌드돔(Puy-de-Dome) 산 정상에 올랐다. 파스칼의 처남은 높이 1460 m(4800 ft) 산 정상의 대기압이 해수면보다 대기를 지탱하는 수은 기둥의 높이가 약 7 cm 낮다는 것을 발견했다.

　파스칼은 또한 처남에게 바람을 약간 넣은 풍선을 들고 산 정상으로 가져가게 하였다. 파스칼이 예측한 대로 풍선은 산을 올라감에 따라서 점점 더 팽창하였는데, 이것은 외부의 압력이 감소하였음을 보여주는 것이다(그림 9.9). 파스칼은 심지어 클레몽(Clemont) 시에서

혈압 측정

상황 병원에 가면 의사와 면담하기 전에 대개 간호사가 환자의 혈압을 측정한다. 팔의 상박부에 패드를 감고 패드 안으로 공기를 주입하면 팔을 꽉 조이는 느낌을 받는다. 그런 다음 간호사가 청진기로 무언가를 듣고 125에서 80과 같은 숫자를 기록하는 동안 공기가 천천히 방출된다.

병원에 가면 기본적으로 환자의 혈압을 측정한다. 혈압은 어떤 원리로 측정하는가? *Comstock/Stockbyte/Getty Images*

이 두 숫자가 의미하는 것은 무엇인가? 혈압이란 무엇이며 어떻게 측정하는 것인가? 왜 이 수치가 몸무게 또는 체온과 같이 사람의 건강을 나타내는 중요한 역할을 하는가?

분석 인체에서 혈액은 동맥과 정맥의 정교한 시스템을 통해 흐른다. 혈액의 흐름은 인체에서 펌프의 역할을 하는 심장에 의해 이루어진다. 더 정확하게 말하자면 심장은 2중 펌프이다. 하나의 펌프는 혈액을 폐로 보내어 이산화탄소를 버리고 산소를 운반하도록 한다. 또 하나의 펌프는 동맥으로 산소와 영양분을 온몸으로 공급한다. 동맥은 혈액을 모세혈관으로 전달하는데, 이는 근육이나 다른 기관에 있는 세포와의 매개체 역할을 한다. 사용된 혈액은 다시 모아져 정맥을 통해 심장으로 운반된다.

혈압은 심장과 같은 높이에 있는 팔의 상박부에 있는 주요 동맥에서 측정한다. 패드에 주입된 공기가 팔의 상박부를 압박할 때 바로 이 동맥에 압력을 가하는 것이다. 동맥에 가해진 패드의 높은 압력은 혈액이 흐르는 것을 일시적으로 멈추게 한다. 간호사는 청진기를 패드의 밑부분에 대고 공기를 서서히 빼면서 혈액이 다시 흐르게 되는지 그 소리를 듣는다.

심장은 맥동하는 펌프로서 심장의 근육이 최대로 수축할 때 압력이 가장 높아진다. 즉 심장 근육의 수축 팽창에 따라 압력은 높은 값과 낮은 값 사이를 오르내리게 된다. 이 높은 값을 수축기(systolic) 혈압이라 하는데, 심장박동 주기의 정점에서 혈액이

압축된 동맥을 통해 분출되기 시작할 때의 값이다. 낮은 값을 이완기(diastolic) 혈압이라고 하는데, 혈류의 흐름이 있는 심장박동 주기의 낮은 값이다. 이 두 점에서 심장은 독특한 소리를 내는데, 청진기로 이를 들을 수 있다.

기록된 압력은 실제로 이 두 조건에 대한 패드의 압력이다. 계기(gauge) 압력은 측정된 것과 대기압 사이의 압력 차이이다. 측정은 일반적으로 대기압의 측정에 사용하는 mmHg의 단위를 사용하는데, 판독값 125는 패드의 압력이 대기압보다 수은 125 mm만큼 높다는 것을 의미한다. 한쪽이 공기에 노출되어 있는 수은 압력계(그림 참고)는 계기 압력을 직접적으로 측정한다.

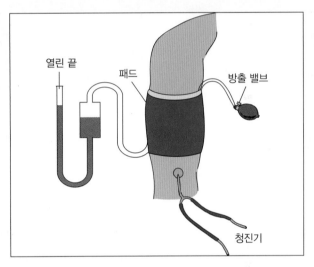

한쪽 끝이 열린 압력계로 패드의 계기 압력을 측정할 수 있다. 청진기를 이용하면 혈액이 다시 흐르는 소리를 감지할 수 있다.

고혈압은 건강상의 여러 가지 문제를 야기하며, 특히 심장마비와 뇌졸중에 대한 경고 신호이다. 혈관의 내벽에 쌓이는 물질들로 인해 동맥의 경화 현상이 나타나면 심장은 온몸에 혈액을 공급하기 위하여 더 큰 압력을 가하게 되며, 이는 장기적으로 심장 근육의 약화를 가져온다. 또 다른 위험은 뇌에서 혈관이 터져 뇌졸중을 일으키거나 혈전이 심장이나 뇌의 동맥을 막는 것이다. 어떤 경우가 되었든 고혈압은 중요한 적신호이다.

저혈압 역시 건강상 문제가 발생한 신호로 보아야 한다. 뇌에 혈액이 충분히 공급되지 않으면 어지럼증을 유발할 수 있다. 오랫동안 앉아 있다가 갑자기 일어나는 경우에 느끼는 것과 유사한데, 이는 심장이 갑작스러운 새로운 상황에 적응하기 위해 시간이 필요하기 때문이다. 기린은 사람의 혈압보다 약 3배가 높다(계기 압력 기준). 왜 그런지 설명할 수 있는가?

그림 9.9 해수면 근처에서 바람을 약간 넣은 풍선은 실험자가 산을 올라감에 따라 팽창한다.

낮은 곳과 대성당 탑의 꼭대기 사이에서도 압력의 차이가 있음을 보일 수 있었다. 감소량은 작았지만 측정 가능한 정도이었다.

또한 파스칼은 새로 발명된 기압계를 사용하여 날씨의 변화에 관련된 압력의 변화를 관측하였다. 예를 들어, 수은 기둥의 높이는 맑은 날보다 폭풍우가 치는 날이 더 낮았고, 대기압이 감소하는 것은 폭풍우 치는 날씨가 다가왔다는 것을 가리켰다. 이러한 압력의 변화는 날씨 변화를 예측하는 데 사용되었다. 판독값은 해수면에 맞추어져 있으므로, 어떤 높이에서도 날씨의 변화를 읽을 수 있다.

공기 기둥의 무게

수은 기둥의 바닥에서 대기압을 계산한 것과 같은 방법을 사용하여 대기압의 높이에 따른 변화를 계산할 수 있겠는가? 그러기 위해서는 위쪽 공기 기둥의 무게를 알아야만 할 것이다. 수은과 공기가 다 같이 유체이기는 하지만, 수은 기둥과 공기 기둥의 거동에는 (밀도 차이뿐만 아니라) 현저한 차이가 있다.

대부분의 액체와 마찬가지로 수은은 압축되지 않는다. 다시 말해, 압력을 증가시켜도 수은의 부피는 크게 변하지 않는다. 수은의 밀도(단위 부피당 질량)는 수은 기둥의 상단이나 바닥이나 같다. 반면 공기와 같은 기체는 쉽게 압축할 수 있다. 압력이 변함에 따라서 부피가 변하고, 따라서 밀도도 변한다. 그러므로 공기 기둥의 무게를 계산하는 데 밀도를 한 가지 값으로만 쓸 수 없다. 공기의 밀도는 지표면에서 위로 올라감에 따라서 감소한다(그림 9.10).

기체와 액체 사이의 주요 차이점은 원자나 분자의 '채움(packing)'의 차이에서 비롯된다. 압력이 매우 높을 때를 제외하면, 기체의 원자나 분자는 그림 9.11에서와 같이 원자 자신의

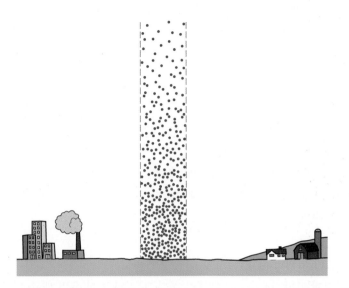

그림 9.10 압력이 감소함에 따라 공기가 팽창하므로 고도가 높아지면 공기 기둥의 밀도는 감소한다.

그림 9.11 액체의 원자는 촘촘히 채워져 있으나, 기체의 원자는 먼 거리에 떨어져 있다.

크기보다 먼 거리에 떨어져 있다. 반면에 액체의 원자는 고체에서와 마찬가지로 촘촘하게 채워져 있다. 액체나 고체는 쉽게 압착될 수 없다.

기체는 탄성이 있다. 기체는 초기 부피의 작은 부분으로도 쉽게 압축될 수 있다. 파스칼의 풍선에 들어 있는 기체와 같이 압력이 감소하면 팽창한다. 온도의 변화가 부피나 압력에 미치는 영향은 액체보다는 기체의 경우가 훨씬 크다. 온도가 일정하게 유지되면 압력의 변화에 따라 부피가 변하게 된다.

기체의 부피는 압력에 따라 어떻게 달라지는가?

압력의 변화에 따른 기체의 부피와 밀도의 변화는 영국의 보일(Robert Boyle, 1627~1691)과 프랑스의 마리오트(Edme Mariotte,1620~1684)에 의해 연구되었다. 보일의 결과는 1660년에 보고되었지만 유럽 대륙에서는 주목을 받지 못했으며, 마리오트가 1676년에 비슷한 결론을 발표하였다. 두 사람 모두 공기의 탄성이나 압축성에 관심을 가지고 있었다.

두 사람은 한쪽 끝이 막히고 다른 쪽은 열린 구부러진 유리관을 사용하였다(그림 9.12).

그림 9.12 보일의 실험에서는, 구부러진 유리관의 열린 쪽에 수은을 첨가하면 막힌 쪽의 가두어진 공기의 부피가 감소하게 된다.

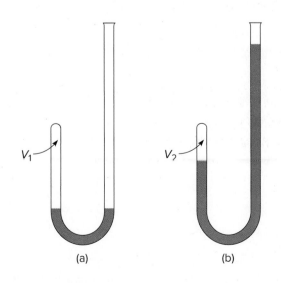

(a)   (b)

보일의 실험에서는, 유리관이 부분적으로 수은으로 채워져서 공기가 유리관의 막힌 부분에 가두어졌다. 그는 처음에 공기가 앞뒤로 통과하게 하여 유리관의 막힌 부분의 압력이 대기압과 일치하게 하였고 양쪽의 수은 기둥의 높이가 같았다.

보일이 유리관의 열린 쪽에 수은을 첨가함에 따라 막힌 쪽에 가두어진 공기의 부피가 감소했다. 수은을 충분히 첨가하여 압력이 대기압의 2배가 되었을 때, 막힌 쪽의 공기 기둥 높이는 반으로 줄어들었다. 다시 말해, 압력을 2배로 하면 공기의 부피는 반으로 줄어든다. 보일은 기체의 부피가 압력에 반비례함을 발견했다.

보일의 법칙(Boyle's Law)은 아래와 같이 표현할 수 있다.

$$PV = 일정$$

여기서 P는 기체의 압력이고, V는 기체의 부피이다. 압력이 증가하면, 압력과 부피의 곱이 상수가 되도록 부피가 반비례해서 감소해야 한다. 보일의 법칙(유럽 대륙에서는 마리오트의 법칙으로도 알려짐)은

$$P_1V_1 = P_2V_2$$

와 같이 표현되는데, P_1과 V_1은 초기의 압력과 부피이고, P_2와 V_2는 나중의 압력과 부피이다 (예제 9.2 참고). 보일의 법칙이 성립하려면 일정한 양의 기체가 압축되는 동안 온도가 일정하게 유지되어야 한다.

고도가 높아짐에 따라 대기압이 감소하고, 부피가 증가한다. 밀도는 질량과 부피의 비율이므로, 공기의 밀도는 부피가 증가함에 따라 감소해야 한다. 공기 기둥의 무게를 계산할 때 밀도의 변화를 고려해야 하며, 그 계산은 수은 기둥의 경우보다 더 복잡하다. 기체의 밀도는 또한 온도에 따라 달라지는데, 일반적으로 고도가 높아질수록 온도가 감소하므로 계산은 좀 더 복잡해진다.

예제 9.2 ▶ 기체의 부피는 압력에 따라 어떻게 변하는가?

기포가 물속에서 올라올수록 크기가 커지는 것을 관찰할 수 있다. 스쿠버 다이버가 물속에서 내뿜은 기포가 표면으로 올라오고 있다. 숙련된 다이버가 내려갈 수 있는 최대 수심인 40 m에서, 압력은 약 4.9기압이다. 다이버가 이 깊이에서 부피 2.5 cm³의 기포를 내뿜었다면 압력이 1.0기압인 수면에서 기포의 부피는 얼마인가? 단, 수온은 깊이에 따라 변하지 않는다고 가정한다.

$$P_1 = 4.9 \text{ atm} \qquad\qquad P_1V_1 = P_2V_2 = 상수$$

$$P_2 = 1 \text{ atm}$$

$$V_1 = 2.5 \text{ cm}^3 \qquad\qquad V_2 = \left(\frac{P_1}{P_2}\right)V_1$$

$$V_2 - ?$$

$$V_2 = \left(\frac{4.9 \text{ atm}}{1 \text{ atm}}\right)2.5 \text{ cm}^3$$

$$V_2 = \mathbf{12.25 \text{ cm}^3}$$

우리는 공기 바다의 바닥에서 살고 있는데, 이에 의한 압력은 기압계를 이용해서 측정할 수 있다. 초기의 기압계는 막혀 있는 유리관 속의 수은 기둥이다. 대기압에 의해서 지탱되는 수은 기둥의 높이가 압력의 척도이다. 대기압은 고도가 높아지면 감소하는데, 이는 대기압은 위쪽의 공기 기둥의 무게에 의해 결정되기 때문이다. 공기 기둥의 무게는 수은 기둥의 무게를 계산하는 것보다 더 어려운데, 공기는 압축될 수 있으며 밀도가 높이에 따라 변하기 때문이다. 보일의 법칙은 기체의 압력이 증가하면 이에 반비례해서 부피가 감소함을 말해준다.

9.3 아르키메데스의 원리

왜 어떤 물체는 물에 뜨는데 다른 물체는 그러지 않는가? 뜨는 것이 물체의 무게에 의해서 결정되는가? 커다란 여객선은 물 위에 뜨지만, 조그만 조약돌은 쉽게 가라앉는다. 분명히 물체의 총 중량의 문제가 아니다. 물체의 밀도가 해결의 열쇠이다. 유체보다 밀도가 큰 물체는 가라앉고 밀도가 작은 물체는 뜨게 된다. 물체가 뜨고 가라앉는지에 대한 완벽한 답은 아르키메데스의 원리에서 발견할 수 있다. 아르키메데스의 원리는 유체 내에서 완전히 또는 부분적으로 잠기는 물체에 작용하는 부력을 설명해준다.

아르키메데스의 원리란 무엇인가?

나무블록은 뜨지만, 같은 모양과 크기를 가진 금속블록은 가라앉는다. 금속블록은 비록 크기가 같아도 나무블록보다 더 무거운데, 그것은 금속의 밀도가 나무의 밀도보다 더 크기 때문이다. 밀도는 질량과 부피의 비율(또는 단위 부피당 질량)이다. 같은 부피에 대해서 금속은 나무보다 더 큰 질량을 가진다. 무게는 질량에 중력 가속도 g를 곱한 것이므로, 같은 부피라면 금속은 나무보다 더 큰 무게를 가진다.

금속블록과 나무블록의 밀도를 물의 밀도와 비교하면, 금속블록은 물보다 밀도가 크고 나무블록은 물보다 밀도가 작다. 유체의 밀도와 물체의 **평균** 밀도를 비교하면 물체가 유체 속으로 가라앉는지 혹은 뜨는지를 결정할 수 있다.

물에 떠 있는 나무블록을 아래로 누르면, 물이 나무블록을 밀어냄을 느낄 수 있다. 실제로 큰 나무블록이나 내부에 공기가 채워져 있는 고무튜브를 물에 잠기게 하는 것은 어렵다. 그것들은 계속해서 수면 위로 솟아오른다. 이러한 물체들을 표면으로 밀어내는 위 방향 힘을 **부력**(buoyant force)이라고 한다. 처음에 나무블록이 부분적으로 잠겨 있고 그것을 더 잠기게 밀어넣으려고 하면, 나무블록이 물속으로 조금 더 잠김에 따라 부력은 더 커진다.

아르키메데스가 공중목욕탕에 앉아서 물에 떠 있는 물체를 관찰하였을 때, 무엇이 부력의 세기를 결정하는지를 깨닫게 되었다는 일화가 있다. 물체가 물속에 잠기게 되면 물이 차지하고 있던 만큼의 공간을 차지한다. 다시 말해, 물을 밀어낸다. 물체를 아래쪽으로 밀면 밀수록 더 많은 물을 밀어내게 되며, 더 큰 위 방향의 부력이 생긴다. **아르키메데스 원리**(Archimedes' principle)는 다음과 같다.

그림 9.13 물 위에 떠 있는 나무블록에 의해 밀려난 물의 부피가 빗금친 부분으로 표시되어 있다. 블록에 작용하는 부력은 이 밀려난 물의 무게와 같다.

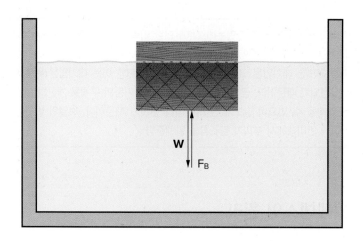

> 유체가 전부 또는 부분적으로 잠긴 물체에 작용하는 부력은 물체가 밀어낸 물의 무게와 같다.

수면에 떠 있는 나무블록의 경우 그림 9.13과 같이 일부의 부피만 잠기게 된다. 이 부분은 아르키메데스의 원리로 설명되는 부력을 생성하며 나무블록의 무게와 같다.

부력의 근원은 무엇인가?

아르키메데스의 원리로 설명되는 부력의 근원은 유체 속으로 깊이가 증가함에 따라 발생하는 압력의 증가이다. 수영장의 깊은 바닥까지 헤엄쳐 가보면 귀에 압력이 가해지는 것을 느낄 수 있다. 고도가 높은 곳보다 지표면에서 대기압이 더 큰 것과 같은 이유로 수영장 바닥의 압력은 수면 근처보다 더 크다. 우리의 위에 있는 유체의 무게는 우리가 경험하는 압력의 원인이 된다.

파스칼의 원리에 따라 표면을 누르고 있는 대기압은 유체의 전체에 걸쳐서 균일하게 전달된다. 어떤 깊이에서 총 압력을 구하려면, 대기압에 물의 무게로부터 생기는 초과 압력을 더해야만 한다. 많은 경우에 대기압을 뺀 초과 압력이 중요하다. 우리 몸의 내부의 압력은 대기압과 같으므로, 귀의 고막은 총 압력에서 대기압을 뺀 압력의 차이에만 민감하다.

액체의 특정 깊이에서 초과 압력을 구하려면, 그 깊이에서 위쪽의 액체 무게를 알아야 한다. 이 문제는 9.2절에서 논의한 수은 기둥의 바닥에서의 압력을 구하는 것과 유사하다. 물기둥을 생각해보면(그림 9.14), 물기둥의 무게는 기둥의 부피와 물의 밀도에 관련이 있다. 물기둥의 부피는 높이 h에 비례하고, 그 무게도 그러하다. 초과 압력은 표면 밑 깊이 h에 비례

그림 9.14 물기둥의 무게는 기둥의 부피에 비례한다. 부피 V는 면적 A에 높이 h를 곱한 것과 같다.

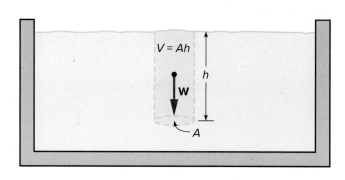

그림 9.15 통의 바닥 근처 구멍에서 뿜어져 나오는 물은 꼭대기 근처에서 뿜어져 나오는 물보다 더 큰 수평속도를 가진다.
Jill Braaten/McGraw-Hill Education

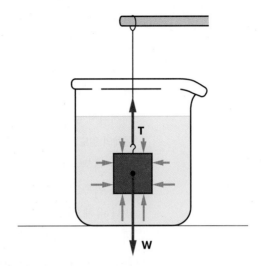

그림 9.16 압력이 깊이에 따라 증가하므로 줄에 매달린 강철블록의 바닥에 작용하는 압력은 위쪽에 작용하는 압력보다 더 크다.

하여 증가한다.[*]

물이 채워진 커다란 통으로 깊이에 따른 압력의 변화를 설명할 수 있다. 통의 깊이가 서로 다른 곳에 구멍을 뚫으면, 통의 바닥 근처의 구멍에서 분사되는 물의 수평방향 속도는 꼭대기 근처의 구멍에서 분사되는 물보다 더 빠르다(그림 9.15). 통이 대기 속에 잠겨 있으므로, 대기압을 뺀 초과 압력이 가장 중요하다. 더 큰 초과 압력은 뿜어 나오는 물에 더 큰 가속력을 부여해준다.

압력이 깊이에 따라 증가한다는 사실이 어떻게 부력을 설명해주는가? 강철블록과 같은 직사각형 모양의 물체가 물속에 잠겨 있다고 생각해보자. 그림 9.16에서와 같이 강철블록을 줄에 매달면, 물의 압력이 모든 방향에 작용하게 된다. 압력은 깊이에 따라 증가하므로, 블록의 바닥에 작용하는 압력은 위쪽에 작용하는 압력보다 더 크다. 이렇게 더 큰 압력은 아래로 밀어내는 것보다 더 큰 힘으로 위로 밀어 올리게 된다($F = PA$). 이 두 힘의 차이가 부력이다. 부력은 강철블록의 높이와 단면적 모두에 비례하므로 부피 Ah에 비례한다. 물체에 의해 밀려난 유체의 부피는 이 유체의 무게와 직접적인 관련이 있으며, 이는 아르키메데스의 원리에 의한 설명으로 이어진다.

떠 있는 물체에는 어떤 힘이 작용하는가?

유체에 부분적으로 또는 완전히 잠겨 있는 물체에 줄이 연결되어 있지 않거나 밀거나 끌어당기는 다른 힘이 없으면, 물체의 무게와 부력만이 모든 것을 결정한다. 무게는 물체의 밀도와 부피에 비례하고, 부력은 유체의 밀도와 물체가 밀어낸 유체의 부피에 관련이 있다. 물체의 운동은 위쪽으로 미는 부력의 크기와 아래쪽으로 당겨지는 무게에 의해 결정된다. 3가지 가능성이 존재한다.

---

[*] 무게 $W = mg = V\rho g$이고 $V = Ah$이므로, 초과 압력 $\Delta P = \dfrac{W}{A} = \dfrac{\rho g Ah}{A} = \rho g h$이다. 밀도를 나타내는 기호 ρ는 그리스 문자 로(rho)이다.

1. **물체의 밀도가 유체의 밀도보다 크다.** 물체의 평균 밀도가 잠겨 있는 유체보다 더 크면, 물체가 완전히 잠기었을 때 같은 부피를 가지고 있으므로 물체의 무게는 밀어낸 유체의 무게보다 더 크다. 아래쪽으로 작용하는 무게가 위쪽으로 작용하는 부력보다 더 크므로, 알짜힘은 아래로 향하고 물체는 가라앉는다(줄에 매달려 있는 것과 같은 다른 힘에 지지되지 않는 경우라면).

2. **물체의 밀도가 유체의 밀도보다 작다.** 물체의 밀도가 유체보다 작으면, 물체가 완전히 잠겨 있을 때 부력이 물체의 무게보다 더 크다. 물체에 작용하는 알짜힘은 위를 향하며, 물체는 위쪽으로 떠오를 것이다. 물체가 유체의 표면에 도달할 때, 잠긴 부분에 의해 밀려난 유체의 무게(부력)와 물체의 무게가 일치할 정도가 될 만큼만 물체가 잠긴다. 알짜힘은 0이고 물체는 평형 상태가 되어 가속되지 않는다.

3. **물체의 밀도가 유체의 밀도와 같다.** 물체의 무게는 물체가 잠기면서 밀어낸 유체의 무게와 같다. 완전히 잠긴 물체는 평균 밀도를 약간 변화시킴으로써 떠오르거나 가라앉게 되는데, 이것이 바로 물고기와 잠수함이 사용하는 방법이다. 잠수함의 평균 밀도는 물을 채우거나 배출함으로써 증가시키거나 감소시킬 수 있다.

강철로 만든 배가 뜨는 이유는?

강철은 물에 비해 밀도가 매우 크며, 커다란 강철선은 아주 무거운 물체이다. 강철선이 물에 뜨는 이유는 무엇인가? 답은 배가 내부까지 모두 강철로 만들어지지 않았다는 것이다. 배 안에는 공기나 다른 물질로 채워진 열린 공간이 있다. 강철로 채워진 조각은 빠르게 가라앉지만, 배의 **평균** 밀도가 그것이 밀어내는 물보다 작으면, 강철선은 뜰 수 있다. 공기가 있는 공간이나 다른 물질들 때문에, 배의 평균 밀도는 강철보다 훨씬 작다.

아르키메데스의 원리에 의하면, 배에 작용하는 부력은 배의 선체가 밀어낸 물의 무게와 같아야 한다. 배가 평형에 있기 위해서는 (알짜힘이 0인 상태에서) 부력이 배의 무게와 같아야 한다(예제 9.3 참고). 배에 화물을 실으면, 배의 총 중량이 증가한다. 따라서 부력도 증가해야만 한다. 선체가 밀어낸 물의 양이 증가하므로 배는 물속에 더 잠기게 된다. 배에 실을 수 있는 무게(종종 톤 배수량으로 표현되는)에는 한계가 있다. 만재된 유조선은 무적재 유조선보다 물에 더 잠긴 상태에서 운행한다(그림 9.17).

그림 9.17 만재된 유조선은 무적재 유조선보다 물에 더 잠긴 상태에서 운행한다.
Chris Wilkins/AFP/Getty Images

배를 설계하는 데 다른 중요한 고려사항은 선체의 모양과 배에 짐을 어떻게 싣느냐는 것이다. 배의 무게 중심이 너무 높거나 배에 짐이 고르지 않게 실리면, 배가 전복될 위험이 있다. 파도나 바람의 작용은 이러한 위험을 더 가중시키므로 안전 예비치가 설계에 포함되어야 한다. 배에 물이 들어오게 되면 무게가 증가하고 평균 밀도가 커진다. 배의 평균 밀도가 물의 평균 밀도보다 더 크면, 배는 침몰하게 된다.

예제 9.3 ▶ 물에 떠 있는 물체

배 한 척이 물에 떠 있는데 물에 잠긴 부분의 부피가 4.0 m³이다. 물의 밀도는 1000 kg/m³이다.

    a. 배가 밀어낸 물의 질량은 얼마인가?
    b. 배가 밀어낸 물의 무게는 얼마인가?
    c. 배에 작용하는 위쪽 방향 부력의 크기는 얼마인가?
    d. 배의 무게는 얼마인가?

a. $V = 4.0 \ \text{m}^3$ $\rho = m/V$

    $\rho = 1000 \ \text{kg/m}^3$ $m = \rho V$

    $m = ?$ $m = (1000 \ \text{kg/m}^3)(4.0 \ \text{m}^3)$

                               $m = \mathbf{4000 \ kg}$

b. $m = 4000 \ \text{kg}$ $W = mg$

    $g = 9.8 \ \text{m/s}^2$ $W = (4000 \ \text{kg})(9.8 \ \text{m/s}^2)$

                               $W = \mathbf{39{,}200 \ N}$

c. 부력 = 밀려난 유체의 무게 = 39,200 N

d. 배가 물에 떠 있다면, 부력은 배의 무게와 같아야 한다. 배의 무게 = 39,200 N

풍선은 언제 뜨게 되는가?

부력은 공기와 같은 기체 속에 잠겨 있는 물체에도 작용한다. 평균 밀도가 공기보다 작은 기체로 풍선을 채우면, 풍선의 평균 밀도가 공기의 밀도보다 작으므로 풍선은 뜨게 된다. 헬륨과 수소는 공기보다 밀도가 작은 기체인데, 헬륨이 수소보다 밀도가 약간 크기는 하지만 일반적으로 더 많이 사용된다. 수소는 공기 중에서 산소와 폭발적으로 화학 반응을 일으키므로 사용하는 데 위험하다.

풍선의 평균 밀도는 풍선을 만든 재료뿐만 아니라 채워진 기체의 밀도에 의해서 결정된다. 풍선을 만드는 이상적인 재료는 내구성이 강하고 아주 얇아도 잘 늘어나야 한다. 기체가 투과할 수 없으므로 헬륨이나 다른 기체가 풍선의 표피를 통해서 쉽게 새어 나가지 않도록 해준다. 마일라(종종 알루미늄으로 코팅됨)로 만들어진 풍선은 보통의 라텍스 풍선보다 기체가 잘 투과하지 못한다.

열기구는 가열되면 기체가 팽창하는 원리를 이용한다. 기체가 가열되어 부피가 증가하면 밀도는 감소한다. 열기구 내의 공기가 열기구 주위의 공기보다 더 뜨거우면, 위쪽으로 부력이 작용한다. 열기구의 장점은 가스로 작동하는 히터를 켜거나 끔으로써 기구 내 공기의 밀도를 쉽게 조절할 수 있다는 것이다. 이렇게 함으로써 열기구가 상승하거나 하강하도록 제어할 수 있다.

부력과 아르키메데스의 원리는 배와 풍선 외에도 응용 분야에 유용하다. 아르키메데스의 원리를 이용하여 물체의 밀도나 그것이 잠겨 있는 유체의 밀도를 측정할 수 있다. 실제로, 아르키메데스가 원래 적용한 문제가 이것이다. 아르키메데스는 왕관이 순금인지를 확인하기 위하여 왕관의 밀도를 측정하는 데 자신의 아이디어를 사용했다고 한다. (왕은 금세공인이 사기꾼이라고 의심했다.) 금은 금을 대체할 수 있는 값싼 금속보다 밀도가 크다.

> 아르키메데스의 원리는 물체에 작용하는 부력이 물체가 밀어낸 유체의 무게와 같다는 것을 말해준다. 물체의 평균 밀도가 밀어낸 유체의 밀도보다 더 크면, 물체의 무게는 부력을 초과하여 물체가 가라앉게 된다. 압력은 깊이에 따라 증가하는데, 물체의 바닥에 가해지는 압력은 위쪽에서보다 크고, 이 차이 때문에 부력이 생긴다. 아르키메데스의 원리는 배, 풍선, 그리고 욕조나 혹은 개울에 떠 있는 물체의 거동을 이해하는 데 사용할 수 있다.

9.4 움직이는 유체

이 장의 서두에서 언급한 개울의 둑으로 다시 돌아가 본다면 무엇을 더 알 수 있을까? 막대기나 장난감 배가 개울을 따라 떠내려갈 때 개울물이 흘러가는 속력이 위치에 따라 다르다는 것을 알게 될 것이다. 개울이 넓은 곳에서는 흐름이 느리고 좁은 곳에서는 빨라진다. 또한 일반적으로 둑의 근처에서보다 개울의 중앙 근처에서 속력이 더 빠르다. 맴돌이를 비롯한 난류의 다른 특징들도 볼 수 있다.

이 모두가 유체 흐름의 특성이다. 흐름의 속력은 개울의 폭과 유체 내에서의 마찰효과의 척도인 **점성**에 관련이 있다. 이 특징들 중에서 어떤 것은 이해하기가 쉬우나 다른 것들, 특히 난류의 거동은 아직도 활발히 연구되는 분야이다.

물의 속력은 왜 변하는가?

개울의 흐름에 대한 가장 분명한 특징 중의 하나는 개울이 좁아지면 물의 속력이 빨라진다는 것이다. 막대기나 장난감 배는 개울의 넓은 부분은 느리게 통과하나 좁은 지점이나 급류를 통과할 때에는 속력이 증가한다.

지류들이 개울에 수량을 유입하지 않고 증발이나 누출로 인한 큰 손실이 없는 한, 개울의 흐름은 연속적이다. 주어진 시간 동안 상류의 한 지점에서 개울로 유입된 물과 같은 양의 물이 하류의 한 지점을 빠져나간다. 이것을 **흐름의 연속**이라 부른다. 흐름이 연속적이 아니라면 물은 개울의 어떤 지점에 모이거나, 어느 곳에서 외부로 빠져나갈 것이다. 이는 일반적으로 일어나는 현상은 아니다.

개울이나 관을 지나는 물이 흘러가는 비율을 어떻게 기술할 수 있는가? 부피 유량은 부

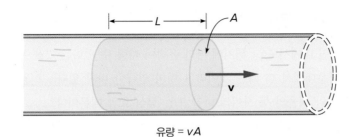

유량 = vA

피를 시간으로 나눈 값(분당 갤런, 미터법으로 초당 리터 또는 초당 세제곱미터)이다. 그림 9.18에서 볼 수 있듯 길이 L인 물의 일부가 관의 특정 지점을 지나는 부피는 길이에 단면적 A를 곱한 값 LA이다. 이 부피가 움직이는 속력에 따라 유량이 결정된다.

관을 지나는 유량은 얼마인가? 이 비율을 구하기 위해 물의 부피 LA를 시간 간격 t로 나누어 LA/t를 얻는다. L/t는 물의 속력 v이므로

$$유량 = vA$$

를 얻는다. 이 표현은 모든 유체에 적용할 수 있고 직관적으로도 이해된다. 속력이 빠를수록 유량이 크고 관이나 개울의 단면적이 넓을수록 유량이 크다.

유량은 물의 속력이 변하는 것을 어떻게 설명하는가? 관을 통과하는 흐름이 연속적이라면 유량은 관 안의 모든 점에서 일정해야 한다. 분당 같은 갤런의 흐름이 각 점을 지날 것이다. 단면적 A가 작아지면 유량 vA를 일정하게 유지하기 위해 속력 v가 증가한다. 단면적이 커지면 유량을 일정하게 유지시켜 주기 위해 속력 v가 감소한다.

개울에도 같은 원리가 적용된다. 개울이 좁은 곳에서는 넓은 곳에 비해 단면적이 작다. 폭이 좁은 곳에서 개울이 깊을 수도 있지만, 대개는 개울이 넓은 곳에서보다 큰 단면적을 가질 만큼 충분히 깊지는 못하다. 단면적이 작아지면 유량을 유지하기 위해 유체의 속력이 증가해야 한다.

예제 9.4 ▸ 흐르는 유체의 속도 변화

그림 9.24의 단면이 원인 관을 보라. 넓은 부분은 반지름이 6 cm이고 좁은 부분은 반지름이 4.5 cm라고 하자. 처음에 넓은 부분에서 유체의 속력이 2 m/s이었다면 유체가 좁은 부분을 흐를 때 유속은 얼마인가?

$r_1 = 6.0$ cm $A = \pi r^2$

$r_2 = 4.5$ cm $A_1 = \pi(6.0 \text{ cm})^2 = 113.1 \text{ cm}^2$

                     $A_2 = \pi(4.5 \text{ cm})^2 = 63.6 \text{ cm}^2$

$v_1 = 2$ m/s $A_1 v_1 = A_2 v_2$

$v_2 = ?$ $v_2 = (A_1/A_2)v_1$

                     $v_2 = (113.1 \text{ cm}^2/63.6 \text{ cm}^2)\,(2 \text{ m/s})$

                        $= \textbf{3.56 m/s}$

관의 좁은 부분에서 속도가 증가함에 유의하라.

점성은 흐름에 어떠한 영향을 주는가?

지금까지는 한 단면 내에서도 그 위치에 따라 유속이 다를 수 있다는 것을 무시하였다. 물의 속력이 개울의 가운데에서 더 빠를 것이라고 이미 언급한 바가 있다. 그 원인은 유체의 층 사이, 그리고 유체와 개울의 둑 사이의 마찰 또는 점성 효과 때문이다.

유체가 여러 층으로 구성되어 있다고 하면 왜 유속이 중심 근처에서 더 빠른지 알 수 있다. 그림 9.19는 여물통을 통과하여 움직이는 유체의 여러 층을 보여준다. 여물통의 바닥은 움직이지 않기 때문에 유체의 맨 아래층에 마찰력을 가하고, 이는 그 위의 층보다 느리게 움직이게 한다. 이 층은 차례로 그 위의 층에 마찰 저항을 가하며, 그 결과 각 층은 더 위에 있는 층보다 느리게 흐르게 되며 이 현상이 반복된다.

점성(viscosity)은 유체의 층과 층 사이의 마찰력의 세기를 결정하는 유체의 특성이다. 점성이 클수록 마찰력이 커진다. 저항력의 크기는 또한 층들 사이의 접촉 면적과 층들을 가로질러 속력이 변하는 비율에 따라 달라진다. 이 두 요인이 같다면 *끈끈한* 큰 점성을 가진 유체가 그렇지 않은 작은 점성을 가진 유체보다 층간 마찰력이 더 크다.

움직이지 않는 얇은 층은 대개 관이나 여물통의 벽에 바로 가까이 있는 층이다. 유체의 속력은 벽에서 멀어질수록 증가한다. 속력이 거리에 따라 어떻게 정확히 변화하는지는 유체의 점성과 관을 통과하는 유체 흐름의 비율에 좌우된다. 점성이 작은 유체의 경우에는 벽으로부터 멀지 않은 거리에서 최대 속력에 도달한다. 점성이 큰 유체의 경우에는 더 먼 거리에서 최대 속력으로 바뀌고 속력이 관이나 여물통의 전체에서 달라질 수 있다(그림 9.20).

유체의 점성은 유체에 따라 크게 다르다. 꿀, 오래된 오일, 시럽은 물이나 알코올보다 점성이 훨씬 크다. 대부분의 액체는 기체보다 점성이 크다. 주어진 유체의 점성은 온도가 변하면 변할 수 있다. 일반적으로 온도가 증가하면 점성은 감소한다. 예를 들어, 시럽이 든 병을 가열하면 점성이 작아지고 더 잘 흐르게 된다.

낮은 점성도

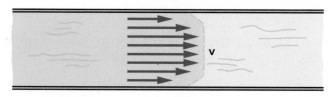

높은 점성도

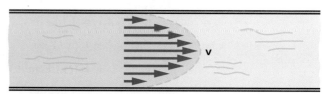

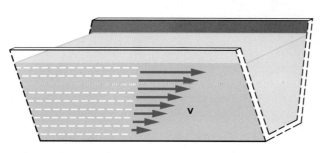

그림 9.19 층 사이의 마찰력 또는 점성력 때문에 여물통 안을 흐르는 유체의 각 층은 바로 위의 층보다 느리게 움직인다.

그림 9.20 점성이 낮은 유체의 경우에 속도는 벽에서 안쪽으로 갈수록 급격히 증가하지만 점성이 높은 유체의 경우에는 천천히 증가한다.

층류와 난류

유체의 흐름에 관한 가장 흥미로운 질문 중의 하나는 흐름이 어떤 조건에서는 매끄러운 **층류**가 되고, 또 다른 조건에서는 거친 **난류**가 되는가이다. 두 종류의 흐름은 모두 개울이나 강에서 발견된다. 이 둘은 어떻게 다르며 어떤 형태의 흐름이 우세하게 되는지를 결정하는 것은 무엇인가?

흐름이 매끄럽거나 층류가 있는 부분에서는 소용돌이나 기타 유사한 교란이 없다. 개울의 흐름은 각 점에서 흐름의 방향을 가리키는 **유선**으로 기술될 수 있다. 층류에서의 유선들은 그림 9.21과 같이 서로 거의 평행하다. 층들의 속도는 다를 수 있으나 한 층은 다른 층 위를 부드럽게 지나간다.

개울이 좁아지고 유속이 증가함에 따라 이와 같은 단순한 층류의 양상은 사라진다. 유선을 따라 밧줄에서와 같은 꼬임이 발생하고, 이는 소용돌이로 바뀐다. 즉, 흐름이 난류가 된다. 대부분의 응용에서는 이러한 **난류**(turbulent flow)는 관을 통과하거나 어떤 면을 스쳐 지나갈 때 유체가 받는 저항을 많이 증가시키기 때문에 바람직한 것은 아니다. 그럼에도 불구하고 난류는 강에서의 래프팅을 더욱 재미있게 만든다.

유체의 밀도와 관 또는 개울의 폭이 변하지 않을 때 층류가 난류로 바뀌는 것은 평균 유속과 점성 두 값의 크기에 의해 결정된다. 예상할 수 있는 것처럼 빠른 속력을 가진 흐름일수록 난류를 더 많이 발생시킨다. 반면에 큰 점성은 난류를 억제한다. 유체의 밀도가 크고 관의 폭이 넓으면 중심부의 속도는 더 빨라질 수 있기 때문에 난류가 더 쉽게 발생된다. 실험으로부터 과학자들은 이러한 양들을 사용하여 난류로 바뀌기 시작하는 속력을 비교적 정확하게 예측할 수 있었다.

층류에서 난류로 바뀌는 것을 흔하게 발생하는 여러 현상들에서 볼 수 있다. 좁은 개울에서 물의 속력이 빨라지면 종종 난류가 발생한다. 이는 또한 수도꼭지에서도 볼 수 있다. 느린 유속은 일반적으로 층류를 만들지만 유속이 증가함에 따라 흐름은 난류가 된다. 물줄기의 윗부분에서는 흐름이 매끄럽지만, 물이 중력에 의해 가속되기 때문에 아랫부분에서는 난류가 될 수 있다. 다음에 싱크대에서 시도해보라.

층류

난류

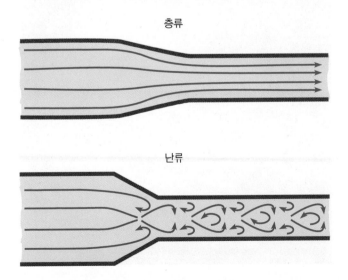

그림 9.21 층류에서 유선은 대개 서로 평행하다. 난류에서는 유체가 흐르는 모양은 매우 복잡하다.

이러한 현상을 촛불이나 향에서 피어오르는 연기에서 볼 수 있다. 연기가 시작되는 곳 근처에서 위로 올라가는 연기의 흐름은 대개 층류이다. 부력에 의해 연기가 위로 가속되면서 폭이 넓어지고 흐름은 난류가 된다(그림 9.22). 개울에서와 같이 소용돌이나 맴돌이가 생긴다.

난류를 발생시키는 조건은 잘 알려져 있지만 최근까지도 과학자들은 왜 그러한 모양의 흐름이 생기는지 설명하지 못했다. 여러 다른 상황에서 난류의 카오스적 현상으로 보이는 놀라운 특징들을 발견할 수 있다. 카오스에 관한 최근의 연구 결과들은 이러한 특징이 나타나는 원인에 대한 더 나은 이해를 가능케 한다.

난류에서 나타나는 카오스와 규칙적 행태에 대한 연구는 지구의 기상형태와 다른 현상들에 대한 새로운 통찰을 가능케 한다. 대기 흐름의 형태에 관한 가장 놀라운 예는 우주 탐사선 보이저호가 목성에 근접 비행을 하며 보내온 사진들일 것이다. 목성의 대기 흐름에서 많은 맴돌이와 소용돌이를 볼 수 있다. 여기에는 거대하고도 매우 안정적인 대기 소용돌이라고 생각되는 대적점을 포함한다(그림 9.23).

그림 9.23 대적점(왼쪽 아래)과 같은 맴돌이와 소용돌이를 목성의 대기에서 볼 수 있다. 출처: *NASA-JPL*

개울에서 유량은 유속과 개울물이 흘러가면서 통과하는 단면적을 곱한 것과 같다. 흐름이 연속적이려면 단면적을 통과하기 위해 개울이 좁아지는 곳에서 속력이 빨라져야 한다. 개울의 유속은 또한 점성 때문에 단면적을 가로질러 변한다. 유속은 중앙에서 가장 빠르고 둑이나 관의 벽 근처에서 가장 느리다. 매끄러운 층류는 유속이 증가하거나 점성이 감소함에 따라 소용돌이가 있는 난류로 바뀐다.

9.5 베르누이의 원리

회전하는 공이 휘는 이유에 대해 생각해본 적이 있는가? 이것과 기타 다양한 흥미로운 현상은 유체역학에 관한 논문에서 베르누이(Daniel Bernoulli, 1700~1782)가 1738년에 발표한 유체의 흐름에 관한 원리로 설명할 수 있다. 당시에는 에너지에 관련된 개념이 완전히 개발되지 않았지만 베르누이의 원리는 에너지 보존의 결과이다.

베르누이의 원리란 무엇인가?

유체에 일을 하여 에너지를 증가시키면 무슨 일이 일어나겠는가? 이는 운동 에너지의 증가로 나타날 것이고, 결국 유속을 증가시킬 것이다. 또한 유체가 압축되거나(탄성 퍼텐셜 에너지) 유체가 위로 올라가면(중력 퍼텐셜 에너지) 퍼텐셜 에너지의 증가로 나타날 수 있다. 베르누이는 모든 가능성을 고려하였다. 베르누이의 원리는 유체의 흐름에 에너지 보존 법칙을 적용해서 얻은 결과이다.

　베르누이의 원리의 가장 흥미로운 예는 운동 에너지의 변화와 관련되어 있다. 압축되지 않는 유체가 수평으로 놓여 있는 관이나 개울 위를 흘러간다면 그 유체에 한 일은 운동 에너지를 증가시킬 것이다. (유체가 압축된다면 일의 일부가 유체를 응축시키는 데 사용된다.) 유체를 가속시키거나 운동 에너지를 증가시키려면 유체에 작용하는 알짜힘이 존재해야 한다. 이 힘은 유체 내의 한 지점과 다른 지점 간의 압력의 차이와 관련되어 있다.

　만약 압력의 차이가 있으면 유체는 높은 압력을 갖는 영역에서 낮은 압력의 영역으로 가속되는데, 그 방향이 바로 유체에 힘이 작용하는 방향이기 때문이다. 유체는 낮은 압력을 갖는 영역에서 높은 속력을 가질 것이라고 기대할 수 있다. 수평으로 놓여 있는 관이나 개울 위를* 비압축성 유체가 흐르는 간단한 경우에 일과 에너지를 고려하면 다음과 같은 **베르누이의 원리**(Bernoulli's principle)를 얻는다.

> 흐르는 유체에서 압력과 단위 부피당 운동 에너지의 합은 일정해야 한다.

$$P + \frac{1}{2}\rho v^2 = 상수$$

여기서 P는 압력, ρ는 유체의 밀도, 그리고 v는 유체의 속력이다. 밀도는 질량을 부피로 나

---

* 유체의 흐름이 수평이 아니면 추가항 ρgh를 추가하여 퍼텐셜 에너지의 변화를 설명해야 한다.

눈 것이므로, 이 식에서 둘째 항은 유체의 단위 부피당 운동 에너지(운동 에너지를 부피로 나눈 값)이다.

베르누이 원리의 완전한 표현에는 유체의 높이의 변화를 고려하여 중력 퍼텐셜 에너지의 효과를 포함해야 한다. 그러나 대부분의 흥미로운 효과는 바로 위의 식을 사용하여 얻어질 수 있다. 베르누이의 원리를 적용할 때, 종종 낮은 압력과 높은 유속을 관련시키는 것이 핵심이다.

관이나 호스 내에서 압력이 어떻게 변하는가?

그림 9.24와 같이 가운데가 좁은 관을 생각하자. 흐르는 물의 압력이 관의 좁은 부분과 넓은 부분 중 어디에서 더 클까? 직관적으로 좁은 부분에서 압력이 클 것이라고 생각하게 되지만 그러한 경우는 발생하지 않는다.

흐름의 연속성 때문에 물의 속력이 관의 넓은 부분에서보다 단면적이 작은 좁은 부분에서 더 크다는 것을 알고 있다. 베르누이의 원리는 무엇을 말해주는가? $P + \frac{1}{2}\rho v^2$을 일정하게 하기 위해 유속이 작은 곳에서 압력이 커져야 한다. 다시 말해 속력이 증가하면 압력은 감소해야 한다.

관의 다른 위치에 있는 열린 관들(그림 9.24)은 간단한 압력계로 사용될 수 있다. 열린 관에서 물의 높이가 올라가려면 유체의 압력이 대기의 압력보다 커야 한다. 유체가 올라가는 높이는 그 압력이 얼마나 큰지에 달려 있다. 물의 높이는 관이 좁혀진 부분에서보다 관이 넓은 부분에서 더 높다. 이것은 관이 넓은 부분에서 압력이 더 높다는 것을 나타낸다.

이 결과는 우리의 직관에 어긋난다. 왜냐하면 높은 압력을 빠른 속도와 잘못 연관시키려는 경향이 있기 때문이다. 이를 확인할 수 있는 다른 예는 호스의 노즐이다. 노즐은 흐름의 면적을 좁히고 유속을 빠르게 한다. 베르누이의 원리에 의하면 기대하는 것과는 반대로 물의 압력은 노즐의 좁은 끝이 호스의 안쪽보다 더 작다.

노즐 앞에 손을 대면 손에 힘이 가해지는 것을 느낄 것이다. 이 힘은 물이 손을 때릴 때, 물의 속도와 운동량이 변하기 때문에 생긴다. 뉴턴의 제2법칙에 따르면 운동량을 변화시키기 위해서는 큰 힘이 필요하고, 제3법칙에 의하면 손이 물에 가하는 힘은 물이 손에 가하는 힘과 크기가 같다. 이 힘과 호스의 유압은 직접적인 연관이 없다. 압력은 물이 빠르게 움직이는 호스의 안쪽에서 실제로 더 작다.

그림 9.24 열린 수직관은 압력계로 사용할 수 있다. 물기둥의 높이는 압력에 비례한다. 움직이는 유체의 압력은 유속이 작을수록 커진다.

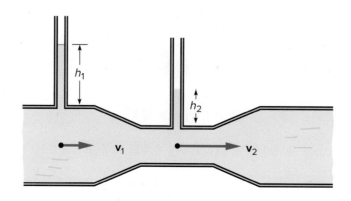

공기 흐름과 베르누이의 원리

베르누이의 원리는 밀도가 변하지 않는 비압축성 유체에서만 성립하지만, 이를 약간 확장하여 공기나 다른 압축성 유체의 움직임에 적용할 수 있다. 압축성 유체의 경우에도 일반적으로 빠른 속력은 유체의 낮은 압력과 관계가 있다.

간단한 실험으로 이를 보여줄 수 있다. 얇은 종이(또는 화장지) 한 장을 그림 9.25와 같이 입 앞에 갖다 대어라. 종이는 턱 앞에서 밑으로 처져 있을 것이다. 종이의 윗면에 바람을 불면 종이는 올라가고 세게 불어주면 종이는 수평으로 똑바로 펼쳐질 것이다. 무슨 일이 일어났는가?

종이의 윗면을 스치며 바람을 불면 종이의 아랫부분보다 윗부분에서 더 빠른 속력으로 공기가 흐를 것이다. 아랫부분의 공기는 빠르게 움직이지 않을 것이다. 빠른 속력은 압력을 감소시킨다. 공기압력이 위에서보다 아래에서 더 크기 때문에 종이의 밑면에서 위 방향의 힘이 아래 방향의 힘보다 크고, 종이는 위로 올라가게 된다. 직관과는 다르게 종이 두 장 사이로 바람을 불면 두 종이는 같은 이유로 서로 멀어지기보다 가까워진다. 한번 해보기 바란다.

베르누이의 원리는 비행기 날개의 양력을 설명하는 데 자주 사용된다. 날개의 모양과 기울기는 날개 아래쪽보다 위쪽을 가로지르는 공기의 속력을 크게 하고, 날개 아래쪽의 압력이 위쪽의 압력보다 크게 한다. 이 단순한 설명이 매력적이지만, 또한 오해의 소지가 있고 정확한 예측을 할 수 없다. 날개에 양력을 발생시키는 것과 관련된 효과는 실제로는 매우 복잡하다. 이러한 효과는 풍동(wind tunnel)을 통해 철저하게 탐구하고 분석되고 있다.

그림 9.25 부드러운 종잇조각의 윗면을 스치며 불면 종이가 올라오는데, 이는 베르누이의 원리를 보여준다.
Jill Braaten/McGraw-Hill Education

그림 9.26 공이 헤어드라이어에 의해 위쪽으로 움직이는 공기 기둥에 떠 있다. 공기가 가장 빠르게 움직이는 공기 기둥의 중앙에서 압력이 가장 작다.
Jill Braaten/McGraw-Hill Education

무엇이 공을 공중에 떠 있게 하는가?

공기 흐름을 사용하는 베르누이 원리의 다른 예는 백화점에서 진공청소기 광고를 할 때 흔히 볼 수 있다. 진공청소기가 만드는 위쪽으로 움직이는 공기 기둥 안에 공이 공중에 떠 있을 수 있다. 공기가 위로 움직이면 공기 흐름의 속력은 가운데에서 가장 크고 중심에서 멀어지면 작아져, 결국 0이 된다. 다시 한번 베르누이의 원리에 의해 속력이 가장 큰 가운데에서 압력이 가장 작아야 한다.

압력은 공기 기둥의 중심에서 공기가 덜 빠르게 움직이는 영역으로 갈수록 증가한다. 공이 공기 기둥의 중심에서 멀어지면 중심에서 가까운 공의 옆면보다 먼 옆면에 더 큰 힘이 작용하여, 공이 다시 가운데로 이동한다. 공기 기둥의 중심에서의 낮은 압력은 공을 가운데로 모으고 위 방향의 힘은 공의 밑부분에 작용하여 공중에 뜨게 한다. 작은 공과 헤어드라이어로도 같은 효과를 실험해볼 수 있다(그림 9.26).

일상의 자연현상 9.2에서 논의되는 커브볼은 베르누이의 원리가 적용되는 또 다른 예이다. 이러한 모든 현상에서 베르누이의 원리가 예측하는 바와 같이 유속의 증가가 유체의 압력을 감소시키는 효과를 볼 수 있다. 항상 이러한 현상이 일어나지는 않는다. 예를 들어, 두 장의 종이 사이를 입으로 불면 두 종이가 서로 밀쳐진다고 생각할지 모르나, 간단한 실험은 그렇지 않다는 것을 보여준다. 이러한 기이한 현상들을 이해하는 것이 물리학의 재미있는 부분이다.

> 베르누이의 원리는 에너지 보존 법칙에서 유도할 수 있고 압력과 단위 부피당 운동 에너지의 합이 유체의 모든 장소에서 일정하게 유지된다는 것을 말해준다. 이는 유체가 비압축성이고 높이가 변하지 않을 때 성립된다. 유속이 빨라지면 압력은 작아진다. 이 효과는 관, 호스, 비행기 날개와 관련된 놀라운 현상과 종이의 위를 스치며 바람을 불 때 종이가 내려가지 않고 올라오는 사실을 설명해준다.

일상의 자연현상   9.2

커브볼 던지기

상황 야구 선수는 커브볼에 의해 크게 기만당할 수 있다는 것을 안다. 빠르게 움직이는 커브볼이 타석까지 가는 동안 1피트만큼이나 휠 수 있다는 것을 어떤 사람들은 인정하려고 하지 않을 것이다. 수년 동안 많은 사람들은 그 커브가 단지 환상일 것이라고 주장해 왔다. 커브볼의 경로가 정말로 곡선일까? 만약 그렇다면 어떻게 설명할 수 있는가?

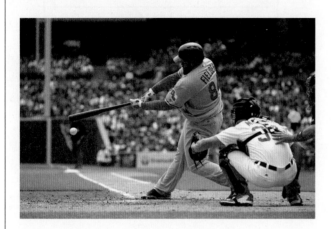

타자는 커브볼에 크게 기만당한다. 공의 경로는 정말로 휘어지는가?
Mark Cunningham/Getty Images

분석 커브볼을 던지는 방법에는 비밀이 없다. 오른손잡이 투수는 반시계방향 회전(위에서 보았을 때)으로 공을 던지는데 커브볼은 오른손 타자로부터 멀리 휘어진다. 던진 공은 플레이트의 안쪽으로 향하는 것처럼 가다가 플레이트 위로 휘어지며 타자로부터 아래로 멀어질 때 가장 효과적이다.

베르누이의 원리는 공의 경로가 휘는 것을 설명할 수 있다. 회전하는 공의 표면은 거칠기 때문에 주위의 공기를 끌어당겨 공 근처에 소용돌이를 만든다. 또한 공은 플레이트로 향하여 움직이므로 공의 속도와 반대방향으로 공을 스쳐 지나가는 공기의 흐름을 추가로 생성한다. 공의 회전에 의해 만들어진 소용돌이는 그림과 같이 오른손 타자의 반대쪽에 더 빠르게 움직이는 공기를 일으킨다.

베르누이의 원리에 의하면 공기 흐름의 속력이 빨라지면 압력이 작아진다. 공기압력이 타자와 가까운 쪽보다 반대쪽에서 더 낮다. 이러한 압력의 차이는 공에 힘을 가하고 오른손 타자로부터 공이 멀어지게 한다.

베르누이의 원리가 힘의 방향과 곡선의 방향에 관한 적절한

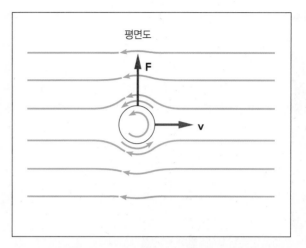

공의 회전에 의해 생긴 소용돌이는 공의 한쪽에서 다른 쪽보다 더 빠르게 공기를 움직이게 한다. 이는 베르누이의 원리에 의해 공을 휘게 하는 힘을 생성한다.

설명을 제공하지만 정확한 정량적인 예측에는 사용할 수 없다. 공기는 압축성 유체이고 베르누이의 원리의 일반적인 형태는 물과 같은 비압축성 유체에만 유효하다. 공을 스치면서 지나가는 공기 흐름의 효과를 다룰 수 있는 좀 더 정확한 방법이 휘는 각도를 예측하는 데 사용되어야 한다.

이론적인 계산과 실험을 통한 측정 모두 공을 휘게 하는 힘이 작용하고 공의 경로가 실제로 흰다는 것을 확인할 수 있다. 휘는 각도는 베르누이의 원리로부터 예측할 수 있는 바와 같이 공의 회전속도와 표면의 거칠기에 따라 달라진다. 어떤 투수는 야구장갑 속에 사포를 숨겨 두고 이를 사용하여 공의 표면을 거칠게 만드는 속임수를 쓰기도 한다. 야구공의 실밥의 방향이 영향을 줄 수 있는가에 대한 논쟁이 계속되고 있다. 공을 쥐는 방법은 공에 얼마나 큰 회전을 줄 수 있는지를 결정하는 중요한 요인이 된다. 그러나 공이 손을 떠나면 실밥의 방향은 휘게 하는 힘의 크기에 영향을 주지 않는다는 실험적 증거가 있다.

이론과 실험적 증거에 관한 좋은 논의를 Robert Watts와 Ricardo Ferrer가 게재한 〈American Journal of Physics〉 1987년 1월호 40~44쪽의 논문에서 찾을 수 있다. 회전하는 공이 휘는 것은 골프와 축구 같은 다른 스포츠에서도 중요하다. 좋은 운동선수는 이러한 커브의 효과를 인식하고 잘 이용할 수 있어야 한다.

요약

유체의 압력은 액체와 기체를 포함하는 유체의 거동을 이해하는 데 핵심이다. 이 장에서는 정지된 유체와 움직이는 유체의 거동을 결정하는 압력의 영향에 초점을 맞추었다.

(1) 압력과 파스칼의 원리   압력은 유체가 가하거나 유체에 가해지는 면적당 힘으로 정의된다. 파스칼의 원리에 의하면 압력은 유체를 통해 모든 방향으로 균일하게 전달되며, 이는 유압계의 작동을 설명한다.

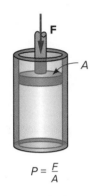

$$P = \frac{F}{A}$$

(2) 대기압과 기체의 거동   수은 기둥의 높이를 측정함으로써 대기압을 측정할 수 있다. 고도가 증가함에 따라 대기압은 감소한다. 보일의 법칙에 의해 압력이 낮을수록 부피가 커지기 때문에, 공기의 밀도도 고도에 따라 달라진다.

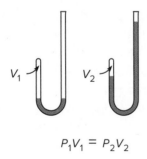

$$P_1 V_1 = P_2 V_2$$

(3) 아르키메데스의 원리   유체에서 압력은 깊이에 따라 증가하며, 유체에 잠긴 물체에 부력이 발생한다. 아르키메데스의 원리에 따르면 이 힘은 물체가 밀어낸 유체의 무게와 같다. 부력이 물체의 무게보다 작으면 물체는 가라앉고, 그렇지 않으면 뜨게 된다.

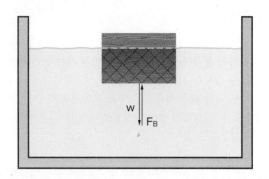

(4) 움직이는 유체   유량은 속력에 단면적을 곱한 vA이다. 흐름의 연속인 경우 단면적이 감소하면 속력이 증가한다. 점성도가 높은 유체는 낮은 유체보다 흐름에 대한 저항력이 더 크다. 유속이 증가함에 따라 부드러운 층류에서 난류로 바뀔 수 있다.

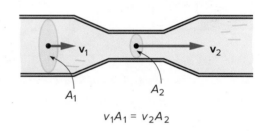

$$v_1 A_1 = v_2 A_2$$

(5) 베르누이의 원리   에너지를 고려했을 때, 압력이 감소함에 따라 유체의 단위 질량당 운동 에너지가 증가해야 한다. 이는 높이의 변화가 없는 경우에 대한 베르누이의 원리이다. 빠른 유체의 속력은 낮은 압력과 관련된다. 이러한 생각은 야구공의 커브나 다른 현상을 설명하는 데 사용된다.

$$P + \frac{1}{2}\rho v^2 = 상수$$

Jill Braaten/McGraw-Hill Education

개념문제

Q1. 100 lb의 여성이 250 lb인 남성보다 지면에 더 큰 압력을 가할 수 있는가? 설명하시오.

Q2. 공기가 들어 있는 두 실린더에 같은 크기의 힘을 가한다. 하나는 피스톤의 면적이 크고 다른 하나는 작다. 어느 실린더의 압력이 더 크겠는가? 설명하시오.

Q3. 자동차 타이어가 더 큰 무게를 지탱해야 함에도 불구하고 왜 자전거 타이어가 자동차 타이어보다 더 큰 압력으로 공기가 주입되는가? 설명하시오.

Q4. 유압 펌프에서 출력 피스톤이 입력 피스톤에 가해진 것보다 더 큰 힘을 가한다면 출력 피스톤의 압력도 입력 피스톤보다 크겠는가? 설명하시오.

Q5. 기압계를 만드는 데 수은 대신 물을 사용할 수 있는가? 물의 사용과 관련하여 어떠한 장점과 단점이 있는가? 설명하시오.

Q6. 개와 기린 중 어느 동물의 혈압이 더 높겠는가? 설명하시오 (일상의 자연현상 9.1 참고).

Q7. 산 정상에서 풍선이 팽팽하도록 공기를 불어 넣었다면 산에서 내려올 때 그 풍선이 팽창하겠는가, 수축하겠는가? 설명하시오.

Q8. 공기가 들어 있는 밀봉된 피하 주사기의 손잡이를 서서히 잡아당긴다. 이 과정에서 주사기 안의 공기압력은 증가하는가, 감소하는가? 설명하시오.

Q9. 속이 꽉 찬 금속 공이 수은 위에 떠 있는 것이 가능한가? 설명하시오.

Q10. 콘크리트로 만든 배가 뜰 수 있는가? 설명하시오.

Q11. 큰 새가 수영장에 떠 있는 보트 위에 내려앉았다. 새가 내려앉을 때 수영장의 물의 높이는 올라가는가, 내려가는가 아니면 동일하게 유지되는가? 설명하시오.

Q12. 배가 닻을 내릴 때 수영장의 물의 높이는 올라가는가, 내려가는가 아니면 동일하게 유지되는가? 설명하시오.

Q13. 좁은 관 속을 일정하게 흐르는 물줄기가 관이 넓어지는 곳에 도달한다. 관이 넓어질 때 물의 속력이 증가하는가, 감소하는가 아니면 변하지 않는가? 설명하시오.

Q14. 같은 조건에서 높은 점성도를 가진 액체는 낮은 점성도를 가진 액체보다 더 빨리 흐르는가? 설명하시오.

Q15. 담배연기의 흐름이 왜 담배 근처에서는 층류가 되고 멀어질수록 난류가 되는가? 설명하시오.

Q16. 약간 열려 있는 여닫이문의 옆면으로 돌풍이 분다. 문은 닫히는가, 열리는가? 설명하시오.

Q17. 오른손 타자의 관점에서 라이징 패스트볼은 시계방향으로 회전하는가, 반시계방향으로 회전하는가? 설명하시오(일상의 자연현상 9.2 참고).

연습문제

E1. 60 N의 힘으로 기체가 들어 있는 닫힌 실린더의 피스톤을 아래 방향으로 누른다. 피스톤의 면적은 0.4 m²이다. 기체에 얼마의 압력을 가하는가?

E2. 체중이 270 lb인 남성이 180 in²의 면적을 가진 스노우슈즈 위에서 자신의 모든 체중을 싣는다. 눈에 가해지는 압력(제곱인치당 파운드)은 얼마인가?

E3. 유압계에서 540 N의 힘을 0.002 m² 면적을 가진 피스톤에 가한다. 이 계에서 출력 피스톤의 면적은 0.3 m²이다.
   a. 유체의 압력은 얼마인가?
   b. 유체가 출력 피스톤에 가하는 힘의 크기는 얼마인가?

E4. 수직관에 있는 물기둥의 단면적은 0.32 m²이고 무게는 680 N이다. 관의 상단에서 하단까지의 압력(Pa) 증가는 얼마인가?

E5. 온도가 일정하게 유지되면서 실린더의 피스톤이 당겨져 기체의 부피가 0.2 m³에서 0.5 m³로 증가한다. 기체의 초기 압력이 90 kPa이었다면 최종 압력은 얼마인가?

E6. 균일한 밀도의 나무블록이 정확히 부피의 1/4이 물속에 잠긴 상태로 떠 있다. 물의 밀도는 1000 kg/m³이다. 나무블록의 밀도는 얼마인가?

E7. 부피가 0.3 m³인 암석이 밀도가 1000 kg/m³인 물에 완전히 잠겨 있다. 암석에 작용하는 부력은 얼마인가?

E8. 수도꼭지에서 물이 1.5 m/s의 속력으로 흘러나온다. 짧은 거리를 낙하한 후에 중력 가속도에 의해 4.5 m/s로 증가한다. 밑부분에서의 물줄기의 단면적을 구하려면 원래의 단면적에 얼마를 곱해야 하는가?

종합문제

SP1. 유압잭의 입력 피스톤의 지름이 3 cm이고, 출력 피스톤의 지름은 24 cm이다. 잭은 1700 kg의 차량을 들어올리는 데 사용된다.

a. 입력 피스톤과 출력 피스톤의 면적은 몇 제곱센티미터인가? ($A = \pi r^2$)

b. 입력 피스톤에 대한 출력 피스톤의 면적의 비는 얼마인가?

c. 차의 무게는 몇 뉴턴인가? ($W = mg$)

d. 차를 지탱하기 위해서 입력 피스톤에 얼마의 힘을 가해야 하는가?

SP2. 밀도가 8960 kg/m³인 구리블록이 비커 안에 줄로 매달려 물 속에 완전히 잠겨 있으나 바닥에 닿아 있지는 않다. 블록은 한 변의 길이가 4 cm(0.04 m)인 정육면체이다.

a. 블록의 부피는 몇 세제곱미터인가?

b. 블록의 질량은 얼마인가?

c. 블록의 무게는 얼마인가?

d. 블록에 가해지는 부력은 얼마인가?

e. 블록을 지탱하기 위해 필요한 줄의 장력은 얼마인가?

SP3. 단면이 원형인 관의 지름이 9 cm이다. 이 관은 한 지점에서 지름 5.2 cm로 좁아진다. 이 관의 넓은 부분에서 1.6 m/s의 일정한 속력으로 물이 흐르고 있다.

a. 관의 넓은 부분과 좁은 부분에서의 단면적을 구하시오($A = \pi r^2$).

b. 관의 좁은 부분에서의 물의 속력은 얼마이겠는가?

c. 관의 좁은 부분에서의 압력은 넓은 부분에서와 비교하여 더 크겠는가, 작겠는가 아니면 같겠는가? 설명하시오.

CHAPTER **10**

온도와 열
Temperature and Heat

학습목표

이 장의 처음 두 절에서는 온도와 열의 개념, 그리고 이 두 개념 사이의 관계에 대해서 다룬다. 다음으로 열역학 제1법칙을 소개할 것인데, 이 법칙을 통해서 기체 거동의 여러 특성뿐 아니라 드릴을 작동할 때 왜 뜨거워지는지 등을 이해할 수 있다. 마지막으로 열이 한 물체에서 다른 물체로 이동하는 방법에 대해서 학습한다.

개요

① 온도와 측정 온도란 무엇인가? 온도는 어떻게 측정하는가? 온도 눈금의 영점은 어디에 둘 것인가?

② 열과 비열 열은 무엇인가? 열은 온도와 어떻게 다른가? 열을 가하면 항상 물체의 온도가 변화하는가? 물체의 상 변화가 일어날 때 열이 어떻게 관여하는가?

③ 줄의 실험과 열역학 제1법칙 열을 가하는 것 외에 온도를 변화시킬 수 있는 다른 방법이 있는가? 열역학 제1법칙은 무엇이고 그 의미는 무엇인가?

④ 기체의 거동과 열역학 제1법칙 열역학 제1법칙을 사용하여 어떻게 기체의 특성을 설명할 수 있는가? 이상 기체란 무엇인가?

⑤ 열의 이동 열이 한 물체에서 다른 물체로 이동하는 방법에는 어떠한 방법이 있는가? 이러한 방법은 집을 난방하고 냉방하는 데 어떻게 적용되는가?

UNIT TWO

275

드릴로 나무나 금속에 구멍을 뚫은 직후에 드릴 날을 만져본 적이 있는가(그림 10.1)? 아마도 대부분의 경우에 뜨겁기 때문에 급히 손을 떼어낼 것이며, 특히 금속에 구멍을 뚫었을 때는 더욱 그러하다. 자전거나 자동차의 브레이크가 뜨거워질 때나 어떤 물체의 표면이 다른 물체와 마찰이 생길 때에는 항상 이와 같은 현상이 나타난다.

뜨거운 끓는 물에 담그거나 용접 불꽃 속에 넣음으로써 드릴 날을 뜨겁게 할 수도 있다. 어떠한 경우든 드릴 끝이 뜨겁게 되면 온도가 상승했다고 본다. 대체 온도란 무엇이고, 한 온도와 다른 온도를 어떻게 비교하는가? 드릴의 끝을 뜨거운 물에 넣을 때와 구멍을 뚫음으로써 뜨겁게 하였을 때 드릴 날의 최종 상태가 달라지는가?

이러한 질문은 열과 이것이 물질에 미치는 영향에 관한 학문인 **열역학**(thermodynamics)의 범주에 속한다. 6장에서 에너지에 관한 논의는 역학적 에너지에만 한정되었다. 이 장에서 소개하는 열역학 제1법칙은 에너지 보존 법칙을 열의 영향까지 포함하도록 확장한다.

열과 온도의 차이는 무엇인가? 일상의 언어에서는 이 2가지 개념을 섞어서 사용하고 있다. 이것의 차이를 제대로 이해하게 된 것은 열역학 법칙이 발전된 19세기 중엽부터라고 볼 수 있다. 열과 온도, 그리고 이 둘 사이의 차이를 알아야, 왜 물체가 뜨겁거나 차가워지는지, 그리고 어떤 경우에 물체가 뜨겁거나 차가운 상태로 오랫동안 지

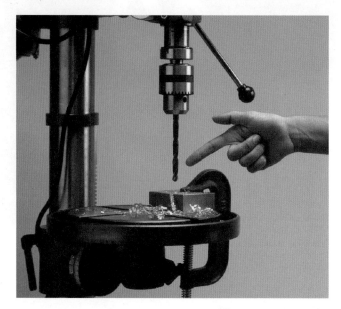

그림 10.1 드릴로 금속에 구멍을 뚫고 나면 드릴 날이 뜨거워진다. 온도가 상승하는 원인은 무엇인가? *James Ballard/McGraw-Hill Education*

속되는지를 이해할 수 있다. 음료수를 차갑게 유지하는 방법은 지구상의 기후변화를 이해하는 데에도 이용된다.

10.1 온도와 측정

어렸을 때, 몸 상태가 좋지 않아 학교에 결석할 핑계를 찾고 있었다고 상상해보자. 열이 난다는 생각이 들었고, 어머니는 이마에 손을 얹고 체온이 높다는 것을 느끼게 되었다. 이를 확인하기 위하여 온도계를 찾아서 체온을 재어 본다(그림 10.2). 온도계의 눈금이 101.3도를 가리킨다.

이 눈금은 정확하게 무엇을 의미하는가? 단위가 무엇인지가 매우 중요한데, 일상생활에

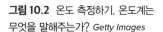

그림 10.2 온도 측정하기. 온도계는 무엇을 말해주는가? *Getty Images*

서는 단위를 빼고 이야기하기도 한다. 이 상태는 체온이 화씨 101.3도라는 것이며 일반적으로 정상으로 여겨지는 화씨 98.6도보다 더 높으며, 따라서 열이 있음을 의미한다. (대부분의 지역에서는 정상 체온인 섭씨 37도보다 높은 섭씨 38.5도로 읽을 것이다.) 이로써 침대에서 하루를 보낼 수 있게 될 것이다. 온도계는 물체의 온도가 얼마나 뜨거운지 차가운지를 정량적으로 측정할 수 있게 하며, 정상 체온과 현재의 체온을 비교할 수 있는 기준을 제공한다. 이러한 정량적 측정은 직장 상사나 교수님에게 열이 있는 것 같다는 애매한 표현보다 더 높은 신뢰성을 제공한다.

온도는 어떻게 측정하는가?

온도를 측정하는 것, 즉 온도계의 눈금을 읽는 것은 일상적인 일이다. 서로 다른 물체들의 '뜨거움' 혹은 '차가움'을 비교하는 명백한 기능 이외에 이 눈금이 어떤 다른 근본적인 의미를 가지고 있는가? 기본적으로, 뜨거운 물체는 차가운 물체와 어떻게 다른가? 온도는 무엇인가?

우리는 뜨겁거나 차갑다는 것의 의미에 대해서 직관적으로 느끼고 있지만 그 느낌을 말로 옮기는 것은 어렵다. 이 책을 계속 읽어나가기 전에 한번 시도해보라. 뜨겁다는 말을 어떻게 정의할 것인가? 때때로 우리의 감각이 우리를 오도하기도 한다. 뜨거운 물체를 만질 때 느끼는 고통은 아주 차가운 물체를 만질 때 느끼는 고통과 구별하기 어렵다. 또 온도가 같은 금속막대와 나무막대를 만질 때 금속막대가 더 차게 느껴진다. 온도 측정이란 결국 비교를 하는 것이고, 더 **뜨겁다**거나 더 **차갑다**는 비교적인 표현은 뜨겁다거나 차갑다는 표현 자체보다 더 의미를 가진다.

온도계를 사용할 때 무슨 일이 생기는지를 자세히 살펴보는 것이 도움이 될 것이다. 전통적인 체온계는 액체(일반적으로 수은)가 부분적으로 채워져 있는 밀봉된 유리관이다. (요즘은 대부분 디지털 온도계로 대체되었다.) 유리관의 내부 지름은 아주 작으며 아래쪽으로는 지름이 넓어져 바닥에 대부분의 수은이 있다(그림 10.3). 일반적으로 체온계를 입안의 혀 아래에 두고서 수분간 기다리면 체온계는 입안과 같은 온도에 도달한다. 처음에는 수은이 가느다란 관을 따라서 올라간다. 수은주가 더 이상 변하지 않으면 체온계가 입안의 온도와 같아진 것으로 가정한다.

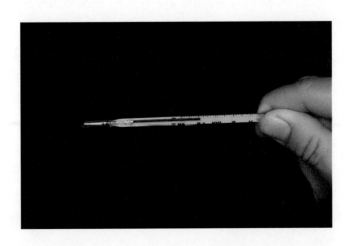

그림 10.3 전통적인 체온계는 바닥에 넓은 수은 저장소가 있는 얇은 유리관에 수은을 담고 있다.
Keith Eng, 2008

수은주는 왜 올라가는가? 대부분의 물질은 뜨거워질 때 팽창하고 수은과 같은 대부분의 액체는 유리보다 훨씬 더 큰 비율로 팽창한다. 수은이 팽창함에 따라 바닥에 가득한 수은은 어디론가 빠져나가야 하므로 가느다란 관을 따라서 올라간다. 온도의 측정을 위하여 수은의 열팽창이라는 물리적 특성을 이용하는 것이다. 관을 따라서 눈금을 표시함으로써 온도 척도를 만든다. 온도에 따라서 변화하는 어떠한 물리적 성질도 원칙적으로는 온도의 측정에 사용될 수 있다. 이러한 성질에는 전기저항, 금속의 열팽창, 그리고 심지어 색의 변화도 포함된다.

이러한 과정에서 두 물체가 충분한 시간 동안 접촉하여 물리적 성질(부피 같은)이 더 이상 변화하지 않게 되면 두 물체의 온도는 같다고 가정한다. 체온계로 온도를 잴 때, 수은주가 더 이상 올라가지 않을 때까지 기다렸다가 눈금을 읽는다. 마찬가지로 디지털 온도계를 사용할 때 온도가 더 이상 변하지 않음을 알리는 신호음을 기다린다. 이러한 과정은 둘 이상의 물체가 서로 온도가 같다고 정의함으로써 온도에 대한 정의의 일부를 제공한다. 물리적 성질이 더 이상 변하지 않을 때, 물체는 **열평형**(thermal equilibrium)에 있다고 한다. 열평형에 있는 둘 이상의 물체의 온도는 같다. 이 가정은 온도의 정의와 온도의 측정 과정의 기초가 되기 때문에 때때로 **열역학 제0법칙**(zeroth law of thermodynamics)이라고 한다.

온도 척도는 어떻게 발전되었는가?

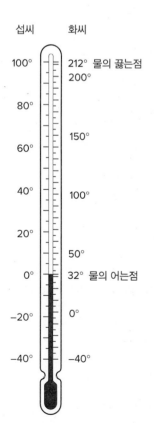

섭씨   화씨

100°   212° 물의 끓는점
         200°

80°

60°   150°

40°   100°

20°

         50°

0°   32° 물의 어는점

−20°   0°

−40°   −40°

그림 10.4 화씨와 섭씨는 물의 어는점과 끓는점이 다르다. 섭씨 1도는 화씨 1도보다 더 크다.

온도계의 숫자는 무엇을 의미하는가? 최초의 온도계가 만들어졌을 때, 눈금을 표시하는 숫자는 임의로 만들어졌다. 같은 온도계를 사용할 때만 온도를 비교할 수 있었다. 독일의 온도계로 측정된 온도와 영국의 온도계로 측정된 온도를 비교하기 위해서는 표준 온도 척도가 필요하였다.

최초로 널리 사용된 온도 척도는 가브리엘 파렌하이트(Gabriel Fahrenheit, 1686~1736)가 1700년대 초기에 고안한 것이다. 앤더스 셀시우스(Anders Celsius, 1701~1744)는 1743년에 널리 사용되는 또 다른 척도를 고안하였다. 이 2가지 척도는 모두 물의 어는점과 끓는점을 척도의 양 끝점으로 한다. 현대의 섭씨온도계에서는 얼음, 물, 수증기가 평형을 이루는 물의 삼중점을 이용한다. 물의 삼중점은 1기압에서 물의 어는점과 약간의 차이가 있다. 화씨온도에서는 물의 어는점이 32°이고 끓는점은 212°이다. 이 두 점은 섭씨온도에서는 각각 0°와 100°이다(그림 10.4).

그림 10.4와 같이 섭씨 1도는 화씨 1도보다 온도차가 더 크다. 섭씨에서는 물의 어는점과 끓는점 사이가 100도로 나뉘어 있지만, 화씨에서는 전 구간이 180도(212°~32°)로 나뉘어 있다. 따라서 화씨와 섭씨의 온도 차이의 비는 180/100, 즉 9/5이다. 화씨온도 차이는 섭씨온도 차이의 5/9 크기이므로 동일한 온도 범위를 표현하려면 화씨도의 눈금이 많아야 한다.

섭씨온도는 과학 분야와 전 세계 대부분의 국가에서 사용된다. 미국에서는 아직도 화씨온도를 사용하고 있으므로, 때때로 한 척도에서 다른 척도로 변환해야 한다. 영점과 1도의 크기가 다르므로 변환할 때 이 2가지 요인을 모두 고려하여야 한다. 예를 들어, 일반적인 실내온도인 화씨 72°는 물의 어는점 32°F보다 40°가 높다. 같은 크기가 섭씨에서는 5/9이면 되므로 이 온도는 (5/9)(40°), 즉 물의 어는점보다 섭씨 22°가 높다. 섭씨에서는 물의 어는점이 0도이므로 72°F는 22°C가 된다.

요약하면 다음과 같다. 첫째, 화씨온도에서 32를 빼면 물의 어는점보다 얼마나 높은지 화씨로 계산된다. 다음 화씨온도와 섭씨온도의 크기 비율인 5/9를 곱한다. 섭씨 1°는 화씨 1°보다 크므로 같은 크기가 섭씨에서는 작은 수치로 표시된다. 이 변환을 방정식으로 표현할 수 있다.

$$T_C = \frac{5}{9}(T_F - 32)$$

역으로 섭씨에서 화씨로 변환하기 위하여 같은 논리를 사용하거나 위의 식을 재조정하면 다음과 같다.

$$T_F = \frac{9}{5}T_C + 32$$

섭씨온도에 9/5를 곱하면 이 온도가 화씨로 물의 어는점보다 얼마나 높은지를 알 수 있다. 이 값에 화씨에서 물의 어는점인 32°F를 더한다. 이 관계를 이용하여 물의 끓는점(T_C = 100°C)이 212°F가 되는 것을 확인할 수 있다. 정상인의 체온(98.6°F)은 37°C가 된다. 체온이 102°F가 되면 학교나 직장에 가지 않고 집에 머물러도 괜찮을 것이다.

절대 영도는 있는가?

섭씨나 화씨에서 영점은 특별한 의미를 갖는가? 섭씨에서 영점은 물의 어는점이지만 다른 특별한 의미가 있는 것은 아니다. 이 점들은 임의로 선택되었을 뿐이다. 실제로 온도는 겨울에 시베리아나 알래스카와 같은 곳에서 자주 발생하는 것처럼 섭씨나 화씨 모두에서 0도 아래로 내려간다. 화씨 0도는 포화 소금 용액의 소금과 얼음 혼합물의 온도에 기반을 두고 있다.

화씨나 섭씨에서 영점은 임의로 선택되었지만, 보다 근본적인 의미를 갖는 절대 영도가 존재한다. 두 온도계가 처음으로 고안되고 100년이 지나서야 절대 영도의 존재를 알게 되었다.

온도 측정에서 절대 영도의 첫 번째 징후는 온도가 변할 때 기체의 압력과 부피 변화를 연구하면서 생겼다. 기체의 부피를 일정하게 유지하면서 온도를 증가시키면 기체의 압력은 증가한다. 수은 온도계에서 수은의 부피가 온도에 따라 변화하는 것처럼 압력도 온도에 따라 변화하는 또 다른 물리적 특성이다. (압력에 대해서는 9장을 보라.) 일정한 부피의 기체의 압력은 온도에 따라 증가하므로 이 특성을 온도 측정 수단으로 사용할 수 있다.

그림 10.5에서 물속에 잠겨 있는 유리병 안의 기체의 압력은 물의 온도가 증가함에 따라 증가한다. 압력 증가는 두 수은 기둥의 높이 차이를 측정하여 읽을 수 있다. 두 기둥을 연결하는 유연한 관을 사용하면 오른쪽 기둥을 위아래로 움직여 유리병과 연결관의 기체의 부피를 일정하게 유지할 수 있다. 이것은 정적 기체 온도계의 필수 기능이다.

섭씨온도의 함수로 기체의 압력을 표시하면 그림 10.6과 같은 그래프를 얻는다. 온도와 압력이 너무 높지 않으면 이 그래프에 눈에 띄는 특징이 나타난다. 기체의 종류와 양에 관계

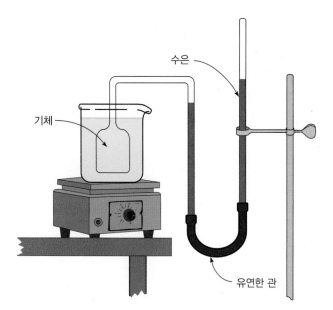

그림 10.5 정적 기체 온도계는 두 수은 기둥의 높이 차이(기체의 압력에 비례)를 측정하여 유리병 안의 액체의 온도를 측정한다.

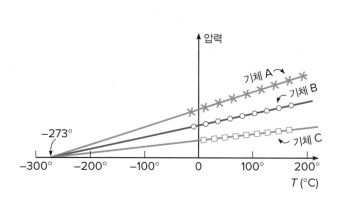

그림 10.6 다양한 기체에 대해 압력을 온도의 함수로 그렸다. 거꾸로 연장하면 기체의 종류와 양에 관계없이 동일한 지점에서 온도축과 만난다.

없이 모든 기체들에 대한 곡선은 직선이며, 이 직선을 거꾸로 0의 압력으로 확장하면 모두 동일한 지점에서 온도축과 만난다. 이것은 사용한 기체의 종류(산소, 질소, 헬륨 등)와 양에 상관없이 성립하는 사실이다.

곡선들은 모두 −273.2°C에서 온도축과 만난다. 음의 압력은 의미가 없으므로 이는 온도가 −273.2°C보다 더 낮아질 수 없음을 나타낸다. 대부분의 기체는 이 온도에 도달하기 전에 액체로 응축하거나 고체가 된다는 것을 기억할 필요가 있다.

이 온도 −273.2°C를 **절대 영도**(absolute zero)라고 한다. 켈빈(Kelvin), 혹은 절대온도계는 영점을 이 점에 두고 1도의 간격은 섭씨와 같은 간격을 사용한다. 섭씨온도를 절대온도 단위 켈빈으로 바꾸기 위해서는 섭씨온도에 273.2를 더하면 된다. 즉

$$T_K = T_C + 273.2$$

실온 22°C는 **절대온도**(absolute temperature)로 295K가 된다(절대온도에서는 도라는 용어나 도의 기호(°)를 사용하지 않고 다만 켈빈이라고 한다). 현재 사용하고 있는 절대온도계는 기체의 특성을 관측함으로써 제안되었던 원래의 온도계와 근본적으로 같다.

물질을 절대 영도에 가깝게 냉각시키면 모든 분자 운동이 정지된다. 절대 영도는 근접할 수 있으나 결코 도달할 수 없는 온도이다. 그것은 극한값을 나타내며, 이보다 더 낮은 온도는 의미가 없다.

> 온도 측정은 액체의 부피나 기체의 압력처럼 온도에 따라 변화하는 물리적 특성을 기반으로 두고 있다. 화씨와 섭씨는 영점도 다르며 1도의 크기도 다르다. 켈빈 혹은 절대온도계는 절대 영도에서 시작하며 1도의 간격은 섭씨와 같은 간격을 사용한다.

10.2 열과 비열

강의나 직장에 이미 늦었으나, 모닝커피가 너무 뜨거워서 마시기 어렵다고 하자. 혀를 데지 않을 정도로 식히려면 어떻게 해야 하는가? 바람을 불어주는 것은 커피를 빠르게 식히는 효율적인 방법이 아니다. 커피를 우유와 같이 마신다면, 차가운 우유를 약간 넣으면 커피의 온도가 내려갈 것이다(그림 10.7).

온도가 다른 물체나 유체가 서로 접촉하면 어떤 일이 일어나는가? 차가운 물체의 온도는 올라가고 뜨거운 물체의 온도는 내려가 최종적으로 같은 온도에 도달할 것이다. 뜨거운 쪽에서 차가운 쪽으로(혹은 역으로) 뭔가가 흘러간다. 도대체 무엇이 흘러가는가?

비열은 무엇인가?

커피를 식히는 문제와 같은 현상을 설명하기 위하여 초기에는 눈에 보이지 않는 **칼로릭**이라는 유체가 뜨거운 물체에서 차가운 물체로 흘러가는 개념을 도입하였다. 이동한 칼로릭의 양은 온도 변화의 정도를 나타낸다. 물체에 따라 일정한 질량에 저장할 수 있는 칼로릭의 양이 각기 다르다고 생각되었는데, 이것은 몇 가지 관측 사실을 설명하는 데 도움이 되었다. 칼로릭 모델은 온도 변화에 관련된 몇 가지 간단한 현상을 성공적으로 설명할 수 있었으나 여기에도 문제가 있었고, 이는 10.3절에서 논의할 것이다.

온도가 다른 두 물체가 접촉하고 있을 때 한쪽에서 다른 쪽으로 이동하는 에너지의 양에 **열**(heat)이라는 용어를 사용한다. 10.3절에서 볼 수 있듯이 열의 이동은 물체 사이의 에너지 전달 형태이다.

열이 전달된다는 생각은 여러 가지 현상을 설명할 수 있는 가능성을 준다. 초기 온도가

그림 10.7 뜨거운 커피에 찬 우유를 부으면 커피의 온도가 낮아진다.
Jill Braaten/McGraw-Hill Education

실온인 100 g의 쇠공을 커피잔 속에 넣으면 실온인 100 g의 우유나 물을 사용하는 것보다 커피를 식히는 데 덜 효과적이다. 철(쇠)은 우유나 물보다 **비열**(specific heat capacity)이 작다. (우유는 커피와 마찬가지로 대부분이 물이다.) 100 g의 철의 온도를 변화시키는 데에는 같은 100 g의 물을 같은 온도만큼 변화시킬 때보다 적은 열이 필요하다.

> 물질의 비열은 물질의 단위 질량을 단위 온도만큼(즉, 1 g을 1℃만큼) 변화시키는 데 필요한 열의 양이다. 이것은 물질이 가지는 기본적인 성질이다.

물질의 비열은 물질의 온도를 올리는 데 필요한 상대적인 열의 양이다. 이 값은 각 물체에 대해서 실험으로 결정된다. 예를 들면, 물의 비열은 1 cal/g·C°이다. 즉, 1 g의 물을 온도 1℃ 올리기 위해서는 1칼로리의 열이 필요하다. **칼로리**는 일반적으로 사용되는 열의 단위이다. 물 1 g의 온도를 1℃ 올리기 위해서는 1칼로리의 열이 필요하다. 마찬가지로 1 g의 물로부터 1칼로리를 제거하면 온도는 1℃ 내려간다. 물은 유난히 큰 비열을 가지고 있다. 따라서 다른 물질의 비열을 측정하기 위하여 물의 비열을 표준으로 삼는다. 몇 가지 물질에 대한 비열은 표 10.1과 같다.

철의 비열은 약 0.11 cal/g·C°인데, 이것은 물에 비해 아주 작다. 실온의 쇠구슬 100 g을 커피잔에 넣는 것은, 실온의 물 100 g을 붓는 것보다 커피를 식히는 데 훨씬 덜 효과적이다. 온도 변화에 대해 철은 물보다 적은 양의 열을 커피로부터 흡수한다(그림 10.8).

차가운 철을 뜨거운 물속에 넣었을 때, 열은 물로부터 쇠구슬로 이동한다. 비열의 정의에 따라, 금속이 주어진 온도만큼 변화하기 위하여 열을 얼마만큼 흡수해야 하는지 알 수 있다. 비열은 단위 질량을 단위 온도만큼 변화시키기 위한 열의 양이므로 필요한 총 열의 양은 다음과 같다.

$$Q = mc\Delta T$$

여기서 Q는 열의 양을 나타내는 기호이며, m은 질량, c는 비열, 그리고 ΔT는 온도 변화이다. 철보다 물의 비열 c가 크므로, 100 g의 물을 데우는 것은 100 g의 철을 데우는 것보다 더 많은 양의 열이 필요하다. 이 열은 뜨거운 커피로부터 나오므로, 커피를 식히는 데에는 철보다 물이 더 효과적이다.

표 10.1 일상적인 물질의 비열	
물질	**비열(단위: cal/g·C°)**
물	1.0
얼음	0.49
증기	0.48
에틸알코올	0.58
유리	0.20
화강암	0.19
철	0.11
알루미늄	0.215
납	0.0305

그림 10.8 실온(20℃)의 물 100 g은 실온의 쇠구슬 100 g보다 뜨거운 물을 식히는 데 더 효과적이다.

대양이나 큰 호수의 해안에서 기온의 변화가 작은 것은 물의 비열이 크기 때문이다. 물의 비열이 크기 때문에 거대한 양의 물은 온도를 변화시키는 데 많은 양의 열을 필요로 한다. 따라서 수역은 주변 공기의 온도의 영향을 완화해준다. 거리가 떨어진 섬에서는 밤에는 더 따뜻하고 낮에는 더 시원한데, 물의 온도를 변화시키는 것이 어렵기 때문이다.

열과 온도의 차이는 무엇인가?

온도가 다른 두 물체가 접촉하고 있을 때, 열은 온도가 높은 물체에서 낮은 물체로 이동한다 (그림 10.9). 열이 더해지면 온도가 올라가고 열이 제거되면 온도가 내려가는데, 열과 온도는 같지 않다. 주어진 온도 변화 ΔT를 생성하기 위해 더하거나 제거해야 할 열의 양 Q는 물질의 양(질량)과 그 물질의 비열에 따라 다르다.

온도(temperature)는 열이 이동하는 방향을 알려주는 양이다. 두 물체가 같은 온도이면 열은 이동하지 않는다. 온도가 다른 두 물체가 접촉하면 열은 뜨거운 물체에서 차가운 물체로 이동한다. 전달되는 열의 양은 물체의 질량과 비열뿐만 아니라 두 물체 사이의 온도 차이에 따라 달라진다.

열과 온도는 밀접하게 관계가 있는 개념이지만 가열 및 냉각 과정에 대한 설명에서 각기 다른 역할을 한다.

> 열은 두 물체 사이에 온도 차이가 있을 때 한 물체에서 다른 물체로 이동하는 에너지이다.

> 온도는 열의 이동 여부와 방향을 나타내는 양이다. 온도가 같은 물체는 열평형에 있으며 한 물체에서 다른 물체로 열이 이동하지 않는다.

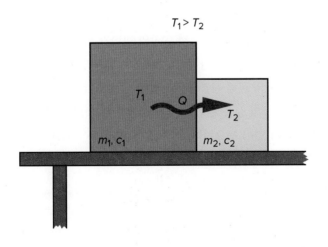

$T_1 > T_2$

그림 10.9 온도가 다른 두 물체가 접촉할 때 열은 뜨거운 물체에서 차가운 물체로 이동한다. 온도 변화는 물질의 양과 각 물체의 비열에 따라 달라진다.

물질이 녹거나 어는 데 열이 어떻게 관여하는가?

어떤 물질의 온도를 전혀 변화시키지 않으면서 열을 더하거나 제거할 수 있는가? 이것은 물질이 **상변화**(change of phase)를 겪을 때 실제로 발생한다. 얼음이 녹고 물이 끓는 것은 상변화의 가장 흔한 예이다. 얼음을 사용하여 음료수를 냉각하거나, 차나 커피를 위해 물을 끓일

그림 10.10 0°C의 물과 얼음 혼합물에 열을 가하면 혼합물의 온도가 변화하지 않으면서 얼음이 녹는다.
Jill Braaten

때 상변화가 일어난다. 무슨 일이 일어나는가?

얼음과 물, 수증기는 같은 물질인 물의 다른 상이다. 물의 온도를 0°C까지 냉각하고 그 후에도 계속 열을 제거하면 물은 얼어서 얼음이 된다. 마찬가지로 얼음을 0°C까지 가열하고 계속 열을 가하면 얼음이 녹는다(그림 10.10). 얼음이 녹을 때, 열을 가하더라도 얼음과 물의 온도는 0°C에 머무른다. 열이 가해지고 있지만 온도의 변화는 없다. 분명한 것은 열을 더하거나 제거할 때 단순히 온도가 변화하는 것 이상의 변화가 발생한다.

정밀한 측정으로 1 g의 얼음을 녹이는 데 대략 80 cal의 열이 필요하다는 사실이 밝혀졌다. 이 비율 80 cal/g을 물의 융해 **잠열**이라고 하며 기호 L_f로 표시한다. **잠열**(latent heat)은 온도를 변화시키지 않고 물의 상을 변화시킨다. 마찬가지로, 100°C의 물 1 g을 수증기로 바꾸는 데는 대략 540 cal의 열이 필요하다. 이 비율 540 cal/g을 기화 **잠열** L_v라고 한다. 이 값은 물에서만 성립한다. 다른 물질은 각 물질마다 고유의 융해 잠열과 기화 잠열을 가진다. 일상의 자연현상 10.1에서 이러한 개념을 잘 보여준다.

잔에 얼음을 넣어서 냉각시킬 때 어떤 일이 일어나는가? 처음에는 얼음과 물은 각기 다른 온도에 있다. 얼음은 0°C보다 낮으며, 물은 0°C보다 높다. 얼음이 0°C가 될 때까지 물로부터 얼음으로 열이 이동한다. 이때부터 얼음은 녹기 시작하는데, 이것은 열이 계속 물로부터 얼음으로 이동하기 때문이다. 얼음이 충분히 많으면 물의 온도가 0°C에 이를 때까지 열의 이동은 계속된다. 예제 10.1에서 이러한 개념을 보여준다.

일상의 자연현상   10.1

보온 팩

상황   마트에 가면 아래 사진과 같이 간편하게 사용할 수 있는 여러 가지 모양의 보온 팩을 구할 수 있다. 보온 팩은 배터리나 다른 어떤 에너지원이 없어도 간편하게 열을 발산하여 겨울철에 손을 따뜻하게 해준다.

어떻게 이렇게 쉽게 열을 발산하는지 놀랍기만 하다. 보통 보온 팩은 작은 금속조각이 들어 있는 투명한 플라스틱 용기 내부에 담긴 액체 상태로 구성되어 있다. 용기 내부의 조그만 금속조각을 똑딱이면 조각 주변으로 액체가 고체로 변하며, 이것이 퍼져나가면서 열을 발산한다. 여기에서 무슨 일이 일어나는가?

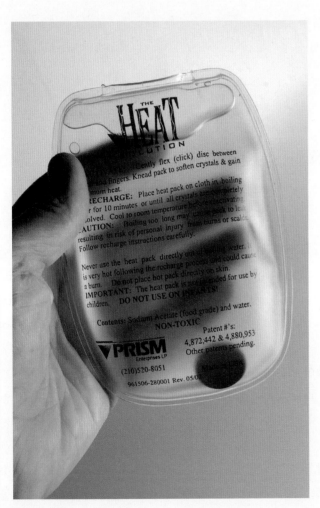

Jill Braaten

분석   다른 원리로 작동하는 일회용 보온 팩도 있지만 위에서 언급한 재사용이 가능한 보온 팩에는 아세트산 나트륨(sodium acetate)이라는 화합물이 들어 있다. 이는 식초로도 알려진 아세트산의 염화합물이다. (화합물 및 반응에 대한 논의는 18장을 보

라.) 보다 엄밀하게 말하면 물에 아세트산 나트륨을 과포화시킨 것이다.

아세트산 나트륨의 녹는점은 54~58°C(129~136°F) 정도로, 일반적인 실내온도보다는 상당히 높은 온도이다. 그럼에도 불구하고 보온 팩 안의 아세트산 나트륨은 실내온도보다도 낮은 온도에서 액체 상태로 있을 수 있다. 어떻게 그것이 가능한가? 이는 아세트산 나트륨 수용액이 녹는점 이하로 온도가 내려가더라도 수용액 내에 고체 상태의 결정핵이 없으면 액체 상태로 존재할 수 있는 과냉각 상태가 가능하기 때문이다. 결정핵이 없는 경우 어는점 이하로 냉각되더라도 얼지 않으며, 이를 과냉각이라고 한다. 이것은 대부분의 물질에서 나타나는 현상으로 물도 영하 5~10°C 정도까지 과냉각 상태가 가능한 것으로 알려져 있다. 아세트산 나트륨 수용액의 경우, 액체는 실온보다 훨씬 낮은 온도까지 과냉각 상태가 가능하다.

보온 팩은 어떻게 열을 발산하는가? 팩의 금속조각을 구부리면 조각 근처의 액체가 순간적으로 압축되며 결정핵이 만들어진다. 얼음 결정은 금속조각에서부터 빠르게 커져 가는데, 이는 용액이 과냉각 상태에 있기 때문이다. 액체가 얼며 고체 상태가 되는 과정에서 상변화에 따른 잠열이 방출된다. 이 잠열로 인해 팩이 따뜻해지고 열이 손으로 전달된다. 놀랍게도 수용액이 얼면서 열을 발산하는 것이다.

보온 팩을 재충전하려면 전자레인지나 뜨거운 물속에 넣어 다시 녹는점 이상으로 온도를 높여줘야 한다. 그러면 고체 상태의 화합물은 다시 잠열을 흡수하며 액체 상태로 돌아간다. 고체 상태로 된 부분이 하나도 남지 않은 상태에서 다시 실내온도로 천천히 온도를 낮추면 보온 팩은 과냉각되고 다시 사용할 수 있게 된다. 이러한 과정은 일종의 열에너지를 저장하는 방법이다.

열에너지를 저장하는 것은 여러 응용분야에서 매우 중요하다. 예를 들어, 에너지로 난방을 하는 경우 열이 가장 많이 필요한 시간은 해가 비치지 않는 저녁이나 이른 아침이다. 낮 동안 수집된 열은 집 구조의 돌이나 콘크리트 구조물에 저장하거나 집 아래에 있는 물탱크로도 저장이 가능하다. 그러나 위에 언급한 아세트산 나트륨 또는 이와 유사한 화합물의 상변화 현상을 이용하는 열저장 장치를 사용하면 작은 장치로도 효율적으로 열을 저장할 수 있다.

열저장 장치는 태양열을 이용한 발전설비에서 아주 중요하다 (11.4절 참고). 태양으로부터 오는 에너지의 양은 하루 동안에도 크게 변하며 심지어 밤에는 아예 없기도 한데, 발전설비에 전달되는 에너지를 일정하도록 하려면 열저장 장치가 필수적이다. 여기에 태양열 산업에서는 간단히 PCM(phase-change material) 물질이라고 부르는 상변화 물질이 주로 사용된다. 물론 아세트산 나트륨 이외에도 다양한 물질이 사용되고 있으며, 다른 PCM은 태양광 발전소에서 발생하는 더 높은 온도에 적합하다.

예제 10.1 ▸ 얼음의 열

얼음의 비열이 0.5 cal/g·C°일 때, 다음 각 경우에 대해서 처음 온도가 −10°C인 얼음 200 g
에 더해야 할 열의 양은 얼마나 되는가?

    a. 얼음의 온도를 녹는점까지 높일 때

    b. 얼음을 완전히 녹일 때

a. 온도를 올리는 데 필요한 열:

$$m = 200 \text{ g} \qquad\qquad Q = mc\Delta T$$

$$c = \frac{0.5 \text{ cal}}{\text{g·C°}} \qquad\qquad = (200 \text{ g})\left(\frac{0.5 \text{ cal}}{\text{g·C°}}\right)(10°\text{C})$$

$$T = -10° \text{ C} \qquad\qquad\quad = \mathbf{1000 \text{ cal}}$$

$$Q_{\text{raise}} = ?$$

b. 얼음을 녹이는 데 필요한 열:

$$L_f = \frac{80 \text{ cal}}{\text{g}} \qquad\qquad Q = mL_f$$

$$Q_{\text{melt}} = ? \qquad\qquad\quad = (200 \text{ g})\left(\frac{80 \text{ cal}}{\text{g}}\right)$$

$$\qquad\qquad\qquad\qquad\quad = \mathbf{16{,}000 \text{ cal}}$$

얼음의 온도를 0°C까지 올리고 녹이는 데 필요한 열은

$$1000 \text{ cal} + 16{,}000 \text{ cal} = \mathbf{17{,}000 \text{ cal}} \text{ 혹은 } 17 \text{ kcal}$$

잔이 잘 단열되어 따뜻한 열이 주변으로부터 잔으로 이동하지 못한다면 얼음과 물이 0°C
에 도달한 후에는 얼음과 물의 혼합물은 0°C에 계속 머무르고 더 이상 얼음은 녹지 않는다.
하지만 일반적으로 열이 주변으로부터 계로 이동하기 때문에, 얼음은 계속 천천히 녹는다.
얼음이 없어지게 되면 음료수는 따뜻해지게 되고, 결국에는 주변 공기로부터 열이 이동하여
실온과 같아진다.

일단 열평형에 이르면, 잘 섞인 얼음과 물의 혼합물은 0°C로 유지된다. 소량의 열이 주변
으로부터 혼합물로 들어가거나 나오면, 얼음이 조금 녹거나 얼 수 있지만, 온도는 변하지 않
는다. 이것이 0°C를 온도계의 기준점으로 삼는 이유이다. 이 온도는 안정적이며 재현이 가
능하다.

음식을 끓여서 요리를 할 때, 물이 100°C에서 끓고 온도가 변하지 않으면서 열을 더할 수
있다는 사실을 이용한다. 버너로 열을 가하면 물은 100°C로 유지되는 동안 액체 상태의 물
이 수증기로 변한다. 온도가 일정하므로 달걀이나 감자를 조리하는 데 필요한 시간은 크기에
따라 다르지만, 거의 일정하다.

그러나 요리사는 고도가 끓는점에 미치는 영향을 알아야 한다. 콜로라도 주 덴버나 뉴멕
시코 주 엘버커커와 같은 도시는 해발고도가 1마일인 곳이며, 이 고도에서는 낮은 대기압 때
문에 물이 약 95°C에서 끓는다. 해발고도 약 1.4마일의 멕시코시티의 끓는점은 약 93°C로
더 낮다. 이런 곳에서는 끓는점이 100°C인 바닷가에서보다 달걀이나 감자를 조리하는 데 시

간이 오래 걸린다. 요리하는 시간을 조정하지 않으면 속이 덜 익어 바삭바삭한 감자가 된다.

기화 잠열에 관하여 잘 알려진 또 하나의 현상은 땀에 의한 발한작용이다. 냉각은 피부의 땀이 액체에서 기체로 바뀌는 증발로 인해 발생한다. 이는 땀이 증발하면서 몸의 표면으로부터 기화에 필요한 기화 잠열만큼을 빼앗아가기 때문이다. 습도가 높은 날씨가 쾌적하지 않은 이유는 공기 중의 많은 수증기가 우리 몸의 땀이 증발하는 것을 방해하기 때문이다.

> 온도 변화는 한 물체에서 다른 물체로 이동하는 에너지인 열에 의해서 생긴다. 주어진 온도 변화를 일으키는 데 필요한 열의 양은 온도 변화뿐 아니라 물체의 질량과 비열에 따라 달라진다. 온도는 열이 언제 그리고 어느 방향으로 이동하는지를 알려주는 양이다. 열은 언제나 뜨거운 곳에서 차가운 곳으로 이동한다. 얼음에서 물로, 물에서 수증기로 물질의 상이 변하면, 열은 온도가 변하지 않는 채로 더해지거나 제거될 수 있다. 단위 질량당 상변화를 일으키는 데 필요한 열의 양을 잠열이라고 한다.

10.3 줄의 실험과 열역학 제1법칙

더 따뜻한 다른 물체와 접촉시키지 않고도 어떤 물체의 온도를 올릴 수 있을까? 문질러서 물체의 온도가 올라갈 때, 어떤 일이 일어나는가? 이러한 질문들이 19세기 초반 과학적 논쟁의 주제들이었다. 제임스 줄(James Prescott Joule, 1818~1889)의 실험이 이에 대한 해답을 주었고, 19세기 중엽에는 열역학 제1법칙으로 정리되었다.

가장 먼저 이러한 질문들을 심각하게 제기했던 사람들 중 하나가 럼포드 백작으로 알려진 미국 태생의 과학자이자 모험가인 벤자민 톰슨(Benjamin Thompson, 1753~1814)이었다. 톰슨은 미국 독립전쟁에서 자기편이 지자, 유럽으로 이주하여 바이에른의 왕을 위해 무기 고문으로 일하면서 백작의 칭호를 받았다. 포신의 구멍을 깎는 일을 감독하였던 럼포드는, 포신과 드릴용 송곳이 구멍을 깎는 동안 매우 뜨거워진다는 사실을 경험에 의해 알고 있었다(그림 10.11). 그는 구멍을 깎는 동안 포신은 물을 끓일 수도 있을 정도로 뜨거워진다는 사실을 실험으로 보이기도 하였다.

온도 상승의 원인인 열의 근원은 무엇이었을까? 열을 전달해줄 수 있는 더 뜨거운 물체는 없었다. 드릴을 돌리기 위해 말을 사용하였지만, 말의 체온도 따뜻하기는 했지만 물을 끓일 수 있는 정도는 아니었다. 말은 드릴 기계에 기계적인 일을 제공하였다. 이 일이 열을 만들 수 있지 않았을까?

줄의 실험이 보여준 것

럼포드의 실험은 1798년에 행해졌고, 19세기 초반에 많은 과학자들에 의해 논의되었다. 럼포드의 관찰에 관한 정량적인 연구는, 1840년대에 이르러서야 줄의 일련의 실험을 통해 이루어졌다. 줄은 어떤 계에 역학적 일을 해주면, 그 계의 온도가 올라가는 일관되고 예측 가능한 효과가 있다는 사실을 증명하였다.

그림 10.11 럼포드의 포신 깎는 장치. 포신과 드릴의 온도가 올라가는 원인은 무엇인가?
Sheila Terry/Science Source

줄의 실험 중 가장 극적인 것은, 단열된 비커 안의 물에서 회전날개를 돌리고 온도의 증가를 측정한 것이다(그림 10.12). 추와 도르래가 날개를 돌리고, 추에서 물로 에너지가 전달되었다. 추가 떨어지면서 중력 퍼텐셜 에너지를 잃고, 회전날개는 물의 점성에 의한 저항력을 거슬러서 일을 하였다. 이 일은 추가 잃어버린 퍼텐셜 에너지와 같다.

물 안에 잠긴 온도계가 물의 온도 상승을 측정하였다. 줄은 물 1 g을 1℃ 올리기 위해 4.19 J의 일이 필요함을 발견하였다. (에너지 단위로서 줄[J]을 사용하는 것은 줄의 연구보다 한참 후의 일이다. 그는 오래된 에너지 단위로 자신의 결과를 언급하였다. 줄[J]의 정의는 6

그림 10.12 기계적인 일을 해서 온도의 상승을 측정하는 줄의 실험장치의 개략도. 물체가 낙하하면서 단열된 비커의 물 안에 있는 회전날개를 돌린다.

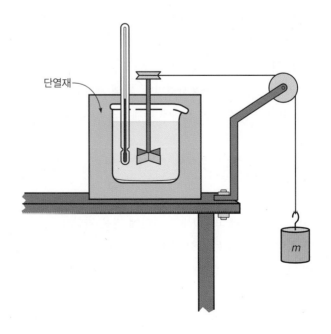

단열재

m

장을 보라.) 1 cal의 열로 물 1 g을 1°C 올릴 수 있으므로, 줄의 실험은 4.19 J의 일은 1 cal 의 열과 같다는 것을 의미한다.

줄은 실험에서 다양한 계에 다양한 방식의 일을 가하였다. 결과는 항상 같았으며 4.19 J의 일은 1 cal의 열과 동일한 온도 상승을 만들어냈다. 계의 최종 상태만을 보아서는, 열을 가해서 온도가 올라갔는지, 기계적인 일을 해주어서 온도가 올라갔는지 구별할 수 없다.

열역학 제1법칙

줄이 실험을 하던 때에, 열의 전달은 계에 있는 원자나 분자의 운동 에너지의 전달일 것이라고 제안한 사람이 이미 몇 있었다. 줄의 실험은 이러한 생각을 뒷받침하는 것이었고, 직접적으로 열역학 제1법칙의 진술로 이어졌다. 제1법칙의 기초가 되는 생각은 일과 열 모두가 계 안팎으로 에너지 전달을 나타낸다는 것이다.

일이든 열이든 에너지가 계에 더해지면 계의 **내부 에너지**는 그만큼 증가한다. 내부 에너지의 변화는 계로 전해진 열과 일의 알짜 양과 같다. 온도의 상승은 내부 에너지의 증가가 나타나는 현상 중에 하나이다. **열역학 제1법칙**(first law of thermodynamics)은 이러한 생각을 정리한 것이다.

> 내부 에너지의 증가는 계에 더해진 열의 양에서 계가 외부에 한 일의 양을 뺀 것과 같다.

계의 내부 에너지를 U, 계에 더해진 열을 Q, 계가 외부에 한 일을 W라 표시하면(그림 10.13), 열역학 제1법칙은 다음과 같다.

$$\Delta U = Q - W$$

이 식에서 음(−)의 부호는 계에 가해진 일이 아니라 계가 외부에 한 일을 양(+)으로 선택한 결과이다. 계에 가해진 일은 계의 에너지를 증가시키고, 계가 그 주변에 한 일은 계로부터 에너지를 빼앗아가므로 계의 내부 에너지를 감소시킨다. 이러한 부호의 약속은 11장에서 열기관에 대해 논의할 때 편리한 방법이다.

표면적으로 보면 열역학 제1법칙은 에너지 보존에 대한 설명처럼 보이며, 실제로도 그렇다. 겉으로 보기에 간단하기 때문에 내용의 중요성이 간과되기도 한다. 이 법칙의 으뜸가는

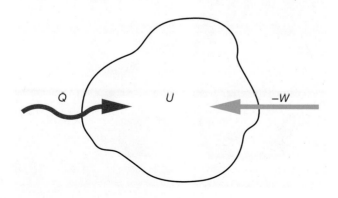

그림 10.13 계의 내부 에너지 U는 열 또는 일의 유입에 의해 증가한다.

통찰력은 줄의 실험에 의해 보강된 아이디어, 즉 열의 이동은 에너지의 전달이라는 사실이다. 1850년 이전에는, 에너지라는 개념은 역학에 한정되어 있었다. 사실 에너지는 역학에서 등장했지만 뉴턴 역학에서는 중요한 역할을 하지 않았다. 열역학 제1법칙은 에너지의 개념을 새로운 영역으로 확장하였다.

내부 에너지란 무엇인가?

열역학 제1법칙은 계의 **내부 에너지**(internal energy)라는 개념을 도입하였다. 내부 에너지의 증가는 다양한 방식으로 나타날 수 있다. 하나는 줄의 회전날개 실험에서와 같은 온도의 증가이다. 온도의 증가는 계를 이루는 원자 또는 분자의 평균 운동 에너지의 증가와 관련이 있다.

내부 에너지의 증가가 계에 영향을 주는 또 다른 방법은 용융 또는 기화 등에서 보이는 상변화이다. 상변화에서는 원자나 분자가 서로 멀어지면서 원자나 분자의 평균 퍼텐셜 에너지가 증가한다. 온도의 변화는 없지만, 내부 에너지는 증가한다.

내부 에너지의 증가는 계를 이루고 있는 원자나 분자의 운동 에너지나 퍼텐셜 에너지(또는 모두)의 증가로 나타날 수 있다.

> 계의 내부 에너지는 계를 이루고 있는 원자나 분자의 운동 에너지와 퍼텐셜 에너지의 합이다.

내부 에너지는 계의 상태에 따라 유일하게 결정되는 계의 성질이다. 계가 어떤 상에 있고, 온도, 압력, 물질의 양이 결정되어 있다면, 내부 에너지는 유일한 값을 갖는다. 그러나 계에 전달된 열이나 일 각각의 양은 계의 상태에 의해서만 결정되지는 않는다. 줄의 실험이 보여준 것과 같이, 열 또는 일만이 비커의 물에 전달되어도, 같은 온도의 증가를 일으킬 수 있다.

계는 비커에 담긴 물, 증기 기관 또는 코끼리와 같이 원하는 모든 것이 될 수 있다. 그러나 시작과 끝을 쉽게 정의할 수 있도록 뚜렷한 경계가 있는 계를 고려하는 것이 좋다. 계를 선택하는 것은 뉴턴의 제2법칙을 적용할 때에 물체를 선택하는 과정과 유사하다. 역학에서, 힘은 선택된 물체와 다른 물체들 간의 상호작용을 정의한다. 열역학에서, 열이나 일의 전달은

그림 10.14 핫플레이트로부터 열을 가하거나 물과 얼음 혼합물을 저어서 일을 하면 비커 안의 얼음이 녹는다. (둘 다): *James Ballard/McGraw-Hill Education*

계와 다른 계, 또는 주변과의 상호작용을 정의한다.

예제 10.2는 열역학 제1법칙의 응용을 다룬다. 계는 물과 얼음이 담긴 비커이다(그림 10.14). 계의 내부 에너지는 핫플레이트로부터 전달되는 열과 휘젓기에 의한 일에 의해 증가한다. 휘젓기에 의한 일은 음(−)의 양임에 주의하라. 왜냐하면 이 양은 계에 한 일이기 때문이다. 내부 에너지의 증가로 인해 비커 안의 얼음이 녹는다.

예제 10.2 ▶ 열역학 제1법칙의 응용

핫플레이트를 사용하여 400 cal의 열을 얼음과 물이 담긴 비커에 전달하였다. 또한 물을 휘저어서 500 J의 일을 얼음물에 가하였다.

    a. 얼음물의 내부 에너지 증가량은 얼마인가?

    b. 이 과정에서 얼마의 얼음이 녹았는가?

a. 우선 열의 단위를 줄로 변환하면

$$
\begin{aligned}
Q &= 400 \text{ cal} & Q &= (400 \text{ cal})(4.19 \text{ J/cal})\\
W &= -500 \text{ J} & &= 1680 \text{ J}\\
\Delta U &= ? & \Delta U &= Q - W\\
& & &= 1680 \text{ J} - (-500 \text{ J})\\
& & &= \mathbf{2180 \text{ J}}
\end{aligned}
$$

b.
$$
\begin{aligned}
L_f &= 80 \text{ cal/g} & \Delta U &= mL_f\\
&= 335 \text{ J/g} & &\\
m &= ? & m &= \frac{\Delta U}{L_f}\\
& & &= \frac{2180 \text{ J}}{335 \text{ J/g}}\\
& & &= \mathbf{6.5 \text{ g}} \quad \text{(녹은 얼음의 양)}
\end{aligned}
$$

내부 에너지가 J로 표시되었기 때문에, 잠열의 단위 cal/g에 4.19 J/cal를 곱하여 J/g의 단위로 표시하였다.

음식 칼로리 계산

마지막으로 에너지의 단위에 대해 알아보자. 음식을 먹는다는 것은 화학 반응에 의해 퍼텐셜에너지를 방출하는 물질을 섭취하여 우리 몸에 에너지를 더하는 것이다. 이런 에너지는 칼로리(Cal) 단위로 표시하는데, 실제로는 킬로칼로리(kcal), 또는 1000칼로리(cal)이다. 음식물의 칼로리는 다음 단위를 사용한다.

$$1 \text{ Cal} = 1 \text{ kcal} = 1000 \text{ cal}$$

대문자 C는 일반 칼로리보다 큰 단위임을 나타낸다.

음식의 칼로리 값은 그 음식이 소화되고 대사될 때 방출되는 에너지의 양이다. 이 에너지는 지방 세포 등 다양한 방법으로 우리 몸에 저장될 수 있다. 우리 몸은 계속적으로 근육에 저장된 에너지를 다른 형태의 에너지로 변환한다. 예를 들어, 육체노동을 하면 역학적 에너지를 다른 계로 전달하고, 몸으로부터 열에너지를 주변으로 방출한다. 음식의 칼로리를 계산하는 것은, 에너지의 흡수량을 계산하는 것이다. 음식으로부터 받는 에너지보다 적은 에너지를 내보내면 살이 찔 것이다.

> 줄은 계에 4.19 J의 일을 하면 1 cal의 열을 더했을 때와 같은 온도가 올라간다는 사실을 발견했다. 이 발견은 과학자들에게 열의 이동이 에너지 전달의 한 형태임을 확신시켰고, 열역학 제1법칙을 이끌어내게 되었다. 제1법칙에 의하면, 계의 내부 에너지의 변화는 그 계에 전달된 열과 일의 알짜 양과 같다. 내부 에너지는 계를 이루고 있는 원자의 운동 에너지와 퍼텐셜 에너지의 합이다. 이러한 생각은 에너지 보존 법칙을 확장시킨 것이다.

10.4 기체의 거동과 열역학 제1법칙

실린더 안의 공기를 압축하면 어떤 일이 생기는가? 열기구는 어떻게 작동하는가? 이러한 상황 등에서 기체의 거동은 열역학 제1법칙과 몇 가지 기체의 성질을 사용하여 이해할 수 있다. 열역학 법칙을 탐구하는 데에 또 다른 흥미로운 계는 우리의 대기이다.

기체를 압축하면 어떤 일이 생기는가?

그림 10.15처럼 움직이는 피스톤을 가진 실린더 안에 기체가 있다고 하자. 외력에 의해 피스톤이 안으로 밀렸다면, 피스톤은 실린더 안의 기체에 일을 한다. 이것은 기체의 온도나 압력에 어떤 영향을 주는가?

열역학 제1법칙에 의하면, 계에 일을 하는 것은 계에 에너지를 더하는 것이다. 일은 그 자체로 기체의 내부 에너지를 증가시키지만, 내부 에너지의 변화는 기체 내부 또는 외부로의 열전달에 따라 달라진다. 기체에 얼마나 많은 일이 가해졌는지는 그림의 일부만을 알려준다.

일의 정의로부터(6.1절), 기체에 한 일은 피스톤에 작용하는 힘과 피스톤이 움직인 거리의 곱이다. 압력은 단위 면적당의 힘이므로, 기체에 의해 피스톤에 작용한 힘은 기체의 압력과 피스톤의 단면적의 곱이다($F = PA$). 피스톤이 가속 없이 움직였다면, 피스톤에 가해진 알짜힘은 0이고, 외부에서 피스톤에 가한 힘은 기체가 피스톤에 가한 힘과 같다.

따라서 기체에 가해진 일은 힘과 피스톤이 움직인 거리 d의 곱, 즉 $W = Fd = (PA)d$이다. 피스톤의 움직임은 기체의 부피를 변하게 하고, 이 부피 변화는 피스톤의 면적과 움직인 거리의 곱, 즉 $\Delta V = Ad$이다(그림 10.15). 그러므로 기체에 한 일의 크기는 $W = P\Delta V$이다.

기체가 압축되면 기체의 부피는 감소하고 부피 변화 ΔV는 음수가 되어 기체가 한 일도 음수이다. 일이 계에 가해지면 음수이다. 열역학 제1법칙($\Delta U = Q - W$)에서 음의 일은 (−)부호를 상쇄시키기 때문에 계의 에너지를 증가시킨다. 기체를 압축하면 외부에서 일을 하는

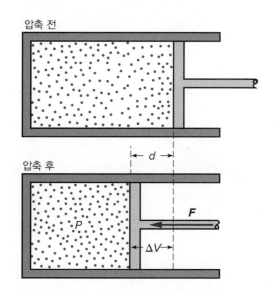

그림 10.15 피스톤이 움직여 실린더 안의 기체를 압축한다. 기체에 가해진 일은 $W = Fd = P\Delta V$이다.

것이므로 기체의 내부 에너지는 증가하고, 기체가 팽창하면 기체가 외부로 일을 하는 것이므로 기체의 내부 에너지는 감소한다.

용기의 벽을 지나는 열의 출입이 없다면, 기체를 압축할 때 내부 에너지는 기체의 부피 변화에 비례하여 증가한다. 내부 에너지의 변화는 기체에 어떤 영향을 미치는가?

내부 에너지는 온도와 어떤 관련이 있는가?

기체와 관련된 많은 자연현상은 그 과정 중에 기체로의 열의 출입이 없는 **단열 과정**(adiabatic process)이다. 예를 들어, 실린더 안에 있는 기체를 빠르게 압축하면 외부로부터 열이 전달될 시간적 여유가 없으므로, 내부 에너지의 증가는 기체에 가해진 일과 같다. 기체는 어떻게 되는가?

일반적으로, 내부 에너지는 계의 원자와 분자의 운동 에너지와 퍼텐셜 에너지로 이루어진다. 기체에서는 평균적으로 분자들이 매우 멀리 떨어져 있기 때문에, 이들 간의 퍼텐셜 에너지는 무시할 수 있을 정도로 작고, 내부 에너지는 거의 운동 에너지로 이루어진다. **이상 기체**(ideal gas)는 원자 간의 힘(그리고 그에 따른 퍼텐셜 에너지)이 완전히 무시될 정도로 작은 기체이다. 많은 경우에 기체를 이상 기체로 다룰 수 있다.

이상 기체에서, 내부 에너지는 오로지 운동 에너지밖에 없다. 내부 에너지를 증가시키면 기체 분자의 운동 에너지가 증가한다. 절대온도는 계에 있는 분자의 평균 운동 에너지와 직접적인 관련이 있다. 이상 기체의 내부 에너지가 증가하면, 그와 정비례해서 온도도 증가한다. 절대온도의 함수로 표시한 이상 기체의 내부 에너지의 그래프는 그림 10.16과 같다.

그러므로 단열 압축에서 기체의 온도는 증가할 것이다. 열역학 제1법칙에 의하면, 기체에 가해진 일의 양만큼 기체의 내부 에너지가 증가한다. 기체의 비열과 질량을 알면 에너지 증가로부터 온도의 증가를 계산할 수 있다.

역과정에 대해서도 마찬가지다. 기체가 팽창하며 피스톤을 밀면, 기체는 외부에 일을 하고 내부 에너지가 감소한다. 단열 팽창에서 기체의 온도는 감소하는데, 이것이 냉장고의 작

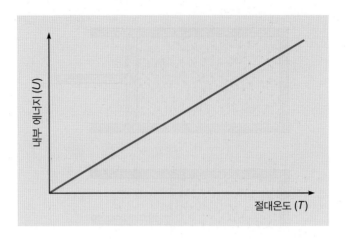

그림 10.16 이상 기체의 내부 에너지를 절대온도의 함수로 표시하였다. 내부 에너지는 온도에 정비례해서 증가한다.

동원리이다. 압축된 기체가 팽창하면서 온도를 낮추고, 차가워진 기체는 냉장고 내부의 코일을 따라 순환하면서 냉장고 속 내용물의 열을 제거한다.

기체의 온도가 변하지 않게 하려면 어떻게 해야 하는가?

압축이나 팽창할 때 기체의 온도가 변하지 않게 할 수 있을까? 이러한 과정을 **등온 과정**(isothermal process)이라고 한다. iso는 같음을, thermal은 따뜻함 또는 온도를 의미한다. 이상 기체에서는 온도와 내부 에너지가 정비례하므로, 온도의 변화가 없다면 내부 에너지도 변하지 않는다. 이상 기체의 등온 과정에서는 내부 에너지의 변화 ΔU는 0이다.

ΔU가 0이면, 열역학 제1법칙($\Delta U = Q - W$)에 의해 $W = Q$이다. 즉 기체에 열량 Q가 더해지면, 온도와 내부 에너지를 일정하게 유지하기 위해 기체는 외부에 같은 양의 일 W를 해야 한다. 기체가 팽창하면서 동일한 양의 일을 하는 한, 온도를 변화시키지 않으면서 기체에 열을 추가하는 것이 가능하다. (이것은 열이 계로 들어가기 때문에 단열 과정이 아니다!)

역과정 또한 마찬가지다. 온도를 일정하게 유지하고 기체를 압축하면 열역학 제1법칙에 따라 기체로부터 열을 방출시켜야 한다. 내부 에너지와 온도가 일정하려면, 일의 형태로 기체에 가해진 에너지와 같은 양의 에너지가 열의 형태로 소모되어야 한다. 등온 압축과 팽창은 열기관에서 중요한 과정이며, 11장에서 다룬다.

열기구 안의 기체에는 어떤 일이 일어나는가?

열기구 안의 기체가 가열되면(그림 10.17), 온도가 아닌 압력이 일정하게 유지된다. 기구 안의 기체의 압력은 주변 대기보다 클 수가 없기 때문이다. 어떤 과정에서 압력이 일정할 때, 이를 **등압 과정**(isobaric process)이라 한다. 기체가 가열되면 내부 에너지가 증가하고 온도도 올라간다. 그러나 이 과정에서 기체도 팽창하므로 이로 인해 내부 에너지가 일부 줄어든다.

등압 가열 과정에서 기체가 팽창하는 것은, 19세기 초에 발견된 이상 기체의 다른 성질에서 기인한다. 일련의 실험으로부터, 이상 기체의 압력, 부피, 절대온도는 $PV = NkT$의 방정식을 만족한다는 사실이 밝혀졌다. 여기서 N은 기체 내의 분자 개수이고, k는 볼츠만 상수라

그림 10.17 열기구의 공기는 사람이 타는 바구니에 달린 프로판 버너에 의해 가열된다. 가열된 공기는 팽창해서 주변의 공기보다 밀도가 낮아진다. *Open Door/Alamy Stock Photo*

불리는 자연 상수이다. 루트비히 볼츠만(Ludwig Boltzmann, 1844~1906)은 기체 거동의 통계 이론을 발전시킨 오스트리아의 물리학자였다. 이 식을 이상 기체의 **상태 방정식**(equation of state)이라 하고, 또한 이상 기체 법칙이라고도 한다. 예제 10.3은 이 상태 방정식을 이용한다.

상태 방정식의 온도 T는 절대온도여야 한다. 절대온도의 개념은 원래 기체의 거동 연구에서 시작되었음을 기억하라(10.1절 참고). 상태 방정식은 보일의 법칙(9.2절)과 압력에 대한 온도의 영향(10.1절)을 결합한 것이다. 압력과 분자 수가 일정하게 유지되는 동안 온도가 상승하면, 상태 방정식에 의해 기체의 부피가 증가한다. 즉 기체는 팽창한다. 마찬가지로, 일정한 압력에서 기체가 팽창하면, 온도가 올라가야 한다.

등압 팽창의 경우 열역학 제1법칙은 기체에 추가된 열이 기체가 한 일보다 커야 함을 나타낸다. 내부 에너지 U는 온도가 증가하면 증가한다. $\Delta U = Q - W$이므로, 내부 에너지가 증가하려면 Q는 W보다 커야 한다(기체가 팽창하기 때문에 양수). 열역학 제1법칙과 이상 기체의 상태 방정식을 사용하면, 원하는 만큼의 팽창을 시키기 위해 계에 얼마의 열을 더해 주어야 하는지 계산할 수 있다.

기구 안의 기체가 팽창하므로, 같은 수의 분자가 더 큰 부피를 차지하고, 기체의 밀도는 감소하게 된다. 다시 말해, 기구 안의 기체가 밖의 공기보다 작은 밀도를 갖게 되고, 기구가

예제 10.3 ▶ 이상 기체 법칙의 이용

이상 기체 혼합물의 압력이 일정하게 유지되고, 그 부피가 4리터에서 1리터로 감소하였다. 초기 온도가 600K였다면 최종 온도는 얼마인가?

이 질문은 이상 기체의 상태 방정식 $PV = NkT$를 이용하여 답할 수 있다. 기체가 용기에서 빠져나가지 않는다고 가정하기 때문에 기체 분자의 수 N은 상수이다. 볼츠만 상수역시 불변이다. 이상 기체 법칙 $PV = NkT$는 $V/T = Nk/P =$ (일정)으로 다시 쓸 수 있다.

$$V_{initial} = 4 \text{ L}$$
$$V_{final} = 1 \text{ L}$$
$$T_{initial} = 600 \text{ K}$$
$$T_{final} = ?$$

$$\frac{V_{initial}}{T_{initial}} = \frac{V_{final}}{T_{final}}$$

대각선으로 곱하면

$$\frac{T_{final}}{T_{initial}} = \frac{V_{final}}{V_{initial}}$$

$$\frac{T_{final}}{T_{initial}} = \frac{1\text{ L}}{4\text{ L}} = \frac{1}{4}$$

따라서

$$T_{final} = \frac{1}{4} T_{initial}$$

$$= \frac{1}{4}(600 \text{ K}) = \mathbf{150 \text{ K}}$$

기체 분자 수(N) 또는 볼츠만 상수 k를 알 수 없더라도 이상 기체의 상태 방정식을 이용하여 압력, 온도, 부피 사이의 관계를 알 수 있다.

떠오른다. 기구에 작용하는 부력은 아르키메데스의 원리(9.3절)로 설명된다.

동일한 현상이 대기 중에서 훨씬 더 큰 규모로 발생한다. 열기구가 뜨는 것과 같은 이유로 따뜻한 기단(공기 덩어리)은 보다 찬 기단의 위쪽으로 올라간다. 더운 여름날 지면에서 더워진 공기는 팽창하고, 밀도가 작아지며, 위로 올라간다. 상승하는 공기는 수증기를 가지고 있고, 수증기는 높은 곳에서 낮은 온도로 인해 응결하여 구름을 만든다. 따뜻한 공기가 급격히 올라가게 되면 난류가 생기기도 하는데, 이는 항공기에 문제가 될 수 있다. 그러나 이 상승기류는 행글라이더 애호가나 높이 솟구치는 독수리에게는 더할 수 없이 즐거운 일이다.

기체의 거동과 열역학 제1법칙은 기상현상을 이해하는 데에 매우 중요한 역할을 한다. 잠열은 물의 증발과 응결, 그리고 눈이나 진눈깨비에서의 얼음 결정 형성에도 관여한다. 이러한 모든 과정의 에너지원은 태양이다. 지표면의 물, 지구의 대기는 태양에 의해 움직이는 거대한 기계라고 할 수 있다.

> 열역학 제1법칙은 기체와 관련된 많은 과정을 설명해준다. 기체의 절대온도는 내부 에너지와 정비례한다. 이상 기체에서 내부 에너지는 기체 분자의 운동 에너지이다. 기체에 가해진 열과 기체가 한 일은 기체의 온도를 결정하고, 단열, 등온, 등압 과정의 경우 각각 다른 결과가 나타난다. 열역학 제1법칙과 상태 방정식을 같이 사용하면, 열기관, 열기구, 대기의 기단 등에서 기체의 거동을 예측할 수 있다.

10.5 열의 이동

겨울에는 집과 건물에 난방을 해야 한다. 집을 덥히기 위해서는 나무나 석탄, 석유, 천연가스 등의 화석연료나 전기를 이용한다. 사용한 연료에 대해 비용을 지불하기 때문에, 우리는 열이 밖으로 빠져나가는 것을 막고 싶어 한다. 열이 집이나 따뜻한 물체로부터 어떻게 이동할까? 어떤 작용이 관련되어 있으며, 이러한 작용을 알고 나서 어떻게 하면 열손실을 줄일수 있을까?

열이 이동하는 3가지 기본적인 방법은 전도, 대류, 복사이다. 이 3가지가 열이 나가고 들어오는 데에 중요한 역할을 하므로, 이 작용을 이해하면 집이나 거실, 직장에서 연료를 절약하면서 안락함을 유지하는 데에 도움이 될 것이다.

전도에 의한 열의 이동

온도가 다른 두 물체가 제3의 물체를 통하여 서로 접촉하면(그림 10.18), 제3의 물체를 통하여 열이 이동하는데, 이를 **전도**(conduction)라 한다. 열은 뜨거운 물체에서 차가운 물체로 이동하는데, 그 정도는 두 물체의 온도 차이와 제3의 물체의 **열전도도**(thermal conductivity)라 불리는 성질에 의해 좌우된다. 어떤 물질은 다른 물질보다 훨씬 큰 열전도도를 가진다. 예를 들어, 금속은 나무나 플라스틱보다 열전도도가 훨씬 좋다.

한 손에 금속블록을, 다른 손에 나무블록을 들고 있다고 하자(그림 10.19). 두 블록 모두 실온에 있다고 해도, 일반적으로 신체가 실온보다 $10 \sim 15°C$ 정도 높기 때문에 열이 손에서 블록으로 이동한다. 금속이 나무보다 차갑게 느껴질 것이다. 두 블록은 같은 온도에 있었으므로, 이 차이는 온도의 차이가 아니라 열전도도의 차이에 기인한다. 금속은 나무보다 열을 잘 전달하기 때문에, 손에서 금속으로 열이 빨리 이동한다. 나무를 쥔 손보다 금속을 쥔 손이 더 빨리 차가워지므로 금속블록이 더 차게 느껴진다.

열의 이동은 에너지의 이동이며, 실제로는 원자와 전자의 운동 에너지가 전달되는 것이다. 손의 온도가 높기 때문에, 블록에 있는 원자의 평균 운동 에너지보다 우리 손에 있는 원자들의 평균 운동 에너지가 더 크다. 원자들이 서로 부딪히면서 운동 에너지가 전달되고, 우리 손에 있는 원자들의 평균 운동 에너지가 줄어드는 만큼 블록 안에 있는 원자나 전자들의 평균 운동 에너지가 커진다. 금속 안에 있는 자유전자는 이 과정에서 중요한 역할을 한다. 금속은 열과 전하의 좋은 전도체이다.

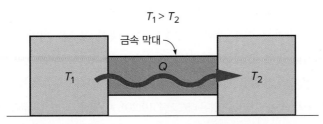

그림 10.18 열전도에서, 물체 사이에 온도차가 있을 때 에너지는 그 물질을 통해 이동한다.

그림 10.19   상온에서 금속블록과
나무블록을 쥐면, 금속블록이 더 차
갑게 느껴진다.
James Ballard/McGraw-Hill Education

그림 10.19   상온에서 금속블록과
나무블록을 쥐면, 금속블록이 더 차
갑게 느껴진다.
James Ballard/McGraw-Hill Education

주택의 단열에 대해 논의할 때 단열재로서의 다양한 재료의 효율성을 비교하기 위해 열저항 R의 개념을 사용한다. 좋은 열전도체는 나쁜 단열재이므로, 전도도가 높을수록 R값은 작아진다. 사실 R값은 물질의 두께와 열전도도 모두에 관련된다. 어떤 물질의 단열효과는 두께가 두꺼울수록 좋아지므로, R값도 물질의 두께에 따라 커진다.

공기는 좋은 단열재이다. 석면이나 유리섬유 같이 작은 구멍이 많아 공기를 가두고 있는 다공성 물질은 큰 R값을 갖는다. 이러한 물질들이 낮은 열전도도를 갖는 이유는, 물질 자체보다 물질 안에 갇힌 공기 주머니들이 많기 때문이다. 주거 공간의 바닥이나 천장, 벽 등에 이런 물질들을 단열재로 사용하면, 열전도성을 줄이고 집으로부터의 열의 손실을 줄일 수 있다.

대류란 무엇인가?

공기가 데워지고, 자연적인 흐름이나 송풍기로 그 공기가 움직이면, 대류에 의해 열이 전달된다. 주택을 난방할 때, 보일러로부터 파이프나 배관을 통해 공기, 물, 증기를 이동시켜 열을 전달한다. **대류**(convection)란 열에너지를 가진 유체의 움직임에 의해 열을 전달하는 것이다. 9장의 도입부에서 기체와 액체가 모두 유체임을 기억하라.

따라서 주택을 난방하는 주요 방법은 대류이다. 따뜻한 공기는 차가운 공기보다 밀도가 낮기 때문에 방열기나 전열기에서 천장 위로 올라간다. 그러면서 따뜻한 공기는 방안에 에너지를 실어나르는 공기의 흐름을 만든다. 따뜻한 공기는 열원이 있는 쪽의 벽을 따라 올라가고, 찬 공기는 반대쪽 벽을 따라 내려온다(그림 10.20). 이것을 자연 대류라고 한다. 팬을 사용하면 강제 대류가 발생한다.

대류는 건물의 열손실에도 관련이 있다. 건물에서 따뜻한 공기가 새어 나가거나 찬 공기

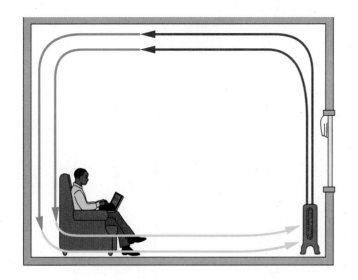

그림 10.20 대류에서, 열에너지는 가열된 유체의 움직임에 의해 전달된다. 방안에서 이런 일은 방열기나 전열기로부터 데워진 공기가 움직이며 생긴다.

가 밖으로부터 들어오면 한기가 스며든다고 하는데, 이것도 대류의 일종이다. 문틈이나 창문틀, 틈이나 구멍 등을 잘 막으면, 한기가 스며드는 것은 어느 정도 막을 수 있다. 그러나 이를 완전히 막는 것은 좋지 않다. 냄새를 없애고 신선한 공기를 유지하려면 공기 순환이 필요하기 때문이다.

복사란 무엇이고, 어떻게 열을 전달하는가?

복사(radiation)는 전자기파(electromagnetic wave)에 의한 에너지 이동을 말한다. 파동과 전자기파는 15장과 16장에서 학습한다. 열전달과 관련된 전자기파는 주로 전자기파 스펙트럼의 적외선 영역에 속한다. 적외선의 파장은 라디오파의 파장보다는 짧고, 가시광선의 파장보다는 길다(그림 16.5 참고).

전도는 열이 지나가기 위한 매질이 있어야 하고, 대류는 열과 같이 움직일 매질이 있어야 하지만, 복사는 진공을 통해서도 일어난다. 열을 차단하는 것이 목적인 보온병 안의 진공층에서도 복사에 의해 열은 전달된다(그림 10.21). 진공층 양쪽 벽을 은도금 처리하면 복사를 줄일 수 있다. 은색은 전자기파가 흡수되지 않고 반사되도록 하고 보온병 내부와 외부 사이의 에너지 이동을 줄인다.

같은 원리가 주택 공사에 쓰이는 은박껍질의 단열재에도 적용된다. 벽 사이에 공기가 갇혀 있는 공간에서 열이동의 일부는 복사, 일부는 전도에 의한 것이다. 은박껍질의 단열재를 사용하면 복사에 의한 열이동을 줄인다. 얇은 은박껍질의 단열재가 은박껍질이 없는 더 두꺼운 단열재와 같은 R값을 가질 수 있다.

지붕이나 길바닥으로부터 차고 어두운 하늘로 향하는 에너지 손실에도 복사가 관계된다. 일반적으로 검은색의 표면은 전자기파를 효과적으로 방출한다. 길바닥은 하늘로 에너지를 방출하고, 주변 공기보다 빨리 차가워진다. 기온이 영상이더라도, 아스팔트길의 표면은 영하로 내려가 결빙상태가 될 수 있다.

전자기파를 잘 흡수하는 물질은 동시에 방출도 잘한다. 검은색 물질은 여름에는 태양 에

그림 10.21 보온병에서 진공층을 지나 열에너지가 이동하는 유일한 과정은 복사이다. 벽을 은도금 처리하면 복사를 줄일 수 있다.

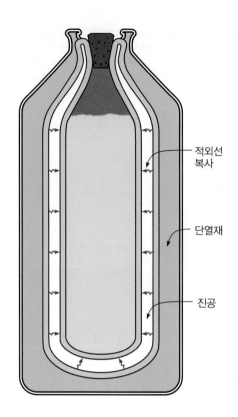

적외선 복사

단열재

진공

너지를 더 많이 흡수하고, 겨울에는 더 많은 열을 잃는다. 검은 지붕이 보기에는 좋을지 모르나, 에너지 절약의 관점에서는 좋지 않다. 여름에 서늘하게, 겨울에 따뜻하게 집을 유지하려면 밝은색이 좋다.

열전달에 관한 기본적인 원리를 이해하면 집을 설계하는 데 유용하다. 전도, 대류, 복사는 어떻게 열이 집의 안팎으로 이동하는지, 그리고 집안에서 어떻게 돌아다니는지를 이해하는 데에 중요하다. 큰 창문은 이중창을 사용하더라도 열손실이 많다. 그러나 창문이 집의 남쪽에 위치하면 이런 열손실은 태양의 복사에 의한 열에 의해 부분적으로 상쇄될 수 있다. 일상의 자연현상 10.2에서와 같이, 태양 에너지를 잘 이용하기 위해서도 열흐름의 원리는 중요하다.

> 열의 이동은 전도, 대류, 복사의 3가지 방법에 의해 발생한다. 전도에서 에너지는 물질을 통해 전달된다. 어떤 물질은 다른 물질보다 열을 잘 전달한다. 대류는 열에너지를 가진 유체의 움직임에 의해 열이 전달되는 것이다. 복사는 전자기파를 통해 에너지가 전달되는 것이다. 열의 이동은 계의 내부 에너지가 변화하는 한 방법이므로, 열역학 제1법칙을 적용할 때 이 3가지 과정은 모두 중요하다.

일상의 자연현상　10.2

태양열 집열기, 온실, 그리고 지구 온난화

상황　평판형 태양열 집열기가 주택 및 유사한 용도로 물을 가열하는 데 사용되고 있다. (태양열 집열기는 현재 전력생산에 광범위하게 사용된다.) 평판형 집열판은 표면에 물이 지나가는 관이 달린 금속판으로 이루어져 있다. 판과 관은 검은색으로 칠해져 있고, 밑이 단열된 틀에 고정되었으며, 위는 유리나 투명한 플라스틱이 덮고 있다. 이 평판형 집열판은 어떻게 작동하는가? 어떤 열이동 과정이 관련되어 있는가? 기후변화와 어떤 관련이 있는가?

분석　평판형 집열판은 태양으로부터 진공을 가로질러 열이 이동하는 유일한 방법인 전자기파의 형태에 에너지를 받는다. 태양이 방출한 전자기파는 주로 우리 눈이 민감한 가시광선 영역에 있다. 이 파는 집열기의 투명한 덮개를 쉽게 통과한다.

　집열기의 검은 표면은 들어오는 가시광선의 대부분을 흡수하고, 거의 반사하지 않는다. 흡수된 빛에너지는 판의 온도를 높이고 판에 붙은 관을 지나가는 물은 전도에 의해 데워진다. 판 밑의 단열재는 열이 주변으로 퍼지는 것을 막는다.

　금속판은 따뜻하기 때문에 적외선 영역의 전자기파 형태로 방출한다. 적외선은 유리나 플라스틱 덮개를 통과하지 못하므로 다시 안으로 반사된다. 덮개는 또한 대류에 의한 손실을 줄이기도 한다. 집열기는 일종의 에너지 덮개이다.

　가시광선 영역의 빛은 투과하지만 내부 물체의 적외선 파장의 빛은 빠져나가지 못하는 것을 **온실 효과**라고 한다. 온실은 추운 날씨에 태양으로부터 에너지를 가두어 식물을 따뜻한 환경으로 유지한다. 화창한 날 창문을 닫으면 승용차 내부의 온도가 올라가는 것과 같은 효과이다.

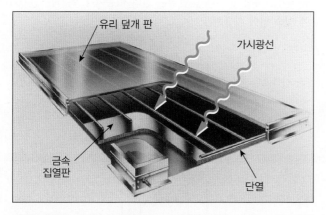

평판형 태양열 집열기의 검은색 금속판의 밑은 단열되어 있고, 위는 유리나 투명한 플라스틱으로 덮여 있다.

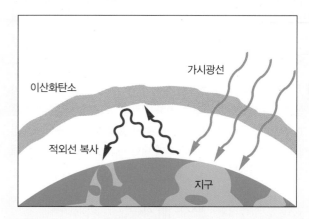

지구의 대기에 있는 이산화탄소와 다른 기체들은 태양열 집열기의 덮개와 같은 역할을 한다. 가시광선은 통과하지만 적외선 복사는 통과하지 못한다.

　지구 온난화의 경우, 지구는 거대한 온실과 비슷하다. 이산화탄소와 그 외에 대기 중에 조금씩 있는 다른 기체들은 가시광선에는 투명하지만, 적외선에는 그렇지 않다. 이산화탄소는 석탄, 석유, 천연가스, 나무 등 탄소를 기본으로 하는 연료가 연소되면 발생한다. 나무를 제외하고 이러한 에너지원을 화석연료라고 한다.

　지난 100년 동안 과도하게 화석연료를 사용하면서 대기 중 이산화탄소의 양이 서서히 증가했다. 이 증가는 지구의 평균 온도를 증가시켰다. 지구의 평균 온도를 모형화하는 것은 해류 및 기타 여러 요인을 포함해야 하는 매우 복잡한 문제이지만, 연구에 따르면 화석연료의 연소가 지구 온난화의 주원인으로 보인다. 이것은 화석연료를 만드는 데 소요된 수백만 년에 비해 지질학적으로 매우 짧은 시간에 일어나고 있다(1장의 그림 1.2 참고).

　지구의 온도에 영향을 주는 또 다른 주요 요인은 식물이다. 식물은 자라면서 공기 중의 이산화탄소를 흡수하고, 죽거나 연소되면 일부를 방출하지만, 나머지 일부는 나뭇잎과 흙에 덮여 땅에 묻힌다. 산림과 기타 식물들이 화재로 소실되고 건물과 도로 건설로 나무가 제거되면 식물의 긍정적인 효과가 줄어들게 된다.

　온실가스 증가에 대한 확실한 해결책은 전 세계적으로 화석연료 사용을 줄이는 것이다. 에너지 절약이 도움이 될 수 있지만 이러한 모든 노력이 하루아침에 이루어질 수는 없다. 화석연료가 필요 없는 에너지원을 개발하는 관련 연구가 진행되고 있다. 여기에는 풍력, 태양열, 파도와 같은 재생 가능 에너지뿐만 아니라 원자력 에너지가 포함될 수 있다(15장의 일상의 자연현상 15.1 참고).

요약

열역학 제1법칙에서 중요한 역할을 하는 열이 이 장의 핵심이다. 열역학 제1법칙을 사용하여 이상 기체의 거동뿐만 아니라 물질의 온도, 상변화를 설명하였다. 열과 온도의 개념을 구분하는 것은 매우 중요하다.

① **온도와 측정** 온도 척도는 물체가 얼마나 뜨거운지, 차가운지를 설명하는 일관된 수단을 제공하기 위해 고안되었다. 물체의 온도가 같으면 물체 사이에 열이 이동하지 않고 물리적 특성이 일정하게 유지된다. 온도의 절대 영도에 대한 사고는 기체의 거동에 대한 연구에서 나왔다.

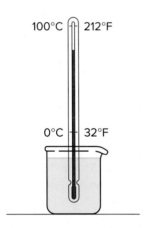

② **열과 비열** 물체의 온도가 다르기 때문에 물체 사이에 이동하는 에너지를 열이라고 한다. 단위 질량에 대해 1°의 온도를 변화시키는 데 필요한 열의 양을 비열이라고 한다. 잠열은 온도를 변화시키지 않고 물질의 상을 변화시키는 데 필요한 단위 질량당 열의 양이다.

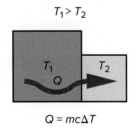

$$Q = mc\Delta T$$

③ **줄의 실험과 열역학 제1법칙** 열역학 제1법칙에 의하면 물질이나 계의 내부 에너지는 열을 추가하거나 일을 가함으로써 증가시킬 수 있다. 내부 에너지를 증가시키면 계를 구성하는 원자와 분자의 퍼텐셜 에너지 및 운동 에너지가 증가하고 온도 증가, 상변화 또는 계의 다른 특성 변화로 나타날 수 있다.

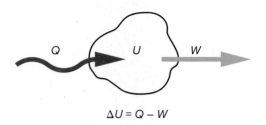

$$\Delta U = Q - W$$

④ **기체의 거동과 열역학 제1법칙** 이상 기체의 내부 에너지는 기체 분자의 운동 에너지와 같다. 내부 에너지는 기체의 절대온도에 정비례하여 달라진다. 기체가 한 일은 부피 변화에 비례하므로 일을 하거나 열을 가했을 때 온도나 압력이 어떻게 변할지 예측하는 데 열역학 제1법칙을 사용할 수 있다.

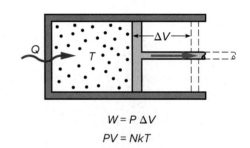

$$W = P\Delta V$$
$$PV = NkT$$

⑤ **열의 이동** 한 계에서 다른 계로 열이 이동하는 방식에는 3가지가 있다. 전도는 물질을 통해 열이 직접적으로 이동한다. 대류는 움직이는 유체에 의해 운반되는 열의 이동이다. 복사는 전자기파에 의해 열이 이동한다.

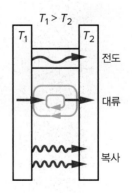

개념문제

Q1. 0℃에 있는 물체는 0°F에 있는 물체보다 뜨거운가, 차가운가 또는 같은 온도에 있는가? 설명하시오.

Q2. 일정한 압력의 기체는 온도가 증가함에 따라 부피가 예측 가능한 방식으로 증가한다. 이 계를 온도계로 사용할 수 있는가? 설명하시오.

Q3. 온도가 0℃ 이하로 내려가는 것이 가능한가? 설명하시오.

Q4. 273.2K의 온도에 있는 물체는 0℃에 있는 물체보다 뜨거운가, 차가운가 또는 같은 온도에 있는가? 설명하시오.

Q5. 주변으로부터 단열된, 다른 온도를 가진 2개의 물체가 서로 접촉하고 있다. 이 두 물체의 마지막 온도가 2개 물체의 처음 각각의 온도보다 더 높아질 수 있는가? 설명하시오.

Q6. 한 도시는 큰 호수 근처에 있고, 다른 도시는 사막 한 가운데에 있다. 두 도시는 낮에 같은 최고 온도에 도달한다. 해가 지면 어느 도시가 더 빨리 식겠는가? 설명하시오.

Q7. 100℃에 있는 물에 열을 가하면 어떤 일이 생기는가? 온도가 변하는가? 설명하시오.

Q8. 액체가 과냉각된다는 것은 무엇을 의미하는가? (일상의 자연현상 10.1 참고)

Q9. 상변화 물질(PCM)이 태양광 발전소에 유용한가? 설명하시오(일상의 자연현상 10.1 참고).

Q10. 망치로 연성의 금속조각을 두드려 새로운 모양으로 만들려고 한다. 주변과 단열되어 있으면 두들김으로써 온도를 변화시킬 수 있는가? 설명하시오.

Q11. 어떤 계의 온도가 올라가서 내부 에너지가 증가하였다. 계의 최종 상태로부터 이 계의 내부 에너지의 변화가 열에 의한 것인지 일에 의한 것인지 알 수 있겠는가? 설명하시오.

Q12. 실험을 바탕으로 줄은 연못의 바닥 온도가 상단보다 높아야 한다고 제안했다. 왜 그런가? 설명하시오.

Q13. 기체로부터 열을 제거하지 않고 온도를 낮출 수 있는가? 설명하시오.

Q14. 일정한 부피로 유지되는 이상 기체에 열을 가한다. 이 과정에서 기체의 온도가 일정하게 유지될 수 있는가? 설명하시오.

Q15. 얼음에 열이 가하여 얼음은 녹지만 온도는 변하지 않는다고 하자. 물은 얼면서 부피가 팽창하므로, 얼음이 녹으며 만든 물의 부피는 처음 얼음의 부피보다 작다. 이 과정에서 얼음-물 계의 내부 에너지가 변하는가? 설명하시오.

Q16. 창문이나 문에 있는 틈을 통해 집에 있는 열이 손실되는 경우가 있다. 어떤 방식의 열전달(전달, 대류, 복사)이 관계되어 있는가? 설명하시오.

Q17. 열이 유리창을 통해 이동할 때, 어떤 방식의 열전달(전도, 대류, 복사)이 관계되는가? 설명하시오.

Q18. 태양과 지구 사이의 차가운 빈 공간을 통해 태양으로부터 열을 얻는 방법은 무엇인가?

Q19. 평판형 태양열 집열기로부터 열에너지를 운반하는 데 어떤 과정(전도, 대류, 복사)이 관련되는가? 설명하시오(일상의 자연현상 10.2 참고).

연습문제

이 장의 연습문제에서는 물의 비열에 대해 $c = 1.0$ cal/g·C°를 사용한다. 칼로리와 줄 사이의 변환은 4.19 J = 1 cal이다.

E1. 물체의 온도가 22℃이다.
  a. 화씨로 얼마인가?
  b. 절대온도(켈빈온도)로 얼마인가?

E2. 매우 더운 여름날의 온도가 110°F이다.
  a. 섭씨로 얼마인가?
  b. 절대온도(켈빈온도)로 얼마인가?

E3. 더운 여름날의 기온이 아침에 18℃에서 오후에 30℃로 달라진다.

  a. 아침부터 오후까지 온도 변화는 섭씨로 몇 도인가?
  b. 초기 온도는 화씨로 몇 도인가?
  c. 최종 온도는 화씨로 몇 도인가?
  d. 아침부터 오후까지 온도 변화는 화씨로 몇 도인가?
  e. 섭씨와 화씨 사이의 변환을 사용하여 섭씨의 ΔT를 화씨로 계산할 수 없다. 왜 그런가? (그림 10.4가 도움이 될 수 있다.)

E4. 300 g 알루미늄 블록의 온도를 160℃에서 40℃로 내리려면 얼마의 열을 제거해야 하는가? 알루미늄의 비열은 0.215 cal/g·C°이다.

E5. 초기 온도가 18°C인 물 75 g에 900 cal의 열을 가하면 최종 온도는 얼마인가?

E6. 300 cal의 열이 계에 가해졌다. 이 에너지는 몇 J인가?

E7. 기체가 주변에 825 J의 일을 하는 동안 1200 J의 열이 기체에 가해졌다.
   a. 추가된 열을 무시하고 기체가 825 J의 일을 하면 기체의 내부 에너지는 증가하는가, 감소하는가?
   b. 기체가 한 일을 무시하고 기체에 1200 J의 열을 가하면 기체의 내부 에너지는 증가하는가, 감소하는가?
   c. 이 두 요소를 모두 고려할 때 기체의 내부 에너지 변화는 얼마인가?

E8. 압력이 3600 Pa(1 Pa = 1 N/m²)로 유지된 채로 이상 기체의 부피가 0.4 m³에서 2.5 m³로 팽창하였다. 초기 온도가 480K라면 최종 온도는 얼마인가?

E9. 400 cal의 열을 기체에 가하였다. 또한 기체는 팽창하여 주변에 400 J의 일을 가하였다.
   a. 400 cal는 몇 J인가?
   b. 줄 단위로 기체의 내부 에너지 변화는 얼마인가?
   c. 칼로리 단위로 기체의 내부 에너지 변화는 얼마인가?
   d. 기체의 온도는 증가하는가 감소하는가?

종합문제

이 장의 종합문제에서는 물의 비열에 대해 $c = 1.0$ cal/g·C°를 사용한다. 칼로리와 줄 사이의 변환은 4.19 J = 1 cal이다.

SP1. 초기 온도가 24°C인 물체에 열을 가하여 83°C로 증가하였다.
(힌트: 이 문제를 풀기 전에 연습문제 E3을 풀어 보라.)
   a. 물체의 온도 변화는 화씨로 얼마인가?
   b. 물체의 온도 변화는 켈빈으로 얼마인가?
   c. cal/g·C°로 표시한 비열과 cal/g·K로 표시한 비열의 값 차이가 있는가? 설명하시오.

SP2. 초기 온도가 −22°C인 얼음 140 g이 있다. 얼음의 비열은 0.5 cal/g·C°이고 물의 비열은 1 cal/g·C°이다. 물의 융해 잠열은 80 cal/g이다.
   a. 얼음의 온도를 0°C로 올리는 데 필요한 열은 얼마인가?
   b. 얼음이 0°C에 도달한 후 얼음을 완전히 녹이는 데 필요한 열은 얼마인가?
   c. 얼음이 녹아서 된 물을 27°C로 가열하는 데 추가로 필요한 열은 얼마인가?

   d. −22°C인 얼음 140 g을 +27°C의 물로 바꾸는 데 필요한 열의 총량은 얼마인가?
   e. 문항 a, b, c에 대한 답을 검토하시오. 얼음을 녹는점까지 가열하거나, 얼음을 녹이거나, 물을 최종 온도로 가열하는 것 중 어느 것이 가장 많은 에너지를 필요로 하는가?
   f. 얼음을 녹이는 데 필요한 열과 140 g의 물을 49°C로 올리는 데 필요한 열의 양을 더하는 것으로 열의 총량을 간단히 구할 수 있는가? 설명하시오.

SP3. 600 g의 물이 담겨 있는 비커를 휘저어 줌으로써 2300 J의 일을 가하고 핫플레이트로부터 추가로 400 J의 열을 가하였다.
   a. 변화한 물의 내부 에너지는 줄로 얼마인가?
   b. 변화한 물의 내부 에너지는 칼로리로 얼마인가?
   c. 물의 온도 변화는 얼마인가?
   d. 200 J의 일과 1200 cal의 열을 추가로 가하였다면 위의 3가지 질문에 대한 답은 달라지는가? 설명하시오.

CHAPTER 11

열기관과 열역학 제2법칙

Heat Engines and the Second Law of Thermodynamics

학습목표

열기관에 대한 논의 후에 열역학 제2법칙을 탐구한다. 열역학 제2법칙은 열기관의 열효율을 이해하는 핵심이다. 열역학 제1법칙과 제2법칙은 오늘날 세계 경제에서 에너지 자원의 사용을 고려하는 데도 중요하다. 이 주제는 국가 경제의 건전성과 함께 환경의 질에도 기본적인 중요성을 가지고 있다. 열역학의 법칙들은 현명한 에너지 정책을 선택하는 데도 결정적이다.

개요

1. **열기관** 열기관이란 무엇인가? 열기관이 어떻게 작동하는지에 대하여 열역학 제1법칙은 무엇을 말해주는가?

2. **열역학 제2법칙** 이상적인 열기관을 만들 수 있다면, 그것은 어떻게 작동할 것인가? 이상적인 열기관의 개념은 무엇이며, 이는 열역학 제2법칙과 어떠한 관계가 있는가? 열역학 제2법칙은 무엇을 의미하는가?

3. **냉장고, 열펌프, 그리고 엔트로피** 냉장고나 열펌프는 무엇을 하는 것인가? 엔트로피는 무엇인가? 그것은 열에너지 사용에 어떠한 제한을 가하는가?

4. **발전설비와 에너지 자원** 어떻게 하면 전기를 효율적으로 생산할 수 있는가? 화석연료나 태양 에너지와 같은 에너지 자원을 사용하는 데 있어서 열역학 제2법칙은 무엇을 의미하는가?

5. **영구기관과 에너지 속임** 열역학 법칙에 따르면 영구기관이란 가능한가? 영구기관 발명자의 주장을 어떻게 받아들여야 할까?

많은 사람들이 상당한 시간 동안 자동차를 타거나 운전하면서 생활한다. 우리는 자동차가 리터당 몇 km를 달릴 수 있는지, 여러 종류의 기관의 성능이 어떠한지에 대하여 이야기한다. 우리는 정기적으로 무연휘발유를 사기 위해 주유소에 간다. 그리고 대개의 사람들은 이 연료가 다른 곳에서 값이 얼마나 될까를 생각한다(그림 11.1).

자동차의 기관 내부에서 어떤 일이 일어나고 있는지를 이해하고 있는 사람이 얼마나 될까? 자동차의 시동 스위치를 켜고 가속 페달을 밟으면 기관은 작동원리에 대해 자세히 알지 못해도 붕 소리를 내고 연료를 소비하며, 지시대로 차를 움직인다. 모르는 것이 행복할지도 모른다. 무언가가 잘못될 때까지는. 그러나 어려운 일을 한 번 경험한 다음에는 자동차의 기관에 대하여 어느 정도 이해하고 있는 것이 유익할 것이다. 자동차의 기관은 무엇을 하는가, 그리고 어떻게 작동하는가?

오늘날 대부분의 자동차에서 사용되고 있는 내연 기관은 일종의 **열기관**이다. 열역학이라는 과학은 열기관의 최초의 형태인 증기 기관의 작동원리를 더 잘 이해하기 위한 목적으로 개발되었다. 더 좋은 열효율의 열기관을 만드는 것이 제1의 목적이었던 것이다. 증기 기관은 일반적으로 연료를 내부에서가 아니라 외부에서 태우는 외연 기관이었지만 결국은 내연 기관과 같은 원리로 작동한다.

열기관은 어떻게 작동하는가? 어떤 요소들이 열기관의 열효율을

그림 11.1 가정용 자동차에 휘발유를 넣는 모습. 자동차의 기관은 이 연료를 어떻게 사용하여 자동차를 움직이게 하는가? *Kaspars Grinvalds/Shutterstock*

결정하는가, 그리고 어떻게 하면 열효율을 극대화시킬 수 있는가? 여기에는 열역학 제2법칙이 중심적인 역할을 한다. 열기관은 열역학 제2법칙과 엔트로피의 개념을 설명하는 안내자가 되기도 한다.

11.1 열기관

자동차의 내연 기관은 무슨 일을 하는지에 대하여 잠시 생각해보자. 증기 기관과 가솔린 기관을 모두 열기관이라고 하였다. 이것은 무엇을 뜻할까? 연료가 기관에서 연소하며 일을 하여 차가 움직인다는 것을 안다. 여하튼 일은 연료를 태우는 동안에 방출된 열로부터 얻어진다. 모든 열기관의 기본적인 특징을 나타내는 모형을 개발할 수 있는가?

열기관은 무슨 일을 하는가?

자동차의 가솔린 기관이 어떻게 일을 하는지에 대해 개략적으로 기술해보자. 가솔린이라는 연료가 기체 상태로 공기와 혼합되어 실린더라고 부르는 둥근 통 안으로 들어간다. 점화 플러그에 의해 발생된 불꽃이 기체와 공기의 혼합물에 불을 붙이면 전체의 연료가 급격히 연소한다(그림 11.2). 연료가 타면서 연료로부터 열이 방출되며, 그 열이 실린더 안의 기체를 팽창시켜서 피스톤에 일을 해준다.

피스톤이 받은 일은 기계적인 연결에 의해 구동 샤프트에, 그리고 최종적으로 자동차의 바퀴에 전달된다. 바퀴는 도로 면을 밀어주며 이때 뉴턴의 제3법칙에 의해 노면도 타이어에 힘을 작용하여 차가 움직이도록 하는 것이다.

자동차가 움직이는 데 있어서 연소된 연료로부터 얻어진 모든 열이 일로 전환되는 것은 아니다. 자동차의 뒤에 있는 배기관으로부터 나오는 배기가스는 아직도 뜨겁다. 이는 얼마

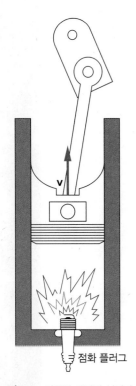

그림 11.2 자동차 기관의 실린더 안에서 연소하는 가솔린으로부터 방출된 열의 일부가 일로 전환되며 피스톤을 움직인다.

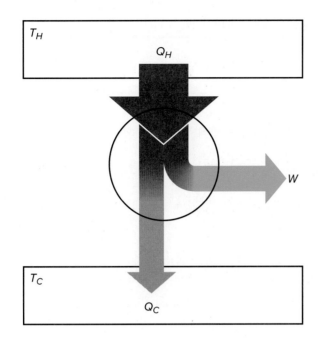

그림 11.3 열기관의 도식적 표현. 높은 온도 T_H의 열원으로부터 열을 받는다. 받은 열의 일부는 일로 전환되고, 나머지 열은 낮은 온도 T_C의 열원으로 방출된다.

간의 열이 주변 환경으로 방출됨을 의미한다. 사용되지 않은 열이 존재한다는 것은 열기관의 일반적인 특징이다.

이런 일반적인 기술이 모든 열기관에 공통적으로 적용되는 특징을 보여준다. 열에너지가 열기관 안으로 들어간다. 이 에너지의 일부가 역학적 일로 전환된다. 일부 열은 입력온도보다 낮은 온도의 주변으로 방출된다. 그림 11.3은 이러한 개념을 도식적으로 나타낸 것이다. 원은 열기관을 나타낸다. 위에 있는 사각형은 높은 온도의 열원이고, 아래에 있는 사각형은 폐열(waste heat)이 방출되는 낮은 온도의 열원, 곧 주변 환경이다.

열기관의 열효율

주어진 입력 열에너지에 대해 열기관이 하는 일, 즉 역학적 에너지로 사용하는 비율은 얼마나 될 것인가? 열기관이 얼마나 생산적인가 혹은 효율적인가를 아는 것은 중요한 일이다. **열효율**(efficiency)은 열기관이 한 알짜 일과 이 일을 하기 위해 공급되어야 하는 열의 양의 비로 정의된다. 기호로는

$$e = \frac{W}{Q_H}$$

이다. 여기서 e는 열효율이고, W는 기관이 한 알짜 일, Q_H는 높은 온도의 열원으로부터 기관이 받아들인 열량이다. 일 W는 기관이 주위에 한 일이기 때문에 양(+)의 값을 갖는다(여기서 첨자 H와 C는 hot과 cold를 나타낸다).

예제 11.1에서, 열기관이 높은 온도의 열원으로부디 1200 J의 열을 받고 한 번의 순환 과정에서 400 J의 일을 하면, 열효율은 1/3이 된다. 열기관의 열효율은 일반적으로 백분율로 나타내므로 이는 0.33, 곧 33%에 해당된다. 보통 자동차에 사용되는 열기관의 열효율은 33%에는 미치지 못한다. 그러나 발전소에서 사용하는 석탄이나 석유를 연료로 사용하는 증기터빈의 열효율은 이보다 높다.

예제 11.1 ▶ 이 기관의 열효율은 얼마인가?

열기관이 각 순환과정 동안에 높은 온도의 열원으로부터 1200 J의 열을 흡수하고 400 J의 일을 한다.

    a. 이 기관의 열효율은 얼마인가?

    b. 얼마의 열이 매 순환과정 동안에 주위로 방출되는가?

a. $Q_H = 1200$ J

    $W = 400$ J

    $e = ?$

$$e = \frac{W}{Q_H}$$

$$= \frac{400 \text{ J}}{1200 \text{ J}} = \frac{1}{3} = 0.33$$

$$= \mathbf{33\%}$$

b. $Q_C = ?$

$$W = Q_H - Q_C$$

그래서 $Q_C = Q_H - W$

$$= 1200 \text{ J} - 400 \text{ J}$$

$$= \mathbf{800 \text{ J}}$$

열기관은 통상적으로 순환과정을 통해 같은 일을 계속 반복하므로 열효율을 계산할 때에는 열기관이 완전한 한 순환과정을 하는 동안의 열과 일의 값을 사용한다. 만일 여러 순환과정 동안 열과 일의 교환이 서로 다르다면 정확한 열효율의 계산을 위해서는 반드시 여러 번의 순환과정으로부터 얻은 평균값을 사용하여야 한다.

열역학 제1법칙은 열기관에 대해 무엇을 말해주는가?

열역학 제1법칙은 열기관이 할 수 있는 일에 약간의 제한을 가한다. 기관은 각 순환과정의 끝에 초기상태로 돌아가기 때문에, 순환과정의 끝에서 열기관이 가지고 있는 내부 에너지는 순환과정의 초기에서와 같은 값이다. 따라서 완전한 한 순환과정 동안 기관의 내부 에너지 변화는 0이다.

열역학 제1법칙은 내부 에너지의 변화는 더해진 알짜 열과 기관에 의해 수행된 알짜 일 사이의 차($\Delta U = Q - W$)와 같다는 것을 말해준다. 완전한 한 순환과정 동안의 내부 에너지의 변화 ΔU는 0이기 때문에, 순환과정당 기관으로 들어가거나 나오는 알짜 열 Q는 한 순환과정 동안에 기관에 의해 하여진 일 W와 같아야 한다. 이것이 바로 에너지가 보존된다는 열역학 제1법칙이다.

알짜 열이란 높은 온도의 열원으로부터 유입된 열 Q_H에서 낮은 온도의 주위로 방출된 열 Q_C를 빼준 값이다. 열역학 제1법칙은 열기관에 의해 하여진 알짜 일이 알짜 열과 같기 때문에

$$W = Q_H - |Q_C|$$

로 표현된다.*

---

* Q_C의 절댓값을 수직선을 이용하여 표시하였다. Q_C는 기관으로부터 흘러나오기 때문에 마이너스 값이다. 마이너스 부호를 붙이면 그 관계는 더욱 분명해진다.

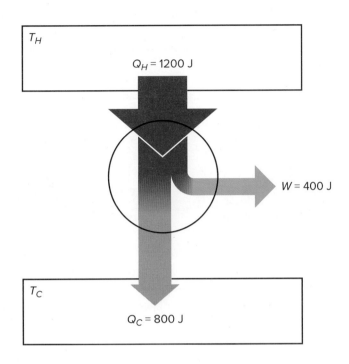

그림 11.4 화살표의 폭은 예제 11.1
에서 에너지의 양을 나타낸다.

예제 11.1에서 800 J의 열이 주위로 방출된다. 그림 11.4에서 화살표의 폭은 흐르는 열이
나 일의 크기를 말해준다. 위에 있는 넓은 폭의 화살표로부터 시작해보자. 한 번의 순환과정
에서, 1200 J의 열이 흡수되어 400 J(전체의 1/3)이 일로 전환되고, 800 J(전체의 2/3)의 열
이 낮은 온도의 열원으로 방출된다. 방출된 열을 나타내는 화살표는 일을 나타내는 화살표
보다 2배만큼 넓고, 이 두 화살표의 폭을 합하면 처음 흡수된 열의
화살표 폭과 같다.

자동차 기관과 디젤 기관, 제트 기관, 발전소에서 사용하는 증
기터빈은 모두 열기관의 일종이다. 그림 11.5에서와 같이 주전자
의 주둥이 앞에 바람개비를 놓으면 간단한 증기터빈을 만들 수 있
다. 열은 난로나 뜨거운 판에 의해 차주전자로 공급된다. 이 열 중
에서 일부는 바람개비를 돌리는 일로 전환되지만, 나머지 열은 방
으로 방출되어 방을 조금 덥히기는 하지만 바람개비에 일을 하지
않는다.

만일 줄이나 실을 바람개비의 회전축에 걸어 준다면, 바람개비
에 하여진 일이 작은 물건을 들어올릴 수 있다. 이러한 바람개비
증기터빈은 일률이 높거나 효율적이지는 않다. 높은 일률(일을 하
는 빠르기)과 높은 열효율(입력 열을 일로 바꾸는 비율) 2가지 모
두를 갖춘 너 좋은 열기관을 설계하는 것은 지난 200년 동안 과학
자와 기계 공학자들의 목표가 되어 왔다. 일상의 자연현상 11.1에
최근의 기술적 진보에 대하여 기술하였다. 이 분야의 연구에서 중
요한 것은 열효율에 영향을 주는 요인이 무엇인가를 알아내는 일
이었다.

그림 11.5 주전자로부터 나오는 증기가 바람개비를 돌리는 것은 바
로 간단한 증기터빈의 원리이다. 이러한 증기 기관으로 작은 물건을
들어 올리는 것과 같은 일을 할 수 있다. *Jill Braaten*

하이브리드 자동차 기관

상황 자동차 회사들은 더 좋은 성능의 기관과 구동 시스템을 개발하기 위해 많은 시간 동안 일해 왔다. 그 목적은 비용의 과도한 증가 없이 효율이 좋고 유해 배기가스 배출을 적게 하는 것이다. 연방정부와 주정부의 환경 규제가 인센티브를 제공한다.

전기자동차가 바로 하나의 해법이 되어 왔다. 전기자동차는 말 그대로 전혀 유해가스를 배출하지 않지만 아직은 제한적인 연속주행거리, 에너지 저장배터리와 관련된 무게, 비교적 비용이 비싼 전기로 수시간 충전해야 되는 점 때문에 난관이 있다. 전기모터와 가솔린 기관을 동시에 사용하는 하이브리드 시스템은 최근에 개발된 것이다. 하이브리드 시스템은 어떻게 작동할까? 또 그 장점과 단점은 무엇일까?

분석 물론 다른 조합도 가능하겠지만 거의 대부분의 하이브리드 디자인은 전기모터와 가솔린 기관 모두 차의 바퀴 구동장치에 동력을 전달하는 변속기를 회전시키도록 되어 있다. 가솔린 기관은 열기관이지만, 전기모터는 아니다. 전기모터는 배터리에 저장된 전기 에너지를 차를 구동하는 역학적인 에너지로 바꾸어 준다. 상황에 따라 두 기관 중 하나만 혹은 두 기관 모두 차에 동력을 공급할 수 있다. 정교한 파워-분할 변속기가 에너지 흐름

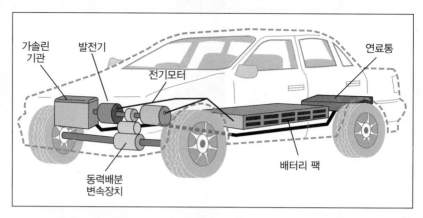

가솔린 기관과 전기모터 모두 하이브리드 차의 바퀴를 구동한다. 가솔린 탱크와 배터리 팩은 에너지를 저장하는 다른 방식을 보여준다.

을(또는 에너지를) 보내는 데 필요하다.

시내주행 시 자동차가 완전 정지 상태에서 출발하거나 저속 가속하는 동안에는 전기모터가 동력을 제공하는 데 사용된다. 이는 가솔린 기관이 효율적이지 않은 속도 영역에서 가솔린 기관을 사용할 때 발생하는 배기가스를 피하게 한다. 또한 이와 같지 않은 상황, 즉 양호한 출력을 필요로 할 때, 출력이 좋은 가솔린 기관을 써야만 하는 것을 피하게 한다. 가솔린 기관은 이런 상황에서는 심지어 꺼져 있어도 된다.

고속도로의 주행에 있어서는 주로 가솔린 기관이 동력을 제공하며 추가적인 동력이 필요한 경우에 한하여 전기모터를 작동

> 열기관이 높은 온도의 열원으로부터 열을 받아서, 이 열의 일부를 일로 전환시키고, 남은 열을 더 낮은 온도의 주위로 방출한다. 자동차의 가솔린 기관 또는 제트 기관, 로켓 기관, 증기터빈은 모두 열기관의 일종이다. 열기관의 열효율은 열기관이 한 일과 높은 온도의 열원으로부터 받은 열의 비이다. 완전한 한 순환과정의 경우 내부 에너지의 변화가 0이기 때문에, 열역학 제1법칙에 의해 한 순환과정 동안에 하여진 일은 열기관으로 들어가고 나간 알짜 열과 같다.

11.2 열역학 제2법칙

대표적인 열기관인 자동차의 내연 기관의 열효율이 30% 이하라면, 많은 에너지를 낭비하고 있는 것처럼 보인다. 주어진 여건에서 얻을 수 있는 가장 높은 열효율은 얼마인가? 어떤 요소들이 열기관의 효율을 결정하는가? 이러한 문제는 초기의 증기 기관 설계자들에게 중요했던 것처럼, 오늘날의 자동차 기관 개발자나 발전소의 설계자들에게도 마찬가지로 중요하다.

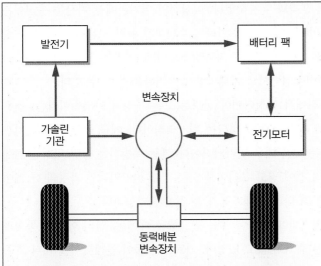

하이브리드 자동차에서 에너지의 흐름도. 감속 시 에너지는 전기모터에 의해 역으로 바퀴에서 전기모터를 통해 배터리 팩으로 흐른다.

1. 가솔린 기관이 내야 하는 최대 출력을 낮출 수 있기 때문에 더 작은 가솔린 기관의 사용이 가능하다. 이는 연료의 효율을 높일 수 있음을 의미한다.
2. 가솔린 기관의 남는 출력을 이용하여 배터리를 충전시킬 수 있다. 이렇게 수시로 배터리를 충전시킴으로써 오랜 시간 배터리를 충전해야 하는 것을 상당부분 줄일 수 있으며 동시에 전기 자동차에 비해 적은 규모의 배터리를 사용하는 것이 가능하다.
3. 가솔린 기관은 고속주행과 발전기를 작동시키는 데 주로 사용되기 때문에 가장 효과적인 속력에서 작동할 수 있다. 이것은 작은 속력에서 큰 가속도일 때 가장 많이 나오는 배기가스를 줄인다.

하이브리드 시스템의 가장 큰 단점은 가솔린 기관과 함께 비교적 큰 전기모터를 동시에 동력장치로 사용하고 또 이로 인해 더욱 정교한 변속장치가 필요하므로 추가적인 비용이 든다는 것이다. (일반적인 가솔린 기관의 자동차에서도 시동을 위해 전기모터가 장착되어 있으나 하이브리드 자동차에서 사용되는 전기모터는 출력이 크고 크기도 크다.) 또한 배터리 팩은 일정 기간 이후 교환해주어야 하는데 배터리의 가격이 상대적으로 고가이다.

이러한 이유로 하이브리드 자동차는 아직 같은 규모의 가솔린 기관 자동차에 비해 가격이 비싸다. 그럼에도 불구하고 하이브리드 자동차는 더 나은 연비와 적은 배기가스 배출이라는 환경적 이익을 알고 있는 사람들의 호응을 얻어왔다. 점점 더 강화되어가는 국제 환경 기준은 하이브리드와 전기 자동차를 더 매력적인 선택지로 만들 것이다.

시킬 수 있다. 가솔린 기관의 전체 출력이 모두 사용되지 않는 상황에서는 그 남는 동력을 이용하여 발전기를 돌리므로 역으로 배터리가 충전되는 데에 사용할 수도 있다(14장의 전기모터와 발전기 참고). 자동차가 내리막길을 달리거나, 정지하려고 제동을 거는 경우에는 전기모터를 반대방향으로 돌아가도록 만들어 전기를 발전하는 것도 가능하다. 이러한 방법으로 낮은 온도의 열에너지 형태로 낭비되던 에너지의 일부를 다시 되살려 배터리를 충전한다.

위의 그림은 또 다른 에너지의 흐름으로 설계된 하이브리드 자동차의 개념도이다. 하이브리드 시스템의 장점은 다음과 같다.

카르노 기관이란 무엇인가?

사디 카르노(Sadi Carnot, 1796~1832)는 이 문제에 관심을 가졌던 초기 과학자 중 한 사람이었다. 카르노는 역시 공학자였던 아버지의 영향을 많이 받았는데 그의 아버지는 당시 기계 동력의 중요한 원천이었던 물레바퀴의 설계에 대하여 연구하고 이를 저술로 남기기도 하였다.

부친의 이러한 연구는 카르노에게 이상적인 열기관의 모형을 만들기 위한 기초가 되었다. 카르노의 아버지는 물을 모두 가장 높은 지점으로 퍼 올린 다음 가장 낮은 지점으로 떨어뜨릴 때 물레바퀴의 효율이 최대가 된다는 사실을 깨달았다. 이로부터 카르노는 열기관이 가장 높은 온도에서 모든 입력 열을 받아들이고, 사용되지 않은 열을 최대한 낮은 단일 온도의 열원으로 방출시킬 때 그 효율이 최대가 될 것이라고 추리하였다. 이는 곧 열을 공급하는 열원과 궁극적으로 열이 방출되는 주위 온도의 차이가 최대가 되는 것을 말한다.

카르노는 이상적인 열기관의 또 다른 필요조건들을 제시하였다. 이상적인 열기관이 되려면 전체 순환과정이 과도한 난류나 비평형 없이 일어나야 한다는 것이었다. 이러한 조건은 물레바퀴에 관한 그의 아버지의 생각과 유사하였다. 이상적인 열기관에서 기관을 움직이는 유체가 고온의 증기나 혹은 그 이외의 어떤 것일지라도 순환과정 동안 모든 점에서 평형 상태에 있어야 한다. 이러한 조건은 기관이 완전히 **가역적**(reversible)이라는 것을 의미한다. 즉 항상 평형 근처에 있기 때문에 어떤 점에서도 반대방향으로 기관을 돌릴 수 있다.

계가 반드시 열과정의 모든 점에서 평형이어야 한다는(모든 과정이 가역적이라는) 것은 이상적인 것이다. 대부분의 실제 과정은 어느 정도는 비가역적이다. 예를 들어 자동차 기관의 실린더에서 가솔린이 폭발하는 것은 매우 비가역적이다. 계는 폭발하는 동안 평형 근처에는 가지도 못한다. 달걀을 깨뜨려 팬에 넣고 프라이를 하는 것도 비가역적인 과정의 한 예이다. 달걀을 프라이하는 것을 되돌려 다시 껍데기에 넣는 것은 불가능하다.

1824년 카르노가 이상적인 열기관에 관한 논문을 발표했을 때에는, 열의 에너지 특성과 열역학 제1법칙이 아직 완전히 이해되지 않고 있었다. 카르노는 물이 물레바퀴를 지나 흐르는 것처럼, 열이 열기관을 지나 흐르는 것을 묘사하였다. 1850년경에 열역학 제1법칙이 알려진 이후에서야 카르노의 열기관에 대한 개념들이 비로소 명백해졌다. 열은 단순하게 열기관을 지나 흐르지 않는다. 열의 일부는 기관에 의해 하여진 역학적 일로 전환된다,

카르노 순환과정의 각 단계들이란 어떠한 것인가?

카르노가 생각한 이상적인 열기관이 순환하는 과정은 그림 11.6과 같이 나타낼 수 있다. 움직일 수 있는 피스톤을 가진 실린더 안에 기체가 들어 있는 경우를 생각해보자. 순환과정의 제1단계인 열에너지 유입단계에서 열에너지는 높은 온도 T_H의 열원으로부터 열이 실린더로 흘러 들어간다. 실린더 내부의 기체는 이 과정에서 일정한 온도로 **등온** 팽창하며 동시에 피스톤에 일을 해준다. 제2단계에서 기체는 계속 팽창하나 실린더와 주위의 열원 사이에 열의 흐름이 없다. 이러한 팽창을 **단열** 팽창이라고 한다.

제3단계는 등온 압축이다. 이번에는 거꾸로 피스톤이 기체에 일을 하여 기체를 압축시킨다. 이 동안에는 열 Q_C가 낮은 온도 T_C의 열원으로 흘러나오게 된다. 마지막 단계인 제4단계는 실린더가 추가적으로 단열 압축되어 다시 초기상태로 되돌아가게 된다. 네 단계는 모두 기체가 항상 근사적으로 평형 상태에 있도록 느리게 이루어져야 한다. 그래야만 순환과정이

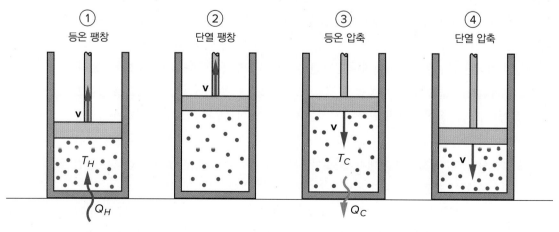

그림 11.6 카르노 순환과정. 제1단계: 등온 팽창, 제2단계: 단열 팽창, 제3단계: 등온 압축, 제4단계: 단열 압축

완전히 가역적이다. 이것이 **카르노 기관**(Carnot engine)의 중요한 특징이다.

기체가 1단계와 2단계에서 팽창되고 있을 때에는, 기체는 피스톤에 양(+)의 일을 하고 그 일은 기계적인 연결장치에 의해 외부로 전해진다. 3단계와 4단계에서는 기체가 압축되는데, 이때는 외력이 기관에 일을 해주어야 한다. 그러나 3단계와 4단계에서 가해진 일은 1단계와 2단계에서 기관이 한 일보다 적다. 그래서 기관이 외부에 알짜 일을 해주게 된다.

카르노 기관의 열효율은 무엇인가?

열기관 내부의 기체를 이상 기체라고 가정하는 카르노 순환과정의 열효율은 열역학 제1법칙을 이용하여 계산할 수 있다. 이를 위해서는 순환과정의 각 단계에서 기체가 했거나 혹은 기체에 하여진 일들과 열의 흐름이 수반되는 1단계와 3단계에서 유입되거나 방출되는 열의 양을 계산하여야만 한다. 11.1절에서의 열기관의 열효율에 대한 정의를 이용하면,

$$e_c = \frac{T_H - T_C}{T_H}$$

를 얻는다. 여기서 e_c는 **카르노 효율**(Carnot efficiency)이고, T_H와 T_C는 열이 들어오고 나가는 열원의 절대온도(단위: 켈빈)이다. 이 효율에 관한 방정식은 카르노 기관일 경우에만 성립한다.

예제 11.2는 이러한 개념을 도식적으로 보여준다. 주어진 온도의 경우 약 42%의 카르노 효율이 얻어진다. 카르노의 이론에 따른다면, 이 값은 이 두 온도 사이에서 작동하는 모든 기관이 가질 수 있는 **가능한 최대 열효율**이다. 같은 두 온도 사이에서 작동하는 실제의 어떤 기관도, 카르노 기관에서 요구하는 완전히 가역적인 과정으로 기관을 가동시키는 것은 불가능하기 때문에, 언제나 약간 낮은 열효율을 갖는다.

예제 11.2 ▶ 카르노 효율

증기터빈은 400℃의 온도에서 증기를 흡수하고 120℃의 냉각기에 증기를 내보낸다.
  a. 이 기관의 경우 카르노 효율은 얼마인가?
  b. 카르노 열효율이 가능하다고 가정하자(실제로는 어렵지만). 터빈이 각 순환과정에서 500 kJ의 열을 흡수한다면, 각 순환과정에서 터빈이 할 수 있는 일의 최대량은 얼마인가?
  c. 아주 좋은 열기관의 경우 그 효율은 약 37%에 이른다. 만일 한 증기터빈이 순환과정마다 500 kJ의 에너지를 흡수한다면, 이 터빈이 한 순환과정 동안 할 수 있는 일의 최대량은 얼마인가?

a. $T_H = 400℃$ $\qquad e_c = \dfrac{T_H - T_C}{T_H} = \dfrac{673 \text{ K} - 393 \text{ K}}{673 \text{ K}}$
$\quad = 673 \text{ K}$

$\quad T_C = 120℃ \qquad\qquad\qquad = \dfrac{280 \text{ K}}{673 \text{ K}}$
$\quad = 393 \text{ K}$

$\quad e = ? \qquad\qquad\qquad\qquad = \mathbf{0.416}\ (41.6\%)$

(계속)

b. $Q_H = 500 \text{ kJ}$ $e = \dfrac{W}{Q_H}$, 그래서 $W = eQ_H$

$W = ?$ $= (0.416)(500 \text{ kJ})$

                                      $= \mathbf{208 \text{ kJ}}$

c. $Q_H = 500 \text{ kJ}$ $e = \dfrac{W}{Q_H}$, 그래서 $W = eQ_H$

$e = 0.37$

$W = ?$ $= (0.37)(500 \text{ kJ})$

                                      $= \mathbf{185 \text{ kJ}}$

열역학 제2법칙

절대온도란 1850년대에 영국의 켈빈 경에 의해 알려졌다. 켈빈 경은 줄(Joule)의 실험을 알고 있었고, 열역학 제1법칙의 완성에도 일조하였다. 따라서 그는 열기관에 관한 카르노의 개념을 검토해볼 수 있는 유리한 위치에 있었다.

열의 흐름은 곧 에너지의 이동이라는 새로운 인식을 카르노의 개념과 결합시킴으로써, 켈빈 경은 일반적인 원리를 제안하였다. 이것이 오늘날 **열역학 제2법칙**(second law of thermodynamics)으로 다음과 같이 기술된다.

> 연속적으로 순환과정을 거치는 어떤 열기관도, 단일 온도의 열원으로부터 열을 흡수하여, 그 열을 100% 완전히 일로 바꿀 수는 없다.

바꾸어 말하면 어떤 열기관도 100%의 열효율을 갖는 것은 불가능하다는 것이다.

열역학 제2법칙을 사용하면 주어진 두 온도 사이에서 작동하는 어떤 기관도 같은 조건에서 작동하는 카르노 기관보다 더 큰 열효율을 가질 수 없다는 것을 역시 증명할 수 있다. 이러한 증명은 카르노 순환과정이 가역과정이라는 사실과 관련되는데, 카르노 기관이 도달할 수 있는 가장 좋은 기관이라는 카르노의 주장을 정당화시켜 준다. 만일 어떤 기관이 카르노 열효율보다 큰 효율을 갖는다면 이는 열역학 제2법칙에 위배된다. 이는 그림 11.7과 같이 설명된다.

만일 카르노 기관보다 큰 열효율을 갖는 열기관이 존재한다고 가정해보자. 이 기관을 이용한다면 같은 입력 열량 Q_H를 가지고 카르노 기관보다 더 큰 일을 만들어낼 수 있을 것이다. 이렇게 만들어진 일의 일부는 카르노 기관을 역으로 돌리는 데에 사용하여 첫 번째 기관에 의해 방출된 열을 다시 높은 온도의 열원으로 되돌려보낼 수 있을 것이다. 카르노 기관이 하는 일과 사용한 열의 크기의 비율은 기관이 역방향으로 작동할 때나 또는 순방향으로 작동할 때나 같다. 기관을 역으로 돌리려면 단순히 화살표의 방향만 반대로 해주면 된다.

나머지 일(그림 11.7에서 W_{excess})은 외부에서 이용될 수 있을 것이고, 나머지 열은 이미 높은 온도의 열원으로 복귀하였다. 이렇게 첫 번째 열기관과 카르노의 기관을 연결하여 사용한다면 높은 온도의 열원으로부터 유입된 작은 양의 열을 완전히 일로 바꾸는 것이 가능해진다. 그러나 이는 열역학 제2법칙에 위배된다. 따라서 이들 두 열원 사이에서 작동하는 어떤

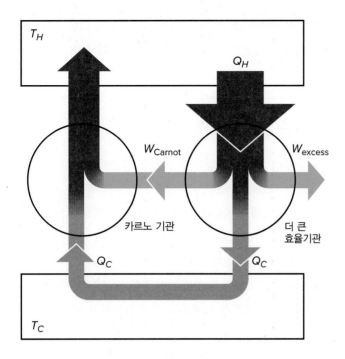

기관도 카르노 기관보다 더 큰 열효율을 가질 수 없다는 결론을 도달하게 된다.

　　그러므로 카르노 효율은 이들 두 온도 사이에서 작동하는 어느 열기관의 열효율보다도 더 크거나 최소한 같은 최대 열효율이다. 그 증명이 열역학 제2법칙을 이용하기 때문에, 카르노 효율을 때로는 **제2법칙 효율**이라고 부른다.

　　열역학 제2법칙은 증명될 수 없다. 그러나 그것은 우리가 아는 한에서는 한번도 틀린 적이 없는 자연의 법칙이다. 그것은 열에너지를 사용함에 있어 일종의 한계를 정한다. 열역학 제2법칙이 정확히 적용된다는 사실은 오랜 시간에 걸쳐 계속적으로 확인되었다. 또 이 법칙은 열전달, 열기관, 냉장고, 그리고 그 밖의 많은 현상들을 아주 정확하게 설명해주고 있기도 하다.

> 카르노는 완전히 가역적이고, 이상적인 열기관의 개념을 개발했다. 카르노 기관은 높은 단일 온도의 열원으로부터 열을 흡수하고, 사용하지 않은 열을 저온의 열원에 방출한다. 카르노 기관의 열효율은 이 두 열원의 온도차에 의해 결정된다. 켈빈 경에 의하면 열역학 제2법칙은 연속적으로 작동하는 어떤 기관도 단일 온도의 열원으로부터 열을 흡수하여 이 열을 완전히 일로 바꿀 수는 없다. 열역학 제2법칙에 근거하여 어떤 기관도 같은 두 온도 사이에서 작동하는 카르노 기관보다 더 큰 열효율을 가질 수는 없다는 것을 증명할 수 있다.

11.3 냉장고, 열펌프, 그리고 엔트로피

오늘날 자동차와 냉장고는 거의 필수품이 되었다. 자동차의 가솔린 기관은 일종의 열기관이다. 그러면 냉장고란 무엇인가? 11.2절에서, 차가운 열원으로부터 뜨거운 열원으로 열을 퍼

넣기 위해서는 일을 사용하여야 하며, 이는 열기관을 거꾸로 작동시키는 것과 같다는 사실을 언급하였다. 이것이 바로 냉장고가 하는 일이다. 냉장고와 열기관 사이에 어떤 관계가 있는가?

냉장고와 열펌프는 무슨 일을 하는가?

냉장고라는 말은 더 이상 설명이 필요 없다. 우리는 냉장고가 어떻게 작동하는지는 이해하지는 못할지라도 그 기능과 친숙하다. 냉장고는 열을 냉장고의 차가운 내부로부터 따뜻한 방으로 퍼냄으로써 음식물을 차갑게 유지한다(그림 11.8). 이를 위해서 냉장고에 붙어 있는 전기 모터가 일을 한다. 냉장고가 가동되고 있을 때에 냉장고 뒤에 있는 열교환 코일이 더워지는 것만큼 냉장고는 실내에 열을 방출한다.

그림 11.9는 역으로 가동되고 있는 열기관의 도형을 보여준다. 이는 열기관을 설명하였던 것과 같은 도형이나, 에너지의 흐름을 보여주는 화살표 방향이 거꾸로 되어 있다. 기관이 일 W를 해주고 이를 이용하여 저온의 열원으로부터 열 Q_C를 뽑아서, 더 큰 열량 Q_H를 더 높은 온도의 열원으로 방출한다. 외부로부터 공급받은 일을 이용하여, 차가운 열원으로부터 따뜻한 열원으로 열을 이동시키는 장치를 **열펌프**(heat pump) 또는 냉장고라고 한다.

여기에서도 열역학 제1법칙에 의하면 열기관으로 흘러 들어간 **열과 일의 합**은 높은 온도에서 방출된 열과 같아야만 한다. 열기관이란 반복되는 순환과정을 수행해야 하므로 각 순환

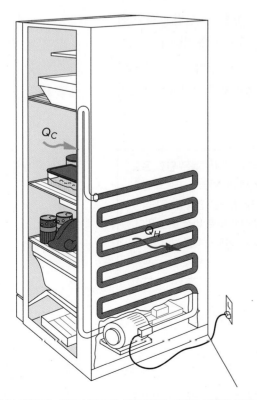

그림 11.8 냉장고는 열을 냉장고의 내부로부터 퍼내어 따뜻한 방으로 내보낸다. 일반적으로 열을 방으로 방출하는 열교환 코일이 냉장고 뒤쪽에 있다.

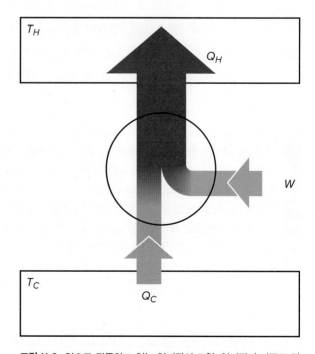

그림 11.9 역으로 작동하고 있는 열기관의 도형. 열기관이 거꾸로 작동하게 되면 바로 열펌프나 냉장고가 된다. Q_C가 제거된 아래쪽 상자는 냉장의 내부이거나 열펌프용 실외 냉각기이다. 고온열 Q_H는 두 경우에 실내로 들어온다.

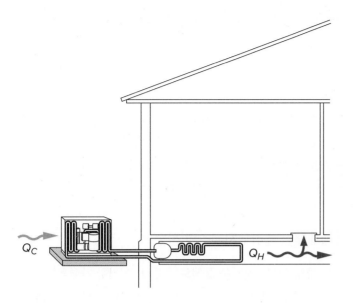

그림 11.10 열펌프가 바깥 공기로부터 열을 뽑아서 그 열을 따뜻한 집 안으로 퍼 넣는다.

과정의 전후에 기관의 내부 에너지는 변함이 없다. 결과적으로 낮은 온도에서 흡수한 열보다 더 많은 열이 높은 온도에서 방출된다(그림 11.9). 예를 들면 낮은 온도의 열원으로부터 300 J의 열을 흡수하기 위해 200 J의 일을 하였다면 높은 온도의 열원에 방출한 열은 500 J이 되어야 한다.

냉장고도 열펌프지만, **열펌프**라는 용어는 통상적으로 열을 차가운 바깥으로부터 따뜻한 내부로 퍼 넣음으로써 건물을 데우는 장치를 말한다(그림 11.10). 전기모터가 펌프를 돌리는 데에 필요한 일을 한다. Q_H의 크기는 일 W와 바깥 공기로부터 뽑아낸 열 Q_C의 합과 같기 때문에, 집을 난방하는 데 사용할 수 있는 열에너지의 양은 공급된 일의 양보다 크다. 전기로에서처럼 전기 에너지를 열로 직접 전환시키는 방법보다는 열펌프로부터 더 많은 양의 열을 얻을 수 있다.

열펌프는 보통 두 세트의 열교환 코일로 이루어진다. 하나는 바깥에 놓여져(그림 11.11) 바깥 공기로부터 열을 뽑아 들이고, 다른 하나는 건물 안에 놓여져 공기 중으로 열을 방출한

그림 11.11 집이나 건물 뒤에 위치한 실외공기–실내공기 열펌프의 바깥쪽 열교환 코일
Mark Dierker/McGraw-Hill Education

다. 대개의 열펌프들은 양방향으로 열을 이동시킬 수 있도록 설계되어 있어서 여름에 에어컨으로도 사용할 수 있다. (대부분의 에어컨은 건물 안의 열을 더 따뜻한 밖으로 뽑아내는 열펌프이다.) 열펌프는 바깥과 안의 온도 차이가 너무 크지 않은 기후 지대에 있는 집을 데우는 데에 가장 효과적이다.

열펌프는 가끔 일로써 공급된 전기 에너지 양의 2~3배의 열을 건물 안으로 전달할 수 있다. 여분의 에너지는 바깥 공기로부터 온 것으로 열역학 제1법칙이 어긋나는 것은 아니다. 열펌프에 사용된 일은 물펌프가 물을 높은 위치로 퍼 올리는 것처럼, 자연스러운 열의 흐름과는 반대방향으로 열에너지가 흐를 수 있게 해준다.

열역학 제2법칙에 대한 클라우지우스의 진술

열은 보통 뜨거운 물체로부터 차가운 물체로 흐른다. 이러한 자연의 경향은 열역학 제2법칙을 다르게 표현하는 기반이 된다. 루돌프 클라우지우스(Rudolf Clausius, 1822~1888)의 이름을 따서 종종 클라우지우스의 진술이라고 불린다.

> 다른 과정이 개입되지 않는다면, 열은 결코 차가운 물체로부터 뜨거운 물체로 흐르지 않는다.

열펌프의 경우, 다른 과정이라는 것은 통상적인 흐름의 방향에 거슬러서 열을 퍼내기 위해 사용된 일이다.

열역학 제2법칙에 대한 새로운 진술은 켈빈 경의 진술과 다르게 보일 수도 있지만 이들 둘은 모두 자연의 기본 법칙을 표현하고 있다. 그것들은 모두 자연스런 상태에서 열로써 할 수 있는 것에 대해 일종의 한계를 보여주고, 그 한계는 동등하다. 이는 어떤 기관도 두 온도 사이에서 작동하는 카르노 기관보다 더 큰 효율을 가질 수는 없다는 것을 확인하는 것과 같은 논의로 증명될 수 있다.

그림 11.12가 이러한 논의를 설명해준다. 만일 아무런 일을 사용하지 않고 열을 차가운 열원으로부터 뜨거운 열원으로 흐르게 할 수 있다면, 그림의 오른쪽에 있는 열기관에서 차가운 열원으로 방출한 열이 뜨거운 열원으로 거슬러 흐를 수 있을 것이다. 그렇다면 뜨거운 열원에서 나온 열이 **완전히** 일로 바뀔 수 있다. 열은 더 차가운 열원에 더해지지 않는다. 이러한 결과는 단일 온도의 열원으로부터 열을 받아서 그것을 완전히 일로 바꾸는 것은 불가능하다고 말한 켈빈 경의 진술에도 어긋나는 것이 된다.

이처럼 열역학 제2법칙에 대한 클라우지우스의 진술이 그르다면 켈빈 경의 진술 또한 옳지 않다. 이와 유사한 논리로 켈빈 경의 진술이 그르다면 클라우지우스의 진술이 그르다는 것도 증명할 수 있다. (이 논증을 만드는 것을 각자 해보기 바란다.) 이 두 진술은 자연의 기본 법칙을 다른 방법으로 표현한 것이다.

엔트로피란 무엇인가?

열역학 제2법칙에 대한 2가지 진술은 모두 어떤 한계를 가져오는 열에 무엇인가 내재적인

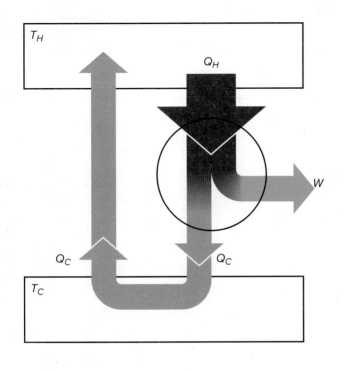

그림 11.12 만일 열이 차가운 열원으로부터 뜨거운 열원으로 저절로 흐를 수 있다고 가정한다면, 열역학 제2법칙에 대한 켈빈 경의 진술이 위배된다.

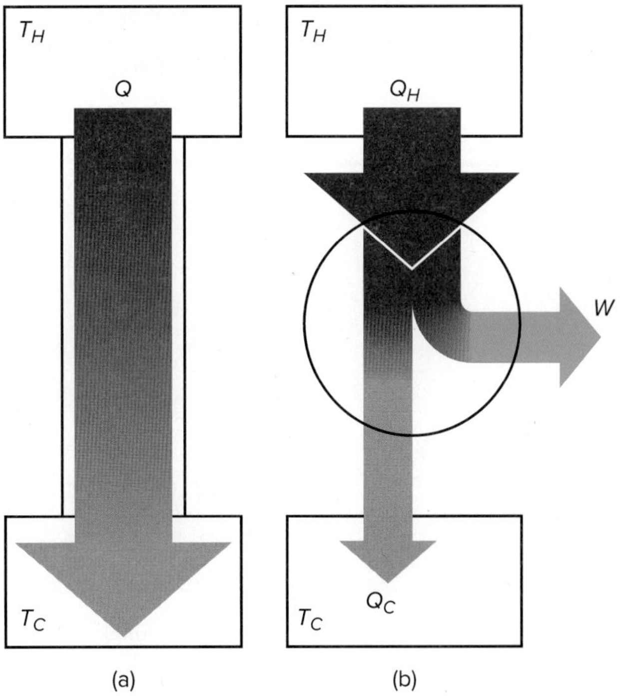

그림 11.13 열전도체를 통해 직접 흐르게 하거나 열기관을 가동시킴으로써 높은 온도의 열원으로부터 열을 뽑아낼 수 있다.

것이 있는 것일까? 이 2가지 진술은 모두 열역학 제1법칙(에너지 보존 법칙)에는 어긋나지 않으면서도 열에너지의 이동과 관련한 실제로 일어날 수 없는 일들을 설명하고 있다. 열에너지로는 어떤 것들은 할 수 없다.

높은 온도의 열원에 일정량의 열을 지닌다고 하자(뜨거운 물을 담은 통처럼). 이러한 열원으로부터 열을 뽑아내는 2가지 다른 방법을 생각할 수 있다. 하나는 그림 11.13a와 같이 열이 잘 통과하는 열전도체를 통해 차가운 열원으로 열을 자연스럽게 이동시키는 것이다.

또 다른 방법은 열기관을 가동시켜서 뜨거운 열원의 열을 이용, 유용한 일을 약간 하도록 만드는 것이다(그림 11.13b). 만일 카르노 기관을 사용한다면, 이 과정은 완전히 가역적이며 열로부터 가능한 최대의 일을 얻는 방법이라는 사실을 이미 설명하였다. 첫 번째 과정, 즉 열을 단순히 열이 잘 통과하는 물체를 통해 낮은 온도의 열원으로 흐르도록 하는 것은 비가역적이다. 이러한 열흐름이 일어나는 동안에는 전체 계는 평형 상태에 있지 않고 열이 유용한 일로 전환되지도 않는다. 비가역 과정에서는 열이 가지고 있는 유용한 일을 하는 능력을 일부 상실한다.

엔트로피(entropy)란 이런 능력의 상실 정도를 기술하는 양이다. 엔트로피를 때로는 계의 **무질서의 척도**라 정의한다. 계의 무질서도나 임의성이 증가할 때 항상 계의 엔트로피는 증가한다. 이런 의미에서, 2개의 다른 온도에 있는 두 열원으로 구성된 계는 그 두 온도의 중간 온도에 있는 두 열원보다 더 잘 정돈되어 있다.

만일 완전히 가역적인 카르노 기관을 돌리기 위해서 뜨거운 열원에서 얻을 수 있는 열을 사용한다면, 계와 그 주변 환경 전체의 엔트로피 증가는 없다. 우리는 이용할 수 있는 에너지로부터 유용한 최대의 일을 얻는다. 고립된 계에서는(우주 전체도 마찬가지다) 엔트로피가 가역과정에서는 일정하게 유지되나, 상황이 평형 상태에 있지 않은 비가역과정에서는 증가한다. 한 계의 엔트로피가 감소하기 위해서는 또 다른 계와의 상호작용이 있어야만 하며 이 상호작용을 통하여 또 다른 계의 엔트로피는 증가한다. (예를 들어, 생물학적 기관의 성장과 발달에서 그러하다.) 우주의 엔트로피는 절대로 감소하지 않는다. 이 진술은 열역학 제2법칙의 또 다른 버전이다.

> 우주 전체나 혹은 고립된 계의 엔트로피는 증가하거나 일정하게 유지될 수 있을 뿐이다. 이런 계의 엔트로피는 감소할 수 없다.

열에너지가 갖는 무질서도가 바로 열역학 제2법칙이 시사하는 한계의 원인이다. 만일 열이 차가운 물체로부터 뜨거운 물체로 저절로 흐를 수 있다면, 우주의 엔트로피는 감소할 수 있을 것이다. 그러나 열역학 제2법칙에 대한 클라우지우스의 진술은 이것이 불가하다고 말해준다. 마찬가지로, 만일 단일 온도에서 열이 완전히 일로 바뀔 수 있다면, 역시 우주의 엔트로피는 감소될 것이다. 그런데 이것은 켈빈 경의 열역학 제2법칙에 대한 진술에 위배된다.

기체의 열에너지는 분자들의 운동 에너지로 이루어진다. 그런데 이러한 기체 분자들의 운동은 그림 11.14에서와 같이 서로 무질서한 방향을 향하고 있다. 일부의 분자들만이 일을 할 때 피스톤이 움직이는 방향으로 움직이고 있을 뿐이다. 만일 분자들이 모두 같은 방향으로 움직인다면, 그들의 운동 에너지를 완전히 일로 바꿀 수 있을 것이다. 이것이 더 낮은 엔트로피의 (더 규칙적인) 조건일 것이다. 그러나 기체가 갖는 열에너지는 그러한 상태에 있지 않다. 이와 같이 열에너지가 가지는 무질서가 바로 열역학 제2법칙에 대한 3가지 진술들이 포함하고 있는 한계의 원인이다.

내부 에너지와 같이, 엔트로피는 주어진 계의 어느 상태에 대하여도 계산할 수 있다. 무질서도 혹은 임의성이라는 개념이 문제의 핵심이다. 학생들의 기숙사 방의 상태는 더 무질서해지려는 경향이 있다. 이와 같이 엔트로피가 증가하는 자연의 경향은 물건들이 다시 질서 있는 상태로 회복되도록 일의 형태로 에너지가 투입되어야 거스를 수 있다.

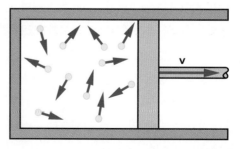

그림 11.14 기체 분자들의 무작위적인 운동방향이 운동 에너지를 완전히 역학적 일로 바꾸는 것을 제한한다.

열펌프나 냉장고는 일반적인 열기관과는 역으로 작동하는 열기관이다. 즉, 차가운 물체로부터 뜨거운 물체로 열을 퍼 올리기 위해서는 외부에서 일이 공급되어야 한다. 열역학 제2법칙에 대한 클라우지우스의 진술은 켈빈 경의 진술과 동등하며, 열은 보통 뜨거운 물체로부터 차가운 물체로 흐르고, 다른 어떤 과정이 개입되지 않는 한 열은 그 반대방향으로 흐를 수는 없다. 열역학 제2법칙에서 표현된 열의 사용에 관한 제한은 열에너지의 무질서한 성질 때문에 발생한다. 엔트로피는 계의 무질서의 척도이다. 우주의 엔트로피는 증가만 할 수 있다.

11.4 발전설비와 에너지 자원

우리는 일상적으로 전력을 사용하지만, 대부분의 사람들은 그 에너지가 어디로부터 오는지에 대해서는 무관심하다. 그러나 최근 온실 효과(일상의 자연현상 10.2 참고)와 다른 환경 문제들에 대한 염려들은 전력을 생산하는 방법에 대한 문제를 대중적 논의의 대상으로 만들었다. 여러분의 지역에서는 어떻게 전기를 생산하는가? 만일 수력발전에 크게 의존하지 않는 것이 확실하다면 우리가 사용하는 전력의 대부분은 열기관을 사용하는 화력발전에 의한 것이다.

　열역학은 에너지의 사용에 관한 모든 논의에서 중요한 역할을 한다. 석탄, 석유, 천연가스, 핵에너지, 태양 에너지, 지열 에너지와 같은 에너지 자원을 사용하는 가장 효율적인 방법은 무엇인가? 열역학 법칙들과 열기관의 열효율은 이러한 문제들에 관해 어떤 관계를 갖는가?

화력발전소는 어떻게 일을 하는가?

전력을 생산하는 가장 흔한 방법은 석탄, 석유, 천연가스와 같은 화석연료들로부터 연료를 공급받는 **화력발전소**(thermal power plant)를 사용하는 것이다. 이러한 장치의 핵심은 열기관이다. 연료가 타서 발전에 쓰이는 유체(보통 물과 증기)의 온도를 증가시켜서 열을 방출한다. 뜨거운 증기가 발전기에 연결된 샤프트(shaft)를 돌리는 터빈(그림 11.15)을 지나간다. 전기는 동력선을 지나서 소비자들(가정, 사무실, 공장)에게 전달된다.

　증기터빈은 일종의 열기관이므로 그것의 효율은 카르노 기관이 갖는 최댓값까지만 본질적으로 열역학 제2법칙에 의해 제한된다. 실제 기관은 카르노 기관의 이상적인 조건을 만족시키지 못하기 때문에 효율은 이 한계보다 항상 작다. 실제 기관에서는 항상 비가역과정이 일어난다. 그러나 증기터빈은 자동차에 사용되는 내연 기관보다는 이상적인 기관에 더 가깝다. 자동차의 기관 내부에서의 가솔린과 공기 혼합물의 급격한 연소는 과도한 난류를 형성하고 비가역적인 과정을 수반한다.

　최대로 가능한 열효율은 뜨거운 열원과 차가운 열원 사이의 온도차에 의해 결정되기 때문에, 열기관을 구성하고 있는 물질이 허용하는 한 높은 온도로 수증기를 가열하는 것이 유리하다. 보일러와 터빈을 구성하는 재료가 견딜 수 있는 온도의 상한을 정한다. 만일 이 재료들이 약해지거나 녹기 시작한다면 장비는 망가질 것이다. 대부분의 증기터빈의 온도 상한은 강철의 녹는 온도보다 충분히 낮은 약 600°C이다. 실제로 대부분의 터빈은 이 상한보다 낮

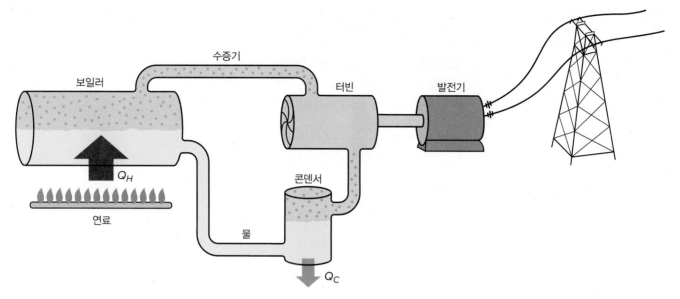

그림 11.15 화력발전소의 기본 구성요소를 보여주는 그림. 보일러에 의해 열이 수증기를 발생시키고 증기터빈을 돌린다. 터빈이 발전기에 일을 하여 전기를 생산한다.

은 온도인 550°C에서 동작한다.

증기터빈이 입력온도 600°C(873K)와 물의 끓는점 100°C(373K) 근처의 배기온도 사이에서 작동한다면, 이 터빈의 가능한 최대 열효율은 다음과 같이 계산할 수 있다.

$$e_c = \frac{T_H - T_C}{T_H}$$

이 두 온도 사이의 차이는 500K이다. 이것을 입력온도 873K로 나누면 0.57, 곧 카르노 효율은 57%가 된다. 이는 이상적인 열효율이다. 실제의 열효율은 이보다 약간 낮으며, 석탄이나 석유를 연료로 하는 최신 동력장치인 경우 40~50% 사이에서 작동한다.

석탄이나 석유를 태워서 방출된 열에너지의 약 절반 정도를 잘해야 역학적 일이나 전기에너지로 바꿀 수 있을 뿐이다. 나머지는 난방에 쓰이는 것을 제외하고는 열기관을 가동시키거나 다른 용도로 쓰기에는 너무 낮은 온도로 주변 환경으로 방출되어야만 한다. 열효율을 최대로 만들기 위해서는 그 배기 부분을 냉각시켜야 하고, 냉각수는 다른 물이 모인 곳으로 돌아가거나, 열이 대기로 흩어지는 냉각탑(그림 11.16)을 지나야 한다. 이것이 발전소가 환경에 미치는 영향을 논의할 때 종종 언급되는 **폐열**이다. 만일 이 폐열이 강으로 버려진다면, 강의 온도가 상승하여 물고기나 다른 야생 생물에게 영향을 끼칠 수도 있다.

화석연료의 대체 연료

19장에서 논의할 핵발전소 역시 열을 발생시켜서 증기터빈을 돌린다. 그러나 물질에 남아 있는 방사능으로 인해 화석연료를 사용하는 발전소에서처럼 높은 온도에서 터빈을 돌리는 것은 불가능하다. 이로 인해 핵발전소의 열효율은 일반적으로 30~40% 사이로 약간 낮은 편이다.

같은 에너지 생산량에 대해서 핵발전소는 화석연료를 사용하는 발전소에 비해 주위로 방출하는 열이 더 크다. 반면에 핵발전소는 온실 효과의 원인이 되는 이산화탄소와 그 밖의 다른 배기가스를 대기 속으로 방출하지는 않는다. 물론 핵폐기물의 가공과 처리, 핵 사고에 대한 위험은 계속 상당한 이슈가 되고 있다.

열은 다른 원천으로부터 얻어질 수 있는데, 지구 내부로부터 나오는 열인 지열 에너지 등이 있다. 온천과 간헐천은 뜨거운 물이 지표면 근처에 존재한다는 것을 표시한다. 그러나 이러한 물의 온도는 보통 200℃보다 낮다. 간헐천으로부터 증기를 얻을 수 있는 곳에서는 그림 11.17의 아이슬란드에 있는 지열발전소에서처럼 낮은 온도로 동작하는 증기터빈을 작동시킬 수 있다.

만약 물의 온도가 200℃보다 낮다면 증기터빈은 효과적이지 못하다. 그래서 물보다 낮은 끓는 온도를 가진 다른 유체를 이용하여 열기관을 가동시키는 것이 더 바람직하다. 낮은 온도 열기관에서 작동 가능한 유체로서 이소부탄이라는 물질이 연구되어 왔다. 그러나 이러한 기관의 열효율은 아주 낮을 것이다. 예를 들면, 150℃(423K)의 수증기를 얻을 수 있는 곳에서 냉각수로 20℃(293K)의 물을 사용한다면, 이때 카르노 효율은 31%가 된다. 실제 열효율은 이보다 더 낮을 것이 분명하다. 일반적인 지열발전소에서는 단지 20~50%의 열효율을 보이는 것이 보통이다.

따뜻한 해류는 또 다른 열원이다. 대양의 표면에 있는 따뜻한 물과 더 깊은 곳에 있는 차

예제 11.3 ▶ 해양발전소의 열효율 계산

본문에서 설명하였듯이 해양발전소는 대양 표면의 따뜻한 물과 깊은 곳의 차가운 물 사이의 온도차를 이용하는 것이다. 열대지방에서 대양의 표면온도는 약 25℃ 정도이고, 대양 깊은 곳의 온도는 약 5℃이다. 이러한 온도 차이를 이용하는 열기관이라면 카르노 효율은 얼마인가?

$$T_H = 25℃ \qquad e = \frac{T_H - T_C}{T_H}$$
$$= 298 \text{ K}$$
$$T_C = 5℃ \qquad = \frac{298 \text{ K} - 278 \text{ K}}{298 \text{ K}}$$
$$= 278 \text{ K}$$
$$e = ? \qquad = \frac{20 \text{ K}}{298 \text{ K}}$$
$$= \textbf{0.067 (6.7\%)}$$

가운 물 사이의 온도차를 이용한 해양발전소의 원형이 개발되었다. 예제 11.3은 가능한 시나리오를 설명한다. 비록 낮은 열효율이기는 하지만(이 경우 효율은 6.7%), 따뜻해진 물은 태양이 데워준 것이므로 비용 또한 낮다. 이러한 방법으로 동력을 얻는 것이 여전히 경제적으로 유용할 것이다.

태양은 비용이 경제성만 있다면 무한한 가능성을 가진 에너지 원천이다. 태양으로부터 얻을 수 있는 열원의 온도는 태양광을 수집하는 장치에 의존한다. 보통 평판형 태양열 집열기는 50℃로부터 100℃까지로 비교적 낮은 온도의 열을 얻을 수 있을 뿐이다. 그러나 거울이나 렌즈와 같이 태양광을 집중시키는 집열기들을 사용하면 이보다 더 높은 온도를 얻을 수 있다. 그림 11.18은 스페인의 태양열 발전소를 보여주는데, 이곳에서는 배열된 거울들이 중앙탑에 있는 보일러에 태양광을 집중시킨다. 발생된 온도는 화석연료를 사용하는 발전소의 온도에 필적하고, 따라서 유사한 증기터빈도 사용 가능하다.

풍력 에너지와 파동 에너지는 화석연료에 대한 대체 에너지이지만, 열기관을 필요로 하지 않는다. 그 둘은 어떤 면에서 태양 에너지가 변환된 형태이다. 태양은 지구 표면의 여러 부분을 다른 비율로 가열하고, 그 결과인 온도와 압력의 차이가 바람을 만든다. 바람은 또한 바다의 파도를 만드는 중요한 요소이다. 공기는 질량이 있기 때문에(9장), 움직일 때 운동 에너지를 갖는다. 그 운동 에너지의 일부분은 풍력 터빈에 의해 역학적 에너지나 전기 에너지로 변환될 수 있다. 풍차는 농장에서 물을 뽑거나, 다른 응용에 오랫동안 사용되어 왔다. 파

그림 11.18 스페인의 세비야에 있는 태양열 발전소에서는 거울들을 배열시켜서 중앙탑에 있는 보일러에 태양광을 집중시킴으로써 높은 온도를 얻는다. *Lubri/Getty Images*

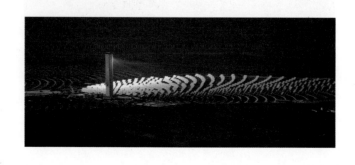

도의 운동 에너지도 또한 일상의 자연현상 15.1에 기술되었듯이 에너지를 끄집어내는 데 사용할 수 있다.

최근에 태양 에너지와 풍력 에너지 모두 전기를 생산하는 데 경제성이 있게 되었다. 풍력 터빈은 산등성이나 평야, 바다 해안 등 일정한 바람이 자주 있는 많은 곳들에 등장하고 있다. 태양 전력은 건물 지붕이나 태양이 많이 비추는 곳에 행렬을 지어서 놓여진 태양전지 패널에 의해서 생산된다. 태양전지는 태양 에너지를 직접 전기로 변환시키는 반도체 장치이다. 하지만 풍력이나 태양 에너지는 불연속적인 에너지 원천이므로 저장 배터리나 일정한 전력 공급 장치로 보강되어야 한다.

고급열과 저급열

온도는 열에서 일을 얼마나 뽑아낼 수 있는가에 큰 차이를 가져 온다. 열역학 제2법칙 및 그와 관련된 카르노 효율은 이 제한을 정의해준다. 이러한 요인들은 국가 에너지 정책과 일상에서의 에너지 사용에 어떤 영향을 미치는가?

500℃ 이상의 온도를 갖는 열이 이보다 낮은 온도의 열보다 역학적 일이나 전기 에너지를 생산하기에 훨씬 더 유용하다는 것이 분명하다. 높은 온도의 열은 일을 생산하는 잠재력이 커서 때로는 **고급열**(high-grade heat)이라 부른다. 물론 이러한 고급열이라도 그 50% 이하만이 실제로 일로 바뀔 수 있을 뿐이다.

낮은 온도의 열도 일을 생산할 수 있지만 효율이 상당히 낮다. 100℃ 이하 온도의 열은 일반적으로 **저급열**(low-grade heat)이라 부른다. 저급열은 가정이나 건물을 가열하는 것(난방)과 같은 목적에 더 잘 사용된다. 만약 열을 필요로 하는 건물에 충분한 양이라면, 평판형 태양열 집열기로 얻은 열이나 지열 등은 난방에 최적일 것이다. 지열은 조건이 괜찮은 세계의 여러 지역은 물론 미국 오리건 주의 클래머스 폴즈(Klamath Falls)에서도 난방에 쓰인다.

발전소로부터 방출된 낮은 온도의 많은 저급열들은 그것을 필요로 하는 곳까지 전달하는 것이 비경제적이기 때문에 대부분 그대로 버려진다. 예를 들어 핵발전소는 보통 인구밀집 지역에 건설되지 않는다. 농업이나 어업과 같이, 저급열을 사용할 수 있는 다른 용도도 있을 수 있으나 아직은 그러한 기술의 개발이 덜 되어 있는 상태이다.

전기 에너지의 주요한 이점은 송전선을 통하여 발전지점으로부터 멀리 있는 사용자에게 쉽게 보낼 수 있다는 것이다. 또 전기 에너지는 전기모터를 이용하면 쉽게 역학적 일로 바꿀 수 있다. 전기모터는 열기관이 아니기 때문에 90% 이상의 효율로 작동한다. 물론 처음에 전력을 생산할 때의 효율은 상당히 낮을 수도 있다.

또한 전기 에너지는 열에너지로도 쉽게 되바꿀 수 있다. 콜롬비아 강과 그 지류에 수력발전 원천이 많아서 전기 에너지가 싼 미국 태평양 연안 서북부와 같은 지역에서는 전기 에너지를 이용하여 난방을 하기도 한다. 물론 이러한 자원의 개발은 정부가 보조해 왔다. 값이 싸면 저급 에너지 원천에 의해서 제공받을 수 있는 것과 마찬가지의 목적에 고급 형태의 에너지를 사용하는 것을 권할 수 있다.

미국과 세계 여러 곳에서는 아직도 에너지의 값이 비교적 싸다. 계속된 경제개발과 화석연료 자원의 고갈은 이러한 상황을 점차 변화시킬 것이다. 에너지 자원의 부족 사태가 일어남에 따라 자원을 최적화하여 사용하는 문제가 중요해질 것이다. 현명한 결정은 정보가 잘 주어져 있고, 과학적 소양을 갖춘 많은 시민들의 참여에 달려 있다.

> 화력발전소는 전력을 생산하기 위하여 증기터빈이라는 열기관을 사용한다. 이런 열기관의 열효율은 입력온도와 출력온도에 의존하는 카르노 효율에 의해 제한된다. 현재의 화석연료를 사용하는 발전소에서 얻을 수 있는 가장 좋은 열효율은 50% 정도이다. 다른 에너지 자원을 사용하는 경우에도 열기관의 열효율이란 결국 열원의 최고 온도에 달려 있다. 낮은 온도의 저급열원은 발전보다는 지역난방이나 이와 유사한 용도에 더 적합하다. 열역학의 법칙들이 그 한계 열효율을 결정한다.

주제 토론

환경론자들은 열악한 사막지역의 환경이 훼손될 것을 우려해 사막지역에 건설되는 거대한 태양열 발전설비를 반대해왔다. 그러나 사막지역은 낮은 땅값과 구름 등의 방해물이 없어 태양열 발전에 좋은 입지를 가진다. 화석연료 사용을 절감하기 위해서는 모든 환경적인 문제는 접어두어야 하는가?

11.5 영구기관과 에너지 속임

영구기관의 개념은 오랫동안 발명자들을 매혹시켜 왔다. 연료 없이 혹은 물과 같이 풍부한 자원만으로도 작동되는 기관을 발명하려는 유혹은 금을 찾는 것만큼 매력적이었다. 만일 이러한 기관이 개발되어 특허를 얻는다면, 발명자는 금광을 발견한 것보다도 더 부자가 될 것임에 틀림없다.

　과연 영구기관이란 가능한가? 열역학 법칙들은 여기에 약간의 제한을 준다. 열역학 법칙들은 현재 물리학자들이 에너지와 열기관에 대해 알고 있는 모든 사실들을 아주 잘 설명하고 있기 때문에, 이 법칙들에 어긋나는 어떠한 주장도 일단은 의심을 받기 마련이다. 열역학 제1법칙이나 제2법칙에 어긋나는지 검증하여 영구기관과 같은 기적의 기관에 대한 주장들을 분석할 수 있다.

제1종 영구기관

열역학 제1법칙에 위배되는 기관이나 기계를 **제1종 영구기관**(perpetual-motion machine of the first kind)이라 부른다. 열역학 제1법칙은 에너지 보존 법칙과 관련되기 때문에, 제1종 영구기관은 그것이 받아들이는 일이나 열보다 더 많은 에너지를 내보내는 기관이다. 만일 기계나 기관이 연속적인 순환과정으로 작동한다면, 내부 에너지는 초깃값으로 되돌아가야 하고, 기관의 에너지 출력은 이미 아는 바와 같이 에너지 입력과 같아야 한다.

　그림 11.19에서 보는 바와 같이, 출력된 열과 일의 총합 크기가 (화살표의 폭으로 표시된 바와 같이) 입력 열의 크기보다 크다. 이것은 기관 자체에 배터리와 같은 에너지원을 일부

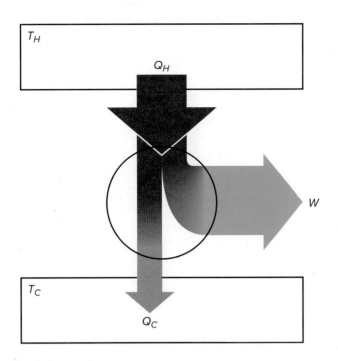

그림 11.19 제1종 영구기관. 출력 에너지가 입력 에너지보다 크다. 따라서 열역학 제1법칙에 어긋난다.

가지고 있다면 있을 수 있을 것이다. 만일 그런 경우라면 배터리는 점차 닳게 되고, 기관의 내부 에너지도 줄 것이다. 기관은 무한히 돌아갈 수는 없다.

물리학자들이 이러한 기관은 불가능하다고 받아들이지 못하는 것이 많은 발명자들이 이런 기관을 제안하는 것을 멈추게 하지는 못한다. 때때로 신문이나 다른 대중매체에서 1갤런의 물이나 소량의 가솔린으로 무한히 돌아가는 기관을 발명하였다는 주장의 보도를 접하게 된다. 때로 가솔린 가격이 높아지면, 이러한 주장들은 더욱 호소력을 가지며 가끔 투자자들과 다른 관심들을 끌어들인다. 그러나 약간의 물리학 지식을 가지고 있다면 영구기관의 발명자에게 몇 가지 간단한 질문을 할 수가 있을 것이다. 에너지는 어디로부터 오는가? 기계가 어떻게 들어오는 에너지보다 더 많은 에너지를 내보낼 수 있는가?

제2종 영구기관은 무엇인가?

열역학 제1법칙에 어긋나지는 않으나 열역학 제2법칙에 위배되는 영구기관들은 종종 좀 더 미묘하다. 그런 기관을 발명하는 사람들은 제1종 영구기관에 대한 질문에 어떻게 답할지 이미 배웠다. 그들은 에너지원을 가지고 있다. 아마도 그들은 대기나 대양으로부터 열을 뽑아내려 할 것이다. 이러한 주장들은 열역학 제2법칙으로 평가해야 한다. 만약 열역학 제2법칙이 위배된다면 그 발명자는 바로 **제2종 영구기관**(perpetual-motion machine of the second kind)(그림 11.20)을 제안한 것이다.

열역학 제2법칙은 단일 온도의 열원으로부터 열을 받아서 그것을 완전히 일로 바꾸는 것은 불가능하다는 것을 말해준다. 낮은 온도의 열원이 있어야 하며, 열의 일부는 이 열원으로 방출되어야만 한다. 게다가, 저온의 열원이 있다 하더라도 이 두 열원 사이에서 작동하는 어떤 열기관의 효율도 두 열원의 온도 차이가 그리 크지 않다면 상당히 낮을 것이다. 카르

그림 11.20 제2종 영구기관. 단일 온도의 열원으로부터 열에너지를 받아 완전히 일로 전환된다. 이는 열역학 제2법칙에 어긋난다.

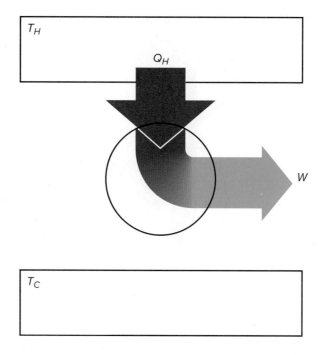

노 효율보다 큰 열효율을 얻었다는 어떠한 주장도 (가능한 온도 차이에 대해서) 열역학 제2법칙에 위배된다.

열역학 법칙들은 발명자의 주장을 점검하는 데에 유용하며, 더 좋은 열기관을 설계하여 에너지를 효율적으로 사용할 수 있도록 해준다. 더 나은 기관은 개발될 수 있고 또 그러할 것이며, 발명자들은 그 과정에서 부를 얻을 것이다. 비교적 저급의 에너지 원천을 이용하는 분야나 또는 특수한 환경과 관련된 분야에서 그러한 가능성이 많아 보인다. 공학자들과 과학자들은 현재의 화석연료를 사용하는 발전소에서의 일반적인 온도보다 더 높은 온도를 사용할 수 있는 기관을 위한 물질과 혁신적인 설계를 개발하는 데 노력하고 있다. 이러한 노력들이야말로 열역학 법칙들에 위배되지 않는 것들이다.

대부분 대학의 물리학과에는 간혹 이러한 열기관의 발명자들로부터 일종의 검증을 요청하거나 또는 설계상의 도움을 얻기 위한 문의를 해오는 경우가 있다. 때때로 이들은 아주 진지하며, 혹은 물리학에 대하여 폭넓은 지식을 갖고 있는 경우도 많다. 또 경우에 따라서는 열역학 법칙들에 위배되기는 하지만 다른 측면에서 장점을 가진 아이디어들이 속출하기도 한다(일상의 자연현상 11.2 참고). 불행히도 발명자들의 생각이 열역학 법칙들에 분명히 위배될 때, 그들의 아이디어가 무용지물이라고 설득하는 것이 때로는 매우 어려울 때가 있다.

영구기관과 관련하여 경우에 따라서는 아주 좋지 못한 일들이 개입되는 경우도 있다. 때로는 건전한 의도를 가지고 출발하였던 발명자들도 그들이 발명이 실패로 돌아간 사실을 깨닫게 되었을 때, 혹시나 그들의 발명품이 광적인 투자자들로부터 돈을 끌어들일 수 있지 않을까 하는 유혹을 받게 되는 것은 당연할지도 모르겠다. 어떤 발명자는 조작된 원형 기관의 설계와 실험에 수백만 달러를 끌어들이기도 한다. 그러나 결국에는 실제 기관은 완전하게 만들어지지 않고, 실험도 결론에 이르지 못한 상태에서 추가적으로 더 많은 돈을 필요로 한다.

일상의 자연현상   11.2

생산적인 연못

상황 어떤 농부가 농장에서 전기를 발전하려는 아이디어가 생각났다. 그의 농장에는 연못이 있었는데, 발전기에 동력을 줄 수 있는 수레바퀴를 돌리는 데에 사용할 수 있을 것이라며 아래 그림과 같은 스케치를 가져왔다.

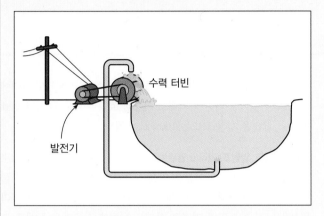

연못으로부터 전력을 얻으려는 농부의 계획을 스케치한 것. 그의 계획은 열역학의 어느 법칙에 어긋나는가?

스케치에는 연못의 바닥에 취수관이 있다. 농부는 물이 수압에 의해 매우 빠른 속도로 취수관으로 흘러 내려갈 것이라고 믿고 있었다. 그의 계획은 취수관을 지나온 물을 연못의 옆을 지나 연못 높이보다 위로 올려서, 수레바퀴를 통해 흐르게 함으로써 발전기에 동력을 주려는 것이었다. 물은 수레바퀴를 흐른 후 연못으로 되돌아갈 것이고, 그래서 증발되거나 새어 나가서 상실된 물을 보충해주는 것 외에는 계속적인 물 공급도 필요가 없다는 것이다.

여러분은 농부에게 어떻게 조언해줄 것인가? 이 계획은 효과가 있을 것인가? 그것은 영구기관을 나타내는가? 그렇다면 어떤 종류인가?

분석 결론부터 말한다면, 먼저 열이나 일의 형태로 아무런 에너지를 받아들이지 않고서도 발전기를 돌리는 일을 얻고 있다. 연못은 (같은 내부 에너지를 가지고) 초기상태로 되돌아가기 때문에, 이러한 설계는 열역학 제1법칙(곧 에너지 보존 원리)에 위배되는 것이다. 농부의 계획은 제1종 영구기관에 해당된다.

역학적으로 더 상세하게 고찰해보자. 물이 취수관 아래로 흐르면서 운동 에너지를 얻고 있음을 알고 있다. 그러나 이때 얻은 운동 에너지란 물이 연못 밑으로 높이가 낮아지면서 퍼텐셜 에너지를 상실하는 대가로 얻어진 것이다. 물이 다시 위로 올라가도록 하는 것은 물이 가진 운동 에너지를 희생하여 퍼텐셜 에너지를 다시 얻도록 하는 것이다. 물이 올라갈수록 그 속도는 느려질 것이다. 만일 취수관 면과의 사이에 마찰로 인한 손실이 없다면 물의 속도는 연못의 원래 높이에 도달하는 지점에서 0이 될 것이다.

밸브가 열리는 초기에는, 순간적으로 물이 원래의 연못 높이를 넘을지도 모른다. 그러나 연속적인 과정에서는 물이 이 높이 위로 올라갈 수 없다. 수직관에 있는 물은 결국에는 연못과 같은 높이에서 멈추게 될 것이다. 결과적으로 이러한 계획은 효과가 없을 것이다.

농부가 교육을 받은 지적인 사람인데도, 이론적인 논증이 그의 아이디어가 작동하지 않을 것이라는 것을 그에게 확신시킬 수 없었다. 하지만 농부는 연못에 본격적인 배관 공사를 하기 전에 먼저 작은 규모의 모형을 만들어서 자신의 아이디어를 검증할 수 있었을 것이다. 그러한 원형은 이론적 논증보다 더 설득력이 있다.

발명자는 그러는 동안에 아주 잘 살게 되고, 차라리 발명품을 만드는 일보다는 원형을 만들고 실험을 하는 일이 돈을 벌기가 더 쉽다는 사실을 알게 되는 것이다.

발명자들은 명심하여야 할 것이다. 열역학 법칙들에 어긋나는 현상이란 결코 불가능한 것이다. 이 법칙들에 위배되는 경우들을 찾기 위하여 수많은 물리학자들이 반복된 시도를 하였지만 이들은 모두 실패하였으며 이러한 모든 실패들은 역설적으로 이 법칙들에 대한 신뢰를 한층 강화시켜 주었다. 열역학 법칙들은 실험법칙이므로 증명될 수 없으나, 수많은 실험적인 결과들을 정확하게 설명하고 있다는 사실은 물리학자들에게 무엇이 가능한지에 대한 확신을 주고 있는 것이다. 열역학 제1 및 제2법칙에 대한 기초적인 지식은 우리로 하여금 미래에 많은 돈을 아끼게 할 것이다.

제1종 영구기관은 입력 에너지보다 더 많은 일을 얻기 때문에 열역학 제1법칙에 어긋난다. 제2종 영구기관은 열을 완전히 일로 바꾸거나 카르노 효율보다 큰 열효율을 주장하기 때문에 열역학 제2법칙에 어긋난다. 물리학자들은 이 2가지 중 어느 쪽도 불가능하다는 것을 확신한다. 그러나 발명자들은 계속적으로 새로운 시도를 하고 있고, 투자자들은 이러한 계획에 돈을 계속 낭비하고 있다. 열역학 법칙들은 더 좋은 기관을 설계하는 데 지표가 되며, 또 우리가 무엇을 할 수 없는지를 가르쳐준다.

요약

더 나은 증기 기관을 만들려는 시도는 열기관에 대한 보다 일반적인 분석을 이끌었고, 궁극적으로 열역학 제2법칙의 진술을 이끌었다. 열역학 제2법칙은 열기관의 작동, 냉장고, 그리고 엔트로피의 개념을 설명한다. 열역학 법칙을 이해하는 것은 에너지를 선택하는 것과 정책을 결정하는 데 매우 중요하다.

① **열기관** 열기관은 높은 온도의 열원에서 열을 가져와 그 열의 일부를 유용한 역학적 일로 변환시킨다. 이 과정에서 열의 일부는 주변 환경으로 낮은 온도로 방출된다. 열기관의 효율은 외부에 한 일을 들어온 열로 나눈 것으로 정의된다.

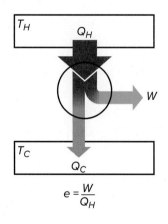

$$e = \frac{W}{Q_H}$$

② **열역학 제2법칙** 열역학 제2법칙에 대한 켈빈 경의 진술은 연속적인 순환과정에서 동작하는 기관이 정해진 온도에서 열을 완전

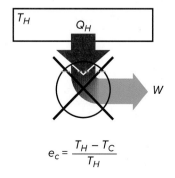

$$e_c = \frac{T_H - T_C}{T_H}$$

히 일로 변환하는 것이 불가능하다고 한다. 주어진 두 온도 사이에서 동작하는 어떤 기관의 최대로 가능한 효율은 카르노 기관의 효율이다. 그것은 항상 1 또는 100%보다 작다.

③ **냉장고, 열펌프, 그리고 엔트로피** 열펌프 또는 냉장고는 반대로 동작하는 열기관이다. 이들은 일을 사용하여 열을 낮은 온도의 물체에서 높은 온도의 물체로 옮긴다. 열역학 제2법칙에 대한 클라우지우스 진술은 열이 저절로 차가운 물체에서 뜨거운 물체로 흘러가지 않는다는 것을 말해준다. 엔트로피는 계의 무질서도를 측정하는 양으로 생각할 수 있다. 이 무질서도는 열역학 제2법칙에서 표현하는 한계의 원인이 된다. 비가역과정은 항상 우주의 엔트로피를 증가시킨다.

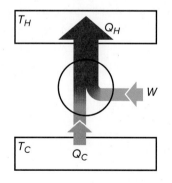

④ **발전설비와 에너지 자원** 석탄, 석유, 천연가스, 원자력, 지열 또는 태양으로부터 생성된 열을 사용하여 전기를 생산하는 발전소는 모두 화력발전소의 예들이다. 이들의 효율은 카르노 효율보다 클 수 없고, 높은 입력 온도가 효율을 높이는 데 바람직하다.

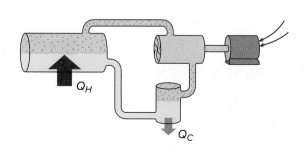

⑤ **영구기관과 에너지 속임** 열역학 제1법칙에 위배되는 제안된 장비는 제1종 영구기관이라고 불린다. 열역학 제1법칙은 위배하지 않지만 열역학 제2법칙을 위배하는 것은 제2종 영구기관이라고 한다. 두 경우 모두 작동하지 않는다.

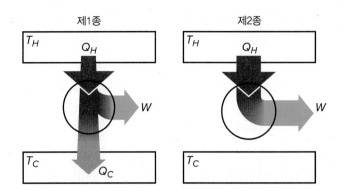

개념문제

Q1. 다음의 전기모터나 기관 중에서 어느 것이 열기관인가?
   a. 자동차 기관
   b. 전기모터
   c. 증기터빈
   이들의 각각이 열기관으로 분류되는지 아닌지 설명하시오.

Q2. 열역학 제1법칙을 열기관에 적용하는 데에 있어서, 왜 기관의 내부 에너지의 변화를 0이라고 가정하는가? 설명하시오.

Q3. 열역학 제1법칙으로부터 열기관이 1보다 큰 효율을 가질 수 있는가? 설명하시오.

Q4. 왜 하이브리드 자동차는 작은 가솔린 기관을 사용하면서도 좋은 가속 성능을 가지는가? 설명하시오(일상의 자연현상 11.1 참고).

Q5. 열기관이 그림 Q5에서와 같이 작동할 수 있는가? 열역학 법칙을 써서 설명하시오.

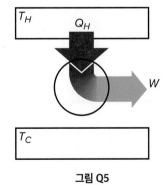

그림 Q5

Q6. 열기관이 그림 Q6에서와 같이 작동할 수 있는기? 열역학 법칙을 써서 설명하시오.

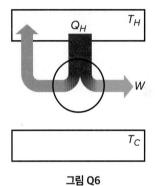

그림 Q6

Q7. 카르노 기관이 비가역적으로 작동될 수 있는가? 설명하시오.

Q8. 온도 400°C와 300°C 사이에서 작동하는 카르노 기관과 온도 400K와 300K 사이에서 작동하는 카르노 기관 중에서 어느 것이 더 큰 열효율을 갖는가? 설명하시오.

Q9. 열펌프는 열기관과 같은 것인가? 설명하시오.

Q10. 열펌프가 건물을 난방할 때, 열은 어디서 오는가? 설명하시오.

Q11. 차가운 온도로부터 따뜻한 온도로 열을 언제나 이동시킬 수 있는가? 설명하시오.

Q12. 열펌프가 그림 Q12와 같이 작동될 수 있는가? 열역학 법칙을 써서 설명하시오.

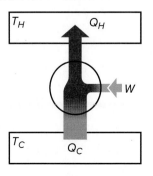

그림 Q12

Q13. 무늬에 따라 정렬된 카드 한 벌과 뒤섞인 카드 한 벌 중 어느 쪽이 더 높은 엔트로피를 갖는가? 설명하시오.

Q14. 어떤 물질이 얼 때, 분자들은 좀 더 정렬되고 엔트로피는 감소한다. 이것이 열역학 제2법칙에 위배되는가? 설명하시오.

Q15. 핵발전소는 어떤 점에서 석탄을 태우는 동력장치와 유사한가? 설명하시오.

Q16. 전기모터는 가솔린 기관이 열을 일로 변환할 때보다 훨씬 더 높은 효율로 전기 에너지를 역학적 에너지로 변환한다. 그렇다면 모든 자동차를 전기로 작동하는 것이 더 합리적이지 않겠는가? 전기 에너지는 어디서부터 오는가? 설명하시오.

Q17. 자동차 기관은 영구기관인가? 설명하시오.

Q18. 기술자가 대기로부터 열을 뽑아서, 그 중 일부를 일로 바꾸고 나머지 열을 입력 열로서 같은 온도에 있는 대기 속으로 되돌려 내보내는 장치를 제안했다. 이것은 영구기관인가? 그렇다면 어떤 종류인가? 설명하시오.

Q19. 일상의 자연현상 11.2에서 농부가 제안한 연못 발전 시스템은 열역학 제1법칙을 위배하는가? 설명하시오.

연습문제

E1. 한 순환과정에서, 열기관이 높은 온도의 열원으로부터 1200 J의 열을 받아들이고, 756 J의 열을 낮은 온도의 열원으로 방출하고 444 J의 일을 한다. 이 열기관의 열효율은 얼마인가?

E2. 한 순환과정에서, 열기관이 높은 온도의 열원으로부터 800 J의 열을 받아들이고 472 J의 열을 낮은 온도의 열원으로 방출한다.
    a. 이 기관은 한 순환과정에서 얼마나 많은 일을 하는가?
    b. 이 기관의 열효율은 얼마인가?

E3. 한 순환과정 동안에, 열기관이 700 J의 일을 하고 1100 J의 열을 낮은 온도의 열원으로 방출한다.
    a. 얼마나 많은 열이 높은 온도의 열원으로부터 들어오는가?
    b. 이 열기관의 열효율은 얼마인가?

E4. 카르노 기관이 500°C의 열원으로부터 열을 흡수하고 180°C의 낮은 온도 열원으로 열을 방출한다. 이 기관의 열효율은 얼마인가?

E5. 열펌프가 각 순환과정 동안에 낮은 온도의 열원으로부터 450 J의 열을 흡수하고 높은 온도의 열원으로 열을 이동시키기 위해 각 순환과정당 200 J의 일을 한다. 각 순환과정 동안에 얼마나 많은 열이 높은 온도의 열원으로 방출되는가?

E6. 전형적인 전기냉장고(그림 11.9 참고)는 500 W의 전력등급을 가지고 있다. 이것은 냉장고로부터 열을 뽑아내는 데에 필요한 일을 하기 위해서 전기 에너지가 공급한 비율(J/s)이다. 냉장고가 800 W의 비율로 열을 방으로 내보낸다면, 냉장고는 내부로부터 열을 어느 정도(단위: W) 제거하는가?

E7. 해양 열에너지 발전소는 21°C의 온도에 있는 표면의 따뜻한 물에서 열을 받아서 바다 속 깊은 곳으로부터 온 10°C의 차가운 물로 열을 내보낸다. 이 발전소는 5%의 열효율로 작동할 수 있는가? 답이 정당함을 증명하시오.

종합문제

SP1. 전형적인 자동차 기관이 19%의 열효율로 작동된다고 가정하자. 1갤런의 가솔린이 연소될 때 약 120 MJ(120×10^6 J)의 열이 방출된다(MJ는 megajoule의 약자이다).
    a. 1갤런의 가솔린에서 얻을 수 있는 에너지 중 얼마나 많은 에너지가 자동차를 움직이고 부속품을 작동시켜서 유용한 일을 하는 데에 사용될 수 있는가?
    b. 갤런당 얼마나 많은 열이 배기가스와 방출기에 의해 주위로 내보내지는가?

    c. 차가 일정한 속력으로 움직이고 있다면, 기관이 사용한 출력일은 얼마인가?
    d. 매우 더운 날이나 추운 날에는 기관의 열효율이 더 클 것이라고 예상할 수 있는가? 설명하시오. (작동하는 데 서로 경쟁하는 효과가 있을 수 있나.)

SP2. 열펌프처럼 역으로 작동하는 카르노 기관이 7°C의 차가운 열원으로부터 22°C의 따뜻한 열원으로 열을 이동시킨다.
    a. 이 두 온도 사이에서 작동하는 카르노 기관의 열효율은 얼마인가?

b. 카르노 열펌프가 각 순환과정에서 250 J의 열을 높은 온도의 열원으로 방출한다면, 각 순환과정에서 얼마나 많은 일을 공급하여야 하는가?

c. 각 순환과정에서 7°C의 열원으로부터 얼마나 많은 열을 뽑아낼 수 있는가?

d. 냉장고나 열펌프의 성능이 $K = Q_C/W$로 정의된 '동작계수'로 기술된다면, 이 카르노 열펌프의 동작계수는 얼마인가?

e. 이 문제에서 사용된 온도는 가정 난방을 위한 열펌프로의 응용에 적당한가? 설명하시오.

SP3. 석유를 태우는 발전소가 125 MW의 전력을 생산하도록 설계되었다고 가정하자. 터빈이 740°C와 380°C 온도 사이에서 작동하며, 이 두 온도의 경우 이상적인 카르노 효율의 80%인 열효율을 갖는다.

a. 이들 온도에 대한 카르노 열효율은 얼마인가?

b. 실제의 석유를 태우는 터빈의 열효율은 얼마인가?

c. 이 장치는 1시간 동안에 몇 킬로와트시(kW·h)의 전기 에너지를 발생시키는가? (킬로와트시는 1 kW의 일률에 1시간을 곱한 양이다.)

d. 매 시간 몇 킬로와트시의 열을 석유로부터 얻어야 하는가?

e. 1배럴의 석유가 1700 kW·h의 열을 준다면, 이 장치는 매 시간 얼마나 많이 석유를 사용하는가?

UNIT 3

전기와 자기
Electricity and Magnetism

Perry Mastrovito/Digital Stock/CORBIS

물리학의 영역 중 전기와 자기보다 우리의 생활방식에 더 큰 영향을 준 것은 없다. 전기와 전자 장치를 이용하는 것이 지금의 우리들에게는 제2의 천성이 되었지만, 200년 전에는 상상하기조차 어려웠을 것이다. 텔레비전 세트나 전자레인지, 컴퓨터, 휴대전화, 그리고 수천 종류의 익숙한 기구나 장비들을 발명하고 고안해내는 데 있어서 전기와 자기에 대한 기본원리들의 이해는 필수적이다.

자석과 정전기에 대한 효과들은 오랫동안 알려져 왔지만, 전기와 자기의 기본적 지식은 주로 19세기의 산물이다. 19세기로 전환되는 시점에서 한 주요한 발명이 전기와 자기의 발전에 문을 열게 되었다. 1800년에, 이탈리아 과학자인 알레산드로 볼타(Alessandro Volta, 1745~1827)가 전지를 발명했다. 볼타의 발명은 이탈리아 물리학자인 루이기 갈바니(Luigi Galvani, 1737~1798)의 업적에서 발전되었는데, 그는 동물 전기(animal electricity)라 불리는 효과를 발견하였다. 갈바니는 금속 메스로 개구리 다리를 접촉함으로써 전기적 효과를 발생시킬 수 있음을 발견하였다.

볼타는 전기적 효과를 위해 개구리가 필요 없음을 알아내었다. 적절한 화학용액으로 분리된 두 종류의 금속만으로도 갈바니가 관측한 많은 전기적 효과들을 만들어내기에 충분하였다. 종이로 분리된 구리판과 아연판을 번갈아 쌓고 화학용액 속에 담그어 만든 볼타의 볼타 파일(voltaic piles)은 지속된 전류를 만들 수 있었다. 흔히 그러한 것처럼, 이 새로운 소자는 많은 새로운 실험과 조사를 가능하게 하였다.

전지의 발명은 1820년에 한스 크리스티안 외르스테드(Hans Christian Oersted, 1777~1851)로 하여금 전류에 의한 자기적 효과를 발견하게 하였다. 외르스테드의 발견으로 전기와 자기는 공식적으로 연결되게 되었으며, 현대적 용어인 전자기학(electromagnetism)이 등장하게 되었다. 전자기학은 1820년대와 1830년대의 물리학자들에게는 뜨거운 연구 분야였으며, 암페어, 패러데이, 옴, 그리고 웨버에 의해 주요한 진보가 이루어졌다. 1865년에 스코틀랜드 물리학자인 제임스 클러크 맥스웰(James Clerk Maxwell, 1831~1879)은 이러한 많은 다른 과학자들의 통찰을 한 덩어리로 집약시킨 전기장과 자기장에 관한 포괄적인 이론을 발표하였다. 맥스웰은 전기장과 자기장의 개념을 발명하였는데, 이 개념은 엄청나게 생산적인 것으로 판명되었다.

전자기학은 지금도 여전히 활동적인 연구 분야이다. 전자기학에 관련된 분야들은 라디오와 텔레비전, 컴퓨터, 통신, 그리고 다른 기술영역에 있어서 중요하다. 이렇게 중요함에도 불구하고, 그 근본적인 현상들이 눈에 보이지 않음으로 인해, 많은 사람들에게는 전자기학이란 과목이 추상적이거나 불가사의하게 여겨지고 있다. 그럴지만 기본 개념들은 어렵지 않으며, 익숙한 현상들을 주의 깊게 살펴본다면 잘 이해할 수 있다.

Balazs Kovacs/Getty Images

CHAPTER 12

정전기 현상
Electrostatic Phenomena

학습목표

이 장의 학습목표는 정전기력을 기술하고, 이를 설명하는 것이다. 또한 전기장, 전위(전기 퍼텐셜)와 같은 개념들에 대해 알아본다. 이러한 개념들은 몇 가지 간단한 실험을 통하여 분석하고 기술함으로써 더욱 명확하게 정립될 것이다. 다양한 실험들은 전하, 도체와 절연체의 차이점, 그리고 많은 다른 전기적인 개념들을 이해하는 데 도움이 된다.

개요

① **전하의 역할** 전하란 무엇인가? 정전기력과는 어떤 관련이 있는가? 물체는 어떻게 전하를 띠는가?

② **도체와 절연체** 절연체와 도체의 다른 점은 무엇인가? 이러한 차이점을 어떻게 시험할 수 있는가? 정전유도에 의해 대전시키는 방법은 무엇인가? 스티로폼이나 종잇조각이 대전된 물체에 끌리는 이유는 무엇인가?

③ **정전기력: 쿨롱의 법칙** 쿨롱의 법칙에 의해 기술되는 정전기력이란 무엇인가? 그 힘의 크기는 전하량과 거리에 어떻게 의존하는가? 정전기력이 중력 현상과 비슷한 점, 그리고 다른 점은 무엇인가?

④ **전기장** 전기장의 개념은 어떻게 정의되는가? 이것이 유용한 이유는 무엇인가? 정전기 현상을 보여주기 위한 전기력선의 사용방법은 무엇인가?

⑤ **전위(전기 퍼텐셜)** 전위의 개념은 어떻게 정의되는가? 퍼텐셜 에너지와는 어떤 관계가 있는가? 전압이란 무엇인가? 전기장과 전위의 개념은 어떻게 관련되어 있는가?

대부분의 사람들은 건조한 겨울날 빗으로 머리를 빗을 때 따닥거리는 소리를 듣거나, 실내가 충분히 어두우면 불꽃까지 본 경험이 있을 것이다. 머리카락의 길이나 유연성에 따라 그림 12.1에서와 같이 머리카락의 끝이 멈추어 서 있는 경우도 있다. 이러한 현상은 흥미로우나 또한 성가시다. 우리는 종종 머리의 형태를 그대로 유지시키기 위해서 머리를 빗을 때 빗에 물을 묻히곤 한다.

무슨 일이 일어나고 있는 것일까? 각각의 머리카락들에는 서로 반발하게 하는 어떤 힘들이 작용하는 것처럼 보인다. 아마도 그 힘이 정전기력이라고 알고 있거나, 또는 정전기가 머리카락이 헝클어지는 원인이라고 말할 것이다. 하지만 어떤 현상의 이름을 단순히 알고 있는 것과 그것을 설명하는 것은 서로 다르다. 정전기가 이러한 조건하에서 발생하는 이유는 무엇이고, 그 힘의 본질은 무엇인가?

머리카락과 빗이 만드는 불꽃은 우리가 매일 경험하는 정전기 현상들 가운데 한 가지 예이다. 포장을 벗길 때 플라스틱 조각이 손에서 떨어지지 않으려 하는 이유는 무엇인가? 양탄자 위를 걸은 후 전원 스위치를 건드릴 때 손에 약한 쇼크를 받는 이유는 무엇인가? 이런 현상은 포장이 붙는 것과 같은 비슷한 성가신 일부터 큰 폭우에서 일어나는 극적인 번개에 이르기까지 다양하다. 그것들은 익숙하지만 우리 중 많은 사람들에게 신비롭다.

매우 익숙함에도 불구하고 우리는 대부분 정전기 현상이 무엇인

그림 12.1 건조한 겨울날 빗으로 머리를 빗을 때 머리카락이 간혹 자기 멋대로 움직이는 것처럼 보인다. 머리카락이 서로 반발하는 원인은 무엇인가?
Bob Coyle/McGraw-Hill Education

지 놀랍게도 잘 모른다. 사람들은 전기쇼크의 두려움뿐만 아니라 현상의 추상적인 본질 때문에 이해하는 것을 미룬다. 그럴 필요는 없다. 많은 현상들은 우리 모두가 쉽게 접근할 수 있는 개념으로 설명할 수 있다.

12.1 전하의 역할

빗으로 머리를 빗는 예와 앞에서 언급한 다른 여러 현상들이 가지는 공통점은 무엇인가? 빗이 머리카락을 지나가고, 신발이 양탄자 위를 스치거나 상자에서 벗겨지는 플라스틱들 모두가 서로 다른 두 물질이 문질러지는 과정을 수반한다. 아마도 이러한 문지름이 그 현상의 원인일 것이다.

그러면 이러한 생각을 어떻게 검증할까? 한 가지 방법은 여러 가지 다른 물질들을 수집한 다음 그것들을 다양한 조합으로 서로 문질러서 불꽃을 발생시키거나, 또는 다른 현상들이 관찰되는지를 알아보는 것이다. 이러한 실험을 통해 어느 두 물질의 조합이 정전기를 가장 효과적으로 만들 수 있는지를 알 수 있을 것이다. 물론 이러한 효과를 정량적으로 측정하는 일관된 방법 또한 필요하다.

피스 볼을 이용한 실험으로 알 수 있는 것은 무엇인가?

정전기 현상을 보여주는 일반적인 방법은 플라스틱 막대나 유리 막대를 서로 다른 모피나 천 조각에 문지르는 것이다. 예를 들어, 만약 플라스틱 막대나 단단한 고무 막대를 고양이 털 조각에 문지르면 털이 곧바로 뻗어 서로 밀치는 것을 볼 수 있다. 머리를 빗을 때 불꽃이 튀는 것과 같은 효과는 공기 중에 습기가 없는 건조한 겨울에 가장 잘 나타난다. 이를 보여주는 데 종종 사용되는 실험 장치가 바로 작은 스탠드에 2개의 구가 실에 매달려 있는 피스 볼

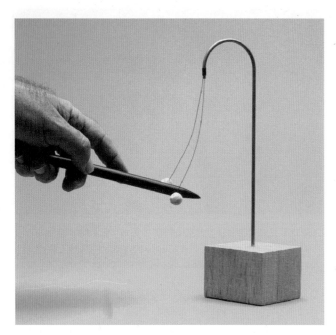

그림 12.2 작은 스탠드에 매달린 피스 볼은 대전된 플라스틱 막대에 끌리게 된다. *James Ballard/McGraw-Hill Education*

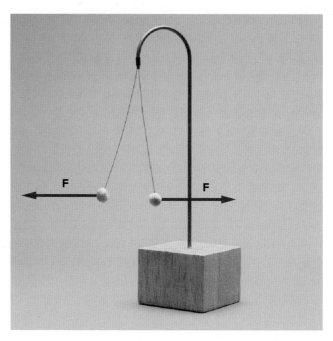

그림 12.3 막대로부터 멀리 떨어지게 되면 피스 볼은 서로 반발하고, 이것은 반발력이 존재한다는 것을 보여준다. *James Ballard/McGraw-Hill Education*

(pith ball)이다(그림 12.2). 피스 볼의 작은 구는 작은 힘에도 움직일 수 있도록 가벼운 종이 같은 물질로 만들어진다.

건조한 날 플라스틱 막대를 고양이 털로 강하게 마찰시킨 다음 플라스틱 막대를 피스 볼 가까이에 가져가면 일련의 흥미로운 현상들을 관찰할 수 있다. 먼저 플라스틱 막대를 가까이 하면 피스 볼은 금속이 자석에 강하게 끌리듯이 플라스틱 막대에 끌리게 된다. 결국 피스 볼은 막대에 달라붙게 되는데, 이렇게 붙어 있는 상태는 수초 동안 지속된다. 그러나 얼마 후 피스 볼은 막대와의 사이에 반발력으로 인해 막대로부터 떨어지게 되며, 동시에 2개의 피스 볼 사이에도 반발력이 생겨 피스 볼을 지탱하는 실은 그림 12.3에서와 같이 수직에 대하여 일정한 각도로 벌어진다.

이와 같은 현상들은 어떻게 설명할 수 있을까? 2개의 피스 볼은 막대와 접촉했다가 떨어진 후 서로 반발력이 작용하고 있음이 틀림없다. 피스 볼이 막대로부터 관찰된 반발력의 원인인 무엇인가(**전하**(electric charge)라고 하는)를 받았다고 상상할 수 있다. 그것이 무엇이든지 간에 이는 막대를 고양이 털로 마찰시킴으로써 생성되었다. 하나의 정지된 전하가 다른 전하에 작용하는 힘을 **정전기력**(electrostatic force)이라 한다.

만약 유리 막대를 나일론과 같은 합성 직물 조각으로 문지른다면 다른 변화를 관찰할 수 있다. 만약 유리 막대를 플라스틱 막대에 의해 대전된 피스 볼 가까이 가져가면 피스 볼은 유리 막대 쪽으로 끌리게 된다. 피스 볼은 플라스틱 막대에 대하여는 여전히 반발한다. 만약 피스 볼을 유리 막대에 접촉시키면 앞서 플라스틱 막대에서 관찰된 결과를 되풀이하게 된다. 처음에는 일단 유리 막대에 끌리며 달라붙는다. 그 다음 반발력에 의해 다시 떨어지게 되고, 동시에 2개의 피스 볼 사이에도 반발력이 생겨 떨어지게 된다. 만약 다시 플라스틱 막대를 가까이 가져가면 피스 볼이 플라스틱 막대에 끌리게 되는 것을 알 수 있다.

이러한 관찰이 전체적인 이해를 다소 복잡하게 한다. 분명히 적어도 두 종류의 전하가 존재한다. 털로 플라스틱 막대를 문지를 때 생긴 것이 그 하나이고, 또 다른 하나는 나일론으로 유리 막대를 문질러서 생긴 것이다. 이외에도 다른 전하가 또 존재할 수 있을까? 정전기에 관한 다른 복잡한 실험을 하더라도 단지 두 종류의 전하만 가지면 모든 현상들을 잘 설명할 수 있음을 알 수 있다. 다른 대전된 물체는 이미 알려진 두 종류의 전하들과는 끌리거나 밀어낼 것이고, 두 종류의 전하 중 하나일 것이다.

검전기란 무엇인가?

간단한 검전기는 금속 갈고리에 마주 보고 매달려 있는 두 장의 금속박으로 구성되어 있다(그림 12.4). 한때는 금박이 사용되었으나 지금은 알루미늄박이 주로 사용된다. 금속박이 매달려 있는 갈고리는 금속 막대를 통해 금속구와 연결되어 있으며, 이 금속구는 장치의 위쪽으로 밖에 노출되어 있다. 금속박은 유리 용기에 의해 외부 방전으로부터 보호되어 있다.

만약 대전되어 있지 않다면 금속박은 수직으로 바로 매달려 있을 것이다. 대전된 막대를 꼭대기에 있는 금속구와 접촉시키면 금속박은 즉시 벌어지게 된다. 막대를 다시 뗀 후에도 금속박은 계속 벌어져 있는 상태를 유지하는데, 이는 일단 금속박이 전하로 대전되어 있기 때문이다.

만약 대전된 물체를 금속구에 가까이 가져가면 검전기는 물체에 대전된 전하의 종류가 무엇인지, 얼마나 많은 전하가 존재하는지 보여준다. 원래의 금속 막대와 같은 종류의 전하를 띤 대전체를 금속구에 가까이 가져가면 금속박은 더 넓게 벌어지게 될 것이다. 반대의 전하를 가진 대전체는 금속박이 서로 더 가까워지게 한다. 가까이 하는 전하의 전하량이 클수록 그 효과는 더욱 크게 나타난다.

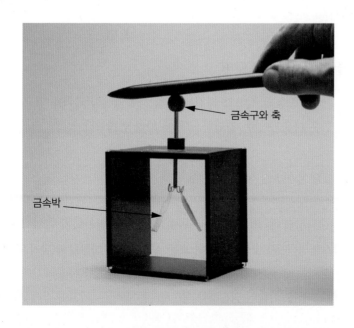

그림 12.4 간단한 검전기는 유리 용기 내에 금속 막대에 매달린 2개의 금속박으로 구성된다.
James Ballard/McGraw-Hill Education

금속구와 축

금속박

예제 12.1 ▸ 카페트의 불꽃

질문: 건조한 날 카페트를 가로질러 걸어간 후 전기 스위치를 만질 때 스파크가 일어나는 이유는 무엇일까?

답: 카페트를 가로질러 갈 때 때에 따라 발과 카페트가 문질러지는 효과가 있을 수 있다. 대개 신발의 창은 고무 재질로 만들어지며 카페트는 인조 섬유로 만들어진다. 두 물체를 서로 문지르면 모피와 막대를 문지를 때와 마찬가지로 전하를 분리시킨다. 이때 분리된 전하 중 신발에 축적된 전하는 도체의 성질인 우리 몸을 타고 이동하게 된다.

전기 스위치를 만지는 순간 몸에 축적된 전하는 스파크 형태의 방전을 일으킨다. 즉 전기 스위치는 보통 접지가 되어 있는데, 이는 도선을 통하여 지구와 연결되어 있으며 지구는 전기적으로 무한대의 음전하 원으로 간주된다. 스파크는 몸에 축적된 전하가 접지로 빠져나가는 하나의 과정이다.

피스 볼보다는 극적이지 않지만 검전기는 전하의 종류와 세기를 관측하는 데 몇 가지 이점이 있다. 피스 볼에서는 구를 매단 실이 종종 서로 엉키게 되지만 금속박은 그렇지 않다. 금속구는 다른 물체를 검사하는데 정지해 있는 점을 제공한다. 또한 대전체가 구 가까이 올때, 금속박이 멀어지거나 가까워지는 거리는 전하량의 세기를 일관되게 알려준다.

검전기는 더 나아가 대전 과정에 대한 정보를 제공한다. 플라스틱 막대를 고양이 털로 마찰시켜 대전시키면 동시에 털도 대전되는데, 이때 털에 대전된 전하는 플라스틱 막대에 대전된 전하와는 다른 전하로 대전된다. 이는 검전기를 플라스틱 막대로 대전시킨 후 검전기의 금속구에 털을 가까이 가져가면 확인할 수 있다. 털이 금속구에 접근했을 때 금속박은 서로 가까워지는 쪽으로 움직인다. 이는 플라스틱 막대를 가까이하면 더 멀어지는 것과 비교가 된다. 비슷한 실험으로부터 유리 막대와 나일론 조각을 서로 마찰시켰을 때 양쪽에는 서로 반대 종류의 전하가 대전된다는 것을 알 수 있다. 예제 12.1은 문지름에 의한 대전의 또다른 예를 제공한다.

벤자민 프랭클린의 단일 유체 모델

18세기 중반까지는 두 종류의 전하가 대전된 물체 사이의 정전기력을 만든다는 것이 잘 알려져 있었다. 이 힘은 다음과 같은 간단한 규칙에 따라 인력이나 척력이 될 수 있다.

같은 전하끼리는 서로 반발하고, 다른 전하끼리는 서로 끌어당긴다.

그러나 이러한 두 종류의 전하를 무엇이라고 부를지는 결정되지 않았다. 고양이 털에 의해 마찰될 때 플라스틱 막대에서 발생되는 전하 또는 실크에 의해 마찰될 때 유리 막대에서 발생되는 전하라고 이름을 붙이는 것은 모양새도 없을뿐더러 너무 길어서 사용하기에는 불편하다. 오늘날 널리 사용하고 있는 이름인 **양전하**와 **음전하**라는 용어는 1750년경에 미국의 정치가이

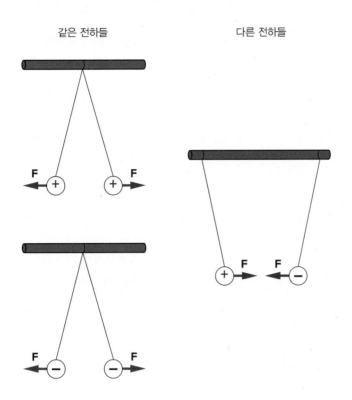

같은 전하들

다른 전하들

그림 12.5 같은 전하들끼리는 반발하고 다른 전하들끼리는 끌어당긴다. 양(+)과 음(−) 부호는 프랭클린의 단일 유체 모델에 의해 도입되었다.

자 과학자인 벤자민 프랭클린(Benjamin Franklin, 1706~1790)에 의해서 붙여진 이름이다. 1740년대에 프랭클린은 위에서 설명된 것과 같은 정전기에 대한 실험을 하였다.

프랭클린은 잘 알려진 이 사실(두 종류의 전하가 존재한다는 사실)은 대전되는 동안에 한 물체에서 다른 물체로 이동하는 단일 유체의 작용으로 설명할 수 있다고 제안하였다. 이러한 유체의 잉여분이 있으면 전하는 **양**(+)이 되고, 반대로 부족분이 있으면 **음**(−)이 된다는 것이다(그림 12.5). 이들 중 어느 것이 양이고 음인지는 분명하지 않은데, 그것은 유체 자신은 보이지 않고 또한 양이나 음인지 관측할 수 없기 때문이다. 프랭클린은 임의대로 실크로 마찰시켰을 때 유리 막대에 대전된 전하를 양전하라 불렀다.

두 종류의 전하에 대하여 간단한 이름이 붙여진 것 이외에도 프랭클린의 모델은 전하가 대전되는 동안 일어나는 일을 아주 잘 설명하고 있다. 프랭클린의 모델을 따르면, 두 물체가 서로 다른 전하로 대전되는 이유는 무언가 **중성적**이거나 안정한 양의 보이지 않는 유체가 모든 물체에 존재하고, 이들을 서로 문지르면 이 유체 중 일부가 한 물체에서 다른 물체로 이동하기 때문이다. 문지르는 동안 한 물체는 유체의 잉여분을 얻게 되고, 반면에 다른 물체는 부족하게 된다. 프랭클린의 모델은 두 종류의 전하에 대한 2가지 다른 독립된 물질을 제안한 그 전의 이론보다도 더 간단하였다.

프랭클린의 모델은 놀랍게도 대전되는 동안 무엇이 일어나는가에 대한 현대적 관점과 유사하나. 지금은 물론 물체들이 서로 마찰될 때 실제로 물체 사이에서 전지들이 이동한다는 사실을 알고 있다. **전자**(electron)는 모든 원자들, 즉 물질들 속에 존재하는 음으로 대전된 작은 입자이다. 음으로 대전된 물체는 전자의 잉여분을 가지고 있고, 양으로 대전된 물체는 전자의 부족분을 가지게 된다. 물질의 원자적, 화학적 성질이 물체가 서로 마찰될 때 전자가 어느 쪽으로 이동하는지를 결정한다.

서로 다른 물질들을 문지르면 전하가 한 물질에서 다른 물질로 움직이게 된다. 이 전하들 사이에는 정전기력이 작용하여 대전된 물체들을 끌어당기거나 반발하게 만든다. 같은 전하들끼리는 서로 반발하고, 다른 전하들끼리는 서로 끌어당긴다. 검전기를 이용하면 전하의 종류나 그 세기를 정량적으로 측정할 수 있다. 프랭클린이 정한 바에 따르면 전하에는 양과 음으로 된 두 종류가 있다. 양과 음의 표시는 원래 프랭클린의 모델에서 보이지 않는 유체의 잉여분과 부족분을 의미했으나, 문지르는 동안 물질이 대전되는 것은 전자의 이동에 의한 것이라는 사실을 이제 알고 있다.

12.2 도체와 절연체

12.1절에서 설명한 실험들은 정전기력에 대한 몇 가지 기본적인 정보를 제공해준다. 그러나 정전기 현상들을 이해하기 위해서는 물질의 여러 성질을 알아야만 한다. 예를 들어, 처음에 피스 볼이 대전되지 않았을 때에도 막대에 끌리게 되는 이유는 무엇인가? 검전기의 금속박이 금속으로 만들어진 이유는 무엇인가? 어떻게 절연체와 도체를 구분하는가는 커다란 의문점이다.

절연체와 도체는 어떻게 다른가?

대전된 플라스틱 막대나 유리 막대로 검전기에 접촉시켰다고 가정해보자. 금속박은 서로 반발하게 된다. 만약 손가락으로 검전기 꼭대기에 있는 금속구를 건드렸다면 어떤 현상이 일어날까? 검전기의 금속박은 즉시 아래 방향으로 내려올 것이다. 손가락을 금속구에 접촉시킴으로써 김진기를 방진시켰다(그림 12.6).

검전기를 다시 대전시켰다고 해보자. 이제 대전되지 않은 플라스틱이나 유리 막대로 검전기의 금속구에 접촉시키자. 검전기의 금속박에는 아무런 영향도 없을 것이다. 그러나 만약 손에 쥔 금속 막대를 구에 접촉시키면 금속박은 즉시 아래 방향으로 내려오게 된다. 검전기는 방전되었다.

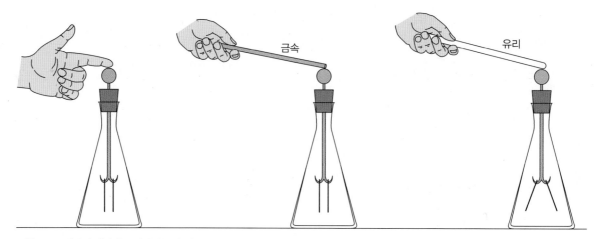

그림 12.6 대전된 검전기 꼭대기에 놓여 있는 구를 손가락이나 금속 막대로 접촉시키면 검전기는 방전된다. 그러나 유리 막대로 접촉시키면 검전기는 방전되지 않는다.

표 12.1 몇 가지 일반적인 도체, 절연체, 그리고 반도체		
도체	**절연체**	**반도체**
구리	유리	실리콘
은	플라스틱	게르마늄
철	세라믹	
금	종이	
염용액	기름	
산		

이러한 관찰을 어떻게 설명할 수 있을까? 분명히 금속 막대나 손가락은 모두 검전기의 금속박으로부터 몸을 통해 전하가 흘러가도록 하였음이 명백하다. 우리 몸은 전하에 대해서 중성의 큰 저장소이다. 우리들은 몸 전체 전하의 큰 변화 없이 검전기의 전하를 쉽게 흡수할 수 있다. 반면 플라스틱이나 유리 막대를 통해서는 금속구의 전하가 몸으로 흐르게 하지 않는 것으로 보인다. 고양이 털에 문지른 고무 막대에 대전된 잉여분의 전하는 표면에 존재하고 다른 물체로 쉽게 이동한다. 여분의 전하는 고무 내부를 통과해서 우리 손으로 흐르지 않는데, 이는 고무가 좋은 절연체이기 때문이다.

금속 막대와 우리 몸은 전하가 쉽게 흐르는 물질인 **도체**(conductor)의 예이다. 플라스틱과 유리는 보통 전하의 흐름을 허용하지 않는 물질인 **절연체**(insulator)의 예이다. 대전되어 있는 검전기를 이용하면 많은 물질들을 시험해볼 수 있다. 모든 금속은 훌륭한 도체이고 반면에 유리나 플라스틱과 같은 대부분의 비금속 물질들은 좋은 절연체임을 알 수 있다. 표 12.1은 절연체와 도체의 몇 가지 예를 보여준다.

전하를 이동시키는 능력에 있어서 도체와 절연체 사이의 차이는 놀랄 정도로 크다. 전하는 송전선에서 절연체로 쓰이는 몇 인치 길이의 세라믹 물질을 통과하는 것보다 수 마일의 구리선을 통해 훨씬 쉽게 흐른다.

18장에서 다루겠으나 이러한 차이는 원자 구조로 이해할 수 있다. 좋은 도체인 금속은 보다 안정하고 강하게 속박된 전자의 바깥에 1~3개의 느슨하게 속박된 전자를 가지고 있다. 이들은 금속 전체를 보다 자유롭게 돌아다니며 전기가 쉽게 통하게 한다.

반도체(semiconductor)라는 몇 가지 물질들은 좋은 도체와 좋은 절연체의 중간 정도의 성질을 가진다. 실리콘(규소)은 아마 가장 잘 알려진 예이다. 나무 막대는 검전기를 방전하는 데 있어서 반도체 같이 행동한다. 적당한 습도를 가진 나무 막대는 검전기가 아주 천천히 방전하도록 만든다.

반도체들은 좋은 도체나 좋은 절연체에 비해 희귀하지만 현대 문명에 있어서 그 중요성은 매우 크다. 적은 양의 다른 물질들을 혼합함으로써 반도체의 전도도를 조절하는 능력은 트랜지스터나 집적회로와 같은 미세한 전자 장치의 발전을 이끌어 왔다. 컴퓨터 혁명 전체는 실리콘과 같은 반도체의 사용에 의지해 왔다. 여기에 대하여는 21장에서 더 상세히 다룬다.

유도에 의한 도체의 대전

대전체와 직접적인 접촉 없이도 물체를 대전시킬 수는 있을까? 분명히 가능하다. 이러한 방법을 유도에 의한 대전이라고 하는데, 이는 금속의 전도성을 이용하는 것이다.

그림 12.7에서와 같이 고양이 털로 플라스틱 막대를 대전시키고 절연기둥 위에 놓인 금속구 가까이 막대를 가져간다고 해보자. 금속구 내부의 자유전자는 음으로 대전된 막대에 밀려난다. 구 안에서는 자유롭게 움직일 수 있기 때문에, 결과적으로 구는 막대의 반대쪽은 음으로 대전된 전하를 만들고(잉여분의 전자) 막대 가까운 쪽에는 양의 전하(전자의 부족분)를 만든다. 그러나 금속구의 모든 전하의 합은 여전히 0이다.

유도(induction)에 의해 금속구를 대전시키려면, 막대를 구에 닿지 않게 가까이 한 상태에서 막대의 반대쪽 구의 끝에 손가락을 댄다. 음전하는 여전히 막대의 음전하에 의해 밀리므로, 구로부터 우리 몸으로 흐르게 된다. 만약 이제 손가락을 치우고 그 다음 (이 순서대로) 막대를 치우면 구에는 알짜 양전하가 남는다(그림 12.8). 플라스틱 막대로부터 음전하를 얻은 검전기를 금속구에 가까이 가져가면 구에 대전된 전하의 종류를 확인할 수 있다. 검전기의 금속박은 유도에 의해 대전된 구가 접근할 때 서로 더 가까워질 것이고, 이것은 구에 양전하가 존재한다는 것을 보여준다.

이 실험이 제대로 되기 위해서는 각 단계의 순서가 중요하다. 손가락으로 구의 반대쪽에 접촉하고 다시 떼는 동안 플라스틱 막대는 금속구 가까이 그대로 두어야만 한다. 손가락을 치운 다음에 대전된 막대를 치워야 한다. 금속구에는 결과적으로 막대에 대전된 전하와 반대인 전하가 남게 된다. 만약 양으로 대전된 유리 막대를 사용하여도 그러하다. 이 경우 양의 전하가 막대로부터 가장 멀리 가려고 하며 손가락으로 흐를 것이기 때문에, 금속구는 결과적으로 음전하로 대전될 것이다.

그림 12.7 음으로 대전된 막대를 절연기둥 위에 놓인 금속구 가까이 가져가면 구에서 전하의 분리가 일어난다. *James Ballard/McGraw-Hill Education*

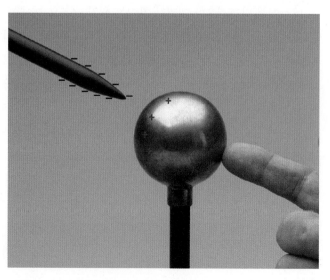

그림 12.8 금속구 반대쪽에 손가락을 접촉시키면 음전하는 밖으로 흐르게 되고 알짜 양전하만 구에 남게 된다. *James Ballard/McGraw-Hill Education*

유도에 의해 대전되는 과정은 금속구와 같은 도체에서는 전하의 이동이 매우 용이하다는 사실을 보여준다. 그러나 유리구에서는 이와 같은 현상이 일어나지 않는다. 유도에 의한 대전은 정전기적 전하를 발생시키는 데 사용되는 기계나 다른 많은 장치에서 중요한 과정이다. 또한 번개가 치는 폭풍에서 일어나는 현상들을 설명한다(일상의 자연현상 12.2 참고).

절연체가 대전체에 끌리는 이유는 무엇인가?

피스 볼로 된 처음의 실험에서 피스 볼 자체가 대전되기 전에 대전된 막대에 피스 볼이 끌리게 되는 것을 주목하자(그림 12.2). 이 현상은 어떻게 설명할 수 있는가? 절연체를 대전체 가까이 가져갔을 때, 절연체 내부에서는 어떤 일이 일어나는가?

금속구 안에 있는 자유전자와는 달리, 피스 볼과 같은 절연체 내부에서는 전자들이 물질 내에서 이동하는 것이 자유롭지 못하다. 대신에 모든 전하들은 물질을 구성하고 있는 원자나 분자에 강하게 얽매여 있다. 하지만 원자나 분자 안에서 전하들은 움직일 수 있는 여지를 가지고 있다. 원자나 분자 안에서 전하의 분포는 변할 수 있다.

상세한 원자 구조를 모르더라도 절연체에 대전체를 가까이 하였을 때 원자 안에서 전하들이 어떻게 움직이는지 대략적인 그림을 그려볼 수는 있다. 기본적인 개념을 그림 12.9에 나타내었다. 그림에서 피스 볼을 확대했고, 원자는 실제 크기보다 과장되게 그렸다. 각 원자 안에서 전하 분포에 작은 변화가 일어난다. 원자 내의 음전하는 양으로 대전된 막대에 끌리게 되고 양전하는 반발하게 된다.

각 원자는 음전하의 중심과 양전하의 중심이 다소간의 거리로 떨어져 있는 **전기 쌍극자**(electric dipole)가 되는 것이다. 원자는 이제 양극과 음극을 갖게 되어(따라서 **쌍극자**라고 불린다) 물질이 **분극화되었다**(polarized)고 말한다. 전체적으로 이런 절연체 내부의 원자 쌍극자는 양으로 대전된 막대에 가까운 피스 볼의 표면에는 약간의 음전하를 띠게 하고, 반대쪽 표면에는 약간의 양전하를 띠게 한다. 물질 내부에서는 인접한 양전하와 음전하들이 서로 상쇄된다.

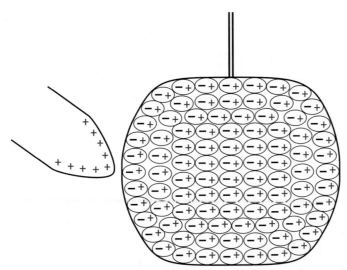

그림 12.9 원자 내의 음전하는 양으로 대전된 유리 막대에 끌리게 되고 반면 양전하는 반발하게 된다. 이것은 원자 내에 전하의 분극화를 발생시킨다. 원자의 크기는 크게 과장되었다.

그림 12.10 포장에 사용되는 작은 땅콩 모양의 스티로폼 조각은 대전된 막대에 끌린다. *Lars A. Niki*

피스 볼 자체는 대전된 막대가 있으면 전기 쌍극자가 된다. 음으로 대전된 표면이 양으로 대전된 표면보다 막대에 더 가깝기 때문에 더 강한 정전기력을 받게 되고 피스 볼은 대전된 막대에 끌리게 된다. 이때 피스 볼의 전체 전하는 여전히 0이다. 그러나 피스 볼을 대전된 막대와 직접 접촉시키게 되면 막대에 있는 전하 중 일부가 피스 볼로 이동하게 되고 막대와 같이 양으로 대전되게 된다. 따라서 피스 볼은 앞에서 관찰한 바와 같이 막대에 반발한다.

분극이 되는 정도는 절연체의 중요한 성질 중의 하나이다. 작은 종잇조각이나 스티로폼이 다른 물체에 문지른 합성 직물 스웨터와 같은 대전체에 끌리게 되는 이유도 바로 이 분극으로 설명된다(그림 12.10). 공장 굴뚝에서 나오는 연기로부터 입자들을 제거하기 위해 사용되는 정전기적 침전기도 바로 이러한 성질을 이용한 것이다(일상의 자연현상 12.1 참고).

검전기를 사용한 방전 실험은 여러 물질들이 전하를 흐르게 하는 능력에 있어서 매우 다양하다는 것을 보여준다. 대부분 금속들은 좋은 도체이지만 유리, 플라스틱, 그리고 많은 다른 비금속 물질들은 도체의 성질이 부족한 절연체이다. 반도체로 분류되는 몇 가지 물질은 중간 정도의 전기 전도도를 가지고 있다. 도체는 다른 대전체와 실질적인 접촉 없이도 유도에 의해 대전될 수 있다. 절연체는 대전체를 가까이할 때 분극화되고, 이것은 절연체가 대전체에 끌리게 되는 이유를 설명해준다.

12.3 정전기력: 쿨롱의 법칙

전하 자체는 볼 수 없지만 대전체에 작용하는 힘의 효과는 눈으로 볼 수 있다. 피스 볼과 금속박은 동일한 전하를 띠고 있을 때 연직방향으로 죽 뻗지 못한다. 반발력이 서로 밀어내게 한다. 이 힘의 크기를 정량적으로 설명할 수 있을까? 이 힘은 거리와 전하량에 따라 어떻게 변화할까? 어떤 면에서 중력과 비슷할까?

이러한 의문은 18세기 후반에 과학자들에 의해 활발하게 연구되었다. 중력과 마찬가지로 정전기력은 물체들이 서로 떨어져 있어도 분명히 작용한다. 그것은 비접촉력이다. 많은 과학자들이 이전에 힘의 법칙의 형태에 대해서 가설을 세웠지만, 1780년대에 프랑스의 과학자 찰스 쿨롱(Charles Coulomb, 1736~1806)의 실험은 이 문제를 해결하였고, 오늘날 우리는 쿨롱의 법칙으로 알고 있다.

일상의 자연현상 12.1

매연을 깨끗하게 하기

상황 정전기 현상은 종종 우리를 귀찮게 한다. 머리카락이 엉키게 하고 때론 옷이 달라붙게 만들기도 하며 가끔 기분 나쁜 전기 쇼크를 일으키기도 한다. 이러한 현상을 유용하게 이용하는 방법이 있을까?

석탄을 태우는 과정과 여러 공장의 과정(사진에 나타난 것과 같이)에서 나오는 매연의 배출은 산업혁명 이래 문제였다. 이 매연에는 검댕 등의 작은 입자들이 들어 있는데, 1800년대부터 이들은 많은 산업화된 나라들의 도시를 검게 만드는 주범이었다. 이러한 문제는 아직도 존재하지만 과거에 비해 매연으로부터 이러한 작은 입자들을 제거하는 기술은 현저하게 발전하였다. 어떻게 정전기 현상이 이러한 문제를 해결하는 데 도움이 될까?

kodda/123RF

분석 정전기적 침전기는 공장의 굴뚝으로 방출되는 가스로부터 입자를 제거하는 중요한 기술이다. 최초의 정전기적 침전기는 1907년 당시 버클리 대학의 화학교수였던 프레데릭 코트렐 교수에 의해 특허가 출원되었다. 이후 이 장치는 지속적으로 그 설계와 용도가 개선되어 지금까지 사용되고 있다.

초기 침전기의 구조는 그림과 같이 양전하로 대전된 2개의 넓은 평행한 판 사이에 역시 강하게 대전된 도선(일반적으로 음전하로 대전된)을 일렬로 나란히 늘어놓은 구조를 가지고 있다. 기체 분자들이 음으로 대전된 도선 사이를 지나갈 때 도선으로부터 전자를 받아 이온화된다. 이 이온들은 배출가스에 포함된 재나 먼지 입자의 유전 분극에 의해 끌리고 매연 입자가 음전하를 띠게 한다. 이렇게 음전하를 띠게 된 매연 입자는 양전하로 대전된 도체판으로 끌려가 침전기를 통과하는 기체의 흐름에 의해 제거된다.

현재 사용되는 침전기는 보다 복잡한 구조를 가지고 있다. 그러나 그 기본적인 원리는 동일하다. 양 옆의 평행판은 표면적을 넓히기 위하여 수름져 있거나 삐죽이 뛰어나온 날개를 가시고 있기도 한다. 만약 이 대전된 평행판이 어떤 식으로든 깨끗하지 않으면, 재나 먼지로 빠르게 뒤덮여서 주기적으로 판을 진동시키는 데 '두드림' 장치를 사용해야만 한다. 이는 재들이 깔때기로 떨어지게 하고, 깔때기는 때때로 비워져야 한다.

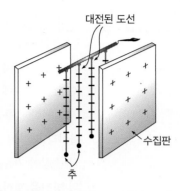

입자를 지닌 배기가스는 판 사이에 음으로 대전된 도선을 지닌 (양으로 대전된) 평행 수집판 배열을 통과한다.

강하게 대전된 도선 근처에 형성된 이온화된 기체를 **코로나**라고 한다. 도선의 모양은 도선 주위의 바로 가까운 곳에 매우 강력한 전기장을 만든다(그림 12.4 참고). 이런 상황은 마치 전기력선이 전하 근처에서 매우 가까운 간격으로 있는 그림 12.14나 12.15에 나타난 상황과 비슷하다. 기체 분자의 이온화와 그 결과인 코로나는 바로 도선 근처의 매우 강한 전기장이 그 원인이다.

정전기적 침전기는 금속 제련소, 시멘트 공장, 발전소와 다른 여러 산업현장에서 매연으로부터 작은 입자들을 제거하는 데 효과적이다. 또한 가정이나 건물의 공기에 떠 있는 먼지를 제거하는 데에도 사용한다. 다만 이러한 방식은 배출가스에서 황이나 수은 또는 유기물 분자와 같은 오염 물질을 제거하는 데에는 그리 효과적이지 못하다.

이러한 물질을 제거하는 데에는 보다 정교한 장치가 필요하다. 많은 경우, 스크러버(집진기)라고 불리는 장치를 사용한다. 습식 집진기는 배출가스를 물이나 다른 액체의 안개에 통과시키고, 건식 집진기는 미세 입자에 통과시킨다. 화학적인 방법에 의해 황과 같은 오염 물질들은 뿜어진 안개 방울이나 입자에 끌리게 된다. (황은 석탄 발전소에서는 특히 염려되는 물질이다.) 만약 건식 집진기를 사용하면, 오염 물질을 가지고 있는 입자를 제거하는 데 정전기적 침전기가 사용된다.

얼마나 많은 돈을 지불할 수 있느냐에 따라 대부분의 오염 물질은 정전기적 침전기와 집진기를 이용하여 매연으로부터 제거될 수 있다. 그러나 이런 과정들은 발전소와 산업 생산의 비용을 증가시키고, 종종 효율을 떨어뜨린다. 배출가스에서 쉽게 제거되지 않는 것 중의 하나가 이산화탄소인데, 이는 그것 자체가 연소과정의 기본적인 산물이고 기체 상태이기 때문이다(18장 참고). 이산화탄소는 일상의 사연현상 10.2에서 논의했듯이 지구 온난화와 관련된 주된 온실가스이다. 석탄, 석유, 그리고 천연가스와 같이 탄소를 포함하는 화석연료를 연소시킬 때는 언제나 이산화탄소가 공기 중으로 배출된다. 유일한 해결책은 지하로 뿜어내거나 다른 방식으로 '가두는' 것이다.

쿨롱은 정전기력을 어떻게 측정하였는가?

처음 보기에는, 정전기력과 같은 힘의 크기를 측정하는 것은 간단한 연습문제처럼 보인다. 그러나 실제로는 쉬운 일이 아니다. 보통 크기의 물체 사이에 작용하는 중력보다 매우 크지만 정전기력은 아직도 비교적 약하기 때문에 쿨롱은 미세한 힘을 측정할 수 있는 기술이 필요했다. 더욱이 그는 물체에 얼마나 많은 전하가 대전되어 있는가를 정의하는 전혀 무시할 수 없는 문제에 맞닥뜨렸다.

미세한 힘을 측정하는 문제에 대한 쿨롱의 해답은 그림 12.11에 나타낸 오늘날 비틀림 저울이라고 하는 것의 개발이었다. 2개의 작은 금속구가 절연 막대의 양끝에 매달려 있고 막대의 중심이 가는 철사 줄에 매달려 전체적으로 균형을 잡고 있다. 금속구와 철사 줄은 공기로의 방전을 피하기 위해 유리벽으로 된 용기에 담겨 있다. 힘이 막대에 수직하게 금속구에 작용하면 철사를 비틀리게 하는 토크가 발생한다. 만약 주어진 비틀림 각을 만드는 데 필요한 토크의 양이 얼마가 되는지를 미리 알고 있다면 이것이 약한 힘의 크기를 재는 방법이 된다.

정전기력을 측정하기 위해서 여하튼 금속구 중 하나를 대전시켜야 한다. 그다음 역시 대전된 절연 막대의 끝에 붙어 있는 세 번째 금속구를 삽입한다(그림 12.11). 만일 세 번째 금속구가 막대의 끝에 놓여 있는 구와 같은 종류의 전하를 가지게 되면 두 전하는 서로 반발하게 되고, 그 결과 토크가 철사를 비틀게 될 것이다. 대전된 2개의 구 사이의 거리를 조정함으로써 거리에 따른 반발력의 크기를 측정할 수 있다.

구에 놓여 있는 전하량을 결정하는 문제는 더욱 더 천재성을 요구한다. 간단한 검전기는 존재하는 전하량을 대충 측정할 수 있지만, 쿨롱의 시대에는 전하량을 정하는 일관된 단위나

그림 12.11 쿨롱의 비틀림 저울 모식도. 철사의 비틀림 정도가 두 전하 사이의 반발력의 척도이다.

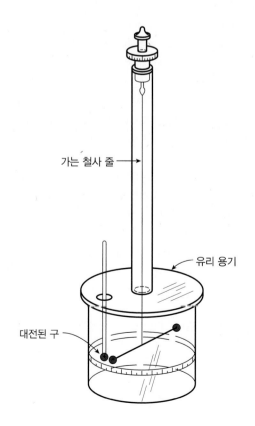

가는 철사 줄 →

유리 용기

대전된 구

절차가 없었다. 쿨롱의 해법은 전하를 분할하는 계를 개발하는 것이었다. 쿨롱은 그림 12.12에서처럼 절연스탠드 위에 올린 전하량을 알지 못하는 하나의 금속구로 시작하였다. 그는 비슷한 스탠드 위에 올린 동일하지만 대전되지 않은 구를 이 구에 접촉시켰다. 그는 2개의 구가 동일한 전하량(첫 번째 구에 원래 있던 전하량의 반)을 가지게 될 것이라고 논증하였는데, 이것은 검전기에 구를 가까이 접근시킴으로써 증명되었다.

만일 이 2개의 구 중 하나에 세 번째 동일한 구를 접촉시키면 전하는 다시 동등하게 나눠질 것이고, 이 두 구는 처음 구가 가졌던 전하량의 1/4씩의 전하를 가지게 될 것이다. 이와 같은 과정을 몇 차례 반복하게 되면 전하는 계속해서 반으로 나눠지게 된다. 이러한 방법은 절대적 전하의 크기를 알려주지는 않지만, 하나의 구가 다른 구의 전하의 2배, 또는 4배와 같은 전하량을 가진다고 말할 수 있다.

쿨롱은 서로 다른 전하량이 정전기력에 미치는 효과를 시험하기 위해 이러한 방법을 사용하였다. 만약 전하를 나누는 데 사용된 구가 비틀림 저울에 사용되는 것과 크기가 동일하다면, 비틀림 저울 구 중 하나에 다른 구로 접촉시키면 전하가 한 번 더 나눠지게 된다. 이러한 방법으로 쿨롱은 각 물체에 대전되어 있는 전하량의 변화와 두 대전체 사이의 거리에 따른 정전기력의 크기가 얼마인지 결정할 수 있었다.

쿨롱이 측정한 결과는 무엇인가?

쿨롱 연구의 결과는 일반적으로 **쿨롱의 법칙**(Coulomb's law)으로 알려져 있는데 다음과 같이 기술할 수 있다.

두 대전체 사이의 정전기력은 각각의 전하량에 비례하고 전하 사이의 거리의 제곱에 반비례한다. 다시 말하면 다음과 같다.

$$F = \frac{kq_1 q_2}{r^2}$$

그림 12.13 두 양전하는 쿨롱의 법칙과 뉴턴의 제3법칙에 따라 동일하지만 방향이 반대인 힘이 서로 작용한다. 힘은 두 전하 사이의 거리 r의 제곱에 반비례한다.

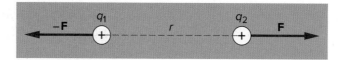

여기서 q는 전하량을 나타내고, k는 사용되는 단위에 따른 상수(쿨롱 상수)이다. 그리고 r은 두 전하의 중심 사이의 거리이다.

그림 12.13은 쿨롱의 법칙을 설명한다. 두 힘은 뉴턴의 제3법칙을 따른다. 두 전하는 크기는 같지만 방향은 반대인 힘을 받는다. 그림에 나타난 두 전하는 모두 양전하이므로, 같은 전하는 반발하므로 힘은 척력이다. 만약 하나가 음이고, 다른 하나는 양이었다면, 두 힘 모두 방향이 반대가 된다.

쿨롱 자신은 다른 단위를 사용하였지만, 지금은 전하의 단위로 **쿨롱(C)**이라는 단위를 사용한다. 만일 거리가 미터 단위로 표시되면 쿨롱 상수의 값은 대략 $k = 9 \times 10^9$ N·m²/C²이 된다. 1쿨롱의 크기는 14장에서 다루게 될 전류라는 양과 관련된 측정방법으로 결정하였다. 쿨롱의 법칙을 사용한 힘의 계산은 예제 12.2에 나타내었다.

쿨롱은 비교적 큰 전하 단위이다. 원자 수준에서 기본 전하는 1.6×10^{-19} C인데, 이는 전자가 지닌 전하의 크기이다(음이다). 피스 볼은 보통 10^{-10} C의 전하를 지닌다. 이는 전자가 10^{10}(10억)개가 모자라거나 남는 것을 말한다. 예제 12.2의 두 양전하가 마이크로쿨롬이 아니라 쿨롬 정도의 전하를 갖는다면 어마어마한 힘이 작용할 것이다.

예제 12.2 ▸ 정전기력 측정

하나는 2 μC이고 다른 하나는 7 μC인 두 양전하가 거리 20 cm로 떨어져 있다. 한 전하가 다른 전하에 작용하는 정전기력의 크기는 얼마인가?

$$q_1 = 2\,\mu C \qquad (1\,\mu C = 10^{-6}\,C = 1\text{ microcoulomb})$$
$$q_2 = 7\,\mu C$$
$$r = 20\text{ cm} = 0.2\text{ m}$$
$$F = ?$$
$$F = \frac{kq_1q_2}{r^2} = \frac{(9.0 \times 10^9\text{ N} \cdot \text{m}^2/\text{C}^2)(2 \times 10^{-6}\text{ C})(7 \times 10^{-6}\text{ C})}{(0.2\text{ m})^2}$$
$$= \frac{0.126\text{ N} \cdot \text{m}^2}{0.04\text{ m}^2}$$
$$= \mathbf{3.15\text{ N}}$$

뉴턴의 중력 법칙과 쿨롱의 법칙의 비교

정전기력은 뉴턴의 중력 법칙(5장 참고)과 같이 거리의 제곱에 반비례한다. 만약 두 전하 사이의 거리가 2배가 되면 처음 힘의 1/4이 된다. 거리가 3배가 되면 힘은 1/9배가 된다. 두 전하 사이의 정전기적 상호작용은 거리가 증가할 때 급격히 작아진다.

중력과 정전기력은 자연계의 기본적인 힘들 중 2가지이기 때문에, 이들 둘을 서로 비교하는 것은 흥미로운 일이다. 중력과 정전기력은 어떻게 다른가? 두 힘의 수식을 나란히 놓고 보면 비슷한 점과 다른 점이 드러난다.

$$F_g = \frac{Gm_1m_2}{r^2}, \quad F_e = \frac{kq_1q_2}{r^2}$$

명백히 다른 점은, 중력은 두 물체의 질량의 곱에 의존하고, 정전기력은 두 물체의 전하의 곱에 의존한다는 것이다. 그 외에는 이러한 2가지 힘에 대한 법칙의 형태는 비슷하다.

더 미묘한 차이점은 방향과 관련된다. 중력은 항상 인력으로 작용한다. 우리가 아는 한 음의 질량과 같은 것은 없다. 한편, 정전기력은 두 전하의 부호에 따라 인력이 되거나 또는 척력이 될 수 있다. 같은 종류의 전하는 밀어내고, 다른 종류의 전하는 끌어당긴다는 규칙이 방향을 결정한다.

또 다른 차이점은, 두 힘의 크기에 대한 것이다. 보통 크기의 물체 또는 소립자들 사이의 중력은 정전기력에 비해 아주 약하다. 큰 중력이 작용하기 위해서는 적어도 물체 중 하나는 지구와 같이 거대한 질량을 가져야만 한다. 원자나 소립자와 같이 아주 작은 대전된 입자들에 대해서는 정전기력이 중력보다도 훨씬 중요하다. 정전기력은 액체나 고체에서 원자와 원자 사이를 묶어주는 역할을 한다. 따라서 정전기력은 모든 물질의 행동과 성질에 있어서 굉장히 중요하다.

이러한 2가지 힘에 대한 법칙의 기본적인 형태가 200년 이상 알려져 있지만 물리학자들은 여전히 이 힘들과 자연계의 다른 기본 힘의 상대적인 크기에 관한 근본적인 이유를 이해하고자 한다. 자연계에 존재하는 기본 힘 사이의 관계를 설명하는 **통일장 이론**에 대한 연구는 현대 이론 물리학의 주요한 연구 영역이다(21장 참고). 오늘날의 학생들 중 누군가가 이 연구에 중요한 기여를 할 것으로 믿어 의심치 않는다.

> 쿨롱은 두 전하 사이에 작용하는 정전기력의 크기를 측정하기 위해 비틀림 저울을 고안하였다. 그는 힘이 각각의 전하의 크기에 비례하고, 두 전하 사이의 거리의 제곱에 반비례한다는 사실을 발견하였다. 쿨롱의 힘 법칙은 두 질량 사이에서 작용하는 힘을 설명한 뉴턴의 중력 법칙과 매우 유사한 형태를 가진다. 그러나 중력은 항상 인력이며, 일반적으로 정전기력보다는 아주 약하다.

12.4 전기장

쿨롱의 법칙은 물체들의 크기가 떨어져 있는 거리에 비해 작은 경우 두 대전체 사이에 작용하는 힘을 어떻게 알아내는지 말해준다. 이러한 힘은 두 전하가 먼 거리에 떨어져 있어도 작용한다. 힘이 작용하기 위해서 전하들이 서로 접촉할 필요는 없다. 전하의 존재는 전하 주위의 공간을 어떻게든 변화시킬까? 공간에 넓게 분포한 전하 분포가 몇몇 주어진 전하에 미치는 영향을 어떻게 기술할 수 있을까?

전기장(electric field)의 개념은 일련의 그러한 전하 분포가 또 다른 개별 전하에 끼치는 효과를 기술한다. 장이라는 개념의 유용성은 이를 현대 이론 물리학의 중심이 되었다. 대부분의 사람들에 있어서 장(마당)이라는 단어는 야생화들로 채워진 풀밭이나 밀밭을 떠올리게 만든다. 그러나 물리학에서 전기장의 개념은 다소 추상적인 개념이다. 앞으로 몇 개의 전하들이 만드는 전기장의 예는 그 개념을 소개하는 데 도움이 된다.

여러 전하에 의해 작용하는 힘

쿨롱의 법칙을 사용하면 두 대전체 사이에 작용하는 정전기력의 크기를 알 수 있다. 만약 대전체의 크기가 그들 사이의 거리에 비해 매우 작다면 이를 **점전하**라고 부른다. 만일 3개 이상의 전하가 있다면, 그들 중 어떤 하나의 전하에 작용하는 알짜힘은 그 전하를 제외한 다른 모든 전하들이 작용하는 힘을 각각 구한 후 모두 (벡터) 합하여 계산할 수 있다.

예제 12.3의 첫 번째 부분에서 전하 q_0가 전하 q_1, q_2 사이에 놓여 있을 때, q_1, q_2가 전하 q_0에 작용하는 힘을 알 수 있다. q_0에 작용하는 알짜힘을 구하기 위해 두 힘을 벡터적으로 더한다. 다른 전하들에 의한 각각의 힘은 쿨롱의 법칙을 사용하여 각각 계산해야 한다(이 과정에 대한 상세한 내용은 예제 12.2 참고).

예제 12.3 ▸ 전기장

전하 $q_1 = 3\ \mu C$이고 $q_2 = 2\ \mu C$인 두 점전하가 그림과 같이 30 cm 거리로 떨어져 있다. 세 번째 전하 $q_0 = 4\ \mu C$가 q_1으로부터 10 cm 떨어진 처음 두 전하 사이에 놓여 있다. 쿨롱의 법칙으로부터, q_1에 의해 q_0에 작용하는 힘은 10.8 N이고, q_2에 의해 q_0에 작용하는 힘은 1.8 N이다.

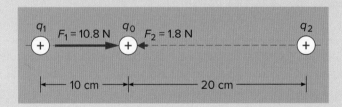

a. 전하 q_0에 작용하는 알짜 정전기력은 얼마인가?
b. 전하 q_0의 위치에서, 다른 두 전하에 의한 전기장(단위 전하당 힘)은 얼마인가?

a. $\mathbf{F}_1 = 10.8\ N$ (오른쪽) $F_{net} = F_1 - F_2$
$\mathbf{F}_2 = 1.8\ N$ (왼쪽) $= 10.8\ N - 1.8\ N$
$\mathbf{F}_{net} = ?$ $= 9\ N$
                                                  $\mathbf{F}_{net} = 9\ N$ (오른쪽)

b. $\mathbf{E} = ?$ $E = \dfrac{F_{net}}{q_0} = \dfrac{9\ N}{4 \times 10^{-6}\ C}$

$= 2.25 \times 10^6\ N/C$

$\mathbf{E} = 2.25 \times 10^6\ N/C$ (오른쪽)

전하 q_1에 의해 q_0에 작용하는 힘 $\mathbf{F}_1$은 q_2에 의한 힘 $\mathbf{F}_2$보다 상당히 크다는 것을 주목하라. 이것의 주된 이유는 q_2가 q_1보다 q_0에서 더 멀리 있기 때문이다. 쿨롱의 법칙에 의해 기술되는 정전기력은 두 전하 사이의 거리의 제곱에 반비례한다. q_0에 작용하는 두 힘은 서로 반대방향이고, 이 두 힘을 더하면 더 큰 힘의 방향으로 9 N 크기의 알짜힘이 된다.

전기장이란 무엇인가?

만일 q_0가 있던 바로 그 위치에 다른 크기의 전하를 놓았을 때 그 전하에 작용하는 힘을 알고 싶다고 해보자. 각각의 다른 전하들에 의한 힘을 구하기 위해 쿨롱의 법칙을 다시 사용하고, 그 힘들을 예제 12.3에서 한 것처럼 합해야 하는가? 이 문제는 전기장의 개념을 사용하면 훨씬 더 쉽게 해결할 수 있다.

전하 q_0가 그 위치에서의 정전기적인 힘을 알아보기 위하여 집어넣은 시험 전하라고 생각해보자. 쿨롱의 법칙에 의하면 이 시험 전하에 작용하는 힘은 바로 이 시험 전하의 크기에 비례할 것이다. 만일 이 시험 전하에 작용하는 알짜힘을 시험 전하의 크기로 나누게 되면 이 위치에 단위 전하가 놓여 있을 때에 작용하는 힘의 크기가 된다(예제 12.3에서 두 번째 부분 참고). 일단 단위 전하당 힘을 얻게 되면 같은 지점에 놓여 있는 다른 어떤 전하에 대한 힘도 쉽게 계산할 수 있게 된다.

공간의 한 점에 대한 정전기적 현상의 크기 척도로 단위 전하당 작용하는 힘을 사용하는 것이 전기장 개념의 핵심이다. 사실 **전기장**에 대한 정의는 다음과 같다.

> 공간에 주어진 한 점에서 전기장은 그 점에 단위 양전하가 놓였을 때 이 단위 양전하에 작용하는 전기력이다.
>
> $$\mathbf{E} = \frac{\mathbf{F}_e}{q}$$
>
> 전기장은 그 점에 놓여 있는 양전하에 작용하는 힘과 같은 방향을 가지는 벡터이다. 기호 $\mathbf{E}$는 전기장을 표시한다.

바꾸어 말하면, 예제 12.3에서 계산된 $\mathbf{F}_{net}/q_0$은 그 지점에서 전기장의 크기이다. 따라서 전기장의 크기를 알고 있는 지점에 놓인 전하에 작용하는 힘의 크기는 전기장과 전하의 곱으로 계산할 수 있다.

$$\mathbf{F}_e = q\mathbf{E}$$

만약 전하가 음이 되면, 마이너스 부호가 음전하에 대한 힘의 방향과 전기장의 방향이 반대라고 말해준다. 공간의 임의의 점에서 전기장의 방향은 그 점에 놓여 있는 **양전하**에 작용하는 힘의 방향이다.

전기장과 정전기력은 같지 않음을 주목하라. 공간의 임의의 점에 대한 진기장은 그 점에 전하가 없을지라도 정의될 수 있다. 또 전기장은 그 점에 놓인 어떤 전하에 작용하는 힘의 크기와 방향을 말해준다. 전하가 존재하면 힘도 존재하지만, 장은 그 지점에 전하가 있든지 없든지 상관없이 존재한다.

전기장은 진공에서도 존재할 수 있다. 우리가 장이라는 개념을 사용할 때 입자나 물체 사이의 상호작용이라는 개념으로부터 전하가 주위의 공간에 미치는 영향으로 우리의 관점을 이동시킨다. 장의 개념은 정전기학에만 국한되지는 않는다. 중력장이나 자기장과 같은 장들도 정의될 수 있다.

전기력선이란 무엇인가?

전기장이라는 개념은 1865년 스코트랜드의 물리학자 맥스웰(James Clerk Maxwell, 1831∼1879)에 의하여 그의 성공적인 전자기학 이론의 일부로서 공식적으로 소개되었다. 그 발상은 이미 패러데이(Michael Faraday, 1791∼1867)에 의해 비공식적으로 사용되었는데, 그는 전기적·자기적 효과를 눈으로 볼 수 있도록 그려주는 오늘날 우리가 **장선**(field line)이라고 부르는 개념을 도입하였다. 패러데이는 수학에는 능숙하지 못하였지만 머리로 상상한 그림을 잘 이용한 뛰어난 실험 물리학자였다.

　장선을 설명하기 위해서 먼저 단일 양전하 주위의 여러 점에 부호가 양인 또 다른 시험 전하를 갖다 놓아서 장선의 방향과 크기를 구한다. 시험 전하를 양전하 주위에 놓으면 반발력이 작용한다. 이 시험 전하에 작용하는 힘의 방향(이것은 바로 전기장의 방향이다)을 나타내는 선을 쭉 이어가게 되면, 그림 12.14와 같은 그림을 얻는다.

　그림 12.14는 3차원적 현상에 대해 2차원적 단면으로만 나타내었다. 단일 양전하가 만드는 전기력선은 전하로부터 모든 방향으로 발산한다. 장선이 항상 양전하에서 시작되어 음전하에서 끝이 난다는 일반론을 받아들이면, 장선의 밀도는 전기장의 크기에 비례한다. 장선이 촘촘할수록 전기장은 더 강하다.

　장선은 전기장의 크기와 방향을 동시에 보여주는 한 방법이다. 그림 12.15는 음전하가 만드는 전기력선의 2차원적 단면을 보여준다. 여기서 장선은 음전하에서 끝이 나고 그 방향은 부호가 양인 시험 전하에 미치는 힘의 방향을 표시하도록 안쪽으로 향해야만 한다.

그림 12.14 양전하 주위의 전기력선 방향은 그 전하 주위의 다양한 지점에 양의 시험 전하 q_0를 상상함으로써 알 수 있다. 전기장은 양의 시험 전하에 미치는 힘과 같은 방향이다.

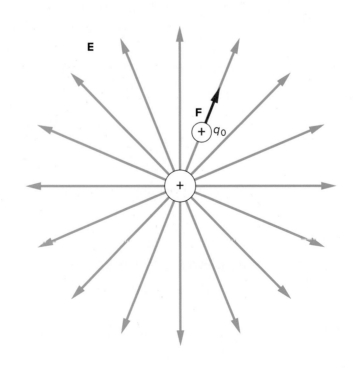

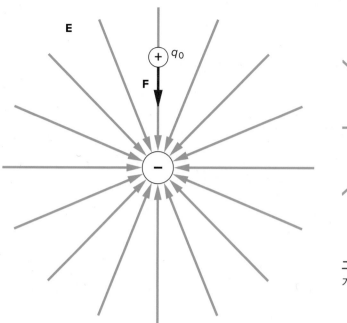

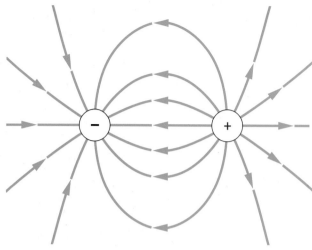

그림 12.16 크기는 같고 부호가 반대인 두 전하(전기 쌍극자)가 만드는 전기력선

그림 12.15 양의 시험 전하 q_0에 작용하는 힘에 표시된 것과 같이 음전하가 만드는 전기력선은 안쪽 방향을 향한다.

마지막 예로, 그림 12.16과 같이 전기 쌍극자가 만드는 전기력선을 생각해보자. 전기 쌍극자란 부호가 서로 다른 동일한 크기의 두 전하가 작은 거리만큼 떨어져 있는 것이다. 전기력선은 양전하에서 시작되어 음전하에서 끝난다. 양의 시험 전하가 쌍극자 주위의 다양한 지점에 놓여 있다고 생각해보자. 전기력선의 방향이 올바르게 시험 전하에 작용하는 힘의 방향이라는 기대와 일치하는가? 이것이 전기력선 그림에 대한 확실한 검증방법이다.

전기력선은 연속선이고 서로 교차하지 않는다. 전기력선의 방향은 그 위치에 양의 시험 전하를 갖다 놓았을 때 작용하는 힘의 방향을 말해준다. 하지만 전기력선의 길이는 전기장의 크기와는 아무런 관련이 없다. 전기력선의 밀도가 바로 그 위치에서 전기장의 크기와 관계된다. 그림 12.14, 12.15, 12.16에서 보듯이 쿨롱의 법칙에 의해 전기장의 원인인 전하로 가까이 갈수록 전기장이 강해짐을 안다.

전기장의 개념은 전하 주위의 공간이 어떻게 전하에 의해 영향을 미치는지에 우리의 주의를 환기시킨다. 전기장은 원인인 전하의 근처에 있는 어떤 지점에 놓인 시험 전하에 미치는 단위 전하당 힘으로 정의된다. 전기장의 방향은 그 점에 놓여 있는 양의 시험 전하에 작용하는 힘의 방향과 같다. 전기장은 어떤 전하 이외의 여러 점전하가 그 전하에 미치는 효과를 다룰 때 유용한 개념이다. 전기력선은 이러한 효과를 시각화하는 데 사용될 수 있다.

12.5 전위(전기 퍼텐셜)

6장에서 중력과 관련된 퍼텐셜 에너지와 함께 용수철의 퍼텐셜 에너지를 정의했다. 정전기력이 작용하는 대전된 입자에 대하여도 퍼텐셜 에너지를 정의할 수 있을까?

정전기력은 보존력이고, 이는 정전기력에 대하여도 퍼텐셜 에너지를 정의할 수 있다는 것을 의미한다. 이런 퍼텐셜 에너지는 전위의 개념과 관련되고, 종종 간단하게 **전압**이라고 부른다. 전압은 전지나 가정용 회로를 논의하는 데 사용하기 때문에 익숙하다. 전압은 무엇이고, 정전기 퍼텐셜 에너지와는 어떻게 연관될까?

전하의 퍼텐셜 에너지 변화량 구하기

전하의 퍼텐셜 에너지가 위치에 따라 얼마나 변하는지를 보여주기 위해서 생각할 수 있는 가장 쉬운 경우는 균일한 전기장에서 움직이는 대전 입자를 생각해보는 것이다. 균일한 전기장에서 전기력선은 평행하고 간격이 일정하다. 전기장 영역 내의 어느 지점으로 이동해도 전기장의 크기와 방향이 변하지 않는다. 즉, 영역 내에서 상수이다.

균일한 전기장을 어떻게 만들까? 그림 12.17과 같이 배치한 반대 전하를 가진 2개의 평행 금속판이 균일한 전기장을 만든다. 만약 하나의 금속판은 양으로 대전되어 있고, 다른 하나는 동일한 양의 음전하를 가지면 전기력선은 그림에서처럼 양전하에서 나와서 음전하로 들어가는 직선이 된다. 12.4절에서 한 것처럼 두 금속판 사이에 양의 시험 전하를 놓았을 때 작용하는 힘을 생각해보면 이 결론을 검증할 수 있다.

공기와 같은 절연 물질에 의해 떨어져 있는 2개의 도체는 전하를 저장하는 유용한 방법이다. 두 도체가 반대 부호의 전하를 가지면, 마주 보고 있는 판에 있는 전하들 사이의 끌어당기는 정전기력에 의해 이 전하들이 고정된다. 이러한 배치를 **축전기**(capacitor)라고 부르며, 이는 기본적으로 전하를 저장하는 소자이다. 축전기는 특히 전기회로에서 많이 응용된다.

평행판 축전기의 두 판 사이 균일한 전기장에 양의 시험 전하를 놓는다고 가정하자. 이 전하는 전기장 방향으로 정전기력을 받게 될 것이다. 즉, 위 판에 놓인 양전하에 의해 척력이, 아래 판의 음전하에 의해 인력이 작용한다. 만일 전하를 자유롭게 놔두면, 아래 판 쪽으로 가속될 것이다. (이 가속도는 물론 중력에 의한 것이 아니다. 대전 입자에 작용하는 중력은 정전기력에 비해 아주 작다고 가정한다.)

그림 12.17 크기는 같고 부호는 반대인 전하들을 갖는 2개의 평행 금속판은 판 사이에 균일한 전기장을 만든다.

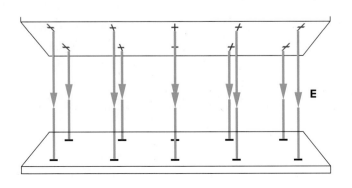

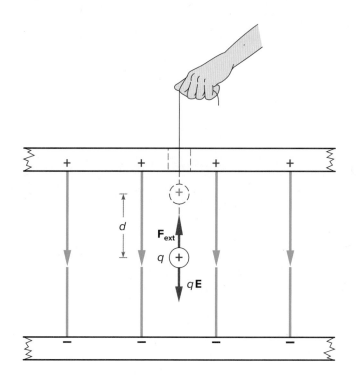

그림 12.18과 같이 전기장과 반대방향으로 시험 전하를 움직이게 하는 외력이 작용하면, 이 외력은 전하에 대해 일을 하게 된다. 이 일은 전하의 퍼텐셜 에너지를 증가시킨다(6장 참고). 그 과정은 중력에 거슬러 물체를 들어올릴 때나, 탄성력에 거슬러 활시위를 당기는 것과 유사하다. 6장에서 알아낸 것과 같이, 보존력에 거슬러 한 일은 그 계의 퍼텐셜 에너지를 증가시킨다.

전하를 가속시키지 않고 움직이기 위해서 외력은 정전기력과 크기는 같지만 방향은 반대여야 한다. 그러면 전하에 작용하는 알짜힘이 0이다. 전하에 작용하는 정전기력은 전하량과 전기장을 곱한 것(qE)과 크기가 같고, 따라서 외력의 크기도 이와 같아야 한다. 외력이 한 일은 힘과 거리의 곱인 qEd이고, 이것은 전하의 퍼텐셜 에너지 증가($\Delta PE = qEd$)와 같다.

여기서 설명하고 있는 것은 중력에 거슬러서 물체를 들어올리는 데 외력을 사용하는 것과 비슷하고, 따라서 중력 퍼텐셜 에너지가 증가한다(그림 12.19). 중력 퍼텐셜 에너지는 물체를 들어올릴 때 항상 증가하지만, 정전기 퍼텐셜 에너지가 증가하느냐 감소하느냐는 전기장의 방향에 따라 달라진다. 양으로 대전된 판이 아래쪽에 놓인다면 전기장의 방향은 위로 향하게 되고, 양전하의 퍼텐셜 에너지는 전하가 아래로 움직일 때 증가한다.

정전기력이 보통 작용하는 방향과 반대로 대전 입자를 움직이기 위해서 외력이 일을 할 때마다 입자의 퍼텐셜 에너지가 증가한다. 예를 들어, 음으로 대전된 입자를 양으로 대전된 입자로부터 멀어지게 하면, 그 계의 퍼텐셜 에너지는 증가한다. 용수철을 늘이는 것처럼 음전하를 양전하 쪽으로 가속되도록 자유롭게 둔다면 퍼텐셜 에너지는 운동 에너지로 바뀐다.

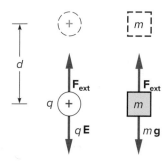

$$\Delta PE = W = Fd$$

그림 12.19 외력에 의해 전하 q가 정전기력에 거슬러 움직일 때 퍼텐셜 에너지가 증가한다. 이는 질량 m을 중력에 거슬러 들어올릴 때 일어나는 것과 비슷하다.

전위란 무엇인가?

전위(전기 퍼텐셜) 또는 전압은 퍼텐셜 에너지와 어떤 관계가 있는가? **전위**(electric potential)는 전기장이 정전기력과 관련된 것과 마찬가지로 $\left(\mathbf{E} = \dfrac{\mathbf{F}_e}{q} \right)$ 정전기 퍼텐셜 에너지와 거의 같은 방식으로 관련되어 있다. 그림 12.18에서 움직인 부호가 양인 전하를 위치에 따라 퍼텐셜 에너지가 어떻게 변하는지 결정하는 데 사용하는 시험 전하로 간주할 수 있다. 전위의 변화는 다음과 같이 정의할 수 있다.

> 전위의 변화는 단위 양전하당 정전기 퍼텐셜 에너지의 변화와 같다.
>
> $$\Delta V = \frac{\Delta PE}{q}$$

기호 V는 전위(전압)를 나타낸다.

이 식으로부터 알 수 있듯이, 전위의 단위는 단위 전하당 에너지와 같다. 미터법에서 이 단위는 볼트(V)로 부르며, 쿨롬당 1줄(J)로 정의한다(1 J/C = 1 V). 전위의 단위와 **전압** (voltage)이라는 용어는 기호 V가 보통 전위를 표시할 때 쓰인다는 것을 암시한다.

전기장과 마찬가지로, 공간의 어떤 지점에서 전위를 이야기할 때 전하의 존재가 필요하지 않다. 한 점에서 다른 점으로 이동할 때 전위의 변화는 단위 양전하가 이 두 점 사이를 움직일 때 일어나는 단위 양전하당 퍼텐셜 에너지의 변화와 같다. 달리 말하면, 그 전하에 대한 퍼텐셜 에너지의 변화를 알기 위해서는, 전위의 변화에 전하의 크기와 부호를 곱한다. 즉 $\Delta PE = q\Delta V$이다.

전위와 정전기 퍼텐셜 에너지는 밀접한 관계가 있지만 동일하지는 않다. 만일 양전하가 전위가 증가하는 쪽으로 움직이고 있다면 정전기 퍼텐셜 에너지는 증가한다. 정전기력이 보통 전하를 움직이는 방향과 반대로 양의 전하를 움직이려면 일을 해주어야 한다. 따라서 정전기 퍼텐셜 에너지는 증가한다. 이것은 또한 $\Delta PE = q\Delta V$에서 나오는데, 이 경우 q와 ΔV 모두 양의 값이기 때문이다. 반면에 음전하가 전위가 증가하는 쪽으로 움직이고 있다면 **정전기 퍼텐셜 에너지는 감소한다.**

예제 12.4 ▶ 전위 구하기

크기가 1000 N/C인 균일한 전기장이 반대의 전하로 대전된 두 금속판 사이에 형성되어 있다. 전하량이 +0.005 C인 입자가 아래(음으로 대전된) 판으로부터 위 판으로 움직였다. (전하에 실을 매달아 위로 당긴다고 상상해보라.) 판 사이의 거리는 3 cm이다.

  a. 전하의 퍼텐셜 에너지 변화량은 얼마인가?

  b. 아래에서 위 판까지 전위의 변화량은 얼마인가?

a. $E = 1000$ N/C $\Delta PE = W = Fd$

    $q = 0.005$ C $= qEd$

    $d = 3$ cm $= (0.005 \text{ C})(1000 \text{ N/C})(0.03 \text{ m})$

    $\Delta PE = ?$ $= \textbf{0.15 J}$

b. $\Delta V = ?$ $\Delta V = \dfrac{\Delta PE}{q} = \dfrac{0.15 \text{ J}}{0.005 \text{ C}} = \textbf{30 V}$

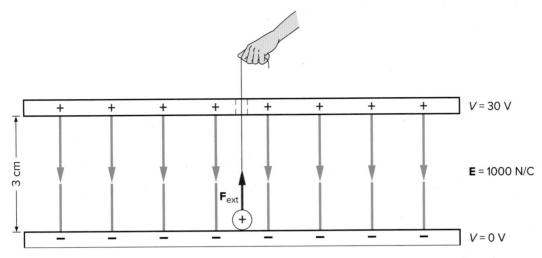

그림 12.20 양전하가 외력에 의해 아래 판에서 위 판으로 움직인다.

중력 퍼텐셜 에너지와 마찬가지로 퍼텐셜 에너지의 특정한 값보다 정전기 퍼텐셜 에너지의 변화가 의미 있는 양이다. 정전기 퍼텐셜 에너지나 전위의 특정한 값을 말하기 위해서, 전위가 0인 기준점을 정의한다. 퍼텐셜 에너지의 다른 값들은 그 기준점으로부터 정의된다. 전위의 계산과 관련된 수치적 예는 예제 12.4에서 알 수 있다.

그림 12.20은 예제 12.4의 상황을 설명한다. 전하가 평행판 축전기의 아래 판에서 위 판으로 이동할 때 전하의 퍼텐셜 에너지는 0.15 J만큼 증가한다. 전하가 양전하이기 때문에 시험 전하로 이용할 수 있고, 전위의 변화를 계산할 수 있으며, 이는 30 V의 전위 변화를 가져 온다. 만약 아래 판에 대해서 기준값 0 V를 선택한다면, 위 판은 30 V의 전위를 갖는다. 두 판의 중간은 15 V일 것이다. 전위는 아래 판에서 위 판까지 0 V부터 30 V까지 연속적으로 증가한다.

전위와 전기장의 관계

균일한 전기장의 경우 전기장의 크기와 전위의 변화량 사이의 관계는 간단하다. 이 경우 $\Delta PE = qEd$이고, 전위차가 $\Delta V = \Delta PE/q$로 정의됨에 따라 ΔPE를 q로 나누면 다음과 같이 된다.

$$\Delta V = Ed$$

하지만 그림 12.20에서 퍼텐셜 에너지는 양전하가 전기장에 거슬러 움직일 때 증가하기 때문에, 전위는 전기장의 방향과 반대가 되는 방향으로 증가한다.

E와 ΔV 사이의 이러한 간단한 관계식은 물론 균일한 전기장에 대해서만 성립한다. 만일 전기장의 세기가 위치에 따라 변하면 계산은 더 복잡해지고, 이와 다른 관계가 발견된다. 그러나 대부분의 실제 상황에서 전기장은 어느 정도 균일하다. 이 경우에 $E = \Delta V/d$이므로 전기장의 세기를 V/m의 단위로 표시할 수 있고 이는 N/C과 같은 단위이다.

전위는 전기장과 반대되는 방향으로 가장 빠르게 증가한다. 예를 들어 양전하가 만드는 균일하지 않은 전기장은 전하 쪽으로 움직일 때 전위는 증가하고 전기력선은 전하로부터 바

그림 12.21 전위는 양전하에 가까워지면 증가한다. 그림에서 점선은 등전위선을 보여준다.

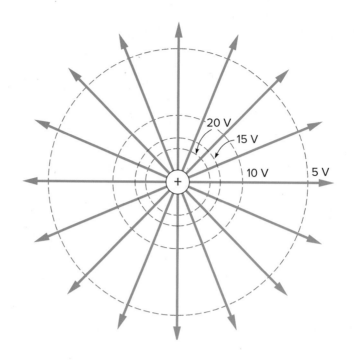

깥쪽으로 발산한다. 그림 12.21은 양전하가 만드는 전기장을 나타내었고, 전하로부터 서로 다른 거리에서의 전위 값을 표시하였다. 이 경우 전위의 기준점은 전하로부터 무한한 거리에서 전위가 0이라고 둔다.

그림 12.21에서 보듯이 전위는 양전하에 가까이 갈수록 높아진다. 만일 양전하의 근처에 음전하가 있다면 음전하는 양전하 쪽으로 끌리게 된다. 결국 음전하는 점점 전위가 높은 곳으로 움직이게 되고 정전기 퍼텐셜 에너지는 점점 낮아지고 반대로 운동 에너지는 증가하게 된다. 마찬가지로 양전하 가까이에 있는 다른 양전하는 반발하여 전위가 낮은 쪽으로 움직이고 운동 에너지는 증가하는 반면 정전기 퍼텐셜 에너지는 감소한다.

전기장의 방향이 양의 시험 전하에 작용하는 힘의 방향인 것과 같이, 양의 시험 전하의 정전기 퍼텐셜 에너지가 증가하는 방향으로 전위는 증가한다.

어떠한 상황에서든, 전기장 내를 움직이고 있는 양의 시험 전하를 생각함으로써 전위가 어떻게 변화하는지 결정할 수 있다. 전위는 양전하 쪽으로 움직일 때 또는 음전하로부터 멀어질 때 증가한다. 왜냐하면 양전하의 퍼텐셜 에너지가 이런 조건하에서 증가하기 때문이다. 양전하가 더 낮은 전위로 이동하면 돌이 낙하할 때와 마찬가지로 정전기 퍼텐셜 에너지는 감소하고 그 대가로 운동 에너지를 얻는다. 번개가 치는 폭풍은 이런 과정의 몇 가지 예를 제공한다(일상의 자연현상 12.2 참고).

> 양전하의 퍼텐셜 에너지는 전기장의 방향과 반대방향으로 전하를 이동시키는 외력이 작용할 때 증가한다. 외력이 한 일은 퍼텐셜 에너지의 증가량과 같다. 전위(또는 전압)의 변화량은 단위 전하당 퍼텐셜 에너지의 변화량으로 정의한다. 양전하의 전위는 다른 양전하에 가까워질 때 또는 음전하로부터 멀어질 때 증가한다. 왜냐하면 퍼텐셜 에너지가 증가하기 때문이다. 양전하는 일반적으로 더 낮은 전위 쪽으로 이동하려는 성질을 갖는다.

일상의 자연현상　**12.2**

번개

상황　우리 모두는 장엄하고 큰 위력을 가진 뇌우를 관찰한 적이 있을 것이다. 번개의 불꽃(번개와 뒤따르는 다른 시간 간격을 보이는 천둥소리)은 매혹적인 동시에 위협적이다. 번개란 무엇인가? 뇌운은 우리가 보게 되는 인상적인 방전을 어떻게 만들어 내는가? 폭풍우에서 일어나는 현상은 무엇인가?

번개가 주변 지역을 밝히고 있다. 번개란 무엇이고, 어떻게 만들어질까?
Vasin Leenanuruska/123RF

분석　대부분의 뇌운은, 구름 윗부분 근처에는 알짜 양전하가, 그리고 아랫부분 근처에는 알짜 음전하가 발생하여 구름 내에서 전하 분리가 일어난다. 구름 속에는 급격히 밑으로 떨어지는 공기와 물의 기둥과 또 급격히 상승하는 공기와 물의 기둥이 서로 인접해 있어서 매우 거친 난류가 형성된다.

　뇌운 내에서의 전하 분리는 지표면과 구름 사이에서뿐만 아니라 구름 내에서도 강한 전기장을 발생시킨다. 젖은 대지는 적당히 좋은 전기 도체이므로 구름의 아랫부분에 놓인 음전하로 인해서 구름 아래의 지표면에는 양전하가 유도된다.

　이 전하 분포(그림에서 그려진)에 의해 발생되는 전기장은 미터당 수천 볼트에 이르기도 한다. 구름의 바닥은 일반적으로 지표면 위 수백 미터 상공에 떠 있기 때문에 구름의 바닥과 지표면 사이의 퍼텐셜 차는 쉽게 수백만 볼트가 될 수 있다! (갠 날씨에서도 지표면 근처의 대기에 미터당 수백 볼트의 전기장이 존재한다. 그러나 이 전기장은 매우 약하며 폭풍우 속에서 지표면과 구름 사이에 일반적으로 발생하는 전기장과는 반대방향이 된다.)

　번개가 칠 때는 무슨 일이 일어나는가? 건조한 공기는 좋은 절연체이지만 습도가 올라가면 전기 전도도도 좋아진다. 물질 사이에 걸린 전압이 충분히 크다면 어떠한 물질이라도 전도된다. 구름 바닥과 지표면 사이에 매우 큰 전압이 걸리면 전하들은 가장 전도성이 좋은 경로, 즉 최소 거리가 되는 경로를 따라 전하의

뇌운 속에서의 전하 분포는 구름 바로 아래 지표면의 물체에 양전하를 유도한다.

최초 흐름을 발생시킨다. 이 전하의 최초 흐름은 공기를 가열하여 공기 원자를 **이온화**시킨다. 이렇게 이온화된 원자들은 전하를 띠고 있으므로 최초 흐름의 경로를 따라 전기 전도도는 더욱 향상되어, 더 큰 전하의 흐름이 발생하게 된다.

　이러한 연속적인 방전의 과정은 모두 최초의 경로를 따라 매우 빠른 속도로 발생하고, 각각은 그 경로를 따라 전기 전도도를 증가시킨다. 매우 거대한 방전, 즉 전하의 흐름은 매우 짧은 시간에 지표면과 구름 사이에서 발생한다. 방전에 의한 타격이나 공기의 이온화가 바로 우리가 보는 번개인 것이다. 천둥소리는 동시에 발생하지만 소리가 빛보다 매우 늦은 속도로 움직이기 때문에 우리에게 늦게 도달한다.

　나무가 없는 언덕 위에 서 있는 사람이나 큰 나무는 번개가 방전하는 데 유리한 경로를 제공한다. 그러므로 번개가 치는 동안 고립된 나무 아래에 서 있는 것은 위험하다. 건물이나 차 안에 있는 것이 가장 좋지만, 만약 외부에 노출되어 있다면, 즉시 큰 전도체가 있는 곳으로부터 멀리 떨어진 곳으로 피하는 것이 안전할 것이다. 그리고는 건조한 장소를 택해서 몸의 자세를 낮추고 앉아야 한다.

요약

간단한 정전기적 현상에 대한 호기심이 정전기력과 쿨롱의 법칙을 서술하도록 했다. 또한 도체와 절연체의 차이, 전기장과 전위의 개념은 우리가 관찰하는 많은 정전기적 현상을 설명하는 데 중요하다.

① **전하의 역할** 서로 다른 물질들을 문지르면 전하라고 불리는 물리량을 분리시키고, 이는 다른 전하에 힘을 가할 수 있다. 전하에는 2가지 종류가 있는데, 하나는 양이고 하나는 음이다. 이는 프랭클린의 단일 유체 모델에서 유래했다. 같은 전하는 반발하고, 다른 전하는 끌어당긴다.

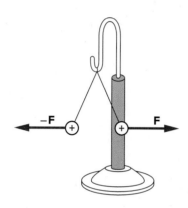

② **도체와 절연체** 여러 물질들은 전하를 흐르게 하는 능력에서 상당한 차이를 보인다. 도체와 절연체의 차이는 왜 유도에 의한 대전이 일어나는지, 왜 종잇조각(또는 다른 절연체)이 대전된 물체에 끌리는지 설명하는 데 도움을 준다.

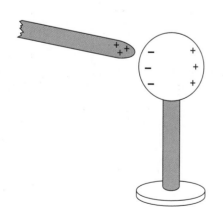

③ **정전기력: 쿨롱의 법칙** 비틀림 저울을 이용한 신중한 실험을 통해 쿨롱은 두 대전된 물체가 서로에게 작용하는 정전기력이 두 전하의 곱에 비례하고 두 전하 사이의 거리 r의 제곱에 반비례한다는 것을 보일 수 있었다.

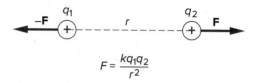

$$F = \frac{kq_1q_2}{r^2}$$

④ **전기장** 전기장은 만약 공간의 한 점에 양의 시험 전하가 있을 때 작용하는 시험 전하당 전기력으로 정의된다. 어떤 지점에서 전기장을 알면 그 지점에 다른 어떤 전하를 놓을 때 작용하는 힘을 계산할 수 있다. 장선은 전기장을 시각화하는 데 도움을 준다.

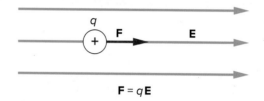

$$\mathbf{F} = q\mathbf{E}$$

⑤ **전위(전기 퍼텐셜)** 전위는 만약 공간의 한 점에 양의 시험 전하가 있으면 그 단위 양전하당 정전기 퍼텐셜 에너지로 정의된다. 전압이라고 불리기도 하며 단위는 볼트이다. 전하의 퍼텐셜 에너지의 변화량은 정전기력에 거슬러 전하를 움직일 때 한 일을 계산하여 구할 수 있다.

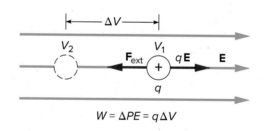

$$W = \Delta PE = q\Delta V$$

개념문제

Q1. 2가지 다른 물질을 서로 문지를 때, 두 물질은 같은 종류의 전하를 얻겠는가 아니면 다른 종류의 전하를 얻겠는가? 간단한 실험으로 그 답이 정당하다는 것을 설명하시오.

Q2. 유리 막대를 나일론 천에 문지르면, 둘 중 어느 것이 전자를 얻는가? 설명하시오.

Q3. 검전기가 대전되었을 때 검전기의 금속박은 서로 다른 부호의 전하를 얻는가? 설명하시오.

Q4. 플라스틱 빗으로 머리를 빗을 때, 빗이 얻게 되는 전하의 부호는 무엇인가? 설명하시오. (힌트: 플라스틱 막대를 고양이 털에 문지르는 과정과 비교하라.)

Q5. 대전된 검전기의 금속구에 대전되지 않은 유리 막대를 손으로 잡고 접촉시키면, 검전기는 완전히 방전되는가? 설명하시오.

Q6. 금속구가 음으로 대전된 플라스틱 막대를 사용하여 유도에 의해 대전되었을 때 구가 얻게 되는 전하의 부호는 무엇인가? 설명하시오.

Q7. 종잇조각이 알짜 전하를 가지고 있지 않아도 대전된 막대에 끌리게 되는가? 설명하시오.

Q8. 정전기적 침전기(일상의 자연현상 12.1 참고)는 배출가스에서 황이나 수은과 같은 오염 물질을 제거하는 데 효과적인가? 설명하시오.

Q9. 집진기(일상의 자연현상 12.1 참고)는 배출가스에서 황이나 수은과 같은 오염 물질을 제거하는 데 효과적인가? 설명하시오.

Q10. 절연 스탠드에 올린 몇 개의 동일한 금속구가 있다면, 하나의 구에 놓여 있는 전하량이 다른 구에 놓여 있는 전하량의 4배가 되게 할 수 있는 방법을 설명하시오.

Q11. 두 전하 사이의 거리 변화 없이 두 전하의 크기가 2배가 된다면, 하나의 전하가 다른 전하에 작용하는 힘이 또한 2배가 되는가? 설명하시오.

Q12. 크기는 같지만 부호가 반대인 두 전하가 그림 Q12와 같이 한 직선상을 따라 놓여 있다. 화살표를 사용하여 그림에 보이는 A, B, C, D점에서의 전기장의 방향을 표시하시오.

그림 Q12

Q13. 그림 Q12에서 음전하를 같은 크기의 양전하로 바꾸면 A, B, C, D점에서 전기장의 방향은 어떻게 되겠는가? (화살표로 표시하라.)

Q14. 단일 양전하에 의해 생성되는 전기장은 균일한가? 설명하시오.

Q15. 1개의 음전하를 두 번째 음전하 쪽으로 이동시키면, 첫 번째 음전하의 퍼텐셜 에너지는 증가하는가 아니면 감소하는가? 설명하시오.

Q16. 음전하 쪽으로 움직이게 되면 전위는 증가하는가 아니면 감소하는가? 설명하시오.

Q17. 그림 Q12에서 B, C 중 어느 점이 전위가 높은가? 무한대에서 전위는 0이라고 가정한다. (힌트: 양의 시험 전하는 항상 낮은 전위 쪽으로 움직인다는 것을 기억하라.) 설명하시오.

Q18. 땅 위에 서 있을 때보다 좋은 전기 절연체로 만들어진 승강장에서 서 있을 때가 번개에 맞기가 더 쉬운가? 설명하시오 (일상의 자연현상 12.2 참고).

Q19. 만약 전형적인 뇌운 안에서 구름 아래쪽이 음으로 대전된다면, 지표면의 잉여 전하의 부호는 무엇인가? 설명하시오(일상의 자연현상 12.2 참고).

Q20. 장 첫머리에서 건조한 날에 머리를 빗을 때, 빗을 적시면 더 잘 빗겨진다고 하였다. 왜 그런지 설명하시오.

연습문제

E1. 1개의 전자는 -1.6×10^{-19} C의 전하를 가진다. 알짜 전하가 -11.2×10^{-5} C일 때 필요한 전자 수는 얼마인가?

E2. 2개의 동일한 철제 구가 나무 지지대 위에 올려져 있다. 처음에 하나는 $-6\ \mu$C의 전하를 가지고 다른 하나는 $+28\ \mu$C의 전하를 가지고 있다. 두 구를 접촉시킨 후 분리하였다. 각 구에 대전된 최종 전하량은 얼마인가?

E3. 서로 32 N의 정전기력이 작용하는 두 대전 입자가 있다. 두 입자 사이의 거리가 처음의 거리보다 2배 증가하게 되면 작

용하는 힘의 크기는 얼마인가?

E4. $+3 \times 10^{-6}$ C의 전하가 -7×10^{-6} C의 전하로부터 21 cm 거리에 위치해 있다.

　a. 각 전하에 작용하는 힘의 크기는 얼마인가?

　b. 각 전하에 작용하는 힘의 방향을 선으로 표시하시오.

E5. 균일한 전기장이 위쪽 방향을 향하고 30 N/C의 크기를 가진다. 이 장에 놓인 -6 C의 전하에 작용하는 힘의 크기와 방향을 구하시오.

E6. $+3.4 \times 10^{-6}$ C의 시험 전하가 근처 2개의 전하로부터 힘을 받고 있다. 동쪽으로 3 N, 서쪽으로 15 N이다. 시험 전하가 있는 곳의 전기장의 크기와 방향을 구하시오.

E7. $+0.18$ C의 전하가 전위가 20 V인 위치에서 50 V인 위치로 이동한다. 위치 변화와 관련된 전하의 퍼텐셜 에너지의 변화량을 구하시오.

E8. $+8 \times 10^{-6}$ C 전하의 퍼텐셜 에너지가 A점에서 B점으로 움직일 때 0.74 J에서 0.34 J로 감소한다. 이 두 점 사이의 전위차는 얼마인가?

종합문제

SP1. 그림 SP1에서와 같이 3개의 양전하가 직선을 따라 놓여 있다. 점 A의 0.14 C 전하는 점 B의 0.06 C 전하의 왼쪽으로 2.5 m 거리에 놓여 있다. 그리고 점 C의 0.09 C 전하는 점 B의 오른쪽으로 1.5 m 거리에 놓여 있다.

　a. 0.14 C 전하에 의해 0.06 C 전하에 작용하는 힘의 크기는 얼마인가?

　b. 0.09 C 전하에 의해 0.06 C 전하에 작용하는 힘의 크기는 얼마인가?

　c. 다른 두 전하가 0.06 C 전하에 작용하는 알짜힘은 얼마인가?

　d. 만일 0.06 C 전하를 다른 두 전하에 의해 발생되는 전기장의 크기를 조사하는 시험 전하로 사용한다면, 점 B에서 전기장의 크기와 방향을 구하시오.

　e. 점 B의 0.06 C 전하가 -0.17 C의 전하로 대체된다면, 이 새로운 전하에 작용하는 정전기력의 크기와 방향을 구하시오. (이 장의 전기장 값을 사용하라.)

그림 SP1

SP2. 그림 SP2 속 두 전하 중 하나가 다른 전하보다 2배가 된다고 가정하자.

　a. 작은 화살표를 사용하여 그림에 표시된 점에서 전기장의 방향을 표시하시오. 이들 각 점에 놓인 양전하에 작용하

는 힘의 방향을 생각하라.

　b. 각 전하로부터 나타나는 동일 수의 장선을 작도하여 이 전하 분포에 대한 전기력선을 그리시오(12.4절의 도형 참고).

　(장을 그릴 때, 작은 전하로부터 나오는 전기력선의 수보다 더 큰 전하로부터 나오는 전기력선의 수가 2배 더 많을 것이다.)

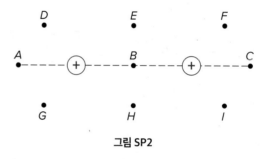

그림 SP2

SP3. 평행판 축전기의 위 판이 0 V의 전위를 가지고 아래 판이 500 V의 퍼텐셜을 가진다고 가정하자. 두 평행판 사이의 거리는 1.3 cm이다.

　a. $+6 \times 10^{-4}$ C의 전하가 아래 판에서부터 위 판으로 이동할 때 퍼텐셜 에너지의 변화량은 얼마인가?

　b. 이 전하가 두 판 사이에 놓여 있을 때 전하에 작용하는 정전기력의 방향을 구하시오.

　c. 판 사이의 전기장의 방향을 구하시오.

　d. 판 사이의 전기장의 크기를 구하시오.

CHAPTER 13

전기회로
Electric Circuits

학습목표

12장에서 정지해 있는 전하들을 다루었다면 이 장의 학습목표는 전기회로와 회로에 흐르는 전류의 개념을 통하여 움직이는 전하를 이해하는 것이다. 이들은 앞에서 다루었던 전위(또는 전압)의 개념과 함께 간단한 전기장치들이 어떻게 작동하는지 이해하는 데 매우 중요하다. 먼저 전기회로와 전류에 대하여 다루고 다음으로 전류가 전압(옴의 법칙), 에너지, 그리고 전력과 어떻게 관계가 되는지 살펴볼 것이다. 이러한 모든 개념들은 가정의 전기회로에 적용된다.

개요

1 **전기회로와 전류** 전구를 켜기 위해서는 어떻게 전기회로를 구성해야 하는가? 전류란 무엇인가? 전기적 흐름인 전류는 파이프 내에서 물의 흐름과 어떤 유사성이 있는가?

2 **옴의 법칙과 저항** 간단한 회로에서 전류와 전압은 어떤 관계가 있는가? 이 관계에서 저항은 어떻게 정의되는가?

3 **직렬회로와 병렬회로** 회로에서 직렬연결과 병렬연결에 따라 전류는 어떻게 달라지는가? 전압계와 전류계는 어떻게 사용하는가?

4 **전기 에너지와 전력** 전기회로에서 에너지와 전력의 개념은 어떻게 적용되는가? 가정에서 전기 에너지를 다룰 때 사용하는 단위는 무엇인가?

5 **교류와 가정용 회로** 교류란 무엇인가? 가정에서 전기제품들은 전기회로와 어떻게 연결되어 있는가? 고려해야 할 안전수칙은 무엇인가?

UNIT THREE

손전등이 어떻게 작동하는지 궁금해본 적이 있는가? 손전등의 구성요소들은 전구, 몇 개의 건전지, 그리고 스위치가 달린 원통형 케이스 등 간단한 것들이다. 손전등의 작동방법은 매우 간단하고 친숙하다. 스위치를 밀면 불빛이 켜지든지 꺼지든지 한다. 건전지가 다 소모되면 그것을 바꾸거나 충전하면 된다. 종종 전구가 고장 나면 바꾸면 된다. 그런데 그 내부에서는 무슨 일이 일어나고 있는 것일까?

우리는 매일 빛, 열, 소리를 내기 위해 혹은 전기모터를 돌리기 위해 전기 스위치를 켠다. 자동차에 시동을 걸기 위해서도 배터리에 의해 작동되는 전기모터(시동모터)를 사용한다. 이 상황들이 전기와 연관되어 있다는 것은 알지만 정확하게 어떻게 작동하고 있는지는 아마도 잘 모를 것이다.

손전등의 부품인 전구, 건전지, 그리고 전선 1개(그림 13.1)가 있다고 가정하자. 우리의 주어진 임무는 전구에 불이 들어오게 하는 것이다. 어떻게 하면 될까? 어떤 원리를 이용하면 전구에 불이 들어오게 할 수 있을까? 만약 이러한 부품들을 지금 가지고 있다면 실제로 전구에 불이 들어오게 할 수 있는지 직접 해보기 바란다.

건전지와 전구의 예는 많은 사람들에게 꽤 도전적인 문제이다. 쉽게 전구에 불을 켠 사람이라 할지라도 그것에 관련된 원리를 설명하는 것은 또 다른 일이다. 이 간단한 예는 전기회로의 기본을 이해하

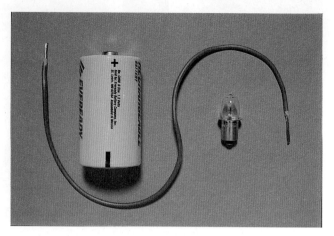

그림 13.1 건전지, 전선, 그리고 전구. 전구에 불을 켤 수 있는가?
Bob Coyle/McGraw-Hill Education

는 데 있어 훌륭한 출발점이 된다. 아침에 시계 라디오가 켜질 때부터 저녁에 잠자리에 들기 전 불을 끌 때까지 우리는 계속해서 이러한 전기회로를 사용한다.

학습 요령

만일 손전등 부품들을 가지고 있다면, 앞의 건전지–전구 실험을 시도해보라. 전구에 어떻게 불이 들어오게 되는지를 이해하는 기쁨은 미리 읽는다고 흥미가 깨지는 것이 아니다. 일단 불을 들어오게 했으면(바라건대 건전지는 다 쓰지 말고) 또 다른 배열들도 한번 실험해보고 왜 어떤 배열에는 불이 들어오고 또 다른 배열에는 불이 안 들어오는지 한번 생각해보자. 실험은 보다 생생하게 회로의 개념을 이해하는 데 도움을 줄 것이다.

13.1 전기회로와 전류

손전등, 전기 토스터 및 자동차의 시동모터들은 모두 전기회로의 일종이다. 이들은 모두 그 동작을 위해서 전류를 사용한다. 전기회로와 전류는 항상 함께 붙어 다니며, 전기장치가 동작하는 데 핵심적인 역할을 한다. 이 장의 첫머리에 소개된 건전지와 전구 예는 이러한 개념들을 다루는 데 어떻게 활용될 수 있을까?

전구에 불이 들어오게 하려면 어떻게 해야 하는가?

건전지와 전구 예는 손전등의 가장 기본적인 구성요소인 전구, 건전지, 그리고 하나의 전선으로 분해했다. 손전등의 나머지 부품들은 단지 이 기본적인 요소들을 결합시키고 스위치를 켜고 끄는 데 있어 보다 편리한 방법을 제공하는 것뿐이다. 그렇다면 어떻게 하나의 전선으

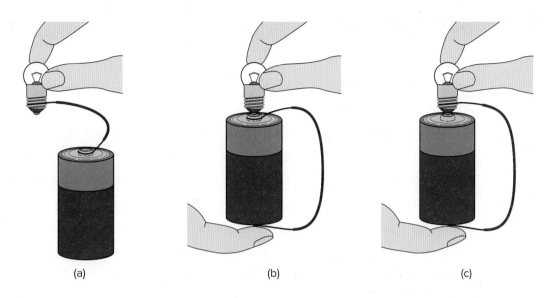

(a)　　　　　　　　　　　(b)　　　　　　　　　　　(c)

그림 13.2 건전지, 전구, 그리고 전선을 이용한 3가지 가능한 배열. 어느 배열에 불이 들어오고, 불이 들어온 이유는 무엇인가?

로 전구에 불을 켤까?

　이 실험에서 많은 사람들은 전구가 전기적으로 서로 절연된 2개의 접촉점을 가지고 있다는 사실을 깨닫지 못하고 있다. 전구를 통해 전류가 흐르기 위해서는 이 두 접촉점을 모두 건전지에 연결해주어야 한다. 그래야만 전구에서부터 양 끝단까지 완전한 경로를 가질 수 있기 때문이다. 이처럼 닫힌, 혹은 완전한 경로를 **회로**(circuit)라 부른다. 회로라는 말 자체가 닫힌 고리라는 뜻을 내재하고 있다.

　그림 13.2는 가능한 3가지의 배열을 보여준다. 하나는 작동하고 둘은 작동하지 않는다(어느 것이 어느 것일까?). 그림 13.2a에 나타난 회로는 완전하지 않다. 이렇게 연결해서는 아무 일도 일어나지 않을 것이다. 전구는 켜지지 않고 전선도 따뜻해지지 않는다. 이 경우는 불완전한, 즉 **열린** 회로이다. 완전한 회로가 구성되기 위해서는 건전지의 두 끝이 전도성 물질로 연결된 닫힌 경로가 있어야 한다. 닫힌 경로가 아니면 아무 일도 일어나지 않는다.

　그림 13.2b는 완전한 회로를 나타낸다. 그러나 전류는 전구를 통과하지 않는다. 이 경우에도 전구에 불이 켜지지 않으나 전선은 따뜻해질 것이고 전선을 처음 연결할 때 스파크가 종종 발생할 것이다. 만약 전선을 그대로 둔다면 건전지는 빠르게 소모될 것이다. 그림 13.2c는 건전지의 바닥에서부터 전구의 옆면까지 전선으로 연결되어 있고, 전구의 끝단이 건전지의 다른 전극에 연결되어 있다. 이것이 올바른 배열이다. 완전한 회로는 전구와 건전지 모두 통과한다.

　손전등의 회로는 기본적으로 그림 13.2c와 같이 배열되어 있다. 전구는 2개, 혹은 그 이상의 선전시들의 맨 윗부분에 직접 접촉하여 놓여 있다. 전구의 옆부분은 손전등 몸체의 다른 부분으로부터 절연된 금속 슬리브 내에 있다. 스위치는 이 금속 슬리브와 건전지의 밑부분을 연결시키거나 전구와 건전지의 맨 윗부분 사이에 금속 조각을 작동시킨다. 스위치를 누르면 경로가 닫힌 회로가 된다. 만약 손전등을 가지고 있다면, 분해하여 이들이 어떻게 이루어지는지를 실제로 한번 보기 바란다.

전류란 무엇인가?

그림 13.2c의 배열에 실제로 무슨 일이 일어나는지 좀 더 자세히 살펴보자. 건전지는 이 회로에서 에너지원(13.4절에서 조금 더 자세히 다룬다)이다. 건전지는 화학 반응에서 나오는 에너지를 이용하여 양전하와 음전하를 분리시킨다. 이 과정에서 화학 반응이 한 일은 전하의 정전기 퍼텐셜 에너지를 증가시키며, 이는 곧 전위차를 만들어준다. 일반적으로 손전등에 사용하는 건전지의 양 끝단 사이에 1.5 V의 전위차가 발생된다.

건전지의 한쪽에는 과잉의 양전하가 있고 다른 쪽에는 과잉의 음전하가 있어서, 적당한 전도 경로만 주어진다면, 이 전하들은 경로를 통해 서로 결합하려고 한다. 전하들은 외부의 전도 경로를 통해 흐를 수 있는데, 이것은 건전지 내의 화학 반응에 관련된 상반되는 힘 때문이다. 만약 전선을 건전지의 두 단자에 연결한다면, 전하는 전선을 통하여 반대 단자로 흐를 것이다.

이 전하의 흐름을 **전류**(electric current)라고 한다. 좀 더 정확하게 말하면, 단위 시간당 흐르는 전하의 양이다.

> 전류는 단위 시간당 흐르는 전하의 양이다. 수식으로 표현하면 다음과 같다.
>
> $$I = \frac{q}{t}$$
>
> 여기서 I는 전류를 나타내고, q는 전하, 그리고 t는 시간을 나타낸다. 전류의 방향은 양전하가 흐르는 방향으로 정의된다.

전류의 표준단위는 암페어(ampere)인데, 단위 시간, 즉 1초당 1쿨롱(1 A = 1 C/s)의 전하가 흐르는 비율로 정의된다. 쿨롱(coulomb)은 12장에서 소개했던 전하의 단위이다. 암페어는 전자기 이론에서 많은 공적을 남긴 프랑스의 수학자이자 물리학자인 앙페르(André Marie Ampère, 1775~1836)의 이름을 딴 것이다. 14장에서 그 중 몇 가지 공적에 대해 논의할 것이다. 암페어는 가끔 'amp'로 사용되는데, 정확한 단위는 A이다.

그 정의와 단위에서 알 수 있듯이, 전류의 크기란 주어진 시간에 얼마나 많은 전하가 흐르는가에 달려 있음을 알 수 있다. 만일 3 C의 전하가 전선을 따라 2초간 흘렀다면 전류 I는 $\frac{3\,\mathrm{C}}{2\,\mathrm{s}} = 1.5\,\mathrm{A}$가 된다.

그림 13.3은 도체 내에서 전하 흐름의 2가지 관점을 보여준다. 만약 전하 운반자가 양전하라면 정의에 의해서 그들의 운동방향은 통상 전류의 방향이 될 것이다(그림 13.3a에서 보듯이 오른쪽 방향). 그러나 실제로는 금속 내에서 전하 운반자는 음전하를 가진 전자이다. 음전하를 하나 빼는 것은 결국 알짜 양전하가 하나 남는 것과 같으므로 음전하가 왼쪽으로 흐르는 것은 곧 양전하가 오른쪽으로 흐르는 것과 같은 효과를 가진다. 통상 전류의 방향은 그림 13.3b에서 보듯이 오른쪽 방향이고 전자의 운동방향과는 반대이다. 전하 운반자는 때때로 화학용액의 양이온이나 반도체에서 **정공**(hole)과 같이 양의 값을 가진다(21장 참고). 이때 전류의 방향은 전하 운반자의 운동방향과 같다.

신경세포는 마치 전화기의 전선과 같은 역할을 한다. 일상의 자연현상 13.1에서 보듯이 신경세포의 행동은 상당히 복잡하다.

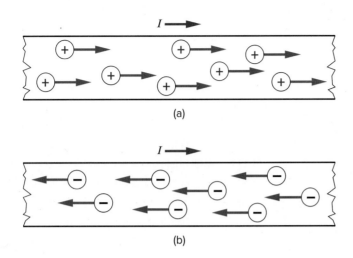

그림 13.3 양전하가 오른쪽으로 이동하는 것은 음전하가 왼쪽으로 이동하는 것과 같은 효과를 가진다. 정의에 따라 전류의 방향은 두 경우 모두 오른쪽이다.

전류의 흐름을 제한하는 것은 무엇인가?

회로에 사용되는 건전지가 새것이라면, 건전지 내에서 전하를 분리하는 화학 반응은 계속될 것이고, 전류는 계속해서 흐를 것이다. 만일 건전지의 두 단자를 우수한 도체인 금속선으로 직접 연결하면 소위 합선회로가 만들어져 한꺼번에 큰 전류가 흐른다. 이는 건전지의 화학 반응물을 고갈시켜 짧은 시간에 건전지를 더 이상 사용할 수 없게 만든다. 금속선 또한 많은 전류가 흘러서 상당히 따뜻해질 것이다. 이러한 문제를 피하기 위하여 회로에는 전하의 흐름을 제한하는 소자(백열전구 같은 것)가 필요하다.

백열전구를 더 자세히 관찰해보면, 유리 전구 내에 매우 가는 선으로 된 필라멘트가 있다. 이 필라멘트는 전구 내 두 점에 연결되어 있는데, 한쪽 끝은 전구의 측면부에 있는 금속 실린더에 연결되어 있고, 다른 한 부분은 전구의 바닥 중심에 있는 금속에 연결되어 있다(그림 13.4). 이 2개의 점은 세라믹 재료에 의해 서로 전기적으로 절연되어 있다. 얇고 가는 필라멘트는 비록 금속이고 우수한 도체일지라도, 단면적이 매우 작기 때문에 전하의 흐름(전류)을 제한한다.

만일 그림 13.2c와 같이 전류를 백열전구를 통하여 흐르게 한다면, 건전지의 두 단자를

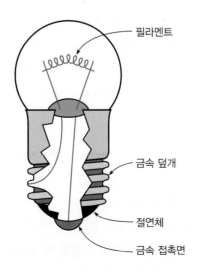

필라멘트

금속 덮개

절연체

금속 접촉면

그림 13.4 백열전구의 단면도. 필라멘트는 전구 바닥에 있는 금속 접촉면과 측면의 금속 실린더 내부에 각각 연결된다.

일상의 자연현상   13.1

신경세포의 전기 충격

상황 만일 여러분이 의식적으로 엄지발가락을 움직이기로 결정하면 엄지발가락은 즉시 움직인다. 어떻게든, 신호가 뇌에서 발가락 근육으로 전달되어 근육이 수축하도록 한 것이다. 그 과정은 빠르게 진행되며, 의식적 결정과 엄지발가락의 움직임은 거의 동시에 일어난 것처럼 보인다.

엄지발가락을 움직이라는 명령이 어떻게 뇌로부터 발가락 근육에 전달된 것일까? 신호가 어떤 생물학적인 전선이나 일종의 케이블을 통해 전달되는가? 혹은 유선 전화에서 전하가 전선을 따라 흐르듯이 전하의 흐름과 관련이 있는가? 우리는 신경세포와 관련이 있다는 것을 알고 있지만, 그들은 어떻게 작동하는가?

분석 신경세포의 전기적 효과에 대한 연구는 전지의 발명으로 이끈 '동물 전기'에 관한 갈바니(Galvani)와 볼타(Volta)의 연구로 거슬러 올라간다. 신경세포의 반응은 전기적인 현상과 관련되었음은 분명하였다. 그러나 그 작동 원리는 전하가 단순하게 전선을 흐르는 것보다는 훨씬 더 복잡하다.

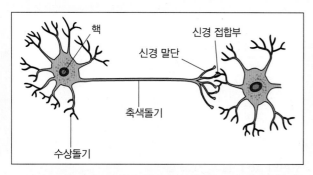

뉴런은 축색돌기라고 부르는 긴 연결선을 가지고 있으며, 이는 종종 여기서 보여진 것보다 세포의 나머지 부분과 비교해 훨씬 더 길다. 축색돌기의 끝은 신경 접합부(synapses)에서 다른 세포의 수상돌기와 접촉한다.

신호는 첫 번째 그림과 같은 신경세포(또는 뉴런)를 통해 전달된다. 다른 세포와 마찬가지로 뉴런도 본체에 핵을 가지고 있고 또 다른 세포로부터 신호를 받아들이는 많은 수상돌기로 이루어져 있다. 그러나 대부분의 세포와 달리 뉴런은 주 세포체에서 나오는 축색돌기라고 하는 꼬리와 같은 긴 부분이 있다. 축색돌기의 길이는 1 m 또는 그 이상이 되기도 하며, 대개 척수에서 시작하여 발이나 손에서 끝난다. 축색돌기의 끝에는 여러 가닥의 가느다란 필라멘트 모양의 신경 말단이 있어 시냅스라고 부르는 접합부에서 다른 세포의 수상돌기와 접촉할 수 있다.

전화 시스템과 마찬가지로 신호는 전압의 변화를 수반한다. 그러나 축색돌기를 통한 전압의 변화는 전선을 통한 전압의 변화와는 많이 다르다. 사실 신경세포 안에서 전하의 주된 움직임은 축색돌기의 길이를 따라 움직이는 것이 아니라 오히려 수직 방향으로 움직인다. 이것을 이해하기 위해서는 축색돌기의 구조를 자세히 살펴볼 필요가 있다.

모든 세포는 그 외피에 해당되는 세포막을 가지고 있다. 축색돌기의 세포막은 몇 가지 특이한 성질을 가지고 있다. 그것은 세포막의 바깥쪽과 안쪽에 각각 특정한 화학적 이온들(대전된 원자들)로 균형을 이루고 있다. 세포가 정상(휴지) 상태에서는 나트륨 이온(Na^+)은 세포에서 바깥쪽으로 빠져나와 있다. 세포의 바깥쪽 부분은 약간 양이온이 초과 상태이고(주로 K^+이온), 안쪽은 약간 음이온 초과 상태(주로 Cl^- 이온)여서 막 사이에 전위차가 생긴다. 이 전위차는 $\Delta V = V_{inside} - V_{outside}$로 대개 약 -70 mV로 세포막 내부의 전위가 낮다. 이 전위차를 **휴지 전위**라고 한다.

축색돌기가 전기적인 신호에 의해 자극이 되면 그 세포막은 정상적인 투과조건으로부터 빠르게 변하여 양전하의 나트륨 이온을 세포막을 통해 내부로 보내서 내부의 전위를 음(−)에서 양

전선으로 직접 연결했을 때보다 훨씬 작은 전류가 흐를 것이다. 전구의 가는 필라멘트가 흐르는 전하의 양을 제한하는데, 이는 필라멘트의 저항이 두꺼운 전선의 저항보다 훨씬 더 크기 때문이다. 필라멘트는 회로에서 소위 병목의 역할을 하며, 전하가 이곳을 통과할 때 필라멘트는 매우 뜨거워진다. 이렇게 달아오른 필라멘트는 빛을 내게 된다.

물 흐름과의 유사성

건전지-전구 회로를 논의할 때 전류를 전하의 흐름으로 설명했다. 전하가 보이지 않기 때문에 전하의 흐름을 그리려면 약간의 상상력이 필요하다. 파이프 내에서 물의 흐름은 회로에서 전류의 흐름과 유사하므로 이와 유추해서 생각하면 전류를 시각화하는 데 도움이 된다.

그림 13.5a는 낮은 탱크에서 더 높은 탱크로 물을 퍼 올리는 펌프에 의해 물의 중력 퍼

(+)으로 변경한다. 이는 두 번째 그림과 같이 자극된 부분은 양이온 초과 상태가 되어 세포막 양단의 전위차가 뒤바뀌면서 소위 **활동 전위**라 부르는 양의 전압 스파이크를 생성한다.

그러면 신호는 어떻게 전달되는가? 원리는 다음과 같다. 먼저 자극받은 지점의 바뀐 표면전하는 바로 인접한 위치에 있는 반대 전하를 끌어당겨 표면을 따라 짧은 거리를 이동하게 한다. 그림에서 알 수 있듯이 세포막 외부의 양전하는 자극받은 지점

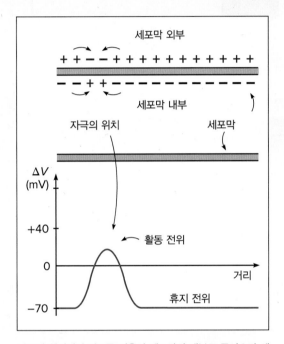

자극의 위치에서 나트륨 이온이 세포막의 내부로 들어오면 세포막 사이의 전위가 반대로 뒤바뀐다. 이렇게 만들어진 활동 전위는 축색돌기를 따라 이동한다.

의 음전하에 끌어당겨지고 이로 인해 양전하 부족을 만든다. 자극지점의 세포막 내부에 있는 양전하도 역시 마찬가지로 인접한 위치에 있는 음전하를 끌어당겨 근처에 음전하 부족을 만든다. 이렇게 자극지점 근처에 형성된 양전하, 음전하 부족은 축색돌기를 자극하여 그 위치에서 나트륨 이온이 안쪽으로 들어가도록 만든다. 결과적으로 활동 전위는 축색돌기의 길이를 따라 전달된다. 활동 전위가 축색돌기의 끝부분에 도달하면 신호는 시냅스를 통하여 다른 뉴런에게로 또는 근육세포로 전달되어 발가락을 움직이게 한다.

활동 전위의 첨두가 지나가고 나면 세포막은 다시 나트륨 이온을 세포 밖으로 밀어내어 원래의 이온 균형을 회복하고 휴지기에 들어가지만 이 과정에는 시간이 걸린다. 휴지 상태에 있는 뉴런은 발사를 기다리고 있는 장전된 총과 같으며, 일단 발사되면 다시 작동하기 위하여 재장전이 필요하다. 사실 세포막이 어떻게 이러한 정교한 작용을 하는지는 간단히 설명할 수는 없지만, 요약하면 이는 막을 통하여 선택적인 이온만을 통과시키는 생화학적인 과정으로 단순한 전류보다는 훨씬 복잡한 현상이다. 전화선에서 전압 신호가 전파되도록 하는 단순한 전자의 흐름보다 더 복잡한 과정이 포함되어 있다.

뉴런을 따라 전달되는 신호의 빠르기는 어느 정도인가? 긴 축색돌기를 따라 전달되는 신호의 속도는 최대 150 m/s에 달한다. 평균 사람의 신장을 고려할 때 신호가 뇌에서 발가락까지 전달되는 데는 약 100분의 1초가 걸리는 셈이다. 이것은 생물학적 유기체에서 대부분의 활동을 위해 충분히 빠른 속도이다. 전하가 전선을 따라 거의 빛의 속도의 절반인 150,000,000 m/s로 움직이는 것에 비하면 매우 느리지만 금속선에서 전자는 전압 신호가 전파됨에 따라 상대적으로 짧은 거리를 이동한다.

텐셜 에너지(6장에서 배운)가 증가하는 것을 보여준다. 높은 탱크에 있는 물은 낮은 탱크로 흐르는 경로를 제공하지 않는 한, 그 위치에 무한정 존재한다. 만일 큰 파이프를 연결하면 물이 매우 빠르게 다시 흐를 것이다. 물 흐름의 비율(물 흐름)은 초당 갤런 또는 초당 리터로 측정할 수 있다. 펌프가 더 높은 탱크에 물을 계속 퍼 올려 손실된 물을 보충해주지 않으면 상부 탱크는 곧 텅 비게 될 것이다. 만일 물이 흐르는 경로의 지점에 좁은 파이프를 둔다면 이 좁은 관은 흐르는 물의 양을 제한해줄 것이다. 좁은 파이프는 물의 흐름에 더 큰 저항을 제공한다.

그림 13.5b에서 선선시에 내응하는 것은 펌프이다. 둘 다 한쪽에서는 **물**, 다른 한쪽에서는 전하의 퍼텐셜 에너지를 증가시킨다. 굵은 파이프는 회로에서 연결된 전선과 같고, 노즐은 백열전구의 필라멘트에 대응된다. 실제로 물이 파이프의 좁은 구멍을 통하여 흐를 때도 전구의 필라멘트가 따뜻해지듯이 조금 따뜻해진다. 물 시스템의 특정 지점에 위치한 밸브는 전기회로에서 스위치에 해당한다. 표 13.1에는 대응되는 요소들이 요약되어 있다.

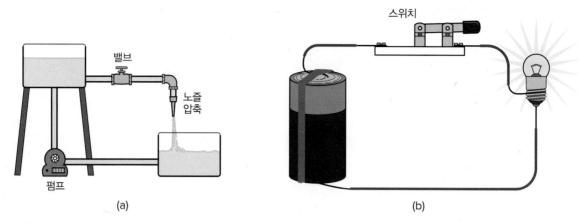

그림 13.5 전류는 물의 흐름과 유사하다. 두 시스템에서 어느 요소가 대응하는가?

표 13.1 물 흐름 시스템과 전기회로의 유사성에서 대응되는 요소	
물 흐름 시스템	**전기회로**
물	전하
펌프	건전지
파이프	전선
좁은 파이프	필라멘트
밸브	스위치
압력	전압

물 흐름과의 유사함을 염두에 두면 전류를 이해하는 것이 더 쉬울 수 있다. 둘 다 한쪽에는 물, 다른 한쪽에는 전하 흐름의 비율로 정의된다. 전기회로에서는 전하가 흐르기 위해 연속적으로 연결된 도체(회로)로 된 완전한 경로가 있어야 한다. 만일 회로의 한 지점을 끊으면 전류는 멈춘다. 물 시스템도 완전한 경로를 요구하는 것은 마찬가지이다(외부 공급원에서 상부 탱크로 물을 지속적으로 공급하는 경우는 제외).

> 전구에 불을 켜거나 전기회로를 작동시키기 위해서는 전원의 한쪽 단자에서 다른 쪽 단자로 닫힌 경로가 있어야 한다. 이 닫힌 경로를 회로라고 부르며, 회로에 흐르는 전하의 흐름이 바로 전류이다. 백열전구의 필라멘트는 전류의 흐름을 제한하는 전도 경로의 수축 역할을 한다. 전하가 필라멘트를 통과함에 따라 뜨거워지게 되고, 이로부터 빛을 얻는다. 펌프가 건전지에 대응되고, 물이 전하에 대응되는 물 시스템과의 유사성은 전류의 개념을 시각화하는 데 도움을 준다.

13.2 옴의 법칙과 저항

전류의 크기를 결정하는 것은 무엇인가? 13.1절에서 전구의 경우 큰 저항을 가진 필라멘트가 전류의 흐름을 제한하는 것을 보았다. 이것이 전류의 크기를 결정하는 유일한 요소인가?

아니면 건전지의 전압도 영향을 미칠까? 주어진 회로에서 얼마나 많은 전류가 흐를지 예측할 수 있는가?

전류는 전압에 어떻게 의존하는가?

물 흐름 시스템에서는 두 지점 사이의 압력 차이가 클수록 물의 흐름은 커진다. 물 저장탱크를 더 높은 위치에 올려놓는 것은 이러한 이유에서이다. 압력이 바로 물의 중력 퍼텐셜 에너지와 관련이 있다.

마찬가지로 건전지의 두 끝점 사이의 전기적 퍼텐셜 에너지의 차이, 즉 전위차가 클수록 전하의 흐름도 커진다. 즉 전류의 크기는 건전지의 전압과 소자의 저항에 관련이 있다. 회로의 대부분의 구성요소에는 전류와 전압, 그리고 저항 사이에 간단한 관계가 있으며, 이를 이용하여 전류의 크기를 예측할 수 있다. 이 관계는 1820년대 독일의 물리학자인 옴(Georg Ohm, 1789~1854)에 의하여 실험적으로 발견되었으며 **옴의 법칙**(Ohm's law)으로 알려져 있다.

> 회로의 주어진 부분을 흐르는 전류는 그 부분의 전위차를 저항으로 나눈 값과 같다. 수식은 다음과 같다.
>
> $$I = \frac{\Delta V}{R}$$
>
> 여기서 R은 저항이고, I와 V는 각각 전류와 전압을 나타낸다.

즉, 전류는 전압에 비례하고, 저항에 반비례한다.

옴의 법칙은 저항이 전류와 전압의 크기에 관계없이 거의 일정하다는 실험적인 사실을 말해준다. 13.1절에서 전류의 흐름을 제한하는 특성의 정성적인 의미에서 **저항**이란 용어를 사용하였다. **저항**(resistance)의 정량적인 정의는 옴의 법칙을 이용하여 얻을 수 있다.

$$R = \frac{\Delta V}{I}$$

저항 R은 회로의 주어진 부분에서 전압차를 전류로 나눈 값이다. 저항의 단위는 volts/ampere이고, 옴(ohm, 즉 1 ohm = 1 V/A)이라고 불린다. 옴의 기호는 그리스 대문자 오메가인 Ω로 표기된다.

전선이나 다른 회로소자의 저항은 그 물질을 구성하는 재료의 **전도도**(conductivity)를 포함한 몇 가지 요인에 따라 달라진다. 높은 전도도를 가진 물질로 만든 전선은 낮은 전도도의 물질로 만든 것보다 저항이 작을 것이다. 저항은 또한 전선의 길이와 단면적에 따라 달라진다. 전선의 길이가 길수록 저항은 커지나 전선이 굵을수록 저항은 작아진다. 이것은 멀티탭의 전선이 길수록 두께가 두꺼워지는 이유이기도 하다. 또 저항은 온도에 따라 달라진다. 전구의 필라멘트는 가열될 때 저항이 증가한다. 이는 모든 금속 도체에 해당된다.

만일 회로의 주어진 부분에서의 저항과 인가된 전압을 안다면 전류를 알 수 있다. 예를 들어 그림 13.6과 같이 1.5 V의 건전지에 20 Ω의 저항을 가진 전구를 연결하였다고 하자. 만일 건전지 자체의 저항, 즉 내부저항을 무시할 수 있다면, 옴의 법칙($I = \Delta V/R$)에 따라 전류

그림 13.6 1.5 V의 건전지에 20Ω의 백열전구를 연결한 간단한 회로. 전류의 크기는 얼마인가?

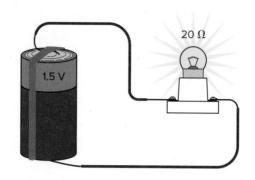

의 크기를 계산할 수 있다.

$$I = \frac{1.5\,\text{V}}{20\,\Omega} = 0.075\,\text{A}$$

이 결과는 75밀리암페어(mA)로 표현할 수도 있다.

건전지의 기전력이란 무엇인가?

앞에서 전류를 계산하는 데 있어서, 건전지 자체의 저항과 함께 전선의 저항도 무시하였다. 건전지가 새것이라면 그 내부저항은 아주 작고 무시할 수 있다. 그러나 건전지는 오래 사용한 것일수록 내부의 화학 반응물이 고갈됨에 따라 내부저항이 커진다. 이때는 전류의 크기를 정확하게 계산하기 위해서는 건전지의 내부저항을 포함하여 회로의 총 저항값을 고려해야 한다. 이것은 예제 13.1에서 그림 13.7에 있는 값들을 이용하여 계산하였다.

예제 13.1에서 건전지의 전압은 **기전력**(electromotive force)을 나타내는 **ε**로 표기하였다. 이 용어 자체는 힘이 아니라 전위차(또는 전압)이므로 오해의 소지가 있다. 기전력은 건전지 내 화학 반응에 의해 공급된 단위 전하당 퍼텐셜 에너지의 차이이다. 단위는 volt(J/C)이고, 대개 **ε**로 표시된다. (기전력의 개념은 회로의 에너지 측면을 고려한 13.4절에서 더 자세히 다룬다.)

전구에 불이 켜져 있을 때, 건전지 양단이나 전구의 양단을 전압계로 측정한다면, 예제 13.1b에서처럼 1.2 V를 얻는다. 만일 회로에서 전구를 떼어버리고 건전지의 전압을 다시 측

그림 13.7 건전지의 내부저항이 5Ω이라 가정할 때 건전지-전구 회로에서의 전압값들. 전류는 60 mA이다.

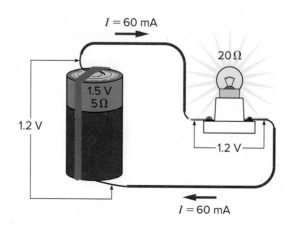

예제 13.1 ▸ 회로의 전류와 전압 계산

간단한 단일 고리회로에서 5 Ω의 내부저항을 가진 1.5 V의 건전지가 20 Ω의 저항을 가진
전구에 연결되어 있다.

     a. 이 회로에서 흐르는 전류는 얼마인가?

     b. 전구 양단의 전위차는 얼마인가?

a. $\mathcal{E} = 1.5\ \text{V}$ 회로의 총 저항은

    $R_{\text{battery}} = 5\ \Omega$ $R = R_{\text{battery}} + R_{\text{bulb}}$

      $R_{\text{bulb}} = 20\ \Omega$ $= 5\ \Omega + 20\ \Omega$

        $I = ?$ $= 25\ \Omega$

$$I = \frac{\mathcal{E}}{R} = \frac{1.5\ \text{V}}{25\ \Omega}$$

$$= 0.06\ \text{A} = 60\ \text{mA}$$

b. $\Delta V_{\text{bulb}} = ?$ $\Delta V = IR$

                               $= (0.06\ \text{A})(20\Omega)$

                               $= 1.2\ \text{V}$

정하면 1.5 V의 전압을 얻는다. 건전지에 전류가 흐르지 않을 때 측정된 이 1.5 V 값이 건
전지의 기전력이다. 건전지의 내부저항에 의한 손실이 없을 때의 건전지의 전압이다. 따라
서 전압계를 사용하여 건전지의 출력을 테스트하는 경우 '부하'를 연결하는 것이 좋다. 즉 회
로에 연결하는 것이다.

    예제 13.1에서 전류를 알기 위해, 건전지의 기전력 $\mathcal{E}$를 회로의 총 저항으로 나눈다($I = \mathcal{E}/R$).
이 식은 ΔV 대신에 $\mathcal{E}$를 쓴 옴의 법칙과 같은 형태를 가지고 있으나, 중요한 차이점이 있다.
즉, 옴의 법칙은 회로의 어느 부분에서라도 적용될 수 있다. 회로상 한 부분 사이의 전위차는
전류에 그 부분의 저항값을 곱한 값과 같다($\Delta V = IR$). 반면에 기전력이 포함된 식은 전체 회
로 또는 고리에 적용되며 때때로 고리 방정식이라고 부른다.

건전지가 다 소모되면 무슨 일이 일어나는가?

건전지를 오래 사용함에 따라 그 내부저항이 점점 커진다. 따라서 회로의 총 저항이 증가하
고 루프 방정식에 의해 예측된 대로 회로에 흐르는 전류가 감소한다. 전류가 점점 작아짐에
따라 전구의 불빛은 점점 희미해지다가 마침내 더 이상 빛을 내지 않게 된다. 다 소모된 건
전지는 내부저항이 너무 커서 더 이상 측정 가능한 전류를 생성할 수 없다.

    놀랍게도 다 소모된 건전지는 회로에서 떼어 내어 정밀한 전압계로 측정하면, 거의 1.5 V
가 나타난다. 어떻게 이런 일이 있을 수 있을까? 건전지는 여전히 기전력을 가지고 있으나
그 내부저항이 너무 커서 더 이상 전구와 같은 외부소자에 적절한 전류를 공급할 수 없을 뿐
이다. 정밀한 전압계는 많은 전류를 소비하지 않으므로 건전지의 기전력을 대략적으로 측정
할 수 있었던 것이다. 건전지의 상태란 기전력보다는 내부저항의 크기에 달려 있다.

옴의 법칙에 의하면 회로의 어떤 부분을 통과하는 전류는 그 부분 양단 사이의 전위차에 비례하고, 그 부분의 저항에 반비례한다. 회로에 흐르는 전류를 찾기 위해 건전지의 기전력을 회로의 총 저항으로 나눈다. 회로의 총 저항은 건전지의 내부저항을 포함하는데, 이것은 건전지를 오래 사용함에 따라 커지게 된다.

13.3　직렬회로와 병렬회로

전기회로는 시냇물 같이 여러 지류로 나뉘었다가, 나중에 다시 합류될 수 있다. 때로는 이와 같은 회로의 연결방식이 단일 고리회로에 모든 소자를 연결하는 것보다 더 유리할 때가 있다. 그러면 이러한 다양한 연결방식에서 회로는 어떻게 해석될 수 있으며 설명할 수 있을까? 이를 위해 직렬연결과 병렬연결의 차이점을 아는 것은 매우 중요한 일이다.

직렬회로란 무엇인가?

지금껏 다루었던 전구 회로는 단일 고리 또는 직렬회로이다. **직렬회로**(series circuit)에서는 전류가 2개 이상의 지류로 나뉘는 점이 없으며 2차 고리로도 없다. 모든 소자들은 단일 고리상에 일직선으로 늘어서 있다. 한 소자를 통과한 전류는 다른 곳으로 갈 데가 없기 때문에 반드시 다른 소자들도 통과해야 한다. 그림 13.6과 같은 연결이 그것이다. 각 소자들의 연결 상태를 보다 간편하게 그리는 회로도면, 또는 회로도를 이용하면 보다 쉽게 볼 수 있다.

　그림 13.8에 건전지-전구 실제 회로와 그에 대응하는 회로도를 함께 보여준다. 회로도에 사용된 다양한 소자를 나타내는 기호들은 표준으로 사용되는 것들이며 세계 어디서나 그대로 통용된다. 예를 들어, 전구를 표시하는 저항은 그 표준기호로 지그재그(〰) 모양을 사용한다. 이것이 유리전구라는 것을 표시하기 위하여 특별히 원 안에 그려 넣었다.

　회로도에 있는 실선은 전선을 나타내는데, 실제 회로에서는 직선이 아닐지라도 보통 직선으로 그린다. 일반적으로 전선의 저항은 무시한다. 회로도는 회로를 구성하고 있는 소자들과 그들 사이의 연결을 명확하고 쉽게 보여준다.

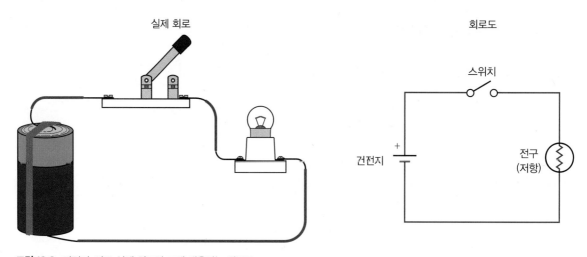

그림 13.8 건전지-전구 실제 회로와 그에 대응하는 회로도

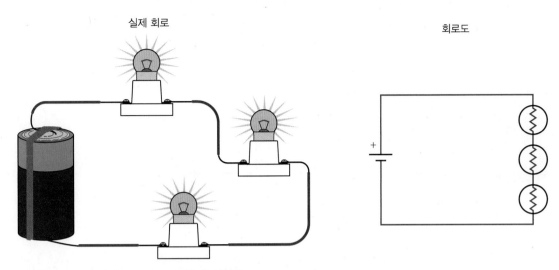

실제 회로   회로도

그림 13.9 세 전구의 직렬연결과 그에 대응하는 회로도

만약 그림 13.9의 회로와 같이 여러 개의 전구를 **직렬**로 연결하면 어떻게 될까? 저항을 직렬로 연결하면, 각 저항은 각 위치에서 전류의 흐름을 제한하는 데 기여한다. 따라서 직렬로 연결된 저항들의 총 저항 R_s는 각 저항의 합으로 주어진다.

$$R_s = R_1 + R_2 + R_3$$

이것은 아무리 많은 수의 저항을 직렬로 연결하더라도 마찬가지이다. 더 많은 저항이 있으면 더 많은 그 항을 추가하면 된다.

사람들은 가끔 전류가 직렬회로의 저항을 통과하면서 그 일부가 소모된다고 생각한다. 그러나 그것은 사실이 아니다. 파이프 내에서 연속적으로 흐르는 물의 흐름처럼 회로의 각 소자들에는 같은 크기의 전류가 통과해야 한다. 전류가 회로를 통해 흐를 때 실제로 변하는 것은 전위이다. 전위는 전류가 각 저항을 통과할 때마다 옴의 법칙($\Delta V = IR$)에 따라 감소한다. 직렬연결된 양단의 총 전위차는 이들 각 소자들 사이의 전위차의 합과 같다.

만약 1개의 건전지에 2개의 전구를 직렬연결하였다면 전구가 1개일 때보다 총 직렬저항이 더 크기 때문에 전류는 더 작을 것이다. 따라서 전구는 덜 밝다. 만약 2개의 전구를 모두 사용하면서도 밝은 빛을 원한다면, 더 많은 건전지를 직렬로 연결하여 전압을 더 높여야 한다. 대부분의 손전등(이 경우 대개 전구는 하나이다)에서는 이러한 방법을 사용한다.

빛이 약해지는 것 이외에도 전구를 직렬로 연결하는 것은 또 다른 단점이 있다. 1개의 전구에서 필라멘트가 끊어지면, 회로도 끊어지게 된다. 즉 직렬회로에서는 1개의 전구가 나가 버리면, 끊어진 회로에 전류가 흐를 수 없기 때문에 다른 전구들에서도 불이 들어오지 않는다. 이는 자동차의 라이트와 같은 시스템에서 특히 바람직하지 못하다. 또 수많은 전구가 직렬로 연결된 구식 크리스마스 트리에서 타버린 전구를 찾기는 매우 어렵다.

병렬회로란 무엇인가?

이러한 문제를 피하는 다른 연결방법이 그림 13.10에 나타나 있다. 이러한 연결에서는 전구들이 고리 주위에 모두 일렬로 연결되는 대신에 서로가 나란히 **평행**으로 연결되어 있다. 이

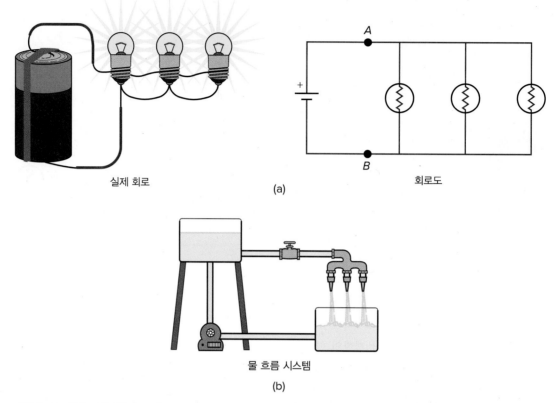

실제 회로 　　　(a)　　　 회로도

물 흐름 시스템

(b)

그림 13.10 병렬로 연결된 전구, 회로도, 그리고 그에 대응되는 물 흐름 시스템을 보여준다. 전류는 세 경로로 분할된다.

제 회로에 고리가 2개 이상 있다. **병렬회로**(parallel circuit)에서는 냇물이 두 지류로 갈라지듯이 전류가 2개의 분기되거나 분할될 수 있는 지점이 있다. 분할되었던 전류들은 나중에 다시 합쳐진다.

전구가 서로 병렬로 연결되어 있다면, 회로의 총 유효 저항은 증가하는가 아니면 감소하는가? 물의 흐름에서 다시 힌트를 얻어 보자. 물 흐름 시스템에서 몇 개의 파이프를 병렬로 연결하였다면 흐르는 물의 양(전류)은 증가하는가 아니면 감소하는가? 이것은 물 흐름에 대한 저항과는 어떻게 관계되는가?

만일 파이프를 병렬로 연결한다면 이는 효과적으로 물이 흐르는 총 단면적을 증가시켜서 흐름에 대한 저항을 감소시키므로 결과적으로 물의 흐름이 증가한다. 전기회로에서 저항을 병렬로 연결하는 것도 마찬가지이다. 각각의 저항으로 총 병렬저항 R_p를 표현하면

$$\frac{1}{R_p} = \frac{1}{R_1} + \frac{1}{R_2} + \frac{1}{R_3}$$

R_p를 알기 위해 각 저항들의 역수를 더하여 이 합의 역수를 얻는다. 따라서 총 저항은 예제 13.2에서 설명하듯이 항상 각각의 저항들보다 더 작은 값을 가진다.

저항들을 병렬로 연결하면 그들은 동일한 두 점(그림 13.10의 점 A와 B) 사이에 연결되어 있기 때문에 각 저항 양단에 걸리는 전위차는 같다. 반면에 전류는 서로 다를 수 있다. 총 전류의 일부가 각 지류를 통해 흐르며 각 부분의 전류를 모두 더하면 총 전류가 된다. 총 저항은 작아지므로 건전지로부터 흐르는 전류는 커진다.

예제 13.2 ▶ 병렬연결된 전구의 저항과 전류

그림과 같이 10 Ω을 가진 2개의 전구가 6 V의 건전지에 병렬로 연결되어 있다.

    a. 회로에 흐르는 총 전류는 얼마인가?

    b. 각각의 전구에 흐르는 전류는 얼마인가?

a. $R_1 = R_2 = 10\ \Omega$

    $\mathcal{E} = 6\ V$

    $I = ?$

$$\frac{1}{R_p} = \frac{1}{R_1} + \frac{1}{R_2} = \frac{1}{10\ \Omega} + \frac{1}{10\ \Omega}$$

$$= \frac{2}{10\ \Omega}$$

$$R_p = \frac{10\ \Omega}{2} = 5\ \Omega$$

$$I = \frac{\mathcal{E}}{R} = \frac{6\ V}{5\ \Omega}$$

$$= 1.2\ A$$

b. $I = ?$
(각 전구에 대하여)

$$I = \frac{\Delta V}{R} = \frac{6\ V}{10\ \Omega}$$

$$= 0.6\ A$$

총 전류는 1.2 A이고, 각각의 전구에 0.6 A의 전류가 흐른다.

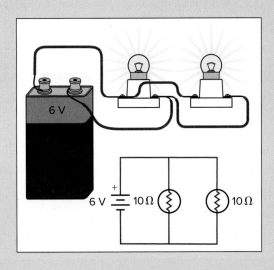

    예제 13.2에서처럼 같은 저항을 가진 두 전구를 병렬연결하면 이들 각각에 같은 전류가 흐른다. 만일 한 전구가 다른 전구보다 저항이 크다면 전류는 균등하게 분배되지 않을 것이다. 작은 저항을 가진 전구에 더 많은 전류가 흐르게 된다. 등가 저항과 전류는 예제 13.2에서와 같이 구할 수 있다.

    예제 13.2에서 보듯이 병렬연결된 저항은 각각의 저항보다 작아진다. 병렬연결은 저항을 감소시키고 흐르는 전류의 양은 증가시킨다. 증가된 전류로 인해 전구가 직렬연결에서보다도 더 밝게 빛나지만 건전지는 더 빨리 소모된다. 전구들을 전지에 어떻게 연결하느냐에 따라 불이 덜 밝더라도 오래 사용할 수 있는 직렬연결 방식이 있고, 또 더 밝지만 짧은 수명을 가지는 병렬연결 방식이 있다. 건전지로부터 사용할 수 있는 에너지는 두 경우 모두 동일하다.

전류를 이해하는 데 사용되는 또 다른 비유는 고속도로에서 자동차의 흐름이다. 자동차는 전류를 생성하는 전자, 도로는 전선, 전류는 자동차의 흐름(주행속도 곱하기 자동차 밀도)으로 생각할 수 있다. 그러면 저항은 자동차의 흐름을 방해하는 도로상의 공사현장과 같은 것이다. 따라서 저항(공사현장)이 많을수록 전류(자동차 흐름)는 작아진다. 회로가 병렬회로라면(또 다른 차선이 존재) 저항은 작아지고 전류(자동차 흐름)는 증가한다. 만약 더 많은 회로소자들이(공사현장) 직렬로 연결되어 있다면 저항은 증가하고 전류(자동차 흐름)는 감소한다. 이러한 비유는 비록 제한적이지만 회로의 일부 측면을 시각화하는 데 유용하다.

전류계와 전압계의 사용

전류 또는 전위차를 어떻게 측정할까? 여러분은 자동차의 전기 시스템이나 다른 유사한 고장을 체크하기 위해 전압계나 전류계 같은 계측기를 사용해보았을 것이다.

전압계는 전류계보다 사용하기가 쉬우며 자동차 수리 등에서 흔히 볼 수 있다. 예를 들어 전구 양단의 전위차를 측정하려면 보통 **멀티미터**라는 측정기를 사용하게 되는데, 이는 전위차뿐만 아니라, 전류, 그리고 저항까지도 측정할 수 있다. 먼저 멀티미터의 스위치로 적절한 기능과 범위를 선택한다. 그림 13.11은 바늘과 눈금을 사용하는 **아날로그** 멀티미터와 디지털 판독값을 제공하는 **디지털** 멀티미터를 보여준다.

전압을 측정하기 위해서 그림 13.12와 같이 전압계의 리드선을 전구와 **병렬**로 연결한다. **전위차**는 회로의 두 지점 사이의 단위 전하당 퍼텐셜 에너지의 차이이다. 그러므로 전압계는 전류가 흐르는 다른 경로의 존재여부에 관계없이 전위차를 측정하고자 하는 두 지점 사이를 연결해야 한다. 이때 전압계는 병렬연결에도 불구하고 큰 저항을 가지고 있으므로, 측정하고자 하는 두 지점 사이의 전류에 큰 변화 없이 전위차를 측정할 수 있다.

전류계도 이와 같은 병렬연결 방식으로 사용할 수 있을까? 물의 흐름을 생각해보자. 물의 흐름을 측정하기 위해서 측정장치를 흐르는 물속에 직접 넣어야 한다. 즉 파이프 중간을 절

그림 13.11 흔히 사용되는 아날로그 멀티미터(왼쪽)와 디지털 멀티미터 (오른쪽) *Mark Dierker/McGraw-Hill Education*

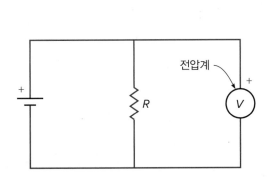

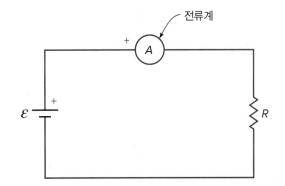

그림 13.12 전위차를 측정하고자 하는 소자와 병렬로 연결된 전압계   **그림 13.13** 전류를 측정하고자 하는 소자와 직렬로 연결된 전류계

단하고 절단된 부분에 유량계를 삽입하여 물이 직접 유량계를 통해 흐를 수 있도록 해야 한다. 마찬가지로 전류를 측정할 때도 그림 13.13과 같이 회로를 차단하고 전류계를 **직렬로 삽입**해야 한다.

전류계는 회로에 직렬로 삽입되고 약간의 저항이 있으므로, 필연적으로 회로의 총 저항을 증가시키고 전류를 감소시킨다. 전류에 미치는 영향이 작도록 전류계는 아주 작은 저항을 가져야 한다. 이것 때문에 전압계를 사용하는 것보다 전류계를 사용하는 것은 더 많은 주의가 필요하다. 만일 전류계를 건전지 양단에 직접 연결하면 한꺼번에 큰 전류가 흐를 것이며, 이는 전류계와 건전지에 손상을 줄 수 있다.

그림 13.12와 13.13과 같이 전류계와 전압계 둘 다 측정기의 플러스 단자를 올바른 방향으로 연결해야 한다. 건전지나 전원장치의 플러스 단자는 반드시 계측기의 플러스 단자와 연결해야만 한다. 만일 단자들을 반대로 연결하면, 아날로그 계측기의 경우 바늘이 반대방향으로 움직여 계측기에 손상을 줄 수 있다(디지털 계측기의 경우 문제가 되지 않는다). 일반적으로 멀티미터에는 플러스극과 마이너스극이 분명하게 표시되어 있다.

> 회로상 소자들은 직렬, 병렬 또는 이 두 방식을 혼용하여 연결된다. 직렬연결에서 전류는 2개 이상의 지류로 나뉘는 점이 없고 연속적으로 각 소자를 통하여 흐르고, 총 저항은 각 저항의 합과 같다. 병렬연결에서 전류는 여러 갈래로 분할되고, 총 저항은 개별 저항보다도 더 작다. 전압계는 병렬로 연결하여 전위차를 측정하고, 전류계는 직렬로 연결하여 전류를 측정한다.

13.4 전기 에너지와 전력

앞에서 우리는 회로의 전기 에너지 공급원으로 건전지를 사용하였다. 우리는 또한 일상생활에서 전기를 사용할 때에는 **전력**이란 용어를 사용한다. 6장에서 역학적인 계와 마찬가지로 전기회로의 동작에 대한 더 많은 통찰력을 얻기 위해 에너지 또는 일률이라는 개념을 사용한다. 예를 들어, 건전지에 의해 공급된 에너지는 어떻게 된 것일까?

회로에서는 어떤 에너지 변환이 일어나는가?

전기회로와 물 흐름 시스템은 여기에서도 훌륭한 유사성을 가진다. 외부 공급원으로부터 에너지를 받은 펌프에 의해 에너지는 물 흐름 시스템에 공급된다. 전기, 가솔린, 그리고 바람은 물을 퍼 올리는 데 흔히 사용되는 에너지원이다. 펌프는 물을 더 높은 탱크로 들어올려 물의 중력 퍼텐셜 에너지를 증가시킨다(그림 13.14). 물이 파이프를 통하여 낮은 탱크 또는 저수지로 흘러 내려감에 따라 물의 중력 퍼텐셜 에너지는 운동 에너지로 변환된다.

일단 물이 낮은 곳에 있는 탱크에 머물게 되면, 운동 에너지는 물 내부 또는 물과 파이프나 탱크의 내벽과의 마찰력이나 **점성력**에 의해서 흩어진다. 마찰력은 열을 발생시켜 물과 주변 파이프 및 공기의 내부 에너지를 증가시킨다. 이렇게 증가된 내부 에너지는 물과 그 주변의 온도 증가로 나타난다.

이 유사성은 전기회로에도 적용할 수 있다. 건전지에 의해 공급되는 에너지는 화학 반응물에 저장된 퍼텐셜 에너지로부터 추출해낸 에너지이다(역학적 에너지로부터 얻는 전기 에너지는 14장에서 다룬다). 펌프와 마찬가지로 건전지는 양전하를 양극 단자로, 음전하를 음극 단자로 이동시킴으로써 전하의 퍼텐셜 에너지를 증가시킨다. 이때 양극에서 음극 단자로 외부 전선과 저항을 연결하여 회로를 완성하면, 전하는 더 높은 퍼텐셜 에너지 지점에서 더 낮은 퍼텐셜 에너지 지점으로 흐른다.

퍼텐셜 에너지를 잃어버림에 따라 전류에서 움직이는 전자에 의해 운동 에너지를 얻는다. 결국 운동 에너지는 회로에서 저항 내에 있는 다른 전자 또는 원자들과의 충돌에 의해서 무질서하게 되며, 이는 곧 저항과 전선의 내부 에너지를 증가시켜 온도가 올라가게 된다. 결국 운동 에너지는 이 충돌에 의해 열에너지로 변환되는 것이다.

물 흐름 시스템과 전기회로 둘 다 다음과 같은 에너지 변환이 일어난다.

$$에너지원 \rightarrow 퍼텐셜\ 에너지 \rightarrow 운동\ 에너지 \rightarrow 열$$

물이나 전류가 흐름에 따라 파이프나 저항은 따뜻해진다. 전기회로에서는 종종 램프를 켠다든가, 빵을 굽는다든가, 혹은 난방을 하는 등의 목적을 위해 전기 에너지를 직접 열로 전환하여 사용한다.

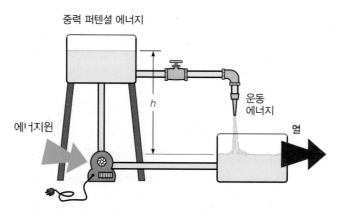

그림 13.14 물 시스템에서 에너지 변환. 펌프에 의해 발생한 에너지에 무슨 일이 일어나는가?

전력은 전압과 전류에 어떤 관계가 있을까?

13.2절에서 정의한 바와 같이, 건전지에 아무런 전류도 흐르지 않는 상태에서 건전지의 양 단자에 걸리는 전위차를 건전지의 **기전력**이라고 부르고 기호 ε로 나타낸다. 이는 곧 건전 지라는 에너지원에 의해서 공급되는 단위 전하당 퍼텐셜 에너지이고, 그 단위는 볼트이다.

기전력이 단위 전하당 퍼텐셜 에너지의 차이이기 때문에 기전력에 전하를 곱하면 퍼텐셜 에너지가 된다. 전류는 단위 시간당 흐르는 전하량을 나타내기 때문에, 만일 기전력에 전하 의 양이 아니라 전류의 크기를 곱하면 이는 단위 시간당 사용하는 에너지가 되며, 이를 전력 이라 한다. 전력은 하는 일 또는 사용하는 에너지의 시간당 비율을 나타낸 것으로 단위 시 간당 에너지의 단위를 가진다(6.1절 참고). 전기 에너지원에 의해 공급되는 전력은 기전력 과 전류의 곱과 같다.

$$P = \varepsilon I$$

유사한 표현을 전류가 저항을 지날 때 전력이 발산되는 경우에서 얻을 수 있다. 기전력 ε 대신에 저항 양단에서의 전위차 ΔV를 놓으면 $P = \Delta V I$가 된다. 옴의 법칙에 의해서 전위차 는 $\Delta V = IR$이므로 곧 전력은 다음과 같이 쓸 수 있다.

$$P = (IR)(I) = I^2 R$$

즉 저항 R에서 소모되는 전력은 전류 I의 제곱에 비례한다.

그러면 간단한 회로에서 전력은 어떻게 될까? 건전지에 의해 공급된 전력은 정상 상태에 서 저항에 의해 소모되는 전력과 같아야 한다. 따라서 이를 수식으로 표현하면

$$\varepsilon I = I^2 R$$

가 된다. 전류가 일정하면 건전지에 의해 공급되는 에너지도 일정하고 저항에서 소모되는 에 너지도 일정하다. 회로의 어느 지점에서도 에너지가 쌓이는 일이란 있을 수 없다. 입력되는 에너지 혹은 전력은 방출되는 에너지 또는 전력과 같다(그림 13.15). 즉 에너지는 보존된다.

이 에너지의 균형 원리는 회로 분석에 사용되는 고리 방정식(13.2절에서 소개)의 기본이 다. 즉 에너지 평형을 의미하는 식의 양변을 전류 I로 나누면, 곧 회로 방정식인 $\varepsilon = IR$을 얻 는다. 회로의 분석에도 역시 에너지 보존 원리가 그 밑바닥에 깔려 있다. 예제 13.3에서 이러 한 개념을 보다 심도 있게 다루기로 한다.

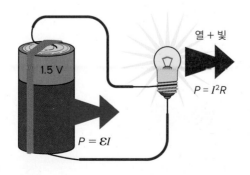

그림 13.15 전기회로에서 건전지에 의해 공급되는 전력은 저항에서 열 과 빛으로 소모되는 전력과 같다.

예제 13.3 ▶ 회로 분석

직렬로 연결된 1.5 V 건전지 2개에 의해 켜지는 20 Ω 전구에서 소모되는 전력은 얼마인가?

$$\mathcal{E} = \mathcal{E}_1 + \mathcal{E}_2 = 3 \text{ V} \qquad\qquad \mathcal{E} = IR$$
$$R = 20 \text{ Ω} \qquad\qquad\qquad\quad I = \frac{\mathcal{E}}{R} = \frac{3 \text{ V}}{20 \text{ Ω}}$$
$$= 0.15 \text{ A}$$

$$P = I^2R$$
$$= (0.15 \text{ A})^2(20 \text{ Ω})$$
$$= \mathbf{0.45 \ W}$$

이것은 건전지에 의해 전달되는 전력을 계산함으로써 체크할 수 있다.

$$P = \mathcal{E}I$$
$$= (3 \text{ V})(0.15 \text{ A})$$
$$= \mathbf{0.45 \ W}$$

전력을 어떻게 분배하고 사용하는가?

전구를 켜거나 전기기구를 사용할 때마다 전력을 사용하고 있다. 보통 가정에서 사용하는 전력은 건전지에서 오는 것이 아니라 멀리 떨어진 발전소로부터 전력선을 통해 공급을 받는다 (그림 13.16). 미국의 발명가인 에디슨(Thomas Alva Edison, 1847~1931)은 많은 전기장치들을 개발하였으며 전력 사용을 증진시키는 데 큰 역할을 하였다. 에디슨의 발명과 전기 전구의 개선은 전력 분배 시스템을 만드는 데 근본적인 동기를 제공하였다. 전력을 아주 멀리 떨어진 지역까지도 쉽게 전송할 수 있는 것은 다른 형태의 에너지에 비교하여 전기 에너지의 큰 장점 중의 하나이다.

전력이라는 전기 에너지를 사용할 때 실제로 그 궁극적인 에너지원은 무엇인가? 그 에너

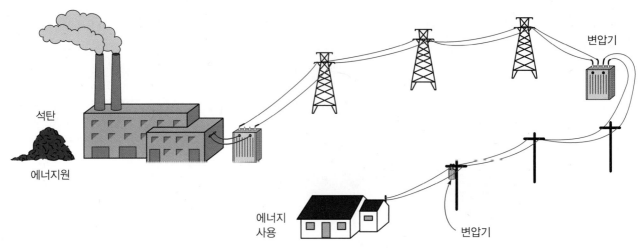

그림 13.16 멀리 떨어진 발전소로부터 생성된 전력은 전력선을 통해 분배 및 공급된다.

지원은 댐에 저장된 물의 중력 퍼텐셜 에너지일지도 모른다. 석탄, 석유, 또는 천연가스 등과 같은 화석연료에 저장된 화학적 퍼텐셜 에너지일 수도 있고, 혹은 우라늄에 저장된 핵에너지 일 수도 있다. 건전지에 저장된 화학적 연료와 같이 화석연료나 핵연료도 지구에서 채굴되기 때문에 모두 고갈될 수 있다. (그렇다면 댐에 저장된 물을 끌어올린 에너지는 과연 어디서부 터 온 것인가? 그것도 고갈될 수 있을까?)

화학 또는 핵연료를 사용하여 발전을 하는 경우, 연료에 저장된 퍼텐셜 에너지는 먼저 열 로 변환된 다음 증기터빈과 같은 열기관을 작동시키는 데 사용된다(11장 참고). 수력발전의 경우에는 댐에 저장된 물이 수력터빈을 지나면서 그 퍼텐셜 에너지가 운동 에너지로 바뀐 다. 그 에너지원이 무엇이 되었든 모든 발전소는 터빈을 회전시켜 기계적 운동 에너지를 전 기 에너지로 변환하는 발전기를 사용한다. 발전기는 전력 분배 시스템에서 기전력을 제공해 주는 근원이 된다. (발전기가 어떻게 작동하느냐에 대해서는 전자기 유도 법칙인 패러데이 의 법칙이 소개되는 14장에서 다룬다.)

전기요금을 지불할 때 여러분은 지난달에 사용한 전기 에너지의 양에 대한 대가를 지불 하는 것이다. 사용한 전기 에너지의 단위로는 킬로와트시를 사용하는데, 이는 전력의 단위 인 킬로와트에 시간의 단위인 시를 곱하여 얻어진다. 1킬로와트는 1000 W이고, 한 시간은 3600초이므로 1킬로와트시는 3백6십만 J이 된다. 따라서 킬로와트시란 줄(joule)보다 훨씬 큰 에너지 단위이다(6장에서 소개). 그러나 일반적으로 가정에서 사용되는 전기 에너지 양을 나타내는 데 편리한 크기이다.

100 W의 전구를 하루 동안 켜두면 전기료는 얼마가 될까? 물론 지역에 따라 차이가 있지 만 일반적으로 평균 전기요금은 킬로와트시당 12센트 정도이다. 이 전구를 24시간 켜두었다 면, 이때 사용한 에너지는 전력에 시간을 곱하면 얻어진다.

$$(100 \text{ W})(24 \text{ h}) = 2400 \text{ Wh}$$
$$2400 \text{ Wh} = 2.4 \text{ kWh}$$

킬로와트시당 12센트로 계산하면 전기료는 대략 29센트이다. 이것은 싼 것처럼 보이나 전 기료를 지불하는 사람으로서 알아두어야 하는 것은 가전제품의 수가 더해질 때마다 전기료 는 빠르게 올라간다는 것이다. 많은 가전제품에는 전구보다 더 많은 양의 전력이 필요하다.

최초의 전력 분배 시스템이 완성된 것은 19세기 후반의 일이었다. 20세기에 들어서면서 전기 에너지에 대한 의존도가 급속도로 증가하였다. 이는 전기 에너지를 사용하는 것이 화석 연료를 직접 사용하는 것보다 소음이나 배기가스 등을 걱정하지 않아도 되므로 한결 편리하 기 때문이다. 세계의 몇몇 나라는 아직도 전력이 부족하지만, 대부분의 사람들은 전기 에너 지가 없는 생활이란 상상하기 힘들 정도가 되었다.

전기회로에서 일어나는 에너지 변환은 물 흐름 시스템과 유사하다. 펌프나 건전지와 같은 에너지 원이 물이나 전하의 퍼텐셜 에너지를 증가시킨다. 이 퍼텐셜 에너지는 전하의 운동 에너지로 변환 되었다가 결국에는 열에너지로 바뀐다. 회로에서 사용하는 에너지의 비율은 전기 에너지 공급원의 기전력과 전류를 곱한 값과 같은데, 이는 저항에서 소모되는 에너지의 비율과도 같다. 다양한 에너 지원이 전력 분배 시스템에서 사용되는 전력을 생성하는 데 사용된다.

13.5 교류와 가정용 회로

가정에서 매일 사용하는 전기회로는 어떤 종류의 것인가? 이것은 앞에서 다루었던 건전지와 전구를 연결하는 간단한 회로와 유사한 것인가? 여러분은 아마도 벽에 있는 콘센트에서 나오는 전류가 직류(DC)가 아닌 **교류(AC)**라는 것을 알고 있을 것이다. 이 둘 사이의 차이점은 무엇인가? 교류를 사용하는 가정용 회로를 설명하기 위해 간단한 건전지−전구 회로를 설명하는 데 사용된 동일한 아이디어를 사용할 수 있을까?

교류는 직류와 어떻게 다른가?

직류(direct current)란 건전지를 사용하는 회로에서와 같이 전류가 항상 양극에서부터 음극으로 일정한 방향으로 흐르는 것을 말한다. 반면에 **교류(alternating current)**는 전류가 흐르는 방향이 계속해서 바뀌는 경우를 말한다. 북미지역에서 사용되는 교류는 초당 60번 방향을 바꾼다. 따라서 그 진동수는 60 Hz이다.

검류계는 전류가 흐르는 방향으로 바늘이 움직이도록 만들어진 전류계이다. 만일 검류계로 교류회로에 흐르는 전류를 측정한다면, 또 그 검류계가 빠르게 변하는 전류의 변화에 실시간으로 따라갈 수 있다면 그 바늘은 좌우로 심하게 흔들릴 것이다. 그러나 실제 검류계는 그러한 빠른 변화를 따라갈 수 없기 때문에 결과적으로 바늘이 0을 중심으로 진동하게 된다. 교류의 산술적인 **평균값**은 0이기 때문이다.

오실로스코프는 시간에 따라 변하는 전압과 전류를 화면으로 보여주는 전자 기기이다. 오실로스코프를 사용하여 회로에서 저항에 의한 전압차를 보여줌으로써 전류를 측정할 수 있다. 교류를 측정한다면 그 결과 그래프는 그림 13.7과 같을 것이다. 이 그래프에서 전류가 양의 값을 가지는 것은 전류가 한쪽 방향으로 흐르고 있음을 나타내고, 전류가 음의 값이 되는 것은 그 흐르는 방향이 반대라는 것을 의미한다. 그림상의 곡선은 삼각함수인 사인으로 기술되기 때문에 **사인 곡선(sinusoidal curve)**이라 부른다. 이 곡선은 6장에서 단조화 운동을 기술할 때 사용했다.

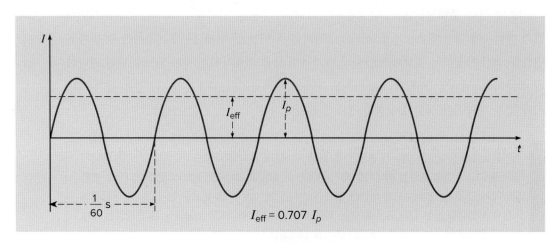

그림 13.17 시간의 함수로 나타낸 교류전류. 유효전류 I_{eff}는 피크전류 I_p의 0.707배이다.

　　교류의 지속적인 방향 변화는 많은 전기기구에 있어서 직류 전원을 사용할 때와 거의 차이가 없다. 예를 들어, 전구에서 필라멘트를 통해 이동하는 전하의 가열효과는 전하가 움직이는 방향에 무관하다. 스토브, 헤어드라이어, 토스터 및 전기히터와 같은 전기기기들도 전기 에너지의 이러한 가열효과를 이용한다. 토스터의 작동 원리는 일상의 자연현상 13.2에 설명되어 있다.

　　반면에 전기모터와 같은 전기기기는 사용되는 전류의 종류에 따라 다르다. 직류로 작동하는 모터와 교류로 작동되는 모터는 설계 자체가 다르다. 직류모터는 교류에서 작동하지 않을 수 있으며, 교류모터도 설계에 따라 직류에서 작동하지 않을 수 있다(일상의 자연현상 14.1 참고).

유효전류 혹은 유효전압이란 무엇인가?

교류의 산술적인 평균값은 0이다. 그렇다면 교류의 크기는 어떻게 나타낼 수 있을까? 저항에서 소비되는 전력은 전류의 제곱에 비례하므로 전류의 제곱의 평균을 사용하는 것이 한 방법이다. (음수를 제곱하면 양수가 된다.) **유효전류**를 알기 위해서 먼저 전류를 제곱하고 이 값을 시간에 대해 평균을 취한 다음, 그 결과에 제곱근을 취하는 것이다.[*] 만일 전류가 앞에서와 같이 사인함수의 모양을 가지고 변화한다면 유효전류의 크기는 사인함수의 최댓값의 약 7/10(더 정확하게는 0.707)이 된다(그림 13.17).

　　전기 콘센트의 전압 변화를 시간에 따라 그려 본다면 그림 13.18과 같은 또 다른 사인 곡선을 얻는다. 유효전압의 값도 전류의 경우와 마찬가지로 얻을 수 있는데, 이 유효전압의 크기는 북미지역에서는 대개 110~120 V 사이의 값을 갖는다. 북미에서 공급되는 표준 가정용 전원은 115 V, 60 Hz 교류이다. 유럽의 표준은 220 V, 50 Hz 교류이므로 전기모터가 있는 전기제품(예를 들어 전기면도기와 헤어드라이어)을 다른 나라에서 제대로 사용하기 위해서는 어댑터가 필요할 수도 있다.

　　직류회로에서와는 달리 교류회로에서는 사용하거나 소모한 전력의 크기를 계산하기 위해서는 바로 이 유효전압과 유효전류를 사용하여야만 한다(예제 13.4 참고).

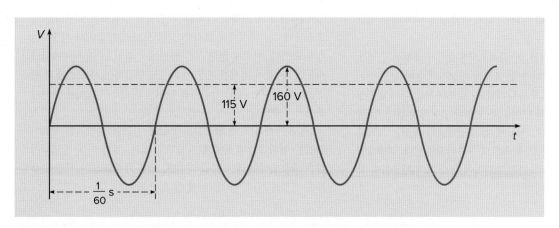

그림 13.18　시간에 따른 가정에 공급되는 전원의 전압. 유효전압이 115 V이면 피크전압은 대략 160 V이다.

---

[*] 이 계산방법에서 사용한 평균제곱근 때문에 유효전류를 rms(root-mean-square) 전류라고 부르기도 한다.

일상의 자연현상　13.2

토스터 속에 숨겨진 스위치

상황　전기 토스터에서 빵을 구울 때 왜 갑자기 토스트가 튀어 나오는지 생각해본 적이 있는가? 또는 전기 커피메이커가 커피를 따뜻하게 유지되도록 어떻게 자동적으로 켜졌다 꺼졌다 하는 것일까? 이들 회로의 스위치는 과연 어디에 있는가?

　가열소자를 가지고 있는 많은 전기기기들이 서모스탯이라는 자동 온도 조절 소자를 가지고 있다. 서모스탯이라는 소자는 온도가 특정 지점에 도달하면 회로를 차단하는 온도 감지 스위치이다. 이 서모스탯은 어떻게 작동하는 것일까? 그리고 그것은 토스터의 어디에서 찾을 수 있을까?

토스터, 전기히터 및 커피메이커는 서모스탯이 포함된 가전제품이다. 서모스탯은 어떻게 작동하는가? *Bob Coyle/McGraw-Hill Education*

분석　만일 토스터나 커피메이커를 분해하여(분해하기 전에 전원의 플러그를 뽑아 놓았는지를 확인하기 바란다!) 기기 내부의 선을 따라가 보면 스트립 또는 금속 띠가 붙어 있는 것을 찾을 수 있을 것이다. 이 스트립 또는 금속 띠는 대체로 전기기기의 가열 코일 근처에 위치하여 생성되는 열을 감지할 수 있도록 되어 있다. 비록 겉보기에는 단순하지만, 이 특별한 금속 띠가 바로 서모스탯의 핵심이다.

　바이메탈이라고 불리는 이 금속조각은 2가지 종류의 금속을 길게 띠 모양으로 자른 다음 두 조각을 견고하게 붙여 놓은 것이다. 이 금속조각의 온도가 올라가면 두 금속의 서로 다른 열팽창률 때문에 바이메탈의 한 면이 다른 면보다 길어지게 된다. 두 금속이 서로 결합되어 있기 때문에 이 열팽창률의 차이는 그림과 같이 한쪽으로 되어 전체가 한쪽으로 구부러지게 된다. 열팽창률이 큰 금속이 구부러지는 면의 바깥쪽에 놓이고, 열팽창률이 작은 금속이 안쪽에 놓이게 된다.

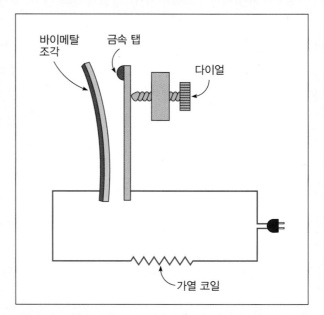

바이메탈 조각은 두 금속의 열팽창률이 다르기 때문에 가열되면 구부러진다. 스트립의 구부러짐은 회로를 만들거나 끊어지게 한다.

　이러한 장치가 어떻게 스위치로 사용되는지는 그리 어려울 것이 없다. 바이메탈을 긴 띠 모양으로 만든 다음 그림과 같이 그것이 구부러지지 않은 상태에서 또 다른 금속 탭에 닿도록 만든다. 만일 온도가 올라가면 바이메탈이 구부러짐에 따라 금속 탭으로부터 떨어지게 되고 회로는 끊어진다. 토스터에서는 이 금속 조각이 역학적으로 작용하게 된다. 토스터 손잡이를 내릴 때 용수철이 압축되고 그 상태에서 고리가 용수철을 고정시킨다. 이때 온도가 올라가고 바이메탈 조각이 구부러지면 전기회로가 끊어짐과 동시에 고리가 풀려 용수철이 이완되며, 토스트가 튀어 나온다.

　미세한 온도 변화를 감지할 수 있도록 민감도를 요구하는 서모스탯에서는 바이메탈 조각을 코일 모양으로 감아서 사용하는 경우도 있다. 이렇게 하면 작은 공간에서 훨씬 더 긴 바이메탈을 사용할 수 있어 미세한 온도 변화에도 민감하며, 서모스탯의 설정온도를 맞추는 것도 간편하게 다이얼 방식으로 코일을 풀거나 조여서 가능하다.

　서로 다른 금속의 열팽창률과 같은 간단한 물리적인 성질이 다양한 전기기기에 폭넓게 사용되고 있다. 아마 아직 발명되지 않은 응용방식이 많이 있을 것이며, 꿈을 가지고 있는 자만이 새로운 발명을 하고 특허를 얻게 될 것이다.

가정용 회로는 어떻게 배선되어 있는가?

가전제품을 콘센트에 꽂는다고 가정해보자. 이것은 다른 기기와 직렬 또는 병렬로 연결된 것일까? 콘센트에 전기기기를 사용하고 있는지 아닌지에 따라 유효전압이 달라지는 것일까?

가정용 회로들은 항상 병렬로 배선되어 있는데 이는 다른 전기기기들을 제거하거나 더 사용하더라도 또 다른 전기기기에 걸리는 전압에 영향을 주지 않도록 하기 위해서이다(그림 13.19). 하나의 콘센트에는 여러 개의 인입구가 있는 것이 보통이다. 다른 전기기기의 플러그를 콘센트의 인입구에 끼울 때마다 이들은 병렬회로에서 또 다른 고리를 형성한다.

더 많은 전기기기를 추가하면, 저항이 병렬로 연결될 때마다 회로의 총 유효저항은 감소하기 때문에 회로에서 나오는 총 전류는 증가한다. 전류가 너무 크면 전선이 과열되는 원인이 된다. 과열을 방지하기 위해서 퓨즈나 차단기를 회로의 전류가 다른 기기로 분기되기 전에 추가하는 것이 안전하다. 만일 회로에 과전류가 흐르게 되면 이 퓨즈가 끊어지거나 차단기가 작동한다. 그러면 전체 회로가 차단되면서 사용 중인 전기기기에는 아무런 전류가 흐르지 않게 될 것이다.

전기기기에 적혀 있는 전류나 소모 전력은 그 기기에서 일반적으로 사용하는 최대 전류를 나타낸다. 60 W의 전구는 예제 13.4에서와 같이 0.5 A의 전류를 사용할 것이다. 일반적인 가정용 회로는 15~20 A의 전류가 흘러야만 퓨즈가 끊어지므로 60 W 전구라면 여러 개를 사용하더라도 퓨즈가 끊어질 염려는 없을 것이다.

반면에 토스터나 헤어드라이어는 일반적인 전구보다 많은 전류를 필요로 한다. 토스터는 그 자체로 5~10 A의 전류를 사용하므로 다른 전열기구와 함께 사용하면 문제가 발생할 수 있다. 거의 대부분의 가정용 전기기기에는 전류나 전력의 값이 인쇄되어 있다. 표 13.2는 많이 사용하는 전기기기의 정격전력을 보여주며, 정격전력에서 전류의 계산에 120 V의 유효전압을 사용하였다. 스토브, 다리미, 그리고 온수기와 같은 많은 전력을 요구하는 전기기기는 대개 분리된 220 V 전원에 연결한다.

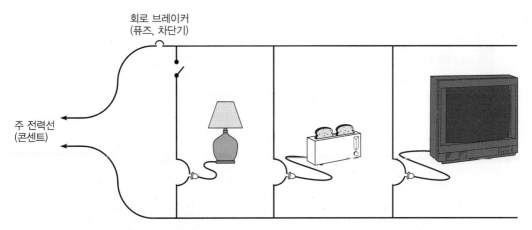

그림 13.19 전형적인 가정용 회로는 여러 개의 전기기기들이 서로 병렬로 연결된다. 또 회로의 한쪽 옆에는 퓨즈나 차단기가 전류 분기지점 전에 직렬로 연결되어 있다.

표 13.2 일부 전기기기의 전력과 전류 정격

전기기기	전력(W)	전류(A)
온수기	4500(220 V)	20
의류 건조	3000(220 V)	14
전기 오븐	2400(220 V)	11
헤어드라이어	1500	13
식기 세척기	1200	10
전기 다리미	1100	9
커피메이커	1000	8
토스터	850	7
세탁기	800	7
블렌더	400	3
노트북 컴퓨터	100	0.8
천장 선풍기	75	0.6
LED TV (37″)	60	0.5
탁상용 선풍기	15	0.1
시계 라디오	2	0.02

이 값은 특정기기의 크기와 디자인에 따라 다르다.

예제 13.4 ▶ 전구의 물리

60 W 전구가 120 V 교류에서 작동하도록 설계되었다.
   a. 전구가 사용하는 유효전류는 얼마인가?
   b. 전구 필라멘트의 저항은 얼마인가?

a. $P = 60$ W $\qquad\qquad P = I\Delta V$

$\Delta V_{\text{effective}} = 120$ V $\qquad I = \dfrac{P}{\Delta V} = \dfrac{60 \text{ W}}{120 \text{ V}}$

$I_{\text{effective}} = ?$ $\qquad\qquad\qquad\quad = 0.5$ A

b. $R = ?$ $\qquad\qquad$ 옴의 법칙으로부터

$$\Delta V = IR$$

$$R = \frac{\Delta V_{\text{effective}}}{I_{\text{effective}}} = \frac{120 \text{ V}}{0.5 \text{ A}}$$

$$= 240 \ \Omega$$

표 13.2에서 볼 수 있듯이 가열소자가 붙은 기기들은 선풍기나 푸드 프로세서 같이 전기 모터로 작동되는 기기들보다 더 많은 전력을 요구한다. 텔레비전이나 라디오 같은 전자제품 들은 더 작은 전력을 사용한다. 토스터와 같은 전열기기를 콘센트에 꽂을 때에는 그 콘센트 를 함께 사용하고 있는 다른 전기기기들의 정격전류와 전력을 확인하는 것이 바람직하다. 만 일 7 A의 토스터와 8 A의 커피메이커를 10 A의 식기 세척기와 동일한 회로에서 사용하는 경우, 회로 차단기가 트립되거나 퓨즈가 끊어질 수 있다.

가정용 회로의 기본사항을 이해하기 위해 전기기사가 될 필요는 없으나, 집에 있는 퓨즈 나 차단기에 가정의 각 회로에 흐를 수 있는 최대 전류값이 표시되어야 한다. 퓨즈를 교체하 거나 차단기를 재설정하는 것은 우리 모두가 해야 할 일상적인 일이다. 이 장에 설명된 개념 들을 잘 이해하는 것은 가정용 전기기기를 안전하게 사용하는 데 도움을 줄 것이다.

> 직류는 전류가 한 방향으로 흐르지만 교류는 앞뒤로 흐르며 계속해서 전류의 방향이 바뀐다. 교류 의 경우 전류와 전압의 산술적 평균값은 0이기 때문에 유효전류와 유효전압으로 그 크기를 나타낸 다. 북미지역의 경우 가정회로는 115 V, 60 Hz 교류로 작동한다. 전기기기를 콘센트에 꽂으면 이 는 회로에 다른 기기들과 병렬로 연결된다. 회로의 한쪽에는 직렬로 연결된 퓨즈나 차단기가 있어 그 회로에 흐를 수 있는 총 전류를 제한한다. 같은 회로에 여러 가지 기기를 함께 쓸 때, 특히 가열 소자를 가지는 전기기기를 사용할 때는 그 기기들의 정격전류를 알아두는 것이 필요하다.

요약

손전등을 켜는 간단한 예를 시작으로, 전기회로, 전류 및 전기저항의 개념을 소개했다. 옴의 법칙과 전력과 전류의 관계를 이용하여 직렬 및 병렬연결, 그리고 가정용 전기회로의 기본 특성을 이해하였다.

① **전기회로와 전류** 전류는 전하가 흐를 수 있는 닫힌 전도 경로이다. 전하의 흐름 비율을 **전류**라고 한다. 단위는 단위 시간당 흐르는 전하 또는 암페어이다.

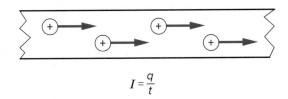

$$I = \frac{q}{t}$$

② **옴의 법칙과 저항** 저항은 전류의 흐름에 반대되는 회로소자의 특성이다. 옴의 법칙은 소자에 흐르는 전류는 소자 양단의 전위차에 비례하고 소자의 저항에 반비례 한다는 것이다.

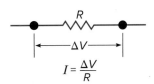

$$I = \frac{\Delta V}{R}$$

③ **직렬회로와 병렬회로** 전기소자들을 일렬로 연결하면 전류는 일렬로 연결된 하나의 전선을 통해서 흐른다. 전기소자들이 **병렬로** 연결되면 전류는 분기지점에서 다른 경로로 분할된다. 병렬 등가 저항은 각각의 저항보다 작다.

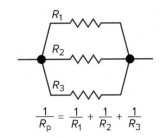

$$R_s = R_1 + R_2 + R_3$$

$$\frac{1}{R_p} = \frac{1}{R_1} + \frac{1}{R_2} + \frac{1}{R_3}$$

④ **전기 에너지와 전력** 전압은 단위 전하당 전기 퍼텐셜 에너지이므로 전위차에 전하를 곱하면 전기 에너지가 된다. 전류는 전하의 흐름 비율이므로 전위차에 전류를 곱하면 전압(에너지의 사용 비율)이 된다. 전원에 의해 공급되는 전력은 저항에 의해 소모되는 전력과 같아야 한다.

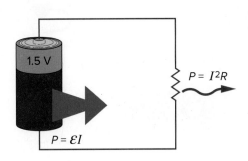

$$P = \mathcal{E}I = I^2 R$$

⑤ **교류와 가정용 회로** 가정용 회로는 한 방향으로만 흐르는 직류와 달리 계속해서 방향을 바꾸는 교류를 사용한다. 가전제품을 콘센트에 연결할 때 동일한 회로의 다른 가전제품과 병렬로 연결된다. 전류를 제한하는 퓨즈 또는 회로 차단기는 회로와 직렬로 연결된다.

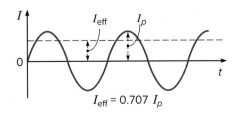

$$I_{eff} = 0.707\, I_p$$

개념문제

Q1. 그림 Q1에 건전지, 전구 및 전선의 2가지 배열이 있다. 두 배열 중 어느 것이 전구에 불이 들어오겠는가? 이유를 설명하시오.

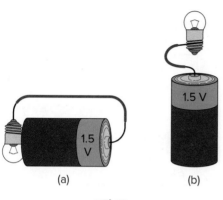

(a)   (b)

그림 Q1

Q2. 간단한 건전지-전구 회로에서 건전지의 양극 단자에 가까운 쪽의 전구에 들어가는 전류가 반대쪽 전구를 떠나는 전류보다 더 큰가? 설명하시오.

Q3. 축색돌기가 자극되면 전압 스파이크 또는 활동 전위가 생성된다. 이 전압 스파이크는 정지 상태로 유지되는가? 또는 축색돌기를 따라 이동하는가? 설명하시오(일상의 자연현상 13.1 참고).

Q4. 그림 Q4처럼 전선이 전구뿐만 아니라 나무블록의 양쪽에 연결되어 있다. 이 배열에서 전구가 켜지는가? 설명하시오.

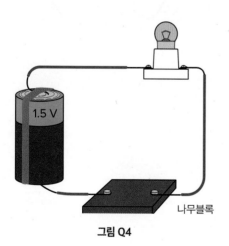

나무블록

그림 Q4

Q5. 그림 Q5와 같은 2개의 회로에서 어느 것에 전구의 불이 켜지는가? 각 경우에 대한 분석을 설명하시오.

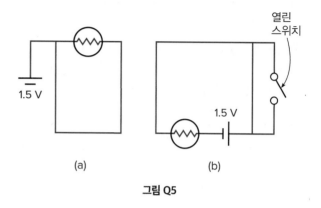

열린 스위치

(a)   (b)

그림 Q5

Q6. 그림 Q6과 같은 다른 물리학 실험실에 있는 두 표지판을 생각해보자. 둘 중에 어느 쪽을 더 주의해야 하는가? 설명하시오.

Danger! 100,000 Ω   Danger! 10,000 V

그림 Q6

Q7. 다 쓴 건전지의 양단에 좋은 전압계를 연결하면 여전히 전압을 나타낸다. 전구를 켜는데 건전지를 계속 사용할 수 있을까? 설명하시오.

Q8. 그림 Q8과 같이 2개의 저항이 건전지와 직렬로 연결되어 있다. R_1이 R_2보다 작다.
   a. 두 저항 중 어느 쪽이 더 큰 전류가 흐르는가? 설명하시오.
   b. 두 저항 중 어느 쪽이 양단의 전위차가 더 큰가? 설명하시오.

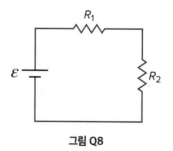

그림 Q8

Q9. 그림 Q9에 표시된 회로에서 3개의 저항 중 어느 것의 양단에 전위차가 가장 큰가? 설명하시오.

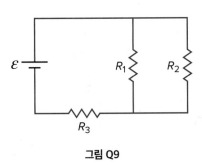

그림 Q9

Q10. 전류가 직렬로 연결된 여러 개의 저항을 흐르고 있을 때 전류는 저항들을 통과함에 따라 계속 그 크기가 작아지는가? 설명하시오.

Q11. 그림 Q11의 회로에서 A를 둘러싸고 있는 원은 전류계를 나타낸다. 다음 중 옳은 것은 어느 것인가?
    a. 전류계는 저항 R을 통해 흐르는 전류를 측정하기 위해 바르게 연결되어 있다.
    b. 전류계를 통해서 전류가 흐르지 않기 때문에 아무 영향도 없을 것이다.
    c. 전류계는 건전지로부터 상당한 전류를 끌어와서 많은 전류가 흐를 것이다.

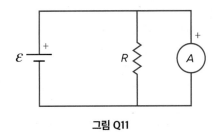

그림 Q11

Q12. 전기 에너지와 전력은 같은 것인가? 설명하시오.

Q13. 건전지에 의해 공급되는 전력은 건전지와 연결된 회로의 저항에 따라 달라지는가? 설명하시오.

Q14. 전기모터에 연결된 건전지는 영구운동을 하는 기계(11장 참고)로 말할 수 있을까? 설명하시오.

Q15. 전기면도기, 커피메이커, 그리고 TV 중에서 이미 다른 기기가 연결된 회로에 연결했을 때 과부하 문제가 가장 심각한 것은 어느 것인가? 설명하시오.

Q16. 가정용 회로에 연결되어 있는 전기기기들이 병렬이 아니라 직렬로 연결되어 있다고 가정하자. 이 배열에서 불리한 점은 무엇인가? 설명하시오.

Q17. 온도가 변할 때 바이메탈 조각이 구부러지는 이유는 무엇인가? 설명하시오(일상의 자연현상 13.2 참고).

연습문제

E1. 28 C의 전하가 7초 동안 저항을 통하여 일정하게 흐른다. 이 저항을 통하여 흐르는 전류는 얼마인가?

E2. 회로에 47 Ω의 저항의 양단에 8 V의 전위차가 있을 때, 전류는 얼마인가?

E3. 0.522 A의 전류는 115 V의 전위차가 있는 저항을 통하여 흐른다. 이 저항기의 저항은 얼마인가?

E4. 47 Ω의 저항과 28 Ω의 저항이 12 V의 건전지에 직렬로 연결되어 있다.
    a. 각 저항에 흐르는 전류는 얼마인가?
    b. 각 저항 양단에 걸린 전압은 얼마인가?

E5. 3개의 저항이 그림 E5와 같이 서로 병렬로 12 V의 건전지에 연결되어 있다. 건전지의 내부저항은 무시할 수 있다.
    a. 이 병렬연결의 등가저항은 얼마인가?
    b. 건전지로부터 흐르는 전류는 얼마인가?
    c. 15 Ω의 저항을 통과하는 전류는 얼마인가?
    d. 25 Ω의 저항에도 같은 전류가 흐르는가?
    e. 20 Ω의 저항 양단에 걸리는 전압은 얼마인가?

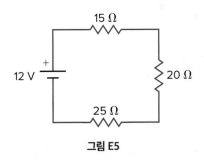

그림 E5

E6. 9 Ω, 12 Ω, 그리고 15 Ω인 3개의 저항이 서로 병렬로 연결되어 있다. 이 결합의 등가저항은 얼마인가?

E7. 간단한 회로에서 9 V의 건전지가 1.5 A의 전류를 생성한다. 건전지가 공급하는 전력은 얼마인가?

E8. 75 W의 전구가 110 V의 유효 교류 전압으로 작동한다.
    a. 전구를 통해 흐르는 유효전류는 얼마인가?
    b. 옴의 법칙에서 전구의 저항은 얼마인가?

E9. 의류 건조기는 220 V AC 전원에 연결될 때 6600 W의 전력을 사용한다. 건조기에 흐르는 전류는 얼마인가?

종합문제

SP1. 그림 SP1의 회로에서 건전지의 내부저항을 무시할 때
    a. 두 저항이 병렬연결된 배열에서 등가저항은 얼마인가?
    b. 회로에 흐르는 총 전류는 얼마인가?
    c. 12 Ω 저항기 양단의 전압차는 얼마인가?
    d. 15 Ω 저항기 양단의 전압차는 얼마인가?
    e. 15 Ω 저항기에 흐르는 전류는 얼마인가?
    f. 12 Ω 저항기의 소비전력은 얼마인가?
    g. 12 Ω 저항기에 흐르는 전류는 15 Ω 저항기에 흐르는 전류보다 큰가? 아니면 작은가? 설명하시오.

a. 회로에 흐르는 전류는 얼마인가?
b. 20 Ω 저항기 양단에 걸리는 전압은 얼마인가?
c. 12 V 건전지에 의해 공급되는 전력은 얼마인가?
d. 이 배열에서 12 V 건전지는 방전되는가 아니면 충전되는가?

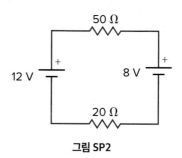

그림 SP2

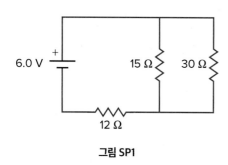

그림 SP1

SP2. 그림 SP2의 회로에서와 같이 8 V 건전지를 12 V 건전지와 마주하여 놓는다. 두 건전지의 총 전압은 두 전압의 차가 될 것이다.

SP3. 850 W 토스터, 1200 W 다리미, 그리고 1000 W 커피메이커가 모두 같은 115 V 가정용 회로에 연결되어 있으며, 20 A에서 퓨즈가 끊어지도록 되어 있다(그림 13.19 참고).
    a. 이들 기기가 각각 쓰는 전류는 얼마인가?
    b. 이 가전제품을 동시에 켰을 때 무슨 문제가 발생하는가? 설명하시오.
    c. 다리미의 가열소자의 저항은 얼마인가?

Stockbyte/Getty Images

CHAPTER 14

자석과 전자기학
Magnets and Electromagnetism

학습목표

이 장에서는 정전기력과의 유사성을 토대로 자석의 거동을 설명한 후 전류와 자기력 사이의 관계를 알아본다. 그리고 자기장과의 상호작용에 의해 어떻게 전류가 발생되는지(전자기 유도)를 기술해주는 패러데이의 법칙(Faraday's law)을 소개한다. 주된 학습목표는 자기력, 자기장, 그리고 전자기 유도 법칙인 패러데이의 법칙을 이해하는 것이다.

개요

1 자석과 자기력 자석의 극이란 무엇인가? 자기력과 정전기력은 어떤 점에서 유사한가? 나침반은 왜 움직이며, 지구 자기장의 본질은 무엇인가?

2 전류의 자기 효과 전류와 자기력, 그리고 자기장 사이의 관계는 무엇인가? 운동하는 전하에 의한 자기력은 어떻게 설명할 수 있는가?

3 고리전류의 자기 효과 고리전류의 자기적 특징은 무엇인가? 고리전류와 막대자석은 어떤 점에서 유사한가?

4 패러데이의 법칙: 전자기 유도 자기장을 이용하여 어떻게 전류를 발생시킬까? 전자기 유도에 대한 패러데이의 법칙이란 무엇인가?

5 발전기와 변압기 패러데이의 법칙이 발전기와 변압기의 원리를 설명하는 데 어떻게 이용되는가? 이러한 장치들은 전력의 생산과 전송에서 어떠한 역할을 하는가?

여러분은 어렸을 때 냉장고에 붙이는 자석을 가지고 놀아 본 기억이 있는가? 뒷면에 작은 자석이 붙어 있는 플라스틱 문자와 숫자를 냉장고 문에 마음대로 나열할 수 있었다. 어린 시절의 경험으로부터 이것은 뒤에 붙어 있는 자석 때문에 강철 문에 붙는다는 것을 알고 있다. 그러한 자석들은 간단한 단어를 만들 수 있으므로 장난감뿐만 아니라 훌륭한 교육 도구이기도 하였다(그림 14.1).

이러한 장난감 때문에 우리는 일반적으로 정전기력보다는 자기력에 친숙해 있다. 작은 말굽자석과 나침반, 어쩌면 강철못, 도선, 그리고 건전지로 만든 간단한 전자석을 가지고 놀기도 했다. 어떤 금속들은 자석에 붙는데 어떤 것들은 그렇지 않다는 것도 알고 있다. 중력이나 정전기력과 마찬가지로 그 힘은 직접적인 접촉이 없어도 작용한다.

자기력은 친숙하기는 하지만 신비스럽기도 하다. 아마도 위에서 열거한 간단한 사실들의 범위를 넘어 자기력을 이해한다는 것은 어려운 일일 것이다. 자기력은 정전기력과 어떤 점에서 유사하고 어떤 점에서 다를까? 전기와 자기는 좀 더 근본적으로 어떤 관계가 있을까? 전자석을 언급한 이유는 전자석이 그 둘 사이의 관계를 암시하고 있기 때문이다.

실제로 전류와 자기력 사이에는 밀접한 관계가 있다. 그 관계는 19세기 초에 발견되었고, 1860년대에 스코틀랜드의 물리학자인 맥스웰(James Clerk Maxwell)에 의해 전자기 이론으로 발전되었다. 실제로 정전기력과 자기력은 단지 전자기력이라는 하나의 기본적인

그림 14.1 냉장고 문에 붙는 자석이 부착된 글자들을 가지고 노는 어린이. 어떠한 힘이 글자들을 냉장고 문에 붙게 하는 걸까?
Bob Coyle/McGraw-Hill Education

힘을 다른 관점으로 본 것에 지나지 않는다는 사실이 20세기 초반에 밝혀졌다.

전기와 자기 사이의 관계를 이해하게 됨으로써 현대기술에서 엄청난 역할을 하는 수많은 발명품들이 개발되었다. 전기모터나 발전기, 변압기 및 여러 가지 장치들이 그 예이다.

14.1 자석과 자기력

가정이나 사무실에 있는 자석(그림 14.2) 몇 개를 수집해서 몇 가지의 간단한 실험을 해보면 자석에 대한 기본적인 성질들을 알 수 있다. 아마도 자석이 클립이나 못과 같이 철로 만들어진 물건들을 잡아당긴다는 사실은 이미 알고 있을 것이다. 자석은 은이나 구리 혹은 알루미늄이나 대부분의 비금속 물질들로 만들어진 물건들은 잡아당기지 않는다. 자석들 또한 적절

그림 14.2 여러 가지 자석들. 각 자석에서 극은 어느 곳에 있을까?
Bob Coyle/McGraw-Hill Education

하게 배열되어 있을 때는 서로 잡아당기고 그렇지 않으면 서로 밀친다.

흔히 알려진 3가지 자기적 원소는 철, 코발트, 그리고 니켈과 같은 금속들이다. 냉장고 문이나 금속 캐비닛에 달라붙는 작은 자석들은 나름대로 적절한 특성을 갖도록 이 3가지 금속에 다른 원소들을 합성시켜 만든 것이다. 오늘날 가장 작고 강력한 자석은 니오븀, 철, 그리고 붕소의 조합으로 만든 네오디뮴 자석이다. 최초로 알려진 자석은 **자철석**이라고 하는 철광석 형태로 자연적으로 만들어졌으며 약하게 자화되어 있다. 이 자철석의 존재는 고대에도 알려져 있었던 것으로, 그 성질은 호기심과 즐거움의 근원이었다.

자석의 극이란 무엇인가?

주위에서 수집한 자석들을 자세히 살펴보면 끝부분에 남과 북을 나타내는 N과 S의 문자가 새겨져 있는 것들이 있다. 이 문자들은 각각 북쪽을 가리키는 North와 남쪽을 가리키는 South라는 뜻에서 사용되기 시작하였다. 막대자석의 중심에 실을 매달아 자유롭게 회전할 수 있도록 하면 결국 한 끝은 대략 북극을 향하여 정지하게 된다. 이곳이 N으로 표기된 끝 또는 **자기극**(magnetic pole)이다. 반대쪽은 S로 표기되어 있다.

이러한 방법으로 자석에 표기를 하고 나면 두 자석의 반대 극들은 서로 잡아당긴다는 사실을 알게 될 것이다. 한 자석의 북극은 다른 자석의 남극을 잡아당긴다. 두 손에 자석을 꼭 붙잡고 북극끼리 가까이 대면 서로 밀치는 힘을 느낄 수 있다. 남극끼리도 마찬가지이다. 실제로 책상 위에 1개의 자석을 놓고 서로 같은 극이 마주 보도록 하여 다른 자석을 갖다 대면 책상 위에 있던 자석은 갑자기 휙 돌아 접근하고 있는 자석의 반대 극에 달라붙는 것을 알 수 있다.

이러한 간단한 실험적 관찰(그림 14.3)은 아마도 초등학교 과학 시간에 처음 배웠을 텐데 아래와 같은 규칙으로 요약할 수 있다.

> 같은 극은 서로 밀어내고, 다른 극은 서로 잡아당긴다.

이러한 규칙은 같은 전하와 다른 전하 사이에 작용하는 정전기력에 대한 규칙과 매우 흡사하다(12.1절 참고). 그러나 자석에 대한 규칙은 정전기 규칙보다 훨씬 이전부터 잘 알려져 있었다.

자석들을 가지고 서로 밀치며, 혹은 끌어당기며 노는 것은 재미있다. 작은 디스크 또는 고리자석에는 대개 양면에 극이 있다. 같은 극을 서로 마주 보게 하면서 작은 막대자석을 디스크 자석에 가까이 가져가면 디스크 자석은 튀어 올라 튕겨 나가거나 뒤집혀서 막대자석에 달라붙게 된다. 때로는 그 뒤집힘이 너무 빨라 관측하기가 어렵다. 고리자석들을 가느다란

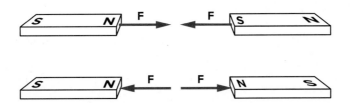

그림 14.3 다른 극끼리는 서로 잡아 당기고, 같은 극끼리는 서로 밀친다.

그림 14.4 수직 나무막대에 공중에 떠 있는 고리자석들. 막대는 자석이 옆으로 날아가는 것을 방지해준다.
Lars A. Niki/McGraw-Hill Education

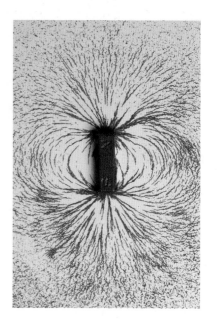

그림 14.5 작은 철가루들을 사용하여 막대자석 주위의 자기장을 시각화할 수 있다.
Lars A. Niki/McGraw-Hill Education

나무막대 기둥에 끼우면 그림 14.4처럼 쉽게 공중에 띄울 수 있다.

어떤 자석들은 2개 이상의 극을 갖는 것처럼 보인다. 그 이유는 자석의 중심 어딘가에 남극과 북극이 둘 다 존재하기 때문일 것이다. 철가루를 뿌린 종이 아래에 자석을 대면 자석의 극을 찾을 수 있다. 철가루는 극 근처에서 매우 큰 밀도로 뭉치기 때문이다(그림 14.5).

자기력과 쿨롱의 법칙

인력과 척력이 있다는 사실 이외에도 자석의 극과 정전기 전하 사이에는 유사성이 있다. 자석의 두 극 사이의 거리에 따라, 또 극의 강도에 따라 서로에게 가하는 힘의 크기를 측정해 보면 자기력은 정전기력에 대한 쿨롱의 법칙과 유사하다는 것을 알게 된다. 실제로 실험적인 사실을 기초로 자석에 대한 힘의 법칙을 최초로 언급한 사람은 바로 쿨롱이었다.

쿨롱은 비틀림 저울 내의 금속 구 대신 가늘고 긴 막대자석을 사용하여 자기력에 대한 실험을 하였다(12.3절 참고). 반대 극으로 인한 힘의 영향이 없도록 하기 위해서는 측정 지점에서 반대 극이 멀리 떨어져 있어야 하므로 긴 자석을 이용했다.

쿨롱의 실험에 의하면 두 극 사이의 자기력은 정전기력과 마찬가지로 두 극 사이의 거리의 제곱에 반비례한다. 또 자기력은 **극의 강도**라고 하는 양에 비례한다. 어떤 자석들은 다른 자석들보다 훨씬 강하다. 한 자석이 다른 자석에 가하는 힘의 크기는 자석의 극의 강도에 따라 달라진다.

자기장과 자석을 연관시킬 수 있는가?

자석은 언제나 **자기 쌍극자**(magnetic dipole)로 존재한다. 즉, 단일의 자기극으로 완전하게 고립시킬 수 없다. 쌍극자는 일정한 거리로 떨어져 있는 2개의 반대 극으로 이루어져 있다. 2개 이상의 극이 있을 수 있지만 분명히 2개보다 적을 수는 없다. 물리학자들이 **자기 단극** (magnetic monopole) (하나의 고립된 자기극으로 구성된 입자)을 발견하려고 상당한 노력을 기울여 왔지만 이것이 존재한다는 결정적인 증거는 찾지 못했다. 자기 쌍극자를 둘로 쪼개도 언제나 또 다시 2개의 쌍극자가 만들어진다.

　이 점이 자기극과 전하와의 가장 큰 차이점이다. 양전하와 음전하는 단독으로 고립될 수 있다. 당연히 전기 쌍극자도 존재할 수 있다. 그림 14.6에서처럼, 일정한 거리를 유지하고 부호는 다르지만 크기는 같은 2개의 전하로 이루어진 것이 바로 전기 쌍극자이다. 전기 쌍극자에 의해 만들어지는 전기력선들은 양전하에서 시작하여 음전하에서 끝난다.

　자기 쌍극자에도 적용시킬 수 있을까? 실제로 전기 쌍극자에 대한 전기력선처럼 자기 쌍극자에 대하여도 같은 형태의 자기력선을 갖는 **자기장**을 정의할 수 있다(자기장의 정의는 14.2절에서 상세히 다룬다). 자기력선은 북극에서 나와 남극으로 들어간다(그림 14.6). 전기력선과는 달리 자기력선은 끝나지 않는다. 자기력선은 연속적인 고리 모양을 띤다. 종이 밑에 자석을 대고 철가루를 뿌리면 그 패턴을 볼 수 있다. 자기장의 방향으로 철가루들이 정렬된다(그림 14.5).

　다른 전하에 의해 생성된 전기장 내에 전기 쌍극자를 놓으면 그 쌍극자는 전기장의 방향으로 정렬된다. 쌍극자의 각 전하에 작용하는 힘은 결합하여 쌍극자가 전기장의 방향으로 회전시키는 토크를 유도한다(그림 14.7). 마찬가지로, 자기 쌍극자도 외부에서 생성된 자기장 방향으로 정렬된다. 이것이 철가루들이 자석 주위의 자기력선들을 따라 정렬되는 이유이다. 철가루는 자기장이 존재하는 곳에서 자화된다. 즉 철가루는 각각 작은 자기 쌍극자가 된다.

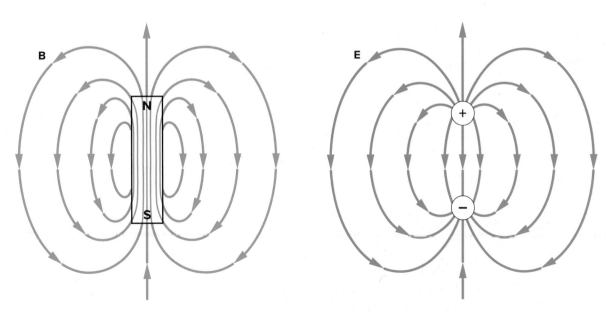

그림 14.6　자기 쌍극자에 의해 만들어지는 자기력선은 전기 쌍극자에 의해 만들어지는 전기력선과 유사한 모양을 띤다. 그러나 자기력선은 연속적인 고리 모양을 형성한다.

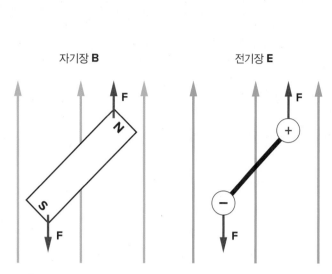

자기장 **B**

전기장 **E**

그림 14.7 전기 쌍극자가 전기장에 의해 정렬되듯이 자기 쌍극자도 외부에서 형성된 자기장에 의해 정렬된다.

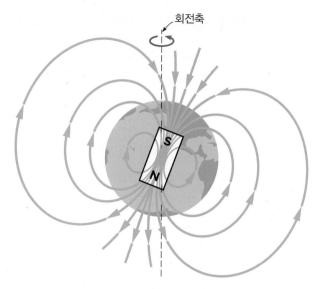

회전축

그림 14.8 지구의 자기장은 지구 내부에 그림과 같은 막대자석이 있다고 가정(물론 실제로 존재하는 것은 아니다)함으로써 묘사될 수 있다.

지구는 자석인가?

나침반 바늘은 자기 쌍극자이다. 최초의 나침반은 자유롭게 회전할 수 있도록 지지대 위에 가느다란 자철석 결정체를 균형 있게 올려놓아 만들었다. 아는 바와 같이 자석의 북극(북쪽을 지시하는 극)은 정확하게 정북은 아니지만 북쪽을 가리킨다. 나침반의 발명은 초기 르네상스 시대에 해양 항해에 큰 도움이 되었다. 그 이전에는 항해사들은 구름 낀 날이나 밤에는 항해할 수 없었다.

지구는 자석인가? 나침반 바늘은 어떤 종류의 자기장에 반응을 하는가? 나침반은 중국인들에 의해 발명되었지만 그 현상을 최초로 철저히 연구한 사람은 영국의 길버트(William Gilbert, 1540~1603)이다. 길버트는 지구가 하나의 거대한 자석처럼 행동한다고 주장하였다. 그림 14.8에서와 같이 지구 내부에 커다란 막대자석이 존재한다고 가정함으로써 지구에 의해 형성되는 자기장을 상상할 수 있다(이 그림을 있는 그대로 받아들이지는 마라. 단지 자기장을 묘사하기 위한 수단일 뿐이다).

서로 다른 극들은 잡아당기기 때문에 지구 자석의 남극은 북쪽에 위치해 있어야 한다. 나침반의 북쪽을 가리키는 극은 지구에 의해 형성되는 자기장을 따라 북쪽으로 정렬된다. 그러나 지구 자기장의 축이 지구의 자전축과 정확히 정렬되어 있지는 않다. 진북이란 회전축에 의해 정의되므로 나침반 바늘은 대부분의 위치에서 정확히 북쪽을 가리키지 않는다. 미국의 동부 해안에서 자기의 북극은 진북으로부터 약간 서쪽으로 기울어져 있다. 반면 서해 해안에서는 약간 동쪽으로 기울어져 있다. 미국 중부의 어디에선가는 자기 북극과 진북이 일치한다. 이 선의 정밀한 위치는 시간에 따라 조금씩 변한다. 때로는 지구의 자기 북극이 뒤집힌다. 즉 북극과 남극이 위치를 바꾸기도 했다. 마지막으로 일어난 것은 대략 780,000년 전으로, 지질학적 시간 척도에서 비교적 짧은 시간이다. 이러한 반전은 고대 암석의 자력에 기록되어 있다.

지구 자기장에 대한 여러 가지 모델들이 개발되었지만 지구의 자기장이 어떻게 만들어지는지에 대해서는 아직도 정확히 모른다. 이러한 모델의 대부분은 지구 내부의 핵에 있는 유체의 운동과 관련된 전류에 그 원인이 있다고 가정한다. 그렇다면 전류는 자기장과 어떤 관계가 있는 것일까?

> 간단한 자석은 대개 북극과 남극이 표기된 2개의 극을 지니며 전하에서와 같은 힘의 규칙을 따른다. 같은 극들은 서로 밀어내고, 다른 극들은 서로 잡아당긴다. 힘은 거리의 제곱에 반비례한다. 고립된 자기 단극은 존재하지 않으며, 따라서 가장 간단한 자석은 쌍극자이다. 자기 쌍극자에 대한 자기력선들은 전기 쌍극자가 만드는 전기력선과 형태가 유사하다. 지구 자체는 남극이 북쪽을 향하고 있는 거대한 자기 쌍극자와 유사하다.

14.2 전류의 자기 효과

1800년대 볼타(Volta)의 전지 발명으로 일정한 전류를 만들어내는 것이 처음으로 가능하게 되었다. 이전에는 단지 정전기 실험으로 축적된 전하의 급속방전으로만 전류를 만들어낼 수 있었다. 볼타 전지의 양 단자에 가늘고 긴 도선을 연결하여 훨씬 더 안정적인 전하의 흐름을 만들어낼 수 있었다. 이로써 과학자들은 이전에는 불가능했던 전류에 대한 연구를 할 수 있게 되었다.

과학자들은 14.1절에서 논의한 자기 효과와 전기 효과 사이의 유사성을 이용하여 전기와 자기 사이에 어떤 직접적인 연관관계가 존재할 것이라는 추측하였다. 종종 동일한 사람이 두 영역의 연구에 참여했다. 길버트는 정전기 효과뿐만 아니라 자기도 연구하였고, 쿨롱은 자기 극과 전하 모두에 대한 힘의 법칙을 측정하였다. 전지가 발명된 지 20년 후, 덴마크 과학자인 외르스테드(Hans Christian Oersted, 1777~1851)는 놀라운 발견을 하였다.

예상치 못한 효과

외르스테드가 처음으로 전류의 자기 효과를 발견한 것은 1820년 그의 강의 시간 중이었다. 흔히 강의시연은 계획한 것처럼 정확하게 진행되는 것은 아니지만 뜻밖의 실패가 큰 발견으로 이어지는 경우도 있다. 외르스테드가 전류의 효과를 학생들에게 설명해주는 동안 그의 곁에는 우연히 나침반이 있었다. 그는 긴 도선과 전지로 이루어진 회로가 연결되는 순간 나침반 바늘이 움직인다는 사실을 알아차렸다.

이전에도 그는 전류가 흐르는 도선 근처에 나침반을 가지고 있었지만 그때는 어떤 효과도 관찰하지 못했었다. 다른 과학자들 또한 이러한 효과를 알아보려고 노력했지만 성공을 거두지 못했다. 강의 중 나침반이 움직인 것은 외르스테드로서는 예상치 못한 일이었다. 학생들 앞에서 웃음거리가 되고 싶지 않았던 그는 강의가 끝난 후 좀 더 면밀히 그 현상을 살펴보기로 했다. 이윽고 충분히 강한 전류하에서 나침반과 도선이 일정한 위치에 있는 한 나침반 바늘이 편향된다는 것을 발견할 수 있었다.

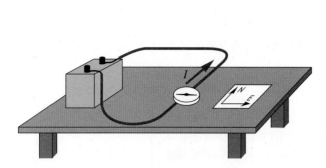

그림 14.9 남북 방향으로 향하도록 도선을 놓고 전류를 흘려주면 나침반 바늘은 이 방향으로부터 멀어지는 방향으로 편향된다.

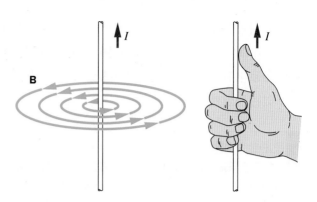

그림 14.10 오른손 법칙은 전류가 흐르는 도선을 둘러싸고 있는 자기력선의 방향을 알려준다. 엄지손가락이 전류의 방향을 가리키고 나머지 손가락들은 자기력선의 방향으로 회전한다.

왜 이러한 효과가 진작 발견되지 않았는지는 이 효과에 대한 특이한 방향성으로 설명할 수 있다. 수평 도선을 이용하여 이러한 효과를 최대한 얻으려면 도선을 남북 방향으로 놓아야 한다(이 방향은 전류가 흐르지 않을 때 나침반 바늘이 놓이는 방향이다). 전류가 흐르기 시작하면 바늘은 북쪽으로부터 멀어진다(그림 14.9). 즉 도선에 흐르는 전류에 의해 유도된 자기장은 전류의 방향과 수직을 이룬다는 것을 알 수 있다.

외르스테드와 다른 과학자들의 추가적인 연구를 통해 직선 도선에 흐르는 전류에 의해 생성되는 자기력선들은 도선을 중심으로 원 모양을 그린다는 사실을 알게 되었다. 외르스테드는 자기력선에 대하여 언급하지는 않았지만 위치에 따른 나침반 바늘의 방향성에 대하여는 언급하였다. 그가 나침반을 도선 아래쪽에 놓자 바늘이 도선 위쪽에 놓였을 때와는 반대방향으로 편향되었다. 간단한 오른손 법칙으로 그 방향이 묘사된다. 오른손 엄지손가락을 전류가 흐르는 방향으로 향하도록 도선을 감아쥐면 나머지 손가락들은 모두 도선 주위를 도는데 이 방향이 바로 자기력선의 방향이다(그림 14.10).

당연히 나침반이 도선에서 멀어질수록 이 효과가 약해진다. 도선으로부터 몇 센티미터 떨어진 지점에서 나침반 바늘이 크게 편향되는 것을 관측하려면 몇 암페어의 전류가 필요하다. 초기의 전지로는 그렇게 큰 전류를 지속적으로 흐르게 할 수 없었다. 이러한 초기의 전지와 함께 예상치 못한 효과가 없었다면 아마도 발견을 지연시켰을 것이다.

전류가 흐르는 도선에 작용하는 자기력

전류로 자기장을 만들어낼 수 있다면 다른 측면에서 전류가 자석처럼 작용한다는 의미일까? 전류는 자석이나 다른 전류가 흐르는 도선이 있을 때 자기력을 받을까? 이러한 질문은 외르스테드의 발견으로 자극을 받은 여러 과학자들뿐만 아니라 프랑스의 앙페르(André Marie Ampère)에 의해 연구되었다.

앙페르는 실제로 전류가 흐르는 도선이 전류가 흐르는 다른 도선에 힘을 가한다는 사실을 발견하였다. 그는 이 힘이 외르스테드가 발견한 자기 효과와 관련이 있으며 정전기 효과로는 도저히 설명할 수 없다는 것을 신중하게 증명했다. 전류가 흐르고 있는 도선은 알짜 양전하 또는 알짜 음전하가 없기 때문에 전기적으로 중성이다. 앙페르는 2개의 평행 전류가 흐

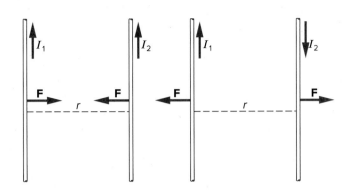

르는 도선에 대한 자기력의 강도를 측정하여 자기력이 도선들 사이의 거리와 각 도선에 흐르는 전류의 양에 따라 어떻게 변하는지 연구하였다(그림 14.11).

앙페르는 실험을 통하여 두 평행 도선 사이에 작용하는 자기력은 두 전류(I_1과 I_2)에 비례하고 두 도선 사이의 거리(r)에 반비례한다는 것을 발견하였다. 이러한 관계는 다음과 같은 식으로 기술된다.

$$\frac{F}{l} = \frac{2k'I_1I_2}{r}$$

여기서 상수 k'은 1×10^{-7} N/A²이고 F/l은 도선의 단위 길이당 힘을 나타낸다. 도선이 길면 길수록 힘은 더 강해진다. 도선이 다른 도선에 미치는 힘은 전류의 방향이 같을 때 서로 잡아당기고 전류의 방향이 반대일 때 서로 밀친다.

k'이 이상하게도 간단한 값을 갖는 것은 우연이 아니다. 이 관계식과 2개의 전류가 흐르는 도선 사이의 힘을 측정하여 전류의 단위, 즉 암페어를 정의한다.

> 1암페어(A)란 단위 길이당 2×10^{-7} N/m의 힘을 일으키는 1 m 떨어진 2개의 평행한 도선 각각에 흐르는 전류의 양이다.

암페어(A)는 전자기학의 기본 단위이다. 두 도선 사이에 작용하는 자기력을 측정하여 표준화한다. 전하의 단위인 쿨롬은 암페어로부터 정의된다. 전류는 단위 시간당 흐르는 전하($I = q/t$)로 정의되므로 전하는 전류와 시간의 곱($q = It$)으로 주어진다. 그러므로 1쿨롬은 1암페어·초(1 C = 1A·s)이다.

학습 요령

방정식들이 복잡해 보이지만, 방정식을 통해 개념을 더 이해할 수 있다. 예를 들어, 두 도선 사이에서 느껴지는 단위 길이당 힘을 알아볼 때 거리가 증가하면 힘이 증가하는가? 전류가 증가하면 힘의 크기가 변하는가? 방정식을 이용하면 이와 같은 질문에 대한 답을 쉽게 찾을 수 있다.

움직이는 전하에 작용하는 자기력

그렇다면 **자기력**(magnetic force)의 기본적인 성질은 무엇인가? 자석은 다른 자석에 또는 전

그림 14.12   전류의 움직이는 전하에 작용된 자기력은 전하의 속도와 자기장 모두에 수직이다.

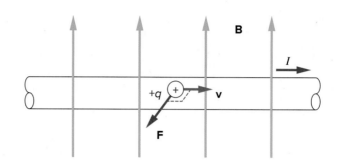

류가 흐르는 도선에, 그리고 전류가 흐르는 도선들은 서로에게 자기력을 미친다(14.1절). 전류란 전하의 흐름이므로 분명히 전하가 움직이면 자기력이 얻어진다. 전하의 운동이 자기력의 존재에 대한 근본적인 원인이 되는 것일까? 1820년대에 앙페르는 이 문제에 대해서 연구하였다.

전류가 흐르는 한 도선이 전류가 흐르는 다른 도선에 가하는 힘의 방향에 대하여 생각해 보자. 이 힘은 전류의 방향에 수직이다. 이 자기력은 곧 도선 내에서 움직이는 전하에 작용하는 힘이며 전류의 방향이란 양전하가 운동하는 방향이므로, 자기력은 전하가 움직이는 방향과는 수직으로 작용해야 한다는 결론에 도달하게 된다(그림 14.12).

전류가 흐르는 도선에 작용하는 자기력은 그 도선이 자기장의 방향과 수직일 때 최댓값을 갖는다. 이러한 모든 사실들은 움직이는 전하에 자기력이 가해진다는 사실을 암시하고 있다. 이 힘은 움직이는 전하의 양과 속도(속도는 도선에 흐르는 전하의 흐름과 관계된다), 그리고 자기장의 강도에 비례한다. 이를 수식으로 서술하면 $F = qvB$이다. 여기서 q는 전하의 양이고, v는 전하의 속도, B는 자기장의 강도이다. 물론 이 식은 전하의 속도가 자기장과 수직한 경우에만 성립한다. 또 전하가 도선 내에 한정되어 있을 필요는 없다.

실제로 자기력에 대한 이 표현은 실제로 자기장의 크기를 정의한다. q와 v로 나누면 다음과 같은 식을 얻을 수 있다.

$$B = \frac{F}{qv_\perp}$$

여기서 $v_\perp$는 자기장에 수직한 속도의 성분을 뜻하고 단위는 m/s이다. 이 정의로부터 자기장의 단위는 뉴턴/암페어·미터(N/A·m)인데, 이것을 테슬라(T)라고 한다.

전기장이 단위 전하당 정전기력인 것과 마찬가지로 **자기장**(magnetic field)은 단위 전하와 단위 속도당 자기력이다. 전하의 속도가 0이면 자기력은 없다. 그렇다고 자기장도 없는 것은 아니다. 자기장은 자기장에 대하여 수직으로 **움직이는** 전하에 작용하는 단위 전하당, 단위 속도당 자기적인 힘이 된다.

움직이는 전하에 작용하는 자기력의 방향은 어느 쪽인가?

그림 14.13에서와 같은 또 다른 오른손 법칙은 움직이는 전하에 작용하는 자기력의 방향을 설명하는 데 자주 사용된다. 오른손의 집게손가락을 양전하의 속도 방향에 놓고 가운뎃손가락을 자기장의 방향으로 향하게 하면 엄지손가락은 움직이는 전하에 작용하는 자기력의 방향을 가리킨다. 이 힘은 언제나 속도와 자기장의 방향에 수직이다. 음전하에 작용하는 힘은

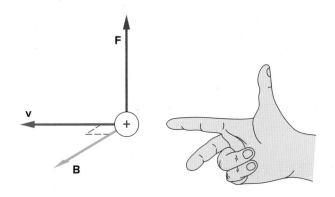

그림 14.13 오른손 집게손가락을 양전하의 속도 방향으로, 가운뎃손가락을 자기장의 방향으로 향하게 하면 엄지손가락은 양전하에 작용하는 자기력의 방향을 가리킨다.

양전하에 작용하는 힘과 반대방향이다.

움직이는 전하에 작용하는 자기력은 전하의 속도에 수직한 방향으로 작용하므로, 이 힘은 전하에 일을 하지 않는다. 따라서 전하의 운동 에너지를 증가시킬 수 없다. 그 결과 전하의 가속도는 전하의 속도 방향만을 변화시키는 구심 가속도(5장에서 논의)가 된다. 전하가 균일한 자기장에 대하여 수직으로 움직인다면 자기력으로 인해 원 궤도를 그리게 된다. 이 원의 반지름은 입자의 질량과 속력에 의해 결정되며 뉴턴의 제2법칙을 적용하여 구할 수 있다.

전류의 방향이 곧 양전하가 움직이는 방향이므로 움직이는 전하에 작용하는 방향을 구하는 데 이용하였던 오른손 법칙은 전류가 흐르는 도선에 작용하는 힘의 방향을 구하는 데도 동일하게 이용할 수 있다. 이 경우 집게손가락은 전류의 방향이고, 가운뎃손가락과 엄지손가락은 앞에서와 같은 의미이다.

도선에 작용하는 자기력을 자기장을 써서 표시하면 $F = IlB$가 된다. 여기서 I는 전류이고 l은 도선의 길이, B는 자기장의 강도이다(예제 14.1 참고). 이 식이 유효하려면 전류의 방향이 자기장에 수직이어야 한다. 이 표현은 관계식 $F = qvB$의 다른 표현이다. 전하와 속도의 곱(qv)이 전류와 도선의 길이의 곱(Il)으로 치환될 수 있다.

움직이는 전하에 의한 자기력은 다른 움직이는 전하에 힘을 미친다. 움직이는 전하는 곧 전류이므로 전류에 의한 자기력이 다른 움직이는 전하에 힘을 가한다고 말할 수 있으며, 자기장 또는 자기력을 포함하는 관계식에서 qv를 Il로 치환할 수 있다.

예제 14.1 ▸ 자기력

길이 15 cm인 직선 도선에 4 A의 전류가 흐른다. 도선은 0.5 T인 자기장에 수직으로 놓여 있다. 도선에 작용하는 자기력은 얼마인가?

$$l = 15 \text{ cm} = 0.15 \text{ m} \qquad F = IlB$$
$$I = 4 \text{ A} \qquad\qquad\quad = (4 \text{ A})(0.15 \text{ m})(0.5 \text{ T})$$
$$B = 0.5 \text{ T} \qquad\qquad\quad = 0.3 \text{ N}$$

(이 힘의 방향은 그림 14.13의 오른손 법칙에 의해 설명된 것처럼 도선에 흐르는 전류와 자기장에 수직이다.)

외르스테드는 회로를 적절하게 배치하면 전류가 나침반 바늘을 편향시킬 수 있다는 사실을 발견하였다. 이 발견에 이어 앙페르는 자기력이란 전류가 흐르는 도선이 전류가 흐르는 다른 도선에 미치는 힘이라는 사실을 발견하였다. 전류란 전하가 움직이는 것이므로 전하의 속도가 자기장에 수직이면 자기장의 크기는 전하의 단위 속도당, 단위 전하당의 힘으로 정의될 수 있다.

14.3 고리전류의 자기 효과

지금까지는 전류가 흐르는 도선이 직선이라고 가정하였다. 그러나 회로가 완성되려면 어느 부분에서는 도선이 휘어져야 한다. 전자기학이 응용되는 여러 곳에서 도선은 고리 형태를 취하고 있다. 코일은 전자석, 전기모터, 발전기, 변압기 이외에도 수많은 곳에서 응용되고 있다.

전류가 흐르는 도선을 코일 형태로 구부리면 어떤 일이 발생할까? 코일의 자기장은 어떻게 생겼으며 그 코일은 다른 자기장에 의해 어떠한 영향을 받을까? 외르스테드의 발견에 이어 1820년대에는 이러한 문제를 해결하기 위한 많은 실험들이 수행되었다. 수많은 과학자들과 마찬가지로 앙페르도 이 연구에 적극적이었다.

고리전류의 자기장

14.2절에서 논의한 것처럼, 직선 도선 주위에 생성되는 자기력선들은 도선을 중심으로 원을 그린다. 그러한 도선을 고리 모양으로 구부리는 경우를 생각해보자. 자기력선에 어떠한 일이 발생할까? 도선의 아주 가까운 곳에서 자기력선들은 여전히 원을 그릴 것이다. 그리고 고리의 중심 부근에서 그 도선의 다른 부분들에 의해 생성되는 자기장들은 대체로 모두 같은 방향을 향한다. 이렇게 생성된 자기장들은 모두 합쳐져 고리 중앙에 강한 자기장을 생성한다.

그 결과 자기장은 그림 14.14와 같은 모양이 된다. 자기력선들은 고리의 중심 근처에서 매우 빽빽하며 이는 강한 자기장을 뜻한다. 자기장은 또한 도선 근처에서도 역시 강하고, 예상했던 것처럼 고리로부터 멀어질수록 자기장은 약해진다. 직선 도선의 자기력선과 마찬가

그림 14.14 전류가 흐르는 도선을 원형으로 구부리면 도선의 다른 부분들에서 생성된 자기장이 추가되어 고리의 중심 근처에서 강한 자기장을 형성한다.

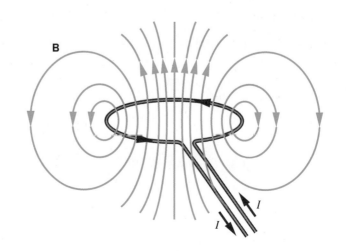

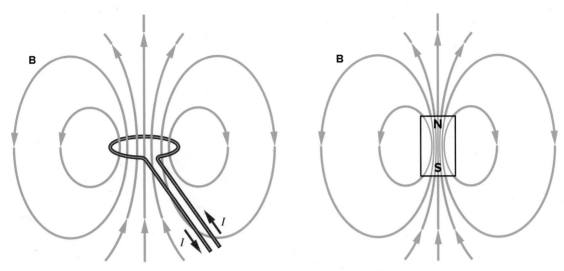

그림 14.15 고리전류에 의해 만들어지는 자기장은 짧은 막대자석(자기 쌍극자)에 의해 만들어지는 자기장과 매우 유사하다.

지로, 고리전류에 대한 자기력선들도 서로 만날 때까지 곡선을 그리며 폐곡선을 형성한다.

그림 14.14에 표시된 자기장은 막대자석의 자기장(그림 14.6 참고)과 유사하다. 실제로 그림 14.15에서 보는 바와 같이 막대자석의 길이가 충분히 짧다면 자기장들의 모양이 비슷하다. 고리전류의 자기장은 잘 알려진 쌍극자, 즉 막대자석의 자기장과 비슷하기 때문에 고리전류도 자기 쌍극자라고 할 수 있다.

고리전류에 작용하는 자기 회전력이 있는가?

고리전류와 막대자석 사이의 자기장 유사성 이외에도 다른 유사성이 있다. 외부 자기장 내에 고리전류를 놓으면 회전력(토크)을 받는다. 이 현상은 막대자석이 처음에 자기장과 평행하게 놓여 있지 않으면 회전력을 받는 것과 마찬가지이다. 전류가 흐르는 1개 혹은 여러 개의 고리가 나침반 바늘로 사용될 수도 있다. 그 이유는 일반적인 나침반 바늘과 마찬가지로 고리전류의 축(고리의 면에 수직한 축)도 외부 자기장을 따라 정렬되기 때문이다.

그림 14.16에서와 같은 직사각형 모양의 고리를 생각해보면 쉽게 고리전류에 작용하는 회전력에 대한 원인을 알아볼 수 있다. 직사각형 고리의 각 부분은 직선 도선이고 그 도선에 작용하는 힘은 14.2절에서 서술한 바와 같이 식 $F = IlB$로 표현된다. 힘의 방향은 그림 14.13의 오른손 법칙으로 알 수 있다. 오른손을 들어 그림에서와 같은 힘의 방향을 직접 확인해보라.

그림 14.16에 있는 고리의 네 변은 각각 자기력을 받는다. 고리의 마주 보는 두 끝에 작용하는 힘 $\mathbf{F}_1$과 $\mathbf{F}_2$는 작용선이 고리의 중심축을 통과하여 이 두 힘에 대한 팔의 길이가 0이므로 고리의 중심축에 대한 회전력은 0이다(토크 및 회전 운동에 대한 논의는 8장 참고).

고리의 면이 외부 자기장에 수직이 아니라면 다른 두 부분에 작용하는 힘 $\mathbf{F}_3$과 $\mathbf{F}_4$는 그 힘의 작용선들이 고리의 중심축을 지나지 않는다. 따라서 이 두 힘들은 그림과 같이 고리의 중심축에 대하여 고리를 회전시키는 회전력을 유발시킨다. 이와 같은 회전력은 최종적으로 고리의 면이 자기장에 수직하게 될 때까지 작용한다.

그림 14.16　전류가 흐르는 직사각형 고리의 각 변에 작용하는 힘들이 서로 결합하여 고리의 평면이 외부 자기장에 수직하게 될 때까지 코일을 회전시키는 회전력(토크)이 발생된다.

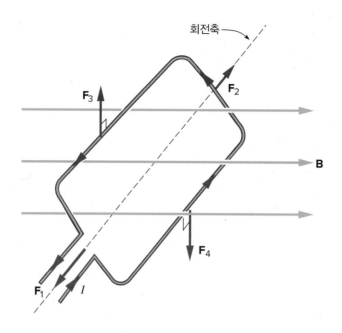

고리의 부분들에 작용하는 자기력들은 고리에 흐르는 전류에 비례하므로 고리에 작용하는 회전력의 크기 역시 전류에 비례한다. 이러한 사실에 근거하여 전류가 흐르는 코일에 작용하는 회전력은 전류를 측정하는 데 유용하게 이용된다. 대부분의 간단한 전류계에는 중심에 바늘이 부착된 코일이 들어 있다. 영구자석에 의한 자기장 아래에 코일에 흐르는 전류에 의해 바늘이 회전한다. 전류가 더 이상 흐르지 않으면 용수철에 의해 바늘의 눈금이 0으로 되돌아간다(그림 14.17).

이러한 회전력은 전기모터의 작동의 기초가 된다. 그러나 코일의 지속적인 회전을 위해서는 코일에 흐르는 전류를 반회전마다 반대방향으로 바꾸어주어야 한다. 그렇지 않으면 고리의 면이 외부 자기장에 수직인 상태에서 정지하게 될 것이다. 전기모터를 작동시키는 데는 교류가 적합하다. 그러나 직류로도 작동이 되는 전기모터를 만들 수도 있다(일상의 자연현

그림 14.17　간단한 전류계는 코일과 영구자석, 그리고 코일에 전류가 흐르지 않을 때 바늘의 눈금이 0으로 되돌아가도록 해주는 복원 용수철로 이루어져 있다.

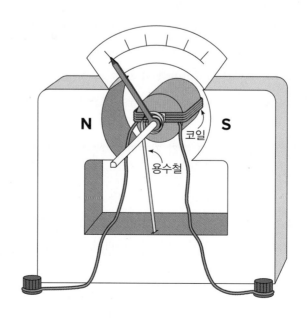

상 14.1 참고). 전기모터는 자동차의 시동모터에서부터 주방기기, 진공청소기, 식기 세척기, 드라이어, 전기면도기 등 어디에서나 찾아볼 수 있다.

전자석은 어떻게 만드는가?

지금까지는 단일 고리전류와 모두 같은 방향으로 여러 번 감은 고리, 즉 코일에 대하여 알아보았다. 여러 개의 고리를 합하여 코일을 만들면 자기장은 단일 고리일 때보다 강해질까? 철심이나 강철심에 코일을 감으면 어떤 효과를 얻을 수 있을까?

여러 번 감은 코일에 의해 만들어지는 자기장이 단일 고리에 생성된 자기장보다 더 강할 것이라는 사실은 쉽게 단정할 수 있다. 각 고리에 의해 생성되는 자기장들은 코일의 축 근처에서 방향이 모두 같으므로 합하면 강해진다. 따라서 자기장의 강도는 코일의 감은 횟수 N에 비례한다(그림 14.18). 외부 자기장에 놓인 코일에 작용하는 회전력도 전류의 크기와 코일의 감은 횟수에 역시 비례한다.

도선의 코일이 자석으로써 효과적이라는 사실은 외르스테드의 발견 직후 프랑스의 과학자인 아라고(Dominique-François Arago, 1786~1853)에 의해 발견되었다. 아라고는 우선 철가루가 자석에 끌리는 것처럼 전류가 흐르는 구리 도선에도 끌린다는 사실을 알아냈다. 앙페르의 제안에 이어 그는 도선을 나선이나 코일의 형태로 감으면 그 효과가 증가된다는 것을 발견하였다. 또 코일을 강철심에 감아주면 더 큰 효과를 얻을 수 있다는 사실도 알아내었다. 강철심에 코일을 감는 경우 철가루를 잡아당기는 세기는 대부분의 천연자석들보다 우수하였다.

아라고는 자신이 제작한 **전자석**(electromagnet)이 막대자석처럼 북극과 남극을 갖는다는 사실을 확인하였다. 실제로 막대자석의 자기장은 같은 길이와 강도를 갖는 전자석에 의해 발생되는 자기장과 동일하다. 이러한 유사성을 바탕으로 앙페르는 자철석과 같은 천연의 자성물질에 대한 자성의 기원은 그 물질을 구성하고 있는 원자 내의 고리전류에 있다고 제안하였다. 어떠한 이유에서 이러한 원자적 고리전류들이 서로 정렬되고 그 위치들이 고정되면 바로 영구자석이 되는 것이다.

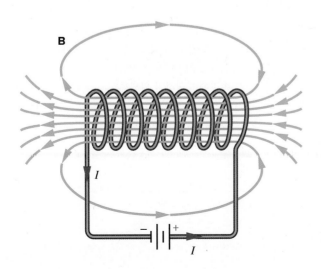

그림 14.18 전류가 흐르는 도선의 코일은 단일 고리일 때보다 더 큰 자기장을 발생시키며 그 강도는 코일의 감은 횟수에 비례한다.

직류 모터

상황   어린 시절 건전지로 작동하는 간단한 직류 모터를 만들어 본 적이 있는 사람도 있을 것이다. 비싸지 않은 소재를 이용하여 모터를 만드는 일은 중학교의 과학 시간에 흔히 이루어진다. 직류 모터는 어떻게 작동될까? 교류 전원을 사용하지 않고 어떻게 회전자를 같은 방향으로 계속 회전시킬 수 있을까? 모터의 속력을 어떻게 변화시킬 수 있을까?

분석   직류 모터를 만드는 방법에는 여러 가지가 있지만 일반적으로 가장 간단한 방법은 그림에 표시된 형식을 취한다. 도선의 코일은 장착된 회전자에 감겨져 있으며 이 회전자는 영구 말굽자석의 양극 사이에서 회전할 수 있도록 되어 있다. 코일은 회전자의 양축 끝에 장착된 분할 링(정류자)의 슬라이딩 접촉(브러시라고도 함)에 의해 건전지와 연결된다.

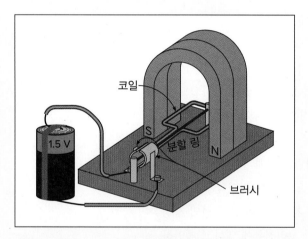

간단한 직류 모터는 영구자석과 이 자석의 양극 사이에 설치되는 코일이 감긴 회전자로 구성된다. 분할 링은 전류가 반바퀴마다 방향을 반대로 변경하게 만든다.

회전자를 전자석이라고 생각하면 모터의 작동 원리를 쉽게 이해할 수 있다. 회전자의 남극은 말굽자석의 북극으로 끌리므로 회전자는 돌아가게 된다. 회전자가 돌아서 이 두 극이 가장 가깝게 접근하면 회전자에 흐르는 전류는 반대방향으로 바뀐다. 왜냐하면 건전지와 연결된 브러시와 코일의 분할 링이 반바퀴 후에 다시 접촉하여 건전지의 양극과 음극에 연결되기 때문에 코일의 전류 방향이 변경된다.

이러한 전류의 역전으로 전자석의 극은 뒤바뀌게 된다. 즉 남극이었던 곳이 북극으로, 북극이었던 곳이 남극으로 바뀐다. 회

전자는 자신의 운동량으로 수직한 위치를 지나면서 이제 회전자에게 새롭게 생긴 북극이 말굽자석의 남극 쪽으로 끌린다. 이렇게 하여 회전자는 원래 자신이 회전하던 방향과 같은 방향으로 계속 회전하게 된다. 회전자에 작용하는 회전력은 두 자석들(회전자의 전자석과 영구자석인 말굽자석들) 간의 반대 극 사이의 인력 때문에 발생된다. 반바퀴마다 전자석의 극들은 분할 링 접촉자의 효과로 인해 뒤바뀌게 된다.

이러한 분할 링의 배치는 직류 모터의 중요한 특징이며 **분할 링 정류자**라고 부른다. 분할 링 정류자는 2개의 반원 모양으로 휘어진 금속판으로 절연체 원통에 부착되어 각각 코일과 연결되어 있다. 반원 모양의 금속 분할 링은 고정된 금속 조각, 즉 브러시와 슬라이딩 접촉을 한다. 교류 모터에서는 전류가 반회전마다 방향이 바뀌므로 분할 링 정류자가 필요 없다.

지금까지는 회전자를 전자석이라고 생각해왔지만 회전자에 작용하는 회전력을 코일의 양쪽에 있는 전류 요소에 작용하는 자기력들의 결과라고도 생각할 수 있다(그림 14.16 참고). 코일에 흐르는 전류의 방향이 바뀌면 이러한 자기력들 또한 방향이 바뀐다. 그래서 회전력은 원래의 방향을 계속 유지하게 되는 것이다.

직류 모터의 회전속도는 가해진 전압과 관계가 있으며 가변 속력모터가 필요한 상황에서 편리하다. 얼핏 보기에 이러한 전압의 의존성은 그리 놀라운 것처럼 여겨지지 않는다. 그러나 이러한 현상은 실제로 옴의 법칙이 아닌 패러데이의 법칙(14.4절)으로 설명된다. 모터에 대한 설명을 14.5절에서 설명할 발전기와 비교하면 이들 두 장치의 유사성을 깨닫게 될 것이다. 실제로 외부로부터 역학적 에너지를 공급하여 회전자를 회전시키면 모터를 발전기로 사용할 수 있다. 이것은 일상의 자연현상 11.1에서 설명한 대로 하이브리드 자동차가 제동할 때 발생한다.

모터는 발전기와 유사하기 때문에 패러데이의 법칙과 코일을 통과하는 변하는 자기선속으로 인해 회전자 코일에 '역전압'이 유도된다. 이 유도전압의 크기는 발전기에서와 마찬가지로 코일의 회전속도가 증가함에 따라 증가한다. 회전자의 회전속도가 증가함에 따라 유도되는 더 큰 역전압을 극복하기 위해서는 전원으로부터 나오는 전압이 더 커져야 한다. 그러므로 보다 빠른 속력에 도달하기 위해서는 가해지는 전압이 증가되어야 한다. 교류 모터는 일반적으로 일정한 속력으로 회전하지만 직류 모터의 속력은 공급되는 전력의 전압을 변화시키면 연속적으로 변화시킬 수 있다.

앙페르의 시대에는 원자 구조에 대하여 아무것도 알려져 있지 않았다. 원자 구조가 이해
된 것은 그로부터 거의 100년이 지난 20세기 초에 이르러서였다. 그럼에도 불구하고 앙페르
의 이론은 놀랍게도 철이나 니켈, 코발트, 그리고 이들의 합금과 같은 강자성 금속들에서 일
어나는 현상들에 대한 현대적 관점에 매우 가깝다. 현재 고리전류는 원자 내의 전자스핀과
관련이 있다고 알려져 있다. 이러한 스핀들이 왜 강자성체 내에서만 정렬이 되고 그 밖의 물
질에서는 정렬되지 않는가 하는 사실이 밝혀진 것도 최근의 일이다.

1820년 외르스테드가 전류의 자기 효과를 처음 발견한 이후 10년 동안 전자기학의 여러
가지 현상들이 철저히 연구되고 묘사되었다. 앙페르는 이에 대한 연구의 선구자일 뿐만 아니
라 전류가 흐르는 도선과 코일에 작용하는 자기력과 관련된 수학적 이론도 발전시켰다. 천연
자석의 자성을 원자적 고리전류와 관련시키는 그의 이론으로 전기학과 자기학이 서로 맺어
지게 되었다. 자기 효과는 모두 전류(즉 전하의 운동)의 작용으로 간주될 수 있다.

> 전류가 흐르는 단일 고리에 의한 자기장은 짧은 막대자석, 즉 자기 쌍극자의 자기장과 동일하다.
> 막대자석과 마찬가지로 고리전류 또한 외부 자기장 내에 놓이면 회전력을 받는다. 이러한 회전력
> 은 간단한 전기계측기나 전기모터에 대한 작동 원리의 기초가 된다. 그 효과는 코일과 같이 감은
> 횟수를 증가시키면 커지고, 중심에 철심을 넣으면 더욱 향상된다. 철심 주위에 감은 코일에 전류가
> 흐르면 전자석이 된다. 천연자석은 그 자성물질을 이루고 있는 원자들의 전자스핀들이 스스로 정
> 렬된 고리전류로 구성된 것으로 생각할 수 있다.

14.4 패러데이의 법칙: 전자기 유도

외르스테드와 앙페르, 그리고 여러 과학자들의 연구 결과로 자기력은 전류와 관계가 있다는
사실이 확고하게 인정되었다. 또 맥스웰에 의해 도입된 장의 개념을 이용하면 전류가 자기장
을 발생시킨다. 그 반대 효과는 있을까? 자기장이 전류를 발생시킬 수 있을까?

영국 과학자 패러데이(Michael Faraday)는 영국 화학자인 데이비(Humphry Davy)의 조
교로 과학에 입문하였다. 데이비의 주된 관심사이자 패러데이의 초기 연구 분야는 전류의 화
학적 작용 또는 전기분해에 관한 것이었다. 그 후 패러데이는 자기 효과로부터 전류를 발생
시킬 수 있는 가능성을 연구하는 일련의 실험을 시작하였다.

패러데이의 실험은 무엇을 보여주었는가?

패러데이는 전류의 자기 효과가 코일에 의해서 증폭된다는 사실을 알고 있었다. 그래서 같
은 나무 원통에 연결되지 않은 2개의 코일을 감아 실험을 시작하였다. 한 코일은 전지에 연
결하였고 다른 코일은 검류계에 연결하였다. (검류계로 전류의 양과 방향이 측정된다.) 패러
데이는 전지에 연결된 코일에 전류가 흐르면 검류계에 연결된 다른 코일에도 전류가 흐르는
지 알아보고 싶었다.

최초 실험은 실패로 돌아갔다. 즉 두 번째 코일에서는 전류가 전혀 감지되지 않았다. 이

그림 14.19 스위치가 닫히면 전류는 표시된 방향으로 이동하여 자기장 **B**를 생성한다. 정상 전류가 흐를 때 검류계는 0을 가리킨다.

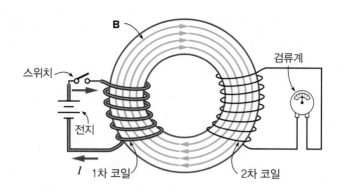

에 단념하지 않고 패러데이는 더욱더 긴 코일을 감아 실험을 계속하였다. 드디어 약 200피트의 구리선을 감았을 때 어떤 효과가 나타남을 알아차렸다. 첫 번째 코일에 전지를 연결시켰을 때 두 번째 코일에 정상 전류가 흐른 것은 아니었지만 검류계의 바늘에는 매우 순간적이지만 미약한 편향이 있었다. 전지와의 접촉을 끊었을 때 또 다시 검류계의 바늘이 순간적으로 반대방향으로 움직였다.

패러데이가 기대한 효과는 이런 것이 아니었지만 검류계의 바늘이 움직인 것은 결코 의심의 여지가 없었다. 더 많은 실험을 통하여 그는 나무 원통보다는 철심(그림 14.19)에 두 코일을 감을 때(아직도 순간적이지만) 더 큰 편향이 관찰된다는 것을 발견하였다. 패러데이는 두 코일을 고리 모양의 철심 양쪽에 감았다. 한쪽의 코일, 즉 1차 코일에는 전지를 연결하고 다른 코일, 즉 2차 코일에는 검류계를 연결하였다. 1차 코일의 회로를 전지에 접촉시키자 검류계의 바늘이 한쪽 방향으로 편향되었고, 전지를 떼어내자 이번에는 반대방향으로 편향되었다.

그러나 1차 코일에 일정한 정상 전류가 흐를 때는 2차 코일에 전류가 전혀 감지되지 않았다. 회로가 연결되거나 끊겨 1차 코일의 전류가 **변할** 때만 2차 코일에 전류가 감지되었던 것이다. 이때 2차 코일에 흐르는 전류의 크기는 2차 코일에 감은 횟수와 1차 코일에 사용된 전지의 강도에 비례하였다. 패러데이는 자석이나 전류가 정상 상태에 있을 때가 아니라 자기 효과가 시간에 따라 변할 때 전류가 유도될 수 있다는 개념을 공식화하기 시작하였다.

패러데이는 다른 많은 실험에 이 개념을 도입하였다. 그중의 하나가 검류계를 연결한 속이 빈 나선형의 코일 안에 영구자석을 넣었다 뺐다 하는 실험이다(그림 14.20). 자석을 집어넣으면 검류계의 바늘이 한쪽 방향으로 편향되고, 빼면 반대방향으로 편향되었다. 자석이 움

그림 14.20 나선형 코일에 자석을 넣었다 뺐다 하면 코일에 전류가 유도된다.

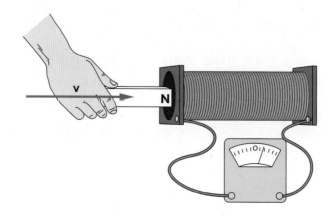

직이지 않으면 아무런 편향도 없었다. 이러한 효과는 대부분의 물리 실험실에서 간단히 검증할 수 있다.

패러데이의 법칙

패러데이의 모든 실험 결과들은 코일을 통과하는 자기장이 변할 때만 코일에 전류가 유도되는 것을 보여준다. 2차 코일에 유도된 전류는 코일의 저항에 따라 달라지므로 전류의 크기보다는 유도전압으로 표현한다. 그러나 이 효과를 정량적으로 기술하기 위해서 고리 모양의 도선을 통과하는 자기장의 양에 대한 정의가 필요하다. 자기선속이라는 개념이 도입된 것은 이러한 이유에서이다. **자기선속**(magnetic flux)이란 고리 도선에 의해 둘러싸인 면적을 통과하는 자기력선의 수에 비례한다. 면이 자기장과 수직하게 놓인 고리 도선에 대한 자기선속은 자기장 B와 고리 도선으로 둘러싸인 면적 A의 곱(그림 14.21)으로 주어진다. 수식으로 써보면 자기선속의 정의는 다음과 같다.

$$\Phi = BA$$

그리스 문자 Φ(phi)는 선속에 사용되는 표준기호이다.

이 정의에는 중요한 제한 조건이 있다. 최대 선속은 자기력선이 회로의 면에 수직인 방향으로 통과할 때 얻어진다. 자기력선이 이 면과 평행하면 회로를 통과하는 자기력선이 없기 때문에 자기선속은 없다(그림 14.21). 이러한 사실을 고려하여 자기선속을 계산할 때는 고리의 면에 수직한 B의 성분만을 고려해야 한다.

이제 실험 결과를 요약하면 **패러데이의 법칙**(Faraday's law)은 다음과 같이 정량적으로 기술된다. 즉,

> 회로를 통과하는 자기선속이 변화할 때 그 회로에는 전압(기전력)이 유도된다. 유도전압은 자기선속의 변화율과 같다. 기호로 나타내면 다음과 같다.
>
> $$\mathcal{E} = \frac{\Delta \Phi}{t}$$

자기선속의 변화율이란 선속의 변화량 $\Delta\Phi$를 이 변화를 일으키는 데 걸리는 시간 t로 나눈 값이다. 패러데이의 법칙에서 기술된 것처럼 전압이 유도되는 과정을 **전자기 유도**(electromagnetic induction)라 한다.

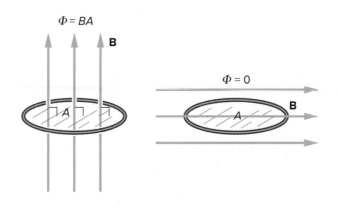

그림 14.21 고리 도선을 통과하는 자기선속은 자기력선이 고리면에 수직일 때 최대가 된다. 자기력선이 고리면과 평행해서 그 면을 통과하지 않으면 자기선속은 0이다.

회로를 통과하는 자기선속이 빠르게 변하면 변할수록 유도전압은 더욱더 커진다. 이것은 움직이는 자석과 관련된 실험에서 관찰할 수 있다. 자석을 재빠르게 코일에 넣었다 뺐다 하면 천천히 했을 때보다 검류계의 바늘이 더 크게 편향됨을 알 수 있다. 도선 코일을 통과하는 자기선속은 코일의 각 고리를 통과하므로 코일을 통과하는 전체 선속은 코일이 감긴 횟수와 각 고리의 선속과의 곱, 즉 $\Phi = NBA$가 된다(이 표현을 암기하는 데 미국 프로농구를 생각하라). 코일이 감긴 횟수가 많을수록 유도전압은 더 커진다.

도선 코일은 자기장의 강도를 평가하는 데 사용될 수 있다. 코일을 통과하는 자기선속은 자기장으로부터 코일을 제거하거나 4분의 1 회전시켜 코일의 면이 자기장과 수평되게 함으로써 0으로 감소시킬 수 있다. 이러한 변화를 주는 데 걸리는 시간을 안다면 유도전압을 측정해서 자기장의 강도를 구할 수 있다. 패러데이의 법칙이 적용되는 예제 14.2는 이러한 방법의 역과정으로 알려진 자기장으로부터 유도전압을 구하는 예이다.

예제 14.2 ▸ 유도되는 전압의 크기는 얼마인가?

도선을 50번 감은 코일이 그 면을 수직하게 통과하는 0.4 T의 균일한 자기장 내에 놓여 있다. 코일의 면적은 0.03 m²이다. 0.25초만에 자기장을 제거시켜서 코일을 지나는 자기선속을 0으로 감소시켰다면 코일에 유도되는 유도전압은 얼마인가?

$$N = 50\text{번} \qquad\qquad \text{코일을 관통하는 처음 선속:}$$
$$B = 0.4\text{ T} \qquad\qquad \Phi = NBA$$
$$A = 0.03\text{ m}^2 \qquad\qquad = (50)(0.40\text{ T})(0.03\text{ m}^2)$$
$$t = 0.25\text{ s} \qquad\qquad = 0.60\text{ T m}^2$$

유도전압은 선속의 변화율과 같다.

$$\varepsilon = \frac{\Delta\Phi}{t}$$
$$= \frac{(0.06\text{ T} \cdot \text{m}^2 - 0)}{(0.25\text{ s})}$$
$$= 2.4\text{ V}$$

렌츠의 법칙

코일에 흐르는 유도전류의 방향을 예측할 수 있을까? 여기에 대한 규칙인 **렌츠의 법칙**(Lenz's law)은 패러데이의 법칙과 관련이 있으며 렌츠(Heinrich Lenz, 1804~1865)에 의해 밝혀졌다.

변하는 자기선속에 의해 생성된 유도전류의 방향은 원래 자기선속의 변화를 방해하는 방향으로 자기장을 발생시킨다.

자기선속이 시간에 따라 감소하면 유도전류에 의해 발생되는 자기장은 원래 외부 자기장과 같은 방향이 되어 자기선속의 감소를 방해한다. 거꾸로 자기장이 시간에 따라 증가하면 유도전

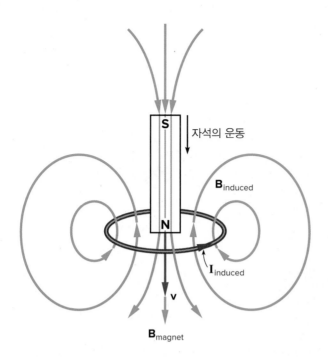

그림 14.22 고리 도선에 유도된 유도전류는 아래쪽으로 운동하고 있는 자석 때문에 고리 내부에 자기장의 증가에 반대하는 위쪽 방향으로 향하는 자기장을 고리 내부에 발생시킨다.

류에 의해 발생되는 자기장은 원래 외부 자기장과 반대방향이 되어 선속의 증가를 방해한다.

　그림 14.22에 렌츠의 법칙이 예시되어 있다. 자석을 코일 안으로 밀어 넣어 시간에 따라 선속을 증가시키면 코일에는 반시계방향의 유도전류가 흐른다. 이 유도전류에 의해 발생되는 자기장은 코일에 의해 둘러싸인 면적의 위쪽으로 통과하므로 자석의 운동과 관련된 아래 방향으로 자기장의 증가를 방해하게 된다. 렌츠의 법칙은 또한 패러데이의 실험에서 1차 코일이 연결되거나 끊길 때 검류계의 바늘이 왜 반대방향으로 편향되는지도 설명해준다.

자기 유도란 무엇인가?

1831년 패러데이는 최초로 자신이 발견한 전자기 유도에 관한 결과를 학계에 보고하였다. 1년 뒤 미국의 프린스턴 대학에서 연구를 하고 있던 헨리(Joseph Henry, 1797~1878)도 그와 관련된 효과를 발표하였다. 그 당시 헨리는 전자석을 이용하여 실험을 하고 있었는데, 전자석을 전지에 연결할 때 발생하는 불꽃이나 충격이 코일 형태를 하지 않은 도선을 전지의 양 단자에 연결했을 때 발생되는 불꽃이나 충격보다도 훨씬 크다는 사실에 주목하였다. 가장 큰 불꽃은 회로가 끊길 때 발생했다.

　헨리는 이러한 현상을 좀 더 자세히 연구하였다. 그는 도선이 짧을 때보다 길 때 더 큰 불꽃이, 그리고 코일을 나선형으로 감을 때 훨씬 더 큰 불꽃이 발생한다는 사실을 발견하였다. 도선을 강철못에 감아 전자석을 만들면 그 효과는 더욱더 커졌다. 그는 팔이 얼마나 멀리 충격이 느껴지는지 확인하여 충격의 강도를 대략적으로 측정했다. 충격이 단지 손가락에서만 느껴지면 그 강도는 강한 것이 아니다. 팔꿈치에서 느껴지면 분명히 강한 것이다. 손가락으로 전지의 양 단자를 직접 만지는 것보다 전자석을 전지에 연결하면 훨씬 강한 충격을 받는다.

　헨리는 **자기 유도**(self-induction)를 발견한 것이었다. 도선 코일을 전지에 연결하거나 떼어 낼 때면 코일을 통과하는 자기선속이 변하게 되는데, 이 변하는 자기선속이 같은 코일에 유도

신호등의 차량 감지기

상황   신호등이 있는 교차로의 정지선 근처 도로 위에 사진과 같은 원이나 다이아몬드 모양의 선이 있는 것을 종종 볼 수 있다. 이러한 표시가 아마도 교통신호 체계와 어떤 연관이 있음을 알 수 있다. 차가 그 선 위에 있지 않으면, 신호등은 변하지 않는다.

이 감지기는 어떻게 작동하는가? 그 선이 있는 도로 밑에는 어떤 장치가 있는가? 교통 제어 응용에서 이러한 표시가 점점 더 많아지는 이유는 무엇인가?

도로 위의 원형 패턴은 차량의 존재를 감지한다. 이 감지기는 어떻게 작동하는가? *Leah613/Getty Images*

분석   포장도로의 패턴은 여러 번 감은 커다란 원형 도선으로, 하나의 인덕터이다. 코일은 대개 도로 포장공사가 완료된 이후에 설치되는데, 먼저 도로용 톱날로 도로면에 원형 또는 다이아몬드 모양의 홈을 판 다음 코일을 묻고, 그 위에 고무 같은 밀봉 화합물을 사용하여 덮는 방식으로 설치한다.

이 원형 도선은 전기회로의 일부분인데, 회로의 나머지 부분은 대개는 이 감지기와는 좀 떨어진 안전한 곳에 설치된다. 유심히 보면 원형 모양의 표시는 역시 고무로 덮인 선으로 연결되어 도로의 어디론가 이어져 있음을 알 수 있다. 완전한 회로는 이 인덕터와 함께 그림에서 보이는 교차로의 신호등을 제어하는 회로를 포함한다.

그러면 이 원형 코일이 어떻게 그 위에 자동차가 있음을 감지하는 것일까? 이 코일에는 작은 전류가 자기장을 만들고 있는데 자동차가 원형의 코일 위에 놓이면 자동차의 금속성 차체로 인해 이 자기장이 더욱 커지는 것이다. 이는 마치 코일을 감은 솔레노이드에 철심을 넣으면 자기장이 더욱 강해지는 전자석의 원리와 동일하다. 바로 강철의 존재로 인해 자기장은 강해지며, 따라서 이 코일의 인덕턴스도 커진다. 차체는 거의 강철로 만들어지므로 이러한 효과는 매우 크다. 모든 금속은 유도전류를 전도하므로 인덕턴스에 영향을 준다.

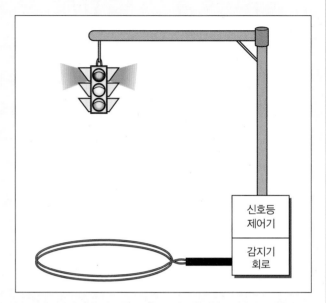

도로에 있는 원형 코일은 신호등 제어에 신호를 보내는 감지기 회로의 일부분이다.

코일은 전기회로의 일부분을 이루고 있으므로 코일의 인덕턴스의 변화는 전체 회로에 영향을 미친다. 코일의 인덕턴스의 변화를 하나의 신호로 감지하여 신호등을 통제하는 수단으로 사용할 수 있는 많은 회로가 설계되어 있다. 예를 들면 인덕터를 진동회로의 한 부분으로 만들어 인덕턴스 변화를 직접 주파수의 변화로 변환시킬 수도 있다. 이러한 주파수 변화는 차량이 존재한다는 차량 감지기 회로에 신호를 보내어 사용될 수 있다.

신호등 제어의 프로그램에 맞춰 자동차가 정지선에 있는 것을 감지하면 최소한의 지연 후에 신호등이 바뀔 것이다. 정지선 뒤쪽으로 더 많은 수의 감지기를 장치한다면 얼마나 많은 자동차들이 교차로에 진입하고 있는지 등의 정보를 얻을 수도 있다. 이러한 정보들은 녹색 신호를 얼마나 길게 주어야 할지를 판단하는 데 유용하게 사용된다.

이러한 인덕터 감지기는 교통의 흐름을 제어하기 위해 널리 사용되고 있다. 교차로의 모든 방향에서 교통량이 많은 경우 단순한 타이머에 의한 신호등을 제어한다. 그러나 만일 교통의 흐름 패턴이 시간 및 다른 활동에 따라 변한다면, 감지기를 사용하여 현재 교통 상황에 맞게 신호등을 적절히 제어할 수 있다. 만일 교차로의 한쪽 방향에서 교통량이 매우 적다면 차량 감지기에 의해 주 도로의 교통을 멈출 필요가 없다. 이러한 기술을 사용하여 교통 흐름의 효율성을 높일 수 있다면 에너지를 절약하고 운전자의 불만을 줄이고 더 비싼 고속도로 건설에 대한 필요성을 줄일 수 있다.

전압을 발생시킨다. 코일의 유도전류와 그와 관련된 자기장은 변화하는 자기선속을 방해한다. 유도전압의 크기는 패러데이의 법칙으로 기술되는데 코일의 감은 횟수와 코일에 흐르는 전류의 변화율에 비례한다. 회로가 끊길 때 유도되는 전압은 전지 자체의 전압보다 몇 배나 강할 수도 있다.

자기 유도는 여러 부분에서 응용된다. 코일은 전류의 변화를 완충시키기 위해 회로에서 사용된다. 전류가 증가할 때 유도전압으로 인해 코일이 없을 때보다 변화가 천천히 일어난다. 이 유도된 역전압(back voltage)은 전류의 증가를 일으키는 전압과 반대방향이다. 인덕터 혹은 코일은 효과적으로 계에 전기적 관성을 추가시켜 전류의 급속한 변화를 줄여준다. (이 효과의 적용에 대해서는 일상의 자연현상 14.2를 참고하라.) 인덕션 코일은 자동차의 점화플러그에 전원을 공급하는 데 필요한 큰 전압 신호 등을 발생시킬 때 이용된다.

> 패러데이는 코일을 통과하는 자기장이 변할 때 코일에 유도전류가 흐른다는 사실을 발견하였다. 패러데이의 법칙에 의하면 코일의 유도전압은 코일을 통과하는 자기선속의 시간당 변화율과 같다. 자기선속은 자기장과 코일에 의해 둘러싸인 면적과의 곱으로 정의된다. 렌츠의 법칙에 의하면 유도전류의 방향은 원래의 자기선속의 변화를 방해하는 자기장을 발생시킨다. 헨리는 변하는 자기선속으로 인해 코일에 전압이 유도된다는 자기 유도를 발견하였다.

14.5 발전기와 변압기

일상생활에서 흔히 사용되고 있는 전력은 너무나 일상적이어서 에너지가 어디서 오는지 또는 어떻게 만들어지는지 생각해보려고 하지는 않는다. 우리는 전기 에너지가 머리 위를 지나거나, 또는 지하에 매설된 전선을 통하여 공급되어 가전제품이나 가정과 사무실의 전등, 그리고 난방이나 냉방 등에도 이용된다는 것을 알고 있다. 또한 전신주나 변전소에서 볼 수 있는 변압기도 알고 있을 것이다.

발전기나 변압기들은 모두 전력의 생산과 이용에 매우 중요한 역할을 하고 있으며, 이들 장치는 모두 전자기 유도에 대한 패러데이의 법칙에 그 바탕을 두고 있다. 이들 장치는 어떻게 작동되며, 전력 분배 시스템에서는 이들 장치가 어떠한 역할을 하고 있을까?

발전기는 어떻게 작동하는가?

발전기는 이미 11장에서 에너지 자원에 대하여 논할 때 언급했었다. **발전기**(generator)의 기본 기능은 발전소에 있는 물이나 증기터빈으로부터 얻어지는 역학적 에너지를 전기 에너지로 바꾼다는 것이다. 어떻게 이것이 이루어지는 것일까? 발전기의 작동 원리를 기술하는 데 패러데이의 법칙이 어떤 관계가 있는 것일까?

그림 14.23에 간단한 발전기를 보였다. 손잡이를 돌릴 때 공급되는 역학적 에너지로 영구자석의 양극 사이에 놓인 코일이 회전한다. 코일의 면을 통과하는 자기선속은 그 면이 자석의 양극 사이를 지나는 자기력선들에 수직일 때 최대가 된다. 코일의 면이 자기력선들과 평

그림 14.23 간단한 발전기는 영구 자석의 양극 사이를 회전할 때 전류를 발생시키는 코일로 이루어져 있다.
James Ballard/McGraw-Hill Education

행한 위치까지 돌아가면 자기선속은 0이 된다. 이 위치를 지나 계속 코일을 회전시키면 자기력선들은 (코일에 대하여) 처음 방향과 반대방향으로 코일을 통과한다.

그림 14.24의 위에 있는 그래프에 나타난 것처럼, 코일의 회전으로 인해 코일을 통과하는 자기선속은 한쪽 방향으로 최대에서 0으로, 그리고 반대방향으로 다시 최대로 연속적으로 변하게 된다. 패러데이의 법칙에 의하면 이러한 자기선속의 변화 때문에 코일에 전압이 유도된다. 유도된 전압의 크기는 자기선속의 변화율과 최대 자기선속의 크기를 결정해주는 자석 및 코일에 관련된 요소들에 의존한다. 코일의 회전이 빠르면 빠를수록 그만큼 더 빠르게 자기선속이 변하므로 유도전압의 최댓값은 보다 커지게 된다.

그림 14.24는 시간에 따라 연속적으로 변하는 자기선속과 유도전압을 보여준다. 코일의 축이 일정한 속력으로 회전하면 위 그래프에서처럼 선속은 매끄럽게 변화한다. 그래프 아래쪽에는 같은 시간의 눈금에 대하여 유도전압이 그려진 것이다. 패러데이의 법칙에 의하면 유

그림 14.24 시간에 대한 발전기의 자기선속 Φ와 유도전압 ε에 대한 그래프

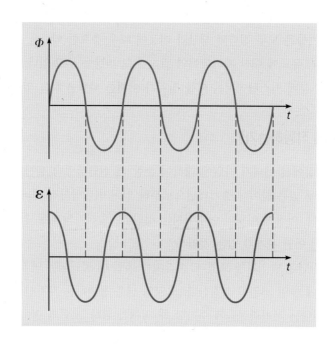

도전압은 자기선속의 변화율과 같다. 따라서 유도전압의 최댓값은 선속 곡선의 기울기가 최대인 곳에서 일어나며 선속이 순간적으로 변하지 않는 (즉 기울기가 0인) 곳에서 0이 된다. 이 결과로 나타나는 유도전압에 대한 곡선은 선속과 같은 모양을 하고는 있지만 선속 곡선에 대하여 상대적으로 이동해 있다.

그림에서 알 수 있듯이, 발전기에 의해 정상적으로 생성된 전압은 교류전압이다. 그 때문에 전력 분배 시스템에는 교류가 사용된다. 전력 생산을 위해서는 교류의 표준 진동수는 60 Hz (60회전/초)를 생성하기 위해 발전기 코일의 회전속도를 특정한 값으로 유지시켜주어야 한다.

발전소에서 사용되는 발전기는 여기에서 설명한 간단한 형태의 발전기와 흡사하다. 대개 1개 이상의 코일로 이루어져 있으며 영구자석보다는 전자석이 이용되지만 작동 원리는 동일하다. 자동차에도 발전기가 있다. 여기서 생성된 전력은 전지를 충전 상태로 유지하며, 불이 들어오게도 하고 다른 전기장치에 전력을 공급하기도 한다.

변압기는 어떠한 일을 하는가?

전력 분배에 교류를 사용하면 얻어지는 또 다른 이점은 **변압기**(transformer)로 전압을 변화시킬 수 있다는 것이다. 변압기는 전신주나 변전소, 모형 전기기관차와 같은 저전압용 어댑터 등에서 흔히 찾아볼 수 있다(그림 14.25). 변압기는 제각각 응용되는 곳에 필요한 만큼 전압을 올리거나 내리는 전압 조절 기능을 한다.

패러데이가 수행했던 초기의 몇 가지 실험들에는 현대식 변압기의 본보기들이 포함되어 있다. 철심의 양쪽에 1차 코일과 2차 코일을 감아 만든 장치(그림 14.19)가 간단한 변압기의 예이다. 패러데이의 법칙에 의해 1차 코일의 전류(그리고 그와 관련된 자기장)가 변하면 2차 코일에 전압이 유도될 것이다. 교류 전원을 사용하여 1차 코일에 전력을 공급하면 그러한 조건이 만들어진다(그림 14.26).

변압기가 변환할 수 있는 전압은 어떻게 결정되는가? 간단한 관계식이 패러데이의 법칙으로부터 유도된다. 2차 코일에 유도된 전압은 2차 코일의 감은 횟수에 비례한다. 이는 감은 횟수가 그 코일을 통과하는 총 자기선속을 결정하기 때문이다. 2차 코일에 유도되는 전

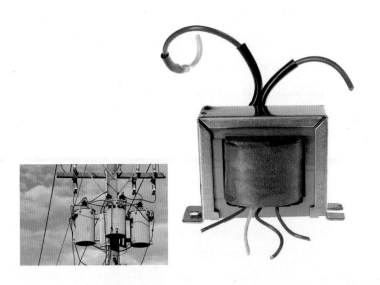

그림 14.25 전신주나 변전소에서의 변압기는 흔한 광경이다. 작은 변압기들은 전기장치의 일반적인 구성 요소이다. (왼쪽) *montreehanlue/123RF,* (오른쪽) *homestudio/123RF*

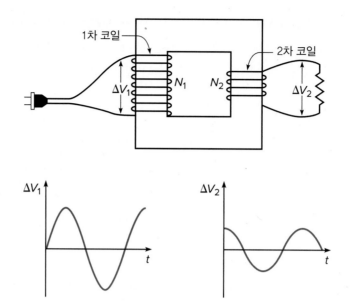

그림 14.26 변압기의 1차 코일에 가해지는 교류전압은 변하는 자기선속을 만들어, 이 자기선속의 변화는 2차 코일에 전압을 유도한다.

압은 1차 코일의 전압에도 비례한다. 이는 1차 코일의 전압이 1차 코일에 흐르는 전류와 그로부터 만들어지는 자기장을 결정하기 때문이다. 그러나 유도전압은 1차 코일의 감은 횟수에 반비례한다.

이 관계를 기호로 쓰면 다음과 같다.

$$\Delta V_2 = \Delta V_1 \left(\frac{N_2}{N_1} \right)$$

여기서 N_1과 N_2는 각각 1차 코일과 2차 코일의 감은 횟수이고 ΔV_1과 ΔV_2는 각 코일의 전압이다. 이 관계식은 흔히 다음과 같은 비례식으로도 쓰인다.

$$\frac{\Delta V_2}{\Delta V_1} = \frac{N_2}{N_1}$$

두 코일에 감은 횟수의 비가 전압의 비를 결정해준다.

자기 유도는 2차 코일에 유도된 전압이 1차 코일의 감은 횟수에 반비례하기 때문에 나타난다. 1차 코일을 더 많이 감을수록 자기 유도로 인해 발생되는 역전압 때문에 1차 코일에 흐르는 전류는 더욱 천천히 변화한다. 이로 인해 1차 코일에 흐르는 전류와 그로 인해 만들어지는 자기장의 크기가 작아지며, 따라서 2차 코일을 통과하는 자기선속이 작아진다.

예를 들어 12 V의 모형 전기기관차를 작동시키고 싶은데 벽의 전원에서 공급되는 전압은 120 V라고 하자. 이 경우에는 1차 코일이 2차 코일보다 10배나 더 감긴 변압기가 필요하며, 이때 나오는 2차 코일의 전압은 1차 코일 전압의 1/10, 즉 12 V가 나온다(예제 14.3 참고).

출력전압이 입력전압보다 더 크다면 입력전력보다 더 큰 출력전력을 변압기로부터 얻는다는 것인가? 물론 그런 것은 아니다. 2차 코일에 전달되는 전력은 언제나 1차 코일에 의해 공급되는 전력보다 작거나 최대한 같은 정도이다. 전력이란 전압과 전류의 곱(13.4절 참고)으로 표현되므로, 에너지 보존 원리를 변압기에 대하여 적용하면 다음과 같은 두 번째 관계식을 얻는다.

예제 14.3 ▸ 승압 변압기

교류 120 V에 연결된 변압기를 통하여 네온사인에 9600 V 전원을 공급하려고 한다.
   a. 1차 코일에 대한 2차 코일의 감은 횟수의 비를 얼마로 해야 하는가?
   b. 1차 코일의 감은 횟수가 275회라면 2차 코일의 감은 횟수는 얼마로 해야 하는가?

a. $\Delta V_1 = 120$ V

$\quad\Delta V_2 = 9600$ V

$\quad\dfrac{N_2}{N_1} = ?$

$\dfrac{\Delta V_2}{\Delta V_1} = \dfrac{N_2}{N_1} = \dfrac{9600 \text{ V}}{120 \text{ V}} = 80$

1차 코일에 대한 2차 코일의
감은 횟수의 비는 80이다.

b. $N_1 = 275$

$\quad N_2 = ?$

$\dfrac{N_2}{N_1} = 80, \quad N_2 = 80 \times N_1$

$N_2 = 80 \times 275 = 22{,}000$

$$\Delta V_2 I_2 \leq \Delta V_1 I_1$$

고출력전압은 저출력전류를 의미한다. 출력전력은 입력전력을 초과할 수 없기 때문이다. 반면에, 2차 회로를 더 낮은 전압으로 떨어뜨리면 2차 코일에 흐르는 전류는 1차 코일에 흐르는 전류보다 더 커질 수 있지만 2차 코일의 전력은 1차 코일의 전력을 초과할 수 없다.

변압기와 전력 분배

전력을 장거리 전송시키는 데는 고전압이 바람직하다. 전압이 높을수록 주어진 양의 전력을 전송하는 데는 보다 적은 전류가 필요하다. 전류가 저항을 지날 때 발생되는 열손실은 대부분 전류에 직접 의존하기 때문에($P = I^2R$), 보다 낮은 전류는 곧 전송선에서 발생되는 저항에 의한 열손실의 감소를 의미한다. 230 kV(230킬로볼트 또는 230,000볼트)라는 높은 전송 전압은 이상한 일이 아니다.

도시의 전력 분배를 위한, 즉 가정이나 건물에서 사용하기 위한 고전압 전송은 안전하거나 편리하지 않다. 전력 분배를 위해 변전소에서는 이 전압을 7200 V까지 떨어뜨린다. 그리고 다시 전신주에서는 220 V 내지 240 V까지 떨어뜨려 건물로 전송한다. 이 교류전압은 흔히 옥내 회로에서 사용되는 220 V의 스토브나 드라이어 등에 사용된다.

미국에서의 최초의 전기 분배 시스템은 뉴욕의 일부 지역에 대한 전기 공급을 위해 1882년에 에디슨(Thomas Edison)이 고안해낸 110 V 직류 시스템이었다. 전력의 전송을 위해서 직류가 더 유리한지 아니면 교류가 너 유리한지는 오랫동안 논란거리였으니 결국에는 교류 시스템에 대한 지지자가 더 많았다. 이 방법이 채택된 중요한 이유는 고전압으로 전력을 전송할 수 있다는 점과 사용지점에서 변압기를 사용하여 전압을 변환시킬 수 있다는 점이었다.

그러나 장거리 전송에 있어서는 전자기파의 복사로 인한 에너지 손실을 줄이기 위해 직류로 전력을 전송하는 것이 유리한 점이 있다. 전자기파 복사는 교류의 단점이다. 교류 전송선은 전류가 진동할 때 전자기파를 복사하는 안테나와 같은 행동을 한다(16.1절 참고).

변압기는 교류에서 가장 잘 작동한다. 패러데이의 법칙에 의하면 유도전압이 만들어지기 위해서는 자기선속이 **변해야** 한다. 변압기에 전지나 직류 전원을 연결하여 2차 코일에 전압을 유도시키려면 계속해서 1차 코일을 연결, 단절시켜야 한다. 이러한 방법도 전압을 유도시키는 한 방법이기는 하지만 그 장치가 복잡해지고 비용이 많이 들며, 교류를 사용할 때보다 비효율적이다.

> 발전기는 자기장을 통과하는 코일을 회전시켜 그로 인해 변하는 자기선속에 의해 전압을 유도시킴으로써 역학적 에너지를 전기 에너지로 변환시킨다. 변압기는 1차 코일의 교류에 의해서 생성된 변하는 자기장을 2차 코일로 지나가게 함으로써 전압을 올리거나 내리거나 한다. 패러데이의 법칙에 의하면 이 변하는 자기장은 2차 코일에 전압을 유도한다. 발전기나 변압기의 작동은 패러데이의 법칙을 근거로 하며 이들 모두는 전력 분배 시스템에서 중요한 역할을 한다.

요약

자기력이 전류와 관련있다는 발견은 19세기 초반에 전기와 자기의 연구를 통합시키는 역할을 했다. 자기의 근본적인 성질은 전하의 운동에 의한 것으로 알려졌다. 전류는 패러데이의 법칙에 의해 설명된 것처럼 자기장의 변화에 의해 유도된다.

(1) **자석과 자기력** 정전기력과 마찬가지로 두 자석의 극 사이의 자기력은 쿨롱의 법칙과 같이 같은 극은 밀어내고 다른 극은 끌어당기는 법칙을 따른다. 지구 자체는 남극이 북쪽을 가리키는 큰 자석처럼 행동한다.

(2) **전류의 자기 효과** 자기 효과가 전류와 관련있다는 외르스테드의 발견은 전류가 흐르는 도선의 자기장에 대한 설명을 이끌었다. 전류가 흐르는 도선이나 자기장이 있을 때 움직이는 전하에 자기력이 가해진다.

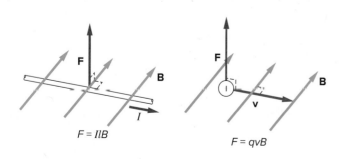

(3) **고리전류의 자기 효과** 전류가 흐르는 고리전류는 짧은 막대자석의 자기장과 동일한 자기장을 생성한다. 고리전류와 코일은 자기 쌍극자이며, 천연자석의 자기는 원자적 고리전류에 기인한 것이다. 외부 자기장에 놓인 고리전류에 작용하는 자기 회전력(토크)은 막대자석에 가해지는 회전력과 유사하다.

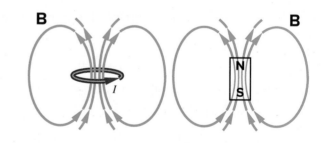

(4) **패러데이의 법칙: 전자기 유도** 패러데이는 회로를 통과하는 자기선속의 변화율과 같은 전압이 유도된다는 것을 발견했다(패러데이의 법칙). 자기력선이 고리의 면에 수직으로 통과할 때 자기선속은 고리의 면적과 자기장의 곱이다. 렌츠의 법칙은 유도전류의 방

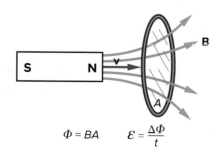

$$\Phi = BA \qquad \mathcal{E} = \frac{\Delta \Phi}{t}$$

향을 설명한다. 유도전류는 전류를 생성하는 변화를 반대하는 방향으로 생성된다.

(5) **발전기와 변압기**　발전기는 전자기 유도에 의해 역학적 에너지를 전기 에너지로 변환하고 자연스럽게 교류를 생성한다. 변압기는 교류전압을 올리거나 낮추는 데 사용된다. 패러데이의 법칙은 두 장치의 기본 작동 원리이며 둘 다 전력 분배 시스템에서 일반적으로 사용된다.

개념문제

Q1. 휴대용 막대자석의 북극을 책상 위에 놓여 있는 다른 막대자석의 북극에 가까이 가져갔다. 책상 위에 있는 자석은 어떻게 움직일까? 설명하시오.

Q2. 두 자기극 사이의 힘은 두 전하 사이의 힘과 어떠한 점에서 유사한가? 설명하시오.

Q3. 주위에 다른 자석이나 전류가 없을 때 나침반 바늘은 항상 똑바로 북극을 가리킬까? 설명하시오.

Q4. 지구 내부에 막대자석이 있다고 상상하여 지구의 자기장을 시각화하였다(그림 14.8). 여기서 막대자석의 남극이 지리적 북쪽을 가리키도록 그린 이유는 무엇일까? 설명하시오.

Q5. 동서 방향으로 놓여 있는 도선 위에 나침반을 놓았다. 도선에 전류가 흐르면 나침반의 바늘은 편향될까? 편향된다면 어떤 방향으로 휘는가? 설명하시오.

Q6. 2개의 길고 평행한 도선이 거리 r만큼 떨어져 있고, 같은 방향으로 같은 전류가 흐른다. 만일 동일한 전류가 유지되는 동안 도선의 거리가 3배 늘어나면 단위 길이당 도선이 느끼는 인력에 어떤 영향을 미치는가?

Q7. 2개의 길고 평행한 도선이 거리 r만큼 떨어져 있고, 반대방향으로 동일한 전류가 흐른다. 만일 도선 1의 전류는 절반으로 줄고 도선 2의 전류는 변함없이 동일하게 유지된다면 도선 사이의 단위 길이당 척력에 어떤 영향을 미치는가?

Q8. 균일한 자기장 내에서 양으로 대전된 입자가 순간적으로 정지하였다. 이 입자에 자기력이 작용하는가? 설명하시오.

Q9. 전류가 흐르는 도선 부분에 작용하는 자기력은 그 전류와 같은 방향으로 운동하는 양전하에 작용하는 자기력과 같은 거동을 하는가? 설명하시오.

Q10. 평면이 수평이고 시계방향으로 전류가 흐르는 원형 고리 도선에서 고리 도선을 막내자석이나 자기 쌍극자로 대신한다면 자석의 북극이 가리키는 방향은 어디인가? 설명하시오.

Q11. 그림 Q11과 같은 직사각형의 도선 고리의 면이 자기력선에 평행하게 놓여 자기력선이 면을 통과하지 않는다면 고리에 작용하는 자기 회전력이 있는가? 설명하시오.

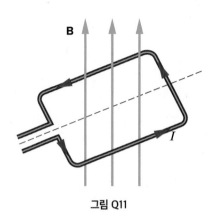

그림 Q11

Q12. 전류를 측정하기 위해 고안된 전류계와 전기모터는 어떤 면에서 유사한가? 설명하시오.

Q13. 일반적으로 고정 속력으로 작동하면 모터는 교류 모터인가 아니면 직류 모터인가? 설명하시오(일상의 자연현상 14.1 참고).

Q14. 자기선속은 자기장과 같은가? 설명하시오.

Q15. 도선 코일을 지나는 자기선속이 그림 Q15 그래프와 같이 시간에 따라 변한다고 하자. 같은 시간 척도를 이용해서 유도전압의 시간에 따른 변화를 그래프로 그리시오. 유도전압이 가장 큰 곳은 어느 지점인가? 설명하시오.

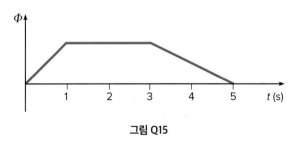

그림 Q15

Q16. 신호등 앞에 정지한 차량을 감지하는 센서는 차량의 무게에 따라 감지하는 게 달라지는가? 설명하시오(일상의 자연현상 14.2 참고).

Q17. 발전기 내의 자석에 의해 일정한 자기장이 만들어진다면 발전기 코일을 통과하는 자기선속은 코일이 회전할 때 변하는가? 설명하시오.

Q18. 간단한 발전기와 전기모터는 서로 매우 유사한 구조를 가지고 있다. 이들은 같은 기능을 하는가? 설명하시오.

Q19. 변압기를 이용하여 교류 전원의 전압을 상승시킴으로써 전원으로부터 나오는 전기 에너지의 양을 증가시킬 수 있는가? 설명하시오.

연습문제

E1. S극끼리 마주 보며 책상에 놓여 있는 2개의 긴 막대자석이 서로에게 18 N의 힘을 가하고 있다. 이 두 극 사이의 거리가 3배가 되면 힘은 얼마가 되겠는가?

E2. 12 A의 전류가 흐르는 2개의 긴 평행 도선이 7 cm만큼 떨어져 있다. 두 도선 사이의 거리를 2배로 늘리면 단위 길이당 힘은 어떻게 되겠는가?

E3. 도선에 12 A의 전류가 흐르고 있다. 4초 동안 도선의 한 지점을 지나는 전하량은 얼마인가?

E4. 7 A의 전류가 흐르고 있는 12 cm의 직선 도선 부분이 0.5 T의 자기장 내에 수직으로 놓여 있다. 이 도선 부분에 작용하는 자기력의 크기는 얼마인가?

E5. 단면적이 0.03 m²이고 150회 감긴 코일이 있다. 0.4 T의 자기장이 코일을 통과하면 코일을 통과하는 총 자기선속은 얼마인가?

E6. 도선 코일을 통과하는 자기선속이 0.50초만에 9 T·m²에서 0으로 변한다. 이 시간 동안 코일에 유도된 평균 전압의 크기는 얼마인가?

E7. 1차 코일과 2차 코일의 감은 횟수가 각각 18회, 그리고 90회인 변압기가 있다.
   a. 이 변압기는 승압용인가 아니면 강압용인가?
   b. 유효전압이 120 V인 교류전압이 1차 코일에 가해지면 2차 코일에 유도되는 유효전압은 얼마인가?

E8. 모형 전기기관차에 전력을 공급하기 위하여 교류전압 120 V를 12 V로 변환시키는 강압 변압기가 사용되고 있다. 1차 코일의 감은 횟수가 430회라면 2차 코일의 감은 횟수는 몇 회이어야 하는가?

종합문제

SP1. 그림 SP1과 같이 2개의 긴 평행 도선에 각각 8 A와 12 A의 전류가 흐르고 있다. 두 도선 사이의 거리는 4 cm이다.
   a. 한 도선이 다른 도선에 작용하는 단위 길이당 힘의 크기는 얼마인가?
   b. 각 도선에 작용하는 힘의 방향은 어느 방향인가?
   c. 12 A의 전류가 흐르는 도선의 길이가 30 cm라면 그 도선에 작용하는 총 힘은 얼마인가?

   d. 이 힘으로부터 12 A의 도선이 있는 위치에서의 8 A의 도선에 의해 생성된 자기장의 강도를 구하시오($F = IlB$).
   e. 12 A의 위치에서 8 A의 도선에 의해 생성된 자기장의 방향은 어느 쪽인가?

SP2. 감은 횟수가 70회인 4 cm × 8 cm의 직사각형 코일이 있다. 0.5 T의 균일한 자기장을 발생시키는 말굽자석의 양극 사이에서 이 코일이 회전하고 있다. 따라서 이 코일의 면은 자기장에 수직일 때도 있고 평행할 때도 있다.
   a. 직사각형 코일의 면적은 얼마인가?
   b. 코일이 회전할 때 코일을 통과하는 총 자기선속의 최댓값은 얼마인가?
   c. 코일이 회전할 때 코일을 통과하는 총 자기선속의 최솟값은 얼마인가?
   d. 코일이 1초에 한 바퀴 일정하게 회전한다면 최대의 자기선속에서 최소의 자기선속으로 변하는 데 몇 초 걸리는가?
   e. 최대 자기선속에서 최소 자기선속으로 변할 때 코일에 유도되는 전압의 평균값은 얼마인가?

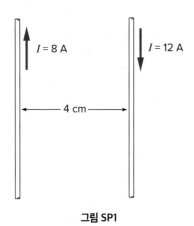

$I = 8$ A $I = 12$ A

4 cm

그림 SP1

파동 운동과 광학
Wave Motion and Optics

Kenna Love/Alamy Stock Photo

아이작 뉴턴(Isaac Newton)은 역학 분야에서의 선구적 업적으로 잘 알려져 있지만 광학 분야에서도 매우 중요한 업적을 남겼다. 그 중에서 뉴턴은 빛이 보이지 않는 입자의 흐름으로 이루어졌다는 가설을 중심으로 빛에 관한 여러 가지 특성들을 설명하였다. 반사, 굴절, 그리고 빛이 프리즘에 의해 여러 가지 색깔로 분산되는 것은 모두 이 모델을 통해 설명할 수 있었다.

그러나 뉴턴과 같은 동시대의 사람으로 네덜란드 과학자였던 크리스티안 하위헌스(Christian Huygens, 1629~1695)는 뉴턴과 반대의 견해를 가지고 있었다. 그는 빛은 파동이라고 가정하여 뉴턴이 빛이 입자라는 가정하에 설명했던 현상들을 매우 성공적으로 설명할 수가 있었다. 이후 백년 동안 이 2가지 견해는 논쟁이 되었지만 뉴턴의 명성으로 인해 빛이 입자라는 입자설이 더욱 정설로 받아들여졌다.

1800년대에 영국의 물리학자 토마스 영(Thomas Young, 1773~1829)은 빛의 간섭 효과를 보여주는 유명한 이중 슬릿 실험을 수행하였다. 간섭이란 일종의 파동 현상으로, 영의 실험 결과를 통해 빛의 파동설이 우위를 점하게 되었다. 이후 50년 동안 물리학자들과 수학자들은 파동 현상에 대한 자세한 수학적 설명을 전개하였고 간섭에 관해 새롭게 발견된 특징들을 성공적으로 설명할 수 있었다. 1865년 제임스 클러크 맥스웰(James Clerk Maxwell)은 빛과 동일한 속도를 갖는 전자기파의 존재를 예측하였고, 빛이 전자기파의 일종이라는 것을 제시함으로써 빛의 파동설을 더욱 강화시켜 주었다.

현재 자연에 존재하는 여러 다양한 현상들이 파동 운동으로 설명되고 있다. 음파, 광파, 용수철과 밧줄에서의 파동, 파도, 지진파, 그리고 중력파 등이 활발하게 연구되고 있다. 20세기 들어서 발달된 양자역학은 심지어 전자와 같은 입자에도 파동의 개념을 적용한다. 15, 16 및 17장에서 알아볼 반사, 굴절, 그리고 간섭은 모두 이러한 파동 운동의 특성이다.

역설적이지만 20세기의 새로운 연구 결과에 의하면 빛은 때때로 입자와 같은 행동을 보여주고 있다. 현재는 광파를 파동의 성질을 가지고 있는 입자인 광자(photon)의 흐름으로 보고 있다. 비록 이러한 개념이 뉴턴이 생각한 입자 모델과는 다르지만 최근의 연구 결과는 뉴턴이 부분적으로는 옳았음을 보여주고 있다. 빛(또는 모든 파동 운동)은 파동성과 입자성을 모두 나타내고 있다. 그리고 반대로 모든 입자들도 파동의 성질을 갖고 있다. 파동은 어디에나 존재한다. 파동은 물리학의 핵심 주제이다.

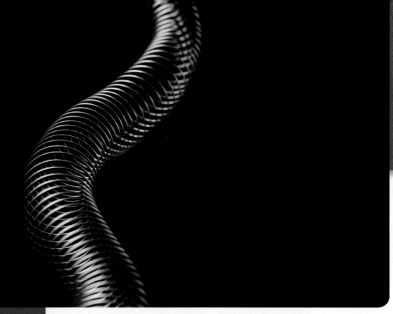

파동 만들기
Making Waves

학습목표

이 장의 학습목표는 모든 파동이 가지는 기본적인 특징과 각 파동이 가지는 특성을 알아보는 것이다. 파동이 가지는 특징으로는 속력, 파장, 주기, 그리고 주파수가 있으며 반사, 간섭, 그리고 에너지 전달 현상을 나타낸다. 줄에서의 파동과 음파를 포함한 여러 종류의 파동 운동에 대하여 보다 자세하게 알아보고, 음악의 파동적 특징에 대해서도 알아본다.

개요

① **펄스파와 주기적인 파동** 어떻게 펄스파는 용수철이나 밧줄을 따라 진행하는가? 횡파와 종파를 구분하는 것은 무엇인가? 펄스파는 주기가 긴 파동과 어떻게 관계되어 있는가?

② **밧줄에서의 파동** 밧줄에서 진행하는 파동의 일반적인 특징은 무엇인가? 파동의 특징인 주파수, 주기, 파장, 그리고 속력은 서로 어떠한 관계가 있는가? 어떤 요소들이 파동의 속력에 영향을 미치는가?

③ **간섭과 정상파** 둘 이상의 파동이 결합되면 무슨 일이 발생하겠는가? 간섭이란 무엇을 의미하는가? 정상파는 무엇이며 어떻게 만들어지는가?

④ **음파** 음파는 무엇인가? 음파는 어떻게 만들어지는가? 음의 높낮이와 화음은 음파의 특징과 어떻게 연관되는가?

⑤ **음악의 물리학** 악기들이 만들어내는 음파는 어떻게 분석할 수 있을까? 왜 어떤 주파수의 음파들의 조합은 화음이 되기도 하고 불협화음이 되기도 하는가?

UNIT FOUR

426

만약 큰 호수나 바닷가에 가 보았다면 물결이 밀려 들어오는 것을 보면서 한가로운 시간을 보낸 적이 있을 것이다. 절벽이나 조금 높은 장소에 있었다면 이러한 광경을 보기 좋았을 것이다. 그런 높은 곳에서 보면 파도가 밀려와 해변에서 부서지는 것을 보다 자세하게 볼 수 있다(그림 15.1). 이러한 파도들의 규칙성 때문에 파도를 보면 마음이 안정되며 심지어 최면에 빠질 수도 있다.

파도를 지켜보다 보면 이상한 점들이 갑자기 떠오를 것이다. 물이 계속해서 해변 쪽으로 밀려오는 것처럼 보이기는 하지만 실제로 물이 해변에 모이지는 않는다. 과연 어떤 일이 일어나고 있는가? 실제로 움직이는 것은 무엇인가? 물이 움직이는 것으로 보이는데 우리를 속이고 있는 건가?

파도 앞에 서 있다 파도가 덮치는 것을 경험하게 된다면 파도가 운반하는 에너지를 확실하게 느끼게 될 것이다. 큰 파도는 우리를 쓰러뜨리거나 휩쓸고 지나갈 수도 있다. 서핑하는 사람들은 파도의 물마루에 올라탐으로써 상당한 속도를 얻을 수 있다. 이렇게 얻은 운동 에너지는 파도로부터 얻은 것이다.

바닷가 근처의 파도의 운동은 매우 복잡하지만 파동 운동의 일반적인 성질을 보여주는 좋은 예 중의 하나이다. 빛, 소리, 라디오파, 그

그림 15.1 파도가 밀려와 해변에서 부서진다. 왜 거기에 물이 쌓이질 않는가?
Bogdan Bratosin/Moment/Getty Images

리고 기타줄에서의 파동은 해변에서 관찰되는 파도와 많은 공통점을 가진다. 파동 운동은 원자물리학과 핵물리학를 포함한 물리학의 모든 분야에 영향을 미치고 있다. 실제로 상당히 많은 자연 현상들이 파동에 의하여 설명될 수 있다.

15.1 펄스파와 주기적인 파동

파도는 파동이 갖는 일반적인 특성을 갖고 있지만 그 움직임을 자세히 살펴보면 해변 근처에서 매우 복잡하다. 아마도 이러한 복잡함이 파도를 더욱 아름답고 감탄의 대상이 되게 하는지도 모르겠다. 하지만 파동의 성질에 대한 논의를 위해서는 좀 더 간단한 예가 필요하다. 신기하게 계단을 내려가는 장난감 용수철 슬링키(slinky)는 단순한 파동을 공부하는 데 아주 이상적인 도구이다.

원래 슬링키는 금속으로 만들어졌으나 요즈음에는 플라스틱으로 만들기도 한다. 이는 대부분의 물리학 실험실의 표준 실험기구 중 하나이지만 어린 시절 쓰던 것을 하나 갖고 있거나 잘 아는 어린아이의 것을 이용해봐도 된다. 나만의 슬링키를 하나 정도 갖고 있는 것은 파동 현상에 대한 감을 발달시키는 데 도움이 된다. 그러면 슬링키를 가지고 어떤 파동을 만들 수 있을까?

어떻게 펄스파는 슬링키를 따라 진행되는가?

만약 슬링키의 한쪽 끝을 매끈한 탁자 위에 움직이지 않게 고정시켜 놓으면 슬링키를 따라 진행하는 1개의 펄스를 쉽게 만들 수 있다. 슬링키를 약간 당겨서 자유롭게 움직이는 한쪽 끝을 슬링키의 축을 따라 앞뒤로 한 번 움직인다. 그러면 그 교란이 슬링키의 자유로운 끝으로부터 고정된 끝까지 이동해 가는 것을 볼 수 있다(그림 15.2).

이런 방법으로 만들어진 **펄스파**(wave pulse)의 운동은 쉽게 관측할 수 있다. 이 펄스파는

그림 15.2 슬링키의 한쪽을 고정시키고, 다른 쪽을 단순히 앞뒤로 움직이면 진행하는 펄스파가 만들어진다.

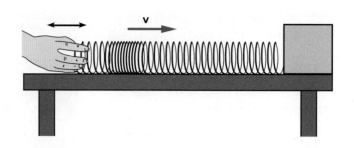

슬링키를 따라 진행하다가 고정된 끝에서 반사되어 사라지기 전에 다시 출발점 쪽으로 돌아올 수도 있다. 그러면 실제로 움직이는 것은 무엇인가? 펄스파는 슬링키를 통해 움직이고 슬링키의 일부분은 펄스파가 슬링키를 통과할 때 움직인다. 펄스가 사라진 뒤에도 슬링키는 펄스파가 통과하기 전과 정확히 똑같은 곳에 있다. 슬링키 자체는 다른 곳으로 움직이지 않은 것이다.

슬링키에 무슨 일이 일어나고 있는지 자세히 살펴보면 펄스파의 기본 성질을 확실히 알 수 있다. 슬링키의 한쪽 끝을 그림 15.2에서와 같이 앞뒤로 움직이면 부분적으로 압축이 되는데, 여기서 용수철의 고리들이 정지 상태에 있을 때보다 더 가까이 있게 된다. 이 압축된 부분은 슬링키를 따라 움직이고 우리가 보는 펄스파를 만든다. 용수철 개개의 고리들은 압축된 부분이 통과할 때 앞뒤로 움직인다.

파동 운동의 일반적인 특징

슬링키에서의 펄스파는 파동의 일반적인 특징을 보여준다. 파동은 매질(여기서는 슬링키)을 따라 움직인다. 그러나 매질 그 자체가 다른 곳으로 이동하는 것은 아니다. 파도가 해안 쪽으로 밀려오는 것 같으나 실제로는 물이 쌓이지 않는 것과 같다. 이동하는 것은 부분적으로 압축되는 매질 내부에서의 교란이며, 옆으로의 변위 또는 다른 종류의 부분적인 매질 상태의 변화이다. 이러한 교란은 매질의 특성에 의해서 주어지는 일정한 속도로 이동한다.

슬링키에서 펄스파의 속력은 슬링키의 장력에 의해 일부 결정된다. 슬링키를 잡아 늘이는 힘을 다르게 하고 펄스 속력의 변화를 관찰하면 이러한 점을 쉽게 확인할 수 있다. 슬링키를 느슨하게 늘였을 때보다 팽팽하게 당겼을 때 펄스파는 더 빠르게 진행한다. 슬링키에서 펄스 속력을 결정하는 다른 요소는 용수철의 질량이다. 같은 장력일 때 펄스는 플라스틱 슬링키보다 철 슬링키에서 더 느리게 진행한다. 왜냐하면 용수철의 단위 길이당 질량은 플라스틱보다 철이 더 크기 때문이다.

매질을 따라 에너지가 전달되는 것은 파동의 또 다른 특징이다. 슬링키의 한쪽 끝을 움직이기 위해 해준 일은 용수철의 퍼텐셜 에너지와 개별 고리의 운동 에너지 모두를 증가시킨다. 더 높은 에너지를 가진 영역은 슬링키를 따라 이동하여 반대쪽 끝에 도달한다. 에너지는 벨을 울리거나 다른 형태의 일을 할 때 사용될 수 있다. 파도에 의해 운반되는 에너지는 해안선을 침식하고 그 형태를 변형시킬 만큼 오랜 시간에 걸쳐 상당한 일을 한다. 일상의 자연현상 15.1에서 논의한 바와 같이 이 에너지는 취합되어 전력으로 변환될 수 있다.

파력 발전설비는 수면 위의 커다란 부표와 함께 수면 아래 무거운 장비와 케이블을 포함한다. 마찬가지로 해상 풍력 발전설비는 수면 위로 높은 풍력 터빈 타워를 설치해야 하는 추가적인 문제와 함께 유사한 문제를 가지고 있다. 지역 주민들은 어류나 바다 생태계에 미치는 부정적인 영향뿐만 아니라 미관상 이유로 이러한 계획들에 대하여 흔히 반대하고는 한다. 이러한 우려가 이러한 에너지원으로부터 얻을 수 있는 이점보다 우선시되어야 하는가?

횡파와 종파는 어떻게 다른가?

앞의 슬링키에서 묘사한 펄스파는 **종파**(longitudinal wave)라고 불린다. 종파에서는 매질의 교란 또는 변위는 파동 또는 펄스파의 진행 방향에 **평행**(parallel)하다. 슬링키에서는 용수철의 고리가 슬링키의 축을 따라 앞뒤로 움직인다. 그리고 펄스파도 이 축을 따라 진행한다.

물론 슬링키나 용수철에 **횡파**(transverse wave)를 만들 수 있다. 횡파에서는 교란이나 변위가 파동이 진행하는 방향에 **수직**(perpendicular)이다(그림 15.3). 만약 용수철의 축에 대해 상하 수직으로 움직이면 횡펄스파를 만들 수 있다. 이때 슬링키를 많이 당긴 상태에서 하는 것이 더 효과적이다. 슬링키보다는 길고 가는 용수철이 실제로 횡펄스파 또는 횡파를 만드는 데 더 효과적이다. 종펄스파와 같이 횡펄스파도 용수철을 따라 움직이고 용수철을 통해 에너지를 전달한다.

15.2절에서 논의할 밧줄에서의 파동은 16장 첫 절에서 논의할 전자기파와 같이 일반적으로 횡파이다. 편광 효과(16.5절)는 종파가 아니라 횡파와 연관되어 있다. 음파(15.4절)는 종파이고 슬링키에서의 종파와 여러 면에서 비슷하다. 파도는 횡파와 종파의 성질을 모두 갖고 있다.

그림 15.3 종펄스파에서 교란은 진행 방향에 평행하다. 횡펄스파에서 교란은 진행 방향에 수직이다.

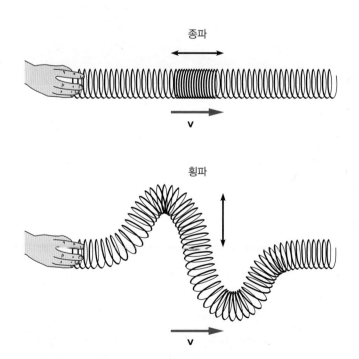

종파

v

횡파

v

파도로부터의 전력

상황 폭풍이 몰아치는 날 바닷가에서 파도가 치는 것을 본 경험이 있다면 파도가 가지는 엄청난 위력을 실감하였을 것이다. 비교적 파도가 잔잔한 날에도 파도는 지속적으로 모래를 운반하고 주변의 바위를 때린다(사진 참고). 파도와 바람에 의해 해안선은 지속적으로 변한다.

이러한 파도와 관련된 에너지를 어떻게든 유용하게 이용할 수 없을까? 이렇게 쉽게 구할 수 있는 에너지원으로부터 전력을 생산할 수 있을까? 왜 해변을 따라 있는 파력 발전소를 볼 수 없는 것일까?

분석 파도는 실제로 움직이는 물의 운동 에너지라는 형태로 에너지를 전달한다. 그러나 이 운동 에너지는 넓은 범위에 고르게 퍼져 있어 고도로 응축된 형태의 에너지가 아니며, 전달되는 속도도 그리 빠르지 않다. 이와 더불어 바닷물의 염도가 가지는 부

moodboard/Glow Image

주기적인 파동은 무엇인가?

여기까지는 슬링키에 만들어지는 단 1개의 펄스파에 대해 논의하였다. 한 번이 아니라 여러 번 앞뒤로 손을 흔든다면 슬링키에 일련의 종펄스파를 보낼 수 있을 것이다 펄스파 사이의 시간 간격이 일정하다면 슬링키에는 **주기적인 파동**(periodic wave)이 만들어질 것이다 (그림 15.4).

펄스 사이의 시간 간격을 파동의 **주기**(period)라고 하며, 흔히 T라는 기호로 표시한다. 주파수(frequency)는 단위 시간당 펄스 또는 순환수이며 주기의 역수와 같다.

식성이라는 요소가 더해져 경제성 있는 파력 발전소의 설계를 어렵게 만든다. 화석연료를 태우지 않는 전력원에 대한 필요성으로 인해 최근에 파력 발전기에 대한 몇 가지 가능한 설계가 제안되었다.

해안에서 멀어지면 수면 근처의 물은 파도의 영향으로 대부분 위아래로 움직이며 파도가 움직이는 방향으로 약간 앞으로 밀리게 된다. 파도가 지나가면 보트나 다른 떠다니는 물체가 위아래로 흔들린다. 파력 발전기와 관련된 대부분의 아이디어는 해변 근처가 아니라 해안에서 일정 거리만큼 떨어진 곳에서 에너지를 획득하는 것에 대한 것이다.

가장 유망한 설계안 중 하나는 해저에 묶인 부표를 이용하는 것이다. 부표에는 그림과 같이 선형 방식으로 움직이는 내장형 발전기가 있다. 부표의 중앙에는 긴 자석이 밧줄로 해저에 묶여 있어 위아래로 움직일 수 없다. 부표의 떠 있는 부분에는 자석을 중심으로 한 큰 도선 코일이 있다. 이 코일은 파도가 부표를 지나갈 때 위아래로 움직인다.

14장에서 논의한 바와 같이, 도선 코일을 통해 움직이는 자석은 패러데이의 법칙에 의한 전압을 발생시킬 것이다. 이 전압의 크기는 자기장의 강도와 코일의 권선수에 따라 다르다. 자석이 강하고 코일이 클수록 더 큰 전압을 얻을 것이다. 부표의 움직임이 위에서 아래로 바뀔 때 이 전압과 전류의 방향이 바뀐다.

14.5절에 설명된 전기 발전기는 도선 코일의 회전 운동과 관련된다. 대부분의 발전소에서 발전기는 고속으로 회전하는 터빈에 의해 구동된다. 미국에서는 관습적으로 60 Hz 교류를 만들어낸다. 그러나 파도에 의해 구동되는 부표의 상하 운동은 훨씬 더 낮은 주파수를 갖는다. 이러한 이유로 부표에 의해 만들어진 전류를 해안으로 전송하기 위해 직류로 변환하는 것을 고려하였다. (이 과정을 **정류**(rectification)라고 하며 그리 어렵지는 않다.)

직류는 전선에 의해 전송되는데, 전선은 부표의 밧줄을 따라 해저로 전달되고 거기에서 해안으로 이어진다. 해안에는 파력 발

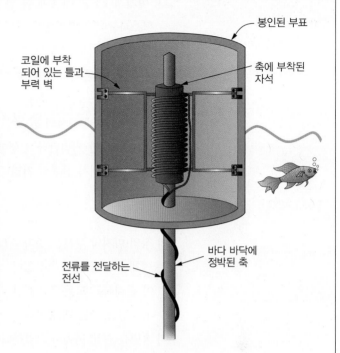

봉인된 부표
코일에 부착되어 있는 틀과 부력 벽
축에 부착된 자석
바다 바닥에 정박된 축
전류를 전달하는 전선

제안된 파력 발전기의 단순화된 도표. 부표에 부착된 도선 코일은 해저에 연결된 자석 위를 위아래로 움직이다. *Goodshoot/Punchstock RF*

전기 '공원'의 여러 부표에서 전류를 만드는 발전소가 있을 것이다. 이 발전소에서 직류는 60 Hz 교류로 변환되어 전력망을 통해 전송될 것이다. 직류를 교류로 변환하는 데 필요한 회로는 다른 많은 응용 분야에서 사용되는 표준 장비이다.

파도로부터 전력을 발생시키는 다양한 방법이 세계 여러 곳에서 연구되고 시험되고 있다. 이러한 아이디어가 경제적으로 실행 가능한지 여부는 두고 볼 일이지만 파력 발전이 미래에 현실이 될 가능성이 높다.

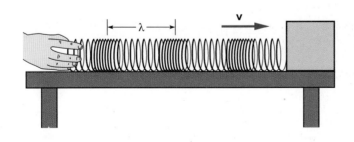

그림 15.4 균일한 시간 간격을 두고 만들어진 일련의 펄스들은 슬링키에 주기적인 파동을 발생시킨다. 파장 λ는 인접한 펄스에 해당하는 위치 간의 거리이다.

$$f = \frac{1}{T}$$

여기서 f는 주파수를 의미한다.

6장(6.5절) 단조화 운동에서 동일한 기호와 의미를 다뤘다. 주파수의 단위는 Hz(hertz)이

다. 여기서 1 Hz는 1초에 한 번 순환하는 것이다(예제 15.1 참고).

펄스파들이 슬링키에서 이동할 때 만약 펄스파들이 균일한 시간 간격을 두고 만들어졌다면 일정한 거리를 가진다. 연속된 펄스파에서 동일한 위치 사이의 거리를 **파장**(wavelength)이라고 한다. 흔히 사용되는 파장에 대한 기호는 그림 15.4에 보인 것처럼 그리스 문자 λ(lambda)이다.

주기적인 파동에서의 펄스파는 다음 펄스파가 만들어지기 전 한 주기와 동일한 시간 동안 한 파장에 대한 거리만큼 진행한다. 파동의 속력은 이들에 의해 표시될 수 있다. 속력은 파장(펄스 사이에서 진행된 거리)을 주기(펄스 사이의 시간)로 나눈 값과 같으며 다음과 같다.

$$v = \frac{\lambda}{T} = f\lambda$$

이 식의 마지막 부분은 주파수 f가 주기의 역수 $1/T$와 같은 경우 적용된다. 이러한 아이디어는 예제 15.1에 설명되어 있다.

이 관계식은 모든 주기적인 파동에 대해 성립되고 두 양 중에서 하나를 알면 나머지 주파수나 파장을 아는 데 유용하다. 파동의 속력은 매질의 성질에 의해서 결정된다. 하지만 파동의 속력은 다른 면에서 고찰하여야 할 때도 자주 있다. 예를 들면, 자유 공간에서 전자기파의 속력(16.1절)은 주파수 또는 파장과 관계없이 일정한 값(빛의 속도)을 갖는다. 파동의 속력, 파장, 그리고 주파수 사이의 관계는 다음 절에서 여러 번 설명할 것이다.

예제 15.1 ▶ 슬링키의 파동

슬링키에서 진행하는 종파의 주기는 0.25초이고 파장은 30 cm이다.
  a. 이 파동의 주파수는 얼마인가?
  b. 이 파동의 속력은 얼마인가?

a. $T = 0.25$ s
$$f = \frac{1}{T}$$
$$= \frac{1}{0.25 \text{ s}}$$
$$= \textbf{4 Hz}$$

b. $\lambda = 30$ cm
$$v = f\lambda$$
$$= (4 \text{ Hz})(30 \text{ cm})$$
$$= \textbf{120 cm/s}$$

펄스파란 매질 자체는 이동하지 않으면서 매질을 통해 움직이는 교란이다. 만약 슬링키의 끝을 축을 따라 앞뒤로 움직이면 용수철이 압축되는 영역이 종펄스를 발생한다. 만약 슬링키의 끝을 축에 대해 수직방향인 상하로 움직이면 횡펄스파가 발생된다. 주기적인 파동은 시간(주기)과 공간(파장)에서 일정한 간격으로 위치한 여러 펄스파로 구성된다. 주파수는 주기의 역수이다. 그리고 펄스의 속력은 주파수와 파장의 곱과 같다.

15.2 밧줄에서의 파동

굵은 밧줄의 한쪽 끝이 벽이나 기둥에 묶여 있다고 생각해보자. 만약 밧줄의 자유로운 다른 한쪽 끝을 위아래로 흔든다면 밧줄의 고정된 끝 쪽으로 진행하는 횡펄스파나 주기적인 횡파를 만들 수 있을 것이다. 이것은 슬링키나 용수철에서 횡파를 드는 것과 같다. 밧줄을 잘 늘어나지 않는 용수철로 생각하면 된다.

밧줄을 따라 파동이 진행할 때 파동은 어떤 모습인가? 이 경우에 교란이란 밧줄의 수평방향을 따른 직선 위치로부터의 수직 변위이다. 이 교란은 시각화와 그래프로 나타내는 것이 쉽기 때문에 이러한 형태의 파동을 학습하는 것이 파동 현상을 이해하는 데 매우 유용하다.

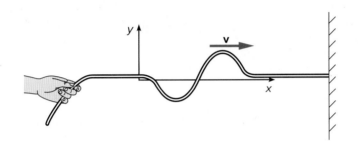

그림 15.5 어떤 순간에 당겨진 밧줄을 따라 횡펄스파가 움직일 때, 밧줄의 모양은 수평 위치에 대한 밧줄의 수직 변위 그래프로 생각할 수 있다.

파동의 그래프는 어떤 모습인가?

밧줄의 끝을 위아래로 움직여 그림 15.5와 같은 펄스파를 만드는 것을 생각해보자. 이 펄스파의 오른쪽 끝은 운동의 시작이고 왼쪽 끝은 운동의 끝이다. 슬링키의 펄스파처럼 이 교란은 밧줄을 따라 진행한다. 그러나 이 경우에 밧줄을 그림으로 그리면 수직축은 밧줄의 수직 변위 y를 나타내고 수평축은 밧줄의 수평 위치 x를 나타내는 그래프로 생각할 수 있다.

밧줄 위의 펄스 그림 한 장이 파동 운동의 모든 것을 나타내는 것은 아니다. 이것은 한 순간 밧줄의 변위를 보여주는 스냅(snap) 사진과 같다. 펄스는 이동하고 있기 때문에 잠시 후에는 다른 수평방향 위치에서 밧줄을 따라 더 멀리 떨어져 있을 것이다. 이러한 상황을 나타내기 위해서는 시간의 흐름에 따른 일련의 그래프를 그려야 한다. 펄스는 마찰 효과 때문에 그 크기는 점차 감소할 것이다. 그러나 펄스파 모양은 밧줄을 따라 이동할 때 기본적으로 같은 모양으로 유지된다.

만약 밧줄을 한 번만 위아래로 움직이지 않고 일정한 시간 간격으로 일련의 동일한 펄스를 반복해서 만들어내면 그림 15.6에서 보는 것과 같은 주기적인 파동을 만들어낼 수 있다.

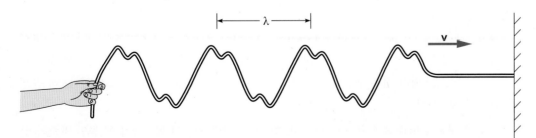

그림 15.6 당겨진 밧줄을 따라 움직이는 주기적 파동. 펄스파 사이의 거리는 파장 λ이다.

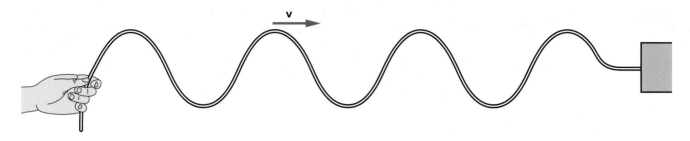

그림 15.7 조화파는 밧줄의 끝이 단조화 운동을 하면서 위아래로 움직일 때 생긴다.

그래프에서 보여지는 파장 λ는 파동이 완전히 한 번 순환하는 동안 이동하는 거리이다. 이러한 파동의 형태는 단일 펄스파와 같이 그 모양을 유지하면서 밧줄을 따라 오른쪽으로 이동한다. 파동의 앞쪽 끝이 밧줄의 고정된 끝에 도달할 때 파동은 반사되고 손이 있는 쪽으로 되돌아오기 시작한다. 이러한 상황에서 반사되는 파동은 여전히 오른쪽으로 진행하고 있는 파동과 간섭하고 밧줄의 모양은 좀 더 복잡하게 된다.

그림 15.6에서의 파동의 모양은 파동을 만들어내는 손이나 다른 진동자의 운동과 동일하게 바뀐다. 파동은 여기서 보여지는 모양보다 더 복잡할 수 있다. 이러한 경우에도 단순한 모양이 파동 운동을 분석하는 데 중요한 역할을 한다. 만약 손을 부드럽게 위아래로 단조화 운동을 시키면 밧줄 끝의 변위는 6장에서 논의한 것과 같이 시간에 따라 사인함수의 모양으로 변화할 것이다. 이와 같이 사인 모양을 갖는 주기적인 파동을 **조화파**(harmonic wave)라고 한다(그림 15.7).

다른 파동과 같이 그림 15.7에 보인 사인 파동은 고정된 끝에 반사될 때까지 밧줄을 따라 진행한다. 밧줄의 끝을 잘 움직이면, 그림 15.7에서 보이는 모양과 같은 파동을 만들 수 있다. 중심선 쪽으로 되돌아가도록 밧줄을 당기는 복원력이 중심선으로부터 멀어진 거리에 대략적으로 비례하기 때문에 밧줄이나 용수철의 각각의 부분은 단조화 운동 특성을 보인다. 이것은 6장에서 논의하였던 단조화 운동 조건이다.

조화파는 또 다른 이유로 파동 운동에 관한 논의에서 중요한 역할을 한다. 모든 주기적인 파동은 다른 파장이나 주파수를 가진 조화파의 합으로 표현될 수 있음이 입증되었다. 이것을 푸리에(Fourier) 또는 고조파(harmonic) 분석이라고 하는데, 복잡한 파동을 단순한 조화파 성분으로 분해하는 과정을 말한다(15.5절 참고). 이러한 분석을 통해 조화파를 복잡한 파의 구성요소로써 생각할 수 있다.

무엇이 밧줄에서 파동의 속력을 결정하는가?

슬링키에서의 파동처럼 밧줄에서의 파동은 펄스파의 모양이나 주파수와 관계없이 일정한 속력으로 밧줄을 따라 움직인다. 무엇이 이 속력을 결정하는가? 이 질문에 대한 답을 위해 무엇이 밧줄을 따라 전달되는 교란을 일으키는 것인지에 대해 생각할 필요가 있다. 왜 펄스파는 움직이는가?

만약 밧줄을 따라 움직이는 단 하나의 펄스파를 그린다면 이 펄스파 앞에 놓인 밧줄의 일

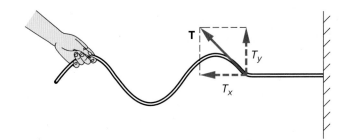

그림 15.8 펄스파의 들린 부분이 밧줄의 주어진 점에 접근할 때 밧줄의 장력은 위로 향하는 성분을 갖는다. 이것이 옆의 부분을 위로 가속되게 한다.

부분은 펄스파가 거기에 도달하기 전에는 정지해 있다. 펄스파가 다가오면서 어떤 무언가가 이 부분을 가속시켜야 한다. 펄스파가 움직이는 이유는 밧줄을 들어올리면 밧줄의 장력(밧줄의 직선을 따라 작용하는 힘)이 위로 향하는 성분을 갖기 때문이다. 이 위로 향하는 성분은 그림 15.8에서 보는 바와 같이 밧줄의 들린 부분의 오른쪽에 작용한다. 그 결과 위로 향하는 힘이 바로 옆을 위로 가속시키거나 아래로 가속시킨다.

펄스의 속력은 밧줄의 연속된 부분이 가속되는 정도에 의존하는데, 빠르게 움직이기 시작할수록 펄스가 밧줄을 따라 더 빨리 움직인다. 뉴턴의 제2법칙에 따라 이 가속도는 알짜힘의 크기에 비례하고 해당 부분의 질량에 반비례한다($\mathbf{a} = \mathbf{F}_{net}/m$). 밧줄의 장력은 가속력을 제공하기 때문에 큰 장력은 큰 가속도를 갖게 한다. 가속도는 또한 해당 부분의 질량에 연관되어 있어 질량이 클수록 가속도는 작아진다. 따라서 밧줄에서의 펄스의 속력은 밧줄의 장력에 비례하고 밧줄의 단위 길이당 질량에 반비례한다.

실제로 속력의 제곱이 장력과 단위 길이당 질량의 비 $v^2 = F/\mu$에 직접적으로 비례한다. 그래서 파동의 속력은 제곱근이 들어 있는 다음과 같은 식으로 표현할 수 있다.

$$v = \sqrt{\frac{F}{\mu}}$$

여기서 F는 밧줄의 장력의 크기(힘), μ는 그리스 문자로 뮤(mu)인데 이는 단위 길이당 질량을 나타내기 위해 자주 사용된다. 이 양은 밧줄의 총 질량을 밧줄의 길이로 나누어서 구할 수 있다. 즉 $\mu = m/L$이다.

만약 슬링키에서와 같이 밧줄을 세게 잡아당겨 장력을 증가시키면 파동의 속력이 증가될 것을 예상할 수 있다. 반대로 단위 길이당 질량이 큰 굵은 밧줄에서는 가벼운 밧줄에서보다 파동의 속력이 늦어진다. 이런 이유 때문에 가벼운 밧줄보다는 무거운 밧줄이 파동의 운동을 보여주는 데 더 효과적이다. 가벼운 밧줄 위에서 파동은 시각적으로 자세히 파악하기에는 너무 빠르게 움직일 수도 있다.

무엇이 파동의 파장과 주파수를 결정하는가?

파동의 속력과 파장의 관계를 나타내는 식($v = f\lambda$, 15.1절)은 밧줄에서 파동의 파장을 예측하는 데 유용하다. 우리가 본 바와 같이 속력은 장력과 단위 길이당 질량에 의존한다. 일단 두 양이 고정되면 파동의 속력은 일정하지만 주파수나 파장은 변할 수 있다. 주파수가 주어지면 파장을 결정할 수 있고, 역으로 파장이 주어지면 주파수를 결정할 수 있다.

이러한 아이디어를 예제 15.2에서 설명하였다. 예제 15.2에서 주어진 수치들은 어느 정도 눈으로 추적할 수 있는 파동을 만들어낼 수 있는 실제적인 값들이다. 50 N의 장력은 무거운 밧줄이 너무 늘어지지 않으면서도, 상대적으로 느린 속력의 파동을 만들기에 충분한 힘이다. 파동의 주파수는 손의 움직임에 의해 결정된다. 예제 15.2에서 주파수가 4 Hz이면 파장은 3.95 m이다. 이 값은 거의 4 m이므로 2.5주기의 파동은 10 m의 밧줄에 꼭 맞는다. 낮은 주파수는 긴 파장을 만들고 높은 주파수는 짧은 파장을 만든다.

약 16 m/s의 파동 속력을 가진 펄스는 10 m 길이의 밧줄을 진행하는 데 1초 이내가 걸린다. 이 파를 관찰하기 위해서는 빨리 볼 수 있어야 한다. 왜냐하면 1초 이내에 파동은 밧줄의 고정점에 도달하여 반사되기 때문이다. 이 반사된 파는 여전히 원래 방향으로 진행하는 파와 간섭을 한다. 만약 좀 더 편히 관찰하기 위해서는 긴 밧줄 또는 반사파를 억제할 방법이 필요할 것이다.

밧줄에서의 파동이 가지는 진정한 장점은 그래프로 쉽게 그리고 파동이 어떻게 발생되는지에 대한 물리적인 감을 쉽게 얻을 수 있다는 것이다. 강의 시간이나 실험실에서의 시연에서는 밧줄 대신에 느린 파동 속력을 위해 단위 길이당 질량이 크고 길지만 그리 뻣뻣하지 않은 용수철이 자주 사용된다.

예제 15.2 ▸ 파동 만들기

밧줄의 총 길이가 10 m이고 총 질량이 2 kg이다. 밧줄이 50 N의 장력으로 당겨져 있다. 밧줄의 한쪽 끝이 고정되고 다른 쪽은 4 Hz의 주파수로 위아래로 움직인다.

   a. 이 밧줄에서 파동의 속력은 얼마인가?

   b. 4 Hz의 주파수에 대한 파장은 얼마인가?

a. $L = 10\,\text{m}$
$m = 2\,\text{kg}$
$F = 50\,\text{N}$
$v = ?$

$$\mu = \frac{m}{L} = \frac{2\,\text{kg}}{10\,\text{m}}$$
$$= 0.2\,\text{kg/m} \ (\text{단위길이당 질량})$$

$$v = \sqrt{\frac{F}{\mu}} = \sqrt{\frac{50\,\text{N}}{0.2\,\text{kg/m}}}$$
$$= \sqrt{250\,\text{m}^2/\text{s}^2}$$
$$= \mathbf{15.8\,\text{m/s}}$$

b. $f = 4\,\text{Hz}$
$\lambda = ?$

$$v = f\lambda$$
$$\lambda = \frac{v}{f} = \frac{15.8\,\text{m/s}}{4\,\text{Hz}}$$
$$= \mathbf{3.95\,\text{m}}$$

밧줄에서의 파동 스냅 사진은 위치에 대해 밧줄의 수직 변위를 나타내는 그래프와 같다. 파동의 형태는 움직이고 있기 때문에 이 사진은 단지 시간상 한 순간의 파동을 보여준다. 파동의 속력은 장력이 증가함에 따라 증가하고 단위 길이당 질량이 커짐에 따라 감소한다. 주파수는 손을 얼마나 빨리 움직이느냐에 달려 있다. 파동의 속력과 주파수가 파장을 결정한다.

15.3 간섭과 정상파

밧줄에서의 파동이 고정된 밧줄 끝에 도달했을 때 반사되어 손을 향해 반대방향으로 진행한다. 만약 단 하나의 펄스파라면 되돌아오는 펄스파를 명확히 볼 수 있을 것이다. 그러나 파동이 긴 주기적인 파동이면 반사파는 입사파와 **간섭**한다. 간섭된 파동의 형태는 더 복잡하고 혼란스러워진다.

파도가 해변으로 접근할 때에도 마찬가지로 해변에서 반사된 파동이 들어오던 파도와 간섭을 일으켜 해변에서 멀리 떨어진 곳에서보다 더 복잡한 형태의 파동을 만든다. 2개 이상의 파동이 합쳐지는 과정을 **간섭**(interference)이라고 한다. 파동의 간섭이 일어나면 무슨 일이 일어나는가? 간섭의 결과로 나타나는 파동의 형태를 예상할 수 있는가?

밧줄에서의 두 파동은 어떻게 합쳐지는가?

밧줄에서의 파동은 파동의 간섭을 쉽게 시각화하고 기본 개념을 강조하는 데도 유용하다. 2개의 동일한 부분으로 구성된 밧줄이 매끄럽게 연결되어 원래의 두 부분과 같이 동일한 단위 길이당 질량을 가지는 단일 밧줄을 형성하는 것을 상상해보자(그림 15.9). 만약 두 갈래의 한쪽 끝을 왼손으로, 다른 한쪽을 오른손으로 잡고 흔들어주면 각각의 밧줄에 파동을 만들 수 있고 접합점에 도달하여 합쳐질 것이다.

양손을 위아래로 같은 방법으로 움직이면, 각각의 밧줄에 발생한 파동은 같아야만 한다. 이 두 파동이 접합점에 도달하였을 때 어떤 일이 벌어지는가? 각 파는 스스로 자신의 높이와 같은 교란을 만들기 때문에 두 파동이 결합된 효과는 주파수와 파장이 같고 처음 두 파동의 높이에 2배가 될 것이다. 높이가 2배인 파동은 계속해서 접합점의 오른쪽으로 진행한다.

2개 이상의 파동이 겹쳐질 경우 각각의 파동의 변위를 단순하게 산술적으로 더하여 전체 효과를 고려하는 아이디어를 **중첩의 원리**(principle of superposition)라 한다.

이러한 원리는 대부분의 파동 운동에 적용된다. 어떤 경우에는 결합된 결과에 의한 교란이 너무 커서 파동이 진행하고 있는 매질이 그에 대해 충분히 반응하지 못하는 경우도 있을 수 있다. 이 경우 알짜 교란은 중첩의 원리가 예측하는 것보다 작을 수 있다. 그러나 대부분의 경우 중첩의 원리는 유효하고, 간섭 현상을 분석하는 근간이 된다.

> 둘 이상의 파동이 결합할 때 그 결과로 생기는 교란 또는 변위는 각 교란의 합과 같다.

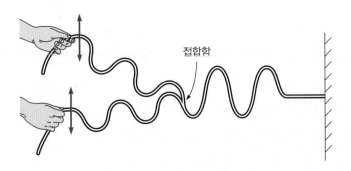

접합함

그림 15.9 접합된 2개의 동일한 밧줄에서 진행하고 있는 동일한 파들은 합쳐져 큰 파동을 만든다.

그림 15.10 상하 운동에서 정확하게 정반대 위상을 가지는 두 파동이 합쳐져 접합된 밧줄 이후에서는 알짜 교란이 전혀 없다.

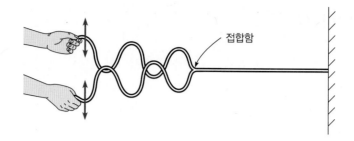

접합함

두 파동이 그림 15.9와 같이 같은 시간에 같은 방법으로 움직일 때 그것은 위상이 **같다**(in phase)고 한다. 그들이 접합점에 도달할 때 두 파동은 동일한 시간에 위로 올라가거나 아래로 내려간다. 그러나 서로 위상이 다른 2개의 파동을 만들 수도 있다. 예를 들어, 밧줄의 한쪽 끝은 위로, 다른 하나는 아래로 움직이면 만들어진 두 파동은 완전히 정반대 위상(completely out of phase)이다(그림 15.10). 이와 같은 두 파동이 겹쳐지면 어떻게 될까? 만약 두 파동의 높이가 같다면 중첩의 원리에 의해 알짜 교란은 0이 된다. 두 파동의 변위가 접합점에서 더해지면 하나의 변위는 양(위)이고 다른 하나는 음(아래)이기 때문에 서로 상쇄되어 그 합은 항상 0이다. 따라서 접합점 이후로는 파동이 더 이상 진행되지 않는다.

2개 이상의 파동을 중첩시킨 결과는 각각의 파동의 **진폭**(amplitude) 또는 크기뿐만 아니라 파동의 위상에 따라 달라진다. 접합된 밧줄을 가지고 설명한 두 경우는 극단적인 경우로 하나는 파동이 완벽히 동일 위상이고 다른 하나는 완벽히 정반대의 위상이다. 첫 번째 경우와 같이 위상이 같아 두 파동이 완전히 더해지는 경우를 **보강 간섭**(constructive interference), 위상이 서로 달라 완전히 상쇄되는 경우를 **상쇄 간섭**(destructive interference)이라고 부른다. 두 파동이 위상이 완전히 같지도 않고 완전히 다르지도 않는 중간 정도의 경우도 있을 수 있다. 이러한 경우 결과적인 파동의 높이는 0과 처음 두 파동 높이의 합 사이에 있게 된다.

정상파란 무엇인가?

각각 분리된 밧줄에서 같은 방향으로 진행하는 두 파를 중첩시키는 것은 어려운 일이지만 파도, 음파 또는 광파에서는 같은 방향으로 진행하는 2개 이상의 파동이 중첩되는 경우는 자주 일어난다. 파동 사이의 위상 차이가 밧줄에서의 파동에서 보여준 것과 같이 보강 간섭이 될지 상쇄 간섭이 될지 아니면 그 중간 어디쯤이 될지를 결정하게 된다. 밧줄이나 줄의 경우에 고정된 지지대에서 반사되는 파동이 있게 되면 서로 **반대방향**으로 진행하는 두 파동의 간섭이 발생하게 되는데 이런 경우 어떤 일이 일어나는가? 이 경우 파동은 어떻게 결합하는가?

그림 15.11은 줄에서 같은 진폭과 파장을 갖고 서로 반대방향으로 진행하는 두 파동을 보여준다. 줄 위의 서로 다른 위지를 선택하고 이 두 파동이 다른 시간에 어떻게 더해지는지를 고려하여 중첩의 원리를 적용해볼 수 있다. 예를 들어, 점 *A*에서 두 파는 항상 서로 상쇄될 것이다. 왜냐하면 서로 반대방향에서 두 파가 이 점으로 접근할 때 한 파는 양이고 다른 파는 음이기 때문이다. 이 점에서 줄은 전혀 진동하지 않을 것이다.

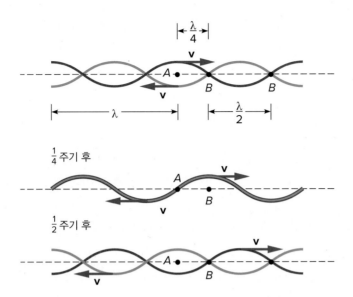

점 A로부터 양쪽 방향으로 두 파동이 1/4파장만큼 이동하게 되면 전혀 다른 결과를 얻을 것이다. 예를 들어 점 B에서는 두 파동이 서로 반대방향에서 접근할 때 항상 위상이 같을 것이다. 한 파가 양이면 다른 파도 양이다. 이 점에서 두 파동은 항상 각각의 파동 변위보다 2배 큰 변위가 되면서 더해진다.

이 두 지점에 대해서 주목할 만한 점은 이 두 점들이 줄을 따라 공간에 고정되어 있다는 것이다. 움직임이 없는 점 A를 **마디**(node)라고 한다. 두 진행파의 반파장 간격으로 줄을 따라 일정한 간격에서 마디가 존재한다. 점 A로부터 양방향으로 반파장 떨어진 곳에서는 두 파동이 역시 상쇄되는 것을 확인할 수 있다. 이러한 마디들은 움직이지 않는다.

파동이 더해져서 큰 높이 또는 큰 진폭을 만드는 점 B와 같은 점들에도 같은 원리가 적용된다. 이러한 점들은 **배**(antinode)라고 한다. 줄을 따라 반파장만큼 떨어진 고정된 위치들에서 역시 배가 발견된다. 결과적으로 다른 시간에 보이는 줄의 위치는 그림 15.12와 같다. 서로 반대방향으로 진행하고 있는 두 파동은 일정한 간격으로 배치된 고정된 마디와 배를 가지는 형태를 만들어낸다. 배에서는 줄이 큰 진폭으로 진동하며, 마디에서는 전혀 움직이지 않는다. 배와 마디 사이의 점에서는 진폭은 중간값을 갖는다.

줄의 이러한 형태의 진동을 **정상파**(standing wave)라고 하는데, 이 형태가 전혀 움직이지 않기 때문이다. 이러한 형태를 만들어내는 두 파동은 서로 반대방향으로 **움직이고 있다**. 두 파

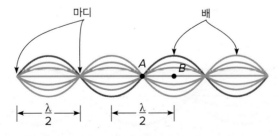

그림 15.12 서로 반대방향으로 진행하는 두 파동에 의해 만들어지는 그림 15.11에서의 형태를 정상파라 한다. (서로 다른 시간에서의 줄의 위치를 보여준다.) 인접한 마디들 또는 배들 사이의 거리는 원래 파동의 반파장이다.

동은 정지되어 있거나 고정된 형태를 만들어내는 방식으로 간섭한다. 정상파는 모든 종류의 파동 운동에서 관측될 수 있으며 서로 반대방향으로 진행하는 파동이 간섭을 일으킬 때 나타난다. 반사파가 진행파와 간섭하면 보통 이런 현상이 일어난다.

무엇이 기타줄에서의 파동의 주파수를 결정하는가?

기타 또는 피아노와 같이 현이 있는 악기들은 양쪽 끝이 고정되어 있는 굵기가 다른 여러 개의 현들로 만들어져 있으며 장력을 조절하기 위한 줄감개가 있다. 줄을 튕겨 발생한 파동은 줄에서 앞뒤로 반사되어 정상파를 만든다.

현이 내는 음의 주파수는 현의 진동수와 같고 이 주파수가 **음의 높낮이**(pitch)와 관계되어 있다. 음의 높낮이는 음악 용어로 음이 얼마나 높거나 또는 낮은가를 나타낸다. 높은 주파수는 높은 음을 나타낸다. 어떤 요소들이 기타줄의 주파수를 결정하는가? 그리고 이들은 어떻게 정상파와 관계되어 있는가?

기타줄을 쳐서 만들어진 정상파는 양쪽 끝에 마디가 있다. 줄의 양끝이 고정되어 있으므로 이 점들은 진동할 수 없다. 가장 간단한 정상파는 양끝에 마디가 있고 줄의 중간에 배가 있는 것이다(그림 15.13a). 줄을 치면 흔히 이런 정상파가 발생한다. 마디 사이의 거리는 정상파를 만드는 간섭하는 두 파동의 반파장이기 때문에, 이 간섭파의 파장은 줄의 길이의 2배 (2L)여야 한다.

이와 같은 가장 간단한 정상파를 **기본파**(fundamental wave) 또는 **1차 고조파**(first harmonic)

그림 15.13 첫 세 고조파는 양끝이 고정된 기타줄에서 생길 수 있는 3가지 가장 간단한 정상파 형태이다. 줄의 위치는 시간에 따라 마디 사이의 다중선으로 표시된 것과 같이 보인다.

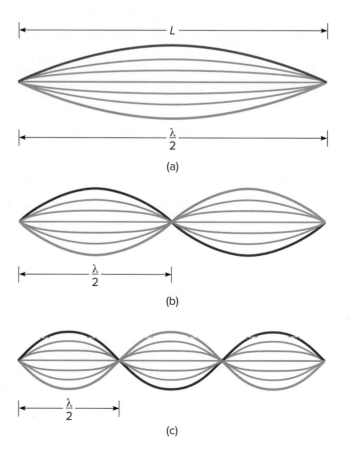

라고 부른다(그림 15.13a). 간섭파의 파장은 줄의 길이에 의해 결정된다. 주파수는 속력과 주파수와 파장 사이의 관계식($v = f\lambda$)으로부터 구할 수 있다. 속력은 15.2절에서 논의된 바와 같이 줄의 장력 F와 줄의 단위 길이당 질량 μ에 의해 결정된다.

기본파의 파장은 다음과 같이 주어진다.

$$f = \frac{v}{\lambda} = \frac{v}{2L}$$

긴 길이 L을 가지는 줄은 낮은 주파수의 음을 만들며 피아노에서 저음 현이 고음 현보다 훨씬 긴 이유이다. 기타에서는 기타목(neck)을 따라 손가락으로 줄의 일부를 누르는 플렛팅(fretting)으로 유효 길이를 줄여줌으로써 음의 높낮이를 바꿀 수 있다. 물론 유효 길이를 줄여주면 더 높은 주파수와 더 높은 음을 낼 수 있다.

주파수에 영향을 주는 또 다른 요소는 줄에 걸리는 장력과 줄의 단위 길이당 질량이다. 이들이 모두 함께 파동의 속력을 결정한다. 높은 장력이 빠른 파동 속력과 높은 주파수를 만든다. 이는 기타줄을 세게 당겨 팽팽하게 해줌으로써 쉽게 확인할 수 있다. 한편, 굵은 줄은 느린 파동 속력과 낮은 주파수를 만든다. 강철현 기타 또는 피아노의 저음을 내는 줄은 단위 길이당 질량을 증가시키기 위해 현 주변에 도선을 감아 만든다.

기타줄의 가운데 부분을 치면 기타줄의 기본파가 주로 발생하지만 그림 15.13에 보인 다른 2가지 형태와 더 많은 마디를 가지는 형태도 만들 수 있다. 예를 들어 2차 고조파를 만들기 위해서는 줄을 튕기고 동시에 줄 가운데에 손가락을 가볍게 가져간다. 그러면 그림 15.13b와 같은 2차 고조파가 만들어져 중앙과 양끝에 마디를 가진다. 이 간섭파의 파장은 줄길이 L과 같다. 따라서 이 파장이 기본파의 반이므로 주파수는 예제 15.3에서 보인 바와 같이 기본파의 2배이다. 음악적으로는 주파수가 2배인 음의 높낮이는 기본파보다 한 옥타브 위이다(15.5절 참고).

만약 줄의 한쪽 끝에서 1/3 되는 지점을 살짝 눌러주면 4개의 마디(양끝의 마디 포함)와 3개의 배를 갖는 그림 15.13c의 형태를 얻는다. 그 결과 주파수는 기본파의 3배이고 2차 고조파의 3/2배이다. 음악적으로 이는 2차 고조파보다 완전한 한 옥타브 위는 아니고 그 음의 높낮이의 5도 높은 음정이라 한다.

기타는 주변에서 쉽게 가까이할 수 있으므로 이를 이용하여 여러 가지 고조파를 만들어 보고 그 음의 높낮이를 살펴보기 바란다. 이를 위해서 음악적인 재능이나 특별한 기술이 필요한 것은 아니다. 기타를 쳐보면 설명한 아이디어를 명확하게 하는 데 도움이 될 것이다. 만약 튕겨진 줄을 자세히 살펴볼 수 있다면 정상파의 형태를 볼 수 있을 것이다(그림 15.14). 이런 형태는 형광등 아래서 관찰하는 것이 더 쉬울 것이다.

그림 15.14 강철줄로 만든 기타줄들은 서로 다른 무게를 가졌다. 가장 위의 저음 줄을 치면 진폭이 가장 큰 가운데 근처에서 흐리게 보인다. *Jill Braaten*

예제 15.3 ▶ 파동과 고조파

기타줄은 질량이 4 g이고 길이가 74 cm이며 장력이 400 N이다. 이 값들은 274 m/s의 파동 속력을 발생시킨다.

    a. 기본 주파수는 얼마인가?

    b. 2차 고조파의 주파수는 얼마인가?

a. $L = 74 \text{ cm} = 0.74 \text{ m}$
$\quad v = 274 \text{ m/s}$
$\quad \lambda = 2L$
$\quad f_1 = ?$

$$f_1 = \frac{v}{\lambda_1} = \frac{v}{2L}$$

$$= \frac{274 \text{ m/s}}{1.48 \text{ m}}$$

$$= \textbf{185 Hz}$$

b. $\lambda = L$
$\quad f_2 = ?$

$$f_2 = \frac{v}{\lambda_2} = \frac{v}{L}$$

$$= \frac{274 \text{ m/s}}{0.74 \text{ m}}$$

$$= \textbf{370 Hz}$$

$(f_2 = 2f_1$이다.)

> 2개 이상의 파가 결합될 때, 교란은 중첩의 원리에 따라 더해진다. 만약 파동들이 같은 위상이면 보강 간섭이 일어나고, 그 위상이 완전히 반대인 위상이면 상쇄 간섭이 일어나 소멸된다. 만약 두 파동이 서로 반대방향으로 진행한다면 이런 간섭은 마디와 배가 고정된 정상파 형태를 만든다. 기타줄에서 나타나는 것은 바로 이러한 정상파이다. 줄의 길이와 정상파의 형태가 파장을 결정한다. 파동 속력이 장력과 줄의 질량에 의해서 정해지기 때문에 파장은 주파수를 결정한다.

15.4 음파

음파는 기타 또는 피아노의 줄을 진동시켜 만들 수 있다. 그러나 이러한 음파를 만들어내는 여러 방법을 생각할 수 있다. 권총을 발사한다든지, 목소리를 낸다든지 또는 금속 그릇을 막대기로 친다든지 하는 것으로도 음파를 만들 수 있다. 어린아이들은 음파를 만드는 데 전문가일 것이다. 소리가 크면 클수록 더 좋다.

    음파가 우리의 귀에 도달하기 위해서는 공기를 통해 진행해야 한다. 음파는 공기 속을 어떻게 진행하는 것일까? 얼마나 빨리 움직이는가? 음파도 줄에서의 파동과 같이 간섭을 일으켜 정상파를 만드는가?

음파의 특성은 무엇인가?

스테레오 전축이나 자동차 라디오에 사용되는 스피커를 잘 살펴보면 그림 15.15와 같은 구조를 보게 될 것이다. 스피커 몸체에 고정되어 있는 영구자석 앞에 유연하고 골판지 같은

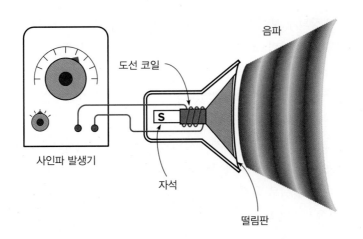

그림 15.15 진동하는 전류가 스피커의 떨림판에 붙어 있는 도선 코일에 가해져서 자석에 의해 떨림판이 당겨지거나 밀려져 소리를 만든다.

떨림판(diaphragm)이 붙어 있다. 도선 코일이 떨림판의 바닥에 붙어 있고 영구자석의 끝부분에 중심이 맞춰져 있다. 이 도선 코일에 진동 전류가 흐르면 전자석과 같이 행동하여 번갈아서 영구자석을 당기거나 밀어내게 된다. 그러면 떨림판은 걸어준 전류와 같은 주파수로 진동하게 된다.

진동하는 떨림판은 근처의 공기에 어떤 영향을 주는가? 떨림판이 앞으로 이동하면 그 앞쪽의 공기가 압축된다. 물론 떨림판이 뒤로 물러나면 낮은 압력을 만든다. 앞쪽의 공기가 압축되면 이는 또 다시 그 앞의 공기를 밀어내어 압력을 증가시킨다. 압력이 증가된 이런 부분이 공기를 통해 전달되고 압력이 낮은 부분도 마찬가지다. 이런 교란은 단일 펄스파일 수도 있다. 만약 떨림판이 앞뒤로 반복적으로 움직이면 이것은 압력 변화로 이루어지는 연속적이고 주기적인 파동을 만든다.

공기의 압력 변화에 의한 파동이 **음파**(sound wave)이다. 압력이 올라가면 압력이 낮아진 영역에서보다 공기 입자 사이의 평균 간격이 가까워진다. 그림 15.16은 공기 밀도의 변화를

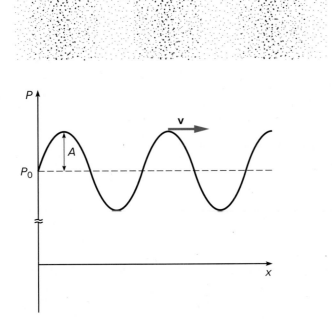

그림 15.16 음파에서는 공기 압력의 변화(와 밀도)가 공기를 통해 이동된다. 그래프는 위치에 대한 압력을 보여준다. 파동의 진폭은 A로 표현되고 벡터 **v**는 파동의 속도를 나타낸다.

갖는 음파를 좀 과장되게 보여준다. 그 아래에는 위치와 압력의 관계를 나타내는 그래프가 있다. 단조화 파동은 이 압력 그래프가 간단한 사인 모양으로 나타난다. 그래프에서 진폭 A 로 되어 있는 압력에서의 변화 정도는 음파의 소리 크기와 관련된다. 그림을 완성하기 위해서 전체 형태가 파원에서 멀리 이동하고 있다고 상상해보자. 여기에서 압력이 증가하고 감소하는 새로운 영역이 지속적으로 생성된다.

공기를 구성하는 분자들은 모든 기체와 같이 모든 방향으로 일정한 운동을 하고 있다. 그러나 무작위적인 운동 외에도 기체 분자들은 밀도가 높거나 낮은 영역을 만들기 위해 파동의 진행 방향을 따라 앞뒤로 움직이고 있어야 한다. 그러므로 음파는 **종파**이다. 분자의 변위는 슬링키의 한쪽 끝이 앞뒤로 움직일 때 슬링키에서의 파동과 매우 유사하게 파동의 전파 방향에 평행하다. 슬링키의 고리는 분자가 공기에서 움직이는 것처럼 진행 방향을 따라 앞뒤로 움직이고 공기 중에서와 같이 슬링키에서도 밀도가 증가(압축)되는 영역이 움직이게 된다.

무엇이 음속을 결정하는가?

음파는 얼마나 빠른가? 어떤 요소들이 음속을 결정하는가? 첫 번째 질문의 답은 두 번째 질문의 답보다 쉽다. 실온의 공기에서 음파는 대략 340 m/s, 또는 시간당 750마일(miles per hour, MPH)의 속력으로 진행한다. 만약 멀리 떨어진 곳에서 어떤 사람이 망치질하는 것을 보았을 때 아마 망치가 못을 치는 것을 본 후 순간적으로 귀에 소리가 들리는 것을 알아챘을 것이다. 만약 여러분 100 m 달리기의 도착 지점에 서 있다면 총소리를 듣기 전에 출발 신호원의 권총에서 나오는 불빛을 본다. 소리도 빠르기는 하지만 빛만큼 빠르지는 않다.

마찬가지로 번개가 치고 몇 초 지나서 천둥소리를 듣는다. 빛은 매우 빠르기 때문에 번쩍임과 동시에 도달한다. 하지만 언급된 음속에 대한 값만을 고려해보면 음파는 1 km 를 가는데 대략 3초(1마일은 5초)가 걸린다. 번개와 천둥소리 사이의 시간을 측정하면 번개가 얼마나 먼 곳에서 발생하였는지를 알 수 있다(그림 15.17). 만약 천둥소리를 번개의 번쩍임과 동시에 들었다면 여러분은 위험할 수도 있다.

음속을 결정하는 요소들은 파동을 전파하기 위해 한 분자가 속도의 변화를 인접한 분자들에게 얼마나 빨리 전달하는지와 관련된다. 공기의 온도는 가장 중요한 변수이다. 고온에서 공기 분자의 평균 속도가 더 빠르고 분자들끼리 더 자주 충돌하기 때문이다. 온도가 10°C 올라가면 음속이 약 6 m/s 증가한다.

공기 이외의 기체에서는 분자 또는 원자의 질량이 전파 속력에 영향을 준다. 질량이 작은 수소 분자 또는 헬륨 분자는 공기를 대부분 구성하는 질소나 산소에 비해 가속되기 쉽다. 수소에서의 음속은 비슷한 압력과 온도의 공기에서 4배나 빠르다.

음파는 기체에서보다 액체나 고체에서 더 빠른 속력으로 진행한다. 예를 들어 물에서의 음파는 공기 중에서보다 4~5배나 빠른 속력을 갖는다. 물 분자는 기체에서의 분자보다 더 가깝게 모여 있어 파동의 전파는 불규칙한 충돌에 영향을 받지 않는다. 소리는 강철 막대기나 금속에서 더 빠르게 진행하는데, 이는 원자들이 고체 격자 내에서는 단단히 결합되어 있

그림 15.17 번개치는 것과 천둥소리 사이의 간격을 측정하면 번개가 치는 곳에서 떨어진 거리를 예상할 수 있다. (음파는 1마일을 이동하는 데 약 5초가 걸린다.)

기 때문이다. 바위나 금속에서의 음파는 물에서보다 4~5배 빠르고 공기에서보다 15~20배 더 빠르다.

만약 누군가 망치로 긴 강철 레일의 끝을 때리면 레일의 반대쪽 끝에서 망치 소리를 듣게 되는데, 아마도 두 번 듣게 될 것이다. 먼저 들은 소리는 강철 레일을 통해서 전달된 것이고 나중 소리는 공기를 통해 전달된 것이다. 이 두 소리 사이의 시간 차이는 망치를 치는 곳으로부터 얼마나 멀리 떨어져 있으냐에 의해 결정된다. 소리를 내는 음원이나 관측자의 움직임 또한 듣는 소리에 영향을 줄 수 있는데, 이는 일상의 자연현상 15.2에서 설명하기로 한다.

음료수병으로 음악하기

음파에서도 정상파와 같은 간섭 현상을 관찰할 수 있을까? 가능하다. 많은 악기들을 연구하는 것은 튜브나 파이프에 정상파를 만드는 것과 관련 있다. 오르간 파이프, 클라리넷 통, 그리고 수자폰의 몇 미터 길이의 금속관 등은 모두 이러한 목적으로 있는 것이다. 이러한 현상은 간단하게 음료수병을 이용하여 쉽게 관찰할 수가 있다. 그림 15.18과 같이 액체를 병에 넣어 병 안의 공기 양을 다르게 만들 수 있다.

만약 그림 15.18과 같이 음료수병의 끝에 입술을 대고 구멍에 부드럽게 바람을 불면 소리는 병의 바닥에서 반사되어 나오는 파와 간섭을 일으켜 병 속에 정상파를 만든다. 병의 한쪽 끝이 막혀 있기 때문에 병의 바닥이 변위 마디가 된다. (변위 마디는 공기의 세로 운동이 없는 마디이다.) 반대로 병의 입구 부근 어딘가에 변위 배가 생기게 될 것을 예상할 수 있다. 왜냐하면 그곳이 진동을 일으키는 곳이기 때문이다.

움직이는 자동차의 경적과 도플러 효과

상황 복잡한 거리에 서서 자동차가 지나가며 내는 경적 소리를 들은 경험이 있을 것이다. 만약 그 소리가 어떠한지 흉내낼 수 있다면 자동차 경적을 표현하기 위해 높은 음에서 허밍을 하고 차가 지나갈 때는 낮은 음으로 소리 낼 것이다. 달리 말하자면 첫 번째 그림에서와 같이 자동차가 다가올 때보다 지나간 후에 더 낮은 주파수의 소리를 듣게 된다는 것이다.

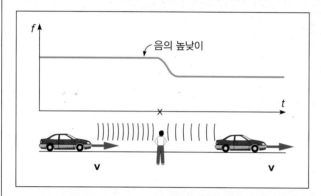

자동차가 지나감에 따라 경적의 음은 높아지다가 낮아진다.

자동차 경적이 만든 음파의 주파수가 실제로 변하는 것인가? 그럴 가능성은 전혀 없어 보인다. 자동차와 경적의 움직임과 관련된 무엇이 듣는 음의 높낮이 주파수에 영향을 주는 것이 틀림없다. 어떻게 듣는 주파수가 변하는 것을 설명할 수 있는가?

분석 두 번째 그림의 윗부분은 차가 움직이지 않을 때 경적이 내는 음파의 파동 마루인 파면(wavefront)을 보여준다. 각각의 곡선은 음파에 관계된 압력의 변화에서 공기의 압력이 최대인 면을 나타낸다. 이들 곡선 사이의 거리가 음파의 파장이다. 파장은 경적의 주파수와 공기 중에서 음속에 의해 결정된다. 파동의 속력은 주어진 시간 동안에 마루가 얼마나 움직이는가를 나타내며 경적의 주파수는 언제 다음 번 마루가 나타날지를 결정한다.

우리가 듣는 주파수는 귀에 파동 마루들이 도달하는 정도와 같다. 이것은 마루와 마루 사이의 길이(파장)와 파동의 속력에 의해 결정된다. 파도가 바닷가를 쓸고 지나가는 것과 같은 방식으로 이러한 파동 마루가 귀를 때리는 것을 생각해보자. 파동의 속력이 빠를수록 마루가 귀에 도달하는 정도가 커진다. 반대로 파장의 길이가 길수록 마루가 귀에 도달하는 정도(주파수)가 작아진다($v = f\lambda$ 또는 $f = v/\lambda$).

만약 자동차 경적이 움직이면 어떤 일이 일어나는가? 두 번째 그림의 아랫부분이 자동차 경적이 관측자를 향해 움직이는

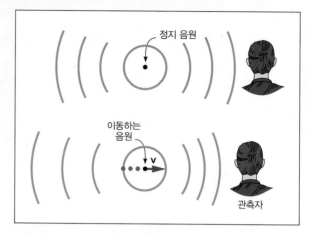

정지된 경적(위)과 관측자를 향해 움직이는 경적(아래)으로부터의 파면. 음원의 움직임이 음원 양쪽의 파장을 변화시킨다.

경우를 보여준다. 경적으로부터 나오는 파동의 마루와 다음 번 마루와의 시간차 동안에 경적도 조금 움직인다. 그림에서 보는 바와 같이 이러한 움직임이 2개의 연속된 마루 사이의 거리를 줄인다. 비록 경적이 이전과 같은 주파수의 음파를 내보내고 있을지라도 관측자를 향해 진행되고 있는 음파의 파장은 짧아진다.

정지된 경적에 의해 발생하는 것보다 관측자 쪽으로 이동하고 있는 파동의 파장이 짧기 때문에 파동 마루가 이제는 더 빨리 귀에 도달한다. 파동 마루 사이의 길이가 줄었다고 파동의 속력이 달라진 것은 아니며, 귀에 파동 마루가 도달하는 비율이 높으면 높은 주파수로 감지된다. 따라서 관측자를 향해 움직이는 경적의 주파수가 정지해 있는 경적의 주파수보다 높다. 이렇게 음원이나 관측자가 움직여서 측정되는 파동의 주파수가 달라지는 것을 **도플러 효과(Doppler effect)**라 부른다.

같은 방법으로 경적이 멀어지면 공기 중의 파장이 길어지게 된다. 길어진 파장은 측정하는 관측자가 더 낮은 주파수를 측정하게 한다. 자동차가 관측자에게 접근할 때 경적의 본래 주파수보다 높은 주파수를 듣게 되며 자동차가 관측자로부터 멀어져 갈 때 본래의 주파수보다 낮은 주파수를 듣게 되는 것이다.

음파가 진행하고 있는 공기에 대해 관측자가 움직일 때에도 또한 도플러 효과가 관측된다. 만약 관측자가 파원을 향하여 움직이고 있다면 그가 정지해 있을 때보다 더 많은 파동 마루를 거치게 되므로 본래 주파수보다 높은 주파수를 듣게 된다. 멀어져 가는 관측자는 낮은 주파수를 듣게 된다. 도플러 효과는 빛과 같은 다른 파동에서도 일어난다. 그러나 가장 흔히 움직이는 차에서 발생하는 소리를 듣는 것으로 쉽게 경험할 수 있다.

그림 15.18 음료수병 입구에 아랫입술을 갖다 대고 구멍 사이를 부드럽게 불면 병 속에 정상파가 만들어진다.
Dave King/Dorling Kindersley/ Getty Images

한쪽 끝만이 열린 관에 생기는 가장 간단한 정상파는 그림 15.19a와 같이 변위 진폭이 변한다. 곡선은 위치에 대한 변위 진폭 그래프이다. 이것이 평균적으로 얼마나 분자들이 앞뒤로 움직이는가에 대한 척도이다. 막힌 끝에 마디가 있고 열린 쪽에 배가 있다. 마디와 배 사이가 1/4 파장이기 때문에 간섭하여 정상파를 만드는 음파의 파장은 대략 관 길이의 4배가 된다.

관에 생기는 정상파의 주파수는 공기 중 음속(약 340 m/s)과 파장으로부터 결정할 수 있다. 관의 길이가 25 cm(16 oz 음료수병의 대략적인 길이)라면 간섭하는 음파의 파장은 1 m (4L)가 된다. $f = v/\lambda$이므로 이 주파수는

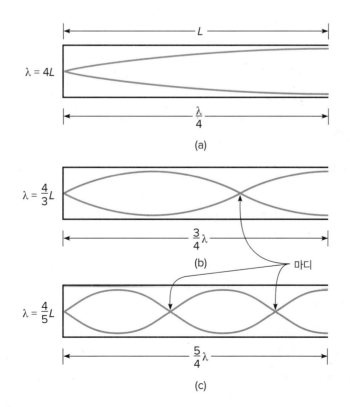

$\lambda = 4L$

$\dfrac{\lambda}{4}$

(a)

$\lambda = \dfrac{4}{3}L$

$\dfrac{3}{4}\lambda$

(b)

$\lambda = \dfrac{4}{5}L$

마디

$\dfrac{5}{4}\lambda$

(c)

그림 15.19 한쪽 끝이 막히고 다른 쪽이 열린 관의 처음 3가지 고조파의 정상파 형태를 나타낸다. 곡선은 관 속에서 앞뒤로 움직이는 관 속 각각의 위치에서 분자 운동의 진폭을 나타낸다.

$$f = \frac{340 \text{ m/s}}{1 \text{ m}} = 340 \text{ Hz}$$

음료수병은 곧은 측면을 가진 단순한 관이 아니기 때문에 음료수병에서 발생하는 음파의 주파수는 계산한 것과는 약간 다르겠지만 340 Hz 정도의 주파수로 들릴 것이다. 시도해보라.

좀 더 연습을 하면 기본 주파수보다 더 높은 고조파를 만들 수도 있다. 그림 15.19b는 다음으로 높은 고조파의 정상파 형태를 보여준다. 이것은 입구가 열린 부분 근처에 배를 갖고 관 안에 다른 배와 2개의 마디를 갖는다. 파장의 3/4이 관 안에 있기 때문에 간섭하는 파동의 파장은 관 길이의 4/3이다. 따라서 관의 길이가 25 cm이면 파장은 33 cm가 된다. 이 고조파를 만드는 음파의 주파수는 대략 1020 Hz이다(340 m/s 나누기 0.33 m). 이는 기본파 주파수의 3배이고 한 옥타브 위의 음에 해당한다.

위와 같은 방법으로 고차 고조파의 주파수를 예상할 수 있다. 관의 양쪽이 모두 열려 있거나, 또는 관의 양쪽이 모두 닫혀 있는 경우 만들어지는 정상파들도 분석할 수 있다. 실제 병 또는 악기에 의해 만들어지는 음들은 이러한 여러 고조파들이 섞여 있다. 고조파가 얼마나 섞여 있는지가 발생되는 음파의 음질 또는 풍성함을 결정한다.

정상파는 음파에서 쉽게 볼 수 있는 간섭 현상의 한 형태이다. 음파가 같은 방향으로 진행할 때도 간섭을 일으키는데, 두 간섭파의 위상차에 의해서 보강 또는 상쇄 간섭이 일어난다. 때로는 음악 공연장에서도 상쇄 간섭에 의해 소리가 들리지 않는 '사점(dead spot)'이 발생하기도 한다. 음악 공연장의 음향학적 설계는 간섭을 고려해야 하는 매우 복잡한 기술이다.

> 악기의 관 또는 현에 의해서 만들어지는 음파들이 귀에 밀려온다. 이러한 음파들은 부분적인 공기의 압축, 팽창 영역과 관계있는 종파이다. 공기 분자는 이러한 변화를 만들기 위해 파동의 진행 방향을 따라 앞뒤로 움직여야만 한다. 음파는 다른 파동과 마찬가지로 간섭을 일으킬 수 있다. 관악기나 음료수병에 의해 만들어지는 음의 높낮이는 정상파와 관계되어 있다.

15.5 음악의 물리학

15.3절과 15.4절에서 기타줄이나 한쪽 끝이 막혀 있는 관에서의 정상파에 대하여 알아보았다. 현이나 관의 길이가 발생되는 주파수를 결정하였다. 이러한 주파수는 음의 높낮이를 인지하는 것과 관련된다. 물리학과 음악에 관한 이러한 아이디어는 고대에서부터 알려져 있었다.

그러나 음악적 소리가 물리학과 관련된 것이 더 많이 있다. 예를 들면 같은 음을 연주하더라도 클라리넷의 소리와 트럼펫 또는 거의 모든 악기의 소리가 서로 다른 것은 무엇 때문인가? 또 왜 같은 기타줄을 치더라도 튕기는 위치에 따라 서로 다른 소리가 나는 것인가? 특정한 화음(chord)이 다른 음의 조합보다 좋게 들리는 것은 무엇 때문인가?

고조파 또는 주파수 분석의 개념은 이러한 많은 문제를 이해하는 데 중요한 역할을 한다. 악기의 음색은 그 악기가 만들어내는 여러 개의 주파수가 어떻게 섞여 있는가에 달려 있다. 다른 주파수의 음들이 서로 잘 어울리는지는 주파수 또는 고조파 사이의 상관관계에 달려 있다. 물론 음악을 느끼는 것에서 음을 듣는 사람의 문화적 요소도 중요하게 작용한다. 어떤 사람은 헤비메탈을 선호하는 반면 어떤 사람은 바흐를 좋아할 수도 있다.

고조파 분석이란 무엇인가?

15.3절에서 다루었던 기타줄이 만들어내는 여러 정상파들을 기억하고 있을 것이다. 1차 고조파, 즉 기본파는 줄의 양끝이 마디가 되고 줄의 중앙부는 배가 된다. 2차 고조파는 줄의 중심에 추가적인 마디를 가지는 2개의 귓불꼴(lobe, 인접한 마디 사이에서 진동하는 영역)이 있다. 3차 조화파는 양끝의 마디와 줄 위에 2개의 마디를 가지는 3개의 귓불꼴이 있다. 고조파들은 서로 다른 주파수를 가지고 있고 기본파의 주파수와 단순한 비례 관계를 가진다.

피크나 손가락으로 줄의 어딘가를 치면 단일 고조파가 발생하지는 않는다. 대신 다른 정상파 모드 또는 여러 고조파들이 섞여 발생한다. 줄에 발생한 복잡한 정상파를 구성하는 각 고조파의 진폭을 어떻게든 결정할 수 있다면, 주파수 또는 **고조파 분석**(harmonic analysis)을 하는 것이다. 두 용어는 동일하다.[*]

기타줄이 내는 소리의 고조파 분석 결과는 다소 놀라운 결과를 보여준다. 일반적으로 기타줄이 실질적으로 끝나는 브릿지로부터 줄의 길이의 1/4 되는 위의 지점을 친다. 이 부분은 2차 고조파($f_2 = 2f_1$)의 배가 되는 부분으로, 따라서 2차 고조파가 강하게 활성화된다. 이때 현의 중앙부가 배가 되는 기본파는 강하게 활성화되지 못한다. 통기타의 울림통 모양에 따라 어떤 고조파가 더욱 크게 증폭되는지가 결정된다. 고조파가 혼합된 결과는 그림 15.20에 그려진 것과 같이 보일 수 있다.

그림 15.20의 각 첨두들은 각각 다른 고조파를 나타낸다. 각 첨두의 높이는 고조파의 진폭을 나타낸다. 이러한 그래프는 대부분의 물리학과 실험실에서의 장비와 컴퓨터를 이용하여 쉽게 얻을 수 있다. 2차 및 3차 고조파의 진폭이 기본파에 비해 상대적으로 큰 것을 알 수 있다. 재미있는 사실은 이러한 방식으로 기타줄을 쳤을 때 이 음의 높낮이를 2차, 3차 고조

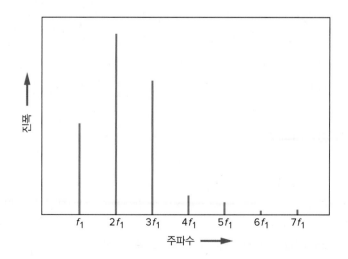

그림 15.20 기타줄을 보통 위치에서 튕기면 고조파 스펙트럼에서 2차와 3차 고조파가 종종 강하게 나타난다. f_1은 기본파의 주파수이다.

---

[*] 이러한 종류의 주파수 분석은 관련된 수학적 기술을 개발한 프랑스 수학 물리학자 장 바티스트 푸리에(Jean-Baptiste Fourier, 1768~1830)의 이름을 따서 푸리에 분석이라고도 한다.

그림 15.21 기타줄을 브릿지 가까이에서 튕기면 고차 고조파들이 고조파 스펙트럼에 나타난다. 이 결과는 투박한 소리가 된다.

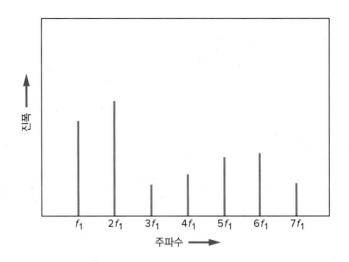

파가 아닌 기본음의 것으로 인지한다는 사실이다. 귀와 두뇌는 자신만의 분석과 해석을 수행한다.

브릿지에 무척 가까운 쪽을 튕기면 또 다른 고조파들이 합성된 소리를 얻게 되며 소리의 음색도 달라진다. 소리가 투박하다고 할 것이다. 이 경우 고조파 분석 결과는 고차 고조파들이 많이 활성화되어 있음을 보여주는데(그림 15.21), 브릿지 근처에 배가 있기 때문이다. 2차 및 3차 고조파의 진폭이 많이 줄어들었다. 이 경우에도 음의 높낮이를 여전히 기본음의 것으로 인지한다. 그러나 소리가 다르다. 이 투박한 소리는 컨트리 음악(country and western music)에서 자주 사용한다.

다른 악기들은 매우 다른 고조파가 혼합되어 있거나 또는 다른 그래프를 가지는 음색을 만들어낸다. 음악 용어로 음색(timbre)이라는 것과 관련되는 악기들 간의 이 차이는 악기가 만들어내는 음에 어떤 주파수가 섞여서 있는가에 따른다. 트럼펫은 일반적으로 고차 고조파를 발생시킨다. 트럼펫의 소리가 '밝거나 금속성'인 것은 이러한 이유에서이다. 반면에 플루트와 같은 악기는 기본파가 주도적인 역할을 하며 고차 고조파는 거의 나타나지 않는다. 따라서 플루트의 소리는 '순수(pure)'하게 들린다. 악기를 연주하는 방식에 따라서도 발생하는 고조파에 큰 영향을 미친다. 여러분이 고조파 스펙트럼을 발생할 수 있는 장비를 가지고 있다면 여러분의 목소리를 포함하여 여러 다양한 악기를 가지고 이러한 아이디어를 시험해보는 것은 상당히 흥미 있는 실험이 될 것이다.

음정은 어떻게 정의되는가?

15.3절에서 음의 주파수가 2배(1차 고조파에서 2차 고조파로 이동)가 되면 한 옥타브 위의 음으로 변한다. 옥타브(octave)라는 말은 8이라는 숫자에서 유래된 것이다. 서양 음악의 음계는 전통적으로 8개의 음계(scale)로 이루어진다. 노래를 배울 때 음계의 8개 성조를 각각 도(do), 레(re), 미(mi), 파(fa), 솔(sol), 라(ra), 시(ti), 도(do)의 음절로 구분한다(그림 15.22). 양 끝에 있는 두 도 사이에는 한 옥타브 차이가 있다.

한 옥타브 차이 나는 두 음을 연주하거나 노래를 하면 아주 유사하게 들린다. 실제로 이

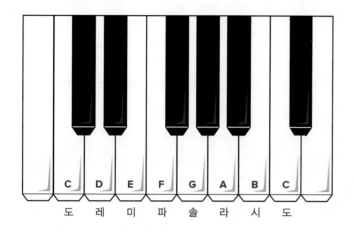

그림 15.22 C 음에서 시작해서 C 음에서 끝나는 C-장조 음계에서 이 음계의 8개 음은 모두 흰 건반으로 연주된다.

두 음의 차이를 구분하는 것은 쉽지 않다. 이것은 부분적으로 낮은 음의 기본파를 제외하고 같은 악기로 한 옥타브 떨어져 있는 두 음을 연주할 때 대부분 동일한 고차 고조파가 존재하기 때문이다. 음을 인지할 때 귀와 두뇌가 이러한 고차 고조파들을 이용한다.

기타로 3차 고조파를 연주할 때 주파수는 기본파의 3배가 되지만 2차 고조파와 비교하면 3/2배가 된다. 2차 고조파와 3차 고조파 사이에는 음정(musical interval)을 5도 화음이라고 부른다. 노래할 때 도와 솔의 차이가 이것인데, 각각은 8-성조 음계에서 첫 번째 음과 다섯 번째 음에 해당한다. "반짝반짝 작은 별(Twinkle, Twinkle, Little Star)" 연주에서 첫 번째 음표들과 두 번째 음표들 사이의 음정이다.

4차 고조파는 기본파에 4배 되는 주파수를 가지며, 따라서 2차 고조파에 비하여는 2배가 된다. 즉 2차 고조파보다 한 옥타브 높고 기본파에 비하면 두 옥타브 위가 되는 것이다. 3차 고조파와 4차 고조파의 주파수 비율은 4/3이고, 이것은 솔과 음계 맨 위의 도 사이의 음정이다. 이 음을 4도 화음이라고 하는데, 음계의 첫 번째와 네 번째 음인 도와 파 사이의 음정과 같다(예제 15.4 참고).

5차 고조파는 기본파의 주파수에 5배이다. 그러나 4차 고조파에 비교하면 주파수는 5/4배가 된다. 이 4차 고조파와 5차 고조파 사이의 음정은 장 3도(major third)라고 한다. 노래할 때, 음계에서 첫 번째와 세 번째 음인 도와 미 사이의 음정이다. 다른 음정들도 유사한 방법으로 정의할 수 있다.

음계에서 3개의 음도 음계의 다른 음들의 단순한 주파수 비율로 정의될 수 있다(종합문제 3번 참고). 시는 솔(5/4배)의 3도 위이고, 레는 솔(3/4배)의 4도 아래, 그리고 라는 파(5/4배)의 3도 위이다. 따라서 음계의 모든 음들은 기타와 같은 악기의 당겨진 줄의 길이 비율과 연관된다. 이와 같은 길이의 비와 음악 사이의 관계는 이미 기원전 530년 그리스 수학자 피타고라스(Pythagoras)에 의해 인식되었지만, 피타고라스는 자신의 음계를 구축하는 데 스스로 옥타브와 5도 화음에만 국한하였다.

그러나 이렇게 하면 기타를 조율하거나 특히 피아노를 조율하는 경우 문제가 생긴다. 물론 이렇게 조율을 하게 되면 조율을 한 음에서는 완벽한 소리를 내지만 다른 음에서는 끔찍한 소리를 낼 것이다. 예를 들어 피아노를 조율하여 가운데 C(주파수 $f = 264$ Hz)로 시작하는 음계로 시작하여 음의 비율이 모두 정확하게 조율(**순정률**(just tuning))되었다면, 다음 높

예제 15.4 ▶ 각 음정에 대한 주파수 구하기

C–장조 음계는 주파수가 약 264 Hz인 가운데 C음인 도로부터 시작된다. 질문에 있는 음정들에 대해서 완벽한 비례로 조율(순정률)되었다고 가정할 때 다음 음들의 주파수를 각각 구하시오.

　　a. 솔(G)

　　b. 파(F)

　　c. 옥타브 위의 도(high C)

a. 솔은 도 위의 5도음, 즉 비례관계로는 ³⁄₂이므로

$$f = \tfrac{3}{2}\,(264\text{ Hz}) = \textbf{396 Hz}$$

b. 파는 도 위의 4도음, 즉 비례관계로는 ⁴⁄₃이므로

$$f = \tfrac{4}{3}\,(264\text{ Hz}) = \textbf{352 Hz}$$

c. 도에서 다음 도까지는 한 옥타브이고 주파수는 2배가 되므로

$$f = 2\,(264\text{ Hz}) = \textbf{528 Hz}$$

은 음(D)에서 음계를 시작한다면 음의 비율이 정확하지 않게 될 것이다. 키 하나로 피아노를 연주하지 않으려면 음들 간의 비율을 보정할 필요가 있다. 가장 흔하게 사용하는 보정법이 **평균율**(equally tempered tuning)이다. 이러한 조율 방법에서 비율은 모두 대략 정확하지만 어떤 키에 대해서 완벽하지는 않다. 음계의 인접한 반음 사이의 비율은 모두 동일하지만 시작하는 곳이 어디든지 간에 음계의 소리는 정확하다.

표 15.1은 C 음계에 대한 평균율과 순정률의 주파수를 보여준다. 둘 다 가운데 C음보다 높은 A음에 대한 표준 주파수 440 Hz를 기본으로 하였다. 평균율 방식에서는 주된 음들과 함께 올림음(#)과 내림음(♭)을 포함시켜 12개의 같은 간격의 반음계로 만드는 것이다. 각 반음의 간격은 주파수로 1.05946배가 되는데, 이는 2의 12제곱근($\sqrt[12]{2}$) 값에 해당된다. 따라서 기본음의 주파수를 12제곱하면 2가 되어 옥타브 위가 되는 것이다. 순정률의 경우 올림음과 내림음들의 주파수를 표시하지 않았다. 다른 순정률의 경우 때로는 한 음의 내림과 그보다 아래 음의 올림의 주파수가 다를 수도 있다. 예를 들어 내림A(A♭)가 올림G(G♯)와 다른 주파수를 가지는 것이다.

역사적으로 많은 물리학자들과 수학자들이 이상적인 조율 방법에 대해 논쟁해 오고 있다. 피타고라스, 프톨레마이오스, 케플러, 그리고 갈릴레이가 이러한 아이디어의 발전에 기여했다. 지구 중심설로 유명한 클라우디오스 프톨레마이오스(Claudius Ptolemy)는 순정률의 도입에 중요한 역할을 하였다. 갈릴레이의 아버지 빈센조 갈릴레이(Vincenzo Galilei)는 음악 이론가이기도 하였는데, 갈릴레이 자신도 평균율이 제안되고 논쟁이 있던 시기에 이러한 문제들을 해결하고자 적극적으로 활동하였다. 현재는 피아노를 조율하는 데 있어 평균율이 주로 사용되고 있다. 그리고 이미 관련된 보정 방법에 익숙해져 있다.

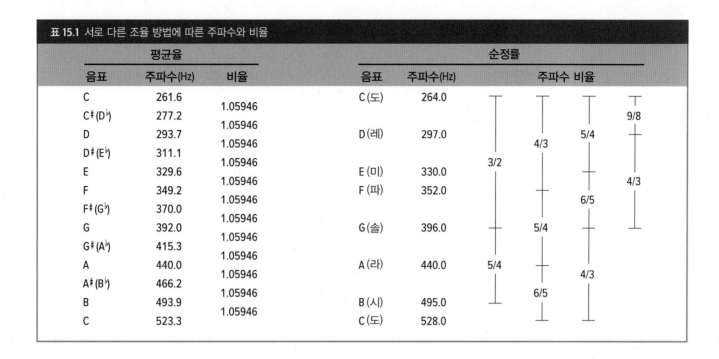

표 15.1 서로 다른 조율 방법에 따른 주파수와 비율

평균율			순정률				
음표	주파수(Hz)	비율	음표	주파수(Hz)	주파수 비율		
C	261.6		C (도)	264.0			
C♯(D♭)	277.2	1.05946					9/8
D	293.7	1.05946	D (레)	297.0	4/3	5/4	
D♯(E♭)	311.1	1.05946			3/2		
E	329.6	1.05946	E (미)	330.0			4/3
F	349.2	1.05946	F (파)	352.0		6/5	
F♯(G♭)	370.0	1.05946					
G	392.0	1.05946	G (솔)	396.0	5/4		
G♯(A♭)	415.3	1.05946					
A	440.0	1.05946	A (라)	440.0	5/4	4/3	
A♯(B♭)	466.2	1.05946					
B	493.9	1.05946	B (시)	495.0	6/5		
C	523.3	1.05946	C (도)	528.0			

왜 특별한 음들의 조합은 아름다운 화음을 만들어내는가?

왜 어떤 음들은 함께 연주될 때 귀에 듣기 좋은 아름다운 화음이 되고 또 어떤 음들은 그렇지 못한가? 이는 일부는 문화적인 요소이기도 하지만 동시에 **화성론**(harmony)이라고 부르는 것에 대한 물리적인 근거가 있다. 별로 놀랍지도 않은 게 이것은 음에서 존재하는 고조파에 의해서 일부 설명될 수 있다.

예를 들면 도와 솔을 동시에 연주하면 대부분 사람들에게는 듣기 좋은 소리가 된다. 이 두 음표는 서로 다른 문화권의 사람들에게도 듣기 좋은 소리로 들릴 것이다. 앞에서 악기나 또는 목소리로 한 음을 연주하면 그 음은 기본파의 고차 고조파들을 포함한다고 했던 것을 기억하자. 이 두 음의 단순한 주파수 비율이 ⅓이기 때문에 고차 고조파들도 동일할 것이다. 도에 대한 3차 고조파는 솔에 대한 2차 고조파와 동일하다. 그들은 고차 고조파에서 서로를 더 조화롭게 한다.

음의 모음을 화음이라고 한다. 만약 두 음에 두 음 더 높은 음, 예를 들면 도, 미, 솔, 그리고 도(한 옥타브 높은 도임) 소리는 더욱 잘 어울린다. 다시 한번 말하면 이들 음들은 고차 고조파들이 겹쳐져도 매우 좋은 소리로 들릴 수 있다. 다른 모든 화음들도 마찬가지이다. 피아노나 기타에서는 이와 같은 화음을 이용하여 음악적인 구성을 만들어 간다. 밴드나 합창에서는 다른 악기 또는 목소리가 이와 같은 화음을 제공한다.

어떤 음들은 잘 어울리지가 않으며, 특히 클래식 음악에 익숙한 사람들에게는 더욱 그렇게 느껴진다. 예를 들어 도와 레를 동시에 연주하면 **불협화음**(dissonant)이 난다. 고차 고조파들의 강한 중첩이 없어 좋은 소리가 나지 않는 것을 설명할 수 있지만 또 다른 물리 현상인 **맥놀이**에는 효과적이다.

주파수가 다른 두 파동이 결합되면 서로 간섭한다. 주파수가 다르기 때문에 시간이 지나

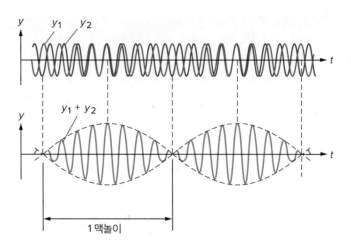

그림 15.23 맨 위의 그림에서와 같이 주파수가 약간 차이 나는 두 음파는 간섭하여 아래 그림과 같이 맥놀이를 만든다. 두 음파는 시간이 지나감에 따라 동일한 위상이 되었다 정반대의 위상이 되었다 한다.

면서 서로 동일한 위상과 정반대의 위상을 가지게 된다. 위상이 서로 동일하게 되었을 때 합쳐진 파동은 큰 진폭을 가지게 된다. 정반대의 위상이 되면 진폭은 매우 작아지게 된다. 결합된 파동의 진폭에서의 요동을 **맥놀이**(beat)라고 부른다(그림 15.23 참고).

진폭 변화의 주파수(맥놀이 주파수)는 두 파동의 주파수 차와 같다. 두 파동의 주파수가 매우 근접하다면 맥놀이 주파수는 매우 느려서 진폭의 변화를 들을 수 있을 정도가 된다. 다른 말로 하면, 소리가 커졌다 작아졌다 하는 반복적인 와우 형태를 들을 수 있게 될 것이다. 이러한 효과는 한 악기로 다른 악기를 조율할 때 유용하다. 맥놀이의 횟수가 점점 느려지다가 완진히 없어지게 되는 때가 바로 두 음의 주파수가 정확하게 일치하는 것이다. (맥놀이 현상은 두 줄의 만돌린이나 열두 줄의 기타를 조율할 때 특히 유용하다.)

두 음이 도와 레 같이 완전한 온음의 차이가 날 때는 맥놀이 주파수는 매우 빠르기 때문에 그냥 거친 소리로만 들린다. 이 거친 음은 대부분의 사람들에게 그리 듣기 좋은 소리는 아니다. 그러나 현대음악에서는 간혹 이러한 소리가 원하는 효과를 내는 데 사용되기도 한다.

두 음의 주파수 차이가 더욱 커지면 때론 맥놀이 주파수가 별도의 음처럼 들리기도 한다. 그 음의 높낮이는 맥놀이 주파수의 음과 같아진다. 예를 들면 도와 솔을 동시에 연주하면 주파수의 차이는

$$\frac{3}{2}f - f = \frac{1}{2}f$$

이다. 여기서 f는 두 음 중 낮은 음인 도의 주파수이다. 도의 절반 주파수를 가지는 음은 한 옥타브 아래의 도이다. 그래서 도와 솔을 포함하는 화음 안에서 매우 잘 어울린다. 그래서 맥놀이는 장조 화음을 연주할 때 얻을 수 있는 풍부함을 설명하는 데 도움이 될 수 있다.

음악의 물리학에는 이러한 기본 아이디어보다 훨씬 더 많은 것이 포함되어 있다. 예를 들어 좋은 콘서트홀의 음향에는 파동 간섭, 반사, 흡음 및 기타 여러 효과가 포함된다. 훌륭한 음악가는 분별력 있는 '귀'를 발달시키고 훈련을 받지 않은 사람보다 훨씬 더 쉽게 음정과 화음을 감지하고 식별할 수 있지만 우리 대부분은 많은 음악을 듣기 때문에 음향과 관련된 효

과를 충분히 느낄 수가 있다. 기타나 피아노를 가지고 노는 것은 방금 논의한 많은 아이디어를 확인시켜줄 것이다.

> 음파의 주파수는 바로 음의 높낮이와 관계가 있다. 악기로 하나의 음을 연주하면 기본파가 활성화될 뿐만 아니라 그 기본파에 정수배 고조파들이 동시에 활성화된다. 소리를 고조파 분석해보면 각각의 고조파들의 진폭을 알 수 있다. 고조파들은 서양 음계에서 음정을 정의하는 중요한 역할을 한다. 이러한 음표들의 다른 조합들은 장조 화음에서와 같이 음의 고차 고조파들이 서로를 강화하게 되는 경우 조화롭게 들린다. 서로 주파수가 차이가 나는 두 음이 간섭하면 그 주파수의 차이에 해당되는 맥놀이 현상이 일어난다. 맥놀이 주파수는 두 음이 잘 어울릴 수 있는지 아니면 불협화음으로 들릴지를 결정하는 데 중요한 역할을 한다.

요약

파동은 매질을 통해 에너지를 전파하는 움직이는 교란이다. 파도, 슬링키의 파동, 줄이나 밧줄에서의 파동, 그리고 음파는 모두 모든 파동 운동에서 공통적으로 나타나는 반사 및 간섭과 같은 특징을 가지고 있다. 이러한 파동은 관련된 매질의 유형, 전파되는 교란의 특성, 그리고 속력이 다르다. 정상파와 고조파 분석은 음악의 물리학에서 중요한 역할을 한다.

① **펄스파 및 주기적인 파동** 단일 펄스와 연속파를 포함하여 파동의 기본 기능을 슬링키에서 보여줄 수 있다. 종파의 경우 교란은 진행선을 따라 발생한다. 횡파의 경우 진행 방향에 수직이다. 파동의 속력은 주파수에 파동의 파장을 곱한 것과 같다.

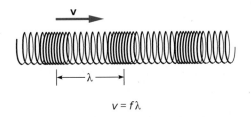

$$v = f\lambda$$

② **밧줄에서의 파동** 횡파는 밧줄이나 줄에서 만들어질 수 있다. 밧줄의 끝이 단조화 운동을 하면 파동은 사인 모양을 갖는다. 파동의 속력은 밧줄의 장력과 밧줄의 단위 길이당 질량($\mu = m/L$)에 따라 달라진다.

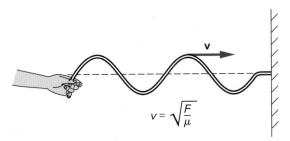

$$v = \sqrt{\frac{F}{\mu}}$$

③ **간섭과 정상파** 2개 이상의 파동이 결합되면 교란이 더해져 새로운 파동을 만든다. 파동이 위상이 같으면 더 큰 진폭을 만드는 보강 간섭이 될 수 있고, 위상이 맞지 않으면 더 작거나 0인 진폭을 가지는 상쇄 간섭이 될 수 있다. 반대방향으로 진행하는 2개의 파동은 정상파를 만든다.

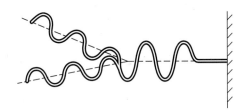

④ **음파** 음파는 공기 또는 기타 매질을 통한 압력 변화를 전파하는 종파이다. 음속은 실온 공기에서 약 340 m/s이다. 관과 음료

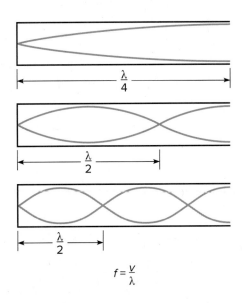

$$f = \frac{v}{\lambda}$$

수병에서 정상파가 형성될 수 있다. 관의 길이는 다양한 고조파의 파장과 주파수를 결정한다.

⑤ 음악의 물리학 고조파 분석에 따르면 대부분의 악기에서 연주되는 음에는 기본 주파수와 함께 고차 고조파가 혼합되어 있다.

음계와 음정은 이러한 고조파 간의 비율을 기반으로 한다. 고차 고조파가 겹쳐지면 음들의 조합이 조화롭게 들린다. 두 음의 높낮이가 너무 가까우면 불협화음이 될 수 있다.

개념문제

Q1. 펄스파가 슬링키를 따라 전달된다. 그러나 슬링키 자체는 위치가 변하지 않는다. 이 과정에서 에너지 전달이 어떻게 일어나는가? 설명하시오.

Q2. 일상의 자연현상 15.1에 설명된 부표의 자석이 해저에 묶여 있고 위아래로 움직이지 않는다면 동력을 만들어내기 위해 파동 운동을 어떻게 이용해야 하는가? 설명하시오.

Q3. 천천히 움직이는 기관차가 서 있는 연결된 철도 차량과 충돌한다. 각각의 차량이 다음 차량과 충돌할 때 펄스파가 전송된다. 이 파동은 횡파인가 종파인가? 설명하시오.

Q4. 슬링키의 끝을 앞뒤로 움직이는 주파수를 높이면 파장이 증가하거나 감소하는가? 설명하시오.

Q5. 슬링키에서 횡파를 생성할 수 있는가? 설명하시오.

Q6. 밧줄에서 종파를 생성할 수 있는가? 설명하시오.

Q7. 횡펄스파가 밧줄을 따라 이동할 때 밧줄의 각 분분을 가속시키는 힘은 무엇인가? 설명하시오.

Q8. 밧줄 끝의 진동수를 동일하게 유지하면서 밧줄의 장력을 증가시킨다고 가정한다. 이것은 생성된 파동의 파장에 어떤 영향을 미치는가? 설명하시오.

Q9. 2개의 밧줄이 매끄럽게 연결되어 하나의 밧줄이 되어 벽에 부착된다. 두 밧줄의 끝이 위상이 동일하게 위아래로 움직이지만 두 밧줄이 연결되는 곳에서 한 밧줄의 파장이 다른 밧줄보다 반파장 더 길면 두 밧줄이 접합되는 지점에서 두 파동의 간섭은 보강 간섭인가 아니면 상쇄 간섭인가? 설명하시오.

Q10. 벽에 부착된 밧줄의 반대쪽 끝을 적절한 주파수로 위아래로 움직이면 정상파를 형성할 수 있다. 첫 번째 파동과 간섭하여 정상파를 형성하는 두 번째 파동은 어디에서 오는가? 설명하시오.

Q11. 정상파의 배 사이의 거리는 정상파를 형성하기 위해 간섭하는 두 파동의 파장과 같은가? 설명하시오.

Q12. 질량을 증가시키기 위해 도선을 기타줄에 감는다면, 줄에 형성되는 기본 정상파의 주파수와 파장에 어떤 영향을 미치는가? 설명하시오.

Q13. 소리가 강철 막대를 통해 이동할 수 있는가? 설명하시오.

Q14. 오르간 파이프의 온도가 실온 이상으로 증가하여 파이프의 음파 속력이 증가하지만 파이프 길이에는 크게 영향을 미치지 않으면, 파이프에서 생성되는 정상파의 주파수에 어떤 영향을 미치는가? 설명하시오.

Q15. 트럭에서 연주하는 밴드가 행렬의 거의 마지막에 빠르게 다가오고 있다. 이미 트럭을 지나쳐 간 사람이 들은 것과 같은 다양한 악기의 음높이를 들을 수 있는가? 설명하시오(일상의 자연현상 15.2 참고).

Q16. 음파가 진공을 통해 이동할 수 있는가? 설명하시오.

Q17. 평소 위치에서 기타줄을 칠 때 2차 고조파가 1차 고조파 또는 기본음보다 더 클 가능성이 높은 이유는 무엇인가? 설명하시오.

Q18. 5도 음정은 튕긴 줄의 3차 고조파와 어떤 관련이 있는가? 설명하시오.

Q19. 주파수와 음의 높낮이는 관련되어 있지만 같은 것인가? 특정 음높이가 있는 음을 구분할 때 단일 주파수를 포함할 가능성이 있는가? 조율을 할 수 없는 사람이 인지하는 음높이는 훈련된 음악가와 어떻게 다른가? 논의하시오.

연습문제

E1. 부두로 들어오는 파도의 속도가 2.1 m/s이고 파장이 5.6 m 라고 가정한다. 이 파도가 부두와 만나는 주파수는 얼마인가?

E2. 슬링키의 종파는 주파수가 6 Hz이고 속력이 1.5 m/s이다. 이 파동의 파장은 얼마인가?

E3. 줄의 파동은 11.5 m/s의 속력과 0.2초의 주기를 갖는다.
   a. 파동의 주파수는 얼마인가?
   b. 파동의 파장은 얼마인가?

E4. 길이가 0.75 m인 줄이 양쪽 끝에 고정되어 있다.
   a. 이것에 정상파를 형성하기 위해 간섭할 수 있는 진행파의 가능한 가장 긴 파장은 얼마인가?
   b. 이 줄에서 파동이 130 m/s의 속력으로 진행한다면, 이 가장 긴 파장과 관련된 주파수는 얼마인가?

E5. 음파의 속력은 상온 공기에서 340 m/s이다. 주파수가 440 Hz인 A 장조음의 파장은 얼마인가?

E6. 한쪽 끝이 닫혀 있고 다른 쪽 끝이 열려 있는 오르간 파이프의 길이는 0.6 m이다.
   a. 이 파이프에서 정상파를 형성할 수 있는 음파의 가능한 가장 긴 파장은 얼마인가?
   b. 음속이 340 m/s이면 정상파의 주파수는 얼마인가?

E7. 주어진 음계에서 파의 주파수가 348 Hz인 경우, 이 음계의 맨 아래에 있는 도의 이상적인 비율 주파수(순정률을 사용하여)는 얼마인가?

E8. 도는 주파수가 265 Hz이고 레는 334 Hz라면, 이 두 음표를 함께 연주할 때 생성되는 맥놀이 주파수는 얼마인가?

E9. 450 Hz 음과 360 Hz 음이 같이 연주될 때 나타나는 맥놀이 주파수는 얼마인가? 이 맥놀이 주파수가 고른음(musical tone)으로 들리면 이 고른음은 원래 두 음과 어떤 관련이 있는가? 음정은 무엇인가?

종합문제

SP1. 어떤 밧줄의 길이는 12 m이고 질량은 3.2 kg이다. 한쪽 끝은 고정되고 다른 쪽 끝은 48.6 N의 장력으로 팽팽하게 유지된다. 밧줄의 끝을 4.5 Hz의 주파수로 위아래로 움직인다.
   a. 밧줄의 단위 길이당 질량은 얼마인가?
   b. 이 밧줄의 파동의 속력은 얼마인가?
   c. 4.5 Hz의 주파수를 가진 이 밧줄의 파동의 파장은 얼마인가?
   d. 이 파동의 완전한 주기가 밧줄에 몇 번이나 포함될 수 있는가?
   e. 파동의 앞부분이 밧줄의 반대편에 도달해서 다시 되돌아오려 할 때까지 얼마나 걸릴까?

SP2. 양쪽 끝이 열려 있는 관은 적절하게 여기되면 관의 양쪽 끝 근처에 배가 있는 정상파를 형성한다. 길이가 60 cm인 열린 관이 있다고 가정한다.
   a. 이 관에 대한 기본 정상파의 정상파 형태를 그려보시오. (중간에 마디가 있고 양끝에 배가 있다.)
   b. 간섭을 일으켜 기본파를 형성하는 음파의 파장은 얼마인가?
   c. 공기 중의 음속이 340 m/s이면 주파수는 얼마인가?
   d. 공기의 온도가 증가해서 음속이 358 m/s가 되면 주파수가 얼마나 바뀌는가?
   e. 정상파 형태를 그리고 이 관의 다음 고조파에 대한 파장과 주파수를 찾으시오.

SP3. 순정률 음계에 대한 이상적인 비율이 설명된 15.5절의 절차를 사용하여 가운데 C(264 Hz)와 가운데 C 위의 C(C-장조 음계) 사이의 모든 흰색 건반에 대한 주파수를 찾으시오. 평균율에 대한 주파수와 순정률에 대한 주파수를 비교하시오.
   a. G(솔)는 C($\frac{3}{2}$) 5도 위이다.
   b. F(파)는 C($\frac{4}{3}$) 4도 위이다.
   c. E(미)는 C($\frac{5}{4}$) 장 3도 위이다.
   d. B(시)는 G(솔) 장 3도 위이다.
   e. D(레)는 G(솔) 4도 아래이다.
   f. A(라)는 F(파) 장 3도 위이다.

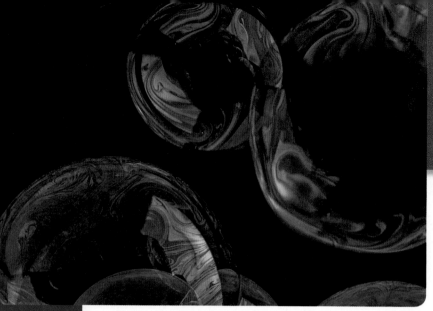

CHAPTER **16**

광파와 색
Light Waves and Color

학습목표

빛이란 무엇이며, 어떤 특성을 가지고 있으며, 매일 경험하는 다양한 색과 관련된 현상들을 어떻게 설명할 것인가? 빛이 전자기파라는 것을 아는 것에서부터 시작하여 빛의 특징인 흡수, 선택적 반사, 간섭, 회절, 그리고 편광에 대해서 알아볼 것이다. 색을 인지하는 것은 이러한 모든 특성에 영향을 받는다.

개요

(1) **전자기파** 전자기파란 무엇이며, 어떻게 만들어지는가? 빛이란 무엇인가? 빛은 라디오파와 어떤 면에서 동일하고, 또 어떤 면이 서로 다른가?

(2) **파장과 색** 빛의 색과 파장은 어떤 관계가 있는가? 사람은 색깔을 어떻게 인지하는가? 선택적인 반사와 흡수, 그리고 산란은 우리가 보는 물체의 색과 어떤 관계가 있는가? 하늘은 왜 파란색인가?

(3) **광파의 간섭** 영의 이중 슬릿 간섭 실험은 어떻게 빛이 파동이라는 것을 설명할 수 있었는가? 박막 간섭이란 무엇인가? 기름 덩어리 또는 다른 박막에서 보이는 간섭색을 어떻게 설명할 수 있는가?

(4) **회절과 회절격자** 회절이란 무엇인가? 회절은 미세한 것을 보는 것을 어떻게 제한하는가? 회절격자란 무엇이며, 빛의 파장을 측정하는 데 어떻게 사용되는가?

(5) **편광된 빛** 편광된 빛이란 무엇인가? 편광된 빛은 어떻게 만들며, 빛이 편광되었는지 어떻게 알 수 있는가? 복굴절이란 무엇이며, 색과 관련된 현상을 어떻게 만들어내는가?

왜 세상이 그렇게 다채롭게 보이는지 궁금한 적이 있는가? 빛은 우리가 보는 것과 분명히 관련성이 있지만 그렇다면 빛은 무엇인가? 비누막은 어떻게 다양한 색채를 띠며 또 하늘은 왜 파란색인가? 이러한 모든 현상들은 빛의 파동성과 관계된다.

어렸을 때 비눗방울 놀이를 해본 경험이 있을 것이다. 비눗방울 만드는 금속 고리로 비누막이 만들어지면 매우 놀라웠을 것이다. 만약 그대로 고리를 잡고 있으면 비누막에 색 띠 형태가 만들어질 것이다(그림 16.1). 이 띠를 살펴보면 이 비누막이 사라질 때까지 색이 계속 바뀌는 것을 알 수 있을 것이다.

이러한 현상은 어떻게 설명할 수 있는가? 비누막이나 비눗방울 또는 그 이외에도 색과 관련되는 많은 현상들이 파동인 빛의 간섭 현상과 관련이 있다. 간섭을 포함한 빛과 관련된 많은 아이디어가 15장에 소개되어 있지만 광파로 인해 이러한 아이디어의 놀랍고도 흥미로운 현상들이 많이 발생한다.

빛은 전자기파이다. 이것이 의미하는 바를 살펴볼 것이다. 광파도 반사, 회절, 굴절, 편광, 그리고 흡수될 수 있다. 서로 간섭을 일으켜 놀라운 효과들을 보여주기도 한다. 반사와 굴절은 17장에서 설명할 광선 추적에 의해 설명할 수 있다. 광선 추적은 현미경이나 망원경과 같은 여러 광학 기구물을 만드는 데 사용되는 렌즈와 거울에 의한 빛의 진행에 대해서 설명한다.

그림 16.1 비눗방울에 반사되는 빛은 간섭에 의해 아름다운 색채를 나타낸다.
ffaber53/iStock/Getty Images

단원 4에서 간략히 설명한 바와 같이 빛은 파동과 입자의 특성을 모두 가지고 있다. 이 장에서는 빛의 파동성에 따른 특징에 집중할 것이다. 파동 광학은 흡수, 산란, 그리고 편광과 같은 특성뿐만 아니라 간섭과 회절 현상을 설명할 수 있다. 이러한 현상들 모두 우리가 보는 색과 연관되어 있다.

16.1 전자기파

빛, 라디오파, 마이크로파, 그리고 X선의 공통점은 무엇인가? 이들은 모두 전자기파의 한 형태이다. 또한 현대 기술사회에서 극도로 중요한 무척이나 다양한 현상과 관련 있다.

전자기파 존재에 대한 예측과 관련된 특성에 대해 기술된 내용이 1865년 제임스 클라크 맥스웰(James Clerk Maxwell)에 의해서 처음으로 발표되었다. 맥스웰은 전자기학, 열역학, 기체의 운동역학, 색깔의 인식과 천문학 등 물리학의 여러 분야에 중요한 기여를 한 아주 유능한 이론 물리학자이다. 그러나 그는 이미 언급하였던 전기장과 자기장에 관한 연구로 가장 잘 알려져 있다. 전자기파에 대한 그의 설명과 속력에 대한 예측은 그가 수행한 많은 연구 중에 단지 하나일 뿐이다.

전자기파란 무엇인가?

전자기파(electromagnetic wave)를 이해하기 위해서 전기장과 자기장의 개념에 대해 복습할 필요가 있다. 두 장은 모두 대전 입자에 의해 만들어질 수 있다. 자기장을 만들기 위해서는 전하의 움직임이 필요하나 전기장은 전하의 움직임과 관계없이 주어진다. 이러한 장들은 전하 주위의 공간의 특징이며, 12장과 14장에서 논의한 것처럼 다른 전하에 작용하는 힘을 예측하는 데 유용하다.

그림 16.2 도선에서 빠르게 변하는 교류 전류는 시간에 따라 방향과 크기가 변화하는 자기장(**B**)을 만든다.

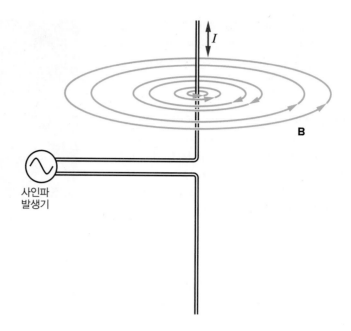

사인파
발생기

그림 16.2와 같이 교류 전원에 연결된 두 도선의 위아래로 전류가 흐른다고 가정하자. 전류 방향이 매우 빠르게 바뀌면 개방 회로처럼 보이지만 교류가 이와 같이 흐를 것이다. 한 부호의 전하가 도선에 보이기 시작하다 모인 전하가 너무 커지기 전에 전류의 방향이 바뀌어 전류가 반대로 흐르게 되면 반대 부호의 전하가 모이기 시작할 것이다. 그래서 전하량도 변하고 전류도 변하게 되는 것이다.

이러한 형태에서 만들어지는 자기장은 도선을 중심으로 그림에서와 같이 원형의 자기력선으로 그릴 수 있다. 그러나 이 자기장은 그 크기와 방향이 전류가 변함에 따라 계속 바뀐다. 맥스웰은 패러데이의 법칙으로부터 변화하는 자기장은 자기력선에 수직인 평면에 놓인 회로에 전압을 발생시키는 것을 알았다. 전압은 전기장을 암시하는데, 회로가 없다고 하더라도 변화하는 자기장은 자기장이 변하고 있는 공간의 모든 위치에서 전기장을 발생시킨다.

패러데이의 법칙에 의하면 변화하는 자기장은 변화하는 전기장을 만든다. 맥스웰은 전기장과 자기장의 특징에서 대칭성을 발견하였다. 변화하는 전기장 또한 자기장을 발생시켰다. 맥스웰은 전기장과 자기장의 특징을 기술하는 그의 방정식에서 이러한 현상을 예측하였고, 실험적으로 이러한 사실들은 발견되었다.

맥스웰은 이러한 장들과 관계되어 있는 파동은 공간을 통해 전파될 수 있다는 것을 알았다. 변화하는 자기장은 변화하는 전기장을 만들고, 이는 다시 변화하는 자기장을 만들고, 이러한 과정이 반복된다. 진공에서 이러한 과정이 무한히 반복되면 장을 만들어내는 원천에서 매우 멀리 떨어진 곳에 위치한 대전 입자에 미치는 영향이 일정한 전류나 전하에 의해서 만들어진 장이 미치는 영향보다 더 클 수가 있다. 이것이 전자기파가 만들어지는 원리이다. (보다 일반적인 면에서 가속된 전하는 전자기파를 발생시킨다.) 그림 16.2의 도선은 전파를 내보내는 안테나 역할을 한다. 동일한 안테나를 이용하면 이 파를 검출하는 데 이용할 수 있다.

비록 맥스웰이 1865년에 전자기파의 존재를 예상하였지만 전기 회로를 가지고 전자기파를 발생시켜 검출한 첫 번째 실험은 1888년 하인리히 헤르츠(Heinrich Hertz, 1857~1894)

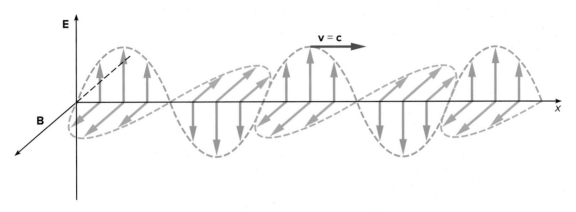

그림 16.3 전자기파 내의 시간에 따라 변화하는 전기장(**E**)과 자기장(**B**)은 서로 수직이며 진행 방향에도 수직이다.

에 의해 수행되었다. 헤르츠가 사용한 안테나는 직선형이 아니라 원형 고리 도선이었다. 이후 실험에서는 직선 도선도 이용하였다. 그는 회로에서 발생된 전자기파를 상당히 멀리 떨어진 곳에 다른 회로를 통해서 관측하였는데, 이러한 실험을 통해 라디오파를 발견하게 되었다.

그림 16.3은 간단한 전자기파의 특징을 보다 자세히 보여준다. 그림 16.2와 같이, 만약 자기장 **B**가 수평면에 있다면, 이 변하는 자기장에 의해 만들어지는 전기장 **E**는 수직방향에 있다. 이 2개의 장들은 서로 수직이며, 파동이 진행하는 방향에 대해서도 모두 수직이다. 따라서 전자기파는 횡파이다. 그림에서 전기장과 자기장의 크기는 사인함수의 모양으로 그려졌으며 서로 위상이 같다. 그러나 더 복잡한 형태도 가능하다.

다른 형태의 파동과 같이 이 사인파 형태는 이동한다. 그림 16.3은 한 순간 특정 직선만을 따르는 장의 크기와 방향을 보여준다. 물론 안테나에 수직인 모든 방향에서 이러한 변화가 발생한다. 사인 형태가 움직이면서 공간상의 모든 점에서 장의 값은 교대로 증가하고 감소한다. 장의 크기가 0을 지나면서, 방향이 바뀌면서 반대방향으로 증가하기 시작한다. 전기장과 자기장의 이러한 조화로운 변화가 전자기파를 이룬다.

전자기파의 속력은 얼마인가?

맥스웰은 그의 전자기학 이론에서 전자기파의 존재를 예측하면서 전자기파의 속력을 계산할 수 있었다. 진공에서 전자기파의 속력은 2개의 상수로부터 계산될 수 있었는데, 이 2개의 상수는 쿨롱의 법칙에서 쿨롱 상수인 k와 전류가 흐르는 두 도선 사이의 힘을 나타내는 앙페르의 공식에서 자기력 상수인 k'이다. 맥스웰의 이론은 파동의 속력이 이 두 숫자의 비를 제곱근 한 것($v = \sqrt{k/k'}$)과 같다고 예언했는데, 그 값이 3×10^8 m/s이다.

매우 큰 값이라는 것 이외에 놀랄 만한 사실은 이 값이 빛의 속도로 알려진 값과 같다는 것이다. 빛의 속도는 맥스웰의 이론이 발표되기 수년 전에 다른 과학자들에 의해 매우 정확하게 측정되었다. 제안한 값과 측정한 빛의 속도가 일치하게 되면서 맥스웰은 빛이 전자기파의 일종이라고 제안하게 되었다. 이로써 광학과 전자기학이 최초로 직접적인 관련성을 가지게 되었다.

그림 16.4 그림은 빛의 속도를 측정하기 위한 피조의 톱니바퀴 장치이다. 빠르게 도는 바퀴가 조금 회전하였을 때 되돌아오는 빛은 바퀴의 톱니에 의해 차단된다.

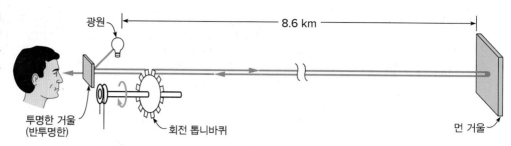

맥스웰 시대에도 빛의 속도를 정밀하게 측정하는 것은 쉬운 일이 아니었다. 갈릴레이는 250년 전에 처음으로 빛의 속도를 측정하고자 하였다. 갈릴레이는 자신이 쓰는 비슷한 등의 빛을 처음 보았을 때 등불을 열라는 지시를 하고 셔터가 달린 등불을 조수에게 주어 먼 언덕으로 보냈다. 갈릴레이는 그의 조수에게서 되돌아오는 빛의 시간을 측정하려고 하였지만, 이 계획은 불행히도 실패하였다. 광선이 왕복하는 시간에 비해 등불을 여는 데 걸리는 시간이 너무 길었던 것이다.

천문학자들이 빛의 속도에 대해서 추정하긴 하였지만 지상에서 측정한 최초의 성공적인 결과는 1849년 피조(Armand-Hippolyte Fizeau, 1819~1896)에 의해 얻을 수 있었다. 피조는 그림 16.4와 같이 톱니바퀴 장치를 사용하였다. 광선은 회전하는 바퀴의 톱니 사이를 통과하여 먼 거울에서 반사된다. 톱니가 회전하여 톱니 사이의 홈이 막히면 거울에서 되돌아오는 광선은 막히게 된다. 바퀴의 회전 속력을 측정하고 광선이 바퀴로 돌아오기 위해 이동한 거리를 파악함으로써 피조는 빛의 속도를 계산할 수 있었다.

피조의 톱니바퀴에서 한 톱니가 다음 번 톱니로 이동하는 데 걸린 시간은 1/10000초 이내였다. 이 회전율에서도 그의 반사 거울은 톱니바퀴로부터 8 km 이상 떨어져 있어야 했다. 피조의 실험에서 빛이 1/10000초 이내에 16 km 이상 진행한다는 사실을 알면 빛의 속도의 엄청난 크기를 어느 정도 이해할 수 있을 것이다.

빛의 속도는 중요한 자연 상수이다. 그래서 진공에서의 빛의 속도를 c로 나타낸다. 이 값은 $c = 2.99792458 \times 10^8$ m/s로 정의되어 있고, 보통 인용하고 기억하는 3×10^8 m/s에 매우 가깝다. 빛(그리고 다른 형태의 전자기파)은 유리나 물 같은 다른 매질에서는 다소 느리게 이동하지만 공기에서의 전자기파의 속력은 진공에서의 속력과 거의 같다.

다른 종류의 전자기파가 있는가?

앞에서 라디오파와 광파가 모두 전자기파인 것을 알았다. 이 둘은 같은가, 또는 어떤 중요한 점에서 다른가? 라디오파와 광파는 파장과 주파수가 다르다. 라디오파는 긴 파장(수 미터 이상)을 갖고 있으나 광파는 매우 짧은 파장(1미터의 백만분의 일인 1마이크로미터보다 작은)을 갖고 있다.

진공(공기 중에서도 대략 마찬가지임)에서는 다른 전자기파들이 모두 같은 속력으로 진행하기 때문에 주파수와 파장은 $v = f\lambda$의 관계를 갖는다. 이때 속력 v는 c와 같다. 대표적인 라디오파와 광파의 주파수를 예제 16.1에서 계산하여 보았다. 파장이 짧을수록 광파는 라디오파보다 훨씬 더 높은 주파수를 가진다.

예제 16.1 ▸ 두 종류 전자기파의 주파수

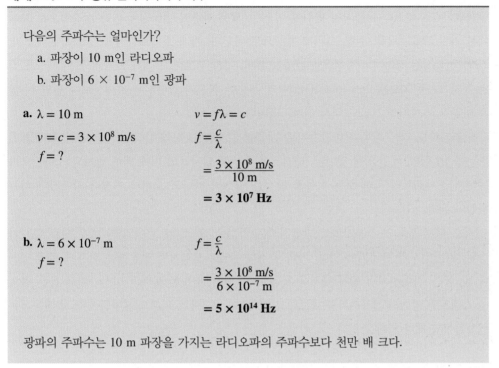

다음의 주파수는 얼마인가?

　a. 파장이 10 m인 라디오파

　b. 파장이 6×10^{-7} m인 광파

a. $\lambda = 10$ m　　　　　$v = f\lambda = c$

　$v = c = 3 \times 10^8$ m/s　　$f = \dfrac{c}{\lambda}$

　$f = ?$

　　　　　　　　　　　$= \dfrac{3 \times 10^8 \text{ m/s}}{10 \text{ m}}$

　　　　　　　　　　　$= \mathbf{3 \times 10^7}$ **Hz**

b. $\lambda = 6 \times 10^{-7}$ m　　　$f = \dfrac{c}{\lambda}$

　$f = ?$

　　　　　　　　　　　$= \dfrac{3 \times 10^8 \text{ m/s}}{6 \times 10^{-7} \text{ m}}$

　　　　　　　　　　　$= \mathbf{5 \times 10^{14}}$ **Hz**

광파의 주파수는 10 m 파장을 가지는 라디오파의 주파수보다 천만 배 크다.

　전자기파의 주파수를 알면 파장과 주파수의 관계식으로부터 파장을 계산할 수 있다. 빛의 속도를 주파수로 나누어주면($\lambda = c/f$), AM 방송국에서 600 kHz로 내보내는 라디오파의 파장이 500 m임을 알 수 있다. AM 라디오파는 매우 긴 파장을 갖고 있다.

　그림 16.5는 여러 **전자기파 스펙트럼**(electromagnetic spectrum)의 파장과 주파수의 영역을 보여준다. 이 스펙트럼의 서로 다른 영역에 속하는 파동은 파장과 주파수가 다를 뿐만 아니라 발생 방법과 투과 물질에서 차이가 있다. 예를 들어, X선은 가시광에 불투명한 물질들을 통과할 수 있다. 라디오파 또한 빛이 투과할 수 없는 벽을 통과할 수 있다.

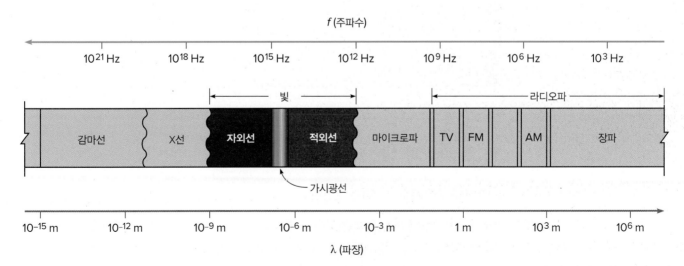

그림 16.5 전자기파 스펙트럼. 각각의 스펙트럼에 해당하는 파장과 주파수를 보여준다.

빛의 파장은 색과 관련되어 있으며 가시 스펙트럼의 보라색인 약 3.8×10^{-7} m에서부터 빨간색인 7.5×10^{-7} m까지의 범위에 이른다. 색은 파장이 길어짐에 따라 점진적으로 보라에서 파랑, 초록, 노랑, 주황, 그리고 빨강으로 바뀐다. 가시 스펙트럼의 빨간색보다 다소 더 긴 파장을 갖는 전자기파를 **적외선**(infrared light)이라 부르며, 보라색보다 더 짧은 파장을 갖는 전자기파를 **자외선**(ultraviolet light)이라 부른다. X선과 감마선은 자외선보다 훨씬 더 짧은 파장을 가지지만 그들도 역시 전자기파이다.

전자기파도 다른 파동과 마찬가지로 간섭을 일으킨다. 빛의 간섭은 놀랄 만한 효과를 만드는데 16.3절에서 논의될 것이다. 대기권에서 대전 입자들의 띠에 의해 반사되는 라디오파는 송신장치로부터 직접 오는 파들과 간섭을 일으켜 라디오 소리가 커졌다 작아졌다 하는 원인이 된다.

서로 다른 종류의 전자기파를 발생시키는 방법은 그 스펙트럼에 따라 매우 다르지만 가속된 대전 입자와 관계되어 있다. 가속된 전하는 라디오파처럼 진동하는 전자 회로에 있거나 빛, X선, 감마선처럼 원자 내부에 있을 수도 있다. 따뜻한 물체와 마찬가지로 몸은 적외선 스펙트럼 영역의 전자기파를 내보내고 있다. 이 경우에는 피부의 분자들 안에서 진동하는 원자들이 안테나 역할을 한다.

주제 토론

휴대폰 사용으로 인해 고주파수 전자기파가 건강에 미치는 영향에 대한 관심이 제기되고 있다. 비록 이러한 전자기파의 에너지가 매우 작아 이 정도의 에너지로는 인체의 세포에 직접적인 해를 미친다는 증거는 없지만 그렇더라도 휴대폰의 과도한 사용에 대한 안전성(또는 문제점)에 대한 결정적인 증거를 제공할 수 있는 장기적인 연구가 부족하다. 그 증거가 부족하다면 휴대폰 사용을 제한해야 하는가?

전기장과 자기장에 관한 맥스웰의 이론은 이런 장들과 관련된 파동이 진공을 통해 전파된다는 것을 예측하였다. 이런 파동을 전자기파라고 부른다. 이 파동의 진공에서의 속력은 맥스웰이 예상한 바와 같이 약 초당 300백만 미터이다. 이 값은 빛의 속도로 알려져 있기 때문에 빛은 맥스웰의 연구 뒤에 발견된 라디오파, 마이크로파, X선, 감마선과 함께 전자기파임이 밝혀졌다. 여러 종류의 전자기파는 주파수, 파장, 그리고 발생 방법이 서로 다르다. 그러나 모두 파동이며, 파동 운동의 일반적인 특징을 나타낸다.

16.2 파장과 색

다채로운 세상에서 살고 있고 유치원에서부터 색을 구분하는 법을 배운다. 색을 어떻게 구분하는가? 물체마다 다른 색깔을 가지는 이유는 무엇인가? 하늘은 왜 파란색인가? 이러한 현상들은 빛의 파장, 물질의 특징, 그리고 보는 방법과 관련 있다. 이 절에서는 색과 색각의 다양한 측면에 대해 알아볼 것이다.

빛은 여러 가지 색을 가지고 있는가?

프리즘을 가지고 놀아본 경험이 있다면 프리즘이 무지개 색을 만들어낸다는 것을 알 것이다. 작은 전구 또는 태양의 백색 광선을 프리즘에 비추어주면 프리즘이 광선을 휘게 할 것이다. 하지만 프리즘을 통과해서 나온 광선은 백색으로 보이지 않을 것이다. 대신에 한쪽 편은 보라색으로, 반대편은 빨간색으로 보이는 다양한 색을 나타낼 것이다. 그 사이에 파랑, 초록, 노랑, 그리고 주황이 있을 것이다.

이러한 현상에 대하여 가장 먼저 체계적으로 연구한 사람 중 한 명이 뉴턴이었다. 뉴턴은 역학에서의 그의 업적으로 가장 잘 알려져 있다. 하지만 광학 분야에 있어서도 광범위한 일을 하였다. 한 실험에서 그는 햇빛을 창가의 구멍을 통해 통과시켜 좁은 광선을 생성했다. 그는 이 광선을 유리 프리즘에 통과시켜 금방 설명한 다채로운 빛의 스펙트럼을 보여주었다. 이 실험은 백색광이 다른 색의 빛을 포함하고 있다는 것을 시연한 듯하다.

뉴턴의 관찰은 여기에서 멈추지 않았다. 그는 프리즘에서 나온 빛을 앞의 프리즘에 대해 뒤집혀 놓여 있는 동일한 두 번째 프리즘에 통과시켰다(그림 16.6). 두 번째 프리즘을 통과해서 나온 빛은 원래의 태양 광선과 같이 백색광이었다. 여러 색의 빛이 다시 합쳐지면 백색광이 된다. 뉴턴의 이러한 연구는 백색광이 여러 색이 혼합되어 있다는 것을 보여주었다.

뉴턴이 관찰한 다른 색의 빛이 빛의 파장과 관련 있다는 것을 이미 알고 있다. 16.1절에서 언급했듯이 보라색 빛의 파장은 빨간색 빛의 파장보다 짧다. 스펙트럼에서의 다른 색들은 중간값을 가진다. 이러한 파장은 16.3절과 16.4절에서 설명할 간섭 실험을 통해 측정할 수 있다. 그러나 파장은 극도로 짧아서 뉴턴이 파장이 존재한다는 확신을 갖지 못한 것은 놀라운 일이 아니다. 가시광의 파장은 사람 머리카락 직경의 약 백분의 일이다.

가시광의 파장을 다룰 때는 나노미터(nm) 단위를 흔히 사용한다. 1나노미터는 10^{-9} m, 즉 10억분의 1 m를 말한다. 가시광의 파장은 가시 스펙트럼의 보라색에 해당하는 380 nm에서부터 빨간색에 해당하는 750 nm까지이다. 표 16.1에서 가시 스펙트럼의 여러 색에 대한 대략적인 파장 범위를 확인할 수 있다.

표 16.1 빛의 파장과 관련된 색

색	파장(nm)
보라색	380~440
파란색	440~490
녹색	490~560
노란색	560~590
주황색	590~620
빨간색	620~750

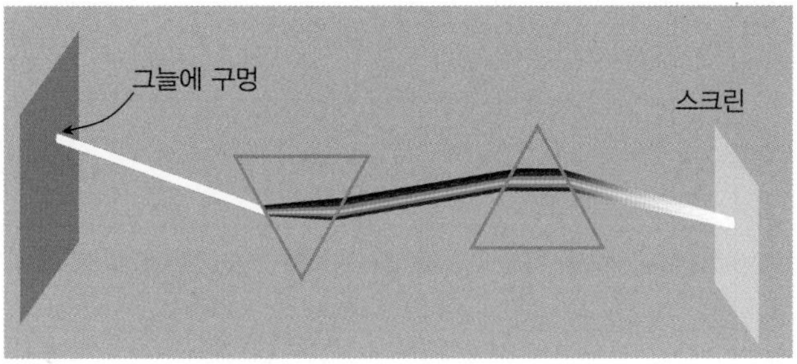

그림 16.6 뉴턴은 태양의 백색광이 첫 번째 프리즘에 의해 여러 색으로 분리되었다가 두 번째 프리즘에 의해 다시 백색광으로 합쳐지는 것을 보여주었다.

그늘에 구멍

스크린

우리의 눈은 어떻게 색을 구분하는가?

가시광의 파장이 매우 짧지만 사람의 시각 시스템은 즉각적으로 다른 색깔을 구분할 수 있다. 눈은 시각 시스템의 전면에 있다. 뇌는 시각과 복잡하게 연관되어 있다. 그림 16.7은

그림 16.7 눈으로 들어오는 빛은 각막과 수정체에 의해 초점이 집중되어 망막에 상을 맺는다. 망막에는 신경 세포를 통해 뇌로 신호를 보내는 빛에 민감한 세포들을 포함하고 있다.

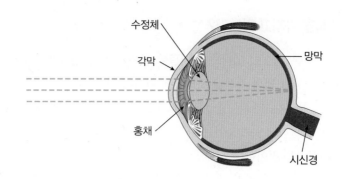

사람의 눈 구조의 일부분을 간단히 그린 것이다.

빛은 각막과 수정체를 통해 망막에 집중된다. 망막은 빛에 민감한 두 종류인 **간상세포**와 **원추세포**로 구성되어 있다. 원추세포는 중심와(fovea)라고 불리는 망막 중심 근처에 집중되어 있으며 일광 및 색각을 담당한다. 간상세포는 망막 전체에 분포되어 있으며 야간 및 주변 시력을 담당한다. 간상세포는 색을 인지하지 못한다. 밤이나 어두운 곳에서 색을 인지하지 못한다.

조명이 밝은 곳에서는 원추세포가 시야를 원활하게 인지할 수 있어 색뿐만 아니라 세밀한 것을 볼 수 있게 한다. 원추세포에는 S 원추세포, M 원추세포, 그리고 L 원추세포 이렇게 3가지가 있으며, 각각의 세포들은 서로 다른 스펙트럼 영역에 민감성을 가진다. S 원추세포는 가장 짧은 파장의 빛에, M 원추세포는 중간 파장의 빛에, 그리고 L 원추세포는 가장 긴 파장의 빛에 민감하다(그림 16.8). 그러나 민감도 영역이 겹치기 때문에 가시 스펙트럼의 중간 부근의 빛은 세 종류의 원추세포를 모두 자극한다.

그러면 다른 색을 어떻게 식별하는가? 만일 650 nm 파장의 빛이 눈으로 들어온다고 가정하자. 각 원추세포들의 민감도 곡선을 고려하면 이 빛은 M 원추세포보다는 L 원추세포를 더 강하게 자극할 것이고 이 두 세포를 자극하는 것이 S 원추세포를 자극하는 것보다도 훨씬 클 것이다. 어릴 적 색을 식별한 경험을 생각해보면 이러한 혼합된 신호는 빨간색으로 인지한다고 배웠다. 이와 같은 원리로 450 nm 파장의 빛은 S 원추세포를 가장 강하게 자극할 것이므로 파란색으로 인지된다.

그림 16.8 3가지 서로 다른 원추세포들은 서로 다른 파장의 빛에 민감하지만 민감도 영역은 중첩된다.

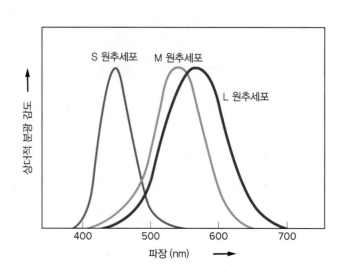

그림 16.9 가산 혼합은 각각의 프로젝터에서 파란색, 초록색, 그리고 빨간색 빛을 화면에 원이 겹치게 비추어 시연할 수 있다. *George Resch/ Fundamental Photographs, NYC*

　580 nm 파장의 빛은 두 M과 L 원추세포를 강하게 자극하고 이 색을 노란색으로 인지한다. 그러나 빨간색 빛과 초록색 빛이 섞여 있어 유사한 반응을 할 것이고 이 혼합된 빛을 노란색으로 인지할 것이다. 이것이 본질적인 **가산 혼합**(additive color mixing)의 기본 과정이다. 3가지 기본색인 파랑, 초록, 그리고 빨강을 다른 양으로 혼합하면 인지할 수 있는 다양한 색을 만들어낼 수 있다. 그림 16.9와 같이 빨강과 초록이 섞이면 노랑, 파랑과 초록이 섞이면 청록, 그리고 파랑과 빨강이 섞이면 자홍색이 된다.

　3가지 기본색의 빛을 적당하게 조합하면 백색광으로 인지된다. 물론 태양의 백색광과 같이 모든 파장을 포함하고 있는 것은 아닐지라도, 원추세포들이 태양의 백색광의 경우와 유사한 정도로 자극될 때 백색광으로 인지한다. 반대로 빛의 강도가 그 주변에 비해 현저하게 떨어지는 경우 빛이 없는 검정색으로 보게 된다.

왜 물체들은 서로 다른 색을 가지고 있는가?

왜 파란 드레스는 파랗게, 초록색 셔츠는 초록색으로 보일까? 대부분의 물체들은 스스로 빛을 발광하지는 않는다. 그들은 광원으로부터 받은 빛을 단지 반사하거나 또는 산란한다. 우리가 인지하는 색은 물체가 빛을 반사하거나 산란하는 방법뿐만 아니라 광원에 포함된 파장에 의해 결정된다.

　팔레트에 화가들이 만드는 색의 혼합은 나른 색을 만들어내는 또 다른 빙식이다. 물감의 안료나 의복을 염색하는 염료들은 다른 파장보다는 어떤 파장의 빛을 더 많이 흡수하는 **선택적 흡수**(selective absorption)를 한다. 빛이 흡수되면 광파가 가지는 에너지는 다른 에너지 형태로 바뀌는데, 대개는 열에너지로 바뀐다. 그래서 빛을 흡수한 물체는 따뜻해진다.

　빛의 선택적 흡수는 모든 색을 만드는 데 사용될 수 있는 감산 과정이다. 예를 들어 청록

그림 16.10 거울 반사는 모든 색이 동일하게 반사되는 반사의 법칙을 따른다. 확산 반사의 경우 광선이 짧은 거리를 침투하여 일부 파장을 흡수한다.

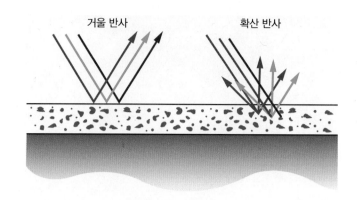

색 표지의 책에 백열전구로부터 나오는 빛을 비춘다고 하자. 백열전구란 텅스텐 필라멘트를 가열하여 빛을 낸다. 이 빛은 다양한 연속적인 범위의 파장이 포함된다. 태양에 의한 백색광과 유사하지만 대개의 경우 스펙트럼의 빨간 부분에서 빛의 세기가 더 높다.

이 빛이 책을 비출 때 여러 가지 일들이 일어난다. 만일 책의 표지가 반들반들하다면(그림 16.10) 일부 빛은 거울(specular) 반사를 한다. 거울 반사는 거울과 같다. 빛이 반사의 법칙에 의해서 정의되는 특정 방향으로 반사된다. (반사의 법칙과 거울의 특징은 17장에서 설명한다.) 이렇게 반사되는 빛은 대개의 경우 백열전구의 색인 백색 섬광으로 보일 것이다.

나머지 빛은 **확산적**(diffusely)으로 반사되어 모든 방향으로 반사될 것이다. 이것은 다소 울퉁불퉁한 표면 때문일 수도 있지만 그림 16.10과 같이 책의 표면에서 작은 거리만큼 아래로 빛이 침투한 결과이기도 하다. 이때 일부 빛은 책 코팅의 안료 입자에 의해서 선택적으로 흡수될 수도 있다. 책의 색깔이 청록색을 띤다면 안료가 빨간색 파장의 빛을 선택적으로 흡수하여 확산적으로 반사된 빛은 파란색과 초록색의 파장이 더 많이 남아 있게 된다. 안료가 백색 광원에서 발생된 일부 파장을 빼버리고 반사된 빛에서는 입사된 빛과는 다른 파장 성분을 가진다.

감산 혼합(subtractive color mixing)에도 일정한 규칙이 있다. 컬러로 인쇄할 때 3가지 기본적인 안료인 청록, 노랑, 그리고 청홍(검정색 잉크는 일부 색을 어둡게 하는 데 사용된다)이 사용된다. 청록은 스펙트럼의 빨간색 부분을 강하게 흡수하지만 파란색과 초록색 파장을 투과 및 반사시킨다. 노란색 안료는 파란색 파장을 흡수하지만 초록색과 빨간색을 투과 및 반사시킨다. 청홍색은 중간 파장을 흡수하지만 파란색과 빨간색을 투과 및 반사시킨다.

3가지 안료 중 한 가지로만 코팅된 표면에서 빛이 반사되면 그 안료에 적절한 색이 나타난다(청록, 노랑 또는 청홍). 그러나 만약 이 안료들을 섞으면 다양한 색을 볼 수 있을 것이다. 예를 들어 청록색과 노란색 안료를 섞으면 파란색 빛과 빨간색 빛이 흡수되고(그림 16.11) 단지 중간 파장이 투과될 것이다. 그래서 녹색이 강하게 반사될 것이다. 마찬가지로 청록색과 청홍색을 섞으면 파란색이, 노란색과 청홍색을 섞으면 빨간색이 된다. 결과적으로 얻게 된 녹색, 빨간색, 그리고 파란색은 이전에 설명한 바와 같이 눈에서 반응을 일으키는 가산 혼합의 기존 3가지 색상이다.

색을 인지하는 것은 여기서 설명한 기본적인 내용보다도 더 많은 것이 필요하다. 흰색을 섞으면 색의 **채도**(saturation)를 떨어뜨리는데, 예를 들어 빨간색에 흰색을 섞으면 분홍색이

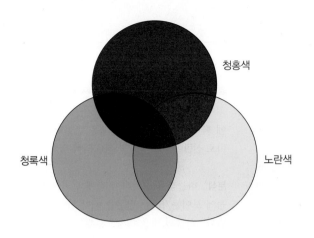

그림 16.11 컬러 인쇄에 사용되는 노란색, 청홍색, 그리고 청록색 염료를 겹쳐 감산 혼합을 보여준다.

청홍색

청록색

노란색

된다. 물체를 비추는 광원에 존재하는 파장도 인지되는 색에 영향을 준다. 자세한 내용은 복잡할지라도 동일한 기본 현상이 모든 효과에 작용된다. 파장의 혼합에 따라 망막에서 자극되는 원추세포들이 달라지고 자극되는 양도 달라진다. 뇌는 그 반응을 특정 색으로 식별한다(일상의 자연현상 16.1 참고).

> 태양으로부터 오는 백색광은 실제로 다른 파장의 빛의 혼합이다. 이러한 사실은 뉴턴에 의해 2개의 프리즘을 이용하여 처음으로 시연되었다. 첫 번째 프리즘으로는 태양빛을 각각 다른 색의 스펙트럼으로 분리하였고 두 번째 프리즘으로는 백색광으로 재결합하였다. 망막에는 빛에 민감한 세 종류의 세포(원추세포)가 있어서 색을 구별할 수 있다. 눈에 들어오는 빛은 인지하는 색을 결정하는 파장들이 혼합되어 있다. 색을 더하거나 빼는 규칙은 이러한 다양한 혼합이 세 종류의 원추세포를 어떻게 자극하는가에 근거한다.

16.3 광파의 간섭

17세기와 18세기에 과학자들은 빛이 파동 현상인지 또는 입자의 흐름인지에 대해 논쟁하였다. 빛에 대하여 알려진 여러 가지 효과들은 두 모델에 의해 설명되었다. 그러나 그 중에서 간섭 현상은 본질적으로 파동 효과이다. 만약 빛이 간섭 효과를 나타낸다면 아마도 오랜 논란은 결론에 도달할지도 모를 일이었다.

1800년대에 영국의 물리학자 토마스 영(Thomas Young)은 빛의 간섭을 시연하는 그의 유명한 이중 슬릿 실험을 수행하였다. 빛의 간섭을 인식하는데 왜 이렇게 긴 시간이 걸렸을까? 가시광의 파장이 매우 짧아서 미묘한 차이만 발생하거나 관측하기가 어려웠기 때문이다. 이 문제점을 알게 되자 빛이 파동이라는 것을 확고하게 확립한 일련의 예측과 실험의 문이 열렸다.

영의 이중 슬릿 실험

15장에서 논의한 밧줄 위에 두 파동과 같이 모든 간섭 실험에는 서로 일관된 위상 관계를 가

하늘은 왜 파란색인가?

상황 "하늘은 왜 파란색으로 보여요?" 아마도 대부분의 부모라면 아이들로부터 한 번쯤은 이런 질문을 받아보았을 것이다. "왜 하늘이 있나요?" 또는 "해가 질 때 태양은 왜 붉은색으로 보이나요?"와 같은 질문들이 부모를 어렵게 만들 수 있다.

한낮에 태양으로부터 직접 오는 빛은 백색광이다. 이 빛은 초

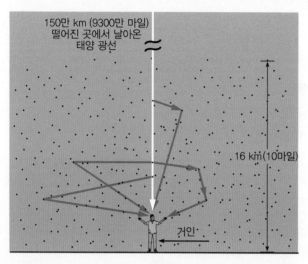

150만 km (9300만 마일) 떨어진 곳에서 날아온 태양 광선

16 km (10마일)

거인

단파장(파란색 빛)이 장파장보다 더 효과적으로 태양의 직사광선으로부터 산란된다. 빛을 산란하는 대부분의 기체 분자들은 10마일 대기 안에 있다.

록색과 노란색 부분에서 정점을 이루는 연속적인 가시광 파장이 섞여 있는 것이다. 그렇다면 하늘은 왜 파란가? 또 무엇이 석양에 화려한 주황색과 붉은색을 만들어내는 것인가? 이들은 모두 바로 산란이라는 현상과 관련되어 있다.

분석 하늘색을 고려하기 전에 먼저 하늘이란 어떻게 해서 우리 눈에 보이는가라는 질문을 해야 한다. 이 빛은 어디에서 오는 것일까? 하늘의 빛은 태양으로부터 오는 것이다. 그러나 태양빛의 직사광선으로부터 산란된다. **산란**(scattering)이란 빛이 대기 중의 아주 작은 입자에 의해 흡수되었다가 같은 파장의 빛을 곧바로 다시 방출하는 과정을 말한다. 이때 산란되는 빛은 빛이 들어온 방향과는 무관하게 임의의 방향을 향한다.

만약 대기가 없다면 산란도 일어나지 않을 것이다. 따라서 하늘은 빛이 없으므로 검게 보일 것이다. 그러나 지구는 그 표면으로부터 수마일 두께의 대기를 가지고 있다. 이 대기는 주로 질소 분자와 산소 분자들로 구성되어 있으며 소량의 다른 분자들을 포함하고 있다. 이 외에도 공기 중에는 연기 입자나 화산재 또는 미립자 물질들이 흔히 있는데, 이들은 아주 작은 입자들이지만 기체 분자에 비하면 여전히 상당히 크다.

하늘의 파란색은 기본적으로 기체 분자의 산란에 의한 것이다. 빛을 산란시키는 입자의 크기가 빛의 파장에 비해 작을 때 이를 레일리 경(윌리엄 톰슨)의 이름을 따서 레일리 산란(Rayleigh

---

지는 적어도 2개 이상의 파동이 필요하다. 그러나 광파의 위상은 지속적으로 변하기 때문에 독립된 광파를 가지고 둘 이상으로 나누어 이 조건을 만족시켜야 한다. 영은 광선을 매우 가까이 위치한 좁은 두 슬릿을 통해 지나가게 함으로써 이 조건을 만족시킬 수 있었다.

영의 실험의 개념도는 그림 16.12와 같다. 광원의 빛은 먼저 작은 하나의 슬릿을 통과한 후 얇은 폭의 빛이 된다. 이 빛은 2개의 아주 근접한 슬릿을 통과한 후 슬릿의 오른쪽에 위치한 스크린에 비쳐진다. 영은 현미경 슬라이드에 그을음을 입히고 이 검은 그을음에 칼이나 면도칼을 가지고 2개의 좁은 선을 그려 이중 슬릿을 만들었다. 가시광에 대해 효과적으로 실험을 수행하기 위해 두 슬릿의 간격은 밀리미터 미만이어야 한다.

두 슬릿을 통과한 빛이 보강 간섭이 될지 아니면 상쇄 간섭이 될지를 결정하는 것은 무엇일까? 두 슬릿 사이의 중심선이 스크린과 만나는 위치에서 두 광파는 각각의 슬릿에서부터 동일한 거리를 이동한다. 두 파동은 단일 파동에서 만들어졌기 때문에 초기에 위상은 동일하다. 중심점에 도달할 때 동일한 거리를 이동한 두 파동은 스크린에 도달할 때 여전히 동일한 위상을 유지하고 있다. 두 파동은 보강 간섭을 하게 되고 스크린의 중앙에 밝은 점이나 선을 만든다.

scattering)이라고 한다. 레일리 산란은 파장에 의존하는데, 짧은 파장의 빛이 긴 파장에 비해 더욱 효과적으로 산란된다.

분자를 아주 작은 안테나로 생각할 수 있다. 기체 분자들은 대전 입자들로 구성되어 있으므로(18장), 전자기파가 분자와 충돌하면, 이러한 전하들은 전자기파의 진동수로 진동할 것이다. 라디오파가 진동하는 전기 회로에 의해서 발생되는 것과 같이 산란되는 광파는 기체 분자의 진동하는 흐름에 의해 만들어진다. 이 과정은 파동의 파장이 안테나와 대략적으로 같은 크기를 가질 때 가장 효과적이다. 그러나 기체 분자의 크기는 수 나노미터 정도이고 가시광의 파장은 수백 나노미터 정도이기 때문에 산란 과정은 그리 효과적이지는 못하다. 그렇더라도 가시 스펙트럼에서 파랑 영역에 있는 가장 짧은 파장에 대해서는 매우 효과적이다.

이것이 바로 하늘이 파란색인 이유이다. 태양으로부터 입사되는 직사광선에 포함된 빛 중에서 파란색 빛은 빨간색 또는 중간 파장보다 더 효과적으로 산란된다. 눈으로 들어오기 위해서는 첫 번째 그림과 같이 여러 번의 산란을 거쳐야 한다.

하늘을 볼 때 태양을 직접 바라보지는 않는다(아마도 매우 고통스러운 일일 것이다). 여러 번 산란된 빛을 보는 것이다. 이 빛은 눈에 도달하는 빛 중에 짧은 파란색과 보라색 파장이 많다. 다만 태양의 스펙트럼에는 보라보다는 파랑이 더욱 강하므로 눈에서는 보라보다는 파랑 파장에 더욱 강하게 반응을 하여 인지하는 색은 파란색이 된다.

그러면 석양 또는 일출 부근에 태양빛은 왜 붉은색으로 보이

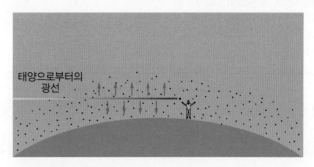

석양 때 태양빛은 대낮 때보다 더 먼 대기를 통과한다. 긴 빨간색 파장은 남고 짧은 파장은 직사광선으로부터 산란된다.

는가? 석양에 태양의 직사광선으로부터 눈에 도달하는 빛은 두 번째 그림에서 보이듯이 대낮에 대기를 통과하는 것보다 훨씬 더 긴 거리를 이동한다. 파란색 빛과 중간 파장들은 빨간색 빛보다 더 효과적으로 직사광선으로부터 산란되기 때문에 직사광선에는 빨간색 파장이 주로 많이 남아 있다. 태양이 수평선에 가까워질수록 태양은 더 붉게 보인다.

산란은 구름 속에 있는 물방울과 같은 큰 입자에 의해서도 일어난다. 물방울의 크기는 대개 가시광 영역의 빛의 파장보다도 크다. 이 경우 산란량은 파장에 크게 의존하지 않게 된다. 그래서 구름에서 산란된 빛은 흰색이나 회색으로 보인다. 모든 파장이 동등하게 산란되어 결과적으로는 입사한 태양광과 같은 색을 보인다. 하지만 광세기는 약해져 있다.

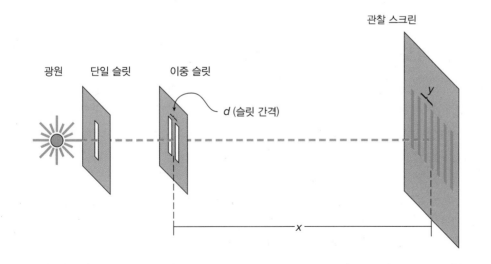

그림 16.12 영의 간섭 실험에서 광원에서 나온 빛은 이중 슬릿에 비추어지기 전에 단일 슬릿을 통과한다. 스크린에서 간섭 무늬를 볼 수 있다. 이중 슬릿과 주름의 간격은 그림에서 과장되게 표현되었다.

스크린의 다른 부분들은 어떻게 될까? 중심선의 양쪽 편에 도달하는 두 광파는 서로 같지 않은 거리를 이동하였다. 이것은 더 이상 서로 같은 위상이 아니라는 것을 의미한다. 먼 거리를 이동하는 데 시간이 더 걸리기 때문에 두 광파가 스크린에 도달했을 때는 더 먼 거리를 이동한 파동은 더 짧은 거리를 이동한 파동과는 다른 한 주기 안의 다른 위치에 있게 된다.

그림 16.13 두 파동의 경로차가 반 파장이 될 때 스크린에 도달하는 두 파동은 위상이 반주기가 되어 상쇄 간섭이 일어난다.

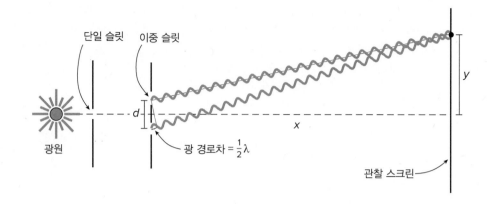

만약 이 거리차가 파장의 반이 된다면 두 광파는 반파장 위상차를 가질 것이고 상쇄 간섭이 일어날 것이다(그림 16.13). 스크린에는 검은 점이나 선이 나타날 것이다.

두 파동이 이동하는 거리가 한 파장만큼 차이나는 경우를 고려해보자. 한 주기 차이는 파동의 진동을 한 주기 처음 상태로 되돌려 놓게 되기 때문에 동일한 위상으로 돌아오게 된다. 한 파장, 두 파장, 세 파장 등의 이동 거리 차이는 보강 간섭을 발생시켜 스크린에 밝은 선을 만든다. 밝은 선 사이의 중간 지점에서 두 파장은 반주기 위상 차이를 가지고 있어 상쇄 간섭으로 인해 이 위치에서 검은 선을 만든다.

스크린에 밝고 어두운 부분이 반복해서 나타나는 간섭 형태를 **주름**(fringe) 무늬라고 한다. 만약 **단색광**(monochromatic)(단일 파장)을 사용한다면 이 무늬는 여러 개의 주름을 보여줄 수 있다. 만일 백색광(여러 파장이 혼합되어 있는)을 사용하면 이 무늬는 한두 개 정도의 주름만 보일 것이다. 왜냐하면 파장이 다르면 보강 간섭이 스크린의 다른 위치에서 만들어지기 때문이다(왜 그럴까?). 한정된 범위 안에서지만 주름이 다양한 색을 띠는 놀라운 결과를 나타낼 것이다.

주름 무늬의 간격을 결정하는 것은 무엇인가?

간섭 실험에서 광원의 파장과 그림 16.13과 같이 기하학적 거리를 알면 스크린 상의 어느 지점이 밝은 무늬가 되고 어느 지점이 어두운 무늬가 될지를 예측할 수 있다. 두 파동의 경로차가 중요한 양이다. 만약 스크린이 이중 슬릿에 비해 너무 가깝지 않다면 경로차는 그림의 거리로부터 계산할 수 있고 대략적으로 다음과 같이 주어진다.

$$경로차 = dy/x$$

여기서 d는 슬릿의 중심 사이의 간격이며, y는 스크린의 중심에서부터의 거리, x는 슬릿과 스크린의 중심까지의 거리이다. 앞에서 언급한 대로 이 경로차가 파장의 정수배가 되면 보강 간섭이 된다(예제 16.2 참고).

예제 16.2에서 계산하였듯이 스크린의 중심에서 두 번째 밝은 무늬까지의 거리는 단지 2.5 mm가 된다. 중앙에서 첫 밝은 주름은 이 거리의 절반되는, 즉 가운데에서 1.25 mm 떨어진 곳에서 발견될 것이다. 이 주름은 매우 가까이 위치하고 있어 확인하기 어렵다. 예제 16.2에서 y에 대한 식에서 확인한 바와 같이 더 작은 슬릿 간격 d는 더 큰 주름 간격을 나

예제 16.2 ▸ 이중 슬릿을 이용한 실험

630 nm 파장의 빨간색 빛을 0.5 mm 간격을 가지는 이중 슬릿에 비추었다. 이중 슬릿으로
부터 1 m 떨어진 스크린에서 간섭 무늬가 관찰된다면 중앙(0차) 밝은 선에서부터 두 번째
로 밝은 선은 스크린의 중심에서 얼마나 떨어져 있는가?

$$\lambda = 630 \text{ nm} = 6.3 \times 10^{-7} \text{ m}$$
$$d = 0.5 \text{ mm} = 5 \times 10^{-4} \text{ m}$$
$$x = 1 \text{ m}$$
$$y = ?$$

중심에서부터 두 번째로 밝은 무늬에 대한 경로차는

$$d\frac{y}{x} = 2\lambda$$

이다. 이 결과를 다시 정리하면 다음과 같다.

$$y = \frac{2\lambda x}{d} = \frac{2(6.3 \times 10^{-7} \text{ m})(1 \text{ m})}{(5 \times 10^{-4} \text{ m})}$$
$$= 0.0025 \text{ m} = 2.5 \text{ mm}$$

타낼 것이다. 영의 시대에는 0.5밀리미터만큼 작은 슬릿 간격을 만들기 위해서는 상당한 실
험적인 독창성이 필요하였다. 오늘날에는 사진 축소 및 다른 기술들을 이용하여 쉽게 구현
할 수 있다.

박막 간섭은 무엇인가?

비누막이나 주차장 웅덩이의 기름에서 여러 가지 색의 띠를 본적이 있다면 **박막 간섭**(thin-
film interference)을 관찰한 것이다. 왜 이런 색깔이 나타나는 것일까? 이는 박막의 윗면에
서 반사되는 빛과 아랫면에서 반사되는 두 빛이 간섭을 일으킨 결과이다.

　그림 16.14는 물웅덩이 위에 떠 있는 매우 얇은 기름막을 보여준다. 간섭 무늬를 볼 수 있

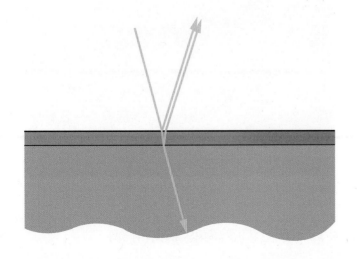

그림 16.14 물에 떠 있는 기름막에
서 반사된 뒤 두 파는 간섭한다. 한
파는 기름막의 윗면에서 반사되고
다른 파는 아랫면에서 반사된다.

으려면 기름막의 두께는 빛의 몇 파장보다 두껍지 않아야 한다. 밑에 있는 물의 두께는 기름막(1마이크로미터의 몇 분의 일 정도)에 비하면 아주 두껍다고 가정한다(보통 수 밀리미터). 박막에서 반사되는 두 파동이 보여지는데, 하나는 윗면에서, 다른 하나는 아랫면에서 각각 반사되고 있다. 이 두 빛이 관측자의 눈에 도착할 때 아랫면에서 반사된 빛이 윗면에서 반사된 빛보다 약간 더 먼 거리를 이동하게 된다. 이중 슬릿 실험에서와 같이 이 경로차는 두 파동 사이의 위상차를 발생시킬 것이다.

두 반사된 파는 기름막의 표면에 거의 수직이기 때문에 이동한 거리 차이는 박막 두께의 2배가 된다. 아랫면에서 반사된 파는 박막을 두 번 통과한다. 이 경로차는 기름막에서 빛의 파장과 관련된다. 공기에서보다 기름막에서 파장이 더 짧다. (기름막에서의 파장은 λ/n으로 주어진다. 여기서 n은 17장에서 논의할 기름막의 굴절률이고 λ는 공기 중에서의 파장이다.)

두 반사된 파 사이의 위상차는 아랫면에서 반사된 파가 얼마나 많은 파장만큼 이동하였는가에 의해서 결정된다. 예를 들어 만약 아랫면에서 반사된 파가 윗면에서 반사된 파보다 반 파장 더 이동하였다면, 두 파는 정반대 위상이 되었을 것이고 상쇄 간섭이 관찰될 것이라고 예측할 수 있을 것이다.[*]

왜 다른 색이 나타나는 것인가? 간섭은 기름막의 두께와 빛의 파장에 의해 결정된다. 어떤 파장은 상쇄 간섭이 되지만 다른 파장은 보강 간섭이 된다(또는 두 간섭의 중간쯤). 만약 기름막의 두께가 스펙트럼의 중간 부근(초록색-노란색)의 파장에 대해서 상쇄 간섭을 일으킨다면 이러한 색들은 사라지고 파란색과 빨간색이 섞인 색(홍색)을 보게 될 것이다. 반대로 그 두께가 빨간색 빛에 대해서 상쇄 간섭을 일으키는 경우라면 기름막은 파란색-초록색으로 보이게 될 것이다. 색의 가산 혼합에 대한 규칙이 적용되는 것이다.

기름막에서 반사되는 색은 기름막의 두께에 따라 달라진다. 두께가 변하면 색도 바뀐다(그림 16.15). 또한 두 파의 경로차는 빛이 입사하고 반사하는 각도에 따라서도 달라진다. 빛이 여러 각도로 기름막에 입사한다면 경로차가 바뀌면서 보는 각도에 따라 색도 달라진다.

그림 16.15 기름막에서 보이는 다채로운 주름 무늬는 주차장 및 거리에서 흔히 볼 수 있다. 다양한 색은 기름막의 두께의 변화와 보는 각도의 변화에 의해서 나타난다.
art nick/Shutterstock

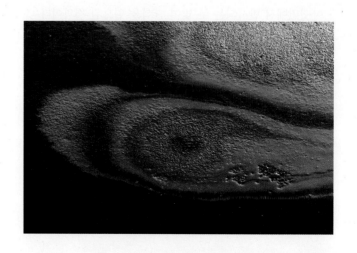

---

[*] 이것은 파동의 위상에 영향을 주는 다른 요소가 없다고 한다면 사실이다. 반사 자체는 때때로 위상을 바꾼다. 그래서 이러한 효과가 완벽한 분석을 위해서는 고려되어야 한다.

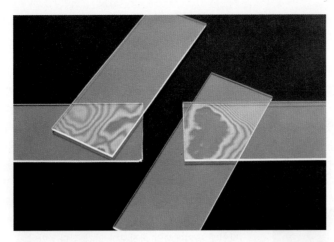

그림 16.16 두 유리판 사이에 공기막에서 반사된 빛에 의해서 다양한 색을 가지는 간섭 주름 무늬가 발생된다. 각각의 색 띠가 나타나는 것은 박막의 두께가 다르기 때문이다. *David Parker/Science Source*

박막 간섭을 일으킬 수 있는 많은 방법들이 있다. 비눗방울이나 비누막은 다양한 색채를 띤다. 이 경우 박막은 양쪽에 공기가 있는 비눗물이다.

비누막의 두께가 극도로 얇아지는 경우(거의 터지기 직전) 두 경계면의 경로차는 0으로 접근한다. 이 경우 두 표면에서 반사된 광파는 위상이 같아지게 되고 밝은 반사가 될 것으로 예상할 수 있다. 그러나 대신에 이 조건일 때 박막은 매우 어둡게 보여 상쇄 간섭일 것이다. 두 파는 정반대의 위상을 가지게 되는데, 반사 과정 자체에 의해서 주어지는 위상 차이 때문이다. 윗면에서 반사되는 파는 반주기만큼 위상이 이동된다. 하지만 아랫면에서 반사되는 파는 그렇지 않다. 두 파 사이의 경로차는 위상 변화를 일으키지 않지만 반사는 위상 변화를 발생시킨다. 이러한 현상은 박막의 양쪽 편의 매질이 같은 경우(이 경우 공기)뿐만 아니라 다른 상황에서도 발생한다.

경우에 따라 박막이 공기가 될 수도 있다. 두 장의 유리판을 겹쳐 놓는 경우가 바로 그것이다. 두 유리판이 모두 평평하고 깨끗하다면 유리판 사이에는 얇은 공기막이 형성된다. 공기막의 두께가 달라짐에 따라 교변하는 밝고 어두운 주름을 볼 수 있다(그림 16.16). 위 판을 눌러 갇힌 공기의 두께를 변화시키면 주름 무늬가 변한다. 이러한 주름 무늬의 색은 광원의 특성뿐만 아니라 박막의 두께와 보는 각도에 따라서도 바뀐다. 박막 간섭은 일상의 자연현상 16.2에서 설명한 것과 같이 안경의 무반사 코팅과도 관련성을 가진다.

간섭이란 다양한 파동에서 관측되는 현상이며 빛의 경우도 예외는 아니다. 빛의 파동성은 영의 이중 슬릿 간섭 실험을 통해 처음으로 정립되었다. 이중 슬릿에서 나온 두 파가 다른 거리를 이동하여 스크린에 도달하면 위상이 같거나 다를 수 있다. 만일 경로치기 파장의 정수배가 되면 파동은 위상이 같고 밝은 주름 무늬를 나타낼 것이다. 경로차가 파장의 1/2 정수배가 되면 어두운 주름 무늬를 얻게 된다. 박막의 두 면에서 반사된 빛은 다른 거리를 이동할 것이다. 이것은 비누막, 기름막, 그리고 유리판 사이의 공기막에서 관찰되는 다채로운 간섭 효과를 만들어낸다.

안경의 무반사 코팅

상황 새 안경을 구입하고자 하는 경우 안경사들은 다양한 렌즈와 안경테를 보여줄 것이다. 그들은 렌즈에 무반사 코팅할 것을 권할 것이다. 무반사 코팅이 되어 있는 렌즈를 사용하면 조명이 어두운 곳에서도 물체를 잘 볼 수 있을 뿐만 아니라 밤에 운전할 때도 더 잘 보인다고 할 것이다. 또한 렌즈에서 반사되는 방해 요소 없이 잘 볼 수 있기 때문에 더 잘 보일 것이다.

안경의 두 렌즈 중에 어떤 렌즈가 무반사 코팅 처리가 되어 있는가?
Photo Researchers/Science Source

이러한 코팅은 어떻게 작동하는가? 유리나 플라스틱 렌즈에 의해 반사되는 빛의 양을 얼마나 줄일 수 있을까? 박막 간섭은 이에 대한 답을 제시해준다.

분석 빛이 유리나 플라스틱 렌즈의 표면에 닿을 때 그 중 일부는 반드시 반사된다. 일반적으로 안경 렌즈로 사용되는 유리나 플라스틱 렌즈는 빛이 안경면에 수직으로 입사하는 경우 그 앞뒤 표면에서 각각 약 4%의 빛이 반사된다. 빛이 비스듬하게 입사하는 경우에는 반사되는 빛의 양은 더욱 증가한다.

코팅되지 않은 안경에서는 최소한 약 8%의 빛을 잃게 되는 것이다. 이러한 반사는 대화하고 있는 상대에게 방해가 될 수 있는데, 눈은 개인 간의 대화에서 중요한 부분이기 때문이다. 이러한 반사는 또한 어두운 곳에서 망막에 도달하는 광량을 줄어들게 한다.

무반사 코팅은 이러한 반사를 줄이기 위한 것이다. 투명한 물질의 박막이 렌즈 표면에 증착된다. 박막은 단단하고 내구성이 있어야 하는데 이러한 점들이 사용할 물질을 선택하는 데 제한이 된다. 불화마그네슘은 유리 렌즈에 흔히 사용된다.

박막의 두께는 매우 조심스럽게 제어해야 한다. 박막은 가시 스펙트럼의 중간 부근의 파장에서 반사되는 빛이 상쇄 간섭이 되도록 설계된다. 단일층 코팅의 경우 사용되는 박막의 두께는 단지 파장의 1/4이다. (디자인에서 고려하는 파장은 박막 안에서의 파장인데 공기에서의 파장보다 약간 짧다.) 만약 공기 중에서의 파장 550 nm를 기준으로 설계한다면 박막의 두께는 약 100 nm (정말로 얇은 것임)가 되는데, 이는 1 mm의 만분의 1이다.

박막의 아랫면에서 반사되는 파는 박막을 두 번 통과하기 때문에 1/4 파장 두께는 윗면과 아랫면에서 반사된 파들 사이의 경로차가 반파장이 된다. 이것은 고려한 파장에 대해서 상쇄 간섭이 일어나는 조건이다. 만약 두 파의 진폭이 동일하다면 상쇄 간섭은 완벽하게 일어나 이 파장의 빛은 전혀 반사가 되지 않는다. 실제로는 이러한 조건이 충족될 수는 없어 여전히 아주 적은 양의 빛이 반사된다.

코팅은 가시 스펙트럼의 중앙 근처의 파장에 대해서 가장 효과적이다. 스펙트럼의 빨간색과 파란색에서 상쇄 간섭 조건이 맞지 않아 이 양끝에서는 강한 반사가 발생한다. 다만 눈은 이 파장대에서는 상대적으로 민감도가 떨어지기 때문에 잘 느끼지 못할 뿐이다. 안경 렌즈에 빛이 반사될 때 약간 보라색 느낌을 받는 것은 그러한 이유에서이다.

단층이 아니라 다른 물질들로 만들어진 다층 박막을 사용하면 더 좋은 결과를 얻을 수 있다. 사용하는 층수가 많을수록 공정이 고가가 된다. 최근에 유리 렌즈에 사용되는 코팅은 대개 다층 코팅이다. 무반사 코팅의 단점은 추가 비용뿐만 아니라 코팅이 안 된 렌즈에 비해 더 쉽게 긁히고 더러워 보인다는 것이다. 구매자는 반사를 줄여주는 장점이 단점을 극복할 수 있는지 여부를 결정해야 한다.

16.4 회절과 회절격자

16.3절에서 보았던 이중 슬릿에 의한 간섭 무늬를 자세히 보면 밝은 무늬들의 밝기가 모두 같지 않음을 알 수 있다. 주름 무늬의 중심 부분에서 멀어질수록 주름의 밝기가 줄어든다. 점점 밝아지고 어두워지는 것처럼 보인다. 이러한 효과는 **회절**(diffraction)이라고 부르는 간섭의 또 다른 측면에 의한 것이다. 회절이란 같은 슬릿이나 개구부의 서로 다른 부분을 통과한 빛의 간섭에 의한 결과이다.

그림 16.17 좁은 단일 슬릿에 의한 회절 무늬는 밝은 중앙 주름 양쪽 편에 일련의 밝고 어두운 주름을 가진다. *Tom Pantages*

단일 슬릿에 의한 회절 효과

단일 슬릿에 의한 회절 효과를 설명하는 것이 가장 쉽다. 그림 16.12에 보인 이중 슬릿을 매우 좁은 단일 슬릿으로 바꾸면 그림 16.17에서 보는 것과 같은 무늬가 나타난다. 일련의 밝고 어두운 주름이 중앙의 밝은 무늬 양쪽 편에 위치한다.

가운데 부분이 밝은 것은 그리 놀라운 일은 아니다. 슬릿의 다른 부분에서 스크린의 중앙에 도착한 광파는 대략적으로 같은 거리를 이동하기 때문에 서로 동일한 위상을 가지고 스크린에 도달하게 될 것이고 보강 간섭을 일으킬 것이다. 이러한 광파는 함께 합해져서 밝은 무늬를 발생시킨다.

다른 주름을 설명하기 위해서는 보다 섬세한 분석이 필요하다. 가운데 무늬에서 양쪽 편에 있는 어두운 주름 2개는 슬릿의 두 반쪽에서 나오는 빛에 의한 것으로 생각할 수 있다. 슬릿 아래편 반쪽에서 나온 빛이 슬릿의 위편 반쪽에서 나온 빛보다 반파장 더 이동하게 된다면 두 파가 만나서 상쇄 간섭을 일으킬 것이다(그림 16.18). 이 조건에서는 스크린에서 어두운 무늬가 만들어진다.

보다 논리적인 설명을 위해서는 이제 하나의 슬릿을 여러 부분으로 쪼개어 생각해야만 한다. 중앙으로부터 더 멀리 떨어져 있는 무늬들의 설명에는 이러한 과정이 더욱 필수적이다. 무늬의 중심에서 멀어지면 슬릿의 다른 부분에서 나오는 빛의 위상이 바뀌게 되면서 주

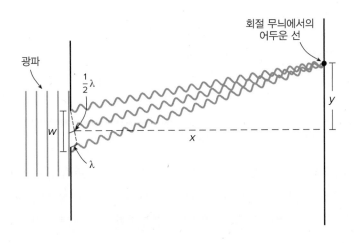

그림 16.18 슬릿의 위편 반쪽에서 나온 빛과 슬릿의 아래편 반쪽에서 나온 빛의 경로차가 반파장일 때 단일 슬릿 회절 무늬에서 어두운 선이 보인다.

름 무늬를 만든다. 무늬 중앙에서 멀리 떨어진 곳일수록 슬릿의 각 부분을 통과한 빛들이 완벽하게 위상이 같기가 어려워지므로, 밝은 무늬들의 밝기는 중앙에서 멀어질수록 점점 희미해진다.

중앙의 양쪽 편에 있는 첫 번째 검은 무늬는 슬릿의 위쪽 반과 아래쪽 반을 통과한 빛의 경로차가 반파장인 경우이다. 이는 바로 슬릿의 가장 위쪽 부분과 가장 아래쪽 부분을 통과한 빛의 경로차가 그림 16.18과 같이 완전한 한 파장이 된다는 것을 말한다. 따라서 이중 슬릿 실험과 같은 배치를 고려하면 첫 번째 검은 무늬의 위치는 다음과 같다.

$$y = \frac{\lambda x}{w}$$

여기서 w는 슬릿의 폭, 이전과 같이 λ는 빛의 파장, 그리고 x는 슬릿에서 스크린까지의 거리이다(예제 16.3 참고).

이 결과로부터 가운데 밝은 무늬의 폭을 알 수 있다는 점은 매우 중요하다. 이 폭은 $2y$가 된다. 여기서 y는 스크린 중심에서 양쪽 편의 첫 번째 어두운 주름 무늬까지의 거리이다. 슬릿의 폭 w가 좁아질수록 가운데 밝은 무늬의 폭은 증가한다. 슬릿의 폭이 매우 좁아지면 밝은 부분의 폭이 넓어지게 된다. 점점 더 좁은 슬릿을 통과하면서 광선은 무한히 좁아질 수 없다. 좁은 슬릿에 대해서 가운데 밝은 주름은 슬릿 자체보다 훨씬 더 넓어지게 된다. 빛은 회절에 의해 휘어져 가려질 것으로 생각된 영역 안으로 진행하게 된다.

예제 16.3 ▸ 단일 슬릿에 의해 생기는 가운데 밝은 주름 무늬의 폭은?

파장 550 nm의 빛이 폭이 0.4 mm인 단일 슬릿을 통과한다. 슬릿으로부터 3.0 m 떨어진 스크린에서 회절 무늬를 관찰할 때
    a. 가운데 무늬로부터 첫 번째 어두운 주름 무늬까지의 거리는 얼마인가?
    b. 이 회절 무늬의 가운데 밝은 주름 부분의 폭은 얼마인가?

a. $\lambda = 550$ nm $y = \frac{\lambda x}{w}$
    $= 5.50 \times 10^{-7}$ m
    $w = 0.4$ mm $= \dfrac{(5.50 \times 10^{-7} \text{ m})(3.0 \text{ m})}{0.4 \times 10^{-3} \text{ m}}$
    $= 0.4 \times 10^{-3}$ m
    $x = 3.0$ m $= \mathbf{0.0041 \text{ m} = 4.1 \text{ mm}}$

b. $2y = ?$ $2y = 2(4.1 \text{ mm}) = \mathbf{8.2 \text{ mm}}$

가운데 밝은 주름은 양쪽 편으로 첫 번째 어두운 부분까지 걸쳐 있으므로 그 폭은 y의 2배가 된다.

다른 모양에 의해 빛은 어떻게 회절되는가?

의식하지 않더라도 많은 회절 현상을 보고 있을 것이다. 창문을 통해 별을 보거나 멀리 떨어진 가로등을 볼 때 그림 16.19와 같은 회절 무늬를 보았을 것이다. 창문은 여러 개의 사각형 개구부를 가지고 있다. 그러나 그림 16.19에서는 불투명한 물체에 단일 사각형 개구부가 있

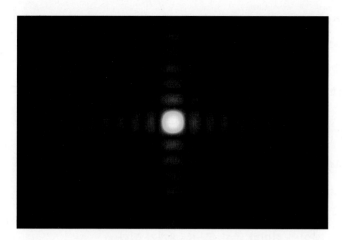

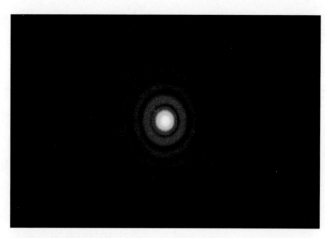

그림 16.19 사각형 개구부에 의해 만들어진 회절 무늬는 밝은 점들의 배열을 보여준다. 노출 시간을 더 길게 하면 더 멀리 있는 무늬를 볼 수 있다.
GIPhotoStock/Science Source

그림 16.20 원형 개구부에 의해 만들어진 회절 무늬는 가운데 밝은 부분으로부터 시작하여 어둡고 밝은 부분이 교차해서 나타난다.
GIPhotoStock/Science Source

는 경우 발생한 회절 무늬이다. 만약 앞에서 설명한 단일 슬릿을 사각형 개구부로 교체하면 스크린에서 보이는 이것이다.

망원경, 현미경 또는 눈과 같은 대부분의 광학 기구의 개구부 또는 조리개(aperture)는 사각형이나 직사각형보다는 원형이다. 원형 조리개에 의한 회절 무늬는 그림 16.20과 같다. 이런 황소 눈 모양의 무늬는 알루미늄 포일에 핀으로 구멍을 뚫어 만들 수 있다. 만약 레이저 포인터나 밝은 광원을 이 구멍에 비춘다면 벽에 링 모양의 회절 무늬를 볼 수 있을 것이다.

단일 슬릿에서와 마찬가지로 핀홀의 지름이 줄어들수록 중심에 밝은 부분은 넓어진다. 만약 너무 작은 지름의 핀홀을 광학 기기에 사용한다면 별과 같은 점 모양의 물체에서 나오는 빛은 회절 현상에 의해 넓게 퍼질 것이다. 상을 흐리게 보이게 하고 근처의 별들을 서로 흐려지게 만들 것이다. 이러한 별들은 망원경으로 구분되지 않는다고 말한다. 이러한 이유로 고사양 망원경의 개구부는 일반적으로 대형 거울을 사용한다. 망원경에 대한 심도 있는 논의는 17장에서 한다.

눈의 동공은 빛의 밝기에 따라 크기가 조절된다. 밝은 빛에서 동공의 지름은 작아지므로 회절 효과에 의해 시력이 떨어진다. 작은 동공은 한 점 물체로부터 나온 빛을 회절을 통해 더 크고 흐릿한 원으로 퍼트린다. 미세한 것을 보는 데 있어서는 동공의 크기가 크게 될 수 있는 다소 어두운 조명이 더 좋다. 밝은 조명에서 곁눈질하면 동공을 열고 회절 효과를 줄일 수 있어서 유사한 이점을 얻을 수 있다.

별을 볼 때 동공에 의해 회절 효과가 나타난다. 별이 점과 같이 보이는 것이 아니라 중앙에서 빛이 작은 스파이크와 같이 나오는 것처럼 종종 보인다. 이러한 스파이크들은 원형 동공의 직선 가장자리 부분의 회절에 의해 만들어진다. 이러한 직선 가장자리 부분은 원형 조리개에 의한 효과보다 단일 슬릿에 의한 효과와 유사하다.

회절격자란 무엇인가?

회절격자(diffraction grating)란 광원의 색 스펙트럼을 보는 데 유용한 다중 슬릿 간섭 장치이다. 회절이란 이름을 사용하였으나 간섭 격자라고 하는 것이 더 적당할지도 모르겠다. 가장 근본적인 효과는 다른 슬릿으로부터 나온 빛의 간섭에 의한 것이다. **간섭과 회절**이라는 용어가 간혹 서로 혼용되기도 하지만 서로 다른 슬릿이나 개구부에 의한 효과는 대개 간섭이라 하고, 단일 개구부에 의한 효과는 회절(diffraction)이라 한다.

간섭 실험에서 슬릿의 수를 늘리면 재미있는 무늬가 나타난다. 슬릿 사이의 간격을 동일하게 하고 슬릿의 수를 늘리면 밝은 주름 부분은 더욱 밝아지면서 간격은 점점 좁아진다. 이와 동시에 밝은 주름 무늬 사이에 다수의 희미한 주름 무늬들이 나타난다. 예를 들어 4개의 슬릿을 이용하면 각 밝은 주름 쌍 사이에 2개의 이차 희미한 주름 무늬가 나타난다. 일반적으로 희미한 주름의 개수는 $N - 2$로 주어지는데, 여기서 N은 슬릿의 개수이다. 만일 슬릿의 개수가 10개이면 밝은 주름 무늬 사이의 희미한 주름 무늬는 8개가 된다.

슬릿의 개수를 더욱 늘리면 이 이차 희미한 주름 무늬들은 더욱 희미해지지만 반면에 밝은 주름 무늬들은 좁아진다. 회절격자는 매우 가까이 놓여 있는 매우 많은 수의 슬릿을 가지고 있다. 좋은 회절격자는 1 mm에 약 수백 개 정도의 슬릿이 있다. 고사양 회절격자를 만들기 위해 필요한 매우 촘촘한 간격을 가지는 슬릿 또는 선 수를 만들기 위해 정밀 기계가 설계되었다. 최근에는 레이저와 홀로그래픽 기술을 이용하여 훨씬 간단하게 좋은 회절격자를 생산한다(일상의 자연현상 21.1 참고).

회절격자에 의해 생기는 밝은 무늬의 위치를 예측하는 방법은 바로 이중 슬릿 간섭 실험에서 사용한 것과 동일하다. 인접한 두 슬릿 사이의 간격이 d라면 이 이중 슬릿에서와 같이 인접한 슬릿에서 나온 빛들 사이의 경로차는 $d(y/x)$가 된다. 여기서 y는 바라보는 스크린의 중심에서부터 떨어진 거리이고, x는 회절격자에서 스크린까지의 거리이다. 이 경로차가 빛의 파장의 정수배가 되면 이 파장에서 강하고 밝은 주름을 얻는다. 이를 수식으로 표현하면[*]

$$d\frac{y}{x} = m\lambda$$

이고, 여기서 m은 정수(0, ±1, ±2, ±3, ...)이다.

위 식에서 볼 수 있듯이 주름 무늬의 위치는 빛의 파장에 따라 달라지기 때문에 서로 다른 파장의 밝은 무늬는 주어진 차수 m에 따라 서로 다른 위치에서 나타날 것이다. 따라서 회절격자에 빛을 통과시키면 빛은 색 스펙트럼으로 퍼지게 된다(그림 16.21). 좋은 회절격자는 프리즘보다 색을 더 넓게 퍼지게 하고 간섭 조건으로부터 파장을 직접 계산할 수 있다.

회절격자는 분광기(spectrometer)라고 부르는 장비에서 빛의 파장을 분리하고 측정하는

그림 16.21 회절격자는 백색광으로부터 화려한 스펙트럼을 만들어낸다. 2차($m = 2$) 스펙트럼은 1차($m = 1$) 스펙트럼보다 더 퍼진다. *Michelle Mauser/ McGraw Hill Education*

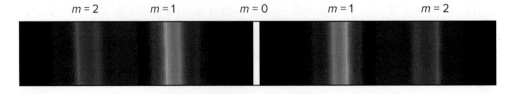

$m = 2$ $m = 1$ $m = 0$ $m = 1$ $m = 2$

---

[*] 이러한 조건은 스크린의 가운데로부터 상대적으로 작은 각도인 경우에만 유효하다. 큰 각도에 대해서는 스크린의 한 점에 대한 각도 θ의 사인을 포함하는 보다 정확한 조건을 사용해야만 한다. 정확한 조건은 $d \sin \theta = m\lambda$이다. 작은 각도에 대해서는 $\sin \theta \approx y/x$이다.

데 사용된다. 분광기는 화학실험실이나 물리실험실에서 흔히 사용되는 측정 장비이다. 분광기는 천문학적인 측정에도 중요한 역할을 하는데, 예를 들면 행성이나 별 또는 우주 천체들이 어떤 물질의 조성으로 이루어져 있는지를 알기 위하여 빛을 분광한다. 우주가 팽창하고 있다는 사실도 아주 멀리 있는 은하들로부터 방출된 빛을 분광기로 측정한 결과에 의한 것이다(21.2절 참고).

홀로그래픽 방법으로 가공된 회절격자들은 '우주 안경', 반사 선물 포장지와 같은 매우 다양한 새로운 제품들에서도 볼 수 있다. CD에서 보여지는 다양한 색채도 회절격자에 의한 현상이다. 디스크 내부에는 안쪽에서 바깥으로 원형의 나선 모양으로 연속적으로 이어지는 트랙이 있는데, 인접한 나선 트랙들이 매우 가까이 인접해 있어서 반사 회절격자와 같은 역할을 한다.

> 회절이란 동일한 개구부의 다른 위치에서 나온 광파의 간섭과 관련된다. 단일 슬릿에 의한 회절은 가운데 밝은 주름 무늬를 중심으로 양쪽 편으로 일련의 어둡고 밝은 무늬를 가진다. 원형 조리개는 황소의 눈과 같은 무늬를 만든다. 조리개를 더욱 좁게 만들면 회절 무늬는 퍼지고 빛살을 좁게 만드는 것이 어려워진다. 회절격자란 다중 슬릿 간섭 장치로 빛을 분광하고 파장을 측정할 수 있다.

16.5 편광된 빛

사람들은 눈부심을 줄이고 하늘을 어둡게 하려고 편광 선글라스나 카메라 필터를 사용한다. 3D 비디오나 영화를 보기 위해 특수 편광 안경을 써 본 적이 있을지도 모른다. 이때 두 눈에는 서로 다른 방향으로 편광된 빛이 들어오게 된다.

빛의 편광이란 무엇인가? 편광된 빛은 보통의 빛과는 어떻게 다른가? 이러한 질문들에 답하기 위해서는 전자기파의 특성을 다시 살펴볼 필요가 있다.

편광된 빛이란 무엇인가?

16.1절의 그림 16.3에 그려진 전자기파의 그림을 다시 주목하기 바란다. 빛은 진동하는 전기장과 자기장으로 이루어진 전자기파이다. 그림 16.3의 전자기파는 바로 편광된 빛을 보여주는데, 전기장 벡터는 수직면에서, 그리고 자기장은 수평면에서 진동하고 있다.

그러나 이것이 유일한 것은 아니다. 전기장이 수평면에서, 자기장이 수직인 면에서 진동하는 것도 그려볼 수 있다. 또는 전기장이 수평면과 일정한 각도를 이루는 면에서 진동할 수도 있다. 이렇게 선택된 방향은 다른 가능한 편광 방향을 나타내는 것이다. 관례에 따라 빛의 편광 방향은 전기장 벡터의 방향으로 정의한다. (자기장 벡터는 항상 전기장 벡터에 수직으로 존재한다.) 그림 16.22는 다른 편광 상태를 보여준다. 그림에서 빛은 지면에 수직인 방향으로 진행한다. 전기장 벡터는 양방향 녹색 화살표로 표시되어 있는데, 이는 전기장이 진행하면서 앞뒤로 진동하기 때문이다.

그러면 편광되지 않은 빛과 편광된 빛의 차이는 무엇인가? 그림 16.22의 마지막 그림이

그림 16.22 전기장 벡터는 편광된 빛에 대해 단일 방향으로 진동한다. 편광되지 않은 빛은 무작위적인 방향으로 진동한다.

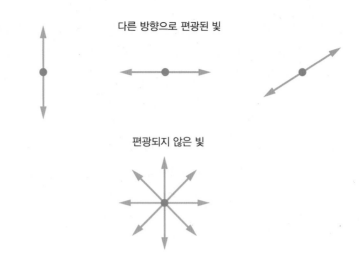

바로 편광되지 않은 빛을 나타낸다. 전기장 벡터가 사방을 가리키고 있다. (실제는 무수히 많은 방향이 가능하다.) **편광되지 않은 빛**(unpolarized light)이란 전기장이 서로 다른 방향으로 진동하는 파동의 혼합체이다. 백열전구로부터 방출되는 빛은 편광되지 않은 빛이다. 이 빛을 **편광된 빛**(polarized light)으로 만들기 위해 여러 가능한 방향들 중에서 오직 한 방향으로 진동하는 전기장을 선택하려면 무슨 일이 발생해야 한다.

빛 또는 전자기파가 편광 현상을 나타내는 유일한 것은 아니다. 밧줄 또는 기타줄에서의 파동과 같은 모든 횡파는 편광될 수 있다. 밧줄을 위아래로 흔들어 밧줄에서 진행하는 파동을 만들면 수직으로 편광된 파동이 되고, 좌우로 흔들면 수평으로 편광된 파동이 된다. 그리고 무작위적으로 흔들면 편광되지 않은 파동이 만들어진다.

편광된 빛은 어떻게 만드는가?

편광된 빛을 만드는 가장 간단한 방법은 편광 필터를 이용하는 것이다. (때때로 제조사의 이름을 따서 폴라로이드라고 부른다.) 초기의 편광 필터는 이색성(dichroic) 결정을 이용하여 만들었다. 이들은 특정한 방향으로 편광된 빛을 흡수하는 반면 그와는 수직으로 편광된 빛을 통과시키는 특수 물질이다. 필터를 제작하는 데 사용하는 기법은 모두 같은 방향으로 정렬된 많은 수의 작은 결정들을 이용하는 것이다.

최근에는 편광 필터를 만들기 위해 고분자나 플라스틱을 이용한다. 이러한 고분자를 생산 과정에서 당기게 되면 바로 이색성 결정이 된다. 당기는 과정에서 모든 분자들이 같은 방향으로 모두 정렬되도록 한다. 현대 편광 필터는 이러한 방식으로 만들어진다. 편광 필터는 카메라 매장에서 일상적으로 구입할 수 있고 편광 선글라스로도 구입할 수 있다.

편광되지 않은 빛이 편광 필터를 통과할 때 어떤 일이 일어나는가? 전기장이 올바른 방향을 가진 빛의 매우 작은 부분만을 통과시킬 수 있는가? 전기장이 벡터양임을 기억해야 한다. 편광 필터는 적절한 방향을 가지는 전기장 벡터의 일부분 또는 **성분**을 선택한다. 그림 16.23은 이러한 과정을 설명해준다. 필터를 통과한 전기장 벡터의 성분은 편광 필터의 투과축 방향의 성분이다. 이와 수직인 성분은 모두 흡수된다.

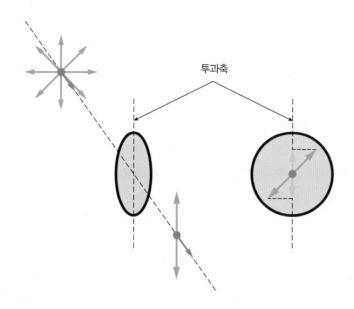

그림 16.23 편광 필터는 편광 필터의 투과축 방향에 있는 전기장 벡터의 성분만을 선택한다.

투과축

이상적인 편광 필터는 편광되지 않은 빛의 50%를 투과한다. 투과된 빛은 필터의 투과축 방향에 있는 전기장으로 편광되어 있다. 그러나 실제 실험에서는 50%보다 다소 적은 빛이 필터를 통과하는데, 이는 투과축 방향의 성분도 약간은 흡수되기 때문이다.

어떤 빛이 편광되어 있는지 아닌지 어떻게 알 수 있을까? 그것은 빛의 경로상에 편광 필터를 놓고 필터를 돌려보면 알 수 있다. 만약 필터를 회전시킬 때 필터를 통과한 빛의 세기가 변한다면 이 빛은 부분적으로 또는 완전히 편광되어 있음을 알 수 있다. 만약 빛의 세기가 사실상 필터의 특정 방향에서 0이 되면 이 빛은 완전히 편광된 빛이다.

편광 선글라스를 사용하는 이유는 무엇인가?

편광된 빛을 만드는 방법은 편광 필터를 이용하는 방법 이외에도 여러 가지 방법이 있다. 유리나 물처럼 투명한 매질의 매끄러운 표면에서 빛이 반사될 때에도 편광 현상이 나타난다. 태양빛이 호수 표면에 직각으로 입사하여 반사되면 반사파는 완전히 편광될 수 있다.

그림 16.24는 편광 각도에서 호수 표면에 빛이 조사되는 것을 보여준다. 입사하는 빛은 편광되지 않은 빛이고, 지면에 수직(점)이고 그림에서의 평면에 놓여 있는 화살표로 표현된다. 반사된 빛과 투과된 빛이 90°를 이룰 때 반사되는 빛은 완전히 편광되며, 이때 편광 방

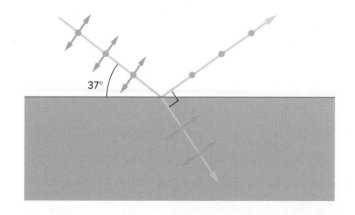

37°

그림 16.24 수면에서 수평 위로 37°의 각도로 입사하는 편광되지 않은 빛. 반사파는 수면에 평행한 전기장과 나란하게 완전히 편광되어 있다.

향은 지면에 수직(점)이고 호수 표면에 평행하다. 물의 경우 편광 각도는 수평 위로 약 37°가 된다.

편광 선글라스는 어떤 이점이 있을까? 호수 표면에서 반사된 빛은 매우 강하여 번쩍여서 보트를 타거나 수상 스키를 즐기는 사람의 눈에 강한 자극을 준다. 태양이 편광 각도 또는 그 근처의 각도에 있을 때 빛이 강하게 편광되기 때문에 편광 선글라스를 사용하면 사실상 이 눈부심을 제거할 수 있다. 반사된 빛은 호수 표면에 수평인 방향으로 편광되어 있기 때문에 선글라스의 투과축은 수직이 되어야 할 것이다. 태양의 각도가 편광 각도가 아니라고 하더라도 반사된 빛은 부분적으로 편광되므로 선글라스는 여전히 효과적이다.

편광 선글라스는 물에 젖어 있는 도로 또는 광택이 나는 자동차 후드에서 반사되는 빛의 눈부심을 줄이는 데도 도움을 줄 수 있다. 눈에서 반사된 햇빛으로 인해 눈부심을 겪은 스키 타는 사람들에게도 도움이 될 수 있다. 하늘빛도 편광되어 있는데, 이때는 반사보다는 산란이 연관된다(일상의 자연현상 16.1 참고). 하늘빛도 전기장이 지면에 수평한 방향으로 부분적으로 편광되어 있기 때문에 편광 필터는 하늘을 어두워 보이게 만든다. 이것이 사진에 편광 필터가 사용되는 주된 이유이다.

복굴절이란 무엇인가?

편광된 빛의 많은 흥미롭고 다채로운 효과는 **복굴절**(birefringence)이라는 현상과 관련이 있다. 복굴절은 이중 굴절이라고도 부르는데, 방해석이 이러한 효과를 보여주기 위해 주로 이용된다.

종이 위에 점을 하나 찍은 뒤에 방해석 결정을 통해 이 점을 보면 점이 하나가 아니라 2개로 보인다. 이것이 이중 굴절이라는 용어의 기원이다. 두 점 중 하나는 17장에서 논의할 보통의 굴절의 법칙(빛의 굽힘)을 따른다. 이 점과 관련되어 있는 빛(**보통파**(ordinary wave))은 결정을 직선으로 통과한다.

또 하나의 점과 관련된 파는 **특이파**(extraordinary wave)라고 부르는데, 이것은 일반적인 굴절의 법칙을 따르지 않는다. 대신에 특이파가 굴절되는 정도는 이 결정격자에 대한 빛의 방향에 의해 결정된다. 특이파는 결정을 직선으로 통과하지 않기 때문에 또 하나의 점은 옆에 있는 것처럼 보인다. 그림 16.25는 방해석 결정을 통해서 본 일련의 평행선들을 보여준다. 각각의 직선들이 복굴절로 인해 이중으로 보이는 것을 알 수 있다.

편광 필터를 이용한 간단한 실험을 통해 두 점(또는 선들)과 관련된 각각의 파는 서로 수직방향으로 편광되어 있다. 만약 이중으로 보이는 평행선에 편광 필터를 놓고 시선을 중심으로 서서히 돌려보면 먼저 한 선이 사라진다. 계속해서 필터를 돌려 90°를 더 돌리면, 사라진 선이 다시 나타나고 다른 선이 사라진다. 편광 방향은 복굴절 효과와 어떤 관계를 가지고 있는 것이 분명하다.

이 현상을 어떻게 설명할 수 있는가? 결정은 **등방성**(isotropic) 또는 **비등방성**(anisotropic)으로 분류할 수 있다. 등방성 결정에서 원자는 단순한 배열(종종 입방체)로 이루어지고 빛은 모든 방향에서 동일한 방식으로 이러한 결정을 통과한다. 방해석, 석영 및 기타 많은 결정

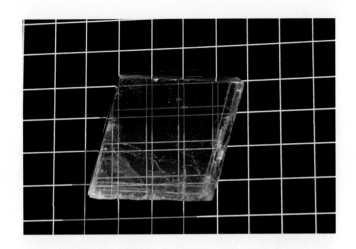

은 비등방성이다. 원자는 더 복잡한 구조로 배열되어 있다. 비등방성 결정은 등방성 결정에서 발생하는 것과 달리 다른 편광의 빛이 다른 방향으로 다른 속도를 가지고 이동하게 한다.

만약 2개의 편광 필터를 그 투과축이 서로 수직이 되도록 놓으면 빛이 전혀 통과하지 못한다. 처음 편광 필터를 통과한 빛은 편광되고 그 편광 방향은 처음 편광 필터에 대해 90°에 있는 투과축을 가지는 두 번째 편광 필터에 의해 완벽히 차단된다. 그러나 이 두 편광 필터 사이에 복굴절 결정을 놓으면 빛의 일부가 통과한다. 복굴절 결정은 빛의 편광 상태에 변화를 준다.

빛의 편광이 바뀌는 정도는 빛의 파장뿐만 아니라 물질의 두께에도 영향을 받는다. 이러한 이유로 두 수직한(90°에 있는 두 축) 편광 필터 사이에 얇은 복굴절 물질을 넣으면 흔히 다채로운 색을 볼 수 있다. 이 다채로운 색에 대한 완전한 분석은 매우 복잡하지만 색 띠는 삽입된 물질이 실제로 복굴절을 일으킨다는 것을 명확히 나타내는 것이다.

플라스틱 물질은 복굴절 현상을 활용하여 흥미로운 응용을 제시할 수 있다. 플라스틱(고분자)은 결정은 아니지만 압축을 하거나 잡아당기면 종종 복굴절 특성을 보인다. 공학자들은 때때로 작은 플라스틱 구조물을 먼저 만들어서 디자인하고 있는 구조물을 분석한다. 힘이 구조물에 작용할 때 수직 편광판 사이에 플라스틱 모델을 놓고 나타나는 무늬를 보면서 응력이 가장 크게 작용하는 곳을 볼 수 있다(그림 16.26).

> 빛은 전기장 벡터가 무작위 방향이 아니라 단지 한 방향으로만 진동하고 있다면 편광된 것이다. 편광 필터를 통해 편광되지 않은 빛을 통과시키면 편광된 빛을 얻을 수 있다. 편광 필터는 한 방향으로 편광된 빛을 투과시키고 투과축에 90°로 편광된 빛은 흡수해 버린다. 물, 유리, 또는 플라스틱의 매끄러운 표면에 반사된 빛은 완전히 또는 부분적으로 편광된 빛이 된다. 편광 선글라스는 반사되는 빛을 차단하여 눈부심을 줄이도록 설계된다. 복굴절 물질을 통과할 때 다른 편광을 가지는 빛은 다른 속도로 진행한다. 서로 수직으로 놓인 2개의 편광 필터 사이에 복굴절 물질을 놓으면 다양한 색채가 나타난다.

그림 16.26 집게 사이에 압축되어 있는 플라스틱 렌즈를 수직 편광자 사이에 놓고 보면 응력으로 인한 복굴절을 볼 수 있다. *Diane Hirsch/ Fundamental Photographs, NYC*

요약

빛은 파장이 매우 짧은 전자기파이다. 빛의 파동 특징은 다채로운 효과를 발생시키는 많은 현상을 일으키게 한다. 흡수, 산란, 간섭, 회절 및 편광 효과는 모두 파동으로 설명할 수 있다. 색각은 이러한 현상들을 인지할 수 있게 한다.

① **전자기파** 맥스웰은 자신의 전자기 이론을 통해 전자기파의 존재를 예측했다. 진동하는 전하가 3×10^8 m/s의 속력으로 공간에서 전파하는 전기장과 자기장의 변화를 생성한다. 라디오파, 마이크로파, 빛 및 X선은 모두 전자기파이다.

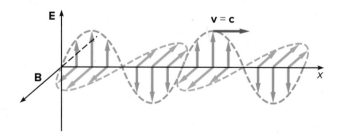

② **파장과 색** 색은 빛의 파장과 관련이 있다. 눈의 망막에 있는 세 종류의 원추세포들은 서로 다른 파장 범위에 민감하다. 이 원추세포들의 응답이 합쳐져 우리가 보는 색상을 정의하고 가산 및 감산 혼합의 규칙을 설명한다.

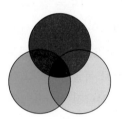

③ **광파의 간섭** 다른 유형의 파동과 마찬가지로 둘 이상의 광파는 상대적 위상에 따라 보강 간섭 또는 상쇄 간섭이 될 수 있다. 영의 이중 슬릿 실험은 빛의 간섭을 결정적으로 증명한 최초의 실험이었다. 비누막과 같은 박막에서 반사된 광파가 간섭하여 다채로운 효과를 나타낸다.

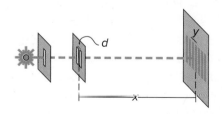

④ **회절과 회절격자** 동일한 개구부의 다른 부분에서 나오는 빛의 간섭을 회절이라고 한다. 단일 슬릿에 의해 회절된 빛은 중심에 밝은 빛을, 그리고 중앙에서 양쪽 편으로는 희미한 빛의 반점을 만

들어낸다. 정사각형 또는 원형 조리개는 더 복잡한 회절 무늬를 만들어낸다. 회절격자는 다중 슬릿의 간섭을 이용하여 빛의 파장을 분리하고 측정한다.

GIPhotoStock/Science Source

⑤ **편광된 빛** 편광된 광파는 전기장이 한 방향으로만 진동하지만, 편광되지 않은 파동의 전기장은 임의의 방향으로 진동한다. 빛은 편광 필터를 통과하거나 물, 유리 또는 플라스틱의 매끄러운 표면에서 반사하여 편광될 수 있다. 복굴절 효과는 이방성 결정 또는 응력이 가해진 플라스틱 조각에서 다른 속력으로 이동하는 다른 편광을 가진 빛에 의한 결과이다.

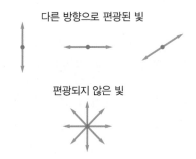

다른 방향으로 편광된 빛

편광되지 않은 빛

개념문제

Q1. 맥스웰의 이론에 의해 예측된 전자기파의 어떤 특성으로 인해 빛이 전자기파일 수도 있다고 제안하게 되었는가? 설명하시오.

Q2. 전자기파가 진공을 통과할 수 있는가? 설명하시오.

Q3. 레이스가 시작될 때 출발을 알리는 권총이 발사된다. 트랙의 다른 쪽 끝에 있다면 권총 소리와 발사 때 섬광 중 어느 쪽을 제일 먼저 인지할 것인가? 설명하시오.

Q4. 눈의 망막에 있는 L 원추세포는 단지 단일 파장에만 반응하는가? 설명하시오.

Q5. 특정 안료는 파란색과 빨간색 파장을 반사하지만 녹색 빛을 흡수한다. 이 안료로 코팅된 표면에 백색광을 비추면 이 표면에서 반사된 빛의 색은 무엇인가? 설명하시오.

Q6. 하늘빛은 공기 중 태양 광선의 산란에 의해 생성된다. 하늘색이 태양 자체의 빛의 색과 다른 이유는 무엇인가? 설명하시오(일상의 자연현상 16.1 참고).

Q7. 햇빛이 일몰이나 일출 근처에 주황색이나 붉은색으로 나타나는 이유는 무엇인가? 설명하시오(일상의 자연현상 16.1 참고).

Q8. 두 파동이 서로 같은 위상으로 시작하지만 한 파동이 함께 오기 전에 다른 파동보다 반파장 더 멀리 이동하면 파동이 결합될 때 위상이 같은가 아니면 정반대 위상인가? 설명하시오.

Q9. 물웅덩이에 있는 얇은 기름막에서 빛이 반사될 때 우리가 보는 색은 간섭에 의해 생성된다. 이 상황에서 어떤 2개의 파동이 간섭하는 것인가?

Q10. 얇은 비누막에서 백색광이 반사된다고 가정한다. 빨간색 빛에 대해 상쇄 간섭이 발생할 정도의 두께인 경우 반사광을 볼 때 비누막은 어떤 색으로 나타나는가? 설명하시오.

Q11. 반사 코팅된 렌즈가 반사된 빛에서 볼 때 보라색 빛이 도는 것처럼 보이는 이유는 무엇인가? 설명하시오(일상의 자연현상 16.2 참고).

Q12. 광선이 슬릿을 통과하여 슬릿에서 일정 거리 떨어진 스크린에 한 점의 빛을 형성한다. 슬릿을 매우 좁게 만들어 이 빛의 지점을 원하는 만큼 작게 만들 수 있는가? 이 과정에서 어떤 일이 발생하는가? 설명하시오.

Q13. 파란색과 녹색인 2개의 파장을 가지는 빛이 회절격자를 통과한다고 가정한다. 격자에 의해 생성된 1차($m = 1$) 스펙트럼에서 이 2가지 색상 중 어느 것이 스크린 중앙에서 더 멀리 떨어져 있는가? 설명하시오.

Q14. 기타줄의 파동은 편광될 수 있는가? 설명하시오.

Q15. 편광 필터를 통해 빛을 통과시키는 것 외에 편광되지 않은 빛이 편광될 수 있는 다른 방법이 있는가? 설명하시오.

Q16. 방해석 결정을 통해 점을 볼 때 이중 상이 보인다. 이 두 상과 관련된 빛의 편광에 차이가 있는가? 설명하시오.

연습문제

E1. 전자레인지에 사용되는 마이크로파의 파장은 약 12 cm인 경우가 많다. 이 파동의 주파수는 얼마인가?

E2. 파장이 470 nm인 초록색 빛의 주파수는 얼마인가?

E3. 700 nm(7×10^{-7} m) 파장의 빛이 0.3 mm(3×10^{-4} m) 간격을 가지는 이중 슬릿에 입사된다. 이중 슬릿에서 1.5 m 떨어진 곳에 스크린이 있다. 스크린 중앙에서 어느 정도 거리에 중앙 주름 무늬 다음 첫 번째 밝은 주름 무늬가 나타나는가?

E4. 이중 슬릿 간섭에 의해 생성된 주황색 주름 무늬가 이중 슬릿에서 0.8 m 떨어진 스크린 중심에서부터 1.7 cm 떨어진 곳에 있다. 스크린을 뒤로 이동하여 이제 이중 슬릿에서 3.2 m 거리가 되면 이 주황색 주름 무늬가 스크린 중앙에서 얼마나 떨어져 있는가?

E5. 무반사 코팅은 막을 통과하는 빛의 파장의 1/4 정도의 두께로 설계된다.

a. 코팅의 바닥면에서 반사된 빛은 윗면에서 반사된 빛보다 몇 파장 더 멀리 이동하는가?

b. 이것이 보강 간섭인가 아니면 상쇄 간섭인가?

E6. 700 nm(7×10^{-7} m)의 빛을 비출 때 단일 슬릿에 의해 생성된 첫 번째 어두운 주름 무늬는 슬릿에서 2.5 m 떨어진 스크린의 중심에서 1.6 cm 떨어진 곳에 위치하였다. 슬릿의 폭은 얼마인가?

E7. 수은 램프에서 나온 436 nm(4.36×10^{-7} m) 파장의 빛이 인접한 슬릿 사이의 간격이 0.007 mm(7×10^{-6} m)인 회절격자를 통과한다. 격자에서 1.5 m 떨어진 곳에 스크린이 있다.

a. 1차 밝은 주름 무늬가 스크린 중앙에서 얼마나 떨어져 있는가?

b. 2차 밝은 주름 무늬가 스크린 중앙에서 얼마나 떨어져 있는가?

종합문제

SP1. 색상의 가시 스펙트럼은 파장이 약 380 nm인 보라색 끝에서 파장이 750 nm인 빨간색 끝까지 펼쳐져 있다.

a. 이 두 파장과 관련된 주파수는 무엇인가?

b. 빛이 유리 속으로 들어가면 빛의 속도가 $v = c/n$로 느려진다. 여기서 n은 굴절률(index of refraction)이라고 한다. 많은 유형의 유리 또는 플라스틱에서 n은 약 1.5이다. 유리에서 대략적인 빛의 속도는 얼마인가?

c. 빛이 유리에 들어갈 때 빛의 주파수가 변하지 않는다면, 속도 감소를 설명하기 위해 파장이 바뀌어야 한다. 유리에서 가시 스펙트럼의 양끝의 파장은 얼마인가?

SP2. 정상파(15.3절 참고)는 거울에서 빛을 반사하고 반사파가 입사되는 파동과 간섭하도록 하여 만들 수 있다. 파장이 600 nm(6×10^{-7} m)인 빛을 사용하는 것을 가정하자. 거울 표면에 마디가 있다고 가정한다.

a. 첫 번째 배는 거울에서 얼마나 멀리 떨어져 있는가?

b. 거울에서 멀어질 때 인접한 배(오른쪽 가장자리) 사이의 거리는 얼마인가?

c. 정상파의 마디와 배와 관련된 어둡고 밝은 주름 무늬를 관찰하기가 쉬운가? 설명하시오.

CHAPTER 17

상의 형성
Light and Image Formation

학습목표

이 장의 학습목표는 반사와 굴절의 법칙을 이해하고 이러한 법칙들을 이용하여 상의 형성을 설명하는 것이다. 이를 위해서 파동과 광선의 관계를 논의하고, 광선을 추적하여 상이 무엇인지 정의하고 그 위치를 찾는 방법을 살펴볼 필요가 있다. 상이 형성되는 것을 알아보는 과정에서 거울과 렌즈에 의해 빛이 어떻게 진행하는지와 카메라, 확대경, 현미경, 그리고 망원경과 같은 간단한 광학 기구들이 어떻게 동작하는지를 살펴본다.

개요

① **반사와 상의 형성** 광선과 파동의 관계는 무엇인가? 반사의 법칙은 무엇이며, 평면거울에 의해 상이 어떻게 형성되는가?

② **빛의 굴절** 광선이 한 매질에서 다른 매질로 통과할 때에 휘어지는 현상을 어떻게 굴절의 법칙으로 설명하는가? 프리즘에 의한 색의 분리는 어떻게 설명할 수 있는가?

③ **렌즈와 상의 형성** 간단한 렌즈에 의한 상의 형성을 어떻게 굴절의 법칙으로 설명할 수 있는가? 수렴 렌즈와 발산 렌즈는 어떻게 다른가?

④ **곡면 거울을 이용한 빛의 초점 맞추기** 곡면 거울을 이용하여 어떻게 빛을 모을 수 있는가? 오목 거울과 볼록 거울이 맺는 상은 어떻게 다른가?

⑤ **안경, 현미경, 그리고 망원경** 우리가 더 잘 볼 수 있게 안경은 어떤 도움을 주는가? 어떻게 렌즈와 거울을 결합하면 현미경과 망원경을 만들 수 있는가?

거울을 보면서 스스로의 얼굴을 어떻게 볼 수 있는지 의아한 적이 있는가? 이른 아침에 여러분인 척 하는 엉망인 얼굴이 유리판 뒤에 어떻게 나타나는가?(그림 17.1) 거울의 품질에 따라 여러분이 보고 있는 상이 정확한 실체의 반영일 수도 아닐 수도 있다는 것을 잘 안다. 원하는 것을 믿으면 된다.

안경을 쓸 수도 있고 쌍안경, 망원경, 그리고 현미경과 같은 렌즈를 이용한 광학 기구를 아마도 사용해보았을 것이다. 거울에 의해 형성된 상은 빛의 반사와 관련되고, 렌즈에 의해 형성된 상은 빛의 굴절 또는 휘어짐과 연관된다. 반사와 굴절은 모두 무지개를 만드는 데도 영향을 미친다.

16장에서 빛이 전자기파의 일종이라는 아이디어를 제시하였고 전자기파의 일반적인 특징에 대해서 설명하였다. 그러한 파동이 거울, 현미경, 또는 우리 눈에서 어떻게 상을 형성하는가? 상을 형성하는 기본 원리는 무엇인가? 상이 어디서 형성되고 어떻게 보일 것인지 예측할 수 있을까?

이러한 질문들은 파면에 수직인 광선을 이용해서 광파의 진행을 기술하는 **기하광학**(geometric optics)의 영역에 속한다. 반사와 굴절의 법칙은 기하광학의 기본적인 원리들이다. 이 법칙들로부터 광선의 경로를 추적할 수 있고, 상이 어떻게 어디서 형성될지를 예측할

그림 17.1 이른 아침에 거울 보기. 그 실망스런 상이 어떻게 거기에 있는가?
Bob Coyle/McGraw-Hill Education

수 있다. 이와는 달리 **물리광학**(physical optics)(16장)은 간섭 및 회절과 같은 빛의 파동적인 측면과 관련된 현상들을 더욱 직접적으로 취급한다.

17.1 반사와 상의 형성

욕실 거울에 보이는 여러분의 상은 어떻게 만들어지는가? 욕실의 불을 끄면 쉽게 확인할 수 있듯이 어쩐지 빛이 관련이 있는 거 같다. 욕실이 완전히 어두워지면 거울의 상은 사라지고 다시 불을 켜면 상이 바로 다시 나타난다. 욕실등에서 나온 광파는 얼굴에서 반사되어 거울 쪽으로 이동하고 다시 반사되어 눈으로 들어온다. 이러한 과정이 어떻게 우리가 보는 상을 만들어내는 것인가?

광선은 파면과 어떤 관련이 있는가?

만약 단지 얼굴의 한 점만을 고려하여 그 점에서 반사되는 파동에게 무슨 일이 생기는지를 추적한다면 무슨 일이 일어나고 있는지에 대해서 보다 명확한 아이디어를 얻게 될 것이다. 얼굴의 피부는 다소 거칠어서(적어도 현미경 척도에서) 얼굴에 도달한 빛은 모든 점에서 모든 방향으로 반사 또는 산란된다. 예를 들면 여러분의 코끝은 그 점으로부터 균일하게 퍼져가는 광파의 파원과 같이 행동한다(그림 17.2). 이러한 파들은 돌이 연못에 떨어질 때 파문이 퍼져나가는 것과 비슷하다.

얼굴에서부터 산란된 광파는 물결파가 아니라 전자기파이고 물결파에서와 같이 원점에서부터 바깥쪽으로 이동하는 마루(전기장과 자기장은 가장 강하다)를 갖는다. 만약 주기 안에서 모두 같은 지점에 있는 파동의 위치를 연결한다면 **파면**(wavefront)이 정의된다. 물결파에서 명확하게 보여지기 때문에 이러한 목적으로 파동의 마루(최대 양의 진폭 지점)를 선택한

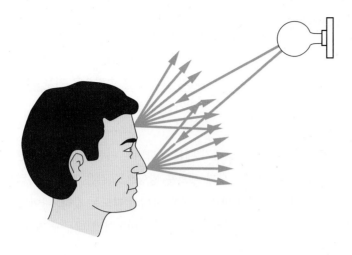

그림 17.2 얼굴의 모든 점은 그 점으로부터 모든 방향으로 반사되는 광선의 이차 광원으로 동작한다.

다. 앞선 파면 뒤의 다음 파면은 파동이 마루에 있게 되는 다음 위치이고, 그림 17.3에서와 같이 이전 파면으로부터 한 파장에 해당하는 거리만큼 떨어져 있다. 광파의 경우 이러한 파면은 원점으로부터 빛의 속도로 멀어져 간다.

파면에 발생하는 일들을 추적함으로써 이러한 파들에 일어나는 거의 모든 것을 기술할 수 있다. 그러나 파면에 수직인 광선을 사용하여 파동의 진행을 파악하는 것이 더 쉽다. 만약 파들이 같은 매질(예를 들어, 공기) 내에서 진행하면, 파면은 균일하게 앞으로 이동하고 그 결과 광선은 직선이 된다(그림 17.3). 이러한 광선은 곡선 파면보다 그리기가 쉽고 추적하기도 더 쉽다.

얼굴의 모든 점들은 빛을 모든 방향으로 산란시키기 때문에 이 점들은 그림 17.2와 같이 발산하는 광선의 광원으로 작용한다. 광선이 얼굴에서 거울로 진행하는데, 거울에서는 거울의 평탄함 때문에 예측 가능한 방식으로 광선이 반사된다. 눈은 백열전구로부터 빛을 받는데, 그 빛은 눈으로 되돌아오기 전에 얼굴과 거울에 의해 반사된다.

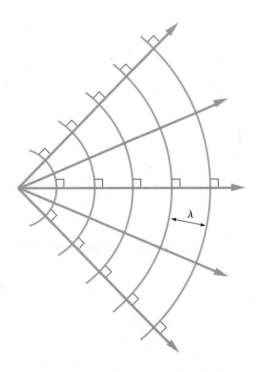

λ

그림 17.3 광선(직선으로 보이는)은 모든 곳에서 파면(호로 보이는)에 수직이 되도록 그린다. 만약 파동이 균일한 속력으로 이동하면 광선은 직선이 된다.

반사의 법칙은 무엇인가?

광선과 파면이 평탄한 거울처럼 평평한 반사면에 부딪히면 어떠한 일이 일어나는가? 파들은 반사되며, 반사된 후에 그 파들은 반사되기 전과 같은 속력으로 거울로부터 멀어져 간다. 그림 17.4는 평면 파면(곡면이 없음)이 평면거울에 정면보다는 임의의 각도로 도달하는 과정을 묘사했다.

파면이 거울에 임의의 각도로 도달하기 때문에 파면의 어떤 부분들은 다른 부분보다 빨리 반사된다(그림 17.4). 파면은 거울로부터 새로운 방향으로 같은 간격과 속력으로 나아간다. 그러나 반사되어 나온 파에 대해서 파면과 거울 사이의 각도는 같다. 나아가는 파면은 같은 속력으로 진행하여 들어오는 파에 대한 같은 거리를 이동하기 때문에 파면과 거울 표면 사이의 동일한 각도를 이룬다.

이 결과는 대개 광선을 사용하여 설명한다. 표면에 수직으로 그려진 선에 대해 광선이 만드는 각도는 파면(광선에 수직인)이 거울면에 대해 만드는 각도와 동일하다. 수직(perpendicular)이라는 의미의 수직(normal)(4장에서 수직 항력을 논의할 때와 같은)이라는 단어를 사용하여, 거울면에 수직으로 그린 선을 **법선**(surface normal)이라 한다. 파면이 거울에 대해서 동일한 각도라고 하는 것은 반사되는 광선의 법선에 대한 각도와 입사(incident) 광선의 법선에 대한 각도가 같다는 것이다(그림 17.4).

방금 설명한 것은 **반사의 법칙**(law of reflection)이며, 다음과 같이 간결하게 설명할 수 있다.

> 빛이 평평한 반사 표면으로부터 반사될 때, 반사 광선이 법선과 만드는 각도는 입사 광선이 법선과 만드는 각도와 같다.

다시 말하면, 반사각(그림 17.4에서 θ_r)이 입사각(θ_i)과 같다. 반사 광선은 또한 입사 광선과 법선에 의해서 정의되는 평면에 놓여 있다. 그림을 그린 지면 안팎으로 벗어나지 않는다.

그림 17.4 임의의 각도에서 거울에 접근하는 평면 광파가 거울에 부딪히기 전후에 같은 속력으로 이동한다. 반사각은 입사각과 같다.

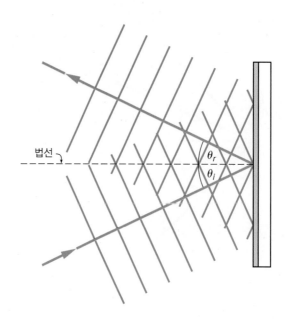

법선

평면거울에 의한 상은 어떻게 형성되는가?

반사의 법칙은 평면거울에 의한 상이 어떻게 형성되는지를 설명하는 데 어떻게 도움이 되는 가? 광선이 코에서 산란될 때 어떤 일이 일어나는가? 코에서부터 광선들을 추적하고 반사의 법칙을 사용하여 거울로부터 반사된 광선들을 따라가면 개개의 광선들에게 어떠한 일이 일 어나는지를 알 수 있다(그림 17.5).

만약 반사 광선을 거울 뒤로 연장해보면 보이는 것과 같이 거울 뒤에 한 점에서 교차한다. 눈에 광선들이 모이면서 마치 교차점에 상이 있는 것으로 인식하게 된다. 달리 말하면 눈을 통해서 이러한 광선들이 그 점에서 오고 있는 것으로 인지하는 것이다. 그래서 코가 거울 뒤 에 놓여 있는 것처럼 보인다. 같은 논리가 얼굴에 있는 모든 점에 대해서도 동일하게 성립된 다. 그래서 모든 것이 거울 뒤에 놓여 있는 것처럼 보인다.

간단한 기하학을 사용하면 거울 뒤에 있는 상까지의 거리가 (거울면으로부터 측정한) 거 울 앞에서부터 원래의 물체까지의 거리와 같음을 알 수 있다. 그림 17.6에 나타낸 것처럼 이 러한 거리가 같은 결과는 반사의 법칙에 의한 것이다. 그림에서는 양초의 꼭대기로부터 나 오는 단 두 광선들만을 선택해 전과 같이 이 두 광선을 추적하였다. 수평방향으로 거울에 입 사하고 거울에 수직인 광선은 같은 직선을 따라 반사되어 돌아온다. 이 광선의 입사각은 0이 며, 따라서 반사각도 같다.

다른 광선은 양초의 바닥이 있는 거울의 한 점으로부터 반사된다. 이 광선은 입사각과 같 은 각으로 반사된다. 이러한 두 광선을 뒤쪽으로 연장하면 두 광선이 교차하는 지점에 상이 위치한다. 양초의 꼭대기로부터 추적된 다른 어떤 광선도 이 점에서 나온 것처럼 보일 것이 다. 보여지고 있는 두 광선은 거울 양편으로 동일한 삼각형을 만든다(그림 17.6). 각도가 같 고 두 삼각형의 짧은 변이 양초의 높이와 동일하기 때문에 동일한 삼각형의 긴 변 또한 서로 같아야만 한다. 그러므로 상은 거울 뒤쪽 상 거리(image distance) i에 위치하고 거울 앞에 있 는 양초의 물체 거리(object distance) o와 같다.

평면거울은 주변에 흔하기 때문에 거울 앞에서 움직이면서 자신의 상과 다른 물체의 상을 살펴보면 이러한 아이디어의 일부를 확인할 수 있다. 전신을 보기 위해 그만큼 큰 거울이 있

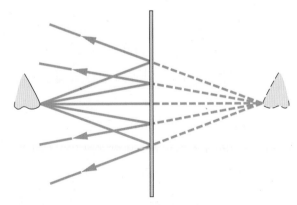

그림 17.5 몇 개의 광선들을 코끝에서부터 추적하여 보면 거울에서 반사된다. 광선들은 마치 거울 뒤의 한 점에서부터 나오는 것처럼 반 사된 뒤에 발산한다.

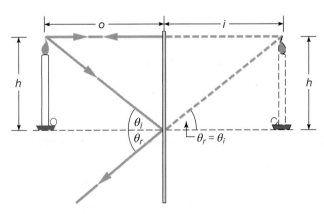

그림 17.6 양초의 꼭대기에서 나온 두 광선은 양초가 거울 앞에 있는 거리 만큼 거울 뒤에 있는 한 점에서 반사된 뒤에 발산하는 것처럼 보인다.

어야 하는 것은 아니다. 거울을 앞이나 뒤로 움직이면 더 많이 보이는가? 다른 물체들은 어떠한가? 방안에서 다양한 물체들을 보기 위해 어디에 있어야 하는가? 이러한 관찰 결과를 반사의 법칙으로, 그리고 눈에 도착하는 광선으로 설명할 수 있는가?

평면거울에 형성되는 상을 허상(virtual image)이라 부르는데, 이는 빛이 상이 놓여 있는 곳에 실제로는 절대로 통과하지 못하기 때문이다. 실제로 빛은 거울 뒤로는 전혀 갈 수가 없고 빛이 반사될 때 거울 뒤에서 나오는 것처럼 보일 것이다. 이 상은 정립(오른편 위)이고 물체와 동일한 크기(확대되지 않은)를 가지는 것으로 특징지어진다. 그러나 거울 상에서 오른손을 왼손, 그리고 왼손을 오른손으로 보이게 하는 앞뒤 반전이 있다. 다시 한번 살펴보도록 하자. 그러한 상은 매일 볼 수 있지만 아마도 이런 것들은 그냥 지나치기 마련이다.

> 광선은 파면에 수직으로 그린다. 이러한 광선의 추적은 파면을 따라가는 것보다 빛이 어떻게 움직이는지를 더욱 쉽게 알 수 있게 해준다. 반사의 법칙은 빛이 평평한 면에서 반사될 때 반사각은 입사각과 같음을 알려준다(둘 다 법선에서 측정). 평면거울에 의해 형성된 상은 반사 후에 광선이 발산하는 것처럼 보이는 점에 있으며, 물체가 거울 앞에 있는 거리만큼 거울 뒤에 위치한다.

17.2 빛의 굴절

가장 많이 접하는 상은 평면거울에 의한 상이다. 그러나 프리즘, 렌즈, 또는 아마도 물탱크 등에 의해서도 상은 형성될 수 있다. 이들은 모두 가시광에 투명한 물체들이다. 광선들이 투명한 물체의 표면을 만날 때 어떠한 일이 일어나는가? 수중 물체의 위치에 대해 잘못된 생각을 가지게 되는 이유는 무엇일까? 굴절의 **법칙**은 이러한 질문들에 답하는 데 많은 도움이 된다.

굴절의 법칙은 무엇인가?

광파가 처음엔 공기 속에서 진행하다가 유리 평면을 마주하게 된다고 가정하자. 이 광파가 유리 속으로 들어가 진행할 때 무슨 일이 일어나겠는가? 실험적으로 측정해보면 유리나 물에서의 빛의 속도가 진공이나 공기에서의 빛의 속도보다 작다는 것을 알 수 있다(공기에서의 빛의 속도는 진공에서의 빛의 속도와 거의 같다). 파면 사이의 거리(파장)는 공기에서보다 유리나 물속에서 더 짧을 것이다(그림 17.7). 왜냐하면 파동은 한 주기 동안 더 짧은 거리를 이동하기 때문이다.

서로 다른 매질에서 빛의 속도의 차이는 **굴절률**(index of refraction)이라는 양을 이용하여 설명하고 기호 n으로 표시한다. 굴절률은 진공에서의 빛의 속도 c에 대해 물질 안에서의 빛의 속도 v의 비율 $n = \frac{c}{v}$로 정의된다. 물질 안에서 빛의 속도 v는 진공에서의 빛의 속도 c와 $v = \frac{c}{n}$의 관계를 갖는다.

어떤 투명한 물질에서의 빛의 속도는 진공에서의 빛의 속도($c = 3 \times 10^8$ m/s)를 그 물질의 굴절률로 나누어주면 된다. 전형적인 유리의 굴절률 값은 1.5와 1.6 사이의 값을 가지고

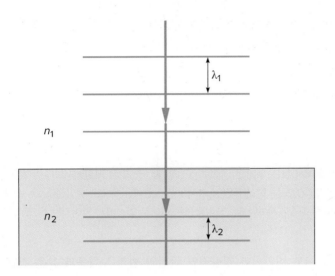

그림 17.7 공기에서 유리로 진행하는 광파의 파장이 공기에서보다 유리에서 더 짧아지는데, 이는 유리에서 광파의 속력이 더 작기 때문이다.

유리에서의 빛의 속도는 공기에서의 빛의 속도에 비해 거의 2/3에 불과하다.

　빛이 유리 속을 통과하면서 속력과 파장이 줄어드는 것은 빛의 진행 방향에 어떠한 영향을 주는가? 만약 그림 17.8에서와 같이 파면과 그에 대응하는 광선이 임의의 각도에서 표면에 입사한다면 파가 공기에서 유리로 통과할 때 광선이 휘는 것을 볼 수 있을 것이다. 광선이 휘어지는 것은 파면이 공기에서와는 달리 유리 내에서는 한 주기를 진행할 수 없기 때문이다. 그림에서 보듯이, 유리 속에 들어가 있는 일부의 파면은 공기에서보다 유리에서 더 짧은 거리를 이동하게 되어 파면 일부가 휘어지게 된다. 그래서 파면에 수직인 광선이 휘어진다. 상황은 운동장의 가장자리와 비스듬하게 진흙투성이의 운동장을 행진하는 행진 밴드와 같다. 진흙으로 인해 속력이 감소함에 따라 행진하는 열이 구부러진다.

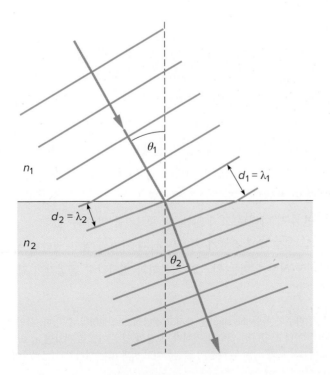

그림 17.8 임의의 각도로 유리 표면에 입사하는 파면은 유리를 통과할 때 휘어진다. 굴절각 θ_2는 입사각 θ_1보다 작다. (n_2가 n_1보다 더 크다.)

휘는 정도는 입사각과 속력의 변화를 결정하는 물질의 굴절률에 의존한다. 속력의 차이가 클수록 두 물질에서 파면이 진행하는 거리에 더 큰 차이가 발생한다. 두 물질의 굴절률의 차이가 클수록 파면이나 광선에서 더 많이 휘어지게 된다.

굴절의 법칙(law of refraction)으로 설명되는 휘어짐은 다음과 같은 정량적인* 말로 나타낼 수 있다.

> 빛이 투명한 매질에서 다른 투명한 매질로 진행할 때, 첫 번째 매질에서보다 두 번째 매질에서 빛의 속도가 느리면 빛의 속도는 법선(표면에 수직으로 그린 축) 쪽으로 휘어진다. 두 번째 매질에서의 빛의 속도가 첫 번째 매질에서보다 더 크면 광선은 반대로 법선에서 멀어지는 쪽으로 휘어지게 된다.

만일 입사각이 15° 미만이면 정량적인 굴절의 법칙은 다음과 같은 간단한 형식으로 쓸 수 있다.

$$n_1\theta_1 \cong n_2\theta_2$$

첫 번째 매질의 굴절률과 입사각의 곱은 두 번째 매질의 굴절률과 굴절각과의 곱과 거의 같다. 두 번째 매질의 굴절률이 증가하면 굴절각은 감소해야 하는데, 이는 굴절률이 클수록 광선이 축(법선)에 더 가깝게 휘게 되는 것을 의미한다.

광파가 유리에서 공기로 진행할 경우에 빛의 굴절은 반대방향으로 일어난다. 광선은 굴절의 법칙에 따라 법선에서 먼 쪽으로 휘게 된다. 그림 17.8에서 광선과 파면의 방향을 반대로 바꾸면 쉽게 이해할 수 있을 것이다. 파가 유리에서 공기로 진행할 때 속력이 증가하는 것이 광선을 법선으로부터 멀리 휘어지게 만든다.

왜 수중 물체는 실제보다 가깝게 보이는가?

투명한 두 매질의 경계면에서 광선의 휘어짐으로 인해 믿을 수 없는 일들이 벌어지곤 한다. 예를 들어, 물이 흐르는 다리 위에 서서 물고기를 내려다보고 있다고 하자. 물의 굴절률은 1.33이고 공기의 굴절률은 약 1이다. 물고기에서 나와 우리 눈으로 진행하는 빛은 그림 17.9 에서와 같이 법선에서 멀어지는 방향으로 휜다.

물고기로부터 나오는 빛이 휘어지기 때문에 물속에서 진행할 때보다 공기에서 더 강하게 발산한다. 만약 광선들을 뒤쪽으로 연장하면, 물체의 실제 위치보다 수면에 더 가까운 곳에 있는 지점에서 광선이 나오는 것처럼 보인다(그림 17.9). 물고기의 모든 위치에서 이러한 원리가 동일하게 적용되기 때문에 물고기는 실제보다 수면에 더 가까이 있어 보이게 된다. 만약 물고기를 쏜다면 수직 아래로 쏘지 않는 한 물고기를 맞출 수 없다.

수면 아래에 있는 물고기의 겉보기 거리는 실제 거리를 알고 있다면 굴절의 법칙으로부터 예측할 수 있다. 이러한 논의는 약간의 기하학과 입사각과 굴절각이 작다고 가정하는 것

---

* 굴절의 법칙은 삼각 함수인 사인(the sine)을 가지고 정량적으로 설명할 수 있다. 사인은 삼각 함수에 대한 약간의 배경 지식을 가지고 있다면 익숙할 것이다. 보통의 경우 기호로 써보면 $n_1 \sin\theta_1 = n_2 \sin\theta_2$와 같이 쓸 수 있는데, 여기서 n_1과 n_2는 두 매질의 굴절률이고 θ_1과 θ_2는 입사각과 굴절각이다(그림 17.8 참고).

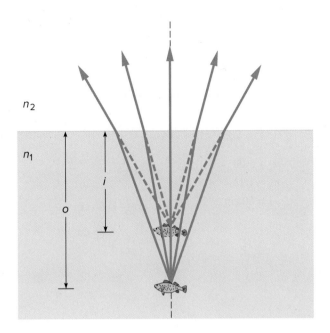

그림 17.9 물고기로부터 나오는 광선은 물에서 공기를 통과할 때 휘어진다. 빛은 수면에 더 가까운 곳에서 발산되는 것처럼 보인다.

에서 시작한다. 공기에서의 겉보기 거리(상 거리 i)는 수중 실제 거리(물체 거리 o) 및 굴절률과 다음의 관계를 갖는다.

$$i = o\left(\frac{n_2}{n_1}\right)$$

여기서 두 번째 매질의 굴절률 n_2는 공기의 굴절률($n_a = 1$)이고 첫 번째 매질의 굴절률 n_1은 물의 굴절률($n_w = 1.33$)이다. 따라서 상 거리는 그림 17.9에서 명확히 보여주듯이 실제 거리보다 짧다. 만약 물고기가 실제로 수면 1 m 아래에 있다면, 수면 아래의 겉보기 거리는 다음과 같다.

$$i = 1 \text{ m}\left(\frac{1}{1.33}\right) = 0.75 \text{ m}$$

이러한 물고기의 겉보기 위치는 물고기 상의 위치이다. 물고기에서부터 산란된 광선은 물고기의 실제 위치보다는 겉보기 위치에서 나오는 것처럼 보인다. 거울에서 보는 상과 같이 허상을 보는 것이다. 허상이라고 하는 것은 광선은 실제로는 상의 위치를 통과하지는 않기 때문이다. 단지 그 점으로부터 나오는 것처럼 보이는 것뿐이다. 반대로 우리가 물속에서 공기 중에 있는 물체를 본다면 실제 물체의 위치보다 수면에서 더 멀리 있는 것처럼 보일 것이다(예제 17.1 참고).

수중에서 보이는 물체의 위치를 착각하는 것은 매일 경험하지만 너무 흔한 일이기 때문에 잘못되었다는 것을 알지 못하는 것이다. 곧은 젓가락이나 막대는 일부가 물 위에 있고 나머지가 물속에 있을 때 휘거나 부러진 것처럼 보인다. 위쪽에서 볼 때 물속에 있는 물체의 모든 점은 실제 거리보다 수면에 더 가깝게 보이게 된다. 물이나 다른 음료가 들어 있는 컵 속의 빨대나 숟가락은 그림 17.10에서처럼 휘어진 것처럼 보인다. 우리는 이러한 속임수에 익숙하여 한순간도 고민하지 않는다.

그림 17.10 위에서 보면 빨대의 일부가 물 위에 있고 일부가 아래쪽에 있을 때 이 빨대는 휘어져 보인다. 옆에서 보면 빨대는 확대되어 보인다.
Lisa Burgess/McGraw-Hill Education

예제 17.1 ▶ 수중 물체 보기

물속에서 수영하고 있는 어떤 소녀가 공기 중에 소녀 머리 위로 날고 있는 잠자리를 올려다보고 있다. 잠자리는 수면 위 60 cm 떨어진 곳에서 날고 있는 것으로 보인다. 실제 수면 위 잠자리까지의 거리는 얼마인가?

물체(잠자리)가 공기 중에 있기 때문에 빛이 초기에 공기에서 진행하고 있다. 그러면

$$n_1 = 1.00 \qquad\qquad i = o\frac{n_2}{n_1}$$
$$n_2 = 1.33$$
$$i = 60 \text{ cm} \qquad\qquad o = i\frac{n_1}{n_2} = 60 \text{ cm}\frac{1}{1.33}$$
$$= 45 \text{ cm}$$

(물체는 실제로 보이는 것보다 수면에 가까이 있다.)

내부 반전사

다른 재미있는 현상은 광선이 물이나 유리에서 공기로 진행할 때 일어난다. 앞에서도 지적했듯이 빛이 굴절률이 더 작은 매질(예를 들어, 공기)로 진행할 때 빛은 축으로부터 멀어지며 휘어진다. 굴절각이 90°만큼 휘어질 경우에 어떠한 일이 일어날 것인가? 굴절각은 더 이상 커질 수가 없고 광선은 두 번째 매질로 진행한다.

이러한 상황을 그림 17.11에 묘사하였다. 유리로부터 진행하는 빛의 입사각이 커질수록 굴절각은 커진다(광선 ①). 궁극적으로, 굴절각이 90°에 도달하게 된다(광선 ②). 이 각도에서 굴절된 광선은 유리에서 나올 때 표면을 따라 스쳐 지나갈 것이다. 유리 내부로부터의 입사각이 이 각보다 크다면(광선 ③), 이 광선은 유리를 빠져나갈 수 없다. 그 대신에 반사된다. 굴절각이 90°가 되는 입사각을 **임계각(critical angle)** θ_c[*]라고 한다. 입사 광선의 각도가 임계각보다 큰 경우에 유리 내부로 반사하게 되어 굴절의 법칙보다는 반사의 법칙에 따르게 된다.

이러한 현상을 **내부 전반사(total internal reflection)**라고 한다. 입사각이 임계각과 같거나

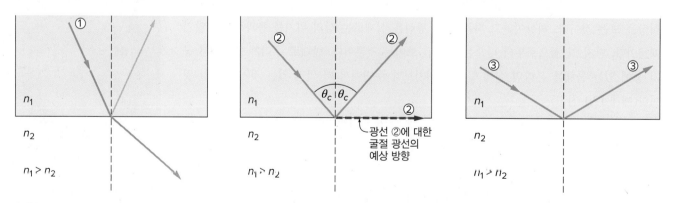

그림 17.11 광선이 유리에서 공기로 진행할 때, 굴절각이 90°가 되는 입사각(광선 ②)을 임계각 θ_c라 한다. 임계각 θ_c보다 같거나 큰 각도로 입사하는 광선은 완전히 반사된다.

---

[*] 굴절의 법칙으로부터 $\sin \theta_c = n_2/n_1$을 만족하는데, 여기서 n_2가 n_1보다 큰 경우에만 유효하다.

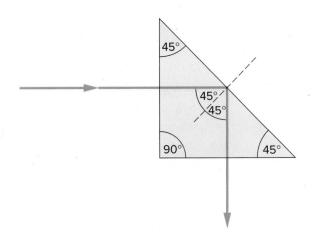

그림 17.12 두 45°를 가지도록 잘라진 프리즘은 거울로 사용될 수 있는데, 이 경우에 빛은 완전히 반사된다.

또는 더 큰 경우에는 굴절률이 더 큰 물질의 내부로 빛을 100% 반사하게 된다. 이러한 조건이 만족되면 유리–공기 경계면은 뛰어난 거울이 된다. 굴절률이 1.5인 유리에 대해 임계각은 약 42°이다. 굴절률이 더욱 큰 유리의 경우에는 더 작은 임계각을 가진다. 그림 17.12에서와 같이 45°의 각도로 잘라진 프리즘은 반사체로 사용될 수 있다. 첫 번째 면에 수직으로 입사된 빛은 45°의 입사각에서 긴 면을 비추게 되는데 이는 임계각보다 큰 값이다. 따라서 이 면에서 전반사가 일어나게 되므로 면은 평면거울로써 작용한다.

어떻게 프리즘이 빛을 휘게 하며, 분산이란 무엇인가?

백색광은 프리즘에 의해 다른 색깔들로 분리되어 무지개와 같은 효과를 나타낼 수 있다는 것을 알고 있다. 일반적인 백색광으로 시작하여 어떻게 무지개 색을 얻을 수 있을까?

매질의 굴절률은 빛의 파장에 따라 달라진다. 서로 파장이 다른 빛들은 그 휘어지는 정도가 서로 다르다. 16장에서 논의한 바와 같이 파장은 인지하는 색과 연관되어 있다. 가시 스펙트럼의 한쪽 끝에 빨간색 빛은 스펙트럼의 반대쪽 끝에 있는 보라색 빛보다 긴 파장과 낮은 주파수를 가지고 있다. 대부분의 유리나 물과 같은 투명한 물질에 대해 보라색 빛에 대한 물질의 굴절률은 빨간색 빛에 대한 물질의 굴절률보다 크다. 보라색 빛은 빨간색 빛보다 더 많이 휜다. 초록색, 노랑색, 그리고 주황색에 해당하는 중간 파장의 빛은 중간 정도로 휘어진다.

빛이 임의의 각도로 프리즘을 통과할 때, 그림 17.13에서와 같이 빛이 프리즘을 들어올 때 휘어지고 나갈 때 다시 휘어진다. 광선은 굴절의 법칙을 따라 프리즘에 들어갈 때 법선 쪽으로 휘어지고 두 번째 표면에서 법선에서 멀어지면서 입사한다. 파장에 따라 굴절률이 다르기 때문에 그림 17.14에서 보듯이 보라색 광선이 가장 많이 휘어지고 색 스펙트럼의 가장 위에 있게 된다.

파장에 따른 굴절률의 변화를 **분산**(dispersion)이라 부르며, 물, 유리, 그리고 투명한 플라스틱을 포함하는 모든 투명한 물질에 존재한다. 분산은 빛이 어항 또는 프로젝터에서와 같이 렌즈 가장자리를 통과할 때 보이는 색과 관련이 있다. 일상의 자연현상 17.1에서 설명한 것과 같이 아름다운 무지개에서 보이는 색과도 연관된다.

무지개

상황 1장의 그림 1.1은 무지개 사진이다. 그런 장면을 보고 자연의 아름다움에 경외심이 느껴진다. 무지개는 해가 빛나고 근처에 비가 오는 경우 나타난다고 알고 있다. 조건이 맞는다면 바깥쪽에는 빨간색이고 안쪽에는 보라색인 완전한 반원을 볼 수 있다. 때때로 첫 번째 무지개 바깥으로 희미하게 형성된 두 번째 무지개도 볼 수도 있다. 두 번째 무지개의 색은 사진에서 보듯이 첫 번째 무지개의 색 배열과는 반대이다.

어떻게 무지개가 형성될까? 무지개를 보기 위한 조건은 무엇인가? 어디를 봐야 하는가? 반사의 법칙과 굴절의 법칙을 사용

하여 이러한 현상을 설명할 수 있겠는가? 1장에서도 제기되었던 이러한 문제들에 대하여 이제는 답을 할 수 있을 것이다.

분석 무지개를 이해하는 비결은 첫 번째 그림에서와 같이 광선이 빗방울 속으로 들어갈 때 광선에게 어떤 일이 일어나는가를 고려하는 것이다. 광선이 빗방울의 첫 번째 면에 부딪힐 때 일부는 빗방울로 굴절된다. 광선이 휘는 정도는 빛의 파장에 따라 바

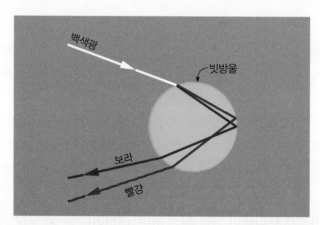

빗방울에 들어오는 광선은 첫 번째 면에서 다른 각도로 굴절되고, 뒷면에서 반사되고, 빗방울을 나갈 때 다시 굴절된다. 빗방울에서 나오는 빨간색 광선의 각도가 가파를수록 하늘에서 더 높은 곳에 있는 빗방울로부터 나온 광선이 관찰자에게 도달할 것이고, 이때 무지개의 꼭대기에는 빨간색이 위치한다.

첫 번째 무지개는 바깥쪽이 빨간색이고 안쪽은 보라색이다. 가끔씩 보이는 두 번째 무지개는 반전된 색을 가진다.
Robbie George/National Geographic/Getty Images

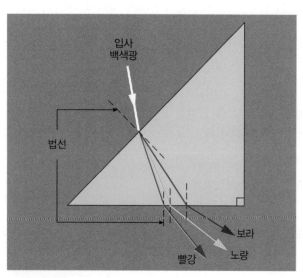

그림 17.13 프리즘을 통과한 광선은 양쪽 표면에서 휘어진다. 보라색 빛이 빨간색 빛보다 더 크게 휘어진다.

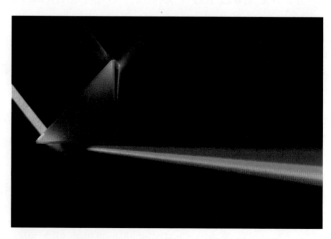

그림 17.14 프리즘의 한쪽 면으로 백색광이 들어오면 분산에 의해 색 스펙트럼으로 나타난다. *Don Farrall/Getty Images*

꿰는 굴절률에 의존하기 때문에, 이 첫 번째 면에서 보라색 빛이 빨간색 빛보다 더 많이 휘게 된다. 이 효과는 빛이 프리즘을 통과할 때 발생하는 분산과 같은 효과이다.

첫 번째 면에서 굴절된 후 광선은 빗방울 속을 진행하여 빗방울 뒷면에 부딪히게 되고 여기서 일부가 반사된다. 광선의 일부는 빗방울을 빠져나가고 일부는 뒤로 반사되어 그림에서 보듯이 앞면으로 향한다. 앞면에서 광선들이 다시 굴절되어 빗방울을 빠져나올 때는 더 많은 분산이 일어난다.

굴절에서 가장 적게 휘어진 빨간색 빛이 빗방울을 통과하고 되돌아오는 전체 경로를 지난 뒤에 실제로 보라색 빛보다 더 큰 각도로 전환된다는 것은 역설적으로 보일 수 있다. 그러나 그 이유는 첫 번째 그림을 보면 이해할 수 있다. 첫 번째 면에서 휘어짐이 작을수록 빨간색 광선이 보라색 광선보다 더 큰 입사각으로 빗방울의 뒷면에 부딪히게 된다. 반사의 법칙에 의해 빨간색 광선은 더 큰 각도로 반사된다. 더 큰 반사각이 광선의 전체 굴절되는 정도를 결정하는 데 큰 역할을 한다.

무지개를 볼 때 반사 광선을 보는 것이기 때문에, 태양은 뒤에 있어야 한다. 주어진 색의 광선이 눈에 도달하기 위해서는 적절한 높이에 있어야만 하기 때문에, 하늘에서의 위치에 따라 다른 색깔이 보이는 것이다. 빨간색 광선이 가장 많이 편향되기 때문에 무지개의 꼭대기 또는 무지개의 중심에서 가장 큰 각도에 있는 빗방울로부터 반사된 빨간색 광선을 보게 된다. 보라색 빛은 작은 각도에 있는 빗방울로부터 반사되어 온다. 다른 색깔들은 이 두 색 사이에 놓이게 되어 다채로운 반원을 만든다.

일반적으로 첫 번째 무지개보다 매우 희미한 두 번째 무지개는 두 번째 그림에서 보듯이 빗방울 내부에서 이중 반사에 의해 만들어진다. 빗방울의 첫 번째 면의 바닥 근처에 들어오는 광선

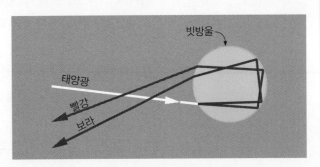

빗방울의 첫 번째 면의 바닥 근처로 들어오는 광선은 다시 밖으로 나오기 전에 이중 반사될 수 있다. 이 광선은 두 번째 무지개를 생성한다. 각도가 더 가파르면 보라색이 두 번째 무지개의 맨 위에 놓인다.

은 빗방울에서 나오기 전에 두 번 반사될 만큼 큰 입사각으로 뒷면에 부딪칠 수 있다. 이 경우 광선은 교차하고 첫 번째 무지개의 어느 색보다 더 큰 각도로 빗방울을 벗어난다. 이러한 이유로 두 번째 무지개는 첫 번째 무지개 바깥쪽에 보인다. 보라색 빛은 빨간색 빛보다 더 큰 각도로 구부려져 보라색 빛이 두 번째 무지개의 맨 위에 놓인다.

첫 번째 또는 두 번째 무지개가 보이려면 태양이 하늘에서 상당히 낮아야 한다. 여름 동안 늦은 오후의 소나기는 일반적으로 무지개를 볼 수 있는 가장 좋은 기회다. 그러나 무지개는 비행기와 같이 높은 시점에서 하루 중 거의 모든 시간에 볼 수 있으며 때로는 반원이 아닌 완전한 원을 만든다. 무지개가 만들어지는 것에 대해 이해하였다면 여기에 제공된 설명을 완벽히 숙지한 것이다.

광선이 투명한 매질에서 다른 투명한 매질로 진행할 때 두 물질 사이의 경계면에서 빛의 속도가 변하기 때문에 휘어진다. 굴절의 법칙은 경계면에서 빛이 얼마나 휠 것인지, 그리고 법선 쪽으로 휠지 아니면 멀어지는 쪽으로 휠 것인지를 설명한다. 이 휘어짐 때문에 수중 물체의 상이 물체의 실제 위치보다 수면에 가까이 있는 것처럼 보인다. 처음에 유리나 물속에서 진행하고 있던 빛이 공기 중으로 진행할 때 굴절되기보다는 완전히 반사되는 임계 입사각이 있다. 굴절률은 파장에 따라 달라지기 때문에 빛이 프리즘을 통과할 때 색 분산을 일으키게 된다.

17.3 렌즈와 상의 형성

거울에 의해서 형성된 상을 매일 마주하지만 거의 개념치 않는다. 많은 사람들은 안경을 쓰거나 눈에 교정용 안경이나 콘택트렌즈를 착용하고 있지만 렌즈에 의해 형성된 상을 항상 의식하며 살아가지는 않는다. 카메라, 오버헤드 프로젝터, 오페라 안경, 그리고 간단한 돋보

기에서도 렌즈들을 볼 수 있다.

렌즈는 어떻게 상을 형성하는가? 일반적으로 렌즈는 유리나 플라스틱으로 만들어지기 때문에 굴절의 법칙이 렌즈에 적용된다. 렌즈를 통과할 때 광선이 휘게 되며 이것이 형성되는 상의 위치와 특징을 결정한다. 이러한 몇 개의 광선에 무슨 일이 발생하는지를 추적함으로써 이 과정을 설명하기 위해 필요한 기초지식을 이해할 수 있다.

수렴 렌즈를 통과한 광선 추적

양쪽 면이 볼록하고 바깥쪽으로 향하는 구면 형태의 렌즈를 그림 17.15에 나타내었다. 굴절의 법칙에 따라 광선은 첫 번째 표면(공기에서 유리로 진행)에서 법선 쪽으로 휘며 두 번째 표면(유리에서 공기로 진행)에서 법선에서 멀어지는 방향으로 휜다. 만약 그림과 같이 두 면이 모두 볼록하다면, 각 면에서의 굴절은 광선을 축(렌즈의 중심을 통과하고 렌즈에 수직인 직선)방향으로 휘게 한다. 이러한 렌즈는 광선을 수렴하게 한다. 수렴하는 렌즈를 **수렴 렌즈**(positive or convering lens)라고 한다.

빛이 그림 17.15에서 그려진 것과 같이 휜다는 것을 보기 위한 가장 쉬운 방법은 렌즈의 각각의 부분이 프리즘과 같이 작동한다고 생각해보는 것이다. 프리즘 각도(두 변 사이의 각도)는 렌즈의 꼭대기 쪽으로 갈수록 커진다. 그래서 렌즈의 꼭대기 근처를 통과하는 빛이 렌즈의 가운데 근처를 통과하는 빛보다 더 많이 휜다. 프리즘 효과는 축에서 멀어질수록 커지기 때문에 축에 평행하게 입사하는 광선은 렌즈를 통과할 때 휘는 정도가 달라진다. 이것은 축에 평행한 광선이 모두 렌즈의 반대쪽에 **초점**(focal point)이라고 부르는 단일 지점 F를 거의 통과한다.

얇은 렌즈의 중심에서 초점까지의 거리를 **초점 거리**(focal length) f라고 한다. 초점 거리는 렌즈의 표면이 얼마나 굽어 있으며, 렌즈 물질의 굴절률이 얼마인지에 따라 달라지는 렌즈의 특징이다. 반대방향에서 오는 평행 광선이 입사하는 렌즈의 반대쪽에 초점 거리 f가 있다. 광선 경로는 가역적이기 때문에 양쪽 초점으로부터 발산하여 렌즈를 통과한 광선은 축에 평행하게 나아간다.

렌즈에 의해 상이 형성되는지를 보여주기 위해 **렌즈를 이용한 광선 추적법**(ray-tracing with lens)을 어떻게 사용해야 하는가? 렌즈의 초점 밖에 놓여 있는 물체에 대해 이 과정을 그림 17.16에 나타내었다. 초점의 특징을 이용하여 3개의 광선(그림에 표시)을 추적한다.

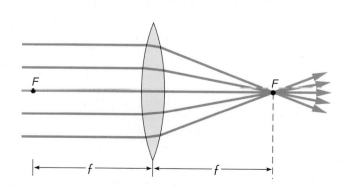

그림 17.15 단순한 볼록 렌즈를 통과한 평행 광선은 축방향으로 휘어 광선들 모두 초점 F를 거의 지나게 된다. 렌즈는 양편에 하나씩 2개의 초점이 있다.

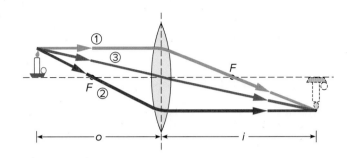

1. 축에 평행하게 진행하는 물체의 꼭대기에서 나온 광선은 휘어져 렌즈의 먼 곳에 있는 초점을 통과한다.
2. 가까운 쪽의 초점을 통과한 광선은 축에 평행하게 나온다.
3. 렌즈의 중심을 통과한 광선은 휘어지지 않고 렌즈를 통과하여 진행한다.

렌즈의 중심 근처의 면들은 평행하다(창틀과 같음). 이것이 왜 중심을 통과하는 광선 ③이 직선인가를 보여준다. 광선을 추적할 때 일반적으로 렌즈 중심을 통과하는 수직선에서 휘어짐이 발생한다.

그림 17.16의 물체로부터 렌즈의 반대편에 상이 있고 이 상은 광선이 실제로 상점을 통과하기 때문에 실상(real image)이다. 물체로부터 발산하는 광선은 렌즈에 의해 상점에 수렴한다. 만약 그 상점에 스크린을 갖다 놓는다면, 도립상(inverted image)을 보게 될 것이다. 슬라이드 프로젝터를 사용할 때 상이 똑바로 나타나게 하기 위해서는 슬라이드를 거꾸로 놓아야 한다.

물체 거리는 상 거리와 어떤 관계를 가지는가?

물체가 놓인 위치를 안다면 상이 어디에 생기는지 예측할 수 있는가? 한 가지 방법은 이미 예시한 바와 같이 광선을 추적하는 것이다. 삼각 관계와 굴절의 법칙을 사용하여 물체 거리 o, 상 거리 i, 렌즈의 초점 거리 f 등의 관계를 정량적으로 구할 수 있다(이 거리들은 모두 렌즈의 중심으로부터 측정한다). 이 관계식은 이러한 거리들의 역수로서 나타낸다. 물체 거리의 역수에 상 거리의 역수를 더하면 초점 거리의 역수와 같아진다. 기호로 표시하면 다음과 같다.

$$\frac{1}{o} + \frac{1}{i} = \frac{1}{f}$$

그림 17.16에서 이 거리들은 모두 양수이다. 가장 자주 사용되는 부호 규약은, 실제 물체와 실상까지의 상 거리는 양으로, 그러나 허상에 대한 상 거리는 음으로 한다. 초점 거리는 축방향으로 광선이 휘는 수렴 렌즈에서는 양으로, 축에서 멀어지며 휘는 경우인 발산 렌즈에서는 음으로 한다(이후 절에서 자세하게 설명한다).

그림 17.16의 기하학은 상의 배율 m과 물체와 상 거리 사이의 관계를 찾아내는 데 사용된다. **배율**(magnification)은 상의 높이 h_i와 물체의 높이 h_o의 비로 정의되며, 즉

$$m = \frac{h_i}{h_o} = -\frac{i}{o}$$

그림 17.17 확대된 허상은 수렴 렌즈의 초점 거리 안에 물체가 있을 때 형성된다. 나타나는 광선들은 물체 뒤의 한 점으로부터 발산하는 것으로 보인다.

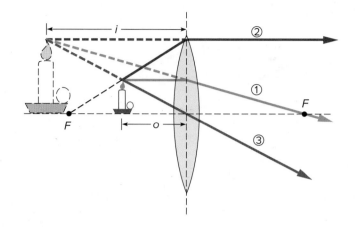

와 같다. 이 식의 부호는 상이 정립인지 도립인지를 나타낸다. 음의 배율은 상과 물체 거리는 둘 다 양인 경우와 같이 도립상을 나타낸다(그림 17.16). 물체와 상 거리에 의존하여 예제 17.2에서와 같이 상의 크기가 확대되거나 축소되거나 심지어 변화지 않을 수도 있다.

만약 수렴 렌즈에서 초점 '안'(초점보다 렌즈에 더 가까이)에 물체가 놓여 있으면, 그림 17.17과 같이 양의 배율을 가지는 허상을 얻게 된다. 이 경우 허상을 가지기 때문에 상 거리는 음의 값을 갖는다. 광선은 상점으로부터 발산하는 것처럼 보이지만 실제로 이 점을 지나가는 것은 아니다. 허상은 빛이 나오는 렌즈 쪽(이 경우에는 왼쪽)에 놓여 있다. 이 상황은 예제 17.3에서 다룬다.

예제 17.2 ▸ 실상

높이가 2 cm인 물체가 초점 거리 5 cm인 수렴 렌즈의 왼쪽 10 cm 지점에 놓여 있다.

  a. 상은 어디에 위치하게 되는가?

  b. 그 배율은 무엇인가?

a. $f = +5$ cm

     $o = +10$ cm

     $i = ?$

$$\frac{1}{o} + \frac{1}{i} = \frac{1}{f}$$

$$\frac{1}{i} = \frac{1}{f} - \frac{1}{o} = \frac{1}{5 \text{ cm}} - \frac{1}{10 \text{ cm}}$$

$$= \frac{2}{10 \text{ cm}} - \frac{1}{10 \text{ cm}}$$

$$= \frac{2-1}{10 \text{ cm}} = \frac{1}{10 \text{ cm}}$$

$$i = \mathbf{10 \text{ cm}}$$

상은 물체의 반대쪽인 렌즈의 오른쪽 10 cm 지점에 위치한다(그림 17.16).

b. $m = ?$

$$m = -\frac{i}{o}$$

$$= -\frac{10 \text{ cm}}{10 \text{ cm}}$$

$$= \mathbf{-1}$$

상의 크기는 물체의 크기와 같으며 배율이 음의 부호를 가지기 때문에 도립되어 있다.

예제 17.3 ▶ 확대된 허상

높이가 2 cm인 물체가 초점 거리가 20 cm인 수렴 렌즈의 왼쪽 10 cm 지점에 놓여 있다.

   a. 상은 어디에 위치하게 되는가?

   b. 그 배율은 무엇인가?

a. $f = +20$ cm

$o = +10$ cm

$i = ?$

$$\frac{1}{o} + \frac{1}{i} = \frac{1}{f}$$

$$\frac{1}{i} = \frac{1}{f} - \frac{1}{o} = \frac{1}{20 \text{ cm}} - \frac{1}{10 \text{ cm}}$$

$$= \frac{1}{20 \text{ cm}} - \frac{2}{20 \text{ cm}}$$

$$= -\frac{1}{20 \text{ cm}}$$

$$i = -20 \text{ cm}$$

상은 물체와 같은 편인 렌즈의 왼쪽 20 cm 지점에 위치한다(그림 17.17).

b. $m = ?$

$$m = -\frac{i}{o}$$

$$= -\frac{-20 \text{ cm}}{10 \text{ cm}}$$

$$= +2$$

그림 17.17에서 보듯이 상은 물체 높이의 2배만큼 확대된다. 배율이 양이기 때문에 정립이다.

물체의 상이 수렴 렌즈에서 초점 거리 안쪽에 놓여 있다면, 이 렌즈를 확대경으로 사용한 것이다. 상은 확대되어 눈에서 멀리 떨어져 있는 물체 뒤에 놓이게 된다. 상의 거리가 더 멀어지게 되어 물체 자체보다는 상에 초점을 맺히기 쉽게 만든다. 이것은 특히 눈에 가까운 물체를 보기 위해서는 초점을 조정해야 하는데 이렇게 하지 못하는 노인들에게 도움이 된다.

발산 렌즈를 통과한 광선 추적

앞에서 보았듯이 단순한 볼록 렌즈는 수렴 렌즈로, 광선을 축방향으로 휘게 한다. 만약 렌즈 표면이 볼록하지 않고 오목하도록 곡률 방향을 변경하면 어떻게 되겠는가? 만약 렌즈의 각 부분이 프리즘과 같이 역할을 한다고 상상하면(17.2절의 끝부분에서 논의한 바와 같이), 이러한 프리즘 부분에서는 볼록 렌즈에서와는 달리 뒤집어지게 된다. 그림 17.18에서처럼 이러한 프리즘 부분에서는 광선이 축방향으로 휘는 것이 아니라 축에서 멀어지는 방향으로 휘게 된다. 따라서 이러한 렌즈를 **발산 렌즈**(negative or diverging lens)라고 한다.

축에 평행한 광선이 발산 렌즈에 의해서 축에 멀어지게 휘므로 공통점 F(초점)로부터 발산한 것처럼 보인다(그림 17.18). 이 점은 발산 렌즈의 2개의 초점 중에 하나이다. 다른 초점은 처음 초점과 같이 렌즈 반대편에 렌즈의 중심으로부터 같은 거리에 있다. 렌즈의 먼 곳으

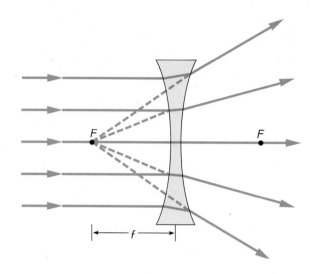

로부터 초점을 향하여 들어오는 빛은 휘어져 축에 평행하게 진행한다. 앞에서 언급한 바와 같이 발산 렌즈의 초점 거리 *f*는 음의 값으로 정의된다.

그림 17.19에서와 같이 수렴 렌즈에 대해 추적한 3개의 광선을 발산 렌즈에 대한 상의 위치를 찾기 위해 동일하게 추적할 수 있다. 물체의 꼭대기에서 축에 평행하게 들어오는 광선은(광선 ①) 축에서 멀어지는 쪽으로 휘어져, 마치 렌즈 근처에 있는 초점으로부터 나가는 것처럼 보인다. 먼 쪽의 초점으로 향하는 광선은(광선 ②) 축에 평행하게 휘어진다. 전과 같이 광선 ③은 렌즈의 중심을 휘지 않고 통과한다.

상은 물체가 놓인 쪽에 놓이게 되며 정립이고 크기가 줄어든다(그림 17.19). 이것은 초점 거리를 음으로 하여 물체–상 거리의 공식을 이용함으로써 증명할 수 있다. 광선이 상점에서 나오는 것처럼 보이지만 실제는 (휘지 않는 광선을 제외하고) 그 점을 통과하지 않기 때문에 상은 허상이다. 이것은 물체 거리에 관계없이 사실이다. 발산 렌즈는 항상 물체보다 작은 허상을 형성한다.

만일 인쇄한 종이 근처에 발산 렌즈를 놓고 보면 글자는 원래 크기보다 작게 보일 것이다. 발산 렌즈와 수렴 렌즈를 구별하는 것은 쉽다. 인쇄된 종이에 렌즈를 가까이 대고 보면 한 렌즈는 더 작게 보이고, 다른 렌즈(수렴 렌즈)는 확대시킨다. 만약 수렴 렌즈를 종이에서 멀리 이동시켜서 초점 거리와 같아지는 거리에 도달할 때는 상이 사라졌다가 뒤집어진 상이

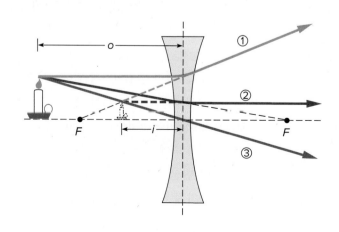

나타난다. 안경은 필요한 교정에 따라 발산 또는 수렴 렌즈로 만들어질 수 있다(17.5절 참고). 안경이 있으면 방금 설명한 간단한 테스트를 통해 렌즈가 수렴 렌즈인지 발산 렌즈인지 확인할 수 있다.

> 수렴 렌즈는 빛을 축방향으로 모은다. 만약 입사 광선이 축과 평행하다면 그 광선들은 초점이라고 하는 한 점에 거의 모인다. 초점의 특징들은 형성된 상의 위치와 특성을 파악하기 위해 광선으로 추적하는 데 이용된다. 얇은 렌즈로부터 초점까지의 거리를 초점 거리라 하는데, 임의의 물체의 위치에 대하여 그 물체의 상이 맺히는 위치를 찾는 데 사용된다. 발산 렌즈는 광선을 발산하게 하며 실제 물체보다 항상 크기가 작아진 허상을 형성한다. 물체–상 거리 공식과 관련된 광선 추적 기법은 수렴 렌즈와 발산 렌즈 모두에 의해 형성된 상을 찾고 기술하는 데 사용될 수 있다.

17.4 곡면 거울을 이용한 빛의 초점 맞추기

얼굴의 특징을 확대하기 위해 면도 또는 화장용 거울을 이용한 경험이 있을 것이다. 이러한 경험은 일반적인 거울에 의한 것보다 이른 아침에 더 당혹스러울 수 있다. 이러한 상의 확대는 어떻게 일어나는 것인가?

거울을 이용하여 확대된 상을 보려면 평면거울보다는 곡면 거울을 사용하여야 한다. 곡률은 대개 구형이다. 거울면은 구의 일부이다. 구형 반사면은 렌즈와 유사한 방식으로 광선을 한 점에 모으는 능력이 있다. 단순한 광선 추적법을 사용하면 곡면 거울에 의한 상을 이해할 수 있을 것이다.

오목 거울을 이용한 광선 추적

상이 확대되어 보이는 거울은 바로 **오목 거울**(concave mirror)로, 구면의 안에서 빛이 반사된다. 오목 거울이 가지는 집광 특징은 그림 17.20에서 보여준 것과 같이 축에 평행하게 거울에 입사하는 광선을 통해서 이해할 수 있다. 그림에서 보이듯이 구면의 곡률 중심은 축상에 있고 반사의 법칙은 각 광선이 어디로 진행할지를 결정한다.

그림 17.20에서 추적한 각 광선은 반사의 법칙을 따른다. 입사각과 반사각이 같다. 각 광선에 대한 법선은 구의 곡률 중심에서 반사면으로 직선을 그려 찾을 수 있다. 구의 반지름은 항상 구의 표면에 수직이다.

그림에서 보듯이 각 광선은 반사되고 모든 광선들이 지나는 거의 동일한 지점에서 축을 교차한다. 이 교차점이 문자 F로 표시하는 초점이다. 렌즈의 초점과 같이 축에 평행하게 입사하는 광선이 모이게 되는 곳이다. 이러한 광선 중에 어느 것이라도 진행 방향이 역전될 수 있고 여전히 반사의 법칙을 따르기 때문에 초점을 통과해 거울로 입사하는 광선은 거울의 축에 평행하게 나올 것이다.

그림 17.20에서 보듯이 거울로부터 초점 F까지의 거리는 거울에서부터 곡률 중심 C까지의 거리의 거의 반이다. 이 두 점 C와 F는 거울에 의해 형성되는 상의 위치와 특징을 기술

그림 17.20 축에 평행하게 구면 오목 거울에 접근하는 광선은 반사되어 모두 거의 공통인 초점 위치 F를 통과한다. 초점 거리 f는 곡률 반지름 R의 반이다. C는 거울의 곡률 중심이다.

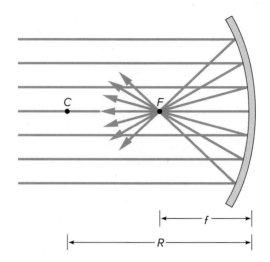

하기 위한 광선 추적법에서 사용될 수 있다. 그러한 거울로 얼굴을 볼 때 일반적으로 얼굴이 초점 '안'(거울에 더 가까이)에 있게 된다. 이것이 일반적으로 보이는 확대된 상이다.

　그림 17.21은 거울의 초점 거리보다 안쪽에 놓인 물체에 대하여 어떻게 **거울을 이용한 광선 추적법**(ray-tracing with mirror)으로 물체의 상의 위치를 찾을 수 있는지를 보여준다. 쉽게 추적이 가능한 세 광선이 있는데, 이 광선들 중 2개만으로도 상의 위치를 찾는 데 충분하다. 세 광선은 다음과 같다.

> 1. 물체 꼭대기에서 나와 축에 평행하고 반사되어 초점을 통과하는 광선
> 2. 초점을 통과해서 입사하고 반사되어 축에 평행하게 나아가는 광선
> 3. 곡률 중심을 통과하는 직선을 따라 입사하고 이 직선을 따라 반사하는 광선

세 번째 광선은 거울면에 수직으로 부딪히기 때문에 같은 직선을 따라 들어가고 나온다. 입사각과 반사각은 이 경우 모두 0이다.

　이 광선들을 뒤로 연장하면 이 광선들이 거울 뒤에 한 점에서 나오는 것처럼 보인다. 이 지점이 상의 꼭대기 위치가 된다. 상의 바닥은 축상에 있다. 거울 뒤에 있는 상이고, 그림에서 알 수 있듯이 확대되어 있다.

그림 17.21 거울 앞에 놓여 있는 양초의 꼭대기에서 나온 세 광선을 추적한다. 반사 광선을 뒤로 연장하면 거울 뒤 상의 꼭대기에 위치한다.

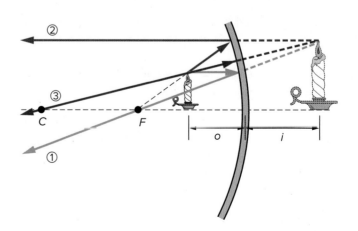

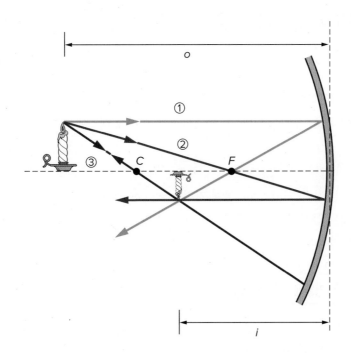

상은 정립이고 확대되었으며 허상이다. 평면거울의 경우와 같이 광선이 사실상 상을 통과하지 않기 때문에 허상이다. 광선이 결코 거울 뒤에 있는 것이 아니라 상이 거울 뒤에 있는 것처럼 보이는 것이다.

오목 거울을 이용하여 실상을 형성할 수도 있다. 그림 17.22에서 나타낸 것과 같이 물체가 거울의 초점 거리 너머에 위치할 때 이러한 경우가 발생한다. 이 경우에 세 광선을 추적해보면 세 광선이 거울을 떠날 때 발산하기보다는 수렴한다. 물체의 꼭대기에서 나온 광선들은 물체와 거울면이 있는 쪽의 한 지점에서 교차하고 다시 그 지점에서 발산한다. 만약 눈에 이 광선들이 모이면 상이 거울 앞에 있는 것으로 보인다.

거울 뒤에 있는 상을 보는 데 익숙하기 때문에 거울 앞에 있는 상에 집중하기에 조금 어렵다. 이러한 상은 곡면 화장용 또는 면도 거울을 이용할 때 볼 수 있다. 거울을 얼굴에서 멀리 이동하면 원래 확대되었던 상이 더 커지다가 마침내 사라진다. 거울에서 멀어질수록 점점 작아지는 도립상을 볼 수 있다. 광선들이 이 상을 통과하고 이 지점들에서 다시 발산하기 때문에 이 상은 실상이다. 그림에서 명확하게 보이듯이 이 상은 뒤집어져 있다(위가 아래로).

물체와 상 거리

물체의 위치를 알면 상의 위치를 예측할 수 있는가? 한 방법은 앞에서 했던 대로 주의 깊게 광선을 추적하는 것이다. 삼각 관계와 반사의 법칙을 이용하면 물체 거리와 상 거리에 대한 정량적인 상관관계를 알아낼 수 있다. 이 관계는 앞에서 렌즈에 대해서 언급하였던 것과 같다.

$$\frac{1}{o} + \frac{1}{i} = \frac{1}{f}$$

물체 거리 o, 상 거리 i, 초점 거리 f는 축과 거울이 만나는 위치인 꼭짓점에서부터 측정한 것이다. 그림 17.20에서 보인 바와 같이 초점 거리는 곡률 반지름의 반이다.

그림 17.22의 경우에는 이러한 거리들은 모두 양수이다. 일반적으로 광선과 같이 거울의 같은 편에 있으면 거리가 양이고 거울의 뒤에 있으면 거리가 음이 된다. 예제 17.4의 문제가 물체 거리와 상 거리 사이의 관계식을 사용하는 방법을 보여준다.

그림 17.21과 17.22에서의 삼각형은 상의 크기와 물체의 크기 사이의 관계식을 찾는 데 사용된다. 즉 배율 m을 구할 수 있다. 이 관계식 또한 이전에 렌즈에 대한 관계식과 동일하다.

$$m = -\frac{i}{o}$$

예제 17.4에서 상 거리는 −10 cm, 물체 거리는 +5 cm이므로 배율은 +2.0이 된다. 달리 말하면 상의 크기가 물체의 크기의 2배이다. 배율이 양이라는 것은 이 경우 상이 정립이라는 것을 나타내는 것이다.

예제 17.4 ▶ 오목 거울에 의한 상의 위치 찾기

한 물체가 초점 거리가 +10 cm인 오목 거울 왼쪽 5 cm에 놓여 있다. 상의 위치는 어디인가? 또 상은 실상인가 허상인가?

$$o = 5 \text{ cm}$$
$$f = 10 \text{ cm}$$
$$i = ?$$

$$\frac{1}{o} + \frac{1}{i} = \frac{1}{f}$$

$$\frac{1}{i} = \frac{1}{f} - \frac{1}{o}$$

$$\frac{1}{i} = \frac{1}{10 \text{ cm}} - \frac{1}{5 \text{ cm}}$$

$$\frac{1}{i} = \frac{1}{10 \text{ cm}} - \frac{2}{10 \text{ cm}}$$

$$\frac{1}{i} = -\frac{1}{10 \text{ cm}}$$

$$i = -10 \text{ cm}$$

상 거리가 음이기 때문에, 상은 거울 뒤 10 cm에 위치하고 허상이다. 이 상황은 그림 17.21에 그려진 것과 매우 유사하다.

볼록 거울

지금까지 보는 사람을 향해 안쪽으로 휘어지는 오목 거울을 고려했다. 만약 거울의 곡률이 반대방향이면 어떤 일이 발생할까? 빛이 구면 바깥쪽으로 반사되는 **볼록 거울**(convex mirror)은 매장 통로의 광각 거울 또는 자동차의 조수석 측면 거울로 이용할 수 있다. 이러한 거울은 크기가 줄어든 상을 만들지만 넓은 시야를 제공한다. 이러한 거울이 널리 이용되는 이유는 바로 이 넓은 각도로 볼 수 있다는 점이다.

그림 17.23은 거울의 축에 평행하게 볼록 거울에 입사하는 광선을 그린 것이다. 곡률 중심 C는 이 경우에 거울 뒤에 있다. 곡률 중심에서부터 그린 직선은 전과 같이 거울의 표면

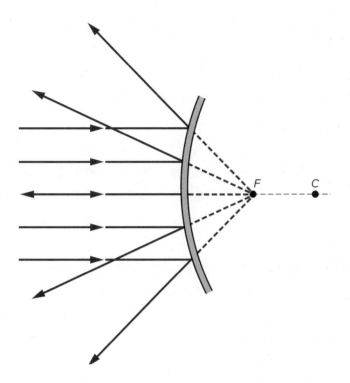

그림 17.23 볼록 거울의 축에 평행하게 들어온 광선은 반사되어 거울 뒤에 있는 초점 *F*로부터 나오는 것처럼 보인다.

에 수직이다. 반사의 법칙으로부터 평행 광선은 그림에서와 같이 축으로부터 멀리 반사된다. 반사 광선을 뒤로 연장하면 모든 광선들이 동일한 점 *F*(초점)에서 나온 것처럼 보일 것이다.

따라서 볼록 거울은 발산 거울이 된다. 평행 광선은 거울을 떠날 때 오목 거울에서와 같이 수렴하기보다는 발산한다. 이전과 같은 광선 추적 기법을 이용하여 상의 위치를 찾을 수 있다. 그림 17.24에 이러한 과정이 설명되어 있다. 축에 평행한 물체의 꼭대기에서 나온 광선 ①은 초점에서 나온 것처럼 반사된다. 초점 쪽으로 입사한 광선 ②는 축에 평행하게 반사된다. 그리고 곡률 중심 쪽으로 입사한 광선 ③은 면에 수직이기 때문에 입사한 광선을 따라 뒤로 반사된다.

세 광선들을 뒤로 연장하면 모두 거울 뒤의 한 점에서 나온 것처럼 보이고 상의 꼭대기를 찾게 된다. 상은 거울면의 반대쪽에 있으므로 허상이고 분명히 정립이며 크기가 줄어들었을 것이다. 다음에 이러한 거울들을 통로 위에 설치되어 있는 매장에 방문할 때 확인해보라. 상

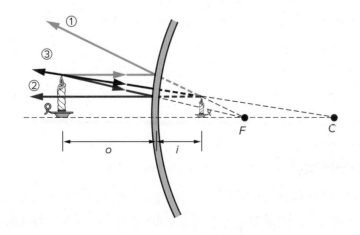

그림 17.24 볼록 거울의 앞에 놓인 물체의 허상 위치를 찾기 위해 세 광선을 추적한다. 반사 광선들은 거울 뒤의 상점에서 나온 것처럼 발산한다.

은 작지만 전 영역을 보여준다.

오목 거울과 렌즈에 대한 물체–상 거리 공식은 볼록 거울에 대한 상의 위치를 찾는 데 사용될 수 있다. 한 가지 차이점은 볼록 거울의 초점 거리는 발산 렌즈에서와 같이 음의 값으로 다루어야 한다는 것이다. 볼록 거울에 의해 형성된 상은 항상 거울 뒤에 위치하고, 그러므로 상 거리는 모든 물체 거리에 대해 음이 될 것이다.

자동차의 조수석 측면 거울은 대개 볼록 거울이다. 이 거울은 오른쪽 차선의 광각 시야를 확보할 수 있게 해준다. 발산 거울이기 때문에 그림 17.24에서와 같이 상의 크기는 줄어들고 거울 뒤에 위치한다. 간혹 거울면에 "물체는 거울에 보이는 것보다 더 가까이에 있을 수 있음"이라고 써 있는 것을 보았을 것이다. 보고 있는 상이 거울 자체에 매우 가깝다면 어떻게 이것이 가능할까?

답은 우리의 뇌가 매우 다른 근거들을 이용해서 거리를 결정하기 때문이다. 이 경우 거울에서 보여지는 상의 크기가 작기 때문에 우리의 뇌는 이것을 자동차가 실제 거리보다 더 멀리 있어야 하는 것으로 해석한다. 우리는 트럭이나 자동차의 실제 크기를 알고 있고, 뇌에서는 이러한 크기 정보를 물체 거리를 결정하는 데 이용한다. 만약 크기를 모르는 어떤 물체를 보면 양안의 깊이 인식을 통해 이 물체의 상을 거울 뒤에 실제 상의 위치에 있다고 인식한다.

> 곡면을 가지는 거울은 광선을 모아 상을 형성하는 데 사용될 수 있다. 거울의 초점과 곡률 중심을 가지고 광선 추적을 하여 이러한 상의 위치와 특징을 찾을 수 있다. 렌즈에서 사용한 동일한 공식이 거울에 대한 물체 거리와 상 거리를 연결시키는 데 사용될 수 있다. 오목 거울은 초점 안쪽에 물체가 있을 때 확대된 허상을 만들어내고 초점 바깥쪽에 물체가 있을 때 실상이 된다. 볼록 거울은 물체의 위치와는 상관없이 크기가 줄어든 상을 만들지만 광각 시야를 제공해준다.

17.5 안경, 현미경, 그리고 망원경

렌즈를 만드는 것은 르네상스 시대에 개발된 기술이다. 그 전에는 근시 또는 원시 또는 확대경으로 물체를 확대하는 것과 같은 시력 문제를 교정하는 것이 불가능하였다. 그러나 렌즈가 보편화되자 렌즈를 결합하여 현미경과 망원경 같은 광학 기구를 만들기까지는 오랜 시간이 걸리지 않았다. 현미경과 망원경은 1600년 초에 네덜란드에서 발명되었다.

시각적인 문제를 교정하는 것은 여전히 가장 친숙한 렌즈의 용도이다. 대부분은 일상생활에서 한번은 안경을 착용하였을 것이고 많은 사람들은 사춘기나 그 이전부터 착용하였을 것이다. 교정 렌즈를 필요로 하는 시력에 무슨 문제가 있는 것인가? 그 질문에 답하기 위해 우리는 눈 자체의 광학을 알아봐야 할 것이다.

눈은 어떻게 작동하는가?

눈은 적절하게 작동할 때 안구의 뒷면에 광선을 집중하게 하는 수렴 렌즈들을 포함하고 있다. 그림 17.25에서 보는 것과 같이 눈은 사실 2개의 수렴 렌즈인 눈의 전면을 형성하는 휘

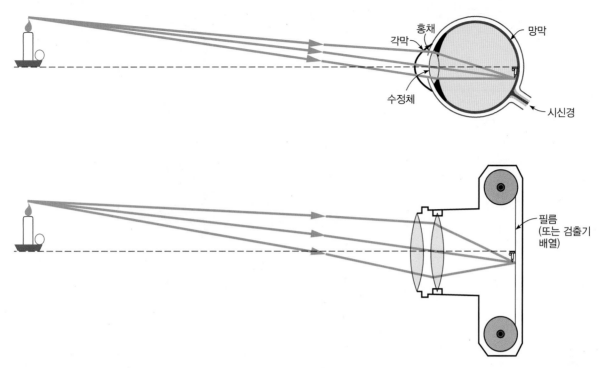

그림 17.25 카메라 렌즈에 의해 광선이 필름(또는 검출기 배열)에 초점이 맺히는 것처럼, 원거리에 물체로부터 눈으로 들어오는 광선은 각막과 수정체에 의해 눈의 뒷면(망막)에 맺힌다.

어진 막인 각막(cornea)과 눈 내부에 근육이 붙어 있는 수정체(accommodating lens)를 가지고 있다. 대부분의 빛의 휘어짐은 각막에서 발생한다. 수정체는 시력을 세밀하게 조정하는 데 더 많이 이용된다.

눈과 카메라는 좋은 유사성이 있다. 카메라는 복합 수렴 렌즈계를 사용하여 촬영 중인 물체에서 나오는 광선을 카메라의 후면의 필름에 집중시킨다. 카메라의 렌즈계는 다른 거리에 있는 물체들의 초점을 맞추기 위해 앞뒤로 움직일 수 있다. 눈에서는 렌즈계와 눈의 뒷면 사이의 거리가 고정되어 있기 때문에 다른 거리에 있는 물체를 초점 맞추기 위해서는 수정체와 같이 가변 초점 거리 렌즈가 필요하다.

수렴 렌즈는 눈의 뒤쪽에 있는 안쪽 면에 수용체 세포층인 **망막**(retina)에 도립 실상을 형성한다. 망막은 카메라에서의 필름과 같은 역할을 하며, 상을 감지하는 센서이다. 디지털카메라에서는 필름의 위치에 작은 광 검출기들의 배열로 대치되어 망막과의 유사성을 잘 유지한다. 망막의 세포에 도달한 빛은 뇌에 전달되는 신경 펄스를 일으킨다. 유사하게도 디지털카메라의 검출기 배열은 전기 신호를 메모리 카드에 보내 상을 만들어낸다. 뇌는 두 눈으로부터 받은 신경 펄스를 처리하여 경험에 따라 상을 해석한다. 대부분의 경우 이 해석은 명확하고 우리가 보는 것 그대로이다. 그러나 때때로 뇌의 해석은 잘못된 결과를 제공할 수도 있다.

망막에 상이 뒤집힌다고 해도 뇌는 그 장면을 바로 서 있는 것으로 해석한다. 흥미롭게도 반전 렌즈를 이용해 망막의 상을 오른쪽으로 돌리면 처음에는 거꾸로 된 것으로 보인다. 시간이 지난 뒤에는 뇌는 조절되어 사물이 오른쪽으로 다시 돌아가 똑바로 보이기 시작한다. 반전 렌즈를 벗을 때까지는 아무런 문제가 없다. 그 이후에 뇌가 다시 조절할 때까지 모든

그림 17.26 근시인 사람의 경우 원거리 물체로부터 오는 평행 광선이 망막 앞에서 집중된다. 눈앞에 놓여지는 발산 렌즈는 이러한 문제를 교정할 수 있다.

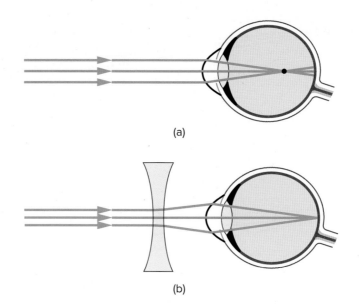

(a)

(b)

것이 뒤집어진 것처럼 보일 것이다! 눈에 의해서 받아들인 신호와 실제 인지하는 것 사이에 상당히 많은 처리가 필요하다.

안경에 의해 어떤 문제가 교정되는가?

책을 많이 읽는 사람들에 있어서 가장 일반적인 시력의 문제는 **근시**(myopia)이다. 근시를 가진 사람의 눈은 물체로부터 오는 광선을 심하게 휘게 하므로 그림 17.26a에서 보는 것과 같이 망막의 앞에 초점이 생기게 된다. 망막에 도달할 때쯤에는 다시 발산하여 더 이상 선명한 초점을 형성할 수가 없다. 때때로 인식하지 못하지만 물체는 흐리게 보인다. 이렇게 희미하게 보이는 것에 점점 익숙해지기 때문이다. 근시인 사람은 가까운 물체는 뚜렷하게 구별할 수 있다. 왜냐하면 멀리 있는 물체보다 가까이 있는 물체로부터 입사하는 광선은 더욱 강하게 발산하기 때문이다.

발산 안경 렌즈는 눈 자체가 너무 강하게 광선을 수렴시키는 경향을 교정한다(그림 17.26b). 발산 렌즈는 광선을 발산하기 때문에, 눈의 렌즈에 의해 너무 강하게 수렴하는 것을 보상하여 멀리 있는 물체를 뚜렷한 상으로 망막에 맺히게 한다. 전에 안경을 착용하지 않았던 근시인 사람이 안경을 착용해보면 놀라운 차이를 경험하게 될 것이다.

원시인 사람은 반대의 문제를 가진다. 눈은 광선을 충분히 수렴하지 못하여, 가까이 있는 물체의 상이 망막 뒤에 형성된다. 수렴 렌즈는 이러한 문제를 교정한다. 레이저 굴절 수술(일상의 자연현상 17.2 참고)은 각막의 모양을 수정하여 안경이 필요 없게 함으로써 근시와 원시 모두를 교정할 수 있다.

나이가 들어가면서 수정체 렌즈는 유연성을 잃는다. 빛은 멀리 있는 물체보다 가까운 물체에서 더 강하게 발산하기 때문에 점차 눈의 수렴력을 바꾸는 능력을 잃어 가까운 물체에 초점을 맞출 수 없게 된다. 이 시점에서 렌즈의 위쪽 절반과 아래쪽 절반에 각각 다른 초점 거리가 있는 이중 초점이 필요하다. 아래쪽 절반을 통해 가까운 곳에 있는 것을 보고 위쪽 절반을 통해 멀리 있는 물체를 본다.

일상의 자연현상 **17.2**

레이저 굴절 수술

상황 메간은 10살 때부터 이미 심한 근시였다. 그녀는 처음에는 안경을 사용하였으나 최근 몇 년간은 콘택트렌즈를 사용하고 있다. 이미 20대에 이른 그녀는 교정 렌즈 없이도 잘 볼 수 있다는 레이저 굴절 수술이라고 부르는 수술에 대해 친구들이 이야기하는 것을 들었다. 그녀는 호기심이 생겨 이것에 대하여 더 자세하게 알기를 원하였다.

어떻게 눈에 레이저 빔을 쏘아 눈이 더 잘 보이게 할 수 있을까? 그녀는 레이저가 다른 상황에서는 위험할 수 있다는 것을 알고 있었다. 이 수술은 안전한가? 어떻게 동작하고 그녀의 상황을 개선되게 할 수 있을까?

분석 현대인들에게 근시는 매우 흔한 시각 문제이다. 근시는 유전적인 요인도 있지만 유전시절 책을 읽는 것과 같이 근접해서 하는 일들을 많이 하는 것에서부터 시작되는 것 같다. 그림 17.26에서 설명한 것과 같이 근시 눈의 렌즈계가 너무 강하여 원거리 물체로부터 오는 빛이 망막 위가 아니라 망막 앞에 집중되게 한다.

눈의 대부분의 굴절력은 각막의 앞면에 의해서 만들어진다. 굴절력은 디옵터 단위로 측정되는데 렌즈가 공기 속에 있을 때 미터 단위로 측정된 초점 거리의 역수($P = 1/f$)를 취한 값이다. 초점 거리가 짧을수록 굴절력이 강해지는데 이것은 짧은 초점 거리는 광선이 렌즈에 의해 강하게 휘어진다는 것을 나타내기 때문이다. 눈의 렌즈계의 전체 굴절력은 약 60디옵터 정도인데 이 중 각막의 앞면이 그 자체만으로도 약 40~50디옵터가 된다.

각막(또는 모든 렌즈)의 굴절력은 2가지 요소, 즉 각막의 전면이 얼마나 곡면을 이루는가와 면의 양쪽에서의 굴절률의 차이에 의해 결정된다. 근시인 사람에게 각막의 표면은 안구의 길이를 고려하면 너무 강하게 휘어져 있다. 메간과 같은 사람이 4~5디옵터 더 강한 각막의 굴절력을 가지는 것은 흔한 일이 아니다. 그러므로 그녀가 원거리 물체를 명확하게 보기 위해서는 −4~−5디옵터의 각막 렌즈가 필요하다.

레이저 굴절 수술의 목적은 각막을 각막의 부분마다 달리 기화시켜 각막을 재형성하는 것이다. 가장 흔하게 사용되는 수술을 라식(LASIK)이라고 부르는데, 레이저 보조 각막유방증(Laser Assisted in SItu Keratomileusis)의 약자이다. 이 수술에서 의사는 수술용 메스로 각막 외층의 원형 각막 절편을 절단하고 그림과 같이 이 피판을 옆으로 당긴다. 그런 다음 의사는 펄스 엑시머 레이저를 사용하여 소량의 각막 조직을 기화시켜 각막 중앙 부분에 대해 미리 결정된 새로운 모양으로 형성한다. 완료되면 외부층의 각막 절편이 교체된다.

사용된 엑시머 레이저의 파장은 192 nm로 자외선 영역이다.

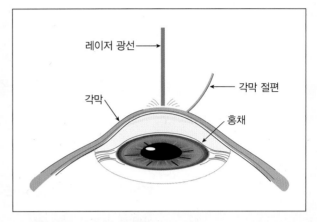

라식 수술에서는 각막 외층의 원형 각막 절편을 옆으로 당겨준다. 레이저의 제어된 펄스는 각막의 중앙 영역을 재형성한다.

이 파장은 각막 세포에 의해 강하게 흡수된다. 그래서 주변 세포를 가열하지 않고 각막 세포를 기화 또는 절제(ablates)시킬 수 있다. 레이저는 펄스 모드에서 작동하며 각 펄스는 일정한 양의 에너지를 전달한다. 의사는 각막의 각 부분에 전달되는 펄스 수에 따라 제거되는 조직의 양을 제어할 수 있다. 이것은 모두 원하는 새로운 모양을 얻기 위해 컴퓨터 프로그램에 의해 제어된다.

라식 수술은 외래에서 진행되며, 각막은 단 며칠 만에 치유된다. 성공하면 각막이 재형성되어 일반적으로 안경이나 콘택트렌즈를 쓰지 않아도 된다. 때로는 각막이 원하는 만큼 치유되지 않으면 약한 교정이 여전히 필요하다. 초점을 조절할 능력을 잃어버린 노인들은 한쪽 눈이 다른 쪽 눈보다 더 강한 굴절력을 가지지 않는다면 일반적으로 여전히 돋보기가 필요할 것이다. 라식 수술은 각막의 모양을 평평하게 만드는 것이 목표인 근시 치료에 가장 일반적으로 사용된다. 그러나 원시 또는 난시에도 사용할 수 있다. 난시의 경우 각막은 구형이 아니며 레이저로 모양을 조정하여 해결할 수 있다.

이 수술은 안전한가? 가능한 장기적인 영향에 대한 의견은 아직 제출되지 않았지만 대부분의 환자는 사소한 문제만 있다. 모든 외과적 수술에서와 마찬가지로 항상 감염이나 회복이 더딘 것에 대한 약간의 위험이 있다. 사람들은 때때로 라식 수술 후 야간 시력에 문제가 발생하기도 한다. 이것은 각막의 중앙 부분만 재형성되기 때문에 각막의 재형성된 부분과 치료되지 않은 부분 사이에 원형 경계가 있기 때문이다. 조도가 낮은 밤에는 눈동자가 더 넓게 열리고 일부 빛이 이 경계 영역을 통과하여 상이 흐려질 수 있다.

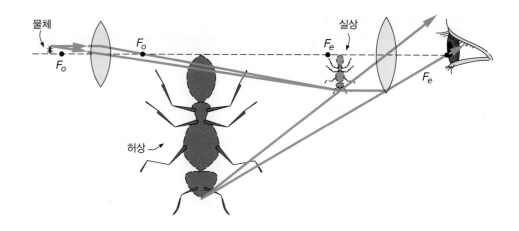

그림 17.27 현미경은 연결관(그림에서는 보이지 않음)에 의해 분리되어 있는 2개의 수렴 렌즈로 구성된다. 첫 번째 렌즈에 의해 형성된 실상은 두 번째 렌즈를 통해 보여진다. 두 렌즈가 배율을 만든다.

현미경은 어떻게 작동하는가?

어떻게 렌즈를 조합해야 현미경을 형성할 수 있는가? **현미경**(microscope)은 그림 17.27에서와 같이 떨어져 있는 2개의 수렴 렌즈로 구성된다. 두 렌즈는 연결관으로 고정되어 있는데 그림에는 보이지 않았다. 만약 현미경을 사용해본 적이 있다면, 보여지는 물체는 **대물렌즈**(objective lens)라고 불리는 첫 번째 렌즈 근처에 있다는 것을 알 수 있다.

대물렌즈는 물체가 대물렌즈의 초점 뒤에 놓이게 된다면 물체의 도립 실상을 형성한다. 만약 물체가 초점 바로 뒤에 놓여 있다면, 실상은 상 거리가 매우 커지고 상은 확대된다. 이것은 광선 추적이나 물체−상 거리 공식을 사용하여 증명할 수 있다.

광선은 실제로 실상을 통과하고 다시 발산하기 때문에, 바로 이 실상이 현미경에 있어서 두 번째 렌즈의 물체가 된다. **접안렌즈**(eyepiece lens or ocular lens)는 대물렌즈에 의해 형성된 실상을 관측할 때 돋보기처럼 사용된다. 이 실상은 접안렌즈의 초점 바로 안에 초점이 맺혀져 확대된 허상을 형성한다. 허상은 눈에서 더 멀리 위치하기 때문에 더 쉽게 초점을 맞출 수 있다(그림 17.27).

현미경에서는 렌즈들을 조합함으로써 원하는 배율을 만들어낸다. 대물렌즈는 확대된 실상을 형성하고, 이 상이 다시 접안렌즈에 의해 확대된다. 현미경의 전체 배율은 이러한 2개의 배율을 곱함으로써 얻어지고, 때때로 원래 물체의 크기보다 수백 배 이상의 확대가 가능하다.

접안렌즈의 배율은 제한된 범위를 가지므로 현미경의 배율은 대물렌즈의 배율에 의해 주로 결정된다. 고배율의 대물렌즈는 매우 짧은 초점 거리를 가지며, 물체는 대물렌즈에 매우 가까이 있어야 한다. 현미경은 보통 회전판에 장착된 다른 배율을 가지는 3개 또는 4개의 대물렌즈를 가지고 있다(그림 17.28).

현미경의 발명은 생물학자와 다른 과학자들에게 완전히 새로운 세계를 열어 주었다. 너무나 작기 때문에 맨눈이나 단순한 확대경으로는 볼 수가 없는 미생물을 현미경을 통해서 볼 수 있게 되었다. 깨끗해 보이는 연못의 물이 생명으로 가득 차 있는 모습으로 나타났다. 파리 날개의 구조와 여러 종류의 사람의 조직이 갑자기 보이게 된 것이다. 현미경은 과학의 한 분야의 발전이 어떻게 다른 분야에 극적인 영향을 미쳤는지를 보여주는 놀라운 예이다.

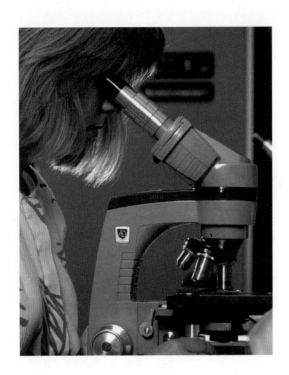

그림 17.28 대체로 실험실 현미경은 회전판에 장착된 3개 또는 4개의 대물렌즈를 가지고 있다. 빛은 물체 슬라이드 아래의 광원으로부터 물체 슬라이드를 통과한다.
James Ballard/ McGraw-Hill Education

망원경은 어떻게 작동하는가?

현미경의 발달은 아주 작은 것의 세계를 열었다. 망원경이 발명된 초기에는 원거리 물체를 살펴보는 데 동일한 극적인 영향을 미쳤다. 천문학이 이 중요한 혜택을 받은 분야이다. 현미경과 같은 간단한 천체 **망원경**(telescope)은 2개의 수렴 렌즈로 만들 수 있다. 망원경은 현미경에 비해 설계와 기능에서 어떻게 다른가?

별과 같이 멀리 있는 물체는 매우 크지만 매우 멀리 있기 때문에 작게 보인다. 현미경과 망원경 사이의 분명한 차이점은 망원경으로 보이는 물체가 대물렌즈로부터 훨씬 더 멀리 있다는 것이다. 그림 17.29에서 보는 것과 같이 망원경의 대물렌즈는 현미경과 같이 물체의 실상을 형성하며 접안렌즈를 통하여 보여진다. 현미경에 의해 형성된 실상과는 달리 망원경에 의해 형성된 실상은 크기가 확대되지 않고 축소된다.

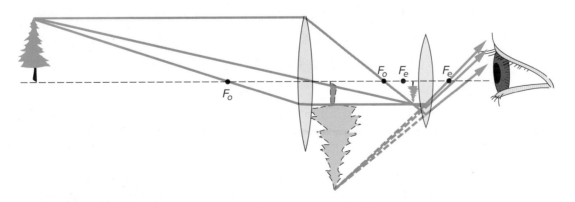

그림 17.29 망원경의 대물렌즈는 물체의 상의 크기가 축소된 실상을 형성하며 접안렌즈를 통하여 보여진다. 실상은 원래의 물체보다 더욱 눈에 가까이 있다. (축척에 맞게 그려지지 않았다.)

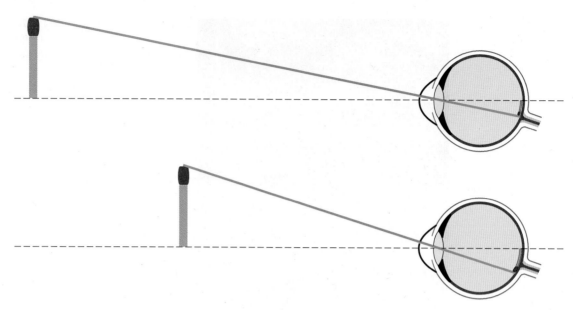

그림 17.30 크기는 같지만 눈으로부터 다른 거리에 있는 두 물체는 망막에 다른 크기의 상을 형성한다. 가까운 물체를 좀 더 자세히 볼 수 있다.

만약 대물렌즈에 의해 형성된 실상이 물체보다 작다면 망원경을 사용하는 장점은 무엇인 가? 이것에 대한 답은 상이 원래 물체보다 가깝게 있다는 것이다. 비록 상이 실제 물체보다 작지만 접안렌즈를 통해 볼 때 눈의 망막에 커다란 상이 형성된다. 그림 17.30에서는 눈으로부터 다른 거리에 있는 높이가 같은 두 물체를 보여준다. 물체의 상이 망막에 맺히고 각각의 물체의 꼭대기로부터 렌즈 중앙을 직선으로 통과해 편향되지 않는 광선을 추적한다면 가까이 있는 물체는 망막에 커다란 상을 형성하는 것을 볼 수 있다.

물체를 정밀하게 보기를 원한다면 망막에 커다란 상을 활용하기 위해 물체를 눈에 가까이 가져가야 한다. 망막에 맺히는 상의 크기는 눈에 형성되는 물체의 각에 비례하기 때문에 물체를 가까이 가져옴으로써 **각배율**(angular magnification)을 얻게 된다. 눈의 굴절력에 의해 물체를 얼마나 가까이 가져올 수 있는지가 제한된다. 망원경이나 현미경의 접안렌즈는 눈으로부터 훨씬 멀리 허상을 형성하지만 원래 실상과 같은 각을 갖기 때문에 이러한 문제를 해결할 수 있다.

망원경의 확대 효과는 기본적으로 각배율이다. 눈에 더 가깝기 때문에 망원경을 통해 보여지는 상은 원래 물체보다 눈에서 더 큰 각을 형성한다. 더 커진 각도는 망막에 더 큰 상을 맺게 하고, 심지어는 실상이 실제 물체보다 매우 작은 경우에도 물체를 좀 더 상세히 볼 수 있게 해준다.

망원경에 의해 만들어지는 전체 각배율은 두 렌즈들의 초점 거리의 비와 같다.

$$M = (-) \frac{f_o}{f_e}$$

여기서 f_o는 대물렌즈의 초점 거리이고, f_e는 접안렌즈의 초점 거리이며, M은 각배율이다. 음의 부호는 상이 뒤집어졌다는 것을 나타내기 위해 때때로 이 관계식에 포함된다. 이러한 관계식로부터 망원경의 대물렌즈가 큰 초점 거리를 가지는 것은 큰 각배율을 만드는 데 바람직하다. 한편, 현미경에서는 매우 짧은 초점 거리를 갖는 대물렌즈를 사용한다. 이것이 망원경과 현미경을 설계하는 데 있어서 가장 근본적인 차이이다.

천문학에 사용되는 거대한 망원경은 대물렌즈를 위한 렌즈 대신 오목 거울을 이용한다. 천문학자들이 연구하는 물체들은 대체로 매우 희미하기 때문에, 망원경은 가능한 많은 양의 빛을 모아야 한다. 이것이 들어오는 빛에 대해 큰 **조리개**(aperture) 또는 개구부를 가진 대물렌즈나 거울을 필요로 한다. 커다란 렌즈보다는 커다란 거울을 만드는 것이 더 쉽기 때문에 오목 거울이 천문대의 망원경에 대부분 사용된다.

쌍안경과 오페라 안경

천체 망원경에 의해 형성된 상은 현미경에 의해 형성된 상과 같이 도립상이다. 별이나 행성을 볼 때에 도립상은 큰 문제가 아니지만 지상에 있는 물체를 볼 때에는 혼란을 가져올 수 있다. 가장 친근한 형태의 **지상**(terrestrial) 망원경은 2개의 프리즘을 가진 쌍안경이다. 이것은 상을 다시 뒤집기 위해 프리즘에서 다중 반사를 이용한다(그림 17.31).

오페라 안경은 지상 망원경의 단순한 형태이다. 두 관은 직선형이고, 접안렌즈로 수렴 렌즈 대신 발산 렌즈를 사용하여 상을 되돌린다. 발산 렌즈를 사용함으로써 관의 길이를 짧게 할 수 있는데, 발산 렌즈는 실상이 형성되는 지점 앞에 두어야 하기 때문이다. 오페라 안경의 단점은 좁은 시계와 약한 배율이다. 그럼에도 불구하고 프리즘 쌍안경보다는 지갑이나 주머니에 손쉽게 들어갈 수 있다.

쌍안경과 오페라 안경에서의 두 관은 원거리 물체를 볼 때에 두 눈을 사용할 수 있게 해준다. 두 눈을 사용함으로써 우리가 보는 물체의 3차원적인 측면을 볼 수 있다. 보통의 시력에서는 각각의 눈이 약간 다른 각도로 물체를 보기 때문에 우리가 보는 상이 두 눈에는 약간 다르게 형성된다. 뇌는 이러한 차이를 장면의 3차원적인 특징에 의해서 만들어진 것으로 해석한다. 가까이 있는 물체를 볼 때 한쪽 눈을 감아보고 다시 눈을 떠보라. 그 차이를 느낄 수 있는가? 볼 수 있는 눈이 하나만 있는 사람은 처음에는 거리차가 없는 평평한 세상을 본다. 그러나 두뇌는 머리 움직임과 거리를 판단하는 다른 신호를 사용하여 3차원을 인지한다.

그림 17.31 프리즘 쌍안경과 오페라 안경은 상을 되돌리기 위한 다른 방법을 이용하여 상이 정립된다.
Bob Coyle/McGraw-Hill Education

사람의 눈은 카메라와 비슷하다. 눈이나 카메라는 망막이나 필름에 도립상을 맺기 위해 수렴 렌즈를 사용한다. 만약 렌즈의 초점이 망막에 있지 않으면, 교정 렌즈가 필요하다. 발산 렌즈는 근시를 교정하기 위해 사용하며, 수렴 렌즈는 원시를 교정하기 위해 사용한다. 현미경은 수렴 렌즈의 조합을 통해 확대된 허상을 형성한다. 전체 배율은 각각의 렌즈에 의한 배율의 곱으로 주어진다. 망원경은 우리가 보는 상을 눈에 더 가깝게 가져옴으로써 원거리 물체의 각배율을 만든다. 쌍안경과 오페라 안경은 상을 되돌려 두 눈을 이용할 수 있게 해주는 지상 망원경이다.

요약

다양한 이유로 파면에 수직으로 그려진 광선을 사용하여 빛의 전파를 연구할 수 있다. 반사와 굴절의 법칙은 이러한 광선이 따르는 기본 원리이다. 이러한 아이디어를 사용하여 거울과 렌즈가 상을 형성하는 방법과 이러한 요소를 결합하여 광학 기기를 만드는 방법을 설명할 수 있다.

1 **반사와 상의 형성** 반사의 법칙은 반사된 광선이 표면에 수직으로 그려진 축에 대해 만드는 각도가 입사 광선에 의해 만들어진 각도와 같다는 것이다. 평면거울에 의해 형성된 상은 거울 앞에서 물체가 위치한 거리와 동일한 거리만큼 거울 뒤에 위치한다. 광선은 이 상에서 발산하는 것처럼 보인다.

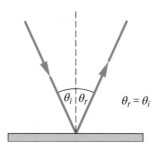

2 **빛의 굴절** 공기에서 유리나 물을 통과하는 광선은 굴절률 n에 영향을 받는 정도에 따라 축방향으로 휘어진다. 이러한 휘어짐으로 인해 수중 물체의 상은 실제보다 표면에 더 가깝게 놓여 있는 것처럼 보인다. 굴절률은 색깔에 따라 다르게 휘는 양이나 분산을 일으키는 빛의 파장에 따라 다르다.

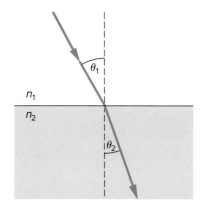

3 **렌즈와 상의 형성** 렌즈는 광선을 집중시켜 실상 또는 허상을 결상할 수 있다. 볼록 또는 수렴 렌즈는 광선을 수렴하고 돋보기로 사용할 수 있다. 오목 또는 발산 렌즈는 광선을 발산하여 축소된 상을 형성한다. 상의 위치는 광선 추적 또는 물체-상 방정식을 사용하여 예측할 수 있다.

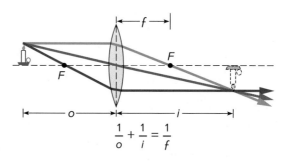

$$\frac{1}{o} + \frac{1}{i} = \frac{1}{f}$$

4 **곡면 거울을 이용한 빛의 초점 맞추기** 구면 곡면 거울은 빛을 모아 입사하는 평행 광선이 단일 초점을 통과하게 하거나 단일 초점에서 빛이 나오는 것처럼 보일 수 있다. 오목 거울은 실상 또는 넓은 시야각으로 확대된 허상을 형성할 수 있다.

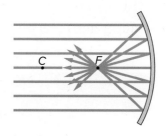

5 **안경, 현미경, 그리고 망원경** 렌즈는 시력을 교정하는 데 사용할 수 있으며 광학 기기를 만들기 위해 활용될 수 있다. 근시에는 발산 렌즈를, 원시에는 수렴 렌즈를 저방한다. 현미경은 대물렌즈로 물체의 확대된 실상을 형성한다. 이 실상은 접안렌즈를 통해 볼 때 다시 확대된다. 망원경은 각배율을 발생시켜 원래 물체보다 눈에 훨씬 가까운 곳에 먼 물체의 상을 형성한다.

개념문제

Q1. 빛의 광선이 거울에서 반사될 때 빛의 속도 또는 속력이 바뀌는가? 설명하시오.

Q2. 빛이 그 지점에 도달할 수 없는데 어떻게 상이 벽에 걸린 거울 뒤에 있을 수 있는가? 설명하시오.

Q3. 평면거울에서 전체 키를 보려면 거울이 자신의 키만큼 커야 하는가? 광선 그림을 사용하여 설명하시오.

Q4. 개체 A, B, C는 그림 Q4에 표시된 사람이 직접 볼 수 없는 옆방에 있다. 그림 Q4와 같이 두 방 사이의 통로 벽에 평면 거울이 있다. 사람이 거울로 볼 수 있는 물체는 무엇인가? 광선 그림을 사용하여 설명하시오.

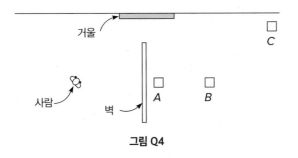

그림 Q4

Q5. 물($n = 1.33$)속을 진행하던 광선이 물에서 직사각형 유리 조각($n = 1.5$)을 통과한다. 광선이 유리의 법선(표면에 수직으로 그려진 축) 쪽으로 휘어져 있는가 아니면 그 축에서 멀어져 있는가? 설명하시오.

Q6. 수중 물체를 볼 때 우리가 보는 상은 실상인가 아니면 허상인가? 설명하시오.

Q7. 임계각이 42°인 유리에서 진행하는 광선은 법선에 대해 45°의 각도로 유리와 공기 사이의 표면에 입사한다. 이 광선은 이 표면에서 공기 중으로 굴절되는가? 설명하시오.

Q8. 반사 또는 굴절이 무지개의 색을 분리하는 원인인가? 설명하시오(일상의 자연현상 17.1 참고).

Q9. 물체는 수렴 렌즈에서 초점 거리의 2배가 되는 거리에 있다. 물체의 상단에서 3개의 광선을 추적하여 상을 찾는다. 상은 실상인가 허상인가, 정립인가 도립인가?

Q10. 물체가 발산 렌즈의 왼쪽 초점에 있다. 물체의 상단에서 3개의 광선을 추적하여 상을 찾는다. 상은 실상인가 허상인가, 정립인가 도립인가?

Q11. 광선이 발산 렌즈에 입사하여 렌즈에서 먼 곳에 있는 초점으로 수렴한다고 가정한다. 이 광선이 렌즈를 통과한 뒤 발산하는가? 설명하시오.

Q12. 오목 거울의 곡률 중심에 물체가 있다. 물체의 상단에서 2개의 광선을 추적하여 거울에 의해 형성된 상을 찾는다. 상은 실상인가 허상인가, 정립인가 도립인가? 설명하시오.

Q13. 실상을 형성하는 볼록 거울 앞에 물체의 위치는 어디인가? 설명하시오.

Q14. 볼록 거울이 자동차의 측면 거울로 사용될 때 상의 위치는 어디에 있는가? 거울로 볼 때 차량이 보이는 것보다 더 가까이 있을 수 있다는 경고가 거울에 인쇄된 이유는 무엇인가? 설명하시오.

Q15. 원시 시력을 교정하기 위해 수렴 렌즈를 사용하는가 발산 렌즈를 사용하는가? 설명하시오.

Q16. 각막의 굴절력을 결정하는 2가지 요인은 무엇인가? 설명하시오(일상의 자연현상 17.2 참고).

Q17. 망원경에 사용되는 2개의 렌즈는 보여지는 물체의 배율을 발생시키는가? 설명하시오.

Q18. 현미경의 대물렌즈는 망원경의 대물렌즈보다 초점 거리가 더 긴가? 설명하시오.

연습문제

E1. 평면거울 앞 2.5 m에 키가 1.7 m인 남자가 자신의 상을 보며 서 있다. 상의 키는 얼마이며 남성과 얼마나 떨어져 있는가?

E2. 하천의 표면 위에서 볼 때 바위는 매끄러운 하천의 표면 아래 불과 17 cm에 있는 것처럼 보인다. 물의 굴절률 1.33과 공기의 굴절률 1을 사용하여 표면 아래 바위의 실제 거리를 구하시오.

E3. 수렴 렌즈의 초점 거리가 6 cm이다. 물체는 렌즈에서 18 cm 떨어진 곳에 있다.
 a. 상은 렌즈에서 얼마나 떨어진 곳에 있는가?
 b. 상은 실상인가 허상인가, 정립인가 도립인가?
 c. 결과를 확인하기 위해 물체의 꼭대기에서 3개의 광선을 추적하시오.

E4. 수렴 렌즈는 렌즈 왼쪽으로 6 cm 떨어진 곳에 물체의 실상을 형성한다. 실상은 렌즈의 오른쪽 17 cm 지점에 있다. 렌즈의 초점 거리는 얼마인가?

E5. 초점 거리가 +3 cm인 돋보기를 인쇄물 위 2 cm 위에 놓았다.
   a. 렌즈에서 인쇄물 상까지의 거리는 얼마인가?
   b. 이 상의 배율은 얼마인가?

E6. 오목 거울의 초점 거리가 18 cm이다. 물체가 거울 표면에서 45 cm 떨어진 곳에 있다.
   a. 이 물체의 상은 거울에서 얼마나 멀리 떨어져 있는가?
   b. 상은 실상인가 허상인가, 정립인가 도립인가?
   c. 계산 결과를 확인하기 위해 물체의 상단에서 3개의 광선을 추적하시오.

E7. 매장 통로에 사용되는 볼록 거울의 초점 길이는 −62 cm이다. 복도에 있는 사람은 거울에서 3.1 m 떨어져 있다.
   a. 이 물체의 상은 거울에서 얼마나 멀리 떨어져 있는가?
   b. 그 사람의 키가 1.7 m라면, 거울에서 보이는 상의 높이는 얼마인가?

E8. 망원경의 대물렌즈의 초점 거리가 1.5 m이다. 물체가 렌즈에서 8m 떨어진 곳에 위치하고 있다.
   a. 렌즈에 의해서 형성된 상은 대물렌즈로부터 얼마나 떨어진 거리에 있는가?
   b. 이 상의 배율은 얼마인가?

E9. 전체 각배율이 25인 망원경은 초점 거리가 1.8 cm인 접안렌즈를 사용한다. 대물렌즈의 초점 거리는 얼마인가?

종합문제

SP1. 물고기를 어항의 유리벽을 통해 보고 있다. 특수 유리의 굴절률은 1.6이고 어항에 채워져 있는 물의 굴절률은 1.33이다. 물고기는 유리에서 5 cm 뒤에 있다. 물고기에서 나오는 광선은 물에서 유리로 통과할 때 휘어진 다음 유리에서 공기($n = 1$)로 통과할 때 다시 휘어진다. 유리의 두께는 0.3 cm이다.
   a. 물과 유리 사이의 첫 번째 경계면만 고려할 때 물고기의 상은 유리 뒤에 얼마나 떨어져 있는가? (이것은 첫 번째 표면에서 빛이 휘어져서 형성되는 중간 상이다.)
   b. 이 상을 유리와 공기 사이의 두 번째 경계면에 대한 물체로 사용하면 이 '물체'는 전면 유리 뒤에 얼마나 멀리 떨어져 있는가?
   c. 유리와 공기 사이의 두 번째 경계면에서 빛이 휘는 것을 고려할 때 물고기는 유리의 전면 뒤에 얼마나 멀리 떨어져 있는 것처럼 보이는가?

SP2. 높이 3.6 cm의 물체가 초점 거리 8 cm인 렌즈 앞 12 cm 되는 곳에 있다.
   a. 물체−상 거리 공식을 이용하여 이 물체에 대한 상 거리를 계산하시오.
   b. 이 상의 배율은 얼마인가?
   c. 문항 b의 결론을 확인하기 위해 3개의 광선을 추적하시오.

   d. 초점 거리가 +6 cm인 두 번째 렌즈에 대한 물체로 가정한다. 두 번째 렌즈는 물체로 고려하는 상보다 9 cm 위에 놓여 있다. 이 두 번째 렌즈에 의한 상은 어디에 형성되고 배율은 얼마인가?
   e. 이 두 렌즈계에 의한 전체 배율은 얼마인가?

SP3. 현미경이 초점 거리가 0.9 cm인 대물렌즈와 초점 거리가 2.4 cm인 접안렌즈로 구성되어 있다고 가정한다. 물체는 대물렌즈 전방 1.2 cm에 위치한다.
   a. 대물렌즈에 의해 형성된 상의 위치를 계산하시오.
   b. 이 상의 배율은 얼마인가?
   c. 접안렌즈가 대물렌즈에 의해 맺히는 상의 위치보다 1.8 cm 위에 있다면, 접안렌즈에 의해 형성된 상은 어디에 있는가? (대물렌즈에 의해 형성된 상은 접안렌즈의 물체로 작용한다.)
   d. 이 상의 배율은 얼마인가?
   e. 이 두 렌즈계에 의한 전체 배율은 얼마인가? (각 렌즈의 배율을 곱하면 된다.[*])

---

[*] 이것은 현미경의 배율을 계산하는 일반적인 방법이 아니다. 표준 방법은 현미경을 사용했을 때와 사용하지 않았을 때 눈이 마주하는 각도의 크기(각배율이라고 함)를 비교한다.

원자와 핵
The Atom and Its Nucleus

Larry Lee Photography/Getty Images

물질이 원자라 불리는 극소 입자들로 이루어졌을 것이라는 아이디어는 기원전 수백 년인 초기 그리스 시대까지 거슬러 올라간다. 그러나 사실상 20세기 초까지도 원자의 구조에 대하여 아는 것이 별로 없었다. 19세기 말경의 물리학자들은 원자가 실제로 존재하는지 아니면 단순히 화학자들에 의해 편의상 고안된 가상의 개념적 도구인지에 대해서도 의견이 분분했다. 그 당시 원자의 존재에 대한 증거는 압도적이지 못했다.

1895년 무렵부터 1930년까지의 일련의 발견과 이론적 발전이 원자의 성질에 대한 우리의 견해를 혁명적으로 변화시켰다. 원자의 구조에 대해 거의 아무것도 모르는 상태에서 광범위한 물리적, 화학적 현상들에 대한 설명이 가능한 튼튼한 토대를 가진 이론까지 진행했다. 이 혁명적 변화는 인간지성의 위대한 성취 중의 하나임이 분명하며, 또 이들은 경제와 기술 분야에 그야말로 광범위한 영향을 끼쳤다. 이러한 혁명적인 과학사의 발전과정은 단지 소수의 과학자들에게 뿐만 아니라 많은 사람들이 이해할 만한 가치가 있다.

1897년의 전자의 발견, 그리고 1911년 원자가 핵을 가지고 있다는 발견은 원자 모델의 구성 요소를 제공한 결정적인 증거였다. 닐스 보어(Niels Bohr)의 원자 모델은 이러한 구성 요소들을 종합하여 오늘날 **양자역학**이라고 하는 보다 완성되고 대단히 성공적인 이론을 향한 연구를 자극했다. 양자역학은 이론 물리학과 화학에서의 많은 연구를 위한 기초를 이룬다. 바로 이 양자역학의 이론들이 원자의 성질에 대한 구체적인 예측을 가능하게 하고 과학과 기술의 많은 발전을 가능하게 하였던 것이다.

원자의 핵은 양전하를 띠고 원자 질량의 대부분을 차지하는 원자 중심부의 극히 작은 부분인데 그것 또한 내부구조를 가지고 있다는 사실이 발견되었다. 19장에서 논의된 핵물리학의 발전은 원자로와 핵무기의 개발로 이어졌고, 이는 물리학이 세계 정치의 영역에까지 끼어들게 된 것이다. 제2차 세계대전 동안에 이루어진 원자폭탄의 개발은 인간의 창의성과 갈등의 극적인 혼합체이다. 과학과 세계 정치는 이제 떼려야 뗄 수 없는 관계로 발전하였다.

20세기에 우리는 원자에 대한 인식과 현대 생활에서의 과학의 역할에 대한 혁명적 변화를 목격했다. 이 혁명적 변화는 복합적인 축복일 수 있지만, 무시할 수 없다. 그것은 물리학뿐 아니라 화학, 분자생물학과도 관계되는 것이다. 18장과 19장에서는 이 혁명이 어떻게 시작되었는지를 살펴볼 것이다. 그러나 이 혁명이 어디로 이끌지는 아직도 미지의 문제이다.

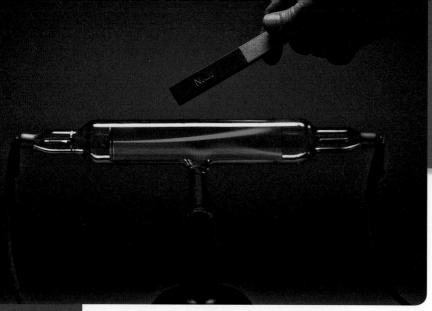

Charles D. Winters/McGraw-Hill Education

CHAPTER 18

원자의 구조
The Structure of the Atom

학습목표

이 장에서는 원자의 존재에 대한 몇 가지 증거를 알아보고 원자의 구조를 이해하도록 이끌어온 몇 가지 발견들을 설명한다. 화학적인 몇 가지 증거들로 시작하여 전자, X선, 자연 방사능, 원자핵, 원자 스펙트럼 등을 다룬다. 그런 다음 보어의 원자 모델을 설명하고 양자역학 이론에서 주장하는 현대적 관점과의 관계를 설명한다.

개요

① **원자의 존재: 화학에서의 증거** 화학 반응에 대한 연구에서 원자의 존재와 원자의 성질에 대해 어떠한 정보를 얻을 수 있는가? 원소의 주기율표는 어떻게 발전되었는가?

② **음극선, 전자, 그리고 X선** 음극선은 어떻게 만들어지고, 그것은 무엇인가? 음극선의 연구는 어떻게 전자와 X선의 발견으로 이어졌는가?

③ **방사능과 핵의 발견** 자연 방사능은 어떻게 발견되었으며, 그것은 무엇인가? 자연 방사능은 원자의 핵의 발견에 어떠한 역할을 했는가?

④ **원자 스펙트럼과 보어의 원자 모델** 원자 스펙트럼은 무엇이며, 원자 구조를 이해하는 데 어떠한 역할을 했는가? 보어의 원자 모델의 기본적인 특징은 무엇인가?

⑤ **물질파와 양자역학** 보어 모델의 한계는 무엇이고, 양자역학은 이러한 문제들을 어떻게 해결했는가? 입자가 파동의 성질을 가졌다는 말은 무슨 뜻인가?

원자를 본 적이 있는가? 여러분은 사람들이 원자에 대해서 이야기하는 것을 분명히 들어본 적이 있을 것이고, 아마도 그림 18.1과 같은 원자 모델의 그림을 본 적이 있을 것이다. 하지만 원자가 존재한다는 것을 어떻게 알고 있는가? 아마도 올바른 질문은 "원자가 실제로 존재한다고 믿는가"일 것이다. 그렇다면 왜 믿는가?

우리 대부분은 초등학교에서부터 지금까지 교과서나 선생님의 설명에 의지하여 원자의 존재를 받아들였다. 그러나 그 많은 선생님들이 왜 원자의 존재를 믿는지 또는 원자의 존재에 대한 증거는 어떤 것들인지를 진지하게 생각해본 적이 없다는 사실을 알면 충격을 받을지도 모른다. 그렇다면 왜 원자의 존재를 믿어야 되고 원자 구조에 대한 설명을 믿어야 하는가?

일상적인 경험 속에서 원자를 직접 보거나 원자의 존재를 알아차리지는 못하지만 원자적 현상은 일상 세계에서 분명히 있다. TV의 작동, 우리 몸에서 일어나는 화학적 변화, X선 진단기구의 사용, 그리고 여타의 많은 일상의 현상들이 원자와 관련된 현대적 지식을 통해서 모두 이해될 수 있다.

가장 중요한 문제인 원자의 존재와 원자 모델을 믿어야 하는 이유에 대해서도 알아보자. 어떻게 이러한 견해들은 발전해 왔는가? 원자에 대한 지식이 어디서 연유한 것인지를 이해하게 되면 원자의 존재 그 자체를 좀 더 실질적인 것으로 여기게 될 것이다.

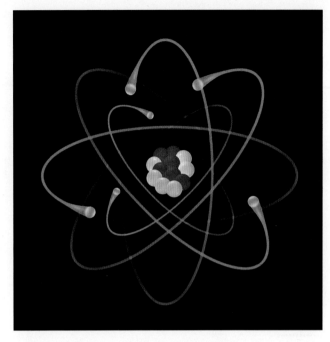

그림 18.1 원자 모형도. 실제 원자도 이렇게 생겼을까?
Don Farrall/Getty Images

18.1 원자의 존재: 화학에서의 증거

왜 우리는 직접 눈으로 본 적 없는 것들의 존재를 믿어야만 하는가? 왜 19세기의 많은 과학자들은 실제 구조를 전혀 알지도 못하면서 여러 가지 물질의 원자적 성질에 대해 그렇게 확신을 가질 수 있었는가? 우리의 일상 경험 중에서 원자의 존재를 믿지 않을 수 없도록 하는 것은 무엇인가?

현대 과학의 많은 내용은 눈으로 볼 수 없는 것들에 대한 것이다. 관찰 결과들을 종합하여 사물의 움직임과 특성에 대해 확신할 수 있는 증거를 얻어내고 사물의 존재에 대해 추론한다. 원자의 경우 많은 초기의 증거는 화학에서의 연구로부터 얻어졌다. 많은 관심을 기울이지는 않지만 화학적 과정은 일상생활에서 상당히 보편적이다. 원자라는 개념이 없다면, 어떤 현상을 설명하기 위해서는 그것에 상응하는 개념을 반드시 고안해내야만 한다.

초기 화학 분야의 연구에서 원자에 대해서는 무엇이 밝혀졌는가?

화학은 서로 다른 물질들이 어떻게 다른지, 물질들이 결합하여 어떻게 다른 물질을 형성하는지에 대한 연구이다. 초기 그리스 문명권에서 철학자들은 모든 물질을 만들어낼 수 있는 기본 물질을 찾아내고자 노력했다. 불, 흙, 물, 공기가 초기의 후보였다. 그러한 선택은 수정될 필요가 있었다. 특히 흙은 많은 형태를 취할 수 있기 때문이다.

그림 18.2 한 방울의 식용색소를 물
잔에 떨어뜨린다. 벌어지는 일에 대
해 어떻게 설명할 것인가?
Lars A. Niki

기초 화학에서 놀라운 실험 중의 하나는 물감이나 식용색소 한 방울을 물에 떨어뜨리는
것이다(그림 18.2). 물감의 색깔은 상당히 빠른 속도로 퍼져 나가 맑았던 물에 고르게 퍼진
다. 명백히 변화가 일어났는데, 그 변화를 어떻게 설명해야 할 것인가?

화학적 용어를 쓰지 않고도 물감의 미세한 알갱이들이 눈으로는 볼 수 없는 물의 알갱이
사이를 뚫고 퍼져 나가는 것으로 생각할 수 있다. 유사한 설명으로 물 또는 다른 액체에 설
탕 또는 소금을 집어넣었을 때 녹아 없어지는 것도 설명할 수 있다.

또한 고체 물질을 갈면 고운 가루가 된다는 것도 안다. 그 가루에 열(또는 불)을 가하면
원래 물질에 비해 변형될 수 있지만, 다시 고체로 만들 수 있다. 만약 그 가루를 다른 물질의
가루와 섞어 가열하면 생성물은 원래 물질들과는 상당히 다를 수 있다. 빵을 만드는 과정이
나 금속의 제련과정이 바로 그러한 예이다. 연금술사들은 보통의 금속으로부터 금을 만든다
는 잘못된 전망에 현혹되어 있었다.

어떤 물질을 계속해서 그보다 더 작은 가루로 만드는 것이 가능할까? 과학자들은 일찍부
터 그렇지 않다고 생각했다. 실험에서 어떤 기본 물질들은 항상 원상회복시킬 수 있었기 때
문에, 그들은 이러한 물질의 더 이상 쪼갤 수 없는 입자들이 형태를 유지한다고 생각했다. 각
각의 기본 물질 또는 **원소**(element)가 작은 알갱이 또는 **원자**(atom)로 이루어졌다는 생각은
화학적 현상을 설명하기 위한 상당히 매력적인 모델이었다. 그러한 원자는 다른 기본 물질들
의 원자와 결합하여 다른 물질을 만들어내지만 충분한 가열 또는 다른 과정을 통해서 다시
원상태로 돌아갈 수 있다는 것이다.

원소들이 서로 결합하는 방식에 대한 체계적인 연구에서 초기의 화학 지식을 이루는 규칙
성과 법칙성을 알게 되었다. 분명 어떤 원소들은 그들의 성질과 반응에 있어서 다른 것들과
비교하여 더욱 비슷한 성질을 나타냈다. 따라서 원소들을 집단으로 분류할 수 있으며, 구성
원자가 구조적으로 유사성을 가져야 한다는 것을 추론할 수 있었다. 그러나 원자의 세부구조
뿐만 아니라 크기조차도 완전히 알려지지 않았고, 접근할 수 없는 것처럼 보였다.

화학 반응에서 질량은 보존되는가?

현대 화학의 탄생은 프랑스 과학자 라부아지에(Antoine Lavoisier, 1743~1794)의 업적에서 시작되었다. 라부아지에는 화학 반응의 전후에 그 반응물과 생성물의 전체 질량이 보존된다는 사실을 발견했다. 이 발견은 반응물과 생성물의 질량 측정의 중요성을 확립했고, 후에 모든 화학 실험에서의 기본적인 과정이 되었다.

화학 변화에서 질량이 보존된다는 생각은 지금은 자명하지만, 라부아지에의 시대까지는 명백하지는 않았다. 이유는 단순하다. 대부분의 화학 실험은 대기 중에서 행하여졌고, 따라서 대기 중의 산소와 다른 기체가 반응에 참여하였기 때문이다. 이러한 반응 기체들을 알지도 못한 채 측정하였으므로 반응 중의 고체 또는 액체 물질의 질량이 보존되지 않는 것처럼 나타난 것이었다. 당시는 대기 자체가 단순 물질이 아니라 혼합물이라는 사실이 겨우 이해되기 시작하던 때였다.

가장 보편적이고 단순한 화학 반응 중 하나는 나무, 석탄과 같은 탄소 화합물을 태우는 **연소**(combustion) 반응이다(그림 18.3). 이 반응은 대기 중의 산소와 석탄 또는 나무 속의 탄소가 결합하여 이산화탄소(기체)와 수증기(기체)를 생성한다. 이러한 과정에서 기체의 존재와 역할을 인식하지 못했다면 쉽사리 연소 중에 질량이 소실되었다는 결론에 도달하게 되었을 것이다.

라부아지에는 반응물과 생성물에 들어 있는 기체의 양을 세밀하게 측정하는 일련의 실험을 행했다. 그 결과 생성물의 총 질량과 반응물의 총 질량은 같다는 사실을 명백히 증명하였다. 즉 질량의 증가나 감소는 없었다. 이 실험을 통해 그는 산소(또는 '높은 호흡성 공기')와 이산화탄소, 그리고 물을 정확히 구분하여 연소과정에 대해 최초로 정확한 설명을 제공하였다. 1789년 이 실험 결과는 《Traité Elémentaire de Chimie, Elementary Treatise of Chemistry》교과서에 실렸다.

원자량의 개념은 어떻게 나오게 되었는가?

라부아지에의 뛰어난 경력은 프랑스 혁명 중 단두대에서 비극적으로 끝났지만, 그의 발견은 영국 화학자 (John Dalton, 1766~1844)에게로 이어졌다. 돌턴은 화학 반응물과 생성물의 질량비를 관찰하여 일정한 규칙성을 찾아냈다. 돌턴의 직관은 대부분 라부아지에가 확립한 반응물과 생성물의 질량을 측정하는 새로운 실험에 참여한 다른 화학자들의 연구에 기반하고 있다.

돌턴은 화학 반응이 일어날 때 반응물들이 같은 질량비로 결합한다는 사실에 흥미를 느꼈다. 예를 들어, 탄소가 산소와 결합하여 오늘날 이산화탄소로 알려진 기체를 생성할 때, 산소와 탄소의 질량비는 항상 약 8 : 3이었다. 다시 말해 3 g의 탄소가 반응하는 경우, 더도 덜도 말고 8 g의 산소가 필요하였다. 만일 8 g 이상의 산소가 반응한다면 산소가 남게 되고, 8 g 이하의 산소가 반응한다면 탄소가 남게 된다.

이와 같은 특정 질량비에 대한 직관은 다른 반응에서도 특정한 질량비만 다를 뿐 여전히 성립한다. 수소가 산소와 결합하여 물을 생성할 때 질량비는 1 : 8이다. 다시 말해 8 g의 산소가 반응하기 위해서는 1 g의 수소가 필요하다. 각각의 반응에는 완전히 반응하기 위해서 일정한 질량비가 필요했던 것이다. 이것이 오늘날 알려진 **돌턴의 일정 성분비의 법칙**(Dalton's law of definite proportions)이다.

돌턴은 원자를 사용한 모델이 이러한 관측을 설명할 수 있다는 것을 깨달았다. 돌턴은 각각의 원소가 질량과 형태가 같은 극미의 원자들로 구성되었고, 원소가 다르면 원자 질량도 각각 다르다고 생각했다. 따라서 화학적 화합물은 한 원소의 몇 개의 원자와 다른 원소의 몇 개의 원자의 결합에 의해 **분자**(molecule)를 형성한다고 생각할 수 있으므로 분자는 여러 가지 원소의 원자 여러 개의 결합물이다. 원자의 고유 질량을 이용하여 반응에서 관측된 규칙적인 질량비에 대해 설명할 수 있다.

이것은 그림 18.4에 설명되어 있다. 우리가 알고 있듯이 물이라는 화합물은 2개의 수소 원자와 1개의 산소 원자가 결합하여 물 분자(현대 표기법으로 H_2O)를 형성한다고 가정해 보자. 산소 원자의 질량이 수소 원자의 질량의 16배라면, 관측된 바와 같은 산소 대 수소의 8 : 1(16 : 2) 비율에 대한 설명이 된다. 왜냐하면 모든 물 분자는 1개의 산소 원자마다 2개의 수소 원자가 결합한 것이기 때문이다.

다른 원자들이나 분자들이 서로 반응하여 새로운 분자들이 만들어질 때, 이를 화학 반응이라고 부른다. 산소 분자와 수소 분자가 결합하여 물이 만들어지는 과정에 대하여 일상의

그림 18.4 2개의 수소 원자가 하나의 산소 원자와 결합하여 물(H_2O)을 생성한다. 산소의 원자 질량이 수소의 16배이므로, 질량비는 8 : 1이다.

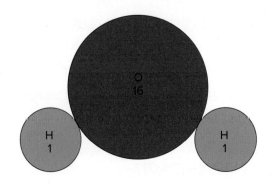

$$\frac{16}{2} = \frac{8}{1}$$

자연현상 18.1에서 다룬다. 화학 반응에 있어서 원소의 원자들은 서로 다른 방식으로 결합한다. 그러나 원자의 기본적인 본질은 변하지 않는다. 반면에 화학 반응에 의해 만들어진 새로운 분자는 반응 전의 물질들과는 전혀 다른 성질을 나타낸다.

이산화탄소의 8 : 3 비율도 마찬가지로 탄소 원자의 질량이 수소 원자의 12배이고, 2개의 산소 원자가(수소 질량의 16배) 1개의 탄소 원자와 결합하여 1개의 이산화탄소(CO_2)를 형성하는 것으로 설명할 수 있다. 예제 18.1을 참고하라. 일상의 자연현상 10.2에서 보았듯이, 이산화탄소는 온실기체이며, 나무, 석탄, 석유, 천연가스와 같은 탄소 기반 연료를 태우는 경우 생성된다.

한 가지 반응만으로는 원자의 상대적 질량을 확정할 수 없지만 여러 가지의 반응에 대한 조사로 일목요연한 설명을 할 수 있다. 1808년, 돌턴은 이러한 사실을 그의 논문인 〈A New System of Chemical Philosophy〉에 발표했다.

돌턴의 원자 가설에서는 개별 원자의 실제 질량을 정할 수 없었다. 그는 그때까지 원자의 크기에 대해서도 알지 못했다. 돌턴의 가설은 한 원소의 원자와 다른 원소의 원자에 대한 질량비를 결정하는 수단이었다. 19세기에 걸쳐 많은 화학자들이 그를 위한 연구에 참여하였다. 다른 훌륭한 이론과 마찬가지로 돌턴의 모델은 그 후에 풍부한 화학 연구를 위한 안내자의 역할을 했다. 그 가설로 인해 원자라는 개념을 더욱 새롭고 풍부하게 조명하는 내용, 즉 어떤 원자는 다른 원자보다 무겁다는 사실과 **원자 질량**(atomic mass)은 원소의 성질이라는 내용을 알 수 있게 되었다.

표 18.1은 몇 가지 일반적 원소의 원자 질량에 대한 비교이다. 원자량(atomic weight)이라고 불렸으나 중량과 질량을 명백히 구분하는 오늘날은 원자 질량이라는 표현이 더 적합하다. 이 책 뒷부분의 부록 C에 있는 주기율표에서 완전한 원자 질량의 목록을 볼 수 있다. 많은 상대 질량들이 정수에 가깝지만 그렇지 않은 것도 있다는 사실에 주목하라. 거기에 흥미로운 사실이 숨어 있는데, 그것이 바로 원자 구조에 대한 실마리이다.

표 18.1 몇 가지 일반적인 원소의 원자 질량 비교

원소	화학 기호	원자 질량(u)
수소	H	1.01
헬륨	He	4.00
탄소	C	12.01
질소	N	14.01
산소	O	16.00
나트륨	Na	22.99
염소	Cl	35.45
철	Fe	55.85
납	Pb	207.20

연료전지와 수소 경제

상황 현대 산업현장에서 사용하는 에너지는 대부분이 석유, 천연가스, 그리고 석탄 등 화석연료이다. 이들 화석연료는 그 연소 과정에서 많은 오염물질을 배출한다. 이들 중 이산화탄소는 대표적인 온실가스로 지구 온난화에 기여한다. 또한 화석연료는 각각 그 매장량이 제한되어 있으므로 재생 불가능한 에너지로 분류된다. 이들이 가까운 시기에 고갈될 것이라는 사실은 분명하며 그 중에서도 석유가 가장 먼저가 될 것이다.

앞으로 화석연료를 대체할 만한 대안이 있는 것일까? 많은 과학자들이 향후 '수소 경제'로의 전환을 제안하고 있다. 연료전지는 19세기에 발명된 장치로 본격적으로 사용된 것은 NASA에서 우주선의 동력장치로 수소와 산소를 결합시켜 전기를 생산하는 데 이용한 것이다. 과연 수소 연료전지라는 이 환경 친화적인 에너지 생산 기술이 화석연료를 기반으로 하는 내연기관을 완전히 대체할 수 있을 것인가?

분석 수소 연료전지는 수소와 산소를 결합시켜 물이 되며 그 과정에서 전기를 생산하는 장치이다. 연료전지는 화학 반응에 의해 전기를 생산하는 배터리와 아주 유사하다. 그러나 배터리는 그 내부에 여러 가지 화학물질이 들어 있는 데 반하여 연료전지에서는 수소와 산소가 전지 외부에 저장되어 있을 뿐 아니라 외부로부터의 지속적인 공급이 가능하다. 연료전지에도 여러 가지 형태가 있는데 그 중에서도 소형 자동차를 위한 것으로는 양성자 교환막(PEM) 방식이 가장 유망한 것으로 알려져 있다.

PEM 방식의 연료전지는 몇 가지 부품으로 이루어지는데, 아래 그림에서 보는 것과 같이 양극판, 음극판, 양성자 교환막, 그리고 촉매 등이다. 양극판과 음극판이 실제로 화학 반응이 일어나는 곳이다. 양성자 교환막은 매우 얇은 특수한 막으로 오직 양성자만을 통과시키며 전자는 이 막을 통과할 수 없다. 이 PEM은 양극판과 음극판 사이에 샌드위치 같이 끼워져 있다. 촉매는 단순히 화학 반응을 촉진시키는 역할을 하며 화학 반응이 일어나더라도 소모되지는 않는다. 보통의 PEM 연료전지에서 촉매로는 탄소 종이에 미세한 백금 분말을 코팅하여 사용한다. 촉매를 분말 형태로 만드는 것은 그 표면적을 최대한 크게 하기 위해서이다. 촉매는 양극판과 음극판 모두를 덮고 있다.

연료전지의 작동 원리는 무엇인가? 수소 기체는 양극으로부터 주입된다. 수소 원자는 양전하를 띤 양성자 1개와 음전하를 띤 전자 1개로 구성되어 있다. 수소 기체는 수소 분자로 구성되며, 수소 분자는 2개의 개별 수소 원자로 구성되어 있기 때문에 H_2로 표현한다. 양극에 주입된 H_2 수소 분자가 백금 촉매와 접촉하면, 화학 반응이 일어나 2개의 양성자와 2개의 전자로 분리된다. 이들 양성자와 전자들은 모두 음극에 있는 산소에 끌리게 된다. 그러나 PEM은 단지 양성자만 음극으로 통과하도록 허용하고, 전자는 차단한다. 전자는 전기 모터나 다른 장치를 통해 음극에 연결된 회로를 따라 이동한다. 이렇게 이동하는 전자는 모터에 전원을 공급하는 전류를 공급하여 모터를 돌리게 된다. 이렇게 양성자와 전자가 서로 다른 길을 통해 음극에 모이게 되며

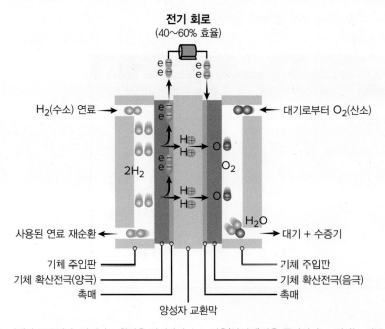

전기 회로
(40~60% 효율)

H_2(수소) 연료 →

← 대기로부터 O_2(산소)

$2H_2$

O_2

H_2O

사용된 연료 재순환 ←

→ 대기 + 수증기

기체 주입판

기체 확산전극(양극)

촉매

양성자 교환막

기체 주입판

기체 확산전극(음극)

촉매

연료전지에 수소 기체가 공급된다. 양성자 교환막은 양전하의 수소 이온(양성자)만을 통과시키고, 전자는 외부 회로를 통해 이동하여 음극에 도달한다. 최종 생성물은 수증기이다.

촉매와의 접촉을 통해 산소와 화학 반응을 일으켜 물이 만들어진다. 만일 산소가 음극에 지속적으로 공급되지 않으면 양성자와 전자는 더 이상 음극으로 끌리지 않는다. 다행히 연료전지는 공기 중의 산소를 그대로 사용할 수가 있다. 전체적인 화학 반응은 다음과 같다.

$$2H_2 + O_2 \rightarrow 2H_2O$$

수식의 양변에 모두 수소 원자가 4개, 산소 원자가 2개로 균형을 이루고 있음을 확인하자. 이러한 화학 반응이 동시에 많이 발생하므로, 전기 모터를 구동하는 데 필요한 전력을 공급할 정도의 많은 전자가 생성된다. 하나의 연료전지는 자동차를 움직이기에 충분한 전력을 생성할 수 없기 때문에, 여러 개의 연료전지를 쌓아 놓은 형태가 필요한 것이다.

오직 물과 전기만 생산하여 자동차를 움직이는 공해가 없는 장치로 매우 환상적이다. 실제로 NASA에서는 수년간 연료전지를 우주선에 전력을 공급하는 데 사용할 정도로 연료전지는 믿을 만하고 유용한 장치이다. 그러나 수소 연료전지가 내연기관의 자리를 광범위하게 대체할 수 있기 위해서는 극복해야 하는 심각한 현실적인 과제들이 존재한다.

수년간 연구 개발이 진행되어 왔으며, 많은 진전이 이루어졌다. 수소 전지는 지속적으로 활용범위가 넓어지고 더 신뢰할 수 있게 되었다. 그러나 수소 연료전지가 대규모로 화석연료를 대체하기 위해서는 많은 연구가 진행되어야 할 것이다. 대기 중에 존재하는 수소의 양은 적어 대기로부터 수소를 대량으로 얻는 것은 어려울 수 있다.

수소는 일반적으로 전기분해를 통해 물(H_2O)에서 얻는다. 다시 말해 수소는 원래 에너지원이 아니라, 배터리와 마찬가지로 필요한 에너지는 다른 전기장치로부터 공급받아야 한다. 배터리와 연료전지는 전기를 저장하고 운반하는 수단이다.

배터리에 비해 연료전지는 무게가 가볍고 주행거리가 더 길며, 재충전 시간이 짧다는 장점을 가지고 있다. 연료전지 자동차와 트럭을 개발함에 따라 많은 충전소와 종합 수소 충전 시스템이 필요할 것이다. 수소 연료전지는 유망한 기술이지만, 트럭 및 기타 차량에 널리 사용되는 인프라를 구축하는 데는 수년이 걸릴 것이다.

예제 18.1 ▶ 탄소의 연소

30 g의 순수한 탄소를 모두 태워(산소와 결합시켜) 이산화탄소가 생성되었다고 하자. 이 화학 반응을 위하여 몇 g의 산소가 필요한가? 탄소의 원자 질량은 12, 산소의 원자 질량은 16이다.

$$m_c = 30 \text{ g}$$
$$m_0 = ?$$

이 반응을 나타내는 화학식은 다음과 같다.

$$C + O_2 \Rightarrow CO_2$$

여기서 O_2는 산소 원자 2개가 붙어 있는 산소 분자로, 실온에서 산소 기체는 산소 분자 상태로 존재한다. 산소의 질량과 탄소의 질량의 비를 $R_{o/c}$라고 하면,

$$R_{o/c} = \frac{2(16)}{12}$$

$$R_{o/c} = \frac{32}{12}$$

$$R_{o/c} = \frac{8}{3}$$

그러므로

$$\frac{m_o}{m_c} = R_{o/c}$$

$$m_o = (R_{o/c})(m_c)$$

$$m_o = \left(\frac{8}{3}\right)(30 \text{ g})$$

$$m_o = \textbf{80 g}$$

몇 년 전, 수소 연료전지가 자동차의 내연기관을 대체할 것이라는 소위 수소 경제의 이점에 대해 많은 정치적 과대광고가 있었다. 수소는 지구상에 매우 흔한 원소이기는 하지만, 수소를 얻기 위해서는 연료전지에서 얻을 수 있는 것보다 더 많은 에너지를 사용하여 물이나 천연가스에서 분리해야 한다. 그럼에도 우리는 장기적으로 수소 경제로의 이행을 진행하여야 하는가?

주기율표는 어떻게 발전되었는가?

화학자들이 원자 질량과 다양한 원소들의 화학적 성질에 대한 더 많은 정보를 알게 됨으로써 여러 가지 흥미로운 규칙성이 발견되기 시작했다. 원소족이라고 불리는 같은 계열에 속한 원소들은 비슷한 화학적 성질을 나타낸다는 사실을 알게 됐다. 예를 들어 할로겐족(halogen)이라고 불리는 염소(Cl), 불소(F), 브롬(Br)은 나트륨(Na), 칼륨(K), 리튬(Li) 등 반응성이 높은 알칼리 금속(alkali metal)과 결합할 때 비슷한 화합물을 생성한다. 그러나 하나의 원소족을 이루더라도 각 원소의 원자 질량은 매우 달랐다.

모든 원소들을 원자량의 순으로 나열하면, 특히 가벼운 원소들에서 원소족의 구성 원소들이 다소간 규칙적인 간격으로 눈에 들어온다. 많은 사람들이 이러한 규칙성에서 새로운 의미를 찾아내고자 노력했지만, 성공적으로 구성한 사람은 러시아 화학자 드미트리 멘델레예프(Dmitri Mendeleev, 1834~1907)이다. 그의 구상은 최초로 1869년에 발표되었는데 오늘날 **원소의 주기율표**(periodic table of the elements)라고 불린다.

멘델레예프의 표를 이해하기 위해서, 긴 종이 띠에 모든 알려진 원소를 원자량 순서대로 늘어놓는다고 생각해보자. 그런 다음 표를 만들기 위하여 그 종이 띠를 여러 점에서 잘라서 순서대로 놓아보자. 우선 알칼리 금속이 있는 곳마다 잘라서, 이러한 띠들을 표의 왼쪽의 같은 열에 놓이도록 배열하자(그림 18.5).

할로겐족을 늘어놓기 위해서는 띠들을 가운데쯤을 다시 잘라야 한다. 어떤 행은 다른 행보다 더 많은 원소들이 있기 때문이다. 할로겐족은 표의 오른쪽 근처의 열에 순서대로 배열된다. 멘델레예프의 원래 표에는 할로겐이 가장 오른쪽 열에 있었는데 당시에는 헬륨(He), 네온(Ne), 아르곤(Ar), 크립톤(Kr), 제논(Xe), 라돈(Rn)과 같은 불활성 기체들이 아직 발견되지 않았기 때문이다. 최종적인 표에서 공통의 화학적 성질을 가진 원소들은 같은 열에서 위아래로 위치한다. 그러나 표 전체적으로 원소들은 그 원자량에 따라 순서대로 배치된다(완성된 주기율표는 부록 C를 보라).

주기율표는 화학원소들을 정렬하는 흥미로운 방식이었지만, 해결한 것보다 더 많은 문제를 제기했다. 특정 열에 있는 원소의 원자들은 어떻게든 비슷한 성질을 가져야 하지만, 그 당시 화학자들은 여전히 원자 구조에 대해 거의 알지 못했다. 그들은 원자의 결합을 설명하기 위해 원자에 작은 갈고리와 링을 그리는 시도를 하였으나, 이러한 시도는 정확하지 않다는 것을 알고 있었다. 해석이 필요한 지식 체계가 구축되고 있었지만, 그에 대한 설명은 20세기 초반에야 가능했다.

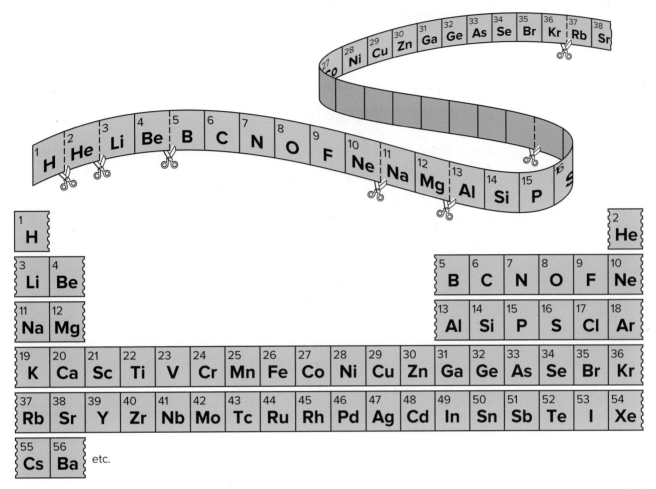

그림 18.5 주기율표는 원소를 원자량이 증가하는 방향으로 늘어놓고 몇 가지 지점에서 잘라 배열함으로써 만들어진다. 화학적 성질이 비슷한 원소들은 같은 열에 배열된다.

> 물질들이 어떻게 결합하여 다른 물질들을 생성하는지에 대한 관찰로부터 과학자들은 물질이 그 고유의 성질을 가진 미세 입자인 원자로 구성되어 있다고 추측하였다. 라부아지에는 화학 반응의 전후에 질량이 보존된다는 것을 발견하였고, 반응물과 생성물의 질량을 측정하는 것의 중요성을 확립하였다. 돌턴은 일정 성분비의 법칙으로부터 각 물질의 원자에 대한 원자량의 개념을 도입하였다. 1860년대 멘델레예프는 원소의 주기율표를 만들었다. 그는 원소를 원자량이 증가하는 순서대로 배열하고 이를 다시 화학적 성질이 비슷한 것들을 같은 열에 늘어놓았다. 이 규칙성은 원자 구조의 반복적 유사성을 암시했다.

18.2 음극선, 전자, 그리고 X선

19세기 말까지 화학자들은 원자라는 개념에 상당히 익숙해졌고, 원자의 실제 구조에 대해서는 몰랐지만 원자의 상대질량과 특성에 대해 상당히 많은 것을 알게 되었다. 반면에 물리학자들은 원자라는 개념에 확신을 가지고 있지 않았다. 많은 물리학자들은 화학적 증거의 상세한 내용을 알고 있지 못했고, 어떤 물리학자들은 원자가 존재한다는 사실을 부인하기까지 했다.

19세기 말엽에 물리학에서 원자 구조를 이해하는 데 중요한 몇 가지 발견이 있었다. 이 과정에 대한 이야기는 음극선의 연구에서 비롯되었는데, 19세기 후반의 많은 호기심과 연구의 초점이었다.

음극선은 어떻게 만들어지는가?

최근 플라즈마 또는 액정 디스플레이가 보편적으로 사용되기 전까지 대부분의 TV에는 음극선관(전자업계에서는 CRT라고 부른다)이 사용되었다. 음극선의 발견은 2가지 기술의 결합에 의해 가능했던 것이다. 이는 바로 전기적인 현상에 대한 이해와 함께 고진공을 가능케 한 진공 펌프의 개발이었다. (오래된 TV에 사용된 음극선관은 일상의 자연현상 18.2에 설명되어 있다.)

히토르프(Johann Hittorf, 1824~1914)는 최초로 음극선을 관찰한 사람 중 한 사람이다. 1869년에 발표한 논문에서 그는 진공 펌프에 연결된 밀폐된 유리관 안의 2개의 전극에 고전압이 가해질 때 어떤 일이 발생하는지 자세히 설명하였다(그림 18.6). 진공 펌프로 유리관 내의 공기를 빼주면 화려한 불꽃이 음의 전극인 음극 근처의 기체에서 먼저 발생한다. 유리관 내 기압이 감소함에 따라 불꽃은 2개의 전극 사이의 전체 공간으로 퍼져 나간다. 이 불꽃 방전의 색깔은 원래 유리관 내에 있던 기체의 종류에 따라 달라진다.

유리관 내의 기압이 더 낮아지면 불꽃 방전은 사라진다. 어두운 부분은 기압이 더 낮아짐에 따라 음극 근처에서 만들어져 양의 전극인 양극 쪽으로 옮겨간다. 어두운 부분이 관을 가로질러 완전히 이동하면 새로운 현상이 나타난다. 기체 발광 대신 음극의 반대쪽 유리관의 유리면에 미세한 발광이 나타난다.

어두워지는 현상이 음극 근처에서 시작되어 관을 가로질러 퍼졌기 때문에 과학자들은 음극으로부터 방출된 어떤 것이 관의 반대쪽 면의 발광의 이유일 것이라고 추측했다. 이러한 이유로 눈에 보이지 않는 발광을 음극선(cathode ray)이라고 불렀다.

음극선으로 할 수 있는 간단한 실험 하나는 자석으로 빛살을 휘게 하는 것이다. 음극과 양극을 잘 조절함으로써 한 점으로 초점을 맞추어 가는 빛살이 되면 자석을 가지고 그 빛살을 움직일 수 있다. 자석의 N극을 그림 18.7과 같이 위에서 아래로 가져갈 때 빛살에 의

그림 18.6 간단한 음극선관은 밀폐된 유리관과 2개의 전극으로 이루어져 있다. 유리관의 공기가 빠져나가면서 2개의 전극 사이에 발광이 나타난다. 고진공이 될수록 발광은 사라지고, 음극 반대쪽 유리관 끝에 발광이 나타난다.

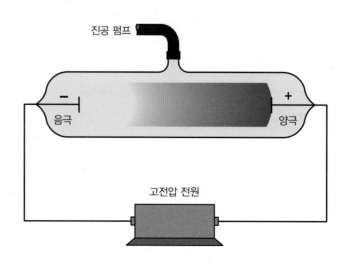

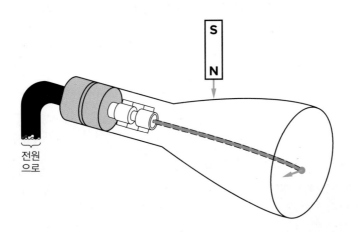

그림 18.7 자석의 N극을 음극선관의 위쪽으로 내리면, 빛살의 초점은 음극관의 표면을 가로질러 왼쪽으로 휜다.

해 생성된 점은 음극관의 표면 왼쪽으로 휘게 된다. 이 결과는 음극선이 음전하를 띤 입자로 이루어졌다는 사실을 말해준다. 이는 14장에 소개한 자기력에 대한 오른손 법칙을 사용한 결과이다.

음극선은 무엇으로 이루어졌는가?

음극선의 본질과 관련된 문제에서 톰슨(J. J. Thomson, 1856~1940)은 상당한 성과를 올릴 수 있었다. 톰슨은 음극선을 이루고 있다고 여겨지는 음전하를 띤 입자들의 질량을 측정하기 위한 일련의 실험을 하였다. 한 실험에서 톰슨은 강도를 알고 있는 교차되는 전기장과 자기장의 영역으로 음극선을 통과시켰다(그림 18.8). 음극선에 대한 전기장과 자기장의 종합된 효과로 그 입자의 속도를 측정할 수 있었다. 자기력은 속도에 관계되지만 전기장은 그렇지 않기 때문이다.

전하를 띤 입자의 속도와 자기장에 의해 휘는 정도를 아는 것만으로도 그는 그 입자의 질량을 계산할 수 있었다. 뉴턴의 제2법칙에 의하면 입자를 휘게 하는 자기력에 의한 입자의 가속도는 질량과 반비례한다. 자기력($\mathbf{F} = qv\mathbf{B}$)은 또한 입자의 전하에 관계된다는 사실을 몰랐기 때문에, 그가 실제로 측정한 것은 전하와 질량의 비 q/m이다. 그는 그 결과를 1897년

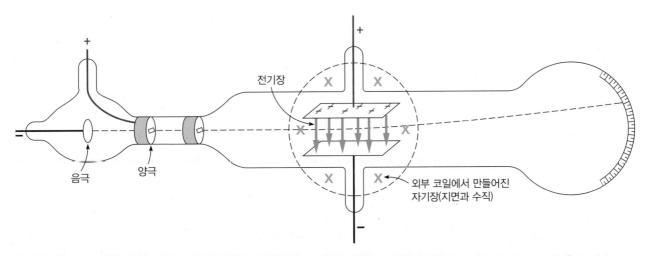

그림 18.8 톰슨은 특별히 설계된 음극선관에서 전기장과 자기장 모두를 사용하여 음극선 빛살을 휘게 함으로써 음극선 입자의 질량을 측정하였다.

TV 개발

상황 TV는 현대 생활에서 엄청난 역할을 해왔다. 비록 휴대폰이 그 역할에 합류했지만, TV는 많은 사람들에게 오락과 뉴스의 주된 원천이다. 노인들은 일생 동안 TV 기술에서 엄청난 것을 경험했다.

TV로 스포츠 경기를 즐기는 사람들 *Vasyl Shulga/Shutterstock*

현재 시판 중인 평면 TV는 21세기 초까지 보편적으로 사용하던 구형의 부피가 큰 TV(브라운관 TV) 세트를 대체하였다. 이 브라운관 TV의 기본 기술은 음극선관(CRT)이었다. 음극선관은 어떻게 작동했으며, 평면 TV 기술은 어떻게 음극선관을 대체할 수 있었을까?

분석 평면 TV가 시장을 장악하기 전까지 대부분의 TV 세트의 핵심은 CRT라 불리는 음극선관이었다. CRT 자체는 1900년대

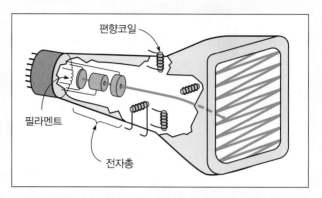

CRT의 단면도는 빛살을 스크린의 다른 지점으로 편향시키는 데 사용되는 전자총과 기타 전극을 보여준다.

초반에 처음 개발되었으며, 다양한 과학 실험에 사용되었다. 초기의 TV 세트는 1920년대에 개발되었지만, 1940년대에 이르러서야 상용화되었다.

위의 그림은 초기 TV에 사용된 CRT의 단순화된 단면도를 보여준다. 전극은 음극선관의 뒤쪽 끝에 있다. 음극(음의 전극)은 음극을 가열하는 필라멘트 앞에 놓여 있다. 양극(양의 전극)은 음극 너머에 있으며, 중앙에 구멍이 있다. 전자는 양극으로 이동하면서 가속되고 초점이 맞춰진다. 이 전극들은 좁은 전자빔을 생성하는 전자총을 형성한다.

전자총에서 나온 전자빔은 음극선관을 가로질러 음극선관의 앞쪽에 있는 화면에 부딪혀 밝은 점을 만들어낸다. 이 화면 안쪽

에 발표했다.

톰슨의 결과에서 주목할 만한 사항은 이 입자가 상당히 작은 질량을 가졌다는 것과 이 입자의 전하 대 질량의 비가 모두 같다는 점이었으며, 이는 모두 같은 입자로 이루어졌다는 사실을 시사한다. 주기율표에서 가장 가벼운 원소는 수소이다. 만약 수소 이온과 음극선이 같은 전하를 띤다면, 수소 원자의 질량은 음극선 입자의 질량보다 거의 2000배 크다.

이 입자들은 주어진 음극에 대해서 모두 동일할 뿐만 아니라 다른 금속으로 만들어진 음극에 대해서도 전하 대 질량비가 같았다. 톰슨은 여러 가지 금속으로 만들어진 음극을 사용하여 실험을 반복함으로써 이 결과를 확인했다. 그가 실험한 모든 음극선에 있는 입자들은 모두 동일한 입자였다. 이는 그 입자들의 질량이 작다는 사실과 더불어 이 입자들이 여러 가지 다른 원자들을 구성하는 공통의 구성 요소라는 사실을 말해준다.

지금은 음극선을 구성하는 이 음전하를 띤 입자를 **전자**(electron)라고 부르며, 톰슨은 이러한 실험들로 해서 전자를 발견한 것으로 공인되었다. 음극선은 전자들의 다발이다. 각 전자는 9.1×10^{-31} kg의 질량과 -1.6×10^{-19} C의 전하를 갖는 것으로 알려져 있다. 톰슨의 발

에는 일반적으로 밝기를 높이기 위해 형광 물질이 코팅되어 있다. 전자총 앞에 위치한 편향코일은 빔이 화면의 여러 부분에 도달할 수 있도록 빔의 경로를 편향시키는 역할을 하여 화면에 다양한 밝기의 지그재그 패턴을 만든다. 이 과정은 1초에 30번 반복되어 우리가 보는 영상을 만들어낸다.

최초의 상업용 TV 세트는 1939년에 판매되었다. 제2차 세계대전 이후 다양한 TV 프로그램이 등장하여 상당한 대중의 관심을 불러일으켰다. 1950년대 초까지 TV는 많은 가정에서 인기 있는 상품이었다. 영상은 흑백이고 비교적 작은 화면이었지만, 많은 사람들이 프로그램과 뉴스를 즐겼다. 컬러 TV는 1960년대 초에 출시되었다.

이후 40년 동안 많은 개선이 이루어져 화면은 더 커지고 해상도는 높아졌다. 2000년대 초반까지 CRT는 여전히 일반적인 기술이었으나, 2004년에 최초의 평면 TV가 등장하여 불과 몇 년 만에 시장을 장악했다.

1960년대부터 평면 패널은 대형 디스플레이 및 컴퓨터 화면을 포함한 다양한 용도로 개발되고 있었으나, TV에 사용할 수 있게 한 기술은 반도체 전자 장치의 소형화였다(21.3절 참고).

컴퓨터, 간판 및 기타 장치에 사용할 수 있도록 평면 패널 디스플레이를 설계하기 위해 몇 가지 방법을 시도했다. 그 중 하나가 현재 백열전구, 손전등 및 기타 많은 응용 분야에 사용되고 있는 발광다이오드(LED)이다. LED는 다양한 색상을 내는 반도체 소자로 시각적 디스플레이에 활용된다.

또 다른 방법은 현재 TV 세트에 사용되는 액정 디스플레이(LCD)이다. 액정은 액체처럼 흐르지만, 분자들은 결정의 거동과 유사하게 어느 방향으로 정렬된다. 이러한 분자들의 정렬은 전자 신호에 의해 빠르게 변경될 수 있다.

LCD 모니터가 장착된 와이드스크린 TV *cobalt/123RF*

평면 TV에는 LCD와 LED가 모두 사용되는 경우가 많다. LCD는 전자 신호로 켜거나 끌 수 있으며, LED는 LCD 뒤 또는 측면에서 빛과 색상을 제공한다. 이런 모든 것이 화면 뒤 아주 작은 곳에서 일어나 높은 해상도를 제공한다. 이러한 시스템의 세부사항은 이 책의 범위를 벗어나 설명하지 않지만, 계속 개선되고 있다.

평면 패널 디스플레이는 TV 외에 휴대폰, 컴퓨터 화면, 시계, 휴대용 계산기 등 다양한 기기에 활용된다. 기술 혁신은 놀라운 속도로 진행되어 얼마 전 공상과학 아이디어였던 새로운 장치를 만든다.

견은 최초로 알려진 원자보다 작은 **아원자**(subatomic) 입자의 발견이었다. 전자는 원자의 구성 요소의 최초의 후보였다.

X선은 어떻게 발견되었는가?

음극선의 연구에서 전자의 발견 이외의 다른 부산물들도 얻을 수 있었다. 독일의 물리학자 빌헬름 뢴트겐(Wilhelm Roentgen, 1845~1923)은 음극선관으로부터 방출되는 다른 종류의 복사선을 발견하였다. 그의 발견은 대중매체와 과학계에 선풍을 일으켰다.

대개 그렇듯이 뢴트겐의 발견은 부분적으로는 우연에 의해 이루어졌다. 그는 어떤 이유에선가 검은 종이로 덮인 음극선관을 가지고 실험을 하고 있었다. 그의 실험대 근처에 백금-시안화바륨(barium platinocyanide)이라는 형광물질을 입힌 종잇조각이 놓여 있었다. 뢴트겐은 음극선관이 켜졌을 때 음극선관으로부터 나오는 빛이 전혀 없었음에도 종이가 어둠 속에서 발광하는 것을 알아차렸다(그림 18.9). 그 불빛은 음극선관이 꺼졌을 때 사라졌다.

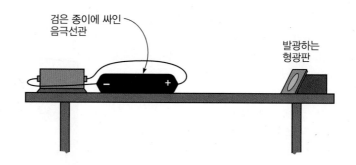

검은 종이에 싸인 음극선관

발광하는 형광판

음극선은 대기 중에서 멀리 진행할 수 없으며 음극선관의 유리면조차도 뚫을 수 없다는 것은 이미 잘 알려진 사실이었다. 그럼에도 불구하고 음극선관으로부터 2미터 떨어진 곳에 종이를 놓았을 때도 이와 같은 형광 현상이 벌어졌다. 형광 현상을 일으키는 이 새로운 복사선은 음극선일 수는 없었다. 그것이 정확히 무엇인지 알지 못하였기 때문에 뢴트겐은 이 선을 **X선**(X-ray)이라고 불렀다. X라는 글자는 미지의 양을 나타내기 위해 자주 사용되었기 때문이다.

X선의 가장 놀라운 특징은 투과력이었다. X선은 음극선의 유리면을 쉽사리 통과하고 어떠한 장애물도 뚫고 지나가는 것이 명백했다. 초기의 실험에서 뢴트겐은 음극선과 형광판 사이에 자신의 손을 놓음으로써 자신의 손뼈의 영상을 만들어낼 수 있음을 보여줬다(그림 18.10). 그는 또한 X선이 덮개로 덮인 사진 건판을 감광시킬 수 있음을 보여줬다. 그는 나무 상자 안에 있는 구리 아령의 외곽선을 찍기도 하였다. 뢴트겐은 그의 X선 실험 결과를 1895년에 발표했다.

가시광선으로는 볼 수 없는 물체들을 투시할 수 있는 능력은 대중매체의 상상력을 자극하였다. 과학자를 포함하여 모든 사람이 X선 관의 작동을 보고 싶어 했다. 몇 년 후 의사들이

그림 18.10 뢴트겐은 손에 X선을 통과시킴으로써 손뼈의 X선 사진을 찍을 수 있다는 사실을 발견했다.
Bettmann/Getty Images

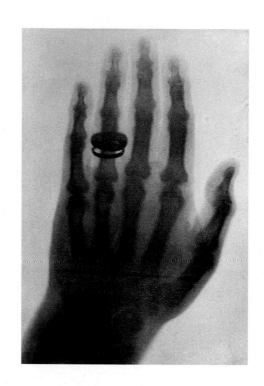

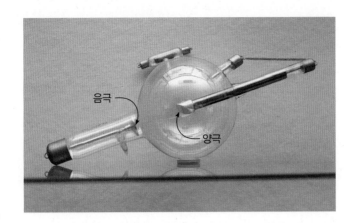

그림 18.11 진단용 X선 장치는 X선
관에 경사진 양극을 써서 X선이 관
의 옆면으로 방출되도록 한다.
James Ballard/McGraw-Hill Education

부러진 뼈나 다른 치밀한 신체 조직의 사진을 찍는 데 X선을 사용하였다. 불행히도 그들은 X선에 반복적으로 노출될 경우 신체에 해가 된다는 사실을 알지 못하였다. 초기의 많은 의사들이 X선의 사용과 관련된 방사능으로 심각한 고통을 겪었던 것은 이러한 연유에서이다.

　뢴트겐은 그가 새로 발견한 복사선이 무엇인지를 알아내기 위해 노력하는 한편, 더욱 확장된 일련의 실험들을 수행하였다. 뢴트겐과 다른 과학자들에 의해 수행된 연구의 결과로 X선은 아주 짧은 파장과 높은 주파수를 가진 전자기파의 일종이라는 것이 밝혀졌다(16.1절과 그림 16.5 참고). X선은 음극선(전자)이 음극선관 표면 또는 양극과 충돌할 경우에 발생한다. 가장 강력한 X선은 금속 양극을 음극선에 45° 각도로 놓고 높은 전압의 전기를 음극선관에 걸어줌으로써 만들 수 있다(그림 18.11).

　X선의 발견은 의학뿐만 아니라 물리학의 발전에도 크게 기여하였다. 이는 X선이 또 다른 종류의 방사선의 발견에 기여하였고, 이 새로운 방사선이야말로 원자 구조의 탐색에 큰 공헌을 하게 되었던 것이다. 자연 방사능(natural radioactivity)이라고 하는 새로운 유형의 방사선은 3가지 종류의 형태를 가진다. 18.3절에서 이 새로운 방사선이 어떻게 원자 내부를 탐색하는 강력한 도구로 사용될 수 있는지를 설명할 것이다.

> 음극선은 진공 상태의 밀폐된 관에서 2개의 전극에 고전압을 걸어줌으로써 만들어진다. 음극선을 이용한 실험에서 음극선이 음전하를 띤 입자(지금은 전자로 알려진)로 구성되었으며, 모두 전하 대 질량비가 동일하다는 사실을 알았다. 이 입자의 질량은 가장 작은 원자의 질량보다 훨씬 작으며, 다른 금속으로 전극을 만들더라도 동일하게 나타난다는 사실을 알았다. 이로써 첫 번째 원자의 구성요소인 전자가 발견되었다. 음극선에 대한 연구는 나아가 X선의 발견을 가능케 하였는데, X선은 매우 짧은 파장의 투과력이 높은 전자기파이다. 이 발견은 결국 자연 방사능과 원자핵의 발견으로 이어졌다.

18.3 방사능과 핵의 발견

지금은 누구나 방사능이라는 말을 들어보았을 것이다. 방사능 하면 아마도 핵발전소, 핵무기, 집과 건물들에 있는 라돈의 존재에 대한 언론매체의 보도를 떠올리며 두려움을 느낄 것이다. 그러나 인류가 지구에 살기 시작한 이후 대부분의 시간 동안 그 존재를 인식조차 하지 못했었다. 방사능은 어떻게 발견되었으며, 어떻게 원자핵의 발견으로 이어졌는가? 20세기 초 이전에는 존재하지 않았던 원자핵물리 분야는 이러한 일련의 역사적 발견들로부터 생겨났다.

방사능은 어떻게 발견되었는가?

프랑스 과학자 앙투안 앙리 베크렐(Antoine-Henri Becquerel, 1852~1908)은 1896년에 자연 방사능을 발견하였다. 그의 실험은 그 이전 해에 이루어진 뢴트겐의 X선 발견에 직접적으로 연유한 것이다. 베크렐은 여러 해 동안 인광물질을 연구해왔으며, 인광물질들은 가시광선 또는 자외선에 노출된 후 어둠 속에서 발광한다. 베크렐이 연구하던 많은 인광물질들은 그 당시 가장 무거운 원소로 알려진 우라늄 화합물이었다.

베크렐은 X선과 같은 투과성이 있는 방사선이 인광 화합물에서도 나오는지를 알고자 했다. 그는 이 화합물들을 햇볕에 잠시 노출시킨 다음 검은 종이로 싸서 빛이 전혀 들어오지 못하도록 한 상태에서 사진 건판 위에 놓는 단순한 실험을 했다. 실험결과 인광물질은 검은 종이로 싸더라도 사진 건판을 감광시킬 수 있다는 것이었다(그림 18.12). 방사선이 검은 종이를 뚫고 들어가 필름을 감광시킨 것이다.

그 자체로도 흥미로운 발견이었지만 그것만이 전부가 아니었다. 베크렐은 계속된 실험에서 검은 종이로 싸더라도 사진 건판을 감광시키는 것은 모든 인광물질에 해당되는 것이 아니라 오직 우라늄(uranium) 또는 토륨(thorium)을 포함하는 인광물질만이 그렇다는 사실을 밝혀냈다. 더욱이 우연에 의한 것이긴 해도 베크렐은 이들 시료들의 경우 먼저 빛에 노출시키지 않았더라도 같은 효과가 나타난다는 사실도 발견했다. 어느 날 베크렐이 그것들을 햇볕에 노출시키기 위한 시료를 준비했다. 그런데 그날따라 해가 구름에 가려져 있는 관계로 그는 시료들을 서랍에 넣어 사진 건판과 함께 보관하였다. 며칠 후 그가 다시 실험을 하기 위하여 건판을 조사하였을 때 그는 건판들이 전혀 빛에 감광되지 않았을 것이라고 예상하였다. 그러나 놀랍게도 그 사진 건판은 우라늄 시료 옆에서 심하게 빛에 감광되어 있었다. 그 사진 건판을 감광시키는 방사선은 인광 현상과는 전혀 무관하여 햇볕에 노출시키는 것이 전혀 필요치 않다는 것이 명백했다.

베크렐은 우라늄 시료가 암흑 상자나 서랍에 몇 주 동안 보관된 후에도 필름을 무한히 감광시킬 수 있다는 사실에 더욱 놀랐다. 인광 효과는 시료를 광원에서 분리시키기만 하면 빠르게(단 몇 분 안) 사라졌다. 그의 우라늄 시료에서 나오는 투과 방사선은 인광 현상과 전혀 상관이 없는 듯했다.

이 방사능은 특별한 조치가 전혀 필요 없이 우라늄이나 토륨을 포함하는 화합물에서 연속

그림 18.12 베크렐이 인광물질 조각을 커버가 덮인 사진 건판 위에 놓았을 때, 현상된 건판에서 시료의 테두리를 볼 수 있었다. 이 사실로 사진 건판이 검은 종이 커버를 뚫고 지나가는 방사선에 의해 감광되었다는 것을 알 수 있다.

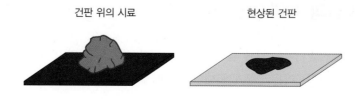

건판 위의 시료   현상된 건판

적으로 나왔기 때문에 베크렐은 이 새로운 방사선을 **자연 방사능**(natural radioactivity)이라고 이름 붙였다. 자연 방사능은 그 당시의 물리학자들을 당혹케 했다. 왜냐하면 이 방사능을 만들어내기 위한 어떠한 명백한 에너지원이 없었기 때문이다. 그것은 어디서 오는 것일까? 이 시료들에 확실히 어떠한 에너지를 주입하지도 않는데 어떻게 계속해서 방사선들을 내보낼까? 이 방사선은 원자들 그 자체의 성질인 것은 아닐까?

방사능에는 한 종류 이상의 방사선이 있는가?

X선의 발견과 자연 방사능의 발견으로 새로운 실험과 이론이 필요하게 되었다. 많은 과학자들이 노력하였지만 그 결실은 마리 퀴리(Marie Curie, 1867~1935)와 피에르 퀴리(Pierre Curie, 1859~1906) 부부, 그리고 뉴질랜드 태생의 젊은 과학자 어니스트 러더퍼드(Ernest Rutherford, 1871~1937)에 의해 맺어졌다. 퀴리 부부는 고된 화학적 실험 방법에 의해 라듐(radium)과 폴로늄(polonium)이라는 훨씬 더 방사능이 강한 원소들을 추출해낼 수 있었다. 이 두 원소는 우라늄과 토륨 원광에도 소량 들어 있었지만 우라늄과 토륨 자체보다 훨씬 더 방사능이 강했다.

러더퍼드는 방사선의 성질에 흥미를 가지게 되었다. 그는 초기의 실험에서 우라늄 시료에서는 적어도 세 종류의 방사선이 방출된다는 사실을 보였다. 우라늄 시료를 구멍이 있는 납덩이 안에 넣어 방사선을 방출시킨 결과 이들이 강력한 자기장을 통과할 때 그림 18.13과 같이 3개의 성분으로 분리되었다.

러더퍼드는 이 세 방사선을 그리스 알파벳 문자인 α(알파), β(베타), γ(감마)라고 지칭하였다. 자기장 속에서 알파선은 왼쪽으로 약간 휘어진다(그림 18.13). 자기력에 대한 오른손 법칙을 적용해보면, 이 방사선이 양전하를 띠었음을 의미한다. 방사선이 휘어지는 것은 그 방향에 사진 건판을 놓거나, 또는 황화아연(zinc-sulfide) 스크린을 사용하여 검출할 수 있는

그림 18.13 우라늄 시료에서 방출된 방사선이 자기장을 통과할 때 3개의 성분으로 분리되는데, α(알파), β(베타), γ(감마)라고 한다.

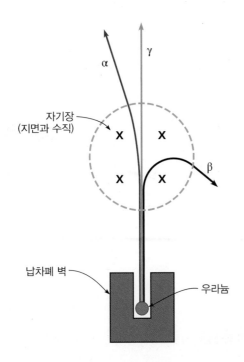

데, 이 스크린에 방사선이 도달하면 불빛이 번쩍이는 것으로 알 수가 있다.

두 번째 성분인 베타선은 알파선보다 훨씬 더 반대방향으로 휘어진다(음전하를 띤 입자의 경우 예상했던 것처럼). 그 후의 더 많은 연구에서 이 베타선은 톰슨에 의해 발견된 전자라는 사실을 알 수 있었다. 세 번째 성분인 감마선은 자기장에 의해 방향을 바꾸지 않았다. 이것은 훨씬 더 짧은 파장을 가진 X선과 유사한 전자기파 중의 하나라는 것이 밝혀졌다.

그러나 러더퍼드와 그의 학생이자 조수였던 로이즈(T. D. Royds)가 행한 실험으로 밝혀지기까지는 알파선이 정확히 무엇인지는 의문으로 남았다. 이 방사선이 자기장에 의해 약간만 휘어졌다는 사실은 β선보다 훨씬 질량이 큰 입자라는 것을 의미한다. 또한 이것은 퀴리 부부에 의해 추출된 라듐에서 방출된 주요 성분이기도 했다.

1908년 러더퍼드와 로이즈는 알파선이 전자가 제거된 헬륨 원자임을 밝혀냈다. 라듐 시료를 다소 큰 용기 안에 밀폐된 매우 얇은 벽의 용기에 두면 라듐 시료에서 방출되는 알파 입자는 얇은 벽의 용기는 투과하지만, 큰 용기는 투과할 수 없었다. 큰 용기 내에 고전압 전극을 두어 축적된 알파 입자 가스에서 전기적인 방전을 일으켰다. 방출되는 빛의 스펙트럼이 헬륨 기체의 방전에서 방출되는 스펙트럼과 같다는 사실을 보여주었다. (원자 스펙트럼에 대한 설명은 18.4절을 참고하라.)

원자의 핵은 어떻게 발견되었는가?

러더퍼드는 알파 입자가 원자 구조를 탐색하는 데 효과적인 수단이 될 것이라는 것을 곧 알아차렸다. 알파 입자는 전자보다 질량과 에너지가 훨씬 크므로, 원자 속까지 투입하는 것이 가능할 것으로 생각하였다. 러더퍼드는 알파 입자 다발을 얇은 금속판에 쏘아서 어떻게 되는지를 알아봄으로써 원자 구조의 특징을 알아내리라 생각했다. 이런 실험을 산란 실험이라 한다.

러더퍼드의 산란 실험의 기본적 개요가 그림 18.14에 나타나 있다. 라듐이나 폴로늄과 같은 알파선을 방출하는 시료를 구멍이 있는 납덩이 안에 넣으면 알파 입자 빔이 방출된다.

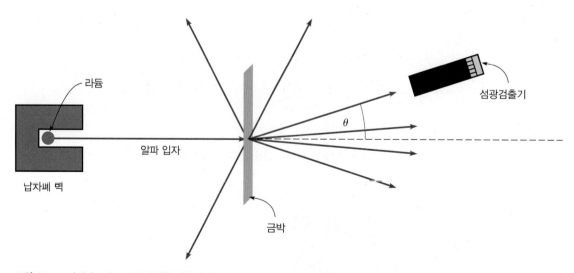

그림 18.14 러더퍼드의 조수들이 행한 실험에서 알파 입자 빔이 얇은 금박으로부터 산란되어 나온다.

이 빛살은 금이나 다른 금속의 얇은 막에 투사된다. 시료에 의해 산란된 알파 입자는 앞쪽에 황화아연으로 칠해진 스크린에 의해 검출되도록 하는데 시료로부터 여러 가지 각도에서 불꽃이 번쩍이는 숫자를 셈으로써 도달하는 알파선의 강도를 측정한다.

이 실험의 초기 결과는 놀랄 만하지도 않고 많은 것을 알 수 있게 할 만한 것도 아니었다. 대부분의 알파 입자들은 금박을 통과하여 곧장 앞으로 나갔다. 몇 개는 큰 각으로 산란되었지만 각이 커짐에 따라 그 수는 급격히 줄어들었다. 이 결과는 그 당시의 원자에 대한 인식과 합치하는 것으로 여겨졌다. 즉 원자의 질량과 원자의 양전하는 원자 내부의 공간 전체에 고르게 분포하는 것으로 생각했던 것이다. 원자 내부에 있는 것으로 알려진 전자는 건포도 푸딩처럼 원자 내부 곳곳에 흩어져 있는 것으로 생각했다. 그러한 분포는 고에너지의 알파 입자의 진행에 영향을 줄 만큼 밀집된 것이 아니다.

그러나 러더퍼드는 확실히 하기 위해 그의 학부 학생 중 한 사람인 어니스트 마스덴(Ernest Marsden)에게 금박에 산란되어 뒤쪽으로 되튀어 나오는 알파 입자가 있는지를 찾아보도록 했다. 며칠을 어두운 실험실에서 가끔 번쩍이는 검측 망원경의 불꽃을 곁눈질하던 마스덴이 몇 개의 알파 입자들이 확실히 훨씬 큰 각으로 산란되었다는 사실을 알렸다. 러더퍼드는 믿으려하지 않았지만 마스덴과 상급 보조 연구원 한스 가이거(Hans Geiger, 1882~1947)가 실제임을 확인했다.

러더퍼드는 알파선이 뒤쪽으로 되튀어 나온다는 것은 마치 화장지에 총을 쐈더니 총알이 뒤로 튕겨져 나오는 상황과 같은 것이라고 말했다. 이러한 결과는 전적으로 예상 밖이었던 것이다. 이 산란 실험을 설명하기 위해 자주 사용하는 비유가 그림 18.15에 나타나 있다. 우리가 선물상자를 열지 않고 크리스마스 선물이 무엇인지를 알아보려고 한다고 해보자. 우리는 상자를 들고 흔들어서 무게가 얼마고 성질은 무엇인지를 대략 알 수 있다. 또 다른 훨씬 파괴적인 방법은 상자에 총을 쏴서 뚫고 나오는 총알이 어떻게 되는지를 알아보는 것이다 (그림 18.15). 이것이 러더퍼드와 그의 조수들이 행한 실험과 유사한 산란 실험이다.

상자가 별로 무겁지 않다는 것을 미리 알고 있다면 총알이 단 몇 개라도 바로 뒤로 튕겨

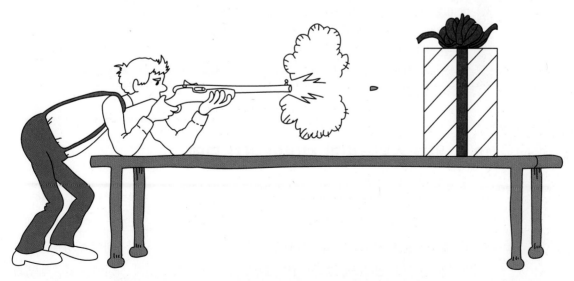

그림 18.15 크리스마스 선물의 내용물은 총을 쏴서 총알들이 어떻게 흩어지는지를 봄으로써 알 수 있다.

나온다면 놀랄 만한 일일 것이다. 상자 어딘가에 매우 작지만 운동량이 큰 총알의 방향을 뒤쪽으로 바꾸어 놓을 만큼 질량이 큰 어떤 것이 들어 있음이 틀림없다. 왜냐하면 상자가 무겁지 않다면 많은 총알들은 곧바로 뚫고 나갈 것이므로, 큰 각으로 산란되게 하는 어떤 물체는 반드시 작아야만 하기 때문이다. 가볍지만 단단한 상자에 들어 있는 작은 강철 공이 그럴 수 있을 것이다.

마찬가지 원리가 원자에도 적용된다. 대부분의 알파 입자가 곧바로 뚫고 지나가고 불과 몇 개만이 큰 각으로 산란되었다면 원자 내부에 매우 큰 운동량으로 운동하는 알파 입자의 방향을 바꿀 정도로 밀도가 크지만 크기는 매우 작은 물체가 중심부에 있어야 하는 것이다. 산란 실험을 양적으로 설명하기 위해서 러더퍼드는 이 고밀도의 중심 물체는 매우 작아야 한다고 추정했다. 이 시기에 원자는 지름이 약 10^{-10} m라고 알려져 있었다. 결과 자료를 설명하기 위해서는 중심의 매우 고밀도인 작은 물체의 지름은 원자 지름의 약 천 분의 일 정도여야만 했다.

이 산란 실험의 분석 결과로 원자에 **핵**(nucleus)이 있다는 사실이 발견된 것이다. 원자의 핵은 원자의 대부분의 질량과 양전하의 대부분을 차지하는 매우 고밀도의 원자 중심이라고 짐작할 수 있었다. (전자는 음으로 대전되어 있고 원자는 전기적으로 중성이기 때문에, 이 핵은 양으로 대전되어 있어야 했다. 이것은 양으로 대전된 알파 입자가 핵에 의해 뒤로 튕겨 나오는 산란 결과와 일치했다.) 원자의 나머지 부분은 이 핵을 중심으로 어떤 식으로든 분포된 전자로 이루어졌다. 전자는 원자의 크기 대부분을 차지하지만, 질량은 매우 작은 부분을 차지한다. 비교를 위하여 원자를 축구 경기장 크기(약 100 m)로 확대해보자. 그러면 핵은 대략 축구장 한가운데쯤에 있는 완두콩만한 크기가 된다.

가이거와 마스덴이 행한 알파 입자 산란 실험에 대한 러더퍼드의 분석은 1911년에 발표되었다. 대부분의 질량과 모든 양전하를 가진 극미의 핵이 원자 안에 있다는 견해로 인해 원자에 대한 근본적으로 새로운 모델이 가능해졌다.

베크렐은 우라늄이나 토륨을 함유하는 인광물질에서 방출되는 투과력이 큰 방사능을 발견하였으며, 이를 자연 방사능이라고 명명하였다. 러더퍼드는 이 방사능이 알파 입자(헬륨 이온), 베타 입자(전자)와 감마 입자(단파장의 X선) 등 세 성분으로 이루어져 있음을 보여주었다. 알파 입자를 도구로 사용한 산란 실험에서 러더퍼드와 그의 조수들은 원자에는 핵이라 부르는 아주 작은 질량 중심이 있다는 사실을 알아냈다. 이로써 최초의 성공적인 원자 모델을 위한 무대가 놓여졌다.

18.4 원자 스펙트럼과 보어의 원자 모델

원자가 양전하를 띤 핵과 음전하를 띤 전자로 구성되어 있고 또 전자가 이 핵의 주위에 놓여 있다면, 이들이 태양계의 모습과 유사할 것으로 생각되는 것은 당연할 것이다. 태양계에서 태양과 행성들 사이에는 거리의 제곱에 반비례하는($1/r^2$) 중력이 작용하여 행성들은 각각 안정된 궤도를 돌고 있다(5장 참고). 원자에서도 양전하인 핵과 전자 사이에는 쿨롱의 법칙에 의해서 거리의 제곱에 반비례하는 전기적인 힘이 작용하고 있다. 원자가 태양계의 축소판일지 모른다고 생각할 수 있다.

그러한 생각이 흥미로운 것이기는 하나 약간의 문제가 있다. 궤도를 회전하는 전자는 그 가속도 운동으로 마치 안테나와 같이 사방으로 전자기파를 방출하고 에너지를 잃게 된다. 그러면 전자는 에너지를 잃어버리며 나선 궤도를 따라 점차 핵에 접근하여 원자가 붕괴하기 때문이다. 물리학자들은 실제로 원자가 빛의 형태로 전자기파를 방출한다는 사실을 알고 있었다. 가장 작은 원자인 수소가 방출하는 전자기파는 형태의 단순성으로 인하여 대단한 흥미를 끌었다.

닐스 보어(Niels Bohr, 1885~1962)는 핵이 발견될 당시 러더퍼드와 함께 연구를 하고 있었다. 보어의 원자 모델은 위와 같은 문제들에 대한 해답을 제시했고 수소가 방출하는 빛의 파장(스펙트럼)에 대한 설명을 제시했다. 1913년에 보어가 원자 모델을 발표함으로써 원자 구조에 대한 실질적이고도 집중적 연구가 이루어진 흥미로운 시기가 시작되었다.

수소 스펙트럼의 성질은 무엇인가?

여러 가지 시료로부터 방출되는 빛에 관한 연구는 보어의 연구가 발표되기 50년 전부터 이루어졌다. 어떤 시료를 분젠 버너(Bunsen burner, 화학 실험용 가스버너)의 불꽃으로 가열할 때 방출되는 빛을 프리즘으로 분광해보면 각 시료는 고유의 색 또는 파장을 가지고 있다. 이러한 고유의 파장들이 그 시료의 **원자 스펙트럼**(atomic spectrum)이다.

기체의 경우 이러한 스펙트럼을 만들어내는 가장 간편한 방법이 기체-방전관을 활용하는 것이다. (18.2절에서 음극선에 대해 논의하면서 이러한 현상을 접했다.) 기체를 담고 있는 밀폐된 유리관의 전극에 높은 전압을 걸면 색깔 있는 방전이 일어난다(그림 18.16). 형광등의

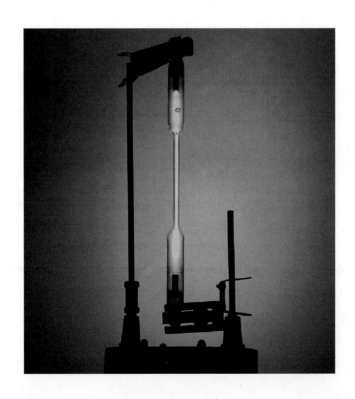

그림 18.16 기체-방전관의 전극에 높은 전압을 걸면, 다양한 색깔의 발광이 일어난다. 이 색깔들은 방전관 속 기체의 고유한 색이다.
Richard Megna/Fundamental Photographs, NYC

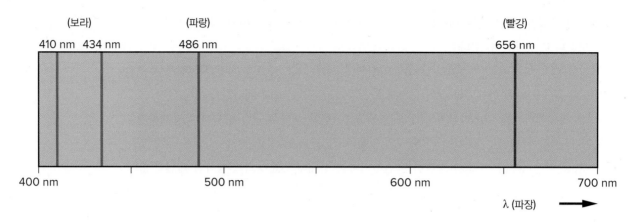

그림 18.17 수소 기체의 방전 스펙트럼은 가시광선 영역에 4개의 선이 나타난다. 그 4가지는 빨간색 선, 파란색 선, 그리고 2개의 보라색 선이다.

밝은 빛은 바로 이러한 현상을 이용한 것이다. 물론 실제 형광등은 불빛을 고르게 하기 위해 형광물질을 유리 표면에 바른 것이다.

기체 방전으로 인하여 나오는 빛을 프리즘이나 회절격자를 통해 분광해보면 그 스펙트럼은 특정 파장의 밝은 선이 불연속으로 나타난다는 사실을 알 수 있다. (16.4절에서 논의한 바와 같이, 빛을 파장에 따라 분광하기 위해서는 회절격자를 사용한다는 것을 배웠다.) 광원 자체가 그림 18.16처럼 가늘고 길거나, 빛이 가는 슬릿을 통해 들어가면 각각의 파장이 색깔 있는 선으로 나타난다. 각 기체는 고유의 스펙트럼을 가지고 있으므로 스펙트럼을 분석해보면 그것이 어떤 원소에서 나오는 것인지를 알 수 있다.

수소의 스펙트럼은 매우 간단한다. 그림 18.17처럼 가시광선 영역의 파장은 빨간 선, 파란 선, 그리고 2개의 보라 선, 즉 4개뿐이다. 그 중 하나인 410 nm 보라색 선은 눈으로 보기가 어려운 선이다(그림 16.8 참고). 1884년 스위스 교사 발머(J. J. Balmer, 1825~1898)가 이 4개의 선의 파장들이 간단한 공식에 의해 계산될 수 있다는 사실을 알아냈다. 발머의 공식은 이론적으로 도출된 공식이 아니라 관측된 선들의 파장을 계산하기 위한 단순한 산술 계산식이었다. 자외선 영역 근처에서 또 다른 스펙트럼선이 발견되었을 때도 발머의 공식에 정확히 맞아 떨어졌다.

얼마 후 수소에 대한 다른 계열의 스펙트럼선들이 적외선 영역과 자외선 영역에서 발견되었다. 이 모든 선들은 1908년 뤼드베리(Rydberg)와 리츠(Ritz)가 발머의 공식을 일반화하여 발표했을 때 예측되었던 것들이다. 이 공식은 다음과 같이 표현된다.

$$\frac{1}{\lambda} = R\left(\frac{1}{n^2} - \frac{1}{m^2}\right)$$

여기서 n과 m은 모두 정수이고, R은 **뤼드베리 상수**(Rydberg constant)로 $R = 1.097 \times 10^7$ m^{-1} 이다.

n이 2이면, 가시광선 영역과 자외선 영역 근처에 놓인 선들을 얻는다. $n = 1$인 경우, 가시광선보다 더 짧은 파장의 자외선 영역의 선들을 얻는다. 또 $n = 3$ 또는 4인 경우, 가시광선보다 더 긴 파장의 적외선 영역의 선들을 얻는다(예제 18.2 참고). 정수 m은 항상 주어진 계열의 n값보다 크다. 발머 계열에서는 $n = 2$이고 m은 3, 4, 5, …이다. 각각 다른 m은 한 계

예제 18.2 ▸ 뤼드베리 공식의 응용

수소 스펙트럼에서 $m = 6$, $n = 3$에 해당하는 적외선의 파장은 얼마인가? 뤼드베리의 공식을 이용하라.

$$R = 1.097 \times 10^7 \text{ m}^{-1}$$

$m = 6$
$n = 3$
$\lambda = ?$

$$\frac{1}{\lambda} = R\left(\frac{1}{n^2} - \frac{1}{m^2}\right)$$

$$= 1.097 \times 10^7 \text{ m}^{-1}\left(\frac{1}{3^2} - \frac{1}{6^2}\right)$$

$$= 1.097 \times 10^7 \text{ m}^{-1}\left(\frac{1}{9} - \frac{1}{36}\right)$$

$$= 1.097 \times 10^7 \text{ m}^{-1}(0.0833)$$

$$\frac{1}{\lambda} = 9.14 \times 10^5 \text{ m}^{-1}$$

$$\lambda = \frac{1}{9.14 \times 10^5 \text{ m}^{-1}} = \mathbf{10.94 \times 10^{-7} \text{ m}}$$

이 결과는 16장에서 다루었듯이, 파장이 7.5×10^{-7} m보다 크기 때문에 적외선 영역에 해당된다. 뤼드베리 공식의 m은 정수이며, 역 미터인 m^{-1} 단위와는 관련 없다.

열에서 다른 선들에 해당한다.

뤼드베리와 리츠가 발전시킨 공식으로 수소 스펙트럼의 규칙성을 발견한 후 이를 설명할 수 있는 원자 구조에 대한 이론이 더욱 절실해졌다. 톰슨은 그의 건포도 푸딩 모델에서 이 규칙성을 설명하고자 했지만 실패하였다. 러더포드가 제시한 새로운 원자관에 대한 연구를 진행하고 있던 보어는 이 문제에 대한 신선한 접근법을 택했다.

빛에너지와 양자화

보어의 모델에는 핵의 존재와 수소 스펙트럼의 규칙성과 더불어 또 하나의 아주 새로운 개념의 도입이 필요하였다. 이는 바로 막스 플랑크(Max Planck, 1858~1947)가 1900년에 가설로서 도입한 것으로 알베르트 아인슈타인(Albert Einstein, 1879~1955)이 강화한 개념이다. 이 역시 빛의 스펙트럼에 관한 연구와 관계가 있는 개념이지만, 이 경우는 가열된 **흑체**(blackbody)가 방출하는 스펙트럼에 대한 것이다.

흑체란 고온으로 가열할 수 있는 속이 빈 금속이나 질그릇이라고 생각하면 된다(그림 18.18). 흑체는 실온에서는 검게 보인다. 흑체가 방출하는 스펙트럼은 온도에 따라 달라지시만 흑체를 둘러싸는 재질이 무엇인지는 전혀 관계가 없다. 그 스펙트럼은 연속적이지만(불연속선들이 없다), 또 방출되는 빛의 평균 파장은 온도가 올라감에 따라 점점 짧아진다. 고온에서는 파장이 충분히 짧아져 눈에 보일 수 있다. 구멍은 처음에는 '빨간색'으로 보이고, 더 높은 온도에서는 '흰색'으로 보여 가시 스펙트럼의 중간 근처에 있음을 의미한다.

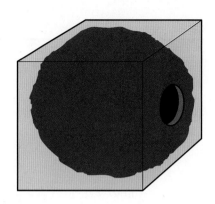

플랑크와 여러 이론 물리학자들은 가열된 흑체가 방출하는 파장의 분포를 설명하고자 노력하였다. 결국 플랑크는 흑체의 온도에 따른 파장 분포의 공식을 만드는 데 성공하였다. 그러나 플랑크는 그의 공식에 대한 이론적 해석에서 혁명적인 새로운 가설을 도입하지 않을 수 없었는데, 그 가설이란 빛이 연속적으로 값을 취하는 에너지가 아닌 불연속적인 덩어리로만 흑체의 표면으로부터 방출하거나 흡수하는 것이 가능하다는 것이다. 그 덩어리를 **양자**(quanta)라 부르는데 양자의 에너지는 주파수 또는 파장의 함수이다.

좀 더 상세히 설명하면, 어떤 주파수에 대해 허용된 에너지는 오직 다음 공식에 표현된 에너지의 정수배라는 것이다.

$$E = hf$$

여기서 f는 주파수이고, h는 **플랑크 상수**(Planck's constant)라고 불리는 상수이다. 이 상수의 값은 극히 작은 값인데, 미터법으로

$$h = 6.626 \times 10^{-34} \text{ J} \cdot \text{s}$$

이다. 플랑크의 이론에 따르면 특정 주파수 f에 대하여 hf, $2hf$, $3hf$ 등의 값을 갖는 에너지만이 방출될 뿐 그 사이의 값들은 허용되지 않는다.

이러한 이론은 다른 과학자들뿐 아니라 플랑크 자신도 혼란스럽게 했다. 그 이전에는 광파, 즉 전자기파가 연속적인 에너지 값을 가질 수 없다고 생각할 만한 아무런 이유도 없었기 때문이다. **양자화**(quantized)된다는 말은 불연속적인 에너지 덩어리 값만 취하게 되는 것을 말하는데, 이러한 이론은 1905년 당시에 정말로 혁명적인 생각이 아닐 수 없었다. 1905년 아인슈타인은 빛에너지의 양자화라는 개념을 사용하여 또 다른 많은 현상을 설명할 수 있다는 사실을 논증했다. 이리하여 $E = hf$의 에너지를 갖는 빛의 덩어리(오늘날 **광양자**(photon)라 부르는 빛의 입자)에 대한 개념은 보어가 새로운 원자 모델을 개발할 당시부터 사용하게 되었다.

보어 모델의 특징은 무엇인가?

보어의 업적은 핵의 발견, 전자에 대한 지식, 수소 스펙트럼의 규칙성, 플랑크와 아인슈타인의 새로운 양자 개념 등을 종합하여 원자의 새로운 모델을 만든 것이다. 그는 앞에서 언급했

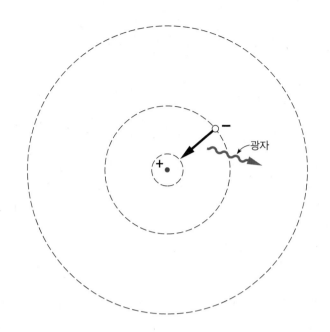

던 핵 주위를 전자가 궤도 운동을 하는 작은 태양계 모델에서 출발하였다. 여기서 정전기력은 필요한 구심 가속도를 제공한다.

보어의 첫걸음은 고전물리학에서 출발했다. 그는 고전물리학의 예상대로 궤도 운동하는 전자가 전자기파를 방출하지 않고 안정된 궤도 운동을 할 수 있다는 것을 가정했다. 원자로부터 방출되는 빛은 전자가 하나의 안정된 궤도에서 또 다른 안정된 궤도로 옮겨갈 때 방출된다고 가정했다(그림 18.19). 빛의 양자 에너지 또는 광양자의 에너지는 플랑크와 아인슈타인의 주장대로 $E = hf$의 공식에 의해 두 안정한 (또는 거의 안정한) 궤도의 에너지의 차이 값을 방출하기 때문이다. 수식으로 표현하면

$$E = hf = E_{\text{initial}} - E_{\text{final}}$$

인데, E_{initial}은 초기 궤도에서의 전자의 에너지이고, E_{final}은 나중 궤도에서의 전자의 에너지이다. 이 에너지는 뉴턴 역학으로 특정 궤도의 반지름을 이용하여 계산할 수 있다.

이 에너지 차이는 방출된 광자의 주파수 또는 파장을 계산하는 데 사용될 수 있다. 수소 스펙트럼선에 대한 뤼드베리-리츠의 공식의 결과와 비교하면 안정된 궤도의 에너지는 정수의 제곱으로 나눈 상수값으로 표현된다는 것을 나타낸다. 즉 $E = E_0/n^2$이다. 이 관계식은 바로 안정된 궤도가 될 조건에 해당되는 것인데, 이를 각운동량 L에 대한 조건으로 고치면,

$$L = n\left(\frac{h}{2\pi}\right)$$

가 되어야 한다는 것이다. 여기서 n은 정수이고, h는 플랑크 상수이다.

보어 모델의 핵심을 정리하면 다음과 같다.

1. 전자는 각운동량이 $L = n(h/2\pi)$라는 조건을 만족할 때 특정한 준안정적 궤도를 가지고 핵의 둘레를 운동한다.
2. 빛은 전자가 높은 에너지 궤도에서 낮은 에너지 궤도로 옮겨갈 때 방출된다.

그림 18.20 수소 원자에 대한 에너지 준위 도표에서는 여러 궤도에 대한 에너지 값을 볼 수 있다. 발머 계열의 파란 선은 그림에서 전자가 화살표대로 옮겨갈 때의 에너지 차이 값이다.

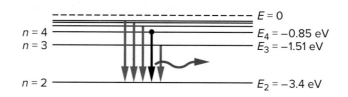

$$E = 0$$
$$n = 4 \qquad\qquad E_4 = -0.85 \text{ eV}$$
$$n = 3 \qquad\qquad E_3 = -1.51 \text{ eV}$$
$$n = 2 \qquad\qquad E_2 = -3.4 \text{ eV}$$
$$n = 1 \qquad\qquad E_1 = -13.6 \text{ eV}$$

3. 방출된 빛의 주파수와 파장은 이 두 궤도의 에너지 차이로부터 계산된다. 그것이 수소 스펙트럼이다.

그림 18.20은 보어의 수소 원자 모델의 에너지 준위를 나타낸다. 예제 18.3은 수소 스펙트럼에서 발머 계열의 한 선의 파장을 계산하기 위해 이 값을 사용한다. 이 그림과 예제 18.3의 에너지 단위로는 줄이 아니라 **전자볼트**(electron volt)를 사용했다. 전자볼트(eV)는 전자 하나가 1볼트의 전위차에 의해 가속되었을 때 얻어지는 에너지인데, $1 \text{ eV} = 1.6 \times 10^{-19} \text{ J}$ 이다. 그림 18.20에 있는 에너지 준위는 바닥 에너지(-13.6 eV)를 n^2으로 나누면 얻어지는데, 보어 모델에서 예측한 대로다. 에너지 값은 모두 음수 값을 가지며, n값이 커질수록 0이 된다.

보어 모델의 가장 주목할 만한 성공은 전자의 질량, 전자의 전하량, 플랑크 상수, 그리고 빛의 속도 등으로부터 뤼드베리 상수의 값을 예측할 수 있었다는 것이다. 보어의 이론은 물리학계에 즉각적이고 선풍적인 논란을 불러왔다. 그 이론의 도입으로 이론 물리학자, 실험 물리학자들 모두의 열정적인 연구 활동이 시작되었다. 대부분의 실험은 여러 가지 원소의 스펙트럼을 더욱 정확하게 측정하는 것이었고, 이론 물리학자들의 연구는 보어 모델을 수소 원자 이외의 원자에 확장 적용하여 원소의 주기율표를 이해하고자 하는 것이었다.

보어 모델은 성공적이었지만 많은 미해결 과제가 있었다. 가장 어려운 문제는 왜 보어 조건에 맞는 궤도만이 허용되고 다른 궤도는 허용되지 않는가 하는 문제였다. 수소 원자 이외의 다른 원소들에 대해서까지 모델을 확장하고자 하는 노력은 부분적인 성공밖에는 거두지 못했다. 오늘날의 물리학자들은 보어 모델이 상세한 부분에서는 부정확한 부분이 많다는 것을 인식하고 있다. 보어 모델의 역사적 의미는 원자에 대한 현대 이론에 대한 길을 열었다는 것이다.

수소 스펙트럼은 단순하고 규칙적인데 이들의 파장은 뤼드베리의 공식으로 정확히 설명할 수 있다. 보어는 이 결과와 러더퍼드의 핵 발견, 그리고 플랑크-아인슈타인의 빛에너지 양자화 조건을 이용하여 수소의 원자 모델을 전개했다. 보어는 핵 주위를 도는 전자에는 몇 개의 안정적인 궤도가 있다고 추론했다. 원자에서 방출되는 빛은 고에너지 궤도에 있던 전자가 저에너지 궤도로 옮겨갈 때 방출된다. 그의 모델은 수소 스펙트럼의 파장을 정확히 설명했고 기본 상수들을 조합하여 뤼드베리 상수의 값을 예측했다.

예제 18.3 ▶ 수소 원자의 에너지 준위

그림 18.20의 에너지 값을 이용하여, 보어의 수소 원자 모델에서 $n = 4$인 에너지 준위에서 $n = 2$인 에너지 준위로 전이했을 때 방출되는 광자의 파장을 계산하시오.

$$E_2 = -3.4 \text{ eV}$$
$$E_4 = -0.85 \text{ eV}$$
$$\lambda = ?$$

에너지 차이는
$$\Delta E = E_4 - E_2$$
$$= -0.85 \text{ eV} - (-3.4 \text{ eV})$$
$$= 2.55 \text{ eV}$$

$h = 6.626 \times 10^{-34} \text{ J} \cdot \text{s} = 4.14 \times 10^{-15} \text{ eV} \cdot \text{s}$를 쓰면, 방출된 광자의 주파수는

$$E = hf$$

$$f = \frac{E}{h} = \frac{2.55 \text{ eV}}{4.14 \times 10^{-15} \text{ eV} \cdot \text{s}}$$

$$= 6.16 \times 10^{14} \text{ Hz}$$

$v = c = f\lambda$를 이용하면, 방출된 광자의 파장은

$$\lambda = \frac{c}{f} = \frac{3 \times 10^8 \text{ m/s}}{6.16 \times 10^{14} \text{ Hz}}$$

$$= 4.87 \times 10^{-7} \text{ m} = \textbf{487 nm}$$

그림 18.17에서 볼 수 있듯이, 이것이 수소 스펙트럼에서 발머 계열의 파란 선이다.

18.5 물질파와 양자역학

보어 모델 이후의 미해결 문제에 대한 관심으로 인해 많은 젊은 물리학자들이 원자 물리의 영역에서 활발한 연구에 몰두하였다. 왜 특정한 조건을 만족하는 궤도에서만 안정된 전자의 운동이 허용되는가에 대한 해답을 포함한 더욱 포괄적인 새로운 이론이 절실했다. 이러한 요구는 1925년 발달된 양자역학에 의해서 충족되었다. 양자역학은 실제로는 구조와 결론에서 동일하지만 서로 다른 접근법을 취한 2가지 이론 체계가 있다.

　보편적으로 설명되는 접근법은 루이 드브로이(Louis de Broglie, 1892~1987)와 에르빈 슈뢰딩거(Erwin Schrödinger, 1887~1961)의 연구이다. 드브로이는 간단하지만 보다 근원

적인 의문을 제기함으로써 불을 당겼다. 빛이 때때로 입자처럼 움직인다면(플랑크와 아인슈타인이 주장한 바와 같이), 입자들도 때로는 파동처럼 움직일 수 있지 않은가? 이 물음에 의해 근원적인 물리 원리에 대한 우리의 이해가 혁명적 변화를 일으켰다.

드브로이 파란 무엇인가?

드브로이가 제기한 문제는 플랑크와 아인슈타인이 도입한 광자 개념에 연유한 것이다. 1865년 맥스웰은 빛이 전자기파로 묘사될 수 있다는 사실을 밝혔다. 한편 빛은 때로 특정한 작은 공간을 차지하는 광자라는 입자로서 불연속적인 에너지 다발로 이루어진 듯 움직인다. 빛과 전자의 상호작용에 대한 실험들은 빛을 입자로 생각함으로써 간단히 설명할 수 있다.

아인슈타인이 선도적으로 빛의 이러한 성질을 지적해냈다. 1905년의 논문에서 그는 빛의 입자성과 관련된 몇 가지 현상에 대하여 설명했는데, 그 중 하나가 광전효과이다. 광전효과란 진공관의 전극에 빛을 쏘이면 진공관에 전류가 흐르는 현상이다. 광전효과는 사람이 지나가며 빛을 차단하면 자동으로 문이 열리는 전자 센서와 같은 도구에 사용된다.

아인슈타인은 플랑크의 이론에서 제시된 바와 같이 $E = hf$라는 에너지를 갖는 광양자 하나가 전극을 때려 하나의 전자가 튀어나오게 한다고 가정함으로써 광전효과를 설명할 수 있다는 것을 증명했다. 이 간단한 모델로 광전효과와 진동수의 관계만이 아니라 다른 특성들도 예측할 수 있었다. 기타 효과들도 광자의 에너지는 $E = hf$, 운동량은 $p = h/\lambda$라고 하면 설명이 가능하다.

이러한 직관은 단순한 것임에도 입자와 파동은 매우 다른 각각의 현상이라는 선입관 때문에 물리학자들은 받아들이려 하지 않았다. 이해하기 어려웠던 점은 어떻게 빛이 때로는 파동과 같이 움직이고 때로는 입자처럼 움직일 수 있는가 하는 것이었다. 이론상의 파동은 전 공간에 무한히 분포하는 것이고 입자는 공간의 한 점에 위치하는 것이다(그림 18.21). 실제로 파동은 언제나 길이는 유한하고 입자는 일정한 크기의 부피를 갖지만, 개념은 여전히 상당히 다르다.

드브로이는 그동안 입자로만 생각했던 전자 등이 때로는 파동처럼 움직일 수 있을 것이라고 주장하였다. 구체적으로 광자의 에너지와 운동량을 묘사하기 위해 사용한 관계식을 이용하여 입자의 주파수와 파장을 알 수 있다는 것이다. 에너지 관계식으로부터 입자의 주파수 $f = E/h$를 알 수 있다. 광자의 운동량을 묘사하는 식 $p = h/\lambda$를 변형하여 **드브로이 파장**

$$\lambda = \frac{h}{p}$$

를 구할 수 있다. 여기서 p는 운동량이고, h는 플랑크 상수이다. 예제 18.4에서는 야구공의

그림 18.21 이상적인 파동은 무한 대까지 펼쳐진다. 한편 이상적인 입자는 부피가 전혀 없는 공간상의 한 점일 뿐이다.

파동

입자

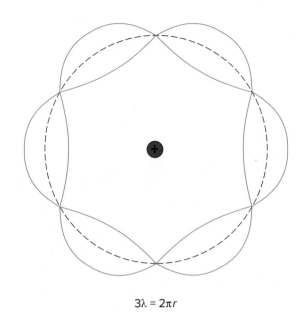

$3\lambda = 2\pi r$

극히 작은 드브로이 파장을 계산한다. 전자의 에너지와 운동량을 안다면, 이 관계식으로부터 주파수와 파장을 계산할 수 있다.

드브로이가 놀라운 결과까지 얻어내지 못했다면 그의 제안은 그리 주목을 받지 못했을 것이다. 전자를 파동처럼 수소 원자의 핵 주위를 움직이는 존재로 생각함으로써, 그는 보어의 원자 모델에서의 전자의 준안정적 궤도에 대한 조건을 설명할 수 있었다. 그림 18.22와 같이 그는 전자의 파동이 정상파이고, 원형 궤도를 감싼다고 생각했다.

원형의 정상파가 되기 위해서는 원둘레가 파장의 정수배와 같은 값만으로 제한된다. 전자에 대한 드브로이 파장을 이용하여 그는 각운동량 $L = n(h/2\pi)$으로 허용된 보어의 조건을 유도할 수 있었다. 다시 말해 입자가 파동과 같은 성질을 가졌다는 것을 가정하고 입자의 정상파가 원형 궤도를 감싼다고 설명함으로써 드브로이는 왜 특정 궤도만이 안정적인가를 설명할 수 있었다. 그는 보어의 이론에서 가장 근본적인 문제를 해결한 것이다.

원형 궤도상의 정상파라는 드브로이의 서술을 글자 그대로 이해해서는 안 된다. 사실상 보어 모델이나 정상파를 이용한 계산 모두 수소 원자의 여러 가지 안정적 궤도의 각운동량에 대해서 틀린 값을 계산해낸 것이다. 근본적으로 원형 궤도는 2차원적이고 수소 원자 자체는 3차원적이란 사실 때문이다. 우리는 정상파의 성질을 이해하기 위한 보다 엄밀한 분석이 필요하다.

입자가 파동의 성질을 가졌다는 견해가 곧바로 실험에 의해서도 제기되었다. X선은 전자기파인데 결정격자에 의해 회절되고, 회절된 파동은 그 결정 고유의 간섭 무늬를 나타낸다. 많은 연구자들이 곧이어 전자빔 역시도 회절된다는 것을 보였다. 그 때의 간섭 무늬는 같은 결정에 대한 X선의 회절에 의해 얻어진 것과 일치했다. 그리고 이 무늬를 제공하는 데 필요한 파장의 길이는 정확히 드브로이의 관계식 $\lambda = h/p$에 의해 예측된 것과 일치한다.

예제 18.4 ▸ 야구공의 파장은 얼마인가?

질량 145 g, 80 mph의 속도로 날아가고 있는 야구공의 드브로이 파장은 얼마인가?

$$m = 145 \text{ g} = 0.145 \text{ kg}$$

$$p = mv$$

$$v = 80 \text{ mph} = 35.7 \text{ m/s}$$

$$\lambda = \frac{h}{p}$$

$$h = 6.626 \times 10^{-34} \text{ Js}$$

$$\lambda = ?$$

$$\lambda = \frac{h}{mv}$$

$$\lambda = \frac{6.626 \times 10^{-34} \text{ Js}}{(0.145 \text{ kg})(35.7 \text{ m/s})}$$

$$\lambda = \frac{6.626 \times 10^{-34} \text{ Nms}}{5.17 \text{ kgm/s}}$$

$$\lambda = \frac{6.626 \times 10^{-34} \text{ Nms}}{5.17 \text{ Ns}}$$

$$\boldsymbol{\lambda = 1.28 \times 10^{-34} \text{ m}}$$

야구공의 파장은 극히 짧다. 최첨단 과학기술로도 우리 주변의 물체들의 파동적 성질을 관찰할 수 없는 이유가 바로 여기에 있다.

양자역학과 보어 모델은 어떻게 다른가?

에르빈 슈뢰딩거는 많은 시간을 투자하여 2차원과 3차원의 정상파에 관한 수학을 연구했다. 그는 원자에서의 전자의 정상파에 대한 내밀한 의미를 연구할 충분한 준비가 되어 있었던 것이다. 드브로이의 발표가 있은 다음 해, 슈뢰딩거는 핵 주위를 도는 전자의 정상파에 대한 3차원적 파동에 관한 이론을 전개했다.

그로부터 5년 동안 각각 다른 접근법으로 같은 문제를 연구하던 슈뢰딩거와 다른 과학자들이 오늘날 **양자역학**(quantum mechanics)이라 알려진 이론의 세부적 내용을 완성했다. 이 새로운 이론을 통해 보어 모델보다 한층 더 완전하고 만족스럽게 수소 원자에 대해 이해할 수 있었다. 양자역학은 보어 모델과 동일한 수소 원자의 1차 에너지 준위를 예측했지만, 현재 보어 모델의 몇 가지 다른 특징들은 잘못되었다는 것을 알고 있다.

양자역학에서는 궤도가 더 이상 보어 모델과 같은 단순한 곡선이 아니다. 오히려 핵을 중심으로 하는 3차원적인 확률 분포이다. 이 분포는 전자를 정상파로 취급하는 것에 관계되고, 핵을 중심으로 하여 특정 방향과 거리에서 전자를 발견할 확률을 나타낸다. 수소 원자의 바닥상태와 2개의 들뜬상태에 대한 확률 분포는 그림 18.23에 나타나 있다. 어둡고 밀집되어 나타난 부분이 전자가 발견될 확률이 가장 큰 부분이다. 각 준안정적 궤도에 대한 핵으로부터의 전자까지 평균 거리는 보어 모델에서 얻어진 궤도 반지름과 일치한다.

하이젠베르크의 불확정성 원리란 무엇인가?

확정된 궤도가 아닌 확률 분포를 이용하는 것이 양자역학의 근본적이고 불가결한 특성이다.

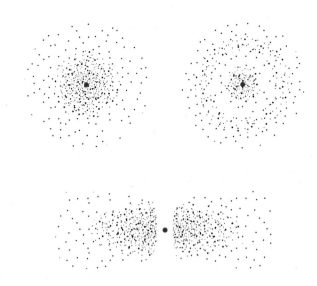

그림 18.23 수소 원자의 바닥상태 (왼쪽 상단)와 2개의 들뜬상태에 대한 확률 밀도 도표. 여기서 확률은 핵에서 떨어진 각 점에서 전자를 발견할 확률을 말한다.

전자나 다른 입자들과 관련된 파동을 이용하여 모든 위치에서 전자를 발견할 확률을 알아낼 수 있지만 전자가 정확히 어디에 있는지에 대해서는 알 수 없다. 마찬가지로 전자기파를 이용해 모든 위치에서 광자를 발견할 확률을 알 수 있다. 파동성이 지배적인 상황에서는 입자의 위치에 대한 정확한 정보가 상실된다.

　입자의 위치에 대해 아는 데에 대한 이러한 제약이 베르너 하이젠베르크(Werner Heisenberg, 1901~1976)가 도입한 유명한 **하이젠베르크의 불확정성 원리**(Heisenberg uncertainty principle) 에 잘 요약되어 있다. 이 원리에 따르면 위치와 운동량에 대해 높은 정밀성으로 동시에 아는 것이 불가능하다. 그 중 하나를 얼마나 정밀하게 측정했느냐에 따라 다른 하나의 불확실성이 정해진다. 수식으로 그 한계는 다음과 같다.

$$\Delta p \Delta x \geq \frac{h}{2\pi}$$

여기서 h는 플랑크 상수, Δp는 운동량의 불확실성, Δx는 위치의 불확실성이다. 위치의 불확실성이 적으면 운동량의 불확실성은 커지고 그 역도 성립한다.

　운동량 p는 드브로이의 관계식 $\lambda = h/p$에 의해 입자의 파장과 관계되므로, 불확실성의 원리에 의하면 파장을 정확히 알면 입자의 위치를 정확히 알 수 없으며, 그 역 또한 성립한다. 위치를 정확히 알면 파장을 정확히 알 수 없다. 어떤 실험에서는 광자 또는 전자의 위치와 같이 그 입자성에 대한 측정 결과를 얻을 수 있지만, 어떤 실험에서는 파동성에 대한 측정 결과만을 얻는다.

　하이젠베르크의 불확정성 원리는 실험상의 한계라고 생각하기보다는 측정할 수 있는 물리량에 대한 근본적인 제약이다. 그 제약이 파동에서는 불기피한 특성이라는 사실은 이미 알려져 있었던 것이다. 만약 짧은 펄스를 만들어 파동의 위치를 알아내려고 하면, 파장은 정확하게 정의될 수 없다. 반대로 공간에 펼쳐진 파동은 파장을 정확하게 결정할 수 있지만 위치에 관해서는 어떠한 정확한 정보도 얻을 수 없는 것이다.

양자역학에서는 주기율표를 어떻게 설명하는가?

양자역학은 원자 구조와 스펙트럼에 관한 보어 모델에서 제기된 문제들을 해결할 수 있다. 특히 양자역학은 계산상의 어려움은 있지만, 다수의 전자가 있는 원자에 대하여도 그 구조와 스펙트럼을 예측할 수 있다는 점에서 성공적이다. 또 보어 모델로써는 이해하기 어려운 스펙트럼의 여러 가지 특성도 명확히 설명해준다.

양자역학으로부터 도출되는 원자 구조에 대한 설명 중의 일부를 집약하여 원소의 주기율표의 규칙성을 해명하고자 했다. 이 이론에는 여러 가지 가능한 안정적인 궤도를 설명하기 위한 **양자수**(quantum number)가 있다. 이 중의 하나가 주양자수(principal quantum number) n인데 보어 모델에서의 에너지를 계산하는 데 쓰인다. 그러나 양자역학에서는 각운동량의 크기와 방향, 전자의 스핀과 관련된 양자수 3개가 더 있다. (실험적 증거에 따르면 전자는 자기 쌍극자처럼 행동하는데, 이는 전자가 작은 전류 고리를 형성하기 위해 회전하고 있어야 함을 암시한다.)

한 원자 내에 있는 2개의 전자는 같은 집합의 양자수를 가질 수 없다. 한 궤도가 채워지면 다른 전자들은 이보다 높은 에너지의 양자수들 중의 하나를 가질 수밖에 없다. 주양자수 n이 증가함에 따라 가능한 양자수의 조합이 급격히 증가한다. $n = 1$인 경우 전자의 스핀축에 따른 2개의 조합이 전부이다. $n = 2$인 경우 가능한 양자수의 조합은 8개, $n = 3$인 경우 18개로 증가한다. $n = 1$인 경우 2개의 가능한 상태가 채워지면, 다음 전자는 $n = 2$인 준위, 또는 껍질(shell)의 가능한 상태를 채우기 시작한다.

이러한 인식을 바탕으로 주기율표의 어느 정도의 규칙성에 대해서는 설명할 수 있다. 처음의 두 원소, 수소(H)와 헬륨(He)은 각각 하나와 2개의 전자가 있다. 두 전자가 $n = 1$인 껍질을 채운다. 그 다음의 원소인 리튬(Li)은 3개의 전자가 있는데, 세 번째 전자가 $n = 2$인 껍질을 채운다. 리튬은 전자 하나가 꽉 찬 $n = 1$인 껍질을 넘어서 있으므로 화학적 성질은 전자가 하나뿐인 수소와 상당히 비슷하다. 마찬가지로 주기율표의 첫 번째 열의 다음 원소인 나트륨(Na)은 꽉 찬 $n = 2$인 껍질 다음에 하나의 전자가 있다. 다른 10개의 전자들은 $n = 1$, $n = 2$ 준위를 채우는데, 2개는 첫 번째 껍질, 8개는 두 번째 껍질을 채운다. 그림 18.24는 수소, 리튬, 나트륨의 껍질 구조에 대한 모형도이다.

주기율표상 나트륨 바로 앞에 있는 원소는 네온(Ne)이고 10개의 전자가 있는데, 2개는 $n = 1$, 8개는 $n = 2$ 껍질을 채운다. 그러므로 헬륨과 마찬가지로 최외곽 껍질이 가득 찬 배열을 가지므로, 다른 원소와 쉽게 반응하지 않는다. 헬륨과 네온은 모두 **불활성 기체**(noble gas)이며, 화학적으로 반응성이 매우 약하다.

한편, 불소(F)는 9개의 전자가 있는데 외곽 껍질을 채우기 위해 하나의 전자가 부족하므로 반응성이 매우 좋다. 불소는 수소, 나트륨 등의 원소와 반응하는데, 그들은 하나의 전자를 제공하여 껍질을 채운다.

전체 주기율표에 대한 설명에 사용된 원리도 방금 위에서 개략적으로 설명한 것과 같은데, 구체적으로는 전자 수가 많아질수록 복잡해진다. 이 이론으로 주기율표의 규칙성을 설명할 수 있고, 다른 원소들끼리 결합하여 화학적 화합물을 만드는 방식을 설명하는 데 대단

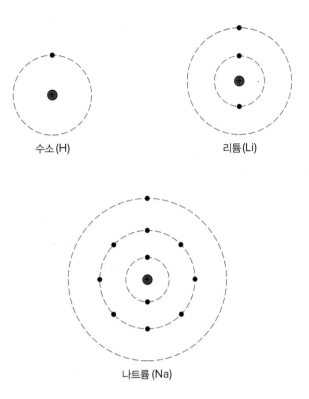

그림 18.24 $n = 3$ 껍질에 전자 하나가 있는 나트륨의 화학적 성질은 마찬가지로 가장 바깥쪽 껍질에 전자 하나가 있는 수소, 리튬과 비슷하다.

수소 (H)

리튬 (Li)

나트륨 (Na)

히 성공적이다. 양자역학은 원자물리학, 핵물리학, 응집물리학뿐만 아니라 화학에서도 토대가 되는 이론이 되었다.

> 드브로이는 전자와 같은 입자들이 파동적 성질을 가질 수 있다고 제안했다. 이러한 생각을 이용하여 수소 원자의 안정적 궤도에 대한 보어 조건을 해명할 수 있었다. 입자가 파동적 성질을 가지는 것을 인정하게 되면 자연히 하이젠베르크의 불확정성 원리에 도달하게 되는데, 그에 따르면 입자의 위치와 운동량을 동시에 정밀하게 측정하는 것은 불가능하다는 것이다. 양자역학은 원자 내부의 전자와 관련된 정상파를 3차원적인 확률 분포로 취급한다. 이 이론은 많은 전자를 가진 원자들의 화학적 성질과 스펙트럼을 성공적으로 예측했다. 전자 궤도의 껍질에 의해 주기율표가 갖는 규칙성을 해명할 수 있다. 양자역학은 이제 화학과 물리학의 모든 영역의 근본적 이론이 되었다.

요약

50년도 안 되는 기간 동안, 우리는 원자 구조에 대해 거의 알지 못했던 것에서 그 구조에 대한 상세한 지식을 갖게 되었다. 이 지식으로 이어진 몇 가지 중요한 발견은 원자의 존재에 대한 화학적 증거에서 시작하여 원자 구조를 설명하는 양자역학이라는 이론으로 정점에 이르는 이 상에서 논의되었다.

① **원자의 존재: 화학에서의 증거**   화학 반응물과 생성물의 무게를 재는 것의 중요성에 대한 인식은 일정한 비율의 법칙과 원자 질량의 개념을 발표하게 해주었다. 각 원소가 동일한 질량을 가진 원자로 구성되어 있다면, 화학 반응에서 관찰되는 질량비를 설명할 수

있다. 주기율표는 원자량이 증가하는 순서로 배열될 때 다른 원소의 특성에 대한 규칙성을 보여준다.

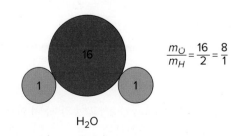

$$\frac{m_O}{m_H} = \frac{16}{2} = \frac{8}{1}$$

H_2O

②   음극선, 전자, 그리고 X선   진공관 내 두 전극에 고전압을 가하여 생성되는 음극선에 대한 연구 결과, 전자와 X선이 발견됐다. 전자는 가장 작은 원자보다 질량이 훨씬 작은 음으로 대전된 입자이므로, 원자 모델을 만드는 데 사용할 수 있는 최초의 아원자 입자였다.

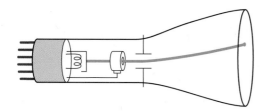

③   방사능과 핵의 발견   X선 발견 직후 발견된 자연 방사능은 알파 입자(헬륨 이온), 베타 입자(전자) 및 감마 입자(단파장의 X선) 등 3가지 성분을 갖는다. 알파선은 산란 실험에서 원자 구조를 조사하는 데 사용되었으며, 이것으로 원자핵이 발견되었다.

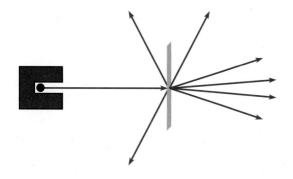

④   원자 스펙트럼과 보어의 원자 모델   보어는 플랑크와 아인슈타인이 도입한 새로운 양자 개념을 적용한 모델을 사용하여 관찰된 수소 스펙트럼(들뜬 수소 원자에서 방출되는 빛의 색)의 규칙성을 설명했다. 보어는 전자가 하나의 안정된 궤도에서 낮은 에너지 궤도로 옮겨갈 때 방출되는 빛을 묘사했다. 에너지 차이로부터 방출된 광자의 주파수와 파장을 얻을 수 있었다.

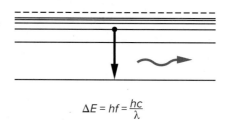

$$\Delta E = hf = \frac{hc}{\lambda}$$

⑤   물질파와 양자역학   전자와 같은 입자가 입자의 운동량과 관련된 파장 $\lambda = h/p$를 갖는 파동과 같은 특성을 가질 수 있다는 드 브로이의 제안은 양자역학의 발전을 이끈 하나의 경로였다. 원자에 있는 전자의 안정적인 궤도는 이 이론에서 3차원 정상파로 설명할 수 있다. 결과적으로 확률 분포는 다중 전자 원자의 원자 스펙트럼과 화학적 특성을 설명할 수 있다.

개념문제

Q1. 화학원소는 화학적 화합물과 같은가? 설명하시오.

Q2. 물질이 탈 때 그 반응의 생성물들은 모두 쉽게 무게를 잴 수 있는 고체인가? 설명하시오.

Q3. 수소 연료전지를 사용하는 자동차는 가솔린을 사용하는 자동차와 거의 같은 주행거리를 가지고 있는가? 설명하시오 (일상의 자연현상 18.1 참고).

Q4. 화학 반응에서 반응이 진행됨에 따라 관련된 원소가 다른 원소로 변하는가? 설명하시오.

Q5. 아무리 많은 수의 수소 원자라도 1개의 산소와 결합할 수 있는가? 설명하시오.

Q6. 음극선은 전자기파인가? 설명하시오.

Q7. 음극선이 대전 입자라고 가정하고 이 입자들이 어떻게 음으로 대전될 수 있는지를 보일 수 있는가? 설명하시오.

Q8. X선이 텔레비전 수상관에서 만들어지리라고 기대할 수 있는가? 설명하시오.

Q9. 음극선관 TV에서 흑백 영상을 생성하는 데 사용되는 과정과 컬러 영상을 생성하는 과정의 차이점은 무엇인가? 설명하시오(일상의 자연현상 18.2 참고).

Q10. 베크렐의 인광물질이 자연 방사능을 나타내기 위해서 햇빛에 노출되는 것이 필요했는가? 설명하시오.

Q11. 얇은 금박에서 산란된 알파 입자들은 왜 대부분 통과하여 거의 직진하는가? 설명하시오.

Q12. 러더퍼드의 산란 실험은 원자 구조에 대한 이해를 발전시키는 데 어떤 역할을 했는가? 설명하시오.

Q13. 어떻게 수소 또는 다른 기체 원소의 원자 스펙트럼이 실험에서 만들어지는가? 어떻게 측정되는가? 설명하시오.

Q14. 플랑크의 이론에 의하면 흑체 복사체에서 주어진 파장과 주파수에 대하여 연속적인 양의 에너지의 빛이 방출될 수 있는가? 설명하시오.

Q15. 수소 원자에서 높은 에너지 궤도에서 낮은 에너지 궤도로 전자가 옮겨갈 때 여분의 에너지는 어떻게 되는가? 설명하시오.

Q16. 보통의 속력으로 던져진 공과 같이 일반적인 물체의 파동적 성질을 관측할 수 없는 이유는 무엇인가?

Q17. 양자역학 이론에 의하면 전자가 원자의 어디에 있는지 정확히 집어내는 것이 가능한가? 설명하시오.

Q18. 11개의 전자를 가지고 있는 나트륨(Na)은 3개의 전자를 가진 리튬(Li)과 비슷한 화학적 성질을 가진다. 이 사실을 어떻게 설명해야 하는가?

Q19. 왜 주기율표의 두 번째 행은 수소와 헬륨을 포함하는 첫 번째 행보다 더 많은 원소를 가지는가? 설명하시오.

연습문제

E1. 원자량이 32인 황(S)이 원자량이 19인 불소(F)와 결합하여 SF_6 화합물을 형성한다면, 이 화학적 변화에서 완전한 반응이 이루어지기 위한 황 대 불소의 질량비는 얼마인가?

E2. 112 g의 규소(Si)가 64 g의 산소(O)와 완전히 반응하여 이산화규소(SiO_2)를 형성한다면, 규소의 원자량은 얼마인가?

E3. 수소 원자의 질량이 1.67×10^{-27} kg이고 전자 하나의 질량은 9.1×10^{-31} kg이라면, 하나의 수소 원자와 같은 질량이 되기 위해서는 몇 개의 전자가 필요할까?

E4. 어떤 X선 빛살의 파장이 6.0×10^{-9} m라고 하면, 이 X선의 주파수는 얼마인가? ($v = c = f\lambda$)

E5. 뤼드베리의 공식을 써서 $m = 7$, $n = 3$인 스펙트럼선의 파장을 구하시오. 이 빛은 맨눈으로 볼 수 있는가? 설명하시오.

E6. 어떤 광자의 에너지가 3.06×10^{-19} J이라고 하자.
  a. 이 광자의 주파수는 얼마인가? ($h = 6.626 \times 10^{-34}$ J·s)
  b. 이 광자의 파장은 얼마인가?
  c. 이 광자는 어떤 색을 나타내는가? (표 16.1 참고)

E7. 수소 원자의 전자가 어떤 궤도에서 2.86 eV 낮은 에너지를 갖는 궤도로 옮겨갔다.
  a. 이 전이에서 방출된 광자의 주파수는 얼마인가? ($h = 4.14 \times 10^{-15}$ eV·s , 예제 18.3 참고)
  b. 방출된 광자의 파장은 얼마인가?

종합문제

SP1. 그림 SP1과 같이 500 V의 전압차로 4 cm 떨어져 있는 두 평행 극판 사이를 전자빔이 통과한다.
  a. 전자빔은 이 판 사이를 지나면서 어떤 방향으로 휘겠는가? 설명하시오.
  b. 균일한 전기장에 대한 공식 $\Delta V = Ed$를 써서 판 사이의 영역에 대한 전기장 값을 구하시오.
  c. 각각의 전자가 이 전기장에 의해 받는 힘의 크기는 얼마인가? ($F = qE$, $q = 1.6 \times 10^{-16}$ C)

  d. 전자의 가속도의 크기와 방향은 무엇인가? ($m = 9.1 \times 10^{-31}$ kg)
  e. 전자가 이 판 사이의 영역을 지나면서 어떠한 형태의 경로로 가겠는가? 설명하시오.

SP2. 하나의 전자가 원자에서 제거되면 이온화된다고 한다. 이온화된 원자는 전자가 제거되었기 때문에 알짜 양전하를 갖는다.
  a. 그림 18.20의 에너지 준위 모형에서 수소 원자가 가장 낮은 에너지 준위에 있을 때, 그 수소 원자를 이온화하기 위해서는 얼마나 많은 에너지가 필요한가?
  b. 그 원자가 가장 낮은 에너지 준위의 바로 위인 첫 번째 들뜸상태에 있을 때, 이온화하기 위해서는 얼마나 많은 에너지가 필요한가?
  c. 운동 에너지가 0인 전자가 이온화된 수소 원자에 '붙들려서' 가장 낮은 에너지 준위에 들어갔다면, 이 전이에서 방출된 광자의 파장은 얼마일 것으로 생각되는가?

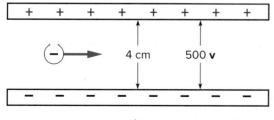

그림 SP1

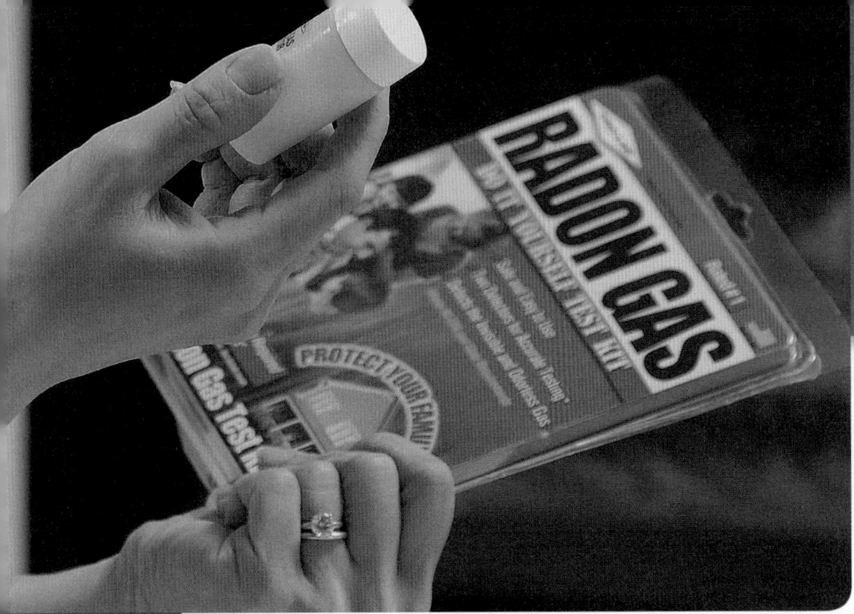

Keith Eng, 2008

CHAPTER 19

핵과 에너지

The Nucleus and Nuclear Energy

학습목표

이 장에서는 물리학자들이 어떻게 핵과 그 구조를 연구하여, 2차 세계대전 직전에 핵분열 현상을 발견하고 원자폭탄을 개발하였는지에 대해 설명한다. 전쟁 후에는 비록 수소(핵융합)폭탄의 발명과 강대국의 급속한 핵무기의 증가가 이루어졌지만, 동시에 평화적 원자력 이용을 위한 노력의 결과로 상업적 원자력 발전이 개발되었다. 이 장의 목표는 이러한 주제와 관련된 내용을 이해하는 것이다.

개요

1. **핵의 구조** 핵은 무엇으로 구성되었고, 이 구성물들은 어떻게 조화를 이루고 있는가? 또한 동위원소들 사이의 차이는 무엇인가?
2. **방사능 붕괴** 방사능 붕괴는 무엇이며, 이것은 핵의 변화와 어떻게 관련되는가? 왜 방사능이 위험한가?
3. **핵반응과 핵분열** 핵반응은 무엇이며, 화학 반응과의 차이는 무엇인가? 어떻게 핵분열이 발견되었는가? 연쇄 반응은 무엇인가?
4. **원자로** 어떻게 원자로가 작동하는가? 감속재, 제어봉, 냉각재 및 기타 원자로 구성품의 역할은 무엇인가? 핵폐기물에는 어떤 것들이 있는가?
5. **핵무기와 핵융합** 핵폭탄은 어떻게 작동하는가? 핵융합은 무엇이며, 어떻게 에너지를 방출하는가?

2011년 신문과 방송은 일본 후쿠시마 제1원자력 발전소에서 지진과 쓰나미로 인해 발생한 심각한 원자력 사고에 관한 보도와 논평으로 넘쳐났다(일상의 자연현상 19.2 참고). 방사능 피폭으로 인한 사망자는 없었지만(지진과 쓰나미로 약 18,5000명 사망), 원자력 발전소에 대한 대중의 공포는 급속하게 확산되었다.

우리 주변에는 전기를 생산하는 수십 기의 원자력 발전소, 원자로를 동력원으로 사용하는 잠수함, 그리고 연구 및 기타 목적으로 사용되는 많은 소형 원자로가 있다. 이들 원자로의 대부분은 사소한 문제점과 주변 환경에 최소한의 영향을 미치면서 가동되어 왔다. 그럼에도 불구하고 원자력 발전소의 경제성과 환경에 미치는 영향은 지난 수십 년 동안 중대한 논쟁거리가 되었다.

원자로 안에서는 어떤 일이 진행되고 있을까? 어떻게 우라늄에서 에너지를 얻고, 어떤 핵폐기물이 생성되는가? 냉각탑에서 솟아오르는 수증기 구름을 우리가 두려워할 필요가 있을까(그림 19.1)? 원자로가 핵폭탄처럼 폭발할 수 있을까? 핵분열과 핵융합의 차이는 무엇일까? 만약 이러한 질문에 답할 수 있다면 단순하지만 잘못된 견해를 역설하는 극단주의자의 주장에 쉽게 동조하지는 않을 것이다.

원자핵에 관한 지식의 발달은 20세기의 가장 뛰어난 업적 중의 하나이다. 핵무기와 핵발전소에 관한 정치적 결과물들은 이러한 과정의 아슬아슬한 요소들이다. 이러한 이슈들은 과학과 물리를 국가적이고 국제적 정책의 소용돌이 안에 머물게 하였다. 이제 핵 이슈는 일반시민들의 관심사의 일부분이 되었다.

그림 19.1 거대한 냉각탑은 현대 원자력 발전소의 가장 인상적인 장면의 하나이다. 이 에너지는 무엇으로 생기는가? *hornyak/Shutterstock*

19.1 핵의 구조

20세기에 들어 핵의 구조에 관한 이해가 시작되었다. 1909~1911년 사이에 수행된 러더포드의 유명한 알파 입자의 산란 실험 전까지는 원자핵의 존재조차도 알지 못했다(18.3절 참고). 이 아주 조그만 원자 중심인 핵이 구조를 가진다는 것은 더욱 놀랍다.

핵의 구성물은 무엇일까? 핵의 발견으로 유명한 러더퍼드가 역시 의문을 해결하는 데 중요한 역할을 하였다. 더 많은 산란 실험들로 이에 대한 증거를 얻었는데, 산란 실험은 핵이나 다른 입자를 조사하는 주된 방법이다.

양성자는 어떻게 발견되있는가?

1919년 러더퍼드는 핵을 구성하는 첫 구성 조각을 찾아내었다. 또 한 번 알파 입자를 이용하여 조사하였는데, 그림 19.2는 이 산란 실험의 개략적인 그림이다. 질소 기체가 포함된 용기 안에서 알파 입자 빔을 방출시켰다. 예상대로 일부 알파 입자들은 뒤로 되튐이 없어 그대로

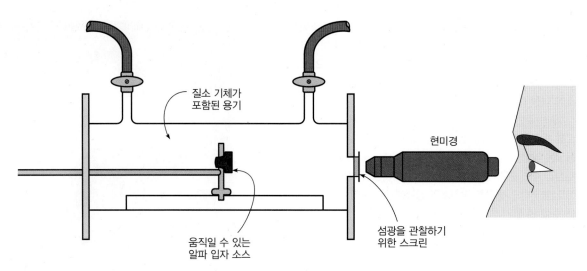

질소 기체가
포함된 용기

현미경

움직일 수 있는
알파 입자 소스

섬광을 관찰하기
위한 스크린

그림 19.2 양성자 발견에 이용된 러더퍼드의 산란 실험 장치를 나타낸다. 질소 기체가 알파 입자의 표적이었다.

통과하고 다른 입자들은 질소핵과의 충돌로 인해 경로가 휘어졌다. 휘어져 나온 입자들은 섬광검출기로 관측되었다(18.3절 참고).

이 실험에서 예상과 달리 다른 새 입자가 발견되었다. 이 새로운 입자들은 알파 입자와 같이 전기적으로는 양성이었지만, 공기 중을 투과하는 특성 등이 알파 입자와 구별되었다. 사실상 이 새로운 입자들은 러더퍼드가 알파 입자를 수소 기체에 충돌시켰을 때 관찰되었던 수소 원자핵과 흡사한 양상을 보였다. 수소 원자의 질량은 18장에서 언급한 바와 같이 헬륨 원자핵인 알파 입자의 1/4 정도이다.

수소를 전혀 포함하지 않은 실험 용기 내에서 수소 원자핵 발견은 흥미로운 가능성을 제시한다. 즉 수소 원자핵이 다른 원소 핵의 기본 구성입자라는 것이다. 여러 종류의 원자 질량은 수소 원자 질량의 정수배라고 이미 알려져 있었다. 예를 들면 질소 원자 질량은 대략 수소 원자 질량의 14배이고 탄소 원자 질량은 12배이며, 산소 원자 질량은 16배 정도에 해당한다. 이러한 질량수는 탄소, 질소, 산소 핵이 12, 14, 16개의 수소 원자로 각각 구성되었다고 설명될 수 있다.

러더퍼드와 다른 실험자들은 또 다른 실험을 통하여 나트륨과 다른 원소 핵에 알파 입자를 입사시키면 수소 원자핵이 방출된다는 것을 보였다. 오늘날 우리가 **양성자**(proton)라고 부르는 이 입자는 수소 원자의 핵이며 다른 원자의 핵을 이루는 기본 구성입자이다. 하나의 양성자는 기본 전하 $+e = 1.6 \times 10^{-19}$ C을 띠며, 전자의 전하 $-e$와는 부호는 반대이고 크기는 같다. 하지만 질량은 전자보다 훨씬 크고 수소 원자의 질량과 비슷하다. 양성자는 전자보다 1835배 정도로 훨씬 더 무겁다.

중성자는 어떻게 발견되었는가?

여러 원소들의 핵들이 단순히 양성자만으로 구성되었다는 가설은 심각한 문제점들을 가지고 있는데, 그 중에서도 가장 명확한 것은 핵의 전하에 관한 것이다. 주기율표와 다른 실험적 증거로 볼 때 질소핵의 전하는 $+14e$가 아니라 $+7e$라는 것이다. 만약 질소핵이 14개의 양성자들로 구성되면, 핵의 전하는 너무 커지게 된다. 마찬가지로 탄소핵과 산소핵도 12배와 16배의 양성자 전하보다는 +6e, +8e의 전하를 가진다.

전자들이 핵 안에 존재하여 양성자의 여분의 전하를 중화시키는 가능성도 얼마 동안 물리학자들이 고려해보았지만, 양자역학의 관점에서 이러한 가능성은 치명적인 결점을 지닌다. 핵과 같이 아주 좁은 영역에 국한되어 전자가 존재하게 되면 전자가 가지게 되는 에너지는 베타선 붕괴로 측정되는 전자의 에너지보다 훨씬 더 큰 에너지를 가져야 한다. 따라서 전자들은 핵 속에서 다른 독립된 입자로 존재할 수 없다.

이 수수께끼를 해결하는 데 몇 년이 걸렸다. 1930년경 독일의 발터 보테(Walther Bothe)와 빌헬름 베커(Wilhelm Becker)가 수행한 다른 산란 실험으로 실마리를 찾았다. 보테와 베커는 얇은 베릴륨 판에 알파 입자를 입사시키면 매우 투과력이 높은 방사선이 생긴다는 것을 발견하였다. 그 당시에는 감마선만이 그렇게 강력한 투과능력을 가진 것으로 알려져 있어서, 보테와 베커는 이것이 감마선일 것으로 추정하였다. 하지만 다른 실험에서는 이 새로운 방사선은 감마선보다 납을 훨씬 더 잘 통과하고 감마선과는 다른 성질을 가진다는 것을 보였다.

1932년 영국 물리학자 제임스 채드윅(James Chadwick, 1891~1974)은 베릴륨에서 방출되는 방사선은 양성자와 질량이 거의 같고 전기적으로 중성인 입자로 행동한다는 것을 보였다. 채드윅의 실험에서는 알파 입자를 베릴륨에 입사시켜 방출되는 새로운 방사선을 파라핀 조각에 다시 입사시켰다(그림 19.3). 파라핀은 탄소와 수소의 화합물인데, 수소핵(양성자)들이 베릴륨에서 방출되어 투과하는 방사선 경로에 놓인 파라핀에서 튀어나왔다. 만약 양성자와 질량이 같은 새로운 중성 입자가 파라핀 속의 양성자와 충돌하였다면 파라핀에서 튕겨져 나오는 양성자의 에너지에 관한 것도 명확하게 설명할 수 있었다. 이 새로운 입자를 **중성자** (neutron)라고 부르며, 전하는 없고 질량은 양성자와 매우 비슷하다.

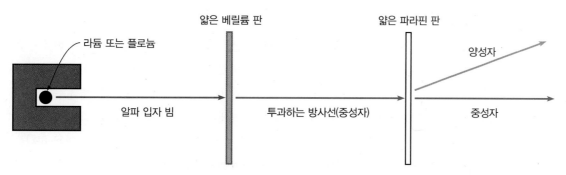

그림 19.3 채드윅의 실험을 나타내는 그림. 베릴륨 표적에서 나오는 방사선이 파라핀 표적에 입사되도록 하였다.

채드윅의 중성자 발견으로 핵을 구성하는 기본 구성물에 대한 의문이 해결되었다(그림 19.4). 만약 핵이 양성자와 중성자로 구성되었다면 핵의 전하와 질량은 동시에 설명이 가능하다. 예를 들어 질소핵은 수소의 14배 질량과 7배 전하량을 가지고 있기 때문에 7개의 양성자와 7개의 중성자로 구성된다. 탄소와 산

그림 19.4 핵을 구성하는 기본 입자는 양성자와 중성자이다.

동위원소	기호	양성자 수	중성자 수	상대적 크기
헬륨-4	$_2He^4$	2	2	
베릴륨-9	$_4Be^9$	4	5	
질소-14	$_7N^{14}$	7	7	
염소-37	$_{17}Cl^{37}$	17	20	
철-56	$_{26}Fe^{56}$	26	30	
우라늄-238	$_{92}U^{238}$	92	146	

그림 19.5 몇 가지 동위원소에 대한 양성자와 중성자의 수. 양성자와 중성자의 수가 증가함에 따라 핵은 커진다.

소에 필요한 양성자와 중성자의 개수는 쉽게 계산해낼 수 있다. 그림 19.5는 몇 가지 원소에 대한 핵자(nucleon)의 개수를 나타낸다.

동위원소란 무엇인가?

중성자의 발견으로 다른 의문점도 해결되었다. 같은 원소라도 서로 다른 질량의 핵들이 존재한다는 것이다. 자기장 속에 대전된 핵들을 알려진 속도로 통과시켜 자기력에 의해 경로가 얼마나 휘어지는지를 관찰함으로써 핵의 질량은 매우 정밀하게 측정된다. 예를 들면 염소는 평균 원자 질량이 수소의 35.5배인 것으로 화학에서 알려져 있다. 그러나 염소 이온이 자기장을 통과하게 되면 2가지 다른 질량이 존재했는데, 하나는 수소의 35배이고, 다른 하나는 37배였다. 이들의 화학적 성질은 동일하고, 염소처럼 행동했다.

오늘날 같은 원소에서 질량이 다른 것들을 **동위원소**(isotope)라 부른다. 다른 동위원소는 핵에 있는 양성자 수는 같지만 중성자 수는 다르다. 예를 들어, 2가지 일반적인 염소의 동위원소는 모두 핵에 17개의 양성자를 가지고 있지만, 질량수가 35인 염소는 18개의 중성자를 가지고 있고, 질량수가 37인 염소는 20개의 중성자를 가지고 있다. (질량수는 양성자와 중성자의 수를 더한 것이다.) 표 19.1은 다른 예를 나타낸다.

원소의 화학적 성질은 18장에서 논의한 바와 같이 핵 외부에 있는 전자 수와 배열에 의해 결정된다. 알짜 전하량이 0인 중성 원자의 경우, 전자 수와 핵 내부에 있는 양성자 수와 동일

표 19.1 여러 원소들의 동위원소에 대한 양성자와 중성자의 수			
이름	기호*	양성자	중성자
수소-1	$_1H^1$	1	0
수소-2 (중수소)	$_1H^2$	1	1
수소-3 (삼중수소)	$_1H^3$	1	2
탄소-12	$_6C^{12}$	6	6
탄소-14	$_6C^{14}$	6	8
염소-35	$_{17}Cl^{35}$	17	18
염소-37	$_{17}Cl^{37}$	17	20
우라늄-235	$_{92}U^{235}$	92	143
우라늄-238	$_{92}U^{238}$	92	146

*여기에 사용된 표기법에 대한 설명은 19.2절을 참고하라.

해야 하며, 이를 **원자번호**(atomic number)라고 한다. 예를 들어, 원자번호가 7인 질소는 7개의 양성자가 핵 내부에 있고, 7개의 전자가 핵 주위를 돌고 있다. 질소의 핵에는 7개의 중성자가 있지만, 일반적으로 중성자 수는 원자번호와 일치하지는 **않는다**. 가장 가벼운 원소를 제외하고 중성자 수는 일반적으로 원자번호보다 크다.

1932년 중성자의 발견으로 핵에 관한 여러 의문점이 풀려, 오늘날 원자의 화학적 성질과 원자 질량에 대한 설명이 가능하다. 물리학자들은 핵에 관한 여러 모델을 제시하고 이러한 모델을 검증하기 위한 새로운 실험들을 고안하게 되었다. 중성자는 핵의 구조를 파악하기 위한 가장 강력한 도구로 이용되었다. 왜냐하면 중성자는 전하가 없어 쉽게 핵을 투과하고 이로 인해 핵 속의 입자들이 재배열되기 때문이다. 한편 양성자와 알파 입자는 원자핵과 같은 양전하로 서로 반발하여 투과하기 힘들다. 새로운 실험들이 시작되어 여기서 기술한 것보다 놀라운 결과들이 발견되었다.

> 러더퍼드와 다른 물리학자들이 수행한 일련의 산란 실험은 핵의 구성 요소에 대한 단서를 제공했다. 수소 원자의 핵인 양성자는 다른 핵에서도 발견되었다. 양성자와 거의 같은 질량을 가지지만 전하가 없는 중성자는 산란 실험에서도 생성될 수 있다. 양성자와 중성자는 다른 원자핵의 질량과 전하, 그리고 같은 원소의 서로 다른 동위원소의 존재를 설명한다.

19.2 방사능 붕괴

18.3절에서 기술한 바와 같이 1896년에 베크렐이 자연 방사능을 발견하였다. 1910년에 이르면 러더퍼드와 다른 실험자들이 **방사능 붕괴**(radioactive decay)에 의해 한 원소가 다른 원소로 바뀜을 보여주었다. 방사능 원자의 핵 자체는 불안정하며, 붕괴가 일어나면 한 원소의 핵 자체가 다른 원소의 핵으로 바뀐다. 핵 구조에 대한 우리의 새로운 견해가 이 현상을 밝히는 데 도움을 줄 수 있을까?

알파 붕괴에서는 무슨 일이 일어나는가?

20세기 초, 퀴리 부부에 의해 분리되어 규명된 라듐은 가장 많이 연구된 첫 방사능 원소이다. 라듐은 우라늄 원광에서 발견되는데, 우라늄보다 훨씬 더 잘 붕괴한다. 러더퍼드에 의해 헬륨 원자핵으로 규명된 알파 입자는 라듐의 방사능 붕괴에서 방출되는 주 방사능이다.

우라늄 원광에서 발견된 라듐의 주 동위원소는 226개의 **핵자**(nucleon, 양성자와 중성자)를 가진다. 라듐-226이라고 하는 이 동위원소는 $_{88}Ra^{226}$로 표시된다. 여기서 Ra는 라듐의 화학기호이고, 아래첨자 88은 원자번호를 나타내며, 위첨자 226은 양성자와 중성자의 전체 개수인 **질량수**(mass number)를 나타낸다. 원자번호 88이기 때문에, 88개의 양성자와 138(226 − 88)개의 중성자가 이 동위원소의 핵을 구성한다.

만약 라듐-226이 알파 붕괴를 하면, 붕괴 결과로 어떤 원소가 생길지 쉽게 알아낼 수 있다. 라듐과 알파 입자(헬륨핵)에 포함된 양성자와 중성자의 개수를 알고 있으므로, 딸(daughter) 원소라고 불리는 붕괴 생성물에 포함된 개수들도 쉽게 계산된다. 아래와 같이 개수를 쉽게 파악할 수 있는 반응식으로 간단히 쓸 수 있다.

$$_{88}Ra^{226} \rightarrow {}_{86}?^{222} + {}_2He^4$$

여기서 미지의 원소 ?의 원자번호 86은 라듐의 88에서 헬륨의 2를 뺀 값이다. 마찬가지로 질량수 222는 226에서 4를 뺀 값이다. 반응식에서 양쪽 항의 원자수와 질량수는 반드시 같아야 한다. 원자번호 86인 미지의 원소는 주기율표(부록 C 또는 인터넷)에서 찾으면 된다. 이는 불활성 기체 라돈(Rn)으로 밝혀졌기 때문에 ?라 표시하였던 딸핵은 라돈-222($_{86}Rn^{222}$)이다.

라듐-226의 알파 붕괴는 그림 19.6에 표시되어 있는데, 운동량 보존에 의해서 알파 입자의 속도가 라돈 핵보다 훨씬 더 크다(7장 참고). 붕괴 전 초기 계의 운동량이 0이므로, 붕괴 후 알파 입자와 라돈 핵은 방향이 반대인 같은 크기의 운동량을 가져야 한다. 알파 입자가 라돈 핵보다 훨씬 더 가벼우므로, 같은 운동량($p = mv$)을 가지기 위해서는 속도가 훨씬 더 커야 한다.

비록 연금술사들이 꿈꾸던 원소 변환으로 금을 얻지는 못해도 방사능 붕괴나 다른 핵반응을 통해서 한 원소가 다른 원소로 바뀐다. 딸핵 라돈-222는 자체로 다시 알파 붕괴하여 폴로

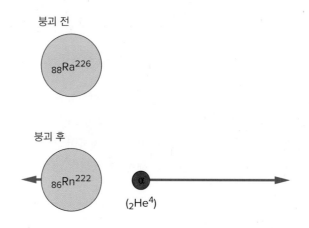

그림 19.6 라듐-226의 알파 붕괴. 딸핵은 라돈-220이다.

붕괴 전

$_{88}Ra^{226}$

붕괴 후

$_{86}Rn^{222}$

α

$(_2He^4)$

뉴-218로 전환되고, 또 다시 알파 붕괴를 통해 납-214로 바뀐다. 비록 납-214는 안정된 동위원소는 아니지만, 무거운 원소들의 방사능 붕괴로 최종적으로 대부분 납으로 바뀐다. 알파 붕괴의 응용으로 일상의 자연현상 19.1을 참고하라.

베타, 감마 붕괴에서는 무슨 일이 일어나는가?

납-214는 베타 붕괴가 일어나는데, 베타 붕괴에서는 전자 또는 **양전자**(positron, 전하가 양인 전자)가 방출된다. 납-214의 경우, 보통의 전자(음으로 대전된)가 방출된다. 전자의 질량은 원자핵의 기준으로 보면 너무 작아서 무시할 수 있다. 전자는 음의 전하를 지니므로 전하, 즉 원자번호가 −1이므로, 반응식은 다음과 같이 주어진다.

$$_{82}Pb^{214} \rightarrow \, _{83}?^{214} \, + \, _{-1}e^0 \, + \, _0\bar{\nu}^0$$

오른쪽 세 번째 항은 그리스 문자 ν(뉴)로 표현되는 **반중성미자**(antineutrino) 입자를 나타낸다. 기호에서 위의 막대는 **반입자**(antiparticle)를 나타낸다. 모든 기본 입자는 반입자를 가진다. 반입자는 같은 질량이지만 전하는 반대이다. 예를 들어 양전자는 전자의 반입자이다. 입자와 반입자가 만나면 다른 형태의 에너지를 방출하고 같이 없어진다.

반중성미자는 베타 붕괴에서 직접적으로 관측되지는 않았고 에너지 보존을 위해 도입되었다. 베타 붕괴 과정에서 전자가 가지는 에너지는 일정하지 않은 분포를 가지므로, 뭔가가 남은 에너지를 설명하기 위해서는 또 하나의 입자가 필요하다고 물리학자들은 추측하였다. 1957년까지 실제적으로 중성미자는 측정되지 않았지만, 물리학자들은 에너지 보존에 대한 믿음으로 그 존재를 확신하였다. 중성미자(그리고 반중성미자)는 극히 질량이 작고 전하가 없으므로, 반응식에서 전하나 질량수에는 영향이 없다.

위의 핵 반응식에서 질량수와 전하량은 양쪽이 같음을 알 수 있다. 반응 결과 원소의 원자번호 83은 납(Pb)의 원자번호가 82이므로 83 − 1 = 82로서 주어진다. 주기율표에 의해 이 반응에서 생기는 딸핵은 비스무트-214임을 알 수 있다(그림 19.7). 납-214 핵 속의 중성자 하나가 양성자로 바뀌면서 원자번호가 커진 것이다. 반응식에서 미지의 ?는 $_{83}Bi^{214}$임을 알 수 있다.

연속적인 베타 붕괴와 알파 붕괴를 거쳐 비스무트-214는 안정된 납-206으로 붕괴한다. 이 연쇄 붕괴 과정 중의 동위원소들 중에서 높은 에너지의 광자인 감마선을 방출한다. 이 경

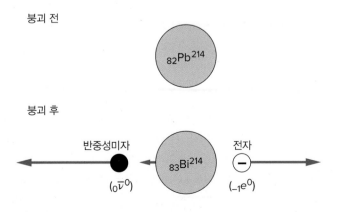

그림 19.7 납-214의 베타 붕괴. 딸핵인 비스무트-214는 납보다 원자번호가 더 크다.

연기 감지장치

상황 연기 감지장치는 우리 주변 어디에나 있다. 연기 경보장치로 인해 매년 수백 명의 생명을 구할 수 있다. 가정집, 아파트, 사무실, 심지어 복도에서도 연기 감지장치를 볼 수 있다(사진 참고). 아마 여러분도 어디선가 이 경보장치의 알람이 울리는 소리를 들어보았을지도 모른다.

천장에 설치된 전형적인 연기 감지장치 *Digital Vision/Getty Images*

이러한 연기 감지장치는 어떻게 작동하는가? 방사선은 연기 감지장치에서 어떤 역할을 하는가? 이 외에도 일상생활에서 방사선과 관계되는 것들은 또 어떤 것들이 있는가? 의약 분야야말로 방사선 영상장치, 방사선을 이용한 암 치료 등 방사선과 많은 관련이 있는 영역 중 하나이다. 그러나 대부분의 사람들은 연기 감지장치가 바로 방사선의 일종인 알파 입자의 특성을 이용하여 설계되었다는 사실을 모르고 있다.

분석 알파 입자란 간단하게 말해서 헬륨 원자의 핵으로 양성자 2개와 중성자 2개로 이루어진다. 이는 전자 1개로 이루어진 베타 입자(전자)나 또는 전자기파인 감마선에 비해 질량이 아주 무겁다. 이러한 질량과 크기로 인해 알파 입자는 공기 중에서 그리 멀리 날아가지 못한다. 우리가 숨쉬는 공기의 89%는 질소와 산소 분자로 이루어져 있다. 알파 입자는 공기 중에서 이들과 충돌에 의해 쉽게 에너지를 잃어버린다. 만일 공기 중에 연기 입자가 가득 차 있다면, 이들과의 충돌로 알파 입자는 더욱 빠르게 에너지를 잃어버릴 것이고 움직일 수 있는 거리는 더욱 짧아진다! 이것이 바로 알파 입자를 이용한 연기 감지장치의 원리이다.

연기 감지장치에는 아메리슘-241(americium-241)이라는 알파 입자 소스가 있다. 아메리슘은 안정된 동위원소가 없기 때문에 자연 상태에서는 극히 희귀한 원소이다. 이 원소는 시카고 대학의 원자로에서 플루토늄에 중성자를 충돌시켜 얻음으로써 처음 관찰되었다. 원자폭탄을 처음 만든 맨해튼 계획에 참여하였고 또 무려 10개의 새로운 원소를 발견하는 데 관여하였던 글렌 시보그(Glenn Seaborg)에 의해 이 원소는 아메리슘으로 명명되

었는데, 이는 이 원소가 발견된 대륙의 이름을 기념하는 의미였다. 연기 감지장치에 있는 아메리슘은 모두 원자로에서 만들어진 것이다.

알파 입자가 질소 및 산소 분자와 충돌하면, 분자에서 전자가 제거되어 **이온화**(ionized)된다. 이온이라고 불리는 이온화된 분자는 전기적으로 중성이 아닌 분자이다. 하나 이상의 전자가 알파 입자와 상호작용에 의해 제거되기 때문에 핵 내에 있는 양성자 수는 전자 수보다 많다. 이것이 음전하를 띤 전자와 양전하를 띤 질소 및 산소 이온을 생성한다.

연기 감지장치에는 2개의 평행한 판이 있는데, 하나는 양전하로, 또 하나는 음전하로 대전되어 있다(아래 그림 참고). 쿨롱의 법칙에 의해 서로 다른 전하 사이에는 인력이 작용하므로, 전자들은 양전하로 대전된 판 쪽으로 끌리고, 양전하를 띤 질소와 산소 이온들은 반대쪽 판을 향하게 된다. 이것은 바로 두 판 사이에 전류가 형성되었음을 말한다. 연기 감지장치의 양쪽 판에 각각 양전하로 또는 음전하로 대전되도록 하는 것은 감지장치 내부의 배터리에 의해 이루어진다. 따라서 연기 감지장치는 주기적으로 그 안의 배터리를 갈아 주어야만 한다.

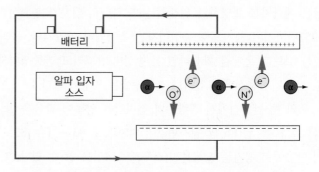

연기 감지장치의 작동원리를 보여주는 구조도. 전류의 감소를 감지하여 알람을 울려주는 별도의 회로(그림에 나타나 있지 않다)가 필요하다.

일정하게 전류가 흐르면 상태는 안정적이다. 그런데 만일 공기 중에 연기 입자가 생기면 이 전류의 크기는 급격히 감소하고 알람이 작동한다. 전류가 감소하는 것은 2가지 이유 때문인데, 첫째는 연기 입자가 알파 입자를 흡수하여 공기 입자를 이온화시키는 비율이 감소하기 때문이고, 또 하나는 상대적으로 큰 연기 입자가 이온과 전자를 흡착하여 다시 중성 분자로 만들기 때문이다.

알파 입자는 아주 쉽게 정지시킬 수 있다. 아주 얇은 종이 한 장이나 또는 여러분의 피부 표피의 한 층의 죽어 있는 세포로도 알파 입자를 정지시키기에 충분하다. 따라서 알파 입자는 연기 감지장치의 외부로 결코 빠져나올 수가 없다. 만일 빠져나왔다고 하더라도 수 cm를 가지 못해 공기에 흡수되고 말 것이다. 이러한 알파 입자의 특성으로 많은 생명을 구할 수 있었던 것이다.

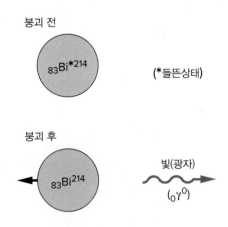

그림 19.8 비스무트−214의 감마 붕괴. 딸핵은 처음의 비스무트−214 보다 안정된(낮은 에너지) 상태이다.

우 방출된 입자는 전하나 질량이 없는 광자이기 때문에 질량수나 전하수 모두 감마 붕괴에서 변하지 않는다. 원래의 동위원소가 더 안정된 상태로 바뀐다(그림 19.8).

감마선을 방출하는 동위원소들은 의학용으로 광범위하게 응용된다. 감마선은 전하도 질량도 가지고 있지 않기 때문에 물질과는 거의 반응하지 않아서 알파 입자나 베타 입자보다 투과력이 좋다. 그만큼 생명체에는 손상을 주지 않는다. 대부분의 방사선을 이용한 진단방법은 일종의 방사능 동위원소를 체내에 주입하고 그것으로부터 방출되는 방사선을 감지하여 영상으로 처리하는 기법을 사용한다. 이런 방법으로 의사들은 인체에 칼을 대지 않고도 장기들이 제대로 기능을 하는지, 또는 체내에 암세포들이 있는지, 치료는 제대로 진행되고 있는지 등을 판단한다.

붕괴율은 어떻게 기술하는가?

이러한 붕괴가 일어나는 데 시간이 얼마나 걸리는가? 방사능 붕괴는 자발적이고 임의로 일어나는 과정이다. 불안정한 특정 원자핵이 입자를 방출하면서 언제 다른 동위원소로 바뀔지 예측은 불가능하다.

서로 다른 방사능 동위원소는 붕괴까지의 평균 또는 고유 시간을 가진다. **반감기**(half-life)는 이러한 고유 시간을 나타낸 값으로, 원래의 양이 반으로 줄어드는 데 걸리는 시간을 나타낸다. 예를 들면, 라돈−222는 약 3.8일의 반감기를 가진다. 20,000개의 라돈−222 원자가 처음에 있었다면, 3.8일 이후에는 약 10,000개가 붕괴하여 폴로늄−218($_{84}Po^{218}$)이 되고 10,000개 정도가 남는다. 두 번의 반감기가 지나 7.6일 후 다시 5000개가 붕괴하고 5000개 정도 남는다. 세 번을 거치면 2500개로 줄고 네 번째는 1250개로 준다. 이 시점에 생성된 폴로늄−218 원자의 수는 18,750(20,000 − 1250)개이다.

라돈−222 원자의 수가 3.8일 지나면 반으로 줄어들므로, 원래 양에서 미미한 수준까지 감소하는 데는 몇 번의 반감기만으로 충분하다. 10번의 반감기를 지나 38일 후 원래의 20,000개에서 1/1000인 20개 정도로 줄어든다. 예제 19.1을 참고하라.

이러한 붕괴 과정이 그림 19.9의 그래프로 나타난다. 이러한 붕괴 곡선은 수학적으로 지수함수로 표시되므로 **지수형 붕괴 곡선**(exponential decay curve)이라 부른다. 자연에서 발생하는 **지수형 붕괴**(exponential decay) 또는 성장은 일어날 사건, 즉 붕괴나 성장이 일어날 확

그림 19.9 라돈-222의 붕괴 곡선. 반감기인 3.8일마다 남아 있는 양이 반으로 준다.

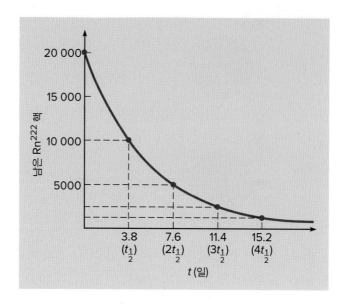

률이 전체 개수에 비례할 때 생긴다. 이러한 과정은 임의로 일어난다.

서로 다른 방사능 동위원소들의 반감기는 엄청난 차이가 있다. 예를 들면, 라듐-226은 반감기가 1620년으로 우라늄-238의 45억 년에 비해 엄청나게 짧지만 폴로늄-214의 0.000164초에 비하면 상대적으로 긴 것이다. 여기서 반감기가 길면 길수록 훨씬 더 안정된 원소임을 나타낸다.

한편 짧은 반감기일수록 방사능 붕괴율은 빠르다. 환경 측면에서 볼 때 중간 정도의 반감기를 가진 동위원소가 가장 큰 문제를 일으킨다. 극히 짧은 반감기의 동위원소는 급격하게 붕괴하여 위험한 것이 남지 않는다. 우라늄-238과 같이 반감기가 극히 길면 붕괴가 잘 일

예제 19.1 ▸ 의학용 동위원소

테크네튬-99(Technetium-99)는 반감기가 6.0시간인 방사능 동위원소인데 뼈를 스캔하는 등의 용도로 사용된다. 이 원소는 감마선을 방출한다.

    a. 만일 테크네튬-99 시료가 만들어진 후 12시간이 흘렀다면, 원래 만들어진 동위원소 중 얼마나 남아 있겠는가?

    b. 시료가 만들어진 하루 뒤에는 얼마나 남아 있겠는가?

a. $t_{\frac{1}{2}} = 6.0 \text{ h}$ $\dfrac{t}{t_{\frac{1}{2}}} = \dfrac{12 \text{ h}}{6 \text{ h}} = 2$

    $t = 12 \text{ h}$

남은 양은 $= ?$ 남은 양 $= \dfrac{1}{2} \times \dfrac{1}{2} = \dfrac{1}{4}$

b. $t_{\frac{1}{2}} = 6.0 \text{ h}$ $\dfrac{t}{t_{\frac{1}{2}}} = \dfrac{24 \text{ h}}{6 \text{ h}} = 4$

    $t = 24 \text{ h}$

남은 양은 $= ?$ 남은 양 $= \dfrac{1}{2} \times \dfrac{1}{2} \times \dfrac{1}{2} \times \dfrac{1}{2} = \dfrac{1}{16}$

어나지 않아 충분히 많은 양이 아니면 위험하지 않다. 스트론튬-90(strontium-90)의 경우에는 28.8년의 반감기를 가지는데, 우라늄-238보다 훨씬 더 많이 붕괴하고 주위에 영향을 미치는 기간이 길어 심각한 문제를 발생시킨다. 스트론튬-90은 핵폭탄 실험이나 핵사고의 낙진에 존재한다.

왜 방사능이 건강에 나쁜가?

방사능은 붕괴 과정에서 나오는 알파 입자, 베타선(전자), 감마선은 몸속에 투과하여 몸속 세포를 구성하는 화합물 구조를 바꾸기 때문에 위험하다. 이러한 변이는 암을 일으키거나 자손의 돌연변이를 포함하는 다른 손상을 발생시킨다. 과다하게 방사능에 피폭되면 방사선병에 걸리거나 사망에 이른다. 낮은 수준의 방사능 피폭에 대한 효과는 아직까지도 불분명하여 논란거리이다. 어떤 과학자들은 방사능에 노출되면 생명체가 손상 받을 가능성이 커진다고 믿고, 또 다른 과학자들은 부정적 영향을 상쇄하는 이로운 영향도 있다고 믿는다.

우라늄-238과 토륨-232의 반감기는 현재 추정되는 지구의 나이와 비슷하므로 붕괴하여 다 없어지지 않고 우리 주위 환경에 존재한다. 우리 주위의 모든 암석, 토양들은 추적될 만큼의 우라늄을 함유하고 있고 우라늄 원광에서는 보다 더 높은 밀도로 존재한다. 우라늄-238이 붕괴하여 만들어지는 원소 중의 하나가 라돈 기체인데, 표 19.2에서 보듯이 자연 상태에 존재하는 방사선 중에서 가장 큰 값을 가진다. 알파 입자를 방출하는 라돈은 냄새도 맛도 없는 기체이다. 알파 입자는 투과성이 약해 우리의 표피조차도 뚫지 못한다. 그러나 우리가 호흡으로 그것을 마시면(기체 상태이므로 충분히 가능하다), 알파 입자는 우리의 몸속에서 에너지를 방출하고 생물학적 손상을 준다. 공기 중 라돈의 양은 지역에 따라, 계절에 따라, 그리고 건축의 재질에 따라 다른데, 이 장의 시작 부분에 있는 사진 속 라돈 검사 키트로 측정이 가능하다.

이온 반응을 일으키거나 신체 세포에 영향을 미치는 방사선 세기의 측정단위는 여러 가지가 있지만, 다양한 종류의 이온화 방사선(X선, 자연 방사능 등)의 흡수선량을 비교하기 위해

표 19.2 배경 방사선원	
선원	**밀리렘(mrem)/년**
자연 선원	
호흡된 라돈	200
우주선	27
토양, 암석 방사능	28
신체 내부(뼈)에서 나오는 방사능	40
	295
인공 방사선원	
의료용	53
생활기기	10
기타	1
	64

가장 일반적으로 사용되는 단위는 렘(rem)이다. Rem은 roentgen equivalent in man의 약자이며, 뢴트겐(roentgen)은 방사선에 의한 이온화 정도를 나타내는 단위이다. 렘은 신체 세포에서 여러 종류의 방사선에 의한 효과를 정량화한 것으로 신체조직 단위 질량당 흡수한 에너지의 양으로 계산한다.

전신의 경우 600렘을 치사량으로 간주한다. 물론 이보다 적은 양이라도 인체에 손상을 줄 수 있으므로, 의학적으로 주로 그 1/1000에 해당되는 밀리렘(mrems) 단위를 사용한다. 미국에서는 평균적으로 한 사람이 1년 동안 약 295밀리렘 정도의 자연 방사능에 노출되고, 약 64밀리렘 정도의 인공 방사선에 노출된다. (쉽게 기억하는 방법은 이 둘을 합하면 365밀리렘 정도가 되는데, 이는 하루에 1밀리렘 꼴이 되는 셈이다.) 표 19.2에서 볼 수 있듯이,* 가장 큰 인공 방사선원은 진단 X선 및 핵의학에 사용되는 방사능 동위원소와 같은 의료 장비이다.

자연 방사능과 인공 방사선원에 노출되는 방사능의 양은 물론 어떤 지역에 살고 있으며, 또 어떤 의학적 치료를 받고 있는가에 크게 영향을 받는다. 미국에서 일반 사람들이 핵발전소로 인해 노출되는 방사선의 양은 거의 무시할 정도이지만, 핵과 관련된 산업 분야에서 직접 종사하고 있는 사람들은 과도하게 방사선에 노출될 위험이 있다. 현재 핵 기술자나 X선을 다루는 직업의 종사자들에게는 1년간의 피폭량을 최대 5렘(5000밀리렘/년)으로 제한하고 있다.

우리는 아주 적은 양이기는 하지만 매일매일 자연에 존재하는 우라늄-238 또는 토륨-232로부터 방출되는 방사선에 노출되며, 또 우주로부터 날아오는 우주선에 노출되어 살고 있다. 이러한 환경은 인류가 지구상에 처음 나타났을 무렵부터 시작된 것이며, 그 동안 인류는 놀라울 만한 적응력과 재생력을 갖게 된 것이다. 다만 지금도 때로 과도하게 방사능에 노출될 때에는 위험하다는 사실을 기억해야 할 것이다.

> 방사능 붕괴 과정에서 입자를 방출함으로써 방사능 원자는 다른 원자로 바뀐다. 알파 붕괴에서는 헬륨핵이 방출되어, 딸 동위원소는 원자번호와 질량수가 줄게 된다. 베타 붕괴에서는 전자나 양전자가 방출되어, 질량수의 변함없이 원자번호의 변화가 생긴다. 감마 붕괴에서는 높은 에너지의 X선이 방출되므로 질량수나 원자번호의 변함이 없다. 불안정한 동위원소는 터지기를 기다리는 시한폭탄과 같다. 각 동위원소들은 고유 반감기를 가진다.

19.3 핵반응과 핵분열

핵은 자발적인 방사능 붕괴에 따라 변하며, 이때 원소는 다른 원소로 바뀐다. 그러면 자발적 붕괴를 기다릴 필요 없이 이러한 변화를 능동적으로 일으킬 수 있는 방법은 없는가?

1932년 중성자의 발견으로 이를 이용한 핵반응이 가능해지고, 핵물리학은 1930년대에 활

---

* 자세한 내용은 표 19.2에서 참고한 "저준위 방사선의 건강 영향(Health Effects of Low-Level Radiation)"을 참고하라(*Physics Today*, August 1991, pp. 34~39).

발히 연구되었다. 이러한 연구로 과학과 인류사에 상상하지도 못했던 엄청난 영향을 미치는 결과가 생겼다.

핵반응은 무엇인가?

러더퍼드는 질소 원자에 알파 입자를 충돌시키면 양성자가 방출되는 것을 발견하였다. 러더퍼드 실험은 다음과 같은 핵 반응식으로 쓸 수 있다.

$$_2He^4 + {_7}N^{14} \rightarrow {_8}O^{17} + {_1}H^1$$

알파 입자는 헬륨 원자핵으로, 방정식에서 볼 수 있듯이 방출되는 양성자는 수소핵으로 표시된다. 이러한 핵반응으로 생성되는 또 다른 원소는 원자번호 8인 산소이다(그림 19.10). 산소-17은 가장 일반적인 산소 동위원소인 산소-16과 함께 자연계 내에 존재하는 안정된 동위원소이다.

이것이 **핵반응**(nuclear reaction)의 한 예이다. 반응식 양쪽에서 전하의 합과 질량수의 합은 항상 같아야 한다. 즉 총 전하량 또는 원자번호는 9이고, 총 질량수는 18로 방정식 양쪽에서 항상 같다. (이것은 19.2절에서의 방사능 붕괴식에서도 마찬가지이다.) 핵반응 식에서 질량과 원자번호는 다른 반응 생성물인 산소-17을 식별하는 데 사용하지만, 실험 후에 기체 분석을 통해서도 이 결과를 확인할 수 있다. 실험 전에 전혀 존재하지 않았던 산소가 발견될 수 있다. 핵 주위를 도는 전자의 배치가 바뀌는 화학 반응과 다르게 핵반응은 원소 자체가 변할 수 있다.

베릴륨 원소에 알파 입자가 반응하면 중성자가 방출되는 것도 핵반응의 다른 예이다. 이 반응식은 다음과 같이 나타낸다.

$$_2He^4 + {_4}Be^9 \rightarrow {_6}C^{12} + {_0}n^1$$

중성자는 전하가 없어 원자번호 또는 전하는 0으로 표시하고, 질량수는 양성자와 같은 1이다. 원자번호가 6, 질량수 12로 확인된 생성핵인 탄소-12는 가장 일반적인 탄소 동위원소로, 실험 후에 베릴륨 표적에서 소량 발견할 수 있을 것이다.

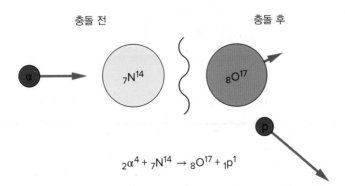

충돌 전   충돌 후

$$_2\alpha^4 + {_7}N^{14} \rightarrow {_8}O^{17} + {_1}p^1$$

그림 19.10 알파 입자와 질소핵이 충돌하여 양성자가 방출되고 산소-17 핵이 남는다.

핵반응에서 에너지와 질량은 어떤 관계가 있는가?

과학자들이 방사능에 가졌던 궁금증은 에너지가 어디에서 오는가 하는 것이다. 베크렐이 수 주일 동안 우라늄 시료를 어두운 서랍 속에 보관한 후에도 알파 입자, 베타선, 감마선은 엄청 난 운동 에너지를 가지고 방출되었다. 이 에너지의 원천은 무엇인가?

이 질문의 해답은 방사능이 발견되고 약 10년 후 상대성이론으로부터 얻은 유명한 아인 슈타인의 관계식 $E = mc^2$에서 찾을 수 있다. 이 식의 의미는 질량과 에너지는 동일하다는 것이다. 즉 질량이 에너지이고 에너지가 질량이라는 것이다. (이 식은 20장에서 자세히 설명 할 예정이다.) 빛의 속도의 제곱(c^2)은 질량을 에너지로, 에너지를 질량으로 바꾸는 단위 변 환인자이다. 만약 생성물의 질량이 반응물의 질량보다 작다면, 그 질량 차이로 주어지는 에 너지만큼 방출 입자의 운동 에너지로 나타날 것이다.

베릴륨 반응식에 이것을 적용한 것이 예제 19.2에 나타나 있다. 관련된 동위원소와 입 자의 질량은 탄소-12 원자의 질량을 기준으로 한 원자 질량 단위(atomic mass unit 또는 unified mass unit, u)로 표시된다. 원자 질량 단위의 정의에 의해 탄소-12의 질량은 정확히 12.000 000 u이다(1원자 질량 단위는 1.661×10^{-27} kg이다). 질량 차이는 킬로그램으로 환 산되고, c^2을 곱해 에너지 단위인 줄(J)로 바꾸어준다. 이 에너지는 중성자와 탄소-12 원자 핵의 운동 에너지가 된다.

예제 19.2 ▶ 질량–에너지 환산

반응핵과 생성핵에 대한 질량이 아래에 주어져 있다.

$$_2He^4 + {}_4Be^9 \rightarrow {}_6C^{12} + {}_0n^1$$

이 값들과 아인슈타인의 관계식 $E = mc^2$을 이용하여, 이 핵반응에서 나오는 에너지를 계 산하시오.

반응핵		생성핵	
Be^9	9.012 186 u	중성자	1.008 665 u
He^4	+4.002 603 u	C^{12}	+12.000 000 u
	13.014 789 u		13.008 665 u

$E = ?$　　　　질량 차이는 다음과 같다.

$$\begin{aligned} &13.014\ 789\ u \\ -&13.008\ 665\ u \\ \hline \Delta m =\ &0.006\ 124\ u \end{aligned}$$

$$1\ u = 1.661 \times 10^{-27}\ kg$$

$$\Delta m = (0.006\ 124\ u)(1.661 \times 10^{-27}\ kg/u)$$

$$= 1.017 \times 10^{-29}\ kg$$

$$E = \Delta m c^2$$

$$= (1.017 \times 10^{-29}\ kg)(3.0 \times 10^8\ m/s)^2$$

$$= \mathbf{9.15 \times 10^{-13}\ J}$$

비록 1개의 핵반응에서 방출되는 에너지의 양은 적어 보일 수 있지만, 화학 반응에서 방출되는 일반적인 에너지(원자당)보다 대략 백만 배 더 크다. 질량 차이로 인한 에너지가 방사능 붕괴와 핵반응에서 나오는 에너지의 근원이다. 이러한 사실은 1900년대 초에 알려졌고, 물리학자들은 핵반응으로 많은 에너지를 얻을 수 있다는 가능성을 알게 되었다.

핵분열은 어떻게 발견되었는가?

1932년 전, 알파 입자 또는 양성자가 핵의 연구에 주로 이용되었다. 중성자는 전기적으로 중성으로 핵의 양전하에 반발하지 않고 핵을 쉽게 투과하므로 강력한 연구 수단이 되었다. 알파 입자나 양성자는 양전하를 가지므로 핵에 의해 반발하므로 핵반응을 일으키기 위해서는 매우 큰 초기 에너지를 가져야만 핵에 충돌할 수 있다. 반면에 중성자는 에너지가 작아도 쉽게 핵에 충돌한다.

이탈리아 물리학자인 엔리코 페르미(Enrico Fermi, 1901~1954)는 핵반응을 일으키는 데 중성자를 이용한 선구자이다. 1932년부터 1934년까지 일련의 실험으로 그는 새로운 무거운 원소를 만들려고 하였다. 당시에 우라늄이 가장 질량이 무겁고 원자번호가 큰 원소로 알려져 있었기 때문에, 페르미는 베릴륨에서 나오는 중성자를 우라늄에 충돌시켰다(그림 19.11). 그는 시료를 분석하여 원자번호가 우라늄(92)보다 큰 원소가 생겼는지 조사하였다.

처음에는 결과가 혼란스럽고 실망스러웠다. 페르미와 동료 화학자들이 주기율표에서 새로운 원소들의 성질을 예측할 수 있었지만, 처음에는 실험에서 이러한 원소들을 분리해내는 데는 실패하였다. 왜냐하면 예상되는 원소량이 너무 작았고 정확한 화학적 성질이 알려지지 않았으므로, 명확한 결과는 나올 수가 없었다.

많은 연구자들이 이러한 시도를 하였고, 1938년 두 명의 독일 과학자 오토 한(Otto Hahn)과 프리츠 슈트라스만(Fritz Strassmann)이 낮은 에너지의 중성자를 입사시켜 우라늄 시료에서 바륨을 분리해냄으로써 이 연구의 첫 돌파구가 마련되었다. 이 놀라운 결과는 발표 전에 주의 깊게 재검증되었다. 바륨은 주기율표에서 우라늄 근처에도 없었기 때문에 이 결과는 예측되지 않았다. 바륨의 원자번호는 우라늄의 절반에 불과한 56이다.

어떤 반응으로 바륨이 우라늄으로부터 생기는가? 이에 대한 가능한 설명은 유태인의 박

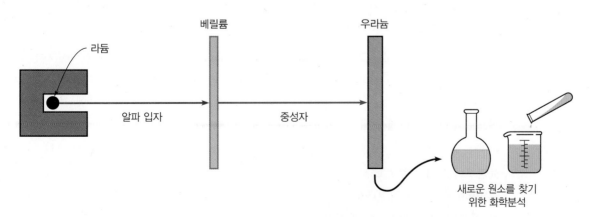

그림 19.11 페르미 실험 그림. 우라늄에 중성자를 입사시켜 새로운 원소를 만들려고 하였다.

그림 19.12 바륨-142와 크립톤-91 은 우라늄-235에 중성자가 흡수되어 핵분열될 때 생성되는 2개의 가능한 조각핵이다.

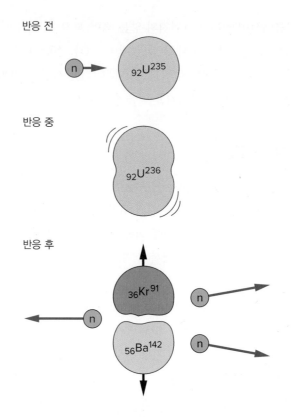

반응 전

반응 중

반응 후

해를 피해 덴마크와 스웨덴에서 일했던 두 명의 다른 독일 과학자로부터 주어졌다.

리세 마이트너(Lise Meitner)와 그의 질녀 프리츠(O. R. Frisch)는 우라늄 핵이 두 조각으로 쪼개진다고 생각하였는데, 이를 오늘날 **핵분열**(nuclear fission)이라 한다. 쪼개진 것 중 하나의 원자번호가 56이라면, 다른 조각의 원자번호는 36이어야만 더해서 우라늄의 원자번호 92가 된다. 가능한 원소는 비활성 기체인 크립톤이다(그림 19.12). 가능한 반응식은

$$_0n^1 + {}_{92}U^{235} \rightarrow {}_{56}Ba^{142} + {}_{36}Kr^{91} + 3{}_0n^1$$

이다. 이 반응은 여분의 다른 중성자를 방출한다. 주기율표에서 살펴보면 무거운 핵일수록 중성자가 양성자보다 많아(그림 19.5 참고), 두 조각으로 쪼개지면 조각핵에서는 양성자 수에 비해 중성자 수가 훨씬 더 많아진다. 반응식에서 주어지는 바륨과 크립톤의 동위원소는 초과된 중성자를 가진다. 따라서 이 원소들은 불안정한 상태에 있으므로 베타 붕괴를 겪는데, 이는 핵분열 반응에서 생성된 원소들이 방사능을 가짐을 의미한다.

위 반응식에서 보면 반응에 이용되는 것은 우라늄-235이다. 자연 상태의 우라늄에는 우라늄-235가 0.7%만 존재하고 대부분은 우라늄-238이다. 우라늄-235는 훨씬 더 쉽게 핵분열 반응을 일으킨다. 낮은 에너지의 중성자일수록 우라늄-238보다 우라늄-235에 쉽게 흡수되므로 우라늄-235에서 대부분의 핵분열 반응이 일어난다.

핵분열에서 나오는 두 원소를 **핵분열 조각**(fission fragment)이라 부른다. 이 경우에는 바륨과 크립톤이 핵분열 조각이다. 하지만 원자번호 30에서 60 사이의 다른 원소들도 생겨날 수 있다(예제 19.3 참고). 이 핵분열 조각들은 초과된 중성자로 인해 대개 방사능을 가지므로, 핵분열 이용(핵발전소)에서 나오는 핵폐기물의 주종을 이룬다.

예제 19.3 ▶ 방사능 붕괴에서 추가적으로 생성되는 중성자 수의 계산

원자로에서는 우라늄-235의 핵분열로 많은 생성물들이 만들어진다. 하나의 예가 우라늄-235의 핵분열로 제논-140과 스트론튬-94가 생성되는 것이다. 만일 이러한 분열반응이 일어난다면, 한 번의 반응으로 새로 생기는 중성자는 몇 개가 되는가?

주기율표의 우라늄, 제논, 그리고 스트론튬의 원자번호에 의하면,

우라늄은 92개의 양성자,
제논은 54개의 양성자,
스트론튬은 38개의 양성자

를 가지고 있다. 따라서 반응식은 다음과 같다(?로 되어 있는 것이 새로 생기는 중성자 수이다).

$$_0n^1 + {}_{92}U^{235} \longrightarrow {}_{54}Xe^{140} + {}_{38}Sr^{94} + ?_0n^1$$

원소들의 아래첨자는 양성자 수를 말하므로

$$0 + 92 = 54 + 38 + 0$$

양쪽에 각각 92개의 양성자가 있다.

원소들의 위첨자는 양성자 수와 중성자 수의 합을 말하므로

$$1 + 235 = 140 + 94 + ?$$

등식이 성립하려면, 우변에는 2개의 핵자가 더 있어야 하는데 이들은 중성자이든지, 양성자이든지 아니면 둘의 조합이 될 것이다. 그러나 원소들의 아래첨자, 즉 양성자 수는 반응식의 양쪽이 같기 때문에, 이들 2개는 모두 중성자이어야만 한다. 따라서 완전한 반응식은 다음과 같다.

$$_0n^1 + {}_{92}U^{235} \longrightarrow {}_{54}Xe^{140} + {}_{38}Sr^{94} + 2{}_0n^1$$

이러한 발견과 아이디어는 과학자들에게 널리 퍼졌다. 1939년에 덴마크에서 닐스 보어 (Niels Bohr)가 마이트너 및 프리츠와 이러한 아이디어에 대해 토론하고 나서 우라늄-235가 핵분열에 관련되어 있다고 제안하였다. 보어는 미국으로 건너가 이 아이디어를 핵 과학자들 사이에 널리 퍼뜨렸다. 이들 중 많은 과학자들이 2차 세계대전 초기에 유럽에서 간 피난민이거나 나치 치하에서 빠져 나온 유태인들이었다.

핵분열 **연쇄 반응**(chain reaction)이 일어날 수 있다는 것에 흥분과 관심이 고조되었다. 핵분열 반응은 중성자 1개로 시작되지만 반응 자체에서 더 많은 중성자가 방출되기 때문에 빠르게 증가하는 연쇄 반응의 가능성이 보였다(그림 19.13). 연쇄 반응은 아인슈타인의 질량-에너지 식에 의해 막대한 에너지를 방출할 것이다.

1939년 당시 미국에서 연구하던 유럽태생의 과학자 중에는 엔리코 페르미(Enrico Fermi), 에드워드 텔러(Edward Teller)와 알베르트 아인슈타인(Albert Einstein)이 있었다. 비록 아

그림 19.13 핵분열 연쇄 반응. 우라늄-235의 붕괴로 생긴 중성자는 차례로 더 많은 핵분열 반응을 일으킨다.

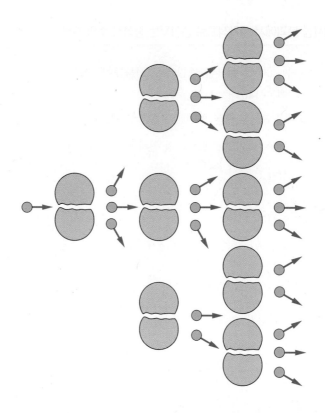

인슈타인은 핵물리가 주 연구 분야는 아니었지만 뛰어난 이론가로 널리 알려져 있었다. 일반 대중들에게 널리 알려져 있었으므로 그의 동료들은 프랭클린 D. 루스벨트(Franklin D. Roosevelt) 대통령에게 핵분열의 군사적 이용을 알아보는 연구 계획을 수립하도록 하는 편지를 쓰도록 권유하였다. 곧바로 맨해튼 계획에 의해 원자로와 핵무기가 개발되었다.

핵반응은 원자 속의 핵이 바뀌어 한 원소가 다른 원소로 변한다. 방사능 붕괴와 양성자와 중성자의 발견과 관련된 핵반응이 그 예이다. 핵반응에서 방출되거나 흡수되는 에너지는 유명한 아인슈타인의 질량-에너지에서 반응핵과 생성핵 사이의 질량 차이로 예측할 수 있다. 중성자의 발견과 이를 이용한 실험으로 1930년대 후반에 핵분열 반응이 발견되었다. 연쇄 반응을 일으키기 위한 연구에 이어 원자로와 핵무기가 개발되었다.

19.4 원자로

1940년에 접어들자 핵분열 연쇄 반응의 가능성이 유럽과 미국의 과학자들에게 보이기 시작하였다. 만약 중성자에 의해 핵분열 반응이 일어나고, 이 과정에서 또 다른 몇 개의 중성자가 생기는데 우라늄 시료에서는 왜 항상 연쇄 반응이 생기지 않는가? 어떤 조건에서 연쇄 반응이 일어나는가? 유럽과 아시아에서 전쟁이 치열해지자 연합국 쪽에서는 독일이 핵폭탄을 개발할 것을 두려워하였으므로 이러한 질문들에 해답이 절실히 요구되었다.

어떻게 하면 연쇄 반응을 일으킬 수 있는가?

연쇄 반응의 필수적인 조건을 이해하는 것은 원자로와 핵폭탄이 작용하는 원리를 아는 핵심적인 관문이다. 핵분열에서 발생하는 중성자들에 무슨 일이 일어나는지를 추적하는 것이 열쇠이다. 만약 충분히 많은 중성자가 우라늄-235에 충돌하면 새로운 핵분열이 일어나 반응이 지속될 것이다. 대부분의 중성자가 우라늄-235에 충돌하지 않고 다른 물질에 흡수되거나 원자로나 핵폭탄을 빠져나가면 반응은 끝날 것이다.

자연 상태의 우라늄은 주로 우라늄-238(99.3%)로 구성되고 우라늄-235는 0.7%밖에 되지 않는다. 우라늄-238도 중성자를 흡수하지만 핵분열을 일으키지는 않는다. 자연 상태의 우라늄에서 연쇄 반응이 일어나지 않는 주원인은 핵분열로 발생하는 대부분의 중성자가 우라늄-235보다 우라늄-238에 흡수되기 때문이다. 연쇄 반응의 가능성을 높이는 한 가지 방법은 시료에서 우라늄-235의 농축 비율을 높이는 것이다.

불행히도(한편으로는 다행스럽게도) 우라늄-238과 우라늄-235를 분리하는 것은 지극히 어렵다. 동위원소는 화학적 성질이 같기 때문에(동위원소는 동일한 수의 양성자를 가지고 있어 전자 수도 동일하다. 전자 수는 화학적 성질을 결정한다.), 화학적 분리 기술은 아무 쓸모가 없다. 두 동위원소 사이의 미미한 질량 차이를 이용하는 것이 가장 기본적인 방법이다. 전쟁 중에 여러 가지 방법이 시험되었지만, 오크리지(Oak Ridge) 연구소에서의 기체 확산법이 제일 뛰어났다. 엄청난 노력과 비용을 지불하고 전쟁이 끝날 때쯤 과학자들은 1개의 핵폭탄을 위해 충분한(수 킬로그램) 우라늄-235를 분리하는 데 성공하였다.

원자로에서 연쇄 반응을 위해서는 자연 우라늄이나 덜 농축된 우라늄-235를 이용하는 다른 방법이 이용된다. 동시에 핵분열 중간에 중성자를 감속하는 기술이 동원된다. 느린 중성자는 충돌 과정에서 우라늄-235에 흡수될 확률이 우라늄-238보다 훨씬 더 크다. 핵분열에서 나오는 고속의 중성자는 두 동위원소에 대해 거의 같은 흡수 확률을 가진다. 따라서 중성자가 충분히 감속되고 나면 우라늄-235에 흡수되어 핵분열을 일으킬 확률이 커진다.

이러한 아이디어를 이용하여 시카고 대학의 페르미와 공동연구자들은 1942년에 최초로 제어된 연쇄 반응에 도달하였다. 페르미는 순수한 흑연덩어리들로 더미(nuclear pile)를 이루고 그 사이에 자연 우라늄 조각들을 흩어놓았다(그림 19.14). 흑연은 작은 질량수 12인 탄소로 이루어진 고체로, 핵분열에서 발생한 중성자를 쉽게 흡수하지 않고 단지 되튕긴다. 이러한 충돌 과정으로 중성자는 에너지를 잃고 탄소는 운동 에너지를 얻는다. 흑연은 중성자를

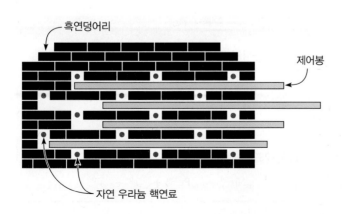

흑연덩어리

제어봉

자연 우라늄 핵연료

그림 19.14 페르미의 세계 최초의 원자로(Fermi's 'pile') 그림. 작은 자연 우라늄 조각이 흑연덩어리들 사이에 퍼져서 놓여 있다.

흡수하지 않고 느리게 하는데, 이러한 물질을 **감속재**(moderator)라고 한다.

핵반응의 제어를 위해 우라늄 연료와 감속재 외에도 다른 요소가 필요하다. 적당한 조건에서 연쇄 반응은 매우 빠르게 커지므로 이 반응의 속도를 제어할 수단이 필요하다. 중성자를 흡수하는 물질로 이루어진 **제어봉**(control rod)은 원하는 반응속도를 유지하기 위해 더미속에 끼워 넣거나 빼어준다. 페르미는 카드뮴을 이용하였지만, 오늘날에는 주로 붕소가 이용된다.

1942년 12월 2일 페르미와 동료들은 그들이 세운 더미에서 조심스럽게 제어봉을 제거해나갔다. 더미의 몇 지점에서의 중성자 흐름을 관찰해나가면서 스스로 연쇄 반응이 지속되는 것에 도달하였다. 이 원자로는 임계점(critical)에 도달한 것으로 핵분열로 발생한 중성자 중 1개의 중성자가 우라늄-235에 흡수되어 새로운 핵분열을 일으키는 것이다. 만약 하나 이상의 핵분열이 일어나면 초임계(supercritical)라 하고, 하나 이하이면 미임계(subcritical)라 한다.

원자로를 처음 가동할 때 시작 단계에서는 약간 초임계 상태를 유지하여 원하는 반응 수준에 도달한다. 그런 후에 제어봉을 조금씩 넣어 임계 상태 또는 정상 상태를 유지한다. 제어봉을 더 넣으면 반응이 낮아진다. 몇 개의 제어봉 위치를 조절하여 반응 정도를 정밀히 조절한다. 다른 여분의 제어봉은 원자로를 급하게 멈출 때 이용하게끔 설계된다.

왜 플루토늄이 원자로에서 생성되는가?

우라늄-238에 중성자가 흡수되면 핵분열은 일어나지 않고 다른 무엇이 일어나는지 생각해보자. 우라늄보다 무거운 새로운 원소를 만들려는 페르미의 원래 목적대로, 일련의 핵반응끝에 플루토늄이 생성되는데, 이것이 오늘날 핵폭탄의 주원료이다.

우라늄-238에서 플루토늄-239가 생기는 반응이 표 19.3과 그림 19.15에 요약되어 있다. 첫 단계는 우라늄-238에 중성자가 흡수되어 우라늄-239를 생성하는 것이다. 우라늄-239는 베타 붕괴(반감기 23.5분)를 통해 원자번호 93인 넵투늄-239를 생성한다. 넵투늄-239는 베타 붕괴(반감기 2.35일)를 하여 원자번호 94인 플루토늄-239를 생성한다. 플루토늄-239는 반감기가 24,000년 정도로 상대적으로 안정적이다. 우라늄-235와 마찬가지로 플루토늄-239도 중성자를 흡수하면 쉽게 핵분열이 된다.

표 19.3 플루토늄 생성에 관한 반응식

1. 중성자가 우라늄-238에 흡수

$$_0n^1 + {}_{92}U^{238} \rightarrow {}_{92}U^{239}$$

2. 우라늄-239가 베타 붕괴

$$_{92}U^{239} \rightarrow {}_{93}Np^{239} + {}_{-1}e^0 + {}_0\bar{\nu}^0$$

3. 넵투늄-239가 베타 붕괴

$$_{93}Np^{239} \rightarrow {}_{94}Pu^{239} + {}_{-1}e^0 + {}_0\bar{\nu}^0$$

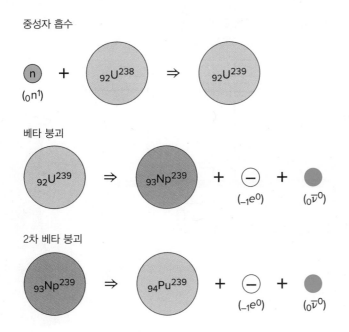

그림 19.15 우라늄-238에 중성자가 흡수되고 두 번의 연속적 베타 붕괴로 핵분열 연료로 사용되는 플루토늄-239가 생성된다.

원자로는 자연 상태의 우라늄이거나 약간 농축된 우라늄을 이용하므로, 가동하게 되면 자연적으로 플루토늄-239를 부산물로 생성하게 된다. 이것의 화학적 성질은 우라늄과 다르므로 화학기술로 분리될 수 있다. 핵폭탄에 이용될 플루토늄을 생산하기 위해 원자로가 이용될 수 있다. 2차 세계대전이 끝나는 해에 미국 워싱턴주 핸포드(Hanford)에 이러한 목적으로 원자로가 만들어졌다.

현대적인 핵발전소의 설계 특성은 무엇인가?

대부분 발전용으로 설계된 현대적인 원자로는 감속재로 흑연을 사용하지 않고 보통(경량) 물을 사용한다. 물(H_2O)은 2개의 수소(H)와 1개의 산소(O)로 이루어졌는데, 수소핵은 중성자의 속도를 매우 효과적으로 늦춘다. 불행히도 수소는 중성자를 쉽게 흡수하여 중수소(deuterium, H^2)와 삼중수소(tritium, H^3)라는 더 무거운 동위원소를 형성한다. 수소의 일반적인 동위원소 대신 중수소를 이용하여 만든 **중수**(heavy water)는 경수(light water)보다 중성자를 쉽게 흡수하지 않으므로 감속재로 이용되기도 한다.

수소에 의해 흡수된 중성자는 순환계에서 제거되기 때문에, 자연 상태의 우라늄이 연료로 사용되는 경우 보통의 물은 감속재로 효과적이지 않다. 그러나 우라늄-235의 농도를 약 3% 정도로 **농축**(enrichment)하면 수소에 의한 흡수로 손실된 중성자를 보상하고 연쇄 반응이 달성될 수 있다. 경수로에서는 약간 농축된 우라늄을 연료로 사용하여야 하지만, 중수를 감속재로 사용하는 중수로에서는 자연 우라늄을 원료로 사용한다.

물을 감속재로 이용할 때의 장점은 물이 원자로의 중심에서 열을 세서하는 **냉각재**(coolant) 구실도 한다는 것이다. 핵분열 과정에서 생기는 중성자와 핵분열 조각들의 운동 에너지는 다른 원자와의 충돌을 통하여 열로 방출된다. 따라서 대형 원자로는 원자로의 중심을 냉각시킬 수 있는 장치가 필요하며, 그렇지 않으면 원자로의 구성품 일부가 녹을 정도로 온도가 상승한다. 원자로를 순환 통과하는 냉각재는 핵분열로 발생하는 에너지를 증기터빈에 전

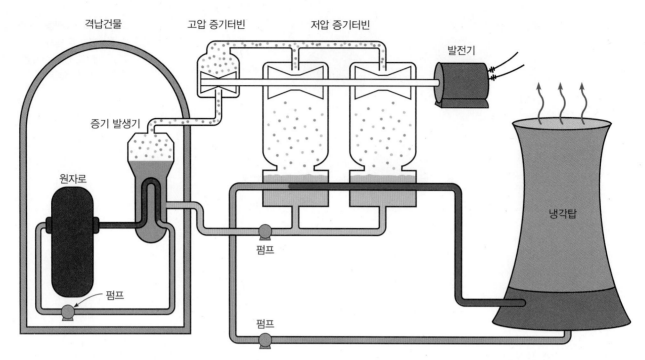

그림 19.16 현대적인 가압 경수로 그림. 원자로에서 나오는 뜨거운 물은 증기 발생기에서 압력이 감소하면 증기로 변환된다. 증기는 터빈을 돌려 발전기에 전력을 공급한다. 터빈을 냉각시키는 데 사용되는 냉각탑을 순환하는 물은 터빈 내의 방사성 물과 접촉하지 않으므로 방사능이 없다.

달하고, 증기터빈은 발전기를 돌려 전력을 생산한다. 증기터빈이 효과적으로 작동하기 위해서는 냉각이 필요하다. 터빈을 냉각하는 데 사용되는 물의 열은 냉각탑에서 대기로 방출된다. 이 물은 원자로 자체를 통과하지 않으므로 방사능이 없다.

그림 19.16은 현대적인 원자력 발전소의 그림이다. 원자로의 중심은 냉각수가 순환하는 두꺼운 벽의 강철 원자로 용기 내에 들어 있다. 이 원자로 용기는 강한 압력 변화를 견디고 외부 영향으로부터 원자로를 보호할 뿐만 아니라, 사고로 인한 방사능을 차폐하도록 설계된 고강도 콘크리트 격납건물로 감싸져 있다. 냉각수는 증기 발생기를 통과하고, 증기는 전기 발전기를 돌리는 증기터빈을 통과한다. 원자력 발전소에는 많은 배관이 있다.

발전소에는 펌프, 제어봉 및 기타 장비를 감독하는 통제실이 격납건물 바깥에 있다. 여기에서는 온도, 방사선 계량기 및 기타 모니터링 장비 등을 통해 원자로 가동상태를 운영자에게 알려준다. 대부분의 원자로는 안전 장비가 많이 중복되도록 설계되어 있으며, 원자로 운영자는 많은 비상사태에 대처하도록 훈련받는다. 하지만 원자로 가동은 어렵고 복잡하여 운영자의 초기 대응의 실수가 중대한 사고로 연결된다. 일상의 자연현상 19.2는 2011년 후쿠시마 제1원자로 사고를 적은 것이다.

핵발선소가 수변에 미치는 환경영향

원자로에는 수소와 같이 중성자를 흡수하는 물질을 독(poison)이라고 부른다. 감속재나 연료의 불순물 또는 핵분열 물질 자체가 핵반응을 줄이는 독 역할을 한다. 오랫동안 원자로를 가동하면, 연료에는 이러한 독약이 쌓이게 되고 우라늄-235는 줄어들게 된다. 따라서 연료봉

일상의 자연현상   19.2

후쿠시마에서 무슨 일이 있었는가?

상황 2011년 3월 11일 일본의 동부 해안가에서 강력한 지진(진도 9.0)이 발생하였다. 지진은 당시 해안가를 따라 파고 15 m가 넘는 쓰나미를 동반하였다. 그 결과 일본의 북부 해안은 막대한 피해를 입었으며, 후쿠시마 제1원자력 발전소의 원자로들도 그들 중 하나이다. 발전소에 있는 6기의 원자로 중 3기가 녹아내리며, 넓은 지역을 방사능으로 오염시킨 것이다. 이렇게 원자로가 녹아내리는 일은 왜 일어나며, 그것을 막을 수 있는 방법은 무엇인가?

동경전력공사가 공개한 이 사진은 2011년 3월 15일에 찍은 것으로 일본 북동부 오쿠마 시의 후쿠시마 제1원자력 단지 외벽에 가려진 4호기 옆 심하게 파손된 3호기 원자로로부터 연기가 뿜어져 나오고 있다.

Kyodo News/Getty Images

분석 후쿠시마 제1원자력 발전소의 원자로들은 1970년대부터 순차적으로 총 6기가 건설되었는데, 모두 미국의 원자로를 모델로 GE가 건설한 것들이다.

원자로를 설계하고 건설할 때, 기술자들은 원자로에 있을 수 있는 다양한 사고에 대한 시나리오를 예상한다. 지진이나 쓰나미와 같은 천재지변도 물론 여기에 포함된다. 원자로는 당연히 가능한 최대 규모의 재해에 견딜 수 있도록 설계된다. 후쿠시마의 원자로들 중 지진 당시 가동되고 있던 3기의 원자로는 지진 직후 안전하게 가동이 중단되었다.

원자로에 직접 피해를 주었던 것은 지진이 아니라 그 뒤에 닥쳐온 쓰나미였다. 당시 원자로를 보호하기 위한 방파제의 높이는 6 m에 불과하여 지진 발생 약 50분 후에 밀어닥친 12~15 m 높이의 쓰나미를 막기에는 역부족이었다. 진도 9.0의 지진이 만든 이 쓰나미는 40년 전 원지로 건설 당시 기술자들이 생각할 수 있는 최대 높이를 훨씬 능가하는 규모였던 것이다.

원자로 가동이 중단되고 핵분열 반응이 멈추어도 원자로 내부에서는 수일간 열이 계속 발생하게 된다. 핵분열 반응의 결과물로 생성된 원자들 자체가 매우 불안정하여 계속 열을 발생시키는 것이다. 따라서 원자로 가동이 중단된 이후에도 상당한 기간 동안 원자로의 냉각펌프를 계속 돌려주어야 한다.

원자로는 정지하였으므로, 냉각펌프를 돌리기 위해서는 별도의 전원이 공급되어야 한다. 이때를 대비하여 원자로에는 별도의 전원장치가 예비되어 있다. 재난 시 외부 전원공급선은 차단될 확률이 높으므로 별도의 전원은 대개 중유를 사용하는 발전기를 사용한다. 후쿠시마 제1원자로에도 중유 발전설비가 설치되어 있었다. 그러나 불행하게도 이 발전기는 원자로 건물 지하에 위치하고 있어 쓰나미가 몰려왔을 때 물에 잠기는 바람에 완전히 무용지물이 되어버렸다.

냉각펌프가 가동되지 않으므로 원자로는 급속히 과열상태에 이르게 되었고 그 결과는 2가지 중대한 상황으로 귀결되었다. 원자로가 500°C 정도에 이르렀을 때 고온의 수증기는 연료봉을 감싸고 있는 지르코늄과 반응하여 수소 기체를 발생하는데 이는 폭발성이 매우 강한 기체이다. 더 높은 고온에서는 심지어 연료봉이 녹아내려 원자로의 바닥에 쌓이게 된다. 당시 가동 중이었던 3기의 원자로 전부에서 이 2가지 현상이 모두 나타났다.

당시 원자로 가동 당국은 그 같은 상황에서 소방차 등에 장착된 별도의 펌프를 사용하여 바닷물을 원자로에 뿌려서라도 냉각시키지 않은 것에 대하여 많은 비난을 받았다. 원전의 당국자들이 망설였던 것은 염분이 포함된 바닷물을 원자로에 뿌리면 원자로가 염분으로 급속한 부식이 일어난다는 사실 때문이었다. 결국은 바닷물을 뿌릴 수밖에 없게 되어 수소 폭발도 이로 인한 원자로의 녹아내림도 피할 수 없게 되었다. 만일 좀 더 일찍 바닷물을 이용한 원자로 냉각이 이루어졌다면 최소한 수소 폭발은 막을 수 있었을 것이다. 물론 궁극적으로 원자로의 붕괴는 피할 수 없었겠지만 방사능에 의한 환경오염은 최소한으로 막을 수 있었을 것이다.

후쿠시마의 운전은 결국 3기의 원자로가 완전히 파괴되었고 1기의 원자로가 수소 폭발로 인해 심각한 피해를 입었다. 이외에도 방사능 누출로 인해 주변의 상당한 지역이 수년 간 거주가 불가능할 정도로 오염되었다. 2018년까지는 원전 사고로 인한 직접적인 사망자는 없는 것으로 파악되며, 원전의 종사자나 지역주민 사이에 심각한 정도의 암 발생 증가 현상도 나타나지 않고 있다. 이는 나름대로 지역주민들을 신속하게 대피시키고 방사능 수치를 면밀하게 추적하면서 원전 종사자들에게 세심한 방사능 안전대책을 적용한 결과이다.

만일 동경전력공사가 쓰나미 규모에 대한 최신의 연구결과들을 보다 적극적으로 검토하고 이에 미리 대비하였더라면 엄청난 재해를 미연에 방지할 수도 있었을 것이나. 사고 후 일본은 물론 다른 나라에서도 예비 중유 발전기의 위치에 대한 안전기준이 훨씬 강화되었고, 이러한 기준은 기존의 원자로에도 적용이 적극 권장되고 있다. 모두가 후쿠시마 사고로부터 얻은 교훈인 것이다.

그림 19.17 펜실베이니아 리머릭 (Limerick)에 있는 엑셀론(Exelon) 사의 리머릭 원자력 발전소의 제2 원자로에서 핵 연료봉 뭉치를 연료봉 저장고인 수조 속으로 내리고 있는 모습 *Bradley C. Bower/ Bloomberg/Getty Images*

은 수시로 교체되어야 한다(그림 19.17). 사용 후 핵연료는 우라늄, 플루토늄, 방사성의 핵분열 조각들을 포함하고 있어 특별히 보관하거나 처리되어야 한다. 사용 후 연료봉에 포함된 방사능 원소는 원자로에서 나오는 핵폐기물의 대부분을 차지한다.

핵폐기물의 처리에는 여러 가지가 있는데 미국에서는 플루토늄이나 우라늄을 분리하는 재처리 없이 고체바위 속에 넣어 매립한다. 이 방법은 화학적 분리와 관련된 비싸고 환경적으로 위험한 과정의 필요성을 없애준다. 하지만 플루토늄과 우라늄의 형태로 핵분열 물질을 폐기한다는 단점이 있다. 플루토늄과 우라늄은 대부분의 핵분열 파편보다 반감기가 훨씬 길기 때문에 폐기 장소는 수천 년 동안 안전하게 유지되어야 한다. 플루토늄–239의 반감기는 24,000년이지만 대부분의 핵분열 파편들은 몇 년 이하의 반감기를 가지고 있다. 이들은 더 빨리 붕괴되어 오래 고립될 필요가 없다.

1950년대 말에 핵발전소가 최초로 도입된 당시에는 깨끗하고 싸게 전기를 생산하는 수단으로 여겨졌다. 핵발전소의 안전성과 폐기물 처분에 대한 염려로 대부분의 사람들은 이러한 견해를 바꾸었지만, 핵발전소는 석탄과 석유와 같은 화석연료를 사용하는 발전소보다 대기오염(온실가스를 배출하지 않으면서)이 훨씬 적다. 하지만 핵폐기물의 재처리는 정치적 이슈를 만들고 원자로의 안정성과 경제성은 여전히 논쟁거리가 되어 왔다.

미국에서의 원자력 개발은 경제성 논란으로 정체되어 있다. 발전소 건설에 요구되는 엄청난 비용과 건설 기간, 그리고 일반대중의 거부감으로 전기회사들은 새로운 원자로 건설을 포기하였다. 그러나 중국, 유럽 일부 및 세계의 다른 많은 지역에서는 원자력의 사용은 계속적으로 증가하고 있다. 미국의 원자력 발전의 미래는 불투명하다. 보다 작고 근원적으로 안전한 원자로가 개발되어야만 원자력 산업의 새로운 미래가 열릴 것이다.

원자로는 전력 생산 외에 많은 다양한 목적으로 사용된다. 그 중에서 가장 중요한 응용은 핵의학용 방사능 동위원소의 생산이다. 이러한 동위원소는 다양한 종류의 암치료와 진단과정에 이용된다. 원자로에서 생산된 방사능 동위원소는 산업 현장이나 환경 연구에 있어서의 추적자로 이용된다.

> 연쇄 반응이 지속되기 위해서는 핵분열에서 평균적으로 1개 이상의 중성자가 우라늄-235에 충돌하여 다시 새로운 핵분열을 일으켜야 한다. 만약 1개 이상의 중성자가 흡수되면 초임계 상태가 되어 반응이 급격하게 늘어난다. 1개 미만의 중성자가 흡수되면 미임계로 반응이 줄어들 것이다. 원자로에서는 감속재로 중성자의 속도를 줄여 우라늄-235에 흡수가 쉽도록 한다. 제어봉은 중성자를 흡수하여 반응속도를 조절한다. 페르미가 처음 만든 원자로에서는 흑연이 감속재로 이용되었지만, 오늘날 원자로는 물을 이용하는데, 물은 냉각재 역할을 동시에 한다. 연료봉의 핵분열 조각과 플루토늄이 쌓이면 원자로에서 꺼내어 핵폐기물로 저장한다.

주제 토론

프랑스는 현재 전력 공급의 75%를 원자력 발전을 통해 얻고 있다. 이로 인해 프랑스는 유럽에서 저렴한 가격으로 자체적인 에너지 공급을 확보하고 있는 국가로 꼽히며, 동시에 전기 생산에서 국민 1인당 극히 미량의 이산화탄소를 배출하는 국가이기도 하다. 그렇다면 왜 유럽의 다른 나라들이나 미국역시 원자력 발전 의존도를 더 높이지 않는 것일까?

19.5 핵무기와 핵융합

원자로에서 목표는 제어가 가능한 상태에서 에너지를 방출하고 핵분열 연쇄 반응을 통제하는 것이다. 반면에 핵폭탄은 짧은 순간에 초임계 상태에 도달하여 일시에 핵분열 반응을 일으키는 것이다. 어떻게 하면 이러한 상태에 도달할 수 있겠는가? 어떤 조건 하에서 핵폭발이 가능한가? 핵분열 무기와 **핵융합** 무기의 차이는 무엇인가?

임계 질량이란 무슨 뜻인가?

핵무기를 만드는 첫 단계는 우라늄-235를 우라늄-238에서 분리하여 고농축 우라늄-235를 생산하는 것이었다. 대부분의 우라늄-238이 제거되면, 초기 핵분열에서 방출되는 중성자가 다른 우라늄-235와 더 많이 부딪쳐서 연쇄 반응이 일어날 것이다. 우라늄 연료의 양도 일정량 이상이 되어야 하는데, 너무 작으면 중성자가 다른 우라늄-235 핵에 부딪치기 전에 표면을 통해 빠져나갈 것이다.

그림 19.18 리틀 보이 우라늄 핵폭탄의 설계 개념도. 미임계 질량의 우라늄-235 원통이 미임계 질량의 구 구멍에 끼워져 초임계 질량에 도달한다.

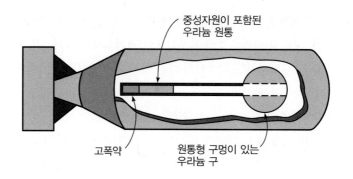

중성자원이 포함된
우라늄 원통

고폭약

원통형 구멍이 있는
우라늄 구

우라늄-235의 **임계 질량**(critical mass)은 스스로 연쇄 반응이 충분히 유지되는 질량을 말한다. 임계 질량보다 작은 질량의 경우, 초기 핵분열 반응에서 생성된 많은 중성자가 다른 핵과 부딪치지 않고 표면을 통해 빠져나간다.

임계 질량보다 충분히 큰 질량의 경우, 각 핵분열 반응에서 생성된 하나 이상의 중성자가 다른 우라늄-235 핵에 흡수되어 또 다른 핵분열을 일으킨다. 이러한 연쇄 반응은 반응시간이 극히 짧기 때문에 급속하게 진행된다. 이것이 폭발에 필요한 **초임계** 상태이다.

미성숙한 폭발을 방지하면서 초임계 상태에 도달하는 것이 중요하다. 핵분열 연쇄 반응에서 나오는 에너지는 가열과 팽창을 일으킨다. 미임계 상태의 조각들을 모아 천천히 초임계에 도달하면, 질량이 초임계에 도달하자마자 쪼개져서 불발탄이 될 것이다. 이 문제를 해결하기 위한 한 가지 접근 방식은 2개의 고농축 우라늄-235 덩어리를 재빨리 결합하여 초임계 질량을 만드는 것이다. 그림 19.18과 같은 총 형태의 설계가 최초의 핵폭탄에 사용되었다. 미임계 상태의 우라늄-235 원통형 막대가 원통형 구멍이 있는 우라늄-235 덩어리로 발사되면, 초임계 상태에 빠르게 도달하게 된다. 이때에 처음 반응을 일으킬 중성자원이 존재하여야 한다.

이러한 폭탄을 만드는 데 있어서의 가장 어려운 점은 고농축 우라늄-235를 우라늄-238에서 분리해내야 한다는 점이다. 테네시주 오크리지에 있는 기체 확산 공장은 2차 세계대전 동안 단 1개의 폭탄에 필요한 양의 우라늄-235만을 생산할 수 있었다. 이와 같은 속도로 핵무기를 만드는 것은 느리고 비용이 많이 든다. 플루토늄-239가 우라늄-235보다 더 얻기 쉬운 핵연료일 수 있다는 것이 명백해졌다.

플루토늄 폭탄은 어떻게 설계되었는가?

플루토늄-239는 우라늄을 연료로 하는 원자로의 부산물이다. 19.4절에서 언급한 것과 같이 2차 세계대전 때 무기용 플루토늄-239를 생산하기 위한 원자로가 가동되었다. 하지만 플루토늄-239의 핵분열은 우라늄-235의 분열과 차이가 있어 우라늄 폭탄에서 이용된 총 형태의 설계는 플루토늄에 이용할 수 없다. 플루토늄-239는 우라늄-235보다 훨씬 빠르게 중성자를 흡수하므로, 우라늄보다 더 빨리 연쇄 반응이 일어나 서로 제대로 합쳐지기도 전에 미성숙 상태로 쪼개져버려 불발탄이 된다.

플루토늄 폭탄의 설계는 미임계 질량의 플루토늄 주위에 고폭약을 폭발시켜 플루토늄에

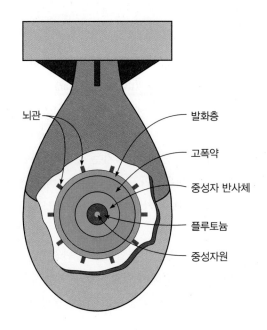

그림 19.19 팻 맨 플루토늄 폭탄 그림. 미임계 질량의 플루토늄-239 근처에 고폭약이 설치된다. 화약이 폭발하면 밀도가 증가하여 초임계 상태에 도달한다.

뇌관

발화층

고폭약

중성자 반사체

플루토늄

중성자원

엄청난 압력을 가하는 **내폭**(implosion)에 바탕을 둔다. 이 압력은 질량을 초임계 질량으로 만들 수 있을 정도로 플루토늄의 밀도를 증가시킨다(그림 19.19). 따라서 보다 작은 부피에 많은 수의 원자가 존재하게 되어 중성자가 다른 플루토늄 핵에 흡수될 확률을 증가시킨다.

2차 세계대전 말까지 핵무기급의 핵물질이 생산되어 3개의 폭탄이 만들어졌는데, 그중에 2개는 모양이 둥근 **팻 맨**(Fat Men)이라는 별명의 플루토늄 폭탄이었다. 나머지 하나는 날씬한 형태의 **리틀 보이**(Little Boy)라는 우라늄 폭탄이었다(그림 19.18). 플루토늄 폭탄 중 하나는 1945년 여름에 뉴멕시코 사막에서 시험용으로 폭발되어 무시무시한 버섯구름을 만들었다. 나머지 2개의 폭탄은 히로시마와 나가사키에 투하되었다.

2차 세계대전 중에 핵무기 개발은 핵분열을 최초로 발견한 나치독일과의 경쟁으로 보였다. 맨해튼 계획에는 유럽에서 피난 온 많은 과학자들이 참여하였으며, 이들은 독일이 먼저 핵무기를 만들지도 모른다는 끔찍한 가능성을 두려워하였다. 전쟁이 끝나가고 핵무기 개발이 거의 성공하였을 때쯤에는 독일이 더 이상 핵무기를 만들 자원이 바닥났다는 것이 확실하였다. 핵무기를 어떻게 이용할 것인가에 대한 논쟁이 계획에 관여한 과학자들 사이에 분분하였다. 과학자들은 실제 군사용 표적에 사용하지 않고 폭탄의 위력을 보여주는 것으로 끝내기를 바랐다.

하지만 위력만 보여주기에는 플루토늄 폭탄의 실험 후에 단 2개의 폭탄만이 남아 있다는 심각한 문제점이 있었다. 우라늄 폭탄은 단 1개만 제조되었으므로 시험용으로 쓸 수도 없었다. 일본에 폭탄을 투하하는 결정은 트루먼 대통령을 포함하는 최고 군사위원회에 의해 결정되었다. 이러한 결정으로 전쟁 종말을 앞당겨서 일본 본토 공략에 소요될 수많은 희생을 피할 수 있었는지에 대해서는 여전히 논란거리이다.

전쟁이 끝난 후에도 핵무기 생산은 계속되었다. 러시아가 곧바로 핵분열 폭탄을 만들 수 있게 되자 다음 단계인 수소폭탄을 개발하는 새로운 경쟁에 돌입하여 1952년에 성공적으로 시험되었다. 수소폭탄은 핵분열보다는 핵융합 반응을 이용한다.

핵융합 반응은 무엇인가?

수소폭탄에서는 어떤 핵반응이 발생하는가? **핵융합**(nuclear fusion) **반응**은 아주 많은 에너지를 방출하는 다른 핵반응이다. 핵융합은 **열핵**(thermonuclear) 폭탄뿐만 아니라 태양과 다른 별들의 에너지원이다. 핵융합은 핵분열과는 어떤 차이가 있으며, 핵융합과 관련된 연쇄 반응은 어떻게 생기는가?

핵융합은 작은 핵들이 결합하여 더 큰 핵이 생기는 것이다. 반면에 핵분열은 큰 핵이 분열하여 작은 핵으로 나뉘는 것이다. 핵융합의 원료는 매우 가벼운 원소인 수소, 헬륨, 리튬의 동위원소로 이루어진다. (리튬은 원자번호가 3이다.) 반응 생성물은 우리가 알파 입자로 알고 있는 안정된 핵인 헬륨-4가 대부분이다.

헬륨-4와 다른 반응 생성물의 질량 합이 결합하는 동위원소의 질량보다 조금만 작아도 질량 차이는 아인슈타인의 $E = mc^2$에 의해 주어지는 운동 에너지로 방출된다. 가능한 한 가지 반응은 수소 동위원소인 중수소(H^2)와 삼중수소(H^3)가 결합하여 헬륨-4와 중성자로 바뀌는 반응이다.

$$_1H^2 + {}_1H^3 \rightarrow {}_2He^4 + {}_0n^1$$

그림 19.20에 보인 바와 같이 이 식의 오른쪽 질량 합은 왼쪽 질량 합보다 작다. 따라서 알파 입자와 중성자의 운동 에너지의 합은 처음의 두 입자들의 운동 에너지의 합보다 크다.

이러한 반응이 어려운 이유는 모든 핵이 전기적으로 양전하를 가지므로 서로 밀쳐낸다는 것이다. 이러한 정전기적 반발력을 이겨내고 두 핵이 결합하기 위해서는 매우 큰 초기 운동 에너지가 필요하다. 반응물에 큰 운동 에너지를 주는 방법은 높은 온도를 가해주는 것이다. 반응이 일어나기 위해서는 반응 동위원소의 높은 밀도가 또한 필요하다. 아주 높은 온도에서 아주 작은 부피에 반응물이 동시에 모이게 하는 것은 매우 어렵다.

이러한 조건들에서 일어나는 연쇄 반응을 **열핵 연쇄 반응**(thermal chain reaction)이라고 한다. 반응을 일으키기 위해서는 아주 높은 온도가 요구되고, 반응에서 나오는 에너지는 온도를 더 올린다. 열핵 연쇄 반응의 온도는 수백만도 이상이다. 화학적 폭발도 열핵 연쇄 반응이지만, 화학 반응에 필요한 온도는 훨씬 낮아 쉽게 도달할 수 있다.

핵융합 연쇄 반응에 필요한 높은 온도와 높은 밀도를 동시에 얻는 방법의 하나는 핵분열 폭탄을 폭발시키는 것이다. 핵분열 폭탄에서 생기는 높은 온도로 융합에 요구되는 운동 에

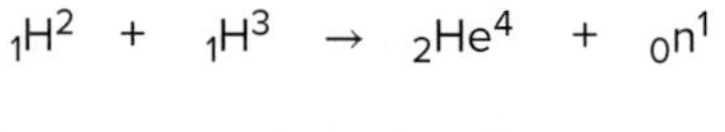

그림 19.20　중수소와 삼중수소가 결합하여 헬륨-4 핵과 중성자가 생긴다. 질량 차이가 새로운 입자의 운동 에너지로 바뀐다.

$$_1H^2 + {}_1H^3 \rightarrow {}_2He^4 + {}_0n^1$$

각 원소의 질량

$_1H^2$	2.014 102 u	$_2He^4$	4.002 603 u
$_1H^3$	3.016 050 u	$_0n^1$	1.008 665 u
	5.030 152 u		5.011 268 u

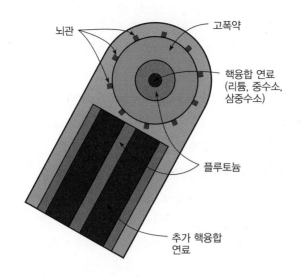

뇌관

고폭약

핵융합 연료
(리튬, 중수소,
삼중수소)

플루토늄

추가 핵융합
연료

그림 19.21 열핵 폭탄 그림. 핵융합 연료 주위에서 핵분열 폭탄이 폭발하여 핵융합에서 요구되는 높은 온도와 밀도를 만든다.

너지를 얻게 되고, 폭발로 융합물질이 순간적으로 압축되어 융합반응으로 에너지가 방출된다(그림 19.21). 이것이 기본적으로 수소폭탄(또는 열핵 폭탄이라고 부르는)이 작동하는 원리이다.

수소폭탄은 핵분열 물질의 임계 질량에 의해 정해지는 핵분열 폭탄과는 달리 쉽게 아주 다양한 크기로 만들 수가 있다. 순수한 핵분열 폭탄보다 더 많은 에너지를 핵융합 폭탄에서 얻을 수 있다. 단위 핵반응당 나오는 에너지는 핵융합이 핵분열보다 작지만, 단위 질량에서 얻을 수 있는 에너지양은 아주 가벼운 원소들이 연료인 핵융합이 훨씬 더 많다. 수소폭탄은 2000만 톤의 TNT 위력보다 더 크게 만들 수가 있다. TNT의 톤수는 폭탄의 위력을 비교할 때 사용되는 표준 기준이다. 오늘날 핵무기는 핵분열 폭탄과 핵융합 폭탄으로 구성된다.

제어된 핵융합을 이용한 전력 생산은 가능한가?

핵융합 반응을 이용한 상업적 전기 생산은 아직 달성되지 않았다. 아주 높은 온도와 밀도로 핵융합 연료를 상당한 시간 동안 유지하는 것은 지극히 어렵다. 모든 고체는 핵융합 반응에 필요한 온도보다 훨씬 낮은 온도에서 녹기 때문에, 핵융합 연료를 담아둘 자기장 장치와 같은 것이 사용되어야 한다(그림 19.22). 또 다른 방법은 작은 핵융합 연료 알갱이에 여러 방향에서 레이저빔(또는 입자빔)을 입사시켜 연료 알갱이를 가열하고 압축하는 것이다.

1970년대에는 늦어도 1990년대까지는 상업적 핵융합로를 가동할 수 있으리라는 희망

그림 19.22 영국 옥스퍼드셔(Oxfordshire) 컬햄(Culham) 센터에 있는 토카막 반응로
Monty Rakusen/Cultura/Getty Images

을 가졌으나, 21세기에 이른 오늘날까지도 이러한 기대는 달성되지 않았다. 경제적으로 유용한 융합로를 만들 수 있을지는 완전히 확신할 수 없을지라도 엄청난 투자와 노력이 지금도 계속되고 있고, 이 목표는 미래의 인류를 위하여 반드시 달성되어야만 할 것이다. 토카막(Tokamak, 그림 19.22)과 같은 실험적 반응로에서 핵융합 반응으로 에너지를 생산하였지만, 반응을 일으키기 위한 투입 에너지에 비해 생산되는 에너지가 더 적어 상업적으로 이용하기 위해서는 반응효율을 높여야 하는 과제가 남아 있다.

몇 년 전(1988~1989) 유타에서 연구하는 과학자들이 매우 높은 온도나 밀도가 필요하지 않은 셀(cell)에서 **상온 핵융합(cold fusion)**을 성공했다고 주장했을 때 상당한 흥분이 일어났다. 그들의 셀에는 중수(중수소가 수소의 동위원소를 대체한)가 들어 있는 비커에 담긴 팔라듐(palladium) 전극이 있었다. 셀을 통해 전류를 흐르게 함으로써 중수소 원자가 팔라듐 전극에 있는 원자 사이의 공간으로 빨려 들어간다. 유타 그룹은 셀에서 일어나는 다른 화학적 또는 물리적 과정으로 설명할 수 없는 과도한 열(핵융합에 의해 생성된 것으로 추정되는)을 관찰했다고 주장했다.

이러한 상황에서 간혹 핵융합 반응이 발생하지만, 사용 가능한 양의 에너지를 생성하기에 충분한 핵융합 결과는 아니었다. 하지만 가능하다면 상업적 잠재력은 엄청날 것이다. 유타 그룹의 주장은 많은 홍보와 대중의 관심을 불러일으켰다. 많은 연구자들이 실험을 재현하려고 시도했지만, 지금까지의 결과는 실망스러웠다. 대부분의 물리학자들은 이용 가능한 핵융합 에너지가 상온 핵융합에서 나올 것이라고 믿지 않는다.

우리는 핵융합을 통해 에너지를 얻는 최선의 방법을 아직 모른다. 토카막과 같은 자기장 장치와 입자빔 및 레이저빔 기술에 대한 연구는 계속 진행 중이다. 몇몇 과학자들은 여전히 상온 핵융합을 연구하고 있다. 가까운 미래에 돌파구가 생긴다면, 이공계 학생들 중 일부는 원자력 응용 프로그램의 새로운 확장에 참여하게 될 것이다.

> 핵분열로 폭발이 일어나기 위해서는 우라늄-235나 플루토늄-239 미임계 질량이 재빨리 모아져서 초임계 질량에 도달하여야 한다. 우라늄 폭탄에서는 미임계의 우라늄 원통형 막대를 원통형 구멍이 있는 미임계의 구에 발사하면 초임계에 도달한다. 플루토늄 폭탄에서는 플루토늄 주위에 고폭약을 폭발시켜 고밀도로 압축하여 초임계 조건을 만든다. 핵융합은 작은 핵들이 결합하여 큰 핵을 만드는 과정에서 에너지를 방출한다. 핵융합 에너지는 태양과 수소폭탄이나 열핵 폭탄의 에너지 근원이다. 제어된 핵융합 반응으로 에너지를 얻는 것은 아직까지 실용성이 없지만, 장래에 이것을 실현할 연구는 계속되고 있다.

요약

핵 구성요소인 양성자와 중성자의 발견을 통해 동위원소와 방사능 붕괴 과정을 이해하게 되었다. 중성자의 발견은 원자핵을 연구하는 새로운 도구를 제공하였으며, 핵분열의 발견으로 이어졌다. 핵분열과 핵융합은 많은 양의 에너지를 방출할 수 있는 핵반응이다.

① **핵의 구조** 알파 입자가 다양한 핵에서 산란되는 실험을 통해 양성자와 중성자가 모두 핵의 구성 성분임을 알게 되었다. 핵에 있는 양성자 수는 원소의 원자번호이다. 양성자와 중성자(핵자)의 총 개수는 주어진 동위원소의 질량수이다. 같은 원소는 다른 질량의 동위원소를 가질 수 있다.

리튬-7 ($_3Li^7$)

3개의 양성자
4개의 중성자
7개의 핵자

② **방사능 붕괴** 방사능 붕괴는 입자 또는 감마선이 방출되고 핵 구조가 바뀌는 자발적인 핵반응이다. 알파 또는 베타 붕괴로 한 원소가 다른 원소로 바뀐다. 반감기는 방사성 핵의 수가 원래의 절반으로 줄어드는 데 걸리는 시간이다.

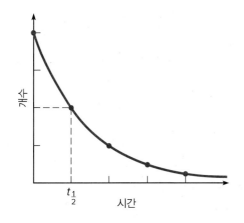

③ **핵반응과 핵분열** 모든 핵반응에서 한 원소는 다른 원소로 바뀔 수 있지만, 총 전하수(원자번호)와 질량수(핵자 수)는 보존된다. 핵분열은 우라늄 시료에 중성자를 충돌시켜 발견되었으며, 이는 우라늄-235 핵이 핵분열 조각으로 분열되고 중성자가 추가로 방출된다.

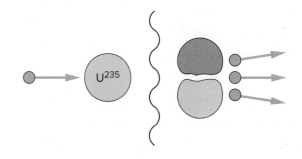

④ **원자로** 원자로는 통제된 핵분열 연쇄 반응이 일어나도록 함으로써 에너지를 발생시킨다. 감속재는 중성자를 느리게 하여 우라늄의 핵분열 가능한 동위원소인 우라늄-235가 흡수할 확률을 높인다. 제어봉은 중성자를 흡수하여 반응 수준을 제어하고, 냉각제는 생성된 에너지를 흡수한다. 폐연료봉에는 우라늄과 플루토늄뿐만 아니라 방사성 핵분열 조각들이 포함되어 있다.

⑤ **핵무기와 핵융합** 핵폭탄은 우라늄이나 플루토늄으로 만들 수 있다. 플루토늄은 중성자가 우라늄-238에 흡수될 때 원자로에서 생성된다. 핵융합에서는 작은 핵이 결합하여 더 큰 핵을 형성하는데, 이때 에너지가 방출될 수 있다. 수소폭탄은 핵융합에 필요한 높은 온도와 밀도를 얻기 위해 핵분열 폭탄을 사용한다.

$$_1H^2 + {}_1H^3 \rightarrow {}_2He^4 + {}_0n^1$$

개념문제

Q1. 1919년에 러더퍼드는 질소 기체에 알파 입자를 충돌시켰다.

    a. 이 실험에서 알파 입자 외에 질소 기체에서 새로 생겨난 입자는 무엇인가?

    b. 이 실험에서 러더퍼드가 내렸던 결론은 무엇인가? 설명하시오.

Q2. 같은 화학원소의 두 원자가 다른 질량을 가지는 것이 가능한가? 설명하시오.

Q3. 원소의 화학적 성질을 결정하는 것은 질량수인가? 원자번호인가? 설명하시오.

Q4. 핵반응에서 생성물은 반응물의 질량보다 작아질 수 있는가? 설명하시오.

Q5. 베타 붕괴에서 딸핵의 원자번호의 변화를 설명하시오.

Q6. 감마 붕괴에서 딸핵의 원자번호의 변화를 설명하시오.

Q7. 대기 중에 연기 입자가 존재하면, 연기 감지장치의 경보기에 흐르는 전류는 2가지 이유로 감소한다. 무엇인가? 설명하시오(일상의 자연현상 19.1 참고).

Q8. 모든 방사능 물질은 같은 붕괴율로 붕괴하는가? 설명하시오.

Q9. 화학 반응에서 반응물의 개개의 원소들은 바뀌지 않고 생성물에 존재한다. 핵반응에서도 이 경우가 맞는가? 설명하시오.

Q10. 왜 핵분열 조각이 같은 원소의 안정적인 동위원소보다 더 많은 중성자 수를 가지고 있고, 방사능이 있을 것으로 예상하는가? 설명하시오.

Q11. 우라늄 동위원소 중에서 가장 많은 것이 우라늄-238이다. 이 원소는 쉽게 핵분열 하는가? 설명하시오.

Q12. 원자로에서 감속재의 역할은 무엇인가? 자연 우라늄으로 연쇄 반응을 일으키려면 감속재는 왜 필요한지를 설명하시오.

Q13. 원자로에서 연쇄 반응의 속도를 줄이기 위해서는 제어봉을 더 넣어야 하는가? 제거해야 하는가? 설명하시오.

Q14. 원자로가 미임계 상태로 가면, 연쇄 반응의 속도는 빨라지는가? 설명하시오.

Q15. 페르미는 우라늄에 중성자를 입사시켜 우라늄보다 더 무거운 핵을 만들려는 실험을 하였다. 가능한지 설명하시오.

Q16. 원자력 발전소가 전력을 생산하도록 설계되어 있는데, 원자력 발전소에 증유 발전기가 필요한 이유는 무엇인가? 설명하시오(일상의 자연현상 19.1 참고).

Q17. 2차 세계대전 중에 미국의 핸포드에 만들어진 원자로의 용도는 무엇이었는가? 설명하시오.

Q18. 태양 에너지는 주로 핵분열로 생기는가? 설명하시오.

Q19. 핵분열 무기와 핵융합 무기 중 어느 것이 위력적인가? 설명하시오.

연습문제

E1. 아르곤의 원자번호는 18이고, 원자량은 대략 40이다. 아르곤의 가장 흔한 동위원소의 핵 속에 있는 중성자 수는 대략 몇 개인가?

E2. 어떤 동위원소의 양성자 수는 22이고, 중성자 수는 26이다. 관련 원소를 식별하고 이 원소의 원자번호와 질량수를 나타내는 표준 표기를 쓰시오.

E3. 라돈-222는 알파 붕괴한다. 다음 붕괴 반응식을 완성하고 딸핵을 확인하시오.

$$_{86}Rn^{222} \rightarrow ? + \alpha$$

E4. 산소-15는 양전자가 방출되는 양의 베타 붕괴를 하는 산소의 방사능 동위원소이다. 다음 붕괴 반응식을 완성하고 딸핵을 확인하시오.

$$_8O^{15} \rightarrow ? + _{+1}e^0 + _0\bar{v}^0$$

E5. 주어진 동위원소의 방사능 붕괴 정도가 28일 후에는 초기의 1/16로 줄어들었다. 이 동위원소의 반감기는 얼마인가?

E6. 우라늄-235의 주어진 핵분열 반응에 대한 핵분열 조각 중 하나가 바륨-144이고, 이 반응에서 2개의 중성자가 방출된다는 것을 발견했다고 가정하자. 다음 붕괴 반응식을 완성하고, 다른 핵분열 조각을 식별하시오.

$$_0n^1 + _{92}U^{235} \rightarrow ? + _{56}Ba^{144} + 2 _0n^1$$

종합문제

SP1. 부록 C에 있는 주기율표를 이용하여 원자번호가 증가함에 따라 중성자 수가 양성자 수에 비해 어떻게 증가하는지를 조사할 수 있다. 원자량을 가장 가까운 정수로 반올림하면, 각 원소의 가장 흔한 동위원소에 있는 핵자(중성자와 양성자)의 총 개수를 추정할 수 있다.

a. 탄소(C), 질소(N), 산소(O)의 흔한 동위원소에 대한 양성자와 중성자의 수를 구하시오.

b. 위 세 원소의 중성자와 양성자 비를 구하시오(비 = N_n/N_p).

c. 주기율표 중간의 은(Ag), 카드뮴(Cd), 인듐(In)에 대해서도 양성자 및 중성자의 수를 구하시오.

d. 문항 c에서의 중성자와 양성자 비를 구하시오. 평균비를 구하시오.

e. 토륨(Th), 프로트악티늄(Pa), 우라늄(U)에 대해서도 문항 a, b의 과정을 반복하시오.

f. 문항 b, d, e의 결과를 비교하여 우라늄이나 토륨이 붕괴 하면 왜 여분의 중성자가 생기는지를 설명하시오.

SP2. $_1H^2 + {_1}H^2 \rightarrow {_2}He^3 + {_0}n^1$ 핵융합 반응에서, 핵자들의 질량이 다음과 같이 주어진다.

H^2: 2.014 102 u

He^3: 3.016 029 u

n: 1.008 665 u

a. 이 반응에서 반응물과 생성물의 질량 차이 Δm을 구하시오.

b. 예제 19.2에 사용된 절차에 따라 이 질량 차이를 에너지 로 바꾸시오.

c. 이 반응에서는 에너지가 방출되는가? 방출되면 어떻게 방출되는가? 설명하시오.

UNIT 6

상대성이론과 그 너머의 세계
Relativity and Beyond

출처: *NASA, Jayanne English (University of Manitoba), Sally Hunsberger (Pennsylvania State University), Zolt Levay (Space Telescope Science Institute), Sarah Gallagher (Pennsylvania State University), and Jane Charlton*

이| 책 전반에 걸쳐 항상 우리의 주변에서 일어나는 일들인 일상의 현상에서의 물리적 개념의 근원과 일상생활에 응용할 수 있는 것을 강조함으로써 물리적 개념에 대한 이해를 증진하고자 하였다. 분명히 가끔씩 원자와 그 핵의 구조를 설명하는 부분에서는 잘 이해하지 못한 부분도 있다. 그러나 이 아이디어들은 간단한 실험에 근거를 두고 있고 익숙한 기술 분야에 많이 응용되고 있다.

현대물리학에서 가장 흥미로운 이이디어 중 몇 가지는 일상의 경험과 연관시키기가 좀 더 어려운데, 20세기 초기에 아인슈타인이 발견한 특수 및 일반 상대성이론이 그 예이다. 하지만 상대성이론을 공부하는 것은 재미있는데, 이는 이 이론이 공간과 시간에 대한 기본적인 개념을 재고하게 하기 때문이다. 아인슈타인의 아이디어는 사고의 폭을 넓혀줄 수 있다.

양자역학이 발달하고 핵물리학 분야에서 응용되면서 다시 한 번 일상생활과 멀리 떨어진 연구 분야가 생겨났다. 통상 **고에너지 물리학**이라고 하는 분야에서 새로운 입자들이 발견되고 있다. 이런 입자들은 눈으로 볼 수도 없는데다 기묘도(strangeness), 맵시(charm) 등 이상한 이름들을 가지고 있지만, 이 입자들도 우주의 근본적인 본질을 해독하는 데 있어서 긴요하다. 상대성이론과 고에너지물리학의 양자론을 이용하여 인간은 시간의 태초와 대폭발 시기로 되돌아갈 수 있다.

이 책의 마지막 두 장에서는 상대성이론(20장)과 현대물리학의 최근 연구(21장)를 간략히 다룬다. 21장은 입자 동물원, 우주론 및 미세전자공학과 컴퓨터에서 혁명을 가져온 응집물질물리학에서의 발전 등을 포함한다.

핵분열과 핵융합의 발견은 90년 전, 1930년대 및 1940년대에 이루어졌다. 이러한 비약적인 발전 이후에 어떤 일이 일어났는가? 앞으로는 물리학에서 무엇을 기대할 수 있을까? 이 책의 마지막 2개장이 예고편이 될 수 있을 것이다.

출처: NASA

CHAPTER 20

상대성이론
Relativity

학습목표

고전물리학에서 상대 운동이 어떻게 다루어지는가를 다시 검토한 후에 아인슈타인의 특수 상대성이론의 가정을 소개하고, 공간과 시간에 대한 견해에 대한 그 결과들을 검토한다. 그 뒤에는 어떻게 뉴턴의 운동 법칙을 보정하여야만 그 법칙들이 아주 빠른 속도로 운동하는 물체에 대하여도 성립하게 되는지를 고려하고 질량-에너지 등가의 아이디어를 다룬다. 마지막으로 일반 상대성이론을 간략하게 논의한다.

개요

1. **고전물리학에서의 상대 운동** 갈릴레이와 뉴턴은 상대 운동을 어떻게 기술했는가? 기준틀이 움직일 때 속도들은 어떻게 더해지는가?

2. **빛의 속도와 아인슈타인의 가설** 빛의 속도 측정에 적합한 기준틀은 무엇인가? 실험적 근거가 어떻게 아인슈타인의 특수 상대성 가설을 가져왔는가?

3. **시간 팽창과 거리 수축** 아인슈타인의 가설은 어떻게 시간과 공간에 대한 놀라운 결론을 가져왔는가? 시간 팽창과 거리 수축의 효과는 무엇인가?

4. **뉴턴의 법칙과 질량-에너지 등가 원리** 뉴턴의 운동 제2법칙을 어떻게 보정하여야 아주 빠른 속도에서도 성립하는가? 질량-에너지 등가 원리가 어떻게 등장하였는가?

5. **일반 상대성이론** 일반 상대성이론은 특수 상대성이론과 어떻게 다른가? 일반 상대성이론으로부터는 어떠한 새로운 결론들이 얻어지는가?

서 있는 버스에서 옆에 선 버스를 유리창 밖으로 내다보고 있는데 갑자기 옆의 버스가 앞으로 이동하면서 마치 자신은 뒤로 가는 듯한 또렷한 느낌을 가져본 경험이 있는가(그림 20.1)? 그 느낌은 그 버스가 시야에서 사라질 때까지 계속되며 그제서야 자신은 움직이고 있지 않음을 깨닫게 된다.

여러분의 **기준틀**의 운동 때문에 감각이 여러분을 속인 것이다. 우리는 보통 정지해 있는 것으로 생각하는 물체에 준하여 우리 자신의 운동을 측정한다. 이 물체들이 지표면에 고정되어 있으면 기준틀은 지구이며, 위치, 속도와 가속도가 그 기준틀에 대하여 측정된다. 그런데 그 고정된 기준틀이라고 했던 물체가 갑자기 이동하면 우리 자신이 이동하는 것으로 느낄 수 있다.

모든 운동은 어느 기준틀에 대하여 측정되어야 하는데, 그 기준틀도 움직이는 수가 있다. 지구는 그 축 주위로 회전하면서 태양 주위를 공전한다. 태양은 또 다른 별들에 대하여 이동하며 별들도 또 그러하다. 한 기준틀에서 정지한 물체라도 다른 기준틀에서는 움직이고 있을 수 있기 때문에 기준틀을 정의해 두어야만 운동을 완전하게 기술할 수 있다.

기준틀을 정의하고 어떤 운동이 다른 기준틀에서 보면 어떻게 보일 것인가를 기술하는 문제는 갈릴레이와 뉴턴 모두에 의해서 논의되었다. 기준틀 사이의 상대 속도가 크지 않다면 이는 간단한 문제이다. 이런 의미에서의 상대 운동은 늘 경험하는 일이다. 예로, 흐르는 강물에 대한 보트의 운동은 많은 이들에게 낯설지 않은 일이다.

그림 20.1 옆의 버스가 앞으로 움직이면 자신이 타고 있는 버스가 뒤로 가는 느낌을 받는다.

그러나 아인슈타인이 어린 시절에 그랬듯이 빛과 같은 속도로 이동하는 경우를 상상해본다면 아주 흥미로운 몇 가지 문제들이 떠오른다. 이 몇 가지 문제들을 해결하다가 아인슈타인이 1905년에 **특수 상대성이론**을 발견하였다. 이 이론은 주로 다른 기준틀들이 서로에 대하여 일정한 상대 속도로 이동하는 경우를 다룬다. 아인슈타인이 약 10년 늦게 출판한 **일반 상대성이론**은 중력과 가속도가 있는 기준틀과의 관계를 다루었다. 두 이론은 인간이 우주를 보는 방법에 대변혁을 가져왔다.

20.1 고전물리학에서의 상대 운동

흐르는 강물에 나뭇가지를 떨어뜨리고 그 가지가 물에 흘러 내려가는 것을 바라보고 있다고 상상해보자(그림 20.2). 나뭇가지의 속도는 강둑에 대하여 얼마일까? 물에 대한 속도는 얼마이며 이 두 속도는 서로 어떤 관계가 있을까? 흘러가는 강물에서 움직이는 모터보트를 고려하면 이런 묘사는 어떻게 바뀔까? 이러한 문제들은 갈릴레이와 뉴턴이 발전시킨 고전역학의 기틀 안에서 설명할 수 있다.

속도는 어떻게 더해지는가?

나뭇가지를 물에 던지면 나뭇가지는 순식간에 강물의 속도에 이른다. 일단 그런 상태가 되면 둑에 대한 나뭇가지의 속도는 강물의 속도와 같지만 물에 대한 나뭇가지의 속도는 0이다. 물을 따라 흘러가는 보트에서 이 나뭇가지를 관찰하면 나뭇가지는 움직이지 않는 것처럼 보일 것이다.

그림 20.2 떠내려가는 나뭇가지는 물의 흐름과 같이 움직인다. 강둑에 대한 가지의 속도는 얼마일까? *Jill Braaten*

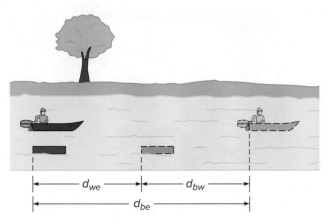

그림 20.3 모터보트와 나뭇조각이 하류로 이동한다. 나뭇조각이 d_{we}를 가는 동안 보트는 d_{be}의 거리를 이동한다.

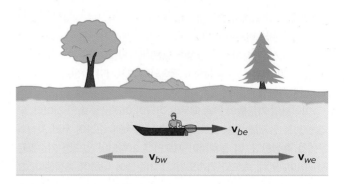

그림 20.4 상류로 향하는 모터보트는 물에 대한 속도 $\mathbf{v}_{bw}$가 충분히 크지 못하면 유속을 이기지 못한다.

보트가 노나 모터 또는 돛을 이용하여 물에 대하여 움직이면 좀 더 재미있는 상황이 벌어진다. 이 경우 물에 대한 보트의 속도는 0이 아니다. 보트는 물에 대하여 움직이며 강물은 둑에 대하여 움직인다(그림 20.3). 보트와 강물이 같은 방향으로 움직이면, 물에 대한 보트의 속도를 둑에 대한 물의 속도에 더하면 지구에 대한 보트의 전체 속도가 얻어진다고 가정할 수 있다. 이는 움직이는 에스컬레이터나 공항에서 볼 수 있는 이동식 보도 위에서 걷는 것과 같다.

이 아이디어를 수식으로 표기하면 다음과 같다.

$$\mathbf{v}_{be} = \mathbf{v}_{bw} + \mathbf{v}_{we}$$

여기서 $\mathbf{v}_{be}$는 지구에 대한 보트의 속도, $\mathbf{v}_{bw}$는 강물에 대한 보트의 속도, 그리고 $\mathbf{v}_{we}$는 지구에 대한 강물의 속도이다. 지구에 대한 보트의 속도는 물에 대한 보트의 속도와 지구에 대한 강물 속도의 벡터 합이다.

그림 20.3에 보인 바와 같이 고정된 시간 내에 물과 보트가 이동하는 거리를 고려해보면 이들 속도가 더해져야 한다는 예측이 옳다는 것을 알 수 있다. 이 시간에 강물에 떠내려가는 나뭇조각은 d_{we}의 거리를 움직이는데, 이는 물이 지구에 대하여 이동한 거리이다. 그러나 같은 시간에 보트는 물에 대하여 d_{bw}라는 거리를 이동하여 나뭇조각보다 그만큼 앞에 가 있다. 이 경우 보트가 지구에 대하여 이동한 전체 거리 d_{be}는 다른 두 거리를 더한 것과 같다. 속도의 크기(속력)는 거리를 시간으로 나눈 것이므로 속도도 더해진다.

이 아이디어를 세 속도가 모두 한 방향을 향하고 있는 간단한 경우에 대하여 설명하였지만, 속도 더하기 결과는 일반적으로도 타당하다. 예를 들어, 보트를 상류 방향으로 향하게 할 경우(그림 20.4) 보트와 강물 속도가 서로 다른 방향이라는 점은 부호를 다르게 하여 나타낼 수 있다. 예제 20.1을 참고하라.

데릭과 테레사 두 사람이 보트에 타고 있다. 데릭은 3.8 MPH의 속도로, 그리고 테레사는 4.6 MPH의 속도로 노를 저을 수 있다고 한다. 강물은 둑에 대하여 4.0 MPH의 속도로 흐르고 있다. 다음 각 경우에 대하여 보트의 지구에 대한(또는 둑에 대한) 상대 속도 v_{be}를 구하시오.

    a. 데릭이 흐름에 거슬러 노를 저을 경우

    b. 테레사가 흐름에 거슬러 노를 저을 경우

    c. 데릭이 흐름을 따라 노를 저을 경우

여기서 물의 흐르는 방향을 음의 방향으로 잡는다. 따라서 물을 거슬러 올라가는 경우 그 속도는 양수가 된다. 계산 결과 속도가 음수이면 물이 흐르는 방향임을 말한다.

a. 데릭이 흐름에 거슬러 노를 저을 경우

$$v_{bw} = 3.8 \text{ MPH} \qquad v_{be} = v_{bw} + v_{we}$$
$$v_{we} = -4.0 \text{ MPH} \qquad v_{be} = 3.8 + (-4.0)$$
$$v_{be} = ? \qquad\qquad \mathbf{v_{be} = -0.2 \text{ MPH}}$$

b. 테레사가 흐름에 거슬러 노를 저을 경우

$$v_{bw} = 4.6 \text{ MPH} \qquad v_{be} = v_{bw} + v_{we}$$
$$v_{we} = -4.0 \text{ MPH} \qquad v_{be} = 4.6 + (-4.0)$$
$$v_{be} = ? \qquad\qquad \mathbf{v_{be} = +0.6 \text{ MPH}}$$

c. 데릭이 흐름을 따라 노를 저을 경우

$$v_{bw} = -3.8 \text{ MPH} \qquad v_{be} = v_{bw} + v_{we}$$
$$v_{we} = -4.0 \text{ MPH} \qquad v_{be} = -3.8 + (-4.0)$$
$$v_{be} = ? \qquad\qquad \mathbf{v_{be} = -7.8 \text{ MPH}}$$

2차원에서는 속도가 어떻게 더해지는가?

상대 속도의 더하기 관계는 2, 3차원으로 확장할 수 있다. 예를 들어 그림 20.5에서처럼 강을 건넌다고 하자. 모터보트를 강 건너 목표지점을 바로 향하게 하면 보트가 그 지점에 도착할 수 있을까? 강이 흐르고 있으면 불가능한 일이다.

보트가 강을 건너면서 물에 대하여 움직이는 것과 동시에 물은 지구에 대하여 하류로 흐른다. 보트는 강을 건너 이동하는 동안 하류 방향으로 이동한다. 앞에서와 같이 두 속도가 더해진다. (벡터를 더하는 과정은 부록 A에 수록하고 그림 20.5에 보인 그림을 이용한 방식으로 처리한다.) 이 경우 지구에 대한 보트의 속도 크기(속력)는 단순히 두 속력을 수치적으로 더한 것과 같지 않다. 속도 벡터는 벡터 도형에서 빗변이므로 다른 두 변의 제곱의 합에 이중근을 취한 값이다.

따라서 출발점 바로 건너편의 어느 점에 도착하고자 한다면 강둑에 수직하게 그린 선에서

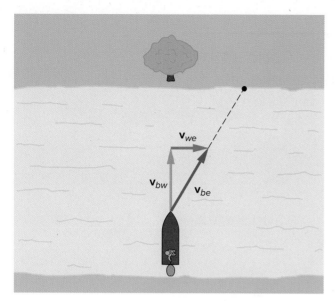

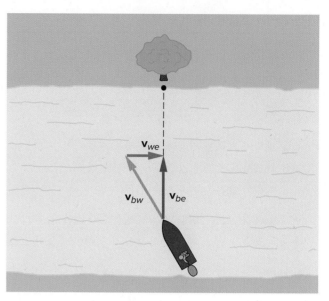

그림 20.5 강 건너 맞은편을 향한 모터보트는 하류 방향으로 내려간 지점에 도달한다.

그림 20.6 강 건너 맞은편에 도달하려면 모터보트는 상류 방향으로 향해야 한다.

상류 방향으로 적당한 각도로 보트의 방향을 잡아야 한다(그림 20.6). 이 경우 두 속도가 더해지면 지구에 대한 보트의 속도가 강에 직각인 방향으로 얻어진다. 그러나 벡터 도형에서 볼 수 있듯이, 이 속도의 크기는 물에 대한 보트의 속도보다는 작다.

동일한 분석법을 비행기에도 적용할 수 있다. 공기에 대한 비행기의 속도($\mathbf{v}_{pa}$)와 지구에 대한 바람의 속도($\mathbf{v}_{ae}$)를 더하여 지구에 대한 비행기의 속도 $\mathbf{v}_{pe} = \mathbf{v}_{pa} + \mathbf{v}_{ae}$를 얻는다.

뒤에서 부는 바람의 효과는 앞바람이나 옆바람의 효과와 다르다. 이 상황은 물 위의 보트와 전적으로 유사하다.

상대성 원리

속도 더하기는 움직이는 자동차에서 일어나는 사건에도 적용할 수 있다. 예를 들어 지구에 대하여 일정한 속도로 비행하는 대형 여객기의 복도를 앞쪽으로 걸어가고 있다고 상상해보자. 비행기에 대하여 걷는 속도와 비행기의 대지에 대한 속도를 더하여야만 지표에 대한 속도를 알아낼 수 있다. 그러나 실제로 지구에 대한 속도보다는 비행기에 대한 속도를 훨씬 더 잘 알고 있다. 비행기가 기준틀이다.

비행기가 일정한 속도로 비행하기만 하면 비행기의 운동을 의식하지 않고도 비행기 안을 편하게 돌아다닐 수 있다. 사실, 비행기 안에서 공을 앞뒤로 던지거나 물리 실험을 하여도 그 실험을 고정된 건물에서 했을 때와 동일한 결과가 얻어진다. (그러나 지구는 자전과 공전을 하기 때문에 정말로 정지해 있다고 할 수는 없다.)

비행기가 대략 일정한 속도로 비행하고 있을 때조차도 가끔씩 비행기를 흔드는 난기류 때문에 움직인다는 느낌을 가지게 된다. 창밖을 내다보고 구름이나 지표면이 뒤로 가는 것을 볼 수도 있다. 그러나 대기의 흔들림이 없고 창문 차광막을 내린 경우라면 실제로 움직이고 있는지 느낌으로는 알 수 없다. 이런 무지각 현상은 일정한 속도로 오르내리는 엘리베이터 안에서 더 두드러진다. 엘리베이터는 보통 창이 없고 아주 부드럽게 움직이므로 실제로 움직이고 있는지의 여부를 판가름하기가 어려워진다.

이러한 생각들을 갈릴레이와 뉴턴 모두 검토하였고 종종 **상대성 원리**(principle of relativity)로 요약된다.

> 물리 법칙은 어느 관성 기준틀에서도 동일하다.

이 원리는 물리 실험을 통해 기준틀이 움직이고 있는지의 여부를 판가름할 수는 없음을 뜻한다. 기준틀이 다른 관성 기준틀에 대하여 일정한 속도로 움직이고 있는 한 실험 결과는 동일하다.

관성 기준틀

그러면 관성 기준틀이란 무엇인가? 이 시점에서 뉴턴이 겪었던 논리적 난관에 부딪힌다. 뉴턴의 운동 제2법칙은 관성 기준틀, 그러니까 뉴턴의 운동 제1법칙이 성립하는 그런 기준틀에서만 성립한다. 어느 물체에 가해지는 알짜힘이 0일 때 정지해 있던 물체가 계속 그대로 있으면 그 물체가 있는 기준틀은 관성 기준틀이다. 어떤 관성 기준틀에 대하여 일정한 속도로 움직이는 기준틀도 역시 관성 기준틀이다.

어느 다른 기준틀이 관성 기준틀에 대하여 가속된다면 그 가속된 기준틀은 관성 기준틀이 아니다. 예를 들어, 만약 타고 있는 비행기가 난기류에 의해 생긴 가속도 때문에 위아래로 흔들린다면 실험 결과는(그리고 또 똑바로 걷는 능력도) 달라질 것이다. 마찬가지로, 엘리베이터가 위나 아래로 가속될 때는 겉보기 몸무게가 달라진다. 4장에서 논의한 그런 체중계에 올라서 있다면 그 변화가 눈금에 나타난다. 다른 실험들도 이 가속도 때문에 달라졌을 것이다.

뉴턴의 운동 제2법칙을 이러한 상황에 적용하려 한다면 기준틀이 가속되고 있는 결과로 나타나는 가상력 또는 **관성력**을 더해주어야만 뉴턴의 제2법칙이 성립한다. 회전 기준틀에서 느끼는 것으로 가끔 언급되는 **원심력**이 바로 그러한 가상력이다. 회전 기준틀에는 구심 가속도가 있고, 따라서 이는 정확한 관성 기준틀이 아니다. 사람은 원심력에 의해 마치 바깥쪽으로 당기는 듯한 힘을 느끼나, 정확한 관성 기준틀에서 보았다면 이 겉보기 힘은 실제로는 관성이 작용한 결과, 즉 기준틀은 회전하는데 몸은 그대로 직선방향으로 계속 가려는 성질의 결과이다.

회전 기준틀에서 존재하는 것처럼 보이는 원심력은 그 힘을 받은 물체와 다른 물체와의 상호작용에 의해 생긴 힘이 아니기 때문에, 뉴턴식 사고로는 올바른 힘이 아니다. 다시 말하면, 이 힘은 뉴턴의 힘의 정의의 일부인 뉴턴의 제3법칙을 따르지 않는다. 이 힘은 순전히 기준틀의 가속 때문에 생긴 가상적인 힘이다. 마치 가속되는 엘리베이터에서 겉보기 몸무게가 늘거나 주는 것과 같다.

관성 기준틀의 정의는 언뜻 간단해 보인다. 관성 좌표계란 가속도가 없는 기준틀이다. 그러나 무엇에 대하여 그러하다는 것인가? 대부분의 경우 지표면은 그 가속도가 대단히 작기 때문에 이를 관성 기준틀로 취급한다. 그러나 지구는 자전과 태양 주위를 (곡선 경로로) 공전하고 있어서 태양에 대해서는 가속도가 있다. 태양은 또 다른 별들에 대하여 가속되므로 태양도 완벽하게 정확한 관성 기준틀은 아니다.

문제는 절대적으로 움직이지 않는, 적어도 어떤 의미에서도 가속도가 없는 그런 기준틀을 설정하는 일이 명백하게 불가능하다는 점에서 시작된다. 19세기 후반, 맥스웰의 전자기파에 대한 예측과 설명이 이 문제에 대한 새로운 관심을 불러일으켰다. 빛의 속도의 측정이 절대적인 관성 기준틀의 설정에 도움이 될 수 있다는 가능성은 호기심을 자극하는 발상이었다. 빛의 속도를 측정하기에 적절한 기준틀에 대한 질문들이 아인슈타인의 특수 상대성이론을 탄생시켰다.

> 모든 물체의 속도는 항상 어떠한 기준틀에서 측정된다. 일상의 운동에 대하여서는 지표면이 그런 기준틀이 된다. 강물에 떠 흘러가는 보트의 경우처럼, 한 기준틀이 다른 기준틀에 대하여 움직이고 있다면 강물에 대한 보트의 속도를 지구에 대한 강물의 속도와 더하여 지구에 대한 보트의 속도를 구할 수 있다. 이런 과정은 직선 운동뿐만 아니라 2차원, 3차원에서도 성립한다. 갈릴레이와 뉴턴은 물리 법칙이 어떤 관성 기준틀에서든 항상 같은 꼴을 한다는 것을 발견하였다. 어려움은 절대 관성 기준틀을 설정하려는 과정에서 나타난다.

20.2 빛의 속도와 아인슈타인의 가설

빛은 전자기파로, 16장에서 논의한 바와 같이 처음에는 맥스웰의 전자기 이론에 의해 예측되었다. 전자기파는 진공은 물론 공기, 유리 및 기타 투명한 물질을 통해 전파하는 진동하는 전기장과 자기장으로 이루어진다. 빛은 진공을 통해서 나아갈 수 있다.

빛이 진공을 지나갈 때에도 빛이 전달되는 매질이 존재하는가? 대부분의 파동은 어떠한 매질이나 물질을 통하여 전달된다. 음파는 공기(그리고 다른 물질), 수면파는 물, 밧줄의 파동은 밧줄을 통해 전달된다. 빛에게도 그런 매질이 존재하는가? 19세기 후반에는 (그리고 지금에도) 이 문제는 물리학의 근본적인 문제 중의 하나였다.

투명 에테르란 무엇인가?

맥스웰이 전기장과 자기장의 개념을 소개했을 때 그는 기계적 모형을 이용하여 그 아이디어를 가시화하고자 했다. 전기장은 빈 공간에 존재할 수 있다. 전기장은 그 장이 존재하는 공간의 어느 한 점에 전하가 놓이면 느끼게 되는 단위 전하당의 힘이다. 장을 정의하는 데는 전하가 (또는 다른 어느 것도) 없어도 된다. 장은 공간의 특성이다.

장이 있으면 (장이) 어떻게든 공간을 바꾸거나 변형시켜야만 대전 입자에 영향을 미친다. 맥스웰은 빈 공간이 탄성 특성을 가지고 있다고 상상하였다. 빈 공간을 아주 작고 질량이 없으면서 서로 연결된 용수철과 같은 것으로 생각할 수도 있다(그림 20.7). 계속 변화하는 전자기파의 전기장 및 자기장은 이 용수철 배열의 변형으로 볼 수 있다. 맥스웰은 이것이 빈

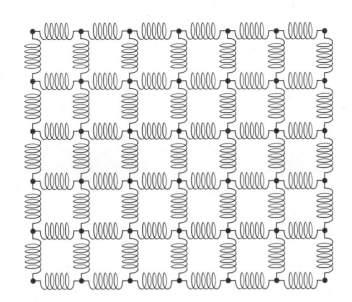

공간에 대한 정확한 묘사라고 믿지 않았지만, 그러한 모형이 그로 하여금 장과 파동의 전파 과정에 대하여 생각하는 데 도움이 되었을 수 있다.

이 모형을 글자 그대로 받아들이지는 않더라도, 빈 공간에 탄성 특성이 있다고 하는 것은 파동이 공간을 진행하는 것을 설명하는 데 필요할 것 같았다. 그렇지 않다면 파동이 진행하는 데 진동하는 것이 아무것도 없게 된다. 진공 속에 존재할 수 있는 이 보이지 않고 탄성이 있으며, 그리고 질량도 없어 보이는 매질을 **투명 에테르**라 하였다. 이것이 빛의 파동과 기타 전자기 파동이 타고 진행하는 것으로 상상되던 매질이었다. 전자기파의 진행을 설명하기 위해 그것이 필요한가 아닌가는 토론의 대상이었다. 맥스웰 자신은 전적으로 확신을 가지고 있지 않았다.

에테르가 보편적인 기준틀이 될 수 있는가?

에테르가 존재한다는 상상은 20.1절에서 논의한 관성 기준틀의 문제를 풀기 위한 대단히 흥미로운 가능성을 연 것이었다. 아마도 에테르는 어느 운동이든지 측정하기 위한 절대적 또는 보편적인 관성 기준틀로 사용할 수 있었을 것이다. 여타의 모든 관성 기준틀은 에테르에 대하여 일정한 속도로 이동하고 있을 터였다. 에테르 그 자체는 빈 공간에 어떻게든 채워져서 고정된 것으로 묘사할 수 있었다.

어떻게 운동을 이 에테르에 대하여 측정할 수 있을까? 간단히 빛의 속도를 측정하면 된다. 지구가 에테르에 대하여 운동하고 있다면 빛의 속도는 이 운동에 의해서 영향을 받아야만 한다. 20.1절에서 소개한 속도 더하기 공식이 성립해야 할 것이다. 이 아이디어는 그림 20.8과 같이 흐르는 강물 위의 물결을 고려하면 가시화하기가 쉽다.

물결이 강물에 대하여 $\mathbf{v}_{ws}$의 속도로 이동하고, 강물이 지구에 대하여 같은 방향으로 $\mathbf{v}_{se}$의 속도로 흐른다면 지구에 대한 물결의 속도 $\mathbf{v}_{we}$는 강 하류로 가고 있는 보트처럼 $\mathbf{v}_{we} = \mathbf{v}_{ws} + \mathbf{v}_{se}$이어야 한다. 매질(이 경우 강물)에서 물결의 속도와 지구에 대한 매질의 속도를 더하면 지구에 대한 물결의 속도가 된다.

그림 20.8 강물에 대한 물결의 속도와 강물의 속도를 더하면 지구에 대한 물결의 속도가 얻어진다.

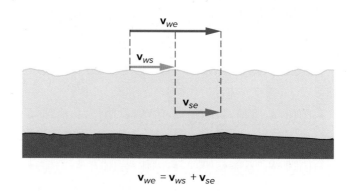

$$\mathbf{v}_{we} = \mathbf{v}_{ws} + \mathbf{v}_{se}$$

이 아이디어를 에테르 내에서 이동하는 빛으로 연장하는 것은 어려운 일이 아니다. 지구가 에테르 속을 이동하고 있다면 에테르도 지구를 지나 흐르고 있다. 그러면 우리가 측정하는 빛의 속도는 에테르에 대한 빛의 속도와 지구에 대한 에테르 속도의 벡터 합이어야 한다. 지구에 대한 빛의 속도를 1년 중 여러 번에 걸쳐 정확하게 측정하면 지구가 에테르에 대하여 특정한 방향으로 움직이고 있는지를 알 수 있을 것이다.

마이컬슨-몰리 실험

에테르에 대한 지구의 운동을 검출하기 위한 가장 유명한 실험이 1880년대 클리블랜드에 있는 지금의 케이스 웨스턴 리저브 대학교(Case Western Reserve University)에서 마이컬슨(Albert Michelson, 1852~1931)과 몰리(Edward Morley, 1838~1923)에 의하여 실시되었다. 미세한 빛의 속도의 차이를 측정하기 위해서 이들은 마이컬슨이 고안하여 현재 마이컬슨 간섭계라 부르는 특수기기를 사용하였다. 이름이 암시하듯이 이 기기는 간섭현상을 이용하여 극히 작은 빛의 속도나 빛이 진행한 거리의 미세한 차이를 측정한다(16.3절 참고).

마이컬슨 간섭계는 그림 20.9에 보인 바와 같다. 왼쪽의 광원에서 나온 빛은 반거울에 의해 2개의 광선(빛살)으로 나누어진다. 대략 이 반거울에 도달하는 빛의 반 정도가 투과하고 반은 반사하여 밝기가 같은 두 빛살이 만들어진다. 이 두 빛살은 그림에 보인 바와 같이 직각방향으로 진행하고 거울에 의해 반사한 뒤 반거울을 통해 되돌아간다. 여기서 다시 빛살이 부분적으로 투과하며 일부는 다시 반사된다.

관측자는 그림 20.9의 아래쪽에 있는 간섭계의 네 번째 면에서 광원의 영상을 보게 된다. 관측자가 보는 빛은 같은 광원에서 나왔으나 서로 다른 경로를 진행하였기 때문에 광원 영상의 각 점마다 빛의 위상이 일치하거나 어긋나거나 한다. 거울 하나가 약간 기울어져서 빛살과 정확하게 직각을 이루지 않으면 이 위상차에 의하여 그림 20.9에서와 같은 검고 흰 줄무늬가 만들어진다. 검은 줄은 소멸 간섭, 밝은 줄은 보강 간섭에 의해 얻어진다.

어떤 일이 일어나서 이 빛살 중 하나가 끝의 거울까지 왕복하는 시간이 달라지면 줄무늬 모양이 이동한다. 마이컬슨과 몰리는 만약 에테르가 이 간섭계의 한 팔과 나란한 방향으로 흐른다면 에테르의 흐르는 방향과 나란한 방향으로 진행하는 빛살의 왕복시간은 에테르의 흐르는 방향과 수직한 방향으로 움직이는 빛살의 왕복시간과 약간 다를 것으로 추리하였다.

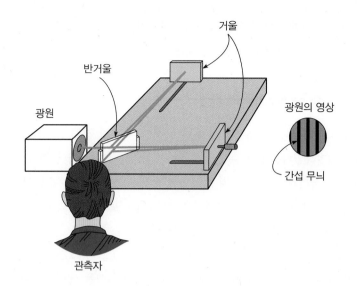

그림 20.9 마이컬슨 간섭계. 2개의 수직한 팔을 따라 움직이는 광파가 간섭하여 흑백의 무늬를 만든다.

이 시간 차이는 각각의 팔을 따라 진행하는 빛의 유효 파동 속도를 알면 계산 가능하다. 그 계산은 강물에 나란하게 또는 수직하게 움직이는 보트의 경우와 비슷하다.

예상된 간섭 무늬의 이동을 관찰하려면 간섭계는 (관측자와 함께) 90° 회전하여 에테르의 흐름과 나란했던 팔이 이제는 그 흐름에 수직하게 될 수 있어야 한다. 마이컬슨과 몰리는 수은통에 띄운 돌판 위에 간섭계를 얹어 간섭계가 부드럽게 돌 수 있게 하였다. (수은은 무거운 돌판을 띄울 수 있을 정도로 무거운 유일한 가용 액체였다.)

마이컬슨과 몰리는 에테르에 대한 지구 속도의 일부는 태양 주위를 도는 지구의 공전에서 온다는 가정을 기반으로 하여 계산을 하였다. 이들은 에테르가 태양에 대하여 정지해 있다고 가정할 수 없었기 때문에 그해 여러 번에 걸쳐 실험을 해야만 했다. 그해 어느 시점에서 지구의 운동이 에테르 운동의 어느 성분과 평행하여야 하고 그 뒤 6개월 후에는 그 반대방향일 것이다(그림 20.10). 이들은 에테르에 대한 지구의 최소 속도가 태양 주위를 도는 지구의 궤도 속도일 것으로 가정하였다. 에테르가 태양에 대하여 정지 상태에 있다면 그러할 것이다. 만약 에테르가 태양에 대해서 움직인다면 지구에 대한 에테르의 상대 속도는 한 해 중 어떤 때에는 심지어 더 크게 될 것이다.

마이컬슨–몰리의 실험 결과는 실망스러운 것이었다. 1년 중 어느 때 간섭계를 돌려보아도 간섭 무늬의 이동이 관찰되지 않았다. 무늬의 이동 폭은 (간섭 무늬 폭의 절반 정도로) 작을 것으로 예상되기는 했지만 그 실험의 기반이었던 가설에 의하면 관찰은 되었어야만 했다.

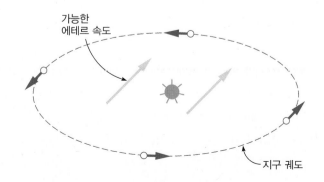

그림 20.10 태양에 대한 지구의 운동방향에 무관하게, 1년 중 어느 시점에서는 지구가 에테르에 대하여 운동을 하여야 한다.

그 실험은 에테르에 대한 지구의 운동을 측정하지 못했다. 그러나 종종 과학에서는 예상하던 것을 발견하지 못하는 것이 중요한 결과일 수도 있다.

아인슈타인의 특수 상대성이론의 가설

에테르에 대한 지구의 운동을 검출하려 했던 마이컬슨-몰리 실험의 실패는 에테르에 대한 새로운 문제를 제기하였다. 왜 그 운동을 측정하지 못했을까? 어쩌면 에테르는 마치 대기처럼 지구에 붙어서 끌려가기 때문에 지구 표면에서 하는 실험으로는 운동을 측정할 수 없는지도 모른다. 그러나 1년 중 다른 시점에서 본 별들의 겉보기 위치의 변화를 포함하는 다른 관찰 결과들 때문에 이 가설은 불가능해 보였다.

아인슈타인은 마이컬슨-몰리의 실험 당시에 어린아이였으며 그가 상대성이론에 대한 연구를 시작할 당시에도 그 실험 내용을 알지 못했다. 하지만 그는 에테르의 존재에 대한 논쟁을 알고 있었다. 이 딜레마에 대한 그의 해결책은 간단하면서도 혁명적이었다. 그는 실험으로 실제로 그러하기에 빛의 속도는 광원이나 기준틀의 속도와 무관하다는 것을 그냥 근본적인 가설로 설정하였다.

아인슈타인은 실제로는 1905년에 출판된 특수 상대성이론의 도입 논문에서 2개의 가설을 천명하였다. 첫째는 200년 전에 갈릴레이와 뉴턴이 유사하게 천명하고 20.1절에서 논의한 상대론의 원칙을 재확인하는 것이었다.

> **가설 1: 물리 법칙은 어느 관성 기준틀에서나 동일하다.**

둘째 가설은 빛의 속도에 관한 내용이다.

> **가설 2: 진공에서 빛의 속도는 광원과 관측자의 상대 속도에 관계없이 어느 관성 기준틀에서나 동일하다.**

두 가설 모두 아인슈타인의 이론에 중요하지만, 둘째 가설은 사고에 혁명적인 변화를 요구한다. 그가 하는 말은 본질적으로 빛(또는 전자기파)은 대부분의 파동 혹은 움직이는 물체와 같이 행동하지 않는다는 점이다. 비행 중인 비행기 안에서 공을 던지면 공의 속도는 비행기에 대한 공의 속도와 지표면에 대한 비행기 속도의 벡터 합이다. 조종사가 기내 방송으로 말을 하면 그 음파는 비행기 내의 공기에 대한 음속과 지구에 대한 비행기의 속도의 벡터 합인 대지 속도로 진행한다(그림 20.11).

그러나 비행기에서 손전등을 비추면 비행기에서 측정한 빛의 속도는 아인슈타인의 둘째 가설에 의하여 지상에 정지해 있는 관측자가 같은 손전등에 대하여 측정한 빛의 속도 값과 같아야 한다. 고전적인 벡터 합 공식은 빛에 대해서는 성립하지 **않는다**. 이는 1905년의 물리학자들에게 받아들이기 쉬운 발상이 아니었다. 사실 이 둘째 가설을 좀 더 자세히 검토해보면 공간과 시간 그 자체에 대하여 다시 생각해볼 것을 요구하고 있음을 알게 된다. 상대성이론의 이 면이 정말로 우리의 사고를 자극한다. 20.3절에서 이 결과들의 일부를 탐구할 것이다.

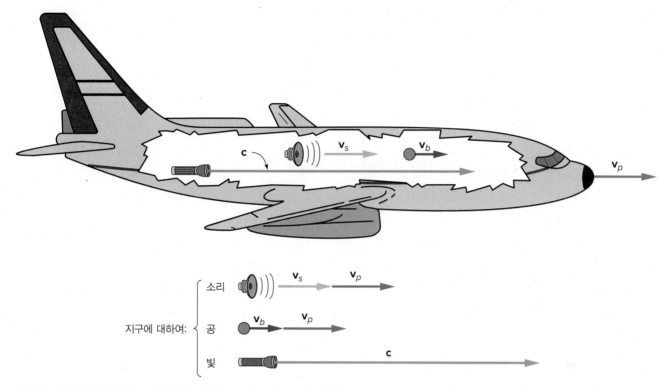

그림 20.11 음파나 공과 달리, 비행기의 속도와 손전등 빛의 속도를 더하여 지구에 대한 빛의 속도가 얻어지지 않는다. 빛의 속도는 누가 보아도 항상 같다. (속도 벡터의 크기는 실제 비례가 아니다.)

에테르는 전자기파의 매질인 것으로 가정되었다. 이러한 파동은 진공 중에서 진행할 수 있기 때문에 진공 중에 에테르가 존재하는 것으로 생각되었다. 지구가 에테르를 통해 나아간다면 절대 기준틀을 에테르에 준하여 설정할 수도 있을 것이다. 마이컬슨—몰리의 실험은 에테르에 대한 지구의 운동을 검출하는 것을 목적으로 시행되었으나 실패하였다. 이와 기타 실험에 답하여 아인슈타인은 에테르의 존재를 부정하면서 빛의 속도는 어느 관성 기준틀에서나 모두 같다고 가정하였다. 이 가정은 인간의 공간과 시간의 개념에 대한 혁명적인 의미를 담고 있다.

20.3 시간 팽창과 거리 수축

속도의 단위는 거리(공간의 척도)를 시간으로 나눈 비, 예를 들어 m/s이다. 속도 더하기 법칙은 서로 다른 관측자들이 서로에 대하여 상대적으로 움직이는지 아닌지의 여부와 관계없이 같은 방법으로 시간과 공간을 측정하여 같은 결과를 얻을 수 있다는 가정에 달려 있다. 이 가정은 일상의 경험과 일치한다.

빛의 속도가 보통의 속도처럼 더해지지 않는다면 관측자들 사이에 공간과 시간을 측정하는 방법에 분명 문제가 있다. 빛의 속도가 모든 관측자들에게 동일하다는 아인슈타인의 둘째 가설을 받아들인다면 공간과 시간이 모든 관측자들에게 모두 같다는 생각을 버려야만 한다. 이는 직관 혹은 상식에 반하는 일이며 내재적으로 진실인 것 같아 보이는 생각들을 버릴 것을 요구한다.

　　이런 문제들에 접근하기 위해서 아인슈타인은 **사고 실험**, 즉 엄청난 속도가 필요하기 때문에 실제로 해볼 수 없지만 쉽게 상상할 수 있고 그 결과도 탐구해볼 수 있는 실험들을 고안하였다. 사고 실험을 통하여 아인슈타인의 둘째 가설을 받아들이기 위해서는 공간과 시간의 개념이 어떻게 바뀌어야만 하는지 알게 되었다. 사고 실험은 누구나 할 수 있다. 실험 장비가 아무것도 필요하지 않기 때문이다.

다른 관측자들에 의한 시간의 측정

　　빛의 속도를 측정 표준으로 하여 시간을 측정하고자 한다. 또한 지구에 대하여 대단히 빠른 속도로 움직이는 우주선에 타고 있다고 상상해보자. 우주선의 한쪽에 커다란 유리창이 달려 있어 지구에 있는 다른 관측자도 실험을 관찰하면서 측정을 할 수 있을 것이다.

　　어떻게 빛의 속도를 시간의 표준으로 사용하는가? 한 가지 방법은 머리 위쪽에 있는 거울로 똑바로 빛살을 보내고 그 빛살이 거울까지 갔다가 돌아오는 시간을 시간의 기본 단위로 사용하는 것이다. 이런 설비가 **빛 시계**(light clock)이다. 이 시계는 빛의 속도를 이용하여 시간의 표준을 잡는다. 광원에서 거울까지의 거리가 d라면(그림 20.12), 빛이 거울까지 왕복(거리 $2d$)하는 데 걸리는 시간은 다음과 같다.

$$t_0 = \frac{2d}{c}$$

여기서 c는 빛의 속도이다. 이 값이 우주선에서 측정되는 시간의 기본 단위이다.

　　유리로 벽을 댄 우주선이 스쳐 지나갈 때 지구에 서 있는 관측자도 역시 빛살이 거울까지 왕복하는 데 걸리는 시간을 관찰할 수 있다. 그러나 이 관측자는 벌어지는 현상을 조금 다르게 본다. 우주선이 지구에 대하여 속도 **v**로 이동한다면 거울도 그 속도로 달릴 것이다. 빛살이 거울에서 반사한 뒤(역시 이동해 간) 광원으로 돌아오려면 빛살은 그림 20.13에 보인 바와 같은 대각선 경로를 따라 이동해야 한다.

　　지구에 있는 관측자가 같은 빛 시계를 이용하여 시간의 단위를 설정하려 한다면 그때의 기본 시간 t는 t_0보다 클 것이다. 지상의 관측자는 빛살이 같은 속력 c로 우주선에서 우리가 측정하는 거리보다 더 먼 거리를 이동하는 것을 보게 된다. 그 관측자도 수직 거리 d는 같은 방법으로 측정할 것으로 가정하는데, 이 거리는 상대적인 운동방향과 수직한 방향이므로 운동에 의해 영향을 받지 말아야 하기 때문이다. 빛살이 가야 할 경로가 멀기 때문에 시간이 길어진다.

그림 20.12 빛 시계에서는 빛이 위쪽의 거울에 반사하여 되돌아오는 거리 $2d$를 이동하는 데 드는 시간이 시간 t_0의 기본 단위이다.

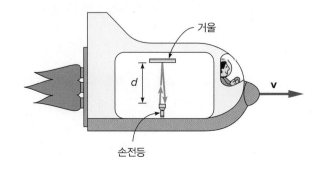

거울

d

v

손전등

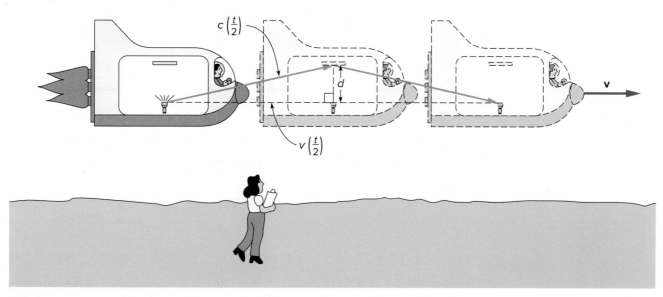

그림 20.13 지상의 관측자가 보면 빛은 대각선 경로를 따라 거울로 갔다가 원위치로 돌아간다. 이러면 빛 시계로 잰 시간이 길게 측정된다.

이 두 관찰자가 측정한 시간의 차이는 그림 20.13에서 도형적 배열과 거리를 고려하여 구할 수 있다(종합문제 3번 참고). 지상의 관찰자가 측정하는 시간 t는 우주선에서 측정한 시간 t_0에 대하여 다음과 같이 표현할 수 있다.

$$t = \frac{t_0}{\sqrt{1 - \frac{v^2}{c^2}}}$$

이 식이 **시간 팽창** 공식이다. 이 식에서 분모가 항상 1보다 작기 때문에 t는 언제나 t_0보다 크다. 지상의 관측자는 빛 시계로 길게 **팽창**된 시간을 잰다.

t_0는 흔히 **고유 시간**(proper time)이라 한다. 이 경우 이 시간은 빛이 출발하고 또 같은 위치에서 운동을 마치는 우주선에서 측정한 시간 간격이다.

고유 시간 간격은 두 사건이 그 기준틀 내의 동일한 장소에서 발생한 그 관성 기준틀에서 측정한 두 사건 사이에 경과한 시간이다.

이는 우주선에 타고 있는 사람이 측정한 시간 간격에 대해서는 성립하지만 지구에 서 있는 사람에게는 성립하지 않는다. 지상의 관측자는 공간의 한 점에서 빛이 출발하여 공간의 다른 점으로 돌아가는 것을 관측하여 빛의 출발과 도착 사이의 경과시간에 대한 팽창된 시간 간격을 측정하게 된다.

한 걸음 물러서서 이 사고 실험에서 실제로 무엇을 했는지 살펴보자. 빛 시계를 이용하여 빛의 속도를 시간 측정의 표준으로 사용하였다. 서로 상대적으로 움직이는 두 관측자가 빛의 속도 c에 대해서는 같은 값을 관측한다고 하면 이들이 같은 시계를 이용하여도 서로 다른 시간 측정치에 도달한다. 이들이 c값이 서로 같다고 하면 빛살의 이동시간에 대하여서는 서로 의견이 다르다. 시간의 흐름은 기준틀에 따라 빠르기가 다르다.

일반적인 상대 속도의 경우에는 이 두 시간 간격의 차이가 지극히 작다. 한 예로, 빛의 속도의 100분의 1인 경우(0.01c, 그러나 실제로는 매초 3백만 미터의 고속임), 시간 팽창 공식의 v/c항은 0.01이다. 이 경우 팽창된 시간은 t_0에 1.00005를 곱한 값이므로 t와 t_0의 차이는 대단히 작다. 시간 간격의 차이가 눈에 띌 정도가 되려면 두 관측자의 상대 속도가 거의 빛의 속도 정도의 크기라야 한다.

시간 팽창 공식에 나타나는 제곱근을 포함하는 항은 여러 상대론적 수식에 관련되어, 그리스 문자 γ(감마)를 그 기호로 다음과 같이 사용한다.

$$\gamma = \frac{1}{\sqrt{1 - \dfrac{v^2}{c^2}}}$$

상대 속도 v에 대한 γ값을 표 20.1에 제시하였다. 이 값은 v가 작은 경우에는 거의 1에 가깝지만 v의 크기가 c에 가까워지면 빠르게 커진다. (여기서 상대 속도는 모두 빛의 속도 c의 비로 표시되어 있다.) 감마로 다시 적으면 시간 팽창의 식은 $t = \gamma t_0$, 즉 고유 시간 t_0에 γ를 곱해서 팽창시간 t를 얻는다.

표 20.1 상대 속도 v에 따른 γ값	
$v = 0.01c$	$\gamma = 1.00005$
$v = 0.1c$	$\gamma = 1.005$
$v = 0.3c$	$\gamma = 1.048$
$v = 0.5c$	$\gamma = 1.155$
$v = 0.6c$	$\gamma = 1.250$
$v = 0.8c$	$\gamma = 1.667$
$v = 0.9c$	$\gamma = 2.294$
$v = 0.99c$	$\gamma = 7.088$

어떻게 거리 측정치가 관측자마다 다른가?

위의 두 관측자는 빛살의 이동에 소요된 시간에 대하여 서로 의견이 다르고 이 시간에 우주선이 이동한 거리에 대해서도 서로 의견이 다르다. 빛살이 1회 왕복하는 동안 우주선이 진행하는 거리를 측정하는 사고 실험을 확장하면 이 현상을 이해할 수 있다.

이 거리는 지구 표면에 서 있는 관측자가 가장 쉽사리 측정할 수 있다. 우주선이 가는 방향으로 배치한 조수들의 도움을 받아서 관측자는 빛 펄스가 광원을 떠난 위치와 되돌아왔을 때의 우주선의 위치를 표시할 수 있다. 그런 뒤에는 이 두 점이 지표면에서 변하지 않기 때문에 관측자는 이 두 점 사이의 거리를 측정할 수 있을 것이다(그림 20.14).

우주선에 타고 있는 사람에게는 이 거리를 재는 일이 좀 더 어려운 일이다. 그는 지구가 자기를 지나 뒤로 이동해 가는 것으로 보며 어떻게든 이 거리의 두 끝을 동시에 설정해야 한다. 만약 거리에 무관하게 우주선의 속력을 잴 수 있다면 빛살의 왕복시간에 속력 v를 곱하여 거리를 계산할 수 있을 것이다. 이 (왕복시간) 양이 고유 시간 t_0인데, 이 시간이 바로 우

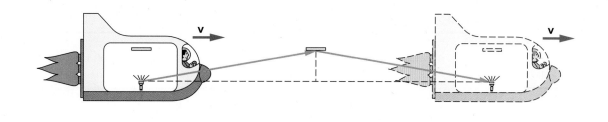

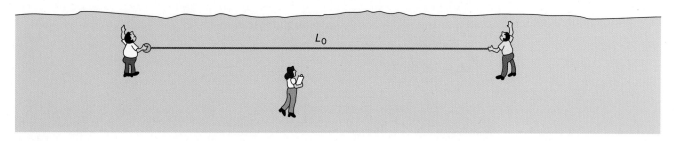

그림 20.14 조수들의 도움을 받아 지상의 관측자는 빛 펄스가 출발할 때와 되돌아왔을 때의 우주선의 위치를 표시할 수 있다. 이 두 점 사이의 거리 L_0는 어렵지 않게 잴 수 있다.

주비행사가 측정한 시간이기 때문이다. 이 방법을 사용하면 우주비행사도 빛살이 왕복하는 동안 우주선이 이동한 거리 $L = vt_0$를 측정할 것이다.

같은 추리를 이용하면 지상의 관측자도 이 거리를 계산할 수 있다. 이 관측자는 $L_0 = vt$의 관계를 발견하는데, 여기서 t는 빛살의 이동에 대하여 직접 측정한 팽창시간이다. 여기서는 L_0의 기호를 사용하였는데, 이것이 **정지 거리**(rest length), 즉 측정하고자 하는 거리에 대하여 정지해 있는 관측자가 측정한 거리이기 때문이다. 이미 t가 t_0보다 크다는 점을 지적했기 때문에 정지 거리 L_0는 우주선에 탄 관측자가 측정한 거리 L보다 클 것이 틀림없음을 알 수 있다. 우주선 관측자는 정지 거리보다 **단축된**, 즉 짧아진 거리를 측정하게 된다.

$t = \gamma t_0$이므로 단축된 거리는 다음과 같이 쓸 수 있다.

$$L = \left(\frac{1}{\gamma}\right) L_0$$

이 식이 거리 수축 공식이다. γ는 항상 1보다 크기 때문에 L은 정지 거리 L_0보다 언제나 작다. 다시 한번 이런 효과가 눈에 띌 정도가 되려면 v는 예제 20.2에 예시한 바와 같이 지극히 커야 한다. 이 예제에서 우주선은 $0.6c$의 속도로 이동하고 있다. 지상의 관측자가 이동한 거리를 900 km로 측정하는데, 우주선의 조종사는 이를 단축된 거리 720 km로 측정한다. 또한 조종사는 비행시간에 대하여 지상의 관측자가 측정한 팽창시간 5 ms를 더 짧은 (고유 시간) 4 ms로 측정한다.

이러한 효과들이 낯설어 보이기는 하지만 많은 경우에서 관찰되어 왔다. 보통 크기의 물체는 눈에 띌 만한 효과를 낼 만큼의 속력으로 움직이지 않지만, 원자보다 작은 입자들은 흔히 그런 속력으로 움직인다. 실험실에서 정지해 있을 때 어떤 수명을 가진 입자도 빛의 속도에 가까운 속도로 움직일 때는 더 긴 (팽창) 수명을 가진 것처럼 보인다. 이 입자는 실험실에서 보는 관측자의 관점에서 보면 더 먼 거리를 이동하고 나서 붕괴된다.

예제 20.2 ▶ 거리 수축

1.8×10^8 m/s($0.6c$)의 속도로 달리는 우주선이 지상의 관측자가 볼 때 900 km를 비행하였다.

  a. 이 시간에 우주선 조종사가 측정한 비행거리는 얼마인가?

  b. 지상의 관측자가 측정할 때 이 거리를 비행하는 데 소요되는 시간은 얼마인가? 조종사가 측정한 시간은 얼마인가?

a. $v = 0.6c$

  $c = 3 \times 10^8$ m/s

  $L_0 = 900$ km

  $L = ?$

표 20.1에서

  $\gamma = 1.25$

  $\dfrac{1}{\gamma} = \dfrac{1}{1.25}$

  $\dfrac{1}{\gamma} = 0.8$

  $L = \left(\dfrac{1}{\gamma}\right) L_0 = (0.8)(900 \text{ km})$

    $= \textbf{720 km}$

b. $t = ?$

  $t_0 = ?$

지상의 관측자에게 보이는 값: $L_0 = vt$

  $t = \dfrac{L_0}{v} = \dfrac{9 \times 10^5 \text{ m/s}}{1.8 \times 10^8 \text{ m/s}}$

    $= 5 \times 10^{-3} \text{ s} = \textbf{5 ms}$

우주선 조종사에게 보이는 값: $L = vt_0$

  $t_0 = \dfrac{L}{v} = \dfrac{7.2 \times 10^5 \text{ m/s}}{1.8 \times 10^5 \text{ m/s}}$

    $= 4 \times 10^{-3} \text{ s} = \textbf{4 ms}$

그러나 입자와 함께 움직이는 관측자의 관점에서 보면 입자는 고유 수명 t_0를 가지고 있으며 실험실 관측자가 측정한 정지 거리보다 짧은 단축 거리 L을 진행한다. 이 상황은 기본적으로는 예제 20.2의 우주선에 대한 경우와 동일하다. 이러한 관측 결과는 이들을 아인슈타인의 이론에 따라 처리하면 어느 것도 모순되지 않는다.

자세히 검토해보면 움직이는 우주선에서 거리를 측정하는 문제는 측정하는 거리의 양 끝 점을 동시에 결정하는 문제로 귀착된다. 두 관측자 모두가 경과한 시간에 대하여 의견이 다를 뿐 아니라 사건이 동시에 생겼는지 아닌지에 대해서도 의견이 다르다. 공간적으로 떨어진 두 사건은 한 관측자에게는 동시적인 것으로 보일 수 있지만 첫 번째 관측자에 대하여 움직이는 관측자에게는 서로 다른 시각에 생기는 것으로 보일 수 있다.

이 공간과 시간의 효과는 일상의 지연현상 20.1에서 유명한 **쌍둥이의 역설**을 통히어 더 자세히 탐구하기로 한다. 이 역설은 두 쌍둥이의 나이 먹는 속도의 차이에 관한 내용인데, 두 쌍둥이 중 하나는 멀리 떨어진 별로 여행을 하고 돌아오며 다른 쌍둥이는 지구에 남아 있다. 여행을 한 쌍둥이가 남아 있던 쌍둥이보다 나이를 덜 먹게 된다는 점은 시간 팽창의 개념을 이용하면 이해될 수 있다. 이는 그냥 공상과학 소설이 아니다!

> 빛의 속도가 관측자들의 상대 운동과 무관하게 모든 관측자들에게 항상 같은 값을 갖는다는 아인슈타인의 둘째 가설을 받아들인다면 공간과 시간에 대하여 간직해 왔던 견해를 버려야만 한다. 빛의 속도를 시간 측정의 표준으로 사용하면 두 사건이 공간의 한 점에서 일어나는 것으로 보지 않는 관측자에게는 두 사건 사이의 시간이 팽창 혹은 길어짐을 알게 된다. 또한 측정하는 거리에 대하여 움직이는 관측자는 단축된, 즉 짧아진 거리 측정치를 얻는다. 관측자들끼리 두 사건이 동시적인지 아닌지에 대해서도 의견이 다르다.

20.4 뉴턴의 법칙과 질량-에너지 등가 원리

아인슈타인의 가설을 받아들이는 것은 공간과 시간에 대하여 생각하는 방법을 대대적으로 바꾸는 것을 요구한다. 속도와 가속도는 공간과 시간의 측정에 관련되고 뉴턴의 운동 법칙에서 가속도의 역할이 지대하기 때문에 뉴턴의 법칙을 수정해야 아인슈타인의 가설과 일관될 것이라고 의심하게 된다. 물체가 매우 빠른 속도로 움직이는 경우에도 뉴턴의 운동 법칙이 여전히 성립할까?

이러한 질문들을 다루는 과정에서 아인슈타인은 운동량의 개념을 다시 정의하여 뉴턴의 제2법칙을 수정해야 함을 알게 되었다. 상대론에 관한 초기의 논문에서 이 새로운 접근법을 동역학에 적용하여 얻어지는 결과들을 검토하면서 그는 흔히 $E = mc^2$이라고 말하는 질량과 에너지 사이의 관계에 대한 놀라운 결론을 얻게 되었다.

뉴턴의 제2법칙을 어떻게 수정해야 하는가?

아인슈타인이 그의 가설에 준하여 뉴턴의 제2법칙을 검토해보니, 어느 기준틀에서 측정한 가속도는 동일한 물체에 대하여 다른 기준틀에서 측정한 가속도와 일치하지 않는다는 문제를 발견하였다. 우주선 조종사가 어떤 가속도로 물체를 발사하면, 지구에서 보는 관측자는 다른 가속도로 측정을 한다.

보통의 속도에서는 다른 관측자들이 측정한 가속도에는 차이가 없다. 뉴턴의 제2법칙 $\mathbf{F}_{net} = m\mathbf{a}$를 임의의 관성 기준틀에서도 같은 힘을 이용해서 적용함으로써 물체의 가속도를 설명할 수 있다. 언뜻 보아서는 속도가 아주 클 때는 기준틀마다 가속도가 다르게 얻어지기 때문에 뉴턴의 제2법칙이 성립하지 않을 것 같다. 그러면 뉴턴의 제2법칙이 관성 기준틀마다 다른 형태를 갖는다는 점에서 아인슈타인의 제1가설과 모순이 된다.

7장에서 논의한 바와 같이 뉴턴 제2법칙의 가장 일반적인 형태는 가속도보다는 운동량으로 $\mathbf{F}_{net} = \Delta\mathbf{p}/\Delta t$(알짜힘은 운동량의 변화율과 같다)와 같이 정한다. 운동량은 질량과 속도를 곱한 값 $\mathbf{p} = m\mathbf{v}$로 정의된다. 뉴턴의 제2법칙을 이런 형태로 사용하면 역시 아주 큰 속도에서 문제가 대두된다. 다른 관성 기준틀의 관찰자가 보면 운동량 보존 법칙마저도 성립하지 않는 것 같다.

상대론적 (빠른) 속도에서 운동량 보존 법칙이 성립하도록 하기 위하여 아인슈타인은 운동량을 다음과 같이 다시 정의해야 함을 발견하였다.

쌍둥이 역설

상황　상대론적 현상 중 가장 많이 토의되는 현상 중의 하나가 이른바 쌍둥이 역설이다. 똑같은 쌍둥이 중의 하나인 아델이 아주 빠른 속도로 먼 별까지 여행을 하고 지구로 돌아온다. 다른 쌍둥이인 버사는 자매가 여행하는 기간 내내 지구에 남는다.

　쌍둥이 중의 하나가 빛의 속도에 가까운 속력으로 움직이므로, 이들 두 쌍둥이는 시간 팽창 때문에 시간의 흐르는 속도가 다른 것으로 측정할 것이다. 여행 갔던 쌍둥이가 돌아와 보면 자신이 집에 남아 있던 쌍둥이보다 나이를 덜 먹은 것을 알게 되겠는가? 쌍둥이 각자가 자기는 정지해 있고 다른 짝이 움직이는 것으로 볼 것이기 때문에 (속도가 일정한 한) 다른 짝이 더 나이를 덜 먹어야 하는 것은 아닐까? 이 질문이 바로 명백한 쌍둥이 역설의 핵심이다.

분석　아델의 전체 여행이 $v = 0.6c$의 속력으로 진행되었다고 하자. 시간 팽창 공식에 나타나는 γ는 표 20.1에서 보면 1.25이다. 아델이 자신의 여행이 12년 걸렸다고 느낀다면 이 시간이 그녀의 기준틀, 즉 우주선에서 본 고유 시간이다. 여행 중 12년을 살았고 그에 해당하는 적절한 횟수의 심박동(또는 적절한 생물학적 시간 현상)을 겪었다. 다시 말해서, 아델이 아는 한 그녀는 출발할 때보다 나이를 12살 더 먹었다.

　그녀의 쌍둥이 자매인 버사는 반대로 같은 시간 동안 시간 팽

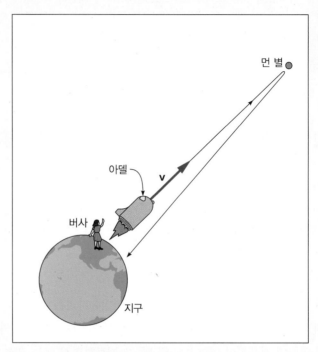

쌍둥이 아델이 멀리 떨어진 별까지 왕복하고, 쌍둥이 짝 버사는 집에 남아 있는다.

$$\mathbf{p} = \gamma m \mathbf{v}$$

여기서 $\mathbf{v}$는 주어진 기준틀에 대한 물체의 속도, γ는 20.3절에서 정의한 속도 v에 따라 달라지는 상대론적 계수이다. 이렇게 새로 정의된 운동량을 이용하여 아인슈타인은 충돌 과정에서 서로 다른 관측자들이 속도와 운동량은 다르게 측정하더라도 운동량이 보존된다는 점에는 일치하게 됨을 증명할 수 있었다. 느린 속도에서는 계수 γ가 거의 1에 가깝기 때문에 새로운 운동량의 정의는 일반적인 운동량의 정의인 $\mathbf{p} = m\mathbf{v}$로 되돌아간다.

　운동량 보존 법칙이 뉴턴의 제2법칙에서 바로 유도되기 때문에 이 새로운 운동량의 정의가 여기에서도 사용되어야 한다. 다시 말해서, 아인슈타인은 새로 정의한 운동량을 뉴턴의 제2법칙의 일반형 $\mathbf{F}_{net} = \Delta\mathbf{p}/\Delta t$에 사용함으로써 뉴턴의 제2법칙도 그의 가설과 합치하도록 할 수 있음을 발견하였다. 보통의 속도에서는 상대론적 운동량이 고전적 정의로 귀착되기 때문에 뉴턴의 제2법칙이 통상적인 방법으로 성립한다. 빠른 속도에서는 운동량의 상대론적 정의를 사용하지 않을 수 없다. 아인슈타인의 특수 상대성이론은 뉴턴 역학 이론의 대대적 개정판이다.

창을 겪는다. 버사가 산 시간은 $t = \gamma t_0$로, 15년(1.25 × 12년)이 된다. 버사는 아델이 돌아오기를 기다리며 15살이 된다. 여행 기간 동안 아델은 12살만 먹었기 때문에 여행이 끝난 시점에서 아델은 쌍둥이 자매보다 3살 아래가 된다.

이번에는 우주선을 고정시키고 지구가 움직이는 기준틀에서 같은 분석을 해보자. 그러면 지금 막 계산한 것과 반대의 결론에 이르지 않을까? 그렇게 분석하면 오히려 버사가 아델보다 3살 아래가 되는 것으로 나오지 않을까? 분명 이 두 결론이 모두 옳다고 할 수는 없다. 여기에 바로 역설이 존재한다.

이 역설의 해답은 가속도와 그로 인한 기준틀의 변화를 무시했다는 사실에 있다. 예와 같은 여행을 하기 위해서는 아델의 우주선이 먼저 우리가 가정했던 엄청난 속도인 0.6c에 이를 때까지 지구에서 멀어지면서 가속되어야 한다. 먼 별에 도착하면 방향을 돌려야 하는데, 감속한 후 다시 반대방향(그리고 다른 기준틀로)으로의 가속이 필요하다. 또한 지구에 도착할 때는 다시 감속해야 한다. 문제는 완전히 대칭적이지 않다. 우주선은 2개의 다른 기준틀에 존재하고, 각각은 지구에 대한 속력이 v이지만 방향은 반대이다.

가속도는 일반 상대성이론을 이용하여 다룰 수 있지만 목적을 위해서는 그럴 필요까지는 없다. 가속이 진행되는 시간이 전체 비행시간에 비하여 짧다면 위의 특수 상대성이론에 의한 계산으로도 정확한 결과를 얻을 수 있다. 아델이 버사보다 느리게 나이를 먹는다. 이 결과는 특수 상대성이론의 기본적인 가정을 이용하고 각 기준틀에서 시계의 작동을 주의하여 고려하는 사고

v가 0.995c라면 아델과 버사의 나이 차이가 아주 현격할 것이다.

실험을 통하여 확인할 수 있다. 그러나 지구가 아니라 우주선이 기준틀을 바꾼다고 가정하여야만 한다.

시간 흐름의 차이와 그에 다른 쌍둥이의 나이 먹는 속도의 차이는 초정밀 시계와 훨씬 느린 제트기를 이용하여서도 실험적으로 입증된 실제 효과이다. 만약 0.995c 정도의 속도에 도달할 수 있다면 두 쌍둥이의 나이 차이는 아주 현격할 것이다. 0.995c의 속도에서는 시간 팽창 인자가 1.25가 아니라 거의 10에 가깝다. 아델에게 10년 걸렸을 여행이 버사에게는 100년 걸렸을 것이다. 아델은 버사가 100년 산 동안 10살만 더 먹은 채로 지구로 돌아올 것이다.

질량-에너지 등가 원리의 아이디어가 어떻게 대두되었는가?

아인슈타인은 뉴턴의 제2법칙을 수정하면서 기계적 에너지도 새로운 의미를 가지게 되는 것을 발견하였다. 고전물리학에서 물체의 운동 에너지는 그 물체를 주어진 속력까지 가속하는 데 가해진 일을 계산하여 낯익은 수식인 $KE = \frac{1}{2}mv^2$로 얻어진다(6장과 그림 20.15 참고). 같은 과정으로 아주 빠른 속도로 가속된 물체의 운동 에너지를 계산할 수 있다. 그러나 이 경우에는 수정된 뉴턴의 제2법칙을 사용하여 가속 과정을 기술해야 한다.

아인슈타인은 뉴턴 제2법칙의 상대론적 수정을 사용하여 운동 에너지를 계산하여 다음의 결과를 얻었다.

$$KE = \gamma mc^2 - mc^2$$

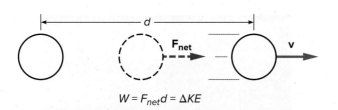

그림 20.15 민저와 같이 물체를 가속하기 위해 사용된 알짜힘이 한 일은 그 물체의 운동 에너지 증가량과 같다.

γ가 속력을 포함하기 때문에 이 표현식에서 첫 항만이 물체의 속력에 따라 달라진다. 둘째 항은 물체의 속력과 무관하다.

여기까지의 과정은 아인슈타인에게는 쉬운 일이었다(미적분에 익숙한 사람에게는 어려운 계산이 아니다). 그러나 그 결과의 해석은 대단히 힘든 일이었다. 운동 에너지의 새로운 식은 두 항의 차이인데, 하나는 속력에 따라 변하고 다른 하나는 그렇지 않다. 분명 어느 물체를 가속시키면 그 물체의 에너지는 물체가 질량으로 이미 가지고 있던 에너지 mc^2보다 증가한다.

mc^2은 흔히 **정지 에너지**(rest energy)라 하며 자체의 고유 기호 $E_0 = mc^2$이 부여되었다. 아인슈타인이 구한 운동 에너지 식은 정지 에너지를 다른 쪽에 운동 에너지와 같이 두어 $KE + E_0 = \gamma mc^2$으로 다시 쓸 수 있다. γmc^2이 총에너지, 즉 운동 에너지와 정지 에너지를 합한 양이다. 어느 물체가 가속되면 속력이 빨라지면서 γ가 커지기 때문에 총에너지와 운동 에너지가 커진다.

정지 에너지를 어떻게 해석할 것인가?

정지 에너지 항은 아인슈타인의 운동 에너지 계산에서 가장 흥미 있는 부분이다. c가 자연의 상수이므로 질량에 c^2을 곱하여 에너지 값(mc^2)을 얻는 과정은 결국 질량에 상수를 곱하는 셈이다. 이것이 의미하는 것은 질량이 에너지와 **동등**하다는 점이다. 어느 물체나 계의 질량을 늘리면 그 계의 에너지를 늘리는 것이며, 어느 계의 에너지를 증가시키면 그 질량을 증가시키는 것이다. 이것이 $E_0 = mc^2$이라는 관계식의 핵심이다.

질량–에너지의 등가 원리를 그림 20.16에 보였는데 분젠 버너로 비커의 물을 데우는 사진이다. 열의 흐름이 에너지의 흐름이므로 가열하면서 물의 내부 에너지를 증가시킨다. 이는 동시에 물의 질량을 증가시키고 있는데 에너지가 질량이기 때문이다. 이 예에서 질량이 증가

그림 20.16 분젠 버너가 물에 에너지를 가함으로써 물이 든 플라스크의 질량을 증가시킨다. 에너지와 질량은 동등하다. *Richard Megna/ Fundamental Photographs, NYC*

예제 20.3 ▶ 에너지를 더하면 질량이 더해진다

분젠 버너로 비커의 물에 1000 J의 열을 가하였다. 물의 질량 증가량은 얼마인가?

$$E = 1000 \text{ J}$$

$$c = 3 \times 10^8 \text{ m/s}$$

$$\Delta m = ?$$

$$E = \Delta mc^2$$

$$\Delta m = \frac{E}{c^2} = \frac{1000 \text{ J}}{(3 \times 10^8 \text{ m/s})^2}$$

$$= \frac{1000 \text{ J}}{9 \times 10^{16} \text{ m}^2/\text{s}^2}$$

$$= 1.11 \times 10^{-14} \text{ kg}$$

하는 크기는 대단히 작아 측정하기가 (불가능하지는 않더라도) 지극히 어렵다. 1000 J의 열에너지를 가하면 질량의 증가는 예제 20.3에 보인 바와 같이 1.1×10^{-14} kg에 불과하다. 통상 비커의 물은 수백 그램 정도이므로, 10^{-14} kg의 변화는 완전히 무시할 만하다.

질량과 에너지를 다른 것으로 생각하는 데 익숙해져 있기 때문에 질량과 에너지가 동등하다는 생각은 받아들이기가 어렵다. 그러나 19장에서 설명한 핵분열이나 핵융합 등의 반응에서 방출되는 에너지를 정확하게 예측하였기 때문에, 이 원리는 이미 완전히 검증되었다. 가끔은 그러한 반응에서 질량이 에너지로 변환되는 것이라고도 하는데, 이보다는 정지 질량 에너지가 운동 에너지로 변환되는 것이라고 말하는 것이 더 정확하다. 다시 말해서, 질량은 이미 에너지이기 때문에 에너지로 변환될 수가 없다. 단지 한 종류의 에너지를 다른 종류로 변환시키는 것이다.

질량-에너지 등가 원리는 지금까지 설명해 온 다른 생각들과 마찬가지로 아인슈타인의 가설을 역학에 주의 깊게, 그리고 일관성 있게 적용한 결과일 뿐이다. 이 놀라운 결과는 공간과 시간뿐 아니라, 에너지와 질량의 개념에 대한 이해에 근본적인 수정을 가져왔다.

아인슈타인의 가설을 더 자세히 연구해본 결과 관측자마다 가속도의 값이나 심지어는 운동량이 보존되는가의 문제에 대해서 의견이 다름이 밝혀졌다. 뉴턴의 제2법칙을 수정할 필요가 생겼는데, 이는 제2법칙의 일반적인 형태에 들어가는 운동량의 정의를 바꿈으로써 해결되었다. 수정된 운동량의 정의에 따라 제2법칙을 사용하면 운동 에너지의 표현식도 달라진다. 운동 에너지의 새로운 식 중 한 항은 물체의 속력과 무관하여 물체의 질량과 관련된 정지 에너지의 개념이 도입된다. 질량-에너지 등가 원리는 그 이후 핵반응에서 극적으로 입증되었다.

20.5 일반 상대성이론

지금까지의 논의는 관성 기준틀, 즉 서로에 대하여 일정한 속도로 움직이는 기준틀의 경우로만 제한되었다. 그러면 관성 기준틀이 가속되고 있다면 어떻게 될 것인가? 특수 상대성이론에서 사용한 사고를 이 경우로 확장할 수 있을까?

아인슈타인은 특수 상대성이론을 소개한 직후에 이 문제들에 착수했지만 그 생각을 정리하는 데 어느 정도의 시간이 필요하였다. 그는 이렇게 얻은 일반 상대성이론을 특수 상대성 이론을 발표한 지 10년 후인 1915년에야 발표하였다. 이로써 다시 한번 아인슈타인의 생각 이 우주관을 바닥에서부터 수정하게 하였다.

등가 원리란 무엇인가?

이 장의 첫 부분과 4장에서 가속되는 엘리베이터 안에 있는 사람에게 물체가 어떻게 보일 것 인가를 논할 때 가속 기준틀에 대하여 논의하였다. 엘리베이터가 일정한 속도로 움직일 경우 에는 아인슈타인의 제1가설(상대성 원리)에 의하면 엘리베이터가 정지했을 경우와 모든 물 리 법칙이 똑같아야 한다. 다시 말해 엘리베이터 안에서 어떤 실험을 하여도 지구에 대하여 움직이는지의 여부를 판단할 수가 없다.

그러나 엘리베이터가 가속되는 경우라면 정지 혹은 일정 속도로 움직이는 경우에 관찰하 는 것과 차이가 있을 것으로 기대가 된다. 특히 4장에서 논의한 바와 같이 엘리베이터가 위 로 가속될 때 체중계에 사람이 올라서 있으면 정지해 있을 때보다 몸무게가 크게 나타난다 (그림 20.17). 뉴턴의 제2법칙으로부터 이 늘어난 체중은 체중계가 사람의 실제 무게보다 더 큰 힘을 위쪽으로(수직한 힘) 발에 미치는 데서 생겨난다. 이 위 방향의 알짜힘에 의해 사람 이 엘리베이터와 같이 위로 가속된다.

이와 같이 저울 눈금의 변화는 엘리베이터가 가속된다는 근거로 사용될 수도 있다. 엘리 베이터가 위로 가속되면 눈금값이 정상값보다 클 것이다. 엘리베이터가 아래로 가속되면 눈

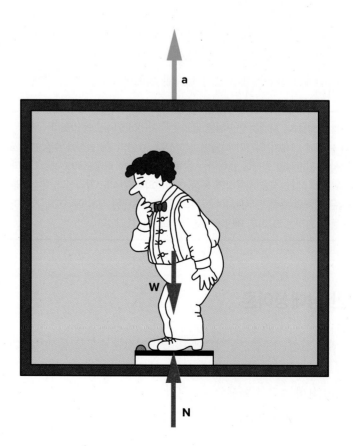

그림 20.17 엘리베이터가 위로 가 속되면 저울은 **N**을 가리키는데, 이 는 이 사람의 무게 **W**보다 크다.

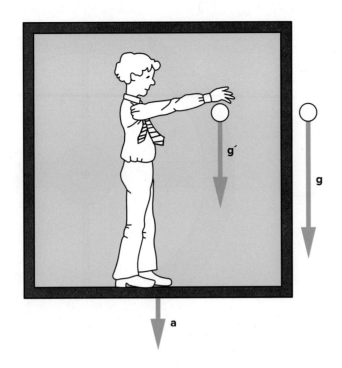

그림 20.18 아래로 가속되는 엘리베이터에서 공을 떨어뜨리면 **g**보다 작은 겉보기 가속도 **g**′이 바닥을 향해 다가간다.

금값이 정상값보다 작을 것이다. 엘리베이터 케이블이 끊어져 아래 방향으로 g의 가속도로 가속된다면(자유 낙하) 눈금은 0이 되어 겉보기로는 무게가 없어진다. 수직통로 밑바닥에 충돌하여 멈출 때까지는 마치 궤도를 도는 우주 왕복선의 우주비행사처럼 엘리베이터 안에서 떠다닐 수 있다.

다른 실험들도 엘리베이터가 가속되지 않았더라면 기대하지 않았을 결과들을 낳는다. 예를 들어 떨어뜨린 공은 $g = 9.8 \text{ m/s}^2$와 다른 겉보기 가속도를 가지고 마루로 다가간다. 엘리베이터가 위로 가속된다면 공의 겉보기 가속도는 g보다 커서, 엘리베이터의 가속도 a와 중력 가속도 g의 합이 된다. 엘리베이터가 아래로 가속된다면 공의 겉보기 가속도는 그림 20.18이 보여주는 것처럼 g보다 작다. 단, 진자의 진동주기도 엘리베이터가 가속되지 않을 경우와 달라진다.

이런 실험들에 하나의 공통점이 있는데, 이들 모두 $g = 9.8 \text{ m/s}^2$와 다른 겉보기 가속도로 설명할 수 있다는 점이다. 무게가 질량과 중력 가속도의 곱(mg)과 같기 때문에 겉보기 무게의 변화는 중력 가속도 값의 겉보기 변화에 의한 것이라고 할 수 있다. 공의 가속도나 진자 주기의 변화도 같은 방식으로 설명한다. 엘리베이터의 가속도는 측정이 가능하다. 그러나 이러한 가속도 운동의 효과는 중력 가속도가 증가하거나 감소할 때 관측되는 효과와 동일하기 때문에 이 둘을 구별할 수가 없다.

이런 가속도들을 구별할 수 없다는 사실이 바로 아인슈타인 일반 상대성이론의 기본 가설인 **등가 원리**(principle of equivalence)의 기반이 된다.

> 기준틀의 가속도와 중력의 효과는 구분할 수 없다.

엘리베이터 내부에서 보면 엘리베이터가 가속되고 있는지 아니면 중력 가속도 g가 증가

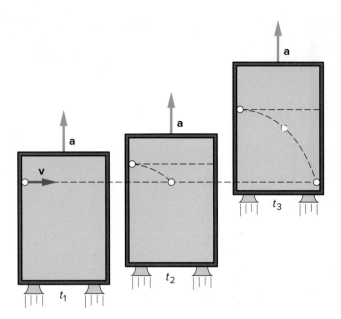

그림 20.19 (지구의 인력이 무시할 만한) 우주 공간에서 가속되는 엘리베이터에 수평으로 던진 공은 지구 표면 근방의 포사체와 같은 방식으로 바닥을 향해 떨어진다.

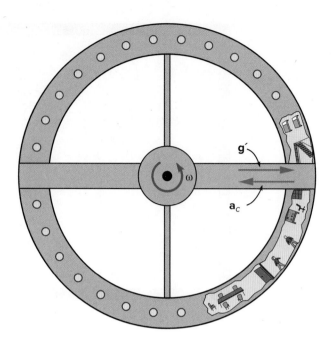

그림 20.20 회전 바퀴식 우주 정거장의 구심 가속도 $\mathbf{a}_c$는 우주인들에게 인공 중력 $\mathbf{g}'$을 만들어줄 수 있다.

혹은 감소하고 있는 것인지 알 수가 없다. 중력 가속도가 변하는 것이라고는 예상하지 않고 있기 때문에 통상 그 효과를 기준틀의 가속도 탓으로 이해한다.

이제 엘리베이터를 중력의 효과가 지표면 가까이에서보다 훨씬 작은 우주 공간으로 가져가 보기로 하자. 거기서 엘리베이터가 가속되고 있지 않다면 무게는 0이다. 엘리베이터가 위쪽으로 가속되고 있다면 그 엘리베이터 내에서 어떤 실험을 하여도 마치 엘리베이터 가속도 방향과 반대방향으로 중력 가속도가 작용하는 것처럼 관측될 것이다.

엘리베이터 안에서 공을 수평으로 던지면(그림 20.19) 그 궤적은 지구 표면에서 던져진 공의 궤적과 같다. 엘리베이터 내에 있는 사람의 입장에서 보면, 자신의 기준틀의 위 방향 가속도는 엘리베이터의 가속도와 크기가 같은 아래 방향의 중력 가속도와 동등하다. (이것이 바로 등가 원리가 실제로 나타나는 예이다.) 공은 엘리베이터 바닥으로 '낙하'하고 우리는 3장에서 포물선 운동을 기술하는 데 사용하였던 것과 같은 방법으로 이 운동을 예견할 수 있다.

엘리베이터의 가속도가 9.8 m/s²라면, 이 엘리베이터 안에서나 지구 표면에서 한 기계적인 실험들의 결과는 같을 것이다. 우주 정거장에는 일정한 가속도가 있도록 하여 중력 효과를 흉내 내게 하자는 것도 제안되었다. 일직선상의 가속도는 우주 정거장을 궤도에서 벗어나게 하기 때문에 보통 우주 정거장은 일정한 속도의 회전 운동에 의한 구심 가속도를 가진 것으로 상상하고 있다. 구심 가속도의 방향은 회전 중심을 향하기 때문에 중심방향을 위쪽이라고 느끼게 될 것이다(그림 20.20).

강한 중력장에 의하여 빛이 휘어지는가?

등가 원리는 또한 빛의 전파와도 밀접한 관계가 있다. 그림 20.19와 유사하지만 공 대신 빛을 이용하는 실험을 상상해보자. 엘리베이터에 가속도가 없다면 빛살은 엘리베이터를 가로

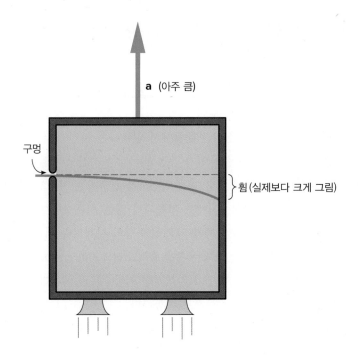

그림 20.21 아주 빠르게 가속되는 엘리베이터에 대하여 빛의 경로는 엘리베이터의 운동에 의하여 휘어진다.

질러 수평선을 따라갈 것이다. 특수 상대성이론으로부터 이미 엘리베이터가 다른 임의의 관성 기준틀에 대하여 일정한 속도로 움직이는지 아닌지를 알고 있다.

그러나 엘리베이터가 위로 가속되고 있다면 결과는 달라진다. 가속도가 어느 정도 이상이 되면 엘리베이터 안에서 보았을 때 빛의 경로는 그림 20.19의 공과 같이 휘어질 것이다. 이 휘어지는 현상은 가속되는 엘리베이터의 위치를 공에 대해서 했던 것처럼 엘리베이터 밖에 있는 사람이 보는 빛의 직선 경로에 겹쳐두면 가시화할 수 있다. 그림 20.21에 보인 것처럼 엘리베이터에 대하여 빛이 나아가는 경로가 휘게 된다.

그러나 등가 원리에 의하여 기준틀의 가속도와 중력 가속도의 여부를 구분할 수가 없다. 따라서 빛은 강한 중력장을 지나면서 휘어질 것으로 예상하여야 한다. 빛의 속도가 워낙 크기 때문에 휘어지는 효과가 관찰될 정도가 되려면 관성 기준틀의 가속도나 중력 가속도의 크기가 대단히 커야 한다. 지구의 중력장은 관측될 정도로 빛을 휘기에는 너무 약하다.

그러나 먼 별에서 온 빛이 태양 근처를 지나가면 태양의 중력장은 측정할 수 있는 정도의 효과를 낼만한 충분한 크기이다. 아인슈타인은 태양의 중력장에 의하여 빛이 어느 정도 휠 것인가, 그리고 이런 별에서 오는 빛이 태양 근처를 지나갈 때 별의 실제 위치는 얼마나 어긋나 보이는가를 예측할 수 있었다.

유감스럽게도 지구에서는 낮에 별을 관측하기가 어렵다. 태양에서 오는 빛이 지구의 대기에서 흩뿌려져서 매우 약한 별빛을 볼 수 없게 만들기 때문이다. 그러한 관찰을 할 수 있는 것은 태양이 달에 의해 완전히 가려지는 개기일식뿐이다. 아인슈타인은 개기일식 때 그러한 관측을 시도해볼 것을 제안했는데, 지금까지도 기회가 오면 그렇게 해 오고 있다. 이러한 측정 결과는 아인슈타인의 예측을 확인해주었다.

일반 상대성이론은 시공간에 어떤 효과를 갖는가?

특수 상대성이론에 의하면 서로 움직이는 관측자들의 시간 측정값이 다르다. 시간 팽창 효과에서도, 자신의 기준틀에서 어떤 일이 시작되고 끝나는 것을 보는 관측자가 측정한 시간 간격(고유 시간)은 그 기준틀에 대하여 이동하고 있는 관측자가 측정한 시간 간격보다 짧다. 쌍둥이 역설에서 우주비행사는 자신의 기준틀에서 일어나는 사건에 대하여 고유 시간을 측정하는데, 이는 집에 남은 또 다른 쌍둥이가 측정하는 팽창 시간보다 짧다. 우주비행사의 시계는 쌍둥이 짝의 시계보다 느리게 간다. 우주비행사가 관측하는 시간이 더 짧다.

일반 상대성이론에서도 가속되는 시계가 가속되지 않는 시계보다 더 느리게 간다. 등가 원리에 의하여 강한 중력장에 놓인 시계가 약한 중력장의 시계보다 더 느리게 갈 것을 예상하게 된다. 일반 상대성이론의 시간 효과는 종종 **중력의 적색 편이**(gravitational red shift)라고 한다. 빛의 주기(한 사이클에 드는 시간)가 길어지면 진동수는 줄어든다. 진동수가 낮아지면 빛은 눈에 보이는 스펙트럼에서 적색 쪽으로 이동한다.

일반 상대성이론은 주로 중력의 본질에 관한 내용으로 되어 있다. 중력은 시간은 물론 직선 경로에도 작용하여, 공간과 시간을 측정하는 방법에 큰 영향력을 미친다. 이러한 현상들을 다루기 위한 논리적인 수학적 도구들을 위하여 아인슈타인은 비유클리드 기하학 또는 휘어진 시공간 기하학을 이용하였다.

간략하게 말해서 유클리드 또는 보통의 기하학에서는 두 평행선이 만나는 일이 없지만, 비유클리드 기하학에서는 두 평행선이 만날 수도 있다. 한 예가 지도의 경도처럼 구면에 그린 두 평행선이다. 적도에 수직하게 그린 평행선들은 그 선들을 그린 면이 구면이기 때문에 극점에서 만나게 된다(그림 20.22). 모두 기하학의 법칙을 어떻게 정의하는가의 문제이다.

아인슈타인의 특수 상대성이론은 시간의 측정은 공간상의 위치에 따라 달라지며, 거리의 측정은 시간의 값에 따라 달라짐을 입증하였다. 그렇기 때문에 더 이상 시간과 공간을 서로 독립된 것으로 간주할 수 없다. 이런 개념들을 기하학을 이용하여 나타내기 위해서는 3개의 수직한 공간 좌표축과 시간을 나타내는 네 번째 좌표축으로 이루어지는 4차원 또는 4개의 좌표축을 사용하여야 한다. 어떤 운동이나 사건을 기술하기 위해서는 이 **시공간 연속체**(space-time continuum)에서 그 경로를 추적하여야 한다.

그림 20.22 지구본에 평행하게 그린 경도선들은 극점에서 만난다.
Jill Braaten/McGraw-Hill Education

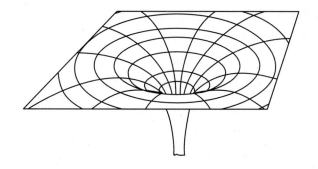

그림 20.23 블랙홀의 중력 효과는 블랙홀 근처의 강한 곡률로 나타낼 수 있다.

시공간 연속체는 4차원적이고 그림으로 나타내기가 좀 어렵지만, 그림 20.23은 아주 강한 중력장 근처에서 공간이 어떻게 휘어질 것인지를 나타낸 것이다. 이 그림은 곡면상에 2차원만을 보여주지만 어떻게 모든 물질들이 배수구처럼 중심부로 빨려 들어갈 것인가를 시사하고 있다. 빛살도 강한 중력장에 의해 휘어지기 때문에 질량이 있는 입자들과 마찬가지로 장의 한가운데로 끌려갈 수 있다.

블랙홀이란 무엇인가?

그림 20.23은 **블랙홀**(black hole)의 2차원 그림이다. 블랙홀은 무거운 별이 작은 크기로 응축된 것으로 생각되는데, 극도로 강한 중력장을 내고 있으며, 따라서 주변 공간을 심하게 휘게 하고 있다. 이 중력장은 너무도 강하기 때문에 어떤 각도로 나오는 빛은 중심부로 휘어져서 다시 나오지 못한다. 빛은 들어갈 수는 있어도 나오지 못한다. 블랙홀은 빛의 완전 흡수체로써 검게 보인다.

블랙홀은 빛을 내지도 반사하지도 않아서 직접적으로는 관측할 수 없지만 그 존재는 그 중력장이 주변의 별이나 물질에 미치는 효과로부터 추정할 수 있다. 예를 들어, 쌍성이 2개의 별로 이루어져 있어 하나는 눈에 보이고 다른 하나는 블랙홀이라고 할 때, 보이는 별의 운동이 그 짝의 존재를 은연중에 드러낸다. 천문학자들은 이런 종류의 블랙홀 후보들을 여러 개 찾아내었다. 다른 많은 관측들도 블랙홀의 존재를 제안하고 있다.

중력파의 발견

2016년 2월 12일자 〈Physical Review Letters〉에 중력파의 발견을 발표하는 논문이 게재되었다. 중력파의 존재 가능성은 이미 100년 전에 일반 상대성이론의 일부로 아인슈타인에 의해 제기되었으며, 그것은 극히 약하여 측정이 매우 어려울 것으로 예측되었다. 그 이후로 많은 물리학자들이 중력파의 발견을 위해 꾸준한 연구를 기울여 왔다.

중력파 발견의 첫 번째 관측은 1993년에 시작된다. 이 장치는 2개의 광학장비로 이루어진 마이컬슨 간섭계(그림 20.9 참고)로 그 하나는 워싱턴주의 핸퍼드에, 또 하나는 루이지애나주의 리빙스턴에 설치되었다. 각각의 장치는 직각으로 된 2개의 긴 팔(약 4 km에 달함)을 가지고 있으며 각각 팔의 끝부분에 장착된 거울에 반사된 두 빛은 모아져 간섭 무늬를 만든다(16.3절 참고).

2015년 9월 워싱턴과 루이지애나의 두 간섭계는 동일한 간섭 무늬를 관측하였으며 이는 중력파가 우주 바깥으로부터 온 것임을 말해주는 것이었다. 왜냐하면 두 간섭계는 서로 아주 멀리 떨어져 있으므로 국소적인 어떤 효과에 의한 것은 아니기 때문이다. 실제로 루이지애나에서 관측한 중력파는 워싱턴의 중력파보다 약 7밀리초(0.007초) 빠른 것으로, 이는 중력파가 지구의 남반구 쪽 먼 우주로부터 온 것임을 말해주는 것이다.

데이터를 분석한 결과 중력파는 지구로부터 약 13억 광년 떨어진 곳에서 2개의 블랙홀이 충돌하며 생긴 것으로 만일 중력파가 빛의 속도로 이동하였다면 이는 약 13억 년 전에 일어난 사건이었을 것으로 계산되었다. 중력파의 발견은 특히 천문물리학자들에게 엄청난 흥분을 불러일으켰는데, 이는 중력파가 우주의 먼 곳에서 일어나는 일을 연구하는 새로운 방법을 제공하기 때문이다.

아인슈타인의 특수 및 일반 상대성이론은 현대물리학에 엄청난 충격을 주었다. 예견된 효과들은 핵반응에서 방출된 에너지로부터 별빛이 휘는 현상에 이르기까지 훌륭하게 입증하였다. 시공간에 대한 근본적인 개념이 이런 아이디어에 의하여 수정되고 섞이게 되었다. 일상의 경험을 벗어나는 일이기는 하지만 이러한 아이디어는 분명 상상력을 자극한다.

아인슈타인의 특수 상대성이론이 주로 관성 기준틀에 관한 내용인 데 비하여 일반 상대성이론은 가속도가 있는 기준틀을 다룬다. 일반 상대성이론에서 추가된 가설은 등가 원리로, 가속되고 있는 기준틀과 중력장의 효과를 구분할 수가 없다는 내용이다. 일반 상대성이론은 강한 중력장에 의한 빛의 휨, 가속되는 기준틀이나 중력장에서 시계의 느려짐, 그리고 중력에 의하여 만들어지는 시공간의 휘어짐 등을 예측한다. 블랙홀의 개념도 이런 아이디어에서 나왔다. 일반 상대성이론과 중력의 본질에 관한 연구는 아직도 활발한 연구 영역으로 남아 있다.

요약

빛의 속도는 고전역학에서 평범한 속도가 합해지는 방식으로 광원이나 기준틀의 속도에 더해지지 않는다. 이러한 생각은 아인슈타인으로 하여금 시간과 공간의 본질을 바라보는 급진적인 새로운 방법으로 이끌었다. 우리는 이 장에서 아인슈타인의 특수 및 일반 상대성이론의 기본 가설들을 기술하였고, 이 가설들을 받아들였을 때의 몇몇 결과들을 살펴보았다.

① **고전물리학에서의 상대 운동** 만약 어떤 물체가 그 자신도 움직이고 있는 기준틀(예를 들면 물의 흐름)에 상대적으로 움직인다면,

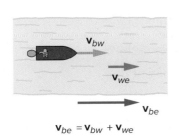

$$\mathbf{v}_{be} = \mathbf{v}_{bw} + \mathbf{v}_{we}$$

고전역학은 이 운동들의 속도를 벡터적으로 더해야 한다고 예측한다. 뉴턴의 법칙은 서로 다른 관성 기준틀에 대해서 가속하지 않는 모든 관성 기준틀에서 성립한다.

② **빛의 속도와 아인슈타인의 가설** 지구에 상대적으로 에테르가 움직이는 것을 관측하려던 실험의 실패는 논쟁을 일으켰고, 마침내 아인슈타인의 특수 상대성이론의 두 기본 가설을 이끌었다. 첫째, 물리 법칙은 모든 관성 기준틀에서 동일할 형태를 가지고(상대성 원리), 둘째, 빛의 속도는 모든 관성 기준틀에서 광원의 움직임에 무관하게 동일하다.

③ **시간 팽창과 거리 수축** 시간 측정과 거리 측정에 아인슈타인의 가설을 응용하면 다른 기준틀에 있는 관찰자들은 이런 측정에 동의하지 않는다. 움직이는 시계를 측정하는 사람은 시계가 정지해 있는 관찰자가 잰 시간보다 더 긴 시간을 관측하고(시간 팽창), 움직이는 거리를 재는 관찰자는 정지해 있는 거리보다 더 짧은 거

리를 관측한다(거리 수축).

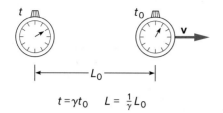

$$t = \gamma t_0 \qquad L = \frac{1}{\gamma} L_0$$

④ **뉴턴의 법칙과 질량-에너지 등가 원리** 이런 생각을 동역학에 확장시켜서, 아인슈타인은 운동량을 재정의하고, 뉴턴의 제2법칙

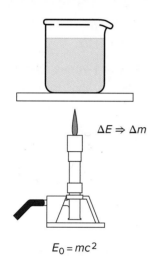

$\Delta E \Rightarrow \Delta m$

$E_0 = mc^2$

을 운동량을 써서 일반적인 형태를 사용할 때만 뉴턴의 제2법칙이 유지된다는 것을 알아냈다. 운동 에너지 계산은 질량과 에너지가 동등하다는 것을 인지하게 하였다.

⑤ **일반 상대성이론** 특수 상대성이론은 주로 관성 기준틀에 관련되어 있다. 가속 기준틀과 중력은 일반 상대성이론에서 다룬다. 일반 상대성이론의 새로운 기본 가설은 등가 원리이다. 가속 기준틀은 중력장이 있는 것과 구분할 수 없다. 이 추가적인 가설은 빛의 휘어짐과 중력장에 의한 시간 변화 같은 새로운 효과를 이끌었다. 또한 시공간 연속체를 기술하는 데 비유클리드적인, 휘어진 기하학의 사용을 필요로 한다.

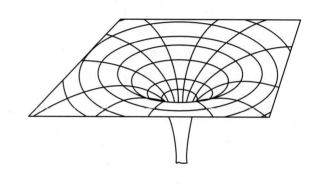

개념문제

Q1. 보트가 하류로 움직인다면 물에 대한 보트의 속도가 강둑에 대한 보트의 속도보다 크겠는가? 설명하시오.

Q2. 비행기가 바람과 같은 방향으로 비행한다면, 지면에 대한 비행기의 속도는 공기에 대한 속도보다 큰가, 작은가 아니면 같은가? 설명하시오.

Q3. 보트가 물의 흐름을 가로질러 간다면, 강둑에 대한 보트의 속력이 물에 대한 보트의 속력과 강둑에 대한 물의 속력을 수치적으로 더한 것과 같겠는가? 설명하시오.

Q4. 비행기 등의 속도와 바람의 속도를 더하는 데 특수 상대성이론이 필요한가? 설명하시오.

Q5. 에테르(광파의 매질로 가정되었던)는 진공 속에 존재하는 것으로 가정했는가? 설명하시오.

Q6. 마이컬슨-몰리의 실험이 지구에 대한 에테르의 속도를 측정하는 데 성공했는가? 설명하시오.

Q7. 아인슈타인의 가설 중 어느 것이 에테르에 대한 지구의 운동

을 검출하지 못한 실패를 가장 직접적으로 다루고 있는지 설명하시오.

Q8. 지구에서 하고 있는 체스 경기를 관측자 A가 보았는데, 그는 우주선을 타고 지나가는 중이다. 관측자 B는 땅 위에서 체스를 두는 사람들의 어깨너머로 보고 있다. 이 두 사람 중 누가 게임의 한 수당 걸리는 시간을 더 길게 측정하겠는가? 설명하시오.

Q9. 우주선이 빠른 속도로 관측자 A를 지나가는데, A는 지구에 정지해 있다. 관측자 B는 우주선을 타고 있다. 이들 두 관측자 중 누가 더 우주선의 길이를 길게 재겠는가? 설명하시오.

Q10. 우주비행사가 우주여행을 떠나서 자기의 쌍둥이 짝이 태어나기 1년 전에 돌아오는 것이 가능한가? 설명하시오(일상의 자연현상 20.1 참고).

Q11. 저속으로 움직이는 물체에 대하여 상대론적 운동량의 관계식 $\mathbf{p} = \gamma m \mathbf{v}$를 쓸 수 있는가? 설명하시오.

Q12. 아주 빠른 속도로 움직이는 물체의 경우, 물체의 운동 에너지 증가는 그 물체를 가속시키는 데 필요한 일과 같은가? 설명하시오.

Q13. 어느 물체의 속도를 0으로 줄이면 그 에너지는 모두 사라지는가? 설명하시오.

Q14. 닫힌 우주선 안에서 우주선이 가속되고 있는지 아니면 단순히 태양 혹은 지구와 같이 무거운 천체 근처에 있는 것인지 판단할 수 있겠는가? 설명하시오.

Q15. 빈 공간 속을 진행하는 빛은 언제나 직선으로 나아가는가? 설명하시오.

연습문제

E1. 정지한 물에서 12 m/s의 속도로 갈 수 있는 보트가 지구에 대하여 5 m/s의 속도로 흐르는 강물에 흐름에 거슬러 최대속력으로 움직이고 있다. 강둑에 대한 보트의 속도는 얼마인가?

E2. 한 수영선수가 물에 대하여 2.8 m/s의 속도로 상류로 수영하고 있다. 물 흐름의 속도는 (하류로) 1.5 m/s이다. 강둑에 대한 이 수영선수의 속도는 얼마인가?

E3. 우주비행사가 지구에 대하여 0.6c의 속도로 비행하는 자신의 우주선 후미를 향하여 손전등을 비추고 있다. 지구에 대한 빛의 속도는 얼마이겠는가?

E4. 우주비행사가 지구를 0.8c의 속도로 스쳐가면서 3분 달걀을 요리하고 있다. 지구의 관측자가 볼 때 달걀은 얼마 동안 요리되었는가? (표 20.1 참고)

E5. 승무원이 측정한 길이가 70 m인 우주선이 지구에 대하여 0.3c의 속도로 비행하고 있다. 휴스턴의 비행통제실에서 본 우주선의 길이는 얼마인가? (표 20.1 참고)

E6. 우주선이 지구에 대하여 0.5c의 속도로 비행하고 있다. 우주선의 질량이 8000 kg이라면 운동량은 얼마인가? ($p = \gamma m v$, $c = 3 \times 10^8$ m/s이다. 표 20.1 참고)

종합문제

SP1. 물에 대하여 7 m/s의 속도를 내는 보트가 유속이 3 m/s인 강물 건너편을 똑바로 보고 강을 건너고 있다. 강의 폭은 28 m이다.

    a. 강물의 속도가 물에 대한 보트의 속도와 더해져서 지구에 대한 보트의 속도가 얻어지는 방법을 보여주는 벡터 도형을 그리시오. 이를 이용하여 지구에 대한 보트의 상대 속도를 구하시오.

    b. 피타고라스의 정리를 이용하여 지구에 대한 보트 속도의 크기를 구하시오.

    c. 보트가 강을 건너는 데 시간이 얼마나 걸리는가? (힌트: 강폭을 거리로 사용하는 경우라면 보트의 속도 벡터에서 강물 건너편 방향의 성분만을 고려할 필요가 있다.)

    d. 출발 지점에서 하류 방향으로 얼마나 내려가서 반대편 둑에 닿는가? (힌트: 강둑에 평행한 보트 속도의 성분만 고려하면 된다.)

    e. 피타고라스의 정리를 이용하여 건너편 둑에 닿을 때까지 이동한 거리를 구하시오.

SP2. 우주비행사가 먼 별까지 갔다가 지구로 돌아왔다고 하자. 가속과 감속할 때의 짧은 기간을 제외하고 그의 우주선은 지구에 대하여 $v = 0.995c$의 엄청난 속도로 비행하였다. 그 별은 46광년의 거리에 있다. (광년은 빛이 1년에 가는 거리이다.)

    a. 이 속도에 대한 γ가 거의 10이 됨을 보이시오.

    b. 지상의 관측자가 본 별까지 왕복에 걸린 시간은 얼마인가?

    c. 우주비행사가 볼 때 왕복에 시간이 얼마나 걸리는가?

    d. 우주비행사가 볼 때 비행거리는 얼마인가?

    e. 이 비행사가 여행을 하는 동안 지구에 쌍둥이 형제가 있다고 한다면 지구에 돌아갔을 때 쌍둥이 형제보다 몇 살이 더 어려지는가?

SP3. 그림 20.13을 이용하여 시간 팽창 공식을 유도하시오. 그 과정은 다음과 같다.

    a. 그림 20.13의 대칭성으로부터 지상의 관측자가 측정한 총 시간은 거울 도착시간의 2배인 것으로 가정한다.

    b. 그림 20.13에 보인 직각삼각형과 피타고라스의 정리를 이용하면 위 값을 아래와 같이 쓸 수 있다.

$$c^2 \left(\frac{t}{2}\right)^2 = d^2 + v^2 \left(\frac{t}{2}\right)^2$$

    c. t를 포함하는 항을 한쪽으로 모으고 양변에 세곱근을 취하면 이 식을 지상의 관측자가 측정한 시간 t에 대하여 풀 수 있다.

    d. $2d/c$ 항이 우주선 조종사가 측정한 시간 t_0이므로, 이 식이 20.3절에서 소개한 시간 팽창 공식이 된다.

출처: NASA, ESA, STScI, J. Hester and P. Scowen (Arizona State University)

CHAPTER 21

일상의 현상을 깊이 들여다보기
Looking Deeper into Everyday Phenomena

학습목표

일상생활에서, 보통 주변이나, 심지어 내부의 세상에서 진행되는 수많은 것들을 인지하지 못한다. 물리를 배우는 한 가지 이점은 시야에서 감추어진 것들, 즉 우리의 존재에 필수 불가결한 것들에 연결되어 있다는 확장된 인지력이다. 이 장에서는 매우 작은 것에서 매우 큰 것까지 이러한 방식으로 우리의 인지력을 확장시켜주는 물리학의 연구 분야 중 몇몇을 상세히 소개한다. 이 생각은 소립자, 우주의 기원, 반도체 및 전자공학, 그리고 초전도체와 다른 신물질들의 기본 개념들을 다룬다. 이런 연구 분야를 검토하는 것은 그 분야가 대중의 상상력을 자극하고 발전하는 기술에 상당한 영향을 미칠 것이기 때문이다. 이 설명은 필연적으로 간단한데, 그 목적이 관심을 끌만한 주제에 대해서 좀 더 기본적으로 배워야 할 것을 제공하는 기본적인 아이디어와 문제를 강조하는 데에 있기 때문이다.

개요

1. 쿼크와 소립자 우주를 구성하고 있는 근본 요소는 무엇인가? 현재 이론들은 소립자들을 어떻게 체계화하고 분류하는가?

2. 우주론: 우주의 밖을 내다보기 우주는 어떻게 형성되었으며 어떻게 변하고 있을까? 소립자의 연구를 통해 우주의 근원에 대한 빛을 밝힐 수 있는가?

3. 반도체와 마이크로 전자공학 트랜지스터란 무엇이며 어떻게 동작하는가? 반도체 소자는 어떻게 전자 산업에 혁명을 일으켰는가?

4. 초전도체와 신물질 초전도체란 무엇인가? 어떤 다른 신물질들이 고체물리학의 새로운 분야로 대두되고 있는가?

과학이 가장 호기심을 불러일으키는 이유 중 하나는 그것이 어느 곳으로 이끌고 갈지 전혀 예측할 수 없도록 하기 때문이다. 재미있는 추리소설과 같이 줄거리와 암시만이 있을 뿐 정답은 확실치 않다. 아니 아마도 궁극적인 해답은 전혀 존재하지 않는지도 모른다. 과학에서의 성공이란 자연에 대한 이해를 넓히는 것이고 종종 과학기술의 진보를 가져오기도 하지만 항상 새로운 문제들을 이끌어낸다.

물리학이 사회적, 정치적 이슈와 겹칠 때 물리학은 때때로 흥미로운 뉴스거리를 만든다. 만일 새로운 입자 가속기나 우주 정거장을 건설하는 데 수십억 달러를 투자해야 할 문제가 생기면 보통 시민들은 때때로 이런 화젯거리에 대해 결정을 내리도록 요청을 받는다. 제임스 웹 우주 망원경의 건설은 수년에 걸친 사업으로 종종 의회의 청문회 대상이 되고 있다(그림 21.1).

일상생활은 물리학에서 새롭게 진행되는 것을 실감하는 것보다 훨씬 더 다양하게 영향을 받는다. 대부분은 내부에 마이크로컴퓨터가 내장된 개인용 컴퓨터와 휴대폰 같은 전자제품들을 사용한다. 컴퓨터는 살아가고, 일하고, 즐기는 모든 것에 대해 엄청난 변화를 가져왔다. 오늘의 컴퓨터가 있도록 한 트랜지스터의 발명은 고체물리학의 진보와 반도체에 대한 인류의 관심과 이해를 통해서 이루어진 것이다.

현대물리학은 여러 방향으로 활용되고 있다. 일부 연구 분야는 기술진보를 위한 필요성에 의해 수행되기도 하고, 반면에 다른 일부는 단지 우리가 살고 있는 우주를 더 잘 이해하기 위한 욕구에 이용되

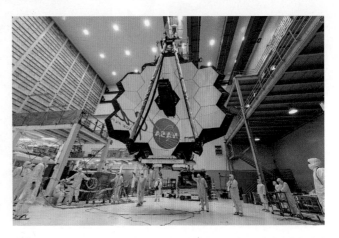

그림 21.1 제임스 웹 우주 망원경이 허블 망원경의 보조 및 연장선에서 건설되고 있다. 2021년 12월 25일 우주로 발사되었다. NASA의 기술자들이 그린벨트의 우주센터의 클린룸 안에서 망원경에 사용되는 대형 거울을 크레인을 이용하여 들어 올리고 있다. *NASA/Desiree Stover*

기도 한다. 비록, 이런 분야들에 대해 모든 것을 다룰 수는 없지만 국제적으로 주목을 받고 앞으로도 계속될 가능성이 있는 몇몇 분야에 대해 기술할 것이다. 아직은 일상적인 주변생활에서 접할 수 없는 생각들이 언젠가는 매일 접하게 되는 일상의 현상이 될 것이다.

21.1 쿼크와 소립자

오늘날 가장 지속적인 연구 대상 중 하나는 자연을 이루는 기본요소 또는 입자의 존재를 찾는 것이다. 20세기까지만 해도 자연의 기본 구성 요소가 원자라고 생각했으며, 그 견해는 19세기 동안 화학의 진보가 이를 강하게 뒷받침하였다. 원자(atom)는 그리스어 *atomos*에서 유래하였으며 '쪼개질 수 없음'을 의미한다.

18장에서 다루었듯이 원자가 쪼개질 수 있으며 내부 구조를 가지고 있음이 밝혀진 것은 1800년대에 이루어진 실험들에 의해서였다. 1897년 톰슨(J. J. Thomson)에 의한 전자의 발견은 원자 내부에 원자보다 작은 입자가 존재하고 있음을 최초로 밝힌 것이다. 그 후 1911년에 원자 내의 핵이 발견되었고 핵은 양성자와 중성자로 구성되어 있음을 발견하게 되었다. 이제 양성자와 중성자들 또한 그 내부에 하부구조를 가지고 있으며 그들은 쿼크(quarks)로 구성되어 있다는 것을 알 수 있다(그림 21.2).

과연 그 끝은 어디까지일까? 무엇이 쿼크이고 왜 그들이 존재함을 믿게 되었을까? 또한 언젠가는 쿼크의 내부 구조를 발견할 수 있을까? 마지막 질문에 대한 확실한 대답을 할 수는 없다. 그리고 고에너지물리학의 이론적 이해를 통해 최근 새로운 입자들의 혼란스러운 듯한 배열로부터 새로운 규칙성을 발견하게 되었다. 종종 **표준 모델**(standard model)이라 불리

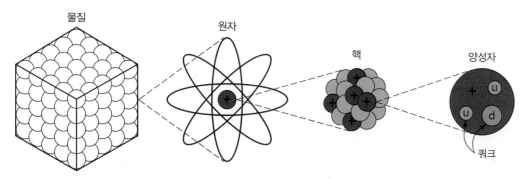

그림 21.2 한 때, 모든 물질의 기본 구성 요소라고 생각된 원자들은 현재 전자, 양성자, 중성자로 이루어져 있다고 알려져 있다. 중성자와 양성자는 또한 쿼크로 구성된 하위 구조를 가진다.

는 새로운 이론의 몇 가지 특징들을 고찰할 것이다.

어떻게 새로운 입자들이 발견되었는가?

전자, 양성자, 그리고 중성자 등의 원자를 구성하는 기본 입자들은 20세기에 발견된 원자 내부 입자의 긴 행렬 중 처음으로 발견되었다. 예로 **양전자**(positron)는 영국의 물리학자 폴 디랙(Paul Dirac, 1902~1984)에 의해 이론적 근거가 제시된 후 곧 1932년에 발견되었다. 이는 **뮤온**(muon)과 **파이온**(pion)의 발견 이후 이어서 발견된 것이다. 이런 입자들의 목록은 고에너지물리학 연구가 활발했던 1950년대와 1960년대에 급격히 증가했다.

어떻게 이러한 발견이 이루어졌을까? 그들 대부분은 러더퍼드와 그 동료들이 수행했던 알파 입자 산란 실험과 유사한 산란 실험과 관련되어 있다(18.3절 참고). 매우 빠르게 가속된 입자를 표적 원자에 충돌시켜 입자 검출기를 이용하여 이들의 충돌 후 궤적을 조사하도록 했다. 방출된 입자들은 초기 실험에서 사용하였던 사진기의 유제, 안개상자, 거품상자 등에 궤적을 남김으로 발견할 수 있었고 오늘날은 좀 더 정교한 검출기를 사용하여 확인하였다. 안개상자와 거품상자 속에서 빠르게 움직이는 대전 입자는 과포화된 증기나 과열된 액체 상태인 물방울 또는 거품을 응축시킴으로써 그 궤적을 추적할 수 있었다(그림 21.3).

다른 측정들과 함께 이런 궤적의 분석들로부터 원소들이 충돌하면서 만들어진 질량, 운동

그림 21.3 거품상자(또는 현대 전자 검출기)의 입자 궤적은 충돌과 붕괴에서 생성된 새로운 입자에 대한 정보를 제공한다.

에너지, 그리고 입자들의 전하를 추론할 수 있도록 한다. 예를 들어 양으로 대전된 입자의 경로는 자기장 속에서 임의의 일정한 방향으로 향하고 음으로 대전된 입자는 그 반대방향으로 향한다. 그 경로가 휘어지는 정도는 입자의 질량과 관계있다. 질량은 서로 다른 입자들의 특성을 알려주는 중요한 자료가 된다.

이러한 산란 실험에서 고에너지 입자의 원천은 입자 가속기이다. 러더퍼드는 방사능 물질에서 나오는 알파 입자를 사용했으나, 알파 입자는 에너지에 한계가 있다. 다른 초기 연구자들은 외부 우주에서 흘러오는 **우주선**에 있는 고에너지 입자를 사용했다(외부 우주에서 흘러오는 이런 입자들 중 몇몇은 현재도 깨닫지 못하는 사이에 여러분 몸을 통과하고 있다). 그러나 입자 가속기는 고에너지, 고밀도의 입자빔을 만들 수 있고, 이는 충돌이 더 잘 일어나게 한다.

오늘날의 입자 가속기는 전기장과 자기장을 이용하여 입자빔을 가속시키고 또 그 궤도를 조정한다. 입자빔은 진공 상태의 곡선 링 모양 또는 직선의 진공터널을 지나간다. 2개의 입자빔을 서로 정면충돌시키면 정지 상태의 표적에 입자를 충돌시킨 것보다 더 큰 에너지로 충돌시키는 효과를 얻을 수 있다. 입자빔의 에너지는 전자볼트(eV) 단위로 측정된다. 질량과 에너지 등가의 원리에 의해 양성자나 중성자보다 큰 질량의 입자빔을 만들려면 입자빔의 에너지가 매우 커야만 하는데, 이는 더 큰 입자 가속기를 필요로 하게 된다. 오늘날 가속기들은 1000 GeV(1 GeV는 10 eV로 대략 양성자 질량과 맞먹는 에너지이다) 이상 혹은 더 높은 충돌 에너지를 발생시킬 수 있다. 가장 최신의 현대 가속기로 캘리포니아에 있는 스탠퍼드 선형 가속기 센터(SLAC)가 있고, 시카고 근처 페르미 연구소에는 양성자-반양성자 충돌장치가 있으며, 또 스위스와 프랑스의 국경지대에 위치한 CERN의 초대형 하드론 충돌장치(LHC)는 이미 1000 GeV 에너지의 기록을 가지고 있다.[*]

입자 동물원의 거주민들(비유적 표현)

점점 더 많은 종류의 입자들이 발견됨에 따라 과학자들은 그것들을 이론적인 모델에 따라 체계화하고 분류하려는 노력을 기울였다. 비록 모델이 불완전하기는 하였지만 새로운 입자의 존재를 때때로 예견하곤 했다. (이것은 화학에서 주기율표의 구조가 새로운 원소를 예견한 방식과 비슷하다.) 처음 입자들의 분류 방법은 우선적으로 입자들의 질량에 주로 근거하여 이루어졌다.

입자는 세 종류의 일차적인 집단으로 분류되었다. 렙톤(lepton), 메손(Meson), 바리온(baryon)들이 그들인데, 이 중 **렙톤**은 가장 가벼운 입자이고 전자, 양전자, 그리고 베타 붕괴 시 수반되는 중성미자를 포함한다. **메손**은 질량이 중간이고 파이온(π-메손이라 불리는)과 케이온(kaon)을 포함한다. **바리온**은 가장 무거운 입자들이며 중성자와 양성자를 포함한다.

각각의 입자는 질량은 같고, 전하와 같은 다른 성질의 반대 값을 갖는 반입자를 가지고 있다. 예로 양전자는 전자의 반입자로서 음전하 대신 양의 전하를 가진다. 입자가 그 반입자와 충돌할 때 두 입자는 고에너지 광양자들이나 또는 다른 입자들을 생성하며 서로 소멸될 수 있다.

쿼크란 무엇인가?

양자역학과 상대론을 기본으로 하는 **양자 전기역학**(quantum electrodynamics)과 **양자 색역학**(quantum chromodynamics)은 이러한 입자들의 상호작용을 묘사하는 이론들이다. 1970년대 초반에 이런 이론들의 진보는 모든 입자들을 체계화하는 계획을 수립할 수 있도록 했으며 이것이 **쿼크**(quark)를 자리 잡을 수 있도록 한 것이다. 메손과 바리온(둘 다 **하드론**(hadron)으로 불린다)은 모두 쿼크에 의해 이루어졌고, 새로운 입자들이 이 이론에 의해 제안되었다. 2개의 쿼크, 즉 쿼크와 반쿼크로 구성된 각각의 메손은 바리온과 함께 3개의 쿼크로 하나의 집합체를 이루고 있다.

이러한 이론들이 발전함에 따라 반입자를 고려하지 않고도 바리온과 메손 등 모두 설명하기 위해서는 6가지 형태의 쿼크가 필요하다고 입증되었다. 즉 이들은 위(up), 아래(down), 맵시(charmed), 기묘(strange), 꼭대기(top), 그리고 바닥(bottom) 쿼크들로 이름 붙이게 되었다. (확실히, 물리학자들은 유머 감각이 있다.) 이 6가지 쿼크들(그리고 그들의 반입자들)의 서로 다른 결합들을 통해서 메손과 바리온 집단 속에서 관찰되는 모든 입자들의 설명이 가능하다.

양성자는 3가지 쿼크들로 구성되어 있다. 전하가 $+\frac{2}{3}e$인 2개의 위쿼크와 전하가 $-\frac{1}{3}e$인 하나의 아래 쿼크이다. 전체 전하량이 0인 중성자는 2개의 아래 쿼크와 1개의 위쿼크로 만들어진다(그림 21.4). 양성자와 충돌하는 극도로 높은 에너지를 가진 전자들의 산란 실험을 통해 이런 물질들에 대한 명확한 증거를 얻을 수 있다. 이런 실험들로부터 2개의 위쿼크와 1개의 아래 쿼크를 지닌 채 적절한 전하들을 가진 양성자 내에서 강하게 산란하는 중심이 존재하고 있음을 보여준다. 이 분석은 러더퍼드의 핵 발견과 유사하다(18장 참고).

렙톤들과 쿼크들의 집단은 서로 유사성을 가진다. 이들 입자들은 이제 유사한 3개의 그룹으로 묶을 수 있는데, 이들 그룹들은 각각 2개의 렙톤과 2개의 쿼크로 이루어져 있고 각 그룹들 속의 하나의 렙톤은 중성미자가 된다. 표 21.1은 각 그룹에 속해 있는 입자들을 보여준다. 이 표에서는 단지 12개의 소립자(각 네 입자에 세 종류의 계열을 가진)만이 있고, 반입자를 고려하면 24개가 된다.

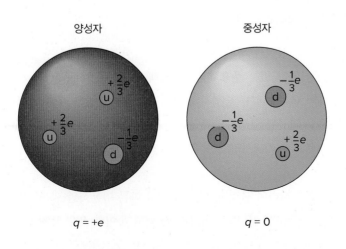

양성자　　　　중성자

$q = +e$　　　　$q = 0$

그림 21.4 양성자는 2개의 위쿼크와 하나의 아래 쿼크로 이루어져 있다. 중성자는 2개의 아래 쿼크와 하나의 위쿼크로 이루어져 있다.

표 21.1 소립자의 세 종류 계열		
첫 번째 계열	**두 번째 계열**	**세 번째 계열**
전자	뮤온	타우 입자
전자 중성미자	뮤온 중성미자	타우 중성미자
위쿼크	맵시 쿼크	꼭대기 쿼크
아래 쿼크	기묘 쿼크	바닥 쿼크

2005년 7월 21일 있었던 타우 중성미자 관측 발표로 현재 12개의 모든 입자가 실험적으로 존재함이 확인되었다. 이는 일리노이주의 페르미 연구소에서 54명의 각국에서 온 과학자들은 '누 타우 직접 관찰' 실험 계획의 데이터를 약 3년간 분석하여 타우 중성미자를 발견하였다.

쿼크들은 다른 쿼크들과 항상 결합하여 존재할 뿐이지 개별적으로 존재하지 않는다. 이러한 이유 때문에 이들이 입자 검출기 속에서 그린 궤적으론 곧바로 관찰될 수 없다. 아무튼 그들의 존재는 쿼크 모델을 뒷받침하는 산란 실험과 반작용 관찰을 통하여 추론할 수밖에 없다. 그래서 높은 입자 에너지와 센 빛살의 광선이 그러한 반작용을 용이하게 관찰할 수 있는 확률을 높이기 위해 필요하다. 가속기의 개선은 발전을 계속해 왔다. 앞서 언급한 CRERN의 LHC는 향후 수년간 새로운 발견의 장이 될 것이다.

최근 물리학계는 히그스 보손의 존재가 확인되는 실험을 발표하며 흥분의 소용돌이를 맞고 있다. 표준 모델의 완전성을 확보하기 위한 히그스 보손의 존재는 1964년에 처음 예견되었다. 히그스 보손에 대한 가설은 그들이 쿼크와 다른 입자들 사이의 상호작용을 매개하는 역할을 하며, 따라서 그들에게 질량을 부여한다는 것이다. 히그스 보손의 관측은 극히 어려울 것으로 예상되었는데, 이는 그들이 아주 짧은 시간 동안만 존재하는 데다 생성을 위해 막대한 에너지가 필요하며 그들의 질량도 모르기 때문이었다. 2012년~2013년 CERN의 LHC와 미국 페르미 연구소에서 진행된 실험에 의해 히그스 보손의 존재는 확실히 증명되었고 그들의 질량도 근사적으로나마 알게 되었다. 향후 계속되는 실험들을 통해 히그스 보손의 다른 성질들과 심지어 여러 종류의 히그스 보손이 존재할 것이라는 사실들이 밝혀질 수 있으리라고 기대한다.

무엇이 기본적인 힘일까?

무슨 힘이 이런 입자들 사이를 서로 붙잡고 있을까? 중성자들, 양성자들, 그리고 다른 바리온들(메손들 또한)을 묶고 있는 주요 힘은 **강한 핵 상호작용**(strong nuclear interaction)이다. 이 힘은 또한 원자핵 내부에 있는 중성자와 양성자를 구속하면서 개별적으로 흩어지려는 것을 막기 위해 양으로 대전된 양성자의 정전기적 반발력보다 반드시 더 강해야 한다. 그러나 강한 핵력은 매우 짧은 거리에서만 영향을 미치고 핵의 크기보다 더 긴 거리에서는 급속히 감소한다.

이러한 강한 핵력에 더하여 물리학자들은 3개의 다른 기본적인 힘을 인지해 왔다. 즉, 전자기력(12장 참고), 중력(4장 참고), 그리고 약한 핵력 등이다. **약한 핵력**(weak nuclear force)

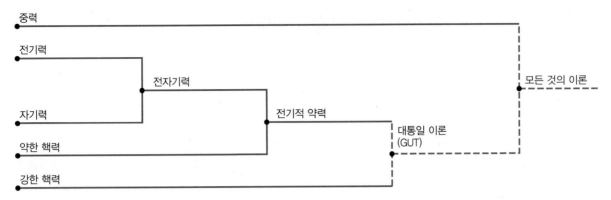

그림 21.5 각각 독립된 힘으로 보이는 자연의 기본적인 힘들이 이론적인 연구에 의해 보다 체계적인 기본적인 힘들로 통일되었다. 모든 기본적인 힘의 완전한 통합은 앞으로도 계속 진행될 것이다.

은 렙톤의 상호작용에 의한 것으로, 전자와 중성미자에 의한 베타 붕괴의 과정이 그 예이다. 이론 물리의 목표 중 하나는 이런 힘들을 하나의 이론으로 모두 통합시키는 것이다. 보통 전기장과 자기장을 다룰 때와 같이 임의의 장에 의해 이런 힘들을 설명해 왔기 때문에 하나의 **통일장 이론**(unified field theory)으로 나타내기를 원한다.

　입자물리학에서 표준 모델이 가장 성공한 이유 중 하나는 전자기력과 약한 핵력을 통합시킨 것이다. 이렇게 전자기력과 약한 핵력을 통합하여 오늘날 **전기적 약력**(electroweak force)이라고 하는 또 다른 기본적인 힘을 만들어낸 것이다. 일찍이 맥스웰의 전자기 이론은 전자기력 속에 표면적으로 두 독립적인 힘인 전기력과 자기력을 통합했고, 이제 그 힘은 약한 핵력과 통합된 것이다.

　때때로 자연의 기본적인 힘으로 강한 핵 상호작용, 전기적 약력, 그리고 중력의 세 종류의 힘이 존재한다고 말하곤 한다. 그러나 이 말은 틀릴 수도 있다. 왜냐하면 실질적인 진행은 그림 21.5의 표준 모델의 전개과정에서 약한 전기 상호작용으로부터 강한 핵 상호작용으로 통합하도록 만들어졌기 때문이다. 통합된 이런 이론은 **대통일 이론**(grand unified theory) 또는 짧게 GUT로 언급된다.

　그런데 다른 힘에 비해 중력은 통일장 이론 속에 통일시키는 데 큰 어려움이 있다. 중력의 이론적 기초는 아인슈타인의 일반 상대성이론 속에서 기술하고 있지만, 이 일반 상대성이론의 수학은 양자역학과 표준 모델에서 취급하는 수학과 여러 가지 면에서 호환되지 않는다. 만일 대통일 이론과 중력을 통합시킨 새로운 **모든 것의 이론**이 발견된다면 그 발견자들에게는 명예와 영광이 한꺼번에 주어질 것이다. 중력을 포함하는 다차원 모델인 끈이론은 하나의 후보이지만, 아직까지 실험적으로 검증되지 않았다.

아주 높은 에너지에서의 산란 실험을 통해서도 새로운 소립자들의 존재를 밝히기는 쉽지가 않다. 다만 그 표준 모델로부터 입자들이 각각 2개의 렙톤과 2개의 쿼크(그리고 그들의 반입자)를 가진 세 종류의 계열로 분류하는 데는 일단 성공했다. 이 모델은 최근 실험적으로 검출된 꼭대기 쿼크를 포함하여 새로운 입자들을 예견했다. 이론 물리학자들은 기본적인 힘이 모두 포함된 통합된 이론을 위해 계속 노력하고 있다.

21.2 우주론: 우주의 밖을 내다보기

21.1절에서 매우 작은 것, 즉 세상의 보통 물질을 이루는 구성 요소들의 물리학을 훑어보았다. 초점을 아주 거대한 것으로 옮겨보면 어떻게 될까? 살고 있는 지구는 태양계의 일부이다 (5장 참고). 태양은 겉으로는 그 자체로 거대한 성단(cluster)에서 생겨난 은하(galaxy)들 속에 모여 있는 별들 중 하나이다. 우주는 어떠한 구조를 이루고 있으며 어떻게 변할까?

우주론(cosmology)은 이러한 질문들을 탐구하는 물리학과 천문학의 분야이다. 역설적으로 아주 거대한 것에 대한 이러한 질문들은 원자와 핵, 그리고 쿼크 또는 그보다도 작은 입자들의 규모에 있는 작은 것들에 대한 지식으로부터 배웠던 지식과 연관되어 있을지도 모른다.

우주는 팽창하고 있는가?

인류는 오랫동안 전체로서의 우주의 본질에 대한 의구심과 밤하늘에 매료되어 왔다. 알고 있는 거의 모든 문명은 우주의 기원과 전반적인 본질과 그 안에서 인간의 위치에 대해 설명하는 이야기가 있었다. 1600년경 망원경의 발명은 행성들과 별들을 관찰하고 우주에 대해 배울 수 있는 새로운 도구를 제공했다. 초기의 망원경을 사용하여 갈릴레오는 목성의 위성을 발견했으며 금성의 위상 변화를 관찰할 수 있었고, 태양계에 대한 코페르니쿠스의 태양중심설을 지지하는 데 기여하였다(5장 참고).

망원경의 성능이 개선됨에 따라 육안으로 보았을 때보다 훨씬 더 많은 천체들을 발견하게 되었다. 이런 천체들이 모두 점같이 생긴 별들만은 아니었다. 어떤 것들은 희미한 모양이었고, 망원경의 해상도가 증가함에 따라 그들 중 몇몇은 하나의 별이 아니라, 우리가 오늘날 **은하**(galaxy)라 부르는 별들의 집단이라는 것도 밝혀졌다. 많은 은하들은 그림 21.6에 보인 것처럼 나선구조를 가진다.

가장 가까이 육안으로 관찰할 수 있는 은하는 우리가 속해 있는 은하수 은하계이다. 맑은 밤하늘에 은하수 은하계는 하늘을 가로지르는 띠 모양의 연속적인 별무리들로 보인다(그림

그림 21.6 나선형 은하를 이루는 매우 인접한 별들의 전경으로, 우리 은하계와 유사한 모양이다.
NASA/JPL-Caltech/S. Willner(Harvard-Smithsonian Center for Astrophysics)

그림 21.7 우리가 우리 자신의 은하의 원반 안에 있기 때문에 은하수는 맑은 밤에는 하늘을 가로지르는 띠처럼 보이는 별들의 연속적인 무리처럼 보인다.
Basti Hansen/Shutterstock

21.7). 은하계가 띠 모양으로 보이는 것은 실제로 그림 21.6과 같이 나선형 은하계의 원반 내부에 있기 때문이다. 시선을 원반 쪽으로 가게 하면, 별에 겹쳐 있는 별들을 보게 되고, 이것은 구름 띠 같은 띠를 형성한다(망원경이나 심지어 쌍안경으로도 이 구름 같은 것을 각각의 별들이 모인 것으로 구분할 수 있다). 태양은 은하수를 구성하는 수천억 개의 별들 중 하나이다. 은하수는 아주 거대해서, 보이는 원반의 한쪽 끝에서 다른 쪽 끝까지 가는 데 대략 빛이 10만 년 정도 가야 하는 거리이다. 그러나 우리 은하도 관측 가능한 우주 안에 있는 수십억 개의 은하계 중 하나일 뿐이다(그림 21.8).

　20세기 초기에 시작된 다른 은하계에 대한 관찰은 과학사에 아주 놀라운 사실을 말해준다. 주변의 몇몇 은하들을 제외하고, 모든 은하들은 멀어지고 있다는 사실이다. 더 놀라운 사실은 더 멀리 떨어져 있는 은하일수록 더 빠르게 멀어지고 있다는 것이다. 이 사실은 1920년대 미국의 천문학자 허블(Edwin Hubble, 1889~1953)의 관측결과들을 종합하여 밝혀졌다. 허블의 연구는 헨리에타 리비트(Henrietta Leavitt, 1868~1921), 베스토 슬라이퍼(Vesto

그림 21.8 허블 망원경으로 밤하늘에서 달의 크기의 1/10에 해당되는 작은 부분을 관측한 사진. 이 안에 이미 수천 개의 은하계가 존재하고 있으며 그중 하나의 은하계는 또 수십억 개의 별들의 무리인 것이다. 우주의 저 깊숙이까지 볼 수 있는 눈을 가지고 있다고 상상해보라. 우주의 광대함에 놀라울 뿐이다.
NASA/ESA/S. Beckwith (STScI) and the HUDF Team

Slipher, 1875~1969), 밀턴 휴메이슨(Milton Humason, 1891~1972)을 비롯한 많은 천문학자들의 연구를 종합한 것이다. 이들 천문학자들은 2가지 중요한 은하들의 성질을 결정하고자 했는데, 그것은 우리로부터의 거리와 우리로부터 멀어지고 있는 속도이다.

은하계의 거리를 측정하는 데는 일상생활에서 자주 사용하는 방법을 응용한다. 다른 모든 조건들이 동일하다면, 광원이 더 멀리 있을수록 그것이 더 희미하게 보인다는 점이다. 비행기의 착륙등은 몇 피트 거리에서 보면 불편할 정도로 밝다. 그러나 그 빛이 하늘 저 멀리 있다면, 별이나 행성으로 일시적으로 착각할 정도로 아주 희미해진다. 이 원리로 천문학자들은 밝기를 측정함으로써 별이나 은하까지의 거리를 추정한다.

중요한 점은 보고 있는 별의 **광도**(luminosity)를 알아야 이러한 기법을 사용할 수 있다는 점이다. 하늘에 있는 미약한 점과 같은 불빛이 아주 근처에 있는 개똥벌레일 수도 있고 수천억 개의 항성이 내는 빛인 매우 멀리 떨어진 은하일 수도 있다. 이러한 측정방법에서는 그 별의 원래 밝기를 아는 것이 중요하다. 전구에 새겨진 100와트 또는 60와트 글자와 같이 모든 별들에 밝기가 적혀 있다면 좋을 것이다.

그런데 어떤 별들은 실제 자신의 밝기를 말해주고 있다. 물론 해석방법이 필요하다. 헨리에타 리비트는 소위 세페이드 변광성이라는 별들을 발견하였다. 이 별들은 시간에 따라 그 밝기가 변하고 있는데, 밝고 어두워졌다가 다시 밝아지는 데 걸리는 시간, 즉 변광 주기로부터 그 별의 밝기를 알 수 있다는 것이다. 따라서 이런 별들을 수개월 관측하여 변광 주기를 정하면, 원래 밝기를 구할 수 있고 거리를 구할 수 있다. 세페이드 변광성들이 다른 은하에서 매우 밝고 잘 보이기 때문에 리비트의 연구는 우리 은하계 밖의 은하까지의 거리를 측정하는 기초를 제공했다.

베스토 슬라이퍼가 연구를 시작한 은하계가 멀어지는 속도의 측정은 일상의 자연현상 15.2에서 공부한 도플러 효과와 16장에서 논의한 빛의 파동성을 응용한다. 슬라이퍼와 연구자들은 다른 은하계의 별들로부터 나온 빛의 **흡수** 띠가 적색 스펙트럼 쪽으로 모두 편이되어 있음을 관찰하였다. (흡수 띠들은 흡수가 없다면 연속 스펙트럼이었을 스펙트럼에서 좋은 기준점이 된다. 이들은 별의 외곽에 있는 기체들에 의해 특정 파장의 빛이 흡수되어 생겨난다.)

빛의 진동수에서 도플러 효과를 발생시키는 적색 편이는 이러한 별들이 멀어지고 있다는 것을 뜻한다. 음파에서 자동차의 경적소리가 더 낮은 음으로 들리는 것은 자동차가 멀어지고 있다는 사실을 말해준다는 15장의 도플러 효과 원리를 상기해보라. 빛에서는 더 낮은 진동수는 가시광 스펙트럼에서 붉은색 쪽 끝으로 간다는 것이다.

허블과 휴메이슨은 앞선 연구자들이 측정한 별들의 거리와 멀어지는 속도의 자료에 자신들이 측정한 자료를 더하여 더 멀리 있는 별들이 더 **빠른** 속도로 멀어지고 있다는 놀라운 사실을 발견하였다. 이 사실은 1929년 논문집에 발표되었으며 바로 유명한 **허블의 법칙**으로 알려지게 되었다. 이것은 살고 있는 전체 우주가 팽창하고 있다는 사실을 가져온 중요한 발견이었고, 돌이켜보면 아인슈타인의 일반 상대성이론에 의해 제시된 결론이다(20.5절).

아인슈타인의 일반 상대성이론에서 소개된 시공간의 곡률에 대한 논의로부터, 우리에게서 멀어지는 모든 은하들을 보기 위해 우주의 중심에 반드시 있어야 할 필요성이 없다는 사

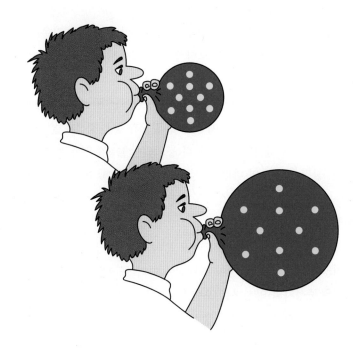

실도 알 수 있다. 만약 우주 그 자체가 팽창하고 있다면(일반 상대성이론에서는 자연스런 일인), 은하들은 멀리 나아가야 할 것이다. 은하들은 우주의 어디에 있건 다른 은하들은 우리로부터 멀어진다. 자주 사용되는 비유는 팽창하는 풍선 위의 점에 관한 것이다. 풍선의 표면 위에 보이는 어떤 점으로부터 모든 다른 점들은 풍선이 팽창하면서 멀어지는 것이 나타난다. 게다가 주어진 점으로부터 더 멀리 있는 점들은 가까이 있는 점보다 더 큰 비율로 멀어진다 (그림 21.9). 이 '팽창하는 우주'의 관점에서 보면, 우주의 적색 편이는 공간 자체의 팽창의 상대론적 효과로 여겨진다. (풍선 위에 빛의 파동을 상상해보라. 풍선이 팽창함에 따라 빛의 파장은 늘어나고, 그럴 때 녹색 빛이 예를 들면 붉은 빛으로 바뀐다.)

시간을 거슬러 우주의 기원으로

만일 우주가 팽창하고 있다면, 과거 한때의 우주는 오늘의 것보다 훨씬 더 압축된 상태에 있었음이 틀림이 없다. (팽창하는 우주의 비디오를 만들어, 그것을 시간을 거꾸로 본다고 상상해보라.) 따라서 허블의 법칙을 설명하기 위해 도입된 팽창 우주의 아이디어는 과거의 어느 한 시점(현재의 추정으로는 137억 년 전)에는 우주가 매우 밀도가 높고 뜨거운 상태에서 그때부터 팽창해 왔을 것이라는 것을 말해준다. 이러한 이론은 뜨겁고 밀도가 높은 것에서 팽창했다는 것의 기술로 **빅뱅**(big bang) **이론**이라고 알려져 있다. 하지만 이 말은 조금 잘못되었는데, 그것이 **공간**으로의 물질의 폭발을 뜻하는 것처럼 보여서 그렇다. 실제로는 **공간 자체**의 **팽창**을 의미한다. (그림 21.9에서 풍선의 점들은 폭발의 경우처럼 풍선 표면의 정해진 영역에서 움직인다기보다는 공간의 팽창 때문에 서로 떨어지게 된다.)

물리학 지식을 적용하여 비디오를 뒤로 돌리는 것처럼 각기 다른 시간에 우주 안에서 어떤 상태였는지를 예측할 수 있다. 어떤 점에서 은하들은 서로 닿을 것이다. 더 이른 시간에는 아주 많은 물질과 에너지들이 작은 공간에 압축되어서 물질이 더 이상 개별적인 원자와 분자로 구성되어 있지 않다. 전자들은 원자들로부터 분리되고 남은 것은 전자와 양성자, 중성자의 밀도가 높은 플라즈마로 남았다. 보다 높은 밀도에서는 양성자와 전자들이 합쳐져서 중성자가 된다.

비슷한 과정이 여전히 현재 우주의 작은 영역에서 일어난다. 즉, 핵융합 연료를 다 사용한 별들에서 그런 일이 일어나고, 그 별은 매우 작고 밀도가 높은 **중성자 별**이 된다. 만약 그러한 별이 충분한 질량을 가지고 있다면, 그것은 더 붕괴되어 **블랙홀**을 형성한다(20.5절 참고). 보다 높은 밀도에서, 물질은 쿼크의 바다로 존재하고, 개별적인 쿼크는 정해진 중성자나 양성자에 속하지 않는다. 물리학자들은 가속기를 이용하여 이런 극강의 **빽빽한** 물질 상태의 아주 작은 형태를 재창조할 수 있다(21.1절).

빅뱅 이론의 가장 초기 단계에는(단지 백만 분의 일초나 기원 직후) 우주의 모든 물질은 극도로 뜨거운 쿼크의 바다였다. 팽창이 진행됨에 따라 물질은 식어지고 응축해서 기체처럼 행동한다. 쿼크들은 중성자와 양성자를 포함하고 있는 메손이나 바리온들로 응축한다. 대략적으로 빅뱅 후 3분 정도에 양성자들과 중성자들은 아마도 수소나 헬륨의 동위원소들의 핵들로 융합되기 시작한다.

이로부터 훨씬 후에(대략 400,000년), 우주는 전자가 핵의 주위를 궤도운동하며 수소나 헬륨의 중성 원자를 형성하기에 충분한 만큼 식어졌을 것이다. 중력은 은하계가 되는 물질의 덩어리를 만들고 이런 은하계 내의 물질은 개개의 별들로 응축된다. 이때 별들의 내부에서는 핵융합 반응에 의해서 더 무거운 원소의 핵들이 합성되기 시작한다.

21.1절에서 논의했던 고에너지물리학의 표준 모델을 통해서도 얼마나 많은 이런 단계들이 일어날 수 있었는지를 예상할 수 있게 한다. 이 모델은 별들과 은하계 속에서 관찰되는 헬륨 대 수소의 비를 포함한 무수한 천문학적 관찰들을 설명하는 데 성공했다. 또 다른 확실한 관측은 빅뱅 자체의 잔류 효과로 예측되는 균일한 마이크로파 복사를 발견한 것이다. 많은 물리학자들은 균일한 마이크로파 관측이 빅뱅 가설을 검증해주는 가장 강력한 증거 중 하나라고 생각한다.

핵과 쿼크 등 미시적인 세계를 성공적으로 설명한 것은 우주의 이해를 위해 큰 역할을 했다. 많은 이런 성공들은 최근 40년 이내에 대부분 이루어졌지만 아직도 해야 할 일이 많이 남아 있다. 기본적인 힘들에 대한 이론의 발전은 그것을 시험하기 위해 우주에 대한 모델들에게 적용되었다. 또한 거시 세계를 이해하는 것에 대한 진보는 입자물리학에서 새로운 발견을 제시한다. 예를 들면, 우주론 연구자들은 우주의 대부분의 물질이 일상생활에서 접하는 '정상적인' 물질 구성이 아니라는 것에 대한 강한 증거들을 갖고 있다. 오히려 중력을 통해 상호작용을 하고, 빛과 상호작용하지 않으며, 익숙한 쿼크로 이루어진 양성자와 중성자와 같지도 않은 '괴상한' 암흑 물질의 형태일 것이다. CERN이나 다른 연구소에 있는 입자물리학자들은 이러한 괴상한 암흑 물질 입자의 존재를 검증하고자 실험을 수행하고 있다.

아직도 답할 수 없는 많은 질문들이 남아 있다. 여전히 완전한 통일장 이론을 완성하지 못했기 때문에 빅뱅의 가장 초기 단계들을 모델화할 수 없다. 그러므로 우주의 초기 조건에 확신을 갖고 설명할 수는 없다. 다만 우리 우주와 다른 모습으로 진화되는 많은 어떤 다른 우주가 존재할 수도 있다. 우주의 최후의 운명 또한 열린 문제이다. 최신 증거들은 팽창

속도가 시간에 따라 증가하여, 우리 우주는 영원히 팽창을 지속한다고 한다. 그러나 어쩌면 아직 모르는 어떤 효과가 종국에는 팽창을 느리게 할지도 모른다. 우주의 기원, 운명, 본성에 대한 이런 질문들은 물리학자, 천문학자, 철학자 심지어 일반 대중들을 엄청나게 매혹시킨다.[*]

> 태양계는 수없이 많이 관찰되는 우주의 무수한 은하계들 중에 단지 한 은하인 은하수 은하계에 속한 하나의 별이다. 먼 거리의 은하들이 우리로부터 더 멀어지는 현상의 발견은 팽창하는 우주에 관한 빅뱅 이론이라는 결과를 낳았다. 이런 팽창의 초기 모델들은 21.1절에서 논의되었던 소립자들과 자연의 기본 힘들에 대한 우리의 지식을 바탕으로 만들어졌다. 이런 모델들은 많은 천문학적인 관찰들을 예견하고 설명하는 데 성공했다.

21.3 반도체와 마이크로 전자공학

우리가 사용하는 휴대폰, 시계, 전자레인지, 데스크탑 컴퓨터, 노트북 컴퓨터, 자동차, 그 외의 수없는 장치들은 모두 컴퓨터 기술을 사용한다. 이런 모든 장치들은 트랜지스터와 그 외의 고체 전자공학 부품들을 사용한다. 이것들은 모두 1947년에 발명된 작은 트랜지스터에서 발전한 것이다.

고체 전자공학이란 과연 무엇인가? 무엇이 오늘날의 기술 혁명을 주도하고 있는가? 비록, 전자 장치들이 우리 일상 경험의 일부분일지라도 그것들이 어떻게 동작하는지는 보여주지 않는다. 우리 경제에 매우 중요한 역할을 함에도 불구하고 대부분의 사람들은 그것들이 어떻게 기능하는지 좀처럼 알려 하지 않는다.

반도체란 무엇인가?

12장에서 도체와 절연체 사이의 차이점을 배웠다. 대부분이 금속인 좋은 도체들은 비교적 전자들이 자유롭게 흐르게 하고, 또 다른 전하가 그러한 물질을 통해서 이동한다. 그러나 절연체들은 그렇지 않다. 도체와 절연체는 전기적인 **전도도**(conductivity)의 값에 매우 큰 차이가 있다. 전도도는 물질의 길이와 폭과 함께 전기적인 저항을 결정하는 물질의 고유한 성질이다. 높은 전기 전도도는 작은 저항에 해당한다.

표 12.1에 도체와 절연체 중 몇몇과, 세 번째 범주인 **반도체** 중 몇몇을 나열하였다. 반도체는 좋은 절연체보다 훨씬 더 큰 전도도를 가지지만 좋은 도체보다는 상당히 낮은 전도도를 가지고 있다. 무엇이 전기 전도도에 이런 차이를 일으킬까? 여러분은 어떤 물질이 도체, 절연체 또는 반도체의 성질을 갖는지 예측할 수 있는가?

만일 원소들의 주기율표를 본다면 금속들은 모두 이 표의 왼쪽에 있음을 알게 될 것이다. 이런 원소들은 가장 외각 궤도에 하나, 둘, 때로는 3개의 전자를 가진다(18장 참고). 이런 외

---

[*] 이런 문제와 우주론 일반에 대해 더 읽어볼 자료로, Duncan and Tyler의 *Your Cosmic Context: An Introduction to Modern Cosmology*, San Francisco: Addison-Wesley, 2009가 있다.

곽 전자들이 그 원소의 화학적 성질을 결정한다. 다른 전자들보다 비교적 원자핵에 느슨하게 붙어 있어 그들은 자유 전자가 되어 물질 내에서 비교적 자유롭게 이동할 수 있다.

한편, 좋은 절연체 원소들은 주기율표의 오른쪽에 있다. 이들은 원자의 가장 외각 궤도에 하나, 둘, 또는 3개의 전자가 오히려 부족하다. 그런 원소들은 화합물을 구성할 때 다른 원소들로부터 전자들을 쉽게 받아들인다. 그들이 순수 상태에서 결합하여 고체나 액체를 만들 때 전기전도에 기여할 느슨한 전자들은 없다.

일반적으로 게르마늄(Ge), 규소(Si)와 같은 반도체 성질을 갖는 원소들은 주기율표의 IVA족에서 볼 수 있다. 이런 원소들은 외각 전자가 4개이다. 이런 원소들이 고체 상태로 결합될 때, 그림 21.10의 2차원적 그림처럼 이웃하는 원자와 서로 공유된다(실제 결정구조는 3차원이다). 이런 공유 전자들은 금속의 자유 전자들이 핵에 접해 있는 것보다 그들의 대응하는 핵에 더 가깝게 결합되어 있다. 반면에 절연체에서보다 물질을 통과하여 이동하는 데 더 자유롭다. 따라서 이런 물질들의 전도도는 금속과 절연체 사이의 전도도를 지니게 된다.

비록, 게르마늄(Ge), 규소(Si)가 반도체일지라도, 그들은 순수한 의미에서 좋은 전도체는 아니다. 전자공학에서 반도체의 중요성은 적은 양의 불순물을 첨가하여 반도체의 전도도를 바꾸어줄 수 있다는 것인데, 이와 같이 순수한 반도체에 불순물을 첨가하는 것을 **도핑** (doping)이라고 한다.

예를 들어, 규소(Si)에 소량의 인(P)이나 비소(As)를 첨가한다고 하자. 이런 원소들은 주기율표의 VA족에 놓여 있고 5개의 외각 전자를 가진다(그림 21.11). 이 5개의 전자 중 4개는 인접한 규소 원자의 4개의 전자와 결합하고, 다섯 번째 전자는 물질 속에서 남아 이동하는 데 자유로울 것이다. 그러므로 도핑을 통해 순수한 규소보다 더 좋은 도체로 만들면서 물질 속에 전도 전자를 만들어낸 것이다.

인(P), 비소(As), 또는 안티몬(Sb)으로 도핑한 것은 n형 반도체를 만드는데, 이는 전하 운반자가 음으로 대전된 전자들이기 때문이다. 또한 주기율표에서 일반적으로 붕소(B), 갈륨(Ga), 또는 인듐(In)과 같은 IIIA족 원소들을 불순물 원자로 첨가하여 전하 운반자가 양으로 대전되는 p형 도핑도 할 수 있다. 이러한 원자들은 3개의 외각 전자를 가지므로 이들 불순물 원자들과 주위의 4개의 전자를 가진 규소 원자들 사이의 결합에서 하나의 **정공**(hole)을 남긴

그림 21.10 고체 규소 원자들에 4개의 외각 전자가 공유결합하고 있는 2차원 그림

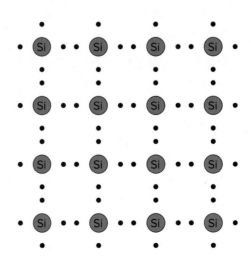

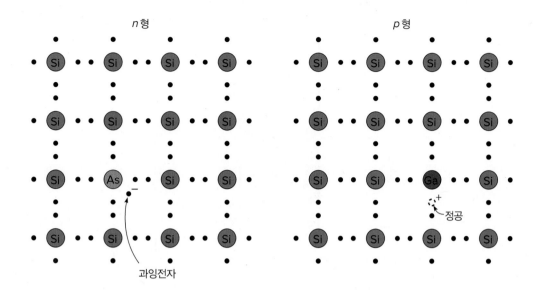

그림 21.11 인(P) 또는 비소(As)를 규소에 도핑하면 *n*형 반도체를 만들 며 과잉전자를 제공한다. 붕소(B) 또 는 갈륨(Ga)으로 도핑하면 정공이 생기고 *p*형 반도체를 만든다.

*n*형

*p*형

정공

과잉전자

다(그림 21.11).

정공은 전자가 없는 것이다. 그러나 이런 정공들 또한 물질 속에서 이동할 수 있다. 움 직이는 정공들이 있는 곳에서는 여분의 양전하(규소 원자의 핵에 전자가 하나 없으므로 양 전자가 됨)를 남기기 때문에 양의 전하 운반자처럼 행동한다. 규소 원자 근처에 있는 전자 들은 정공을 채우기도 하고, 또한 물질 속 어느 곳에서든 초과된 양전하를 남기면서 이동 하기도 한다.

트랜지스터란 무엇인가?

반도체 내부의 불순물 양을 조절하면 기본적으로 전도도가 변하는데 불순물은 이뿐만 아니 라 반도체의 여러 특성을 결정한다. *p*형과 *n*형 반도체의 접합을 통해 전자공학은 시작되었 다. **접합**(junction)이라고 불리는 이러한 경계면은 다이오드, 트랜지스터 및 관련 소자의 작 동에 필수적이다.

다이오드(diode)는 한쪽 방향으로는 전류를 흘려보내지만 반대방향으로는 전류를 흘리지 않는 소자이다. 다이오드는 *p*형 반도체와 *n*형 반도체를 접합한 것을 말한다. 배터리를 연결 할 때 보통 *p*형 반도체 쪽에 (+)극을, *n*형 반도체 쪽에 (−)극을 연결하는데, 이렇게 연결하 면 양전하의 정공이 접합 부분을 통과하여 *n*형 반도체 쪽으로 흐르게 되어 전류가 잘 흐르 게 된다. 배터리 전극을 반대로 연결하면 전류는 흐르지 않는다. 다이오드는 많은 회로에서 유용하게 사용된다.

트랜지스터(transistor)는 어쩌면 근세기 가장 혁명적인 발견일지도 모른다. 가장 간단한 형 태로 트랜지스터는 그림 21.12와 같은 모양을 가지는데, 특정 극성을 가진 한 아주 얇은 반 도체의 양쪽에 샌드위치 모양으로 다른 극성의 반도체를 붙임으로써 만들어진다. 이 그림은 *p-n-p* 트랜지스터를 나타내는데, 전자와 정공을 보여주기 위해서 매우 과장되게 그린 것이 다. 트랜지스터는 이와 같이 2개의 접합 부분을 갖는다. 각각의 극성을 바꾸어서 트랜지스터 를 만들면 *n-p-n* 트랜지스터도 만들 수 있다.

그림 21.12 이미터에서 *p-n-p* 트랜지스터의 컬렉터로 가는 구멍의 흐름 속도는 트랜지스터의 *n*형 베이스로 흐를 수 있는 전류량에 따라 달라진다.

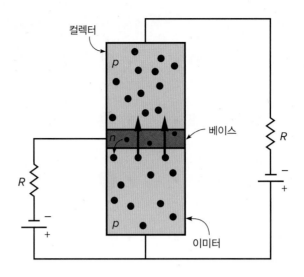

그림 21.12는 트랜지스터의 작동원리를 보여준다. 트랜지스터의 기본적인 동작은 가운데 접합된 베이스라고 부르는 얇은 반도체에 어떤 전위를 걸어주는가에 따라 크게 달라진다. 배터리에 의해 베이스로 전자가 공급되지 않으면 **이미터**(아래쪽 *p*형 반도체 부분)로부터 정공이 가운데의 2개의 접합 부분을 지나 **컬렉터**(위쪽 *p*형 반도체 부분)를 통과할 수 없어 전류가 흐르지 않는다. 베이스에 (−)극을 연결하고 그 전위를 증가시키면 이미터의 정공들이 베이스 쪽으로 끌리게 되고 이미터와 컬렉터 사이에 전류가 흐를 수 있다. 이미터와 컬렉터 사이에 흐르는 전류의 크기는 베이스의 전류와 전압의 작은 변화에 크게 좌우된다.

이런 간단한 서술이 많은 세부사항을 놓치고 있긴 하지만 이것이 바로 트랜지스터가 다양한 회로에 널리 이용되는 이유이다. 베이스 전기 신호의 작은 변화는 소자를 통해 흐르는 전류를 크게 변화시킬 수 있다. 전기 신호를 증폭하는 데 트랜지스터는 매우 편하다. 예를 들면, 라디오 안테나의 아주 작은 전기 신호를 증폭하여 스피커에서 큰 소리로 변환할 수 있다. 트랜지스터가 발견되기 전에는 전류의 증폭을 위해 크기가 크고 많은 열을 발산하는 진공관들을 사용할 수밖에 없었다. 트랜지스터를 처음으로 응용한 전기 제품이 트랜지스터 라디오이다. 1950년대에 발명된 트랜지스터 라디오는 작고 가벼워 큰 인기를 모았으며, 트랜지스터는 이어서 각종 라디오, TV, 음향기기에 널리 사용되었다.

트랜지스터는 1947~1948년에 뉴저지 벨 연구소의 과학자들에 의해 발명되었는데, 1948년 접합 트랜지스터를 발명한 윌리엄 쇼클리(William Shokley), 비록 효능이 낮은 '점 접합' 트랜지스터이기는 했으나 1947년 처음으로 트랜지스터의 작동원리를 실험한 존 바딘(John Bardeen)과 월터 브래튼(Walter H. Brattain) 등이 그들이다. 이런 발명은 물론 이전 반세기 동안 과학자들이 반도체의 물성에 대하여 관심을 가져온 결과이다. 1960년대에 이르러 트랜지스터는 일상적으로 많은 전자 장치와 스위칭 등에 사용되었다.

컴퓨터와 집적 회로

트랜지스터는 전류의 증폭 기능보다 더 중요한 응용분야가 있는데 바로 전위를 이용한 제어 분야이다. 베이스에 걸어준 일정한 작은 전위가 전류를 흐르게도 하고(스위치 온 상태) 이보다 낮은 또는 영의 전위를 걸면 전류가 흐르지 않는(스위치 오프 상태) 상태가 가능하다. 당연한 이야기 같지만 이것이 바로 디지털 컴퓨터의 기본 작동원리이다. 디지털 컴퓨터는 '0' 또는 '1'의 2진법의 논리를 사용하여 정보를 저장한다. 이것은 바로 스위치의 기본 기능인 것이다. 초창기 컴퓨터들은 이 목적을 위해 기계적 스위치(릴레이라고 불리는)나 진공관으로 만들어졌다. 이것이 오늘날 기준으로 볼 때 매우 미미한 연산 능력을 갖고 있었지만 컴퓨터의 크기를 어마어마하게 만들었다. 물론 많은 전기를 소모하였고 열도 다량으로 발생하였다.

곧 트랜지스터가 모든 것을 대체하였다. 1950년대에 다량의 트랜지스터가 사용되며 컴퓨터의 성능은 급속하게 발전하였고, 복잡한 계산을 비롯해 과학연구의 많은 부분을 담당하게 되었다. 이어서 컴퓨터들은 일반적인 업무에도 다량으로 사용되기 시작하였는데, 당시 IBM(International Business Machine)은 대표적인 컴퓨터 제작 및 영업 회사로 잘 알려져 있다. 그러나 1950~1960년대의 컴퓨터는 지금 우리가 사용하는 컴퓨터에 비하면 여전히 크기가 큰 것이 사실이다.

1960년대에 또 다른 기술의 혁명적인 급성장이 이루어졌는데 바로 소형화된 집적 회로의 탄생이다. **집적 회로**(integrated circuit)는 아주 작은 하나의 반도체 칩 속에 수많은 트랜지스터와 다이오드, 저항기와 이들 사이의 연결선들이 들어 있다. 집적 회로는 기판 위에 각각의 트랜지스터와 다이오드들은 전기선으로 연결하여 만든 회로보드보다도 훨씬 작은 크기로 같은 기능의 회로를 만들 수 있다. 말하자면 회로보드로 만든 집채만한 컴퓨터를 집적 회로를 이용하면 손바닥만 한 크기의 계산기로 만들 수 있는 것이다.

집적 회로의 제작과정은 도핑된 규소의 큰 원통형 결정 성장으로부터 시작한다. 이 결정은 일반적으로 지름이 수센티미터이나 두께는 단지 수밀리미터인 웨이퍼로 잘라진다(그림 21.13). 웨이퍼의 표면을 우선 매끄럽게 다듬고(polishing), 먼저 웨이퍼에 절연 산화막의 층을 입히면서 집적 회로의 긴 공정에 들어간다. 회로의 형태는 사진 식각(蝕刻)의 방법으로 산화막 웨이퍼 위에 입힌다. 어떤 부분은 마스크를 씌우고 마스킹을 하지 않은 부분은 다이오드나 트랜지스터를 만들기 위해 아래에 놓인 실리콘과는 반대로 도핑한다. 금속선을 놓아 회로 소자들 간에 전기가 통하게 한다. 이러한 모든 과정은 청정실에서 이루어지는데 먼지나 외부 물질에 의한 오염을 피하기 위해 주의를 요한다.

그림 21.13 집적 회로는 표면이 잘 처리된 단결정 규소(Si) 웨이퍼로부터 시작된다. 사진 속 웨이퍼는 표면 위에 작은 회로들이 만들어져 있다. *Fuse/Getty Images*

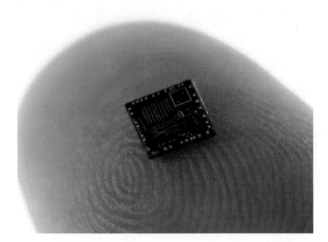

그림 21.14 단일 집적 회로 칩 위에 있는 회로를 확대한 사진. 수천 개의 회로 소자들이 이런 칩들 속에 포함되어 있고 많은 칩들은 하나의 규소 (Si) 웨이퍼로부터 만들어질 수 있다.
Lucidio Studio Inc/Photographer's Choice/Getty Images

그림 21.15 컴퓨터 회로보드에 정렬된 마이크로칩의 배치도
Nata-Lia/Shutterstock

몇몇 같은 회로들은 보통 단일 규소 웨이퍼 위에 찍힌다. 거의 마지막 과정에서 웨이퍼는 각기 소형 회로를 포함하고 있는 각각의 칩으로 잘라진다. 하나의 웨이퍼는 100개 또는 그 이상의 칩들을 만들 수 있다(그림 21.14). 마지막 단계는 칩을 봉인한 플라스틱 봉입물 속에 칩을 제작하면서 전기적인 연결이 되도록 만들고(그림 21.15), 마지막에 회로를 시험하는 것이다. 오늘날 집적 회로(또는 IC)는 주요한 산업이 되었다.

컴퓨터나 다른 응용에 있어 훨씬 더 작고 빠른 회로를 만들기 위한 경쟁은 미래의 기술력을 발전하게 할 것이다. 컴퓨터 칩 위의 회로를 더 작고 더 가깝게 만드는 것은 2가지 장점이 있다. 하나는 칩 위에 더 많은 회로 소자를 넣는 것인데 이를 통해 더 작고 가벼운 소자를 만들 수 있으며, 이는 분명한 장점이다. 눈에 잘 띄지 않는 또 다른 장점은 트랜지스터가 작아질수록 소자의 속도가 빨라진다는 것이다. 이는 한 소자에서 다른 소자로 가는 전기 신호가 움직이는 거리가 작다는 사실에 기인한다. 한 회로 소자에서 다른 회로 소자로 신호가 전달되는 것은 매우 빠르지만(거의 빛의 속도이다), 컴퓨터 칩이 동작할 때 개별 단계들이 엄청나게 늘어나기 때문에 시간이 걸리게 된다. 작은 영역에서 만들어지는 열은 빠져나가야 하는데, 이것은 기술자들이 극복해야 할 또다른 과제이다.

기술은 이제 나노미터 영역에 있다. 이는 회로 소자들 사이의 간격이 겨우 몇 나노미터로 줄어들고 있다는 것을 의미한다. 컴퓨터 칩 중 몇몇은 십억 개의 트랜지스터를 포함한다. 이것은 정말 놀라는 숫자다. 1제곱센티미터보다도 작은 하나의 컴퓨터칩이 1950년대나 1960년대의 비교적 엄청나게 큰 컴퓨터보다도 더 계산능력이 뛰어나다는 것을 의미한다. 작은 컴퓨터들은 낮은 비용과 적은 에너지 소비로 수많은 장치에 들어가 있다.

이러한 반도체 전자공학의 발전은 새로운 제품을 폭발적으로 증가시켰는데, 예를 들면 여러 기능을 가진 휴대폰, 디지털카메라, GPS와 같은 것들이 그것이다. 기술 부문이라고 불리는 영역은 국가 경제의 거대한 부분이 되었다. 물리와 화학 모두 컴퓨터 칩이나 그에 관련된 소자를 제조하는 가공 기술의 향상을 연구 개발하는 데 큰 역할을 하고 있다. 몇몇 응용분야에서는 규소가 갈륨이나 갈륨비소(GaAs)와 같은 화합물 반도체로 대치되고 있다. 반도체 물질에 대한 물리학은 현대물리에서 가장 큰 연구분야 중의 하나이다. 반도체 전자공학에서의 혁신은 여전히 진행 중이다.

> 반도체는 양질의 도체와 절연체 사이에 중간적인 전도 특성을 지닌 물질이다. 규칙적으로 배열된 원자들 사이에 불순물 원소를 도핑하여 과잉전자나 정공이 형성되게 함으로써 전도도를 변화시킬 수 있게 하며, 이를 이용하여 이전의 회로 소자보다 훨씬 작은 다이오드나 트랜지스터를 만들 수 있다. 트랜지스터는 전류나 전압의 작은 변화로부터 전류에 큰 변화를 만들어낼 수 있다. 집적 회로는 작은 반도체 칩 위에 많은 트랜지스터, 그리고 다른 회로 요소들이 한꺼번에 구성되어 있다.

21.4 초전도체와 신물질

최근 1980년대 과학의 주된 화젯거리는 소위 고온 초전도체의 발견이었다. 일련의 뉴스 기사들은 일본이 초전도체 행렬의 선두이고 초전도체의 색다른 응용에 손을 대고 있다고 보도했다. 떠들썩한 뉴스는 거의 1년 이상에 걸쳐 주변이 온통 소문난 저온 핵융합만큼이나 대단한 것이었다.

이러한 흥분은 무엇 때문인가? 초전도성이란 무엇인가? 온도에 따라 무엇이 어떻게 달라진다는 것인가? 어떤 또 다른 물질의 발견이 진행 중인가? 이런 질문들은 금속공학, 화학, 그리고 응집물리학 등이 결합된 소위 **물질과학**이라 불리는 분야에서 일어났다. 새로운 소재의 연구는 이미 살아가는 방식과 기술에 매우 중요한 영향을 미치고 있다.

초전도성은 무엇인가?

물리학자들은 일찍이 **초전도성**(superconductivity)에 대해 알고 있었는데, 이는 1911년 네덜란드의 물리학자인 온네스(Heike Kamerlingh Onnes)에 의해 발견되었다. 온네스는 그가 수은을 4K(절대 온도 4도)의 온도에서 냉각했을 때 그의 시료에 전기저항이 전혀 나타나지 않는다는 것을 발견했다. 전류가 한번 흐르기 시작하면 전원공급을 하지 않고도 무한히 흐를 수 있다는 것이다.

대부분의 물질의 경우 온도가 감소하면 전기적인 저항도 감소하기는 하지만 온네스의 수은 시료에서는 그림 21.16과 같이 4.2K에서 저항이 완전히 없어졌던 것이다. 여기서 저항이 갑자기 없어지기 시작하는 온도를 **임계 온도**(critical temperature) T_c라고 하며 이보다 낮은 온도에서는 언제나 저항이 0이 된다.

계속된 연구 결과 다른 여러 금속들도 온도를 충분히 낮추어주면 초전도 상태가 된다는 것을 알게 되었다. 니오브(Nb)라는 금속은 그 임계 온도가 9.2K로 순수한 물질 중 가장 높은 임계 온도를 갖는다. 어떤 합금들은 이보다 더 높은 임계 온도를 가지기도 한다. 1973년에 니오브와 게르마늄의 합금의 경우 매우 낮은 23K의 임계 온도임이 발견되었다. 23K는 섭씨온도로는 $-250°C$, 화씨온도로는 $-418°F$가 된다.

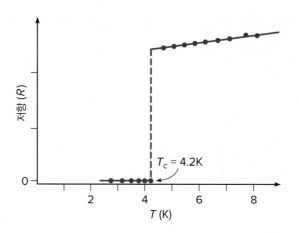

그림 21.16 수은의 전기저항은 온도가 감소함에 따라 감소한다. 그러나 4.2K의 임계 온도에서 갑자기 0으로 떨어진다.

1957년에 발전된 초전도 현상에 대한 이론은 저온 금속 속의 전자들의 거동에 양자역학을 적용하였다. 이 설명은 아주 낮은 온도에서 관측되는 현상인 **초유체**(superfluid)의 거동을 설명하는 이론과 밀접한 관련이 있다. 임계 온도 이하에서 초전도체가 그 전기저항을 잃는 것처럼 초유체는 임계 온도 이하에서 그 점성(유체의 흐름에 대한 저항)을 완전히 잃어버린다. 초전도성과 초유체 특성은 모두 거시적인 양자현상이다. 양자역학은 초전도체의 특성을 설명하지만 그들은 미시적인 크기보다 오히려 보통 물질의 크기 범위에서 관찰할 수 있기 때문이다.

고온 초전도체란 무엇인가?

1986년에는 여러 가지 원소를 포함하는 금속 산화물로 이루어진 세라믹 물질인 새로운 초전도체 화합물이 발견되었다. 처음 발견된 세라믹 초전도체는 임계 온도가 28K로 금속의 합금 초전도체와 비슷한 정도의 임계 온도를 가졌다. 그러나 이러한 새로운 발견은 또 다른 원소들의 결합을 시도한 수많은 실험들이 이어졌다. 1987년에는 임계 온도가 57K에 이르는 세라믹 초전도체가 발견되었고 곧이어 임계 온도는 90K로 올라갔다. 결국 1988년에는 임계 온도가 100K 이상인 초전도체가 발견되었으며 한편으로는 125K의 임계 온도를 갖는 물질이 보고되기도 하였다.

이러한 새로운 세라믹 초전도체들을 **고온 초전도체**라고 한다. 그러나 '고온 초전도체'라고 불림에도 불구하고 임계 온도는 실온과 비교하면 여전히 매우 낮은 온도이다(예로 100K는 $-173°C$이다). 고온 초전도체의 임계 온도가 90K 이상이 된다는 것은 특별한 의미를 지니는데, 이는 그다지 비싸지 않은 액체 질소를 사용함으로써 도달할 수 있는 온도이기 때문이다. 액체 질소는 산업분야에서나 과학분야에서 매우 유용하게 이용되고 있다. 액체 질소의 온도가 77K($-196°C$)이므로 어떤 시료일지라도 액체 질소에 담그게 되면 그 온도를 77K의 낮은 온도로 유지할 수 있기 때문이다.

세라믹 초전도체는 다양한 물질의 결합으로 만들어지는데, 특히 산화구리 화합물을 가장 많이 사용한다. 가장 일반적인 세라믹 고온초전도 물질은 $Y_1Ba_2Cu_3O_7$로서 이트륨(Y), 바륨(Ba), 구리(Cu), 그리고 산소(O_2)의 화합물이다. 화합물 내의 산소 원자의 수는 초전도체 물

그림 21.17 작은 자석이 액체 질소에 냉각된 초전도 원판 위에 떠 있다. 이 시료 실험은 초전도성의 존재를 확고히 한다. *Lawrence Manning/ Digital Stock/Getty Images*

질을 조성할 때의 조건에 따라 변하기도 한다. 이런 물질은 대략 90K의 임계 온도를 가지며 학부 실험용으로도 사용될 수 있다.

초전도체의 독특한 특성 중 **마이스너 효과**가 있다. 이 효과는 외부 자석이나 전류에 의해 형성된 자기력선을 완전히 배제한다는 것으로, 물질 근처로 가져간 자석은 이 효과로 인해 반발한다. 이런 성질은 일반적으로 초전도 원판 위에 작은 자석을 띄움으로써 증명되는데, 이는 초전도 현상에 대한 데모용 실험으로 많이 활용되기도 한다. 그림 21.17과 같이 스티로폼으로 된 컵의 바닥에 적은 양의 액체 질소를 담는 것으로 충분히 초전도 원판을 만들 수 있는 임계 온도를 얻을 수 있다.

순수한 단일 원소의 초전도성을 성공적으로 설명했던 이론은 이들 새로운 세라믹 초전도체를 설명하는 데는 적합하지 않았다. 세라믹 초전도체들은 기본적으로 그림 21.18과 같이

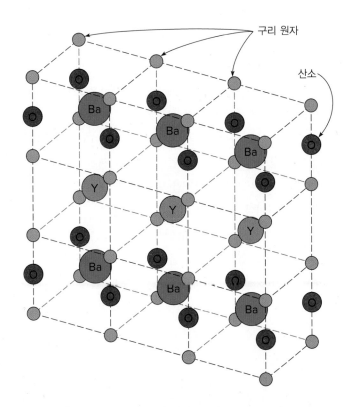

구리 원자

산소

그림 21.18 세라믹 초전도체의 원자 구조는 산소(O_2), 이트륨(Y), 그리고 바륨(Ba) 등의 서로 다른 원소들 사이에 구리(Cu) 원자들의 층이 있다.

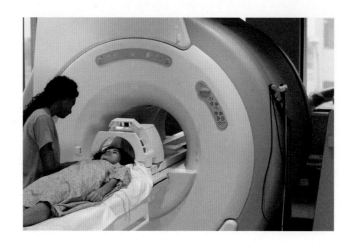

구리나 산화구리층이 다른 원소들로 된 층 사이에 끼워져 샌드위치와 같은 구조를 가지고 있음을 알 수 있다. 초전도성은 이런 층들 사이에서 일어날 것으로 생각되고 이론물리학자들은 이 현상을 이해하는 데 진전이 있었다. 이에 대한 이론과 실험의 진전은 훨씬 더 높은 임계 온도를 가진 물질이 만들어지도록 그 방법을 제시할 것이다.

고온 초전도체는 응용분야에서의 잠재력이 매우 큰데, 특히 전자석을 사용하는 데 있어 그러하다. 강력한 전자석은 단단하게 감겨진 코일 속에 큰 전류를 흐르게 해야 한다. 일반적인 도체로는 이런 큰 전류를 흐르게 하면 상당한 양의 열이 발생하며 한정된 코일의 크기에 따라 전류의 양과 전자석의 세기가 제한된다. 초전도 코일을 사용하는 초전도 자석이 이미 개발 사용되고 있다. 그러나 이러한 자석들은 물론 임계 온도 이하까지 온도를 내려야만 자석이 된다. 만일 상온 가까이에서 초전도성을 갖는 물질이 개발된다면 그러한 전자석은 더 쉽게 만들 수 있고 보편화될 것이다.

이미 취소되긴 했지만, 초전도 충돌장치(SSC)는 기본 입자들 사이의 반응을 관측하는 데 사용되는 입자빔을 통제하는 데 초전도 자석을 이용하려고 했다. 최근에는 다른 입자 가속기에 이러한 초전도 자석들이 사용되고 있다. 또 초전도 자석은 그림 21.19와 같은 자기공명영상장치(MRI)에 사용되어 의학용 진단장비로도 쓰인다. 또 다른 응용 가능한 분야로는 자기부상열차와 같이 초고속에서도 마찰을 줄일 수 있는 교통수단으로의 응용이다. 초전도 전선들은 전기저항으로부터 발생하는 열손실을 줄이기 위해 전력수송에 사용될 수 있다. 정교한 냉각 시스템이 필요 없는 상온 초전도 물질을 만들 수만 있다면, 대부분의 응용에서 작동 비용을 많이 줄일 수 있을 것이다.

대부분의 이런 응용이 더 활성화되기 위해서는 보다 높은 임계 온도를 가지면서 쉽게 도선이나 전선으로 만들어질 수 있는 초전도 물질이 필요하다. 세라믹 초전도체 중 많은 것들은 잘 깨져서 전선이나 자성 코일에 적당하지 않다. 보다 쉽게 사용할 수 있는 초전도 물질을 발명하는 데 성공하는 것은 과학자들, 기술자들, 그리고 꿈나무들의 새로운 세대를 기다릴지도 모른다.

신물질

재미있는 전기적 특성을 지닌 것으로 알려진 세라믹 금속 산화물의 연구에 의해 새로운 초전도체가 발견되었다. 예로 바륨(Ba), 티타늄(Ti), 그리고 산소(O_2)의 화합물인 타이타늄산바륨($BaTiO_3$)은 압력의 변화를 전기신호로, 또는 그 반대로 전기신호를 압력으로 변환시키는 데 여러 해 동안 사용되어 왔다. 이런 특성은 타이타늄산바륨이 작은 마이크나 스피커에 사용되도록 해준다. 그 외에도 다른 금속 산화물의 경우 집적 회로 처리에 매우 중요하게 사용된다.

새로운 물질의 탐구는 고체나 액체 상태에서 원자가 어떻게 상호작용하는지에 대한 지식의 축적에 따라 달라진다. 특정한 목적과 필요성에 따라 물질을 더 잘 만들 수 있게 되었다. 이런 필요성은 전자공학과 통신 분야의 경우는 광학적 특성, 또는 전자적 성질이 중요하며 비행기의 경우 가벼울 뿐만 아니라 고강도인 물질을 개발해야 한다는 특성에 부합해야 한다. 다른 성분들은 새로운 물질을 만들기 위해 무한한 방법으로 결합될 수 있고 그 결과는 반드시 예상되는 것만은 아니다.

액정은 넓게 응용되고 있는 새로운 물질 중 하나이다. 액정은 방향성을 가진 결정성 유기체로서 액체의 상을 가지기 때문에 물질 속에서 다른 방향을 따라 자유롭게 흐르기도 한다. 즉, 액체와 고체 성질을 모두 가지고 있다. 액정은 걸어준 전기장의 세기에 따라 빛의 투과하는 정도에 영향을 미친다. 이런 성질은 휴대용 계산기의 표시 화면이나 부피가 큰 음극선관 대신에 매우 얇고 납작한 TV 화면으로 사용되었다.

액정은 종종 그림 21.20에서처럼 층 속에서 일렬로 늘어선 긴 유기(탄소를 함유한)분자들로 구성되어 있다. 이 층들은 서로를 따라 미끄러져 움직이므로 이 액정은 층에 평행한 방향으로 흐를 수 있다. 이 층들과 수직한 일정한 간격들이 결정 같은 특성을 생기게 한다. 이 책의 저자 중 한 사람은 물질의 분자가 공 모양으로 생기고 부분적으로는 고체 상태에서 회전하는 자유로운 분자의 **플라스틱 결정** 연구를 지도한 적이 있다. 플라스틱 결정은 재미있는 특성을 많이 갖고 있으나 지금까지 그것들은 액정의 연구 결과와 같이 넓게 응용되지 못하고 있다.

이러한 새로운 연구들이 과학문명을 어느 방향으로 인도하는지에 대하여 알 수는 없지만 적어도 2가지만큼은 확신할 수 있다. 어떤 새로운 물질이 뜻하지 않게 놀라운 특성을 가지면서 계속 출현할 것이며, 이런 물질들의 일부가 우리의 일상 활동에서 접하게 될 새로운 상품을 만들 것이다.

일상의 자연현상 21.1에서 물리학 연구 과정을 통해 얻게 된 광학 분야의 새로운 최신 기술을 소개한다. 이는 홀로그램이라는 기술을 이용하여 컴퓨터 속의 자료들을 저장 또는 탐색할 수 있는데, 이를 위해서도 특별한 광학 물질의 개발이 필요하였다.

그림 21.20 액정 속의 긴 분자들이 층층이 배열되어 있다. 수직방향이 아닌 이 층들을 따라 흐르도록 되어 있다.

홀로그램

상황 시리얼 상자나 장난감, 신용카드, 그리고 오른쪽 사진에 나와 있는 목걸이와 같은 간단한 장신구 등에서 아마도 홀로그램을 본 기억이 있을 것이다. 신용카드의 홀로그램과 같이 이는 분명히 2차원 면일지라도 그 홀로그램 속에서 보는 상은 3차원으로 보인다. 머리를 좌우로 움직여보면 실제 3차원에서처럼 다른 투시도의 상을 볼 수 있다. 이런 3차원 상은 어떻게 만들어질까?

홀로그램은 많은 사람에게 과학소설처럼 보인다. 실제 홀로그램을 생기게 하는 데 무엇이 사용되었을까? 홀로그램이란 무엇이며 그것을 만들기 위해서는 어떻게 하는가? 홀로그램을 3차원 TV나 영화처럼 발전시켜 사용할 수 있을까?

분석 홀로그램에 대한 구상은 일찍부터 해왔지만 좋은 홀로그램을 처음으로 만든 것은 레이저 발명 이후인 1960년대 초반이었다. **홀로그램**(hologram)은 레이저로부터 직접 나오는 빛을 이용하여 동일한 레이저 광원에 의해 임의의 물체로부터 반사된 빛을 간섭하게 하여 만든 간섭 무늬이다. 레이저는 매우 **결맞는** 성질을 갖는 광원이다. 즉, 레이저는 짧고 결이 맞지 않은 빛 펄스를 생산하는 보통의 광원보다 더 긴 연속적인 파동을 만든다. 레이저의 높은 결맞는 성질은 보통 크기의 물체로부터 산란된 빛의 간섭 무늬를 만드는 데 필요하다.

홀로그램을 만들기 위한 일반적인 배열은 아래 그림과 같다. 레이저로부터 나오는 빛은 반투명 은도금된 거울이나 반거울에 의해 **물체 빛살**(object beam)과 다른 **기준 빛살**(reference beam)이라 불리는 2개의 광선으로 나누어진다. 물체 빛살은 물체에 반사, 산란된 후 사진기 건판에 도달되고, 기준 빛살은 물체 빛살의

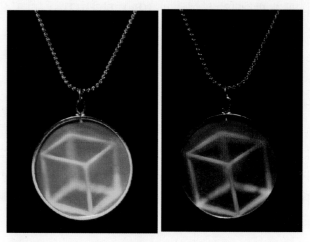

목걸이 위의 홀로그램은 두 방향의 서로 다른 각도에서 볼 수 있다. 어떻게 3차원 상이 만들어질까? (둘 다): *Bob Coyle/McGraw-Hill Education*

방향과 상관없이 사진기 건판으로 직진하는데, 두 광선들은 사진기 건판에서 간섭 무늬를 만들기 위해 결합한다.

사진기 건판을 현상하면 간섭된 것의 기록이 홀로그램이 된다. 만일 원래의 레이저광과 같은 빛살을 홀로그램 건판에 통과시키면 감광지에 기록된 간섭 무늬에 투과된 광파는 물체로부터 반사된 본래의 광파와 같게 된다. 일치한 광파가 곧 우리가 홀로그램의 상을 바라보는 것이다. 이 광파는 본래 물체가 위치해야 할 상으로부터 벗어나 위치하게 된다. 그 이유는 3차원의 가상

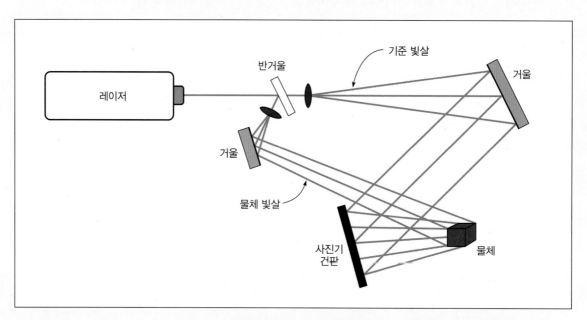

레이저로부터 나온 광선은 2개로 분리되어 하나는 물체로부터 반사된 후, 또 하나는 직접 사진기 건판에 도달하여 홀로그램 간섭 무늬를 만든다.

의 상을 바라보고 있기 때문이다. (상의 형성에 대한 논의는 17장을 참고하라.)

많이 접하는 홀로그램은 홀로그램을 통해서 투과된 빛보다 오히려 홀로그램으로부터 반사된 빛으로 보이도록 만들어진 반사 홀로그램이다. 반사 홀로그램은 그들을 보기 위하여 레이저나 또는 다른 단색광원이 필요 없다. 반사과정은 빛 중에서 특정한 파장의 빛만 선택한다. 시리얼 박스나 신용카드 위에 새겨진 홀로그램 사진은 반사 홀로그램으로 간섭 무늬는 얇은 반사막 위에 새겨진다. 홀로그램을 신용카드에 이용하는 이유는 위조하기가 매우 어렵기 때문이다.

원래 홀로그램을 만드는 과정에서 정확한 간섭 무늬를 만들기 위해서는 물체를 움직이지 않고 완전히 고정시키는 것이 필요하다. 보다 더 강력한 레이저와 더 강도가 좋은 필름을 사용한다면 더 짧은 노출시간에 홀로그램을 얻을 수 있으므로 물체가 조금 움직이더라도 별 문제가 없다. 최근에는 컴퓨터를 이용하여 수학적인 계산만으로 간섭 무늬를 얻는 것이 가능해졌고, 이는 존재하지 않는 물체에 대한 컴퓨터 홀로그램을 만들 수도 있다. 비록 하나의 홀로그램일지라도 엄청난 양의 정보를 포함하고 있기 때문에 TV 신호로 전파될 수도 있는 움직이는 홀로그램은 아직도 불가능하다.

1960년대 레이저의 발명으로 광학분야에 엄청난 성장이 이뤄졌다. 홀로그램 사진은 단지 이렇게 놀랄 만한 광원의 가능성을 보여준 응용 중 하나일 뿐이다. 홀로그램 사진은 오늘날 기술적 응용분야, 예술분야, 특별 전시용 등 새롭고 기발한 상품으로 사용되곤 한다.

초전도체는 어떤 임계 온도 이하에서 전기저항이 모두 사라진다. 순수한 금속의 임계 온도는 절대 온도의 수 K 정도이지만, 아주 최근에는 100K 이상의 임계 온도를 가진 초전도 화합물들이 발견되었다. 이런 고온 초전도체는 언젠가 전력수송이나 초전도 자석 등에 폭넓게 응용될 것이다. 물질과학은 최근 휴대용 컴퓨터나 계산기의 표시판으로 사용되고 있는 액정을 포함하여 많은 신물질을 발명했다. 원자들이 어떻게 고체나 액체 상태에서 상호작용하는지에 대한 축적된 지식은 특수한 분야에 응용할 수 있는 물질을 만들도록 한다. 그러나 그들의 정밀한 특성은 여전히 뜻밖의 일을 만들곤 한다.

요약

이 장에서 일상생활의 현상을 넘어선 꾸준히 진보하고 있는 물리학 연구 분야에서 가장 흥미진진한 발견 들 중 몇몇을 다루었다. 쿼크와 소립자, 우주론과 빅뱅, 집적 회로, 컴퓨터, 초전도체와 '계획적으로 설계된' 물질들을 살펴보았다.

① **쿼크와 소립자** 고에너지물리학의 표준 모델은 6개의 렙톤, 6개의 쿼크, 그리고 그들의 반입자로 이루어진 24개의 기본 입자들의 조합으로 알려진 모든 입자들을 기술할 수 있다. 자연계의 기본적인 힘들은 하나의 **통일장 이론**으로 설명하려는 것에 진전이 있었다.

양성자

쿼크

② **우주론: 우주의 밖을 내다보기** 천문학적 관측들은 태양이 별들로 이루어진 우리 은하의 일개 별이라는 것을 보였고, 팽창하는 우주 안에서 서로 멀어지고 있는 수많은 은하가 있음을 보여주었다. 현재의 팽창을 시작하게 한 빅뱅 이후 초기 단계의 우주를 모형화하는 데 쿼크에 대한 지식이 필요하다.

NASA/JPL-Caltech/S. Willner (Harvard-Smithsonian Center for Astrophysics)

③ **반도체와 마이크로 전자공학** 반도체에 대한 이해와 반도체의 전도도가 불순물 원자를 주입함에 따라 어떻게 변화하는지에 대한 이해가 1940년대 후반 트랜지스터의 발명을 가져왔다. 그 후 수백 개의 트랜지스터와 다른 회로 소자들을 작은 실리콘 칩 위에 모아서 집적 회로가 개발되었다. 전자와 컴퓨터 회로를 소형화하는 이러한 능력으로부터 엄청난 산업이 성장했다.

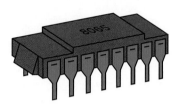

④ **초전도체와 신물질** 초전도체는 어떤 임계 온도 이하에서 전기저항을 모두 잃어버리는 물질이다. 100K 쯤의 임계 온도를 갖는 세라믹 초전도체도 발견되었다. 이는 기존에 알려진 것들보다 임계 온도가 높지만 여전히 상온보다는 매우 낮다. 고체와 액체를

연구하는 물리학 연구는 계산기 화면이나 비슷한 응용에 사용되는 액정과 같은 유용한 물질들을 만들어냈다.

Lawrence Manning/Digital Stock/Getty Images

개념문제

Q1. 일반적으로 렙톤은 양성자나 중성자보다 더 무거운가? 설명하시오.

Q2. 쿼크는 전자를 이루는 것인가? 설명하시오.

Q3. 양성자와 중성자보다 더 큰 질량을 가진 입자를 만드는 데 왜 고에너지가 필요한가? 설명하시오.

Q4. 왜 물리학자들은 새로운 입자 가속기를 만드는 데 많은 돈을 쓸 것을 제안하는가? 어떻게 이 많은 지출을 정당화시킬 수 있을까? 설명하시오.

Q5. 태양은 은하계의 일부분인가? 설명하시오.

Q6. 어떤 힘이 각각의 핵들과 전자들로부터 원자를 구성하도록 하는가? 무슨 힘이 개별 원자가 응축되어 별이 되도록 하는가? 설명하시오.

Q7. 공간이 팽창하고 있다(빅뱅 이론)는 개념을 강하게 지지하는 천문학적 발견 2가지를 기술하시오.

Q8. 빅뱅이란 용어는 각각의 별들이 폭발하는 것인가? 설명하시오.

Q9. 규소(Si)와 같은 반도체에 비소(As) 원자를 인공적으로 불순물로 첨가하면 그 저항은 증가하는가? 설명하시오.

Q10. 다이오드에 연결된 배터리의 방향이 다이오드 내부에 흐르는 전류의 양에 영향을 주는가? 설명하시오.

Q11. 트랜지스터의 무슨 성질이 전기신호를 증폭하여 사용하도록 만드는가? 설명하시오.

Q12. 어떤 임계 온도 이상에서만 초전도체는 저항이 0이 되는가? 설명하시오.

Q13. 초유체는 초전도체와 같은 것인가? 설명하시오.

Q14. 일상의 자연현상 21.1에서 목걸이의 홀로그램을 보는 2가지 모습이 어떻게 다른가? 혹은 그 둘은 동일한가? 설명하시오.

연습문제

E1. 태양에서 금성까지의 평균 거리는 대략 1.1×10^8 km이다. 태양에서 금성까지 빛의 속도로 여행하는 데 몇 초가 걸리겠는가? ($c = 3 \times 10^8$ m/s, 1 km = 1000 m)

종합문제

SP1. 태양으로부터 가장 가까운 항성은 프록시마 켄타우리라고 불리는 붉은 왜성이다. 약 4.25광년 정도 떨어져 있다. (1광년이란 빛이 1년 동안 여행하는 거리를 말한다.)

　a. 1년은 몇 초인가?

　b. 빛은 3×10^8 m/s의 속도로 이동한다. 그렇다면 1광년의 거리는 몇 미터인가?

　c. 가장 가까운 별까지의 거리는 몇 미터인가?

　d. 만일 우리가 빛의 1/10의 속도로 여행할 수 있다면, 가장 가까운 별까지 여행하는 데는 얼마나 걸릴까?

벡터와 벡터 합
Vectors and Vector Addition

물리학 연구에서 접하는 많은 양은 벡터양이다. 즉 크기뿐만 아니라 **방향**도 중요하다. 벡터양의 예로는 속도와 가속도(2장에서 소개된), 힘, 운동량, 전기장 및 이후 장에서 접하게 되는 많은 것들이 포함된다. 방향은 이러한 벡터양의 필수적인 특징이다. 정북으로 20 m/s 의 속도로 이동한 결과는 정동으로 20 m/s의 속도로 이동한 결과와 매우 다르다.

방향이 필수 특징이 아닌 (또는 방향이 전혀 의미가 없는) 양을 **스칼라양**이라고 한다. 질량, 부피 및 온도는 스칼라양의 예이다. 부피 또는 질량의 방향을 이야기하는 것은 의미가 없다. 스칼라 양의 크기(적절한 단위가 있는 숫자 값)를 정하는 것으로 충분하다. 다른 정보는 필요하지 않다. 반면에 벡터는 그 크기와 방향을 모두 설명하기 위해 최소한 2가지 정보가 필요하다.

벡터를 어떻게 설명하는가?

정동에서 약간 북쪽 방향으로 비행하는 비행기의 속도를 기술하고 싶다고 가정해보자. 비행기 속도의 크기는 예를 들어 속도를 400 km/h로 말할 수 있다. 비행기의 속도 방향은 여러 가지 방법으로 지정할 수 있지만 가장 간단한 방법은 기준 방향에 대한 각도를 지정해서 동북으로 20°와 같이 표현하는 것이다. 400 km/h와 20° 동북이라는 이 두 숫자는 비행기가 2차원(수평면에서 올라오거나 내려가지 않는)에서 움직인다면 비행기의 속도를 설명하기에 충분하다. 비행기가 상승 또는 하강한다면 상승 또는 하강 각도인 두 번째 각도를 지정해야 한다.

도표는 종종 이 벡터를 설명하는 보다 명확한 방법이다. 그림 A.1은 비행기의 속도를 동북쪽으로 20° 방향을 가리키는 화살표로 보여준다. 속도의 크기는 도표를 그릴 때 적절한 축척 비율을 선택하면 화살표의 길이로 나타낼 수 있다. 예를 들어, 2 cm가 100 km/h를 나타내기 위해 선택된 경우 400 km/h의 속도를 나타내기 위해서는 길이 8 cm(4 × 2 cm)의 화살표를 그린다. 더 작은 속력은 더 짧은 화살표로 표시되고 더 큰 속력은 더 긴 화살표로 표

그림 A.1   동북쪽 20°의 방향으로 400 km/h인 속도 벡터는 적당한 축척(2 cm = 100 km/h)에 맞춰 적절한 각도(20°)로 그린 화살표로 제시된다.

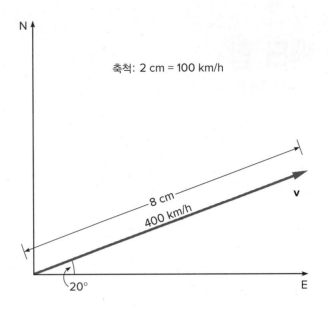

시된다.

화살표는 도표에서 벡터를 나타내기 위한 보편적인 기호이다. 화살표는 방향을 명확하게 나타낼 수 있으며 다른 크기는 다른 길이로 표현한다. 벡터양을 나타내는 기호는 굵은 글씨체를 자주 사용한다. 기호 **v**는 벡터양인 속도를 다루고 있음을 알려주는 것이지만 반면에 기호 v는 종종 스칼라양인 속력을 나타낸다.

벡터를 어떻게 합하는가?

종종 2개 이상의 벡터를 결합한 결과에 관심이 있을 때가 있다. 예를 들어 4장에서 **알짜힘**은 물체의 가속도를 결정한다. 이 알짜힘은 물체에 작용하는 여러 벡터들의 벡터 합이다. 두 번째 예로, 지상에 대한 비행기의 속도는 20장에서 논의한 것과 같이 공기에 대한 비행기의 속도와 지상에 대한 공기의 속도(풍속)의 벡터 합에 의해 결정된다.

벡터 합의 가장 쉬운 시각화 예시 중 하나는 움직이는 물체의 변위이다. 예를 들어, 한 학생이 캠퍼스에서 북서쪽으로 몇 블록 떨어진 North Main Street에 위치한 아파트 단지로 여행하기를 원한다고 가정해보자. 캠퍼스 남쪽 출발점에서 거기에 도착할 수 있는 한 가지 방법은 그림 A.2에 표시된 대로 Pacific Avenue를 따라 정서로 3블록을 걷고 거기서 Main Street를 따라 정북으로 6블록을 걷는 것이다. 이 두 이동 결과는 변위 벡터로 나타낼 수 있다. 첫 번째 이동은 정서로 3블록 이동하는 것이고, 두 번째 동작은 정북으로 6블록 이동하는 것이다.

방금 설명한 2개의 변위는 그림 A.2에서 적절한 방향으로 축척(그림에서 1 cm = 1블록)에 따라 그려진다. 결합된 이동 결과는 출발점에서 최종 목적지로 그린 벡터인 변위 **C**를 그리는 것이다. 따라서 벡터 **C**는 벡터 **A**와 **B**의 벡터 합이다.

$$\mathbf{C} = \mathbf{A} + \mathbf{B}$$

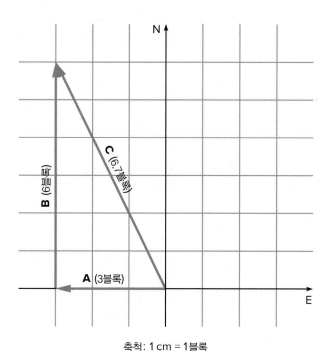

축척: 1 cm = 1블록

그림 A.2 변위 벡터 **A**(정서로 3블록)와 변위 벡터 **B**(정북으로 6블록)를 더한 결과는 출발점에서 최종 목적지로 그린 벡터인 변위 벡터 **C**이다.

합은 개별 효과를 결합하여 하나의 변위로 나타낸다. 벡터 **C**의 길이는 약 6.7 cm로, 도표를 그리는 데 사용된 축척 요소를 고려하면 6.7블록에 대한 거리가 된다. 각도기로 각도를 측정하면 변위 벡터 **C**에 대해 북서쪽으로 약 27°의 각도가 된다.

방금 설명한 벡터 합의 과정은 모든 벡터에 적용할 수 있다. 이러한 방법을 흔히 벡터 합의 **그래픽 방법** 또는 **꼬리-머리 방법**이라고도 한다. 그 단계는 다음과 같다.

1. 자와 각도기를 이용하여 축척(1 cm는 다양한 벡터양의 단위와 같다)에 맞춰 적절한 각도로 첫 번째 벡터를 그린다.

2. 첫 번째 벡터의 머리에 꼬리를 놓고 두 번째 벡터를 축척에 따라 적절한 각도로 그린다.

3. 2개 이상의 벡터가 있게 되면, 그 다음 벡터를 앞의 벡터의 머리를 이 벡터의 꼬리로 하여 축척에 맞춰 적절한 방향으로 그린다.

4. 벡터 합을 구하려면 첫 번째 벡터의 꼬리에서 마지막 벡터의 머리로 벡터를 그린다. 각도기의 기준 방향에 대해서 이 벡터의 각도를 측정하고 자로 길이를 측정한다. 이 두 측정값은 벡터 합의 방향과 크기이다. (적절한 단위로 얻기 위해서는 측정된 길이에 원래 벡터를 그리는 데 사용된 축척 요소를 곱해야 한다.)

다른 예에서 이 과정을 설명하기 위해 그림 A.3에서 2개의 속도 벡터를 더해 보겠다. 첫번째 벡터 **A**는 동북으로 15° 각도로 20 m/s인 속도이다. 두 번째 벡터 **B**는 동북으로 55° 각도에서 40 m/s의 속도이다. 이 벡터들은 각각 1 cm = 10 m/s의 축척으로 그려져 벡터 **A**의 길이는 2 cm이고 벡터 **B**의 길이는 4 cm이다. 벡터 **B**의 꼬리는 벡터를 합하기 위해 벡터 **A**의 머리 또는 끝에 위치시킨다. 얻게 되는 합인 벡터 **C**는 자로 측정하여 측정한 길이가 약 5.6 cm이다. 1 cm = 10 m/s의 축척을 사용하면 다음과 같다.

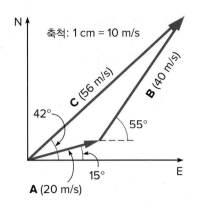

$$5.6 \text{ cm} \times (\text{cm당 } 10 \text{ m/s}) = 56 \text{ m/s}$$

벡터 **C**가 수평축(동쪽)과 이루는 각도를 측정하면 벡터 **C**가 동북쪽으로 약 42°이다. 따라서 벡터 **A**와 **B**의 벡터 합은 동북쪽으로 42° 각도에서 56 m/s이다.

이번 예(속도)와 이전 예(변위) 모두에서 벡터 합의 크기는 합하는 두 벡터의 크기의 합과 같지 않다. 첫 번째의 경우 벡터 합 **C**의 크기는 6.7블록으로 학생이 실제로 걸은 9블록(3 + 6)보다 작다. 속도 예에서 벡터 합은 벡터 **A**와 **B**의 크기를 더하여 얻은 합 60 m/s보다 작은 56 m/s의 크기를 갖는다. 이것은 벡터 합의 일반적인 특징이다. 벡터 합의 크기가 합해진 벡터의 크기의 합($A + B$)과 같은 유일한 경우는 벡터들의 방향이 같을 때이다.

벡터를 어떻게 빼는가?

벡터 합의 개념을 이해했다면 벡터 빼기는 이러한 개념을 확장한 것이다. 빼기는 항상 원래 양인 빼지는 양의 값에 (−)부호(음수)를 가지게 한 값을 더하는 과정으로 나타낼 수 있다. 따라서 6에서 2를 빼는 과정은 −2를 6에 더하는 것과 같다. 벡터 **B**에서 벡터 **A**를 빼서 벡터 차이 **B** − **A**를 얻으려면 **B**에 −**A**를 더한다. 벡터가 음수인 경우 반대방향이다.

이 과정을 설명하기 위해 그림 A.3에서 벡터 합에 사용한 동일한 두 벡터를 사용하여 그림 A.4와 같이 속도 **B**에서 속도 **A**를 뺀다. 그러나 여기서는 1 cm = 4 m/s라는 다른 축척을 사용하겠다. 따라서 벡터 **B**의 길이는 10 cm[(40 m/s)/(cm당 4 m/s) = 10 cm]이고 벡터 **A**의 길이는 5 cm이다. 먼저 벡터 **B**를 축척에 맞게 그린 다음 여기에 음의 벡터 **A**를 합한다. 벡터 −**A**를 얻기 위해 벡터 **A**의 방향을 뒤집었다. 음의 벡터는 동쪽 수평선 위 15°가 아니라 서쪽 수평선 아래 15°이다. 그러면 차 벡터 **D**는 첫 번째 벡터(**B**)의 꼬리에서 두 번째 벡터(−**A**)의 머리까지 벡터를 그려서 얻는다. 벡터 **D**는 약 7.0 cm의 길이를 가지며 수직축(북쪽)에 대해 약 7°의 각도를 가진다. 그림 A.4에서 사용된 축척을 고려하면, 7.0 cm의 길이는 28 m/s(1 cm당 7.0 cm × 4 m/s)의 속도를 나타낸다.

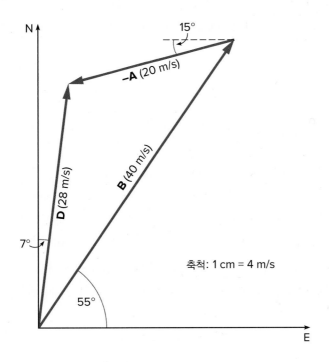

벡터 성분이란 무엇인가?

종종 전체 벡터를 직접 다루는 것보다 수평 및 수직 성분을 이용하여 벡터를 설명하는 것이 유용하다. 이것은 3장에서와 같이 발사체 운동을 논의할 때 특히 유용하지만 컴퓨팅 작업(6장)과 기타 많은 응용에서도 쓸모가 있다.

> 벡터의 성분은 합해져 관심 있는 벡터를 만드는 2개(또는 그 이상)의 벡터이다.

일반적으로 이러한 성분을 서로 수직인 수평 및 수직 방향에서 정의하는 것이 가장 바람직하다.

그래픽 방법을 사용하여 벡터의 성분을 찾을 수 있고 벡터들을 더하거나 뺄 수 있다. 이 과정을 그림 A.5에서 힘 벡터를 이용하여 설명한다. 힘 벡터 **A**의 크기는 8 N이고 방향은 수평 위 30°이다. (뉴턴 N은 힘의 미터법 단위이다.) 이 벡터의 수평 및 수직 성분을 찾기 위한

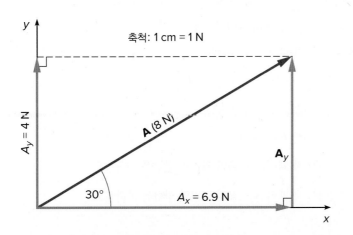

그림 A.5 힘 벡터 **A**의 성분은 벡터를 축척에 따라 그리고 벡터의 끝에서 x축과 y축에서 각각의 축에 수직으로 선을 그려 찾을 수 있다.

첫 번째 단계는 이전과 같이 자와 각도기를 이용하여 벡터를 축척(1 cm = 1 N)에 맞게 그리고 적절한 방향(수평 위 30°)으로 그리는 것이다.

그런 다음 벡터 **A**의 수평 성분은 벡터 **A**의 끝에서 수평(x)축에 직각이 되도록 직선을 그린다. 벡터 **A**의 꼬리(원점)에서 직선이 축과 만나는 점까지 x축을 따라 측정한 거리가 벡터 **A**의 수평 성분인 크기 A_x이다. 크기 A_x는 벡터 **A**의 수평 방향 성분이다.

유사한 과정을 통해 벡터 **A**의 수직 성분인 A_y를 얻을 수 있다. 하지만 이 경우에는 벡터 **A**의 끝에서 수직(y)축에 직각을 이루게 점선을 그린다. 자로 이 성분의 길이를 측정하면 A_x와 A_y에 대해 각각 6.9 N(그래프에서 6.9 cm) 및 4 N(그래프에서 4 cm)의 크기를 얻는다.

벡터 **A**의 이 두 성분을 벡터로 취급하고 일반적인 꼬리-머리 방법 방식으로 합하면 그림 A.5와 같이 원래 벡터 **A**를 얻는다. 따라서 이 두 성분을 사용하여 벡터를 나타낼 수 있다. 두 성분을 더하면 원래의 벡터와 동일하기 때문이다. 그러나 매우 자주 벡터의 수평 효과 또는 수직 효과에만 관심이 있어서 성분들 중에서 하나만 단독으로 사용한다. 예를 들어 힘 벡터의 경우 수평 방향으로 물체를 움직이는 힘의 효과는 전체 벡터가 아니라 힘 벡터의 수평 성분에 의해 결정된다. 발사체 운동에서 물체가 주어진 시간에 수평으로 이동하는 거리 등을 결정하는 것은 속도의 수평 성분이다.

벡터의 성분은 벡터를 합하거나 **빼는** 것뿐만 아니라 다른 많은 용도로도 사용할 수 있다. 그러나 이 책에서 벡터 성분의 개념을 사용하는 주된 목적은 수평 및 수직 움직임을 별도로 분석하기 위해 벡터를 수평 및 수직 부분으로 나누는 것이다. 이것이 가능하다는 것을 아는 것은 발사체 운동과 다른 많은 물리적 과정을 이해하는 데 중요하다.

연습문제

꼬리-머리 방법을 사용하여 연습문제 1에서 4까지 표시된 벡터들의 합을 찾으시오.

1. 벡터 **A** = 정동으로 20 m 변위

   벡터 **B** = 정북으로 30 m 변위

2. 벡터 **A** = 동북 30°로 20 m/s의 속도

   벡터 **B** = 동북 45°로 50 m/s의 속도

3. 벡터 **A** = 정동쪽으로 4 m/s²의 가속도

   벡터 **B** = 동북 40°로 가속도 3 m/s²

4. 벡터 **A** = 수평 위(오른쪽으로) 45°로 20 N의 힘

   벡터 **B** = 수직 왼쪽으로 20°로 30 N의 힘

5. 연습문제 1에서 차 벡터 **B** − **A**의 크기와 방향을 구하시오.

6. 연습문제 1에서 차 벡터 **A** − **B**의 크기와 방향을 구하시오.

7. 연습문제 2에서 차 벡터 **A** − **B**의 크기와 방향을 구하시오.

8. 연습문제 3에서 차 벡터 **A** − **B**의 크기와 방향을 구하시오.

9. 연습문제 2에서 벡터 **A**의 동쪽 및 북쪽 성분(x 및 y)을 구하시오.

10. 연습문제 4에서 벡터 **A**의 수평 및 수직 성분을 구하시오.

11. 연습문제 4에서 벡터 **B**의 수평 및 수직 성분을 구하시오.

일부 개념문제, 연습문제, 그리고 종합문제 답

Answers to Selected Questions, Exercises, and Synthesis Problems

Chapter 1

Q2. 아니다. 나무를 태운다는 의미는 최근 시대에 대기로부터 탄소를 흡수하여 식물들을 재료로 이용한다는 뜻이다. 나무를 태운다는 것이 이산화탄소를 만들어낸 효과를 주지는 않는다.

Q5. 아니다. 역사적인 관찰을 통해 만들어지는 조건들은 물리학적 실험을 통해 얻어진 조건들 같은 방식으로 반복되거나 제어될 수 없다.

Q8. 빛에 대해 공부하는 광학은 무지개의 생성원리를 설명해준다. 역학은 도토리가 떨어지는 원리에 대해 설명해준다.

Q11. 영국 단위계를 사용하는 것은 친숙성 때문이기도 하지만 작업자를 재교육하거나 논문출판 등을 할 때 표준을 재설정할 필요가 없기 때문이다.

E1. 124그램 **E2.** 피자 5판 **E3.** 105 in 혹은 8.75 ft

E4. 8300 g, 8.3 kg **E5.** 1610 m, 1.61 km

E6. 52,800 cm^2, 10,000 cm^2 **E7.** 4.54달러/갤런

E8. 4

SP2. a. 1750 hrs **b.** 175 kWh **c.** 38.5 kWh **d.** 26.25달러
e. 5.78달러 **f.** 20.48달러/년 **g.** 409.50달러/년

Chapter 2

Q5. 자동차 밀도는 일마일 거리에 포함되는 자동차 대수를 의미하는데 보통 서너 대의 자동차 밀도이다. 이 용어는 자동차의 무게와는 무관하다.

Q8. 아니다. 공은 떨어뜨리면 일정한 방향(아래 방향)으로 떨어지는데 속도의 크기, 즉 속력은 중력 가속도 때문에 계속적으로 증가한다.

Q11. a. 그렇다. 등속도는 0에서 2초 사이의 수평선으로 표현된다. 수평선이란 말은 속도가 변하지 않는다는 의미이다. **b.** 가속도는 2초와 4초 사이에서 최대이다. 이 구간에서 기울기가 가장 가파르다.

Q14. 아니다. 이 관계식은 가속도가 일정할 때만 유지된다.

Q17. 두 번째 주자. 만약 두 주자가 동일한 시간 간격에 동일 거리를 달렸다면 두 주자의 평균 속도는 같을 것이고, 시간에 대한 속도 곡선 아래의 두 면적도 동일할 것이다. 첫 번째 주자가 최대 속도에 더 빨리 도달했다면 두 번째 주자도 동일한 면적을 가지기 위해서는 더 큰 최대 속도로 달려야만 한다. 이는 두 번째 주자가 더 짧은 시간 간격을 갖는다는 의미이다.

E1. 59 MPH **E2.** 0.37 cm/day **E3.** 360 s, 6 min

E4. 7.02 km **E5.** 104.6 km/h **E6.** −2 m/s^2

E7. 10.8 m/s **E8. a.** 2.7 m/s **b.** 3.8 m

E9. a. 0.8 m/s **b.** 4.8 m **E10.** 45.8 s

E11. a. 속력: 68 m/s, 46 m/s, 24 m/s, 2 m/s

b. 거리: 158 m, 272 m, 342 m, 368 m

SP1. a. 22 s

SP3. a. A 자동차: 2.1 m, 8.4 m, 18.9 m, 33.6 m; B 자동차: 7 m, 14 m, 21 m, 28 m **b.** 3.3 s

Chapter 3

Q2. 그렇다. 공 둘 다 가속된다. 이유는 그들 속도가 변하기 때문이다. 공 *A*는 속도가 증가하고 공 *B*는 속도가 감소한다 (음의 가속도).

Q5. 아니다. 등가속도 조건은 *t*에 대한 *v* 곡선이 직선으로 되어야 한다. 주어진 시간에 대한 속도 그래프에서 시간이 증가함에 따라 증가하는 기울기를 가지므로 물체는 양의 가속도를 갖는다.

Q8. 이 그래프는 −10 m/s²이란 음의 가속도를 갖는 직선이다. 양의 값을 갖는 속도로 출발했다가 점진적으로 감소하여 끝까지 그 음의 기울기를 유지한다. 순간적으로 속도가 0이 되는 궤적의 맨 꼭대기에서 속도의 방향이 바뀐다. 이 위치에서 속도는 0이 되고 *x*축과 만나게 된다.

Q11. 구르는 공이 더 큰 속도를 갖는다. 수직성분(이 성분은 자유 낙하한 공과 같은 값)뿐 아니라 자유 낙하한 공은 갖지 않는 수평성분도 갖는다.

Q14. 오직 수평성분만 0이 아니므로 두 물체의 궤적 모두에서 속도성분이 0이 되는 순간은 없다.

Q17. 농구공의 궤적에 수직인 단면의 투영은 접근각이 상대적으로 수평일 때에 비해 더 작다. 이는 공이 골인될 기회를 적게 만든다. 반면 매우 좁은 각도로 슛을 하게 되면 궤적 단면이 커지게 되어서 성공에 이르게 만들 유연성을 더 많이 갖도록 만들어준다.

E1. a. 7 m/s **b.** 14 m/s

E2. a. 2.45 m **b.** 9.8 m

E3. 44 m/s   **E4. a.** +3 m/s(위 방향) **b.** −7 m/s(아래 방향)

E5. 1.3 s   **E6. a.** 0.25 s **b.** 31.25 cm

E7. 1.01 m   **E8. a.** 0.77 s **b.** 3.87 m

SP1. a. 0 **b.** 1.8 s **c.** 16.2 m **d.** 9 m **e.** 내려오는 중

SP2. a. 0.37 s **b.** A공: 1.5 m, B공: 2.2 m **c.** 아니다.

SP3. a. 44.7 m/s **b.** 18.3 m **c.** 0.409 s **d.** 0.84 m **e.** 2.76 ft

Chapter 4

Q2. 공이 앞으로 움직일수록 공이 이전에 위치한 공간을 채우기 위해 공기가 그 빈 공간을 채우러 들어가고 이 공기가 공을 뒤에서 밀어서 운동이 일어난다고 아리스토텔레스는 가정하였다.

Q5. 그렇다. 공은 등속도로 움직이지만 알짜힘이 존재하지 않는 한 가속되지 않는다.

Q8. 아니다. 질량은 물체의 존재 위치와는 무관한 특성이다. 무게는 그 지역의 중력 가속도에 의존하는 힘이다.

Q11. 자동차가 앞으로 나아가게 만드는 외력은 타이어가 도로면과 만들어내는 마찰력이다. 이 마찰력은 타이어가 도로 사이에 서로 작용하는 힘을 설명하는 제3법칙으로 설명이 된다.

Q14. 그렇다. 노새는 카트를 가속시킬 수 있다. 이는 카트의 바퀴를 움직일 수 있을 정도의 수평방향 마찰력 성분보다 더 큰 수평성분을 노새가 만들어낼 수 있다는 의미이다.

Q17. a. 두 벽돌은 등속도로 움직이는 것이 아니라 일정하게 속도가 증가하는 운동을 한다. 작용하는 힘이 일정하므로 등가속도를 만든다는 의미이다. 등가속도는 일정하게 속도가 증가하도록 만든다.

b. 두 벽돌을 이어주는 줄의 장력은 힘 **F**보다 작다. 두 물체는 동일한 가속도를 갖는다. 힘 **F**는 총 질량인 2*m*을 가속시킨다. 벽돌 사이의 줄은 질량 *m*을 가속시키므로 장력은 힘 **F**의 절반이다.

Q20. 모든 카트는 같은 속력으로 움직이고 같은 가속도를 가지므로 모든 카트를 움직이게 할 힘은 그들의 질량에 의존한다. 각 카트에 작용하는 알짜힘은 질량에 비례하는데, 이는 가속도 **a** = **F**/*m*가 모든 카트에서 동일하기 때문이다.

E1. 7 m/s² **E2.** 8.0 kg **E3.** 9.0 m/s² **E4.** 8 kg

E5. a. 3.6 N **b.** 0.40 m/s² **E6.** 75 kg

E7. a. 67.3 kg **b.** 148.3 lb

E8. a. 58.8 N **b.** 46.8 N **c.** 7.8 m/s², 아래 방향

E9. a. 알짜힘 = 0. 가속되지 않는다. 정지 상태이다.

b. 7.84 N(*g* = 9.8 m/s²을 사용하면), 8 N(*g* = 10 m/s²을 사용하면) **c.** 19.84 N(*g* = 9.8 m/s²을 사용하면), 20 N(*g* = 10 m/s²을 사용하면). 아니다. 가속되지 않는다.

E10. a. +45 N **b.** −735 N **c.** +780 N

SP1. a. 2.75 m/s² **b.** 8.25 m/s **c.** 12.4 m

SP2. a. 0.60 m/s² **b.** 0.120 m/s **c.** 1.2 cm

SP3. a. 32 N **b.** 3.2 m/s² **c.** 15.6 N

d. 22.4 N, 3.2m/s². 가속도가 문항 b와 같다는 사실에 주목하라.

SP4. a. 550 N **b.** 6.34 m/s² **c.** 85 m/s

Chapter 5

Q2. 속력이 더 빠른 차가 더 큰 속도 변화를 겪게 된다. 왜냐하면 최종 속도 벡터에서 초기 속도 벡터를 뺄셈하는 과정에서 두 벡터들의 길이가 길수록 속도 벡터의 차이 $\Delta \mathbf{v}$의 길이가 커지기 때문이다.

Q5. b. 구심 가속도를 생성하기 위해서는 알짜힘의 방향이 커브길의 중심 쪽을 향하여야만 한다.

Q8. 그런 힘은 없다. 뉴턴의 제1법칙에 의하면, 알짜힘이 작용하지 않는 한 움직이는 물체는 그 운동 상태를 바꾸지 않는다. 정면충돌 과정에서 운전자는 어떠한 힘도 받지 않으므로(앞부분에 부딪힐 때까지) 앞으로 가던 운동을 계속하게 된다. 차량은 알짜힘을 받으므로 정지하게 되지만, 운전자는 계속 전방으로 움직이게 되는 것이다.

Q11. 줄을 맨 두 점을 움직여 한 점으로 일치시켜야 타원의 특별한 경우인 원이 그려진다.

Q14. 가능하지 않다. 별은 지구로부터 달보다 먼 쪽에 있으므로 달의 뒤에서는 달에 가려지기 때문에 달의 어두운 부분에서 별이 보일 수가 없다.

Q17. 그러하다. 케플러의 제3법칙은 달에 관해서도 유효하다. 다만, 해당 상수는 태양과 지구 사이의 경우와 값이 다르다.

E1. 20.0 m/s^2 **E2.** 1.8 m **E3.** 1.75 N

E4. a. 11.4 m/s^2 **b.** $14{,}857.1 \text{ N} \approx 14.9 \text{ kN}$

E5. $\frac{1}{365} \approx 0.0027$ **E6.** 0.6 N **E7.** 1.12 N

E8. $150 : x \approx 9.8 : 25 \rightarrow x \approx 382.7 \text{ lb}$

SP1. a. 20 m/s^2 **b.** 5.0 N **c.** $N \approx 0.25 \times 9.8 = 2.45 \text{ N}$

d. $T \approx \sqrt{5^2 + 2.45^2} \approx 5.57 \text{ N}$

SP2. a. $a_c = \dfrac{v^2}{r} \approx 12.5 \text{ m/s}^2$

b. $f_c = ma_c \approx 13{,}750 \text{ N} = 13.75 \text{ kN}$

c. $N_v = mg \approx 10{,}780 \text{ N} = 10.78 \text{ kN}$

d. $N = N_v \cos(\theta) \approx 10.5 \text{ kN}$

e. $N_h = N \sin(\theta) \approx 2.18 \text{ kN}$. $N_h < f_c$이므로 수직 항력의 수평 성분만으로는 필요한 구심력을 만들어낼 수 없다.

SP3. a. $3.53 \times 10^{22} \text{ N}$ **b.** $2.01 \times 10^{20} \text{ N}$

c. 약 176배. 따라서 지구의 공전궤도에 달의 영향은 무시할 수 있다.

d. $4.34 \times 10^{20} \text{ N}$. 이것은 지구가 달에 미치는 힘보다 더 크

므로 태양은 달의 공전궤도에 크게 영향을 미친다.

Chapter 6

Q2. a. 나무벽돌이 힘을 받아서 일정 거리를 움직였으므로 줄에 작용한 힘은 나무벽돌에 일하였다. 나무벽돌이 가속되지 않고 줄에 작용한 힘이 일하였기 때문에 마찰력 같은 다른 힘이 존재한다.

b. 줄에 작용한 힘 중에서, 바닥에 수평인 힘의 성분만 나무벽돌에 일했다.

Q5. 사람이 바위를 들어 올리려고 지렛대에 한 일은 바위가 지렛대에 한 일보다 결코 작을 수 없다. 만일 외부로 새어 나가는 힘이 없다면, 에너지 보존 법칙에 따라 두 힘의 크기는 같다.

Q8. 계에 더해지는 일은 퍼텐셜 에너지를 증가시킨다.

Q11. 물리 강사의 턱은 다칠 위험이 있다. 볼링공을 놓을 때 밀어서 총에너지에 운동 에너지가 더해지므로, 볼링공의 진자 운동의 범위는 더 커지게 된다.

Q14. a. 그렇다. 물리학적 관점에서 에너지는 보존된다. 기름 한 통을 태워서 발생한 에너지는 공기와 손을 데우는 데 사용되었기 때문에 에너지는 손실되지 않았다.

b. 손을 데우기 위하여 기름을 태워서 발생한 에너지 대부분은 공기를 데우는 데 낭비되었고 대기를 오염시킨다.

Q17. 스프링총의 탄성 퍼텐셜 에너지를 증가시키고 고무다트를 장전한다. 고무다트가 발사될 때, 탄성 스프링총에 저장된 탄성 퍼텐셜 에너지는 고무다트의 운동 에너지로 변환된다. 이때 천장에 목표물로 향하는 고무다트의 운동 에너지의 일부가 퍼텐셜 에너지로 변환되면서 고무다트의 속도는 느려진다. 그리고 공기의 마찰력으로 인하여 운동 에너지가 열로 변환된다.

E1. 60 J **E2.** 4 m **E3. a.** 200 J **b.** 0 **c.** 200 J

E4. a. 60 J **b.** 60 J **E5.** 0.17 kJ

E6. a. 88.2 J **b.** 90 J **c.** 수평으로 가속시키기

E7. 90 J **E8.** 470 kJ **E9. a.** 52.9 J **b.** 52.9 J

E10. 0.0625 s

SP1. a. 10.2 J **b.** 6.8 J

c. 6.8 J. 알짜힘(4 N)과 이동 거리 1.7 m의 곱인 알짜 일이 운동 에너지를 증가시킨다.

d. 6 N의 힘 중에서 4 N의 힘이 운동 에너지를 증가시키는 데 사용되고 나머지는 열에너지로 변환된다. 모든 형태의 에너지를 포함하면 에너지는 항상 보존되는 것을 완전히 설명할 수 있다. **e.** 6.8 J, 5.98 m/s

SP2. a. 31.5 J **b.** 31.5 J **c.** 39.7 m/s

d. 돌은 최대 운동 에너지와 최대 속도를 가지지 못한다. 고무줄은 돌을 투사하면서 움직이기 때문에 약간의 운동 에너지를 얻는다.

SP3. a. 그렇다. 첫 번째 언덕과 두 번째 언덕의 퍼텐셜 에너지의 차이는 6860 J이고, 마찰력으로 잃어버리는 에너지는 3600 J이므로 두 번째 언덕 꼭대기까지 올라갈 수 있다.

b. 34.7 m(mgh_1 − 마찰에 대해 하는 일 = mgh_2, h_2에 대하여 푸시오.)

Chapter 7

Q2. 가능하다. 왜냐하면 운동량은 질량과 속도의 곱이기 때문에 큰 속도로 움직이는 야구공은 느리게 움직이는 볼링공과 같은 운동량을 가질 수 있다.

Q5. 에어백은 충돌 시 승객의 운동량이 변화하는 시간을 늘려준다. 운동량의 변화인 충격량은 힘과 시간의 곱이므로, 충격량을 발생시키기 위하여 작은 힘이 승객에게 작용한다. 승객에게 가해지는 작은 힘은 심각한 부상을 줄일 수 있다.

Q8. 경사면을 따라 공의 무게 성분인 알짜힘이 작용하기 때문에 공의 운동량은 보존되지 않는다.

Q11. 2개의 산탄총은 발사 시 같은 운동량을 가지고 반동을 한다. 가벼운 산탄총이 더 빠르게 반동을 하지만, 총을 쏜 사람의 어깨에 전달되는 충격량은 같다.

Q14. 스케이트보드의 속도는 느려진다. 스케이트보드 선수의 질량이 움직이는 스케이트보드에 더해지기 때문에 계의 전체 질량은 증가한다. 운동량 보존에 의하여 운동량(mv)은 일정해야 하므로 질량이 증가하면 속도는 감소해야 한다.

Q17. 계의 운동 에너지의 변화가 없으므로 충돌은 탄성충돌이다.

E1. a. 14.4 N·s **b.** 14.4 kg·m/s **E2.** 볼링공

E3. 5.6 N·s **E4. a.** 1725 N·s **b.** 5750 N

E5. a. −9.4 kg·m/s **b.** −9.4 N·s **E6. a.** 0 **b.** 6.5 m/s

E7. 27,000 kg·m/s **E8. a.** 810 kJ **b.** 162 kJ **c.** 아니다.

E10. a. 3.33 m/s **b.** 예제 7.2에서 계산된 정면충돌의 최종 속도보다 최종 속도가 더 크다.

SP1. a. 14.9 kg·m/s **b.** 그렇다. **c.** 14.9 N·s **d.** 2982 N

SP2. a. 후자의 경우 **b.** 후자의 경우

c. 공만 고려한 계에서는 운동량의 방향이 바뀌기 때문에 운동량은 보존되지 않는다. 공만 벽이 포함된 계에서는 위의 두 경우 모두 운동량이 보존된다.

SP3. a. 서쪽으로 24,000 kg·m/s, **b.** 서쪽으로 3.75 m/s

c. 1260 kJ **d.** 45 kJ **e.** 운동 에너지가 보존되지 않으므로 탄성충돌이 아니다.

Chapter 8

Q2. 그렇다. 동전이 경사면을 굴러 내려가면서 선속도를 얻게 됨에 따라 각속도를 얻는다. 각속도는 증가하므로 각가속도가 존재한다.

Q5. 핸들의 중간에 힘이 작용할 때보다 핸들의 끝에 힘이 작용하는 경우 지렛대 팔 길이가 길어지므로 강한 토크를 만든다.

Q8. 아니다. 연필의 무게 중심은 반드시 지레받침에 위치해야 균형이 유지된다. 따라서 연필의 무게 중심은 연필 끝에서 연필 길이의 2/3 되는 지점에 위치한다.

Q11. 그렇다. 회전 관성은 질량이 회전축에 대해 어떻게 분포하는지에 따라 달라진다. 따라서 같은 질량이라 하더라도 질량이 다르게 분포하면 다른 회전 관성을 만들어낸다.

Q14. 각속도는 감소한다. 아이가 점프해 뛰어 올라감에 따라 발생하는 추가적인 질량은 회전 관성을 증가시킨다. 각운동량이 보존되기 위해 큰 회전 관성은 작은 각속도를 가짐을 의미한다.

Q17. 정의상 반시계방향은 위쪽에서 봤을 때 위쪽 방향의 각속도 벡터를 의미한다. 따라서 각운동량 벡터는 각속도 벡터와 나란하므로, 각운동량 벡터는 위쪽을 향한다. 스케이트 선수가 반시계방향으로 회전하므로, 각속도 벡터는 위쪽을 향한다.

E1. a. 0.133 rev/s **b.** 0.84 rad/s

E2. a. 50.3 rad **b.** 10.05 rad/s **E3.** 0.3 rad/s²

E4. a. 2.4 rev/s **b.** 7.2 rev **E5.** 12.8 cm

E6. a. 117 N·m **b.** −52 N·m **c.** 65 N·m

E7. 33.2 N·m **E8.** 0.294 kg·m^2

E9. a. 0.56 kg·m^2 **b.** 8.4 kg·m^2/s

SP1. a. 124 N·m **b.** 0.155 rad/s^2 **c.** 2.48 rad/s

d. −0.0175 rad/s^2, 141.7 s

SP2. a. 435.6 kg·m^2, 1535.6 kg·m^2 **b.** 1157.6 kg·m^2

c. 1.72 rad/s **d.** 그렇다. 각속도가 바뀌었기 때문이다. 아이가 움직이는 동안 발바닥과 회전 놀이기구 사이의 마찰력이 증가하는 토크를 만들어낸다.

Chapter 9

Q2. 압력은 피스톤 면적이 작은 실린더에서 더 커진다. 압력은 단위면적당 힘이므로 면적이 작을수록 동일한 힘에 대해 더 큰 압력이 발생한다.

Q5. 물을 사용할 수도 있지만 물의 밀도가 훨씬 작기 때문에 기압계는 수은을 사용하는 것보다 훨씬 커야 한다. 그러나 물기둥은 압력의 작은 변화에 대해 더 긴 거리를 움직이므로 더 세밀한 측정이 가능하다.

Q8. 압력이 감소한다. 부피가 천천히 증가하면 온도를 일정하게 유지하기 위해 열이 유입되어 보일의 법칙을 적용할 수 있는 상황이 된다. 부피가 증가함에 따라 압력이 감소한다.

Q11. 물의 높이는 물속에 있는 새가 밀어낸 양만큼 증가한다.

Q14. 아니다. 점도가 낮은 액체가 더 빨리 흐른다. 점도는 흐름을 지연시키는 마찰효과이다.

E1. 150 Pa **E2.** 1.50 lb/in.^{2} **E3. a.** 270 kPa **b.** 81 kN

E4. 2125 Pa **E5.** 36.0 kPa **E6.** 250 kg/m^3

E7. 2.94 × 10^3 N **E8.** 1/3

SP1. a. 7.07cm^2, 452.4cm^2 **b.** 64/1 **c.** 16,660 N **d.** 260.3 N

SP2. a. 6.4 × 10^{-5} m^3 **b.** 0.57 kg **c.** 5.62 N **d.** 0.627 N

e. 4.99 N **SP3. a.** 63.6 cm^2, 21.2 cm^2 **b.** 4.79 m/s **c.** 더 작다.

Chapter 10

Q2. 그렇다. 온도에 따라 특성이 변하는 계는 원칙적으로 온도계로 사용할 수 있다.

Q5. 계에 가한 일과 같은 다른 효과가 없는 경우에는 그렇지 않다. 열은 더 뜨거운 물체에서 더 차가운 물체로 흐르게 되어 두 물체의 중간 온도가 된다.

Q8. 액체가 과냉각되면 아직 얼지 않았지만 온도가 어는점 이하이다. 동결 과정이 일어나려면 결정핵이 있어야 한다.

Q11. 알 수 없다. 제1법칙에 따르면 내부 에너지의 변화는 주어진 양의 에너지가 계에 일을 하여 더해지거나 추가된 열에 의해 더해지거나 동일하다.

Q14. 유지될 수 없다. 등적 과정에서는 기체에 대해(또는 기체에 의해) 가해진 일이 없다. 따라서 기체에 추가된 모든 열은 내부 에너지의 증가로 나타나므로 온도가 상승한다.

Q17. 전도. 유리는 좋은 열전도체이다. 화학 실험실에서 유리 용기를 사용하고 일부 커피메이커에서도 유리가 사용된다.

E1. a. 71.6°F **b.** 295.2K **E2. a.** 43.3°C **b.** 316.5K

E3. a. 12°C **b.** 64.6°F **c.** 86°F **d.** 21.6°F

e. 비율 ΔT(°F)/ΔT(°C)은 9/5이다. °C와 °F 사이의 변환에는 +32가 포함되지만 차이를 얻기 위해 둘을 빼면 이 값이 사라지고(32 − 32 = 0) 비율 9/5가 남게 된다.

E4. 7.74 kcal **E5.** 30°C **E6.** 1257 J

E7. a. 감소한다. **b.** 증가한다. **c.** 375 J 증가한다.

E8. 3000K **E9. a.** 1676 J **b.** 1276 J **c.** 304.5 cal **d.** 증가한다.

SP1. a. 106.2°F **b.** 59K **c.** 없다.

SP2. a. 1.54 kcal **b.** 11.2 kcal **c.** 3.78 kcal **d.** 16.53 kcal

e. 얼음을 녹이는 데 가장 많은 에너지가 필요하다.

f. 구할 수 없다. 얼음은 물과 열용량이 다르다. 따라서 얼음을 −22°C에서 0°C로 올리는 데 필요한 열은 물의 비열로 계산할 수 없다.

SP3. a. 3976 J **b.** 948.9 cal **c.** 1.6C°

d. 그렇다. 칼로리와 줄 단위는 같지 않다. 두 번째의 경우에 온도가 더 올라갈 것이다.

Chapter 11

Q2. 열기관의 내부 에너지 변화는 0이다. 이는 기관이 순환하여 작동하기 때문에 각 순환과정에서 초기 상태로 되돌아오기 때문이다. 기관이 초기 상태로 되돌아오기 때문에 내부 에너지 변화는 없다.

Q5. 작동할 수 없다. 불가능하다. 그런 열기관은 모든 열을 일로 변환하며, 이는 열역학 제2법칙에 위배된다.

Q8. 400K와 300K 사이에 작동하는 기관의 효율이 더 높다. (400°C와 300°C 사이에 작동하는 기관의 효율 0.15에 비해 0.25이다.)

Q11. 그렇다. 이것이 냉장고가 하는 것이다. 그것은 작동하는 데 일이 사용되므로 열역학 제2법칙을 위배하지 않는다.

Q14. 아니다. 왜냐하면 물질을 얼리는 데 다른 원천으로부터의 에너지가 필요하기 때문이다. 이 원천의 엔트로피 증가는 냉각된 물체의 엔트로피 손실보다 항상 크다.

Q17. 아니다. 영구기관은 한 번 시작하면 계속 작동하는 데 에너지가 추가로 필요하지 않다. 자동차 기관은 계속 작동하기 위해 폭발을 통해 태워지는 휘발유 연료가 연속적으로 주입되어야 한다.

E1. 37%   **E2. a.** 328 J **b.** 41%   **E3. a.** 1800 J **b.** 38.9%

E4. 41.4%   **E5.** 650 J   **E6.** 300 W

E7. 아니다. 이 발전소의 카르노 효율은 3.7%이다.

SP1. a. 22.8 MJ **b.** 97.2 MJ

c. 사용된 일은 마찰과 공기저항을 극복하는 데 쓰인다.

d. 추운 날. 왜냐하면 기관이 흡입공기를 더 압축할 수 있기 때문이다.

SP2. a. 5.1% **b.** 12.7 J **c.** 237.3 J **d.** 18.7

SP3. a. 35.5% **b.** 28.4% **c.** 125,000 kW·h

d. 440,000 kW·h **e.** 259배럴

Chapter 12

Q2. 천 조각은 유리 막대로부터 이동한 전자들을 얻는다. 유리 막대는 문지르는 과정에서 음으로 대전된 전자를 잃어서 양으로 대전된다.

Q5. 아니다. 유리는 절연체이다. 따라서 검전기에서 몸으로 전하를 흐르게 하지 않는다. 검전기는 방전되지 않는다.

Q8. 스스로 그러하지 않다. 그것들은 건식 집진기와 함께 사용할 수 있다. 건식 집진기는 미세 입자에 붙어 있는 오염 물질을 떼어내고 정전기 침전기는 미세 입자를 제어하는 데 쓰인다. 정전기 침전기는 많은 산업 생산에서 발생하는 연기에서 작은 입자를 제거하는 데 효과적이다.

Q11. 두 전하 사이에 작용하는 힘은 4배가 된다. 전하 사이의 정전기력은 두 전하의 곱에 따라 변한다. 각각의 전하가 2배가 되면 4배로 증가한다.

Q14. 아니다. 전하에서 나오는 것으로 상상하는 전기력선은 거리가 증가함에 따라 뻗어 나간다. 이는 거리가 가까워질수록 전기장의 크기가 감소한다는 뜻이다.

Q17. B점. 양전하는 낮은 전위 지역으로 움직이고, 떨어지는 돌처럼 운동 에너지를 얻으면서 퍼텐셜 에너지가 감소하는 것을 기억하라. C점에 음전하가 있으므로 C 주위에 놓인 양전하는 C를 향해서 움직일 것이다(그리고 B점 근처에 놓이면 B점에 있는 양전하로부터 멀어질 것이다). 이는 C점이 낮은 전위를 가진다는 것을 의미한다.

Q20. 건조한 날에 머리카락을 빗으면 머리카락과 빗 사이의 마찰이 전자를 빗에서 머리카락으로 이동시킨다. 빗겨진 머리카락은 모두 같은 종류의 전하를 갖게 되고, 머리카락끼리 서로 밀친다. 빗을 물에 적시면 물이 잉여 전하를 머리카락으로부터 빗으로 전도시키고, 이 전하는 손까지 전도된다.

E1. $7.0 \times 10^{+14}$ electrons   **E2.** 각각 +11 μC

E3. 8 N   **E4. a.** 4.3 N   **E5.** 180 N, 아래 방향

E6. 3.53×10^6 N/C, 서쪽   **E7.** 5.4 J   **E8.** 50,000 V

SP1. a. 1.21×10^7 N **b.** 2.16×10^7 N

c. 왼쪽으로 9.5×10^7 N **d.** 왼쪽으로 1.58×10^8 N/C

e. 오른쪽으로 2.69×10^7 N

SP3. a. -0.30 J **b.** 위쪽 **c.** 위쪽 **d.** 3.85×10^4 N/C

Chapter 13

Q2. 아니다. 단일 닫힌 회로에 흐르는 전류는 회로의 모든 지점에서 같은 전류가 흐른다. 전하가 어디서 새거나 쌓이지 않는다면 전류는 회로에서 보존된다.

Q5. (b)의 전구에 불이 들어온다. 이유는 건전지로부터 전구까지 전류가 흐를 수 있는 닫힌 회로가 구성되어 있기 때문이다. 다른 도체와 병렬로 연결되어 있으므로 스위치의 닫힘 여부에 상관없다. (a)의 경우, 모든 것이 양극에 연결되어 있으므로 닫힌 회로에 전위차가 없다.

Q8. a. 직렬로 연결된 회로이므로 각각 같은 전류가 흐른다. **b.** R_2에서 전위차가 더 크다. 옴의 법칙($V = I \times R$)에 따라 동일한 전류에 대해 저항이 클수록 전위차가 더 크다.

Q11. 의견 중 유일하게 사실인 것은 c이다.

a. 전류계의 위치는 옳지 않다. 유체 회로에서 유량계가 놓이는 것처럼 전류계는 회로에 직렬로 배치해야 한다. 그 위치에서는 저항을 통하는 전류를 정확하게 측정하지 못한다.

b. 많은 전류가 전류계를 통해 흐를 것이고, 실제로 잘못된 위치에 놓인 전류계를 손상시킬 수 있다.

c. 그렇다. 전류계는 건전지로부터 많은 전류를 끌어온다. 왜냐하면 전류계의 낮은 저항 때문이다. 건전지에서 나온 전류 대부분은 아마도 저항(상대적인 저항의 값에 따라 달라지겠지만)을 통과하지 않고, 전류계를 통과할 것이다.

Q14. 말할 수 없다. 화학 반응을 하는 건전지는 화학 반응을 통해 나오는 부작용으로 전위차가 생성된다. 반응이 완료되면 더 이상 전위차가 생성되지 않는다.

Q17. 두 종류의 금속은 가열될 때 열팽창률이 다르다. 더 길게 늘어난 금속과 덜 늘어난 금속으로 인해 결합한 두 금속은 한쪽으로 구부러진다.

E1. 4 A   **E2.** 0.170 A   **E3.** 220 Ω

E4. a. 0.16 A **b.** 28옴 저항에서 4.48 V, 47옴 저항에서 7.52 V

E5. a. 60 Ω **b.** 0.20 A **c.** 0.20 A **d.** 그렇다. 저항들이 직렬로 연결되어 있으므로 전류는 동일하다. **e.** 4 V

E6. 3.83 Ω   **E7.** 13.5 W

E8. a. 0.682 A = 682 mA **b.** 161 Ω   **E9.** 30 A

SP1. a. 10 Ω **b.** 273 mA **c.** 3.27 V **d.** 2.73 V **e.** 182 mA **f.** 0.891 W **g.** 12 Ω 저항을 통과하는 전류가 더 크고, 15 Ω 저항을 통과하는 전류는 작다.

SP2. a. 57.1 mA **b.** 1.143 V **c.** 0.686 W **d.** 충전

SP3. a. 7.39 A(토스터), 10.44 A(다리미), 8.70 A(커피메이커) **b.** 그렇다. 전류의 합이 퓨즈의 정격을 초과하므로 퓨즈는 나갈 것이다. **c.** 11 Ω

Chapter 14

Q2. 두 힘은 인력과 척력에 대해 유사한 규칙을 따른다(같은 극 또는 같은 전하가 서로 반발하고 다른 극 또는 다른 전하가 서로 끌어들임). 또한 두 힘은 거리가 증가함에 따라 거리의 역제곱에 비례하여 감소한다.

Q5. 동서 방향의 도선에서 생성된 자기장의 방향이 이미 북쪽을 향하고 있으므로 나침반의 바늘은 많이 편향되지 않는다.

Q8. 자기장의 방향과 수직인 전하의 속도 성분이 없으므로 자기장은 전하에 자기력을 가하지 않는다.

Q11. 그렇다. 고리의 평면이 자기장과 수직이 되어 알짜 토크가 0이 될 때까지 힘이 합해져서 고리를 회전시킨다.

Q14. 아니다. 자기선속은 자기장과 자기장 방향에 수직인 면적의 곱이다. 만일 단위면적을 통과하는 자기장의 세기를 선으로 그린다면 그 면적을 통과하는 자기선속은 간단하게 자기장을 나타내는 선의 개수다.

Q17. 그렇다. 자기장이 일정할지라도 회전하는 코일을 통한 자기선속은 연속적으로 변화하기 때문이다. 자기선속은 자기장이 통과하는 면적과 그 면적에 수직인 자기장 성분의 곱이다. 자기력을 선으로 시각화하는 것이 더 쉽다. 자기장의 선들은 일정하지만, 발전기 코일이 회전하면서 코일을 통과하는 자기장의 선들은 0부터 최대로, 그리고 다시 0으로 변한다.

E1. 2 N   **E2.** 원래 값의 절반이다.   **E3.** 48 C

E4. 0.42 N   **E5.** 1.8 T·m^2 **E6.** 18 V

E7. a. 승압. 왜냐하면 2차 코일의 권수가 더 많기 때문이다 (예제 14.3 참고). **b.** 600 V   **E8.** 43회

SP1. a. 4.8×10^{-4} N/m **b.** 척력 **c.** 1.44×10^{-4} N **d.** 4×10^{-5} T **e.** 페이지 면 안쪽으로

SP2. a. 0.0032 m^2 **b.** 0.1120 T·m^2 **c.** 0 **d.** 0.25 s **e.** 0.448 V

Chapter 15

Q2. 자석은 고정되어 있지만 부표와 코일은 파도의 움직임에 따라 움직여 패러데이의 법칙에 따라 전압을 생성한다.

Q5. 그렇다. 슬링키를 이용해 횡파 운동을 보여주기 위해 무거운 줄과 같이 이용하면 된다. 용수철에 약간의 장력이 있는 상태에서 용수철에 직각으로 한쪽 끝을 앞뒤로 흔드는 것은 횡파 운동을 매우 효과적으로 보여줄 수 있다.

Q8. 줄의 장력을 높이면 일정한 주파수에 대해 횡파의 파장이 증가한다. 파장은 일정한 주파수에서 파동 속도에 비례하고, 파동 속도는 장력의 제곱근에 비례한다.

Q11. 아니다. 정상파의 인접한 배 사이의 거리는 간섭파 파장의 1/2과 같다.

Q14. 오르간 파이프의 공기 온도를 높이면 정상파의 주파수

가 증가한다. 파이프가 동일한 길이를 유지한다고 가정하면 정상파의 파장은 일정하게 유지된다. 따라서 온도를 증가시켜 파동의 속도를 높이면 주파수가 증가한다.

Q17. 현에서 더 가깝게 친 부분은 2차 고조파의 배 위치에 해당한다.

E1. 0.38 Hz **E2.** 0.25 m **E3. a.** 5.0 Hz **b.** 2.3 m
E4. a. 1.5 m **b.** 86.7 Hz **E5.** 77.3 m
E6. a. 2.4 m **b.** 141.7 Hz **E7.** 261 Hz **E8.** 69 Hz
E9. Δf = 90 Hz. 360 Hz는 맥놀이 주파수의 4차 고조파이다. 450 Hz는 맥놀이 주파수의 5차 고조파이다.

SP1. a. 0.267 kg/m **b.** 13.5 m/s **c.** 3.0 m **d.** 4주기
e. 0.89 s(4주기) **SP2. b.** 120 cm **c.** 283.3 Hz
d. 15 Hz 증가 **e.** 60 cm, 566.6 Hz
SP3. a. 396 Hz **b.** 352 Hz **c.** 330 Hz **d.** 495 Hz
e. 297 Hz **f.** 440 Hz

Chapter 16

Q2. 그렇다. 전기장과 자기장이 빈 공간에 존재하므로 변화하는 전기장과 자기장으로 구성된 전자기파가 진공을 통해 전파될 수 있다. 기계적 파동과 달리 매질이 필요하지 않다.

Q5. 표면은 반사된 파란색 및 빨간색 빛의 양에 따라 자주색 또는 자홍색으로 보인다.

Q8. 파동은 180° 위상차를 가질 것이다.

Q11. 무반사 코팅은 가시 스펙트럼의 중간 파장에 가장 효과적이다. 스펙트럼의 빨간색 또는 파란색 끝에서 상쇄 간섭 조건이 충족되지 않아 이 빛의 일부가 반사되어 렌즈에 보라색 색조를 띠게 한다.

Q14. 그렇다. 기타줄 위의 파동은 횡파이고 편광되어 있다.

E1. 2.5 GHz(2.5 × 10⁹ Hz) **E2.** 6.38 × 10¹⁴ Hz
E3. 3.5 mm **E4.** 6.8 cm **E5. a.** 1/2 파장 **b.** 상쇄 간섭
E6. 0.109 mm **E7. a.** 9.34 cm **b.** 18.68 cm

SP1. a. 7.9 × 10¹⁴ Hz, 4.0 × 10¹⁴ Hz **b.** 2 × 10⁸ m/s
c. 253 nm, 500 nm
SP2. a. 150 nm **b.** 300 nm **c.** 선들이 매우 가까이 위치하고 있어 개별적인 선으로 구분하기 어렵다.

Chapter 17

Q2. 빛은 거울에서 반사되어 광선이 거울 뒤의 한 지점에서 발산하는 것처럼 보인다. 우리가 보는 허상은 이 지점에 있다.

Q5. 유리(두 번째 매질)의 굴절률이 물의 굴절률보다 크기 때문에 빛은 법선 쪽으로 휘어진다. 빛의 파장은 물보다 유리에서 더 천천히 진행한다.

Q8. 굴절은 무지개 색상을 만들어낸다. 빗방울에서 반사와 굴절이 모두 발생하지만 분산(파장에 따른 굴절률의 변화)은 반사가 아닌 굴절에만 중요하다.

Q11. 아니다. 발산 렌즈의 먼 쪽 초점을 향해 수렴하는 광선은 렌즈에서 평행하게 나온다. 그들은 발산하지도 수렴하지도 않는다.

Q14. 상은 볼록한 측면 거울 뒤 짧은 거리에 있다. 그러나 평면거울에 의해 형성되는 상과 달리 이러한 상들은 물체의 실제 크기에 비해 크기가 크게 줄어든다. 알려진 크기의 물체에 대해 우리의 뇌는 부분적으로 상의 작은 크기를 기반으로 거리를 판단하기 때문에 상이 더 멀리 있는 것처럼 보인다.

Q17. 아니다. 망원경의 물체는 멀리 떨어져 있기 때문에 대물렌즈로 생성되는 실상은 축소된다. 접안렌즈는 축소된 상을 확대한다. 망원경의 요점은 실제 상은 작지만 눈에 훨씬 가깝기 때문에 장비를 사용하는 망막에 상의 크기 측면에서 이득이 있다는 것이다.

E1. 1.7 m 높이, 5 m 떨어진 곳 **E2.** 22.6 cm
E3. a. 9 cm **b.** 실상, 도립 **c.** 그림 17.16 참고
E4. 4.43 cm **E5. a.** −6 cm **b.** 3X
E6. a. +30 cm **b.** 실상, 도립 **c.** 그림 17.22 참고
E7. a. −51.7 cm **b.** 28 cm **E8. a.** 1.85 m **b.** −0.23
E9. 45 cm

SP1. a. 6.02 cm **b.** 6.32 cm **c.** 3.76 cm
SP2. a. 24 cm **b.** −2.0 **c.** 그림 17.16 참고
d. 18 cm, −2 **e.** 4X
SP3. a. 3.6 cm **b.** −3X **c.** −7.2 cm
d. 4X **e.** −12X

Chapter 18

Q2. 탄소 화합물을 함유한 물질이 연소되면, 공기 중의 산소가 화합물과 반응해 고체인 재와 기체인 수증기뿐만 아니라 이산화탄소(기체)도 생성한다. 생성된 기체는 포획하고 무게를 재기가 어려울 수 있다.

Q5. 아니다. 수소와 산소가 결합하여 물 H_2O과 과산화수소 H_2O_2를 만들 수 있다. 특정 반응의 경우, 동일한 상대적인 수의 수소와 산소가 결합한다.

Q8. 그렇다. X선은 텔레비전 관에 있는 전자의 경우와 같이 대전된 입자가 표적에 부딪힐 때 생성된다.

Q11. 금 원자의 핵은 원자 전체의 크기에 비해 매우 작기 때문에, 입사하는 알파 입자의 빔 중에서 극히 일부분의 입자만 쿨롱 힘에 의해 경로가 눈에 띄게 바뀔 정도로 핵 근처를 통과한다. 러더퍼드는 원자가 거의 빈 공간으로 이루어져 있음을 발견했다.

Q14. 아니다. 관측된 흑체 복사를 설명하기 위해 플랑크는 에너지가 주파수에 따라 불연속적인 양으로 흑체 벽에서 방출되거나 흡수되어야 한다고 가정해야 했다.

Q17. 불확정성 원리에 따르면 물체의 운동과 위치를 동시에 정확하게 정의할 수 없다. 정확하게 정의된 궤도의 단순한 보어 그림은 엄밀히 말하면 사실일 수 없다.

E1. $32 : 114 = 0.28/1$ **E2.** 28   **E3.** 1835
E4. 5×10^{16} Hz   **E5.** 1005 nm. 볼 수 없다. 적외선 영역에 있다.   **E6. a.** 4.62×10^{14} Hz   **b.** 650 nm   **c.** 빨간색
E7. a. 6.9×10^{14} Hz   **b.** 435 nm

SP1. a. 위쪽 방향   **b.** 12,500 N/C   **c.** 2.0×10^{-15} N
d. 2.2×10^{15} m/s^2, 위쪽 방향   **e.** 위쪽 방향으로 구부러지는 궤적   **SP2. a.** 13.6 eV   **b.** 3.4 eV   **c.** 91.3 nm

Chapter 19

Q2. 가능하다. 같은 원소의 다른 동위원소는 핵에 있는 중성자 수가 다르기 때문에 다른 질량을 가지고 있다. 원소를 정의하는 화학적 특성은 중성자 수가 아닌 원자번호에 의해 결정된다.

Q5. 딸 원소의 원자번호는 음전하를 띤 전자가 방출되는 정상 베타 붕괴에 대한 원래 동위원소의 원자번호보다 크다. 원자핵의 중성자 중 하나가 양성자로 바뀌어 원자번호가 1 증가한다. 양전자가 방출되면 원자번호는 1 감소한다.

Q8. 아니다. 방사성 물질의 붕괴율은 존재하는 방사성 핵의 수와 관련된 특정 원소에 따라 달라진다.

Q11. 아니다. U^{235}는 핵분열이 일어날 가능성이 가장 높은 동위원소이다. 일부 U^{238}은 중성자를 포획할 때 핵분열을 겪을 수 있지만, 경쟁적인 과정은 중성자를 포획한 후 방사선을 방출한다.

Q14. 아니다. 원자로가 미임계 상태일 때, 핵분열 반응은 새로운 핵분열 반응을 일으킬 수도 있고 아닐 수도 있다. 따라서 주어진 순간에 더 적은 수의 반응이 있을 수 있으므로 전반적으로 반응속도를 효과적으로 늦출 수 있다.

Q17. 핸포드의 원자로는 2차 세계대전에서 핵폭탄에 사용될 플루토늄을 생산하는 데 사용되었다.

E1. 22   **E2.** 티타늄, $_{22}Ti^{49}$ **E3.** $_{84}Po^{218}$ **E4.** $_7N^{15}$
E5. 7일   **E6.** $_{36}Kr^{90}$

SP1. a. 6,6; 7,7; 8,8   **b.** 1.0/1   **c.** 61, 47; 64, 48; 66, 49
d. 1.30, 1.33, 1.35; ave = 1.33/1
e. 142, 90; 140, 91; 146, 92; 1.58, 1.54, 1.59; ave = 1.57/1
SP2. a. 0.003 51 u   **b.** 5.25×10^{-13} J   **c.** 그렇다.

Chapter 20

Q2. 지표면에 대한 비행기의 상대 속도는 대기에 대한 비행기의 상대 속도보다 크다. 대기가 비행기와 같은 방향으로 움직이기 때문에 (지표면에 대한 비행기의 속도는) 대기의 속도를 대기에 대한 비행기의 속도에 직접 더해 얻는다.

Q5. 그렇다. 빛은 진공에서 진행할 수 있다. 따라서 에테르는 진공 중에 존재한다고 가정되었다.

Q8. 관측자 A가 측정한 시간이 더 길다. 관측자 B는 체스의 움직임에 대해 고유 시간을 잰다. 그 이유는 그 사건이 B의 기준틀에서는 한 점에서 일어나기 때문이다. 관측자 A는 지연된(혹은 더 긴) 시간을 잰다.

Q11. 운동량에 대한 상대론적 표현은 어떤 속력에서도 유효하다. 그러나 보정 항인 γ는 작은 속력에서는 1에 가까운 값이다. 따라서 보통의 속력에서는 고전적인 표현이나 상대론적 표현 모두 결국 같다.

Q14. 판단할 수 없다. 아인슈타인의 등가 원리에 의하면, 여러분의 기준틀의 가속도와 중력의 효과를 구분하는 것은 불가능하다.

E1. 7 m/s, 상류 방향   **E2.** 1.3 m/s   **E3.** $c = 3 \times 10^8$ m/s
E4. 5.0 min   **E5.** 66.79 m   **E6.** 1.39×10^{12} kg·m/s

SP1. b. 7.62 m/s   **c.** 4 s   **d.** 12 m   **e.** 30.5 m
SP2. b. 92.5년   **c.** 9.25년   **d.** 9.25광년   **e.** 83.21년

Chapter 21

Q2. 아니다. 쿼크는 메손과 바리온으로 이루어져 있다. 이 중 후자는 양성자와 중성자를 포함한다. 전자는 렙톤이고, 우리가 아는 한, 렙톤은 하위 입자나 더 기본적인 구성물을 가지고 있지 않다.

Q5. 그렇다. 우리 태양은 우리 은하의 일부이고, 우리 은하는 엄청나게 많은 별들을 지니고 있다. 우리 은하의 일부는 맑은 밤하늘에 하늘을 가로지르는 구름처럼 보인다.

Q8. 빅뱅은 우주의 현재 팽창이 시작된 과정이다. 우리가 알고 있듯이, 별과 물질들은 처음에는 존재하지 않았다. 물질과 에너지가 분리된 형태가 아니었다. (그러나 광자의 충돌은 원자 하부의 입자들, 달리 말하면 물질을 생성할 수 있다.)

Q11. 트랜지스터는 3개의 단자를 가진 소자이다. 이 단자는 베이스, 이미터, 콜렉터이다. 또한 베이스와 이미터 사이의 작은 전류가 콜렉터와 이미터 사이의 전류의 큰 변화를 조절할 수 있기 때문에 전기신호의 증폭기로 사용될 수 있다.

Q14. 그것들은 다른 각도에서 보여진다. 따라서 2가지 모습에서 입방체의 앞면은 입방체의 뒤쪽 구석과 상대적으로 다른 곳에 놓여진다.

E1. 366.7초 = 6.1분

SP1. a. 3.15×10^7 s   **b.** 9.45×10^{15} m   **c.** 4.02×10^{16} m
d. 42.5년

원소의 변환인자와 주기율표
Conversion Factors and Periodic Table of the Elements

변환인자

길이

1 in = 2.54 cm

1 cm = 0.394 in

1 ft = 30.5 cm

1 m = 39.4 in = 3.281 ft

1 km = 0.621 mi

1 mi = 5280 ft = 1.609 km

1 light-year = 9.461×10^{15} m

질량과 무게

1 lb = 0.4536 kg (여기서 g = 9.80 m/sec^2)

1 kg = 2.205 lb (여기서 g = 9.80 m/sec^2)

1 atomic mass unit(u) = 1.66061×10^{-27} kg

부피

1 liter = 1.057 quarts = 0.264172 gallon

1 in^3 = 16.4 cm^3

1 gallon = 3.785412 liters

1 ft^3 = 2.832×10^{-2} m^3

에너지와 일률

1 cal = 4.186 J

1 J = 0.239 cal

1 kWhr = 3.60×10^6 J = 860 kcal

1 hp = 746 W

1 J = 6.24×10^{18} eV

1 eV = 1.6022×10^{-19} J

온도

절대 영도(0K) = $-273.15°C$

속력

1 km/hr = 0.278 m/sec = 0.621 MPH

1 m/sec = 3.60 km/hr = 2.237 MPH = 3.281 ft/sec

1 MPH = 1.609 km/hr = 0.447 m/sec = 1.47 ft/sec

1 ft/sec = 0.305 m/sec = 0.682 MPH

힘

1 N = 0.2248 lb

1 lb = 4.448 N

압력

1 atm = 1.013 bar = 1.013×10^5 N/m^2 = 14.7 lb/in^2

1 lb/in^2 = 6.90×10^3 N/m^2

1 Pa = 1 N/m^2

각도

1 rad = 57.30°

1° = 0.01745 rad

1 rev = 360° = 2π rad

미터법 접두사

Prefix	Symbol	Meaning
Giga-	G	1 000 000 000 times the unit
Mega-	M	1 000 000 times the unit
Kilo-	k	1 000 times the unit
Hecto-	h	100 times the unit
Deka-	da	10 times the unit
Base Unit		
Deci-	d	0.1 of the unit
Centi-	c	0.01 of the unit
Milli-	m	0.001 of the unit
Micro-	μ	0.000 001 of the unit
Nano-	n	0.000 000 001 of the unit

수학적 상수와 공식

Pi	3.1416
Area of circle	πr^2
Circumference of circle	$2\pi r$
Area of sphere	$4\pi r^2$
Volume of sphere	$4/3\ \pi r^3$

물리적 상수와 데이터

Quantity	Approximate Value
Acceleration of gravity (near the Earth's surface)	$g = 9.80 \text{ m/sec}^2$
Gravitational law constant	$G = 6.67 \times 10^{-11} \text{ N} \cdot \text{m}^2/\text{kg}^2$
Earth radius (mean)	6.38×10^6 m
Earth mass	5.98×10^{24} kg
Earth-sun distance (mean)	1.50×10^{11} m
Earth-moon distance (mean)	3.84×10^8 m
Fundamental charge	$e = 1.60 \times 10^{-19}$ C
Coulomb law constant	$k = 9.00 \times 10^9 \text{ N} \cdot \text{m}^2/\text{C}^2$
Electron rest mass	9.11×10^{-31} kg
Proton rest mass	1.6726×10^{-27} kg
Neutron rest mass	1.6750×10^{-27} kg
Bohr radius	5.29×10^{-11} m
Avogadro's number	6.02×10^{23}/mole
Boltzmann's constant	1.38×10^{-23} J/K
Planck's constant	$6.626 \times 10^{-34} \text{ J} \cdot \text{s}$
Speed of light (vacuum)	3.00×10^8 m/s

원소 주기율표

Legend:
- Atomic number
- Atomic mass

```
24
Cr
52.00
```

1 1A	2 2A	3 3B	4 4B	5 5B	6 6B	7 7B	8	9 8B	10	11 1B	12 2B	13 3A	14 4A	15 5A	16 6A	17 7A	18 8A
1 H 1.008																	2 He 4.003
3 Li 6.941	4 Be 9.012											5 B 10.81	6 C 12.01	7 N 14.01	8 O 16.00	9 F 19.00	10 Ne 20.18
11 Na 22.99	12 Mg 24.31											13 Al 26.98	14 Si 28.09	15 P 30.97	16 S 32.07	17 Cl 35.45	18 Ar 39.95
19 K 39.10	20 Ca 40.08	21 Sc 44.96	22 Ti 47.88	23 V 50.94	24 Cr 52.00	25 Mn 54.94	26 Fe 55.85	27 Co 58.93	28 Ni 58.69	29 Cu 63.55	30 Zn 65.39	31 Ga 69.72	32 Ge 72.59	33 As 74.92	34 Se 78.96	35 Br 79.90	36 Kr 83.80
37 Rb 85.47	38 Sr 87.62	39 Y 88.91	40 Zr 91.22	41 Nb 92.91	42 Mo 95.94	43 Tc (98)	44 Ru 101.1	45 Rh 102.9	46 Pd 106.4	47 Ag 107.9	48 Cd 112.4	49 In 114.8	50 Sn 118.7	51 Sb 121.8	52 Te 127.6	53 I 126.9	54 Xe 131.3
55 Cs 132.9	56 Ba 137.3	57 La 138.9	72 Hf 178.5	73 Ta 180.9	74 W 183.9	75 Re 186.2	76 Os 190.2	77 Ir 192.2	78 Pt 195.1	79 Au 197.0	80 Hg 200.6	81 Tl 204.4	82 Pb 207.2	83 Bi 209.0	84 Po (210)	85 At (210)	86 Rn (222)
87 Fr (223)	88 Ra (226)	89 Ac (227)	104 Rf (257)	105 Db (260)	106 Sg (263)	107 Bh (262)	108 Hs (265)	109 Mt (266)	110 Ds (269)	111 Rg (272)	112 Cn (277)	113 Nh (284)	114 Fl (289)	115 Mc (289)	116 Lv (293)	117 Ts (294)	118 Og (294)

57 La 138.9	58 Ce 140.1	59 Pr 140.9	60 Nd 144.2	61 Pm (147)	62 Sm 150.4	63 Eu 152.0	64 Gd 157.3	65 Tb 158.9	66 Dy 162.5	67 Ho 164.9	68 Er 167.3	69 Tm 168.9	70 Yb 173.0	71 Lu 175.0
89 Ac 232.0	90 Th 232.0	91 Pa (231)	92 U 238.0	93 Np (237)	94 Pu (242)	95 Am (243)	96 Cm (247)	97 Bk (247)	98 Cf (249)	99 Es (254)	100 Fm (253)	101 Md (256)	102 No (254)	103 Lr (257)

- Metals
- Metalloids*
- Nonmetals

*Metalloids (which include semiconductors) have properties intermediate between metals and nonmetals.

A

Absolute temperature(절대온도) 절대 영도를 0K로 설정하는 켈빈 눈금으로 주어진 온도. 실온인 72°F 또는 22°C는 약 295K이다.

Absolute zero(절대 영도) 가능한 최저 온도, 0K(켈빈) 또는 −273°C; 기체에 압력이나 분자 운동이 없는 지점.

Acceleration(가속도) 속도의 변화율.

Acceleration due to gravity(중력에 의한 가속도) 지구 표면 근처의 중력장에서 물체의 균일한 가속도, $g = 9.8$ m/s²(중력 가속도라고도 함).

Action/reaction principle(작용/반작용 법칙) 모든 작용(한 물체에 작용하는 힘)에는 뉴턴의 운동 제3법칙에 설명된 바와 같이 동등하지만 반대되는 반작용(다른 물체에 작용하는 힘)이 있다.

Additive color mixing(가산 혼합) 파랑, 초록, 빨강 3원색의 빛을 조합하여 다양한 색을 만드는 것.

Adiabatic(단열) 열의 증가 또는 손실 없이 열역학적 변화 또는 과정을 설명하는 형용사.

Air resistance(공기 저항) 물체의 움직임에 대한 공기 또는 대기의 마찰효과, 특히 나뭇잎이나 깃털과 같이 질량에 비해 표면적이 큰 물체에서 두드러진다.

Alternating current(교류) 계속해서 방향을 바꾸는 전류. 북미에서 사용 중인 전류는 60 Hz(초당 60회 왕복)로 설정되고 유효 전압은 115 V이다.

Amplitude(진폭) 평형점에서의 최대 움직임(진자의 움직임에서 언급됨).

Angular momentum(각운동량) 회전 관성 I에 회전속도 ω를 곱하여 얻게 되는 선형 운동량의 회전 등가 또는 $L = I\omega$; 회전 운동량이라고도 한다. 각운동량은 행성의 궤도, 회전하는 아이스 스케이팅 선수, 아원자 입자의 회전을 설명하는 데 도움이 된다.

Antinode(배) 진폭이 가장 큰 정상파의 지점.

Antiparticle(반입자) 해당 입자의 특성과 반대되는 일부 특성을 가진 전하와 같은 소립자. 예를 들어, 전자의 반입자는 양전자이다. 이 두 입자가 상호 작용하면 서로 소멸된다.

Archimedes' principle(아르키메데스의 원리) 유체에 완전히 또는 부분적으로 잠긴 물체에 작용하는 부력은 물체가 밀어낸 유체의 무게와 같다.

Atmospheric pressure(기압) 지구를 둘러싸고 있는 공기층의 압력. 해수면에서 대기압은 제곱인치당 14.7파운드이지만 고도에 따라 감소한다.

Atom(원자) 분리되지 않은 'undivided'를 뜻하는 그리스어에서 유래한 원소의 가장 작은 입자로, 현재 하나 이상의 전자로 둘러싸인 핵으로 구성되어 있는 것으로 알려져 있다.

Atomic mass(원자 질량) 원소의 원자 평균 질량, 원소의 구별되는 특성.

Atomic number(원자번호) 주기율표에서 위치를 결정하는 원소의 핵에 있는 양성자의 수. 산소의 원자번호는 8, 크립톤은 36, 금은 79이다.

Atomic physics(원자물리학) 원자의 구조와 행동을 연구하는 물리학의 하위 분야.

Atomic spectrum(원자 스펙트럼) 물질이 가열될 때 방출되는 빛의 파장. 가시광선 스펙트럼에서 각 원소는 독특한 색 분포를 발생한다.

Average acceleration(평균 가속도) 속도 변화를 해당 변화가 발생하는 데 필요한 시간으로 나눈 값, $a = \Delta v / t$.

Average speed(평균 속력) 이동한 거리를 이동한 시간으로 나눈 값(기호로 $s = d/t$), 이동한 거리의 비율.

B

Baryon(바리온) 가장 무거운 아원자 입자(예를 들면, 중성자와 양성자).

Beat(맥놀이) 주파수가 다른 두 파동의 간섭으로 인한 진폭의 규칙적인 변화.

Bernoulli's principle(베르누이의 원리) 유체 속도가 높을수록 압력은 낮다. 압력과 흐르는 유체의 단위부피당 운동 에너지의 합은 일정하다.

Big Bang(빅뱅) 100억 년에서 200억 년 전 극도로 조밀한 부피의 팽창으로부터 시작되어 지속되고 있는 우주의 이론적인 시작.

Birefringence(복굴절) 서로 다른 편광의 빛이 물질 안에서 서로 다른 방향으로 서로 다른 속도로 이동하는 과정(이중 굴절이라고도 함).

Black hole(블랙홀) 빛을 완벽하게 흡수하여 빛이 들어오지만 나가지는 못하는 극도로 강력한 중력장을 가지는 매우 무겁고 소멸된 별.

Blackbody(흑체) 그 위에 떨어지는 모든 복사를 흡수하여 완전히 검은색으로 보이는 모든 물체. 또한 가열되면 재료의 구성이 아니라 온도에 따른 스펙트럼(실온에서는 어두운)을 방출하는 구멍이나 공동이 있는 기구.

Boyle's law(보일의 법칙) 일정한 온도에서 기체의 부피는 압력에 반비례한다. 기체의 압력을 2배로 하면 부피가 반으로 줄어든다. 기호로 $PV = $ 상수, 여기서 P는 기체의 압력이고 V는 기체의 부피이다.

Buoyant force(부력) 물체를 물이나 다른 유체의 표면 쪽으로 들어올리는 위로 향하는 힘.

C

Capacitor(축전기) 전하를 저장하는 장치.

Carnot efficiency(카르노 효율) 이상적인 열기관의 효율 또는 2개의 지정된 온도 사이에서 작동하는 열기관의 가능한 최대 효율.

Carnot engine(카르노 기관) 카르노 주기를 사용하는 이상적인 가역 열기관. 이 주기에 비가역적인 단계가 있는 열기관은 효율성이 떨어질 것이다. 카르노 기관은 물리적으로 불가능하다.

Cathode rays(음극선) 진공관의 음극에서 방출되는 방사선으로, 이후에 전자로 밝혀졌다.

Center of gravity(무게 중심) 물체의 무게가 알짜 토크를 가하지 않고 물체가 균형을 이루는 지점.

Centripetal acceleration(구심 가속도) 원형 또는 곡선 경로에서 물체의 속도 변화율. 균일한 원운동의 경우 구심 가속도는 항상 속도 벡터에 수직이고 곡선의 중심을 향한다.

Centripetal force(구심력) 구심 가속도를 발생하는 힘 또는 힘의 조합.

Chain reaction(연쇄 반응) 몇 가지 더 많은 반응을 시작함으로써 자급자족하는 핵분열 반응.

Change of phase(위상 변화) 물질이 고체, 액체 또는 기체의 한 물리적 상태에서 다른 상태로 이동하는 과정. 상변화라고도 한다.

Circuit(회로) 전류의 폐쇄 또는 완전한 경로.

Classical physics(고전역학) 20세기 초에 이미 잘 발달된 물리학의 4가지 분과인 역학, 열역학, 전기 및 자기, 광학.

Combustion(연소) 산소와 연료의 신속한 결합; 타고 있는.

Concave mirror(오목 거울) 곡면 내부에서 빛이 반사되는 거울.

Condensed-matter physics(응집물리학) 고체 및 액체 상태에서 물질의 특성을 연구하는 물리학의 하위 분야.

Conduction(전도) 서로 다른 온도의 물체가 접촉할 때 물질을 통해 흐르는 열의 능력.

Conductivity(전도도) 전류를 전달하는 물질의 능력.

Conductor(도체) 전하가 쉽게 흐르도록 하는 물질.

Conservation laws(보존 법칙) 특정 조건에서 시스템의 특정 양이 발생할 수 있는 동작에 관계없이 어떻게 변경되지 않는지를 보여주는 물리학의 원리. 예를 들어 각운동량 보존에서 시스템의 총 토크가 0인 한 계의 총 각운동량은 일정하게 유지된다. 에너지 보존은 계의 기계적 에너지 양이 물리적 변화 또는 과정 동안에 일정하게 유지됨을 의미한다(계에 일이 수행되지 않은 경우). 운동량 보존은 계에 알짜 외력이 작용하지 않으면 시스템의 운동량이 일정하게 유지됨(계의 다른 부분의 변화가 상쇄됨)을 보여준다.

Conservation of angular momentum(각운동량 보존) 계에 작용하는 알짜 토크가 0이면 시스템의 총 각운동량은 보존된다.

Conservation of energy(에너지 보존) 계의 기계적 에너지 양이 물리적 변화 또는 과정을 통해 일정하게 유지되면(계에 일이 수행되지 않을 때) 에너지가 보존된다.

Conservation of momentum(운동량 보존) 계에 알짜 외력이 작용하지 않을 때 계의 운동량이 일정하게 유지되면(계의 다른 부분의 변화가 상쇄됨) 운동량이 보존된다.

Conservative forces(보존력) 일이 행해졌을 때 에너지를 완벽하게 복원할 수 있는 중력이나 탄성력과 같은 힘.

Control rods(제어봉) 원하는 반응속도를 유지하기 위해 원자로의 노심에서 삽입하거나 제거할 수 있는 막대. 막대는 중성자 흡수 물질로 만들어지며 붕소가 가장 일반적이다.

Convection(대류) 열에너지를 포함하는 유체(기체 또는 액체)의 운동 또는 순환에 의한 열전달.

Convex mirror(볼록 거울) 곡면 외부에서 빛이 반사되는 거울.

Coolant(냉각재) 원자로 또는 기타 열기관에서 열을 제거하는 데 사용되는 유체(보통 물).

Cosmology(우주론) 우주의 구조와 기원에 대한 연구.

Coulomb's law(쿨롱의 법칙) 정전기력은 각 전하의 크기에 비례하고 두 전하 사이의 거리의 제곱에 반비례한다.

Critical mass(임계 질량) 자체 유지 연쇄 반응을 일으킬 만큼 충분히 큰 연료 덩어리.

Critical temperature(임계 온도) 전기 저항에서 물질이 전기 초전도체가 되는 온도.

D

Dalton's law of definite proportions(돌턴의 일정 성분비의 법칙) 화학 반응에 필요한 특정 원소의 질량 비율은 변하지 않는다는 돌턴의 관찰은 원소 원자의 질량 관계를 명확히 하는 데 도움이 되었다.

Density(밀도) 부피 단위당 질량.

Diffraction(회절) 동일한 슬릿 또는 개구부의 다른 부분을 통해 들어오는 빛 및 기타 파동의 간섭.

Diffraction grating(회절격자) 스펙트럼 및 기타 광학 효과를 발생시키기 위해 빛을 회절시키는 데 사용되는 표면(유리 또는 금속)에 밀접하게 배치된 평행선으로 만들어진 도구.

Diode(다이오드) 전류가 한 방향으로만 흐르도록 하는 전자 장치.

Direct current(직류) 한 방향으로 흐르는 전류.

Dispersion(분산) 파장에 따른 투명 물질의 굴절률 변화. 프리즘에서는 빛을 파장에 따라 분리하여 색 분포를 발생한다.

Doping(도핑) 전기적 특성을 조절하기 위해 진성 반도체에 의도적으로 불순물을 도입하는 것.

Doppler effect(도플러 효과) 소스 또는 관찰자의 움직임으로 인해 감지된 파동의 주파수 변화.

E

Eclipse(일식) 행성이 다른 행성의 그림자로 들어가는 들어가는 것. 월식에서 달은 지구의 그림자 속으로 들어간다. 일식에서 지구는 달의 그림자 속으로 들어간다.

Efficiency(효율)　기관이 생산하는 일과 입력 열에너지의 비율. 일반적으로 백분율로 표시된다.

Elastic collision(탄성충돌)　에너지 손실이 없는 충돌. 물체가 서로 튕긴다.

Elastic force(탄성력)　현이나 용수철과 같이 변형되거나 늘어날 수 있는 물체에 의해 가하는 힘.

Elastic potential energy(탄성 퍼텐셜 에너지)　용수철과 같은 탄성 물체의 평형으로부터의 변위에 의존하는 계의 퍼텐셜 에너지.

Electric charge(전하)　정전기력을 발생시키는 물체의 전자기적 특성. 물체로 또는 물체로부터 전자의 전달은 물체를 전기적으로 양성 또는 음성으로 만든다.

Electric current(전류)　전하의 흐름 속도.

Electric dipole(전기 쌍극자)　작은 거리만큼 떨어진 부호가 반대인 같은 크기의 두 전하.

Electric field(전기장)　전하가 그 지점에 놓여졌을 때 전하에 가해지는 단위 양전하당 전기력. 전하의 분포를 둘러싸고 있는 공간의 속성이다.

Electric potential(전위)　양전하량당 퍼텐셜 에너지. 전압이라고도 한다.

Electricity and magnetism(전기학과 자기학)　전기력 및 자기력 그리고 전류를 연구하는 물리학의 하위 분야.

Electromagnet(전자석)　전류에 의해 자기장이 생성되는 철심을 가지는 철사로 된 전류 운반 코일.

Electromagnetic induction(전자기 유도)　자속 변화에 의한 전류 생성.

Electromagnetic spectrum(전자기 스펙트럼)　파장이 다른 전자기파의 배열. 스펙트럼의 더 긴 파장 끝에는 전파와 마이크로파가 있다. 가시광선은 더 긴 붉은 파장으로 시작하여 보라색으로 진행된다. 보라색(자외선) 너머에는 X선과 감마선이 있다.

Electromagnetic waves(전자기파)　변화하는 전기장과 자기장으로 구성된 파동.

Electromotive force(기전력)　건전지 또는 기타 전기 에너지원에 의해 생성된 단위전하당 퍼텐셜 에너지. 이름은 힘이 아니라 전위차(또는 전압)이기 때문에 오해의 소지가 있다.

Electron(전자)　극도로 작은 음전하를 띤 모든 원자에 존재하는 입자.

Electrostatic force(정전기력)　하나의 정지 전하가 다른 전하에 서로 운동과는 무관하게 가하는 힘. 정전기력은 원자들을 함께 유지하고 액체와 고체에서 한 원자를 다른 원자와 묶는다.

Electroweak force(전기적 약력)　하나의 기본력으로 통합된 전자기력과 약한 핵력.

Element(원소)　한 종류의 원자로 구성된 기본 화학 물질.

Ellipse(타원)　2개의 초점이 있는 달걀 모양의 곡선(행성의 궤도 모양). 원은 한 점에 두 초점이 모두 있는 타원의 특수한 경우이다.

Empirical law(경험적 법칙)　과학에서 비롯되고 확인된 경험과 실험, 그리고 관찰에 의해서 유래된 규칙과 일반화.

Enrichment(농축)　동위원소를 분리하여 핵연료의 반응성이 더 높은 동위원소의 비율을 증가시키기.

Entropy(엔트로피)　계의 무질서 또는 무작위성의 척도.

Epicycle(주전원)　행성의 운동을 설명하기 위해 오래된 프톨레마이오스 모델에서 사용되는 주요 궤도의 행성에 의해 만들어진 가상의 원.

Equally tempered(평균율)　음계의 모든 반음에 대해 동일한 비율을 기반으로 하는 일종의 조율 시스템.

Equation of state(상태 방정식)　특정 종류의 계에 대한 압력, 부피 및 온도 간의 열역학적 관계를 제공하는 방정식.

Exponential decay(지수형 붕괴)　시간이 지남에 따라 줄어드는 비율로 감소하며 지수 곡선으로 그려진다.

F

Faraday's law(패러데이의 법칙)　코일의 유도전압은 코일을 통과하는 자속의 변화율($\varepsilon = \Delta\phi/t$)과 같다.

Field lines(장선)　전기장과 자기장의 그래픽 표현.

First law of thermodynamics(열역학 제1법칙)　계의 내부 에너지 변화는 계로 전달된 열과 일의 알짜량과 같다(에너지 보존).

Focal length(초점 거리)　렌즈나 거울의 중심에서부터 초점까지의 거리.

Focal point(초점)　렌즈가 평행 광선을 초점 맺게 하거나 집중시키는 지점.

Force(힘)　뉴턴의 운동 법칙에 기술된 바와 같이 물체를 가속시키는 두 물체의 기계적 상호작용을 설명하는 양.

Frame of reference(기준틀)　우리가 운동을 측정하고 관찰하고 이를 참조하는 관점 또는 방향. 관성 기준틀은 다른 관성 기준틀에 대해 가속되지 않는다.

Free fall(자유 낙하)　중력에 의한 가속도에 의해서만 영향을 받는 낙하하는 물체의 운동.

Free-body diagram(자유물체도)　물체에 작용하는 상호작용과 힘의 방향을 제시하는 물리학에서 일반적으로 사용되는 그림.

Frequency(주파수)　단위시간당 펄스, 반복 또는 주기 수.

Frictional forces(마찰력)　물체의 움직임에 저항하는 힘.

Fulcrum(지레받침)　지렛대의 회전축 지점 또는 지지대.

G

Galaxy(은하계)　일반적으로 나선형 팔이 있는 타원이나 원반 모양인 회전하는 별들의 집합체. 우리 태양계는 우리 은하수의 오리온 팔에 있다.

General theory of relativity(일반 상대성이론)　가속 기준틀을 포괄하도록 특수 상대성이론을 아인슈타인이 일반화시킨 이론. 등가 원리에 기초한 이 이론의 기본 가정은 기준틀의 가속도가 중력의 존재와 구별될 수 없다는 것이다.

Generator(발전기)　전자기 유도에 의해 회전 코일의 기계적 에너지를 전기 에너지로 변환하는 장치.

Geometric optics(기하광학)　직선 광선과 반사 및 굴절 법칙을 사용하여 빛의 거동을 도식적으로 설명하는 광학 분야.

Global warming(지구 온난화)　우리 지구의 평균 표면 온도의 증가.

Grand unified theories(대통일 이론)　모든 소립자들과 그들 간의 힘을 설명하려는 이론. 이러한 이론의 한 결과는 전기적 약력과 강한 힘을 하나의 기본 힘으로 통합한 것이다.

Gravitational potential energy(중력 퍼텐셜 에

너지) 물체의 운동보다는 중력장에서 물체의 위치와 연관되어 저장되는 에너지.

Gravitational red shift(중력의 적색 편이) 광자가 강한 중력장을 통과할 때 스펙트럼의 빨간색 끝쪽으로 빛의 파장이 길어짐.

Greenhouse effect(온실 효과) 온실과 같이 계에 장파장(열)의 복사를 가두는 것. 이산화탄소와 같은 기체가 대기로 방출되면 비슷한 결과가 나타나 지구의 온도를 높이고 기후를 변화시킬 수 있다.

H

Hadron(하드론) 메손 또는 바리온.

Half-life(반감기) 방사능 동위원소의 원래 원자 수의 절반이 붕괴하는 데 필요한 시간. 방사능 원소마다 다른 반감기를 갖는다.

Harmonic analysis(고조파 분석) 복잡한 파동을 단순한 사인파 성분으로 분해.

Harmonic wave(조화파) 사인 모양의 파동.

Heat(열) 온도가 다른 영역이 있을 때 한 물체에서 다른 물체 또는 주변으로 흐르는 에너지.

Heat engine(열기관) 에너지(열)를 받아들이고, 그 열의 일부를 기계적 일로 변환하고, 더 낮은 온도에서 남은 폐열을 주변으로 방출하는 장치 또는 모터.

Heat pump(열펌프) 열기관과 반대로 이것은 외부에서 공급되는 일에 의해 더 차가운 저장소에서 더 따뜻한 저장소로 열을 이동시킨다. 냉장고가 가장 잘 알려진 예이다.

Heisenberg uncertainty principle(하이젠베르크의 불확정성 원리) 입자의 위치와 운동량을 동시에 고정밀도로 알 수는 없다. 입자의 위치에 대해 매우 확실하면 운동량에 대해 거의 완전히 불확실하고 그 반대의 경우도 마찬가지다.

Heliocentric(지동설) 코페르니쿠스가 제안하고 갈릴레오가 옹호한 지구가 아닌 태양을 행성 궤도의 중심에 둔 태양계의 혁신적인 모델. 태양과 다른 행성이 지구를 공전하는 프톨레마이오스의 구식 모델은 지구 중심적 모델이었다.

High-grade heat(고급열) 기계적 일 또는 전기 에너지를 발생하는 열기관을 동작하는 데 사용할 수 있는 약 500℃ 이상의 온도에서 열.

Hologram(홀로그램) 조명을 받으면 3차원 이미지를 형성하는 레이저에 의해 생성된 간섭 무늬 사진.

Hypothesis(가설) 결과를 조사하기 위해 시험할 수 있는 경험과 관찰에 근거한 교육받은 추측 또는 일반화.

I

Ideal gas(이상 기체) 원자들 사이의 힘(및 퍼텐셜 에너지)이 무시할 수 있는 기체. 온도, 압력, 부피와 같은 특징들 간의 관계는 이상 기체의 상태 방정식 $PV = NkT$로 요약된다. 대부분의 실제 기체는 충분히 낮은 압력과 높은 온도에서 이상 기체처럼 행동한다.

Impulse(충격량) 물체에 작용하는 힘에 힘이 작용하는 시간 간격을 곱한 값.

Impulse-momentum principle(충격량-운동량 원리) 물체에 작용하는 충격량은 충격량의 크기 및 방향과 동일한 물체 운동량에서의 변화를 발생시킨다.

Index of refraction(굴절률) 투명한 재료에서 빛의 속도를 나타내는 숫자($v = c/n$). 재료마다 굴절률이 다르다.

Induction(유도) 접촉이 아닌 자기장의 작용에 의해 물체가 다른 물체에 전하 또는 자기를 발생시키는 물체의 능력.

Inertia(관성) 물체 운동의 변화에 대한 물체의 저항.

Infrared light(적외선) 가시광선의 적색광보다 다소 긴 파장을 가지는 전자기파.

Instantaneous acceleration(순간 가속도) 주어진 순간에 속도가 변하는 속도.

Instantaneous speed(순간 속력) 특정 순간에 물체가 얼마나 빨리 움직이는가를 나타낸다. 순간 속력은 매우 짧은 시간 간격에 대한 평균 속력과 관련이 있다.

Instantaneous velocity(순간 속도) 물체의 순간 속력과 그 순간의 물체의 방향으로 구성된 벡터양.

Insulator(부도체) 일반적으로 물체를 통해 전하의 흐름을 허용하지 않는 물질.

Integrated circuit(집적 회로) 많은 트랜지스터, 다이오드, 저항기 및 전기 연결을 포함하는 반도체 물질의 작은 단일 칩.

Interference(간섭) 둘 이상의 파동의 조합 또는 상호작용. 보강 간섭에서는 파동이 함께 더해진다. 상쇄 간섭에서 파동은 서로를 상쇄한다.

Internal energy(내부 에너지) 계의 상태에 따라 고유하게 결정되는 물질이나 계 내부의 원자와 분자의 모든 운동 에너지와 퍼텐셜 에너지의 합.

Ionize(이온화) 원자나 분자에 전자를 더하거나 빼기.

Isobaric(등압) 압력이 일정하게 유지되는 모든 과정을 설명하는 형용사.

Isothermal(등열) 온도가 동일하게 유지되는 모든 과정을 설명하는 형용사.

Isotope(동위원소) 동일한 원소의 다른 동위원소마다 다를 수 있는 특정 중성자 수를 갖는 원소의 종류. 가장 흔한 탄소 동위원소인 탄소−12는 6개의 중성자를 가지고 있고 탄소−14는 8개의 중성자를 가지고 있다.

J

Just tuning(순정률) 음 사이의 이상적인 주파수 비율을 기반으로 하는 조율 시스템.

K

Kinetic energy(운동 에너지) 물체의 운동과 관련된 물체의 에너지로, 질량의 1/2에 속도의 제곱을 곱한 값($KE = \frac{1}{2}mv^2$).

Kinetic force of friction(운동마찰력) 두 물체의 표면 접촉점에서 미끄러지는 두 물체 사이의 마찰력.

L

Latent heat(잠열) 온도 변화 없이 상변화를 일으키는 데 필요한 열량. 융해 잠열은 물질을 녹이고 기화 잠열은 물질을 기체로 변환시킨다.

Law of reflection(반사의 법칙) 빛이 매끄러운 표면에서 반사될 때 반사 광선이 법선과 이루는 각도는 입사 광선이 법선과 이루는 각도와 같다.

Law of refraction(굴절의 법칙) 빛이 한 투명 매질에서 다른 투명한 매질로 통과할 때 빛의 속도가 첫 번째 매질보다 두 번째 매질에서 더 작으면 광선은 법선 쪽으로 구부러진다. 두 번째 매질에서 빛의 속도가 첫 번째 매질보다 빠르면 광선이 구부러진다.

Lenz's law(렌츠의 법칙) 전류는 자속의 변화에 반대하여 지속을 발생한다.

Lepton(렙톤) 가장 가벼운 아원자 입자(예를 들면, 전자, 양전자 그리고 중성미자).

Lever arm(지렛대 팔) 지레받침에서 힘의 작용선까지의 수직 거리(토크 요소). 모멘트 암이라고도 한다.

Light clock(빛 시계) 기본 시간 단위를 정의하기 위해 정해진 거리에 대해 빛의 속도를 사용하는 상대성이론에 대한 사고 실험의 '도구'.

Linear displacement(선형 변위) 물체가 이동한 방향에서 이동한 거리를 나타내는 벡터.

Linear momentum((선)운동량) 물체의 질량과 속도의 곱($p = mv$). 뉴턴은 선형 운동량이라고도 하였다.

Linear motion(선형 운동) 직선상의 한 점에서 다른 점으로의 물체의 움직임.

Low-grade heat(저급열) 가정과 건물을 난방하는 데 가장 적합한 약 100℃ 이하의 열.

Luminosity(광도) 거리에 관계없이 별의 본질적이고 측정 가능한 속성. 별이 초당 방출하는 에너지.

M

Magnetic dipole(자기 쌍극자) 북쪽과 남쪽의 2개의 동일한 자극으로 구성된 자석으로 작은 거리로 분리되어 있으며 자기 효과가 작은 전류 고리와 동일하다.

Magnetic field(자기장) 단위전하, 단위속도 단위당 자기력. 움직이는 전하 또는 자석을 둘러싼 영역의 공간 속성이다.

Magnetic flux(자기선속) 전류 고리 또는 철사로 둘러싸인 영역을 통과하는 자기장 수의 척도.

Magnetic force(자기력) 이동하는 전하 또는 전류에 의해 다른 전하에 가해지는 힘.

Magnetic monopole(자기 단극) 자기 단극을 가지는 입자. 자기 단극은 빅뱅 직후에 우주에 존재했지만 아마도 더 이상 존재하지 않을 것이다.

Magnetic pole(자기극) 북향과 남향에 대해 일반적으로 N 또는 S로 표시되는 자석 영역으로, 전하와 유사한 동작을 보인다. 같은 극은 밀쳐내고 반대 극은 끌어당긴다.

Magnification(배율) 물체의 실체 높이에 대한 기구나 렌즈에 의해 생성된 상의 높이의 비율. 상은 확대하거나 축소할 수 있다. 음의 배율에서는 상이 반전된다.

Magnitude(크기) 수량으로 표현되는 것의 크기.

Mass(질량) 물체 관성의 척도, 물체 운동의 변화에 저항하는 특성. 킬로그램은 질량 측정의 기본 미터법 단위이다.

Mass number(질량수) 원소 또는 그 동위원소의 중성자와 양성자의 총 수. 탄소−14는 양성자 6개와 중성자 8개로 질량수는 14이다.

Mechanical advantage(기계적 이득) 단순 기계의 입력 힘에 대한 출력 힘의 비율.

Mechanics(역학) 힘과 운동을 연구하는 물리학의 한 분야.

Meson(메손) 중간 무게의 아원자 입자(예를 들면, 파이온 또는 카온). 모든 메손은 스핀이 없다.

Metric system(미터법) 국제 단위계(Système International d'unités)는 SI로 약칭되며 십진법 측정 계이다. 7개의 기본적인 SI 단위('기본 단위')는 미터(길이), 킬로그램(질량), 초(시간), 암페어(전류), 켈빈(온도), 몰(물질의 양) 및 칸델라(광도)이다.

Microscope(현미경) 작은 물체의 확대된 상을 발생하기 위해 적어도 2개의 수렴 렌즈를 사용하는 도구.

Moderator(감속재) 핵분열 반응에서 생성되는 중성자를 느리게 하기 위해 원자로에 사용되는 물질.

Modern physics(현대물리학) 대략 1900년대에 등장하여 크게 발전한 물리학의 하위분야인 원자, 핵, 입자 및 응축 물질.

Molecule(분자) 원소나 화합물의 원자들의 조합.

Moment of inertia(관성 모멘트) 물체의 질량과 축 주위의 질량 분포에 따라 달라지는 회전 운동의 변화에 대한 물체의 저항. 회전 관성이라고도 한다.

Muon(뮤온) 전자와 같은 족에 있는 렙톤 입자의 일종. 그것은 전자와 같은 전하와 스핀을 가지고 있지만 더 무겁다(약 200배). 이것은 소립자로서 물질의 기본 구성 요소이며 더 작은 입자를 포함하지 않는다.

Myopia(근시) 눈의 수정체계가 너무 딱딱해서 가까운 물체는 선명하게 볼 수 있지만 먼 물체는 볼 수 없는 상태이다. 근시라고도 한다.

N

Natural radioactivity(자연 방사능) 방사능 원소를 함유한 광석 또는 화합물에 의해 특별한 준비 없이 생성되는 투과 방사선.

Negative lens(발산 렌즈) 광선이 렌즈에 들어올 때보다 더 많이 발산하는 렌즈.

Negative work(음의 일) 물체의 운동과 반대 방향으로 작용하는 힘이 한 일.

Net force(알짜힘) 물체에 작용하는 힘의 벡터 합.

Neutron(중성자) 원자핵에서 전하가 없고 대략 양성자 질량을 가지는 입자.

Newton(뉴턴) 힘의 미터법 단위: 질량 곱하기 가속도 또는 초 제곱당 킬로그램 곱하기 미터.

Newton's first law of motion(뉴턴의 운동 제1법칙) 힘이 가해지지 않으면 물체는 정지해 있거나 일정한 속도로 움직인다.

Newton's law of universal gravitation(뉴턴의 만유인력의 법칙) 두 물체 사이의 중력은 각 물체의 질량에 비례하고 질량 중심 사이의 거리의 제곱에 반비례한다$\left(F = G\dfrac{m_1 m_2}{r^2}\right)$. 인력이며 두 물체를 연결하는 선을 따라 작용한다.

Newton's second law of motion(뉴턴의 운동 제2법칙) 물체의 가속도는 가해진 힘의 크기에 정비례하고 물체의 질량에 반비례한다($\mathbf{a} = \mathbf{F}_{net}/m$ 또는 $\mathbf{F}_{net} = m\mathbf{a}$).

Newton's third law of motion(뉴턴의 운동 제3법칙) 물체 A가 물체 B에 힘을 가하면 물체 B는 물체 A에 크기가 같고 방향이 반대인 힘을 B에 가한다.

Noble gas(불활성 기체) 외부 껍질이 닫혀 있기 때문에 다른 원소와 쉽게 반응하지 않는 기체(껍질 참고). 주기율표의 VIIIA열에 있는 불활성 기체는 헬륨, 네온, 아르곤, 크립톤, 크세논 및 라돈이다.

Node(마디) 움직임이 없는 정상파의 지점.

Normal force(수직항력) 평행하게 작용하는 마찰력과 반대로 접촉면에 수직으로 작용하는 물체에 작용하는 힘의 성분.

Nuclear fission(핵분열) 핵 질량의 일부가 운동 에너지로 전환되는 핵분열 반응. 핵은 대부분의 다른 핵 반응에서와 같이 입자를 방출하는 것이 아니라 거의 동일한 두 부분

(분열 조각)으로 나뉜다.

Nuclear fusion(핵융합) 작은 핵을 결합하여 더 큰 핵과 큰 에너지 방출을 생성하는 반응.

Nuclear physics(핵물리학) 원자핵 연구에 집중하는 물리학의 하위 분야.

Nuclear reaction(핵반응) 한 원소가 다른 원소로 바뀔 수 있는 원자핵의 변화.

Nucleon(핵자) 원자핵에 있는 입자(양성자 또는 중성자).

Nucleus(핵) 양성자와 중성자로 구성된 원자의 작고 조밀하며 양전하를 띤 원자 중심.

O

Ohm's law(옴의 법칙) 회로의 일부를 통해 흐르는 전류는 해당 부분의 전압 차이를 저항으로 나눈 값($I = \Delta V/R$)과 같다.

Optics(광학) 빛과 시각 연구에 전념하는 물리학의 하위 분야.

P

Parallel circuit(병렬회로) 전류가 분할되고 다시 결합되도록 2개 이상의 경로로 연결된 요소가 있는 회로.

Partially inelastic collision(부분 비탄성충돌) 일부 에너지는 손실되지만 충돌 후 물체가 서로 붙지 않는 충돌.

Particle physics(입자물리학) 아원자 입자(쿼크 등)를 연구하는 물리학의 하위 분야.

Pascal's principle(파스칼의 원리) 유체 압력의 모든 변화는 유체의 모든 방향으로 균일하게 전달된다.

Perfectly inelastic collision(완전 비탄성충돌) 에너지의 가장 큰 부분이 손실되는 충돌. 물체는 전혀 튀지 않고 충돌 후에 서로 달라붙는다.

Period(주기) 천문학에서 물체가 시작된 지점으로 되돌아가는 데 걸리는 시간(예를 들면 완전한 행성 궤도). 물리학에서 파동과 같이 완전한 순환에 대한 시간.

Periodic table of the elements(원소의 주기율표) 원자량과 원자번호로 원소를 정렬하는 표. 가장 가벼운 수소부터 시작하는 표는 유사한 속성을 가진 다른 원소들을 (일반적인 형식의 수직 열에서) 묶는다.

Periodic wave(주기적인 파동) 동일한 시간 간격으로 분리된 펄스로 구성된 파동.

Perpetual-motion machine of the first kind(제1종 연구기관) 받아들인 것보다 더 많은 에너지를 일이나 열로 내보내는 기계(열역학 제1법칙과 에너지 보존에 위배됨).

Perpetual-motion machine of the second kind(제2종 연구기관) 열을 완전히 일로 변환하거나 카르노 효율을 능가한다고 주장하여 열역학 제2법칙을 위반하는 기계.

Phases of the moon(달의 위상) 주기에서 주어진 시간에 달과 다른 행성의 모양이나 측면.

Photon(광자) 전자기 에너지의 양자, 특히 빛의 입자.

Physical optics(물리광학) 빛을 전자기파로 취급하여 그 효과와 특성을 조사하는 광학의 한 분야.

Pion(파이온) 3가지 전하 상태(양, 음, 중성)로 제공되는 아원자 입자. 전자 질량의 약 273배에 달하는 질량을 가지고 있다.

Pitch(음의 높낮이) 음의 높이나 깊이를 나타내는 음악 용어. 더 높은 음을 가지는 음표의 음파는 더 높은 주파수를 갖는다.

Planck's constant(플랑크 상수) 방정식 $E = hf$에 요약된 바와 같이 주어진 주파수에 대한 빛에너지 양자의 크기를 결정하는 상수 h.

Polarize(분극화) 물체의 양전하 영역과 음전하 영역을 분리한다(예를 들어 자성체 또는 전기적으로 대전된 물체). 광학에서 광파에서 전기장의 특정 진동 방향을 선택한다.

Polarized light(편광된 빛) 전기장 벡터가 특정 방향으로 진동하는 빛.

Positive lens(수렴 렌즈) 광선이 렌즈에 들어올 때보다 광선이 더 많이 수렴되도록 하는 렌즈.

Positron(양성자) 전자의 반입자. 양전하를 띠는 소립자로써 대부분의 다른 측면에서 전자와 동일하다. 양전자는 의료 영상에서 중요하다.

Potential energy(퍼텐셜 에너지) 물체의 움직임보다는 물체의 위치와 관련되어 축적된 에너지.

Power(일률) 해준 일을 일한 시간으로 나누어 구한 작업률($P = W/t$).

Powers of 10(10의 거듭제곱) 과학적 표기법의 기초인 10의 거듭제곱은 10의 배수를 위첨자 또는 지수로 나타낸다. 예를 들어 10^4는 $10 \times 10 \times 10 \times 10$과 같다.

Pressure(압력) 힘이 적용되는 면적에 대한 힘의 비율 또는 단위면적당 힘.

Principle of equivalence(등가 원리) 일반 상대성이론의 기초의 일부. 기준틀의 가속도를 중력의 효과와 구별하는 것은 불가능하다. 예를 들어, 관성에 의해 측정된 물체의 질량은 물체에 대한 중력장의 작용으로 측정된 물체의 질량과 같다.

Principle of relativity(상대성 원리) 물리 법칙은 모든 관성 기준틀에서 동일하다.

Principle of superposition(중첩의 원리) 2개 이상의 파동이 결합되면 교란은 개별 교란의 합과 같다.

Projectile motion(포물선 운동) 쏘거나 던진 물체의 운동은 지구의 중력으로 인한 하향 가속도와 일정한 수평 속도를 특징으로 한다.

Proper time(고유 시간) 두 사건이 공간의 동일한 지점에서 발생하는 기준틀에서 측정된 두 사건 사이의 시간 간격.

Proportion(비율) 서로 또는 전체에 대한 양의 비율 비교.

Proton(양성자) 원자핵에 있는 양전하를 띤 입자. 핵에 있는 양성자의 수는 원자의 화학적 성질을 결정한다.

Q

Quantized(양자화) 양자로 형성되다. 특히 양 또는 계 상태의 가능한 값의 수를 제한하여 특정 변수가 특정 불연속 크기만 가정할 수 있도록 하는 것.

Quantum mechanics(양자역학) 원자 및 핵 수준에 적용되고 파동과 입자 거동을 모두 보여주는 광자 및 기타 양자를 다루는 역학(힘과 운동에 대한 연구).

Quantum number(양자수) 아원자 수준에서 전자 또는 기타 입자의 특성과 관련된 일련의 숫자 중 하나. 이 양자수는 전자의 궤도를 결정한다. 원자의 두 전자는 동일한 양자수 집합을 가질 수 없다.

Quark(쿼크) 메손와 바리온을 구성하는 입자들 중 하나(예를 들면 중성자와 양성자). 쿼크는 6가지 종류가 있다.

R

Radian(라디안)　호 길이 s를 따라 이동한 거리를 원의 반지름 r로 나눈 s/r로, 각도 측정 단위이다(1회전 = 360° = 2π라디안).

Radiation(복사)　전자기파 또는 입자에 의한 에너지의 흐름, 방출 또는 전파.

Radioactive decay(방사능 붕괴)　불안정한 원자핵의 변화로 인해 원소가 다른 원소나 상태로 변하는 것. 붕괴에는 방사능 방출의 이름을 딴 알파(헬륨 이온), 베타(전자), 감마(전자파)의 3가지 종류가 있다. 82(납의 원자번호)개 이상의 양성자를 가진 핵은 본질적으로 불안정하다.

Radius(반지름)　원이나 구의 중심에서 바깥쪽 가장자리까지의 직선.

Rate(비율)　어떤 양을 다른 양으로 나눈 것. 특히 양을 시간 단위로 나눈 것. 시간당 마일 및 초당 미터와 같은 시간 비율은 움직임을 측정하는 데 중요하다.

Ray tracing with lenses(렌즈를 이용한 광선 추적법)　렌즈에 의해 형성된 상을 찾기 위해 몇 개의 광선에 어떤 일이 발생하는지 보여주기 위해 광학에서 사용되는 과정.

Ray tracing with mirrors(거울을 이용한 광선 추적법)　거울에 의해 형성된 상을 찾기 위해 몇 개의 광선에 어떤 일이 발생하는지 보여주기 위해 광학에서 사용되는 과정.

Reaction force(반작용력)　뉴턴의 운동 제3법칙에 의해 지배되는 상호작용의 초기 힘에 대한 반대방향의 힘.

Recoil(되팀)　두 물체를 반대방향으로 움직이게 하는 두 물체 사이의 짧은 상호작용.

Resistance(저항)　전류의 흐름을 반대하고 열을 발생시키는 회로 구성요소의 속성.

Rest energy(정지 에너지)　물체가 단순히 질량으로 인해 갖는 에너지($E_0 = mc^2$). 질량–에너지 등가의 표현.

Rest length(정지 거리)　측정된 거리에 대해 정지 상태 관찰자가 측정한 길이.

Restoring force(복원력)　물체를 평형 상태로 되돌리는 힘 또는 힘의 계.

Retrograde motion(역행)　궤도에서 행성의 후진 운동. 지구에 대한 행성의 위치로 인한 착시.

Reversible(가역적)　항상 평형에 가깝고 과정의 어느 지점에서나 방향을 바꿔 다른 방향으로 실행할 수 있는 열역학적 과정을 설명한다.

Right-hand rule(오른손 법칙)　오른손 법칙을 사용하여 회전속도 벡터의 방향을 결정하려면 오른손 손가락을 회전 방향을 따라 회전축을 감는다. 이때 엄지손가락이 회전속도 벡터의 방향을 가리킨다.

Rotational acceleration(각가속도)　회전속도의 변화율.

Rotational displacement(각변위)　일반적으로 라디안으로 표시되는 개체가 회전한 각도의 척도.

Rotational inertia(회전 관성)　물체의 질량과 축 주위의 질량 분포에 따라 달라지는 회전 운동의 변화에 대한 물체의 저항. 관성 모멘트라고도 한다.

Rotational velocity(각속도)　회전속도(물체가 회전하는 속도). 분당 회전수(rpm)는 회전속도의 일반적인 측정 단위이다.

Rydberg constant(뤼드베리의 상수)　특히 수소의 경우 원자 스펙트럼의 파장과 분광선을 계산하는 데 사용되는 상수.

S

Scattering(산란)　빛을 흡수한 다음 다른 방향으로 다시 방출하는 과정.

Scientific method(과학적 방법)　과학에 종사하는 사람들에 의한 현상의 체계적인 연구. 과학자들이 현상을 조사하는 방식은 일반적으로 검증된 종합적인 이론에 통합될 수 있는 일반화와 가설을 시험하기 위한 관찰과 실험으로 시작된다. 이론은 종종 탐험할 새로운 영역을 예측한다.

Scientific notation(과학적 표현)　10의 거듭제곱에 의존하여 간결하고 명확하게 숫자를 작성하는 체계. 예를 들어 12 150 000 000은 1.215×10^{10}으로 표시된다.

Second law of thermodynamics(열역학 제2법칙)　연속 주기로 작동하는 기관은 단일 온도의 저장소에서 열을 가져와 그 열을 완전히 작동으로 전환할 수 없다(켈빈의 서술). 다른 효과가 수반되지 않는 한 열은 더 차가운 물체에서 디 뜨거운 물체로 흐르지 않을 것이다(클라우지우스의 서술).

Selective absorption(선택적 흡수)　빛의 일부 파장이 다른 파장보다 더 많이 흡수되는 과정.

Self-induction(자기 유도)　변화하는 자속을 생성하는 동일한 코일에 유도된 전압.

Semiconductor(반도체)　전기 부도체와 도체의 중간 성질을 갖는 물질. 반도체의 빠르게 성장하는 용도는 속성을 사용자 정의할 수 있는 컴퓨터 칩이다.

Series circuit(직렬회로)　하나의 고리로 연결된 회로로 각 요소에 연속적으로 전류가 흐른다.

Simple harmonic motion(단조화 운동)　에너지가 퍼텐셜 에너지에서 운동 에너지로, 그리고 그 반대로 부드럽게 바뀌는 계의 운동. 운동은 평형점에 대해 대칭이며 사인 곡선으로 그려진다.

Simple machine(단순 기계)　적용된 힘의 효과를 증가시키는 모든 기본 기계 장치(예를 들어 지렛대, 쐐기, 그리고 도르래).

Sinusoidal curve(사인 곡선)　단조화 운동을 나타내는 삼각 사인 함수 그래프. 교류의 그래프는 사인 곡선이다. 사인 곡선이라고도 한다.

Slope(기울기)　그래프의 세로 좌표 변화를 가로 좌표 변화로 나눈 값. 시간에 따라 그려진 물체의 위치 그래프에서 한 지점의 기울기는 물체가 얼마나 빨리 움직이는지를 나타낸다.

Sound wave(음파)　공기 또는 기타 매질을 통해 압력 변화를 전파하는 종파. 인간은 일반적으로 16 Hz에서 20,000 Hz의 음파를 듣는다.

Space-time continuum(시공간 연속체)　공간과 시간의 3차원이 서로 독립적이지 않고 공간이 휘어져 있음을 인식하는 사건을 기술하기 위한 4차원 틀.

Special theory of relativity(특수 상대성이론)　2가지 기본 가정을 기반으로 하는 아인슈타인의 '제한된' 이론: 물리 법칙은 모든 관성 기준틀에서 동일한 형식을 가지며(상대성 원리) 빛의 속도는 모든 관성 기준틀에서 동일하다.

Specific heat capacity(비열)　단위질량을 단위온도만큼 변화시키는 데 필요한 열량인 물질의 특성(예를 들면, 물질 1 g을 1℃ 변화시키는 데 필요한 열량).

Speed(속력)　속도의 동의어가 아니라 움직임의 방향에 관계없이 물체가 얼마나 빨리 움직이는가를 나타낸다.

Spring constant(용수철 상수)　용수철이 얼

마나 멀리 늘어나거나 변위되는지와 당기는 데 필요한 힘 사이의 관계를 설명하는 상수. 뻣뻣한 용수철은 큰 용수철 상수를 갖는다.

Standard model(표준 모델) 아원자 수준에서 기본 힘들과 입자를 탐색하는 데 사용되는 진화하는 틀. 이것은 쿼크 이론, 전기적 약력, 그리고 강한 핵 상호작용을 포함한다.

Standing wave(정상파) 반대방향으로 진행하는 파동의 간섭에 의해 형성되는 파동 또는 진동의 변하지 않는 패턴.

Static force of friction(정지마찰력) 힘의 방향으로의 운동과는 무관한 마찰력.

Strong nuclear interaction(강한 핵 상호작용) 중성자와 양성자(및 기타 중입자 및 메손)의 쿼크를 함께 묶는 기본 힘.

Subtractive color mixing(감산 혼합) 백색광에서 다른 파장을 흡수하여 다른 색상을 발생.

Superconductivity(초전도성) 임계(보통 매우 낮은) 온도보다 낮은 온도에서 전류 흐름에 대한 모든 전기 저항이 사라지는 것.

Superfluid(초유체) 매우 낮은 온도에서 점도가 없어지는 유체.

Synchronous orbit(동기 궤도) 위성을 행성 표면의 동일한 지점 위에 유지하기 위해 행성의 회전에 시간이 맞춰진 궤도.

T

Telescope(망원경) 2개 이상의 렌즈나 거울을 사용하여 멀리 있는 물체의 상을 눈에 훨씬 더 가깝게 만드는 도구.

Temperature(온도) 열이 흐르는 방향을 나타내는 양. 두 물체의 온도가 다르면 열은 더 높은 온도에서 낮은 온도로 흐른다.

Terminal velocity(종단 속도) 낙하하는 물체의 공기 저항이 중력과 같아지는 지점에서 알짜힘이 0이 되어 물체의 가속이 종료된다. 물체는 일정한 속도로 아래로 내려간다.

Theory(이론) 추가 조사를 위한 지침으로 알려진 사실을 설명하고 새로운 현상을 예측하는 데 사용되는 일련의 정리된 원칙.

Thermal conductivity(열전도도) 열을 얼마나 빠르게 전도하는지를 결정하는 물질의 특성. 금속은 나무나 플라스틱보다 더 나은 전도체이다.

Thermal equilibrium(열평형) 물체의 부피와 같은 물리적 성질이 더 이상 서로에 대해 변하지 않고 물체들이 동일한 온도에 도달하는 상태.

Thermal power plant(화력발전소) 석탄, 석유, 천연가스, 핵연료, 지열 에너지 등의 열원을 이용하여 열기관을 가동하여 전기를 생산하는 시설.

Thermodynamics(열역학) 온도, 열 및 에너지와 관련된 물리학의 하위 분야.

Thin-film interference(박막 간섭) 투명 물질의 매우 얇은 필름의 상단 및 하단 표면에서 반사되는 빛의 간섭.

Torque(토크) 물체를 회전시키는 힘과 지렛대 팔의 곱($\tau = Fl$).

Trajectory(궤적) 포물선 또는 움직이는 다른 물체의 경로.

Transformer(변압기) 특정 응용의 요구 사항에 맞게 교류 전압을 높이거나 낮추고 조정하는 장치.

Transistor(트랜지스터) 전류 변화 발생, 무선 신호 증폭, 전압 제어 스위치 역할을 포함하여 여러 기능을 수행하는 반도체로 만든 전자 장치.

Turbulent flow(난류) 일반적으로 속도의 증가나 점도의 감소로 인해 발생하는 불규칙한 변동으로 인해 더 복잡하고 덜 부드러운 유체 흐름.

U

Ultraviolet light(자외선) 가시광 스펙트럼의 보라색 빛보다 파장이 짧은 전자파.

Unified field theory(통일장 이론) 강한 핵 상호작용, 전자기력, 중력 및 약한 핵력의 4가지 기본 힘을 통합하려는 이론은 장의 행태에 의존하여 탐색하고 분석한다.

Uniform acceleration(등가속도) 속도의 일정한 변화율을 갖는 가속, 가장 단순한 종류의 가속 운동.

Universal gravitational constant(만유인력 상수) $6.67 \times 10^{-11}\,\text{N}\cdot\text{m}^2/\text{kg}^2$에 해당하는 상수 G. 이 상수가 너무 작기 때문에 보통 크기의 두 물체 사이의 중력은 거의 느껴지지 않는다.

Unpolarized light(편광되지 않은 빛) 전기장 벡터가 임의의 방향으로 진동하는 빛.

V

Vector(벡터) 크기와 방향이 모두 있는 양으로 종종 화살표로 표시된다. 화살표의 길이는 벡터양의 크기에 비례하며 각도는 방향을 나타낸다.

Vector quantity(벡터양) 속도나 힘과 같이 완전한 설명을 위해 크기와 방향이 모두 필요한 양.

Velocity(속도) 물체가 얼마나 빨리 움직이고 어떤 방향으로 움직이는지를 설명하는 벡터양.

Viscosity(점성) 흐름에 대한 저항을 생성하는 유체층 사이의 마찰력의 척도. 고점도 액체는 천천히 흐른다.

Voltage(전압) 볼트로 측정된 전위의 변화 또는 차이.

W

Wave pulse(펄스파) 물질이나 계를 통과하는 짧은 단일 파동.

Wavefront(파면) 모든 점이 동일한 위상(진동 단계)에 있는 파동 내의 표면.

Wavelength(파장) 파동에서 연속적인 펄스의 동일한 지점 사이의 거리. 기호는 λ이다.

Weak nuclear force(약한 핵력) 베타 붕괴에서 렙톤의 상호작용에 관여하는 기본적인 힘.

Weight(무게) 물체에 대한 중력. 기호로 $W = mg$.

Work(일) 물체에 가해진 힘에 이동 거리를 곱한 값($W = Fd$). 힘은 물체의 운동선을 따라 작용한다. 줄은 일의 미터법 단위이다.

X

X-rays(X선) 투과성이 매우 좋은 매우 짧은 파장의 전자파로, 현재 의학에서 내부 장기 및 뼈의 사진을 찍기 위해 널리 사용된다.

Z

Zeroth law of thermodynamics(열역학 제0법칙) 열역학의 기본 가정. 열평형 상태내의 물체는 동일한 온도를 갖는다.

찾아보기

역자 소개

감수

최은서　　조선대학교 물리학과

번역

곽우섭　　조선대학교 물리학과
김득수　　공군사관학교 물리화학과
원기탁　　공군사관학교 물리화학과
이지우　　명지대학교 물리학과
정혜경　　대구대학교 신소재에너지공학과
제승근　　전남대학교 물리학과
조영탁　　광주대학교 AI자동차학과
진병문　　동의대학교 기초과학교양학부
최은서　　조선대학교 물리학과

10판
GRIFFITH
물리학의 이해

2022년 2월 25일 10판 1쇄 펴냄

지은이 W. Thomas Griffith, Juliet W. Brosing
감　수 최은서
펴낸이 류원식 | **펴낸곳** 교문사

편집팀장 김경수 | **책임편집** 안영선 | **표지디자인** 신나리 | **본문편집** 신성기획

주소 (10881) 경기도 파주시 문발로 116(문발동 536-2)
전화 031-955-6111~4 | **팩스** 031-955-0955
등록 1968. 10. 28. 제406-2006-000035호
홈페이지 www.gyomoon.com | **E-mail** genie@gyomoon.com
ISBN 978-89-363-2309-7 (93420)
값 33,000원